古气候学
重建第四纪气候
第三版

〔美〕雷蒙德·S. 布拉德利（Raymond S. Bradley） 著

肖举乐　熊尚发　张生瑞　译

科学出版社

北京

图字 01-2021-3648 号

内 容 简 介

面对前所未有的全球变暖威胁，20 世纪 80 年代末提出的全球变化和地球系统科学思想将第四纪古气候学置于全新的范式框架。本书（第三版）在此背景下，对第四纪气候变化记录进行了全方位综括，内容系统完备，阐释详实，行文逻辑严整，起转畅达，同类著作中难觅其俦。全书在系统论述古气候记录重建、气候系统与驱动机制和定年技术的基础上，详尽阐述了用于重建古气候的各类记录和指标。针对每一类记录，作者都阐明了如何通过各种代用指标提取古气候信息，如何构建时间标尺、使用哪些校正技术等，并着力揭示重建的指标序列与全球变化的深刻关联。

本书适合地质学、地理学、生态学和考古学等专业本科生、研究生及大学教师和相关科研人员阅读，尤其可作第四纪地质学、古气候学、自然地理学、古生态学和环境考古学等专业师生的案头常备指南。

审图号：GS 京（2025）0240 号

图书在版编目（CIP）数据

古气候学：重建第四纪气候：原书第三版 /（美）雷蒙德•S. 布拉德利(Raymond S. Bradley) 著；肖举乐，熊尚发，张生瑞译. -- 北京：科学出版社, 2025. 5. -- ISBN 978-7-03-081647-4

Ⅰ. P532

中国国家版本馆 CIP 数据核字第 2025MU3704 号

责任编辑：孟美岑　韩　鹏　李亚佩 / 责任校对：何艳萍
责任印制：赵　博 / 封面设计：无极书装

科学出版社 出版
北京东黄城根北街 16 号
邮政编码：100717
http://www.sciencep.com

北京建宏印刷有限公司印刷
科学出版社发行　各地新华书店经销

*

2025 年 5 月第 一 版　　开本：787×1092　1/16
2025 年 7 月第二次印刷　印张：36 1/2
字数：855 000
定价：468.00 元
（如有印装质量问题，我社负责调换）

Paleoclimatology: Reconstructing Climates of the Quaternary, third edition
Raymond S. Bradley
ISBN: 978-0-12-386913-5

Copyright © 2015 Raymond S. Bradley. Published by Elsevier Inc. All rights reserved. First Edition: Copyright @ 1985 Elsevier Inc. All rights reserved. Second Edition: Copyright @ 1999 Elsevier Inc. All rights reserved. Authorized Chinese translation published by China Science Publishing & Media Ltd. (Science Press).

古气候学：重建第四纪气候（第三版）（肖举乐　熊尚发　张生瑞 译）
ISBN: 978-7-03-081647-4

Copyright © Elsevier Inc. and China Science Publishing & Media Ltd. (Science Press). All rights reserved.
No part of this publication may be reproduced or transmitted in any form or by any means, electronic or mechanical, including photocopying, recording, or any information storage and retrieval system, without permission in writing from Elsevier Inc. Details on how to seek permission, further information about the Elsevier's permissions policies and arrangements with organizations such as the Copyright Clearance Center and the Copyright Licensing Agency, can be found at our website: www.elsevier.com/permissions.
This book and the individual contributions contained in it are protected under copyright by Elsevier Inc. and China Science Publishing & Media Ltd. (Science Press) (other than as may be noted herein).

This edition of Paleoclimatology: Reconstructing Climates of the Quaternary is published by China Science Publishing & Media Ltd. (Science Press) under arrangement with ELSEVIER INC.
This edition is authorized for sale in China only, excluding Hong Kong, Macau and Taiwan. Unauthorized export of this edition is a violation of the Copyright Act. Violation of this Law is subject to Civil and Criminal Penalties.

本版由 ELSEVIER INC.授权中国科技出版传媒股份有限公司（科学出版社）在中国大陆地区（不包括香港、澳门以及台湾地区）出版发行。
本版仅限在中国大陆地区（不包括香港、澳门以及台湾地区）出版及标价销售。未经许可之出口，视为违反著作权法，将受民事及刑事法律之制裁。
本书封底贴有 Elsevier 防伪标签，无标签者不得销售。

注意

本书涉及领域的知识和实践标准在不断变化。新的研究和经验拓展我们的理解，因此须对研究方法、专业实践或医疗方法作出调整。从业者和研究人员必须始终依靠自身经验和知识来评估和使用本书中提到的所有信息、方法、化合物或本书中描述的实验。在使用这些信息或方法时，他们应注意自身和他人的安全，包括注意他们负有专业责任的当事人的安全。在法律允许的最大范围内，爱思唯尔、译文的原文作者、原文编辑及原文内容提供者均不对因产品责任、疏忽或其他人身或财产伤害及/或损失承担责任，亦不对由于使用或操作文中提到的方法、产品、说明或思想而导致的人身或财产伤害及/或损失承担责任。人身或财产伤害及/或损失承担责任。

致　　谢

　　如同之前的版本，本次修订我也大大得益于与同行的讨论，这些同行通常比我更为专注于古气候学的某一特定领域。特别感谢朗尼·汤普森（Lonnie Thompson），他不吝时耗审阅了本修订版的大量初稿，并提出了非常有益的意见。感谢安芷生、拉里·本森（Larry Benson）、马克·贝索嫩（Mark Besonen）、伊斯拉·卡斯塔涅达（Isla Castañeda）、约翰·查普尔（John Chappell）、弗朗西斯科·达·克鲁斯（Francisco da Cruz, Jr.）、P. 汤普森·戴维斯（P. Thompson Davis）、斯科特·伊莱亚斯（Scott Elias）、克里斯廷·德朗（Kristine DeLong）、唐娜·弗朗西斯（Donna Francis）、马克·莱基（Mark Leckie）、于尔格·卢特尔巴赫尔（Juerg Luterbacher）、马丁·梅迪纳-埃利萨尔德（Martín Medina-Elizalde）、比尔·麦科伊（Bill McCoy）、史蒂夫·鲁夫（Steve Roof）、约翰·斯莫尔（John Smol）和马赛厄斯·维耶（Mathias Vuille），他们或对初稿的不同单元提出了有益的意见，或针对某些特定议题提出了建议。非常感谢斯特凡·克罗普林（Stefan Kropelin），他再次为本书封面提供了大量用于选择的精美照片。拉贾尔希·罗伊乔杜里（Rajarshi Roychowdhury）出色地编制了本书全部图件，在此深表谢意。感谢上述所有专家，由于你们的努力，本书有了很大改进。如果本书仍有错误或遗漏，那当然是我的责任（也可能是我没有遵照建议行事）。无论如何，我希望本次新修订的版本能够不负众望。

序

地球是一个不断变化的动力体,由多个复杂的物理、化学和生物系统组成,这些系统在一系列时间和空间尺度上相互作用。为了理解整个地球系统,我们必须了解现在和过去这些复杂子系统的性质,并辨识它们之间的重要联系。当前,地球正在经历诸多变化,一些变化巨大且迅速。要预测未来地球系统的变化,就需要评估过去的状况,而这只能从过去气候的记录中获取。过去气候的研究也揭示出地球系统的某些组成部分对特定的外部(如太阳)和内部(如大气化学)驱动因子响应有多快。认识这些变化并理解其中的主要驱动因子,对于预估和应对未来环境变化至关重要。

我们非常幸运,今天我们拥有丰富的知识和多种多样的自然系统,这些自然系统记录着多种类型、跨越一系列时间尺度的气候环境信息。此外,如今我们拥有各种各样的技术,能够以更小的浓度并从常规和稀缺载体中发掘信息。然而,要重建这些变化的性质、幅度和时限,古气候学家必须了解不同代用指标记录形成的生物、物理过程和机理。同样重要的是,还必须理解每一种代用指标的优势和局限,并在解释指标时予以充分考虑。随着研究者力求理解并吸纳越来越多高度专业化的气候环境代用指标,古气候学的学科跨度也在不断扩大。

与上述研究进展相呼应,雷蒙德·布拉德利教授编著的前两版《古气候学》已成为地球科学家职业生涯的各个阶段(从大学生到经验丰富的专业人士)不可或缺的资源。第二版不仅是我开设的研究生古气候课程的必读教材,并且在我的藏书室中占据着醒目且触手可及的位置。近30年来,《古气候学》为读者提供了各种气候记录拓展和解释的广阔视野,包括对重建第四纪气候的既有技术和最新技术的阐释。本书正文加上所附的大量图件,对有经验的科研和教学工作者而言既简洁又富有启发性,对初学者而言也易于理解。

第三版《古气候学:重建第四纪气候》作了全面的修订,但对地球科学各分支学科的吸引力却丝毫未减。只要浏览一下近2500篇的参考文献目录,即可领会到本书的综合特性。作为一名资深的古气候研究者,我经常深思自己专业领域的细节,以至于忘记了其他领域同行从事的极其重要的工作,这些工作对于理解气候系统更大尺度的过程同样至关重要。和其他科学领域一样,气候学家在从事和展示其研究工作时没有百发百中的"银弹"(silver bullet),他们必须了解和参考其他领域的文献和数据。布拉德利教授的这本书堪称典范,它以全方位的视野汇编和组织了大量既相互联系又迥然不同的信息["镀银铅弹"(silver buckshot)],从而有助于我们理解气候系统的复杂性和相互关联性。

第三版是本领域最好的参考书之一,其散文体叙述易于理解,其对晦涩概念的清晰解释也只有布拉德利教授这样老练的讲授者和教师才能做到。本书章节编排有序,以古气候记录重建的总体回顾和气候系统与驱动机制的讨论开篇,接下来是对定年技术相当详细的概述。定年技术至关重要,因为理解任何气候或环境记录的关键都在于可靠的时间控制。布拉德利教授对各种技术的优缺点都做了与时俱进的精辟概括,从放射性碳定年等经典且广泛应用的方法,到释光、氨基酸、地衣测年和树轮年代学等更为专业且读者比较陌生的方法。

本书的主体部分概述了用于重建气候和环境的各种类型的载体，对每一类载体，作者总结了各种代用指标记录和提取的各种参数，以及如何构建时间标尺、使用哪些校正技术，并提供了世界各地不同类型载体记录的大量实例。

除了修订和更新第二版的章节外，作者还对先前合并的代用记录的讨论进行了扩充。具体而言，黄土、石笋和湖泊沉积的讨论，先前都归并在"其他陆相地质证据"一章中，而现在则以单独的章节呈现在第三版中。

在我的专长——冰心一章中，布拉德利教授提供了条理清晰且易于理解的降水稳定同位素入门知识，其中包括古温度重建的校正信息。冰心记录的讨论比其他针对本主题的众多文本更为全面，不仅囊括了高纬和低纬的记录，而且涉及各种冰心参数。篇幅最长的一章用于介绍海洋沉积记录，考虑到巨量的各式文献资料，这样的编排甚为妥当。其他章节涵盖了树轮、珊瑚、昆虫和生物证据，以及花粉。最后一章介绍了历史文档记录的可用信息。

我是1983年在法国比维耶尔的北约/法国国家基金会气候突变研讨会上结识雷蒙德·布拉德利教授的。30年来，我们一起参加过许多次专业会议、专题讨论会和研讨会，我也很高兴与他合作撰写过论文和专著，他的研究兴趣涵盖气候学、古气候学、全球变化和北极环境。布拉德利教授是真实气候（Real Climate）博客的成员，为有关全球变暖的讨论做出了长期而重要的贡献。他对古气候群体充满热情，不知疲倦且富有成效地促成了许多研究计划（如PAGES），这些计划极力促成古气候群体与模拟群体的合作研究，从而深化对现在、过去和未来全球气候变率的理解。

我们只是刚刚开始认识到，气候变化是怎样成为文明演进（包括今天幸存的文明）的强大驱动力的。预测未来气候的主要挑战之一，是确定过去和现在气候变化的具体原因。根据最新一届政府间气候变化专门委员会的基本结论，即"人为干扰极有可能是导致20世纪中叶以来气候变暖的主要原因"，我们迫切需要了解驱动过去气候变率的自然因素。这些认知为准确预测未来人类活动对气候的影响提供了关键基准和知识体系。雷蒙德·布拉德利教授为古气候学界提供了一幅极好的时空略图，标示出我们在深入理解过去和现在地球气候之路上所处的方位。

朗尼·G. 汤普森

俄亥俄州立大学

伯德极地研究中心

第三版前言

《第四纪古气候学》第一版于1985年出版，当时古气候学领域尚处于起步阶段，人们还有余力阅读大部分相关论文。在随后的10年里，这一领域得到快速发展，因此我撰写了涉及面更广的更新版本——《古气候学：重建第四纪气候》，并于1999年出版。最近10年，这一领域发展得更快，以至于几乎不可能紧盯古气候学的每个方面。仅举一例，1999年以来以"冰心"为关键词发表的论文有3500多篇，这个数量超过了20世纪80年代初期整个古气候学领域的发文量。毫无疑问，这意味着研究更加专业化，从而使得以更广视野审视这一领域及甄别特定古气候重建指标的利弊变得越来越难。因此，对所有有兴趣了解过去气候的人而言，我认为这样一本书比第一版和第二版更为有用。我的目标从一开始就是，让古气候学任何一个分支的非专业人士都能够学到足够多的其他分支的基础知识，以使他们能够阅读并理解那些对他们而言原本可能难懂的文献。我希望这将会促进古气候学群体内部及其与其他群体的思想交流。正如我在上一版序言中所言，我相信用单一镜头对这一快速发展的领域作一鸟瞰式观察，比起专家们汇编专著展现一系列庞杂观点更有优势。我希望那些翻到自己特定专业领域章节的人，能以本书的总体目标为念，同时理解：既要对古气候学每一个分支进行全面总结，又能对一些分支的最新进展进行简要概括是不可能的。因此，本书最终内容是完整性、适度性和（最终）精力耗费的折衷。尽管如此，我希望我对大部分主题做到了均衡处理，同时我列出的最新参考文献能够让感兴趣的读者快速接触到重要文献。阅读科学论文原作是无法替代的。

我撰写本版的目的是，对古气候学领域和第四纪气候变化记录进行全方位概述。新的记录在报道，新的分析技术在开发并得到应用，这使我们对气候随时间如何变化有了令人兴奋的新认识，本版试图捕捉这样一些最新的进展。本版所有章节都进行了全面修订和更新，尤其是加入了新的定年材料（包括对放射性碳时间标尺校正和表面暴露定年的更新），全面修订了冰心、海洋沉积和过去大洋环流等章，将黄土、石笋、湖泊沉积和珊瑚独立成章，并大幅修订了昆虫、花粉分析、树轮和历史记录等章。为便于内容把控，我决定不将古气候模拟单列一章，而是将重点放在用于古气候重建的代用指标上。全书添加了1200多篇新文献，这些文献都是最近10年发表的；增加了约200幅新图，均配有详细的解说文字。我在撰写本书时学到了很多，我希望这本书的读者在自己的学习过程中也会有同样多的收获。

雷·布拉德利
2013年11月于马萨诸塞莱弗里特

目　录

致谢

序

第三版前言

第1章　古气候重建 ... 1
1.1　引言 ... 1
1.2　古气候信息来源 ... 3
1.3　古气候分析层级 ... 7
1.4　古气候的模拟研究 ... 8

第2章　气候与气候变化 ... 10
2.1　气候与气候变化的性质 ... 10
2.2　气候系统 ... 13
2.3　反馈机制 ... 19
2.4　地球及其大气圈的能量平衡 ... 21
2.5　气候变化时间尺度 ... 26
2.6　地球轨道参数变化 ... 29
2.7　太阳驱动 ... 37
2.8　火山驱动 ... 41

第3章　定年方法一 ... 45
3.1　引言与概述 ... 45
3.2　放射性同位素方法 ... 46
3.2.1　放射性碳定年 ... 48
3.2.2　钾-氩定年（$^{40}K/^{40}Ar$） ... 67
3.2.3　铀系定年 ... 69
3.2.4　释光定年：原理与应用 ... 73
3.2.5　表面暴露定年 ... 79
3.2.6　裂变径迹定年 ... 80

第4章　定年方法二 ... 82
4.1　古地磁 ... 82
4.1.1　地磁场 ... 82
4.1.2　岩石与沉积物的磁化 ... 83
4.1.3　古地磁时间标尺 ... 84
4.1.4　地磁漂移 ... 85
4.1.5　相对古强度变化 ... 86

		4.1.6 地磁场长期变化	88
4.2	化学变化相关的定年方法		89
	4.2.1	氨基酸定年	89
	4.2.2	黑曜石水合定年	99
4.3	火山灰年代学		100
4.4	生物定年方法		103
	4.4.1	地衣测年法	104
	4.4.2	树轮年代学	108

第5章 冰心

5.1	引言		110
5.2	稳定同位素分析		113
	5.2.1	水的稳定同位素：测量与标准化	113
	5.2.2	大气降水氧-18 含量	115
	5.2.3	冰心稳定同位素记录的影响因素	115
	5.2.4	氘过剩	121
5.3	冰心定年		123
	5.3.1	放射性同位素方法	123
	5.3.2	季节变化与期次事件	124
	5.3.3	理论模型	132
	5.3.4	年代地层学对比	133
5.4	冰心古气候重建		134
	5.4.1	格陵兰冰心记录	134
	5.4.2	南极洲冰心记录	140
	5.4.3	极地冰心记录的过去大气成分	146
	5.4.4	冰心的温室气体记录	148
	5.4.5	低纬冰心记录	153

第6章 海洋沉积

6.1	引言		158
6.2	海洋岩心生物物质的古气候信息		159
6.3	钙质海洋动物氧同位素研究		162
	6.3.1	海洋同位素组成	162
	6.3.2	氧同位素地层学	171
	6.3.3	轨道调谐	173
	6.3.4	轨道驱动：海洋记录证据	178
	6.3.5	海平面变化与 $\delta^{18}O$	179
6.4	相对丰度研究重建古温度		182
6.5	沉积物地球化学古温度重建		184
	6.5.1	烯酮重建古温度	184
	6.5.2	TEX_{86} 和长链二醇重建古温度	187

	6.5.3　IP$_{25}$ 和相关海冰指标	190
	6.5.4　Mg/Ca 比重建古温度	193
6.6	末次冰盛期（LGM）海洋状况	194
6.7	海洋沉积无机物的古气候信息	198
6.8	海洋温盐环流	202
	6.8.1　海洋示踪指标	205
6.9	大气二氧化碳变化：海洋的作用	210
6.10	气候突变	214
	6.10.1　海因里希事件	218
第7章	黄土	227
7.1	黄土-古土壤序列年代学	231
7.2	黄土-古土壤序列古气候意义	233
第8章	石笋	237
8.1	石笋同位素变化	239
8.2	石笋记录的热带和亚热带古气候变率	241
8.3	石笋与冰期终止	243
8.4	千年至百年尺度变化	246
8.5	晚冰期和全新世记录	247
8.6	最近 2000 年石笋记录	252
8.7	石笋生长期的古气候信息	255
8.8	石笋对海平面变化的指示	257
第9章	湖泊沉积	260
9.1	沉积学与无机地球化学	261
9.2	纹层	262
9.3	花粉、大化石和植硅体	265
9.4	介形类	265
9.5	硅藻类	266
9.6	稳定同位素	269
9.7	有机生标	274
第10章	其他陆相地质证据	279
10.1	引言	279
10.2	冰缘特征	279
10.3	雪线与冰川活动阈值	283
	10.3.1　雪线和平衡线高度（ELAs）的气候与古气候解释	285
	10.3.2　过去雪线的年龄	287
10.4	山地冰川波动	289
	10.4.1　冰川波动证据	290
	10.4.2　冰川前缘位置记录	291
10.5	湖面波动	294

10.5.1	水文平衡模型	296
10.5.2	水文-能量平衡模型	299
10.5.3	湖面波动的区域模式	299

第11章 昆虫及大陆地区的其他生物证据 304

11.1	引言	304
11.2	昆虫	304
11.2.1	鞘翅目化石古气候重建	306
11.2.2	水生昆虫古气候重建	309
11.3	植物大化石重建的过去植被分布	313
11.3.1	北极树线波动	313
11.3.2	高山树线波动	317
11.3.3	低树线波动与啮齿类粪堆	319
11.4	泥炭	323

第12章 花粉 327

12.1	引言	327
12.2	花粉分析基础	329
12.2.1	花粉粒特征	329
12.2.2	花粉产率与传输：花粉雨	330
12.2.3	化石花粉来源	331
12.2.4	样品制备	332
12.2.5	花粉分析：花粉图谱	332
12.2.6	花粉图谱分带	334
12.3	花粉雨对植被组成和气候的表征	334
12.3.1	现代花粉数据图	335
12.3.2	植被变化制图：等值线与等时线	338
12.3.3	植被对气候变化响应有多快？	342
12.4	基于花粉分析的古气候定量重建	344
12.5	第四纪花粉长记录的古气候重建	350
12.5.1	欧洲	351
12.5.2	哥伦比亚萨瓦纳-德波哥大	354
12.5.3	中美洲低地	356
12.5.4	亚马孙地区	358
12.5.5	赤道非洲和撒哈拉以南非洲	360
12.5.6	西伯利亚东北部	363

第13章 树轮 366

13.1	引言	366
13.2	树轮气候学基础	366
13.2.1	样本选取	368
13.2.2	交叉定年	370

  13.2.3 轮宽数据标准化 373
  13.2.4 分异 379
  13.2.5 树轮数据校正 380
  13.2.6 气候重建验证 386
 13.3 树轮气候重建 387
  13.3.1 北半球温度重建 388
  13.3.2 干旱重建 389
  13.3.3 大气环流模态重建 394
  13.3.4 野火与树轮气候学 396
 13.4 同位素树轮气候学 398
  13.4.1 $\delta^{18}O$ 和 $\delta^{2}H$ 398
  13.4.2 $\delta^{13}C$ 400

第14章 珊瑚 402
 14.1 过去气候的珊瑚记录 402
 14.2 珊瑚生长速率重建的古气候 407
 14.3 珊瑚释光 407
 14.4 珊瑚 $\delta^{18}O$ 408
 14.5 珊瑚 $\delta^{13}C$ 410
 14.6 珊瑚 $\Delta^{14}C$ 411
 14.7 珊瑚微量元素 411
 14.8 珊瑚化石记录 413

第15章 历史文献 416
 15.1 引言 416
 15.2 历史记录及其解释 417
  15.2.1 历史时期天气观测 421
  15.2.2 天气相关自然现象的历史记录 424
  15.2.3 物候与生物记录 428
 15.3 历史记录的区域研究 433
  15.3.1 东亚 434
  15.3.2 欧洲 437
 15.4 气候驱动因素的记录 439
 15.5 最近1000年气候范式 442

附录A 放射性碳定年进阶 446
 A.1 放射性碳年龄计算与标准化程序 446
 A.2 分馏效应 447

附录B 古气候学互联网资源 450

参考文献 451

索引 556

第1章 古气候重建

1.1 引 言

古气候学是研究器测记录之前的气候的学科。器测记录仅占地球气候历史极短的一段（<10^{-7}），根本不足以提供认识现今气候变化和气候趋势的恰当视角。研究自然现象可以了解更长时期的气候变化，这些现象与气候相关，且这种关联性已内置于其结构之中。这些现象提供了气候的代用指标记录，正是这些自然档案代用指标的研究构筑了古气候学的根基。随着详尽可靠的过去气候变化记录的积累，气候变化的原因和机制日渐明晰。事实上，许多自然档案还提供了过去气候驱动力（可能导致气候变化的因素）的记录。因此，古气候数据为重建过去气候并检验有关气候变化原因的假说提供了依据。而一旦明确了过去气候变化的原因，预测未来气候变化就有了坚实的基础（Bradley and Eddy，1991；Alverson et al.，1999，2003；Bradley，2008）。

研究过去气候首先必须了解可获取的代用指标数据类型和数据分析方法，必须清楚每种方法的局限性及每种方法隐含的假设。在此前提下，才有可能将多种证据集成为过去气候变化的综合图像，进而检验有关气候变化原因的假说。本书介绍了不同类型的代用指标数据，以及这些数据是如何用于古气候重建的。本书虽然是从方法论角度组织的，但通过对各领域重要进展实例所做的讨论，也勾勒出了第四纪时期（最近260万年）气候记录的轮廓。更早期的气候可以通过本书讨论的某些方法（尤其是第6、7和9章中的方法）加以研究，但时间前溯得越远，定年、保存、扰动以及解释等方面的问题也就越多。有关更长时间尺度气候的详细讨论，读者可参阅Frakes等（1992）、Huber等（2000）、Cronin（2009）和Bender（2013）。

第四纪是环境发生重大变化的时期，变化可能比过去6000万年里的其他任何时期都要大（图1.1）。从富含碳酸盐的深海沉积中提取的氧同位素记录，为全球气候刻画了长尺度变化图景，因为$\delta^{18}O$主要是深层水温度和全球冰量的指标（见第6章6.3节）。约3400万年前，各大陆都没有冰川，因此$\delta^{18}O$记录反映深海温度，从约12℃（古新世-始新世最热期，the Paleocene-Eocene thermal maximum，PETM）变为晚始新世的约4℃。冰盖最先形成于约3400万年前（在南极洲），此后$\delta^{18}O$信号受冰量变化效应的控制。更新世时期冰盖增长最快，当时两半球都形成了大规模大陆性冰盖。所有这些变化反映了多种因素的共同作用：大陆位置的长期变化（影响甚至改变大陆加热和降水模式以及大洋环流模式）；造山运动（影响大气环流，通过风化过程影响大气成分，并为积雪提供高海拔区）；地球轨道位置相对于太阳的变化（影响太阳辐射的季节和地理分布；见第2章2.6节）；以及大气化学变化，尤其是温室气体二氧化碳的浓度变化（Zachos et al.，2001，2008；Pagani et al.，2005；DeConto et al.，2008）。因此，海洋沉积记录揭示了一幅长时间尺度地球气候演变的神奇画

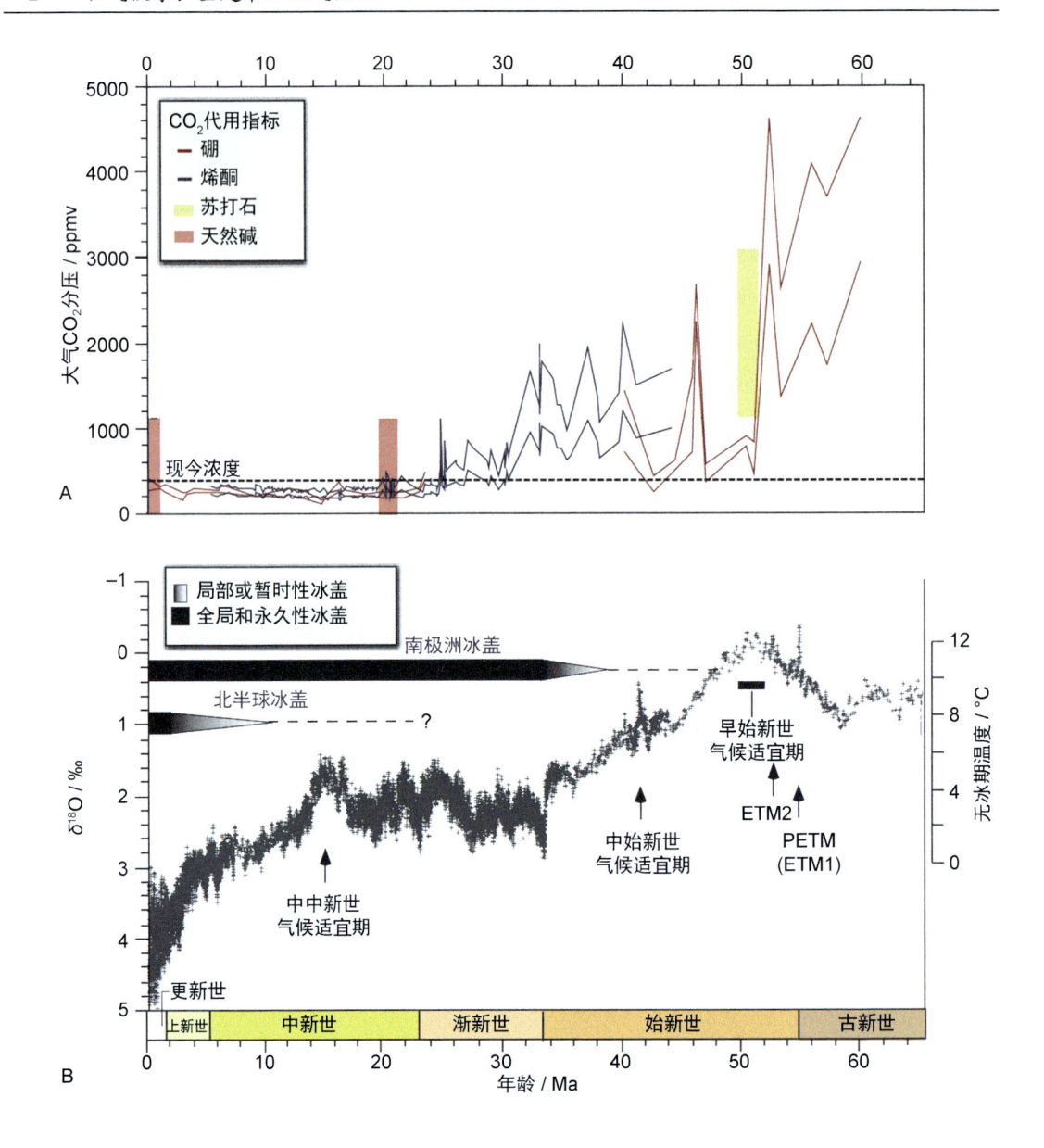

图 1.1 过去 6500 万年大气 CO_2 浓度和全球气候的演化历史。A. 基于海洋和湖泊代用指标记录绘制的新生代大气 CO_2 分压（pCO_2）变化，上、下彩色线条表示代用指标烯酮和硼的误差范围，现今 CO_2 浓度 400 ppmv[*]示于图中。B. 深海底栖有孔虫氧同位素集成曲线（5 点滑动平均）表示的同一时期气候，右轴 $\delta^{18}O$ 温度标尺假定海洋无冰，因此仅适用于南极洲大规模冰川形成之前的时期（约 3500 万年前）。该图清晰地显示长达 200 万年的早始新世气候适宜期、较短暂的中始新世气候适宜期以及非常短促的早始新世极热期——PETM［也称为始新世最热期 1（Eocene thermal maximum 1，ETM1）］和始新世最热期 2（ETM2，也称为 ELMO）。引自 Zachos 等（2008）。

---

[*] ppmv 表示百万分之一的体积比，1 ppmv = 1 μl/L。——译者

卷。本书的重点是这一记录中最新的一段——被称作第四纪的最近 260 万年（Head et al.，2008）。正是在这一时期，海洋和大陆档案都拥有年代明确且未经扰动的记录，为阐明地球气候演变、理解其中的驱动因素和反馈过程提供了丰富的信息来源。了解第四纪时期的气候波动和变化，对于理解当代自然环境的诸多特征、全面认识现今气候都十分必要。今天，人类对大气圈、生物圈和陆地水文的影响已经达到了临界点，人为营力的强度已可与过去塑造地球历史的自然地质营力相提并论，据此有学者认为我们已经进入一个新的、不确定的时代——人类世（Crutzen，2002；Crutzen and Steffen，2003；Ruddiman，2003，2007）。因此，要了解未来气候如何变化，首先必须将控制气候变化的自然因素与人为影响分开。

气候系统的不同组成部分以不同的速率发生变化并对外部驱动因素做出响应（见 2.2 节）。为了理解这些组成部分在气候演变中所起的作用，必须获取比它们发生显著变化所需时间更长的记录。例如，大陆冰盖的增长和退缩可能需要数万年，为了理解导致这种变化的因素（以及之后地表变化对全球气候的影响），必须获取比冰冻圈（雪和冰）变化历时更长的记录。此外，由于全球冰盖的增长和退缩至少在晚第四纪时期呈现准周期性，因而要确定诱发因素并理解这些因素在现今气候中如何起作用，就必须获取比这一周期平均时长（10^5 年）长得多的记录。因此，要理解现代气候以及气候波动和变化的原因，至少需要包含晚第四纪时期的详细的古气候记录（Kutzbach，1976；Wunsch，2003；Huybers and Curry，2006）。另一方面，如果对气候的自然变率认识不足，那对人类影响气候的程度就难以做出恰当评估。计算机模型可以模拟随着大气温室气体浓度升高气候变化的时空格局，这提供了一个预期气候变化的"靶标"，可用于对比现代观测结果。如果气候系统在向着这一靶标演变，那就可以说人类影响气候的效应已在全球范围显现（Santer et al.，1996）。然而，除非自然变率能够在模型模拟中得到完全表达，否则它就可能会与这些人为影响效应混淆。无论人类对气候的影响有多大，这些影响都会叠加在"自然"气候变率这一基本背景之上并与之相互作用，而自然气候变率因受不同因素驱动会在所有时间尺度上发生变化。古气候研究对于理解气候系统变率及其与驱动机制和可能放大或抑制特定驱动直接效应的反馈之间的关系都是极其重要的。从古气候记录中可以清楚地看出，全球气候系统在过去一些时期曾发生过突变（National Research Council，2002；Alley et al.，2003）。显然，只要超过临界阈值，就会产生非线性响应。目前，我们对这些阈值的认识还远远不够，对气候系统中的人为变化是否会越过阈值也没有把握，而一旦超越阈值可能就意味着未来的气候状态将发生巨变（Broecker，1987，1997）。只有对过去发生的类似事件进行深入研究，才有可能全面理解人类对气候系统影响所引发的未来全球变化的潜在危险。

1.2 古气候信息来源

过去气候状况的证据通常会保存在自然档案中，这包括海洋和湖泊沉积、黄土、冰川、洞穴沉积（石笋）和亚化石生物材料以及地貌现象（冰川沉积、侵蚀特征、古土壤和冰缘现象），这些档案提供的材料可作为过去气候状况的间接指示或代用指标。理论上，这些气候代用指标记录都含有某种气候信号，但信号可能相对较弱，且混杂于其他（非气候）影响因素产生的大量无关"噪声"中。代用指标材料起着过滤器的作用，可将某个时间点或某段时间内的气候信号转变为或长或短的持久记录，但记录很复杂，且包含了很多对古气候学家而言毫不相干的其他信号。

要从代用指标数据中提取古气候信号，首先必须对记录进行解译或校正。校正是根据现代气候记录和代用指标材料的关联分析，明确代用指标材料如何以及在多大程度上与气候变化相关，其前提是假定现今观测到的气候-代用指标关系在整个研究时段一直存在并保持不变（均变论原理）。因此，所有的古气候研究都是以现今自然现象中的气候关联性研究为基础。例如，树轮气候学研究得益于气候-树木生长关系的大量分析，这使得树轮气候模型能够建立在牢固的生态学理论基础之上（第 13 章）。现代气候与现代花粉雨关系的诸多新认识，也促成孢粉学研究取得重要进展（第 12 章）。因此，合乎需要的现代数据库以及对气候系统现代过程与代用指标关系的理解，显然是可靠的古气候重建的重要前提（Evans et al., 2013）。然而，并非所有的过去环境状况都会在现代过程中重现。冰期和冰后期早期就存在这种情况，这对现代相似型方法提出了挑战。因此，必须注意到，当过去的状况在现代过程中没有相似型时，利用现代气候-代用指标关系进行古气候重建可能会产生错误的结果（Sachs et al., 1977；Jackson and Williams, 2004；Williams and Jackson, 2007）。运用多个校正方程加以处理，有可能检测出这样的时段并避免产生相关的错误（Hutson, 1977；Bartlein and Whitlock, 1993；另见第 6 章 6.4 节）。

表 1.1 列出了现有气候代用指标数据的主要类型。每项证据在空间范围、适用时段以及在时间上精确分辨气候事件的能力等方面都有所不同。例如，海洋沉积岩心可以从 70% 的地球表面获取，并且可以提供数百万年连续的气候代用指标记录。然而，这些记录难以精确定年，定年误差通常为样品真实年龄的 1%（因此误差范围的绝对值随样品年龄增大而增大）。海洋生物活动引起的沉积物混合（生物扰动）加之通常较低的沉积速率，也使得从开阔海洋获取分辨率优于 200 年的样品（取决于岩心深度）非常困难。如此之大的最小采样间隔，意味着大多数海洋沉积研究的价值在于低频（长期）古气候信息（$5 \times 10^2 \sim 10^4$ 年；见第 6 章）。然而，近年来沉积速率较大的区域（可提供高分辨率数据）成为重大海洋钻探项目关注的焦点（Kemp, 1996；Lückge et al., 2001）。这些区域的沉积物能够记录十年至百年尺度的气候变化（如 Keigwin, 1996），特殊情况下甚至可以到年际尺度（如 Hughen et al., 1996；Risebrobakken et al., 2003）。相比之下，大部分陆地（热带以外）的树轮能够精确测定到年，并且可以提供持续时间长达上千年的连续记录（如 Naurzbaev and Vaganov, 2000；Salzer and Hughes, 2007）。树轮的最小采样间隔为 1 年，主要提供高频（短期）古气候信息（第 13 章）。表 1.2 给出了这些以及其他古气候数据来源的主要特征。代用指标数据对古气候重建的价值取决于最小采样间隔和定年分辨率，因为正是这些从根本上限定了每类记录可获取细节的程度。目前，年至季节分辨率、时间跨度为 $10^1 \sim 10^3$ 年的气候波动记录来自冰心、珊瑚、纹层沉积、树轮和部分石笋（第 5、8、9、13 和 14 章）。纹层沉积物的花粉分析可以提供年际分辨数据，但花粉本身可能是之前多年花粉雨的混合物（Jacobson and Bradshaw, 1981）。在更长时间尺度（$>10^6$ 年）上，黄土和海洋岩心提供了目前最好的记录，不过在第四纪早期其分辨率可能降低到正负数千年。历史记录在某些地

区能够提供长达上千年的年际（或年内）分辨数据，但目前仅有个别地区最近数百年的数据见诸报道（第15章）。

表1.1 古气候重建代用指标数据的主要来源

地质来源
    海洋(海洋沉积岩心)
        生物成因沉积(浮游和底栖生物化石)
            氧同位素组成
            动物和植物种群丰度
            微量元素(如Mg/Ca)
            有机生标(如烯酮和TEX_{86})
        无机沉积
            陆地(风成)粉尘和冰筏碎屑;粒度
            元素比值(如Pa/Th)
    陆地
        石笋(稳定同位素组成和微量元素成分)
        冰川沉积物和侵蚀特征
        湖泊沉积物和侵蚀特征(湖岸线)
        风成堆积物(主要为黄土；含残留沙丘)
        冰缘特征
        海岸线(全球海平面变化和冰川性全球海平面变化特征)
        成壤特征(残留土壤)
冰川(冰心)来源
    地球化学(主要离子；氧同位素和氢同位素)
    气泡气体成分和气压
    微粒含量和元素成分
    物理特性(如冰组构、钻孔温度)
生物来源
    树轮(宽度、密度和稳定同位素组成)
    花粉(类型、相对丰度和/或绝对浓度)
    湖泊沉积硅藻类、介形类和其他生物(组合、丰度和地球化学，包括有机生标)
    昆虫(组合特征)
    珊瑚(地球化学、荧光和生长速率)
    植物大化石(年龄和分布)
    现代种群分布(避难所和动植物残遗种群)
历史来源
    环境指标(类气象现象)文字记录
    物候记录

表 1.2 自然档案特征

档案	最小采样间隔	时间跨度 / 年	潜在信息
历史记录	日/时	约 10^3	T、P、B、V、L、S
树轮	年/季	约 10^4	T、P、B、V、S
湖泊沉积	年（纹层）至 20 年	约 $10^4 \sim 10^6$	T、B、M、P、V、C_w
珊瑚	年	约 10^4	C_w、L、T、P
冰心	年/季	约 10^6	T、P、C_a、B、V、M、S
花粉	20 年	约 10^6	T、P、B
石笋	年	约 5×10^5	C_w、T、P、V、B
古土壤	100 年	约 10^6	T、P、B
黄土	100 年	约 10^6	P、B、M
地貌特征	100 年	约 10^6	T、P、V、L、P
海洋沉积	100 年[a]	约 10^7	T、C_w、B、M、L、P、S

注：T. 温度；P. 降水、湿度或水量平衡（P–E）；C. 空气（C_a）或水（C_w）的化学成分；B. 生物量或植被格局信息；V. 火山喷发；M. 地磁场变化；L. 海面；S. 太阳活动。

a 极少数情况下为 ≤10 年。

引自 Bradley 和 Eddy（1991）。

由于自然档案本身固有的属性，古气候记录往往存在频率关联性，这使得在某些频段上无法进行古气候重建。由于沉积速率低，加之生物扰动，海洋沉积通常具有很强的红噪声谱，其大部分变化为低频波动。另一方面，树轮很少提供低频（即大于数百年）信息，而利用生物生长函数去除树轮生长趋势（古气候分析必要的前提条件），实质上就是从原始数据中滤除此类低频成分。所有古气候记录都存在与频率相关的某种偏向，要有效使用原始数据，必须明确此类偏向。

并非所有的古气候记录都能敏感地指示气候突变，气候现象可能会滞后于气候扰动，因而在古气候记录中突变会表现为渐变。不同的代用指标体系对气候具有不同的响应惯性，因此某些指标体系可随气候变化发生同步变化，而另一些指标体系却可能滞后数百年之久。这不是简单的定年精度问题，而是代用指标体系的基本属性使然。例如，某些地区的冰川可能在气候发生变化数十年后才会前进或后退，而同一冰川体的冰心记录可能会立刻捕捉到气候变化信号（通过氧同位素或冰川化学）。花粉（来自植被）一直被视为过去气候变化的指示，但并非所有种类的植物都以相同的速率响应气候突变，因此很难根据花粉指标评估气候变化的速率。有些植物可能需要数百年的时间适应气候的突然变化，而另一些地区的植被却能对气候突变做出快速响应（参见 Williams et al., 2002；Birks and Birks, 2008）。由于昆虫种群活动性强且对温度波动十分敏感，昆虫遗骸化石（湖泊沉积和泥炭堆积中）可以提供宝贵的气候变化佐证（见第 11 章 11.2 节）。但是，尽管生物对气候突变响应迅速，湖泊和海洋沉积中的生物扰动还是会模糊沉积记录，从而掩盖气候变化的突发特征。

就代用指标数据的分辨率而言，还有一点值得注意：并非所有的数据源都能提供连续的记录，某些现象提供的是不连续或片段的信息。例如，冰川前进会留下前期冰川范围的地貌学证据（冰碛、冰川修剪线等），但这些现象反映的是时间上不连续的事件，是冰进之前气候环境共同作用的结果（第 10 章 10.3 节）。这样的沉积物对冰川退却毫无指示意义。此外，大的冰进会抹去先前小冰进的证据，因此地貌记录很可能既不连续也不完整。连续的古气候记录研究有助于正确审视此类片段信息，正因如此，连续的海洋沉积记录通常被用作陆地长期气候变化序列的年代和古气候参考框架（如 Kukla，1977）。但这并不意味着全球不同地区冰盖的增长和退缩是同步的，实际上，大量证据表明情况的确并非如此。

以上讨论的重点一直是过去气候变化的古记录（即气候系统对某些外部或内部驱动的响应）。但是，古记录也可以提供有关过去驱动因素特性的关键信息。例如，冰心中的非海盐硫酸盐源于火山喷发产生的酸性沉降物，表明冰心记录了大规模爆发式火山喷发事件。冰心的 ^{10}Be 记录提供了过去太阳活动变率的证据，而粉尘含量记录揭示了过去大气浊度的变化。具有重要辐射效应的温室气体（CO_2、CH_4 和 N_2O）的变化，也被冰心气泡记录在案。这些记录对于理解过去气候变化的主要驱动因素、确定未来环境变化的后果都具有非常重要的价值。

对于所有的古气候记录，精确定年至关重要。没有精确定年，就不可能确定气候事件是否同步发生、某些事件是否超前或滞后其他事件。而这又是理解过去全球变化本质的基本前提（第 3 章和第 4 章）。在评估过去环境变化发生的速率时，尤其是在考虑高频、短期气候变化的情形下，精确定年是必不可少的，尽管此类事件的持续时间可能小于许多定年方法的正常误差。

1.3 古气候分析层级

古气候重建需要经过多个阶段或分析层级。第一阶段是数据收集阶段，通常包括野外工作和最初的实验室分析测试，以获取原始数据或 1 级数据（参见 Hecht et al.，1979；Peterson et al.，1979）。测量树轮宽度或海洋岩心有孔虫同位素含量，就是获取原始数据的实例。第二阶段，是对 1 级数据进行校正，并将其转换为古气候估值。校正可能是纯定性的，包括对原始数据代表什么（如"温暖""湿润""凉冷"状况）的主观评估；也可能通过明确并可重复的程序，获得古气候的定量估值。这些推导出来的数据，即 2 级数据，提供了特定地点的气候变化记录。例如，利用现代气候数据与现代树轮宽度的相关关系建立校正方程，可以将高山或北极树线附近地点的树轮宽度转换为该地的古温度记录（见第 13 章）。不同的校正程序可能会给出不同的古气候重建结果，因此，对校正程序以及其中的误差进行严格评估是非常必要的。

数据也可以用来制图，以提供特定时间古气候状况的区域集成。与任何单个 1 级或 2 级数据集相比，这种集成使我们对以前的环流模式有了更加深入的认识（如 Mann et al.，2009）。在某些情况下，2 级数据的三维数组（即古气候估值随时间变化的空间模式）已经被转换为客观导出的统计简化变量。例如，过去 300 年来美国东部干旱的空间格局（基于 1 级树轮数据）被转换为少数几个主成分（特征向量），这些主成分解释了 2 级数据集的大部分方差（Cook et al.，1992a）。特征向量表明，存在少数几个能够表征数据的干旱模式或模态。根据此类分析得出统计数据，是古气候分析的第三层级（3 级数据）。

大多数古气候研究主要涉及单个地点的 1 级数据和 2 级数据，不过区域集成研究也越来越普遍（如 Wright et al.，1993 各章）。在更大尺度、半球或全球尺度上，有关过去特定时段的气候空间格局已有一些重要研究，例如，CLIMAP 和 COHMAP 对末次冰盛期（last glacial maximum，LGM）及 18000 年前至今的 3000 年间隔海洋和陆地气候状况重建（CLIMAP，1976；COHMAP，1988；Webb et al.，1993a）。之后，还有其他有关 LGM 以来特定时段的大尺度集成和模型模拟（PMIP；Prentice et al.，2000），以及有关 LGM 地表状况的进一步研究（如 EPILOG、GLAMAP 和 MARGO）（Mix et al.，2001；Pflaumann et al.，2003；Kucera et al.，2005a，2005b）。此类集成研究，使得大气环流模型在不同边界条件和不同驱动机制下模拟气候的能力得到严格检验。为了理解人为温室气体开始超过自然驱动机制前的气候状况，也有学者试图重建距今更近时段的大尺度气候格局（如 Mann et al.，2009）。

1.4　古气候的模拟研究

虽然本书的重点是自然档案研究，但必须指出，古气候研究也包括气候系统数值模型的应用，这些模型以现代环境模拟为基础，也可用于边界条件与现今不同的地质时期。研发气候系统模型的动力，主要来自对人类活动引起的大气微量（温室）气体增加及其社会后果的担忧。通常情况下，全球大气环流模型（general circulation models，GCMs）首先以工业化前的 CO_2 浓度来运行，然后输入较高的 CO_2 浓度以检测预期结果（平衡模拟）。或者，也可以通过缓慢增加 CO_2 直至达到 2 倍 CO_2 浓度，来逐步运行模型（瞬变模拟）。许多不同的模拟研究团队都在开展此类模拟试验，这些模拟研究已成为政府间气候变化专门委员会（the Intergovernmental Project on Climatic Change，IPCC）评估人为增加温室气体的可能后果的基础（如 Meehl et al.，2007）。然而，这些模型有多可靠？它们也许能够非常好地模拟现代气候状况，但怎么知晓它们也能可靠地模拟与现今不同的未来气候状态（Trenberth，1997）？针对这些担忧，一种广为采纳的方法是，使用相同的模型模拟过去的气候（Braconnot et al.，2012）。如果模型能够重现已知曾经发生的（即基于古数据重建的）气候状况，那对模型模拟未来（未知）气候的能力就会有更大的信心。过去十余年，这一逻辑促进了古气候模型的研发，而且相关模拟试验还有许多意外的收获（Schmidt，2010）。模型使我们在相当程度上认识了气候系统对不同驱动因素的敏感性，这些驱动因素曾经影响着地质时期的气候系统（如 Shindell et al.，2001；Chiang et al.，2003；Vettoretti and Peltier，2004；Ammann et al.，2007；LeGrande and Schmidt，2008；Otto-Bliesner et al.，2009）。模型也有助于解析气候系统的不同子系统（大气、生物圈、冰盖、地表和深海）之间在不同时期通过正反馈或负反馈产生的相互作用（Bonfils et al.，2004；Braconnot et al.，2007）。此外，包含陆地和海洋生物地球化学的复杂模型模拟已经司空见惯，因而可以直接从模拟中获得古气候档案检测到的部分相同参数。例如，一些 GCMs 在模拟水循环的每次相变中，都采用适当的分馏系数计算每种库（水汽、降水、冰、地表水和地下水）中的同位素质量（Jouzel et al.，1991，1994；Joussaume and Jouzel，1993）。这种"正向建模"方法可以在模型模拟的同位素与冰、沉积物、生物质、石笋等"拟代用指标记录"的同位素之间进行直接对比,从而比对模拟结果和自然档案的实测值。模型模拟表明,现代温度与氧同位素之间的空间关系并非随时间保持恒定,水汽传输路径的变化以及随之产生的同位素分馏对古气候档案记录的降水同位素组成具有显著影响(LeGrande and Schmidt, 2009; Lewis et al., 2010; Sturm et al., 2010)。例如,Charles 等(1994)利用 GCM,对自 LGM 至今格陵兰降水的源区变化进行了研究。现代(控制)模拟表明,格陵兰降水的 26%来自北大西洋(30°～50°N)、18%来自挪威-格陵兰海、13%来自北太平洋。LGM 时期,这 3 个数值依次变为 38%、11%、15%。然而,LGM 时期,由于劳伦泰德冰盖周围风暴路径的移动,格陵兰北部有更多水汽来自北太平洋,而格陵兰南部的大部分降雪来自北大西洋水汽源。由于太平洋气团经过的路径更长(且更冷),太平洋水汽在格陵兰形成的降雪 $\delta^{18}O$ 比北大西洋水汽源轻得多(低～15‰)。Charles 等(1994)指出,假定格陵兰岛的温度保持不变,仅仅水汽源从单一北大西洋水汽变为北大西洋和北太平洋 50∶50 的混合水汽,降雪 $\delta^{18}O$ 变化就可达 7‰,与 GISP2/GRIP 冰心 $\delta^{18}O$ 晚冰期大幅振荡值相当。这就引出了一种耐人寻味的可能性:格陵兰岛冰心记录的 $\delta^{18}O$ 突变可能与风暴路径变化有一定关系,而非大尺度(半球性)温度变化所致。

诸如此类的研究具有双重优点,既拓展了我们对过去气候变化幅度和复杂性的认识,又提高了 GCMs 模拟未来气候的可靠性。这并非可有可无的学术操练。冰心记录的冰期-间冰期大气 CO_2 和 CH_4 浓度变化,就与 20 世纪人类活动引发的变化具有相同的幅度(不过人为变化要快得多)。总之,古环境数据和数值模拟有助于评估过去已知的变化,并明确那些与理解未来温室气体影响直接相关的反馈和系统响应过程(Bradley et al., 2003a; Raynaud et al., 2003)。

第 2 章 气候与气候变化

2.1 气候与气候变化的性质

气候是日常天气事件的统计学表达，简言之，气候就是天气预期。显然，就特定地点而言，某些天气事件会很常见（或高概率），这些事件就接近天气事件分布的集中趋势或平均值。其他类型的天气会更为极端而少见，事件越极端，反复发生的可能性就越低。这类极端事件往往出现在表征特定气候的天气事件分布的边际。气候参数的总体分布界定了当地的气候变率。如果在一定时间内观测同一地区的温度，其实测值的统计分布则反映当地的地理环境（与太阳辐射接收量、大陆度和海拔有关）和区域天气模式的相对频率及相关的环流状况。如果观测时间足够长，就可以用均值和方差来表征当地的温度。同样，对降水、相对湿度、太阳辐射、云量、风速和风向等其他气象参数的观测，将有助于获得对当地气候更加全面的认识。然而，此类统计的背后是时间要素。要获得特定地点的可靠气候图像，应该观测多长时间？世界气象组织倡议，采用 30 年作为表征气候的标准时段（World Meteorological Organisation，2007；Arguez and Vose，2011）。采用一个标准的参照时段是必要的，由于界定一个地区气候的统计数据可能随时间发生变化，因此，在严格意义上，常常需要根据统计时段对气候加以定义。近年的全球变暖研究以 1951~1980 年或 1961~1990 年气温平均值作为背景来解析全球温度变化（如 Hansen et al.，2012），但古气候研究大多以年代更早的气候数据作为参考。这在将晚近地质时期相当和缓的气候变化（或全球大气环流模型模拟结果）与"现今"气候进行比较时，显得尤为重要，因为大多数地区过去 30 年都比之前的数十年更加温暖；事实上，在全球范围内 1981~2010 年都是最近 1000 年中最温暖的 30 年（Mann et al.，1999）。这方面的问题在处理降水时更加突出，因为一个 30 年的气候平均态与另一个 30 年可能迥然不同（Bradley，1991）。因此，气候变化只能基于某个特定时段加以表达，此外没有更简单的方式来对不同的气候重建结果进行恰当对比。

气候可能以不同的方式发生变化，图 2.1 给出了一些示例。气候变化可以是周期性的（因而是可预测的），准周期性的（从最宽泛的角度看可预测），或是非周期性的。在某些情形下，集中趋势（均值）可以保持总体稳定，或者呈现趋势性变化或从一种均值到另一种均值的脉动式变化（Hare，1979）。这些变化在时间序列上似乎是随机的，但这未必意味着变化是不可预测的。例如，许多研究表明，气候突变往往是由大型爆发式火山喷发引起的（如 Bradley，1988）。因此，类似火山喷发的气候效应就可以进行预估。例如，Hansen 等（1996）应用全球大气环流模型估算了 1991 年皮纳图博火山（菲律宾）喷发引发的温度变化，结果与火山喷发后数年间观测到的温度变化基本一致。此类研究表明，即使火山喷发本身是非周期性的，但在某些情形下仍可对其气候效应做出可靠预测。

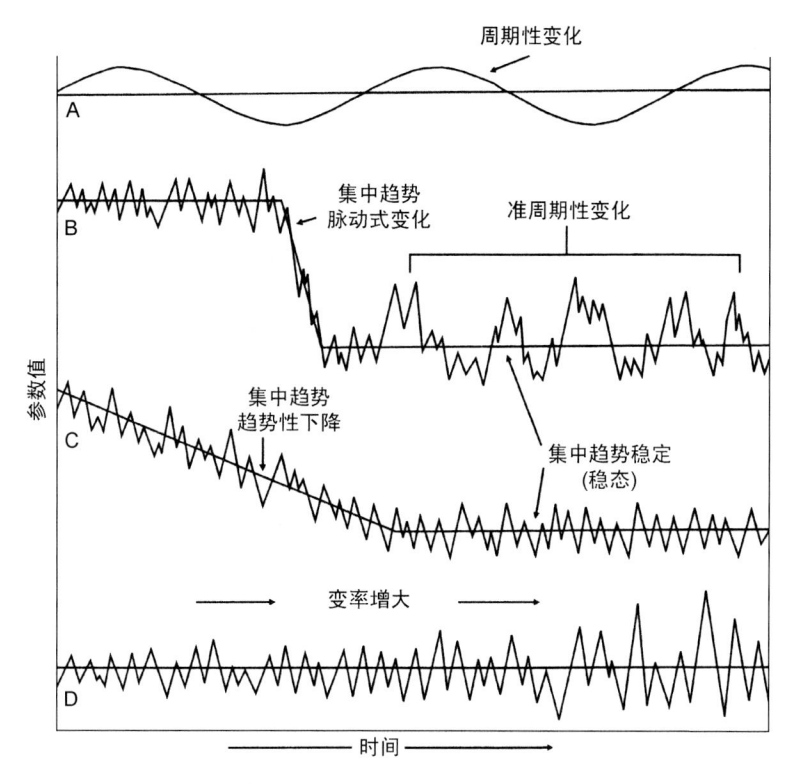

图 2.1 气候变化与变率示例。引自 Hare（1979）。

气候系统变率的一个重要方面是非线性反馈，即当干扰超过某个临界阈值，系统就会发生极端变化。海洋温盐环流便是一例：当北大西洋近表层水的盐度-密度平衡受到干扰而超过某一临界点，环流就会停止运转，直到盐度升高致使海水密度诱发的水柱翻转得以恢复（见第 6 章 6.8 节）。

最后，气候变化可能表现为集中趋势值不变但变率增大，不过变率的变化通常都会伴随着总体均值的变化。在气候问题日益严峻的当今世界，气候变率成为气候的一个极其重要的特征。每年异常天气事件（气候序列中的极端事件）都会导致数十万人死亡，并对经济和社会造成不可估量的损失。如果气候变率增大，那么突发事件将更有可能发生，社会和政治体系承受的压力也将增大。高分辨率古气候数据将有助于理解气候变化的这一重要方面。

基于上述讨论来考察气候变化一词是恰当的。显然，气候可能在不同的时间尺度上以不同的方式发生变化。在古气候研究中，气候变化可能表现为一个时期与另一个时期在平均态上的显著差异。假如有足够的详细信息和年龄控制，就可根据相关时段的统计数据估算气候变化的显著度。如果两个时期的气候状况明显不同，就意味着两者之间存在一个过渡阶段，其中气候趋势或升或降，或围绕集中趋势呈脉动式变化（图 2.1）。许多古气候记录好像是为不同气候模态的存在提供实证，其中短期变化基本上是随机的（任意的）。短暂的气候快速、阶段性变化时段似乎将那些看似稳定的片段分开了（Alley et al.，1997c）。间断地层的数千个 ^{14}C 年龄分析（以西欧花粉记录为主，包括其他地区的数据）为这一观点提供了支持（Wendland and Bryson，1974）。某些时段十分突出，已成为全球范围环境变化

的特征时段[①]（图2.2）。广泛分布的间断暗示着突然且全球同步的气候变化，这可能是某些

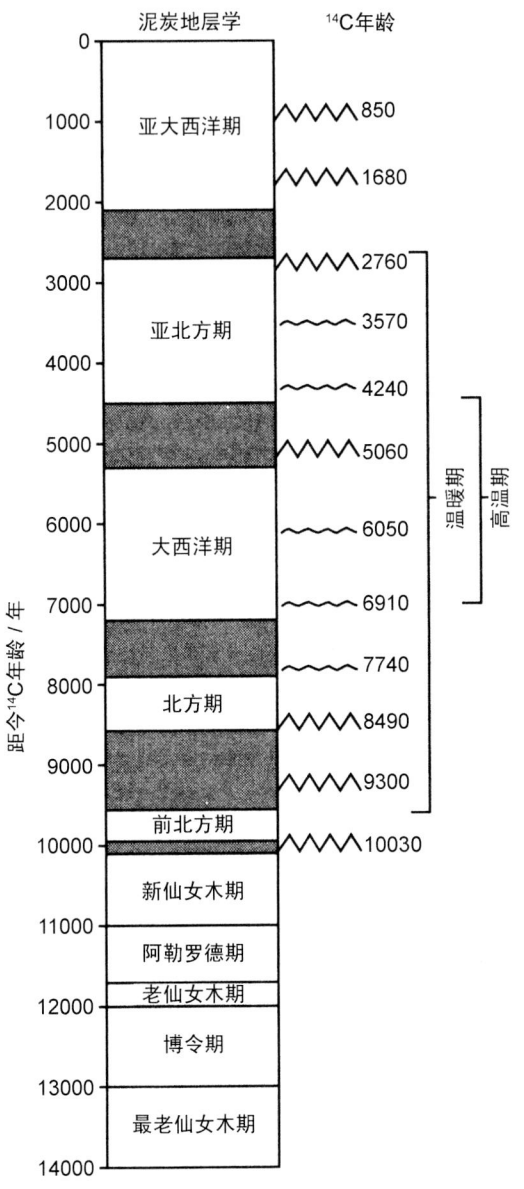

图2.2 间断地层古环境（以植物为主）记录（数据来源于Wendland and Bryson，1974）的800余个 ^{14}C 测年数据揭示的"气候间断"。主要和次要间断分别以大小锯齿线表示。温暖期和高温期的时限引自 Deevey 和 Flint（1957）。欧洲泥炭地层学划分的 Blytt-Sernander 方案建立于 ^{14}C 定年技术诞生之前，是根据与气候相关的泥炭发育变化提出的。现在的放射性碳年龄测定表明，这些界线年龄并不准确，但变化处于所示范围之内［基于 Godwin（1956）及 Deevey 和 Flint（1957）的总结］。泥炭地层的实体分析表明，"经典"的泥炭地层学分段总体上并不具有区域意义（除距今约2500年前的亚北方期-亚大西洋期过渡期外）（Birks and Birks，1981）。尽管如此，这些年代地层单位（大西洋期、亚大西洋期等）即使在气候学和年代学意义上定义含糊，但仍被普遍用于标记特征时段。晚冰期/早全新世年代地层单元引自 Mangerud 等（1974）。

---

① 如第3章所述，大气 ^{14}C 含量变化可能造成貌似快速变化的时期，因为事实上发生时间不同的事件在 ^{14}C 定年中可能是等时的。Wendland 和 Bryson（1974）指出，这种效应可能会对变化模式产生影响。

大尺度驱动造成的。其中，距今 2760～2510 年前的时段（亚大西洋期起始期）在花粉和考古序列中尤其突出，被视为环境和文化演变的重要时期，但其变化原因尚不清楚（尽管通常认为是太阳驱动）。另外，越来越多的证据表明，大约 4200 年前许多地区的气候都发生了变化，并产生了重大社会影响（Dalfes et al., 1997; Weiss and Bradley, 2001）。此类变化会对整个环境系统造成巨大压力；随着世界人口以约每 15 年增加 10 亿的速度持续增长，了解此类变化的原因显得越来越重要（Rockström et al., 2009）。未来气候系统的突然扰动将产生严重的社会、经济和政治后果（Parry et al., 2007）。

2.2 气候系统

通常认为气候只是某段时间大气环流的函数，但这容易忽略决定特定区域气候的因素的复杂性。气候是多个不同子系统——大气、海洋、生物圈、陆面和冰冻圈之间各种相互作用的结果，这些子系统共同构成了气候系统。每个子系统都以某种方式与其他子系统发生耦合（图 2.3），因而一个子系统的变化可能引起其他子系统变化（2.3 节）。在这 5 个主要子系统中，大气最容易发生变化。大气热容量低（比热低），对外部驱动响应最快（约 1 个月或更短）。通过界面（大气边界层）能量交换以及通过影响大气成分的化学相互作用，大气与气候系统的其他组成部分发生耦合（Overpeck et al., 2003; Pedersen et al., 2003; Raynaud et al., 2003）。直到最近，对冰冻荒原冰心的研究才使得考察大气成分和浊度的长期变化成为可能（Lambert et al., 2008; Loulerge et al., 2008; Lüthi et al., 2008; Bigler et al., 2009; Wolff et al., 2010b; Abbott and Davies, 2012）。这些变化极其重要，因为它们可能是过去气候变化的根本原因。

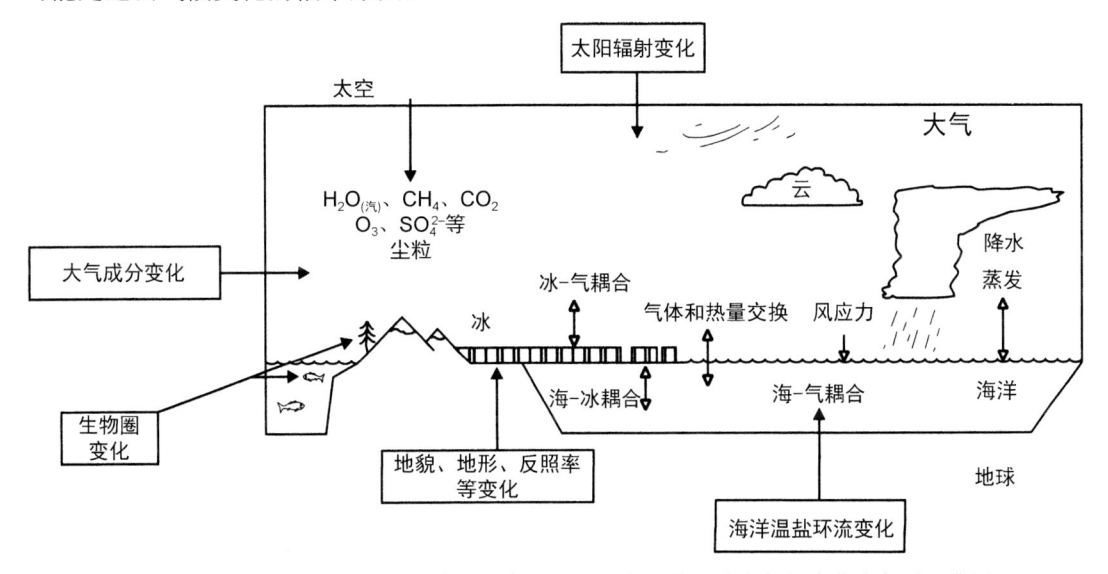

图 2.3 气候系统主要组成部分示意图。各组成部分之间的反馈在气候变化中起重要作用。

海洋是气候系统中响应过程比大气缓慢得多的组分。海洋表层对外部驱动响应的时间尺度为数月至数年，而深海的变化更慢，发生重大变化可能需要数个世纪。由于水的热容量比空气高得多，因此海洋储存着大量能量，对温度的大幅度季节变化具有缓冲作用。在大尺度上，这一点体现在北半球和南半球温度季节变幅的差异上（表2.1）。在较小尺度上，离海远近是影响区域气候的一个主要因素，其至可能是除纬度和海拔之外最重要的一个因素。

表2.1 平均温度（℃）与温差

	极端月份		年
A 地表			
北半球	8.0（1月）	21.6（7月）	15.0
南半球	10.6（7月）	16.5（1月）	13.4
全球	12.3（1月）	16.1（7月）	14.2
B 对流层中部（300～700 mb 大气层）			
平均温度			
赤道	−8.6	−8.6	−8.6
北极	−41.5（1月）	−25.9（7月）	−35.9
南极	−52.7（7月）	−38.3（1月）	−47.7
温差			
赤道-北极	32.9（1月）	17.3（7月）	27.3
赤道-南极	29.7（1月）	44.1（7月）	39.1

引自 Flohn（1978）和 Van Loon 等（1972）。

目前，海洋覆盖着地球表面的71%（$361×10^6 \text{ km}^2$），因此在地球的能量平衡中起着极其重要的作用（2.4节）。海洋在南半球30°S～70°S范围最大，在50°N～70°N和70°S以南面积最小（图2.4）。这样的海陆分布具有重要的气候意义，它使得两半球大气环流出现差异，并对地球的冰川作用产生重要影响（Flohn，1978）。在全球尺度上，尽管大陆冰盖的增长和退缩导致海平面发生了变化，但第四纪时期陆地和海洋的相对比例却几乎未发生变化。当海平面比现今低120～130 m时，海洋的面积仅减小3%（但这意味着同期陆地面积增大了10%）。当然，这种变化仍然具有区域意义，尤其是海平面变化可能会对海洋环流产生重要影响，并且肯定影响了某些地区的大陆度（如 Nix and Kalma，1972；Kurek et al.，2009）。

海洋在大气系统的化学平衡尤其是大气 CO_2 浓度方面起着至关重要的作用。由于海洋中溶解了大量的 CO_2，因此海洋 CO_2 平衡的微小变化都会对大气辐射平衡以及气候产生深远影响（Sundquist，1985，1993）。海洋在全球 CO_2 交换中的作用尤其重要，这不仅对理解过去气候变化，而且对评估未来大气 CO_2 变化趋势都具有重要意义（Sabine et al.，2004；Le Quéré et al.，2009）。过去某些时段海洋换气速率变化（由于温盐环流变化）也会影响大气中放射性碳的含量，导致放射性碳时间标尺中出现若干平台期（如 Muscheler et al.，2008；Skinner et al.，2010）。

地球陆地表面在所有时间尺度上都与气候系统的其他组分发生相互作用。在非常长的时间尺度上，大陆板块运动（相对于地球自转轴）对全球气候有着重大影响（Tarling，1978；Frakes et al.，1992）。随着板块向近极地位移，大陆冰川作用的频率增加并非偶然。同样，造山幕（造山作用）也对全球气候有重大影响。除对大气环流的动力效应（Yoshino，1981；Ruddiman and Kutzbach，1989；Liu and Yin，2011）外，较高纬度的地面抬升还会使积雪终年不化，这可能是大陆冰盖发育的先决条件（Ives et al.，1975）。

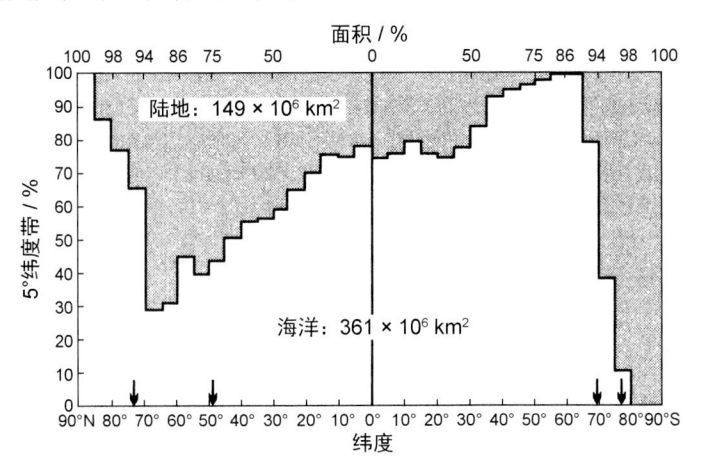

图 2.4　海陆分布百分比，以 5 个纬度带为单位划分。陆地面积以阴影表示。上轴数字给出所示纬度至赤道的半球表面积百分比。箭头指示季节性积雪的平均纬度范围（参见表 2.3）。

海陆的纬度分布对区域和全球气候都具有根本意义，特别是高纬出现高反照率的冰雪覆盖区会强烈影响赤道-极地间的温度梯度（表 2.1B）。在南半球，75°S 以南高海拔南极高原的出现（图 2.4）使其赤道-极地间的温度梯度远远大于北半球，从而导致地表层上部形成强盛的西风环流格局（平均比北半球西风强 60%；Peixoto and Oort，1992）。更大的温度梯度还会导致南半球的副热带高压带处于比北半球更靠近赤道的位置（29°S～35°S，北半球为 33°N～41°N；图 2.5）。这种差异主要是因为南极洲地处极地并伴随低温，它造成两半球气候带位置根本上的非对称性（Korff and Flohn，1969；Flohn，1978）。

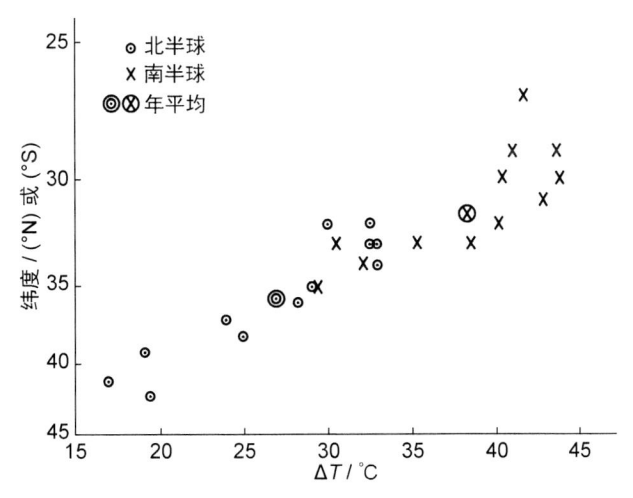

图 2.5　副热带反气旋主轴的纬度与前一个月高低纬（极地-赤道）温度梯度的关系。引自 Korff 和 Flohn（1969）。

冰冻圈由山地冰川和大陆冰盖、陆地上的季节性冰雪覆盖以及海冰组成，它在气候系统中的重要性源于冰雪覆盖区的高反照率，这对地球接收的能量具有很大的影响（Kukla，1978）。今天，地球表面约8%的面积被永久性冰雪覆盖（表2.2），而冰冻圈的季节性扩张会使这一数字翻倍（表2.3）。两半球冰雪覆盖的差异十分显著。在北半球，4%的面积被永久性冰雪覆盖[主要为北冰洋（约3%）和格陵兰]。冬季，海冰和大陆积雪导致冰雪覆盖增加6倍。到隆冬时节，北半球24%的面积将普遍被冰雪覆盖。在南半球，大部分永久性冰盖是陆基的，主要在南极大陆，季节性变化几乎完全源于海冰的增加（图2.6）。隆冬时节，南半球13%的面积被冰雪覆盖。特别引人关注的是，从全球范围看，冰冻圈的面积在8～12月相对较短的时间内平均增加1倍。考虑到两半球冰-雪覆盖变化的季节变率，冰冻圈面积的大幅度增加很可能发生在更短的时间内，这对气候变化理论具有重要意义（Kukla，1975a）。显然，部分冰冻圈会经历极大的季节变化，因此其响应时间将非常短。另一方面，冰川和冰盖对外部变化的响应通常十分缓慢，时间尺度为数十年至数百年，大冰盖的调整时间更可能以千年计。气候系统长期变化的模拟表明，高纬冰盖的增长和退缩主要取决于地球轨道构型和大气CO_2浓度。CO_2低于280 ppmv且地球处于"冷轨道"（即偏心率大、斜率小、近日点在北半球冬季——见2.6节）时更有利于冰盖在北半球高纬发育（DeConto et al.，2008）。而在南极洲，冰川作用开始时的CO_2浓度则要高得多，相当于工业化前水平的2～4倍（Pollard and DeConto，2005）。

表2.2 现今永久性冰雪（冰川、冰帽和海冰）覆盖范围

	面积/($\times 10^6 km^2$)	体积/($\times 10^6 km^3$)	海平面等效变幅/m
北半球			
格陵兰	1.73	3.0	7.5
其他地点	0.5	0.12	0.3
陆基冰雪总量	2.23		
海冰	8.87		
北半球总量	11.0		
南半球			
南极洲	13.0	29.4	73.5
其他地点	0.032	<0.01	<0.02
陆基冰雪总量	13.032		
海冰	4.2		
南半球总量	17.23		
全球			
陆基冰雪总量	约15.3		
海冰	约13.0		
全球总量	约28.3		

据Kukla（1978）、Hollin和Schilling（1981）和Hughes等（1981）汇编。

表 2.3 冰雪覆盖面积（$\times 10^6$ km²）的季节变化；冰雪覆盖范围基于 1967~1974 年数据（Kukla，1978）

	最大范围			最小范围		
	月份	面积	占比 / %	月份	面积	占比 / %
北半球	2	60.1	24[a]	8	11.0	4[a]
南半球	10	34.0	13[a]	2	17.2	7[a]
全球	12	79.1	16[b]	8	42.3	8[b]

a 占半球面积百分比。
b 占全球面积百分比。

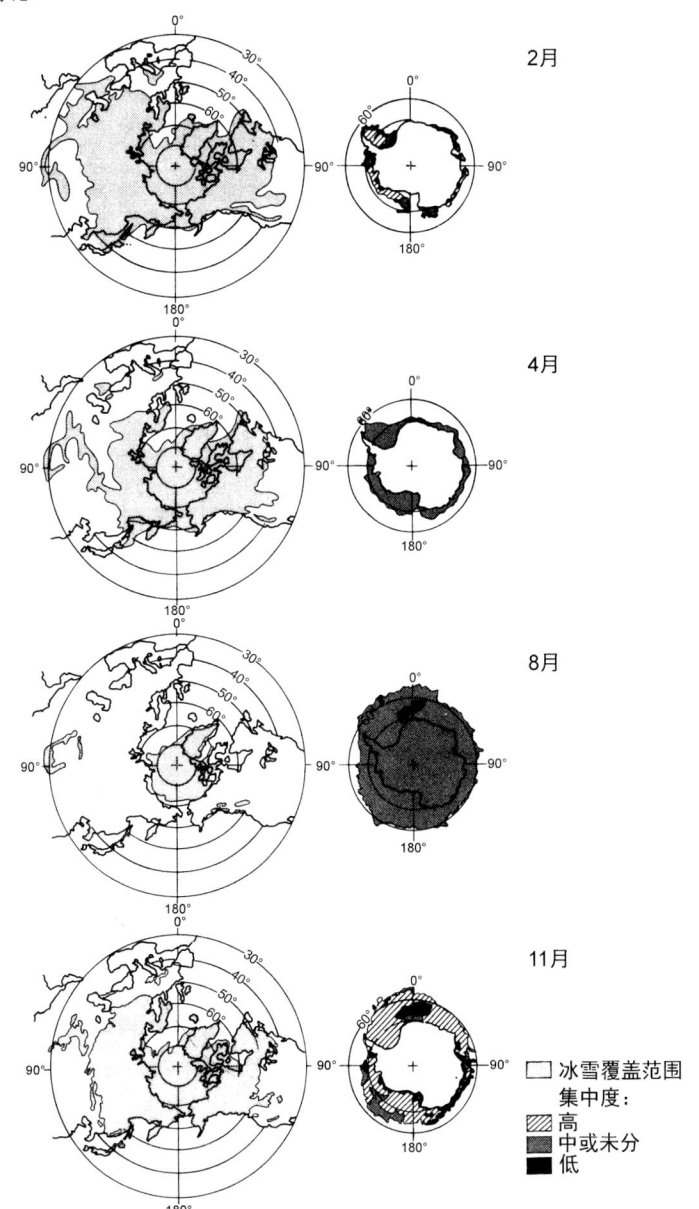

图 2.6 一年中 4 个时段的冰雪覆盖范围。注意最大全球冰雪覆盖范围出现于 11 月/12 月，最小出现于 8 月（参见表 2.3）。引自 Kukla（1978）。

气候系统最后一个组成部分是生物圈,由植物和动物构成,不过其中主要是植被盖度和类型对气候具有重要意义。当植被随时间发生变化时,其与大气圈之间将发生重要的生物地球化学和生物物理反馈作用(Claussen,2009)。植被不仅影响地表的反照率、粗糙度和蒸发蒸腾特征,而且还通过移除二氧化碳及产生气溶胶和氧来影响大气成分(Claussen,2009;Carslaw et al.,2010)。植被消失将导致大气颗粒物显著增加(至少在局地),这本身就是改变气候的重要动因(Overpeck et al.,1996)。模拟表明,北非半干旱区植被覆盖减少将会引起地表水文变化,使得地表向大气输送的感热通量增大而潜热通量减小,最终导致气流下沉增强。这种变化往往会抑制对流降雨,因此植被减少可能会通过大气圈的正反馈导致降雨减少,这一过程很可能又会强化植被最初的衰退进程(Charney et al.,1975;Xue,1997)。在高纬,当森林与积雪覆盖的苔原相互转换时,反照率的变化将导致强烈的反馈作用。由此可见,植被在第四纪气候变化动力学上起着重要作用(Overpeck et al.,2003)。

植被类型的区域差异很大(表2.4)。森林和林地覆盖了大陆的约34%,它们在移除大气 CO_2 中发挥着重要作用(Woodwell et al.,1978;Bonan,2008)。沙漠和荒漠灌丛占大陆面积的约13%,是风尘的主要源地(不过耕地也越来越易受风蚀的影响)。生物圈的响应时间变化很大,个体为数年左右,而整个植被群落为数百年。由于不同生态系统类型面积的大幅变化,在冰期-间冰期旋回中陆地生态系统的碳吸收也发生了变化。末次冰盛期(LGM)森林面积减少至不足现今森林覆盖的三分之一,森林生态系统的碳储量也因此相应减少(Van Campo et al.,1993)。总体而言,末次冰盛期陆地碳储量比现今低约30%。

表 2.4 世界主要生态系统面积以及估算的现今和末次冰盛期的碳储量和反照率

生态系统	现今面积 /($\times 10^6$ km^2)	现今碳储量 /Pg	反照率 [a] /%	LGM 面积 /($\times 10^6$ km^2)	LGM 碳储量 /Pg
北方森林	11.8	310.2	7~15	2.3	63.5
温带森林	13.0	343.9	13~17	3.9	109.2
热带森林	14.3	399.9	7~15	6.1	159.4
旱生林地	11.3	147.0	15~20	19.0	249.2
全部森林和林地	**50.4**	**1201.0**		**31.3**	**581.3**
北极和高山苔原	10.7	204.4	10~15	14.7	281.9
草原和山地灌丛	30.8	337.9	15~20	41	444.7
全部草原和苔原	**41.5**	**542.3**		**55.7**	**726.6**
冷荒漠和极地荒漠	4.0	27.4	10~20	15.8	64.0
热荒漠	14.5	21.8	25~44	19.7	29.6
全部荒漠	**18.5**	**49.2**		**35.5**	**93.6**
耕地	14.1	195.0	8~20		
沼泽	0.7	128.1			
合计	125.2	2115.6		122.5	1401.5

a 引自 Lieth(1975)。

引自 Van Campo 等(1993)。

当然，人类是生物圈的一部分，且人类活动在气候系统中所起的作用也越来越重要。大气 CO_2 浓度增加、自然植被改变、对流层下层颗粒载荷增大以及平流层大气臭氧浓度降低，都是全球性人类活动的结果（Forster et al., 2007）。这些变化的速率很快，气候系统在多大程度上能够适应上述变化而不发生气候和气候变率的剧烈振荡，尚不确定。唯一确定的是，人类对气候的任何意外扰动都已变得极其脆弱。常识要求我们行动起来，约束那些可能引发全球性气候扰动的人类活动（Metz et al., 2007）。

2.3 反馈机制

气候系统内部的相互作用通常涉及复杂的非线性关系。气候系统的所有组成部分都与其他部分密切关联或耦合，因此一个子系统的变化可能会牵连整个气候系统发生补偿性变化。这些变化会放大或抑制初始扰动（异常）。趋于放大初始扰动的相互作用称作正反馈机制或过程，它们的运行使得气候系统越来越不稳定。趋于抑制初始扰动的相互作用称作负反馈机制或过程，其对气候系统产生稳定作用，倾向于维持系统现状（National Research Council, 2003）。

大陆冰盖增长提供了一个正反馈机制的示例。无论过去导致大陆冰盖增长的气候系统初始扰动是什么（见 2.6 节），一旦冰雪存留一整年，陆地反照率的升高就会导致全球辐射接收量减少，从而降低温度，形成更有利于冰盖增长的环境。显然，随着冰盖增大，其他因素（如降水匮乏、基岩拗陷以及冰盖崩解）在某个节点上肯定会起作用，从而扭转地球冰川化加剧的趋势（MacAyeal, 1993; Clark et al., 1999）。

大气 CO_2 浓度变化也可引起正反馈。随着 CO_2 浓度增大，CO_2 对地面长波（红外）辐射的吸收将会增加。与此同时，由于地面和大气的红外辐射增强，水汽对长波辐射的吸收也会增加。因此，对流层下层的温度将会升高（"温室效应"），不过升温幅度因反馈效应复杂而难以估算。随着大气温度升高，海洋上层的温度也将升高，导致溶解的 CO_2 向大气释放，从而强化升温趋势。这一（相当简单的）物理-生物化学反馈例证有时被称为"失控的温室效应"。不过，因人为化石燃料燃烧产生过量 CO_2 而引发这种后果的可能性并不大。当温度升高，海洋蒸发作用增强，云量增加（全球反照率升高），气候系统接收的太阳能将会减少。另外，水汽向极地平流增强将使高纬升温，可能伴随更多的降雪，导致大陆反照率升高（和/或无雪期更短），从而降低全球接收的总能量。这种机制是负反馈的例子，其中气候系统经过初始扰动后趋于稳定。为了量化驱动因子在过去（和未来）气候变化中的作用，明确正负反馈的相对重要性十分关键。

由气候系统内某个过程引起的系统不同部分之间的相互作用，被视为气候变化的内部机制。它们涉及气候系统内某个因子的启动，例如深海冷水的上升流或地表异常持久的大面积积雪，而这可能会被气候系统的其他部分放大并最终导致大气环流的调整。反过来，气候系统内部的调整可能会改变甚至消除启动气候变化的初始因子。通常而言，这种机制本质上是随机的，因此在比启动过程长得多的时间尺度上，其气候后果是不可预测的。相反，气候系统的外部因子也会导致（驱动）气候调整，但气候的变化对启动因子却没有任何影响（Mitchell, 1976）。太阳辐射输出和/或光谱特征变化、地球轨道参数变化以及爆发式火山喷发引起的大气浊度变化都属于外部因子，它们可导致气候系统发生变化，但不会反过来受气候变化的影响（Robock，1978）。这其中有些气候变化机制是确定的（可预测的），因为它们是以已知的方式发生变化的。地球轨道变化的情形就是如此，其过去和未来时段的变化早已被精确算出（Berger and Loutre，1991；Berger et al.，1991）。因此，与之关联的气候变化是具有可预测性的，尽管这些变化可能还取决于外部驱动作用时气候系统内部的具体状况。轨道、太阳和火山驱动将在2.6～2.8节予以深入探讨。

在有关人为温室气体排放引起未来气候变化的激烈讨论中，涉及的一个重要概念是气候敏感性（S）。在这里，气候敏感性的定义是全球平均温度对CO_2倍增的响应。如果气候敏感性低，那么随CO_2浓度增加，温度不会升高太多；而如果气候敏感性高，将意味着未来温度会发生更多的剧烈变化（Knutti and Hegerl，2008）。用于评估温室气体浓度上升导致未来温度变化的各种模型具有不同的气候敏感性（由于模型内部的反馈差异），这使得预估的未来温度变化存在不确定性。在IPCC第五次评估报告采用的当前模型中，S的变化范围为2.0～4.4℃。通常而言，考虑到所有可能涉及的反馈作用，气候敏感性可视为平衡温度对任何辐射驱动变化的响应。许多研究曾尝试使用过去全球温度的古气候估值和过去辐射驱动变化估值来评估S值（如Köhler et al.，2010；Rohling et al.，2012；Schmittner et al.，2011；PALAEOSENS Project Members，2012）。古气候研究考虑的是需要很长时间才能达到平衡的现象，如冰盖体积或深海温度的变化（慢速反馈，需要比初始驱动时间尺度长得多的时间才能达到平衡），以及响应更快的现象（快速反馈）（图2.7）。利用末次冰盛期古气候数据估算气候敏感性受到特别关注，当时的CO_2浓度约为180 ppmv，而前工业化时期为280 ppmv，2014年约为400 ppmv。然而，由于具备古温度估值的区域有限，因此LGM全球平均温度究竟比现今低多少还存在很大的不确定性。此外，系统中的诸多反馈作用在某种程度上取决于"气候状态"，而LGM时期大规模陆地冰盖、大面积海冰及大量的大气气溶胶等状况，与现代气候的边界条件相差甚远（Crucifix，2006；Yoshimori et al.，2011）。

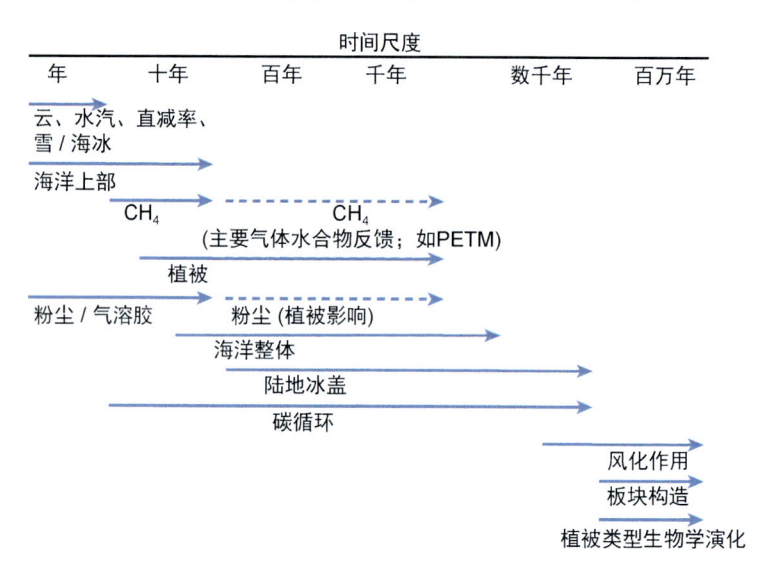

图2.7 不同反馈的时间尺度，与估算的平衡态气候敏感性有关。引自PALAEOSENS（2013）。

尽管如此，大多数基于古气候数据的气候敏感性估值都处于IPCC的范围之内，一般在2～3℃左右，而通常也会尽量排除出现更大气候敏感性估值的可能，那些估值会导致模拟的过去气候变化比观测到的更大。

2.4 地球及其大气圈的能量平衡

当地球每年绕太阳公转一周时，它会截获这颗最重要恒星发射的能量中的极少一部分。因为地球是（近似）球形的，并且围绕着与其绕日公转平面（黄道面）斜交23.4°（现今）的轴自转，因此其不同部位的能量接收差异很大。此外，能量接收的模式也在不断变化。这种差异性能量接收是大气环流的基本驱动力。如果设定太阳输出不变，则可以计算出外层大气能量接收的空间和时间模式（图2.8；Newell and Chiu, 1981）。然而，对近地表情况而言，则必须考虑大气的作用，因为大气会大大减少潜在的太阳辐射接收量。接收的能量如何穿过大气，这方面的估算十分复杂，需要地面和卫星两组观测数据再加上模型模拟。图2.9给出了目前的最佳估值，但如图所示，每一部分都存在某些不确定性（Wild et al., 2012）。尽管如此，总体情况已无争议，这使我们对气候变化和变率中的潜在重要因子有了一定的理解。就系统整体而言，一年之中大气外边界的能量接收量为340 W/m^2（Kopp and Lean, 2011）。太阳辐射穿过大气层时，全球平均约76 W/m^2（22%）的能量要么从云顶反射，要么被空气中的分子和颗粒物向上散射。由于地球表面也会反射，另外约24 W/m^2（7%）的入射太阳辐射返回太空，不会加热大气或地球表面。因此，行星的总反照率（反射率）约为29%（100 W/m^2）。此外，79 W/m^2（23%）的能量被臭氧、水汽和云中水滴以及微粒吸收，从而使大气温度升高。因此，射入外层大气的能量只有约47%（161 W/m^2）到达地面，被地面吸收，而使地表升温。能量以更长的波长从地面再辐射（陆面辐射），其中大部分被大气中的水汽、二氧化碳和其他微量气体吸收（温室效应）。因此，大气进一步升温（加入它所吸收的短波能量），从而发射长波辐射（包括向上和向下）。然而，总体而言，地球通过大气向太空的长波辐射为净损失，地面吸收能量的约34%（55 W/m^2）以这种辐射方式损失。地面剩余的能量（即净辐射）通过感热和潜热传输向大气传递。感热通量（H）是热量通过传导和对流过程直接从地面传输到紧邻地面的空气层。潜热通量（LE）是地面通过水的蒸发进行的热量传输，水从地面蒸发时，吸收潜热，之后当水凝结时，又向大气释放潜热。这是能量从地球向大气传输的最重要机制，约占地面净辐射的80%（85 W/m^2）（图2.9）。感热和潜热机制在地球表面热量传递中的相对重要性有时以波文比（H/LE）表征。高波文比（≥10）以沙漠为代表，其潜热通量值很低；而低波文比（≤1）以海洋为代表，其大部分能量通过水的蒸发传输。

能量平衡的全球平均值为认识气候系统中许多参数的重要性奠定了基础。以云量在全球能量接收中的作用为例，由于云顶反照率极高，在全球尺度上，进入大气层的所有能量的约22%被云顶反射。云也会吸收地面发射的长波能量。因此，全球云量的微小变化甚至云型的变化都会对全球能量平衡产生重大影响。但在古气候记录中，几乎没有关于云量在全球尺度上随时间变化的线索（Bradley et al., 1993）。对于地球表面，反照率具有特别重

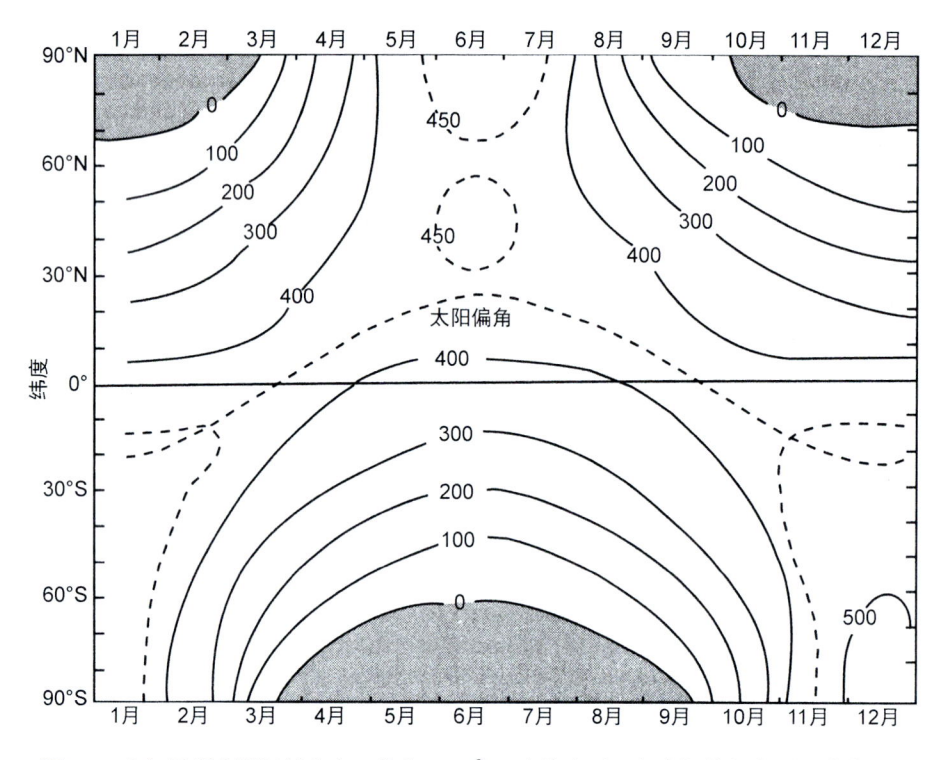

图 2.8　大气层顶太阳辐射分布（单位 W/m²）。虚线表示正午太阳的视位置（偏角）。

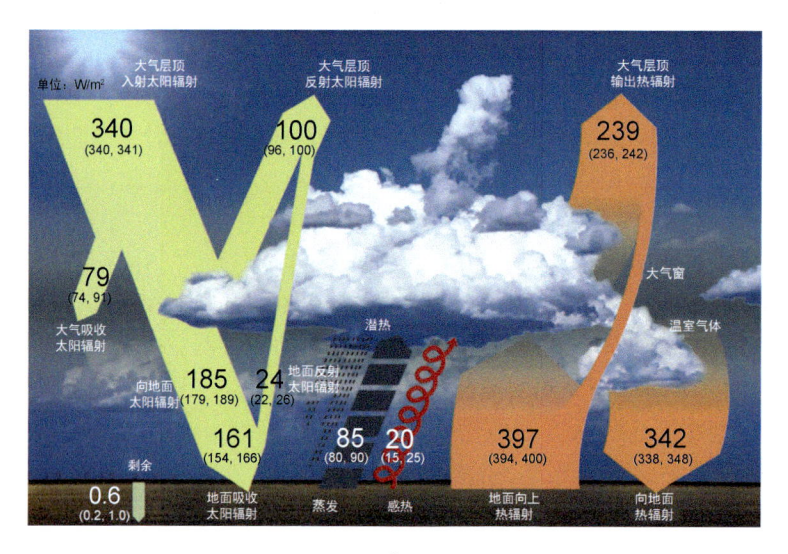

图 2.9　地球的全球平均能量平衡示意图（单位 W/m²）。括号内数字为不确定性。注意：最近太阳周期极小值期间的最新太阳总辐照度估值为 1360 W/m²，该值除以 4 即可求出地球（圆形）横截面上的能量分布（如图所示，即 340 W/m²）。引自 Wild 等（2012）。

要的意义，如果考虑纬向（纬度带）平均值，这一点更加明显（图 2.10）。冰和雪的分布控制着这种格局（参见图 2.6），并在很大程度上造成高纬的巨大能量亏损（即辐射支大于收，不足部分由来自低纬的能量予以转移支付）。由卫星提供全球视角的冰雪覆盖季节变化和年际变化信息仅仅是最近 35 年的事。尽管记录非常短，但很显然，每年冰雪范围变化可使按面积加权的半球地面反照率改变达 3%~4%，这可能会影响之后季节的大气环流，为气候系统提供正反馈（Groisman et al., 1994a, 1994b）。在更长的时间上，地面反照率变化很大，这些变化肯定会对（全球）反照率产生重大影响。不仅大陆冰盖和大面积的海冰（表 2.5）可提高全球反照率，冰盛期沙漠和稀树草原的扩张也会使这种效应进一步加剧。

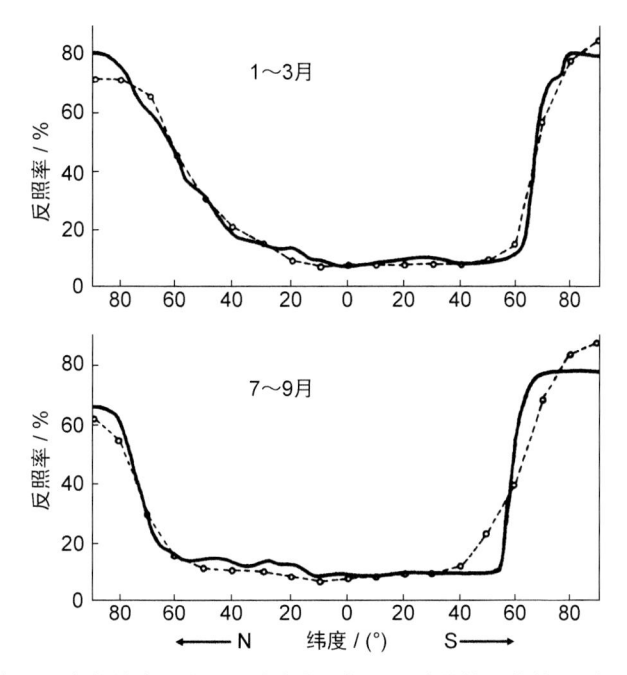

图 2.10 季节平均地表反照率的纬度分布（沿纬度带平均，即地带性平均值）。实线为 Kukla 和 Robinson（1980）的估值，虚线为 Hummel 和 Reck（1979）的估值。引自 Kukla 和 Robinson（1980）。

表 2.5 更新世陆基冰盖最大范围

	面积 / ($\times 10^6 \text{ km}^2$)
北美洲	16.22
格陵兰	2.30
欧洲	7.21
亚洲	3.95
南美洲	0.87
澳大拉西亚	0.03
南极洲	13.81

注：注意并非所有地区在更新世同时出现最大冰覆盖范围。因此，将这些数值相加是不合适的。此外，季节性积雪和海冰范围不包括在内，所以这些数值代表整个冰冻圈面积的最小变化（参见表 2.3 和表 2.4）。

引自 Flint（1971）和 Hollin 和 Schilling（1981）。

大气 CO_2 和水汽的重要性也是显而易见的（图 2.9），这些气体因对陆面辐射相对不透明而在全球能量平衡中起着至关重要的作用。CO_2 增加会加强这一能量交换，升高大气温度。不过，许多其他相互作用及其效应也会接踵而至，正是这种复杂性使得预测 CO_2 增加对气候的影响变得如此困难（Meehl et al., 2007）。

这张关于地球-大气系统辐射平衡的缩略图对真实情况进行了大量简化。最重要的是，由于地球的地理格局（大陆和海洋的分布、地势、植被和雪盖）以及不同区域的基本气候差异（主要为云量和云型的变化），净辐射量以及潜热和感热通量存在很大的区域差异（Budyko, 1978）。从地球表面年均能量平衡组分看，这一点显而易见，正如表 2.6 的地带性平均值和图 2.11~图 2.13 所示。净辐射从高纬的约 30 W/m² 变为热带和赤道海区的约 170 W/m²（图 2.11）。在大陆，由于地面反照率高（如沙漠区）或由于云量增加而降低地面的辐射接收量，净辐射低于地带性平均值（表 2.6）。从地球整体看（表 2.6，底行），净辐射的 84% 是由潜热过程消耗的（105 W/m² 中的 88 W/m²）[或据 Wild 等（2012）修订的估值为 80%，前已讨论]。然而，如果仅仅考虑海洋，则净辐射的 90%（121 W/m² 中的 109 W/m²）是被蒸发耗费的，而在大陆该值仅为 55%。实际上，在极端干旱区，潜热传输耗能可能仅占净辐射的 <20%（参见图 2.11 和图 2.12）。在这些区域，感热通量最为重要（图 2.13）。从整个大陆看，净辐射的 45% 被用于感热传输。在海洋上空，感热通量仅在北半球高纬比较重要，在那里向北流动的洋流挟暖水与极地冷气团相接触（图 2.13）。如表 2.6 第 8 列所示，洋流本身在能量传输中起着非常重要的作用。"超额的"热量从赤道和热带向较高纬度传输，因而高纬所获能量甚至会超过地面净辐射（如 60°N~70°N，参见图 2.11 和图 2.13）。

表 2.6　地球表面热量平衡组分纬度平均值（W/m²）

纬度	陆地			海洋				地球			
	R	*LE*	*P*	*R*	*LE*	*P*	*F*₀	*R*	*LE*	*P*	*F*₀
70°N~60°N	29	21	8	30	41	29	−40	29	27	15	−12
60°N~50°N	42	30	12	57	62	25	−31	49	44	17	−12
50°N~40°N	60	33	27	85	89	21	−25	72	60	24	−12
40°N~30°N	77	31	46	119	127	19	−27	101	86	31	−16
30°N~20°N	85	25	60	147	145	9	−7	125	100	28	−3
20°N~10°N	98	42	56	161	155	97	−4	145	126	21	−3
10°N~0°N	105	76	29	165	138	9	17	151	123	13	15
0°S~10°S	105	81	24	169	131	8	29	154	119	12	23
10°S~20°S	100	60	40	162	150	12	0	149	130	19	0
20°S~30°S	94	37	57	145	141	15	−11	133	117	24	−8
30°S~40°S	82	38	44	122	109	15	−1	117	101	16	−3
40°S~50°S	58	29	29	96	68	8	20	94	66	9	19
50°S~60°S	46	29	17	61	46	12	3	61	46	12	3
地球整体	66	36	30	121	109	12	0	105	88	17	0

注：*R* 为热辐射通量（地球表面辐射平衡），等于地面吸收短波辐射与输出净长波辐射的差值；*LE* 为蒸发作用消耗的热量（*L* 为汽化潜热；*E* 为蒸发速率）；*P* 为地面与大气之间的湍流热通量；*F*₀ 为地面以上单位截面垂直侧面与周围空气层的热交换所产生的热收入。地球整体的数值与图 2.8 所示的 Wild 等（2012）的最新估值略有不同，后者 *R* 为 106 W/m²、*LE* 为 85 W/m²，但表中数值完全在 Wild 等（2012）给出的误差范围之内。对较小地理区域进行估计较为困难，但此表中的数值在 ±10% 范围内应该是正确的。

引自 Budyko（1978）。

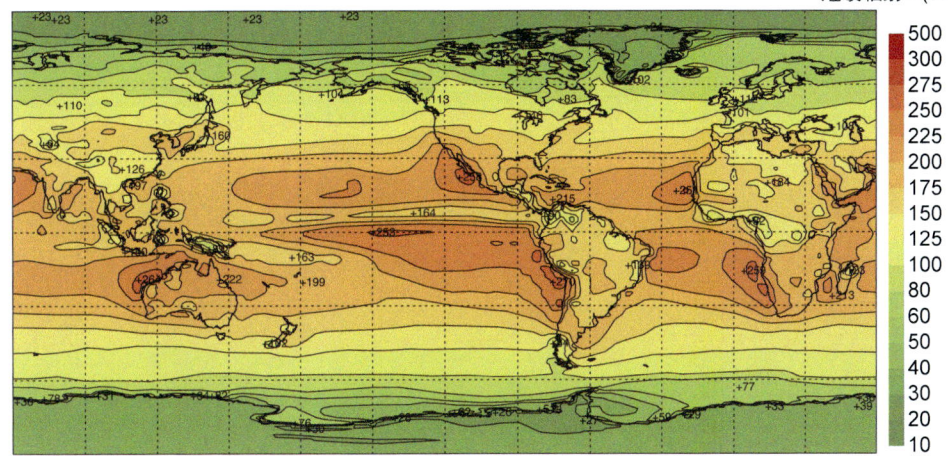

图 2.11 地球表面年净短波辐射（R_n）的全球分布。量值一般从极地至赤道带增大，但多云区（如热带辐合带和亚马孙盆地）量值较低。引自欧洲中期天气预报中心 ERA-40 地图集。

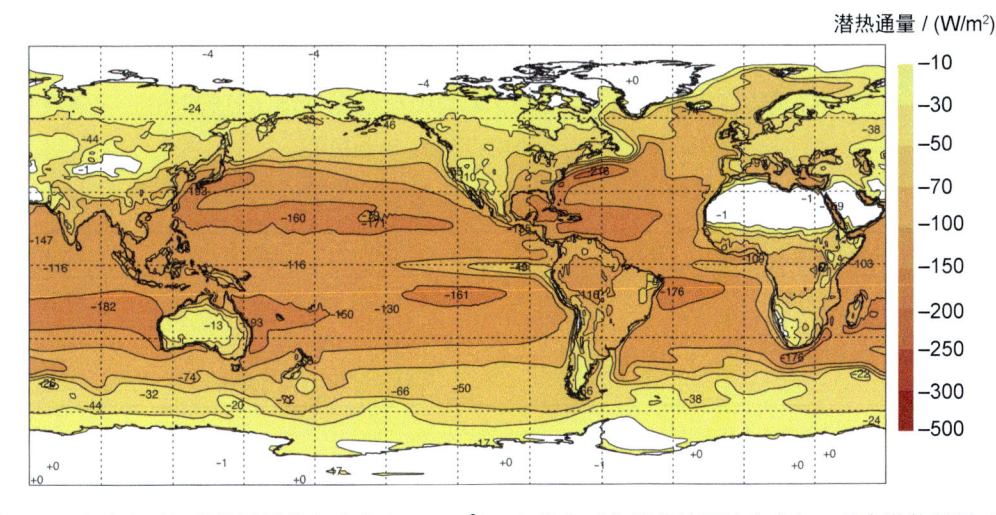

图 2.12 地球表面年潜热通量的全球分布（W/m²）。负值表示能量从地面输向大气。最大潜热通量（最大负值）出现在亚热带海区。引自欧洲中期天气预报中心 ERA-40 地图集。

不同区域能量平衡的分析表明，考虑某些区域的能量平衡组分过去如何变化以及未来人类活动如何影响某些区域的能量平衡，仅仅是一小步。当然，这样的目标也只能以粗略的方式实现，因为任何一个地点的能量平衡都是众多变量的函数，包括远离该地点的气候系统组分。尽管如此，仍可得到一些框架性认识。以浩瀚的撒哈拉沙漠区为例，目前该区的净辐射平均约为 70 W/m²，波文比约为 8（表 2.7；Baumgartner，1979）。在早–中全新世，该区湿润并维持着稀疏的草原植被覆盖，向南沿萨赫勒边缘发育有稀树草原（Hoelzmann et al.，2004；Lézine et al.，2011）。如果以现代相似型作为参考，则当时该区的反照率应该更低、净辐射更高，波文比应低得多。其他沙漠区也经历了类似的植被变化和能量平衡变化

（尽管其他区域通常在末次冰盛期变化最大）。现今沙漠和沙地占大陆面积 10%以上，这种变化对整个世界的能量平衡会产生重要影响。此外，现今边缘环境的过度放牧和荒漠化以及热带森林生态系统的破坏，将会显著改变低纬的能量平衡，并带来全球性后果。

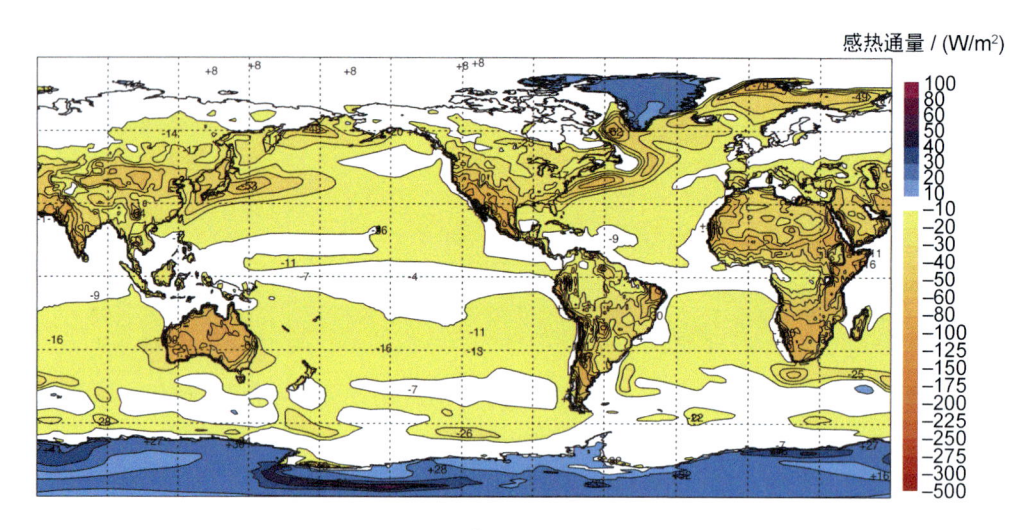

图 2.13　地球表面年感热通量的全球分布（W/m²）。负值表示能量从地面输向大气。地球至大气的最大感热通量（最大负值）分布与主要沙漠区相关。正值表示热量从大气输向地面（主要在北极区和南极洲）。引自欧洲中期天气预报中心 ERA-40 地图集。

表 2.7　不同地表的能量平衡

	热辐射通量 / (W/m²)	潜热通量 / (W/m²)	感热通量 / (W/m²)	反照率 / %	波文比
热带雨林	110	85	25	13	0.3
稀树草原	65	40	25	33	0.6
荒漠	70	8	62	46	8.0

引自 Baumgartner（1979）。

2.5　气候变化时间尺度

气候在所有的时间尺度和空间尺度上发生变化，从年际气候变率到与大气圈演变和岩石圈变动相关的长期变化。图 2.14 展示了熟知的气候波动实例。图中，每张小图为其上小图对应时段的 10 倍展开。由此，可以将短期（高频）变化想象为是嵌套于长期（低频）变化之中的（Webb，1991）。但是，在古气候记录中，随着时间一步步向前延伸，分辨高频变化变得越来越难，虽然在某些情况下，过去特征时段的气候状况也可能会以高分辨率被记录"抓拍"（如 Tudhope et al.，2001）。由于数年至数十年时间尺度上的气候变化对现代社会至关重要，因此必须对与此相关的古气候数据给予更多的关注（Bradley and Jones，1992a）。

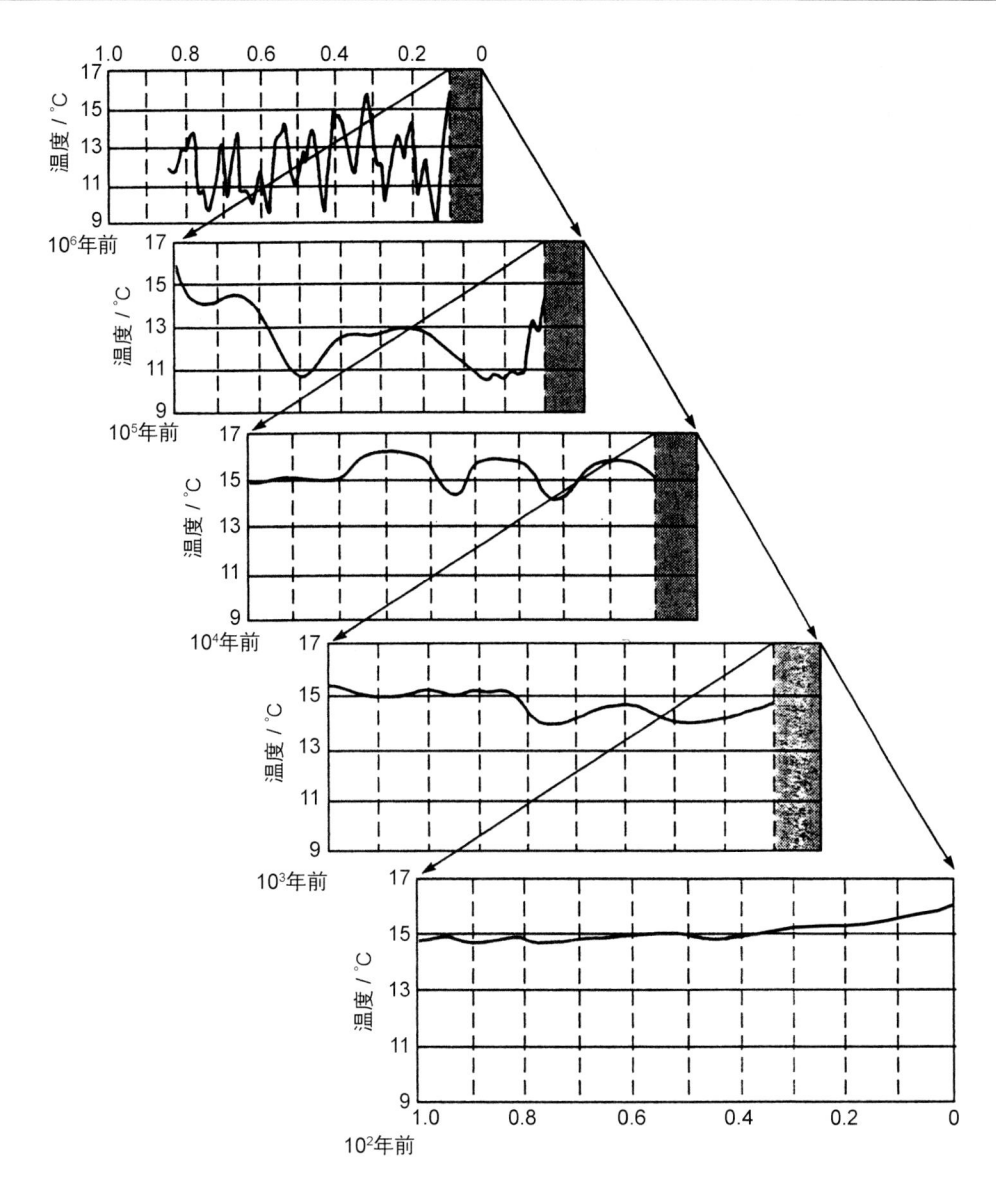

图 2.14 十年（最近 100 年，底部图）、百年（最近 1000 年，底部图之上图）、千年（最近 10000 年）与最近百万年（顶部图）时间尺度上的气候波动示意图。自上而下依次展开的每张小图是前一张小图的十分之一的放大版（扩展 10 倍）。因此，高频气候变化"嵌套"于低频变化中。注意：所有小图的温度标尺（代表全球年平均温度）相同，这表明最近 100 年温度变化（底部图）比其他长期温度变化都小。这种变化在整个历史上都曾发生，但湮灭于长期气候记录的噪声中。随着时代变老，只有较大幅度的变化可被检出。

不同时间尺度的气候波动可能是由内部或外部机制引起的，这些机制在不同的频率上发生作用（图 2.15）。例如，地球轨道参数变化可能是晚第四纪冰期和间冰期时间尺度气候变化的原因，但不能解释最近千年发生的多年代际气候变化。这一时间尺度上的气候波动，可能涉及大气中的火山粉尘载荷、太阳变率或气候系统不同子系统之间的内部调整等其他因素（Jones et al., 1996）。当然，尽管单一因子可能只会引起特定频率上的气候变化，但不同的驱动因子可能会共同起作用，使得过去不同时期的气候波动呈现出不同的变幅。Mitchell（1976）指出，气候记录的大部分变化是由气候系统内部的随机过程引起的，包括时间常数在分钟或小时尺度上的短周期大气过程（如湍流）以及叠加于长时间尺度气候变化上的缓慢过程或反馈机制。然而，这些因素只在比所关注气候过程更长的时间尺度上对气候谱产生白噪声（即它们以随机、不可预测的方式影响气候变化，不会在特定频率上产生任何影响）。叠加于这一本底噪声之上的是气候变化谱的某些峰值，它们对应于在特定时间域运行的外部驱动机制（即它们是周期性或准周期性现象）。这种时间变率可能与特征性的空间变率相关联（Mann et al.，1996）。例如，ENSO（El Niño-Southern Oscillation，厄尔尼诺-南方涛动）事件以3～7年的时间尺度反复出现，同时又具有显著的空间异常模态（Diaz and Kiladis，1992）。

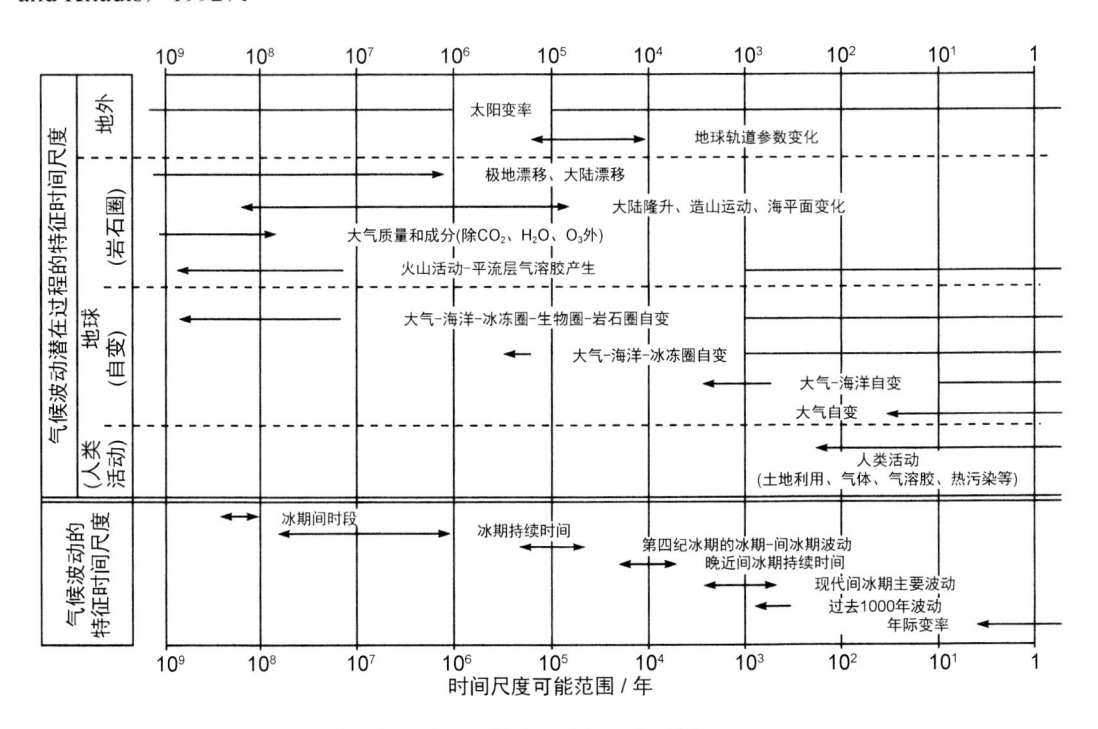

图2.15　气候波动潜在过程及其特征时间尺度示例（Kutzbach，1974）。

确定性的驱动机制仅在相对较窄的频率上起作用，虽对这些频率上的气候变化很重要，但与随机过程的作用相比，它们对气候变化总体的贡献仍然是次要的。这就给气候的可预测性和以特定成因解释过去气候变化（如古气候记录所示）带来了问题（Mitchell，1976）。尽管如此，一些外部驱动机制仍经常被用于解释古气候记录。在第四纪气候波动中最为重要的外部驱动就是地球轨道参数变化，这些变化是过去至少百万年来冰期-间冰期旋回的根本原因（Berger and Loutre，1991）。下一节和第6章6.3.3节将对此加以讨论。

2.6 地球轨道参数变化

虽然 2000 多年前就知道地球相对于太阳的位置和方向并不是一成不变的，但直到 19 世纪中叶，人们才真正认识到这种变化对地球气候意味着什么。当时，苏格兰自然史学家詹姆斯·克罗尔（James Croll）提出了一个假说：过去冰川作用的根本原因是地球轨道参数变化（轨道驱动）（Croll，1867a，1867b，1875）。Milankovitch（1941）以及随后的 Berger（1977a，1978，1979，1988）和 Laskar 等（1993）对这一假说作了详细阐述。Imbrie 和 Imbrie（1979）对这一假说如何发展成为古气候学的关键理论（天文理论或米兰科维奇理论）给出了绝佳的综述。

现在地球围绕太阳的轨道运动基本要素如下：地球围绕太阳一年公转一圈是沿略偏椭圆形的轨道运行的，由于轨道是椭圆形，因此地球离太阳最近（近日点）大约在 1 月 3 日，离太阳最远（远日点）大约在 7 月 5 日。地球接收的太阳辐射在近日点比年平均值多约 3.5%（大气层外），在远日点则少约 3.5%。此外，地球自转轴从垂直于黄道面（地球绕太阳公转移动时的视平面）的平面倾斜 23.4°。由于太阳、月球和其他行星对地球的引力效应，这些要素无一随时间保持恒定。围绕太阳的轨道偏心率、地球自转轴相对于黄道面的倾斜角度（斜率）以及地球位于近日点时的季节时点（二分点岁差）都在发生变化（图 2.16）。

轨道偏心率变化是准周期性的，在过去 500 万年里平均周期约为 95800 年。轨道从近似圆形（因而近日点与远日点无本质差异）变至最大偏心率，近日点与远日点的太阳辐射接收量（大气层外）变化达约 30%（如距今约 210000 年；图 2.16）。因此，偏心率变化会影响季节的相对强度，而这又意味着对两半球的效应是相反的。

斜率是周期性的，平均周期为 41000 年。地轴倾角在 21.8°~24.4° 之间变化，距今最近的最大值出现在约 100000 年前（图 2.16）。地轴倾角决定极圈（北极圈和南极圈）和南北回归线的纬度，这相应地又限定了冬季极夜的区域以及两半球盛夏太阳直射的最高纬度。斜率变化对低纬的辐射接收量影响较小，但朝向两极影响逐渐增大。随着斜率增大，高纬夏季的辐射接收量显著增加，而中纬冬季的总辐射量减少（图 2.17）。因此，最近 250000 年 65°N 和 80°N 夏季辐射变化（图 2.16）主要随地轴倾角的周期变化而变化。由于两半球地轴倾角相同，因此斜率变化对北半球和南半球辐射接收量的影响是一致的。

近日点和远日点的季节时点变化是地球绕太阳运行时自转轴的轻微晃动造成的（图 2.18A）。晃动（与地轴倾斜角度变化无关）的结果是，系统地改变二至点和二分点以地球在绕日椭圆形轨道上的端点为参照的相对位置（称为二分点岁差）（图 2.18B）。因此，11000 年前当地球位于近日点时，北半球倾向太阳（6 月中），而不像今天这样，位于近日点时北半球正处于隆冬时节。岁差对南北半球的影响是相反的，其变化的平均周期约为 21700 年（图 2.16）。

显然，二分点岁差对辐射接收量的影响会受偏心率变化的调控，当轨道接近圆形时，近日点的季节时点无关紧要。然而，当偏心率最大时，地球接收的太阳辐射的差异高达 30%，此时近日点的季节时点就至关重要了。低纬的太阳辐射接收量主要受偏心率和二分点岁差变化的影响，而高纬则主要受斜率变化的影响。由于偏心率和岁差的效应在两半球是相反

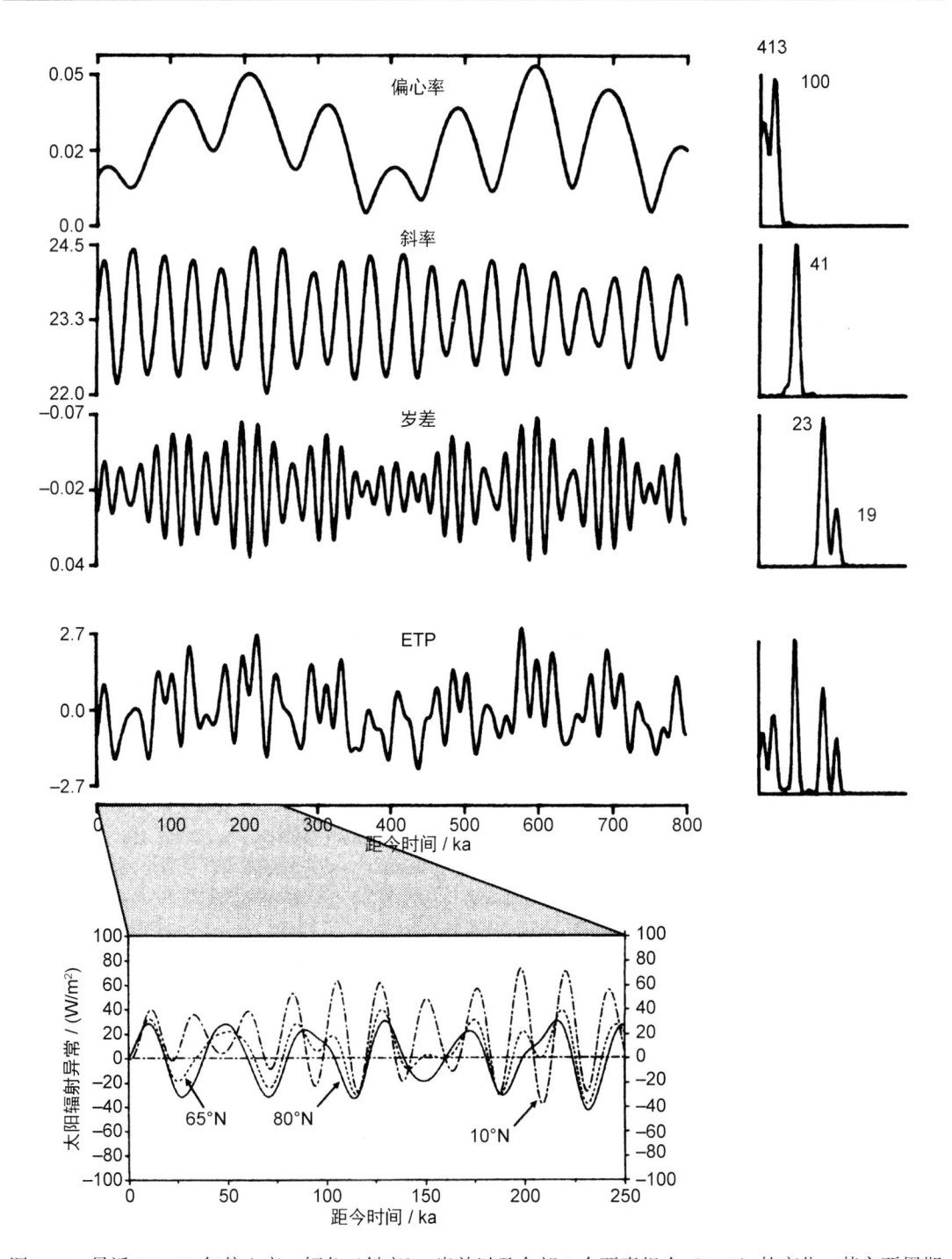

图 2.16 最近 800000 年偏心率、倾角（斜率）、岁差以及全部 3 个要素组合（ETP）的变化，其主要周期特征以各时间序列图右侧的功率谱表示（上图）。下图为 10°N、65°N 和 80°N 7 月太阳辐射异常（以与公元 1950 年量值的距平表示）的时间序列。注意：入射太阳辐射异常信号在高纬以 41000 年斜率周期为主，而在低纬其 23000 年岁差周期更为显著。引自 Imbrie 等（1993a）；下图数据引自 Berger 和 Loutre（1991）。

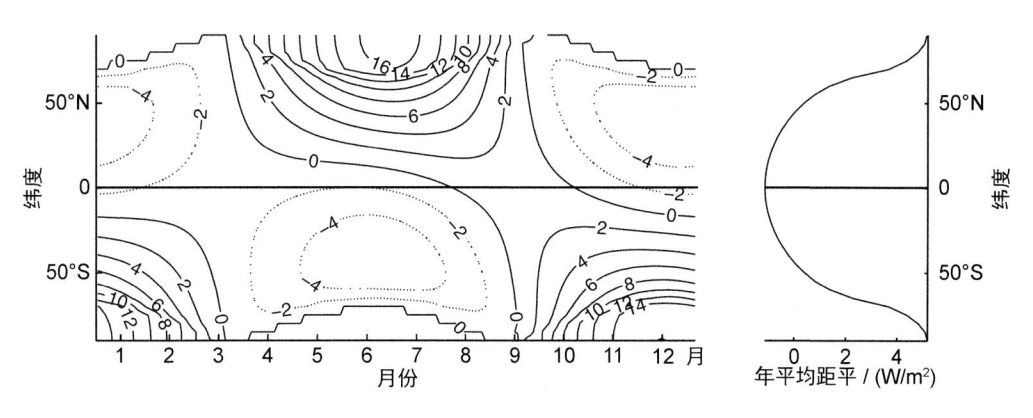

图 2.17 最近 200 万年斜率最大时期的平均入射太阳辐射，以距平等值线表示，附年平均距平值（右）。点线表示入射太阳辐射负距平。引自 Huybers（2007）。

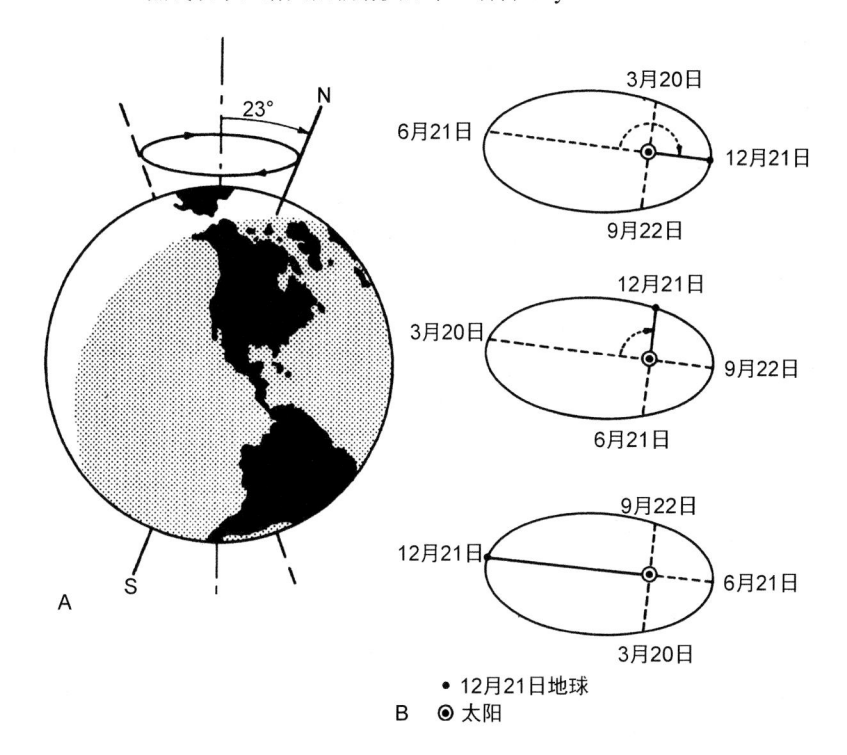

图 2.18 A. 地轴发生轻微晃动（由于太阳和月球对地球赤道凸出部分的引力）。结果，地轴沿环形路径缓慢移动，每 23000 年旋转一圈，这就造成了二分点岁差。这种影响与地轴倾斜角度（斜率）变化无关，斜率的变化周期约为 41000 年。B. 由于地轴的晃动，二分点（3 月 20 日和 9 月 22 日）和二至点（6 月 21 日和 12 月 21 日）在地球椭圆形轨道上的位置缓慢发生变化，周期约为 23000 年。因此，11000 年前夏至时地球位于近日点，而今天的夏至点与远日点重合。引自 Imbrie 和 Imbrie（1979）。

的，但斜率效应却不是，因此就轨道的综合效应而言，两半球是不对称的，不过这种不对称性在约 70°以上的极区变得微乎其微。此外值得强调的是，轨道变化不会引起总（年）太阳辐射接收量的任何显著变化，只是导致季节分配的变化，从而导致当夏季接收的辐射总量低时，冬季接收的辐射总量就高，反之亦然（Berger，1980）。

需要指出的是，上面提到的每个轨道参数的周期（斜率、偏心率、岁差分别为 41000 年、95800 年和 21700 年），都是计算轨道参数长期变化的方程式中主周期项的平均值。以岁差参数为例，方程级数展开式中最重要的项对应于约 23700 年和约 22400 年的周期，其余 3 个项接近约 19000 年（Berger，1977b）。如果对最重要项进行平均，则周期均值为 21700 年，但一些古气候记录似乎能够分辨出约 19000 年和约 23000 年两个主周期（参见 Hays et al., 1976）。同样，偏心率变化的平均周期为 95800 年，但在长序列、高分辨率海洋岩心记录中有可能检测出约 95000 年和约 123000 年两个周期，与方程式中的重要项（或由重要项相互作用产生的"脉动"）对应（参见 Wigley，1976）。偏心率还有一个 412000 年的长周期，已经在某些海洋沉积记录中得到确认（Imbrie et al., 1993a）。另外，所有这些周期的相对重要性都会随时间发生变化。例如，在距今 600000 年前，19000 年岁差周期和 100000 年偏心率周期就更为显著（Imbrie et al., 1993a）。而古气候领域的一个谜题就是，在最近 100 万年，地质记录中的 100000 年周期振幅增大，但与此同时，与偏心率相关的主周期却转向低频（412000 年）。

轨道变化对更短时间尺度的气候变化也具有重要意义。Loutre 等（1992）计算了最近数千年岁差、斜率和偏心率变化引起的太阳辐射变化，发现在统计学意义上太阳辐射（65°N 7 月）存在 2.67 年、3.98 年、8.1 年、18.6 年、29.5 年和 40.2 年的周期（参见 Borisenkov et al., 1983，1985）。在其他季节和地点，61 年、245 年和 830～900 年的周期比较显著。与前面讨论的轨道变化相比，这些高频变化幅度很小，但在调控十年至千年尺度气候变率方面仍能起一定作用。有趣的是，轨道作用引起的入射太阳辐射变化的某些周期与根据太阳黑子数据识别的周期（可能与太阳辐照度变化有关）十分相近，因此对短期气候变率而言，两者的累积效应可能非常重要。但这一问题至今仍未得到足够的关注。

综合考虑上述轨道参数，偏心率、斜率和岁差的变化相互叠加，将在地球大气层外边界产生一个复杂且不断变化的太阳辐射接收模式。为理解这些变化的幅度及时空模式，通常将特定地点某时的辐射接收量表示为相对于 1950 年相应季节或月份值的距平（或异常）。图 2.19 显示距今 0～200000 年所有纬度（90°N～90°S）7 月的辐射接收量距平（Berger，1979）。特别值得关注的是北半球高纬（60°N～70°N）的辐射异常，Milankovitch（1941）认为其对大陆冰盖的增长至关重要。在这一区域，夏季辐射接收量较低的时期会有利于冬季积雪存留至夏季，最终使得雪盖能够终年存续。这种情况在 185000 年、115000 年和 70000 年前都曾发生过（图 2.19）。在这些时间，轨道条件达成了米兰科维奇当年提出的最有利于冰期的轨道参数组合——斜率最小、偏心率较大，以及北半球在夏季位于远日点，这种参数组合有时被称作"冷轨道"（cold orbit）（参见图 2.18B）。同一时期，相对温暖的冬季（即北半球在冬季位于近日点）将会增强亚热带海洋的蒸发作用，从而为高纬降水（降雪）提供充足的水汽。夏季和冬季赤道-极地温度梯度增大也将导致大气环流增强传输至高纬的水汽增加，从而促进冰盖不断增长。因此，极为有趣的是，海洋岩心分析揭示，这些时段正是大陆上冰盖增长的重要时期（见第 6 章 6.3.3 节）。

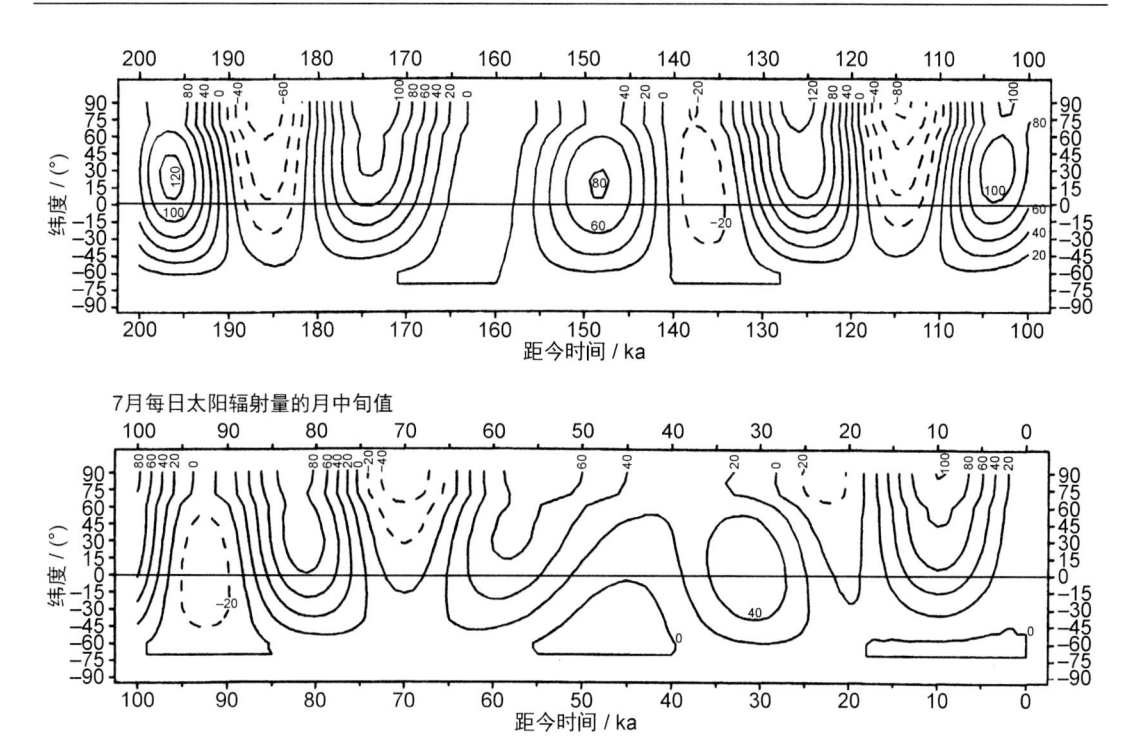

图 2.19 太阳辐射接收量与公元 1950 年量值的长期偏差。数值以 10°纬度为间隔计算而得，时段为距今 100000 年至今（下图）和距今 200000 年至距今 100000 年（上图）。负距平以虚线表示。数值单位为卡每平方厘米每日。阴影区表示 7 月未接收到任何直接太阳辐射的区域（南极圈以南）。引自 Berger（1979）。

米兰科维奇主要关注夏季和冬季月份的辐射异常，但值得注意的是，季节转换的月份似乎对太阳辐射接收量变化以及雪盖扩张最为敏感。具体而言，秋季月份对大陆内部降雪的累积显得尤为重要（Kukla，1975a，1975b）。为了剖析太阳辐射随时间变化的月度模式，Berger（1979）计算了最近 500000 年 60°N 太阳辐射量偏离长期均值距平的逐月值（如图 2.20）。从这些计算结果可以清楚地看出，不仅月距平变化幅度很大，而且辐射量异常的季节时点也会从一年的某一时段快速转至另一时段。例如，距今约 125000 年 6 月和 7 月太阳辐射为一大的正异常，而到了距今 120000 年相同月份却被一个大的负异常所取代。记录的这种特征被称为太阳辐射标记（Berger，1979），是气候从温暖阶段转变为凉冷阶段的标志。最近 500000 年，太阳辐射标记出现在以距今 486000 年、465000 年、410000 年、335000 年、315000 年、290000 年、243000 年、220000 年、199000 年、127000 年、105000 年和 84000 年为中心的时期，所有这些时期都与气候条件快速恶化的地质证据非常吻合。

重要的是要认识到，尽管以 65°N 为中心的区域在大陆冰盖增长的实际机制中可能十分重要，但更为根本的冰期控制因素还是大气环流，而大气环流在很大程度上取决于一年中不同时间赤道-极地间的温度梯度（较大的辐射梯度产生较大的温度梯度）。当辐射梯度增大时，大气环流就会增强，副热带高压系统将向低纬移动（参见图 2.5），环极西风气流相应加强，从而导致向高纬传输的水汽通量增加。当辐射梯度降低，意味着副热带高压中心将向极地移动，减弱的西风环流将导致向高纬传输的水汽通量减少。因此，有意思的是，

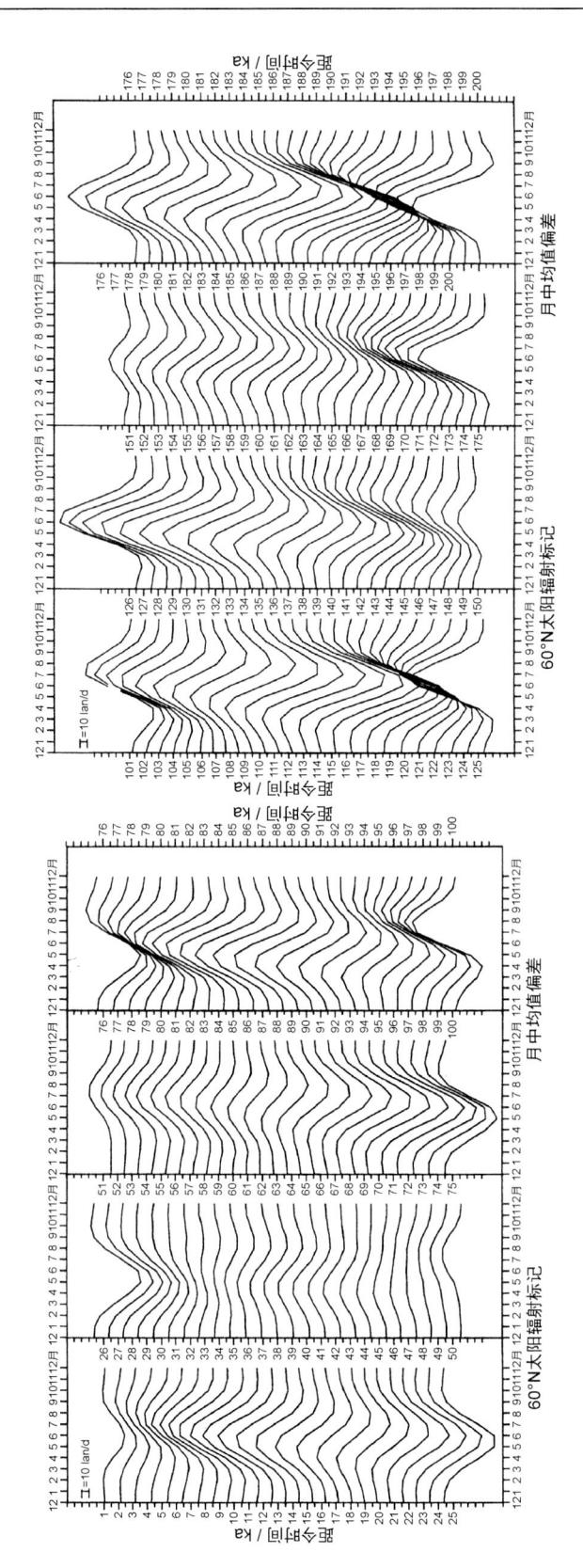

图 2.20 距今 200000 年（右下）至今（左上）60°N "太阳辐射标记"。每行显示最近 500000 年太阳辐射月中均值偏差的年周期。左上角纵刻度为兰利每日（1 lan=1 cal/cm²）。夏季太阳辐射从较大正异常变为大负异常（太阳辐射标记）的时期对应于气候由温暖变凉冷的时期。引自 Berger（1979）。

夏季和冬季辐射梯度增大（主要因高纬辐射接收量异常偏低所致）都发生在冰盖的主要增长期（如距今 72000 年和 115000 年）。相比之下，冰消期或间冰期则对应于经向辐射梯度减小的时期，这主要是因为辐射接收量较大（尤其是高纬）（图 2.21）。故此，环流强度作为结果会放大总体异常，无论是正异常还是负异常（Young and Bradley，1984）。另外值得注意的是，太阳辐射梯度以 41000 年周期发生变化，这正是约 300 万～80 万年前的气候主导周期（Raymo and Nisancioglu，2003）。

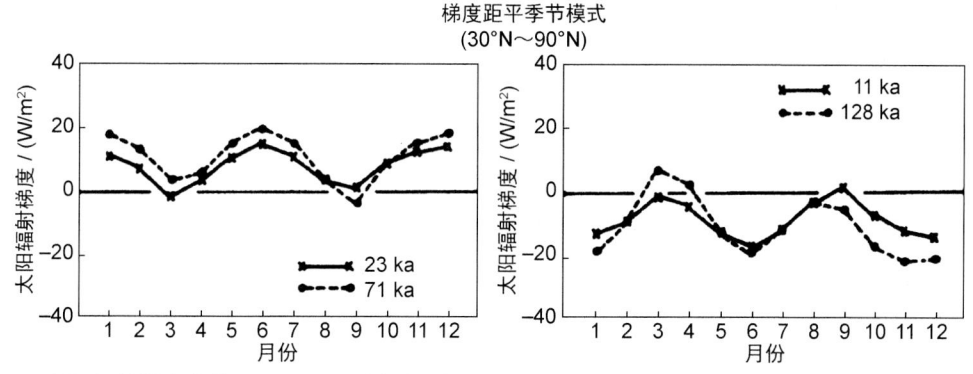

图 2.21　太阳辐射梯度变化（逐月），以所选时段与最近 150000 年平均值的距平表示。冰盖最大增长期（如距今 71000 年和 23000 年）对应于太阳辐射梯度在所有月份都高于平均值的时期（左图）。冰盖快速退缩期（如距今 128000 年和 11000 年）对应于辐射梯度通常低于平均值的时期（右图）。梯度计算针对北半球（30°N～90°N）。引自 Young 和 Bradley（1984）。

最后，必须认识到，Berger 及其他学者计算的太阳辐射变化是指进入大气层的太阳辐射（通常表述为大气层顶部或外部的辐射）。但是，穿过大气层的辐射在不同区域的反射和吸收是不同的（很大程度上取决于云盖的类型和数量）。而且，地表反照率状况将决定到达地面的辐射有多少会被吸收（参见图 2.9）。这些因素可以降低某些轨道周期的重要性。例如，图 2.22 显示，最近 20 万年 30°N～70°N 7 月中旬大气层外辐射梯度具有很强的 40000

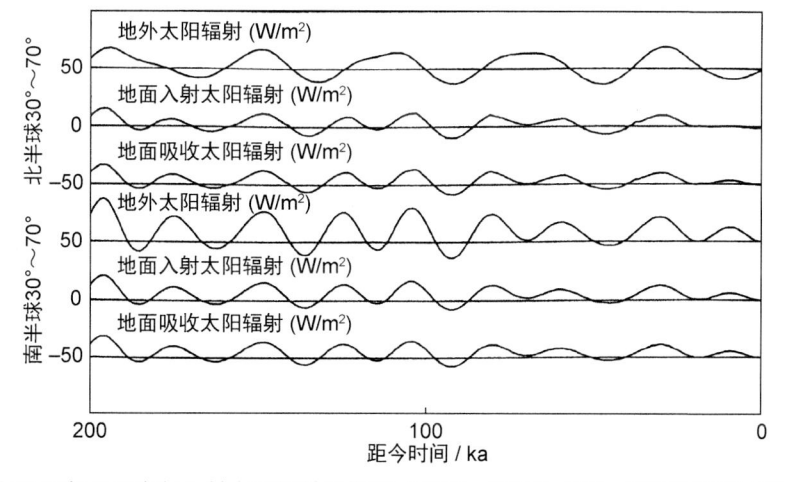

图 2.22　最近 20 万年 7 月中旬入射太阳辐射的梯度（30°N～70°N）（顶）与模拟的到达地面辐射的梯度（中）和地面吸收辐射的梯度（底）对比。由于不同纬度的吸收和反射存在差异，地面吸收辐射的主导周期从斜率周期转变为岁差周期，反映出低纬对辐射梯度更为显著的影响。引自 Tricot 和 Berger（1988）。

年周期（参见 Raymo and Nisancioglu，2003），然而，由于太阳辐射在大气层中不同的衰减效应以及地表反照率的经向差异，使得高纬斜率信号减弱，导致辐射吸收的经向梯度形成约 23000 年的主导周期（Berger，1988；Tricot and Berger，1988）。

气候变化的米兰科维奇理论对第四纪古气候学具有极其重要的意义，但直到 20 世纪 70 年代中期，在 Hays 等（1976）从印度洋沉积岩心中识别出轨道驱动的主周期之前，没有任何具有可靠定年的证据支持或反驳这一理论。此后，诸多研究都表明，地球轨道参数变化确实是冰期-间冰期旋回和大陆冰盖增长与退缩的根本控制因素（如 Broecker et al.，1968；Mesolella et al.，1969；Imbrie et al.，1992，1993a，1993b；Petit et al.，1999；Pollard and DeConto，2005；Ruddiman，2006；Jouzel，2007b；DeConto et al.，2008）。这些证据将在第 6 章 6.3.3 节中予以详细讨论，而在此对其中的主要问题则概况如图 2.23。将 65°N 6 月入射太阳辐射变化分解成其组成部分（岁差、斜率和偏心率），并与最近 40 万年海洋 $\delta^{18}O$ 记录（代表大陆冰量变化）的相同带通滤波成分进行对比。显然，岁差和斜率频段与 $\delta^{18}O$

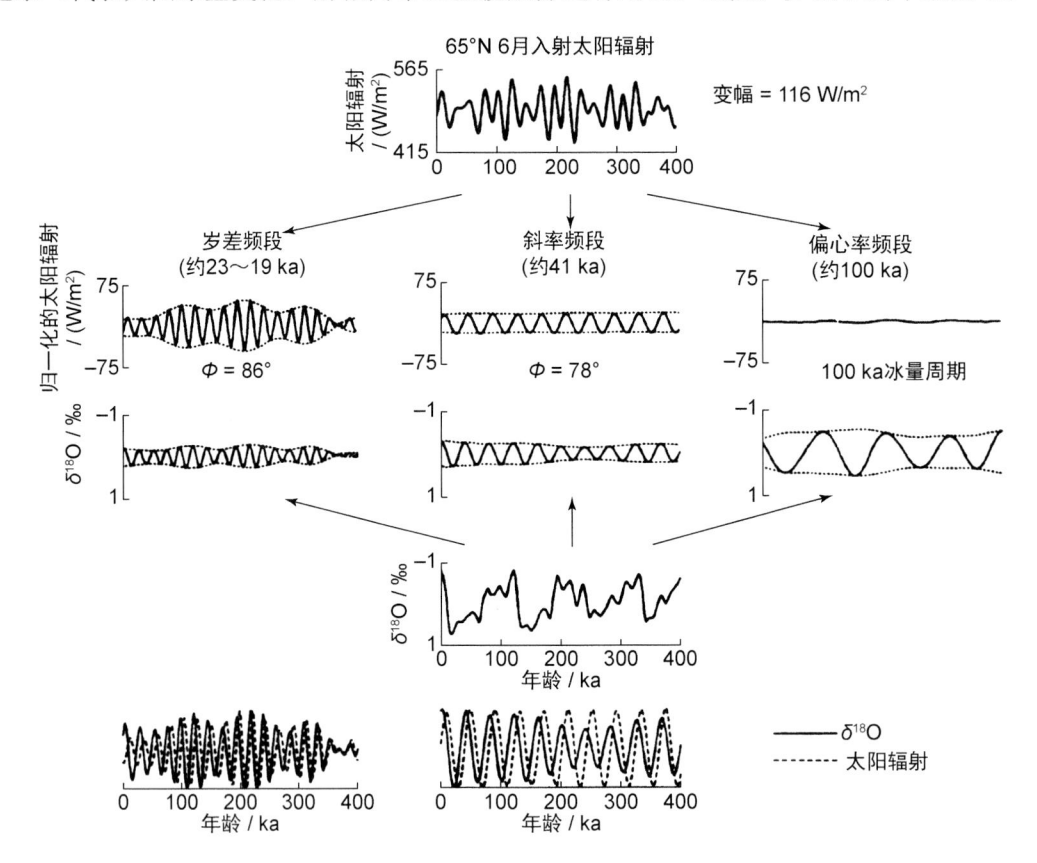

图 2.23 最近 40 万年 65°N 入射太阳辐射，分解（带通滤波）为其主要轨道组成部分（上），并与大陆冰量（记录于海洋沉积 $\delta^{18}O$ 中）记录及其相同频率主成分（下）所做的对比。下图展示归一化的太阳辐射岁差和斜率频段以及 $\delta^{18}O$（叠加其上），显示出辐射驱动与大陆冰量响应之间很强的相关性。与斜率和岁差相关的太阳辐射变化与气候系统响应之间存在很强的直接关联，而偏心率驱动与气候系统响应之间显然缺乏对应关系，两者形成鲜明对比。引自 Imbrie 等（1993b）。

冰量信号相似（且一致），但是100000年的辐射信号却无法解释冰量变化的100000年主周期。为解释这一矛盾，已经提出了几种可能原因。例如，气候系统内部可能存在非线性响应，也许涉及某种内部反馈机制，这种机制产生了所见的100000年周期；或者气候系统内部可能存在某些振荡，以某种方式与岁差和斜率变化发生相互作用，从而产生一个与偏心率同相位的100000年周期（Ruddiman，2006）。无论是哪种机制，它必须能够解释在最近约80万年，当100000年周期的偏心率驱动减弱时，为什么气候系统却发生了向更大振幅（100000年）周期变化的转型（如冰量变化、黄土沉积和花粉序列等所记录的）。

总之，轨道驱动是控制第四纪气候波动的重要因素，因此与轨道变化相关的周期特征是许多古气候记录的显著标志（Berger et al.，1992a）。然而，这类驱动是如何转化为气候响应的，其确切机制仍是诸多争论的主题（如 Ruddiman，2006；Schulz and Zeebe，2006；Raymo and Huybers，2008）。计算机模拟研究为弥合古气候理论与观测数据之间的分歧提出了诸多洞见（如 Berger，1990；Crucifix et al.，2006；Kutzbach et al.，2008；Yin and Berger，2012）。这一话题将在第6章6.3.3节中予以进一步讨论。

2.7 太阳驱动

轨道驱动涉及入射太阳能量沿纬度和随季节的再分配，因此对气候系统会产生不同的影响，从而导致环流变化，并且在北半球和南半球产生对轨道驱动的不同响应。太阳辐照度（太阳发射的能量）变化看似对地球所有地区影响均等，然而，情况并非如此，因为对太阳辐照驱动的响应会因大气层内部的反馈和相互作用而在某些地区被放大（Rind，2002；Haigh，2005）。

多年以来，总辐照度（基于干旱、高海拔样点的测量结果）通常被认为是不变的，至少在年际至十年尺度上不变——因此提出"太阳常数"这一术语，用以表述太阳直射时大气层截获的太阳能量（Hoyt and Schatten，1997；Kopp and Lean，2011）。最近约25年的卫星观测数据却揭示出与此不一致的事实——在一个施瓦布太阳活动周期（平均长度约11年）中，太阳总辐照度（total solar irradiance，TSI；所有波段入射辐射的总和）相差约0.08%，其最大值出现在太阳活动最强期（太阳黑子和耀斑活跃的时期）（Lean，2010）。黑子降低太阳辐照度，而耀斑增加太阳辐照度，因此一个太阳活动周期的变化总体上反映这两种现象的净效应，其中在太阳活动最强期耀斑的效应将超过黑子（图2.24）。此外，辐照度在甚短波段（紫外）发生变化，在一个太阳活动周期上变化更大（Lean，2000）。这种变化具有重要意义，因为紫外辐射增强会导致平流层上部产生更多的臭氧（O_3）。臭氧吸收辐射（在紫外线波长200~340 nm），因而在太阳活动增强的时期，大气层上部的加热速率会升高。这将对平流层风场产生影响（增强平流层东风），而平流层东风增强又会通过平流层与对流层之间的动力关联影响地表气候（Shindell et al.，1999；Baldwin and Dunkerton，2001；Haigh，2005；Ineson et al.，2011）。对这些影响的模拟研究表明，在夏半球，对流层西风急流向极地方向移动，哈得来环流向极地方向扩展，其变化幅度从太阳辐照度最小至最大可达70 km（Haigh，1996；Larkin et al.，2000）。尽管变化很小，但如果过去的辐照度变化比太阳活动周期变率更大并且持续时间更长，其影响可能会非常显著。

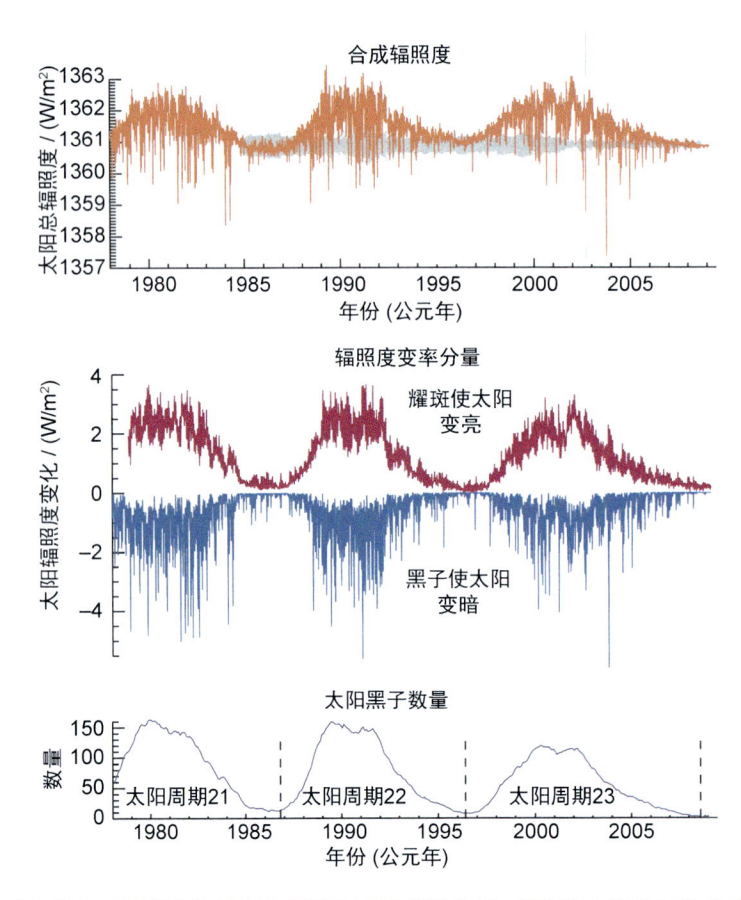

图 2.24 最近 3 个太阳活动周期太阳耀斑和黑子的卫星观测数据。耀斑使太阳发射的能量增加，而黑子使之降低，最终导致太阳总辐照度在太阳活动周期最大值时比最小值时增大 0.1%（上）。遗憾的是，这些现象没有更长时间的观测数据，因此对过去太阳辐照度如何变化的认识存在相当大的不确定性。引自 Lean（2010）。

在更长时间尺度上，太阳辐照度发生了多大变化？卫星观测数据时间太短，无法提供辐照度长期变化的线索，因此必须根据其他证据来推测。太阳黑子观测始于 17 世纪初，但太阳耀斑观测却要晚得多，因此在长期数据只有太阳黑子数量时，难以估算总辐照度的变化（图 2.25）。令人深感兴趣的是，1645～1715 年期间（蒙德极小期）几乎没有观测到太阳黑子（Eddy，1976）。许多研究一直试图重建蒙德极小期以来 TSI 的总体变化，其变幅估值介于＜0.1%～0.24%之间（图 2.25），而红外辐射变化可能更大。大量 GCM 模拟利用这些估值，探讨太阳辐照度如何影响最近数世纪的温度变化。尽管在太阳驱动程度的估算上存在不确定性，但这些研究基本上断定：最近千年（全球人为影响开始之前）北半球温度变化中的许多低频变率可以用太阳和火山驱动加以解释，不过气候系统内部变率可能会掩盖区域尺度上总体（大尺度）的升温和降温效应（如 Rind et al.，1999；Crowley，2000；Goosse et al.，2005）。事实上，正如实证和模拟研究所揭示的，藉由平流层与对流层环流之间复杂的相互作用及大气与海洋环流之间的反馈，区域温度变化的不同模式可能与太阳驱动相关联（Waple et al.，2001；Swingedouw et al.，2011）。Shindell 等（2001）通过改变

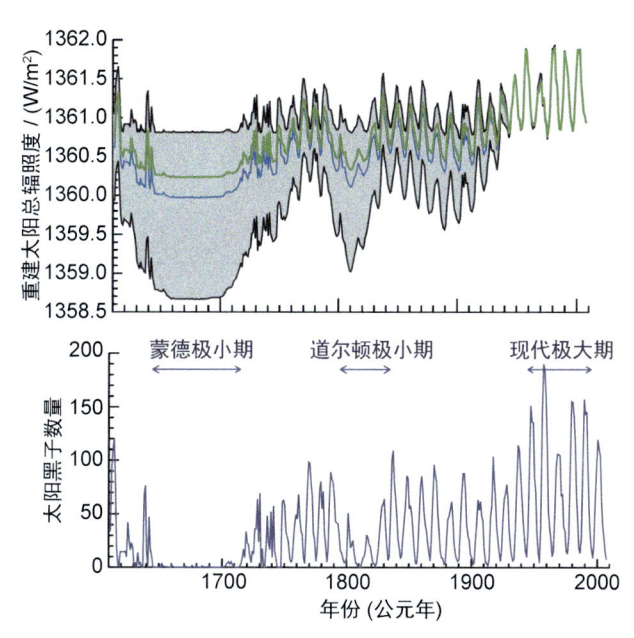

图2.25　17世纪初以来记录的黑子数量，显示出很强的11年施瓦布周期和长期变化，从蒙德极小期接近零变为最近数十年的150以上。上图显示不同太阳活动模型输出的太阳总辐照度（TSI）变化估值。最近一个太阳周期中，太阳活动最弱期辐照度的最新估值为1360 W/m² （Kopp and Lean，2011）（参见图2.24）。

引自Lean（2010，2010）、Wang等（2005a，2005b）和Tapping等（2007）。

GCM中的太阳辐照驱动，模拟出蒙德极小期北美东部和西欧冬季温度降低（1～2℃）的情形（与一个世纪后太阳辐照度升高时相比），这些温度变化与蒙德极小期晚期的古气候证据吻合（Pfister et al.，1999；Luterbacher et al.，2001）（图2.26）。这种模式是北大西洋涛动（North Atlantic Oscillation，NAO）向低指数状态转变的重要特征，在此状态下冰岛和亚速尔群岛之间的气压梯度降低，导致自大西洋向西欧的暖湿空气平流减弱，欧亚大陆气温降低（参见Ineson et al.，2011）。

如果太阳辐照度在最近350年变化了约0.1%～0.24%，那么在更长时间上会发生多大的变化？保存在自然档案中的宇成同位素的变化为估算太阳活动长期变化提供了可能。大气层上部截获的宇宙射线产生宇成同位素——如 ^{10}Be 和 ^{14}C，它们最终会进入地球表面的陆地环境。在太阳活动增强期，进入大气层的宇宙射线通量减小，导致这些同位素的产率降低。因此，宇成同位素变化与太阳活动反相关。如果假定太阳活动与TSI变化相关［一个相当大胆的假设，不过得到最近器测时期观测数据的支持——见Beer等（1996）、Steinhilber等（2009）］，^{14}C（被视为与预期年龄的差值，保存于树轮中）或 ^{10}Be（保存于冰心中）的长期变化就可以用作太阳辐照度随时间变化的指标。然而，在 ^{10}Be 从平流层产生、转移到地表沉积点期间大气过程的作用方面，以及放射性碳在深海的封存速率（例如由于温盐环流变化）方面（这可能也会对大气放射性碳浓度随时间变化产生影响），均存疑问。此外，其他因素也对全新世的宇成同位素产率造成了影响，要分离太阳变率的效应，就必须考虑这些因素。特别是地磁场变化对宇成同位素产率具有重大影响（磁场减弱与产率升高相关），但对地球磁场变化的理解还远远不够（见第4章4.1.5节）。为了研究其中的

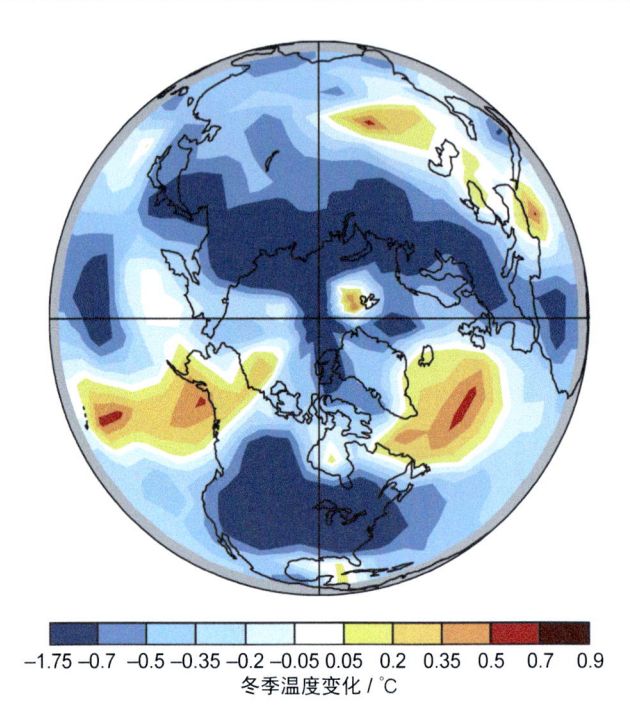

图 2.26　基于 GCM 模拟的 1680～1780 年冬季地表气温变化，在此期间模型中太阳辐照度增加 0.32 W/m² （约 0.1%）。GCM 中含有平流层化学互动组分，因而包含了紫外线对臭氧的影响。变化模式与北大西洋涛动负相态关联模式类似。引自 Shindell 等（2001）。

问题，Bard 等（2000）利用海洋碳变化的箱式模型，以冰心实测 ^{10}Be 的变化为驱动，评估了最近 1000 年 ^{14}C 变化是否受到大洋环流变化的影响。在这一时间尺度上，这种影响似乎一直都很小，表明 ^{14}C 可用于评估最近千年甚至更长时间的太阳变率。Beer 等（1996）对最近 4000 年的研究也获得了类似的结果。因此，许多研究都将古气候重建数据与作为太阳变率隐性指标的 ^{14}C 异常进行对比。利用这种方法，研究者已将南美洲北部和尤卡坦半岛（Black et al.，1999；Haug et al.，2001；Hodell et al.，2001）、东非和阿拉伯半岛（Verschuren et al.，2001；Neff et al.，2001）等热带地区以及中国（Wang et al.，2005b）的降水变率与 ^{14}C 异常（不过所占总方差非常小）代表的太阳活动变化进行了对比。在短时间和长时间尺度上，太阳变率还被认为与大陆中心的干旱频率相关（Cook et al.，1996；Yu and Ito，1999；Dean et al.，2002），而其他研究则发现全新世太阳活动变化与气候变化之间可能存在联系（Magny，1993；van Geel et al.，2000；Eichler et al.，2009）。Bond 等（2001）认为，北大西洋沉积中冰筏碎屑含量的变化周期与 ^{14}C 异常（约 1450～1500 年）相同；Stuiver 等（1991）也注意到 ^{14}C 数据的约 1470 年周期与 GISP2 氧同位素数据类似周期的相似性。这些关系有多确定？微小的太阳活动/辐照度变化与全球如此不同的地区间气候关联的可能机制是什么？现在还难以肯定。一种可能（如某些模型模拟所示）是太阳变化影响热带哈得来环流，导致云团分布变化和降水异常，进而与热带以外地区形成遥相关（如 Meehl et al.，2009）。

基于冰心的 ^{10}Be 校正值和观测的太阳开放磁场变化，Steinhilber 等（2009，2012）提出了一种更加倚重物理关联的全新世太阳总辐照度变化的重建方法。在考虑了全新世地球磁场变化估值［如 Knudsen 等（2008）的估值］的基础上，他们重建了辐照度变化，揭示出许多可与蒙德极小期（以及太阳活动增强期）相比拟的异常时段（图2.27）。然而需要注意的是，对地磁场影响的不同估计会给出不同的估值。不过，上述估值表明，全新世 TSI 变化与现今水平相差不到±0.1%，这意味着太阳对地表气候的影响可能是由气候系统内部强烈的反馈作用引起的。更长时间的 TSI 变化估算尚待进行（Bard and Frank，2006）。

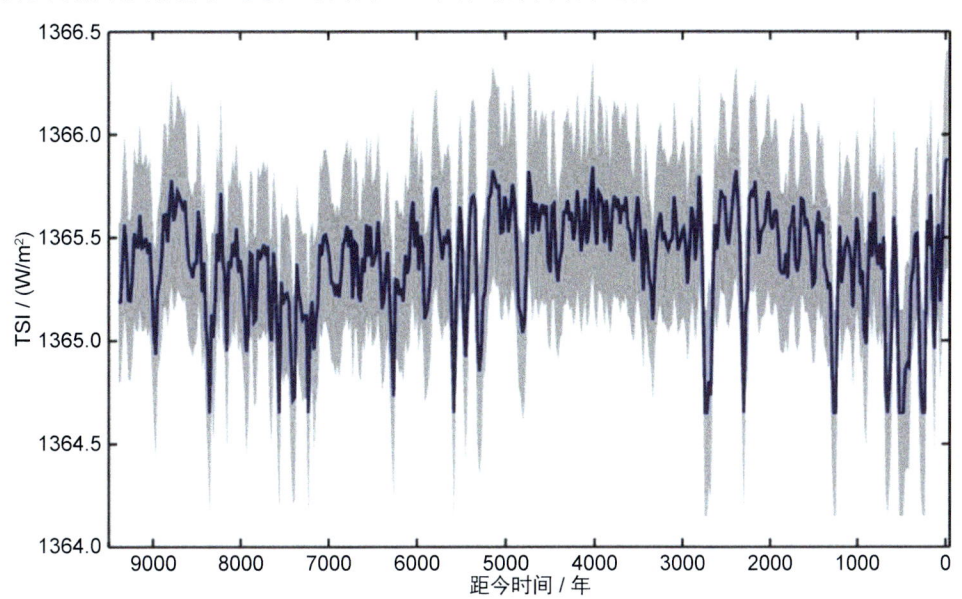

图 2.27　基于太阳开放磁场（其调制到达地球的宇宙射线）与冰心 ^{10}Be 数据之间关系重建的最近 9300 年太阳总辐照度，地球磁场变化已计入其中。阴影条带表示计入太阳开放磁场记录校正和重建不确定性的 1σ 误差。引自 Steinhilber 等（2012）。

2.8　火山驱动

器测记录研究早已表明，爆发式火山喷发对整个半球或全球的平均温度会产生短期的降温效应（Bradley，1988；Robock，2000）。火山气溶胶通过降低地表的能量接收对气候具有直接影响（图 2.28），还会使大气环流发生相关变化（通常涉及上部罗斯比波模式的放大），从而导致某些地区温度大幅异常。例如，由于西风带北移（北大西洋涛动正相态），20 世纪发生的大型火山喷发通常与斯堪的纳维亚北部和俄罗斯北部冬季温度正异常相关（Groisman，1992；Robock and Mao，1995）。也有证据表明，由于沃克环流多云区和无云区的差异性辐射效应，热带大型火山喷发可触发厄尔尼诺事件的生成（Adams et al.，2003；Mann et al.，2005；Emile-Geay et al.，2007）。

大多数温度效应数年后都无法检测，因而单一爆发式喷发只能对全新世气候变化序列的短期变率产生影响。然而，如果过去的火山喷发更为频繁，或者碰巧发生在一系列事件期间，那么喷发的累积效应可能会持续更长时间，从而产生十年至数十年尺度的影响。如果最初的降温导致气候系统内部发生反馈作用，例如积雪和海冰覆盖持续时间更长从而提

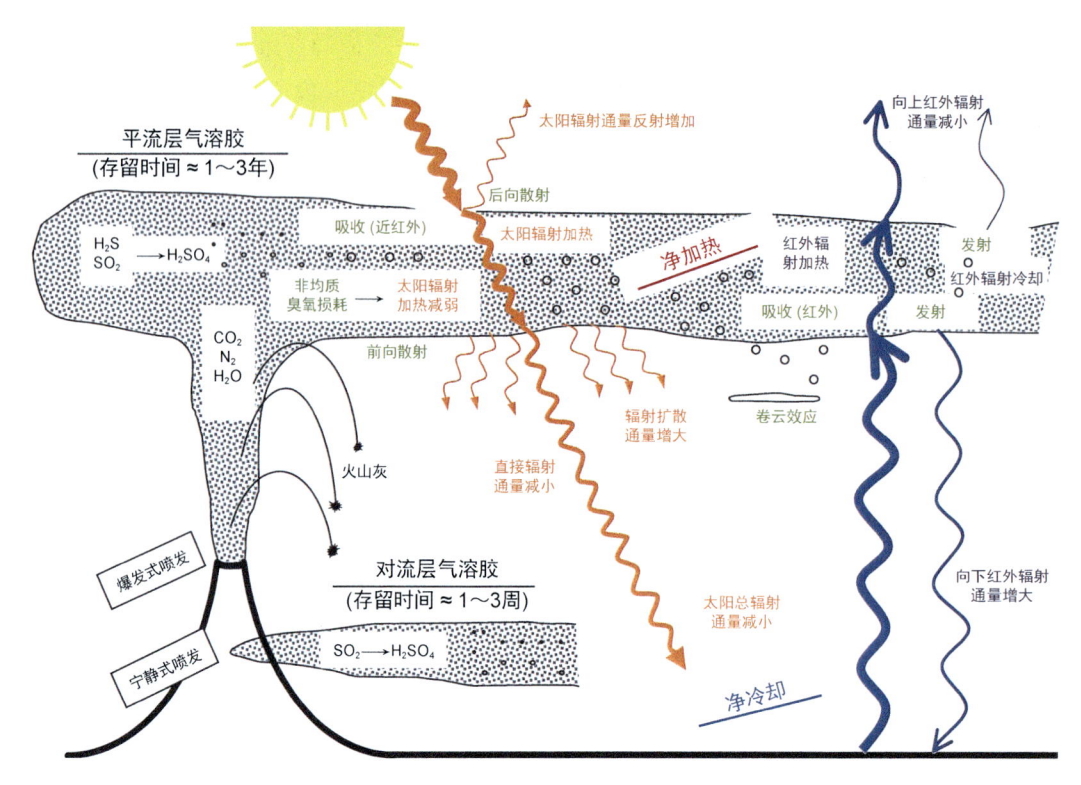

图 2.28 爆发式火山喷发多种效应示意图。爆发式火山喷发将颗粒物、水汽和气体喷射至平流层,遮蔽平流层的入射太阳辐射。引自 Robock(2000)。

高地表反照率并改变大气环流,那么这种累积效应就会增强。例如,Miller 等(2012)发现,公元 1258 年和 1452 年的大型爆发式喷发之后,高原冰帽扩展到了加拿大北极区巴芬岛的广大区域。他们认为,由于北极海冰产生的反馈,在火山粉尘从大气层降落之后,大冰帽仍然存在了很长时间。模拟研究表明,气候变冷导致海冰扩张,而海冰扩张又反过来进一步降低大气温度。总体而言,大陆冰川作用增强以及海冰增加将导致初始扰动持续起作用。这种作用持续的时间很长,其间会发生不那么剧烈的其他火山喷发,从而使得最初的大型火山事件引发的变化进一步延续。

最近 100 万年太平洋深海沉积岩心的火山沉积物(火山灰)研究发现,爆发式火山活动期与轨道驱动[尤其在 41000 年(斜率)周期上]之间存在统计学意义上的关联(Kutterolf et al.,2012),这被认为与冰盖增长和退缩引起的地壳应力变化及相关的海平面变化有关。格陵兰和南极冰心中的硫酸盐含量也提供了爆发式火山活动记录(Castellano et al.,2005;Gao et al.,2007,2008),其中 GISP2 硫酸盐记录显示,距今 9500~11500 日历年存在爆发式喷发频繁的时期,可能也与冰后期冰岛周围地壳释荷有关(Zielinski et al.,1994)。这一时期出现许多较大的硫酸盐峰值,通常比最近数世纪来最大的坦博拉(Tambora)火山喷发(1815 年)的信号更强(图 2.29)。当然,强烈的硫酸盐信号对火山喷发源并不具指示意义,可能仅仅意味着喷发靠近冰心点位(Coulter et al.,2012)。为了解决这一问题,相关研究基于详细分析从格陵兰的冰心中提取出火山玻璃,再对这些玻璃碎片进行地球化学指纹识别，从而鉴定其来源。结果表明，格陵兰冰盖沉积了多层火山灰，主要来自冰岛，但也有一些甚至来自北美的爆发式喷发（Abbott and Davies，2012）。这些火山灰为具有重大气候效应的大型火山喷发提供了年代标尺（参见第4章4.3节）。然而，要分辨这些气候效应，真正需要的是获取火山粉尘如何在经向上和季节上影响大气光学深度的记录。这一点极具挑战性，到目前为止仅仅对最近数世纪的序列进行了尝试（Robertson et al.，2001；Ammann et al.，2003）。基于这些数据进行的能量平衡模型和全球大气环流模型模拟研究表明，最近千年爆发式火山活动对半球和全球平均温度的自然变率产生了重要影响（Crowley and Kim，1999；Free and Robock，1999；Crowley，2000）。

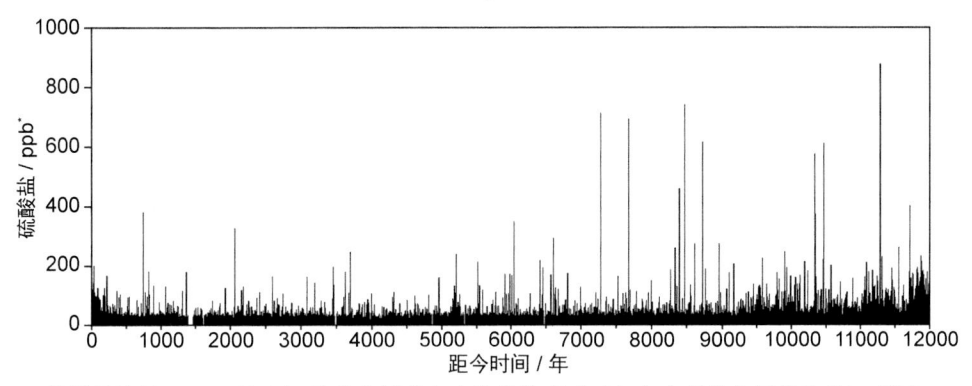

图2.29 格陵兰冰峰GISP2冰心记录的全新世火山硫酸盐序列（与本底变化之间的异常）。引自Zielinski（1994）。

许多古气候研究通过在时间域（曲线匹配）或频率域（寻找与特定驱动因子对应的频谱峰）进行简单对比，研究火山喷发与气候的关联机制（如Black et al.，1999；Bond et al.，2001）。从机理上或动力学意义上认识外部驱动如何影响气候系统的前沿学者，与重建古气候记录的学者之间，一直很少开展合作研究。模型模拟为这两个研究领域建立了联系，尤其是在模拟涉及与真实的平流层化学、植被、陆面（水文）反馈以及海冰组分完全耦合的海-气GCMs的情形下。利用这些模拟手段，可以理解一些通常是简单强迫因子驱动的复杂的相互作用。重要的是，模型有助于从空间上认识气候对特定驱动因素的响应，或许还可以识别气候系统内部的阈值和反馈，从而有助于解释观测到的第四纪古气候记录。

必须认识到，还有气候系统变率的内部模态可能导致大区域尺度的气候异常（如厄尔尼诺-南方涛动、大西洋多年代际涛动和太平洋年代际涛动）。这些模态在长、短两种时间尺度上都发生变化（不过我们对其长期行为知之甚少）。这种变率有些可能受外部驱动因素的调制，但也可能源于与气候系统其他部分随机的相互作用。气候系统内部的随机共振——在此过程中较弱的准周期驱动信号可能被放大为非线性、双稳态气候信号，可能通过推动系统越过临界阈值而引发了过去的气候突变（Lawrence and Ruzmaikin，1998；Ruzmaikin，1999；Rahmstorf and Alley，2002）。

最后，全新世古气候变率并非都能归因于特定的外部驱动（轨道、太阳或火山）。关于这一点，最佳示例或许就是距今约8200日历年"事件"，该事件是由劳伦泰德冰盖边缘一

---

* 1 ppb = 1 μg/kg。——译者

个巨大冰前湖的灾难性泄水引起的（Alley et al., 1997c；Barber et al., 1999；Cheng et al., 2009）。这一事件与任何外部驱动无关，却导致淡水迅速涌入北大西洋，从而减弱大西洋经向翻转流（Atlantic meridional overturning circulation，AMOC），对世界许多地区的气候产生了影响（Rohling and Pälike, 2005）。其他影响广泛的气候异常更显神秘，其原因大多至今不明，例如包括中东（Weiss et al., 1993；Weiss, 2012）、印度（Berkelhammer et al., 2012）、阿拉斯加（Fisher et al., 2008）和美国中西部（Booth et al., 2005）等地诸多记录显示的距今4200年事件。

第 3 章 定年方法一

3.1 引言与概述

  准确定年对古气候研究至关重要。没有对过去气候事件发生时间的可靠估计，就不可能探究这些事件是否同步发生，或者某些事件是超前还是滞后于其他事件，也不可能准确评估过去环境变化的速率。因此，必须尽量对所有代用材料进行年龄测定，避免样品污染，并确保明晰样品的地层背景。理解定年方法的前提和局限同等重要，只有这样才能对获得的定年数据做出切实的解释。通常而言，获取定年数据的误差范围与获取定年数据本身同样重要。本章将讨论当今第四纪研究中广泛使用的主要定年方法，更多具体内容可参见 Geyh 和 Schleicher（1990）、Noller 等（2000）和 Walker（2005）。

  定年方法可分为四种基本类型（图 3.1）：①放射性同位素方法，基于样品或其周围环境中原子的裂变速率；②古地磁（对比）方法[①]，依赖于过去地球磁场的倒转及其对样品的影响；③有机和无机化学方法，基于样品随时间的化学变化或样品的化学特征；④生物方法，根据生物生长状况测定其附着基质的年龄。对于不同的研究时段，某些定年方法往往比其他方法更为适合（图 3.2）。

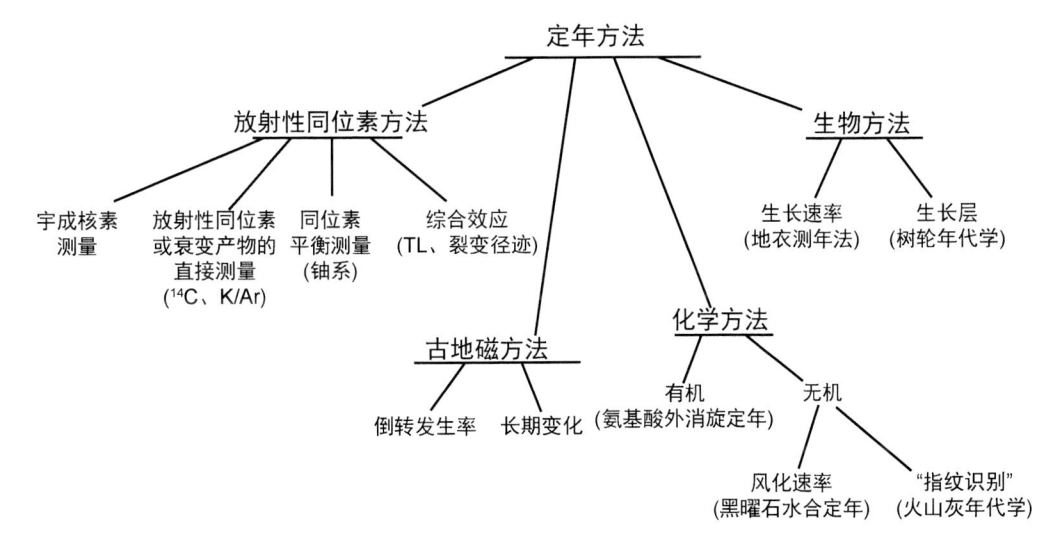

图 3.1 古气候研究的基本定年方法。

[①] 也许有人认为，古地磁变化并非定年方法，而是地层对比方法。然而，建立可靠的古地磁变化的时间标尺（4.1.3 节）意味着事实上古地磁变化通常被用作已定年的参照层位。

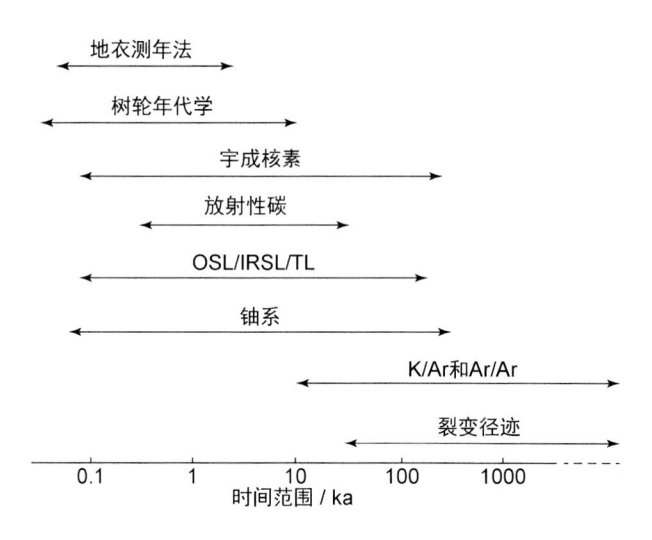

```
         地衣测年法
       ←——————→
           树轮年代学
       ←——————————→
               宇成核素
         ←——————————————→
              放射性碳
         ←————————→
             OSL/IRSL/TL
         ←——————————→
               铀系
         ←——————————————→
                        K/Ar和Ar/Ar
                   ←————————————————→
                             裂变径迹
                       ←——————————————→
   0.1      1       10      100     1000
               时间范围 / ka
```

图 3.2 不同定年方法适用年龄范围示意图。

并非所有的定年方法都能给出可靠的数值年龄,有些方法只能揭示不同样品的相对年龄。在这些情况下,可以运用定量(如放射性同位素)方法对"相对年龄"进行校正,例如第 4 章 4.2.1.3 节所述。因此,定年有一系列方法:绝对年龄法、校正年龄法、相对年龄法和涉及地层对比的方法(Colman et al., 1987)。本章和下一章将从绝对年龄法开始对所有这些方法进行讨论。

3.2 放射性同位素方法

原子由中子、质子和电子构成。对任何一种元素而言,质子数(原子序数)是不变的,但中子数可变,从而导致同一种元素具有不同的同位素。例如,碳以 3 种同位素的形式存在,这是因为碳有 6 个质子,但有 6 个、7 个或 8 个中子,因而原子质量数(质子和中子的总数)分别为 12、13 和 14,以 ^{12}C、^{13}C 和 ^{14}C 标示。通常,每种元素都有一个或多个稳定同位素,元素在地球上的存在形式以稳定同位素为主。以碳为例,^{12}C 和 ^{13}C 为稳定同位素,而 ^{12}C 丰度最大。据估计,碳交换储库(大气、生物圈和海洋)拥有 42×10^{12} t 的 ^{12}C、47×10^{10} t 的 ^{13}C 和仅 62 t 的 ^{14}C。不稳定的原子由于失去核粒子(α粒子或β粒子)而发生自发性的放射性衰变,结果可能嬗变为一种新元素[①],如放射性碳(^{14}C)衰变为 ^{14}N,^{40}K 衰变为 ^{40}Ar 和 ^{40}Ca。同时,由于衰变速率是不变的,因此一定数量的放射性同位素会以已知的时间间隔衰变为其子体,这就是放射性同位素定年方法的基础。假如放射性同位素"时钟"在地层沉积前后开始计时,那么测量现今的同位素含量则能指示样品形成以来经历的时间。放射性物质衰变至其原始量的一半所需的时间称为半衰期,表 3.1 列出了一些用于定年的放射性同位素的半衰期。就 ^{14}C 而言,半衰期为 5730±30 年。这意味着 5730 年前死亡的植物目前剩余的 ^{14}C 含量只有当初的一半,而从现在起再过 5730 年,^{14}C 含量将只

---

① 1 个α粒子由 2 个质子和 2 个中子(即 1 个氦核)构成,1 个β粒子是 1 个电子。中子衰变产生 1 个β粒子和 1 个质子,从而导致元素本身发生嬗变。

有现在的一半，也就是最初 ^{14}C 含量的 25%，依此类推（图 3.3）。当年 Libby 阐明放射性碳定年原理时（Libby，1955），计算出的 ^{14}C 半衰期实际上是 5568 年，这是根据当时大量变化范围较大的估值给出的平均值，并为所有放射性碳定年实验室采用。至 20 世纪 60 年代初，进一步的工作表明，当初的估值存在 3%的误差，^{14}C 半衰期接近 5730 年（Godwin，1962）。为避免混乱，决定继续使用"Libby 半衰期"（四舍五入取整为 5570 年），并且这种做法延续至今，所有年龄仍采用 Libby 半衰期予以报告。然而，将"放射性碳年龄"与日历年龄（历史、考古和/或天文事件）和其他技术获得的年龄进行对比时，就需要加以调整（参见 3.2.1.5 节）。近年，针对 ^{14}C 的真实半衰期以及它是否真的更长（6000 年左右）提出了疑问。如果这样，至少可以部分解释放射性碳年龄与日历年龄之间的大幅差异（Chiu et al.，2007）。不过，这种调整没有任何令人信服的证据，产生的问题可能比解决的问题更多（Hughen et al.，2006；Broecker and Barker，2007）。

表 3.1 用于定年的放射性同位素半衰期

放射性同位素	半衰期
^{14}C	5.730×10^3 年
^{238}U	4.468×10^9 年
^{235}U	0.704×10^9 年
^{40}K	1.310×10^9 年

注：尽管 ^{14}C 半衰期为 5730±40 年，但按惯例仍采用 5568±30 年的"Libby 半衰期"。

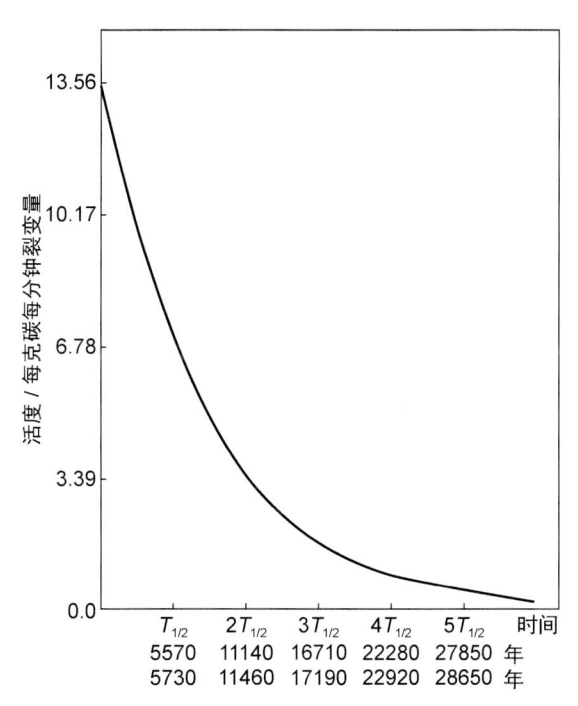

图 3.3 放射性碳随时间的衰减。横坐标显示 Libby 半衰期和修正的半衰期（$T_{1/2}$），纵坐标单位为每克碳每分钟的裂变量。引自 Olsson（1968）。

直接用于定年的放射性同位素必须具有下列属性：①同位素本身或其子体变量必须是可测量的并且能够与其他同位素区分，或者其衰变速率是可测量的；②其半衰期长度必须适合于需要定年的时段；③同位素的初始含量水平必须是已知的；④需要定年的事件与放射性衰变过程开启（"时钟"）之间必须具有某种联系。这些要素的相关性将在以下几节加以说明。

一般而言，放射性同位素定年方法包括三种（图 3.1）：①测量放射性同位素假定初始含量的剩余比率（如 ^{14}C 定年）或稳定子体在与母体相互消长中的累积量（如钾-氩和氩-氩定年）；②测定放射性衰变链中的同位素在某种初始外部扰动之后向平衡态恢复的程度（铀系定年）；③测量某种局地放射性过程对样品材料的综合效应并与当地（环境）通量值进行对比（裂变径迹定年和热释光定年）。这些方法将分别予以介绍。

3.2.1 放射性碳定年

就晚第四纪气候变化研究而言，^{14}C 或称放射性碳定年是迄今为止最有用的定年方法。由于 ^{14}C 分布广泛，放射性碳定年技术可在全球范围内使用，并已用于测定泥炭、木头、骨头、贝壳、古土壤、"老"海水、海洋和湖泊沉积物以及冰川冰中的碳质颗粒等样品的年龄。而且，放射性碳定年的时限涵盖重要的全球环境变化期，如果没有精确的定年控制，几乎不可能对任何环境变化细节进行解读。放射性碳定年也是旧石器时代至最近历史时期人类演进测年的理想方法，因而在考古学研究中也具有重要价值。此外，大气 ^{14}C 含量变化本身就引人关注，因为这些变化对太阳和/或地磁随时间的变化、或者海洋环流变化和气候变化都具有指示意义。

3.2.1.1 ^{14}C 定年原理

放射性碳（$^{14}_{6}C$）产生于大气层上部，是由中子轰击大气中的氮原子形成的：

$$^{14}_{7}N + ^{1}_{0}n \longrightarrow ^{14}_{6}C + ^{1}_{1}H$$

中子是由进入大气层上部的宇宙辐射产生的，在约 15 km 高空浓度最大。虽然宇宙射线受地球磁场的影响且在地磁极附近较为密集（从而导致中子和 ^{14}C 呈现类似分布），但 ^{14}C 原子在大气层下部快速扩散消除了 ^{14}C 生产地域差异的任何影响。^{14}C 原子很快被氧化为 $^{14}CO_2$，$^{14}CO_2$ 向下扩散并与其余的大气二氧化碳混合，从而进入生物圈的所有通道（图3.4）。正如 Libby（1955）所言："由于植物以二氧化碳为生，所有的植物都具有放射性；由于地球上的动物以植物为生，所有的动物也都具有放射性。因此，……所有的生物因宇宙辐射而具有放射性。"

在漫长的地质时期，大气层上部新 ^{14}C 的生产速率与全球碳储库中 ^{14}C 的衰减速率达到平衡。这意味着，每年大气层上部新产生的 7.5 kg ^{14}C 与全球范围内 ^{14}C 放射性衰变为氮所损失的 ^{14}C 量大致相等。^{14}C 衰变为氮，释放 1 个 β 粒子（1 个电子）：

$$^{14}_{6}C \longrightarrow ^{14}_{7}N + \beta + 中微子$$

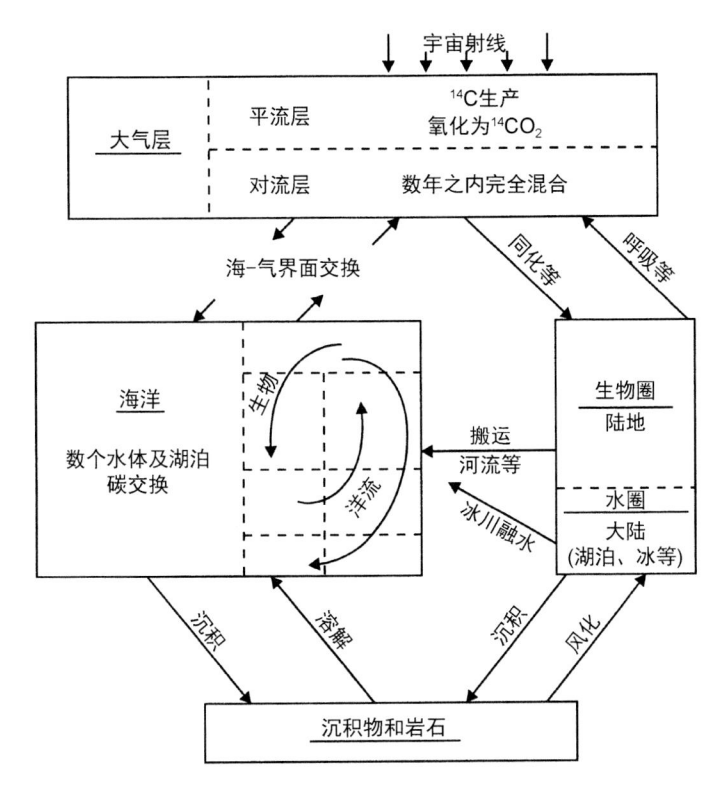

图 3.4　自然界碳循环示意图。引自 Mangerud（1972）。

因此，全球 ^{14}C 的总量保持恒定①。在所定年的时段内放射性碳含量基本稳定这一假设是该定年方法的基础，但就细节而言，这一假设并不成立（参见 3.2.1.5 节）。

植物和动物通过光合作用和呼吸作用将一定量的 ^{14}C 吸入组织，其组织中的 ^{14}C 含量与大气的 ^{14}C 含量处于平衡状态，这是因为随着老细胞死亡和更新，新产生的 ^{14}C 在不断地交换。然而，一旦生物死亡，^{14}C 的这种交换和更替就会停止。自那一刻起，生物体的 ^{14}C 含量因 ^{14}C 衰变为氮而降低，并且此后 ^{14}C 含量纯粹成为时间的函数，换言之，放射性"时钟"已经启动。由于 ^{14}C 含量在经历 10 个半衰期（57300 年）后以负指数速率下降（图 3.3），所以此时样品的 ^{14}C 含量不足生物体存活时初始 ^{14}C 含量的 0.01%。更具体地说，对于 ^{14}C 含量等于现代水平的 1 g 碳样品，其放射性碳原子衰变每分钟将产生约 15 个 β 粒子，这个速率很容易通过传统的定年方法进行计数。相比之下，57300 年前死亡的生物，其 1 g 碳每天仅产生约 21 个 β 粒子（Aitken，1974）。正因为 ^{14}C 含量随样品年龄变老而不断减少，用传统的放射性碳定年方法来测量就显得十分困难；而随着信-噪比大幅降低，将样品中的裂变与外部本底辐射（现代计数器通常每天产生约 132 个 β 粒子）分开也就变得不可能了。

---

① 在原子弹爆炸向大气层释放 ^{14}C 之前，^{14}C 平衡量估计约为 62 t。20 世纪 50 年代以来，人为产生的 ^{14}C 量约以 4% 的速率增加，而其中大部分至今仍存留在大气层中。因此，大气的 ^{14}C 含量几乎增加了一倍（Aitken，1974）。

3.2.1.2 测量步骤、材料与问题

直到 20 世纪 80 年代初，几乎所有的放射性碳定年实验室使用的都是比例气体计数器或液体闪烁技术（Povinec et al.，2009）。在前一种方法中，碳先被转化为气体（甲烷、二氧化碳或乙炔），之后被输入检测 β 粒子的"比例计数器"（输出电压脉冲的变化与 β 粒子发射的速率成正比）。在液体闪烁法中，碳被转化为苯或其他有机液体，然后放入仪器，以检测 β 粒子与加入有机液体的磷光体相互作用所产生的闪烁（闪光）。这两种方法都必须采取严格的措施屏蔽样品计数器，以免受到仪器部件、实验室材料和周围环境（包括从外层空间穿过地球大气层的宇宙射线）等产生的外来放射性的影响。这些方法耗时费力，且每个样品需要数克碳，如今很少有实验室使用这些方法。

20 世纪 70 年代末至 80 年代初，放射性碳定年迎来了一场技术革命：通过将质谱仪与加速器结合（AMS 定年），研发出了小微有机样品的定年技术（Muller，1977；Nelson et al.，1977；Litherland and Beukens，1995）。这一技术直接测定单一离子（^{12}C、^{13}C 和 ^{14}C）的含量，而非通过计数 β 粒子发射间接测量样品中的 ^{14}C 数量。离子在串联静电加速器中被加速至极高的速度，然后穿过磁场，磁场致使不同的离子发生分离，从而能够区分不同的离子（Stuiver，1978a；Elmore and Phillips，1987）。这种技术使用的样品量比传统 ^{14}C 定年方法少得多（仅需约 1 mg 碳，测试样品量仅为 30 mg），因此可对小样品量的有孔虫、从周围基质分离出的花粉粒甚至单个种子进行定年（Brown et al.，1992；Regnell，1992）。例如，浮游有孔虫抱球虫 700~2000 个壳体通常可以提供 1 mg 碳用于定年。现在，有许多专门为 ^{14}C 定年设计的加速器，一些实验室可在收到样品后数日内提交测试数据。

放射性碳定年的另一项重要进展，是对沉积物基质中提取的特定化合物进行定年（Ingalls and Pearson，2005）。有机样品通常是不同来源、不同年龄物质的混合物，因此，小样品量的有机全样无法提供某一地层的准确年龄（如 Mollenhauer et al.，2005）。通过从细胞膜中提取特定生物（生物标志物；Gaines et al.，2009）产生的有机化合物（如脂类），则可用来建立更清晰的地层关系（图 3.5；Eglinton et al.，1996，1997）。例如，Smittenberg 等（2004）提取泉古菌醇（单细胞浮游古菌泉古菌产生的生物标志物）对不列颠哥伦比亚萨尼奇湾纹层沉积进行定年，通过将特定化合物年龄与纹层计数年表对比，估算了该地海洋碳库年龄随时间的变化。特定化合物定年方法在测定海洋沉积中用于指示古温度的有机化合物［如甘油二烷基甘油四醚（GDGTs）或烯酮］年龄方面也具有重要价值。通过测定用作温度代用指标的特定分子的年龄，重建序列的年龄标尺将更为可靠，对古温度本身的理解也更为深刻。例如，Ohkouchi 等（2002）发现，马尾藻海岩心的烯酮比周围沉积基质更老，岩心中的有机分子受到较老沉积物的改造并由北部较冷的水流输送至南部。因此，基于烯酮重建的古温度（参见第 6 章 6.5.1 节）要低得多，不能代表马尾藻海研究点的古温度。此外，由于洋流强度的变化，较老物质的输入似乎在时间上有所变化。如果不是只对烯酮进行分离和定年，就不可能认识到这一点（参见 Shah et al.，2008）。在不久的将来，AMS 定年技术的发展有望对单一化合物少至约 1 μg 的碳样品进行定年（Povinec et al.，2009）。

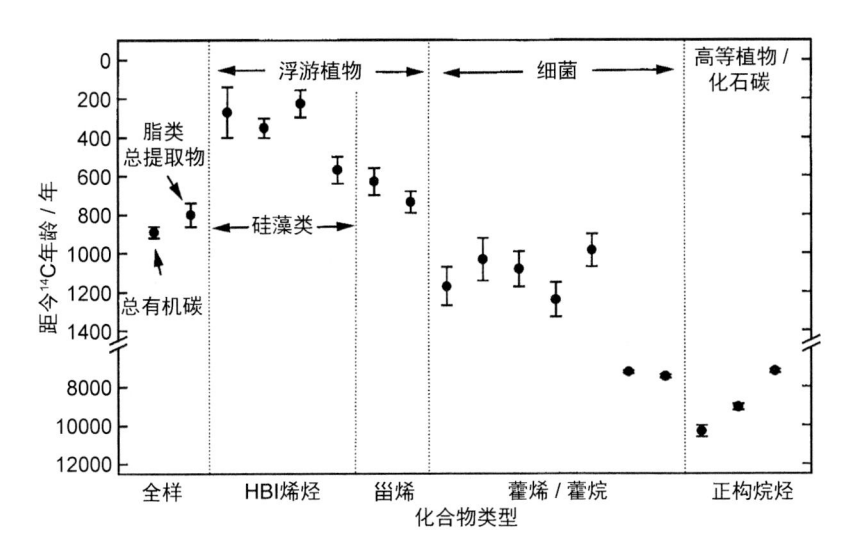

图 3.5 阿拉伯海沉积岩心上部 2～4 cm 单一碳氢化合物和全样的放射性碳年龄（利用 AMS 测定），显示沉降至海底的物质可能具有完全不同的年龄。注意 y 轴上间断。误差棒表示 AMS δ^{14}C 测量数据统计的不确定性（总体误差＜5%）。引自 Eglinton 等（1997）。

3.2.1.3 放射性碳定年精度

一些学者对放射性碳年龄深信不疑，尤其是在其与自己预想的样品年龄相符的情况下。然而，放射性碳年龄是概率的表述（像所有放射性测量一样）。放射性蜕变在平均值附近随机变化，虽然特定的 ^{14}C 原子何时发生衰变无法预测，但对于一个含有 10^{10}～10^{12} 个 ^{14}C 原子的样品，平均而言在一定时间内定会发生一定数量的蜕变。样品放射性的这种统计不确定性（加之校准样品放射性衰变时的类似不确定性以及本底辐射产生的"噪声"）是所有 ^{14}C 年龄固有的特性。因此，绝不可能给一个样品指定单一的"绝对"（即数值）年龄。更确切地说，年龄是以泊松概率分布的中点标示的，因此年龄与其标准差共同界定了已知的概率水平。例如，5000±100 年的年龄值表示，真实（放射性碳）年龄在 4900～5100 年之间的概率为 68%，在 4800～5200 年之间的概率为 95%，而 99%的可能性在 4700～5300 年之间。在传统定年方法中，使用大样品、延长计数时间以及降低实验室本底噪声都有助于提高年龄测定的精确度。然而，即使是严格的 ^{14}C 分析也无法说明误差的诸多来源，因此在确信所获得的年龄数据之前，必须对这些误差来源进行评估。一个样品的年龄可能得到准确的测定（在测试上），但如果样品受到污染或未进行适当的校正，或许就并未准确反映出真实的年龄。以下部分将对这些问题进行讨论。值得注意的是，一个无限老的样品即使受到 0.1%现代碳的污染，也会给出约 55500 年的有限年龄值，这说明解释极老 ^{14}C 年龄存在固有的风险。在实际工作中，对老于 45000 年的 ^{14}C 年龄都必须加以慎重对待。

3.2.1.4 ^{14}C 定年误差来源

3.2.1.4.1 采样与污染问题

受污染样品会导致错误的年龄是不言而喻的，但通常很难确定样品受污染的程度。某些形式的污染相对明确，例如，现代根系可能会扎入泥炭剖面，如果不仔细检查样品并清除这些物质，可能会产生很大误差。当定年材料含有碳酸盐（如贝壳、珊瑚和骨头）时，则会出现更为复杂的问题。这些材料特别容易受现代碳污染，因为它们随时都在参与同雨水和/或地下水的化学反应。例如，大多数软体动物主要由亚稳定晶形的碳酸钙——文石组成，而文石可能被溶解，并以方解石稳定晶形再次沉淀。在溶解和重结晶的过程中，会发生现代碳的交换，使样品受到污染（Grant-Taylor，1972）。这个问题在全部由文石构成的珊瑚中同样存在。通常可利用 X 射线衍射识别碳酸盐矿物的不同类型，而高度重结晶的材料将被弃用。不过，Chappell 和 Polach（1972）已注意到，重结晶存在两种不同的情形：一种是开放体系，因此易受现代 ^{14}C 的污染；而另一种是封闭体系，重结晶发生在体系内，不涉及任何污染问题。正如通常所料，前一种过程往往发生在样品的边缘，因此常用的办法是先使用盐酸溶解样品表面的 10%～20%，然后测定剩余材料的年龄。对于很老的壳体，其重结晶可能影响到较深的生长层，因此应将剩余的内部层段分为两部分（一个"内部偏外"部位和一个"内部偏内"部位）进行定年，以检测数据的一致性。然而，如果重结晶穿透整个样品，即使利用盐酸反复淋滤也无法获得可靠的数据，因为很少的现代碳就会导致极大的误差。解决老壳体定年问题的补救办法，是分离在壳体中含量很低（1%～2%）的一种蛋白质——贝壳硬蛋白，对贝壳硬蛋白而不是碳酸盐进行定年（Berger et al.，1964）。贝壳硬蛋白中的碳不与周围环境中的碳发生交换，因此不大可能被污染。遗憾的是，分离足够多的贝壳硬蛋白，需要大量样品（>2 kg），而这通常难以做到。

测定骨头的年龄会遇到类似的问题。由于与现代碳发生交换反应，总无机碳或生物磷灰石碳酸盐的年龄是不可靠的（Olsson et al.，1974）。与壳体的情况类似，可靠的方法是分离和测定从骨头中提取的特定氨基酸中的碳。例如，Nelson（1990）利用特定氨基酸茚三酮（2,2-二羟基-1,3 茚二酮）测定了骨头样品的年龄。如前所述，这种分离特定化合物的方法现已广泛用于揭示样品年龄与所测年的特定有机物的关联。

另一种形式的误差与"视年龄"或"硬水效应"有关（Shotton，1972）。如果测年材料（如淡水软体动物或水生植物）从含有老的惰性重碳酸盐的水中吸收碳，就会出现这种问题。在石灰岩和其他钙质基岩区，这是一个特别棘手的问题。在这些地区，由于基本不含 ^{14}C 的基岩的溶解作用，地表水和地下水的 $^{14}C/^{12}C$ 值可能比大气低得多。生长在这种环境中的植物和动物同化碳时，是与其周围环境而非大气实现平衡的，因此，这些动植物的实测年龄会比实际年龄老，有时甚至要老数千年。Shotton（1972）关于丹麦日德兰半岛北部晚冰期地层剖面的研究就很好地阐释了这个问题。同期的树枝和细颗粒植物残体（主要为藻类）的年龄井然分作两组，藻类始终比陆源物质老 1700 年。这种差异被认为是硬水效应的结果，即水生植物同化碳时是与含有老的惰性重碳酸盐的水处于平衡的。

其他研究表明，"老碳"污染因污染程度随时间发生变化而更显复杂。例如，Karrow 和 Anderson（1975）认为，Mott（1975）研究的加拿大新不伦瑞克西南部的一些湖泊沉积在冰消期之后不久就被老碳污染。最初的沉积主要是源于富含碳酸盐冰碛和碳酸盐岩的灰泥，但随着区域植被复苏和土壤发育，沉积物有机质增加，受"老碳"的污染逐渐减轻。因此，最深的湖泊沉积年龄非常老，给出的冰消期年龄与区域地层不一致。这反映出一个更为普遍的现象，即湖泊的地球化学平衡可能随时间发生变化，现代水化学无法反映以前的湖泊状况。这种现象在之前被冰川覆盖的地区尤其可能发生，因为冰消期之后的局地环境与今天截然不同。因此，解释湖泊沉积或泥炭沼泽的基底年龄应当慎重。同样，在测定经历过水域面积巨变的封闭湖盆水生动植物的年龄时，也必须关注研究点水体可能发生的地球化学变化。

必须认识到，并非所有污染的效应都是相同的，现代碳的污染影响远比老碳严重，因为现代碳的活度比老碳高得多（Olsson，1974）。图 3.6 和图 3.7 分别显示不同百分比现代碳和老碳污染产生的误差。可以看出，年龄为 5000 年的样品即使被 15000 年前的碳污染 20%（尽管不太可能！），其给出的错误年龄仅仅老约 1250 年。相比之下，年龄为 15000 年的样品即使仅遭受 3%的现代碳污染，也会造成同等幅度的定年误差。因此，样品选取必须谨慎，定年误差通常都是采样不当造成的。

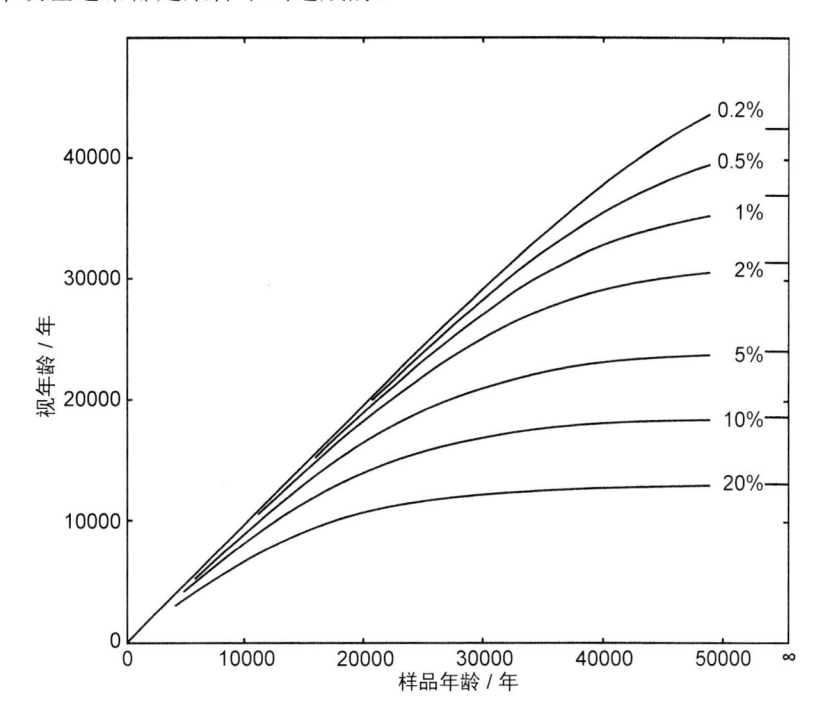

图 3.6　不同程度现代碳污染情形下样品视年龄与真实年龄之间的函数关系。年龄为 20000 年的样品被 10% 的现代碳污染，其实测年龄可能变为约 15000 年。引自 Olsson 和 Eriksson（1972）。

3.2.1.4.2　海洋碳库 ^{14}C 含量变化与洋盆换气作用

3.2.1.4.1 节讨论了一些淡水水生植物或软体动物可能被含有少量 ^{14}C 的水污染的问题。对海洋生物而言，这一问题更为普遍。首先，大气二氧化碳被海洋吸收时会发生分馏，从而导致海洋重碳酸盐的 ^{14}C 活度相对于大气富集 15‰（相当于约 120 年）。但是，由于海洋循环将亏损 ^{14}C 的海水带到表层并与"现代"水发生混合，海洋表层水与大气并未达到同位素平衡。因此，表层水的 ^{14}C 年龄（视年龄或碳库年龄）随地理位置变化而不同（图 3.8；Bard，1988）。在所有海洋的低纬区，表层水的平均碳库年龄约为 400 年，这意味着海洋混合层有机质的 ^{14}C 年龄必须减去 400 年，才能与陆地有机质 ^{14}C 年龄进行对比。在高纬区，由于较老海水上涌以及海冰覆盖限制了海-气 CO_2 交换，年龄校正的幅度会更大。如图3.8 所示，由于低纬暖水（相对富集 ^{14}C）向高纬平流以及强对流作用（深层水形成）限制亏损 ^{14}C 的海水上涌，现代北大西洋与其他高纬海洋表现不同。

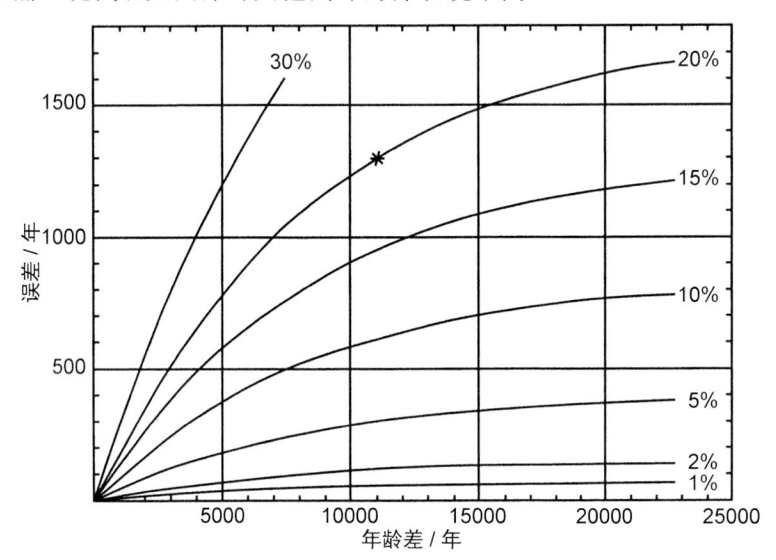

图3.7　一定比例的样品（每条曲线所示）被老碳（^{14}C 活度较低）污染情形下放射性碳定年的误差。误差表示为样品与污染物之间的年龄差（横坐标）。例如，年龄为5000年的样品被16000年前的碳（即比真实年龄老11000年的碳——见图中星号）污染20%，将得出偏老1300年的错误年龄。引自Olsson（1974）。

这些 ^{14}C 梯度在多大程度上随时间保持恒定，对于测定海洋环境中较老事件的年龄并将其与陆地记录对比以及认识海洋环流变化等都具有重要意义（Okazaki et al., 2010）。例如，如果北大西洋深层水（North Atlantic deep water，NADW）在末次冰期停止形成（参见第6章6.8节），那么如图3.8（上图）中虚线所示，表层水的碳库年龄就与其他高纬区相近。因此，该区晚冰期浮游生物样品的实测年龄需要进行长达1000年的年龄调整。而如果深层水快速开启和关闭，校正年龄同样会不稳定，甚至会导致未经扰动的地层沉积物出现年龄倒转（Voelker et al., 1998）。Bard 等（1994）和 Austin 等（1995）通过对比与维德火山灰相关的海洋和陆地样品的 ^{14}C 年龄探讨了这一问题。这层火山灰源于冰岛的爆发式火山喷发，广泛分布于北大西洋及其邻近陆地，火山灰沉积时的陆地样品 AMS ^{14}C 定年显示喷发时间为10300 ^{14}C 年前。但是，与火山灰层相关的所有浮游生物样品的年龄均为约11000 ^{14}C 年，表明当时表层水的碳库效应约为700年，而现今约为400年，这可能是当时北大西洋深层水（NADW）形成减弱（因此南部表层水向北平流减弱）和/或海冰覆盖增加的结果。与此类似，Sikes 等（2000）提出，新西兰沿海的表层水碳库年龄在11900 ^{14}C 年前约为800年，而LGM时增加到约2000年。

至此，我们关注的主要是表层水，而事实上深层水变化也存在同样的问题。北大西洋深层水和南极底层水由于被中纬和高纬暖水覆盖，可能与大气隔绝达数百年之久。在此期间，深层水的 ^{14}C 含量降低，因而深层水样品的 ^{14}C 年龄通常比表层水老1000余年（图3.9）。实际上，通过对比同一地点海洋沉积中浮游有孔虫与底栖有孔虫或冷水珊瑚（分别为栖息

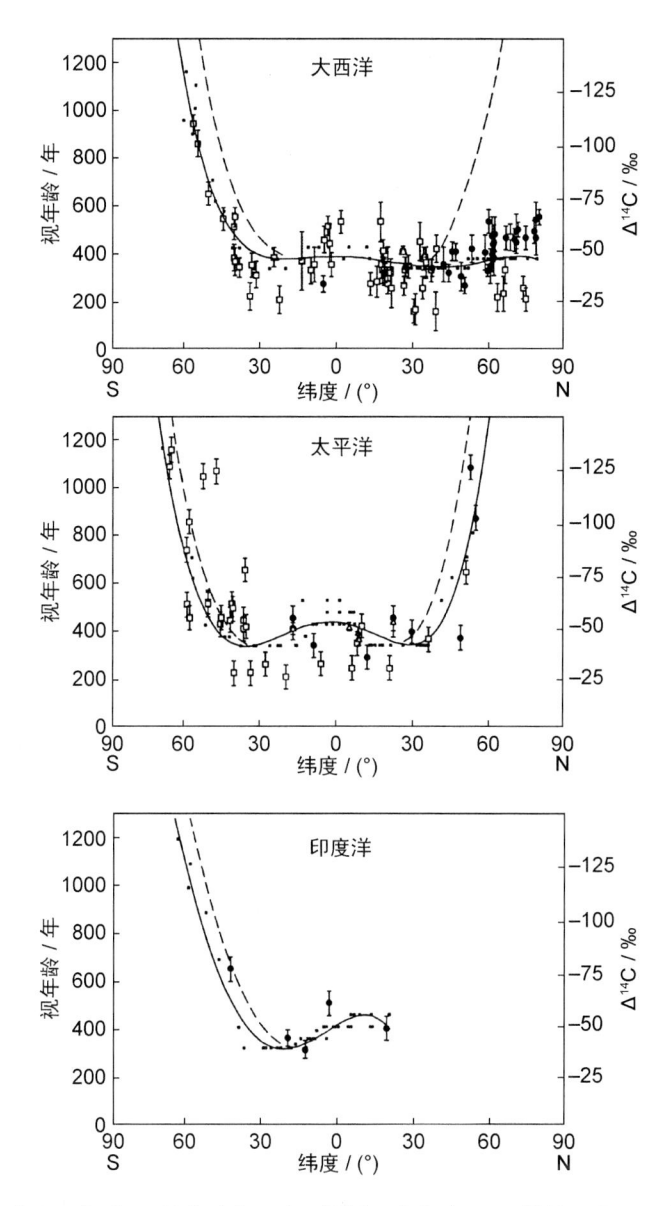

图 3.8 基于珊瑚（空心三角形）、软体动物（实心圆圈）和海水ΣCO$_2$样品（空心正方形）测年数据进行纬度平均后的大洋表层水视年龄，实心正方形为核爆前Δ^{14}C 含量重建数据（Broecker et al.，1985a）。实线为数据的最小二乘多项式拟合线，虚线代表假定的末次冰盛期不同纬度视年龄（假定当时未形成北大西洋深层水）。引自 Bard（1988）。

于海表和深海的生物）的 ^{14}C 年龄，海水的 ^{14}C 活度变化已被用于评估过去海洋的"换气率"（Broecker et al.，1988，2004a；Robinson et al.，2005；Cao et al.，2007）。进而，将现代（岩心顶部）样品与早时段的样品进行对比，便可建立换气率和海洋环流变化的序列（参见第 6 章 6.8.1 节）。

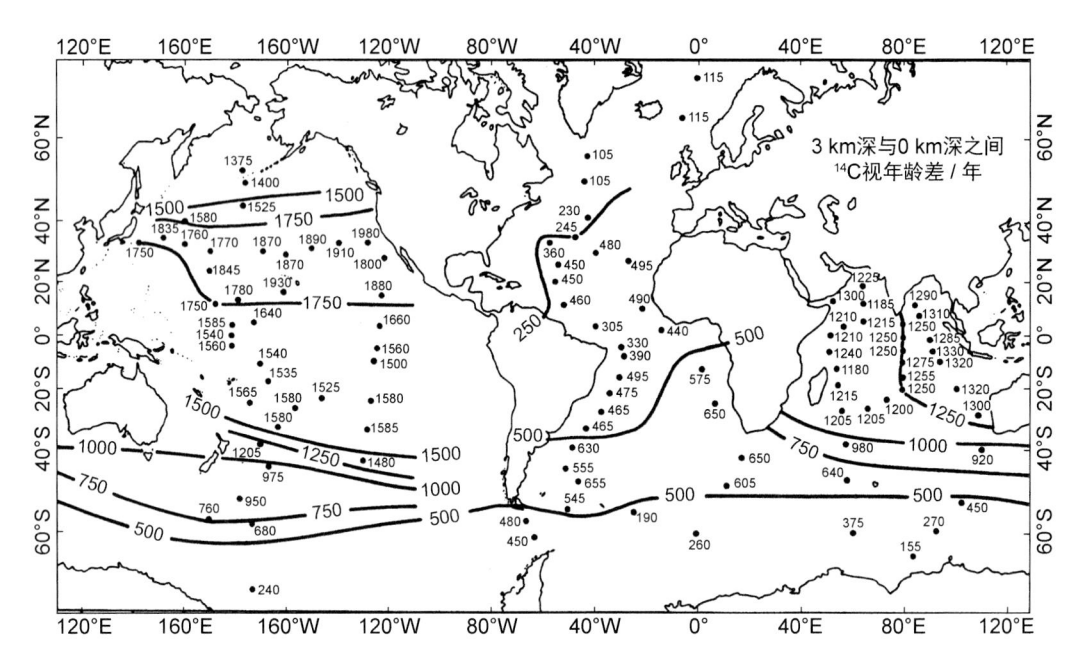

图 3.9 现今表层水与 3 km 深海水间的放射性碳年龄差。引自 Broecker 等（1988）。

深层水形成减弱或中断引起的换气率变化，对低纬向极地的热量传输具有重要意义，并将影响气候系统的各个方面。另外，海洋换气作用变化也会影响大气放射性碳含量（通过将"老碳"释放至大气），同时影响大气 CO_2 浓度（因为海洋的 CO_2 储库要大得多）（Skinner et al.，2010）。因此，换气率为理解气候系统的运行过程提供了许多新线索，受到学界的极大关注（如 Keigwin and Schlegel，2002；Broecker et al.，2004a，2004b；Skinner and Shackleton，2004；Okazaki et al.，2010；Sigman et al.，2010）。例如，放射性碳年龄与日历年龄的对比研究表明，LGM 期间大气的 ^{14}C 浓度较高，这是因为此前（和此后）将表层水输送至海洋深处的海洋过程强度大幅度减弱（参见第 6 章 6.8 节）。由于 ^{14}C（相对）富集，LGM 时期样品的放射性碳年龄必须加以调整（向上），以消除样品"初始" ^{14}C 含量较高带来的偏差。这一点对于地质年代学十分重要，而其背后的原因更值得关注，因为这说明在整个气候系统内海洋环流以及相关的热量传输都发生了重大变化。研究海洋换气年龄变化可以阐明这些变化。据此，Skinner 等（2010）通过测定南大西洋岩心中成对的底栖和浮游有孔虫放射性碳年龄［调整大气 ^{14}C 浓度变化的差异——参见 Adkins 和 Boyle（1997）及第 6 章 6.8.1 节］，计算了南大洋深部深层水换气率的变化。数据显示，换气率在 LGM 期间降低，约 19000 日历年前达到约 4000 年（相对于现代大气），之后在博令-阿勒罗德间冰阶开始时降至约 1500 年（图 3.10）。与这种变化相伴，大气 CO_2 浓度从约 180 ppmv 上升至约 235 ppmv，表明在此期间海洋深部老的富碳水发生上涌。这些结果与热带东太平洋岩心记录的类似，该记录显示中层水换气年龄变化与大气 CO_2 变化紧密呼应（Marchitto et al.，2007）。上述两个结果都表明，LGM 期间，随着海冰扩张和海水盐分析出，南大洋形成深层咸水并处于隔离状态。至南半球冰消期，海冰退缩，亏损 ^{14}C 的海水开始循环混合，从而改变南大洋以外海区深层水和中层水的 ^{14}C 含量，并向大气释放 CO_2。Marchitto 等

（2007）认为，这一过程实际上是由北大西洋深层水形成的变化开启、由北半球大陆冰盖退缩产生的冰融水（减弱 NADW 形成）诱发的，这导致南大洋深层水上升流的补偿性转变[Broecker（1998）戏称为"两极跷跷板"]。事实证明，利用相关的放射性碳异常追踪中层水和深层水变化是十分复杂的，因为它们不仅具有地理和时间上的变化，而且在海洋不同深度也存在明显差异（参见 Broecker et al., 2004b, 2008；Stott et al., 2009；Okazaki et al., 2010）。了解这些变化对于解析南、北半球海洋环流与陆地生物圈和大气 CO_2 之间的联系以及相关的气候波动及其原因，都是至关重要的（Broecker, 2009；Yu et al., 2010），而放射性碳异常记录在解决这些问题中起着核心作用。

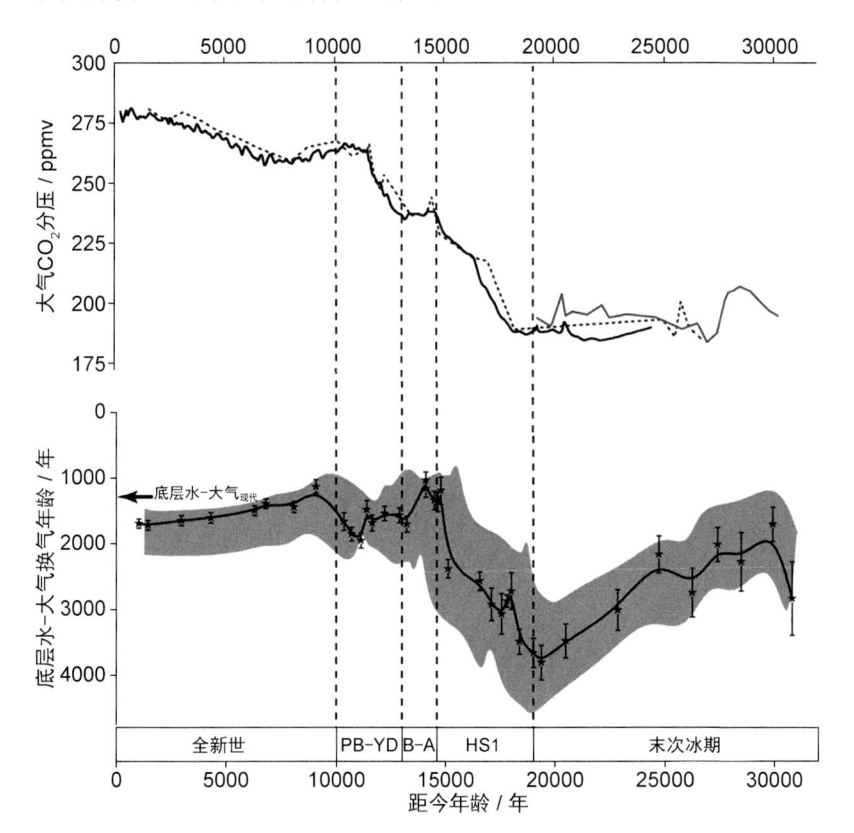

图 3.10　上：EPICA 冰穹 C、泰勒冰穹和伯德（南极洲）冰心记录的大气 CO_2 浓度，分别以深灰线、虚线和浅灰线表示，按 Lemieux-Dudon 等（2010）的年龄标尺绘制。下：南大洋大西洋海域 MD07-3076 岩心记录的深层水换气作用。黑线和星号表示最佳估计的换气历史及相关时间序列。纵向误差范围表示浮游/底栖混合样品 ^{14}C 定年的不确定性幅度（1σ）。阴影区表示得到其他表层碳库年龄数据支持的换气历史变化范围（平滑）。底部标注表示北大西洋事件-地层年代带的大致时限*。引自 Skinner 等（2010）。

3.2.1.4.3　分馏效应

^{14}C 定年原理的基础是，假设植物吸收放射性碳和其他碳同位素的比例与这些同位素在大气中的比例相同（即植物组织的 $^{14}C/^{12}C$ 值与大气相同）。然而，在光合作用过程中，CO_2

---

* PB-YD. 前北方期-新仙女木期；B-A. 博令-阿勒罗德间冰阶；HS1. 海因里希冰阶 1。——译者

在植物细胞中被转化为碳水化合物时会发生同位素分馏,由于 ^{12}C 比 ^{14}C 更容易"固定",因而植物的 ^{14}C 含量低于大气(Olsson,1974)。植物的 ^{14}C 可能比大气"亏损"高达5%,但这在所有植物中并不一致。分馏效应的大小因植物种类不同相差2~3倍,这取决于植物因光合作用而进化的特有生物化学途径(Lerman,1972)。这一点在附录A中有更详细的讨论。幸运的是,通过测量样品的 ^{13}C 含量可相对容易地对 ^{14}C 分馏效应进行评估。^{14}C 分馏作用约等于 ^{13}C 的2倍(Craig,1953),而 ^{13}C 是稳定同位素,且数量远多于 ^{14}C,因而可利用质谱仪进行常规测量。样品的 ^{13}C 含量通常表示为与白垩纪石灰岩标准[皮狄组箭石(PeeDee Belemnite,PDB)]的偏差(见附录A):

$$\delta^{14}C = 2\delta^{13}C = \frac{(^{13}C/^{12}C)_{样品} - (^{13}C/^{12}C)_{PDB}}{(^{13}C/^{12}C)_{PDB}} \times 10^3 ‰$$

$\delta^{14}C$ 仅1‰的变化(即 $\delta^{13}C$ 变化0.5‰)就相当于约8年的年龄差,因此,如果两个同期样品的 $\delta^{13}C$ 相差25‰,则其年龄差可能为400年(Olsson and Osadebe,1974)。为了避免这种混淆,所有样品的 ^{13}C 值都标准化为−25‰,即树木的平均值。通过采用这一参考值,年龄数据就有了可比性。这对于海洋壳体样品尤为重要,其 $\delta^{13}C$ 值通常在+3‰~−2‰范围内,因而,标准化为 $\delta^{13}C = -25‰$ 就包含了长达450年的年龄调整(将添加至未校正年龄)。

更为复杂的是,因为海洋 ^{14}C 含量低、现代海水的"视年龄"为400~2500年(见3.2.1.4.2节),这使得其年龄校正(从未校正年龄中减去某个值)与分馏效应校正的方向正好相反。在北大西洋区,海水的"视年龄"约为400年(Stuiver et al.,1986),因此分馏效应与海洋效应大致相互抵消。在其他地区,尤其是高纬区,海洋效应调整大于450年,因此在分馏效应校正之前,海洋效应调整后的年龄比原始估值要小(年轻)。当然,就对比同一区域类似材料的年龄数据而言,这些调整无关紧要。然而,如果是对比陆地泥炭和海洋壳体的年龄或者高纬海区壳体和其他海区壳体的年龄,那就必须仔细确认年龄经过了哪些校正(若经过校正)。不同地点全新世样品碳库年龄校正的详细信息,可查阅 Stuiver 等(1986)。

3.2.1.5 大气 ^{14}C 含量长期变化

放射性碳定年原理的基础是,假设大气 ^{14}C 浓度在 ^{14}C 定年时段内保持不变。然而,早在放射性碳定年应用之初,根据考古方法建立的埃及文明年表与 ^{14}C 年龄的对比就已揭示,^{14}C 浓度恒定性的假设可能是不正确的。现已十分清楚,^{14}C 浓度会随时间发生变化,不过幸运的是变化的幅度可以估算。如表3.2所示,大气 ^{14}C 浓度变化可能由多种因素所致,值得注意的是,其中许多因素本身就对气候具有重要影响。一种发人深省的看法是:放射性碳浓度的波动可能有助于解释这么多年来运用放射性碳定年的那些古气候事件,没有比这更好地阐明了科学的根本统一性了(Damon,1970)。

早期关于树轮的详细定年工作表明,^{14}C 估值呈现系统的、随时间的变化(de Vries,1958)。最近400年欧洲和北美树轮样品的 ^{14}C 估值与平均值的偏差高达2%,最大值出现在公元1500年和1700年前后(图3.11)。^{14}C 的这些长期变化与太阳活动变化密切相关,这一点将在3.2.1.6节展开讨论(Suess,1980)。在图3.11中还可以看到,最近100年 ^{14}C

活度显著下降，这主要是由于这一时期的化石燃料燃烧（Suess，1965）使得大气中"老"碳（基本上不含 ^{14}C）的丰度快速增大（所谓苏斯效应）。

表 3.2 放射性碳波动的可能原因

Ⅰ. 大气层放射性碳生产速率变化
   1. 太阳系宇宙射线通量变化
      a. 超新星和其他恒星现象产生的宇宙射线爆发
      b. 星际宇宙射线通量调制
   2. 太阳活动对宇宙射线通量的调制
   3. 地磁场变化对宇宙射线通量的调制
   4. 反物质陨石与地球碰撞产生
   5. 核武器试验和核技术产生
Ⅱ. 各种地球化学库之间放射性碳交换速率变化和地球化学库的相对 CO_2 含量变化
   1. 温度变化对 CO_2 溶解度和溶解作用以及滞留时间的控制
   2. 海平面变化对海洋环流和容量的影响
   3. 陆地生物圈吸收 CO_2 相对于生物量和 CO_2 浓度的比例以及 CO_2 与温度、湿度和人类活动的相关性
   4. 海洋生物圈吸收 CO_2 与海洋温度和盐度、可用营养、富含 CO_2 深水上升流及海洋混合层浊度的相关性
Ⅲ. 大气、生物圈和水圈中的 CO_2 总量变化
   1. 火山活动及其他致使岩石圈 CO_2 脱气过程引起的 CO_2 进入大气速率的变化
   2. 作为 CO_2 和 ^{14}C 汇的各种沉积库沉积速率变化导致大气 CO_2 总量变化的趋势
   3. 人类工业和国内生产中的化石燃料燃烧

引自 Damon 等（1978）。

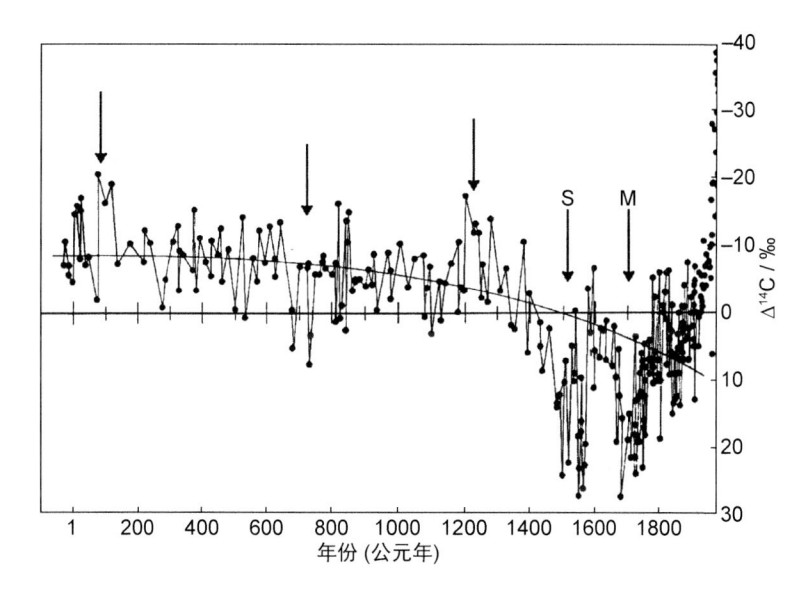

图 3.11 最近 2000 年放射性碳变化，以长期平均值的偏差表示。地磁场变化导致的趋势性变化以曲线表示。公元 1500 年和 1700 年前后的 ^{14}C 正异常对应于太阳活动减弱的时期（斯玻勒极小期和蒙德极小期，分别以 S 和 M 表示）。在这些时期，宇宙射线通量增大导致在大气层上部产生更多的 ^{14}C。化石燃料燃烧污染大气同时排放不含 ^{14}C 的 CO_2，因此 1850 年以来 ^{14}C 出现较大的负偏差。注意：纵坐标向下为 ^{14}C 正偏差，对应于太阳活动减弱的时期。引自 Eddy（1977）。

这些研究进一步激发了验证放射性碳定年假设的兴趣，数千个 ^{14}C 年龄及对应的树木样本被检验，而每个树木样本都根据树轮年代学原理进行过详细定年（第 10 章）。最长的树轮校正数据集是约 12400 年的德国橡树和松树年表，由 5000 多个重叠时段不同的树轮盘组成，这些树轮盘采自活树、中世纪房屋木料以及从河流砾石沉积中发掘的亚化石树木（Becker，1993；Friedrich et al.，2004）。类似的年表也通过爱尔兰橡树（至公元前 5289 年）以及美国太平洋西北海岸和加利福尼亚的道格拉斯冷杉和狐尾松（至公元前 6000 年以前）的研究得以建立。基于亚化石树木放射性碳定年建立的其他"浮动年表"现在也已精确定年，其方法是将年表中的德·弗里斯型 ^{14}C 变化与精确定年的连续树轮记录的 ^{14}C 变化进行匹配（如 Kuniholm et al.，1996）。相距数千公里不同地点的树木记录的这种"峰谷摆动"能够进行准确的匹配，显见高频变化具有真正的地球物理意义，而非单纯源于放射性碳定年的噪声（de Jong et al.，1980）。

通过测定全球不同地区已知年龄树木的放射性碳年龄，业已建立了最近约 12556 年连续的 ^{14}C 年龄与日历年龄关系图（Kromer and Becker，1993；Pearson and Stuiver，1993；Pearson et al.，1993；Stuiver and Pearson，1993；Friedrich et al.，2004；Schaub et al.，2008a）。这种校准在大部分时段是基于 20 年至 10 年的树木样本，但在最近约 500 年，树木的逐年分析为日历年龄和 ^{14}C 年龄提供了非常详细的对比（Stuiver，1993）。最近约 2500 年，^{14}C 年龄与树轮年代学年龄非常接近（±100 年），但在此之前，两者存在系统差异（^{14}C 低估真实年龄），至约 10000 日历年前差值增至约 1000 年（图 3.12）。

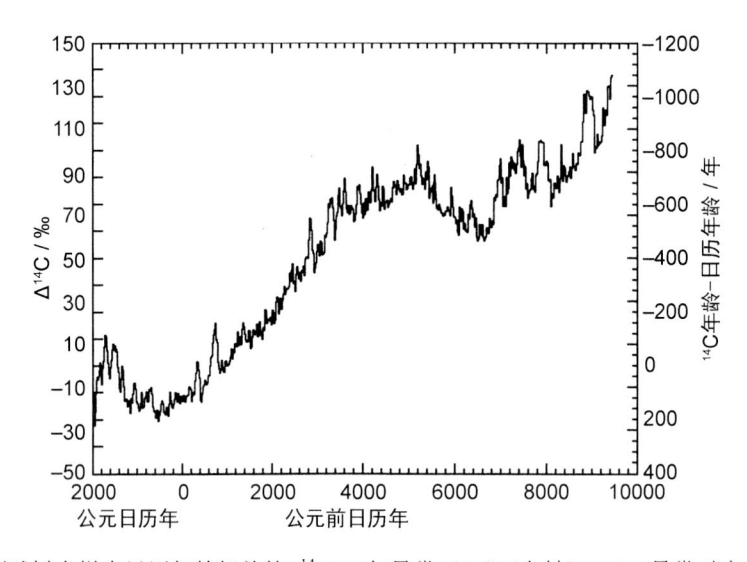

图 3.12 与所测试树木样本日历年龄相关的 Δ^{14}C 20 年异常（‰）（左轴）。+1‰ 异常对应于放射性碳年龄将树轮年代学年龄低估 8 年（右轴）。引自 Stuiver 和 Reimer（1993）。

对具有树轮年代学可靠定年的树木样本之前的时段，必须使用其他类型的材料校准放射性碳记录。这些材料包括湖泊年层（纹层）沉积、珊瑚、石笋以及根据石笋氧同位素变化校正的海洋沉积。通过严格筛选此类样本，业已获得了最近 50000 日历年放射性碳时标的综合校准曲线（图 3.13；Reimer et al.，2009）。为了将纹层沉积纳入该校准曲线，必须

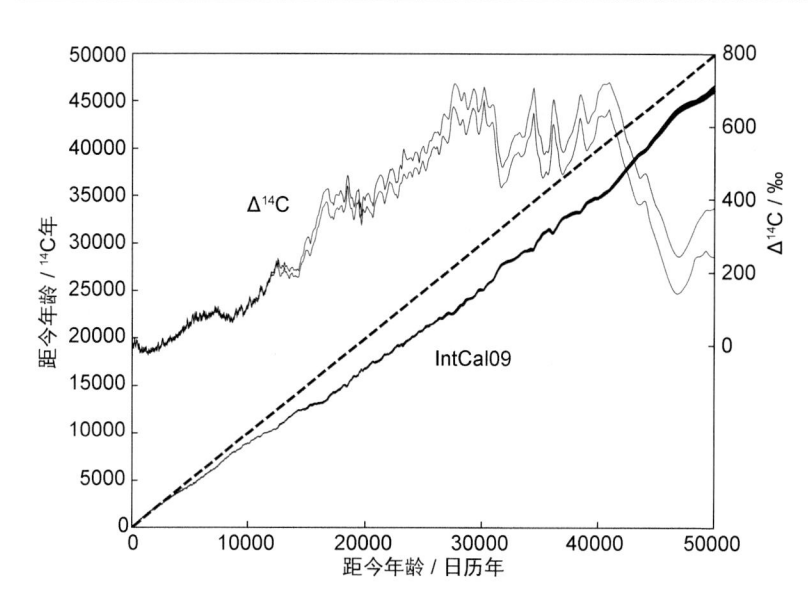

图 3.13　IntCal09 校准曲线与年龄已校正的 $\Delta^{14}C$（‰）（表示为 1 个标准偏差包络线）。虚线表示 ^{14}C 年龄与日历年龄相等的 1∶1 对应关系。引自 Reimer 等（2009）。

根据多套沉积记录并通过重复分层计数获得可靠的年分辨年表（如 Wohlfarth et al.，1995；Bronk Ramsey et al.，2012），然后再将这些年表与沉积物中提取的材料的放射性碳年龄进行对比，前提是假定测年材料与沉积纹层具有相同的年龄（遗憾的是并非总是如此）。对珊瑚而言，可将热电离质谱仪（thermal ionization mass spectrometry，TIMS）测得的精心挑选的原始样本（挑选以避免沉积后污染）的铀系年龄（$^{230}Th/^{234}U/^{238}U$）与相同样本的放射性碳年龄进行对比，以调整海洋表层水的碳库效应（假设其并不随时间发生变化）（Chiu et al.，2005；Fairbanks et al.，2005）。另一个用于校准的重要记录来源于委内瑞拉海岸带卡里亚科海盆的海洋沉积。这一缺氧海盆保存有 5000 年以上的纹层沉积，但纹层段并未延伸至表层，致使其年代标尺时间"浮动不定"。通过德国橡树/松树年表放射性碳年龄-日历年龄记录的"峰谷摆动"与卡里亚科海盆年层沉积中对应的有孔虫 AMS 定年结果的最佳拟合，首次使这一浮动纹层年代标尺得以确定（Hughen et al.，2000）。一旦将这部分纹层记录与树轮序列紧紧锚定，就可以确定更老纹层的日历年龄，将年分辨记录延伸至 14700 日历年前（Hughen et al.，1996，1998）。不幸的是，卡里亚科海盆更老的沉积物并未发育连续的纹层，但其沉积特征变化可直接与年龄序列已知的其他记录相关联，从而为将放射性碳定年的卡里亚科海盆记录延伸至更老的时间创造了条件。这是因为卡里亚科海盆沉积对上升流变化（随吹过海盆的信风的强度而变化）、热带辐合带（intertropical convergence zone，ITCZ）位置及相关降雨变化都十分敏感。ITCZ 南移会导致邻近大陆降水增加，使得径流量和沉积通量增大，从而影响海盆的生产力。这些变化表现在沉积物颜色上，可在不同波长或仅在可见光（灰度）下进行测量。ITCZ 位置和信风强度与赤道和极地间的温度梯度直接相关，而高纬变冷会增大这一梯度，从而导致 ITCZ 南移、信风强度增大。因此，卡里亚科海盆沉积物颜色变化反映了气候系统的大尺度特征，从而与其他记录、甚至远至格陵兰和中国的气候记录密切相关（Hughen et al.，2004，2006）。Hughen 等（2006）正是利用这一点，直接将具有非常精确的 ^{230}Th 年龄（老于约 75000 日历年前）的葫芦洞（中国东部）石笋 δ^{18}O 记录与放射性碳定年的卡里亚科海盆沉积相关联，以校准远远超出树轮记录和卡里亚科纹层沉积记录的 ^{14}C 时标（图 3.14）。然而，不确定性仍然存在，主要源于卡里亚科海盆放射性碳定年方面的假设：海洋碳库年龄校正（假设约为 420 年）在整个记录中未发生显著变化。与独立于综合校准曲线的其他数据的交叉检验显示，在大部分时段情况可能的确如此，但有证据表明，在大气 ^{14}C 快速变化的时期可能就并非如此（Muscheler et al.，2008）。令人尴尬的是，这样的时期恰恰是需要获得准确年龄的时期，因为 ^{14}C-日历年龄校准的细微差异将导致对气候事件完全不同的解释（图 3.15；Reimer and Hughen，2008）。

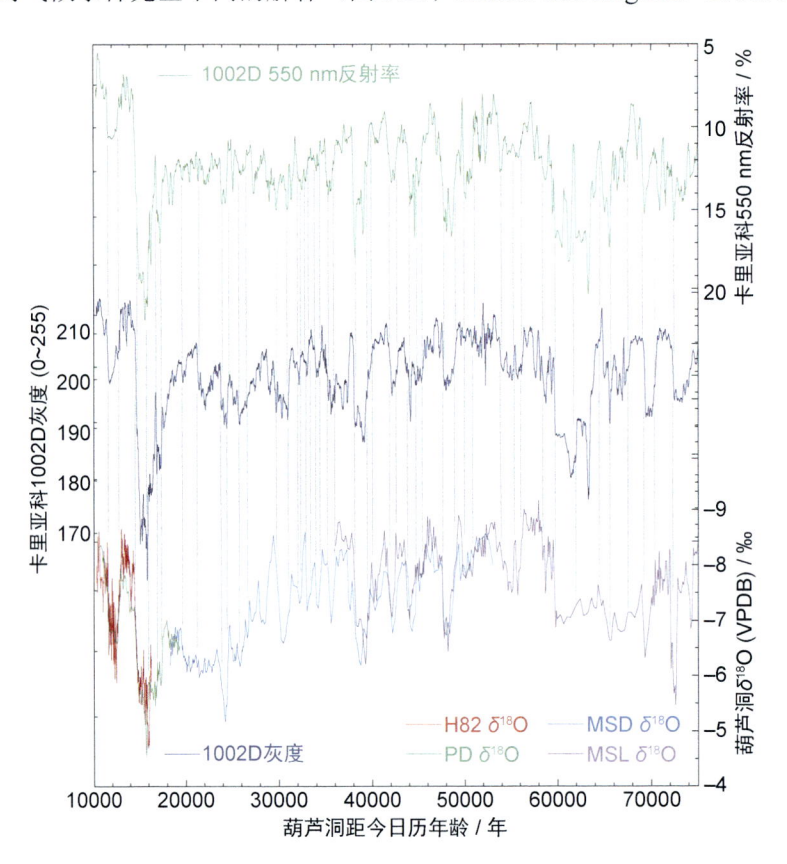

图 3.14　卡里亚科海盆沉积物 550 nm 反射率和灰度反射率（上、中）及葫芦洞石笋 δ^{18}O（下）高分辨古气候时间序列，按葫芦洞 ^{230}Th 日历年龄绘制。卡里亚科记录与葫芦洞日历年龄关联调准的连接线以灰色表示。构建葫芦洞同位素记录的不同样本以不同颜色示于图右下部。引自 Hughen 等（2006）。

毫无疑问，随着对比定年准确记录的新数据和新想法的出现（如 Muscheler et al.，2008；Schaub et al.，2008b），放射性碳年龄的综合校准曲线将得到进一步改进，但就目前而言，IntCal09 校准曲线已提供了一条广为接受的参考曲线，其软件可供计算放射性碳年龄的日历年龄概率函数及相关误差（参见 www.calib.org）。如果校准曲线实际上是一条直线，那就相当简单了，但由于校准曲线包含许多微小变化（峰谷摆动），因此为一个放射性碳年龄导出唯一的日历年龄几乎永远是不可能的。事实上，由于放射性碳年龄代表概率函数的中点，因此日历年龄也总会呈现概率分布，而校准曲线的峰谷摆动又使这一点更加复杂。以图 3.16 为例，该图显示放射性碳年龄为 3000±30 年的样品的年龄校准，x 轴上的直方图显示 ^{14}C

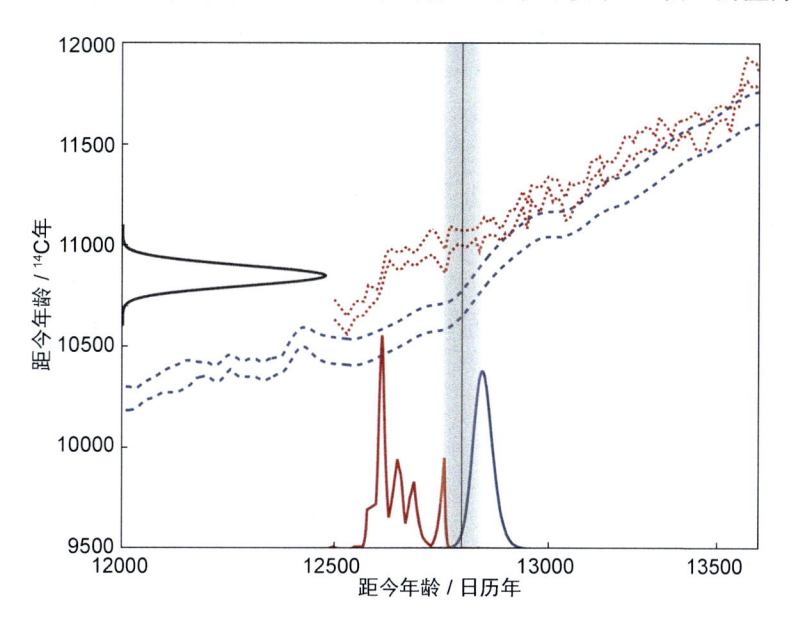

图 3.15　假定的放射性碳定年气候事件的两种校准结果对比。树轮浮动记录（红虚线）和国际公认的 IntCal04 综合记录（蓝虚线）的放射性碳时标示于图上部。两条曲线均绘制为不确定性包络线（2σ）。假定的气候事件实测放射性碳年龄为 10850±50 ^{14}C 年（黑色），使用两种校准曲线进行校准。树轮时间序列（红色）和 IntCal04（蓝色）两种校准给出的可能年龄以概率分布函数示于图底的日历年龄轴上。气候事件（粗黑线）（如获自 U/Th 定年的石笋）的日历年龄为 12800±25 年，灰色阴影表示误差范围（2σ）。经两种校准曲线校准后，放射性碳定年事件要么超前，要么滞后于 U/Th 定年事件。引自 Reimer 和 Hughen（2008）。

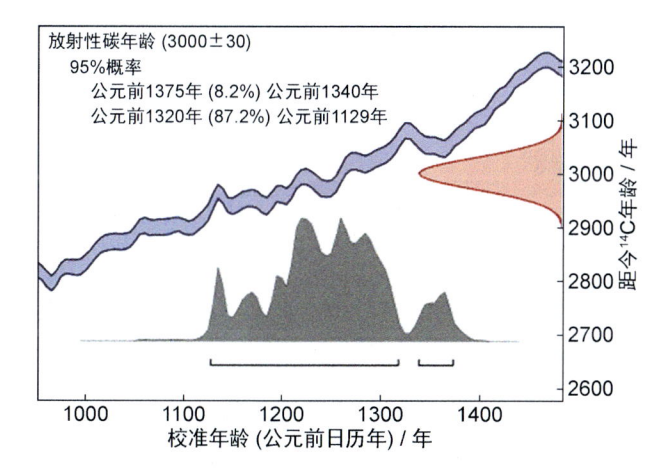

图 3.16　3000±30 年放射性碳实测年龄校准。右轴显示放射性碳年龄，表示为距今（1950 年）年，底轴显示日历年龄（源自树轮数据）。蓝线显示树轮放射性碳测量值（1 个标准偏差），右侧红线表示样品的放射性碳含量。灰色直方图显示样品的可能年龄（直方图中的量值越大，其年龄的可能性就越大）。该样品来自公元前 1375～1129 日历年之间的概率为 95%。利用 OxCal：http://c14.arch.ox.ac.uk 数据绘制。

概率函数如何通过校准曲线中的"峰谷摆动"进行转换，由此可见所有可能年龄的范围都要比初始年龄的范围更大。这一问题在一定时段（如最近 450 年）还会被放大，因为这些时段因校准曲线的峰谷摆动，可能存在若干个离散的年龄组，并且其概率均等。这给解析短期环境变化的研究（如冰川进退；Porter，1981a）带来了严重问题，但对解释全新世其他一些时段的放射性碳年龄却具有重要意义（McCormac and Baillie，1993）。

放射性碳-日历年龄校准的一个非常重要的特征是存在长时间的 ^{14}C 年龄平台，如以距今约 11700 ^{14}C 年、11400 ^{14}C 年、10300 ^{14}C 年和 9600 ^{14}C 年为中点的时段（和程度较低的距今约 8750 ^{14}C 年和 8250 ^{14}C 年）（Becker et al.，1991；Lotter，1991；Kromer and Becker，1993；Hughen et al.，1998）（图 3.17）。这些 ^{14}C 年龄平台记录了大气 ^{14}C 浓度暂时性增大的时期，因此生物在此期间获得了高浓度的 ^{14}C。现在看来，这些生物似应与实际上年轻数百年的生物具有相同的年龄。这意味着 ^{14}C 年龄为 10000 年和 9600 年的两个样品，实际上年龄相差或多达 860 年，或少至 90 年。大气 ^{14}C 的这种变化始于约 10600 年（放射性碳年龄）前（<300 年内+40‰~70‰），对应于新仙女木冷事件的起始时段（Goslar et al.，1995）。当时北大西洋深层水形成的突然减弱（或者更为可能的是深层水输送向中层水的转变）可能通过降低大洋深部的换气率，改变了处于平衡状态的大气 ^{14}C 浓度（保持相对较高的大气 ^{14}C 浓度）（Hughen et al.，1996，1998，2006；Muscheler et al.，2008）。

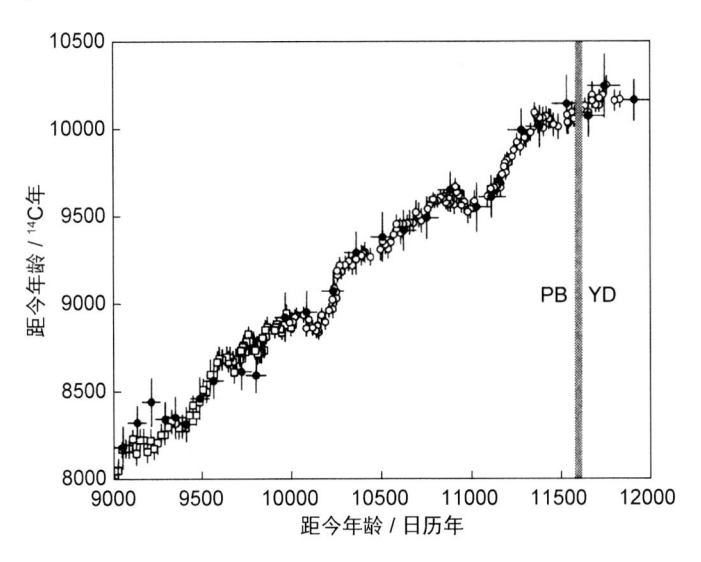

图 3.17　运用德国橡树（方形）和松树（空圈）树轮的精细放射性碳年表，将委内瑞拉北部卡里亚科海盆年层（纹层）沉积的"浮动"年龄标尺（实圈）置于可靠的年代框架（r=0.99）。通过匹配树轮记录与纹层记录中的"峰谷摆动"进而获得两者之间的最佳拟合，确定了纹层序列（时间上进一步延伸 3000 年）的时间。由于年层可以计数从而给出日历年龄，并且也已经过 AMS 定年（利用沉积物中的有孔虫），因此这套年层可用以进一步拓延放射性碳时间标尺的校准下限。新仙女期（YD）-前北方期（PB）转变的时限（据纹层识别）以纵阴影线表示。引自 Hughen 等（1998）。

日历年龄-^{14}C 年龄非线性关系的另一个后果是，一系列具有相同可能性的日历年龄会形成一个 ^{14}C 年龄高度集中的直方图（图 3.18）。与此类似，在过去某些时段，显示两个突出"事件"的 ^{14}C 年龄直方图实际上可能对应于单一事件的正态分布(Bartlein et al., 1995)。当然，就迄今为止已校准的整个时段而言，情况并非如此，因为存在 ^{14}C-日历年龄关系变异较小（局部变异）的时期，但对某些关键时段（如新仙女木期-前北方期过渡期），放射性碳年龄的解释必须慎重，以避免对真实事件序列的曲解。在处理晚冰期和早全新世变化速率的诸多估值时，采取类似的谨慎态度也是恰当的（Lotter et al., 1992）。

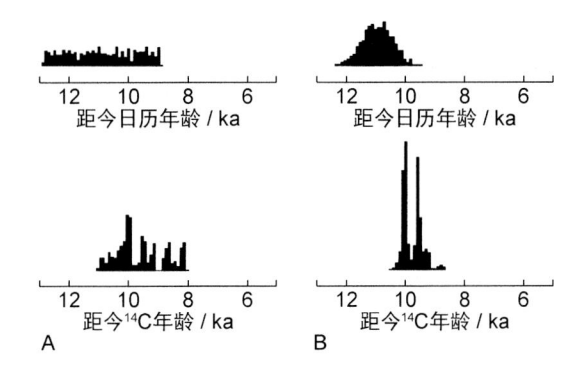

图 3.18 放射性碳年龄与日历年龄差异效应模拟。上图显示一组日历年龄，下图为 Stuiver 和 Reimer(1993) CALIB (3.03 版)程序导出的等效 ^{14}C 年龄。在情形 A 中，均匀分布的日历年龄产生一组集中的放射性碳年龄。在情形 B 中，平均值为 11000 日历年（和一个标准偏差为 500 年）的一组年龄与等效的放射性碳年龄分布进行对比。^{14}C 年龄数据呈现明显的双峰分布，但这并不反映真实情况。引自 Bartlein 等（1995）。

3.2.1.6 放射性碳随时间变化的原因

图 3.13 中的校准曲线本身比放射性碳年龄转换为名义上的日历年龄更有意味。^{14}C 年龄与日历年龄之间的长期偏移包括约 40000~27000 日历年前高达约 700‰的Δ^{14}C（约 5500 年）差异，揭示出地球系统过程的大量信息。导致这一差异模式的原因主要有三个方面（表 3.2）：地球磁场变化或太阳能量（太阳风）变化导致大气层上部 ^{14}C 产率发生变化（通过宇宙射线），这两种因素都会调制宇成同位素（如 ^{14}C 和 ^{10}Be）的产生。第三个原因是海洋-大气碳循环也可能发生变化，从而将放射性碳长期（数千年）隔绝于大洋深部。

地质记录显示，约 41000 年前（拉尚）和约 33000 年前（莫诺湖）发生了两次地磁漂移（见第 4 章 4.14 节），当时地磁场强度降至低位（分别持续数千年和数百年），导致 ^{14}C 和 ^{10}Be 产率升高，而这至少是 ^{14}C 记录中早期Δ^{14}C 呈现高值的部分原因。然而，地球磁场（偶极矩）强度也会随时间发生变化，距今约 25000~15000 日历年前就相对较弱。因此，磁场强度减弱加之地磁漂移，使得记录早期出现较大的Δ^{14}C 异常，之后随着磁场增强，Δ^{14}C 异常逐渐减小至现今水平。也就是说，实际估算的这些影响的幅度无法解释距今约 28000~17000 日历年前持续的高异常，最可能的解释是，在此期间大洋深部隔绝（封存）了大量的碳（Lal and Charles, 2007）。

太阳活动变化也会影响 ^{14}C 浓度，这可以解释约 20%的短期Δ^{14}C 异常。在太阳黑子数较少（太阳风较弱）的时期，太阳磁场（日磁）活动减弱，使得进入地球外层大气的宇宙射线增强，从而增加 ^{14}C 和 ^{10}Be 的产生。因此，在最近三次太阳活动极小期（公元 1654~

1714年、公元1416～1534年和约公元1280～1350年，分别为蒙德极小期、斯玻勒极小期和沃尔夫极小期），^{14}C浓度处于过去数千年的最高水平（Eddy，1976；Stuiver and Quay，1980）。假设地磁场长期变化的影响可以消除，那就有可能构建太阳风（或许以及太阳辐照度）随时间变化的长期记录。这一问题在第2章2.7节已有深入讨论。

3.2.1.7 放射性碳变化与气候

许多学者早已注意到，太阳活动减弱期（如蒙德极小期）对应于过去的冷期（如 Eddy，1977；Lean et al.，1995）。由于放射性碳产率的微小变化都可能与太阳活动有关，因此，也有学者认为，^{14}C变化与全球温度波动呈反相关（Wigley and Kelly，1990）。这意味着太阳活动、放射性碳变化和地表温度可能通过太阳常数的基本变化（即太阳活动弱＝^{14}C产率高＝温度低）相互关联。如果这样，那么^{14}C记录本身作为太阳活动的代用指标序列将提供有关气候变化原因的重要信息，而许多研究实际上只是简单地将^{14}C或^{10}Be变化记录用作太阳辐照度的代用指标序列（如 Magny，1993；Bond et al.，2001；Hodell et al.，2001；Neff et al.，2001）。不过，太阳风变化（导致宇成同位素产率变化）与辐照度变化（所有波长或部分波谱的总辐照度）是否线性相关却完全不清楚（Beer et al.，2001；Bard and Frank，2006）。因此，将气候代用指标记录与放射性碳异常进行简单对比可能意义有限（如 L.D. Williams et al.，1981a，1981b）。此外，观测数据显示，在约11年的太阳周期内总辐照度变化仅为约0.1%（测量于大气层外），而与蒙德极小期等异常相关的辐照度变化也不太可能比这一变幅大很多（Y.M. Wang et al.，2005a，2005b）。考虑到辐照度变化很小，大气对太阳能量向地球表面的传输影响很大以及海洋惯性极大，很难想象如此微小的变化会对全球气候产生重大影响。然而，模拟试验结果表明，气候系统内部反馈可能产生区域效应，从而放大或调节辐照度变化。例如，在1个太阳周期内，紫外辐射变化比总辐照度变化大（约2%～3%）。这种变化具有重要意义，因为紫外辐射增加会导致平流层上部产生更多的臭氧（O_3），而臭氧吸收辐射（在200～340 nm紫外波长上），会使得太阳活动增强期大气层上部的加热速率增大。这将影响平流层风场（增强平流层东风），进而通过平流层与对流层之间的动力联系影响地表气候（Shindell et al.，1999；Baldwin and Dunkerton，2001）。这种效应的模拟表明，在夏半球，对流层西风急流向极地摆动、哈得来环流向极地延伸，从太阳活动极小期至极大期幅度约为70 km（Haigh，1996；Larkin et al.，2000）。尽管变化很小，但如果过去的辐照度变化比这一太阳周期变率更大且持续时间更长，那么其效应会相当显著（Bradley，2003）。事实上，实证和模拟研究都表明，区域温度变化模式的差异可能与太阳驱动有关（Waple et al.，2001）。太阳活动减弱期延长（如蒙德极小期）与中、高纬大陆内部显著变冷和大西洋中、高纬区升温相关。这一格局代表北大西洋涛动（NAO）转向低指数状态，即冰岛与亚速尔群岛之间的气压梯度降低，导致自大西洋向西欧的暖湿空气平流减弱、欧亚大陆降温（参见图2.26；Shindell et al.，2001）。

其他模拟表明，太平洋云量的差异性分布会放大辐照度的变化，这与东西向沃克环流有关。因此，当赤道西太平洋干燥且无云时（厄尔尼诺期间常见情形），辐照度增加对该区的影响比对赤道东太平洋云盖区更大。由此，辐照度变化会产生强烈的区域效应，即放大太平洋区的ENSO效应并通过遥相关影响其他地区（Mann et al.，2005；Meehl et al.，2009）。

太阳驱动在第 2 章 2.7 节已有深入讨论。

3.2.2 钾-氩定年（$^{40}K/^{40}Ar$）

与放射性碳定年相比，钾-氩定年在第四纪古气候研究中的应用要少得多。然而，钾-氩和氩-氩定年间接地为第四纪研究做出了重大贡献（Walker，2005）。事实证明，这种技术在测定海底玄武岩年龄及精确厘定地磁极性时标并进行全球对比方面具有非常重要的价值（Harland et al.，1990；Renne，2000；另见第 4 章 4.1.3 节）。钾-氩定年也用于测定熔岩流和火山凝灰岩的年龄，在世界上的一些地区，这两者可能与冰川沉积同时出露或者在地层学上与早期人类化石有关，因而可根据这些定年数据推定冰川事件或化石产出的年龄（如 Loffler，1976；Porter，1979；McDougall and Brown，2006）。

钾-氩定年以放射性同位素 ^{40}K 衰变为子体同位素 ^{40}Ar 的过程为基础。钾是矿物的常见成分，以 3 种同位素的形式存在，^{39}K 和 ^{41}K 两者稳定，而 ^{40}K 不稳定。^{40}K 数量很少（占所有钾原子的 0.012%），衰变为 ^{40}Ca 或 ^{40}Ar，半衰期为 1.31×10^9 年。尽管衰变为 ^{40}Ca 更为常见，但 ^{40}Ca 在岩石中的相对丰度使其难以用于定年目的，因为 ^{40}K 衰变产生的 ^{40}Ca 增量微乎其微。而测量氩的丰度，则样品年龄为 $^{40}K/^{40}Ar$ 值的函数。氩是气体，可通过加热从样品中释出。因此，该方法常用于测定火山岩年龄，火山岩在熔融岩浆冷却后不含氩，从而将同位素"时钟"设置为零。随着时间的推移，^{40}Ar 会产生并保留在矿物晶体中，直至在测年过程中通过实验室加热而被释出（Dalrymple and Lanphere，1969）。与传统的 ^{14}C 定年不同，$^{40}K/^{40}Ar$ 定年依赖于衰变产物 ^{40}Ar 的测量。由于钾的所有同位素丰度比是已知的，因此 ^{40}K 含量可从钾的总含量实测值或通过测量另一种同位素 ^{39}K 含量得出。又由于 ^{40}K 的半衰期相对较长，因而氩的产生极其缓慢。因此，该方法对年龄小于约 10 万年的样品存在很大的分析不确定性，其主要用途是对过去 3000 万年形成的火山岩进行定年（不过理论上年龄长达 10^9 年的岩石均可采用这一方法进行定年）。用于测年的材料通常为火山熔岩和凝灰岩中的透长石、斜长石、黑云母、角闪石和橄榄石等矿物。该方法也可用于测定沉积岩中的海绿石、长石和钾盐等自生矿物（即沉积时形成的矿物）的年龄（Dalrymple and Lanphere，1969）。

3.2.2.1 $^{40}K/^{40}Ar$ 定年问题

钾-氩定年的基本假设是：①火山物质形成后氩毫无残留；②物质形成以来该系统一直保持封闭，因此氩丝毫未进入或逸出样品。前一种假设对某些深海玄武岩不成立，因为这些玄武岩在形成过程中在高静水压力下保留了先前生成的氩。同样地，某些岩石在形成过程中可能混入了较老的"富氩"物质。这些因素将导致样品年龄被高估（Fitch，1972）。样品表面和内部吸收了现代氩会产生类似的误差，从而使第二种假设失效。幸运的是，大气氩污染可通过测量出现的氩同位素进行估算。大气中的氩以 3 种同位素的形式存在，即 ^{36}Ar、^{38}Ar 和 ^{40}Ar。由于大气的 $^{40}Ar/^{36}Ar$ 比值已知，^{36}Ar 和 ^{40}Ar 在样品中的具体含量可用以估计大气氩污染的程度，进而对样品的视年龄进行适当调整（Miller，1972）。

$^{40}K/^{40}Ar$ 定年更常见的问题是，拟测年的地质事件发生以来系统在多大（未知）程度上损失了氩。这种损耗可能由诸多因素造成，包括扩散、重结晶、溶解和岩石风化时的化学

反应（Fitch，1972）。显然，氩的任何损失都将导致最小年龄估值。幸运的是，这些问题及其对定年的影响可以进行一定的评估。

3.2.2.2 $^{40}Ar/^{39}Ar$ 定年

传统 $^{40}K/^{40}Ar$ 定年技术有一个重要的缺陷：钾和氩的测量必须针对同一样品的不同部位进行，如果样品不够均质，则可能给出错误的年龄。$^{40}Ar/^{39}Ar$ 定年可以避开这一问题，其测量是同时进行的，不仅针对同一样品，而且是针对捕获 ^{40}Ar 的晶格内的同一精确位置。^{40}K 也不是直接测量，而是通过在核反应器中用中子照射样品进行间接测量。这使稳定同位素 ^{39}K 嬗变为 ^{39}Ar，通过接收 ^{40}Ar 和 ^{39}Ar，并获知 ^{40}K 与 ^{39}K 的比值（常数），就可以计算出样品的年龄。更多详细信息，参见 Richards 和 Smart（1991）、McDougall（1995）及 McDougall 和 Harrison（1999）。

实际上，对于未经风化、形成以来未受任何形式的加热或变质作用以及不含继承性氩或外来氩的样品，$^{40}Ar/^{39}Ar$ 定年技术与传统 $^{40}K/^{40}Ar$ 定年相比并不具有任何优势。在这些情况下，$^{40}K/^{40}Ar$ 法给出的年龄与 $^{40}Ar/^{39}Ar$ 法给出的年龄相同。然而在实际测试中，样品被改造或污染的程度是无法得知的，因此，$^{40}Ar/^{39}Ar$ 法比 $^{40}K/^{40}Ar$ 法具有显著优势，因为通常情况下前者能够识别出样品被改造或污染的程度，从而提高所测年龄数据的置信度。此外，该方法有可能从一个样品获得多个年龄，并对年龄数据进行统计处理以给出高精度的年龄值（Curtis，1975）。$^{40}Ar/^{39}Ar$ 法具有优势的根源在于，衰变产生 ^{40}Ar 的 ^{40}K 在矿物晶格中与丰度更高、受照射时产生 ^{39}Ar 的 ^{39}K 处于相同的位置。因此，加热样品会同时释出氩的多种同位素。污染样品的大气氩都留在矿物颗粒的表面，因此在低温下就会释放出来。与此类似，风化作用造成的放射成因氩的损失主要局限于矿物的外表面。在这些情形下，初始气体样品的 $^{40}Ar/^{39}Ar$ 比值会给出非常年轻的年龄（图 3.19B）。在高温条件下，未经风化、未受污染的晶体内部更深位置的氩将被释出，并且可随温度升高至熔融水平进行反复测量。如果新释出的气体给出稳定且一致的年龄，则可对此结果保有信心。相比之下，图 3.19B 所示的传统 $^{40}K/^{40}Ar$ 定年会给出无意义的年龄，这是由于不同位置的多种气体混合造成的。

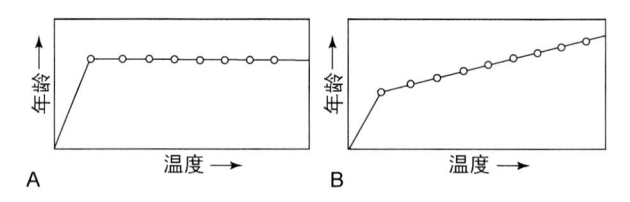

图 3.19 $^{40}Ar/^{39}Ar$ 数据示意图。A 和 B 中各点表示随温度从 0℃逐级升高至熔点（1000℃）而新释出的氩所测得的年龄。在 A 中，数据显示所有新释出的氩具有统一的年龄，呈现的数据平台表明定年精确。在 B 中，随温度升高年龄逐渐变老，表明样品在初始结晶后损失了氩，因而难以准确定年，即使是测得的最老年龄也可能太年轻。引自 Curtis（1975）。

根据不同温度条件下 ^{40}Ar 与 ^{39}Ar 比值计算的"视年龄"散点图，可以指示样品过去历史的许多信息，包括样品自形成以来是否损失了氩以及岩石在形成时是否被额外的放射成因氩污染。Curtis（1975）和 Miller（1972）对相关解释进行了深入的讨论。所以说，$^{40}Ar/^{39}Ar$ 定年方法提高了年龄数据的可信度，比传统 $^{40}K/^{40}Ar$ 定年方法具有更大的优势。

$^{40}Ar/^{39}Ar$ 定年已用于厘定第四纪主要地磁极性倒转［高斯/松山（B/M）界线］的年龄。早期的 $^{40}K/^{40}Ar$ 研究将该界线年龄确定为距今约 73 万年，但受到 Johnson（1982）和 Shackleton 等（1990）的质疑，他们发现，海洋氧同位素记录与米兰科维奇轨道周期一致性最佳时的调谐结果，是将 B/M 界线前推至距今约 78 万年。据此，他们大胆地提出，迄今公认的 73 万年这一年龄可能是错误的。之后，有关熔岩流 $^{40}Ar/^{39}Ar$ 年龄的多项研究支持这一断言（如 Baksi et al.，1992；Spell and McDougall，1992；Izett and Obradovich，1994），或至少证实两种方法的不确定性跨越距今 73 万～78 万年时段，使得这两个估值在统计学上难以区分（Tauxe et al.，1992，1996）。

3.2.3 铀系定年

铀系定年是包含一系列定年方法的总称，这些方法均基于 ^{238}U 或 ^{235}U 的各种衰变产物（Ku，2000；van Calsteren and Thomas，2006）。图 3.20 展示了主要衰变系列核素及各自的半衰期，一些半衰期很短（秒或分量级）的中间产物已被省略。有定年意义的主要同位素是 ^{238}U 和 ^{235}U、^{230}Th（也称为镤）以及 ^{231}Pa。铀衰变系列的最终产物为稳定的铅（^{206}Pb 或 ^{207}Pb）。

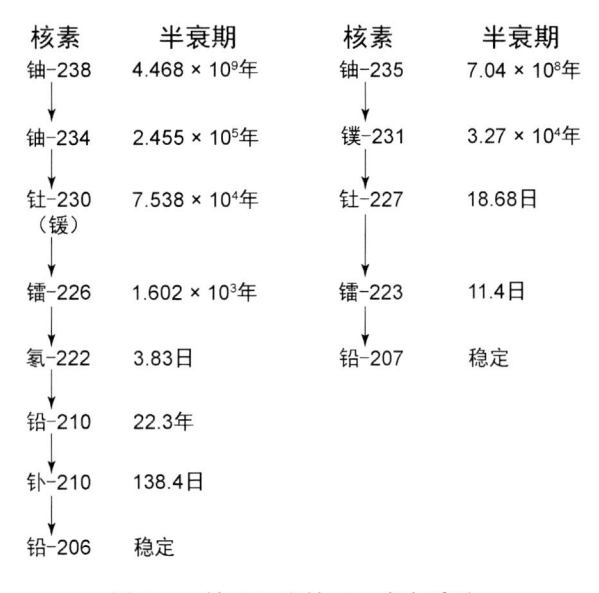

核素	半衰期	核素	半衰期
铀-238	4.468×10^9 年	铀-235	7.04×10^8 年
铀-234	2.455×10^5 年	镤-231	3.27×10^4 年
钍-230（镤）	7.538×10^4 年	钍-227	18.68 日
镭-226	1.602×10^3 年	镭-223	11.4 日
氡-222	3.83 日	铅-207	稳定
铅-210	22.3 年		
钋-210	138.4 日		
铅-206	稳定		

图 3.20 铀-238 和铀-235 衰变系列。

一个含铀体系如果长期（约 10^6 年）不受扰动，则处于动态平衡，在此状态下，每个子体产物将以这样的量存在，即其衰变速率与其母体同位素产生该子体的速率相同（Broecker and Bender，1972），其中一种同位素与另一种同位素的比值基本恒定。然而，如果体系受到扰动，这种产生与损耗的平衡将不复存在，不同同位素的相对比例将处于非平衡状态。通过测量衰变产物的扰动体系恢复至新平衡的程度，可以估算体系受扰动以来经历的时间（Ivanovich and Harmon，1982）。同位素衰变以不同同位素的活度比①来表示，如 $^{230}Th/^{238}U$ 和 $^{231}Pa/^{235}U$。前者的定年范围为数年至距今约 450000 年，后者的定年范围为距今 5000~250000 年，然而当接近平衡值时，定年不确定性会在定年区间的上限端增大（图 3.21 和图 3.22）。20 世纪 80 年代中期，热电离质谱仪（TIMS）为铀系定年带来了一场革命，

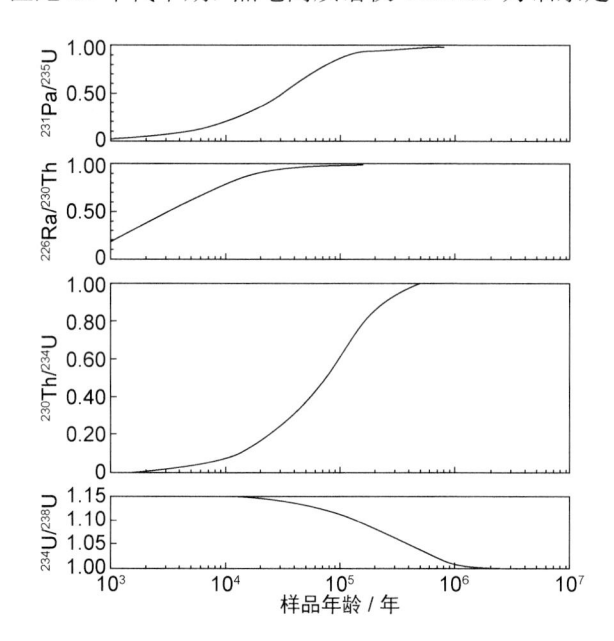

图 3.21　$^{231}Pa/^{235}U$、$^{226}Ra/^{230}Th$、$^{230}Th/^{234}U$ 和 $^{234}U/^{238}U$ 活度比随时间的变化。引自 Broecker 和 Bender（1972）。

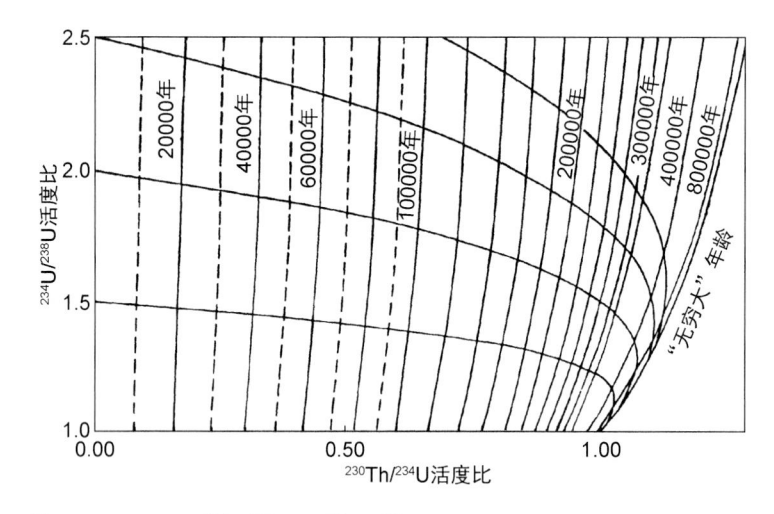

图 3.22　无初始 ^{230}Th 的封闭体系 $^{234}U/^{238}U$ 和 $^{230}Th/^{234}U$ 活度比随时间的变化。近垂直线为等时线（年龄恒定线）。近水平线为"增长曲线"，显示不同初始 $^{234}U/^{238}U$ 活度比条件下随年龄增大的核素活度比变化。引自 Ku（2000）。

---

① 放射性同位素的含量以每克样品每分钟的衰变量为单位表示。在铀系定年中，衰变速率彼此是相对的，称为活度比。

使得小样品的高精度测试成为常规分析项目。之后，多接收电感耦合等离子体质谱仪（multicollector inductively coupled plasma mass spectrometry，MC-ICP-MS）的应用使得分析更加精确，能够将末次间冰期珊瑚的定年误差降低至±1000年（2σ误差）（Edwards et al.，1987b，1993；Gallup et al.，1994；McCulloch and Mortimer，2008）。而且，鉴于大气（和海洋）放射性碳含量不稳定，珊瑚的 ^{230}Th 定年可提供超过 ^{14}C 定年精度的年龄数据，对最近数十年而言其精度甚至可与年生长层计数媲美（Edwards et al.，1987a）。

在自然体系中，由于中间衰变系列产物的物理性质不同，衰变系列的扰动很常见，其中最为重要的是 ^{230}Th 和 ^{231}Pa 几乎不溶于水。在天然水中，两者会随着铀的衰变从溶液中析出并在沉积物中积累。当同位素被后来的沉积物埋藏，则其以已知的速率衰变，而不受已与之分离的母体同位素（分别为 ^{234}U 和 ^{235}U）进一步衰变的支持。这被称为子体过剩或无支持定年法（Blackwell and Schwarcz，1995）。在沉积速率均一的沉积序列中，^{230}Th 和 ^{231}Pa 的含量随深度呈指数下降。假设同位素的初始浓度已知，其在表面下的沉积物中衰变的程度则可与沉积物最初沉积以来的时间相关联（图3.23）。

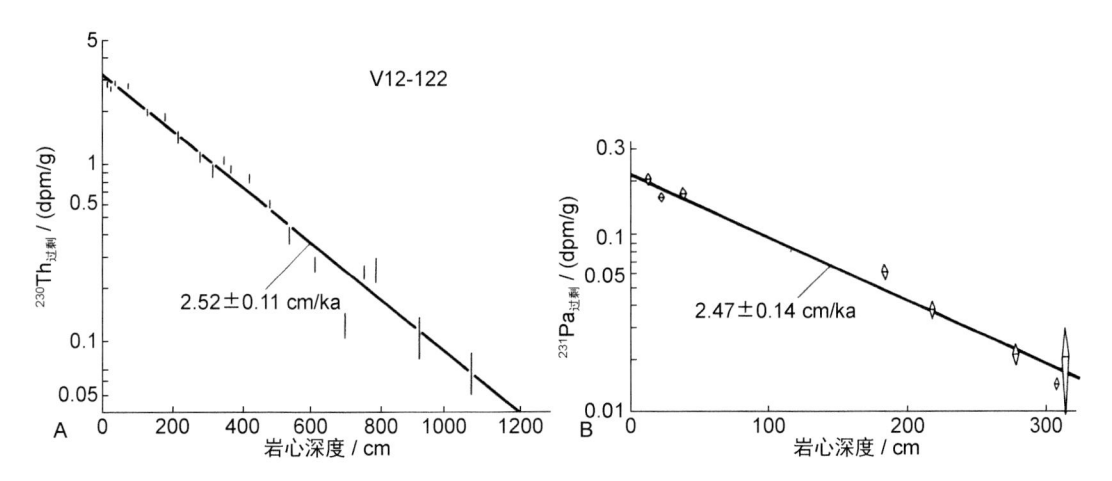

图3.23　过剩 ^{230}Th 含量（A）和过剩 ^{231}Pa 含量（B）与加勒比海岩心V12-122深度关系图。由于新近沉积的沉积物中 ^{230}Th 和 ^{231}Pa 的初始量值可以估算，两者随深度减少的程度可给出沉积物沉积至今的时间。沉积速率根据最佳拟合回归线斜率和两种同位素衰变速率计算而得。引自Ku（1976）。

上述方法是基于母体同位素与子体同位素自然分离的定年示例，年龄是根据无支持子体同位素衰变速率的函数求得的（Ku，1976；Walker，2005）。另一种方法依赖于最初不存在的同位素趋于与其母体同位素达到平衡而增长，这被称作子体亏损定年（Blackwell and Schwarcz，1995），常用于测定碳酸盐物质（珊瑚、软体动物和石笋）的年龄。该方法基于铀在基本不含钍和镤的天然水体中与方解石或文石共沉淀这一事实，因此碳酸盐中 ^{230}Th 和 ^{231}Pa 的初始含量可以忽略不计。假设碳酸盐保持封闭体系，^{234}U 和 ^{235}U 衰变产生的 ^{230}Th 和 ^{231}Pa 的量则是时间和样品初始铀含量的函数。例如，珊瑚生长时，铀从海水中共沉淀形成珊瑚结构的一部分，但钍的含量基本上为零。由于海水的 ^{234}U/^{238}U 比值约为1.145（研究表明其在很长时间内几乎保持恒定），因此随着铀同位素衰变而发生的 ^{230}Th 在珊瑚中的累积将为确定珊瑚形成时间提供精准控制。如果珊瑚未经历重结晶（从而重新吸收更多的铀），这种方法可以为数年至距今约35万年时段提供极高精度的年龄控制（Edwards et al.，1987b）。晚冰期/早全新世新几内亚（霍恩半岛）珊瑚样本定年的2σ误差仅为30~80年，远小于相同样本的 AMS ^{14}C 定年误差（Edwards et al.，1993）。该方法已被广泛用于测定抬升珊瑚台地的年龄，从而为冰川性海平面变化提供精确的时间序列，具有广泛的古气候学意义（如 Bard et al.，1990；Edwards et al.，1993；Gallup et al.，1994；Stirling and Anderson，2009）。

有研究也曾尝试利用珊瑚定年方法测定软体动物的年龄，但结果通常相互矛盾（无论如何，参见 Szabo，1979a）。问题主要是软体动物在沉积之后可能存在铀的自由交换（即未形成封闭体系），使得软体动物化石的铀含量比其现生种类更高。因此，其产生的钍和镤的含量不仅仅是年龄的函数（Kaufman et al.，1971）。然而，北极海洋软体动物的铀系年龄如果与相同样品的氨基酸数据相结合，则可提供有价值的最小年龄估值（Szabo et al.，1981）。骨骼的 ^{230}Th/^{234}U 定年也曾有过尝试（Szabo and Collins，1975），但也遇到了类似的问题。不同定年方法的重复检验显示，^{230}Th/^{234}U 和 ^{231}Pa/^{234}U 测年的贝壳和骨骼样品，只有50%测出了精确的年龄（Ku，1976）。虽然已开发出"开放体系"模型来弥补沉积后的交换问题（如 Thompson et al.，2003；Villemant and Feuillet，2003；Stirling and Anderson，2009），但需要做出各种各样的假设，这降低了定年数据的可信度。

洞穴碳酸盐（钟乳石和石笋）样品测出的铀系年龄则要可信得多，这类沉积物致密且不易遭受沉积后的淋溶。因为 ^{230}Th 不溶于水，所以可以认为洞穴碳酸盐发生沉淀的水体基本上不含钍。因此，假设初始铀含量足够，测量的 ^{230}Th/^{234}U 比值将代表 ^{230}Th 随时间推移而发生的累积（Harmon et al.，1975）。主要问题是需要确定初始 ^{234}U/^{238}U 比值并确保样品未受碎屑 ^{230}Th 的污染，从而无需假定初始钍含量为零（参见第8章 8.1节）。对于高质量的样品，定年精度可以达到非常高的水平（大约±0.2%）（如 Zhang et al.，2008）。事实上，利用铀系定年已将放射性碳时标校准延伸至距今 50000 年以前（Hughen et al.，2006；参见 3.2.1.5 节）。

在更短的时间尺度上，无支持的 ^{210}Pb 也可以用作定年手段。^{210}Pb 来源于 ^{222}Rn 的衰变，紧随 ^{230}Th 至 ^{226}Ra 的衰变（图 3.20）。^{226}Ra 和 ^{222}Rn 都会从地球表面逃逸而进入大气，最终在大气中产生 ^{210}Pb。之后，大气中的 ^{210}Pb 被降水清除或以干降尘的形式发生沉降，从而在沉积物中累积并衰变（半衰期为22年）为稳定的 ^{206}Pb（图 3.24）。假设大气 ^{210}Pb 通量恒定，那么 ^{210}Pb 随深度衰变为 ^{206}Pb 的速率就可用于测定沉积物的沉积速率（Appleby and Oldfield，1978，1983；Appleby，2001）。该方法只能用于测定过去约150年的沉积物年龄，但这可能具有特殊价值，因为这有助于确认分层沉积是否为真正的纹层（即年层）或确认岩心顶部是否未受扰动，从而能够利用器测气候数据对植物和动物记录进行校正，为古气候重建构建精确的转换函数（Wolfe et al.，2004）。

3.2.3.1　铀系定年问题

铀系定年的主要问题已简要提及。首先，必须针对样品的初始 ^{230}Th/^{234}U、^{234}U/^{238}U 和/或 ^{231}Pa/^{235}U 比值做出假设。对于深海而言，这可能不是问题，因为现代海洋的这些比值被认为在很长时间内相对恒定（Stirling and Anderson，2009）；但对陆地环境（如内陆封闭湖泊）而言，这一假设远没有那么可靠。第二个问题是定年样品在多大程度上长期保持封闭体系。对文石质碳酸盐重结晶为方解石的状况予以评估，可提供一些参考，但如 3.2.1.4 节所述，这并不总是可靠。测量同一样品不同同位素的活度比，可以对可靠性进行核查。如果样品一直处于"封闭"状态，则所有年龄数据都应进行交叉检验且需相互一致（图 3.21）。就洞穴沉积而言，主要问题是样品是否含有碎屑成因的钍，一旦有，将使 ^{230}Th/^{234}U 定年的努力付诸东流。

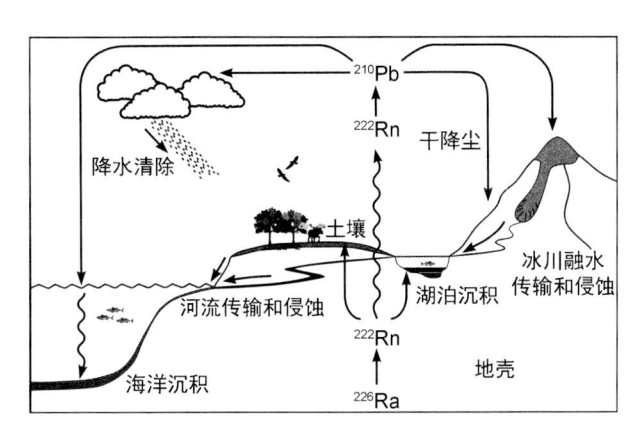

图 3.24　^{210}Pb 全球循环示意图，显示其来源、传输、沉降和沉积后再分布过程。引自 Preiss 等（1996）。

3.2.4　释光定年：原理与应用

释光是矿物晶体（主要为石英和长石）受热或曝光时发出的光。受热而发出的光称为热释光（thermoluminescence）或 TL，受光谱中的可见光或红外辐照而发出的光分别称作光释光（optically stimulated luminescence，OSL）或红外释光（infrared-stimulated luminescence，IRSL）（Aitken，1998）。在每种情形下，发光量都与样品暴露于周围沉积物期间所受电离辐射（源于铀系放射性核素和 ^{40}K）的量相关。周围基质中的放射性同位素衰变在矿物颗粒中产生自由电子，这些电子被矿物晶格缺陷捕获，矿物暴露于辐射的时间越长，捕获的电子数量就越多，产生的释光信号也就越强。因此，释光是累积电离辐射剂量的量度（单位为戈瑞，Gy），而累积辐射剂量是样品暴露年龄的函数。将样品的分样暴露于已知剂量的辐照下，并测量样品被加热或被曝光时产生的释光信号，即可确定样品的年龄。产生与原始样品相同的释光信号所需的辐照量称为等效剂量或 D_e（有时称为古剂量；Duller，1996）。如果样品每年暴露受到的辐射量（剂量率）已知（通过直接测量周围基质的放射性特征），则样品年龄可据下式计算：

$$\text{年龄 (a)} = \frac{\text{等效剂量}\ (D_e)\ (\text{Gy})}{\text{剂量率 (Gy/a)}}$$

关键的约束是，要么定年样品不含定年事件之前残留的任何释光信号，要么任何残留信号都可被定量检测。由于释光是通过样品的加热或光晒释放的，因而所定年的事件必须经历过这两种将"释光时钟"有效归零过程中的一种。正因如此，TL 定年已广泛用于考古学，对陶器或烘烤的粘土样品以及早期人类在火炉中灼烧的燧石进行定年（Wintle and

Aitken，1977）。TL 也被用于测定因与熔岩接触而被烘烤的沉积物年龄（Fattahi and Stokes，2003）。通过实验室温控加热实验，TL 测量可显示样品自上次加热以来所经历的时间。

同一原理也适用于风成沉积和河流沉积，这些沉积物暴露在阳光下也可以释放被捕获的电子，从而将其释光时钟归零（图 3.25）。正因这一属性，OSL 和 IRSL 在第四纪地质年代学中具有特别重要的作用（Wallinga，2002；Duller，2004；Lian and Roberts，2006）。当风成沉积物在充足的阳光下被搬运时，其获得的释光可在数分钟内被晒退，从而将时钟归零，因而在新的点位（如在沙丘中），石英和长石颗粒则以新点位环境剂量率的函数重新缓慢积累电子（Wintle，1990，1993）。因此，测得的 OSL（或 IRSL）信号就能揭示这些颗粒被搬运至沉积点以来所经历的时间（Huntley et al.，1985；Duller，1996；Prescott and Robertson，2008）。理论上，沉积物在河流中搬运时同样会发生光晒退，但在混浊水体中光的透射作用将显著减弱，这就使得清除先前获得的释光颇成问题。因此，河流沉积物（以及河流和溪流搬运至湖泊的沉积物）的释光定年必须考虑到，存在并非所有电子阱都已被清空从而导致高估样品年龄的可能性（如 Forman et al.，1994）。为评估这一问题的严重性并加以校正，已开发出了多种方法（Wallinga，2002）。

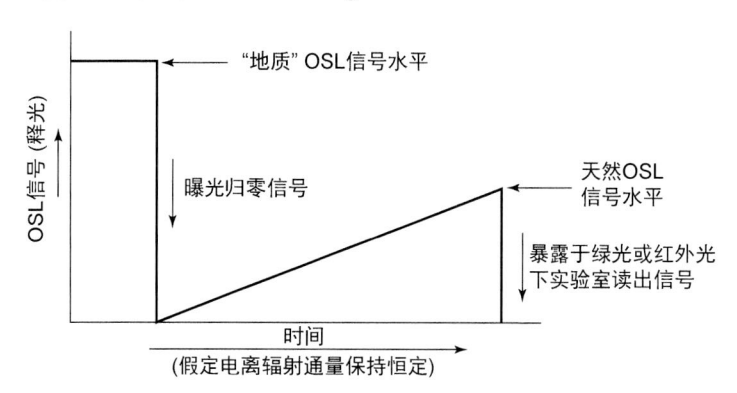

图 3.25　光释光（OSL）信号随时间变化示意图。同一模式也适用于 TL，其中归零由过去加热事件所致，而累积信号由实验室加热释出。引自 Rendell（1995）。

释光定年适用的年龄范围受晶体中电子捕获点饱和度的限制。含有大量钾长石的样品可能适合较老沉积物的定年，因为此类矿物不易饱和。在剂量率极低且饱和水平高的地区，100 万年的样品年龄已见诸报道（Lian and Roberts，2006）。释光定年的精度接近样品年龄的 10%，但与 $^{40}Ar/^{39}Ar$ 年龄对比表明，较老样品的 TL 年龄通常年轻 5%～15%，可能是因电子阱饱和所致（见 3.2.4.2 节）。石英颗粒的 OSL 定年通常适用于年轻样品，年龄范围为数十年至约 15 万年，上限同样受限于阱的饱和度。

3.2.4.1　热释光（TL）定年

样品的热释光是年龄的函数。样品越老，TL 强度就越大。这一点可根据发光曲线予以评估，该曲线显示随样品加热 TL 强度与温度的关系（图 3.26）。在低温条件下，TL 发射并非可靠的年龄指标，因为这种发射对应于样品中电子不稳定的浅阱。释放更深的"稳定"电子所需的确切温度取决于单个样品的特性，可通过查明天然 TL 与人工诱导 TL 比值接近恒定的点予以估计。这一温度通常在 300～450℃范围内，因此该温度下的 TL 强度可用于估算年龄。

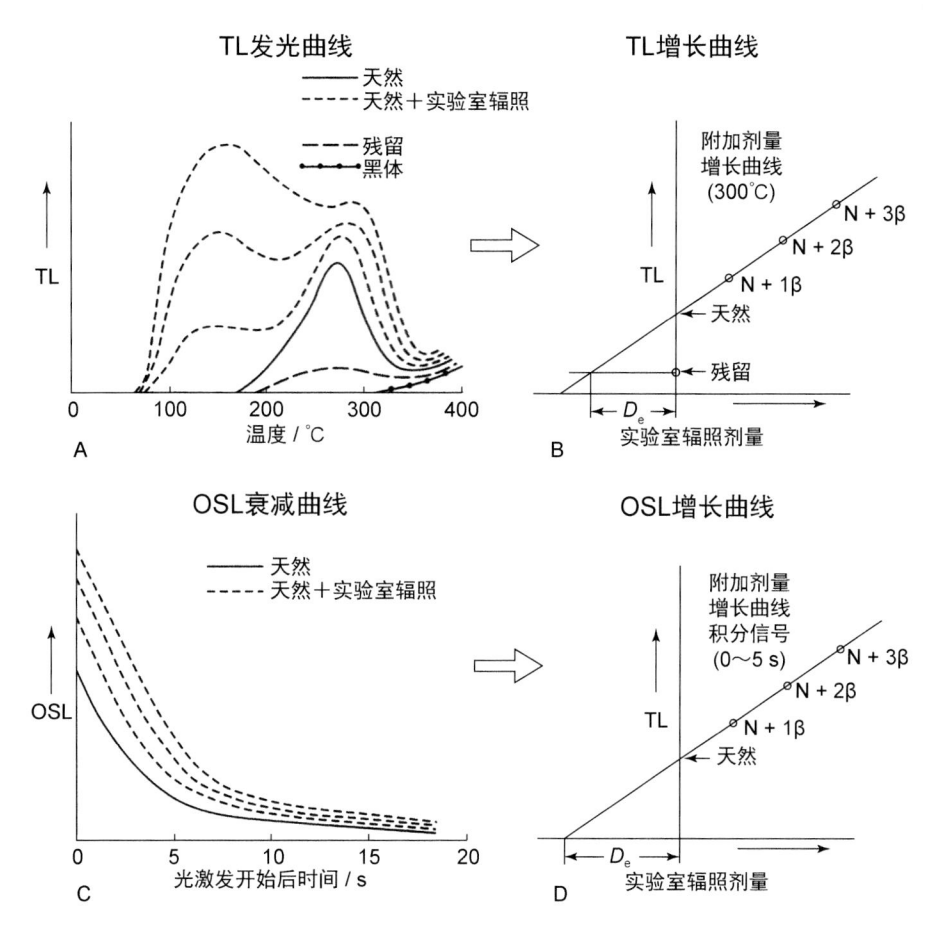

图 3.26 附加剂量法测定 TL 和 OSL 等效剂量（equivalent dose，ED）示意图（A～D）。OSL 在通过预加热或长期储存样品从而去除信号的非稳定组分之后进行测量。引自 Rendell（1995）。

为确定样品的年龄，首先必须了解给定的辐照剂量产生了多少 TL，因为并非所有材料都会在这种剂量下产生相同数量的 TL。一种方法（附加剂量法）是，将分样暴露于已知的附加辐照量下，而不论样品曾经如何暴露过（图 3.27）。然后，测量每个辐照样品的 TL，再通过外推至实验室设定的残留信号水平确定初始古剂量。另一种方法（再生法）是，先将分样的所有 TL 晒退，再将分样暴露于不同强度的辐照下，测量发射的对应于不同强度辐照暴露的 TL（图 3.27）。然后，测量原始样品（取自单独的分样或试样）的 TL，并与人工辐照样品进行对比，以准确估算相应的古剂量（ED）。样品年龄可简单地将古剂量除以实测的采样点剂量率计算而得。采样点剂量率可用便携式伽马射线仪测量样品本身和周围基质的放射性铀、钍和钾的量进行估算。或者，也可将辐射灵敏型荧光体（如氟化钙）在采样点埋藏一年或更长时间，来直接测量环境辐射剂量，包括宇宙辐射剂量（Aitken，1998）。

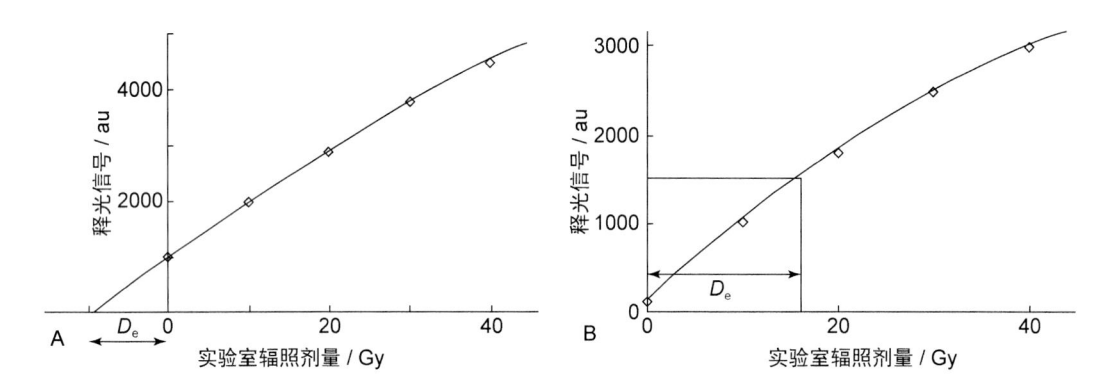

图 3.27 热释光定年估算古剂量的附加剂量法（A）和再生法（B）示例。在附加剂量法中，样品被暴露于强度不断增加的辐照下，并测量相关的 TL。外推至释光信号零点即为样品在被暴露于附加辐照之前的古剂量。在再生法中，分样先被晒退再暴露于辐照下，并测量每个辐照强度下的 TL，就可获得对应于原始样品所测 TL 的辐照暴露。引自 Duller（1996）。

3.2.4.2 热释光定年问题

上文的年龄方程式中，假设了辐照剂量与所产生的 TL 之间具有线性关系。然而众所周知，在极低或极高的辐照剂量水平下，情况并非总是如此。前一个问题（超线性）对于相对年轻的样品（<5000 年）最为突出，因为在相对较低的辐照剂量水平下，样品获得 TL 的速率会降低（或者在超过某个辐照阈值前不存在）。此外，沉积物沉积后通常保存着对光不敏感的残留 TL 信号，要获得准确的年龄估值，必须对这种信号加以估计。这些因素使得 TL 在年龄小于 1000 年或 2000 年沉积物定年上的应用受到限制。另一方面，长时间暴露于辐照（高剂量）下可能导致可获得的电子阱饱和，因而进一步的辐照暴露不会明显增加样品的 TL。什么时候会发生这种情况取决于样品的年龄和矿物成分，但一般而言，TL 定年给出的非常老的年龄（大于数十万年）很可能只是最小的估值。

评估 TL 与辐照剂量关系时遇到的另一个难题是辐照样品在很短时间（可能仅数周）后"失去" TL。这种现象被称为异常衰退（Wintle，1973），在某些矿物中很常见，尤其是在火山成因的长石中。如果不予以校正，异常衰退将导致样品年龄的低估，不过，针对这一问题已经研发了不同的技术解决方案（Duller，2004）。由于存在这样那样的复杂因素，所以目前古气候学中应用最多的是将 OSL 技术用于石英颗粒定年（Lian and Roberts，2006）。

3.2.4.3 光释光（OSL）与红外释光（IRSL）定年

通过测量光释光（OSL）信号测定样品年龄的工作是由 Huntley 等（1985）最先开展的。现代沉积物的 OSL 信号显示为零，这使得测定年轻至数十年的沉积物年龄都成为可能。之后，Godfrey-Smith 等（1988）测量了从沉积物中提取的大量石英和长石样品的 OSL（用激光器发出的绿光激发）。结果表明，不仅在长时间阳光晒退后只残留了微不足道的 OSL 信号，而且释光信号的初始损失速率比相同样品的 TL 信号快多个数量级（图 3.28）。因此，与热释光信号相比，光释光信号在沉积物被搬运至沉积点时已被归零的可能性要大得多。

Hütt 等（1988）发现，能够利用近红外辐照（约 850~880 nm）激发长石（但非石英）中的捕获电子。这触发了红外激发释光（IRSL）信号，由于可以选用滤光器排除激发波段，这种信号可在更大的波长范围（蓝光和绿光）上进行观测（图 3.28）。

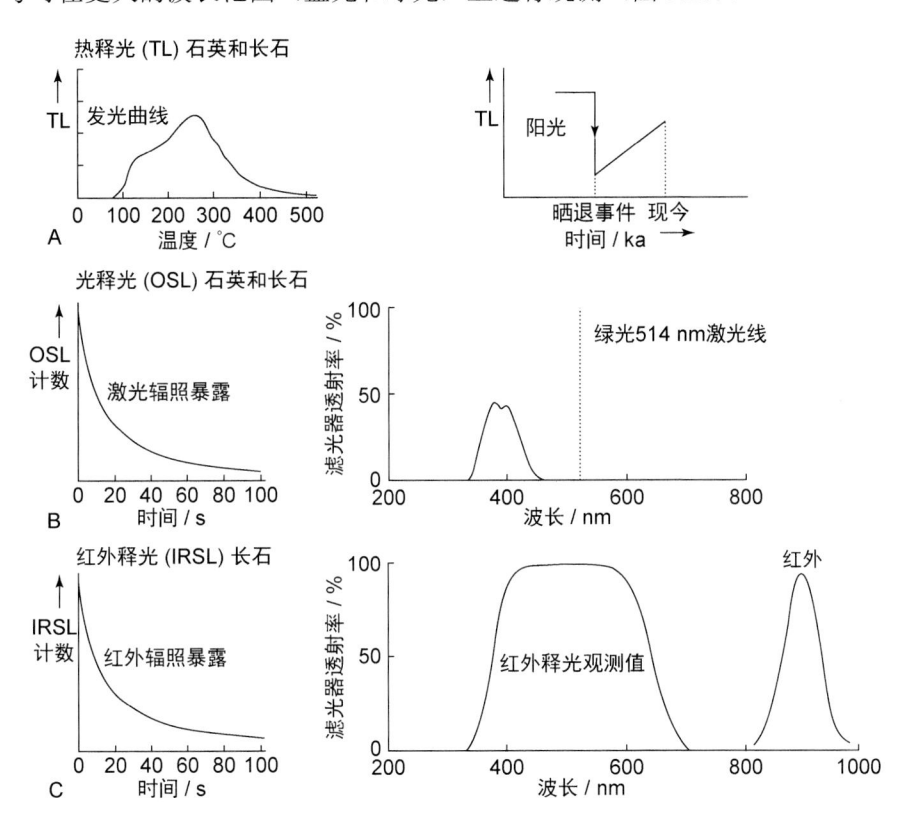

图 3.28　释光定年技术原理示意图（A~C）。引自 Wintle 等（1993）。

OSL 信号源于光子从晶体中的电子阱置换出的电子，由特定波长或一定波长范围的光源激发，而不像 TL 那样由加热所致。在恰当选择光源［通常为光谱的蓝光（约 470 nm）或绿光（约 530 nm）段］的前提下，只有对光最敏感的电子阱才会发生感应，因而产生的释光信号仅与最近一次晒退事件有关。这样，较老的、更稳定的电子阱的"污染性"影响将会减小，这些电子阱在最近一次沉积物搬运过程中可能未被完全清空。此外，新的实验流程可对石英单颗粒进行释光测量，并使每个颗粒都暴露于绿光（约 532 nm）下，因而可以获得大量独立的年龄估值（采用单片（样品）再生剂量技术，SAR），而非从一个大的混合样品中获取平均信号。像 TL 定年一样，D_e 也可通过外推获得（图 3.27）。这意味着可以获得每个采样点的释光年龄分布，使得分析者能够区分未归零样品和已归零样品，从而深入认识沉积点的实际年龄（Murray and Wintle, 2000；Duller, 2004）。这一点在图 3.29 中做了展示，其中对现代河流和风成沉积物样品的单颗粒试样进行了分析。结果显示，两者的真实年龄为零，这可从风成石英颗粒的释光（D_e）分布看出，表明沉积物在搬运至沉积点的过程中已被彻底晒退。然而，河流沉积物显然含有未被完全晒退的石英颗粒。如果测量的是全样（实际上平均了所有单颗粒的释光），则完全可能给出错误的样品年龄。

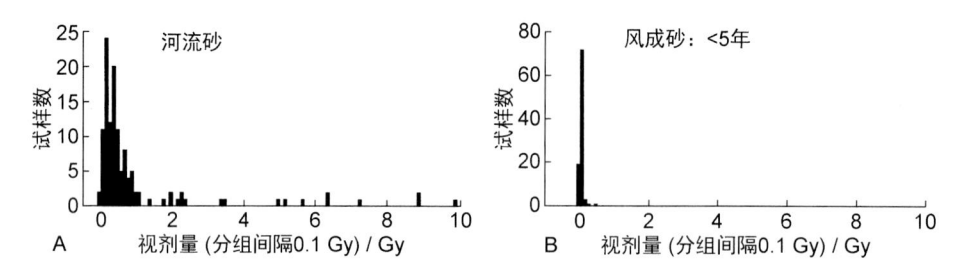

图 3.29　河流沉积物（澳大利亚昆士兰州马兰比吉河）（A）和风成沉积物（昆士兰州库鲁拉）（B）石英单颗粒试样的等效剂量实测值。两者均为现代样品，因此等效剂量（D_e）应为 0 Gy。测定了约 100 份单个试样的 D_e 值，每份试样含 60~100 个颗粒。马兰比吉河样品含有未被完全晒退的颗粒，因此测量全样会给出错误的年龄。相比之下，风成颗粒几乎被彻底晒退。引自 Olley 等（1998）。

OSL 和 IRSL 的主要优点是激光激发的电子阱对光非常敏感，因此在阳光下相对短暂的曝光（数十秒至数分钟）可能已使样品释光降低至接近于零（图 3.30）。这种短暂曝光肯定不会使 TL 法测量的释光信号归零，因此 OSL 和 IRSL 为多种物质的定年开辟了崭新途径，尤其是针对相当年轻的风成砂和粉砂（黄土）以及河流和湖泊沉积物的定年，这些情况下沉积物的曝光时间可能很短（Wintle，1993）。例如，近年的研究利用 IRSL 技术对仅仅数十年至数百年前沉积的风成砂进行了定年（Wintle et al.，1994；Clarke et al.，1996）。石英颗粒的 OSL 定年对末次间冰期（距今约 125000 年）以来的时段最有价值。

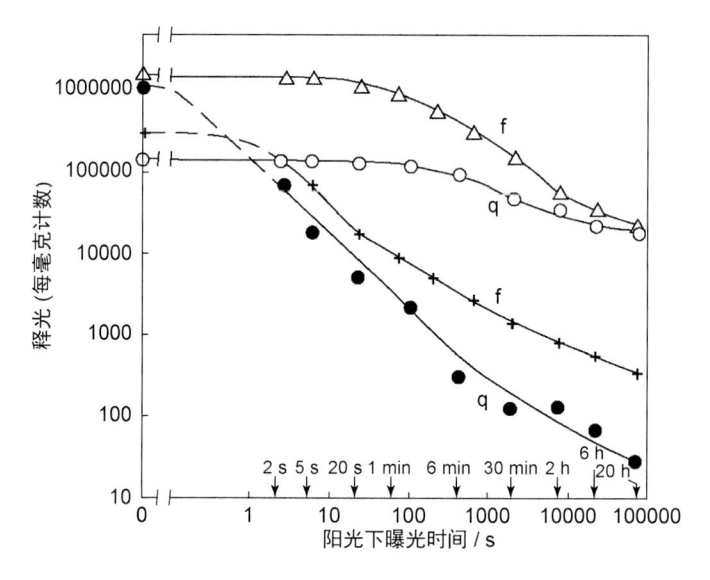

图 3.30　石英颗粒（q）和钾长石颗粒（f）的天然 TL 和天然 OSL 阳光晒退过程。未晒退释光水平显示于 y 轴。矿物的 OSL（●和+）比 TL（○和△）更易于清零，而石英 OSL 比长石 OSL 清零更快。引自 Wallinga（2002）和 Godfrey-Smith 等（1988）。

除测量释光和获得精确的 D_e 估值所涉及的技术问题外，最重要的问题是获得环境剂量率，更具体地说是了解环境剂量率如何随时间发生变化。其中尤其重要的是，样品就位期间样品及环境基质的平均含水量。水会使辐射大幅减弱，因此在给定时间内，饱含水的样品接受的辐射要比干燥地点的类似样品少得多，其结果是释光强度会低得多，从而给出不正确的年龄信号。Wallinga（2002）认为，1%的含水量误差会导致1%的年龄估值误差。然而，如果采样点的含水量可以估算，这一问题则可在年龄计算中加以考虑。更好的办法是，如果能将辐射灵敏型剂量仪在样品的环境背景中放置一段时间，就可以直接评估地下水对辐射剂量的影响。然而，了解过去地下水含量如何变化一直是个问题，这种不确定性限制了更准确的释光年龄的获取。地下水还可能会淋滤放射性衰变产物，因此地下水含量的长期变化可能会使释光-剂量关系进一步复杂化。所幸这些问题对于干旱环境（如沙丘）样品定年的影响很小，因而释光定年通常用于测定黄土（Singhvi et al.，2001）和风成沉积物（Prescott and Robertson，2008）的年龄也就不足为奇了。

3.2.5 表面暴露定年

表面暴露（或宇成核素）定年基于地球不断受到穿透暴露岩石表面的宇宙射线轰击这一事实。这些高能粒子撞击石英中某些元素的原子核，导致石英碎裂化并在岩石内产生新的核素（同位素）。例如，^{10}Be 是石英中氧原子和硅原子散裂产生的，随着时间推移，^{10}Be 在岩石中累积，成为岩石表面暴露于宇宙射线轰击下的时间计量器。其他通常用于估算暴露年龄的元素还有 ^{36}Cl、^{26}Al 和 ^{14}C，以及 ^{3}He 和 ^{21}Ne。

尽管大气层外边界宇宙射线轰击速率恒定的假设是合理的，但仍有两个重要因素会影响到达地球表面的宇宙粒子数量。首先，大气层本身降低了宇宙射线通量，因此海平面高度地表的宇宙射线暴露量可能仅约为 4000 m 高度的 50%（Lal，1991；Dunai，2000；Stone，2000）。其次，宇宙射线受地球磁场调制，因此，高纬到达地表的宇宙射线量多于低纬，导致极地的宇成同位素产率是赤道的 2~3 倍（Lal，1991）。此外，地球的偶极磁场强度会随时间发生变化（参见图 4.5），从而调制宇宙射线通量，因此其影响也必须予以考虑（Masarik et al.，2001）。鉴于上述因素，任何一个地点对宇宙射线的实际表面暴露量必须进行适当调整，才能与其他地点的表面暴露量进行对比。尽管为优化这些标度因子付出了很多努力，但仍未建立起一套普遍接受的用于降低暴露年龄解释误差的调整系数（Dunai，2010；Balco，2011）。因此，对任何一个地区而言，来源于当地的、独立定年的标度方案都是宇成同位素校正的最佳选项。例如，对于冰碛物就位或已知年龄滑坡造成的暴露表面，相关的放射性碳年龄就可提供这种标度方案。

影响岩石表面累积的宇宙射线暴露量的环境状况也会影响暴露年龄测定的准确性。如果岩石表面长期覆盖着一层物质阻挡宇宙射线，暴露年龄将受到影响。例如，如果岩石表面近年才从持续的雪盖下露出，或者如果冰碛物或沙丘砂这样的表层物质以前一直覆盖着现在才暴露的岩石表面，则可能导致对真实表面暴露年龄的低估（Zreda and Phillips，2000）。此外，宇成核素在岩石中的产生和累积随深度增加而快速减少，因此，如果暴露表面曾发生侵蚀，则岩石包含的宇成同位素将少于年龄相近但未受侵蚀的暴露表面。以花岗岩为例，深度每增加 40 cm，散裂作用就减少了一半，这意味着岩石表面的侵蚀速率是解释暴露年龄的关键因素。这一点对 LGM 以前表面暴露定年具有重要影响，但对全新世表面暴露定年可能影响不大（图 3.31）。另一方面，如果目的是测定一次冰期之后暴露表面的年龄，则理想的情形是表面一直被冰川剥蚀，从而使得表面上较老的宇成核素已被"擦洗干净"，重新暴露的表面被清零，并累积最近冰川退缩以来的同位素。如果之前的表面暴露事件产生的宇成同位素仍有残留，则样品将含有"继承性"宇成同位素，这将导致样品年龄严重偏老。因此，该技术最常用于冰川刨蚀的岩石表面，或在搬运至采样点的过程中据信已充分风化的漂砾（Balco，2011）。所有这些因素都会产生表面暴露定年固有的误差，平均约为 10%～15%，因此该技术无法用于分辨可能发生的高频变化。此外，该技术通常能够为其他定年方法无用武之地的高山和北极环境提供唯一有效的定年手段。因此，暴露年龄测定对地貌学研究具有革命性助益，对古气候学具有多重意义，尤其是在冰川波动研究领域（如 Rood et al.，2011）。

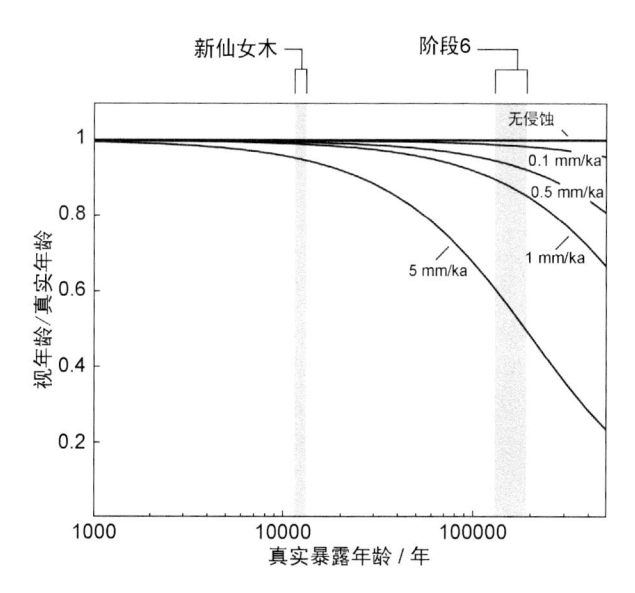

图 3.31　表面侵蚀对岩石宇成同位素定年方法估算年龄的影响。侵蚀速率通常在 2～3 mm/ka 范围内，因此对于全新世或新仙女木时段的样品，侵蚀效应极小（约 5%），但对于更老的样品，可能会导致实际表面暴露年龄的严重低估（约为 20%～30%）。引自 Balco（2011）。

3.2.6　裂变径迹定年

如 3.2.3 节所述，铀同位素通过复杂的衰变系列缓慢衰变，最终产生稳定的铅原子。除这种缓慢衰变外，少量的铀原子通过放射 α 和 β 粒子还会进行自发裂变，其原子核分裂为两个碎片。这一过程会释放大量能量，导致两个核碎片射入周围物质中。由此产生的损伤路径被称为裂变径迹，长度通常为 10～20 μm。裂变径迹的数量只是样品铀含量和时间的函数（Naeser and Naeser，1988）。自发裂变的速率很低（^{238}U 为 10^{-16} a^{-1}），但如果岩石样本含有足够的铀，那么在对古气候研究有用的时段则可产生具有统计意义的径迹数量（Fleischer，1975）。

作为一种定年技术，裂变径迹计数的价值基于某些结晶的或玻璃质物质在加热时会通过退火过程抹去其裂变径迹记录这一事实。因此，火成岩及毗邻的变质沉积物中含有岩石上一次冷却以来产生的裂变径迹。同样，考古遗址出土的岩石可能在火炉中加热过，从而使样品退火并将裂变径迹的"地质"记录重置为零。在这方面，样品的环境要求与 $^{40}K/^{40}Ar$ 定年所需的类似。由于不同矿物在不同温度下退火，因此需要谨慎挑选。退火温度阈值低的矿物（如磷灰石）是对过去热效应最敏感的指标物（Faul and Wagner，1971）。

裂变径迹可在样品被抛光并利用合适的溶剂浸蚀样品表面后，在光学显微镜下计数。受损区域优先被溶剂侵蚀，从而清晰地显露出裂变径迹（Fleischer and Hart，1972）。对这些裂变径迹进行计数后，加热样品，去除"化石"裂变径迹，然后利用慢速中子束辐照，产生一组新的 ^{235}U 裂变形成的裂变径迹。诱发裂变径迹的数量与样品铀含量成正比，因而样品的 ^{238}U 含量可以算出。然后，根据 ^{238}U 自发裂变速率求得样品的年龄。有关该技术的详细讨论以及裂变径迹年龄校正问题，参见 Hurford 和 Green（1982）及 Dumitru（2000）。

裂变径迹定年可用于不同岩石类型的多种矿物，不过还是最常用于火山灰、玄武岩、花岗岩、凝灰岩和碳酸岩中的磷灰石、云母、榍石和锆石。该技术也广泛用于黑曜石等非晶质（玻璃质）材料的定年，因此在火山灰年代学研究中具有重要价值（见 4.2.3 节；Westgate and Naeser，1995）。裂变径迹法定年范围大，从 10^4 年至 10^8 年，偶尔也用于测定更年轻样品的年龄。误差范围通常也较大。Dumitru（2000）给出的典型（2σ）误差范围为，年龄＞80 万年的锆石或玻璃质样品为 10%，＞30000 年的样品为 50%，＞2000 年的样品为 200%。晶体铀含量的微小变化可能会导致同一样品不同部分的裂变径迹数量发生很大变化（Fleming，1976）。这种潜在的误差源可通过重复测量予以消减，但对于较老和/或几乎不含铀的样品，计数过于费工使得此类检查难以开展。径迹在机械变形或特定化学环境影响下还可能"消退"，从而导致年龄被低估（Fleischer，1975）。裂变径迹定年很少用于古气候学，而在考古学和火山灰年代学中应用更为普遍（如 Meyer et al.，1991）。在可用裂变径迹定年的大多数情形下，$^{40}Ar/^{39}Ar$ 定年往往更胜一筹，不过后者可能并非总是可行。

第4章 定年方法二

4.1 古 地 磁

岩石和沉积物磁性颗粒所记录的地球磁场变化可用以进行地层对比。目前，主要地球磁场倒转事件已广为人知，在世界许多地点这些事件也已被分别定年。因此，沉积物中的这些倒转记录可以用作时标或年代地层界线。实际上，地磁倒转方法是通过与其他地点已独立定年的倒转事件对比来进行地质记录定年的。然而，由于所有"正极性"期都具有相同的磁信号，而所有"反极性"期也同样无法区分其极性信号，因此需要大致界定所研究的地质记录的时代，以免对比错误。

除了非周期性全球尺度地磁倒转外，地球磁场强度也在 $10^3 \sim 10^4$ 年尺度上发生变化。此外，还存在区域尺度（距离超过 1000～3000 km）的非偶极场长期（百年至千年尺度）变化，这些变化可用于构建精确定年的"独立年表"，以用于对比具有相似古地磁变化的未定年记录。

4.1.1 地磁场

地球的磁场是由其熔融内核中的电流产生的。虽然对其确切的形成机制尚未达成一致认识，但对我们而言，将地磁场视为由地球中心、相对于地球自转轴倾斜约 11°的条形磁铁产生的就足够了（图 4.1A）。在地球表面，我们通过磁罗盘的变化已熟知全球磁场。如果磁针可以自由摆动，它不仅会侧向转动而指向磁极，而且在纵向上相对于水平面还会发生

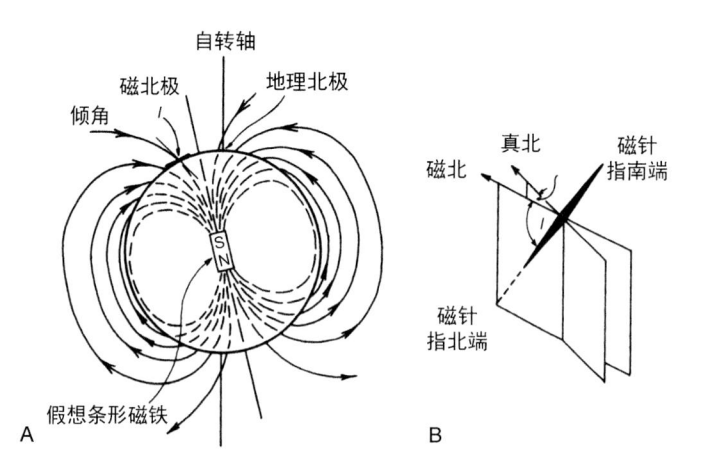

图 4.1　A.地球磁场。地球磁场（偶极场）的主要部分可以假想为以地核为中心的条形磁铁，任何一点的磁力线都表示小磁针所指的方向，磁力线的密度是磁场强度的量度。B. 磁偏角与磁倾角。磁偏角是磁场与真北极水平偏移的角度，磁倾角是相对于水平面倾斜的角度，其合力为代表磁偏角、磁倾角和磁场强度的矢量。

倾斜。磁针与水平面形成的角度称为磁倾角（图 4.1B）。磁倾角变化很大，在赤道接近 0°而在磁极为 90°。如果对磁针增重使其保持水平，磁针将始终指向磁北极，其与真（地理）北极形成的角度称为磁偏角（图 4.1B）。

地球磁场被认为由两个分量构成——一个主要且相当稳定的分量（偶极场），以条形磁铁模型表示，以及一个小得多的残余或次要分量（非偶极场），其不稳定且地理上的变化更大（McElhinny and McFadden，2000）。地球磁场的重大变化是偶极场变化的结果，而微小变化可能是非偶极因子所致（见 4.1.5 节）。

由于（偶极）场的性质和形成方式的原因，磁场特征的任何变化都会对世界所有地区产生影响。因此，磁场重要变化在地层柱中的记录（磁性地层）可直接用于对比广布于不同地点的沉积序列，无论这些序列是否有相同的化石或相似的相。沉积物磁性特征在不同古环境应用中的重要性，Thompson 和 Oldfield（1986）、Maher 和 Thompson（1999）及 Evans 和 Heller（2003）有详细论述。

4.1.2 岩石与沉积物的磁化

至此，我们谈到了古地磁变化及其用途，但尚未涉及这种变化是如何被地层记录的。50 余年前学界就已知熔岩在冷却时会获得与地球磁场相同的磁化，这被称为热剩磁（thermoremanent magnetization，TRM）。在考古遗址烘烤的粘土中也观察到了同样的现象，当加热超过一定温度（居里点）时，粘土中的氧化铁会将其磁场重新调整为与粘土被烘烤时磁场相同的方向。不同时代的考古遗址以这种方式保存了过去数千年独特的地磁场变化记录（Aitken，1974；Tarling，1975）。

火成岩并非古地磁场信息的唯一记录，湖泊和海洋沉积也可以通过获得碎屑或沉积剩磁（depositional remanent magnetization，DRM）记录古地磁场变化。磁性颗粒在水柱中沉降时会沿着与周围磁场平行的方向排列，假如沉积物未受水流、滑塌或生物活动的扰动，磁性颗粒将提供沉积时的地球磁场记录。Verosub（1977）指出，由于磁性载体在沉积物充满流体的孔隙中具有移动性，沉积物可能在沉积之后才会获得磁化。一旦沉积物的含水量下降至临界水平（取决于沉积物特性）以下，磁性颗粒就不再旋转，磁化信号则被"锁定"在沉积物中。这种沉积后的 DRM 提供了比简单的沉积 DRM 更为准确的周围环境磁场记录，但在某些情况下，也可能导致显著的区域差异，因为一些沉积物颗粒在沉积之后会重新排列，而其他沉积物颗粒可能因更致密坚实而未能重新排列（如 Coe and Liddicoat，1994）。

与热剩磁不同，碎屑剩磁并非"瞬时"事件。熔岩一旦冷却，周围磁场信号可能在数分钟内就会被固定成为永久不变的记录。在沉积物中，磁性记录会受到扰动（如受潜穴生物影响）。沉积物含水量升高至足以使磁性颗粒再次旋转的程度，会导致磁化作用发生变化，直至沉积物充分脱水从而再次固定磁性记录。因此，地磁场的沉积记录虽然是连续的，但应视为平滑或平均记录，除了在沉积速率足够大的异常情形下，是不可能记录短期地磁场变化的。此外，Verosub（1975）已经证实，沉积物扰动可能导致视倒转，这在非纹层状沉积岩心中很难甚至不可能被发现（图 4.2）。这可能是地磁场短期变化（漂移；见 4.1.4 节）错误报道的原因之一。

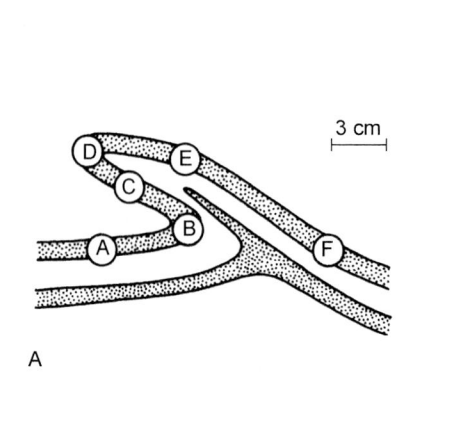

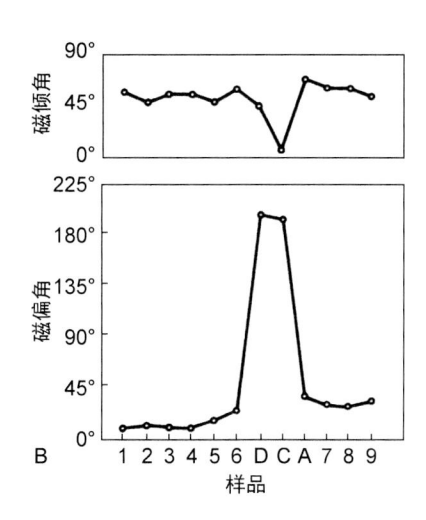

图 4.2 年层沉积记录显示的古地磁地层问题。A. 褶皱的年层沉积序列；阴影层表示冬季（粘土）沉积，无阴影层表示夏季（粉砂）沉积。B. 图 A 所示褶皱序列假想岩心的古地磁记录，岩心穿过 A、C 和 D 点。由于沉积变形，记录了一次视古地磁漂移。在均匀的细粒沉积中，这种变形可能无法识别，因而会错误地报道存在一次地磁漂移。引自 Verosub（1975）。

最后，现在还认识到，一些沉积物中的铁矿物会发生沉积后化学变化，从而获得最初沉积很久之后的地磁场磁化特征，这被称为化学剩磁（chemical remanent magnetization，CRM）。识别出样品中通常易受影响的矿物能够警示可能出现的错误。

4.1.3 古地磁时间标尺

早期建立古地磁事件年代学或时间标尺的工作大多是针对熔岩流开展的。研究表明，过去一些时段地磁场曾经与现今反向，这些倒转的时段（时）持续了数十万年。利用钾-氩定年法确定了地磁场"反向"和"正向"期的年龄，最终构建了跨越数百万年的完整年表（Cox，1969）。事实上，古地磁年代学的发展与板块构造理论齐头并进，因为扩张中心（如大西洋中脊）产生的新熔岩在中脊两侧记录了完全相同的古地磁序列（Opdyke and Channell，1996）。迄今为止，熔岩流和海底古地磁异常模式的详细研究，已经使得构建相当准确的新生代地磁场倒转年表（Cande and Kent，1992，1995）和建立更长时间跨度确定性稍低的倒转年表（Harland et al.，1990）成为现实。正极性和反极性的主要时段称为极性时或极性世，其中最近的极性时和极性世以该领域的早期研究者命名。据此，我们目前所处的是约 78 万年前开始的具有"正"极性的布容时。在此之前，地球经历了一段始于晚上新世的反极性期，即松山时（图 4.3）。

除倒转持续约 10^6 年或更长时间的主要极性世外，火成岩记录还表明，在称为极性事件（或亚时）的时段内，倒转发生得更频繁，但持续时间较短。这些亚时是具有单一地磁极性的时段，通常在一个极性时内持续 $10^4 \sim 10^5$ 年。最近 200 万年发生了数次此类事件，都在松山反极性时内。因此，贾拉米洛（距今 99 万～107 万年）和奥杜威（距今 177 万～195 万年）亚时都是正极性期，这两个亚时均以所研究熔岩样品的出露地点命名。随着新的定年技术（尤其是更为精确的 $^{40}Ar/^{39}Ar$ 定年）的应用，这些相对短暂的极性事件年龄可

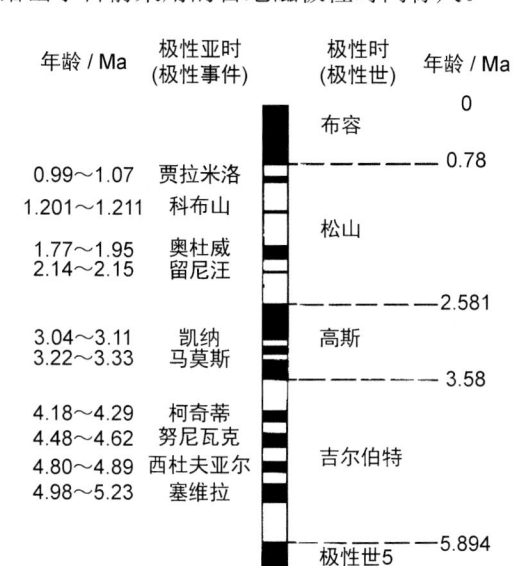

能会有所变化。图 4.3 给出了目前采用的古地磁极性时间标尺。

图 4.3 最近 600 万年古地磁极性时间标尺。正极性期以黑色表示。年龄基于熔岩流 K/Ar 定年。引自 Cande 和 Kent（1995）及 Berggren 等（1995）。

以上讨论的都是有关熔岩的极性变化研究，但古地磁在古气候研究中最为广泛的应用则是识别沉积物中的倒转，尤其是在海洋沉积和黄土沉积研究中（如 Rutter et al.，1990；Hilgen，1991）。在理想条件下，海洋沉积碎屑剩磁研究可提供在细节上与陆地火山记录相当的古地磁记录（Opdyke，1972）。目前，海洋沉积 $\delta^{18}O$ 的第四纪记录及其与轨道驱动的关系早已得到公认，因而被用于改进古地磁倒转时限的年龄估计（Shackleton et al.，1990；Bassinot et al.，1994；Tauxe et al.，1996）。事实上，一些学者认为，地磁倒转年龄的天文年代学估值可为晚第四纪地磁时间标尺提供最佳框架（Renne et al.，1994；Berggren et al.，1995；Cande and Kent，1995）。

4.1.4 地磁漂移

除极性世和极性事件（极性时和极性亚时）外，还有许多短期的地磁波动，称为极性漂移（Laj and Channell，2007；Roberts，2008）。极性漂移被认为持续数千年（最长）且与古强度最小值有关。^{36}Cl 和 ^{10}Be 等宇成同位素（其产量在地磁场强度低时增大）记录揭示出最近极性漂移的持续时间。格陵兰冰心的 ^{36}Cl 在拉尚漂移期间持续增加约 2500 年，而在莫诺湖漂移期间持续增加约 1200 年（Wagner et al.，2000）。极性漂移与地磁事件的不同之处在于，前者磁场似乎确实发生了完全倒转。现行理论认为，极性漂移是当磁场强度下降至低值时，由地球液态外核而非固态内核的极性倒转引起的。由于持续时间短，很可能只在沉积速率高和/或熔岩流十分频繁的地区有所记录。因此，通常某个地点清晰可见的极性漂移在邻近地点却并未被记录，因为那里在关键时刻的沉积速率可能不足以记录极性漂移。这种情形很常见，常导致对所报道的极性漂移的真实性和重要性产生怀疑（如 Verosub and

Banerjee，1977；Lund and Banderjee，1979）。要使极性漂移获得确认，应该对地理上分隔的数个岩心的磁偏角和磁倾角同步变化进行观测，并且所有测试应仅限于细粒、均质沉积。

在最近的综述性文章中，Roberts（2008）总结道，第四纪存在约 14 次有可靠证据的极性漂移，另外（至少）6 次的证据模棱两可（图 4.4）。每次漂移都以首次识别出记录的地区命名，最近的漂移为莫诺湖（距今 33000 年）、拉尚（距今 41000 年）、布莱克（距今 120000 年）、普林格尔瀑布（距今 211000 年）和大洛斯特（距今约 560000～580000 年）。布莱克漂移被广泛记录，已在中国黄土以及加勒比海、大西洋和地中海的海洋沉积中得到确认。拉尚漂移在许多地点都有记录，最著名的是百慕大海隆和黑海的沉积物以及冰岛和法国中央高原的熔岩流，后者是拉尚漂移最初的发现地（Condomes et al.，1982；Levi et al.，1990；Channell et al.，2012；Nowaczyk et al.，2012）。其他漂移均发现自美国西部，见于一些（但并非所有）湖泊沉积。

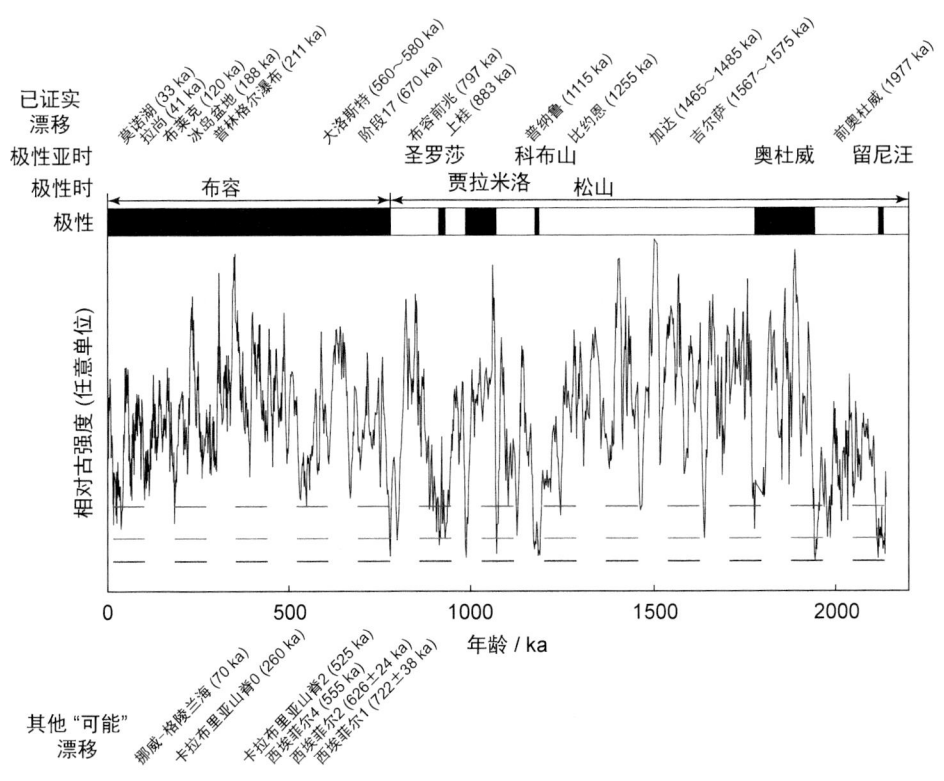

图 4.4 最近 214 万年地磁倒转和相对古强度变化（菲律宾海西部沉积岩心记录）。极性时段序列显示于图顶部，黑色条带表示正极性（白色条带表示反极性）。图中显示了已证实的和"可能"的漂移，所有漂移均与古强度最小值对应。引自 Roberts（2008）。

4.1.5 相对古强度变化

目前已确认地磁场强度变化具有全球一致性，因此古强度归一化记录［相对古强度（relative paleointensity，RPI）］可为广泛散布的地质记录的对比提供一种地层学工具。这是一个新兴领域，许多记录都包含噪声，需要对数据进行合成或平均，从而从合成记录中得出清晰的信号（Guyodo and Valet，1999；Valet et al.，2005）。数据合成会平滑高频变化（<10^4年），但保留了记录的低频特征（Stoner and St-Onge，2007）（图4.5）。这些数据表明，地质时期相对古强度发生了很大变化，其主要特征在构建年代框架方面具有重要价值。更为详细的合成记录也已获得，其中综合了多个高分辨率记录（图4.6）。在这段记录中，距今41000年前后的最小磁场强度与拉尚漂移有关。更高分辨率的古强度记录来自全新世，部分源于考古材料（陶片）的磁性强度数据，这些材料是史前时期烧制的，保留了当时磁场强度的信号（Hagstrum and Blinman，2010；Korte et al.，2011）。古强度数据对于理解放射性碳记录极其重要，因为强地磁场可使地球免受银河系宇宙射线的冲击。宇宙射线会在外层大气产生宇成同位素，因此 ^{14}C 和 ^{10}Be 产率与地磁场强度成反比，这从树木的日历年龄与放射性碳年龄偏差上可以看出（见第3章3.2.1.5节）。此外，要将 ^{10}Be 或 ^{14}C 异常用作太阳活动指标（见第2章2.7节），必须先去除地磁场强度变化的影响，后者在全新世期间发生了约1.5倍的变化（距今约9000～5000年最弱）（参见Snowball and Muscheler，2007）。

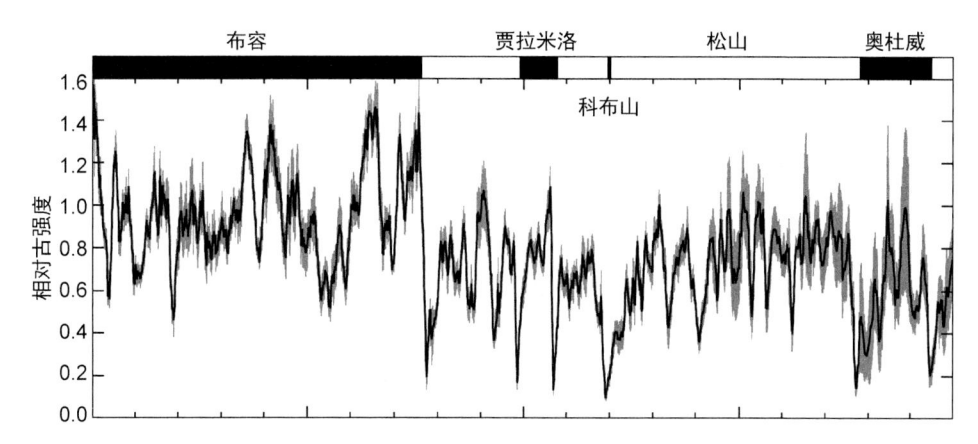

图4.5 过去200万年地磁场强度演变的合成记录（Sint-2000），基于一系列单一记录，95%置信区间以灰色显示。极性时段序列显示于图顶部，黑色条带表示正极性（白色条带表示反极性）。可对比此记录与图4.4中的单一地点记录。引自Valet（2005）。

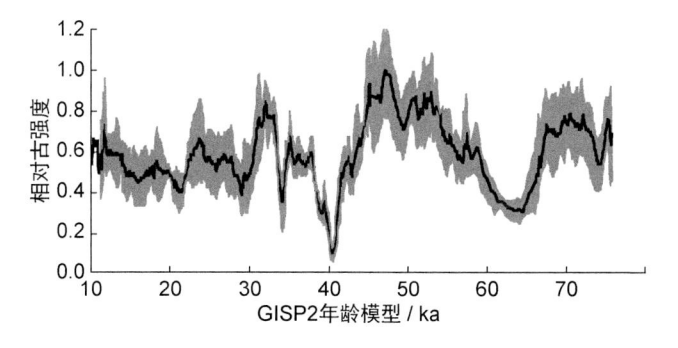

图4.6 最近75000年6个北大西洋沉积岩心给出的相对古强度合成记录（NAPIS-75）。阴影区表示与合成程序相关的不确定性。引自Laj（2000）。

4.1.6 地磁场长期变化

世界各地大量准确定年湖泊沉积的研究表明，全新世磁偏角发生了准周期性变化（磁倾角周期性较弱）（Mackereth，1971；Verosub，1988；Snowball et al.，2007）。这些古地磁长期变化（paleomagnetic secular variations，PSV）的幅度比极性漂移小，范围是区域性的（距离超过 1000～3000 km），可能因为这些长期变化是由地磁场的非偶极分量变化引起的。

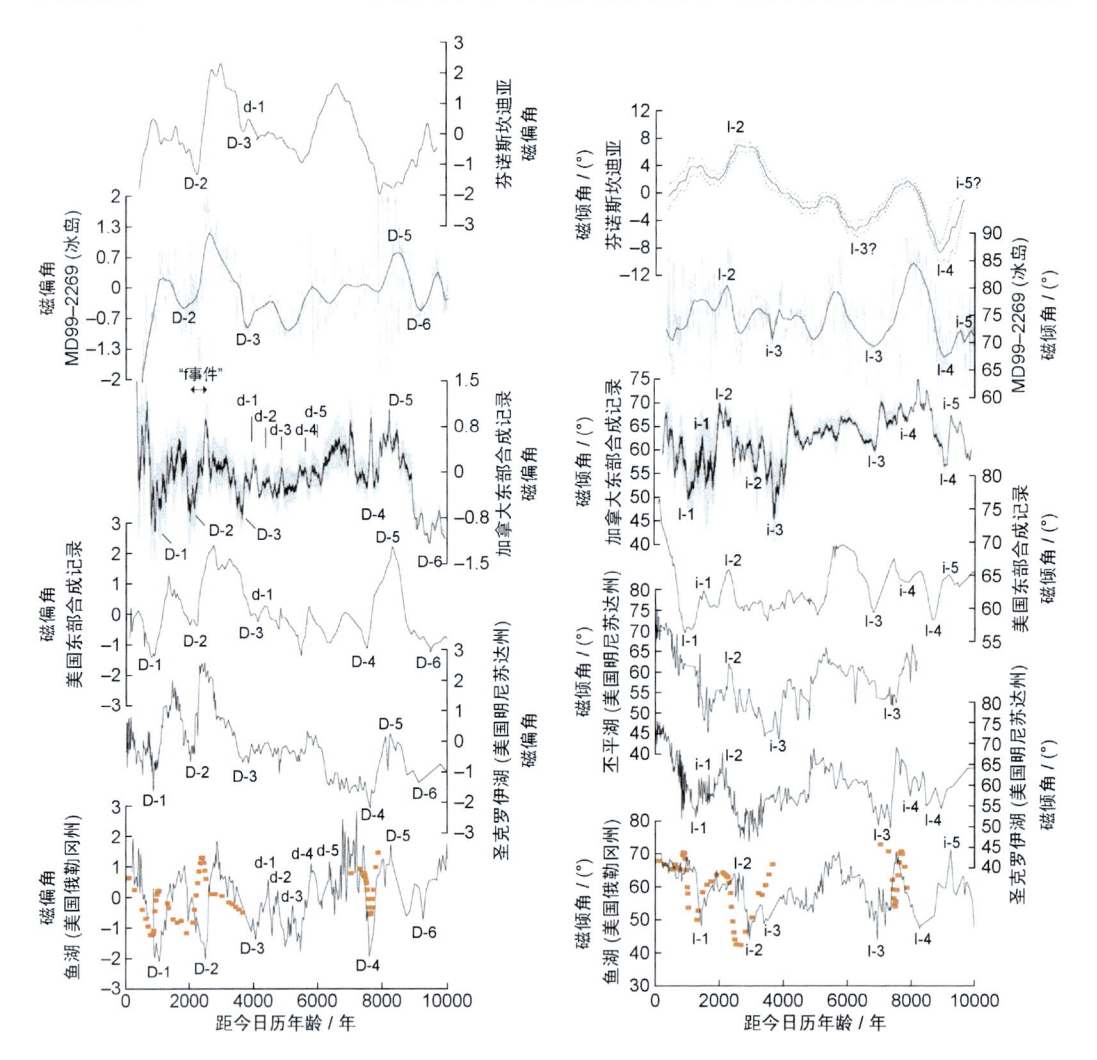

图 4.7 北半球若干地点全新世古地磁长期变化，显示磁偏角（左）和磁倾角（右）变化。曲线为芬诺斯坎迪亚、冰岛、加拿大东部和美国东部（自上而下）合成记录。最下部记录来自明尼苏达州圣克罗伊湖、明尼苏达州丕平湖（仅磁倾角）和俄勒冈州鱼湖。下图中点线为美国西部熔岩流记录的长期变化。相关的磁偏角和磁倾角特征以峰和谷标记的字母表示。距今约 2500 年前显著的磁偏角摆动标记为"f 事件"。所有磁偏角数据均经过标准化处理以便进行直接对比，注意磁倾角刻度不完全相同。引自 Barletta 等（2010），作者提供了有关每条记录来源和处理的细节。

如果观测的长期变化能够在一个或多个岩心中得以准确定年，则可构建"主年代标尺"，而记录中的峰和谷则可用作年代地层模板。这种模板对于界定富含无机物的沉积记录年龄具有重要价值，这些沉积中的碳含量不足以进行常规 ^{14}C 定年，但沉积本身却清晰地记录了磁偏角和磁倾角变化（前提是其沉积速率与主记录大致相同）。然而，首先需要为"层型剖面"建立可靠且准确定年的磁性地层记录，并确定该记录可用作主年代标尺的地域范围。迄今为止，这一方法已在许多地点的湖泊和海洋沉积中得到验证（参见 Stoner and St-Onge，2007；Barletta et al.，2010）。图 4.7 是北美西部至西欧的一组全新世古地磁记录，它们具有许多共同特征。假如主记录与未定年目标记录之间的相关性具有统计学意义，并且磁倾角和磁偏角变化都支持这一匹配，那么利用这些区域 PSV 记录在诸多地区建立年代标尺应该是可行的。

4.2　化学变化相关的定年方法

两大类型的定年方法以所研究样品自就位以来发生的化学变化为基础。第一类涉及有机样品的氨基酸分析，通常用于估算相关的无机沉积物的年龄。该方法还可用于估算年龄已知有机样品所指示的古温度。第二类包括多种方法，可用于估算无机样品遭受的风化程度。这些方法主要用于估算冰碛物或冰碛层等序列沉积物中新暴露岩石表面的相对年龄。可用的方法有多种（参见 Colman and Dethier，1986），但都必须通过独立的定年方法进行校正，从而将相对年龄换算为数值年龄估值。当然，即使未经校正，风化研究也已成功用于区分和对比许多高山区的冰川沉积（如 Rodbell，1993）。应用最广并经充分验证的一种方法是黑曜石水合定年（4.2.2 节），这是与砾石风化壳测量有关的定年方法的一个示例（如 Chinn，1981；Colman and Pierce，1981）。

另一类方法涉及大型火山喷发的火山灰的化学"指纹识别"，这些火山灰通常会覆盖大片区域（4.3 节）。火山灰沉积的化学分析已成功用于识别不同时代火山灰的独特地球化学特征。如果火山灰层的年龄已利用独立方法测定，火山灰就可用作年代地层标志，以确定相关沉积的年龄，并对比大区域事件。

4.2.1　氨基酸定年

由于所有生物都含有氨基酸，因此基于氨基酸的定年方法具有广泛的应用范围。自首次用于估算软体动物化石壳的年龄（Hare and Mitterer，1968）以来，氨基酸作为地质年代学工具的应用研究已取得重大进展。氨基酸定年通常给出的是相对年龄，但如果能够利用独立年龄加以校正并估计样品的热历史，则可进行更为定量的年龄估算。该方法可用于年龄为数千年至数百万年的测年材料，因此在远超放射性碳测年范围的有机物质定年方面具有重要价值。

氨基酸分析使用的样品量很少（如软体动物和有孔虫样品为 <2 mg），不过，为获得可靠的数据，需要对同一套样品进行多次分析（Miller and Brigham-Gretle，1989）。因此，氨基酸定年在测定零碎人类遗骸年龄方面具有特别重要的意义，而如果采用传统的放射性碳定年则往往要损坏整块化石才能获得年龄（Bada，1985）。氨基酸定年方法已应用于木料、石笋、珊瑚、有孔虫以及海洋、淡水和陆生软体动物样品的分析（Schroeder and Bada，1976；

Lauritzen et al.，1994）。由于氨基酸变化既与温度有关又与时间有关，因此通常很难确定样品的年龄。在多数情况下，该方法只能建立相对年代序列，确认地层层序（Miller et al.，1979；Oches and McCoy，1995a）。这种应用（氨基地层学）也许正是氨基酸分析最具潜力的发展方向（Miller and Hare，1980）。

4.2.1.1 氨基酸定年原理

之所以称为氨基酸，是因为其分子结构含有一个氨基（—NH₂）和一个羧酸基（—COOH）。两者与中心碳原子连接，而碳原子也与氢原子（—H）和烃基（—R）连接（图4.8A）。如果与中心碳原子连接的所有原子或原子团都不相同，则该分子被称为手性的或不对称的，这意味着手性分子可以两种不同的光学构型（立体异构体）存在，两者互为镜像关系（图4.8B）。这些光学异构体或对映体具有相同的物理性质，但在平面偏振光的旋转

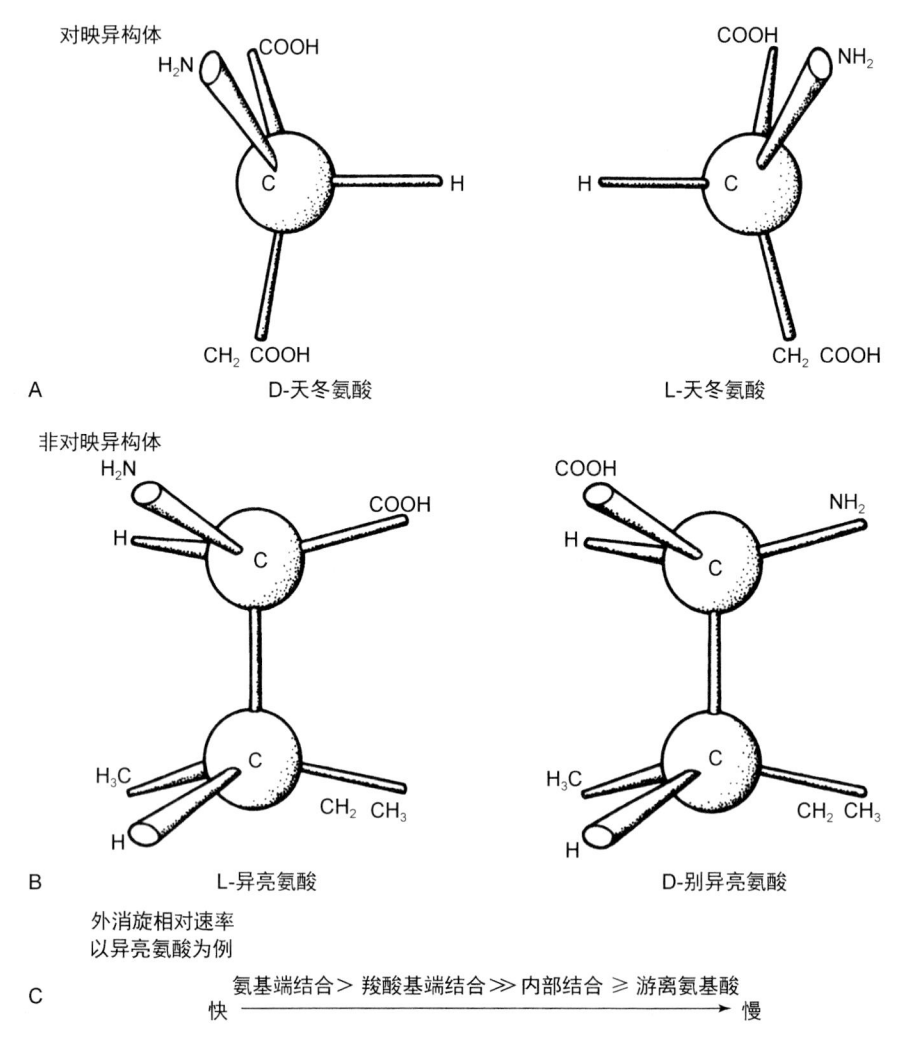

图 4.8　A. 对映异构体示例（D-天冬氨酸和 L-天冬氨酸）。B. 非对映异构体示例（L-异亮氨酸和 D-别异亮氨酸）。C. 外消旋相对速率，取决于氨基酸是内部结合、末端结合还是游离。

方式上有所不同。按照惯例，对映异构体的相对构型被标记为 D 或 L（右旋或左旋），几乎所有生物体中的手性氨基酸都以 L 构型存在，L 构型转换为 D 构型是通过所谓的外消旋过程发生的。生物死亡后，外消旋程度（以对映异构体比值 D/L 表示）随时间而增大，这可用气相或液相色谱方法来测量。

并非所有氨基酸都仅有一个手性碳原子，一些氨基酸（如异亮氨酸）包含两个手性碳原子，这意味着它有四种立体异构体——一组镜像异构体（对映异构体）和一组非镜像异构体（非对映异构体）（图 4.8B）。因此，L-异亮氨酸的相互转换在理论上可产生所有四种立体异构体。然而，在成岩过程中，两个手性原子中只有一个发生相互转换，从而通过所谓的异构化[①]过程仅产生一种异构体（D-别异亮氨酸，非对映异构体）（Schroeder and Bada，1976；Rutter and Blackwell，1995）。D-别异亮氨酸与 L-异亮氨酸的比值（缩写为 aIle/Ile 或 D/L）自生物死亡时接近于零增加至平衡时的约 1.3。达到平衡所需的时间随温度而变化（如下文所述），在热带为 15 万～30 万年，在中纬区为 200 万年，而在极地则大于 1000 万年（Miller and Brigham-Gretté，1989）。非对映异构体具有若干不同的物理性质，可利用离子交换色谱加以分辨。几种不同类型的氨基酸（尤其是天冬氨酸、亮氨酸和异亮氨酸）已用于估算样品的年龄。L-异亮氨酸至 D-别异亮氨酸的异构化比天冬氨酸的外消旋慢一个数量级，因此在测定较老样品或异构化和/或外消旋速率较快的温暖气候区样品年龄方面具有更重要的价值。相反，天冬氨酸可用于分辨末次冰期冰回北极软体动物之间的差异，由于北极温度太低，这些软体动物无法进行显著的异亮氨酸异构化（Goodfriend et al.，1996）。天冬氨酸外消旋分析还为带状珊瑚（图 4.9）和全新世陆生蜗牛等新近化石定年提供了极佳的数据（Goodfriend，1991，1992；Goodfriend et al.，1992）。

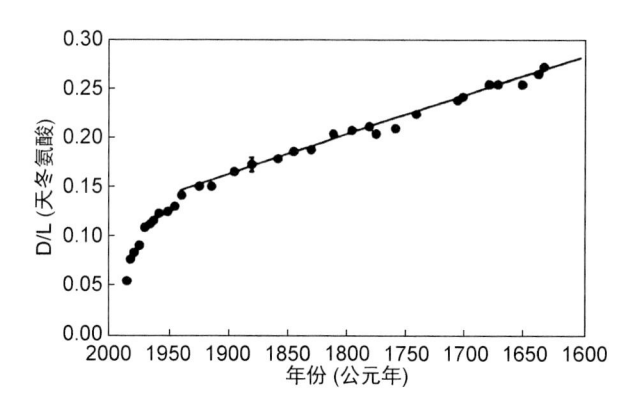

图 4.9　澳大利亚大堡礁滨珊瑚总天冬氨酸（水解样品）外消旋（D/L）值与年带计数年龄的关系。图示 1632～1985 年期间的线性回归（Goodfriend et al.，1992）。

与放射性核素衰变速率不同，外消旋和异构化速率对许多环境因素（尤其是温度）十分敏感。此外，外消旋和异构化速率变化取决于氨基酸赋存的基质类型（壳体、木料、骨头等）。在碳酸盐质化石中，速率因属而异（图 4.10），因此对相似属分析得出的氨基酸比值进行对比十分重要（Miller and Hare，1975；King and Neville，1977）。外消旋速率还取

---
① 对古气候学研究而言，氨基酸外消旋和异构化可被视为基本等效过程。

决于氨基酸如何相互结合或是否游离（未结合）。当一种氨基酸与其他氨基酸结合在一起时，它在分子中的位置处于内部或末端（图 4.8C）。如果是末端结合，则可通过一个碳原子或一个氮原子与其他氨基酸连接。末端结合时，外消旋速率最快；单个氨基酸因水解与分子其余部分分离而处于游离时，外消旋速率最慢。内部结合氨基酸的外消旋速率介于末端结合氨基酸与游离氨基酸之间（图 4.8C）。这就是说，肽被水解时，每种氨基酸在最终分离（游离）之前的某一刻将形成末端结合。在末端结合状态下，外消旋速率最大，因而游离氨基酸释放时已呈 D 构型的可能性相对较高。因此，游离组分的 D/L 比值大于结合组分。正因如此，留意文献报道的分析测试是基于游离组分还是总酸水解物（游离和结合）显得十分重要，因为两者给出的比值相差达一个数量级（表 4.1）。通常，游离组分和总酸水解物的 D/L 比值可绘制为相关图，以帮助区分不同年龄的层段（图 4.11）。近年研究已涉及分离样品中的高分子量（high molecular weight，HMW）多肽，这些多肽被认为受污染（氨基酸沉积后的细菌降解）较少（Kaufman and Sejrup, 1995）。由于末端结合氨基酸较少，HMW 组分分析的结果更为一致（即标准偏差较低）、外消旋速率更慢。这种方法可以拓展潜在的定年范围，在某些环境十分有用，不过在分辨寒区样品的年龄差异方面仍存在问题。

图 4.10 欧洲黄土沉积中常见的腹足类化石，根据壳体基质中异亮氨酸相对外消旋速率分组。注意比例尺变化。引自 Oches 和 McCoy（1995b）。

表 4.1　冰后期早期已定年软体动物样品氨基酸反应的温度敏感性（Miller and Hare，1980）

地点	¹⁴C 年龄 / 年	MAT / ℃ [a]	种 [b]	Allo：Iso [c] 总酸水解物	Allo：Iso [c] 游离组分
华盛顿	13010	+10	H.a.	0.078	0.27
丹麦	13000	+7.7	H.a.	0.053	0.21
缅因	12230	+7	H.a.	0.050	0.21
新不伦瑞克	12500	+5	H.a.	0.043	0.18
阿拉斯加东南部	10640		H.a.	0.040	0.15
安克雷奇	14160	+2.1	M.t.	0.034	0.16
格陵兰南部	13380	−1	H.a.	0.027	<0.09
巴芬岛南部	10740	−7	M.t.	0.024	<0.1
斯匹次卑尔根	11000	−8	M.t.	0.022	<0.1
巴芬岛北部	10095	−12	H.a.	0.020	ND
萨默塞特岛	9000	−16	H.a.	0.018	ND
现代样品	0		H.a.	0.018	ND

a 过去 10～50 年年平均温度，基于最近的代表性气象站记录。
b H.a. 东方缝栖螺（Hiatella arctica）；M.t. 截海螂（Mya truncata）。截海螂的水解速率不能直接与东方缝栖螺对比。对于大多数地点，都分析了 3 个或更多的数值，表中给出的比值为平均值。
c D-别异亮氨酸与 L-异亮氨酸比值；ND. 无可检测别异亮氨酸。

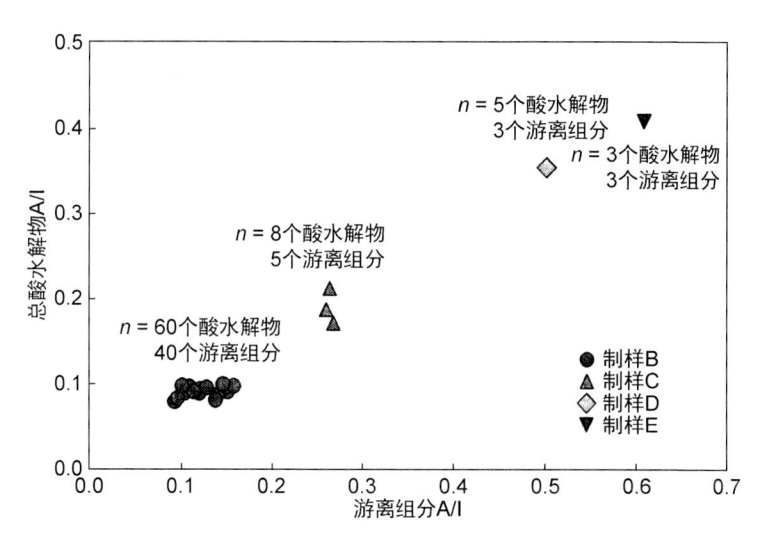

图 4.11　中欧黄土地层中琥珀螺总酸水解物和游离组分的 aIle/Ile 值。样品平均值（以不同符号表示）落在不同的团簇，对应于不同年龄的黄土地层。图示多个分样制备。引自 Oches 和 McCoy（1995b）。

上述讨论表明，影响外消旋速率的最重要因素是温度，尤其是有效成岩温度（effective diagenetic temperature，EDT），这是样品自沉积以来的综合温度（表 4.1）。温度每升高 4～5℃，外消旋速率几乎翻倍，因此样品的热历史对于视年龄至关重要。仅±2℃的温度不确定性就相当于50%的年龄不确定性，因此这显然是估算样品数值年龄的主要误差来源（McCoy，1987a）。即使是在洞穴或深海这样的隔离环境中，其热历史也罕有在±2℃以内变化的。不过，如果能够独立测定样品年龄（如 ^{14}C 定年），那么外消旋速率与温度的相关性反而可派上用场。在这种情况下，外消旋的相对量值可以指示样品自沉积以来的EDT（Bada et al.，1973）或温度阶段性变化的范围（Schroeder and Bada，1973；参见4.2.1.4节）。需要注意的是，由于外消旋速率随温度呈指数增大，样品经历高温的时长比其处于低温的时长更为重要（图4.12）。因此，EDT并非简单地反映采样点的长期平均温度，而是高于实际的长期平均温度。这意味着在中纬至高纬区，末次冰期开始、结束样品在D/L值上可能难以区分，但与末次间冰期或之前冰期（末次间冰期之前的冰期）相比则完全不同。温度对外消旋的这种巨大影响也要求采样标准更加严格，因为长时间接近地表（现代地表或古地表）的样品可能会给出错误的结果，这些样品因暴露于高温下而大大增加了有效成岩温度。实验表明，样品具有较大埋深（>2 m）才能避免此类问题（Miller and Brigham-Gretette，1989）。

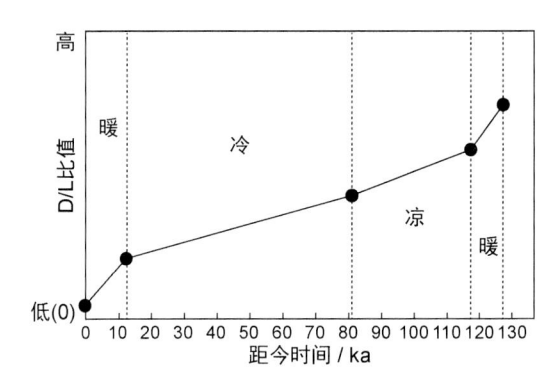

图4.12 末次冰期-间冰期旋回期间软体动物化石D/L比值增大过程简图。D/L比值的大部分变化发生在温暖的间冰期。引自 Miller 和 Mangerud（1985）。

氨基酸地质年代学研究有三种基本方法，其中两种方法旨在获得数值年龄估值，第三种方法将对映异构体比值简单地用作地层学工具，以确定两个或更多样品的相对年龄。

4.2.1.2 氨基酸比值的数值年龄估算

样品的数值年龄是通过校正法或非校正法估算的（Williams and Smith，1977）。非校正法通过实验室高温实验，试图在短时间内模拟样品在自然界较低温度下发生的缓慢过程。氨基酸外消旋反应式如下：

$$\text{L-氨基酸} \; k_1/k_2 \; \text{D-氨基酸}$$

式中，k_1 和 k_2 表示正反应和逆反应的速率常数。在高温实验中，外消旋速率是通过将与测试化石同种的样品密封于试管中，并在恒温浴器中加热至已知时长来确定的。如果样品的初始比值已知，则待测的氨基酸属一种速率常数可在不同（升高）温度下以这种方式予以测定。然后，再将这些数据绘制成阿伦尼斯图，图中纵坐标为速率常数的对数，而横坐标为绝对温度的倒数（图4.13）。如果计算出的速率常数落在一条直线上，则外推（至实验结果以外）即可获得适用于较低温度的速率常数（如 Miller and Hare，1980）。如果样品自沉积以来的 EDT 已知（或可近似估算），则该温度下的外消旋速率常数可从阿伦尼斯图中获得，由此根据实测的 D/L 比值可算出样品年龄（相关方程式参见 Williams and Smith，1977，第 102 页）。有人可能会质疑，这种高温、短时间动力学实验是否能够准确反映化石发生的低温、长期成岩变化。不过，越来越多的证据表明这不成问题，高温结果可以外推至真实的情形（如图 4.10；Goodfriend and Meyer，1991）。真正的困难在于如何准确了解样品的热历史，因为这一参数的微小误差就会导致数值年龄估算的大误差（McCoy，1987a）。因此，通过这种非校正法得出的年龄被认为是可靠性最低的。

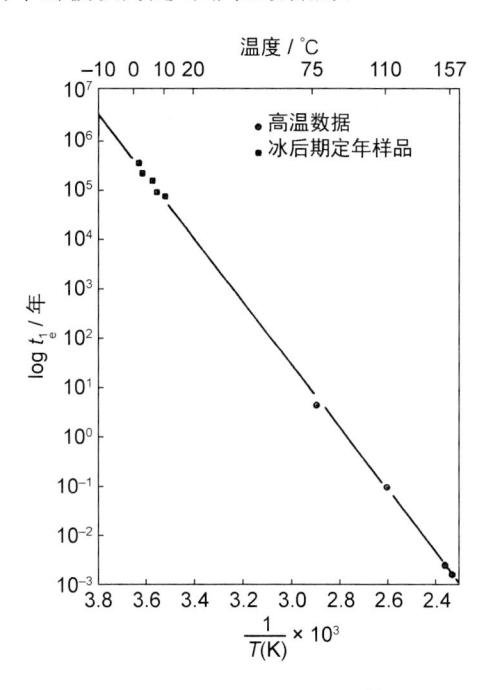

图 4.13　75℃、110℃、152℃和157℃加热实验以及冰后期早期 ^{14}C 定年的东方缝栖螺（*Hiatella arctica*）样品异亮氨酸异构化阿伦尼斯图。引自 Miller 和 Hare（1980）。

更为有效的一种方法（虽然并非完全没有前面讨论的问题）是通过测量已知年龄化石样品的 D/L 比值（原位测量），在经验分析的基础上推导出速率常数（校正法）。假设同一地点的其他样品与用于校正的化石经历了基本相同的 EDT，则可对这些样品进行定年（Bada and Schroeder，1975）。因此，全新世化石校正样品不宜用于估算较老"冰期"样品的年龄，因为它们的热历史大为不同。由于外消旋速率随样品年龄而减小以及该过程对温度的敏感性，对于很老的样品，其年龄分辨率的不确定性会越来越大（Wehmiller，1993）。Miller 和 Brigham-Grette（1989）认为，经独立校正且处于样品外消旋早期"线性"时段（D/L＜0.3）的年龄估值可靠度为 80%～85%，但对较老的样品可能会降低至 60%～70%。不过，与独立年龄估值进行交叉检验可以降低这种不确定性。

图 4.14 展示了估算样品年龄的校正方法。这三条线是计算得出的 EDTs 分别为 8℃、11℃和 14℃时的 aIle/Ile 比值（基于加热实验的动力学模型）（Wehmiller，1993）。秘鲁样

品采自一系列隆起的海岸阶地,样品 IIa 的独立年龄为 10 万～13 万年（即广义上的末次间冰期），这提供了一个年龄校正点。假设该地区的长期 EDT 为 14℃，则可估算较老样品（IIb-V）的年龄。类似的方法也已用于北卡罗来纳州和弗吉尼亚州沿海平原的硬壳蛤样品，仍利用末次间冰期样品作为单一年龄校正点。若有一个以上的校正点，那将为老样品的年龄估算带来更大置信度。需要注意的是，EDT 估算对于获得"正确"的年龄至关重要，并且其重要性随样品年龄增加而增大。例如，aIle/Ile 值为 0.6，可能指示样品年龄为 40 万年而 EDT 为 11℃，也可能指示样品年龄为 80 万年而 EDT 为 8℃。幸运的是，由于地球在过去 100 万年的大部分时间处于冰期模式，而 EDT 主要受相对短暂的间冰期温度的控制，因此可以假设长期 EDT 与末次间冰期以来样品经历的 EDT 近似。不过，如果将长期淹没在海面以下的样品与一直经受气温变化影响的样品进行对比，这种假设就大错特错了。表 4.2 所展示的挪威斯瓦尔巴群岛海洋软体动物（东方缝栖螺）aIle/Ile 比值，就说明了这一点。表中相同 ^{14}C 年龄的壳体具有完全不同的比值，取决于壳体在整个全新世是一直淹没于水下还是暴露于温度低得多的空气中（因而降低外消旋速率）。表 4.2 还显示，来自同一区域老于 61000 年的壳体给出了与全新世早期一直淹没于水下的样品完全相同的 aIle/Ile 比值，这说明不了解样品的热历史可能会导致错误的解释。

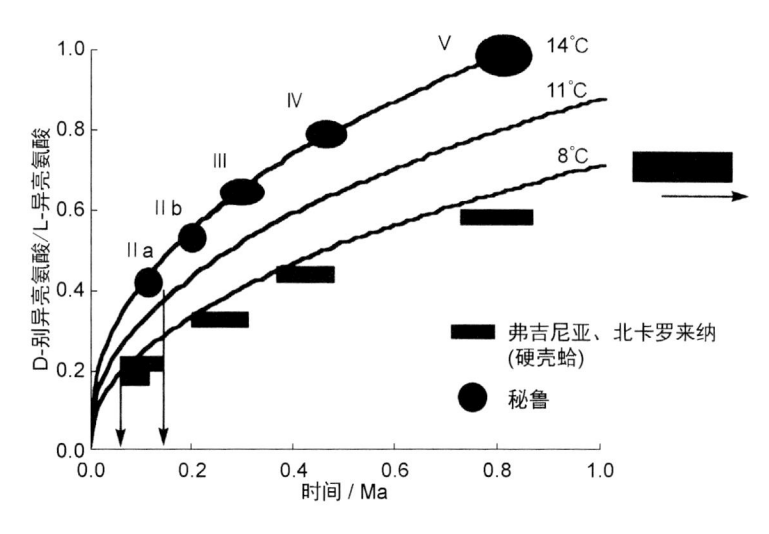

图 4.14　不同 EDTs 下异亮氨酸异构化模型曲线与秘鲁（椭圆）和美国大西洋沿岸平原（矩形）样品平均 aIle/Ile 比值关系图。用于校正的末次间冰期样品以箭头表示。改自 Wehmiller（1993）。

表 4.2　不同热历史对挪威斯瓦尔巴群岛斯匹次卑尔根岛西部 ^{14}C 定年东方缝栖螺的影响（Miller and Brigham-Grette，1989）

热历史	现今 MAT / ℃	D/L 比值	^{14}C 年龄 / 年
长期淹没于水下	+2.2	0.031	9900
沉积后不久出露	−6.0	0.018	9940
沉积后不久出露	−6.0	0.031	>61000

4.2.1.3 氨基酸比值的相对年龄估算

鉴于确定化石样品的数值年龄存在诸多困难,许多学者认为将氨基酸比值仅作为相对年龄指标是明智的。通过建立一个区域沉积的标准氨基酸地层框架(如果该区域 EDT 历史类似的假设合理),则可将其他层位与该相对年龄年代标尺进行匹配(Wehmiller,1993)。例如,Oches 和 McCoy(1995a)根据每层黄土中腹足类壳体(蜗牛)化石的 D/L 比值提出,匈牙利黄土地层的传统解释是不正确的。在某些剖面,年龄完全不同的层位曾被认为是可对比的,但氨基酸地层研究显示这些层位显然不同期。这一研究为检验从德国至乌克兰的欧洲中部大片区域黄土的 TL 定年准确性提供了独立方法(Zöller et al.,1994;Oches and McCoy,1995b)。此外,通过对比改进的黄土-古土壤序列和海洋同位素阶段[此方法由 Kukla(1977)首次提出],便可确定每层黄土中蜗牛 D/L 比值的近似年龄(图 4.15)。Miller 和 Mangerud(1985)基于类似方法,利用欧洲间冰期沉积中浅水海洋软体动物的 alle/Ile 比值,对比了具有相似年龄和热历史的沉积物,区分出末次间冰期和更老的沉积。这些结果有助于解决许多孤立而零散的地层剖面年龄不确定性问题。Bowen 等(1989)还发现,陆生软体动物的氨基酸地层学研究对于重新评估英国更新世沉积地层的年代极为有效,改进后地层序列可与 SPECMAP 标准海洋年代地层进行对比。这些都是相对简单的应用实例,是利用单个氨基酸的外消旋解决地层问题。运用多个对映异构体比值和多元统计技术中的判别分析,则可进行更加细致的地层划分。

目前,利用氨基酸外消旋和异构化过程确定相对年龄,可能是该方法最为实际的应用途径。在此应用中,可能仍然存在污染、淋滤以及不同样点热历史差异等问题,但与确定数值年龄相关的问题相比,这些都是细枝末节。

4.2.1.4 氨基酸外消旋和异构化的古温度估算

尽管氨基酸分析越来越多地用于地层学研究,但氨基酸比值最为重要的应用可能是古温度重建。如前所述,根据氨基酸比值准确估算年龄的主要障碍是了解样品完整的热历史。然而,如果样品年龄已知,"年龄方程"(包含重要的热历史项)则可用来求解温度。在所得"温度方程"中,时间量值的重要性相对较小,因此对已知年龄的样品而言,沉积点的综合热历史可以非常准确地加以估算。对于威斯康星期晚期或全新世定年准确的样品,古温度估算通常存在约 3℃(该地点绝对温度的约 1%)的误差。然而,如果古温度是根据两个年龄不同的样品计算得出的,则两个时段之间的温差(通常在 ±1℃ 以内)可更为准确地予以估算。这是因为在计算温度差异时,诸多最初导致单个古温度估算误差的因素会相互抵消(McCoy,1987a)。运用这种方法,McCoy(1987b)对威斯康星期晚期美国大盆地"更冷还是更湿"的争议提出了新的见解。据估算,距今 16000 年至 11000 年期间的年平均温度比距今 11000 年之后的平均值低 9℃ 或更多。如果这一结论正确,则无需凭借区域降水增加来解释晚冰期邦纳维尔湖高湖面,因为湖面最高的阶段出现在气候比现今更为冷干的时期(参见 8.2.3 节)。另一个有趣的应用实例是,Oches 等(1996)利用密西西比河谷皮奥里亚黄土(可追溯至末次冰盛期)中腹足类的 alle/Ile 比值,估算了墨西哥湾(30°N)与 43°N 内陆点之间的有效成岩温度梯度。该梯度现今为 0.9℃ 每纬度,氨基酸数据给出的梯度仅为 0.3~0.6℃每纬度，而整体温度比现今至少低 7~13℃。这表明那时墨西哥湾的 SSTs[*]明显比现今低，否则，密西西比河谷下游的降温幅度应该更小，而整体温度梯度应该更大而非更小。

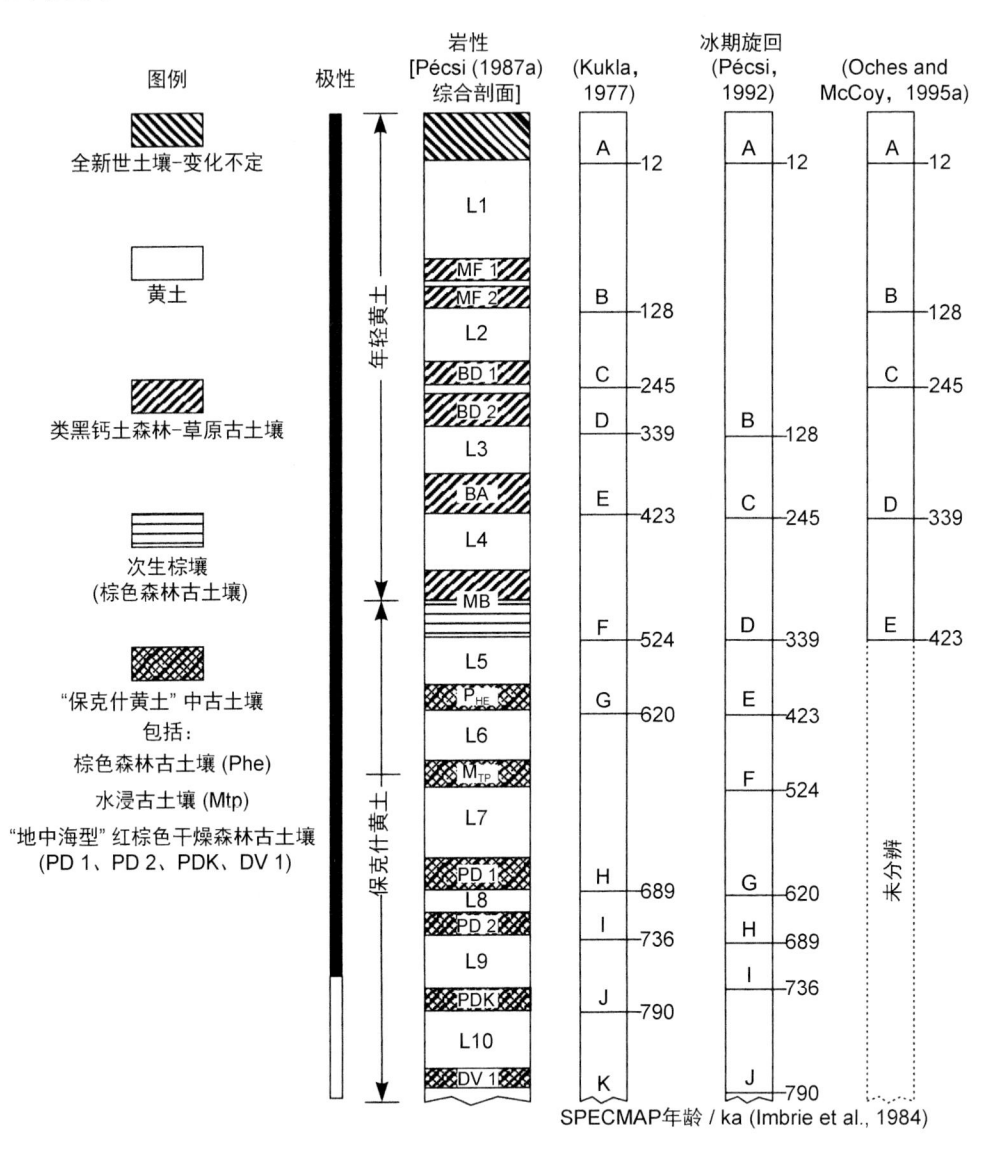

图4.15 中部岩性柱状图显示匈牙利多个地点综合黄土-古土壤地层特征（通常任何地点的剖面都不完整）。右侧柱状图显示先前的地层解释，按照 Kukla（1977）和 Pécsi（1992）的方案划分出主要的间冰期-冰期旋回（标记为 A~K），两者提出的与海洋同位素阶段的对比界线以冰期终止点年龄表示[基于 Imbrie 等（1984）的 SPECMAP 定年序列］。黄土蜗牛的氨基酸相对年龄测定给出了"正确"的地层解释，显示于最右侧柱状图。引自 Oches 和 McCoy（1995a）及 Zöller 等（1994）。

---

[*] SSTs. Sea-surface temperatures，海面温度。——译者

4.2.2 黑曜石水合定年

黑曜石是一种玻璃质的火山活动产物,由富含二氧化硅的熔岩快速冷却形成。尽管黑曜石准确的化学成分随流出的熔岩而有所变化,但其二氧化硅含量按重量计总是大于 70%。黑曜石水合定年以新鲜黑曜石表面与空气或周围土壤中的水发生反应形成水合层这一事实为前提。水合层厚度可在垂直于表面的薄切片上加以识别,根据水合层内缘折射率的突然变化可以清晰地辨识漫射前沿。任何使黑曜石暴露出新鲜面的事件(例如熔岩流冷却时开裂、黑曜石制品加工或冰川磨蚀黑曜石卵石)发生之后,水合作用便启动,因此只要能够识别岩石表面或裂隙的类型,就有可能测定相关事件的年龄。

正如所料,水合层厚度是时间的(非线性)函数,而水合速率主要是温度的函数,当然样品的化学成分也是一个重要因素。因此,有必要根据年龄已知且化学成分相似的样品对一定区域内的样品进行校正。这些条件在古气候背景下很难得到满足,但在黑曜石水合定年已得到广泛应用的考古研究中会容易一些(Michels and Bebrich,1971)。黑曜石在史前时代被广泛交易,通常情况下,其材料的准确来源可以确定,在整个区域的传播可以追踪。如果能够在 ^{14}C 定年的地层序列中找到黑曜石样品,则可对其水合层进行校正,从而为该地点提供经验性的水合年代标尺。之后,该标尺即可在其他无法获得放射性定年样品的地点用于划分地层。此外,可以通过实验室加热实验校正水合速率,如果能够估算样品的有效水合温度(即样品的综合温度历史),就可以算出年龄(参见 Lynch and Stevenson,1992)。一般而言,年龄与水合层厚度的平方成正比(Pierce and Friedman,2000)。

如果黑曜石被偶然带入冰川沉积中,那么黑曜石水合作用也可用于测定冰川事件的年龄。冰川磨蚀黑曜石碎片会产生垂直于碎片表面的径向压力裂隙和近似平行于碎片表面的剪切裂隙。这种"新鲜"裂隙的形成产生了新的水合面,这些水合面有效地"记载"了冰川活动的时间。这些冰川磨蚀产生的水合层可以与最初熔岩冷却产生的微裂缝上形成的水合层进行对比,而该熔岩冷却事件可利用钾-氩同位素方法(3.2.2 节)进行定年,从而为初始水合层厚度提供独立校正。例如,Pierce 等(1976)分析了蒙大拿州西部山区两大套冰碛系统中的黑曜石卵石。附近两套熔岩流定年给出的年龄为距今 114500±7300 年和 179000±3000 年,熔岩流最初冷却时产生的裂缝上的水合层平均分别为 12 μm 和 16 μm。根据这些数据,能够绘出水合层厚度与年龄的关系图,然后通过内插就可以估算冰碛物样品中冰川磨蚀裂隙上产生的水合层年龄。水合层厚度集中于两段,这使得冰川事件得以区分,分别对应于距今 35000~20000 年和 155000~130000 年。尽管年龄并非精确,但至少揭示出一个重要事实:较老的冰川事件早于桑加门间冰期(距今约 125000 年),这是美国西部冰川历史上的一个争议点。

黑曜石水合定年方法受独立(放射性同位素)校正以及样品成分和温度随时间变化等问题的限制,其中温度效应尤难评估。建立每个研究区的校正曲线实属必要,但并非总是可行。尽管如此,机缘巧合之下,黑曜石水合法可在其他方法无法定年的情况下为事件提供有效的时间框架。

4.3 火山灰年代学

火山灰是火山喷发过程中喷入空中的火山碎屑物质的总称（Thorarinsson，1981）。极具爆发性的火山喷发在地质时间尺度上只是一瞬间，但却会产生覆盖大片区域的一厚层火山灰，因此火山灰层就成为区域等时性的地层标志。火山灰本身可通过钾-氩法或裂变径迹法直接定年，或通过火山灰层上下有机物的放射性碳密集测年进行间接定年（如 Naeser et al.，1981）。在合适的条件下，混入火山灰中的有机物可对喷发事件提供相当准确的时间控制（如 Lerbemko et al.，1975；Blinman et al.，1979）。如果已定年的火山灰层可在不同地区独立识别，那么它就可以用作年代地层标志，为与其相关的沉积物提供年龄约束。例如，一层年龄已知的火山灰可提供其下伏沉积物的最小年龄和上覆沉积物的最大年龄；如果沉积物夹在两层可以识别且年龄已知的火山灰之间，则两层火山灰可为沉积夹层提供年龄约束（图 4.16）。此类火山灰年代学应用的先决条件是准确识别每一层火山灰，这也一直是许多野外和室内研究的主题。在野外，地层的层位、厚度、颜色、风化程度和粒度是区分火山灰的重要特征。在室内，通常将岩相研究与电子显微探针或激光熔蚀电感耦合质谱（laser ablation inductively coupled mass spectrometry，ICP-MS）分析相结合，来识别火山灰的独特标志（如 Kittleman，1979；Westgate and Gorton，1981；Hunt and Hill，1993；Pearce et al.，2007）。针对各种实测参数进行多元分析，也可有效区分（或对比）所研究的火山灰（如 Beget et al.，1996；Shane and Froggatt，1994）。

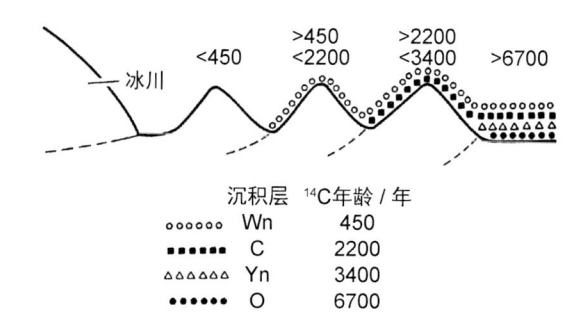

图 4.16 利用火山灰测定冰川沉积物年龄。如果火山灰年龄已知并可单独识别，则其年龄可用于"框定"冰川前进的时限。引自 Porter（1981a）。

在全世界许多火山区，火山灰年代学是古气候研究中十分重要的工具。在北美西北部，爆发式喷发产生了数十层广泛分布的火山灰层（表 4.3）。一些火山灰（如皮尔利特"O"火山灰）几乎覆盖了整个美国西部，并可能对半球反照率产生了重要影响（Bray，1979）。其他火山灰范围较为局限，例如，在雷尼尔山附近至少已经辨识出 10 层火山灰，时间跨越距今 8000～2000 年（Mullineaux，1974）。由于该地区火山喷发频率高且火山灰分布广，火山灰年代学研究对于了解其冰川历史具有重要价值（如 Porter，1979）。

表 4.3 北美一些重要火山灰层

火山灰层	来源	近似年龄
卡特迈	阿拉斯加卡特迈山	公元 1912 年
圣海伦斯山层组 T	华盛顿圣海伦斯山	公元 1800 年
圣海伦斯山层组 W	华盛顿圣海伦斯山	450*
白河东	阿拉斯加东南部博纳山	1250*
白河北	阿拉斯加东南部博纳山	1890*
桥河	不列颠哥伦比亚普林特-米格山	2600*
圣海伦斯山层组 Y	华盛顿圣海伦斯山	3400*
马札马	俄勒冈火山口湖	6600*
冰川峰 B	华盛顿冰川峰	11200*
冰川峰 G	华盛顿冰川峰	12750～12000*
皮尔利特 O	黄石国家公园	600000±100000
毕晓普	加利福尼亚长谷	700000±100000
皮尔利特 S	黄石国家公园	1200000±40000
皮尔利特 B	黄石国家公园	2000000±100000

注：第 3 列中星号标示年龄以放射性碳年为单位。

引自 Porter（1981b）及 Westgate 和 Naeser（1995）。

火山灰年代学为诸多古气候研究提供了宝贵的时间控制。例如，在北大西洋，冰岛维德火山灰已在西欧和北大西洋大部分地区的湖泊和海洋沉积（如 Mangerud et al.，1984）以及格陵兰冰心（Grönvald et al.，1995）中得到确认。该火山灰因此成为一个关键时段的重要年代地层标志［距今 10320±50 ^{14}C 年或距今 12171±60（冰心计数）日历年］，可用于对比当时发生的快速环境变化（Turney et al.，2004）。在海洋沉积和冰心中发现的其他重要火山灰层有冰岛萨德纳罗瓦伦火山灰［距今 9000 ^{14}C 年或距今约 10347±45 日历年（冰心）］（Birks et al.，1996；Zielinski et al.，1997；Rasmussen et al.，2006）和源于冰岛东部廷德菲亚德拉、^{40}Ar/^{39}Ar 年龄为距今 57000 年的 Z2 火山灰（图 4.17）。海洋和陆地等时的火山灰年龄对比可为放射性碳定年的海洋碳库校正提供重要见解（Mangerud et al.，1984）。许多全新世泥炭沉积也已分离出了火山灰（如 Pilcher et al.，1995），使火山灰年代学在古气候研究中得到广泛应用。

并非所有的火山灰在泥炭或沉积记录中都清晰可见，许多沉积物含有高度扩散的隐火山灰（隐形火山灰），这种隐火山灰的散布范围通常比覆盖地表且已明显成层的火山灰大得多。然而，发现隐火山灰并非易事，在做显微探针分析之前需要进行仔细筛选和重液分选，从而分离出火山灰碎片（Gehrels et al.，2008）。泥炭中的隐火山灰更易分离，可通过燃烧或以化学方法去除泥炭基质，从而获得每个样品中残留的风成物质（如 Pilcher et al.，2005），但即便如此，分离出分析测试所需的新鲜火山灰碎片仍是一项耗时费力的工作。近年格陵兰冰心中冰岛隐火山灰的发现，使得不同的记录（冰、泥炭、湖泊和海洋沉积）能够基于

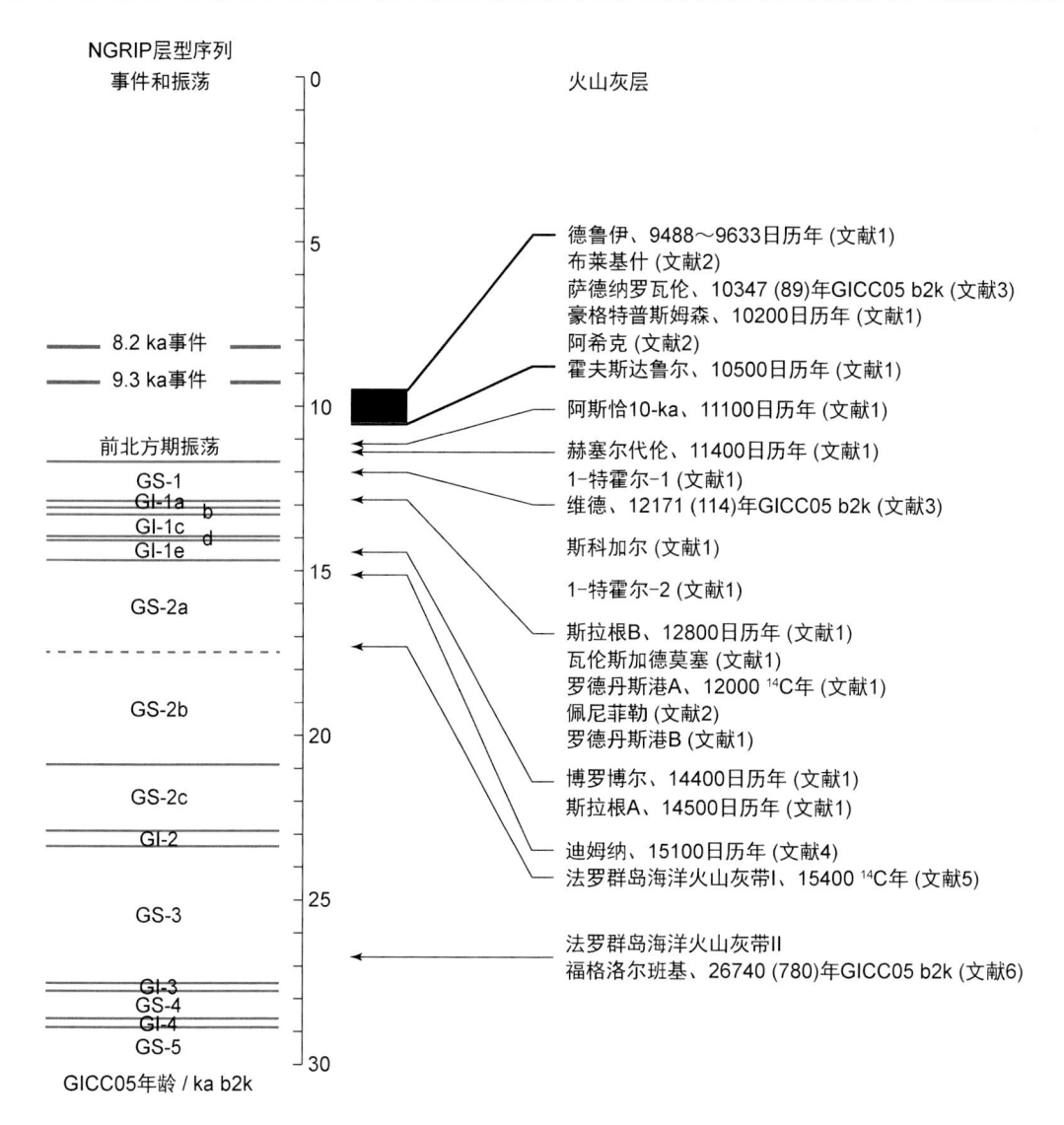

图 4.17 北大西洋地区海洋和陆地记录中冰岛来源的（大部分）隐形远端火山灰层序列。图示最新发表的每层火山灰的年龄估值，优先采用基于年层计数的格陵兰冰盖年表（GICC05）（最大计数误差示于括号内）给出的年龄（如已知）。根据已发表数据，基于放射性碳的年龄表示为放射性碳（^{14}C）年龄或校准放射性碳（cal）年龄。引自 Lowe（2008），其中提供了具体的参考文献。

冰心冰川化学地层年层计数构建的近绝对年表，在年代学上紧密联系起来（图 4.18）（Mortensen et al.，2005；Davies et al.，2010；Abbott and Davies，2012）。即使未见火山灰，冰心的电导率和地球化学信号（主要为大型爆发式喷发之后从大气中冲洗下来的过量硫酸盐）也是重要的地质年代标记，可用于测定较深冰层的年龄，从而对比不同的记录（Vinther et al.，2006）（见第 5 章 5.3.2 节）。当然，并非所有的冰心硫酸盐和 ECM 峰都与火山灰出现相关，一些具有全球气候效应的大型火山喷发（例如 1815 年坦博拉火山喷发）在硫酸盐和 ECM 记录中并不像其他地点（冰岛）的火山喷发那么突出（Coulter et al.，2012）。

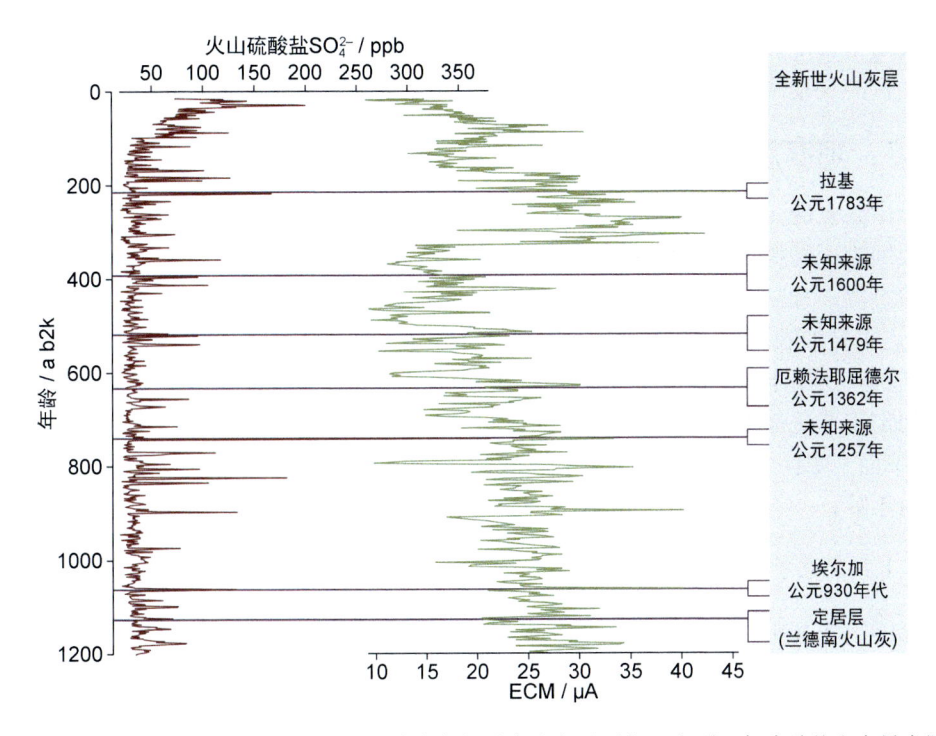

图 4.18 GISP2 和 GRIP 冰心记录中识别出的晚全新世火山灰层层位（右列）与硫酸盐和电导率测量值（electrical conductivity measurements，ECM）对比。注意：并非所有的硫酸盐和 ECM 峰都与火山灰的出现相关。此外，一些具有全球气候效应的大型火山喷发（例如 1815 年坦博拉火山喷发）在硫酸盐和 ECM 记录中并不像其他地点（冰岛）的火山喷发那么突出。时间标尺引自 Meese 等（1997），并校正为 b2k（距公元 2000 年）参考点。GISP2 冰心的火山硫酸盐和 ECM 记录分别引自 Zielinski 等（1996）和 Taylor 等（1997）。引自 Abbott 和 Davies（2012）。

拓展我们对过去爆发式喷发频率和范围的认识是极其重要的（Beget et al.，1996）。大量证据表明，这种火山喷发至少会导致一定时间内的降温（Bradley，1988；Robock，2000）。过去爆发式喷发频发期是否出现持续低温（可能由于高反照率的雪盖或范围更大的海冰持续存在而被气候系统的附加正反馈增强）尚存争议（见第 2 章 2.8 节），然而，强有力的间接证据表明，过去的爆发式火山活动期一直与冰川推进相关，包括最近的新冰期，即"小冰期"（Bray，1974；Porter，1986；Grove，1988；Miller et al.，2012）。关于火山灰年代学在古气候研究中的其他大量重要的应用实例，可参见 Sheets 和 Grayson（1979）、Self 和 Sparks（1981）主编的两部专著以及《第四纪科学评论》（2008 年第 25 卷）和《国际第四纪》（2008 年第 178 卷）杂志的专辑。

4.4 生物定年方法

生物定年方法通常是以单种植物的大小作为其生长基质的年龄指标。这些方法仅可提供最小年龄估值，因为基质暴露时间与植物定殖时间之间不可避免地会有延迟，尤其是如果基质表面不稳定（如在夹裹着冰的冰碛中）。幸运的是，这种延迟可能很短暂并且不重要，尤其是在目的仅是确定相对年龄的情况下。

4.4.1 地衣测年法

地衣由共生的藻类和真菌群落构成。藻类通过光合作用提供碳水化合物，而真菌提供一个藻类细胞可发挥功能的保护性环境。形态上，地衣从灌丛状小菌体（叶状地衣）到扁平碟状体不等，紧贴岩石表面生长，与岩石表面无法分离。地衣通常随着生长发育呈辐射状增大，这正是地衣测年法的基础，即用地衣大小作为基质年龄的指标（Locke et al., 1979）。地衣测年法广泛用于苔原环境中的冰川沉积测年，在那里地衣通常是主要的植被覆盖，其他类型的定年方法都不适用（Beschel, 1961; Benedict, 1967）。该技术还可用于测定湖面（甚至海平面）变化、冰水沉积和冰川修剪线、岩崩、岩屑堆稳定化以及以往永久或长期雪盖范围的年龄。

4.4.1.1 地衣测年原理

地衣测年法基于这样的假设：生长在岩石基质上的最大地衣即最老个体。如果特定种的生长速率已知，那么最大地衣尺寸将给出基质的最小年龄，因为所有其他菌体要么肯定是较晚的定殖者、要么肯定是生长较慢的个体（即生长速率低于最佳状态的个体）。由于不稳定的基质会阻碍地衣的连续生长，因而地衣大小记录了新沉积岩石稳定后的时间。生长速率可通过测量年龄已知基质（如墓碑、历史和史前岩石建筑或年龄已知的冰碛，后者可能通过历史记录或放射性碳进行独立定年）上的最大地衣尺寸获得，也可以通过每隔数年拍摄或追踪同一岩石表面上的地衣大小变化直接测量（Miller and Andrews, 1973; Ten Brink, 1973）。通常情况下，地衣菌体的最大直径是在外形相当均匀的辐射状生长个体上测量的。

不同区域地衣的生长速率各不相同，因此必须针对每个研究点进行方法校正（如 Roof and Werner, 2011），但生长曲线的一般框架现已建立。地衣在最初定殖岩石表面时生长非常迅猛（称为鼎盛期），然后减缓至几乎恒定的速率（图 4.19；Beschel, 1961）。不同的地衣生长速率不同，当有些种类可能已近衰老时，其他种类却正处于生长的鼎盛期。例如，巴芬岛岩石表面的黑色叶状地衣树发属（*Alectoria minuscula*）的直径很少超过 160 mm，这一大小的地衣代表基质年龄为距今约 500~600 年。相比之下，黄绿地图衣（*Rhizocarpon geographicum*）到这一年龄才刚刚进入线性生长期（直径约为 30 mm），并将在此后数千年内继续以几乎恒定的速率生长。事实上，据巴芬岛东部黄绿地图衣 280 mm 的菌体估算，其基质年龄可达距今约 9500±1500 年（Miller and Andrews, 1973）。与此类似，瑞典拉普兰地区萨勒克山区的高山地图衣（*Rhizocarpon alpicola*）480 mm 的菌体被认为在距今约 9000 年前该区冰消期之后就已开始生长（Denton and Karlén, 1973b）。由此可见，选择不同的地衣可获得不同时间尺度上的最佳定年分辨率。不过，由于黄绿地图衣无处不在、易于识别且过去数千年的大小变化非常合用，它已成为地衣测年研究中最常用的种类（图 4.20；Locke et al., 1979）。一俟建立了所研究种类的生长曲线，即可通过测量冰碛和其他地貌上的最大地衣尺寸估算基质年龄（图 4.21）。

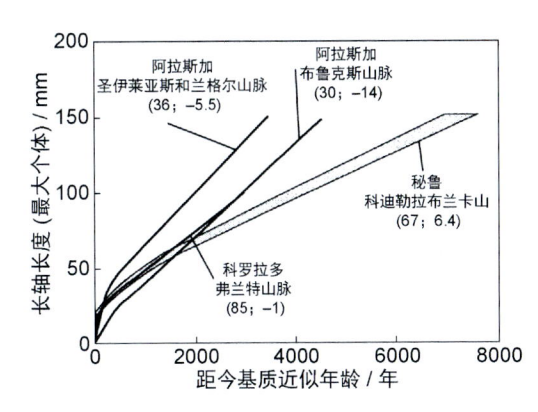

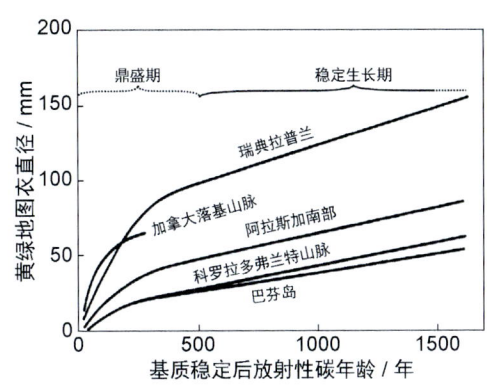

图 4.19　全新世和过去 1600 年世界不同地区黄绿地图衣生长速率。左图括号内数字表示每个地区的年平均降水量（mm）和年平均温度（℃）。每条曲线的误差棒为 ±15%～20%。左图引自 Rodbell（1992）。右图引自 Calkin 和 Ellis（1980）。

图 4.20　黄绿地图衣——一种呈辐射状生长的地衣，如果生长速率已知，则可测定其基质年龄。图中硬币直径为 19 mm。照片由汉普郡学院 Steve Roof 提供。

4.4.1.2　地衣测年问题

地衣测年的不确定性表现在三个方面，分别与生物、环境和采样因素相关（Jochimsen，1973）。

4.4.1.2.1　生物因素

地衣在野外极难识别至种的水平，而且大多数地衣测年应用者都未受过地衣分类学的专门训练。的确，地衣分类学本身就是一门有争议的学科，这也给应用者增加了困难。黄绿地图衣与岩表地图衣（*Rhizocarpon superficiale*）和高山地图衣极其相似（King and Lehmann，1973），毫无疑问许多调查都将它们混在一起进行观察（Denton and Karlén，1973b）。如果不同种类地衣的生长速率相近，这当然没有问题，但通常来说，这些因素并不清楚。现有证据表明不同种类的生长速率可能不同（如 Calkin and Ellis，1980；Innes，1982），而且目前对地衣传播和繁殖速率的认识也不够充分。许多地衣是独立繁殖藻类和真菌细胞的，因此这两个个体找到彼此并形成新的共生体可能需要时间。在其他情形下，当部分母体脱离岩石基质并被吹至或冲至新的地点时,地衣就会开始繁殖。无论是哪一种情形,新鲜岩石表面暴露与地衣定殖之间都可能存在明显的滞后。此外,即使地衣细胞已经形成,其菌体发育至肉眼可见也可能需要数十年的时间。随着时间推移,岩石表面几乎完全被地衣覆盖,这必然会导致个体之间的竞争。事实上,一些地衣似乎会分泌一种化学物质,抑制紧邻的地衣生长(Ten Brink,1973)。由于岩石已被厚实的地衣覆盖,上述因素可能会降低生长速率,这可能会带来基质相对年轻的错误印象。

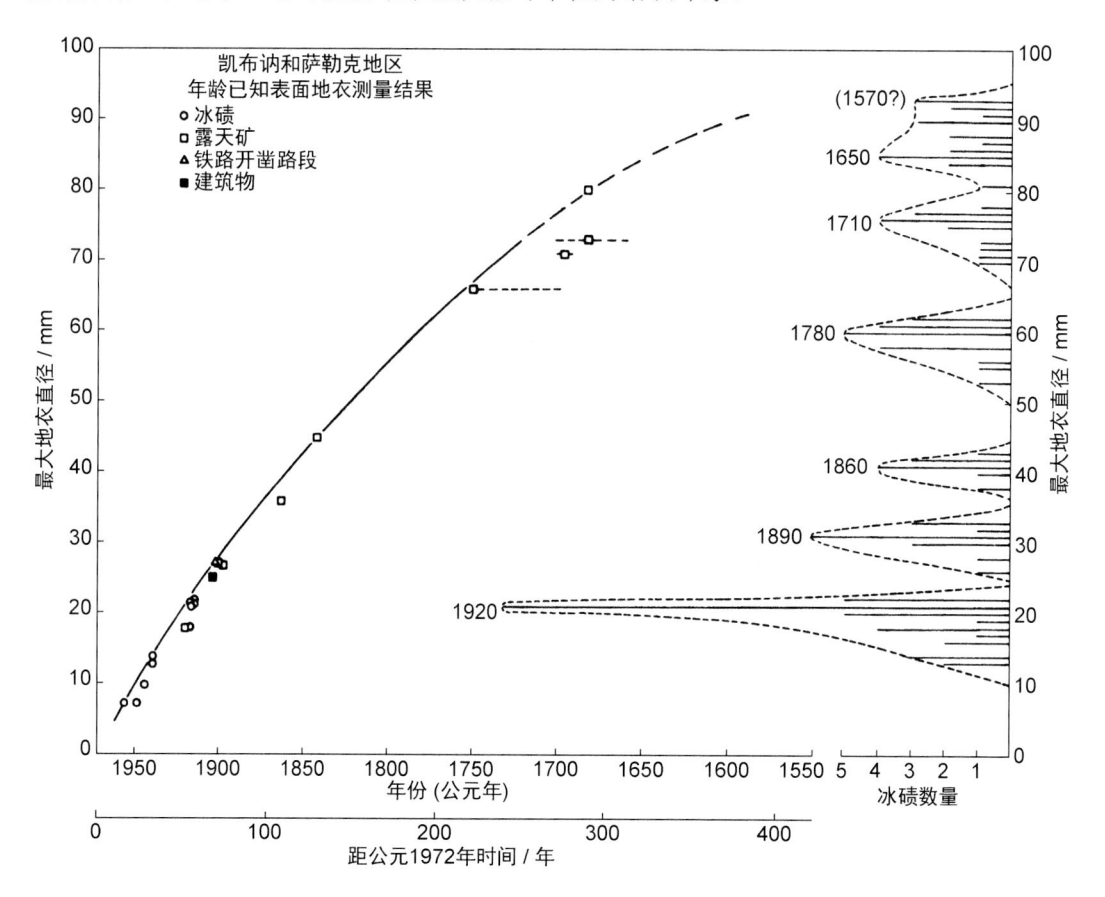

图 4.21 过去 400 年黄绿地图衣和高山地图衣生长曲线,基于瑞典拉普兰地区萨勒克和凯布讷山区的测量结果。右侧条形图表示冰碛频率,以近似最大菌体直径为标志。图中显见数个独立的冰碛组。引自 Denton 和 Karlén(1973b)。

最后,随着地衣变老,生长速率会下降。有关地衣衰老的信息很少,遗憾的是这恰恰是生长曲线中年龄控制点最少的那部分。通常假设超过一定年龄(即最终的年龄控制点)之后生长速率将保持恒定,但生长速率很可能会随地衣年龄增加而降低,这将导致(可能大大)低估基质年龄。当然,如果不对生长速率进行外推,这种错误就可以避免。

4.4.1.2.2 环境因素

地衣的生长取决于基质的类型(尤其是表面结构)和化学成分(如 Porter,1981c)。易风化或易破碎的岩石可能无法为生长缓慢的地衣发育成熟而保持足够长时间的稳定。相反,极其光滑的岩石表面可能会使地衣无法定殖数个世纪，甚至无法使地衣生长。极度钙质的岩石也可能会抑制某些地衣的生长。因此，应尽可能选取在岩性相近的岩石上生长的地衣进行测量。

气候是影响地衣生长速率的主要因素。不同地区生长速率对比表明，温度低、生长季短、降水量少的地区生长速率慢（图 4.21）。然而，大气候和小气候因素都很重要，尤其是地衣生长需要水分，降水量少但频率高（即使是雾水或露水）可能比年降水总量更有意义。地表接收的辐射也很重要，因为辐射在很大程度上决定了岩石温度。通常，不能将用于校正地衣生长曲线的岩石的这些因素与最终需要定年的岩石同等对待。校正常常是利用谷底的建筑物或墓碑进行的，而需要定年的地貌部位往往比校正点高数百米。类似的问题在广阔的峡湾环境中也会遇到，因为峡湾口的气候状况不像峡湾头那样偏大陆性。在气候偏大陆性的地点，即使距海洋仅 50 km 之遥，地衣的生长也要慢得多，这可能是由于海岸雾气到达的频率较低和内陆气候通常较为干燥。海拔升高似乎也会降低生长速率，虽然可获得的水分会增加（Miller，1973；Porter，1981c），但这可能被长期积雪以及低温导致的生长季缩短所抵消（Flock，1978）。所有这些因素都可能使得一定地理区简单的生长曲线构建复杂化。考虑到长期气候波动的可能影响，还会出现更多的问题。除过去气温较低的普遍影响外，在地衣测年应用最广的高海拔和/或高纬度地点，积雪在气候寒凉的时期很可能持续存在，这也会降低地衣的生长速率（Koerner，1980；Benedict，1993）。因此，生长曲线可能并不是线性的，而是由快速生长期与缓慢生长期交替构成的（参见 Curry，1969）。校正曲线分辨率低可能会掩盖这种变化，但这可能是某些校正尝试中数据明显"分散"的原因。有证据表明，这些因素对某些区域具有重要意义。例如，在巴芬岛高地，小冰期雪盖持续存在被认为造成了"无地衣区"，地衣的生长要么完全受阻，要么大量减少（Locke and Locke，1977；R.K. Anderson et al.，2008；Miller et al.，2012）。今天，即使在卫星照片上，这些区域也可通过地衣覆盖减少的岩石基质予以辨识，与雪盖只是季节性的低海拔区形成反差（Andrews et al.，1976）。与此类似，试图对长期被周期性积雪覆盖的冰碛进行定年，可能会错误地得出偏年轻的沉积物年龄（Karlén，1979）。

4.4.1.2.3 采样因素

在地衣测年研究中，研究者优先考虑基质上最大的地衣无疑是非常重要的，但这并非总能做到（Locke et al.，1979）。并且，很大的地衣通常并非圆形，有时会被误认为是两个地衣个体一起发育成一个看似大且老的菌体。新形成的冰碛也可能挟裹来自岩崩或较老冰川沉积的碎石，如果这些碎石上已经生长了地衣且这些地衣在扰动中得以存活，那么沉积物就会显得比实际年龄更老（Jochimsen，1973）。许多改进地衣测年可靠性的创新方法业已提出（如 McCarroll，1994），这些方法为采样程序奠定了坚实的统计学基础。

最后，在构建校正的地衣生长曲线时，时间标尺"较老"端的参考点通常由冰碛覆盖的有机物放射性碳年龄界定，这一年龄被等同于今天冰碛上生长的最大尺寸地衣的年龄。这种方法可能会给生长曲线带来相当大的不确定性。首先，冰覆盖土壤中有机物的年龄可能很难解释（如 Matthews，1980）。其次，有机物被冰川前进所覆盖的时间与冰碛碎屑稳定至足以维持地衣生长的时间之间可能存在数百年的时间差，这将导致对校正曲线中地衣年龄的高估。最后，^{14}C 年龄必须转换为日历年，这通常会产生很大的误差范围，尤其在最近的小冰期时段，因为在此时段 ^{14}C 年龄与日历年龄的关系是非线性的。如图 4.19 所示，这都只会放大地衣生长曲线的不确定性。实际上，每条曲线可能都会有约 15%～20%的误差范围，对于超出定年控制点外推的生长曲线甚至可能更大（Bickerton and Matthews，1992；Beget，1994）。

考虑到所有这些因素，将地衣测年用作定年方法时就要非常谨慎，即使只是确定相对年龄。尽管如此，如果对可能的缺陷予以充分考虑，还是可以提供有用的年龄估值的。大多数问题只会导致对基质稳定性年龄的最小估计，但在某些情形下，可能会导致年龄的高估。虽然有必要认识到该方法的潜在困难，但由此断言前面讨论的所有问题会彻底颠覆该方法的基本假设是不合理的，潜在的误差往往能够以各种方式予以消除。因此，地衣测年法很可能会继续在北极和高山区岩质沉积定年方面发挥作用，从而为这些区域的古气候研究做出重要贡献。

4.4.2 树轮年代学

树轮虽然不是一种在古气候学中广泛应用的定年技术，但在某些情况下，利用树轮确定环境变化的时间是十分有用的（如 Luckman，1994）。树轮年代学研究使用的概念和方法，将在第 13 章进行详细讨论，这里无须赘述。树轮年代学研究基本上有三种应用途径：①提供树木生长基质（如雪崩路径或冰川消融地表）的最小年龄；②测定中断而未终止树木生长的事件的时间；③测定冰川前进或与之相关的气候恶化导致树木生长终止的时间（如 Luckman，1988，1995）。

第一种应用直截了当，但获得近似最小的年龄已经假设了"新"的表面很快就被树木定殖。这在雪崩区情形下是十分可能的（当然，年轻的树苗可能会幸免于难），但在冰川消融区，近地表冰的融化以及土壤结构不实造成的地表不稳定性，可能会使树木定殖时间延后数十年。估算最近冰川消融地带树木定殖延后时间的不同方法，Sigafoos 和 Hendricks（1961）以及 McCarthy 和 Luckman（1993）已有阐述。与可存活数千年的地衣不同，冰碛上长出的树木很少超过数百年。即使找到非常老的树木并进行定年，也不能确定它们就能代表定殖的第一代树木。例如，Burbank（1981）发现，根据当地的火山灰年代学推测，其上树木最老年龄约为 750 年的一套冰碛（树轮年代学方法定年）实际上老于距今 2500 年。

树轮年代学更为广泛的应用是有关树木生长障碍的研究。当树木在生长过程中被迫倾斜，它会通过在树的下段产生应压木或应力木做出响应，从而恢复其自然姿态。这会导致树木在倾斜事件后形成偏心轮，通过辨识树木生长从同心轮变为偏心轮的年份，便可准确界定该事件的年龄（Burrows and Burrows，1976）。这些方法已用于确定以往雪崩（Potter，1969；Carrara，1979）和飓风（Pillow，1931）发生的时间以及冰川后退的时限（Lawrence，1950）。这些方法还成功用于更为严谨的地貌学研究，以评估永久冻土上的河流侵蚀速率与土壤变化（Shroder，1980）。

Luckman（1996）利用冰川后退暴露出的残损树干（被部分侵蚀或损坏的树木）或树桩，获得了有关加拿大落基山脉冰川推进历史的重要认识。通过对这些样本进行交叉测年，获取了在晚近冰消区曾广泛发育森林的证据，并清晰揭示出气候恶化和冰川推进的时限（图 4.22）。

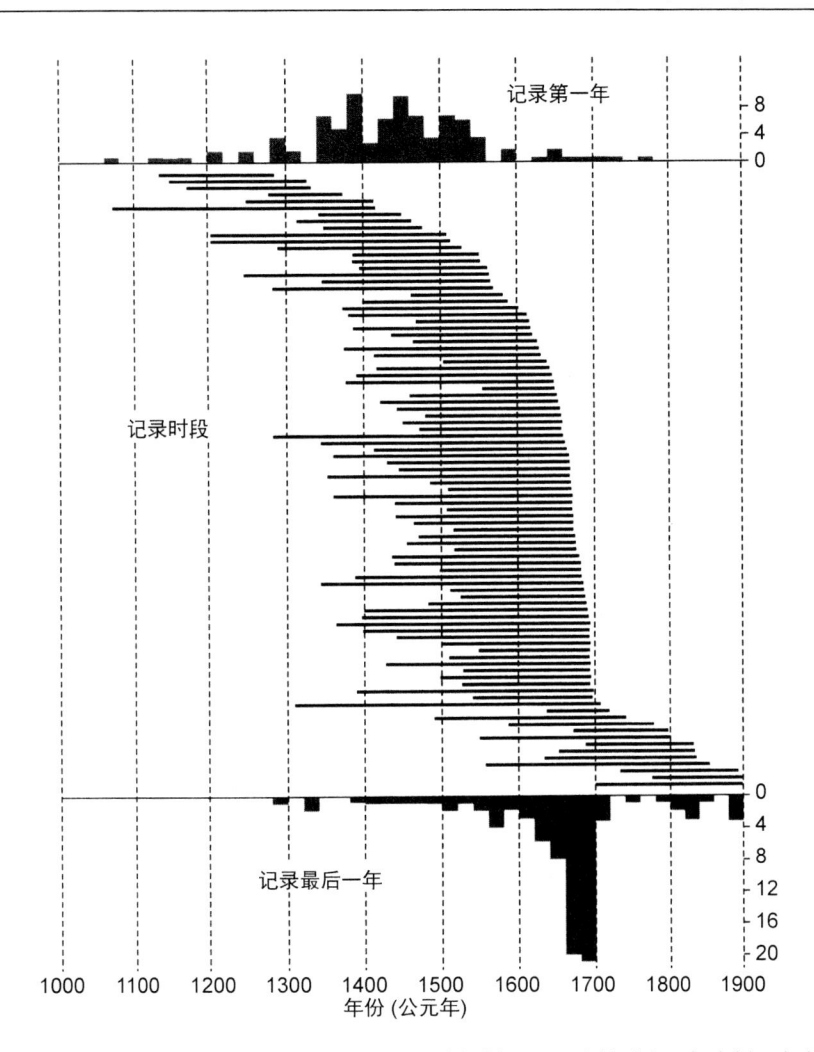

图 4.22 阿萨巴斯卡冰川区复原的具有日历年龄树干（残损树干）记录的时段。每个树干都与其他样本进行了交叉定年，从而确定其在历史框架中的位置。由于发现的残损树干已被侵蚀而未含完整的生长期，因此每个样本显示的记录长度只是树木寿命的最小估值。尽管如此，如下部的直方图所示，许多样本生长的终止点与公元 1714 年前后重要的小冰期冰川推进之间显然存在关联。引自 Luckman（1994）。

第5章 冰 心

5.1 引 言

　　过去全球极地冰帽和冰盖降雪的累积提供了非常有价值的古气候和古环境状况记录。古气候和古环境状况可通过高海拔冰面上钻取的冰心中冰和粒雪（度过夏季消融期的雪）详细的物理和化学分析加以研究。随着上覆物质的重量加大导致雪晶固定、变形和再结晶，雪晶变成粒雪并最终变成冰，使得单位密度总体上增大。当粒雪被随后的积雪覆盖，雪晶间空隙因机械充填和塑性变形而持续缩小，直至单位密度增大至约 0.83 kg/m³*，颗粒间相互连接的孔道被封闭成单个气泡（Herron and Langway，1980）。至此，所得物质都被视为冰。这种转变的深度随冰体不同变化很大，取决于冰面温度和降雪累积速率。例如，在格陵兰冰峰营其深度可达约 77 m，在南极洲冰穹 C 可深达约 95 m（年龄分别接近于距今约 230 年和 2500 年）。因此，严格地说，"冰心"在靠近冰面时实际上是粒雪心（参见 Cuffey and Paterson，2010 中表 2.2）。当然，除在重建过去大气成分（见 5.4.3 节）时，其差别并不重要，因而后文冰心一词将同时用于指代冰心和粒雪心剖面。

　　在极地冰盖的干雪区（Benson，1961），雪的融化和升华极少，因而雪的累积一直持续，在某些地区可超过 100 万年（Jouzel and Masson-Delmotte，2010）。降雪提供了独特的记录，不仅包括降水量本身的记录，而且还包括气温、大气成分（包括气体成分以及可溶和不溶颗粒）、爆发式火山喷发事件甚至过去太阳活动变化的记录（表 5.1）。目前，已从两半球的

表 5.1 冰心古气候信息主要来源

参数	分析指标
气温	
夏季	融化层
年	δD、$\delta^{18}O$（冰）、Ar、N_2（扩散）
源区温度/湿度	氘过剩（d）
降雪累积（净累积）	季节性信号
火山活动	电导率、非海盐（non-sea salt，nns.）SO_4^{2-}、冰川化学
对流层浊度	ECM、微粒含量、微量元素
风速	粒度、含量
大气成分	微量气体（CO_2、CH_4 和 N_2O）
海冰范围	冰川化学（Br^-、I^- 和 Na^+）
大气环流	冰川化学（主要离子）
太阳活动和地磁场变化	^{10}Be
森林火历史	左旋葡萄糖和其他生标

---

　　* 原著有误，应为 830 kg/m³。——译者

冰盖、冰架和冰川钻取了数十个跨越过去 10000 年以上的冰心（图 5.1 和图 5.2）。许多冰心钻至基岩，并且包含冰/冰底界面的岩屑（如 Gow et al.，1979，1997；Herron and Langway，1979；Koerner and Fisher，1979；Willerslev et al.，2007）。大约 30 个冰心钻入末次冰期（表 5.2），其中数个冰心甚至达到更早的冰期，为认识气候系统长期变率提供了极其重要的依据，也为理解当代气候和温室气体变化提供了独特的视角。Alley（2002）、Mayewski 和 White（2002）、Dansgaard（2004）以及 Jouzel 等（2013）撰写的 4 本可读性很强的书籍，论述了格陵兰和南极洲冰心研究对理解地球历史的贡献。

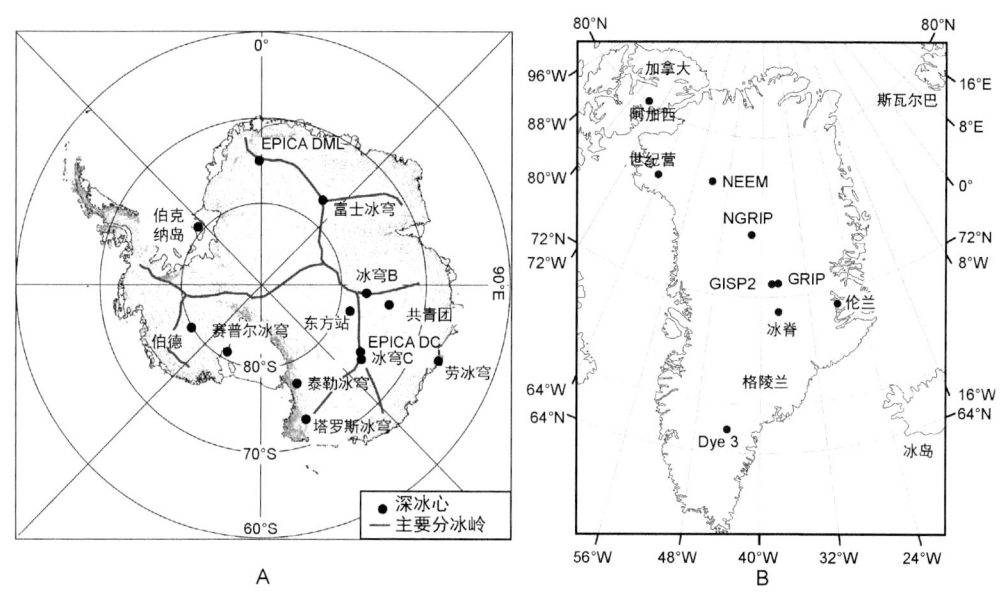

图 5.1　A. 南极洲主要冰心钻孔位置，图示主要分冰岭。B. 格陵兰和加拿大北极区主要深冰心钻孔位置。引自 Masson-Delmotte 等（2008）。

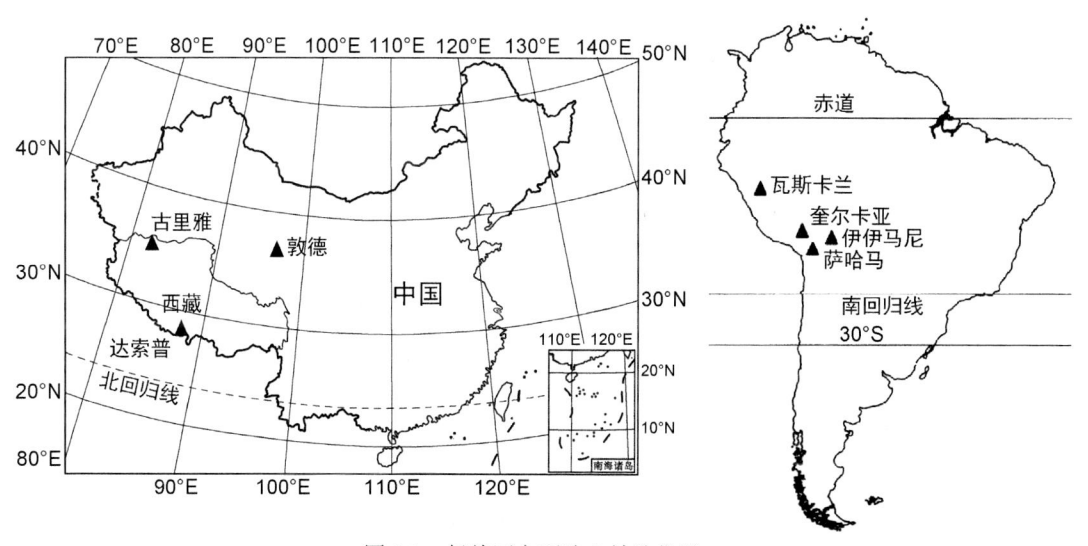

图 5.2　低纬区主要冰心钻孔位置。

表 5.2　记录追溯至末次冰期或更早的冰心位置[a]

钻点	位置[b]		高程 / m
格陵兰			
NEEM	77.45°N	51.06°W	2484
世纪营	77.17°N	61.13°W	1885
NGRIP	75.10°N	42.32°W	2917
GISP2	72.58°N	38.48°W	3214
GRIP	72.58°N	37.64°W	3238
伦兰	71.03°N	26.72°W	2340
Dye 3	65.18°N	43.82°W	2477
加拿大北极区			
阿加西	80.75°N	73.1°W	1730
德文岛	75.47°N	82.5°W	1800
彭尼	67.25°N	65.77°W	1860
阿拉斯加			
洛根山	60.59°N	140.50°W	5340
南极洲			
赛普尔冰穹	81.65°S	148.81°W	621
伯德	80.00°S	119.50°W	1530
伯克纳岛	79.55°S	45.67°W	890
WAIS 分冰岭	79.28°S	112.06°W	1807
泰勒冰穹	77.67°S	158.00°W	2440
富士冰穹	77.50°S	37.5°E	3810
EPICA 冰穹 C	75.10°S	123.33°E	3233
EPICA DML	75.00°S	0.01°E	2892
塔罗斯冰穹	72.82°S	159.18°E	2315
东方站	72.47°S	106.80°E	3500
劳冰穹	66.77°S	112.81°E	1370
中国			
敦德	38.10°N	96.40°E	5325
古里雅	35.28°N	81.48°E	6710
达索普	28.00°N	85.00°E	6900
瓦斯卡兰（秘鲁）	9.11°S	77.62°W	6048
伊伊马尼（玻利维亚）	16.62°S	67.76°W	6350
萨哈马（玻利维亚）	18.00°S	68.00°W	6548

a 采自格陵兰和南极洲冰盖边缘的其他短冰心（<100 m）和表层样本也钻取了末次冰期的冰。
b 钻孔位置见图 5.1 和图 5.2。

从冰心中获取古气候信息主要有四种方法：①水和大气 O_2 的稳定同位素分析；②冰心气泡的其他气体分析；③粒雪和冰中溶解质和颗粒物分析；④粒雪和冰的物理特性分析（Oeschger and Langway，1989；Lorius，1991；Delmas，1992；Raynaud et al.，1993）。每种方法还提供了估算冰心不同深度冰龄的方法（5.3 节）。

5.2 稳定同位素分析

水是地球上最丰富的化合物。水是所有生命形式的主要化合物，可能也是物质风化、侵蚀和地质循环最为重要的营力，当然在全球能量平衡中更是起着关键性作用。因此，"化石水"研究在古环境重建的许多方面都具有重要意义，无论是直接研究粒雪和冰，还是间接研究"化石水"的溶液沉淀物（如石笋）（Leng，2006）。不仅对于冰心而且对于海洋和湖泊沉积、珊瑚、石笋、树轮以及泥炭，其中水的稳定同位素（主要是氘和 ^{18}O）研究都是古气候研究的重点（Swart et al.，1993）。本节将简要介绍稳定同位素研究的理论及其在冰心分析中的应用。稳定同位素在其他古气候研究分支中的重要性将在第 6、8、9、11、13 和 14 章中介绍。

与其他大多数天然形成的元素相同，水的成分，即氧和氢，以不同的同位素形式存在。同位素由元素的原子质量变化所致。每个原子核都由质子和中子构成，一种元素原子核中的质子数（原子序数）总是相同的，但中子数可能不同，这使得同一元素具有不同的同位素。因此，氧原子（总是有 8 个质子）可能有 8 个、9 个或 10 个中子，从而形成原子质量数分别为 16、17 和 18 的 3 种同位素（^{16}O、^{17}O 和 ^{18}O）。在自然界中，这 3 种稳定同位素以 99.76%（^{16}O）、0.04%（^{17}O）和 0.2%（^{18}O）的相对比例存在。氢有 2 种稳定同位素，^{1}H 和 ^{2}H（氘），相对比例分别为 99.984% 和 0.016%。因此，水分子可能以 9 种同位素组合中的任意一种存在，质量数范围为 18（$^{1}H_{2}^{16}O$）～22（$^{2}H_{2}^{18}O$）。然而，由于水含有一种以上"重"同位素的情况非常罕见，因此通常只有 4 种主要的同位素组合，而对古气候研究比较重要的只有 2 种（$^{1}H^{2}H^{16}O$ 通常写为 HDO 和 $^{1}H_{2}^{18}O$）。

水分子稳定同位素含量变化的古气候学解释依据是，$H_{2}^{16}O$ 的蒸汽压高于 $HD^{16}O$ 和 $H_{2}^{18}O$（比 HDO 高 10%，比 $H_{2}^{18}O$ 高 1%）。因此，水体蒸发导致水汽比初始水贫氘和 ^{18}O，相反，剩余水（相对而言）富氘和 ^{18}O。例如，在平衡状态下，大气中水汽的 ^{18}O 含量比平均海水低 10‰（千分比或每千），氘含量比平均海水低 100‰。水汽冷凝时，由于 HDO 和 $H_{2}^{18}O$ 的蒸汽压较低，因此这两种化合物比由较轻同位素构成的水更容易从气态转变为液态，从而使凝结水比水汽富集重同位素（Dansgaard，1961）。水汽进一步冷凝将继续优先去除较重的同位素，使得水汽越来越亏损 HDO 和 $H_{2}^{18}O$（图 5.3）。因此，与冷凝过程开始时相比，持续冷却将导致凝结水的 HDO 和 $H_{2}^{18}O$ 含量越来越低。相对于原始水汽源，温度降幅越大，则水汽冷凝越多，重同位素含量越低（图 5.4）。因此，凝结水的同位素含量主要是水汽冷凝温度的函数（受 5.2.2 节所述的某些前提条件约束）。

5.2.1 水的稳定同位素：测量与标准化

在大多数稳定同位素古气候研究中，氧通常是关注的主要元素，不过氘在冰心研究中也很重要。在氧同位素分析中，水样与同位素组成已知的二氧化碳进行同位素交换：

$$^{1}H_{2}^{18}O + {}^{12}C^{16}O_{2} \rightleftharpoons {}^{1}H_{2}^{16}O + {}^{12}C^{16}O^{18}O$$

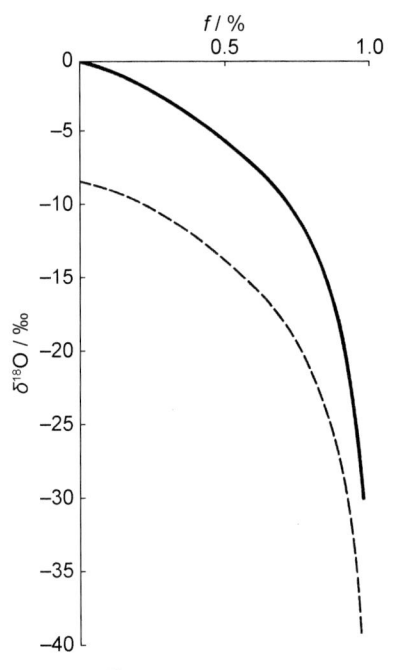

图 5.3 水（液-气）系统中 $^{18}O/^{16}O$ 比值（$\delta^{18}O$）示意图，其中随逐步冷凝而形成的液态水被不断移除。假定水汽与液态水处于同位素平衡（即瑞利凝聚过程平衡）。----. δ 水汽；——. δ 液态水；f. 凝结的原始水汽的百分比。引自 Epstein 和 Sharp（1959）。

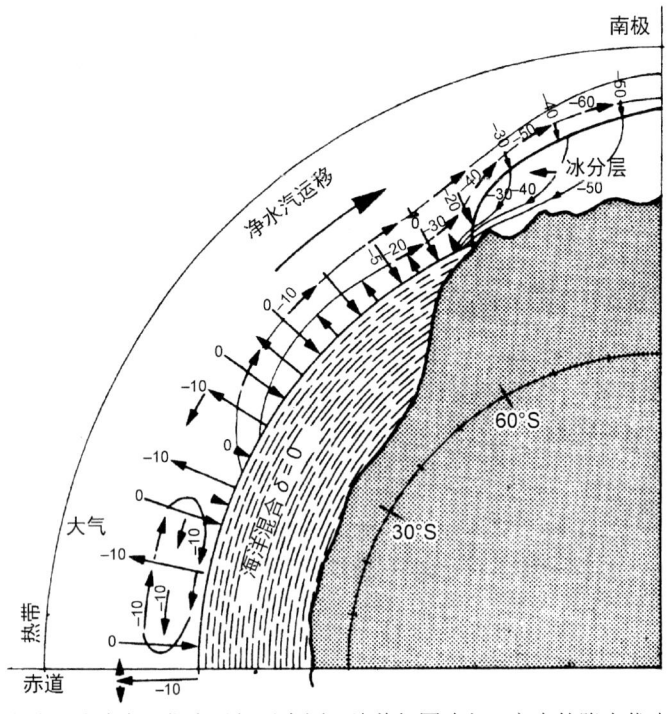

图 5.4 水汽向南极冰盖运移途中同位素亏损示意图。随着气团冷却，产生的降水优先富集 ^{18}O，使得剩余水汽相对亏损 ^{18}O。因此，随着进一步冷凝，降水的 ^{18}O 含量越来越低（即 $\delta^{18}O$ 值减小）。这一等压效应因冰盖本身的隆升（绝热）效应而增强，因此 $\Delta^{18}O$ 最低值出现于冰盖内部。引自 Dansgaard 等（1971）和 Robin（1977）。

然后,将样品二氧化碳中 ^{16}O 和 ^{18}O 的相对比例与水标准(标准平均海水或 SMOW[①])的同位素组成进行对比,其结果表示为与该标准的偏差($\delta^{18}O$)。因此,

$$\delta^{18}O = \frac{(^{18}O/^{16}O)_{样品} - (^{18}O/^{16}O)_{SMOW}}{(^{18}O/^{16}O)_{SMOW}} \times 10^3 ‰$$

所有测量均利用质谱仪进行,结果重现性通常在±0.1‰以内。因此,$\delta^{18}O$ 值为–10 表示样品的 $^{18}O/^{16}O$ 比值比 SMOW 小 1%或10‰。在现今气候条件下,天然水体记录的最小$\delta^{18}O$值为南极洲最高和最远处降雪测得的约–58‰(δD 值为–454‰)(Qin et al.,1994)。

5.2.2 大气降水氧-18 含量[②]

5.2.1 节和图 5.3 讨论了与水汽平衡的水同位素组成。实际上,不能认为该过程始终处于水汽与凝结水之间的平衡状态,也不能认为该过程发生于隔绝状态。大气水汽、空气中的水滴以及地面上的水(可能同位素"轻")之间的交换确实在连续不断地发生,这使得任何期望找到的简单温度-同位素效应复杂化(Darling et al.,2006)。此外,蒸发和冷凝过程还会产生动力分馏效应,而后者在很低温度下尤为重要(参见 5.2.4 节)。总体而言,降水的 ^{18}O 含量取决于:①冷凝开始时水汽的 ^{18}O 含量(^{18}O 含量低于平均海水的内陆湖泊或冰体发生蒸发,其水汽 ^{18}O 含量可能很低);②空气中水汽含量与其初始量值的比率;③水滴在到达地面途中经受蒸发的程度,以及这种再蒸发的水汽是否重新进入降水气团(Ambach et al.,1968);④蒸发和冷凝过程发生时的温度;⑤在很低温度下,云相对于冰达到过饱和的程度。尽管存在这些复杂情况,但实证研究表明,同位素确实会发生地理和时间分异,反映出纬度、高度、水汽源距离、季节和长期气候波动等变化的温度效应(Dansgaard et al.,1973;Koerner and Russell,1979;Petit et al.,1991)。鉴于冰心同位素记录的所有解释都以对上述因素的评估为根基,详细讨论这些因素就显得十分重要。

5.2.3 冰心稳定同位素记录的影响因素

过去 50 余年,学界对世界各地许多地点的降水样品都已做了$\delta^{18}O$分析(Rozanski et al.,1992,1993)。图 5.5 显示,1 月和 7 月降水的$\delta^{18}O$值反映温度的影响,在高纬度和高海拔区(例如格陵兰岛内陆高地和安第斯山脉)$\delta^{18}O$值减小。墨西哥湾流的影响在 1 月降水$\delta^{18}O$图上也十分明显(Lawrence and White,1991)。冬季至夏季的温度变化也同样反映在$\delta^{18}O$上,而这导致了降雪$\delta^{18}O$的年周期变化,可用于冰心年累积层的计数(见 5.3.2 节)。在某些情况下,降水$\delta^{18}O$分布可能会显著偏离总体模式。例如,如果降水发生在大气状况通常非常稳定(即逆温)的地区,地表温度将低于形成降水的大气温度。如果局地降水源于$\delta^{18}O$本已很低的水源(如淡水湖或雪盖)的再蒸发,则年平均$\delta^{18}O$值将异常之低,可能低达降水完全再蒸发水汽的 10‰(参见 Koerner and Russell,1979)。

[①] 为了使不同实验室的同位素分析具有可比性,采用一种普遍接受的标准,称为 SMOW(标准平均海水;Craig,1961b)。这并非真实的海水样品,而是美国国家标准局的蒸馏水样品(NBS-1)。然而,SMOW 标度的零点已经过调整,从而与真实海水的同位素组成(大西洋、太平洋和太平洋深 200~500 m 处样品测量结果;Epstein and Mayeda,1953)几乎相同(–0.1‰)。碳酸盐化石的同位素研究采用北卡罗来纳州皮狄组白垩纪箭石(PDB-1)作为标准。相对于与 SMOW 平衡的 CO_2,PDB-1 释放的 CO_2 约为+0.2‰(Craig,1961b)。国际参考标准的最近更新,参见 Coplen(1996)所述。

[②] 本节指的是$\delta^{18}O$,但原理同样适用于δD 的变化,δD 一直是南极冰心研究使用的主要同位素。

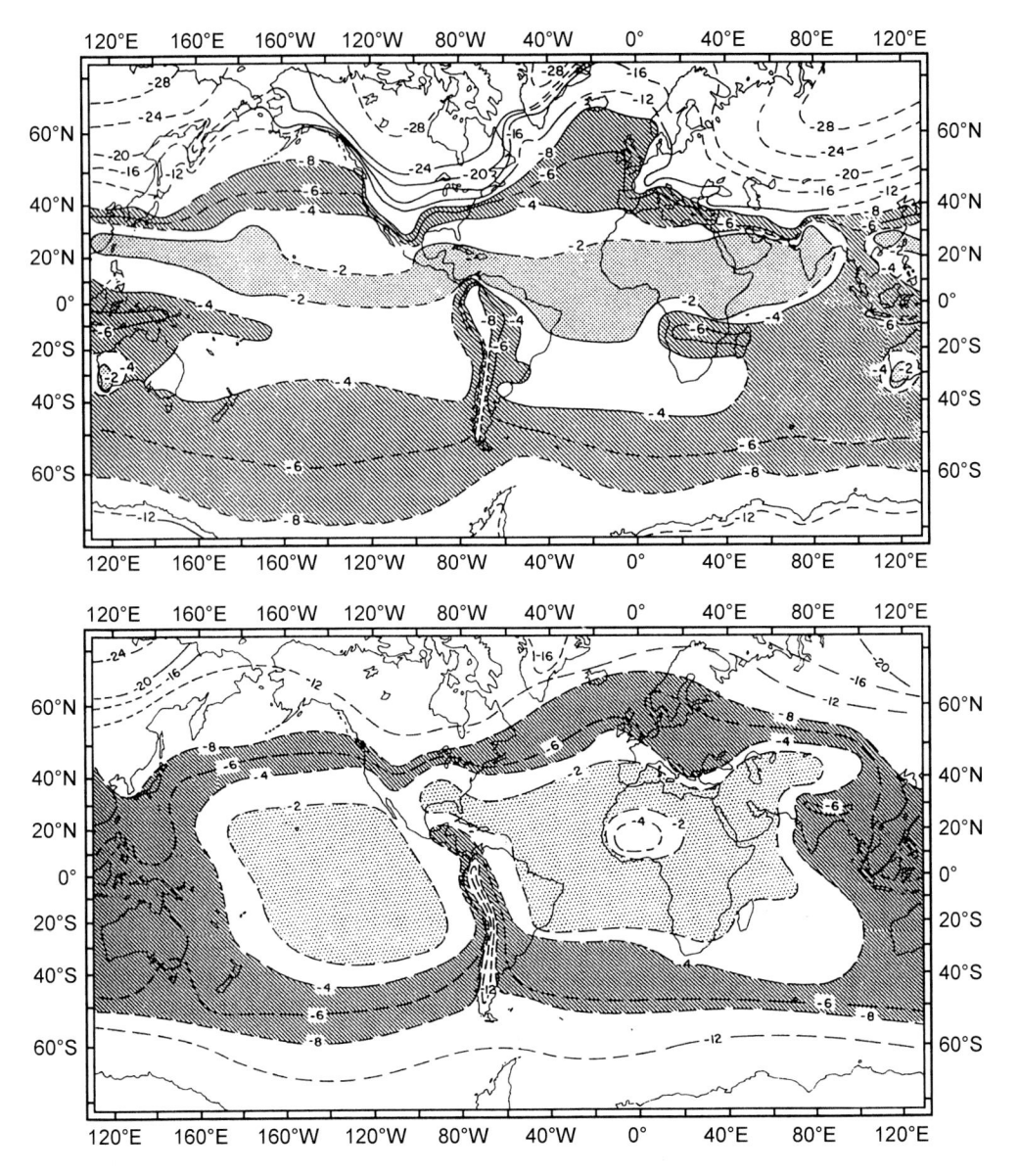

图 5.5 世界各地降水观测站收集的 1 月降水（上图）和 7 月降水（下图）$\delta^{18}O$ 平均值，基于国际原子能机构过去数十年的分析。引自 Lawrence 和 White（1991）。

图 5.5 表明，纬度对 $\delta^{18}O$ 具有很大影响。由于水汽向高纬运移途中凝结的水损失了重同位素，因此高纬区 $\delta^{18}O$ 值减小。这有时被称为等压效应，意指大气特定层位整体冷却引起的系统性变化，而非高度变化引起的冷却（绝热冷却）。而随高度增加，由于重同位素在冷凝过程中优先移除，降水气团的绝热冷却也会形成 ^{18}O 越来越亏损的降水。例如，随着空气自亚马孙盆地上升至安第斯山脉上空，秘鲁奎尔卡亚冰帽接收了经过绝热冷却的水汽。这一水汽抬升使降水的 $\delta^{18}O$ 减小了约 11‰（Grootes et al.，1989）。在大冰盖上空，绝热效应叠加"水汽源距离"因素，导致 $\delta^{18}O$ 值随海洋水汽源距离增加而减小（如 Koerner，1979；

Masson-Delmotte et al.，2008)。因此，在与南大洋相距数千公里的南极洲中部高海拔区，大气降水的重同位素含量是现今所有天然水中最低的（南极洲东方站以南降雪$\delta^{18}O$ = −58.4‰)(Morgan，1982；Qin et al.，1994)。

这些对降水$\delta^{18}O$的不同影响过程造就了图5.5所示的地理模式。在低纬区（一般为赤道向约30°的区域,年平均温度>15℃)，$\delta^{18}O$与温度无关，主要是降水量的函数(Dansgaard，1964；Rozanski et al.，1993；Schmidt et al.，2007)。然而，在热带以外地区，温度与$\delta^{18}O$之间具有很强的相关关系（图5.6)。在所有热带以外地点（年平均温度<15℃的区域)，$\delta^{18}O$与温度回归线的斜率为0.59‰/℃（r^2=0.74)，但存在地理差异(Jouzel，1991)。在格陵兰冰盖，基于雪样分析，$\delta^{18}O = 0.67T − 13.7$（$r^2$=0.88)(Johnsen et al.，2001)，而在南极洲，$\delta^{18}O = 0.80T − 8.11$（$r^2$=0.92)，式中$T$为年平均温度(Masson-Delmotte et al.，2008)。在这两种情形中，这些关系都具有非常显著的统计意义，表明其适用于冰心的古同位素记录。实际上，利用观测的空间斜率解释时间变化记录的策略被用于格陵兰冰心早期的许多解读中，其中估算的LGM温度比现今低约7~8℃。然而，这是以到达冰盖的水汽的源区和路

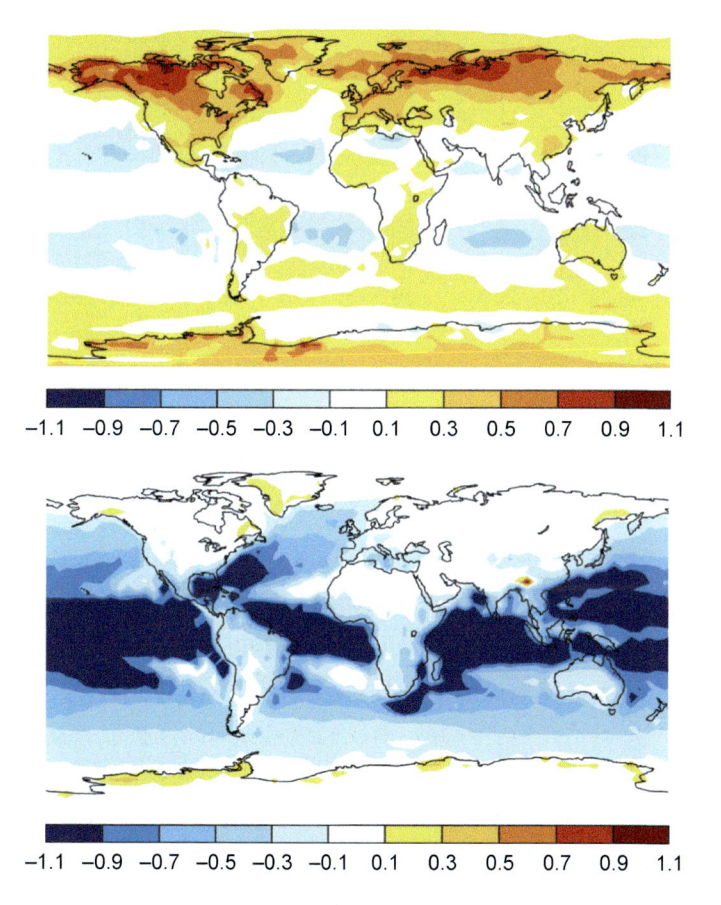

图5.6 海−气耦合GCM（GISS模式E）模拟的$\delta^{18}O$与温度（上）和$\delta^{18}O$与降水（下）之间关系的斜率。在大部分热带以外地区，温度与$\delta^{18}O$呈正相关关系（平均为0.59‰/℃)，但在热带区，$\delta^{18}O$与降水量呈负相关。模拟结果得到观测数据的支持。引自Schmidt等（2007)。

径一直没有变化为假设前提的，最重要的是假设降水不存在季节性变化。这些假设都很离奇，事实上无法验证（Alley and Cuffey，2001）。待到自冰心钻孔中获得温度变化史时，这一点显得十分明显。Cuffey 等（1994，1995）获得了 GISP2 钻孔温度序列，在某种意义上它代表该地点被积雪覆盖后的热历史。通过开发一个优化钻孔 $\delta^{18}O$ 记录与温度历史的拟合模型，Cuffey 等揭示出过去 600 年 $\delta^{18}O$ 与温度的长期关系为 $\delta^{18}O = 0.53T - 18.2‰$。利用更深的钻孔记录，得出更长期（末次冰期-间冰期旋回）的关系为 $\delta^{18}O = 0.33T - 24.8‰$。据此，Cuffey 等（1995）将 GISP2 冰期至间冰期整体温度变化厘定为 +14~16℃，远高于先前基于 $\delta^{18}O ≈ 0.67T$ 的估值。钻孔温度序列的进一步分析得到更大的 LGM-全新世温差估值，LGM 温度可比现今低约 25℃（图 5.7）（Dahl-Jensen et al.，1998）。

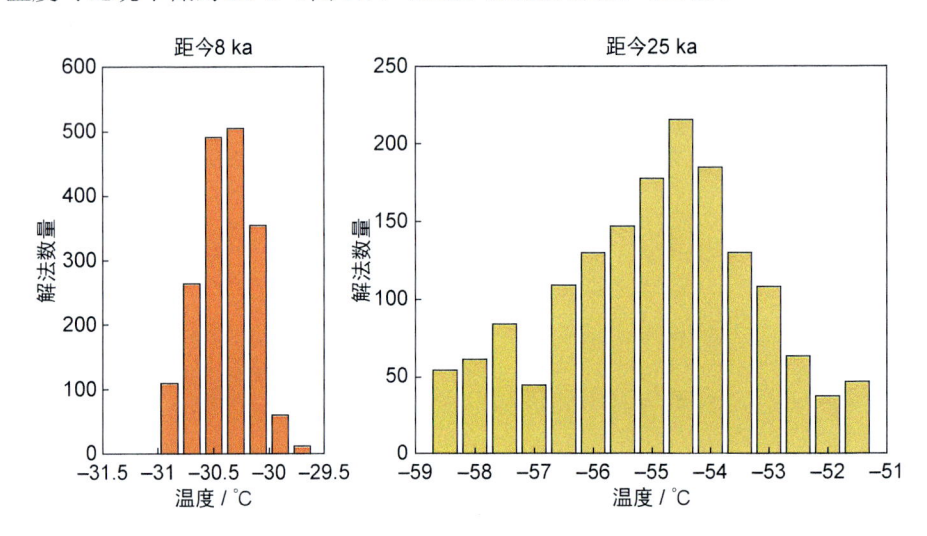

图 5.7 距今 8000 年和 25000 年格陵兰冰峰年平均温度概率分布，基于冰盖流动和地热通量组合模型的 2000 次蒙特卡罗模拟，其中输入不同的地热通量和地表温度变化历史以获得观测钻孔温度序列的最佳拟合。最大似然值（最大概率）显示，距今 25000 年温度比早全新世暖期最大值（距今 8000 年）低约 24℃，而 1970 年估算的温度比早全新世高约 1℃。引自 Dahl-Jensen 等（1998）。

另一种古温度估算和氧同位素记录校正方法是基于粒雪间气体在同位素快速转变时的热扩散过程（Severinghaus et al.，1998；Severinghaus and Brook，1999）。在疏松的粒雪中，气体与大气接触，但重力沉降会导致大气气体（如氩和氮）的重同位素向粒雪剖面底部积聚。当温度梯度急剧增大（突然升温的大气与冰冷的粒雪之间）时，同位素会进一步发生分离，从而使得重同位素留在粒雪深部，而轻同位素则向冰面扩散。这种热驱动的扩散比粒雪升温快约 10 倍，因而随着粒雪变为冰，所产生的同位素梯度被最终"锁定"。因此，这一梯度的大小主要是作为起因的快速温度变化的函数。多项研究现已利用这一效应估算与 $\delta^{18}O$ 变化相关的温度变化（表 5.3）（Landais et al.，2004，2006；Huber et al.，2006；Capron et al.，2010）。这些研究都揭示出氧同位素与温度之间随时间变化的关系，变化范围为 0.29~0.55‰/℃，远小于现代观测的空间关系值 0.67‰/℃（这会低估当时的实际温度变化）（表 5.3）（Masson-Delmotte et al.，2005）。多种过去情景的模拟得出了类似的结论（Schmidt et al.，2007）。这些差异可能反映降水区和/或水汽源区的季节性变化，最有可能是北大西洋海冰覆盖范围的快速变化所致。格陵兰冰盖上空的平均温度在春季和秋季每周变化数摄氏度，主要降水事件的时间仅相差数周就可导致$\delta^{18}O$的大幅变化（参见 Steig et al., 1994）。同样，气团轨迹变化也会引起同位素突变（Charles et al., 1994; Kapsner et al., 1995）。事实上，末次冰期格陵兰冰心记录的$\delta^{18}O$快速变化伴随着其他参数（如粉尘和Ca^{2+}含量）的变化，这表明降水源区确实发生了改变。

表 5.3 GICC05 年表最大计数误差（maximum counting errors，MCE）估算、主要同位素转变点温度变化估算以及推测的当时温度-同位素关系斜率

顶部年龄 / 年	底部年龄 / 年	持续时间 / 年	MCE / %	绝对值 / 年
21	3845	3825	0.25	10
3846	6905	3060	0.50	15
6906	7902	997	2.00	20
7903	10276	2374	2.00	47
10277	11703[a]	1427	0.67	10
小计		11683	0.87	102
引自 Vinther 等（2006）				
11704	12897	1194	3.3	39
12898	14076	1178	2.6	31
14077	14695	618	2.7	17
14696	14780	84	~4.0	4
小计		3074	2.96	91
引自 Rasmussen 等（2006）				
		温度升幅 / ℃（不确定性）		$\Delta\delta^{18}O$ / (‰ / ℃)
GI-1e 起始时间	14692±93[b]			
GI-2 起始时间	23340±298			
GI-3 起始时间	27780±416			
GI-4 起始时间	28900±449			
GI-5 起始时间	32500±566			
GI-6 起始时间	33740±606			
GI-7 起始时间	35480±661			
GI-8 起始时间	38220±725	11 (+3, −6)		0.43
GI-9 起始时间	40160±790	9 (+3, −6)		0.29
GI-10 起始时间	41460±817	11.5 (+3, −6)		0.35
GI-11 起始时间	43340±868	15 (+3, −6)		0.33
GI-12 起始时间	46860±956	12.5 (+3, −6)		0.45
GI-13 起始时间	49280±1015	8 (+3, −6)		0.36
GI-14 起始时间	54220±1150	12±2.5		0.41
GI-15 起始时间	55800±1196	10 (+3, −6)		0.40
GI-16 起始时间	58280±1256	9 (+3, −6)		0.43
GI-17 起始时间	59440±1287	12 (+3, −6)		0.33
引自 Svensson 等（2008）				

续表

	温度升幅 / ℃ (不确定性)	$\Delta\delta^{18}O$ / (‰ / ℃)
GI-18 起始时间	约 66383	11±2.5	0.41
GI-19 起始时间	约 72330	16±2.5	0.42
GI-20 起始时间	约 76450	11±2.5	0.55
GI-21 起始时间	约 83685	12±2.5	0.35
GI-22 起始时间	约 89510	5±2.5	0.40
GI-23 起始时间	约 101981	10±2.5	0.33
GI-24 起始时间	约 106978	16±2.5	0.31
GI-25 起始时间	约 112470	3	

a 全新世起始时间。
b 约 2σ 最大计数误差。
注：GI-18 和 GI-19 的估算年龄基于 ss09sea 冰流模型，GI-20~GI-25 的估算年龄基于与 EDC3 时间标尺对比。
温度估值引自 Huber 等（2006）、Landais 等（2004，2006）和 Capron 等（2010）。

将氧同位素作为格陵兰上空直接温度代用指标的问题现已得到充分解析，但在南极洲这方面的问题似乎不大。与北大西洋温度的大幅变化以及影响格陵兰风暴路径的大冰盖和海冰的增长与退缩相比，南极大陆周围的状况并未发生很大变化，即使在冰期-间冰期时间尺度上也是如此。事实上，在东南极大部分非常寒冷的内陆区（许多最长的冰心取自此地），降水量极低（每年<2 cm 水当量），其中大部分源于高空水汽流形成的冰晶（清澈空气条件下冷凝的冰的晶体）。因此，内陆降水受低空水汽流变化的影响较小（不过许多近岸区域却并非如此）。然而，地表向上的强烈逆温实质上已使地表与冰帽之上的大气环流脱钩，地表温度（Φ_g）通常比逆温层顶部（Φ_i）低得多，平均而言，$\Phi_i = 0.67\Phi_g - 1.2$（Jouzel and Merlivat，1984）。因此，Φ_i（或逆温层之上云的温度）与$\delta^{18}O$的相关性远远强于地表温度与降雪同位素含量的相关性（Picciotto et al.，1960；Aldaz and Deutsch，1967；Jouzel et al.，1983）。模拟还显示，在南极洲，地表温度低于大气发生冷凝高度的温度，寒冷的内陆区更为如此（Helsen et al.，2007；Masson-Delmotte et al.，2008）。

现今影响某个地点$\delta^{18}O$的其他许多因素并非恒久不变。在冰期，许多冰盖的厚度逐渐增大，导致冰面的$\delta^{18}O$值因海拔升高而减小。冰期范围更大的海冰实际上增加了水汽源的距离，从而导致阻隔的大陆内部$\delta^{18}O$值减小（参见 Kato，1978；Bromwich and Weaver，1983）。此外，在冰期，^{18}O 亏损的水在大冰盖中储存，使得海水本身的同位素组成发生了变化（$\delta^{18}O$值比现今大约1.1‰）（Labeyrie et al.，1987；Shackleton，1987）。最后，在某些地区，由于$\delta^{18}O$-温度的曲线型关系，当温度降至非常低的水平时，在给定的降温幅度下$\delta^{18}O$减小得更快。对冰心同位素值的任何解释都必须考虑所有这些因素，毫无疑问这些因素会影响高纬区降水同位素组成随时间的变化。使用在水循环中嵌套同位素示踪的全球大气环流模型（GCMs），有助于理解不同因素如何相互作用进而影响过去降水的同位素含量（如 Joussaume et al.，1984；Vuille et al.，2003；Schmidt et al.，2007；Sturm et al., 2010)。现代边界条件下，模拟结果与观测数据对比良好（Jouzel et al., 1987b, 1991）。冰期边界条件下，模型输出表明末次冰盛期（LGM）赤道至 40°N 和 50°S 的区域 $\delta^{18}O$ 几乎没有变化，但在高纬区 $\delta^{18}O$ 则大幅减小（Joussaume and Jouzel, 1993; Charles et al., 1994; Jouzel et al., 1994）。

5.2.4 氘过剩

在全球尺度上，氧和氢在蒸发和降水过程中的分馏作用具有明确的关系，即 $\delta D = 8\delta^{18}O + 10$。这就是所谓的大气降水线（Craig, 1961c），它实际上表征的是 $\delta^{18}O$ 与 δD 之间存在的"正常"平衡状态。偏移值（在此为 10）称为氘过剩（d，在此 $d = \delta D - 8\delta^{18}O$）。然而，在非平衡状态下，氘过剩会发生变化，从而可提供仅据 $\delta^{18}O$ 和 δD 无法获取的信息。

d 值因水循环中蒸发和冷凝阶段的动力学效应而发生变化（Jouzel et al., 2007a）。在蒸发过程中，含有轻同位素的水分子向水面扩散的速率快，导致水汽的轻同位素含量相对于水源增大。这一效应是对含有重同位素水的低蒸汽压所引发分馏效应（前已讨论）的补充。然而，由于 HDO 和 $H_2^{18}O$ 的质量不同，$H_2^{18}O$ 的动力分馏效应略大于 HDO，从而在状态偏离平衡时导致 d 发生变化。因此，当地表水体混合增强（因风速增大）、相对湿度增加（降低蒸发速率）或水温下降（同样降低蒸发速率）时，动力分馏效应会减弱，降水的 d 值将减小。据此，Jouzel 等（1982）将南极洲冰穹 C 冰心前全新世段的氘过剩低值（$d = 4‰$）解释为指示水汽源区的相对湿度和/或风速大于全新世（当时 $d = 8‰$）。Na^+（来自海盐）和风尘含量增大证实冰期的风速和湿度可能都要比全新世大。

基于前述瑞利蒸馏过程，降水同位素分馏模型在约 $-10℃$ 以上温度下运行良好，但在格陵兰和南极洲常见的寒冷条件下，简单模型无法解释观测到的 $\delta D - \delta^{18}O$ 关系和同位素-温度梯度。在如此低的温度下，云相对于冰达到过饱和，云中的水汽直接转变为冰晶是形成降水的主要方式。然而，含有较重同位素水分子（HDO 和 $H_2^{18}O$）的分子扩散率低，导致同位素轻的水分子优先在冰晶上凝结。这与海面在蒸发过程中发生的动力分馏效应类似。考虑了这种附加的动力效应后，针对极低温度下的降雪，模拟与观测的氘过剩值拟合更佳，真实的同位素-温度关系得以建立（Jouzel and Merlivat, 1984）。遗憾的是，极地冰盖上的降雪通常会经历一段复杂的历史，云从主要由水汽构成转变为主要由冰晶构成的温度尚不清楚，而这对 d 值会产生重要影响（Fisher, 1991, 1992）。

考虑了蒸发和成雪过程中动力效应的同位素分馏模型可用于约束这些过程固有的不确定性，为观测到的变化提供良好模拟（Jouzel and Merlivat, 1984; Petit et al., 1991; Fisher, 1992）。例如，Petit 等（1991）显示，只有当气团源区的初始海面温度介于 15～22℃（对应于纬度 30°S～40°S），才能解释东南极观测的 d 与 δD 之间的关系（图 5.8）。源区的湿度变化是次要的，但在 δD 值较大（南极洲较暖、较低的地点）时，其重要性则增大。当然，期望南极降雪的水汽来源仅仅局限于一个纬度带是不现实的，而针对这一因素也已做了模拟。模拟显示，当气团自 30°S～40°S 运移至南极洲时加入水汽分量，输出结果与观测数据一致，表明高达 30%的水分来源于 SSTs<10℃ 的区域（Petit et al., 1991）。因此，该模型完全支持中纬区至少是南极洲内陆的主要水分来源，而高纬区的贡献较小这一观点。另一方面，包含氘过剩计算（可追踪至每个洋盆）的 NASA/GISS 全球大气环流模型的模拟试

验表明，南极洲隆冬时节降水源区的平均 SST 相当低，介于 9~14℃（Koster et al.，1992）。无论谜底如何，南极降雪 d 较小的季节性变化（±5‰）似乎表明，自水汽源将雪输送至该地点的过程全年都依循着相当一致的路径。Johnsen 等（1989）对格陵兰高海拔区的研究也得出了类似的结论，不过 Fisher（1992）发现冰盖（克里特）冰峰区降雪的同位素含量与单一水汽源并不匹配，而东部（2/3）和西部（1/3）的水汽可能发生了混合。这一结论与 Charles 等（1994）利用 GCM 得出的结果相似，该 GCM 在水文循环中嵌套了同位素示踪单元。当模型置入了冰期边界条件时，源区即发生变化，冰盖南部以北大西洋水汽为主，而北部以北太平洋水汽为主。将同位素示踪纳入区域和全球大气环流模型，无疑将加深对现今和过去发生的分馏过程的认识，增强解释冰心中所见变化的信心（如 Jouzel et al.，1993；Sturm et al.，2010）。

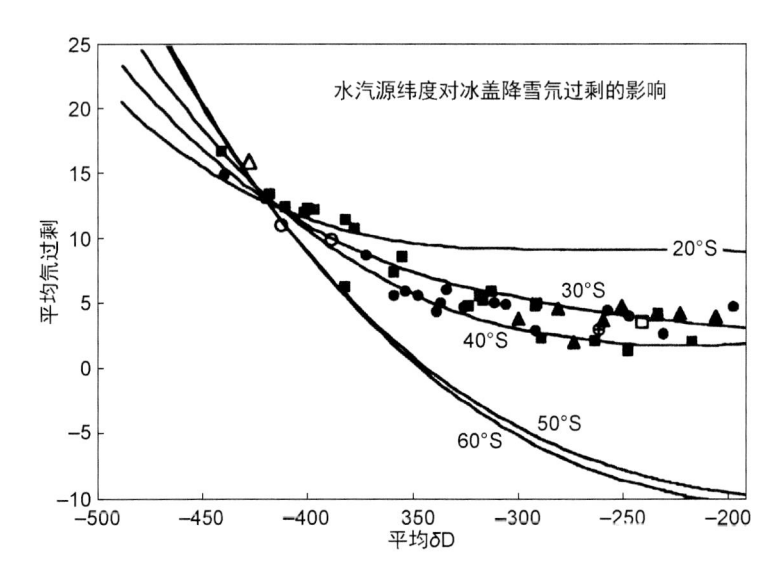

图 5.8　海洋水汽源区纬度影响南极洲降水平均 δD 值和平均 d 值的模型评估（实线）与观测的南极洲 δD-d 关系（符号——基于大范围地理区的冰面雪样）的对比。每条模型评估线使用不同的过饱和函数［将水汽过饱和度（相对于冰）与雪面温度相关］进行优化，从而产生与观测数据的最佳拟合。纬度 30°S~40°S 对应于 SSTs 约为 15~21℃。引自 Petit 等（1991）。

与 $\delta^{18}O$ 相关的氘过剩变化也为末次冰期-间冰期旋回格陵兰冰心观测的突变提供了新认识。这些变化出现在 $\delta^{18}O$ 和 d 记录中，但当气候突然转暖（$\delta^{18}O$ 值增大）时，d 值减小（图 5.9）（Masson-Delmotte et al.，2005）。因此，水汽源区的温度在气候温和的时段肯定较低（湿度和风速也可能较高）。Johnsen 等（1989）对这一反直觉的结论进行了解释，认为 LGM 的气候温和时段与海洋状况突变有关，即海冰边界快速北撤，导致较冷的海水露出并充当了靠近冰盖的局地水汽源。在寒冷时段，格陵兰周围出现更大范围的海冰，格陵兰降水的水汽源位于更南的亚热带水域，从而导致氘过剩值增大（参见 Landais et al.，2004）。

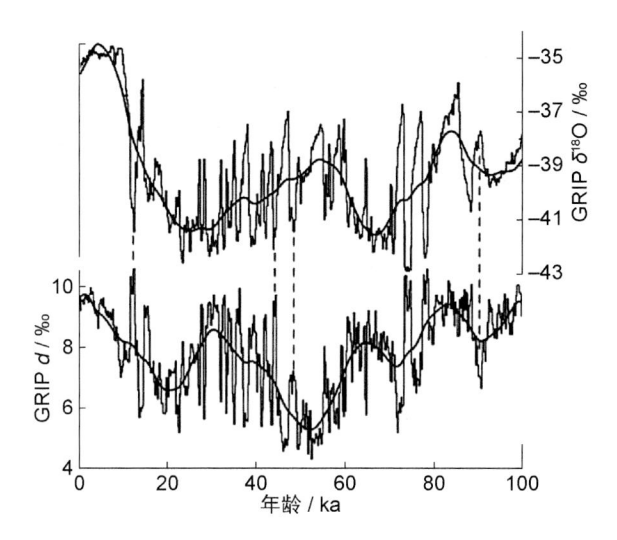

图 5.9 GRIP 点位（格陵兰冰峰）过去 100000 年 $\delta^{18}O$ 与氘过剩（d）。低 d 值对应于 $\delta^{18}O$ 最大值，因为在这些时段极锋位置北移导致大西洋凉冷区海水蒸发。在 $\delta^{18}O$ 最小期，格陵兰降水源区为大西洋亚热带水域。引自 Masson-Delmotte 等（2005）。

5.3 冰心定年

所有冰心研究的基本要求都是确定年龄-深度关系。借助新的连续流动分析技术，可在众多累积速率足够大的冰心中识别出年层，获得十分准确的时间标尺——迄今为止，格陵兰冰心的年层可追溯至 60000 年（Andersen et al., 2006a；Rasmussen et al., 2006；Vinther et al., 2006；Svensson et al., 2008）。对于 60000 年前的冰心，冰川流动模型被用于构建每条记录的时间框架。火山标志层可用于冰心之间的相互校验，而独立定年石笋记录的相同同位素特征可用于进一步核查冰心的绝对年龄。格陵兰冰心与南极洲冰心的年龄调准即利用各记录的微量气体含量得以实现，这些气体在大气中混合快，因此可认为两半球的气体记录基本同步。所有定年方法都存在局限性，有许多文章专门讨论了构建冰心年表的困难和假设以及所建年表与其他已定年记录之间存在的明显不一致性（如 Skinner，2008）。尽管如此，最近 10 年该领域取得了重大进展，冰心年表为其他古气候记录对比提供了非常准确的年代学标尺，使得气候系统变化如何发展（时间上和地理上）的问题得以详细探究，至少对末次冰期-间冰期旋回而言是这样的。在讨论这些工作之前，首先回顾一下冰心定年的主要方法。

5.3.1 放射性同位素方法

针对冰心已开展了若干不同的放射性同位素分析，包括 ^{10}Be、^{14}C、^{36}Cl、^{39}Ar、^{81}Kr 和 ^{210}Pb 分析，以期提供冰年龄测定的定量年代学方法（Stauffer，1989）。不过，目前冰和粒雪的放射性同位素定年已不再列为常规项目，而其他地层学技术则更受青睐。

^{210}Pb（半衰期：22.3 年）是 ^{222}Rn 的衰变产物，自大气中被清除（图 3.24）。^{210}Pb 一直

用于最近 100～200 年的积雪研究,为南极洲和格陵兰偏远区域短暂的降雪堆积记录提供了有益的视角(如 Crozaz et al.,1964；Dibb and Clausen,1997)。利用冰中碳质气溶胶的水不溶有机碳组分进行 AMS ^{14}C 年龄测定的新方法,能够对碳含量低至 5 mg 的中纬和低纬冰心冰样进行定年(Jenk et al.,2009)。不过,由于极地冰中可测年物质的含量不足,这种方法不能用于高纬冰心定年。

宇成同位素 ^{10}Be 由银河系宇宙射线产生于大气圈上层。^{10}Be 经由大气颗粒物清除和降水转移至地面,从而进入许多自然记录(如冰和诸如黄土的沉积物)之中。^{10}Be 受太阳风变化(通常表现为太阳黑子周期)的调节,这些约 11 年(施瓦布)周期已在一些极地冰心 ^{10}Be 含量变化中检出(Beer et al.,1996,2001；Berggren et al.,2009)。然而,由于 ^{10}Be 的产生并非具有精确的周期性,并且许多气象和冰川因素会影响冰的 ^{10}Be 含量,因此单一的 ^{10}Be 变化并不能提供理想的计时器,需要利用其他方法给出的时间框架检视冰心剖面的变化(参见 Berggren et al.,2009)。更重要的或许是冰中 ^{10}Be 含量因过去地磁漂移而罕见地大幅增加的现象。当地磁屏蔽强度暂时降低时,地磁漂移会导致宇成同位素产率短暂却大幅地升高,由此产生的 ^{10}Be(和其他宇成宙同位素)尖峰在冰心中尤为明显,为其他许多陆相记录提供了重要的年代地层标志(如 Aldahan and Possnert,1998；Baumgartner et al.,1998；Zhou et al.,2007)。因此,拉尚地磁偏移的年龄在格陵兰冰心年表(GICC05)中被确定(通过年层计数)为 41250±814 a b2k(距公元 2000 年),南极 EPICA 冰穹 C 冰心因而与北半球记录进行了年龄调准(Raisbeck et al.,2007；Svensson et al.,2008)。Raisbeck 等(2006)还在 EPICA 冰心中发现了与约 78 万年前布容-松山地磁倒转相关的 ^{10}Be 峰,提供了另一个可在许多自然记录中识别出的重要年代地层标志。

5.3.2 季节变化与期次事件

冰心的某些组分显示出清晰的季节变化,使得年层可被检测。这些年层可以计数,从而为可检出年层的更老时段提供了极其准确的时间标尺。在季节时标存在不确定性的情况下,参数之间的对比可实现准确的交叉检验,从而增强对所建时间标尺的信心(如 Rasmussen et al.,2006)。利用这种方法,尤其是将可视地层学、电导率测量(ECM)、激光散射(粉尘所致)、氧同位素以及冰的化学变化相结合,对格陵兰冰心进行了年层计数(追溯至 60000 年前)(图 5.10)(Andersen et al.,2006a；Rasmussen et al.,2006；Vinther et al.,2006；Svensson et al.,2008)。早期的多项研究已经建立了可靠的年表(如 Alley et al.,1997a；Meese et al.,1997),但现行的标准为 GICC05(格陵兰冰心年表 2005)。这一年表使用了 3 个主要钻探点位的数据(NGRIP、GRIP 和 Dye 3),以便在特定冰心的某些层段出现问题时利用每个点位质量最佳的记录(图 5.11)。不同的 ECM 标志层或可识别的火山灰层(例如源于公元 79 年维苏威火山喷发)被用以确保关键时段冰心记录年龄调准的正确性。利用这种方法,建立了格陵兰逐年计数年表,前溯至 60000 a b2k(距公元 2000 年),对应于 NGRIP 冰心深 2420 m。对此前的时段,使用冰流模型(ss09sea),从而建立了 NGRIP 冰心约 123000 年的总年表(Johnsen et al.,2001；North Greenland Project Members,2004)。表 5.3 显示 GICC05 记录不同层段"最大计数误差"的估值。这些估值基于在记录的某些部分识别年层的不确定性,其他不确定性可能源于对定年参数季节性的认识缺陷,尽管这看起来不大可能。然而，如果冰川化学指标的季节性随时间发生变化，例如在气候快速转变期由于降雪季节分布的改变，就会扰乱所用的"计数模型"从而影响计数结果。尽管如此，总的年龄不确定性似乎非常小（全新世起始为±70年），不过在某些层段，由于年层识别问题，虽

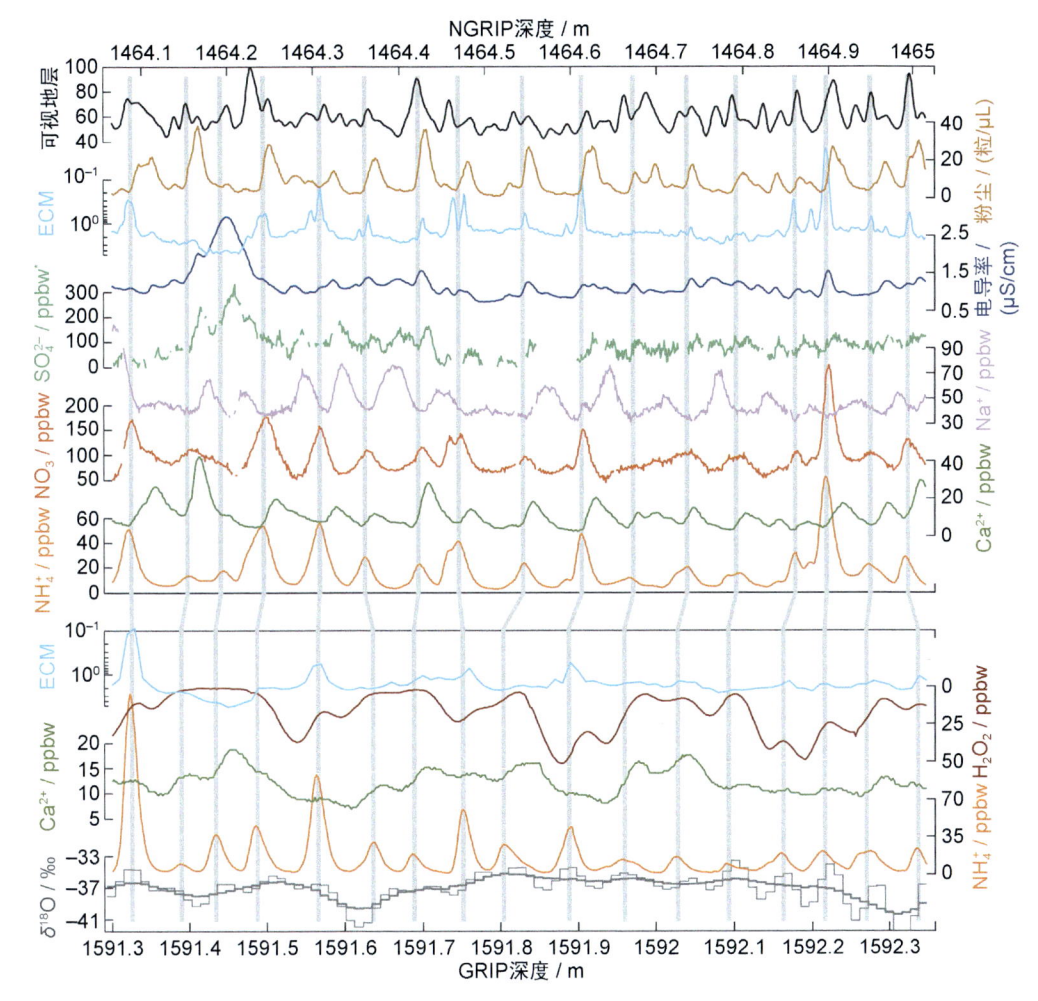

图 5.10 早全新世数据和年层标志（灰色纵条带）示例。上部 9 条曲线显示一段长 0.95 m 的 NGRIP 数据，下部 5 条曲线显示相对应的一段长 1.05 m 的 GRIP 数据集。年层以夏季 [NH_4^+] 和 [NO_3^-] 含量高峰为标识。春季粉尘含量高，[Ca^{2+}] 成峰但 [H_2O_2] 降低，而冬末 [Na^+] 成峰。可视地层剖面不含清晰的年层，但含几乎与每个粉尘峰对应的峰型。ECM（注意反向对数标度）与 [NH_4^+] 的最大峰值显著反相关，但其可靠性不足以用来识别年层。下部 5 条曲线显示 GRIP 冰心的相同时段。NGRIP 与 GRIP 的 [NH_4^+] 记录（因而某种程度上的 ECM 记录）的相似性使得两套冰心可进行严格的地层匹配。年层识别仅基于杂质数据，但得到与高分辨率 $\delta^{18}O$ 数据（见于全新世多个较短时段）对比的支持。$\delta^{18}O$ 数据已进行扩散校正（原始数据为粗线，扩散校正数据为细线）。引自 Rasmussen 等（2006）。

---

* 1 ppbw = 1 μg/kg。——译者

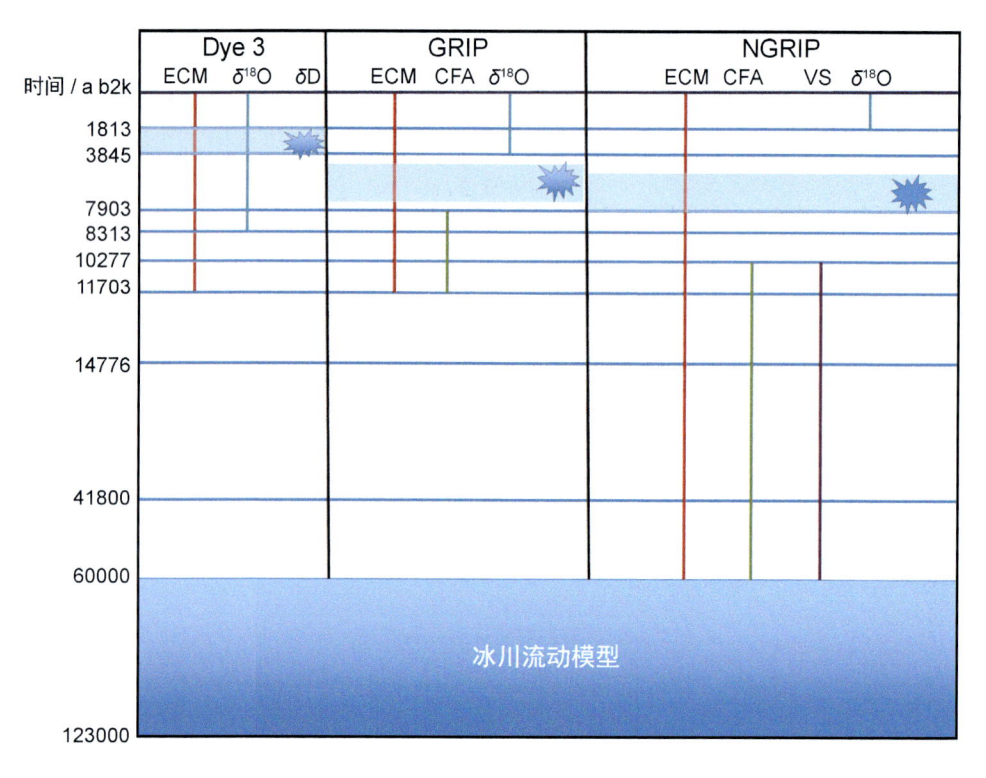

图 5.11 格陵兰冰心 GICC05 年表构建参数示意图：电导率测量（ECM），基于连续流动分析（continuous-flow analysis，CFA）和可视地层学（visual stratigraphy，VS）或者基于氧或氢同位素（$\delta^{18}O$ 或 δD）的冰川化学。不同的参照层（主要为大型爆发式火山喷发相关的火山灰或电导率最大值）也被用于不同冰心的交叉定年和年龄调准。GRIP 冰心 1300 m 以上和 NGRIP 冰心 1400 m 以上（阴影带）脆性冰导致的不确定性问题，已通过测定累积速率更高的 Dye 3 冰心相应层段年龄得以解决。基于 Vinther 等（2006）、Rasmussen 等（2006）、Andersen 等（2006a）和 Svensson 等（2008）的信息。

考虑了多个参数但仍未获解决，使得潜在误差比其他层段更大。与其他独立定年古气候记录（如石笋）的对比表明，格陵兰记录的同位素变化具有非凡的精确性，这提升了已建年表的可信度，并凸显出所记录环境变化的全球意义（Svensson et al., 2008）。

以下几节将详细讨论年层计数使用的不同信息类型。

5.3.2.1 可视地层学

晶体结构的变化和粉尘层的存在为许多冰心年层的识别提供了依据。就 GISP2 冰心而言，将冰心放置于照明良好的灯台上，便可识别出每年夏季形成于冰盖干燥粒雪带的独特粗粒霜白层。粉尘形成的浑浊层也可能具有年层特征，尤其是在格陵兰中心的冰川区，这些特征同时被用于年层计数至 50000 年前（Alley et al., 1997a）。在奎尔卡亚冰帽（秘鲁）和其他许多低纬地点的冰心中，表征每个干季的显著粉尘层也能够用以计数年层（Thompson et al., 1985）。

5.3.2.2 $\delta^{18}O$

由于冬季月份降温剧烈,冬季降雪的 $\delta^{18}O$ 值远远小于夏季降雪。这产生非常强烈的季节信号,可作为一种年代学工具,只要累积速率足够大(每年>25 cm 水当量)、雪的风蚀不严重,且降雪和粒雪未发生任何融化和再冻结。事实上,年层厚度可通过自上而下统计冰心的每对 $\delta^{18}O$ 高低值加以识别(图 5.10)。为了给这种年层计数设置统一的参照点,年龄被称为"b2k"(即距公元 2000 年)。遗憾的是,在极地冰盖,随深度增加,季节信号变幅逐渐减小直至最终消失。在冰盖上部,密度小于 0.55 g/cm³,季节信号消减是由水汽与粒雪之间的同位素交换引起的。在冰盖下部,密度增大且空气通道关闭,季节信号消失由冰内水分子扩散所致。这一过程在年层接近基岩时因塑性变形、冰层变薄而加剧,而冰层变薄会增大同位素梯度,使得分子扩散更有效地消除季节变化,不过在某些情形下,可对记录进行反卷积以重建同位素记录的季节性(Johnsen,1977;Johnsen et al.,2001)。在 NGRIP 冰心中,基底融化大大减少了年层变薄现象(尽管消除了最老的冰),从而可在很深的层位识别同位素的季节变化,使得年层计数能够追溯至约 60000 年前(Svensson et al., 2008)。

在那些同位素季节差异依然保存到致密粒雪和冰层的冰心中,由分子扩散导致的平滑进行得非常缓慢,因而信号可能会保存数千年。不过,这在南极洲的大部分地区不会发生,因为那里累积速率低,导致季节信号在相对较浅的深度即已"丢失"。在许多情况下,风蚀作用可能会除去降雪的季节性(甚或年)堆积,从而彻底摧毁所有季节信号。在温带冰川和冰帽上,降雪会融化且融水会下渗,通常也不可能检测出可靠的同位素季节信号。在这些情况下,由于冰重结晶时发生同位素交换,δD 和 $\delta^{18}O$ 的季节差异都会被快速抹除(距冰面数米内)(Amason, 1969)。

5.3.2.3 冰川化学

连续流动分析(CFA)技术的发展,使得许多参数的季节变化能够在南极洲和格陵兰的冰心中以很高的时间分辨率进行检测(Röthlisberger et al., 2000)。CFA 对冰心较深的部分(其中年层压缩更甚)尤有裨益,但在累积速率低的部分(如新仙女木期以及更早的冰阶),即使是 CFA 给出的多参数数据也难以进行解释,而需更多地依赖可视地层学和 ECM 分析。

在构建 GICC05 年表时,NH_4^+、Na^+、Ca^{2+}、NH_3、SO_4^{2-} 和 H_2O_2 的变化都被用于解决随深度出现的年周期问题。通常,Na^+(源于海盐)冬末达到最大值,而 NH_4^+ 和 NH_3 夏季达到峰值。Ca^{2+} 往往春季最高,而 H_2O_2 春季最低(图 5.10)。利用这种方法,对不同深度冰心的所有变化进行仔细评估增强了对年表的信心,而 ECM 峰值使得不同冰心能够以细密的间隔进行交叉检验,确保了其间的年层计数不会出现严重偏差。微粒的季节变化也是许多冰心的重要季节指标,尤其是低纬区的冰心,在那里干季延长会产生非常显著的粉尘季节循环。在极地冰心中,微粒在冬末-春初增加至最大值,这是因为大气环流在每年的这一时节更加强劲;相反,微粒频率最小值通常出现在秋季(Ram and Illing, 1995)。

与导致 $\delta^{18}O$ 季节性记录在深部消失的水分子扩散速率相比,微粒和金属离子的扩散速率基本为零。这对于累积速率非常低以致同位素季节差异在深部快速消失的地区是非常有用的。例如,在南极洲部分地区,由于海洋气溶胶输入的季节变化明显,钠离子(Na^+)含量变化显著（Herron and Langway，1979；Warburton and Young，1981）。在南极洲东部的东方站，Na⁺含量在夏季冰层中达到最大值，而由于雪的升华，残留的离子含量更大（Wilson and Hendy，1981）。这些变化显见于远远超出$\delta^{18}O$季节变化消失的深度，在东方站冰心甚至可达约 950 m 深处。

5.3.2.4 电导率测量（ECM）

ECM 通过测量冰（或融水）传导电流的能力提供冰的酸度连续记录。大电位差的电流从与冰心表面接触的两个电极流过（GRIP 冰心使用 1250 V，GISP2 冰心使用 2100 V），当冰含有火山喷发产生的强酸时，ECM 升高；而在含有碱性大陆粉尘或氨（如源于生物质燃烧）的层位，ECM 则降低（Taylor et al.，1993a，1993b）。$CaCO_3$ 粉尘沉积的变化伴随着 ECM 的大幅变化，反映粉尘源区和/或搬运和沉积过程的变化。ECM 的显著变化表征了 GISP2 冰心从寒冷冰期至温暖间冰阶的转变（图 5.12）。此外，在格陵兰冰盖相距遥远的冰心中，从所观测的 ECM 记录峰值可识别出火山标志层，从而能够根据不同的冰心构建综合年表（Rasmussen et al.，2008）。

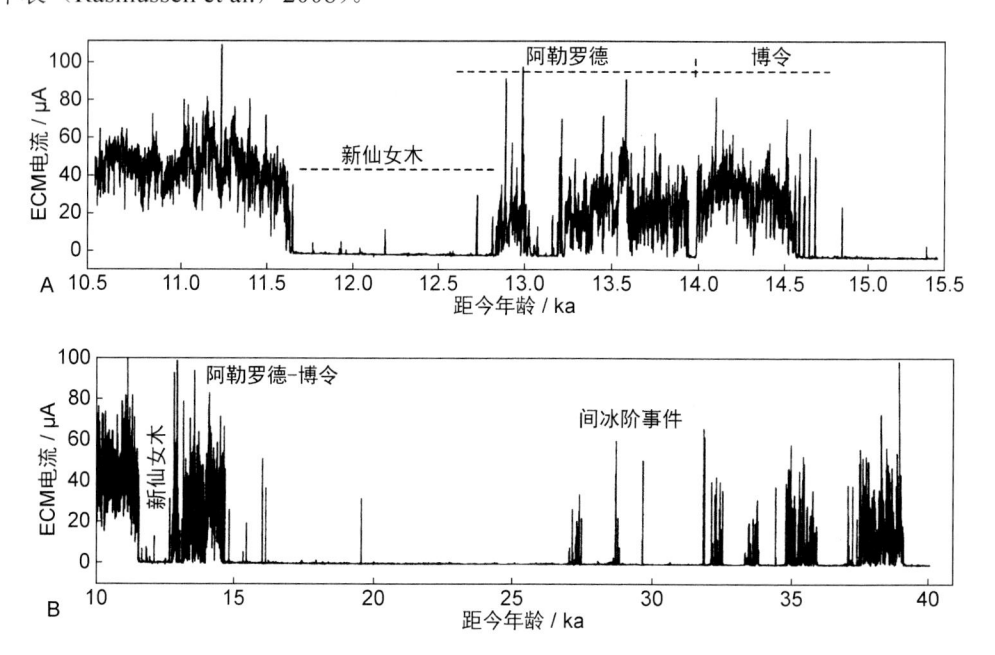

图 5.12　距今 15500 日历年至距今 10500 日历年（A）和距今 10000～40000 日历年（B）GRIP 冰峰冰心（格陵兰）电导率（ECM）。新仙女木等冷期 ECM 值低，而暖期 ECM 值高，反映大气粉尘量的相对变化。引自 Taylor 等（1993b）。

5.3.2.5 放射性沉降物

如果已知年龄的特征层可被检出，则将提供宝贵的年代地层标志，并可用于检验其他定年方法。在短时间尺度上，20 世纪 50 年代和 60 年代大气核爆试验产生的放射性沉降物可通过测量粒雪的氚含量（或 β 总活度）或 ^{36}Cl 进行检测。由于这些特征层首次出现的时间众所周知（格陵兰为 1953 年春、南极洲大部地区为 1955 年 2 月，1963 年达到最高值），因此可用作积雪研究的标志层，有助于开展最近数十年的区域积雪净平衡调查（Crozaz et al.，1966；Picciotto et al.，1971；Koerner and Taniguchi，1976；Koide and Goldberg，1985）。

5.3.2.6 火山硫酸盐和火山灰

剧烈火山喷发可将大量粉尘和气体（最重要的是硫化氢和二氧化硫）注入平流层，这些物质在平流层快速扩散至整个半球（Devine et al.，1984；Rampino and Self，1984；Robock，2000）。其中的气体通过光化学作用被氧化并溶于水滴，形成硫酸，最终为降水所清洗。因此，在大型爆发式火山喷发之后，降雪的酸度增加，显著高于本底值（Hammer，1977）。藉由识别已知年龄的火山喷发所产生的强酸性层，可获得一种检验季节性年表的极佳方法。通过 CFA 的详细地球化学分析，可将非常详细的火山源硫酸盐（和其他元素，如 Br）时间序列向前追溯，甚至是在季节分辨率水平上。例如，Sigl 等（2013）对西南极冰盖分冰岭和格陵兰西北部 NEEM 点位的冰心进行了高分辨率分析（图 5.13），结果显示火山事件在海盐和海洋生物硫的低水平硫酸盐变化本底上（以及北半球工业时代硫酸盐增加）显得十分突出。这揭示出每个半球曾发生 130 余次大型火山事件，其中 50 次为两半球共有，表明喷发发生于赤道附近，喷发物通过平流层散布于两个半球。通常这些历史时期火山喷发的确切位置是未知的，但 1600 年 2 月发生的埃纳普蒂纳（秘鲁）大型喷发提供了一个鉴别参照层，且已在奎尔卡亚和瓦斯卡兰（秘鲁）冰心的电导率数据中检出。最近 1000 年最大的爆发式火山喷发是公元 1458 年/1459 年发生的瓦努阿图（西南太平洋）库韦喷发，之前于公元 1452 年发生了另一次大型热带火山喷发。同一时期北半球最大的火山信号出现于公元 1259±1 年和 1783±1 年。前一次火山事件还在许多南极冰心中留下了强烈的信号，表明它也是一次低纬喷发，现在被认为源自印度尼西亚龙目岛林贾尼火山群（Palais et al.，1992；Lavigne et al.，2013）。公元 1783 年火山事件为冰岛格里姆斯沃特（拉基）火山的裂隙喷发。很难根据那些可能更靠近火山源的单一冰心的测量数据，来评估火山喷发的整体规模。例如，只因冰岛和阿拉斯加靠近格陵兰，格陵兰冰心记录的冰岛和阿拉斯加的喷发可能显得比低纬同等规模的喷发更大（Hammer，1984）。然而，即使是附近喷发的火山沉积物也不会在冰盖上均匀散布，因此基于单个钻孔（直径约为 10~15 cm!）冰心样品的估值可能会产生误导（Clausen and Hammer，1988）。事实上，许多大型火山喷发在某些冰心中毫无记录（Delmas et al.，1985）。理想情况下，要获得火山气溶胶扩散的全球性图像，就需要沿世界主要山脉纵向布设一系列冰钻。然而，在许多高海拔和低纬冰心中，碱性气溶胶沉积中和了火山酸性物质，从而掩盖了喷发信号（这也是冰期的一个问题，冰期大气粉尘水平比全新世高得多）。尽管如此，自大冰盖的大范围区域或沿极地/高山断面（例如自南极穿过南极半岛和巴塔哥尼亚冰原至厄瓜多尔）采集众多短冰心，最终仍能对酸性沉积的空间模式做出更好的评估，从而提供南、北半球更为可靠的过去爆发式火山活动记录（参见 Mulvaney and Peel，1987；Clausen and Hammer，1988）。

一种用于"标定"冰心硫酸盐（或酸度）记录在火山气溶胶长距离扩散中消减特征的方法是，以格陵兰冰盖上的原子弹爆炸沉降物含量（来自高纬源和低纬源）为指示，对通过平流层扩散的气溶胶在离开源区途中如何衰减进行解析（Clausen and Hammer，1988）。

利用这一思路，Zielinski（1995）估算了最近 2100 年大型爆发式喷发造成的大气光学厚度变化。其分析表明，最近 500 年火山喷发对大气浊度的总体影响明显大于之前的 1500 年，尤其是公元 1588～1646 年和 1784～1835 年期间的多次大喷发对大气光学厚度可能产生了显著的累积效应，导致这些时段气候更加寒冷（参见 Bradley and Jones，1995）。

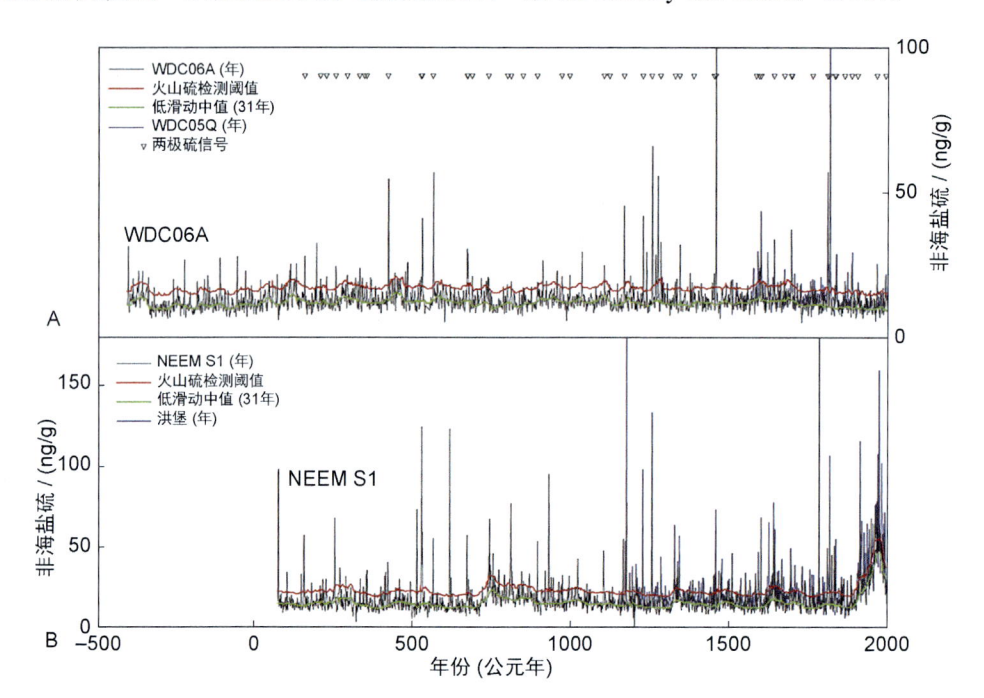

图 5.13　西南极分冰岭冰心（A）和格陵兰西北部 NEEM 冰心（B）高分辨率非海盐硫记录。火山硫酸盐峰在本底水平之上十分突出。两极地区相同的 50 次喷发以三角标示于上图。引自 Sigl 等（2013）。

冰心最长的 SO_4^{2-} 含量记录来自格陵兰 GISP2 点位，涵盖最近约 110000 年（Zielinski et al.，1996）。这提供了独一无二的火山气溶胶记录，具有极其重要的气候意义。其分析的时间分辨率在最近 11700 年约为 2 年，但向前逐步降低（至约 14800 年前每个样品为 3～5 年，至约 18200 年前为 8～10 年，至约 50000 年前为 10～15 年，至冰心最老层每个样品增至 50 年）。这使得直接对比这些短期事件变得困难，因为在全新世很容易观测到的单个酸度峰在深部样品所代表的更长时段上被明显冲淡了。尽管如此，仍有许多时段的 SO_4^{2-} 含量超过近期大型火山喷发之后测出的水平，表明 SO_4^{2-} 含量在过去一些时期可能非常高并/或在具有显著气候意义的水平上维持数十年之久。因此，GISP2 的 SO_4^{2-} 记录为十年至千年时间尺度的火山事件提供了非常重要的视角（Zielinski et al.，1996）。有多个时段火山活动特别活跃，尤其是距今 8000～15000 年和距今 22000～35000 年。有趣的是，这些时段对应于冰盖的主要增长和退缩期。这表明，火山喷发频率升高可能是与冰川加载与卸载和/或洋盆海水载荷变化相关的地壳应力增大的直接结果，在岩石圈较薄的地区（如环太平洋火山活跃岛弧）尤其如此（Zielinski et al.，1996）。因此，大陆冰盖增长与爆发式火山活动之间可能存在直接反馈，其中轨道驱动的冰量变化引发了与火山喷发相关的短期气候变化。

如果火山玻璃碎片的化学"指纹"可在不同地点间进行对比，那么大型喷发产生的火山粉尘（火山灰）也可提供年代地层界线。例如，在GISP2（格陵兰）冰心中，年龄为55380±1184 a b2k的冰岛火山颗粒（Svensson et al., 2008）可与北大西洋许多海洋沉积记录发现的Z2火山灰（Ruddiman and Glover, 1972; Kvamme et al., 1989; Zielinski et al., 1997）匹配。同样，Dye 3和GISP2冰心新仙女木段的火山颗粒与维德火山灰具有相同的地球化学特征，后者广泛分布于欧洲西北部和北大西洋（在GICC05年表中年龄为12171±57 a b2k）（Mangerud et al., 1984; Birks et al., 1996; Zielinski et al., 1997; Mortensen et al., 2005）。格陵兰冰心识别出的其他许多重要火山灰层，Abbot和Davies（2012）已进行过讨论（参见图5.14、图5.18和图4.18）。如果低纬爆发式喷发的地球化学鉴别特征可进行匹配，还能

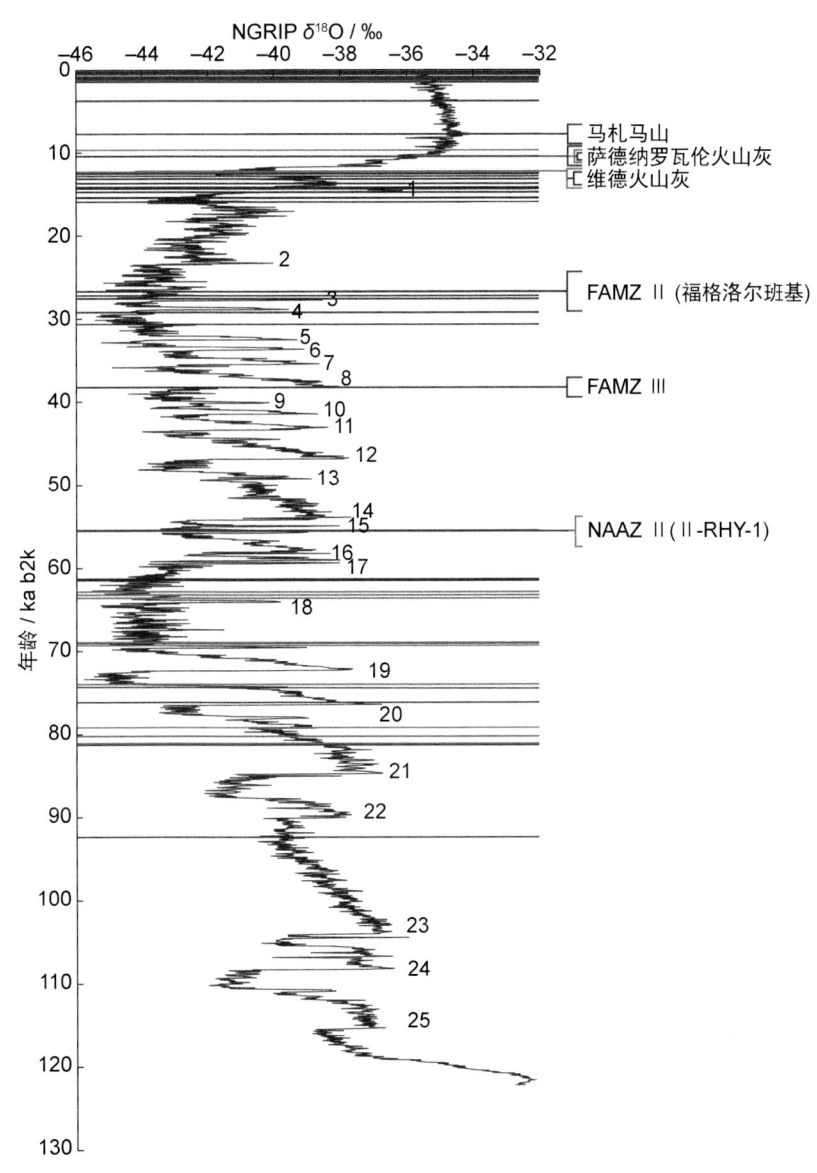

图5.14 格陵兰冰心识别出的主要火山灰层，绘于NGRIP氧同位素记录。NGRIP（红）、GRIP（绿）和GISP2（紫）中出现的火山灰层已标示。丹斯加德-奥施格（D-O）事件以编号表示。引自Abbott和Davies（2012）。

够对两极地区的冰心记录进行年龄调准。因此 Svensson 等（2012）得以在格陵兰（NGRIP）和南极洲（EDML）冰心距今约 74000 年前的层位都识别出多巴喷发（第四纪最大火山喷发之一）的信号，从而为两极地区建立了重要的年代地层标志层。

一旦利用各种方法建立了年表，在考虑沉积以来垂直应变和冰心向下密度变化的一些假设后，就可以计算累积速率随时间的变化（Meese et al., 1994）。然而，降水在空间上的变化通常远大于温度，因此为最大限度提高信-噪比，对多个冰心进行平均从而获得区域变化图像是十分有益的。为此，Andersen 等（2006b）对最近约 2000 年定年准确的 3 套格陵兰冰心（Dye 3、GRIP 和 NGRIP）的累积速率数据进行了平均（图 5.15）。合成记录虽未显示长期趋势，但却表明存在累积速率持续降低的时期，13 世纪和 14 世纪尤为如此。作者认为，这一情形可能给一直生活在农业边缘区的格陵兰南部斯堪的纳维亚人农耕社会带来额外的生存压力（自高地湖泊建立灌溉系统浇灌低地牧场一事或许说明了这一点）。

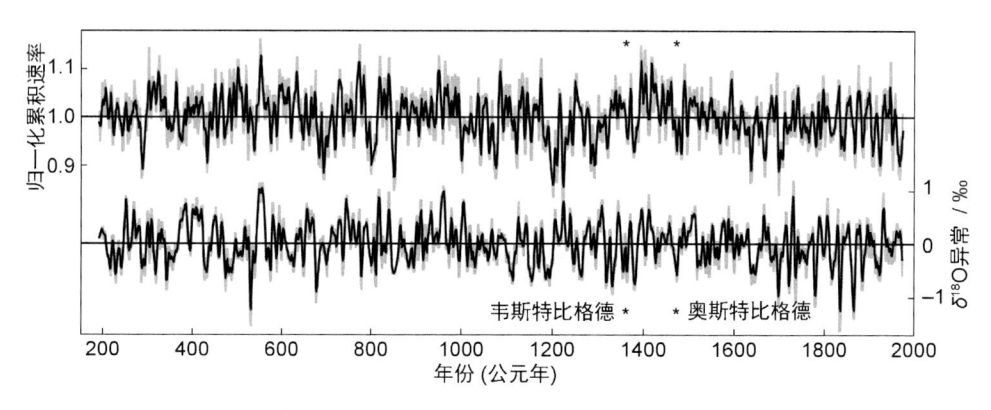

图 5.15 格陵兰冰峰累积速率（100 年滑动平均）。累积速率自 LGM 至早全新世增大，之后在最近约 9000 年相对稳定，在此时间尺度上平均为 0.24 m±5%。引自 Meese 等（1994）。

5.3.3 理论模型

测定深部冰的年龄会面临诸多严峻问题，这些问题很难利用前面介绍的方法加以解决。目前，测定前全新世冰年龄最常用的方法是利用冰流理论模型计算深部冰的年龄（Dansgaard and Johnsen, 1969；Reeh, 1989；Johnsen and Dansgaard, 1992）。这些模型利用数学方法描述冰在冰盖中的移动过程。冰盖上的积雪经过粒雪的致密化过程缓慢转变为冰，随着积雪越来越多，冰会受到垂向的压缩应变，每一冰层都受压变薄并向冰盖边缘横向平流（图 5.16）。因此，分冰岭以外任何地点的冰心都含有上坡沉积的冰，最老和最深的冰源于冰峰。由于冰峰温度更低，如果冰心并非采自冰盖的最高部位，其深部的 $\delta^{18}O$ 值则必须进行海拔效应校正，无论是否发生过长期气候波动，这种海拔效应都会存在。由于冰的流动性和变形性，冰心记录的大部分时段都出现在其记录的底部 5%~10%中。这意味着，即使年龄-深度模型存在微小偏差，也会导致深厚冰心最下部的年龄估值出现巨大差异［参见 Dansgaard 等（1982）对 Dye 3 年表的修订以及 Reeh（1991）对年龄不确定性的讨论］。

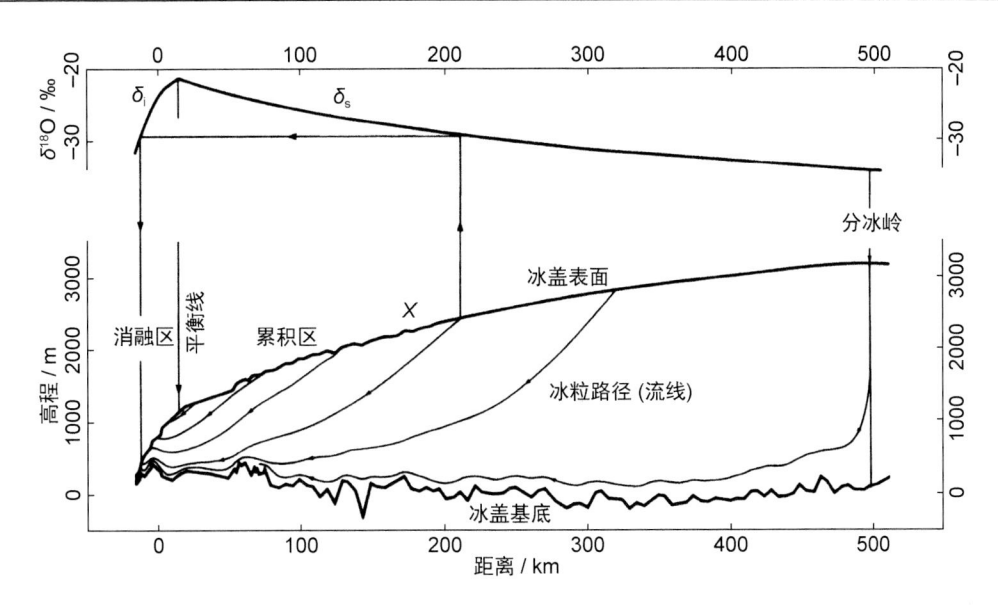

图 5.16 冰盖中冰流横断面示意图。冰面积雪转变为冰，并依循所示流线流动，在上覆冰压力下冰发生塑性变形而变薄。因此，点位 X 的冰心含有源于上游的冰的记录，需要就上游更冷的状况进行调整。冰峰处的冰心问题较少，前提是分冰岭一直未随时间发生变化。冰盖边缘冰面采集的样品也许能够展现与冰盖内部钻取的冰心样品相同的古环境记录。改自 Reeh（1991）。

简单模型可以粗略估算深部冰的年龄，但要获取更准确的年龄估值，还需要了解过去冰厚度和温度、累积速率、流动模式以及冰流变性（随粉尘含量而变化）等参数的变化（Cuffey and Paterson，2010）。对采自分冰岭的冰心（如格陵兰冰峰的 GRIP 冰心）或钻穿巨厚冰盖且深度接近冰床的冰心（如南极洲东方站）而言，其中的许多问题都可尽量简化。然而，即使在此情形下，与过去冰盖规模和分冰岭稳定性相关的不确定性，以及冰盖厚度变化尤其是累积速率变化，都会显著改变冰心最深层段的年龄-深度关系。另一方面，如果可以用其他方法对冰进行独立定年（见前述），那么就可用以约束流动模型并对累积速率等参数的变化进行估算，否则就会出问题（如 Dahl-Jensen et al.，1993）。通过这种方式，利用各种参数的最佳估值和这些参数过去实际发生的变化对模型进行迭代变换，并结合某些控制点（如已知年龄的火山灰层或约 41250 a b2k 的 ^{10}Be 异常）的年龄，可对冰心年表加以细化和改进。最新版本的格陵兰冰心年表是以老于 60000 年记录段的流动模型为基础建立的（图 5.11），简称为 "ss09sea"（Johnsen et al.，2001）。

5.3.4 年代地层学对比

除前面介绍的方法外，也有研究尝试将冰心的某些地层学特征与其他具有较好年龄控制的古气候代用指标记录进行对比。例如，格陵兰冰心、卡里亚科海盆沉积和中国洞穴沉积呈现出相同的同位素特征（如 Deplazes et al.，2013）。由于洞穴沉积是利用铀系法进行独立定年的，这为确定（或核验）冰心年代学提供了良机（Wang et al.，2001）。这种方法的风险是，某些"事件"（如表征丹斯加德-奥施格事件起始的格陵兰降雪同位素突然变重）被用于调准不同区域记录的年龄，但这些转折的时间可能并非同步，过于简单的对比可能会掩盖气候系统中相当重要的相位超前和滞后现象。有关南极洲与格陵兰冰心之间（利用充分混合的微量气体记录）以及冰心与其他古气候记录之间的其他地层学对比方法将在5.4.3节中进行讨论。

5.4 冰心古气候重建

冰心提供了由每个冰钻点位同时记录的诸多不同参数构成的高分辨率序列，彻底改变了我们对第四纪古气候学的理解。以下各节将介绍北半球和南半球冰心的一些主要结果，并就其如何相互关联以及如何与轨道驱动相关联进行讨论。

5.4.1 格陵兰冰心记录

从格陵兰冰盖已钻取6套进深至基岩的冰心：世纪营、Dye 3，两套采自冰峰的冰心——GISP2（格陵兰冰盖项目2）和GRIP（格陵兰冰心项目），以及两套采自格陵兰北部的冰心——NGRIP和NEEM（北格陵兰伊姆期项目）（图5.1，表5.2）。此外，采自冰盖东缘小冰帽的冰心（伦兰）也钻至基岩（Johnsen et al.，2001），而沿冰盖边缘通过"水平取心"则获得另外3套长记录（Reeh et al.，1987，1991，1993；Johnsen and Dansgaard，1992）。这些冰心提供了大量有关格陵兰气候历史和在北大西洋地区大范围运行的气候过程信息，这些过程的影响具有半球乃至全球意义。此外，冰心包含着反映远离极区发生的环境变化记录（如生标、粉尘和CH_4）。

图5.17显示NGRIP冰心的$\delta^{18}O$记录，按GICC05时间标尺（追溯至60000 a b2k）和ss09sea模型时间标尺（60000 a b2k以前）绘制，这两个年表是目前格陵兰冰盖年龄与深度关系的最佳估值。GRIP和GISP2记录在约95000 a b2k内都与NGRIP记录高度相关，而NGRIP因位置更北，其$\delta^{18}O$值正如所料通常低于两个冰峰冰心点位。然而，这种差异并非

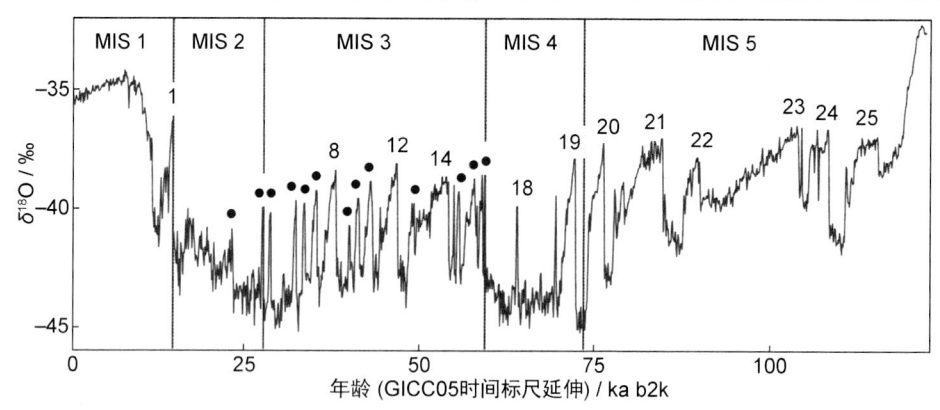

图5.17 格陵兰NGRIP点位氧同位素记录（$\delta^{18}O$），追溯至约123000 a b2k，显示了被称为丹斯加德-奥施格（D-O）事件1~25（数字和黑点）的突变序列。这些事件也被正式命名为格陵兰间冰阶，编号为GI-1~GI-25（参见图5.18）。年代标尺建立基于多套冰心前溯至60000 a b2k的年层计数（图5.11），此前（调整了705年以与60000 a b2k的年层计数相匹配）的年代标尺则以名为ss09sea的流动模型为基础构建。对应的海洋同位素阶段（marine isotope stages, MIS）见标示。引自Wolff等（2010b）。

一成不变，而是在最冷期会增大，表明最冷期向 NGRIP 输送水分的气团源更北（North Greenland Ice Core Project members，2004）。

格陵兰所有冰心都显示，晚更新世表现为 $\delta^{18}O$ 的突然、大幅变化，与全新世的记录完全不同。末次（伊姆）间冰期至全新世起始出现了 25 个格陵兰冰盖积雪 $\delta^{18}O$ 增大（4‰～7‰）、累积速率加倍的时段，其间为寒冷的冰阶（Andersen et al.，2006a；Svensson et al.，2008）。这些同位素富集的时段被称为格陵兰间冰阶（GI-1，约 11700～14680 a b2k 至 GI-24，约 105000 a b2k）或丹斯加德-奥施格（D-O）事件 1～24（以两位冰心先驱 Willi Dansgaard 和 Hans Oeschger 的姓氏命名）（Johnsen et al.，1992；Dansgaard et al.，1993；Lowe et al.，2008）。其间的寒冷时段为格陵兰冰阶（Greenland stadials，GS），也相应做了编号。所有这些突变都可与相距遥远的 Dye 3（格陵兰南部）、世纪营（格陵兰西北部）和伦兰（格陵兰中东部）冰心进行对比，因此，无论原因如何，这些变化的地理范围都非常广阔。已有尝试将这些详细的同位素变化作为"事件地层"或年代模板，应用于北大西洋地区的海洋和陆地记录（图 5.18，表 5.3），其中的亚事件以字母作标记（GI-1a-1e、GS-2a-2c 等）（Björck et al.，1998；Walker et al.，1999；Blockley et al.，2012）。然而，正如 Lowe 等（2008）所指出的："界定气候事件的起始和终止可能是一件含糊不清的事——试图做得时间分辨率越高，做起来就越难。例如，在 NGRIP 记录中，事件 GI-1e 和 GS-1 的起始和终止在 Rasmussen 等（2006）中是利用氘过剩信号界定的，因为氘过剩是气候变化最清晰的指标……氘过剩信号指示的气候转变很可能超前于其他档案所记录的温度和植被变化。"Steffensen 等（2008）对这一问题进行了详细研究，结果表明，博令期起始时（约 14600 a b2k）和新仙女木期终止时（约 11700 a b2k）的升温都非常突然，许多指标都有体现。例如，在 NGRIP 点位，$\delta^{18}O$ 和 d（氘过剩）的变化发生在短短数年之内。氘过剩是一个对气候转暖特别敏感的指标，反映了当时水汽源区因大气环流重组而发生的快速变化。在新仙女木事件起始时，d 的变化也非常突然，在数年内（12896 a b2k 前）发生了变化，但其他指标（$\delta^{18}O$、粉尘、降雪累积）的响应则慢得多，延迟超过一个世纪或更长时间。因此，Steffensen 等认为，突变时限的关键指示应该是 d，既非 $\delta^{18}O$ 也非其他变化较慢的指标，据此确定，新仙女木持续时间为 1192±3 年，即自 12896 a b2k 至 11704 a b2k。

自冰阶值至间冰阶值的频繁变化（D-O 事件）是格陵兰同位素记录最为重要的特征，因此这些变化受到极大关注。Mayewski 等（1997）研究了 GISP2 冰心的一系列化学成分，并识别出两个主要成分，他们将这两个成分归因于末次冰期-间冰期旋回盛行的不同大气环流体系：极地/高纬气团（大陆粉尘和海洋性离子浓度较大）和中/低纬气团（生物成因硝酸根离子和铵离子浓度大）。正如所料，图 5.19 显示 D-O 事件期间的突变与上述环流状况的明显变化相关。在冷事件（$\delta^{18}O$ 低）期间，极地/高纬环流盛行；而在全新世和温暖的间冰阶期间，中/低纬环流模式更为盛行（Mayewski et al.，1994）。MIS 2～4 期间所见的主导大气环流状况的显著变化在全新世期间也可辨识（尽管更为细微），这使得最近数千年大气环流的主要变化也能得到确认（O'Brien et al.，1995）。虽然这类变化是以格陵兰偏僻地点的冰心地球化学界定的，但有证据表明，由于与远离北极的地区存在大气遥相关，其重要性可能超出本区域（Mayewski et al.，1997；Stager and Mayewski，1997）。

· 136 ·　古气候学：重建第四纪气候

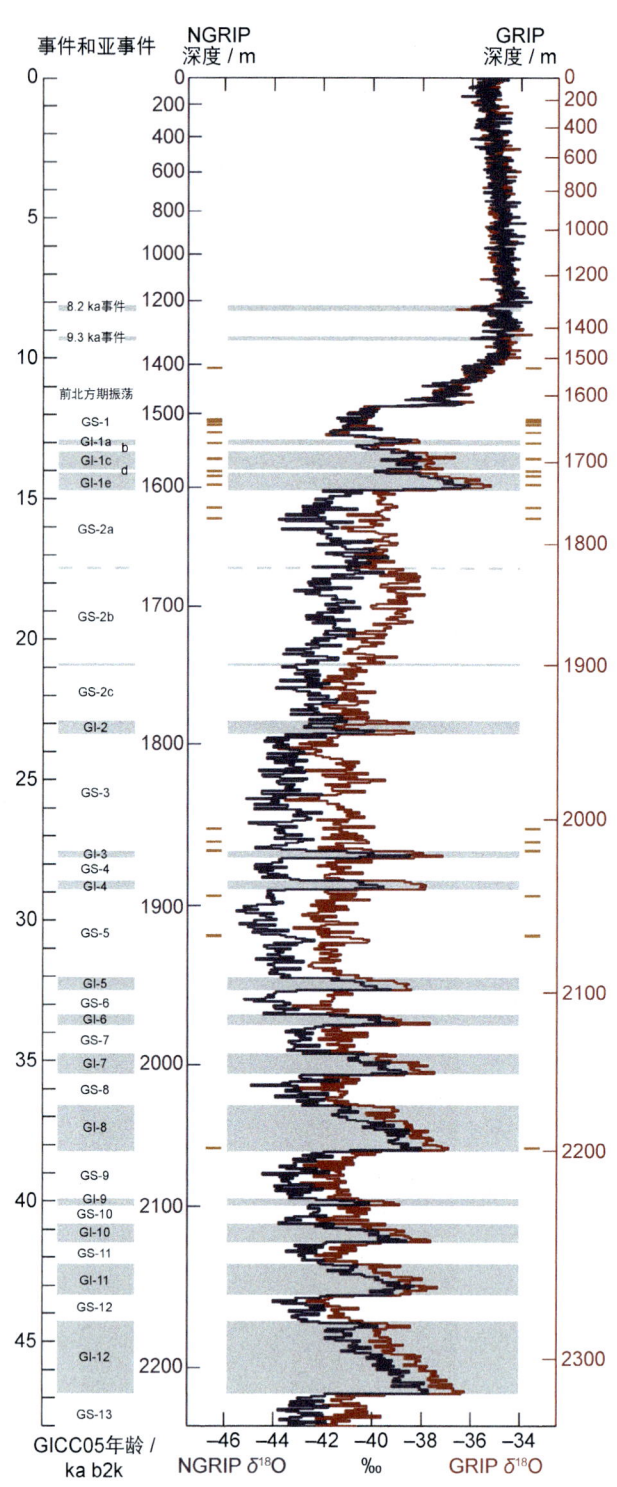

图 5.18　最近 48000 年时段事件地层（左轴），基于冰心同位素记录可识别的特征[如图中 NGRIP（蓝色）和 GRIP（红色）$\delta^{18}O$ 记录所示]。GS 指格陵兰冰阶"事件"，而 GI 指格陵兰间冰阶"事件"（阴影）。亚事件（1a、1b、1c 等）也做了类似的标识。两套冰心中的火山灰以橙色棒标示。引自 Blockley 等（2012）。

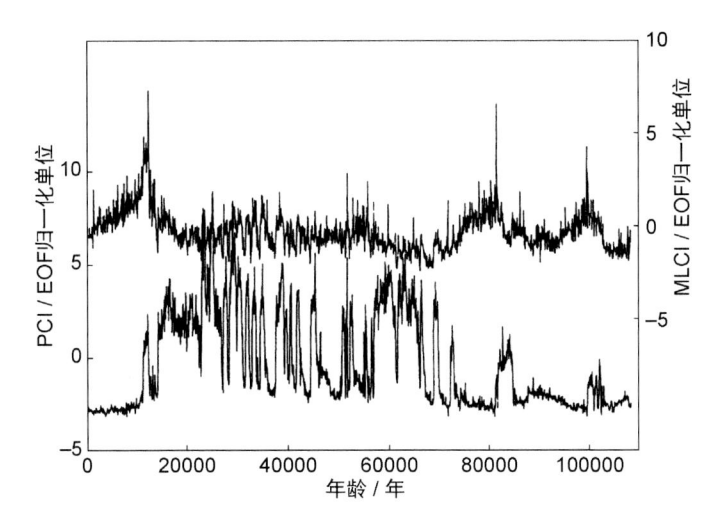

图 5.19 最近 110000 年 GISP2 冰心冰川化学的两个主成分变化（基于钠、钾、铵、钙、镁、硫酸根、硝酸根和氯等离子的协变）。下部曲线被认为反映极地/高纬环流状况及相关气团的相对重要性变化，而上部曲线被认为反映中/低纬环流状况变化。引自 Mayewski 等（1997）。

Huber 等（2006）分析了 NGRIP 冰心 D-O 17 至 D-O 8 的事件序列，发现每次突发升温事件平均持续约 225 年，期间温度上升 11℃（每 10 年约 0.48℃）。更为明显的是，CH_4 变化几乎与温度变化同步（滞后 25～70±25 年），即使在亚千年尺度上也是如此（图 5.20）。一些升温事件后紧接着突然出现相近幅度的降温，之后升温过程又被快速重启（如 D-O 13～17）。这种变化可能与北大西洋海冰范围变化及相关气团变化有关，是这些气团为格陵兰冰盖带来水汽。这得到了氘过剩（d）显著减小的同时 $\delta^{18}O$ 增大的证据支持；相反，D-O 旋回冷期较大的 d 值表明水汽源区位置更南，那里 SSTs 更高（Johnsen et al.，1989）。同样重要的是，D-O 事件与降雪累积和冰川化学（溶解离子和颗粒物）非常突然的变化相关（Mayewski et al.，1997；Steffensen et al.，2008；Thomas et al.，2009）。这在大陆粉尘记录中清晰可见（图 5.21），表明干旱源区（主要为东亚）环境变化与格陵兰气候变化步调一致。在 D-O 8 期间，升温前 10 年或 20 年大多数阴离子和阳离子大幅减少，这可能是因大陆物质长距离搬运减弱所致（Thomas et al.，2009）。

Landais 等（2004）对 D-O 19 进行了详细研究，认为表征该事件的事件序列始于北大西洋温盐环流减缓（可能是由于与海洋接触的冰盖崩解形成的大范围冰山所释淡水引起的）。THC[*]的减弱减少了向北传输的热通量，最终导致向海洋的淡水注入减缓或减少，从而使温盐环流得以恢复。随着向冰盖传输的热通量增加（突然的 D-O 升温事件），紧接着即回弹至前值。鉴于每个事件都有其独有的特征和持续时间，这一事件序列是否直接适用于其他 D-O 事件尚存争议。然而，Landais 等勾画出的概要性序列能够解释特征性同位素信号非常突然的变化，以及之后逐渐调整为前值的过程，而这似乎是所有 D-O 事件共有的特征（以及如下所述的南极记录的许多特征）。但这却回避不了一个问题：是什么触发了淡水通量的增加？（进一步的讨论，参见第 6 章 6.10 节）。

---

[*] THC. thermohaline circulation，温盐环流。——译者

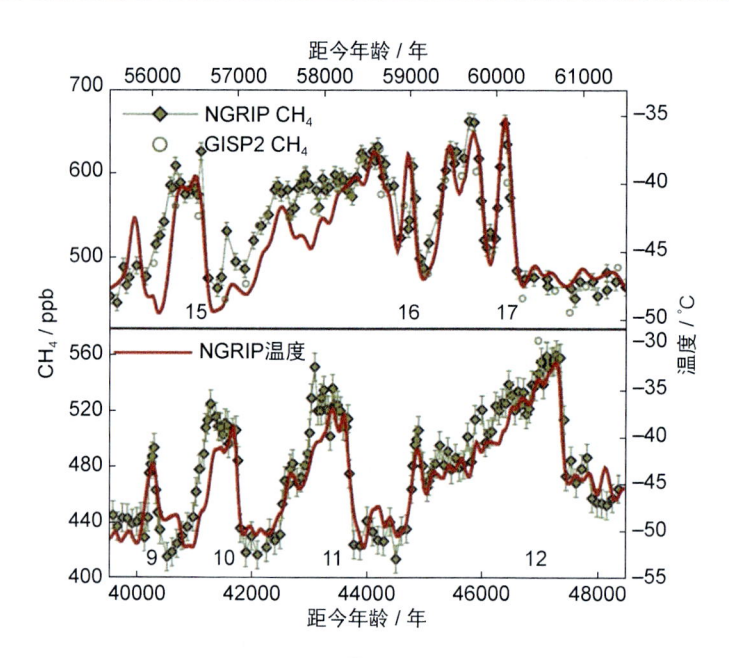

图 5.20　NGRIP 温度记录［源于冰中氮同位素（$\delta^{15}N$）在突变期间的差异性扩散］与冰中 CH_4 记录的对比。CH_4 变化略微滞后于同位素/温度变化（25～70±25 年），但通常紧随温度的变化，即使在亚千年尺度上也是如此。引自 Huber 等（2006）。

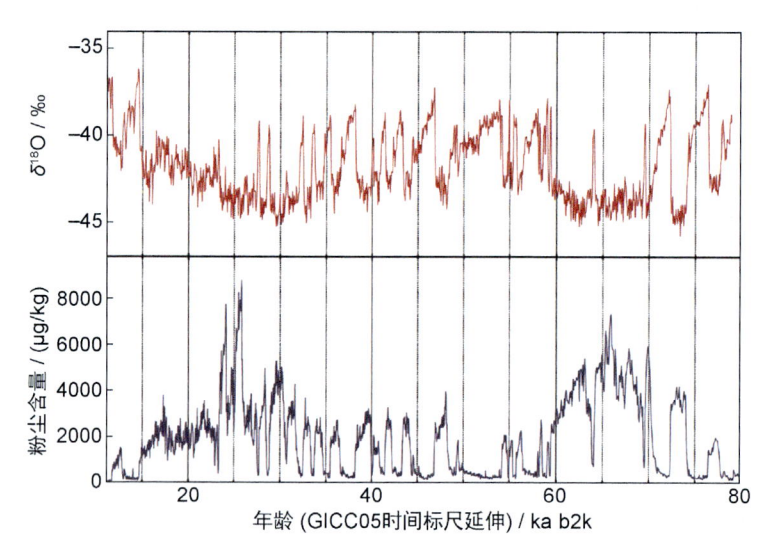

图 5.21　NGRIP 冰心粉尘含量（微克每千克冰）（蓝线）与 $\delta^{18}O$ 记录（红线）。粉尘含量与同位素值呈反相关，在同位素值出现转折时（或稍早）发生突变。引自 Wolff 等（2010b）和 Ruth 等（2007）。

尽管格陵兰冰心深部提供了最近约 12 万年气候变化的非凡细节，但事实证明，延伸至末次间冰期鼎盛期或向前进入 MIS 6 的连续记录是不易解释的（Suwa et al., 2006）。北格陵兰伊姆期（NEEM）冰钻项目专门针对这一时期的冰，在通常认为是末次间冰期最温暖时段格陵兰冰盖仍然残存的位置，钻取了一套进深至基岩的冰心。GRIP 和 GISP 冰心的早期研究表明，两者的深部都存在扰动，这与相对容易变形的冰期冰（含有大量杂质）与更纯净、更坚硬的间冰期冰之间的流动特性差异有关。这导致记录骤然中断，而这并非气候变化的结果。NEEM 冰心分析表明，尽管其深部也有扰动，但不同层段（通过 CH_4 和 $\delta^{18}O_{大气}$ 的全球性一致变化）可与南极 EPICA DML 冰心的连续记录相匹配，从而可将南极冰心的时间标尺移至格陵兰冰心记录（NEEM community members，2013）。结果表明，NEEM 冰心距今 128500~115000 年时段的记录未受扰动，但可能也含有 MIS 6 和 7 期间的冰。融化现象在距今 127000~118000 年的冰层中很常见，这些特征以及其他指标揭示，末次间冰期鼎盛期 NEEM 点位的年均地表温度高达 8℃，略高于源自格陵兰冰盖的其他估值（North Greenland Ice Core Project members，2004）。

与末次冰期大幅度变化的同位素记录相比，格陵兰冰心的全新世层段相对平稳。这经常被作为全新世气候保持不变的证据加以引用，（有学者认为）一般而言气候稳定是农业和社会发展必需的先决条件。甚至有学者建议，我们需要减缓社会对环境的全球性影响，以便气候可以恢复至温和的全新世状态（如 Rockström et al.，2009）。实际上，全新世气候在许多地区变化极大（主要就降雨模式而言），在全球范围内对社会产生了重大影响（Oldfield，2000），因此格陵兰氧同位素记录并不能代表一般意义上的全新世气候。事实上，Vinther 等（2009）的研究显示，全新世时期冰盖上空的温度只是看起来没有变化，因为在整个全新世期间，格陵兰冰盖冰峰的高度在发生变化。早全新世的同位素值必须向上调整，以抵消早全新世冰盖较厚的事实（因此，假如冰盖一直保持相同的大小，同位素值会小于其本来应有的值）。例如，在早全新世，GISP2 和 GRIP 点位比现今高 150~200 m，世纪营和 Dye 3 点位分别高约 550 m 和 400 m。对这些高度变化进行适当调整后，显然整个全新世期间的同位素值将大幅减小，这相当于距今约 8000 年以来降温约达 2.5℃（图 5.22）。这种变化趋势得到冰心组构物理证据的支持。早全新世冰中的融化层可根据密集的冰层加以识别，

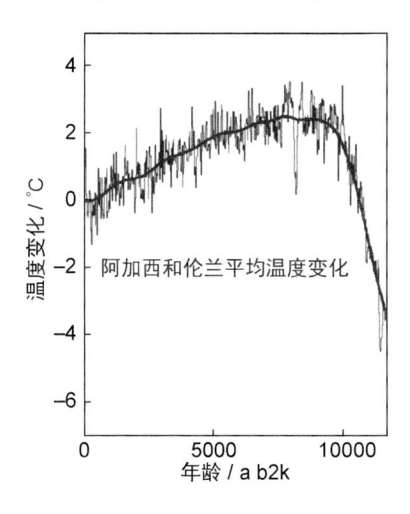

图 5.22 最近约 12000 年阿加西冰帽和伦兰冰帽（格陵兰冰盖主体以西和以东）年平均温度变化，基于钻孔温度校正的氧同位素数据重建。距今约 8000 年前至今，温度总体下降了约 2.5℃，但需注意最近的突然变暖。引自 Vinther 等（2009）。

这提供了温度在夏季月份的某些时间高于冰点的确凿证据，这种状况直至过去数十年前都是非常罕见的（Koerner and Fisher，1990；Alley and Anandakrishnan，1995）。GISP2 和阿加西冰帽冰心中此类冰层的分析表明，全新世夏季温度总体下降，早全新世冰面融化很常见，而晚全新世要冷得多。然而，就阿加西冰帽而言，过去 20~30 年的升温已导致冰面重新融化，其程度至少是 4000 年来见所未见的（图 5.23）（Fisher et al.，2012）。

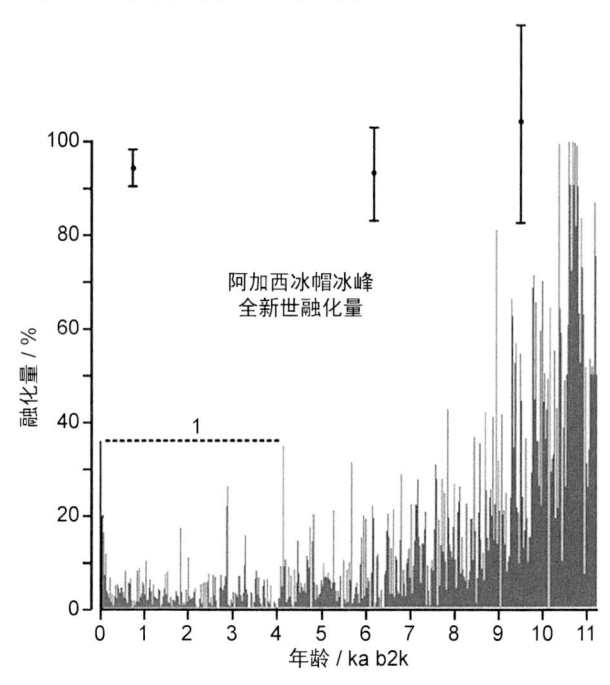

图 5.23　埃尔斯米尔岛北部阿加西冰帽冰心全新世融化记录（25 年平均值）。误差估值（误差棒）源自与附近冰心的差异比较。早全新世夏季温度远高于近年。虚线 1 显示，最近 25 年温度平均值是近 4000 年或更长时间中从未有过的。引自 Fisher 等（2012）。

关于格陵兰冰心记录值得注意的最后一点是，有大量记录是来自冰川平衡线至冰川边线之间沿冰盖边缘所钻取的表层冰（Reeh et al.，1991）。由于冰川流动使得最初沉积于累积区的冰平流至冰盖边缘，这些"水平冰心"的 $\delta^{18}O$ 与冰心深部的 $\delta^{18}O$ 高度相关（参见图 5.16）。这一点的潜在意义在于，相当老的冰的大样本其实可以通过在冰川边缘开凿来获得，而不必通过钻探冰盖底部冰心去提取很小的样本（Reeh et al.，1987）。Reeh 等（1993）指出，冰峰处的冰心可供研究的冰在距今 40000 年以前每百年不超过 10 kg，在间冰期不超过 5 kg。而冰川边缘的大样本则使得对诸如很久以前粉尘或花粉含量的详细研究成为可能。

5.4.2　南极洲冰心记录

南极洲现有许多长冰心，最长的超过 800000 年。这些记录是地球历史诸多方面——温度、温室气体、气溶胶、海冰范围、爆发式火山喷发、太阳活动和地磁场变化的卓越档案。此外，通过使南极冰心在时间上与其他冰心和北半球其他长记录同步，我们对全球气候变化如何在时间和空间上相互关联有了更好地理解。

目前最长的南极冰心记录来自南极洲东部的协和冰穹（冰穹 C）（图 5.1 和表 5.2），由 EPICA（the European Project for Ice Coring in Antarctica，欧洲南极冰钻项目）钻取。EPICA 冰穹 C（EPICA Dome C，EDC）冰心长 3260 m，最下部约 60 m 受到扰动，但上部约 3200 m 呈现了约 800000 年的累积（相当于海洋同位素阶段 20.2），因此它事实上已成为区域气候变化的标准记录（图 5.24）（EPICA，2004；Jouzel et al.，2007b）。为建立 EDC 记录的可

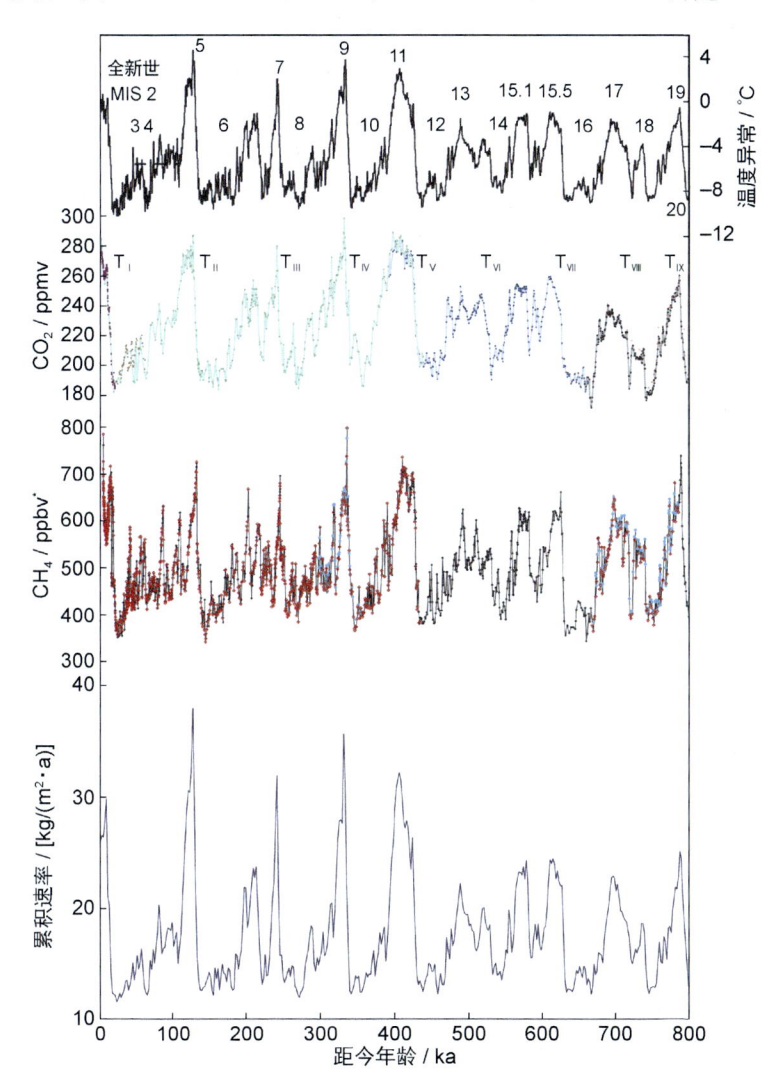

图 5.24 最近 800000 年 EPICA 冰穹 C 的 δD、CO_2、CH_4 和冰雪累积记录（δD 被解释为年平均温度）。冰雪累积源于 δD 记录，基于以下假设：随温度升高，空气中的水汽含量将增加，从而导致降雪量增大。这一假设为冰雪累积提供了一级估值，不过紧随冰雪累积的 Cl^- 和 NO_3^- 变化表明，冰雪累积在距今约 450000 年前的时段可能被低估（Wolff et al.，2010b）。图中也标示了海洋同位素阶段 1～20 和终止点（T1～T9）。改自 Lüthi 等（2008）、Loulerge 等（2008）和 Wolff 等（2010b）。

---

* ppbv 表示十亿分之一的体积混合比，1 ppbv = 1 nl/L。——译者

靠时间标尺，研究者付出了诸多努力，最终达致最新年代标尺（EDC3）。该年代标尺基于冰川流动和冰雪累积模型，其中假定累积速率随时间的任何变化都与 δD 记录（温度代用指标）相关（图 5.24）。根据克劳修斯-克拉佩龙关系，温暖的条件将使冰雪累积增加，其中大气的水汽含量随温度呈指数增长，因此可以假定降水是作为温度的非线性函数发生变化的。这些假设提供了一级年代标尺，该标尺通过与诸多年代地层标志（如已知年龄的火山喷发产生的火山硫酸盐层和拉尚地磁漂移时 ^{10}Be 的偏移）协调一致、或将冰心记录的关键特征与 U 系法独立定年的石笋类似特征相匹配再做调整（Dreyfus et al.，2007；Parrenin et al.，2007）。冰中气泡的氧/氮元素比值（$\delta O_2/N_2$）变化也可用来核校年代标尺。当粒雪被压缩成冰时，氧相对于氮有所损失，这被认为与影响雪-粒雪变质过程的当地日射量有关，而这一变质过程接着在粒雪-冰孔隙关闭时将被记录于气泡中。由于夏季日射量受轨道变化的影响，因此 $\delta O_2/N_2$ 比值可用作轨道驱动的代用指标，从而用于冰心年代标尺调谐（Bender，2002；Suwa and Bender，2008；Landais et al.，2012）。同样，空气总含量也与夏季日射量有关，这提供了另一种轨道调谐定年法（Raynaud et al.，2007）。依循上述多种方法，EDC 的年代标尺得到系统优化，现行年代标尺（EDC3）的重复性在距今 14000 年前可精确至 400 年以内，40000 年前增至 1500 年，100000 年前增至 3000 年，而在此以前，不确定性将增至约 3000～5000 年（Parrenin et al.，2007）。

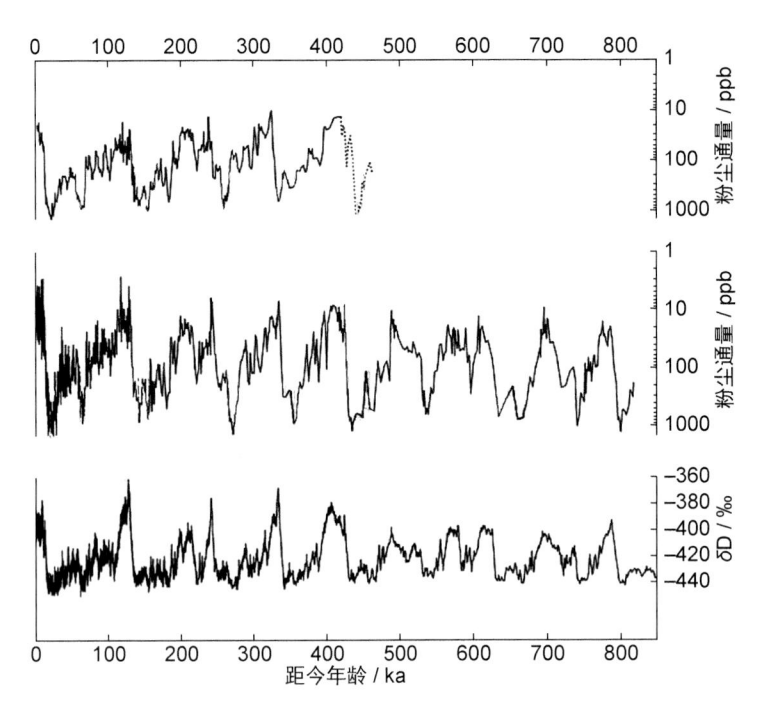

图 5.25 东方站（上）和 EPICA 冰穹 C（中）冰心粉尘通量（单位为每千克冰中的毫克粉尘或 ppb）与其 δD 记录（下）的对比。注意：粉尘通量以与 δD 反向的标度绘制。粉尘主要来源于巴塔哥尼亚的冰水冲积平原。粉尘最大通量对应于冰期，其时大气粉尘传输比间冰期鼎盛期高出 3 个数量级。引自 Delmonte 等（2008）。

冰穹 C 冰心记录在时间上可追溯至 8 个冰期-间冰期旋回（图 5.24）。据此观察，早期旋回中（距今约 800000～430000 年前）δD 变化的幅度显然小于其后的旋回。据现今 δD/温度关系估算（Jouzel et al., 2003），温度变化范围约为 15℃，相对于现今，最大值出现于 MIS 5.5（+4.5℃），最小值出现于 MIS 2（-10.3℃）。然而，有些证据表明，这种关系并非一成不变，间冰期甚至更温暖，可能要高出数摄氏度（Sime et al., 2009）。冰中杂质的详细分析表明，像格陵兰的冰一样，大气粉尘自冰期至间冰期发生了非常大的变化（Lambert et al., 2008, 2012）（图 5.25）。就南极洲而言，其粉尘起源于南美洲，可能来自巴塔哥尼亚安第斯山脉东侧广泛发育的冰水沉积物（Delmonte et al., 2008）。虽然有学者推测，冰期大气粉尘载荷增加可能产生对海洋光合藻类的施铁肥效应，从而导致大气 CO_2 降低，但在 CO_2 相应升高之前，粉尘通量其实早已降至较低的间冰期水平。在最近 9 个终止点，粉尘水平下降至间冰期最小值都发生在 CO_2 和温度达到间冰期水平之前约 4000 年，显示在南大洋变暖之前大气环流已发生重大改变（图 5.26）。这表明，粉尘施肥/CO_2 降低机制可能并非冰期-间冰期时间尺度 CO_2 变化的主要驱动因素（Fischer et al., 2007; Wolff et al., 2010a）。

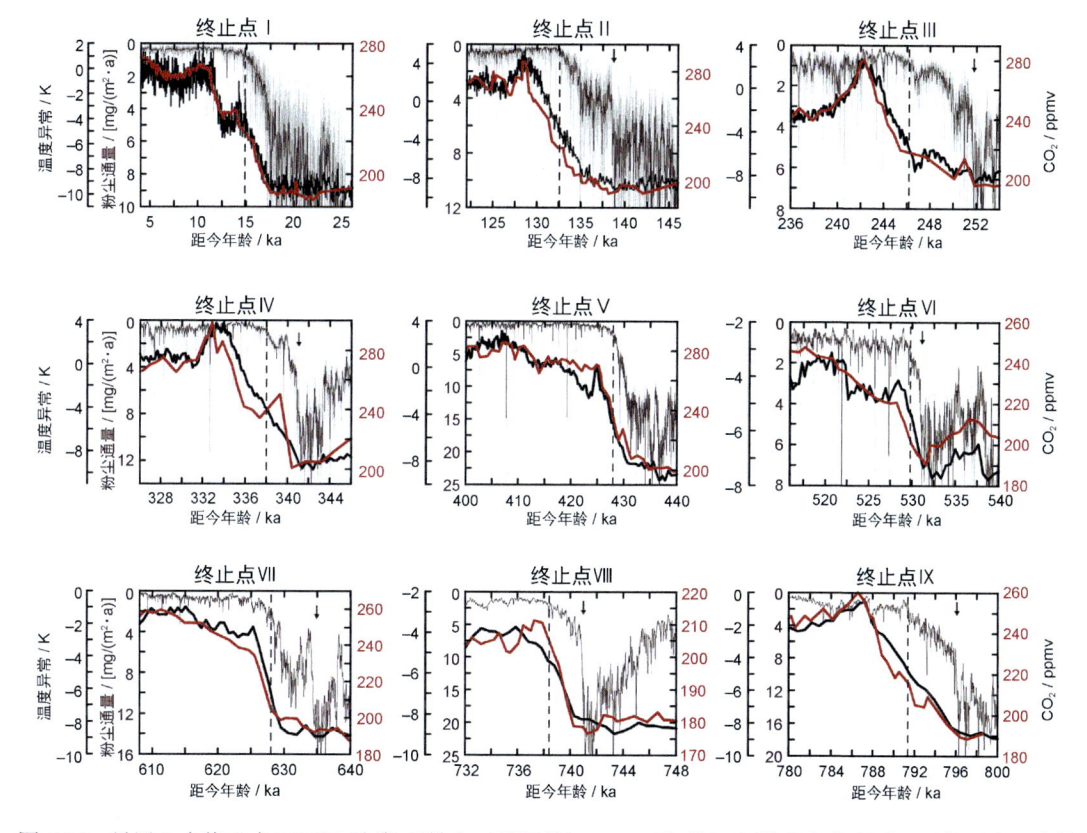

图 5.26　最近 9 个终止点 EPICA 冰穹 C 粉尘（细棕线）、CO_2（红线）和温度变化序列。平均而言，当粉尘下降至间冰期水平（虚线）时，CO_2 已上升了约 30 ppmv，这表明海洋粉尘施肥并非冰期-间冰期 CO_2 变化的主要驱动因素。引自 Lambert 等（2012）。

所有南极冰心的 δD 记录除表现出明显的"锯齿状"冰期-间冰期变化外，还存在很强的千年尺度变率，尽管其变幅较格陵兰小（Wolff et al., 2010b）。问题是：这两者是什么关系？极地冰心的气体记录为匹配两半球记录的年代标尺提供了理想方式，假定（合乎逻辑）气体已在大气中完全混合。遗憾的是，格陵兰冰的 CO_2 记录并不可靠（由于冰中的化学反应），而 N_2O 记录又受粉尘含量的影响。不过，CH_4 的存留时间很短（<10 年），因此 CH_4 源汇的变化可通过大气 CH_4 浓度快速反映，这使得 CH_4 成为可用于两极冰心记录同步化的理想示踪气体。一经应用（下文将进一步讨论），即显见南极洲温度在格陵兰冷（同位素轻）期缓慢上升，而当格陵兰温度突然升高时，南极洲温度却骤然下降（图 5.27）。此外，格陵兰冰阶持续时间越长，南极洲升温幅度就越大（EPICA community members，2006）。这在 EPICA 冰穹 C 记录中尤为明显（图 5.28），而类似的关系在伯德、EPICA DML 和富士冰穹

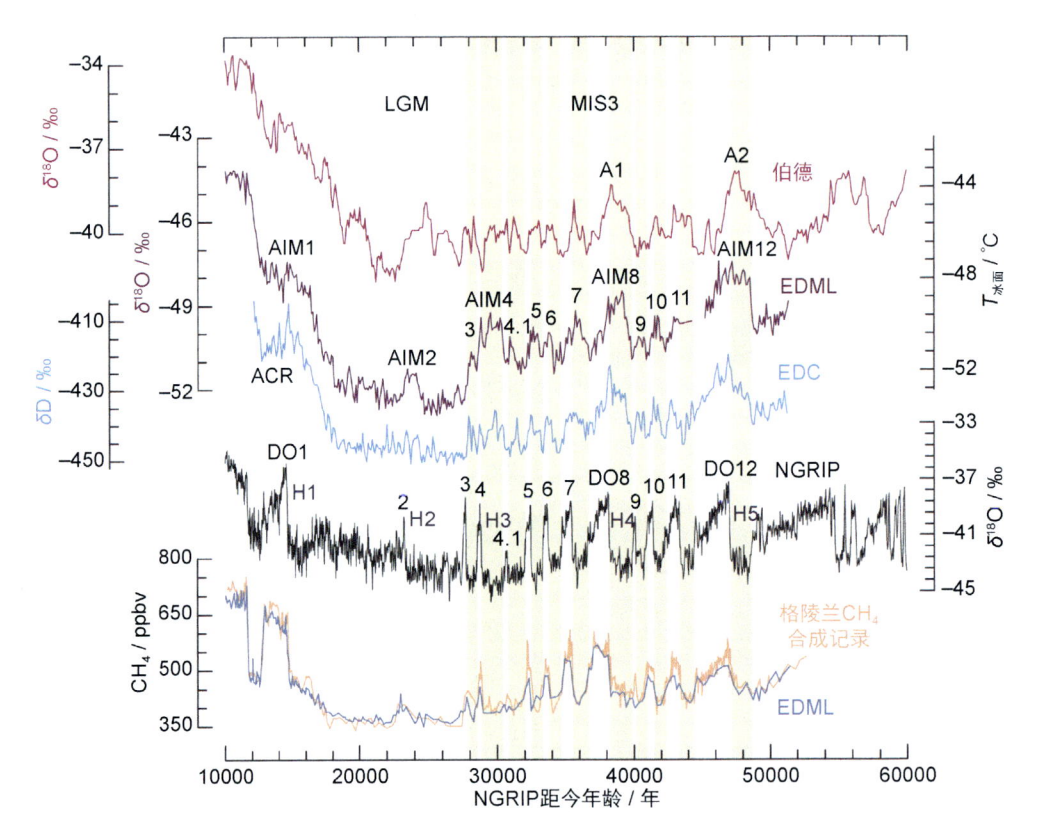

图 5.27　EPICA 冰穹 C、伯德和 EPICA DML 百年平均同位素值与 NGRIP 记录。同位素数据已通过调准两半球共有 CH_4 信号年龄以及调整冰年龄-气年龄差（Δ-年龄）予以同步化（图 5.31）。所有数据以 GICC05 时间标尺绘制。右侧温度标度基于南极洲东部现代 δD/温度关系。黄色阴影显示格陵兰冰阶，其时间与南极同位素最大期（AIMs）一致。海因里希事件 1~5 的时间也在图中标示。ACR 为南极冷倒转。引自 EPICA community members（2006）。

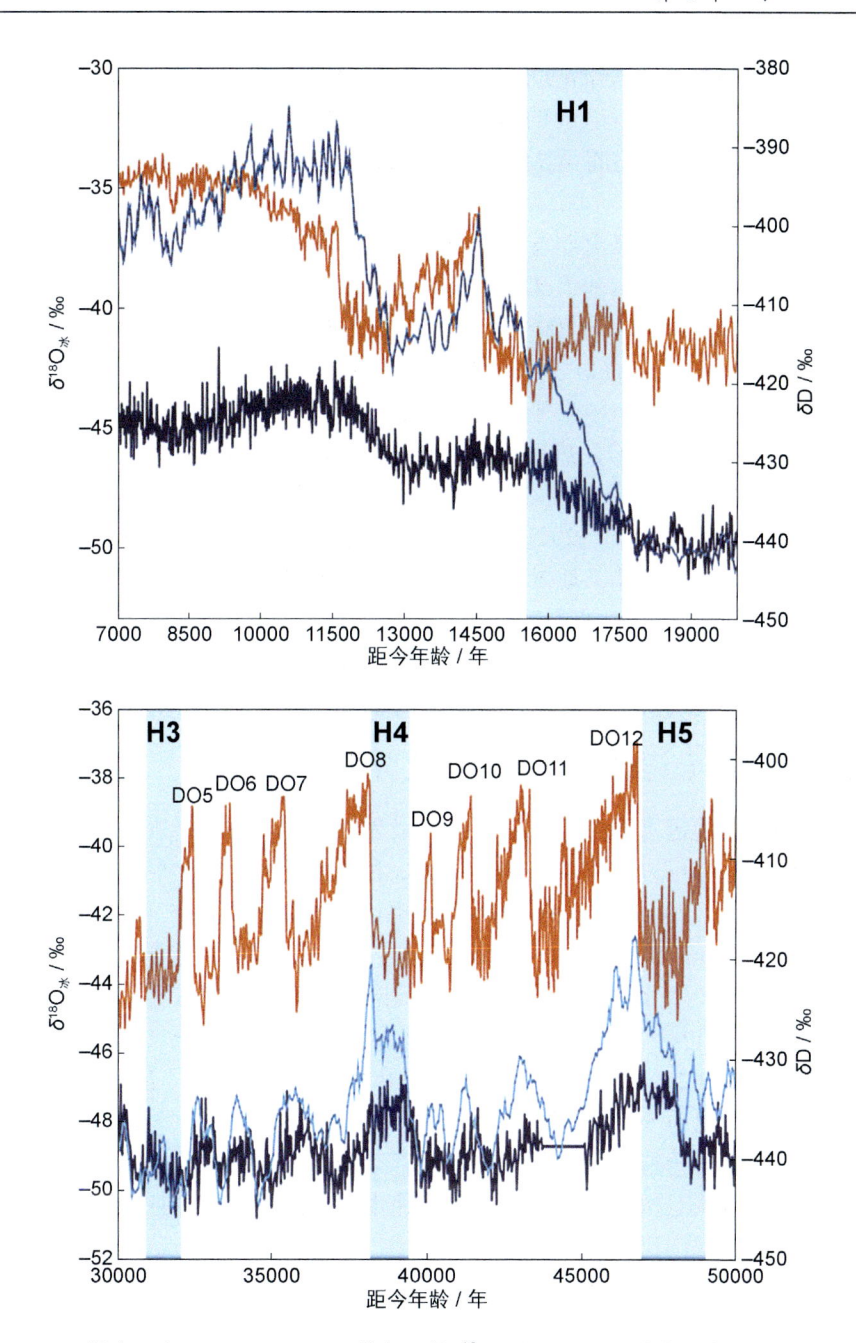

图 5.28 NGRIP（橙色）和 EPICA DML（深蓝色）的 $\delta^{18}O_{冰}$ 以及 EPICA 冰穹 C 的 δD（浅蓝色），所有记录均已利用 CH_4 含量和其他地层标记做了年龄调准。格陵兰突然升温导致南极洲降温。格陵兰冷期为南极洲升温期。引自 Lemieux-Dudon 等（2010）。

的冰心数据中都有显示（Lemieux-Dudon et al., 2010）。这种反向关系强化了"两极跷跷板"的概念，即温盐环流变化触发了两半球的反向响应（Broecker et al., 1985b；Stocker and Johnsen, 2003；Knutti et al., 2004）。当北大西洋深层水形成中断（或受限）时，热量将在南半球积聚。NADW 关闭的时间越长，南半球积聚的热量就越多，升温幅度也就越大。

一旦NADW重新启动，南半球的暖水便可穿越赤道传递热量，从而导致格陵兰突然升温、南极洲突然降温。南极冰心记录的暖期被称为南极同位素最大期（Antarctic Isotopic Maxima, AIM），其编号方式是将AIM_n对应于GI_n之前的GS（EPICA community members, 2006）。

特别引人关注的是末次冰消期发生的两段式温度变化，即快速升温被降温事件中断，持续约达1800年（图5.28）。基于δD约25年平均值20%的峰谷变化估算，在这一"南极冷倒转"期间（距今约14500~12700日历年），东方站和EPICA冰穹C的冰面温度在AIM1之后下降了3~4℃（Jouzel et al., 1992；Mayewski et al., 1996）。与之前的多次突变相同，最近的这次冷倒转的起始对应于格陵兰突然升温的时间（距今约14700年前）（Lemieux-Dudon et al., 2010）。热量此后传递至北半球，可能导致大陆冰盖消亡以及北大西洋淡水注入量大幅增加，从而使得大西洋经向翻转流（Atlantic meridional overturning circulation, AMOC）在距今约12900年前减弱（或中断）。这一时间在陆地古气候记录中被公认为新仙女木冷期的开始。通过温盐环流传递的能量减弱将导致热量在南大洋积聚，南极洲恢复升温，直至AMOC重新建立，并于距今约11700年前终结新仙女期。此后，冰盖融化注入北大西洋的淡水量再也不足以触发AMOC的重大变化，由此，像之前80000年里那样南北半球呈跷跷板变化的重大气候振荡期终致结束。

5.4.3 极地冰心记录的过去大气成分

冰心是极其重要的过去大气成分记录体。最为重要的是，由于雪和粒雪被压缩成冰时气泡被捕获，因而冰心可以提供二氧化碳、甲烷和氧化亚氮等对辐射具有重要影响的微量气体变化的连续记录（Raynaud et al., 1993）。不过，冰气泡中的空气始终比周围冰的年龄轻（Schwander and Stauffer, 1984）。这是因为，当雪被后来的降雪覆盖并缓慢变为粒雪和冰时，雪晶之间的空气直到粒雪-冰过渡带的气泡或气孔被封闭（"锁定深度", lock-in depth, LID）之前一直与大气保持着接触。因此，封闭气泡中的空气代表了周围冰沉积很久后的大气状况（图5.29）。此外，由于同一地层中的所有气孔并非都被同时封闭（例如，Dye 3点位封闭时间约为50年，而东方站封闭时间约为500年），气泡气体记录应被视为"低通"滤波记录，每个样品代表数十年至数百年的平均气体浓度。因此，分辨率最高的记录应该在降雪埋藏快且气孔关闭快的高累积速率区。这种条件往往出现于较温暖的极地环境，如格陵兰南部或南极洲距海更近的地区。

确定气体记录与周围冰基质在时间尺度上有何差异十分重要，否则将无法分辨这两种记录相对于彼此是如何变化的。评估CO_2和其他温室气体变化是否与温度（δD）记录同步（因而可被视为主要驱动因素），或者是否滞后因而仅仅是响应受其他驱动因素驱动的温度变化时，这一点变得至为关键。然而，如前所述，锁定深度的时限是粒雪致密化过程中累积速率和温度的复杂函数，找到确定冰年龄与气年龄之间时间差（Δ-年龄）的正确方法并非易事（Capron et al., 2013）。Δ-年龄与温度和累积速率成反相关的一般原理如图5.30所示，但这显然是一个有很大不确定性的模型（Blunier et al., 2007）。例如，有证据表明，当冰含有大量杂质时（如在冰期），致密化更快，这意味着基于现今状况对冰期锁定深度的估算（图5.31）将高估Δ-年龄值（Hörhold et al., 2012）。此外，温度和冰雪累积都随时间不断变化，Δ-年龄也是如此，这使得调准温室气体和温度变化的年龄面临更大的挑战。无论如何，冰的同位素记录与气体记录之间的年龄差显然变化相当大：在 GRIP 点位，全新世约为 200 年，而在累积缓慢的冰阶高达 2000 年；在东方站，其范围约为 2500 年至＞5000 年（Barnola et al.，1991；Sowers et al.，1992）。

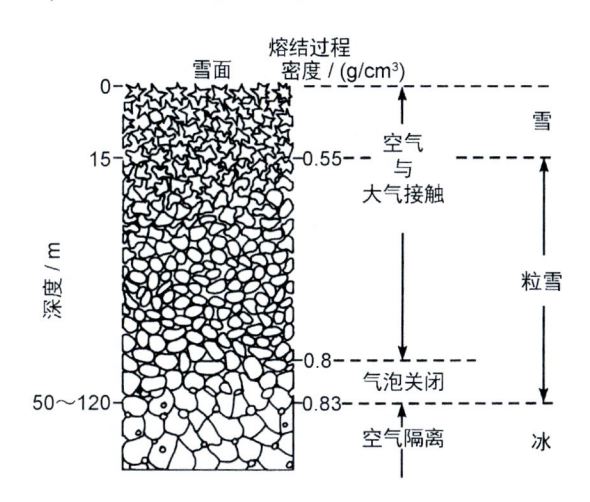

图 5.29　雪晶熔结或再结晶过程中空气如何被粒雪和冰捕获示意图。因累积速率不同，"气孔关闭"（气泡完全隔离）可能需要长达 2500 年，这一时间会随累积速率变化而发生变化（见图 5.31）。引自 Raynaud（1992）。

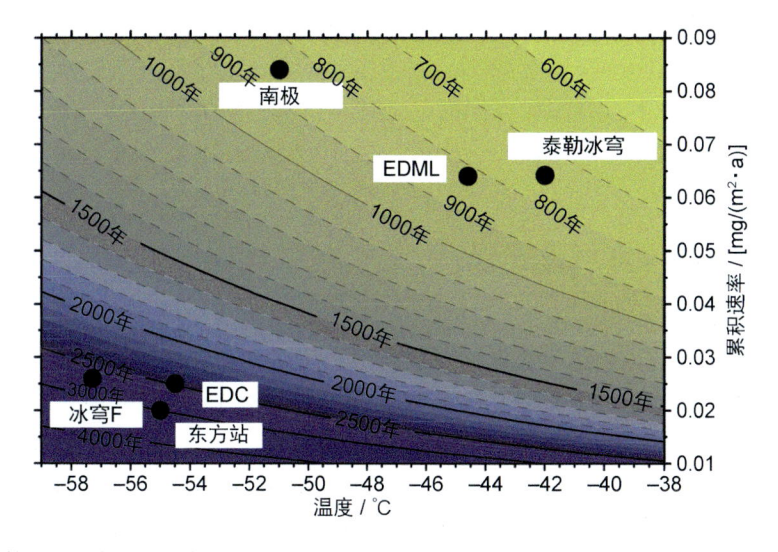

图 5.30　Δ-年龄（冰年龄-气年龄）作为温度和累积速率的函数，基于粒雪致密化模型。黑点显示数个南极冰心站点的现今状况。注意：大多数格陵兰冰心点位将落在图右上角以外，因而其Δ-年龄（现今）要小得多。引自 Blunier 等（2007）。

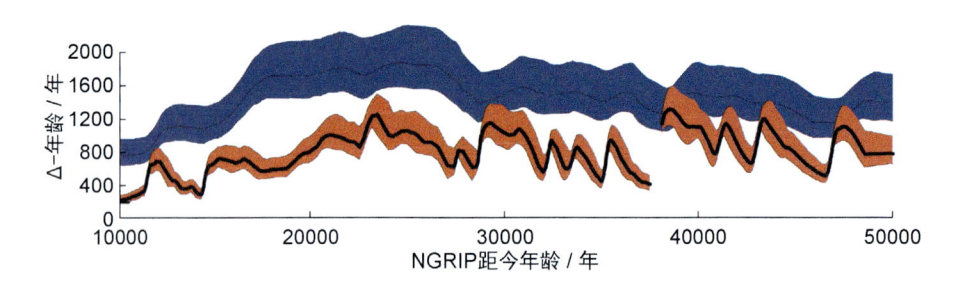

图 5.31 最近 50000 年 EPICA DML 和 NGRIP/GRIP（NGRIP 为 38000 年前）的Δ-年龄（冰年龄-气年龄）估值，基于图 5.29 所示模型。每个记录的误差包络线对应于 25%的累积速率或 2%的绝对温度误差范围。引自 Blunier 等（2007）。

在格陵兰，利用$\delta^{15}N$（冰心同一部位的气泡）变化作为古温度指标，可直接将温度突变的时间与 CH_4 变化进行对比。当升温突然发生时，粒雪中会形成温度梯度，导致空气中氮的重同位素沉降至粒雪的下层，从而在气孔关闭 ^{15}N 相对于 ^{14}N 出现富集。一俟这一差值锁定在冰心记录中，与所有相应CH_4变化相比的温度变幅就可直接进行对比。在 NGRIP 冰心中，对比结果表明温度变化与 CH_4 紧密同步，CH_4 变化仅滞后于温度数十年（图 5.20）（Huber et al.，2006）。在南极洲，直接据$\delta^{15}N$获得温度估值更具挑战性，因此，确定同位素变化与温度的时间关系通常有赖于利用δD估算古温度，并对Δ-年龄进行适当调整。这种处理的结果表明，CO_2变化通常滞后于轨道驱动的温度变化，在终止点 I 滞后≤800 年（如 Monnin et al.，2001；Loulergue et al.，2007）。然而，终止点 I 过渡段的$\delta^{15}N$分析显示，CO_2与温度具有更直接的关联，基本上不存在滞后（Parrenin et al.，2013）。这是一个重要差别，因为它提示，CO_2 要么是南极温度变化的直接驱动因素，要么主要是正反馈。解决这一争议需要进一步的研究，不过全球代用指标记录集成显示，南极洲温度变化在终止点 I 略早于全球平均响应，而 CO_2 升高略有延迟，这是由南极洲海冰减少时南大洋排气作用所致（Shakun et al.，2012）。

5.4.4 冰心的温室气体记录

温室气体的器测历史相对较短，只能提供不足 60 年的现代气体浓度记录。这些测量结果揭示出 CH_4、CO_2、N_2O 和工业氯氟烃的剧增。同期，铅和钒等重金属以及人类活动产生的黑碳、硫酸盐和硝酸盐的含量也急剧升高（尽管许多国家的清洁空气立法使得近年大气污染水平已有所降低）（Stauffer and Neftel，1988；Mayewski et al.，1992；McConnell et al.，2007；McConnell and Edwards，2008）。冰心能够将这些污染物的短期器测记录置于更深远的视野，从而提供工业化前本底值的某种量度，这代表了全球规模人为影响显现之前的状况（如 Etheridge et al.，1996；Raynaud et al.，2003）。图 5.32 显示了过去 1000 年南极冰心中的 CH_4、N_2O 和 CO_2 浓度及其近年的大气实测值。2013 年，CH_4 和 CO_2 浓度分别达到工业化前水平的 270%和 140%，N_2O 是 250 年前浓度的 120%。总的来说，这些数据表明过去约 200 年温室气体急剧增加，其浓度远高于过去 80 万年记录中所见的任何量值（尽管较老的记录无法提供与最近冰心相同的时间分辨率）。就此而言，如果人为排放奇迹般地降至零，那么推测 20 世纪 CO_2 快速增加如何被保存在东方站（累积速率低）冰心中将是一件趣事（图 5.33）。由于在气孔关闭之前 CO_2 在粒雪间扩散，因此其最大浓度不会留下记录，保存在冰中的应该是更为平滑的记录。在累积速率较大的地点，这种效应会减弱。当然，无人设想过去的 CO_2 浓度曾经像 20 世纪人为增长那样快速增加，但也有人猜测很可能发生过海底水合物沉积突然释放 CH_4 的事件，而这种事件的任何信号在冰心记录中都可能会被抑制。

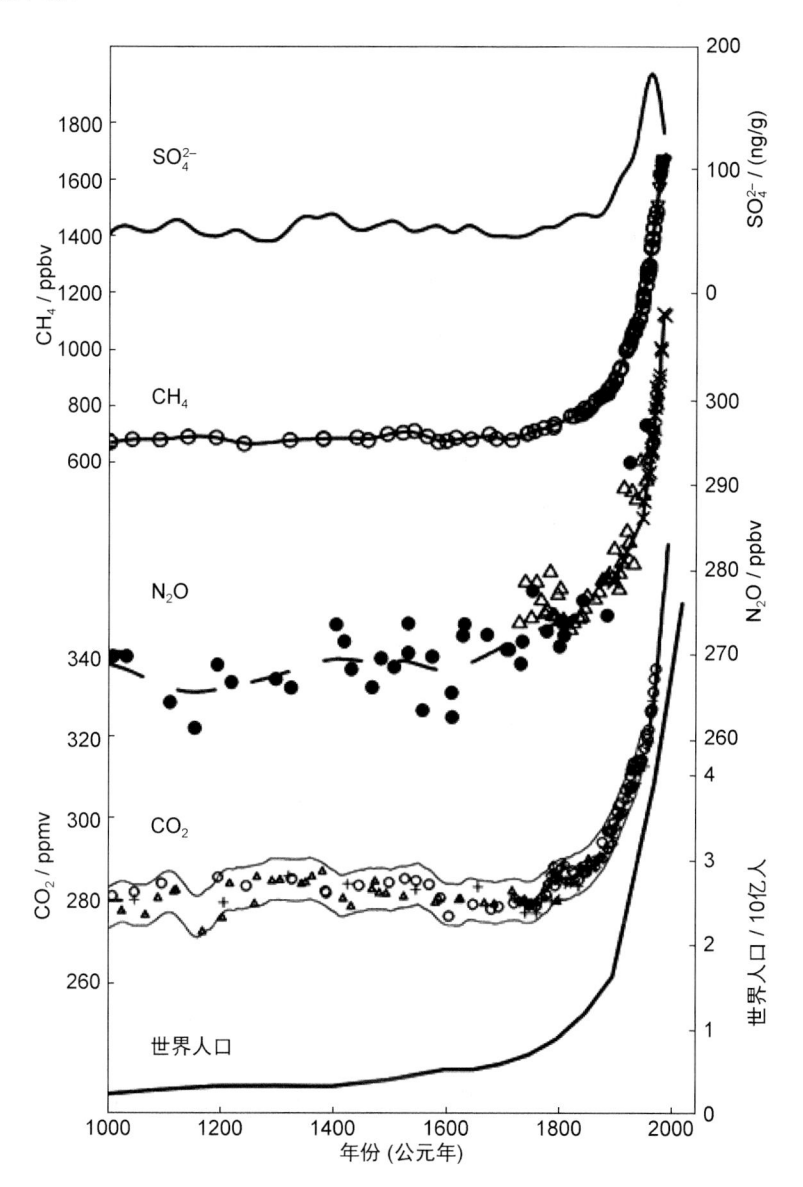

图 5.32　CO_2、N_2O 和 CH_4（来自累积速率高的南极冰心）以及格陵兰 SO_4^{2-} 的冰心记录。最近器测数据（涵盖最近数十年）已与冰心数据拼接。虽然许多国家的清洁空气立法使得近期 SO_4^{2-} 减少，但所有温室气体都显示出加速上升，与世界人口增长（底线）大体一致。引自 Raynaud 等（2003）。

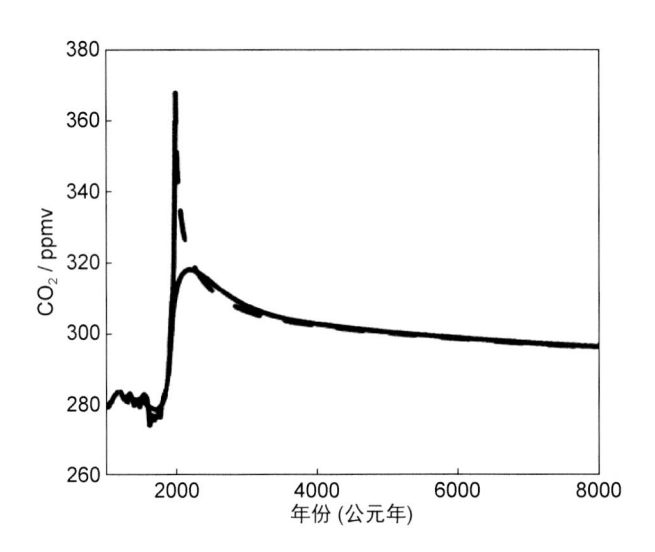

图 5.33 南极洲东方站冰心 CO_2 含量的假想变化，假定 2000 年停止所有人为 CO_2 排放。在此情形中，虽然大气 CO_2 的实际峰值达到约 370 ppmv，但由于气泡密封前粒雪中空气与大气中空气间的扩散交换，未来钻取的冰心序列只能记录约 320 ppmv 的最大 CO_2 含量。这些变化发生的精确幅度和时间取决于有关碳循环、累积速率和粒雪致密化过程的假设，但总体形态将保持不变。引自 Raynaud 等（2003）。

图 5.34 显示了 EPICA 冰穹 C 最近 800000 年的 CO_2 和 CH_4 记录，并与基于 δD 估算的大气（地表逆温层以上）温度变化进行了对比，其中已考虑冰-气年龄差及其随深度的变化（Jouzel et al.，1993）。显然，温度、CO_2 和 CH_4 记录之间存在很强的相关性（Loulerge et al.，2008；Lüthi et al.，2008）。在冰期，CO_2 浓度约为 180～190 ppmv（最低值为距今 667000 年前的 172 ppmv），而在最近的间冰期为 280 ppmv（不过距今约 450000 年以前间冰期 CO_2 浓度较低，约为 240～250 ppmv）。CH_4 浓度在冰期约为 350～400 ppbv，而在过去间冰期鼎盛期约为 700 ppbv，并且在每个终止点变化都非常突然。从冰期-间冰期大幅变化的角度看，CH_4 的长期记录与 CO_2 大体相似，但仍存在一些重要差异（图 5.34）。甲烷浓度通常在间冰期变率更大，而 CO_2 浓度则是自间冰期水平缓慢降至冰期最小值（Chappellaz et al.，1990；Brook et al.，1996）。这反映出 CO_2 和 CH_4 的主要驱动力不同的事实。大气 CO_2 浓度主要是海洋变化的结果，但相对而言 CH_4 几乎不会溶于海水中，因此大气 CH_4 浓度由大陆源区变化驱动，尤其是热带（但也包括北半球高纬）湿地范围对大气 CH_4 浓度至关重要。这凸显出季风环流的重要性及其对冰期-间冰期旋回低纬湿地范围的影响（Petit-Maire et al.，1991）。考虑到 CH_4 是通过大气中羟基离子（OH^-）的氧化从大气中移除的，并且这种汇的作用可能在温暖的间冰期（大气水汽含量高、森林释放的挥发性有机物多）更加有效，Raynaud 等（1988）估算，全球 CH_4 排放量自冰期至间冰期增加了 2.3 倍。相比之下，观测到的 CH_4 排放增量（在冰心记录中）实际为 1.8 倍。CH_4 的这种增加可能是由热带湿地扩大和伴随的厌氧细菌造甲烷作用以及间冰期高纬泥炭地细菌活动速率增大引起的。这一假说得到格陵兰 GRIP（冰峰）冰心全新世时期详细的 CH_4 实测数据支持（Blunier et al.，1995）。甲烷浓度在距今 5200 年前达到最低值约 590 ppbv，而在早、晚全新世约为 730 ppbv（图 5.34）。早全新世至中全新世 CH_4 浓度降低对应于该时段广为人知的热带湿地面积缩减，

其中距今 5000～6000 年前后气候最为干旱（Street-Perrott and Perrott，1993）。通过对比两极冰心的 CH_4 记录，Chappellaz 等（1997）考察了两极间甲烷浓度梯度随时间的变化，结果表明，晚全新世 CH_4 浓度升高很可能是由高纬泥炭地发育引起的，而热带地区在此期间仍然相对干燥。

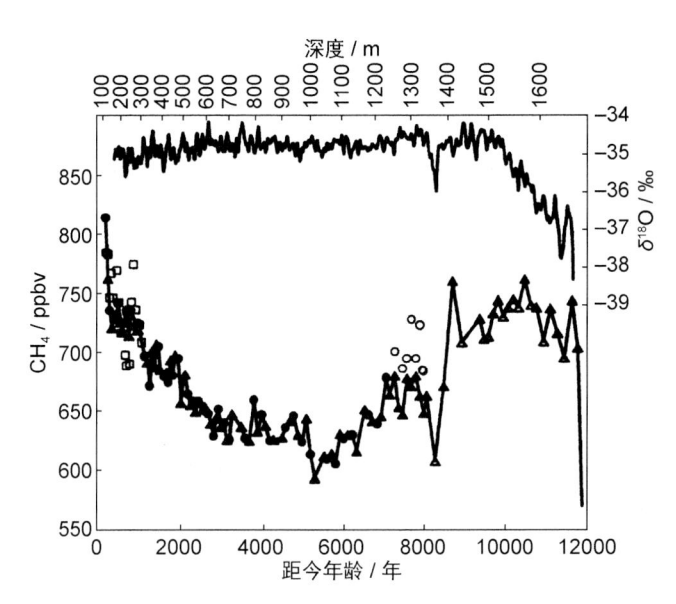

图 5.34 最近 12000 年 GRIP 冰心（格陵兰冰峰）中的甲烷浓度。距今约 8250（日历年）年前 $\delta^{18}O$ 显著减小对应于 CH_4 突然减少。至距今约 5200 年前 CH_4 减少与热带湿地减少有关。之后 CH_4 增加是由高纬泥炭地扩张所致。引自 Blunier 等（1995）。

另一种温室气体氧化亚氮（N_2O）的长期变化也已通过冰心气泡得以测定（Leuenberger and Siegenthaler，1992；Sowers et al.，2003；Wolff and Spahni，2007）。与 CO_2 和 CH_4 相同，N_2O 的浓度也是在冰期更低，比全新世时期的浓度低约 30%（约 190 ppbv 对约 265 ppbv）。大气 N_2O 浓度降低可能是由冰期海洋和土壤生产力下降引起的，因为冰期全球陆地生物量显著减少了（估计减少量约达工业化前水平的 20%～60%）。N_2O 浓度变化在千年时间尺度上也几乎与 CH_4 同步。

南极冰心同位素数据的频谱分析表明，方差集中于约 100000 年、约 41000 年和约 23000 年（程度较低）频段，这清晰地反映出轨道驱动的影响（Petit et al.，1999；Jouzel et al.，2007b）。特别是在东方站和 EPICA 冰穹 C 的温度记录中，41000 年具有很强的功率，这与 65°N 日射量一致（参见第 6 章 6.3.4 节的讨论）。CO_2 也是如此，但 CH_4 在岁差频率上方差更大，表明该气体的源区主要在热带（图 5.35）。$\delta^{18}O_{大气}$（气泡中空气而非冰本身的 $\delta^{18}O$）记录也在岁差频率上方差更大。今天大气的 $\delta^{18}O_{大气}$ 为 +23.5‰（相对于 SMOW），这是光合作用分馏与呼吸作用分馏平衡（"道尔效应"）的结果（Bender et al.，1985；Sowers et al.，1991，1993）。在大陆上冰的累积期，由于海水中相对富集 ^{16}O 的水被移除，因此海洋的 $\delta^{18}O_{海水}$ 随时间而变化，这一变化被记录在底栖有孔虫的 $CaCO_3$ 壳体中（见第 6 章 6.3.1 节）。然而，随着海洋同位素含量的变化，大气氧同位素含量也发生了相应变化，因为所有光合作用产生的氧都直接或间接地受到了海洋同位素组成变化的影响（如果 O_2 是由海洋生物产生的，即为直接影响；而如果 O_2 是由陆地生物产生的，由于这些生物受水循环中同位素变化的影响，则为间接影响）。冰中气泡的 $\delta^{18}O_{大气}$ 为这些变化提供了直接量度，$\delta^{18}O_{大气}$ 显著的岁差信号反映出热带生物圈随时间变化的特殊重要性。

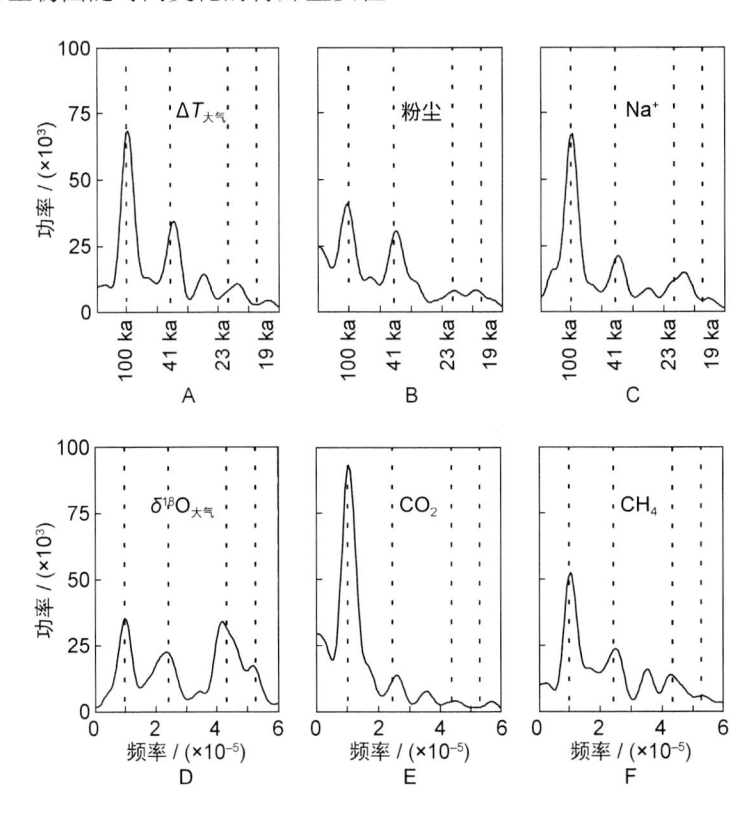

图 5.35 最近 420000 年东方站冰心测量的不同参数的频谱特征（布莱克曼-图基法）。A. 气温（源于 δD）；B. 粉尘；C. Na^+（源于海盐）；D. 气泡中大气的 $\delta^{18}O$；E. CO_2；F. CH_4。虚线显示与轨道驱动相关的主周期（自左而右）：偏心率（100000 年）、斜率（41000 年）和岁差（23000 年和 19000 年）。引自 Petit 等（1999）。

温室气体变化与温度（δD）（r^2 约为 0.72）密切相关，且有效放大了轨道驱动的变化（Genthon et al., 1987）。利用辐射-对流模型可以估算温室气体的冰期-间冰期变化对全球温度变化的直接辐射效应，结果显示，CO_2 约为 0.5℃，CH_4 约为 0.08℃，N_2O 约为 0.12℃（Leuenberger and Siegenthaler, 1992）。然而，更重要的问题牵涉相关的反馈，包括云量、雪盖、海冰等，这些反馈可能源于（且放大）上述变化。CO_2 倍增引起的总体（平衡）温度变化（包括辐射效应和反馈）称为气候敏感性，放大效应称为净反馈因子（f）。全球大气环流模型试验给出的 f 估值范围为 1~4，因此 CO_2 浓度倍增的直接辐射效应将增加 1~4 倍。Lorius 等（1990）尝试利用观测的温室气体、粉尘、非海盐硫酸盐和全球冰量的变化以及计算得出的轨道驱动辐射变化，来解释末次冰期-间冰期旋回东方站温度的总体变化。其分析表明，温度记录变化的 50%±10%（东方站上空大气约 6℃）是由温室气体变化引起的。如果这一数字适用于全球冰期-间冰期温度变化（估值约为 4~5℃；Rind and Peteet,

1985），那么它则表明温室气体变化是导致最近一次气候旋回全球温度变化约 2℃的原因。将这一数字与计算的直接辐射效应（0.7℃）进行对比，则净反馈放大值（f）约为 3。这与模型估算结果相符，不过处于整体范围的高值端。这可能反映了冰期更高的气候敏感性，即当时与陆冰范围以及半永久性海冰和冰架相关的"慢反馈"可能在放大辐射驱动方面发挥了比现今更大的作用。

5.4.5 低纬冰心记录

冰帽并非仅限于极地区，许多山区甚至赤道附近的高海拔也会发育冰帽（Thompson et al.，1984a；Francou and Vincent，2011）。高海拔冰心蕴涵着宝贵的古环境信息，补充和拓展了极地的冰心记录（图 5.2 和表 5.2）。但是，构建低纬冰心的年代标尺并非易事，尤其是在冰心深部。通常冰雪累积速率很大，所以钻取的大部分冰仅能代表最近一两千年。老冰定年依赖于对火山灰层的识别（例如公元 1600 年秘鲁埃纳普蒂纳火山喷发）以及与极地冰心或其他古环境记录同位素特征和/或气体含量的对比。所有这些都会给低纬冰心深部的年代标尺带来相当大的不确定性。只有在萨哈马，冰心最深处有机质 ^{14}C 定年给出了距今约 24000 年的年龄值，这提供了 LGM 时期的可靠标记。此外，深部冰层变薄意味着冰心最老的层段受到强烈压缩。例如，在瓦斯卡兰（秘鲁）和伊伊马尼（玻利维亚）冰心（长度分别为 166 m 和 136.7 m）中，前全新世的所有冰层都处于最深的 2 m 层段，因此不可能查明此间发生的环境变化的任何细节（Thompson et al.，1995；Ramirez et al.，2003）。萨哈马冰心深部有更厚的老冰，因此提供了更为详细的 LGM 和晚冰期记录。该冰心的独特之处还在于，在冰层的多个层位都发现了有机物（包括昆虫），因此至少在一定程度上可利用放射性碳定年建立年代标尺（图 5.36）。对乞力马扎罗山北部冰原冰心中的有机碎屑也做了放射性碳测年，但结果对年代标尺几乎毫无指示意义，因为所测年龄与地层层序不符。Thompson 等（2002）基于与索瑞克洞（以色列）石笋同位素记录的部分对比认为，其基底年龄为距今约 11700 年，但这一年代标尺的不确定性很大，记录也可能不连续，且不连续持续的时间不得而知。

虽然存在上述定年问题，南美洲的 3 套长冰心仍然提供了 LGM 以来热带安第斯地区古气候的重要信息（图 5.36）（Vimeux，2009）。LGM 时段的 δ^{18}O 值相对于全新世减小 4‰~6‰，表明当时的气候状况更湿润（假定同位素反映"雨量效应"，如图 5.6 所示）。这得到了阿尔蒂普拉诺高原广阔干盐湖沉积和巴西石笋记录的证实，两者均指示 ITCZ 平均位置更南、大西洋水汽通量更大。在伊伊马尼和瓦斯卡兰冰心中，δ^{18}O 值自距今 18000 年前后开始增大，这与 EPICA 冰穹 C 记录的变化相似，而在距今约 15000 年前的 AIM1 之后发生逆转。在萨哈马，同位素变重出现得更晚也更突然。伊伊马尼和瓦斯卡兰是否也曾发生这种变化尚不清楚，但即使发生，这种细节也会因那些高度压缩的深部记录的平滑而丢失。无论如何，这种变化都意味着气候转干，正如当时萨哈马冰心中 Cl⁻和粉尘增加所证实的那样。这可能表明 ITCZ 在向北移动，直至在新仙女木时段再次返回更南的位置，当时安第斯山冰心的 δ^{18}O 值再次减小。最后，在瓦斯卡兰和伊伊马尼，早全新世表现为干旱和 δ^{18}O 高值，晚全新世逐渐变湿。这与萨哈马形成对比，那里晚全新世形成的广阔干盐湖导致大量粉尘抵达冰帽。

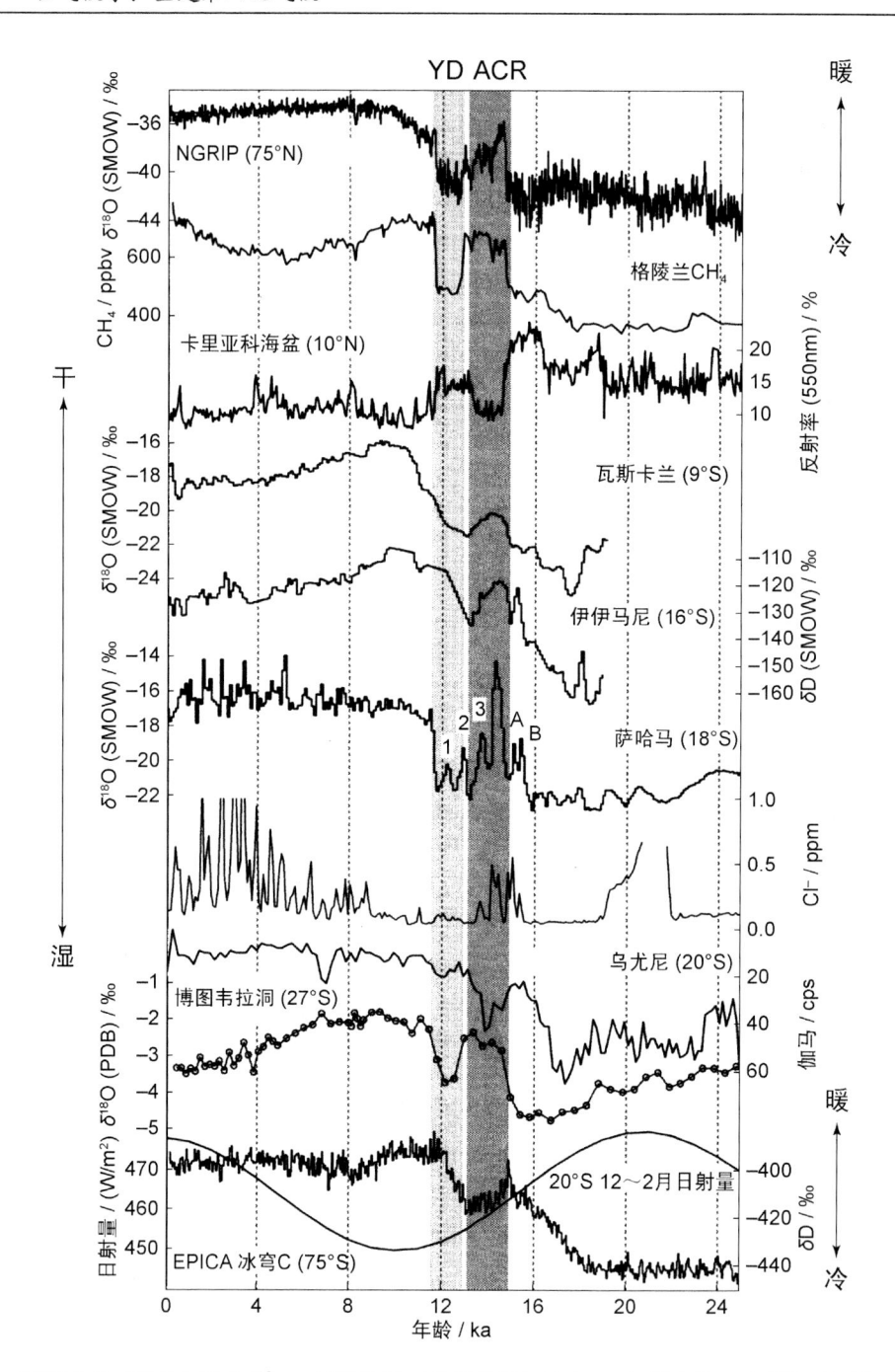

图 5.36 瓦斯卡兰（秘鲁）冰心 $\delta^{18}O$、伊伊马尼（玻利维亚）冰心 δD 和萨哈马（玻利维亚）冰心 $\delta^{18}O$ 记录与过去 25000 年其他环境记录的对比。上：NGRIP $\delta^{18}O$；格陵兰 CH_4；卡里亚科海盆沉积反射率。下：萨哈马冰心氯化物；乌尤尼干盐湖盆地沉积岩心伽马密度；博图韦拉（巴西）石笋氧同位素；EPICA 冰穹 C δD 以及 20°S 12～2 月日射量。每个代用指标的一般性解释以左侧和右侧的箭头表示。萨哈马记录 LGM 和晚冰期时段的冰层比其他热带冰心更厚，因此记录更加详细。引自 Vimeux（2009）。

在青藏高原西部的古里雅冰心中，^{36}Cl 序列表明冰心记录的最老层段（300 m 以深）可能＞500000 年（Thompson et al.，1997）。大部分冰似乎都是末次冰期形成的，因此该区当时的诸多气候状况细节都可得到相当详尽的解析（Thompson et al.，1997）。长期记录显示，末次间冰期以来发生了数次冰阶-间冰阶振荡（图 5.37），其中间冰阶的 δ^{18}O 值达到全新世的水平，约为–13‰。δ^{18}O 的大幅突变出现于距今 15000~33000 年间，平均时长约为 200 年。这些振荡比 GISP2 中的丹斯加德-奥施格振荡短暂得多，且与高 δ^{18}O 时段粉尘、NH_4 和硝酸盐含量升高有关（与格陵兰岛的情形相反）。这可能表明，整个冰期都存在温暖时段，应与高原上积雪减少、植被增加有关。

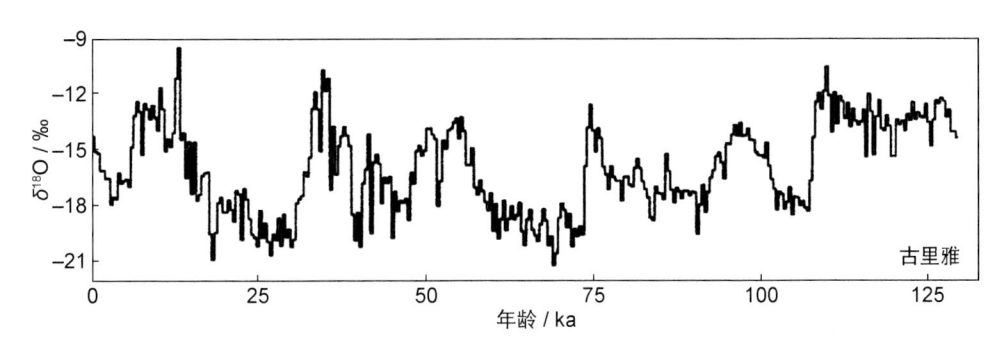

图 5.37 西藏西部古里雅冰帽（约 35°N，81°E）冰心 δ^{18}O。308 m 的冰心记录通过其 δ^{18}O 振荡与东方站和 GISP2 冰心 CH_4 记录对比进行定年。这假定导致古里雅 δ^{18}O 变化的因素与 CH_4 同相位增减（可能由低纬气候变化驱动）。引自 Thompson（1997）。

在许多低纬冰心中，粉尘和同位素的强烈季节变化使得通过年层计数建立最近数世纪的可靠年代标尺成为可能。例如，在奎尔卡亚山峰冰心（秘鲁比尔卡诺塔山，长 168.68 m），粉尘含量在 δ^{18}O 值和电导率值最高时的旱季（6~9 月）增大，这为上部 160 m 提供了强烈的年信号（公元 683±5 年）。秘鲁埃纳普蒂纳火山的一次大型喷发（公元 1600 年 2~3 月）产生了显著的电导率峰，为年层计数提供了极佳的年龄控制点，没有任何其他热带冰心能够提供如此清晰且详细的年代标尺（Thompson et al.，1986，2013）。最近 1000 年的 δ^{18}O 序列在奎尔卡亚冰心中显示出明显的变化，其最低值出现于公元 1530~1900 年（图 5.38）。这对应于世界其他许多地方所见的"小冰期"。在这一时期的部分时段（1530~1700 年），冰雪累积远高于平均水平，但随后下降至之前 500 年常见的水平。冰雪累积在约公元 600~1000 年也略高于长期平均水平。考古证据表明，当时高地文化群落出现扩张。相比之下，在之后的山区干旱期（约公元 1040~1490 年），高地群落衰落，而秘鲁和厄瓜多尔沿海的文化群落出现扩张（Thompson et al.，1988）。这可能为厄尔尼诺年的常态情境提供了长期证据，其时秘鲁南部高地干旱而沿海地区却湿润。事实上，奎尔卡亚记录表明，厄尔尼诺通常与冰雪累积减少的年份相关（Thompson et al.，1984b）。图 5.39 显示奎尔卡亚 δ^{18}O（1870~2009 年）与太平洋 SSTs 之间的相关关系，该图清楚地表明奎尔卡亚同位素记录保存了强烈的 ENSO 变率印记。对此，Bradley 等（2003b）和 Francou 等（2004）在讨论萨哈马冰帽（玻利维亚）和厄瓜多尔冰川时也分别有所述及。这促使 Thompson 运用 δ^{18}O/SST 回归重建了最近约 1500 年厄尔尼诺 4 区的 SSTs，结果表明，其 SSTs 很少高于最近年份，小冰期的 SSTs 则比最近数十年低 0.3～0.4℃（图 5.39）。

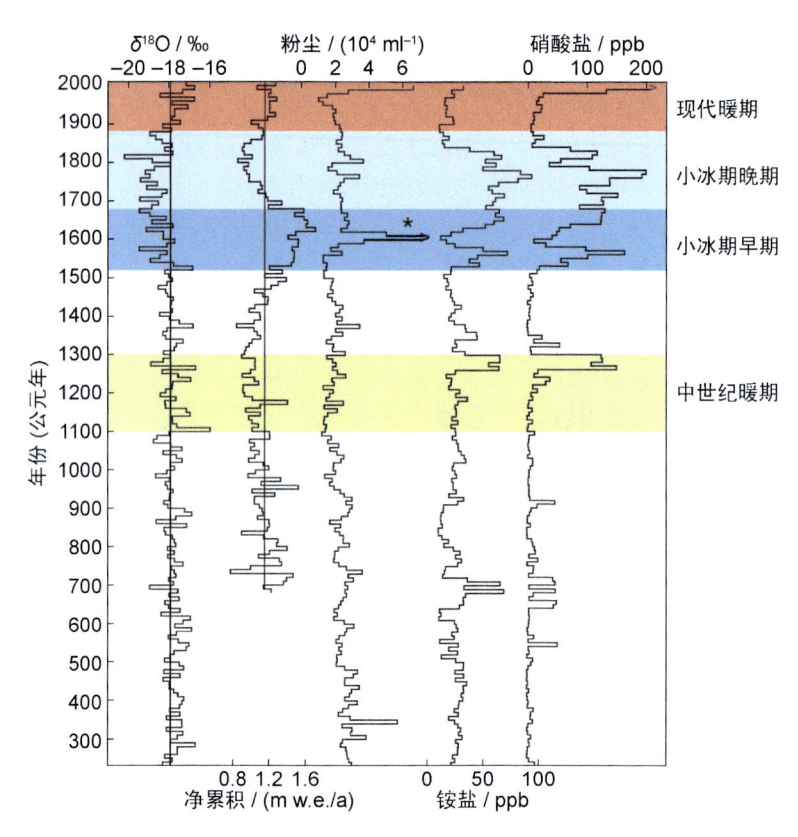

图 5.38　秘鲁南部奎尔卡亚冰帽 $\delta^{18}O$、净累积、粉尘、NH_4 和 NO_3 记录。粉尘序列上的星号指示公元 1600 年埃纳普蒂纳（秘鲁）火山喷发。m w.e./a＝每年水当量米数。引自 Thompson 等（2013）。

最近数十年，热带高海拔地区经历了显著的升温，导致一些地点的冰川和冰帽完全消失（Francou et al.，2003；Vuille et al.，2008；Braun and Bezada，2013）。在奎尔卡亚冰帽，最近 20 年的温度已经上升到如此程度：至 20 世纪 90 年代初，偶尔发生的冰面融化已达到山峰冰心点位（5670 m），使得在 1976 年和 1983 年钻取的冰心中清晰可见的详细 $\delta^{18}O$ 序列模糊不清（Thompson et al.，1993）。在奎尔卡亚整个 1800 年的记录中，没有任何类似的证据表明山峰点位曾发生这种融化。格雷戈里耶夫冰帽（位于帕米尔高原）以及中国西部古里雅和敦德的冰心也揭示出近年升温的证据（Lin et al.，1995；Yao et al.，1995）。在乞力马扎罗山北部冰原，最近 10 年的消融已使冰面降低了数米，因此现今冰面的冰是 19 世纪或更早时形成的（Hardy，2011）。这些记录以及来自非洲和新几内亚高海拔地点短冰心的其他证据（如 Hastenrath and Kruss，1992）都证实了最近数十年气候变化的剧烈特征，足以引发人们对可能丧失这些独一无二的热带古环境历史档案的担忧（Thompson et al.，1993，2006）。

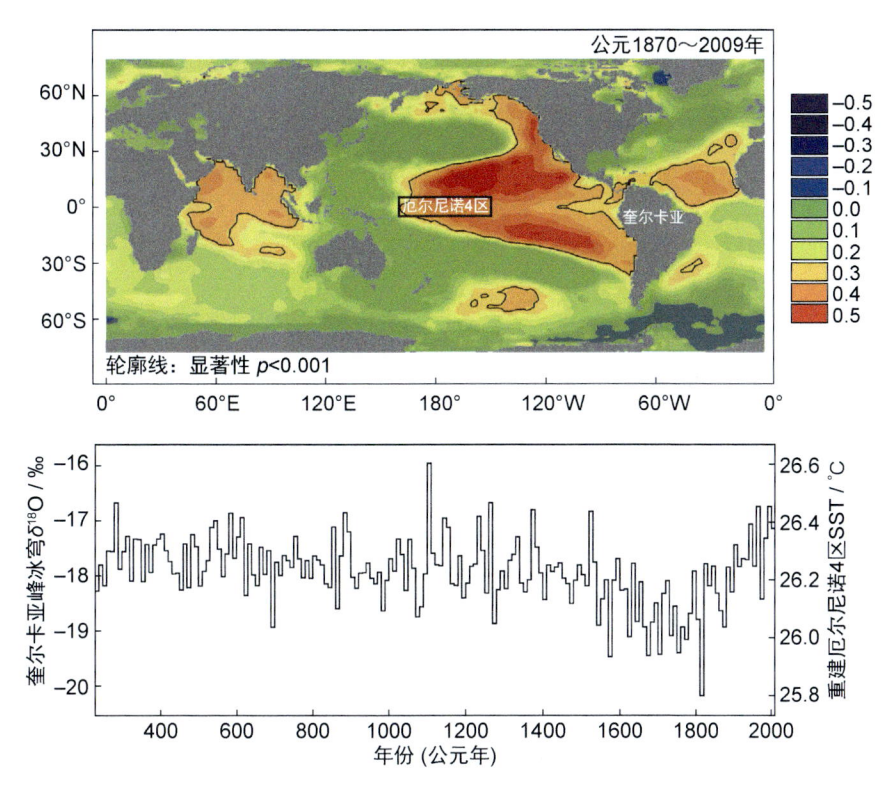

图 5.39 奎尔卡亚峰冰穹冰心 $\delta^{18}O$ 与 SSTs 之间的相关场图（1870~2009 年）。这种模式反映出 ENSO 变率在冰同位素组成中留下的强烈印记。下图显示基于 $\delta^{18}O$/SST 回归方程重建的最近约 1500 年厄尔尼诺 4 区（见图中方框）SSTs。尽管空间相关模式在时间上并非恒定，但 ENSO 与 $\delta^{18}O$ 之间的基本关系保持稳定。重建结果表明，SSTs 很少高于最近数十年，且在小冰期一直低于平均水平。引自 Thompson 等（2013）。

第6章 海洋沉积

6.1 引　　言

海洋占据地球表面的 70%以上，是一个非常重要的古气候信息源。每年有 60 亿～110 亿 t 的沉积物积聚于洋盆，这些沉积成为海洋表面或邻近大陆气候状况的记录档案。沉积物由生物物质和陆源物质组成（图 6.1）。生物成分包括浮游（栖居于海面附近）和底栖（栖居于海底）生物的遗骸，提供了过去气候和洋流记录，包括表层水温度和盐度、深层水溶解氧以及营养物或微量元素含量等指标（Gooday，2003；Jorissen et al.，2007；Kucera，2007；Rosenthal，2007）。与之相对，陆源物质的性质和含量指标主要提供大陆干-湿变化或自陆地吹向海洋的风强和风向记录，以及沉积物搬运至海洋和在海洋内部搬运的其他方式（河流侵蚀、冰筏、浊流等）的信息。海洋沉积还包含生物标志物（源于陆地或海洋生物的有机分子），它们可作为古海洋状况或邻近大陆古环境状况的宝贵代用指标（Rosell-Melé and McClymont，2007；Eglinton and Eglinton，2008；Gaines et al.，2009）。

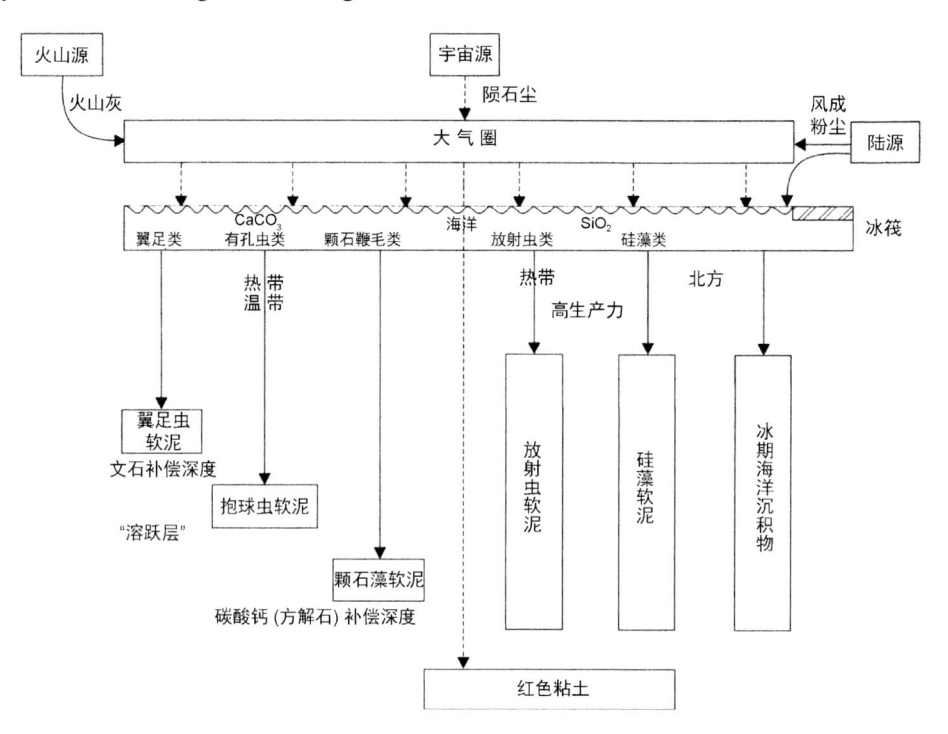

图 6.1　海洋中的远洋沉积作用。引自 Hay（1974）。

6.2 海洋岩心生物物质的古气候信息

根据海洋沉积中的生物物质推演古气候有赖于死亡生物组合（埋藏生物群落），这些生物组合构成了深海沉积中除最深部分（生物成因软泥）以外的主体。然而，埋藏生物群落一般并非直接代表上覆水柱中的生物群落（现生生物组合）。薄壁样本在深部的选择性溶解（见 6.3.1 节）、底层流冲刷对易搬运种类的差异性移除以及大尺度洋流长距离搬运的外来种类造成的偶然污染，都会产生不确定性。由于这些问题，大部分海底沉积物并不适用于古气候重建。这在图 6.2 的有孔虫研究（Ruddiman，1977）中已做了说明。不过需要注意的是，在许多不适合有孔虫保存的区域，其他生物（如硅藻或放射虫）的遗骸可提供有价值的记录（如 Sancetta，1979；Pichon et al.，1992；Pisias et al.，1997；Crosta and Koç，2007）。

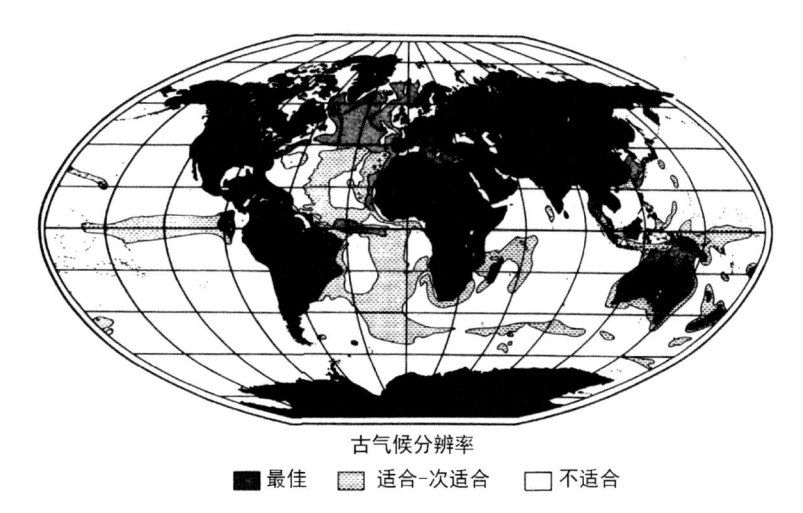

图 6.2 最佳、适合和不适合利用有孔虫开展精细第四纪古气候研究的区域。IMAGES 项目最近的航次以大陆架沉积速率大的点位为目标，在许多此类点位钻取的岩心提供了在深海无法获得的非常详细的过去环境状况记录。引自 Ruddiman（1977a）。

生物成因软泥主要由海洋生物的钙质或硅质骨骼（壳体）组成。这些生物可能是浮游的（生活于海表 0~200 m 的被动漂浮生物），也可能是底栖的（栖居于海底）。对古气候研究而言，最重要的钙质材料是有孔虫（一种浮游动物）壳体（图 6.3）以及小得多的颗石鞭毛藻（单细胞藻类，俗称颗石藻）壳体或碎壳。这些壳体有时与其他极小的钙质化石一起，被统称为钙质超微浮游生物（*nanno*＝侏儒）或简称为超微化石（Haq，1978）。有机壁沟鞭藻囊是指示高纬区 SSTs 和海冰范围的另一种重要古海洋学指标（de Vernal et al.，2000，2005；de Vernal and Marret，2007）。最重要的硅质材料是放射虫（浮游动物）、硅鞭毛虫和硅藻（藻类）的遗骸（Haq and Boersma，1978；图 6.4）。通过研究壳体的形态，个体通常可鉴定至种，从而可将它们在海底的分布与上覆水柱的环境状况（通常为温度和盐度）关联起来（图 6.5）。不过，应该指出的是，沉积物中的种组合是生活在水柱不同深度的所有种以及在该特定区域仅季节性分布的种的混合。浮游植物和拥有共生藻类的浮游动物局限于透光（光照充足）带，但某些种在其生命周期的不同时期生活于不同的水深。生境水深对于旨在重建海面温度（SSTs）的壳体同位素和地球化学研究具有特别重要的意义。例如，氧同位素组成是碳酸盐分泌时水温（以及在某种程度上盐度）的函数（6.3节），如果在个体整个生命周期中壳体壁是在不同水深分泌的，那么所得氧同位素与表层水温度和盐度的简单相关可能就失去了意义（Duplessy et al., 1981）。

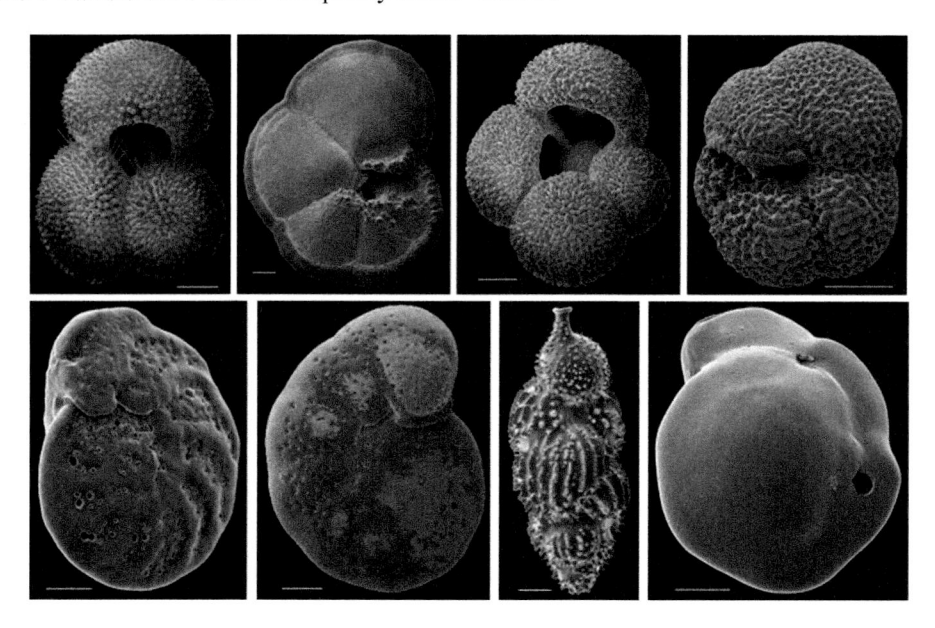

图6.3 古海洋研究中常用的浮游和底栖有孔虫的一些示例（自左向右）。顶行：热带至亚极地浮游有孔虫（自左向右）：红拟抱球虫（*Globigerinoides ruber*），敏纳圆辐虫（*Globorotalia menardii*），泡抱球虫（*Globigerina bulloides*），无纹新方球虫（*Neogloboquadrina incompta*）[也称为厚壁新方球虫（*Neogloboquadrina pachyderma*），右旋或向右旋卷]。底行：深海底栖有孔虫（自左向右）：威氏平扁虫（*Planulina wuellerstorfi*），皱疤似面包虫（*Cibicidoides cicatricosus*），奇异葡萄虫（*Uvigerina peregrine*），圆突孔背虫（*Oridorsalis umbonatus*）。照片由马萨诸塞大学Mark Leckie提供。

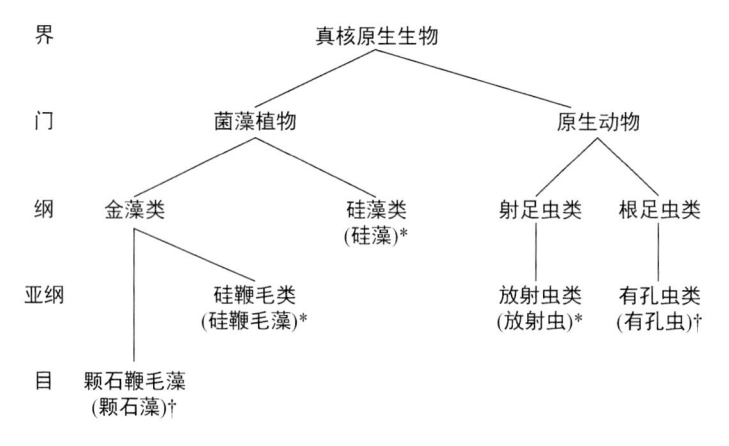

图6.4 古气候重建中应用的主要海洋生物分类学关系。星号标示硅质壳体；剑号标示钙质壳体。

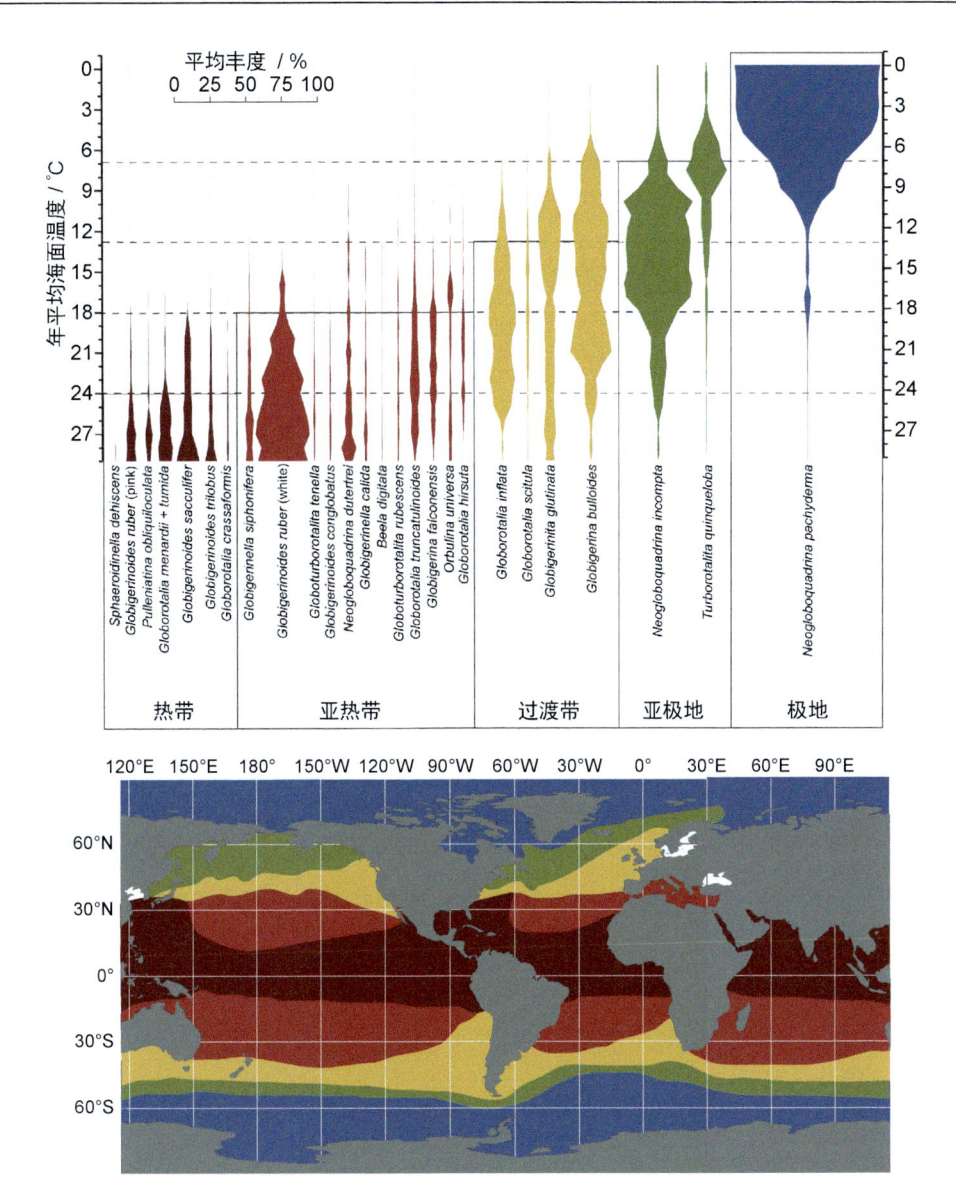

图 6.5 与 SSTs 相关的有孔虫丰度示例（上）和世界海洋中主要有孔虫区分布。引自 Kucera（2007）。

根据钙质和硅质生物遗骸推演古气候基本上出自四类分析：①氧同位素组成，主要是有孔虫壳体碳酸钙的氧同位素组成（Mix，1987；Ravelo and Hillaire-Marcel，2007）；②物种组合的定量解释及其分布随时间的变化（Imbrie and Kipp，1971；Molfino et al.，1982；Guiot and de Vernal，2007）；③有孔虫壳体的 Mg/Ca 比值，其与温度相关（Rosenthal，2007）；④（重要性小得多）环境因素导致的某一特定种的形态变化（生态表型变化；Kennett，1976；Kucera，2007）。这些研究大多集中于有孔虫目（有孔虫），故此，以下部分将聚焦于有孔虫的研究。对颗石藻、放射虫、硅藻和硅鞭毛虫的古气候研究主要基于组合的相对丰度变化（如 Pichon et al.，1992；Guiot and de Vernal，2007），不过硅藻的同位素研究也已有开展（如 Juillet-Leclerc and Labeyrie，1987；Shemesh et al.，1992；Crosta and Koç，2007）。

颗石藻氧同位素变化提供了宝贵的古温度估值，并且由于颗石藻仅生活于透光带，因此可提供比仅基于有孔虫研究更为可靠的海面温度数据（Margolis et al.，1975；Dudley and Goodney，1979；Andersen and Steinmetz，1981，Girardeau and Luc，2007）。然而，像颗石藻（或硅藻）这样非常小的超微化石，分离出足够纯的样品仍存在问题。

6.3 钙质海洋动物氧同位素研究

如果碳酸钙在水中缓慢结晶，则 ^{18}O 将在碳酸钙中（相对于水）略有富集。这一过程与温度相关，随温度升高，富集效应减弱。简言之，这是古气候研究中一个非常重要分支——海洋微体动物（主要为有孔虫，也包括颗石藻等）钙质壳体氧同位素分析——的基础。该方法首先由 Urey（1947，1948）阐明，他指出："……如果动物与其所栖居的水体处于平衡下沉淀碳酸钙，并且其壳体沉入海底……只需确定现今壳体氧同位素比值，便可获知动物生活时的温度"（Urey，1948）。由此，他根据热力学原理计算了这种与温度相关的同位素分馏值大小（对于平衡分馏，温度每升高 1℃，方解石的 $\delta^{18}O$ 减小约 0.23‰）。尽管 Urey 论点的原理是正确的，但真实世界中的诸多复杂因素使得古温度的直接估算存在相当大的问题。事实上，海洋沉积的氧同位素记录在局地（随温度以及在较小程度上随盐度）和全球范围都随大陆冰量变化而变化。这一全球信号成为整个新生代古气候变化唯一的最重要记录。

6.3.1 海洋同位素组成

样品的氧同位素组成通常表示为其 $^{18}O/^{16}O$ 比值与任一标准的偏差[①]：

$$\delta^{18}O = \frac{(^{18}O/^{16}O)_{样品} - (^{18}O/^{16}O)_{标准}}{(^{18}O/^{16}O)_{标准}} \times 10^3$$

其值以千分比单位（‰）表示，负值代表样品的 $^{18}O/^{16}O$ 比值小（即 ^{18}O 比 ^{16}O 少，因此同位素轻），正值代表样品的 $^{18}O/^{16}O$ 比值大（^{18}O 比 ^{16}O 多，因此同位素重）。

海洋生物沉淀的碳酸钙同位素组成与沉淀时温度的相关关系实验研究表明，其关系可近似地表示为下式[②]：

$$T = 16.9 - 4.38(\delta_c - \delta_w) + 0.10(\delta_c - \delta_w)^2$$

式中，T 为水温，单位为℃；δ_c 为样品碳酸盐与 SMOW 标准之间的千分比差；δ_w 为样品沉淀于其中的水的 $\delta^{18}O$ 与 SMOW 标准之间的千分比差（Epstein et al.，1953；Craig，1965；Ravelo and Hillaire-Marcel，2007）。

对于现代样品，δ_w 可经直接测量海水样品获得。然而，对于化石样品，其水的同位素组成是未知的，且不能假定它就等同于现今该处水的同位素组成。尤其是在冰期，同位素

[①] 见第 115 页脚注①（见原著 144 页脚注 1）。碳酸盐化石的同位素研究采用北卡罗来纳州皮狄组的白垩纪箭石（PDB-1）或交叉参照的美国国家标准局样品作为标准。相对于与 SMOW（标准平均海水）平衡的 CO_2，PDB-1 释放的 CO_2 为+0.2‰（Craig，1961b）。

[②] 该关系的精确形式取决于分析所使用的特定技术以及分馏发生时的温度。（进一步的讨论，参见 Shackleton，1974；Mix，1987）。

轻的水从海洋中移出并形成大陆冰盖（第 5 章 5.2 节），导致整个海洋的 $^{18}O/^{16}O$ 比值增大约 1.0‰±0.10‰（折合 LGM 时期冰盖平均同位素组成为–27‰；Lambeck and Chappell，2001）。因此，预期的冰期水温低导致有孔虫壳体 δ_c 增大现象将因同期海水 δ_w 增大而复杂化。至于 δ_c 增大有多少是 δ_w 变化的结果，可通过分析末次冰期沉积物中挤出的孔隙水 $\delta^{18}O$（Schrag and DePaulo，1993；Adkins et al.，2002a）或底栖（栖居于海底）有孔虫壳体 $\delta^{18}O$ 加以评估。现今的底层水（源于在整个深海盆地扩散的低温、高密度极地水）相对接近于海水的冰点，因此冰期底栖有孔虫 $\delta^{18}O$ 的大部分增加值不可能是由温度显著降低引起的，相反，有证据表明，其中至少 70%的增加值是由海洋同位素组成变化造成的（Duplessy，1978；Mix，1987）。因此，底栖有孔虫壳体记录的同位素变化主要是陆地冰量变化记录或"古冰川作用"记录（Shackleton，1967；Dansgaard and Tauber，1969）。底栖同位素记录表明，第四纪有 20 余期重大的大陆冰川活动，其中冰量的最大变化（自冰期至间冰期）出现在最近 90 万年内（Shackleton et al.，1990；Lisiecki and Raymo，2005）。与大陆冰量变化（以全球海平面变化记录为依据）相关的 $\delta^{18}O$ 变化记录将在 6.3.5 节做进一步讨论。

　　海水同位素组成随时间的变化并非影响 δ_c 作简单温度解释的唯一复杂因素（Mix，1987）。Urey 最初的假设是基于碳酸钙以无机方式沉淀的情形提出的，其中碳酸盐是在与水体处于同位素平衡中形成的。然而，生物活体形成碳酸盐壳体时，新陈代谢产生的二氧化碳也会混入其中。在这种情况下，碳酸盐不可能形成于与水体的同位素平衡中，因此其同位素组成与热力学预测值不同，通常 $\delta^{18}O$（和 $\delta^{13}C$）会低于预期的平衡值（Duplessy et al.，1970；Shackleton et al.，1973；Vinot-Bertouille and Duplessy，1973）。这被 Urey（1947）称为生命效应。这种效应因有孔虫种的不同而各有差异（Grossman，1987）。例如，红拟抱球虫的现代样品给出的同位素值比仅据热力学原理预测的小 0.5‰，这相当于约 2.5℃的温度误差（Shackleton et al.，1973）。另一方面，并非所有的有孔虫都有这种棘手的特性。例如，斜室普林虫（*Pulleniatina obliquiloculata*）和若干葡萄虫属种（*Uvigerina* spp.）（底栖有孔虫）的样品似乎就与周围水体处于同位素平衡（Shackleton，1974）。在未达到同位素平衡的那些种中，有证据表明生命效应可长期保持稳定（Duplessy et al.，1970）。因此，可以通过仔细选择所研究的种或通过评估其特定的生命效应并相应地调整所测量的同位素值，来规避这一特殊问题。

　　影响利用碳酸盐壳体同位素组成计算水温的另一个复杂因素，是浮游有孔虫在不同水深的生境变化问题（Ravelo and Hillaire-Marcel，2007）。即使已知冰量效应和生命效应，有孔虫自冰期至间冰期是否生活在同一水深的问题仍然难以确定。海洋上部数百米的水温随深度快速变化，尤其是在热带以外海区（表 6.1），因而水深生境的微小变化可能相当于数摄氏度的温度变化（即可能是海洋表面冰期至间冰期那么大的变化）。因此，了解哪些因素控制有孔虫的水深生境尤其是壳体分泌的水深至关重要（Emiliani，1971）。一些研究已得出结论：海水密度（温度和盐度的函数；图 6.6）对于单个种尤为重要，因为同一个种可能出现在不同的水域，生活在不同的水深，但却处于温度和盐度相同的水体。在冰期，当海洋盐度升高（由于海水转移至大陆冰盖）时，有孔虫可能会在水柱中向上迁移至暖水层，以维持密度恒定的环境。相反，在间冰期，它们可能向下迁移（至冷水）（图 6.6）。显然，这种垂向迁移会导致冰期–间冰期温差的同位素古温度估值远小于水柱中实际发生的温度

表 6.1　40°N 与 40°S 之间三大洋平均垂向温度分布（℃）与温度梯度

水深 / m	大西洋 温度/℃	大西洋 梯度/(℃/100 m)	印度洋 温度/℃	印度洋 梯度/(℃/100 m)	太平洋 温度/℃	太平洋 梯度/(℃/100 m)	平均值 温度/℃	平均值 梯度/(℃/100 m)
0	20.0		22.2		21.8		21.3	
		2.2		3.3		3.1		2.8
100	17.8		18.9		18.7		18.5	
		4.4		4.7[a]		4.4[a]		4.5[a]
200	13.4		14.3		14.3		14.0	
		1.8		1.6		2.6		2.0
400	9.9		11.0		9.0		10.0	
		1.5		1.2		1.2		1.3
600	7.0		8.7		6.4		7.4	
		0.7		0.9		0.65		0.75
800	5.6		6.9		5.1		5.9	
		0.35		0.7		0.4		0.5
1000	4.9		5.5		4.3		4.9	
		0.20		0.4		0.4		0.35
1200	4.5		4.7		3.5		4.2	
		0.15		0.3		0.2		0.22
1600	3.9		3.4		2.6		3.3	
		0.12		0.15		0.1		0.12
2000	3.4		2.8		2.15		2.8	
		0.08		0.09		0.05		0.07
3000	2.6		1.9		1.7		2.1	
		0.08		0.03		0.03		0.05
4000	1.8		1.6		1.45		1.6	

a 最大梯度。
引自 Defant（1961）。

变化（Savin and Stehli, 1974）。因此，如果该模型正确，则所获的任何剩余古温度信号（冰量效应和生命效应校正之后）都只能被视为最小估值[①]。然而，与有孔虫生命周期中水深生境变化的重要效应相比，这一问题只是个小问题。尽管现生有孔虫壳体 $CaCO_3$ 是在与上部混合水体处于同位素平衡状态下分泌的，但某些种的海底有孔虫壳体比其现生种壳体显著富集 ^{18}O（Duplessy et al., 1981）。这显然是因为在配子发育（繁殖）过程中，壳体在远低于上部混合层的深度（>300 m）发生钙化所致。配子发育钙化可能占海底样品中有孔虫壳体重量的约 20%，由于碳酸钙是从比海表水冷得多的水体中析出的，因此总 $\delta^{18}O$ 值指示的是显著低于海表温度的平均温度（图 6.7）。显然，生物在水柱中下沉的速率和配子发育钙化的相对程度，将对壳体方解石最终的同位素组成产生非常大的影响。同样，由于某些种的生长具有明显的季节性，因而生长期的水温将在 $\delta^{18}O$ 记录上得到反映。为将有孔虫壳体 $\delta^{18}O$ 用作温度指标，就必须以某种方式准确厘定是什么温度信号（依水深和季节）被记录下来。解决这个问题的方法之一，是将岩心顶部沉积或沉积捕集器中有孔虫的 $\delta^{18}O$ 与上覆

---

① 此外，沉积物混合（生物扰动）效应趋向于平滑记录中的极值，也会使得实际的冰期-间冰期 $\delta^{18}O$ 差值变小（Shackleton and Opdyke, 1976）。

水柱海洋状况进行对比，从而经验性地确定其间的最优关系。例如，马尾藻海不同水深沉积捕集器收集的有孔虫$\delta^{18}O$与上覆水柱温度剖面的对比研究，就阐明了有孔虫生长的季节性以及水深生境与有孔虫壳体$\delta^{18}O$之间的关系（Deuser and Ross，1989）。结果突显出截锥圆辐虫（*Globorotalia truncatulinoides*）在约800 m水深出现新增壳体方解石，导致样品的平均$\delta^{18}O$与SSTs不符，却与约200 m水深的温度相对应。沉积捕集器数据还表明，许多种仅在每年的特定时段出现。例如，斜室普林虫和杜氏新方球虫（*Neogloboquadrina dutertrei*）生活在海洋上部100 m，其$\delta^{18}O$值代表冬季混合层，而同样生活在混合层（上部25 m）的红拟抱球虫（粉色变种）仅出现在夏季月份，因而具有不同的$\delta^{18}O$值。这种复杂现象也颇有裨益，可基于有孔虫组合，利用已知的不同水深生境的季节性生长种，重建过去的季节性变化（和混合层深度变化）（参见Reynolds-Sautter and Thunell，1989）。

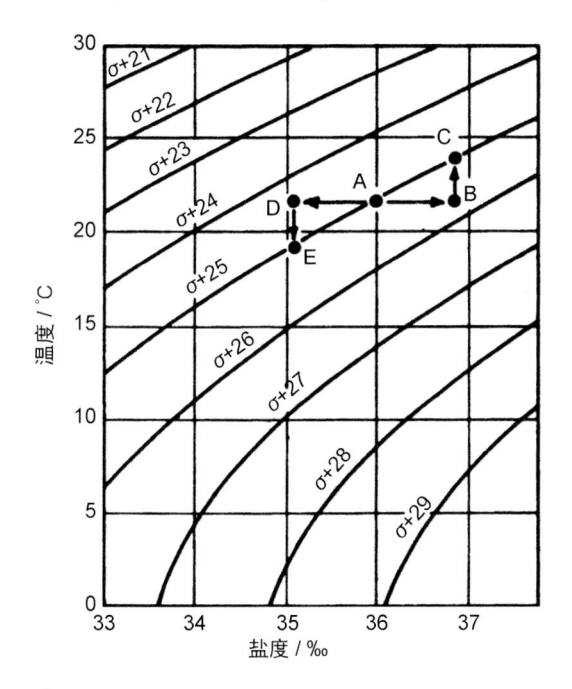

图6.6 温度-盐度图：$\sigma = 10^3 (\rho_w - 1)$，式中$\rho_w$=海水密度。海水密度是温度和盐度的函数。图示等密度线。冰期，当海水转移至大陆冰盖使得整个海洋盐度升高时，有孔虫可能迁移至暖水中（通常在水柱中向上），以维持密度恒定的环境（图中A—B—C所示）。间冰期，相反的情形可能盛行，有孔虫的反应可能是在水柱中向下迁移至下方的冷水区（A—D—E）。

将$\delta^{18}O$用作古温度指标的另一个复杂之处是$\delta^{18}O$也与盐度密切相关（图6.8）。因此，大尺度稀释效应（由于冰盖融化）或局地降水-蒸发（precipitation-evaporation，P-E）关系变化引起的任何盐度变化也将在受到影响的有孔虫中被记录下来（Duplessy et al.，1991）。如果其他所有效应都能独立确定，这一点倒可以很好地用来估算海面盐度变化。由此，Duplessy等（1993）通过先估算SSTs（基于微体古生物转换函数；参见6.4节）并考虑冰盖融水对海面盐度和海洋$\delta^{18}O$的影响，评估了末次冰消期葡萄牙近海的局地盐度变化。将这些变化"预期"的$\delta^{18}O$记录与观测记录进行对比，他们认为，所获的差异系列肯定是由局地盐度变化造成的。尽管这种方法存在不确定性（参见 Rohling and Bigg，1998），但结果有力地表明，在冰盖融化鼎盛期（融水脉冲1，"MWP-IA"，距今约 14600~14300 年；Carlson and Clark，2013）盐度很低（图 6.9）。海洋环流和盐度变化将在 6.8 节进一步讨论。

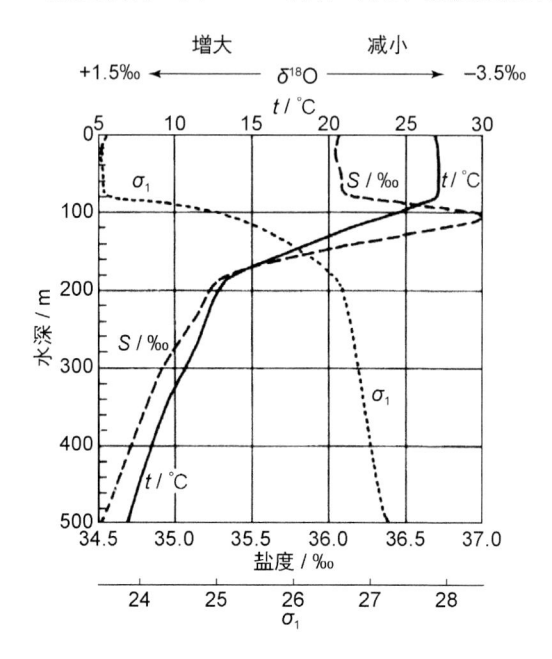

图 6.7　热带海洋典型的垂向温度、盐度和密度剖面。由于上部混合层（一般约为 100 m）以下深度沉淀的碳酸钙增加，因此壳体碳酸盐的 ^{18}O 含量随之增大。在深部经历了配子发育钙化的有孔虫壳体，其同位素温度估值远低于上部混合层收集的现生有孔虫同位素温度估值（约 0.2‰/℃）。

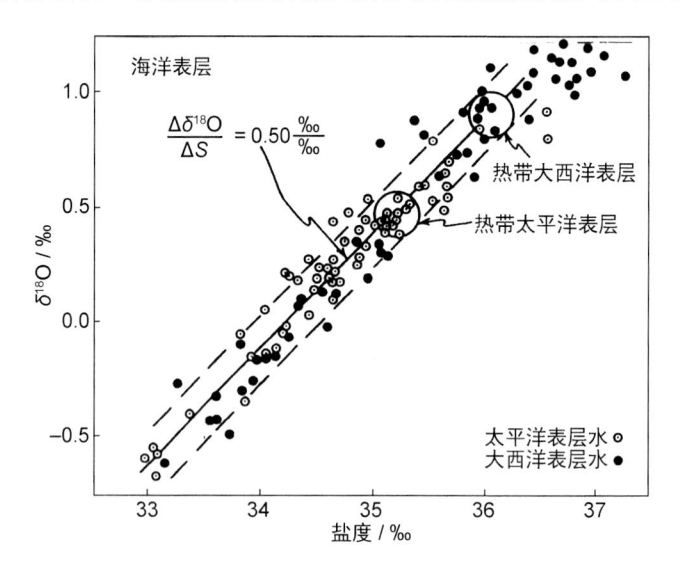

图 6.8　海洋表层水 $\delta^{18}O$ 与盐度之间的关系，依据现代海水样品。引自 Broecker（1989），利用 H. Craig 的数据。

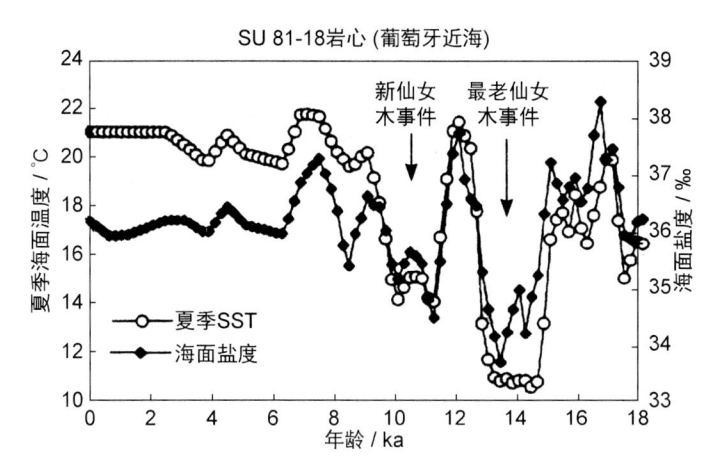

图 6.9 葡萄牙近海（约 38°N,10°W）SST 和盐度异常估值。盐度在最大融水流量（主要来源于劳伦泰德冰盖,经密西西比河排入墨西哥湾)时段较高,但在最老仙女木事件和新仙女木事件(分别为距今约 14500～13000 ^{14}C 年和距今 11000～10000 ^{14}C 年)期间较低。引自 Duplessy 等（1992）。

最后一个影响利用壳体碳酸盐同位素组成进行古温度计算的问题，牵涉死亡生物群落中种组成的溶解效应。这是一个无处不在的因素，不仅影响碳酸盐壳体的同位素研究，而且影响所有基于海洋沉积钙质微体化石组合的古气候研究。在世界所有深海盆地，影响碳酸盐壳体保存的主要因素都是不同深度的溶解速率。在上部混合层以下的所有深度（温跃层以上水域），海洋对碳酸钙显著不饱和（Olausson，1965，1967）。生物死亡后，钙质壳体在水柱中下沉时会在深部不饱和的水体中发生溶解，因此混合层仅有约 25%的碳酸盐通量能够到达海底（Adelseck and Berger，1977；Schiebel，2002）。翼足类壳体（由文石形式的碳酸钙构成）最易溶解，最先消失，因此翼足类仅出现于不饱和程度较低的浅水中（Berner，1977）。在更深水域，由方解石构成的壳体（如有孔虫和颗石藻）溶解变得较为明显。方解石溶解最强的深度称为溶跃层（Berger，1970，1975），通常位于海洋 2500～4000 m 深处（图 6.10）。在大西洋，溶跃层对应于北大西洋深层水与更深处的南极底层水之间的界面（Berger，1968）。在此深度以下，方解石溶解速率显著增大，直至极限深度，海水对方解石的溶蚀性极强，壳体几乎难以残存至发生沉积。方解石溶解速率与上覆水柱碳酸盐壳体补给速率相等的深度称为方解石补偿深度（calcite compensation depth，CCD）（Berger，1970）。这可以想象成类似于陆地上的雪线。补偿深度以下的深海盆地没有碳酸盐沉积，主要由粘土和硅质微体化石组成，而更浅处则被越来越多的钙质微体化石壳体所覆盖（Berger，1971）。由于方解石补偿深度是碳酸盐壳体补给速率和溶解速率的函数，因此其实际深度因地而异（图 6.11），但通常小于 4000 m（Berger and Winterer，1974）。由于海底的大部分区域（尤其是在太平洋盆地）深度超过 4000 m，这种现象大大限制了可有效开展有孔虫研究的区域（参见图 6.2）。即使在不那么深的海区，溶跃层以下堆积的沉积物也明显遭受了溶蚀。最为重要的是，溶解不是均等地影响所有的种，对更脆弱薄壁种的选择性移除可能会显著改变原始组合（生物群落）面貌，从而留下了对上覆水柱生产力不具代表性的死亡生物群落（图 6.10）。抗溶解的种可能在组合中相对富集，这些种往往栖居于深部，在比海表水冷得多的水体中分泌其相对厚的壳体（Ruddiman and Heezen，1967；Berger，

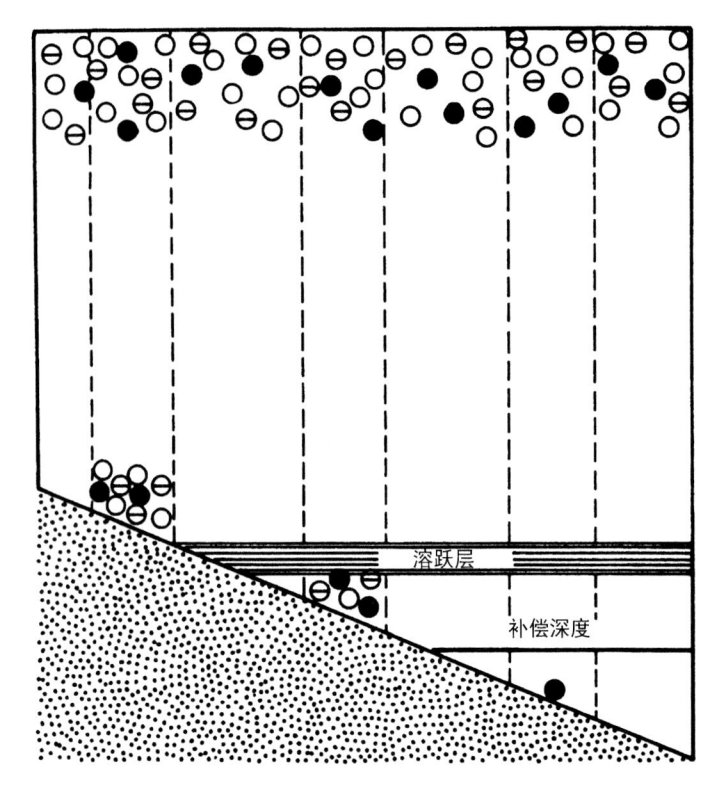

图 6.10 浮游有孔虫种在深部选择性溶解（由于海水对碳酸钙不饱和）示意图。实心圈代表抗溶解种肿圆辐虫（*Globorotalia tumida*）。空心圈代表红拟抱球虫，相对易于溶解。泡抱球虫（带线空心圈）抗溶解能力中等。溶解改变沉积物中的种组成，因此它可能对上覆水柱中的种不具代表性。在补偿深度以下，只有零星的肿圆辐虫可能残存。溶跃层深度和补偿深度随时间的变化可能因差异性溶解而改变沉积物中的种组成。引自 Bé（1977）。

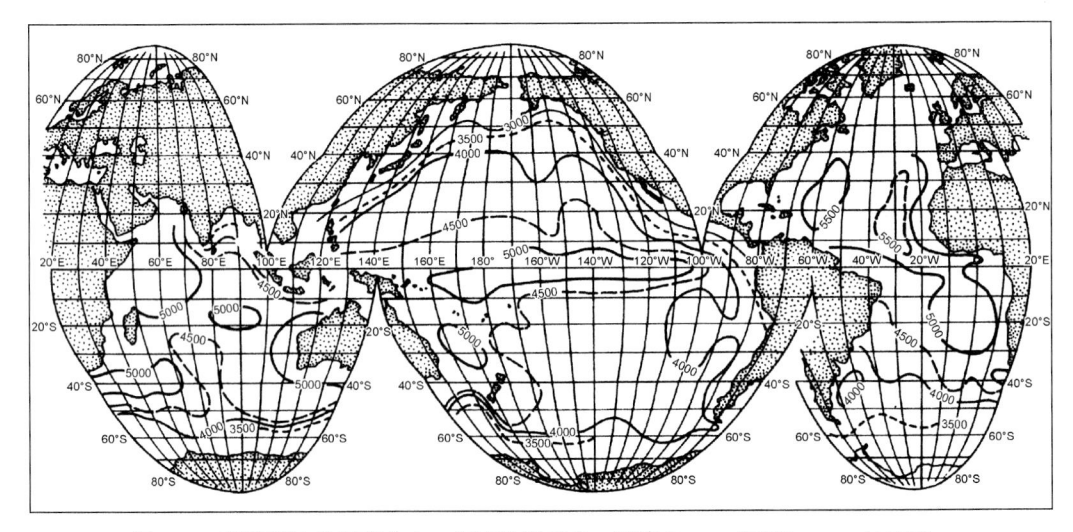

图 6.11 碳酸钙补偿深度分布。深度为数千米。引自 Berger 和 Winterer（1974）。

1968）。类似地，在特定种的群落中，壁更厚、更强壮的个体（更易保存）往往在更深、更冷的水体中建造其壳体，因此其同位素组成比脆弱的同类更重（Hecht and Savin，1970，1972；Berger，1971）。

不同水深岩心中不同有孔虫种的相对丰度研究已经很好地证明了上述效应（图6.12），从而使得对不同的种能按其对溶解的相对敏感性进行排序。颗石藻的类似研究反映出相同的问题，即结构坚实的冷水种优先保存于死亡生物群落中（Berger，1973a；Kucera，2007）。Berger（1973b）建议，将已部分溶解的组合定为埋藏生物群落，从而可清楚地将它们与更能代表原始生物群落的组合加以区分。显然，正如诸多研究所揭示的，如果溶解速率随时间而变化，基于埋藏生物群落的古气候重建则需要慎重地做出解释（Chen，1968；Berger，1971，1973b；Broecker，1971；Thompson and Saito，1974；Berger et al.，1977；Ku and Oba，1978）。有证据表明，间冰期热带太平洋和印度洋溶解速率增大，导致许多抗溶力弱的种被移除而冷水相的个体相对集中（Wu and Berger，1989）[①]。相反，在冰期，溶解速率降低，形成了包含易溶解有孔虫和抗溶解有孔虫的组合。简言之，冰期-间冰期变化在上述区域可能表现为相应的溶解旋回（Berger，1973b）。这种效应会导致错误的同位素古温度估值，因为与冰期样品相比，间冰期样品中冷水个体的丰度更高，从而缩小了冰期-间冰期明显的温度变化范围（Berger，1971；Berger and Killingley，1977；Emiliani，1977）。类似地，在

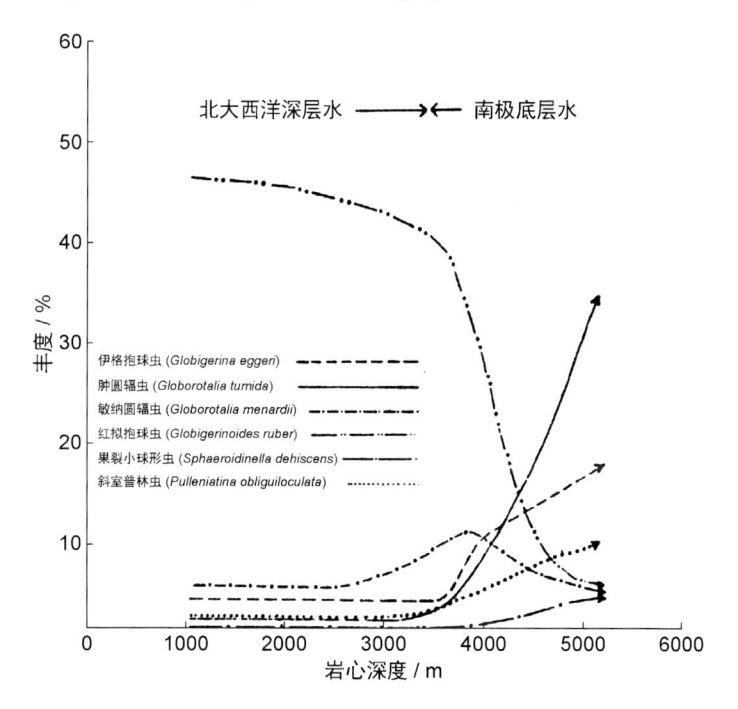

图6.12　赤道大西洋岩心顶部几种诊断性浮游有孔虫丰度百分比，因差异性溶解随水深增大而发生变化。溶蚀性更强的南极底层水溶解了抗溶力弱的种（如红拟抱球虫），因此抗溶力强的种（如肿圆辐虫）相对丰度增大。引自Ruddiman和Heezen（1967）。

[①] 在赤道大西洋和墨西哥湾，溶解作用在冰期可能有所增强（Gardner，1975；Luz and Shackleton，1975）。

有孔虫组合研究中（6.4 节），溶解旋回也可能形成引发古温度估值严重错误的埋藏生物群落。因此，Berger（1971）和 Ruddiman（1977）极力主张，所有碳酸盐沉积均应视为残余物，除非其中还存留易溶物。

溶解速率随时间变化的一个有趣现象是出现了"冰消期保存峰"或代表溶解速率显著降低时段的地层带（Broecker and Broecker，1974；Berger et al.，1977）。有证据表明，在距今约 14000 年前（以及其他冰期终止点），文石补偿深度和溶跃层在全球范围内显著下降，但持续时间相对较短（可能<1000 年）。这促进了当时碳酸盐化石的保存，从而在沉积记录中出现了保存完好的有孔虫和翼足类的"峰"（Wu et al.，1990）。事实上，保存峰特别明显，因为在紧随溶解最弱时段之后的距今约 12000 年前，溶解速率又增大了（Berger and Killingley，1977）。

另一个重要的溶解信号（"布容溶解旋回"）见于赤道太平洋和印度洋沉积（Wu and Berger，1989）。这在图 6.13 中非常明显，该图呈现出翁通爪哇海台两条记录之间的氧同位素地层差异，一条记录（V28-238）水深为 3120 m，另一条记录（V28-239）水深为 3490 m。由于水深更大点位的岩心受到溶解影响（使其同位素变重），且这种影响在间冰期增强，因此通常两条记录之间会存在（约 0.3‰的）$\delta^{18}O$ 正差值。然而，自距今约 30 万～50 万年前，溶解效应系统性增强，表明碳酸盐溶解受到某种持续性影响。这在印度洋沉积中也曾有过（Peterson and Prell，1985）。

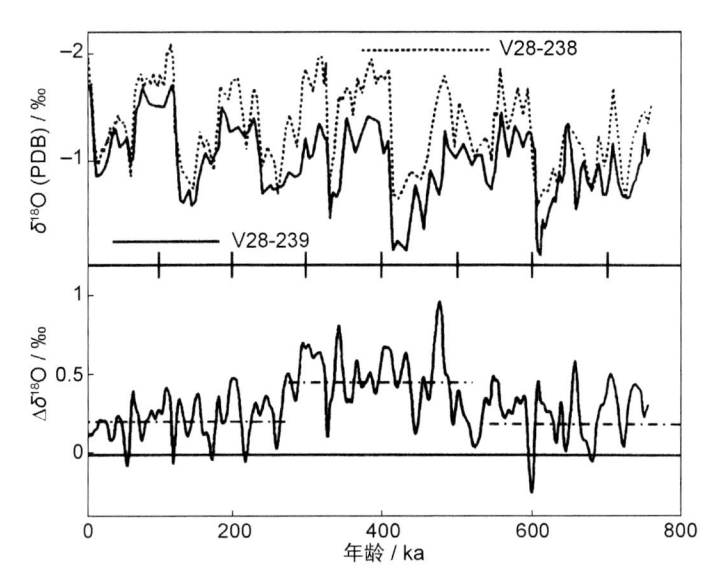

图 6.13 翁通爪哇海台（赤道东太平洋）两条氧同位素记录（上图）以及两者之间的差值（V28-239 减去 V28-238）（下图）。V28-239 记录水深为 3490 m，V28-238 记录水深为 3120 m。溶解影响了水深更大的记录，使得保存的有孔虫 ^{18}O 含量增大。此外，下图显示出明显的溶解增强事件，发生于距今约 30 万～50 万年前。引自 Wu 和 Berger（1989）。

补偿深度快速变化的原因尚不清楚，事实上可能是多种因素共同作用的结果。大陆架碳酸盐随海平面上升再沉积可能会使海洋碱度升高，从而使溶解减弱（Berger et al.，1977）。

然而，随着海平面上升，可能会产生低盐度的上部水层（源于大陆冰盖融化），从而在北大西洋上形成一个盖层，阻碍垂向混合（Worthington，1968）。之后，持续的海洋生物活动可能导致 CO_2 累积，从而使溶解增强（Berger et al.，1977）。也许，在溶解最弱时段之后所观测到的正是这个信号。

6.3.2 氧同位素地层学

全世界大部分重要钙质沉积区沉积岩心的浮游种和底栖种都已做了氧同位素分析（Shackleton，1977）。底栖有孔虫同位素变化研究的主导性结论是（在适当考虑上节提及的沉积速率变化、生命效应和其他复杂因素之后）：所有区域都记录了相似的同位素（$\delta^{18}O$）变化（Mix，1987）。这是因为被记录的主要 $\delta^{18}O$ 信号是大陆冰量变化及相伴的海洋同位素组成变化的信号（见 6.3.1 节）。事实上，如冰心气泡所记录的（见第 5 章 5.4.3 节），这些变化也影响了大气的 $\delta^{18}O$ 值。由于海洋的混合时间相对较短（约 10^3 年），这种全球尺度的现象使得沉积记录中的同位素变化基本同步（尽管生物扰动，如沉积物上部潜穴生物的搅动，往往会平滑记录中的细节）。这种同步变化使得相隔数千公里的岩心之间能够进行对比（Pisias et al.，1984；Prell et al.，1986；Lisiecki and Raymo，2005）。浮游有孔虫的同位素组成变化也包含这种冰量效应，但显然还受到了 SST 或盐度变化的显著影响，这种影响在海洋混合层中比在深部更大。

由于世界各地海洋沉积的稳定同位素信号具有一致性，因此能够定义可普遍识别的海洋同位素阶段（MIS）（Emiliani，1955，1966；Pisias et al.，1984）。温暖期（间冰期和间冰阶）以奇数表示（现今间冰期序号为1），而寒冷期（冰期）以偶数表示（图 6.14）。这提供了一个相对年代地层学框架，但绝对定年必须依赖各种定年技术，如放射性碳、铀系定年、古地磁（见第 3 章和第 4 章）或轨道调谐（下文进一步讨论）。通常情况下，会假设在已知年龄的层位（如古地磁界线）之间沉积速率呈线性变化，从而可通过年龄内插为记录提供年代标尺。将已知年龄的陆相年代地层标志与海洋沉积的相应层位进行对比，可进一步核查同位素年代标尺。例如，巴巴多斯高海平面（通过抬升珊瑚的铀系分析，年龄为距今 83000 年、约 104000 年和约 125000 年；Gallup et al.，1994；Stirling et al.，1995）对应于有孔虫壳体碳酸盐的轻同位素值（Shackleton and Opdyke，1973；Shackleton and Matthews，1977），表明末次间冰期-冰期旋回的年代学已完全确定（图 6.15）。在海洋沉积和格陵兰冰心中发现的火山灰（通过年层计数定年）至少为末次冰期旋回（如北大西洋距今约 55500 年的 Z2 火山灰层）提供了另外的实用标志层，因此它们也可用作独立的年代地层界线（如 Kvamme et al.，1989）。这一点对能够检测出火山灰的其他陆相沉积，如冰心、黄土和湖泊沉积等，尤为重要，它使得直接进行陆地和海洋记录对比成为可能（如 Grönvald et al.，1995）。

在最近约 13 万年的同位素记录中识别出 5 个阶段，其中 MIS 5 细分为数个亚阶段，带有字母标记 5a～5e。亚阶段 5a、5c 和 5e 是陆地冰量减少和/或温度较高的时期，其中亚阶段 5e 是末次间冰期鼎盛期（Shackleton，1969）。亚阶段 5b 和 5d 是温度较低和/或陆地冰量增大的时期，但程度比阶段 4 小。有趣的是，亚阶段 5e 至 5d 记录的底栖 $\delta^{18}O$ 变化通常很大且很快，很难仅从冰盖增长的角度予以解释。冰盖增长至影响海洋同位素组成的规模需要数千年的时间（Barry et al.，1975）。上述变化可能至少部分反映了大洋深渊水温的快速下降（≥1.5℃）（Shackleton，1969，1987）。据此论点，之后的$\delta^{18}O$变化（亚阶段5c至阶段1）则主要是大陆冰量变化的结果。然而，新几内亚古海平面数据也显示，全球海平面在距今约115000～105000年之间发生了非常快速的变化（约60 m），这支持利用简单的冰盖增长解释$\delta^{18}O$记录。如果这种变化确实曾经发生，那它就代表了晚第四纪历史上一个非同寻常的事件，即在此期间每1000年就有相当于一个格陵兰冰盖的水量自海洋转移至大陆（另见6.3.5节）。

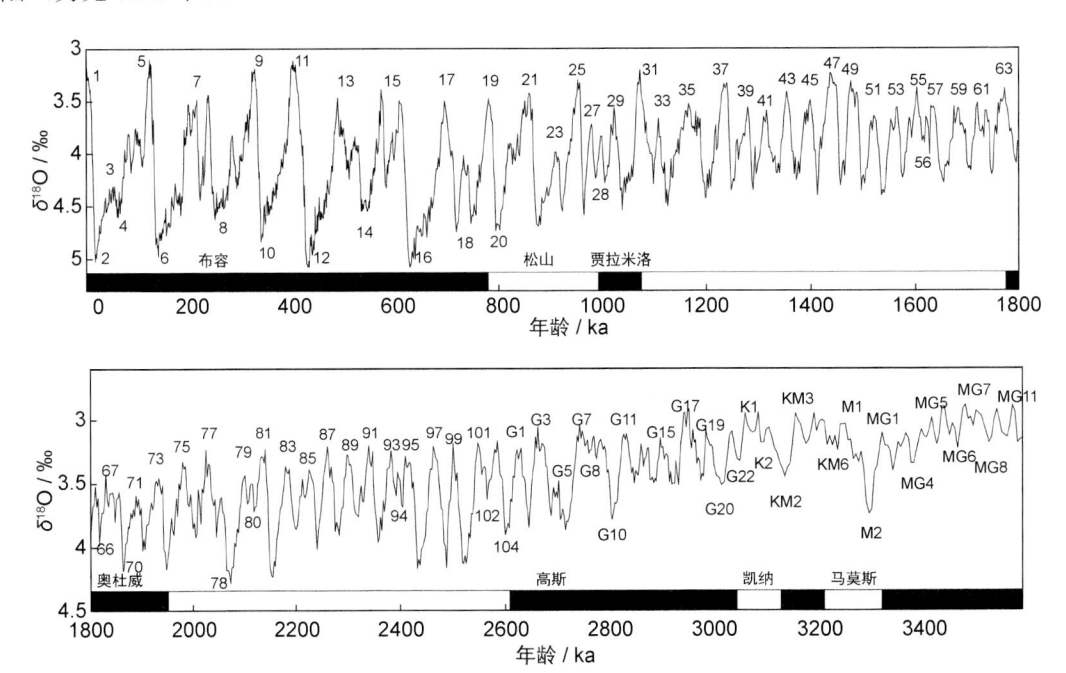

图6.14 最近350万年57条底栖$\delta^{18}O$记录的合成平均（或集成）曲线。首先，通过对比所有这些记录的图形进行合成，由此生成1条独立于任何绝对时间标尺的合成记录。然后，通过优化集成记录与简单冰量模型的拟合，同时将平均沉积速率的变化最小化，对集成记录进行调谐，从而为集成记录构建年龄模型。该模型由65°N 6月21日日射量变化（主要反映斜率变化）驱动，并包含了冰盖增长的15000年时间常数。注意：上下两图中纵轴标度不一，用于集成的记录数量随时间前延条数更少。因此，距今260万年以前用于集成的记录数量不足晚更新世的一半。引自Lisiecki和Raymo（2005）。

由于同位素记录提供了全球冰量变化的完整框架，因此海洋同位素阶段通常被用作海洋和陆地沉积的标准参考单元（Shackleton and Opdyke，1973）。陆地最近15万年或更长时间的连续地层序列研究很少，已调查的多数沉积在时间和空间上都不连续。海洋沉积记录扰动较小，因此有充分理由利用海洋地层划分澄清并帮助理解陆地记录（如Kukla，1977，1987b；Rutter et al.，1990）。但是，应当强调的是，海洋岩心的同位素信号既包含温度组分也包含冰量组分，而这两者可能并不同步。此外，冰量信号是全球冰量的指标，与任何一个地理区域冰的范围毫无关系。这造成海洋同位素地层参考序列被用于许多未必适用的区域，因为当地地层可能与海洋同位素记录几乎毫无关系（Hughes et al.，2013）。例如，虽然大陆冰量变化的海洋同位素记录与北美冰川地层之间至少在过去100万年（10期冰川作用）存在很好的对应关系，但北美几乎没有哪一地区显示劳伦泰德冰盖在距今约 21000 日历年前达到最大（海洋同位素最大值；Mix et al.，2001）。一般而言，劳伦泰德冰盖达到其最大地理范围的时间要早 2000~4000 年（Clark et al.，2009）。

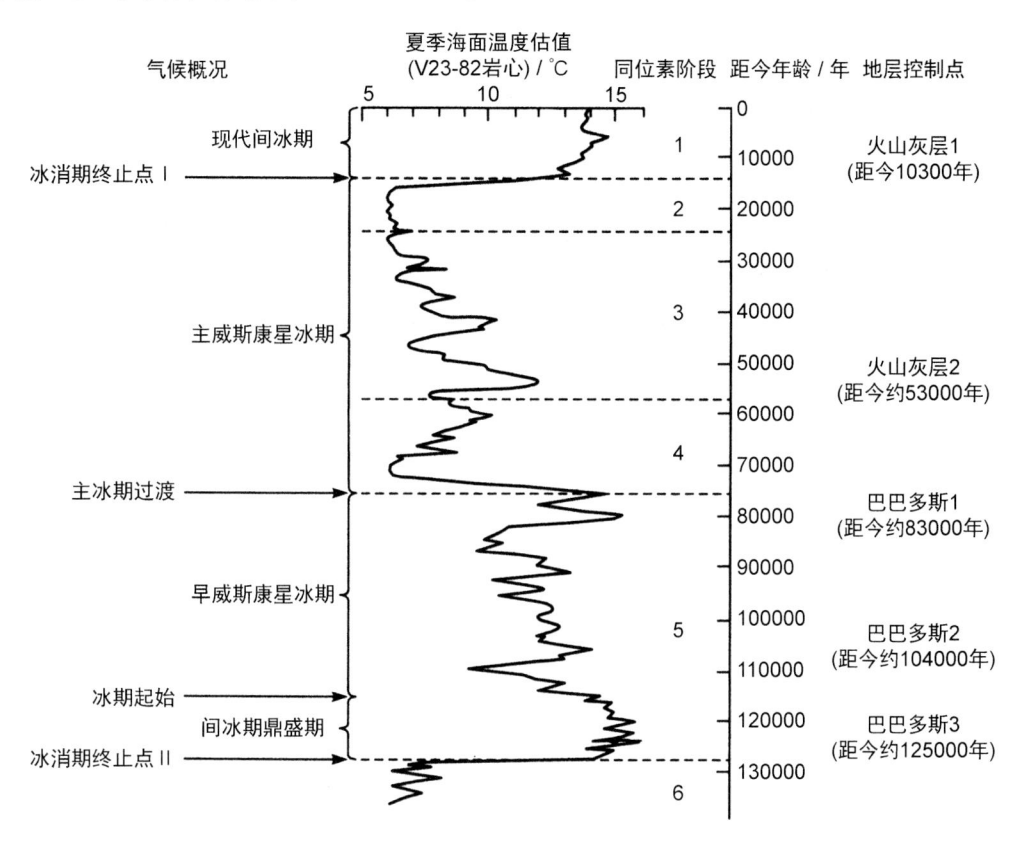

图 6.15　北大西洋夏季海面温度重建，基于 V23-82 岩心（53°N,22°W）有孔虫组合古温度估值（Sancetta et al.，1973a，1973b）。其他岩心使用的年龄控制点示于右侧（火山灰层和巴巴多斯海平面）。同位素阶段引自 Shackleton 和 Opdyke（1973）。气候概况和重大变化示于左侧。引自 Ruddiman（1977b）。

6.3.3　轨道调谐

一种完全不同的海洋沉积定年途径是，假设轨道驱动是控制陆地冰盖增长和退缩的根本因素，因此也是控制海洋底栖沉积 $\delta^{18}O$ 信号的根本因素。由于离心率、岁差和斜率变化的不同周期为人所熟知，这为将海洋沉积 $\delta^{18}O$ 的年代标尺调谐至轨道周期上提供了可能（Imbrie，1985）。这一策略源于在数个不同的海洋沉积记录中发现了强劲的轨道信号，表明地球轨道变化起到了冰期"起搏器"的作用（Hays et al.，1976）。在轨道调谐中，天文因素驱动的变化（驱动）被认为以某种方式改变气候系统，并被记录于代用指标序列中（图6.16）。假设轨道驱动与气候响应之间的相位差是恒定的（或可估算，如果相位差随时间而变化），则将代用指标记录调谐至原始驱动，就能建立起绝对年代标尺（Martinson et al.，1987）。实际上，调谐是针对特定频率进行的，例如针对斜率变化，而通过分析所获调谐记录，则可了解其他轨道频段的变化是如何表现的。如果在其他轨道频率上存在相干性，就将为所采用的调谐策略提供有力的支持。例如，Imbrie 等（1984）在 23000 年和 41000 年（岁差和斜率）频段上分析了数条记录，最初使用的是由每条记录中的数个特定点构成的粗略年代标尺，特定点的年龄大致已知（例如布容-松山界线假定为距今 73 万年——但参见第 178 页的讨论*——以及阶段 5–6 界线假定为距今 127000 年）。假定大冰盖的时间常数约为 17000 年（据冰盖增长模型估算），则可通过使这些频段上的轨道驱动记录与沉积 $\delta^{18}O$ 记录之间的相干性最大化来构建年龄模型。这一分析迭代进行，最后放弃特定点年龄已知的初始假设，使得最终记录完全基于轨道调谐。之后，终极测试是检查调谐记录的相干谱以及轨道驱动在非调谐过程所用频率上的频谱。在 Imbrie 等（1984）获得的调谐记录中，相干性不仅在调谐频段上非常高，在根本未用于调谐的约 100000 年偏心率频段上也非常高。

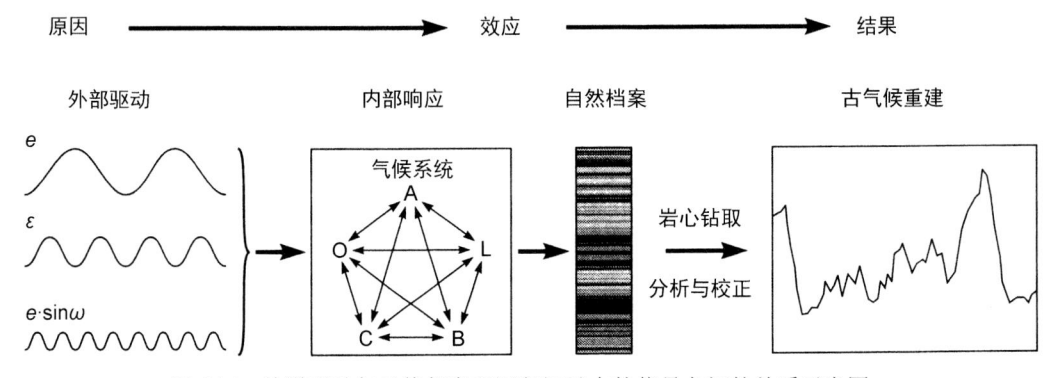

图 6.16 轨道驱动与最终保存于沉积记录中的信号之间的关系示意图。

利用世界各地 57 套沉积岩心底栖同位素数据的集成平均，目前已将轨道调谐延伸至 530 万年前，这些数据首先根据其典型时间特征进行了图形调准（图 6.14）(Lisiecki and Raymo, 2005)。之后，采用由 65°N 6 月 21 日日射量变化（主要反映斜率变化）驱动的冰量模型，通过反复试验使平均沉积速率变化最小化，建立起集成记录的时间标尺。在得出的集成记录中，许多重要特征得以凸显。首先，自距今 360 万~240 万年前，$\delta^{18}O$ 逐渐增大，指示逐步变冷，可能与大气 CO_2 长期下降或对全球气候系统具有关键影响的缓慢演化的构造变动有关（Berger et al., 1999；Ravelo et al., 2004；Mudelsee and Raymo, 2005）。在此前后，青藏高原隆升导致欧亚大陆内部干旱化加剧，这反过来又大大增加了可能导致全球降温的大气粉尘的产生（见第 7 章）。另外，作为暖水自西太平洋流向印度洋和大西洋通道的印尼海道也逐渐收缩（Cane and Molnar, 2001）。流经海道的暖水通量降低可能导致北大西洋高纬变冷，有利于冰盖发育。无论原因是什么，在此期间大陆冰盖的体积确实在逐渐增大，这一过程也被北大西洋深海沉积中冰筏碎屑增加所反映（Kleiven et al., 2002）。底栖 $\delta^{18}O$ 值增大至最近冰阶的水平表明，大陆冰盖（北半球或南半球，或两者）达到了使海平面下降约 45 m 的规模（Mudelsee and Raymo, 2005）。随着降温持续，距今约 275 万年前似乎越过了一个阈值，并伴随着北太平洋水柱分层的重大变化。由于与深水混合不足，夏季和秋季 SSTs 升高，这增加了向毗邻的北美大陆传输的水汽通量，导致冰盖的累积以及

---

* 第 178 页对应于原著 220 页。——译者

冰筏碎屑在北太平洋的沉积（Haug et al.，2005）。

上新世和早更新世底栖有孔虫的氧同位素随斜率（41000 年周期）而变化，但自距今约 95 万年前开始，100000 年（偏心率）频段变量的分量逐渐增大（有时称为中更新世转型）（Medina-Elizalde and Lea，2005）。这与相比前一时期大得多的大陆冰盖发育有关（如 $\delta^{18}O$ 高值所记录的）（图 6.14）。这似乎不大可能仅仅是由偏心率变幅的变化所致，因为这一时期实际上已偏离了 100000 年偏心率频段变量，而低频变量（约 412000 年）则有所增大（Imbrie et al.，1993b）。因此，$\delta^{18}O$ 记录的 100000 年周期很可能是由气候系统内部反馈造成的，这些反馈放大了轨道控制的辐射驱动。就冰心记录看，温室气体显然与这种放大过程有关（见第 5 章 5.4.3 节），不过也可能存在与冰盖本身大小相关的关键效应，这要么是通过与海冰形成相关的反馈（Gildor and Tziperman，2000），要么是通过与大型山脉海拔增加相关的反馈（喜马拉雅山-西藏和北美西部南北向山脉）（Ruddiman et al.，1986）。随着这些山脉升高，它们对全球大气环流的影响将是建立一种更趋经向的环流体系，这可能有利于冰盖在某种轨道驱动的辐射模式下快速增长。

为什么大陆冰川作用在其早期阶段沿 41000 年周期的轨迹进行？或者这是否仅仅是底栖记录本身的假象？对此问题已有很多讨论。虽然斜率变化主导高纬接收的日射量，但极地夏季太阳辐射强度（即季节最大值）受由偏心率变化调制的岁差（其变化周期为 23000 年）强烈影响，而岁差对夏季太阳辐射最大值的影响在北半球和南半球是反相的。如果冰盖在一个半球的增长与其在另一个半球的损失相平衡，这会有效消除底栖同位素记录中的岁差周期变量（其综合了大陆上冰盖增长的整体效应，无论冰盖增长在哪里发生）（Raymo et al.，2006）。其结果可能是某种误导性的斜率驱动信号，即使实际上是岁差驱动了冰盖质量平衡。然而，这种解释与北大西洋和热带太平洋 SSTs 的许多记录显现的 41000 年主周期不符。Huybers（2006）提出了另一种假设，即当地球距离太阳最近时夏季变短，这是因为地球在这些时段沿其轨道加速运行。因此，当岁差和近日点同时与北半球夏季重合时，到达地球的太阳辐射强度大，但极地夏季的持续时间变短。Huybers 指出，北极大于 0℃ 的夏季积温与超过某个阈值（275 W/m²）的接收总能量（夏季总日射量）相关，随着太阳辐射驱动增强，北极夏季达到融冰程度的日数也随之增加。因此，他提出了一个基于该阈值的日射量指数，发现该指数实际上以 41000 年周期发生变化。此外，在最近 200 万年的大部分时间里，该指数的变化与冰盖增长变化的速率（根据底栖同位素记录确定）同相位（图 6.17）。这种关系表明，正是由夏季总日射量异常（不仅仅是盛夏时节的太阳辐射强度）驱动的夏季融冰变化影响着冰盖质量平衡及相伴的海洋同位素组成变化（参见 Huybers and Denton，2008）。

图 6.14 还显示，同位素序列由若干 $\delta^{18}O$ 逐渐增大的时期构成，其间被较短的相对突然的 $\delta^{18}O$ 值减小时段所隔，这在最近 100 万年尤为明显。因此，该曲线具有"锯齿状"特征，最初大陆上冰盖的逐渐累积使得 $\delta^{18}O$ 缓慢增大，紧接着为一段快速冰消期，其时同位素较轻的水返回海洋。Broecker 和 van Donk（1970）将 $\delta^{18}O$ 急剧减小时段称为终止点，意为冰期结束，最近的冰消期为终止点 I。其他终止点的估计年龄显示于表 6.2。每次冰期终止都发生在斜率大、偏心率大以及北半球夏季位于近日点的组合下（有时称为"暖轨道"），这导致很大的日射量异常（高纬夏季大气层外高达 40 W/m²）（Huybers，2011）。有趣的是，

这表明主要的冰川作用不大可能发生于偏心率大的时期,因为每个岁差旋回都会限制冰盖增大,这在同位素记录中也有一些支持证据(Huybers,2007;Lisiecki,2010)。不过,正是斜率控制着冰消作用的节律,斜率最大的时期导致高纬出现大的日射量正异常(图 2.17),而这一 41000 年节拍正是第四纪冰川作用与冰消作用旋回的起因(Huybers,2007)。冰川作用 100000 年周期的分量在更新世后半期(中更新世转型)逐渐增大是由地球气候系统内部因素所致(如 Clark et al.,1999),而非简单地源于偏心率变化的分量增大(Ruddiman,2006)。事实上,自 "41000 年世界" 逐渐转型为 "100000 年世界" 可被简单地视为 41000 年变率的延续,该频率偶尔也会错过节拍(Huybers,2007)。

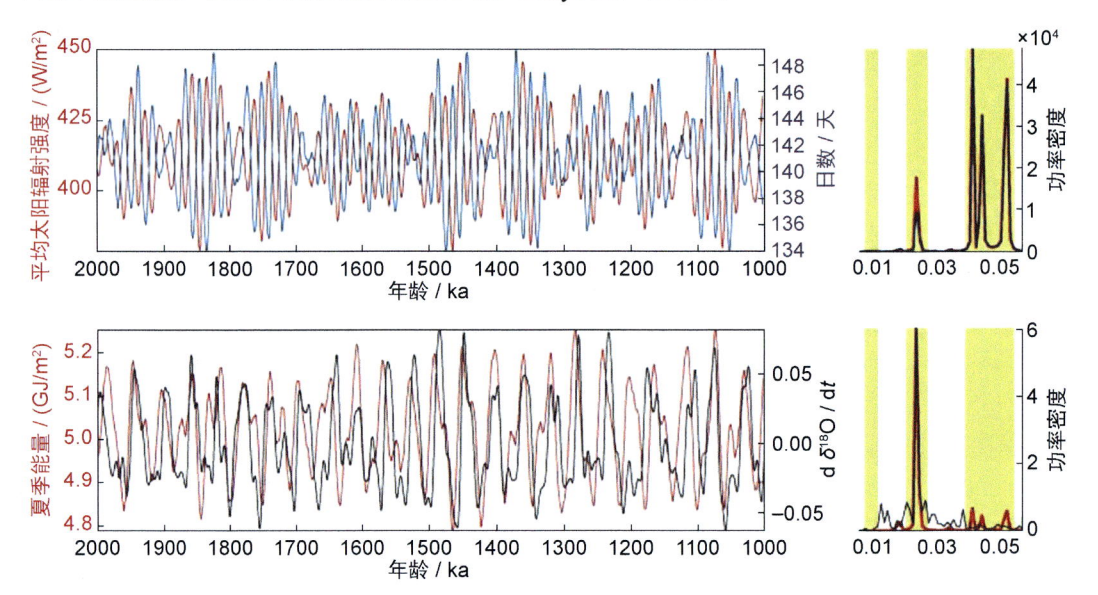

图 6.17　上图:日射量超过 275 W/m² 的日数,可融化冰雪的夏季总能量(蓝线,右轴)与该时节平均太阳辐射强度(红线,左轴)的一种量度。强度与持续时间反相关,当地球距离太阳最近时夏季最短。持续时间(蓝色)和强度(红色)的频谱分析估值显示,两条序列的变量分布相同,主要集中于岁差周期。阴影带自左至右表示 100000 年、41000 年(斜率)和 21000 年(岁差)频段。下图:早更新世(200 万~100 万年前)夏季能量(红线,左轴)和 $\delta^{18}O$ 变化的变率(黑线,右轴)与相应的频谱估计(右侧)。正变率指示冰量减少。两条记录的变率以 41000 年斜率周期为主导。引自 Huybers(2006)。

最后,显然最近约 250 万年的 $\delta^{18}O$ 值很少低于全新世水平,这表明大陆冰比现今少的情形是非常少见的,这样的情形主要出现于 MIS 5e、9、11 和 31(Raymo,1992)。最近 100 万年发生了许多规模与最近冰期(MIS 2)相当的大陆冰川事件,其间底栖同位素值超过约 4.7‰(最大值约 5.1‰ 出现于距今 43.3 万年和 63 万年前)。

$\delta^{18}O$ 序列轨道调谐的一个重要副产品,是它为沉积物记录的古地磁极性界线提供了年龄估值,这些年龄估值独立于放射性年龄测定。Shackleton 等(1990)由此指出,布容-松山界线出现于距今约 78 万年前(而非以前认为的 73 万年)。Lisiecki 和 Raymo(2005)集成的底栖同位素记录也证实了这一点,同时表明,贾拉米洛持续时间为距今 107.5 万~99.1 万年前,奥杜威持续时间为距今 196.8 万~178.1 万年前,而松山-高斯界线出现于距今约

表 6.2　氧同位素阶段界线和终止点的估计年龄

界线[a]	终止点[b]	估计年龄 / ($\times 10^3$ 年)			
		A[c]	B[d]	C[e]	D[f]	E[g]
2.0	I	14	13	11	11	12.05
3.0			32	29	27	24.11
4.0			64	61	58	58.96
5.0			75	73	72	73.91
5.1						79.25
5.2						90.95
5.3						93.38
5.4						110.79
5.5						123.82
6.0	II	130	128	127	128	129.84
7.0			195	190	188	189.61
8.0	III	243	251	247	244	244.18
8–9			297	276	279	
9–10	IV	337	347	336	334	
10–11			367	352	347	
11–12	V	424	440	453	421	
12–13			472	480	475	
13–14			502	500	505	
14–15			542	551	517	
15–16	VI	533	592	619	579	
16–17			627	649	608	
17–18			647	662	671	
18–19			688	712	724	
布容–松山界线		780	700	728		
贾拉米洛（顶）		991		908		
贾拉米洛（底）		1075		983		
奥杜威（顶）		1781		1640		
奥杜威（底）		1968		1820		

a 同位素界线标记 2.0（Pisias et al., 1984）也称作 1–2。
b Broecker 和 Van Donk（1970）给出的终止点，他们根据对氧同位素记录锯齿状特征的解释定义了终止点。
c 引自 Lisiecki 和 Raymo（2005）。
d Shackleton 和 Opdyke（1973）通过 V28-238 岩心线性内插（平均沉积速率为每千年 1.7 cm）给出的估值。
e Hays 等（1976）、Kominz 等（1979）及 Pisias 和 Moore（1981）给出的估值，基于以下假设：地轴倾角（斜率）变化导致全球冰量变化，且地轴倾角与同位素记录中 41000 年组分之间的相位变化随时间保持不变。相关讨论详见 6.3.3 节。
f Morley 和 Hays（1981）给出的估值，为使氧同位素比值变化与斜率和岁差变化之间的相位关系保持恒定而进行了调整。
g 源于 Martinson 等（1987）所做的轨道调谐。

260.8万年前。这些年龄与古地磁倒转的独立、高分辨率年龄是兼容的（Tauxe et al.，1992；Chen et al.，1995）。海洋同位素年代学也可用于确定其他地层事件的年代，如特定种灭绝层位［其末现基准面（last appearance datum）或 LAD］年龄（Berggren et al.，1980）。反过来，这些生物地层事件本身又可用作年代地层标志，独立于相关沉积记录的放射性同位素和稳定同位素分析。例如，稳定同位素地层学研究发现针蜓虫属放射虫（*Stylatractus universus*）距今 425000±5000 年前已在整个太平洋和大西洋灭绝（Hays et al.，1976；Morley and Shackleton，1978）。同样，颗石藻细网假艾密里藻（*Pseudoemiliania lacunosa*）于距今约 458000 年前的同位素阶段 12 中期在全球灭绝，而颗石藻赫氏艾密里藻（*Emiliania huxleyi*）于距今约 262000 年前的同位素阶段 8 晚期才首次出现（Thierstein et al.，1977）。

6.3.4 轨道驱动：海洋记录证据

尽管现已十分清楚轨道驱动对控制第四纪时期冰川作用节奏起了关键作用（Berger，1980），但有关日射量变化与气候系统变化之间的关联机制却仍不明晰。最近 100 万年，$\delta^{18}O$ 海洋沉积记录的主周期位于 100000 年频段，但这一周期在日射量记录中的功率峰非常小（参见图 2.16）。Imbrie 等（1992，1993a）非常详细地研究了这一问题，并提出一个综合模型来解释这一谜题。他们的模型以 Weyl（1968）、Broecker 和 van Donk（1970）及 Broecker 和 Denton（1989）的早期想法为基础建立。但是，通过聚焦气候系统不同部分如何在 3 种不同的轨道周期（23000 年、41000 年和 100000 年）上做出响应，Imbrie 等得以证明在一个冰期-间冰期旋回中所有周期上的轨道驱动变化都存在反复出现的地理序列。日射量、全球冰量和其他气候代用指标之间的相位关系清晰地显示，气候系统的某些部分对北半球高纬日射量变化一贯响应较早，而其他部分则响应较晚。通过绘制这些响应的地理分布图，得以构建冰期-间冰期变化的机制模型，并揭示出控制辐射变化在气候系统中传播速率的 4 个关键子系统，每个子系统分别具有不同的惰性。陆地、海洋上部以及南大洋深部水体的近界面过程响应快（<1000 年），而涉及冰盖、转换性风系统和深海化学的变化则需要更长的时间（3000～5000 年）。通过这些不同子系统的相互作用，引发冰川作用和冰消作用的事件序列缓慢展开。

像早期的研究者一样，Imbrie 等（1992）认为，驱动冰期-间冰期变化的关键因素是冰岛海、挪威海和格陵兰海（北欧海）以及拉布拉多海中受盐度控制的对流，它们分别称为北欧热泵和北方热泵。在间冰期，两个区域都生成了深层水，驱动大西洋温盐环流并向南大洋输送热量，从而限制了南极洲周围海冰的形成。随着两台热泵的运行，深海的换气作用达到最强。当北半球高纬夏季日射量减小时，大气和海面降温，使得蒸发减少、降雪和海冰覆盖增加。最终，北欧海盐度降低，先是减缓然后是完全中止经由北欧热泵的对流性翻转，从而大大削减流向南半球的暖水通量。然而，北方热泵持续运行，从而产生了中层水，但最终结果是温盐环流急剧减弱，因而回流至北大西洋的暖水急剧减少。随着南极海冰扩张，南极底层水向北流动增强及南半球西风带向赤道移动导致海洋环流发生变化，从而将碳封存于南大洋。这反过来使得大气 CO_2 浓度降低，进而加剧了日射量下降趋势的效应。北半球进一步降温导致陆地冰量增大和海平面下降，从而使得海基冰盖在以后易受海平面上升影响的地区大幅推进。冰盖的增长最终扰乱了西风系统，导致北大西洋大片区域形成海冰，这加强了中层水的生成并导致 NADW 略有增强，从而使得南极海冰范围略微收缩。随着日射量旋回再次回到北半球夏季能量接收量较大的情形，北半球的海洋缓慢升温，大陆冰雪融化、冰盖边缘后退。这使得西风最强气流带向北移动，温暖海水和亚热带气团能够自南向北平流，从而导致冰盖快速融化和海平面非常快速的上升，并伴随着海基冰盖的灾难性崩塌。与此同时，海冰快速消退，加之自南部平流而来的暖水，导致北大西洋盐度急剧升高、北欧热泵重新启动。大陆冰盖和海基冰盖快速融化引起的大规模融冰事件可能导致上述趋势发生短期倒转（如 6.10 节所述），但最终，由轨道驱动控制的主要事件序列占据主导，并再次引发涉及北方热泵和北欧热泵系统的温盐环流的增强。

尽管这一事件序列似乎以简单线性关系与 23000 年和 41000 年的岁差和斜率周期存在因果关联，但最近 100 万年冰量记录的大部分变量实际上表现为 100000 年偏心率周期。由于偏心率变化引起的日射量变化比岁差和斜率变化引起的小一个数量级，因此很难理解为什么这一频率上的变化会如此之大。已有几套模型被用以解释这一问题。一套模型认为，气候系统在响应某种外部驱动（可能与轨道驱动毫无关系）时能够产生内部（自由）振荡或共振。另一套模型认为，气候系统遵循与 23000 年和 41000 年周期相同的响应序列，但以非线性方式，在某一时间越过某个阈值，就会产生更强的响应（Imbrie et al.，1993b）。驱动这种非线性响应的关键因素似乎是大陆冰盖（主要是劳伦泰德冰盖）的大小。大冰盖严重扰乱西风带，导致强盛的经向环流，从而会显著放大与 23000 年和 41000 年周期相关的气候系统变化序列。因此，当 23000 年和 41000 年频段驱动作用的某种组合导致冰盖超过临界规模时，冰盖就会越过"正常"系统对轨道驱动的响应。实际上，冰盖本身变成了驱动气候系统的主要动力，因冰盖增长和退缩的强大惯性会产生一个周期较长（100000 年）的变化旋回。该模型为最近数十万年出现的变化提供了一个巧妙的解释，但为什么这种模式在最近百万年变得更加重要仍有待充分阐释（Raymo and Huybers，2008）。Shackleton（2000）针对上述假设提出了一种替代方案，他认为，海洋沉积和其他古气候代用指标记录中所见的 100000 年周期主要是由 CO_2 变化而非冰盖动力变化引起的。他利用东方站冰心的大气 $\delta^{18}O$ 记录分离出底栖冰量和深层水温度的信号，结果表明，深层水温度、CO_2 和东方站大气温度均同相位，但冰量却滞后。Medina-Elizalde 和 Lea（2005）及 Herbert 等（2010）也提出了类似的观点，他们发现太平洋 SSTs 变化超前于冰量。是什么驱动了 CO_2 的 100000 年周期性变化尚不清楚，但它可能与南大洋的 CO_2 排气作用有关，这受海冰范围变化的调制，而后者对控制海洋溶解 CO_2 向大气释放的速率起着关键作用。

6.3.5 海平面变化与 $\delta^{18}O$

学界很早就已注意到，底栖有孔虫的 $\delta^{18}O$ 信号主要与大陆冰量变化影响下的海洋同位素组成变化有关。随着大陆冰盖增长，海洋 $\delta^{18}O$ 增大，全球海平面下降。因此，有孔虫 $\delta^{18}O$、大陆冰量以及海平面变化之间应该存在某种关系。然而，这 3 种现象之间的关联十分复杂，冰盖的平均同位素组成无疑会随时间发生变化，这取决于冰盖的位置（纬向的）与平均海拔。如果冰盖长期保持稳定状态，冰盖边缘损失的冰（代表在低海拔形成的老冰）的平均 $\delta^{18}O$ 可能会比之后在冰盖高海拔累积区的降雪大，从而导致海洋 ^{18}O 在冰量没有任何变化的情况下发生系统性富集。因此,冰量与海洋$\delta^{18}O$组成之间存在非线性关系(Mix and Ruddiman,1984)。此外,底栖有孔虫的$\delta^{18}O$不仅仅受海洋$\delta^{18}O$的影响,如果海水温度(或盐度)发生变化,这肯定会影响$\delta^{18}O$,并且这种影响在某些时段(和某些位置)可能比其他时段更为重要。最后,古海平面直接估计通常基于抬升海岸线上出露的珊瑚礁,因此过去的低海平面记录现在往往处于远高于当前海平面的位置(图6.18)。了解过去不同时期海平面如何与全球冰量变化相关联,不仅需要有关局地抬升的构造模型,而且需要理解以平均大地水准面为参照的全球海平面分布。由于地球上水的分布受地球物理条件的限制,同时期形成的海平面阶地可能并非位处当前海平面以上同等的高度(Peltier,1994)。

图6.18 抬升的珊瑚阶地,指示巴布亚新几内亚北海岸关伽马附近过去的海平面。该区海岸线在海平面因陆地冰量变化而上升和下降(全球海平面变化)时,持续不断上升。图示每级阶地的年龄及对应的海洋同位素阶段。照片由 J. Chappell 提供。

尽管存在这些困难,构建$\delta^{18}O$与海平面之间的关系有望获得一条长期且连续的海平面变化记录,而这样的记录是无法通过直接测量得到的。但是,鉴于自末次冰盛期至今海平面总体变化约为130 m,而底栖同位素变化仅为约2‰,因此深层水温度的微小变化就会给古海平面估计带来很大的误差。Chappell 和 Shackleton(1986)及 Shackleton(1987)通过对比基于新几内亚休恩半岛铀系定年珊瑚阶地估算的古海平面(图6.18)与底栖有孔虫$\delta^{18}O$记录,对这一影响进行了评估。结果显示,为使这些记录相匹配,深海的温度在冰期和间冰阶(距今约110000~20000年)必须比间冰期(MIS 1和5e)至少低1.5℃。随后的研究证实了他们的估计(Adkins et al.,2002a)。在假定这种变化是早期冰期-间冰期旋回典型特性的前提下,Shackleton(1987)估算了(据底栖$\delta^{18}O$)更早冰期和间冰期鼎盛期冰量的相对量级，这些时段不存在准确定年的海平面阶地。他由此得出结论：海洋同位素阶段 6 的大陆冰川作用略强于阶段 2，而阶段 12 和 16 冰川作用更强。先前的间冰期（MIS 7、13、15、17 和 19）比现今间冰期更加温暖（即大陆上留存的冰更少）。阶段 1、5e、9 和 11 都很相似（同位素上），不过独立证据表明阶段 5e 和 11（至少）稍为温暖且当时的海平面高出现今 6 m 以上。

另一种海平面重建方法来自地中海东部和红海的沉积记录。红海对海平面变化非常敏感，这是因为其蒸发速率大（目前为每年约 2 m）并且有一个海槛使其与南面的大洋相隔。这些因素放大了海平面变化的同位素效应。通过研发海盆水交换模型，研究者获得了红海沉积有孔虫的高分辨率海平面变化记录（Siddall et al., 2003; Rohling et al., 2009）。其年代标尺通过与地中海东部有孔虫数据对比进行了调整，而后者已与独立定年的以色列索瑞克洞石笋记录相关联（Grant et al., 2012）（图 6.19）。这些海平面重建结果显示，海平面呈阶段性下降，自高于现今约 6 m 的末次间冰期鼎盛期最高值，降至低于现今约 120 m 的 LGM 最低值。有趣的是，海平面上升的最大速率（超过每千年 12 m）出现在海因里希事件（见 6.10.1 节）前后。另外值得注意的是，海因里希事件仅发生于海平面高度为 –60 m 或更低之时，这表明此类事件需要冰盖大到足以形成与海洋相接触的冰流。也许同样重要的是，海平面下降至这样的深度时白令海峡将出露成陆，而这将阻断太平洋经北冰洋与大西洋之间的海水传输。

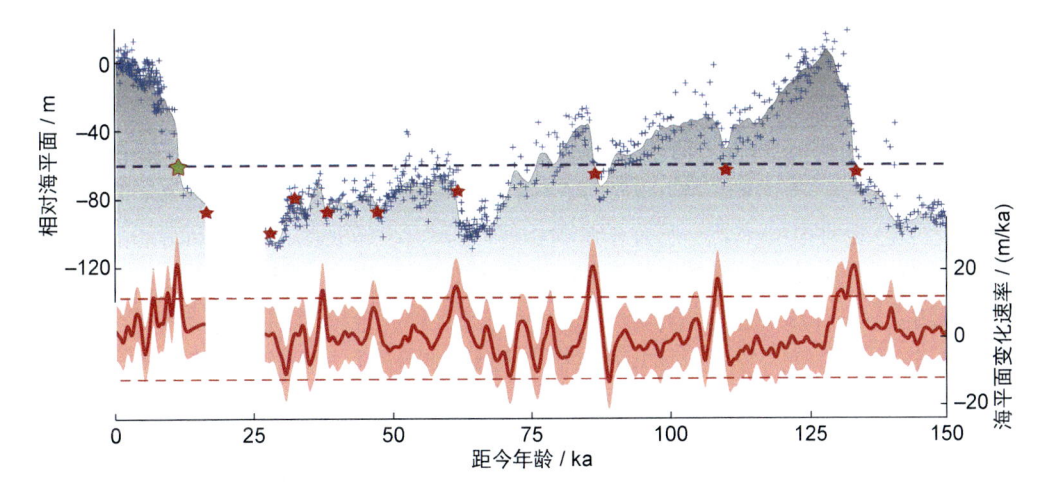

图 6.19 红海沉积有孔虫的高分辨率海平面变化记录（Siddall et al., 2003）。该记录的年代标尺通过与地中海东部有孔虫数据对比进行了调整，而后者已与独立定年的以色列索瑞克洞石笋记录相关联。蓝色十字代表单个数据点，灰色阴影线代表相对海平面估值的最大概率。下部红线标示基于灰线一阶导数的海平面变化速率。虚线标示海平面每千年上升 12 m（正值为上升，负值为下降）。星号标示海因里希事件发生的时间。注意：海因里希事件仅发生于海平面低于 –60 m 之时。这可能表明，冰盖必须大到足以在海洋上崩解，从而启动海因里希事件；处于 –60 m 的海平面也接近白令海峡暴露的深度，从而将太平洋与大西洋分开。改自 Grant 等（2012）。

通过对比红海有孔虫同位素记录和南极冰心同位素记录，更长时间的海平面变化得以重建（Rohling et al., 2009）。其依据是，冰心同位素记录代表全球温度，在长时间尺度上与海平面相关（参见 Shackleton et al.，2000），因此冰心的年代标尺可用于有孔虫记录（图 6.20）。这一重建结果证实，最近 50 万年海平面可能仅在 MIS 5e 高于现今，而 MIS 12 是一个异常严酷的冰川作用时段，当时的海平面可能比 LGM 时期更低。重建结果还显示，过去曾出现多次海平面突然变化的时期——上升和下降的速率都非常高（每年 1~2 cm）。什么气候条件导致大陆冰盖以如此惊人的速率增长（与冰盖崩塌相当的速率）？这仍是个难解之谜。

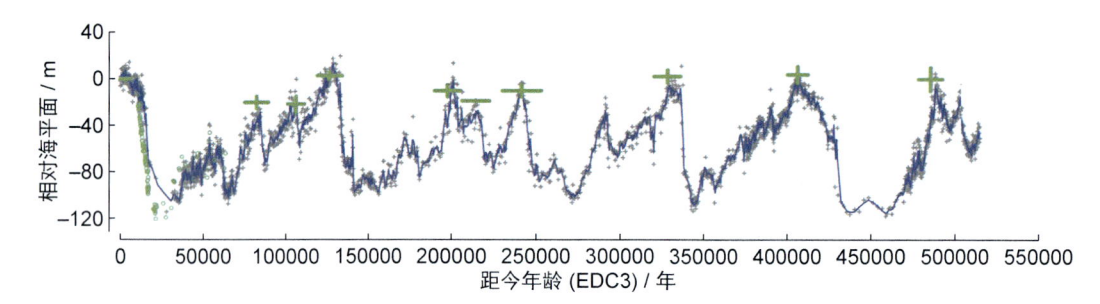

图 6.20 基于红海中部岩心 GeoTü-KL09 碳酸盐 $\delta^{18}O$ 数据估算的最近 55 万年全球海平面变化。绿色符号标示基于珊瑚和石笋的海平面标记。年代标尺采自南极 EPICA 冰穹 C 冰心记录（已与底栖同位素记录对比）。引自 Rohling 等（2009）。

6.4 相对丰度研究重建古温度

利用海洋沉积岩心中特定种或种组合相对丰度重建古气候的可能性，最初由 Schott（1935）提出。Schott 认识到，敏纳圆辐虫（亚热带和赤道水域特有的有孔虫）数量的变化可以指示过去冷暖时段的交替。不过，直到 30 年后，由于较长的未受扰动岩心的获取以及定年技术的改进，才使得其他研究者能够充分借鉴 Schott 的工作并进一步发展他的想法。例如，Ruddiman（1971）通过构建全部暖水种与冷水种比值的时间序列，获得了定性的古温度估值，该估值与氧同位素古冰川曲线具有很好的可比性。尽管比早期基于单一种的研究有所改进，但 Ruddiman 认识到，当个体耐性存在明显等级差异时，该技术将所有的种视为同等"温暖"或"寒冷"的做法显得过于简单了。

20 世纪 70 年代初，许多研究者在古气候和古海洋重建方面取得了重大进展。现代及化石数据的多元统计分析被用于客观地量化以前的海洋状况（海洋气候）(Imbrie and Kipp，1971；Hecht，1973；Berger and Gardner，1975；Williams and Johnson，1975；Molfino et al.，1982)。所有这些研究通用的方法，是根据现代环境参数（例如 2 月和 8 月的海面温度）标定现代（岩心顶部）样品的种组成。这是通过构建关联两个数据集的经验方程来实现的。然后将这些方程（转换函数）应用于岩心中的动物群落变化，即可重建过去的环境状况（图 6.21）。从数学上讲，该程序可简单表示如下：

$$T_m = XF_m \quad 和 \quad T_p = XF_p$$

式中，T_m 和 T_p 分别为现代温度和古温度估值；F_m 和 F_p 分别为现代动物组合和化石动物组合；X 为转换系数（或一组系数）。

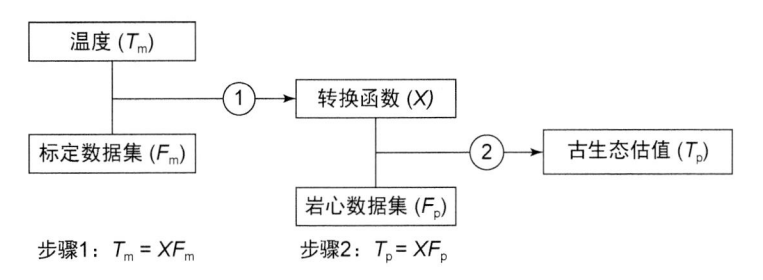

```
步骤1：温度 (T_m), 标定数据集 (F_m) → ① 转换函数 (X)
步骤2：转换函数 (X), 岩心数据集 (F_p) → ② 古生态估值 (T_p)
步骤1：T_m = XF_m    步骤2：T_p = XF_p
```

图 6.21 定量古气候模型示意图。在步骤 1 中，利用现代海面温度（T_m）标定现代（岩心顶部）有孔虫数据集（F_m），计算转换函数（X）。在步骤 2 中，将转换函数应用于岩心（化石）数据集（F_p），求取过去温度（T_p）估值。引自 Hutson（1977）。

利用转换函数重建海洋气候的一个基本假设是，以前的生物和环境状况处于现代（标定）数据集的"经验"范围之内（如图 6.22 所示）。如果事实并非如此，则存在非相似型状况，这可能会导致错误的古气候估值（Hutson，1977）。另一个重要假设是，现代海洋气候和海洋动物群落之间的关系并未随时间而改变，例如相关的种进化引起的改变。然而，许多研究中的主要不确定性恰恰是标定数据集本身的特性。"现代"动物组合通常源于岩心顶部样品，但由于生物扰动以及岩心钻取过程中的扰动，这些样品可能代表数百年甚至数千年的沉积时段（Emiliani and Ericson，1991；Kucera，2005a）。事实上，Imbrie 和 Kipp（1971）认为，岩心顶部样品年龄的非一致性是它们在古环境重建中最大的单一误差源["大多数（岩心顶部样品）代表……最近 2000～4000 年，而……有些可能含有距今 4000～8000 年时段沉积的物质"；Imbrie and Kipp，1971]。

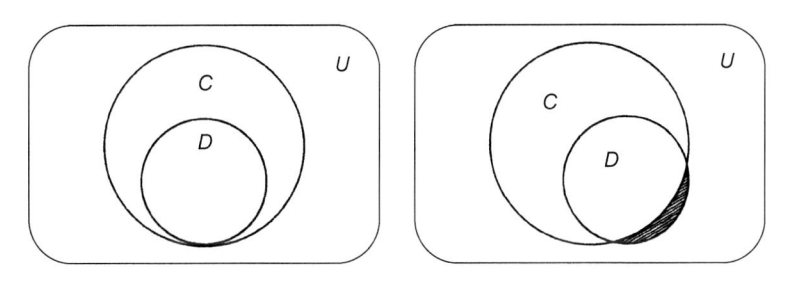

图 6.22 标定转换函数的理想（上）和非理想（下）条件维恩图。在理想条件下，标定数据集 C 包含岩心数据集 D 出现的所有生物和环境状况的范围。在非理想条件下，标定数据集 C 不反映岩心数据集 D 出现的所有生物和环境状况，存在非相似型状况（阴影区域）。U 表示现今和过去所有生物和环境状况的底集。
引自 Hutson（1977）。

在所有用于量化过去海洋气候的多元分析方法中，Imbrie 和 Kipp（1971）的方法得到最为广泛的应用。他们的原创研究试图重建海地以南约 150 km 钻孔点位（V12-122）的海面温度变化，为实现这一目标，他们将大西洋（和部分印度洋）61 个点位岩心顶部样品的种组成用作基本"现代动物"数据集。第一步，Imbrie 和 Kipp 利用主成分分析减少了该数据集中自变量的数量。主成分分析是将原始变量合并为线性组合（特征向量）的一种客观方法，它有效刻画了几个主正交成分的主要变化模式，使得余留的几个成分只存在弱相关性（噪声）（Sachs et al.，1977）。据此，Imbrie 和 Kipp 将大西洋 61 个岩心顶部样品中种丰度空间变化的大部分变量合为 5 个主成分或主组合，而这解释了原始数据集中几乎所有的变量。通过绘制每个成分对每个岩心顶部样品变量的相对贡献，清晰揭示出其中 4 个组合与近海面温度变化相关，可简单归为热带、亚热带、亚极地和极地组合。第 5 个组合与副热带高压下的海洋环流相关性更强，可称为涡流边缘组合。

下一步，是利用每个组合在每个点位的相对权重（因子得分）预测海面温度。采用多元逐步回归程序，将温度作为因变量，因子得分作为自变量（预测变量）。运用这种方法推导出一个方程，该方程根据每个点位所有因子得分的相对分量对海面温度进行简明刻画。例如，针对冬季温度，推导出以下标定方程：

$$T_W = 23.6A + 10.4B + 2.7C + 3.7D + 2.0K$$

式中，A、B、C 和 D 指 4 个主组合（热带、亚热带、亚极地和极地）；K 为常数（涡流边缘组合在本分析中未予考虑）。该方程解释了现代冬季海面温度观测值变化的 91%。根据海面温度对现代动物数据集进行标定后，可将 V12-122 岩心的化石（岩心）动物变化转换为已确定的主要动物组合的相对权重，然后将这些值输入标定方程求取古温度估值。

自 Imbrie 和 Kipp 的开创性工作以来，有许多学者着力对他们的方法进行改进和完善（如 Ruddiman and Esmay，1987；Dowsett and Poore，1990；Guiot and de Vernal，2007）。应用最广的方法，是采用现代相似型技术（modern analog technique，MAT）寻找与每种化石组合最为相似的现代（岩心顶部）组合（Prell，1985）。通过统计测量（相似系数）量化每种现代组合与化石组合的接近程度，然后将"前 10 种"现代组合的现代海面温度用于加权平均，估算出古 SST。类似的方法被 Pflaumann 等（1996，2003）用于大西洋，在估算现今夏季和冬季 SSTs 方面展现出非常高超的技能（$r^2=0.99$），得出整个大西洋的温度范围为 −1.4℃（高纬冬季）至 +28.6℃（赤道地区夏季）。Trend-Staid 和 Prell（2002）也利用 MAT 重建了大西洋、太平洋和印度洋洋盆 LGM 时段的 SSTs。有关现代相似型方法与其他方法的对比，参阅 Kucera 等（2005a）。不过，不同方法在总体重建中的差异微乎其微。

6.5　沉积物地球化学古温度重建

6.5.1　烯酮重建古温度

某些定鞭藻纲的海洋浮游植物（尤其是颗石鞭毛类赫氏艾密里藻）通过改变其细胞膜的分子组成对水温变化做出响应。具体地说，随着水温降低，它们会增强不饱和酮（烯酮）的生产。细胞包含具有37个、38个或39个碳原子（n-C_{37}至n-C_{39}）的长链烯酮混合物，它们是二不饱和、三不饱和或四不饱和的（例如分别标记为$C_{37:2}$、$C_{37:3}$或$C_{37:4}$）。与温度相关的不饱和指数U_{37}^k定义为

$$U_{37}^{k} = \frac{[C_{37:2}] - [C_{37:4}]}{[C_{37:2} + C_{37:3} + C_{37:4}]}$$

式中，[$C_{37:2}$]为含有37个碳原子的二不饱和甲基酮（碱基二烯酮）的含量。该指数的变化范围为–1（所有烯酮均为$C_{37:4}$）~+1（所有烯酮均为$C_{37:2}$）。但是，由于大多数海洋沉积不含$C_{37:4}$，该指数可简化为

$$U_{37}^{k'} = \frac{[C_{37:2}]}{[C_{37:2} + C_{37:3}]}$$

在第四纪沉积中，该值通常为正值（约0.05~0.98）（Brassell et al., 1986）。这些有机生标的重要性在于，它们是由光合藻类产生的，因而反映了透光带的状况，并且不受海洋盐度或同位素组成变化的影响。因此，它们为基于$\delta^{18}O$和动物组成的海洋古温度重建提供了重要补充（Herbert, 2003; Rosell-Melé and McClymont, 2007）。

赫氏艾密里藻的控制生长实验及不同 SSTs 海区累积的沉积物的研究，显示出水温与$U_{37}^{k'}$存在相关的强烈信号（Prahl et al., 1988; Sikes et al., 1991; Rosell-Melé et al., 1995）。通过全球 SSTs 和海洋表层沉积物烯酮调查（Conte et al., 2006），发现$U_{37}^{k'}$-年平均温度的关系为

$$\text{MAT} = 29.876 U_{37}^{k'} - 1.334, \quad r^2 = 0.97, \quad n = 592$$

这种关系涵盖的温度范围约为 0~30℃（图 6.23）。虽然数据显示年平均 SSTs 与表层沉积物烯酮之间存在很强的相关性，但相比表层水中采集的烯酮与同期混合层水温（整体生产温度）之间的关系，两组数据集之间的差异在约 22℃ 以下增大，并且越来越大。这在某种程度上可能与某些区域烯酮生产的显著季节性有关（因此年平均温度并非生产的主要因素），也可能表明烯酮 $C_{37:3}$ 和 $C_{37:2}$ 在水柱或沉积物中存在差异性降解（Sachs et al., 2000;

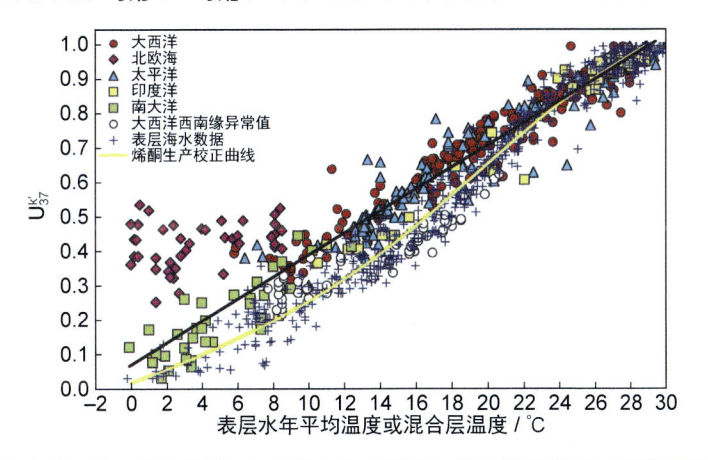

图 6.23 岩心顶部沉积物 $U_{37}^{k'}$（彩色符号）与上覆水柱表层水年平均温度关系。黑线显示这些数据的回归。十字（和黄色三阶多项式回归线）显示采自水柱的烯酮与采样期混合层（0~30 m）温度（整体生产温度）之间的关系。北欧海和大西洋盆地西南部的样品分别受到异常暖水和冷水平流的影响，因此未列入回归计算。引自 Conte 等（2006）。

Conte et al.，2006；Rontani et al.，2013）。在某些区域，烯酮的横向平流也可能导致记录出现严重偏差。

尽管存在这些问题，$U_{37}^{k'}$ 仍被广泛用作海洋沉积的 SST 古温度计。在可进行直接对比的情况下，烯酮通常显示出与动物组成（使用现代相似型或转换函数）近似的 SST 估值（如 Bard，2000；Margo Project Members，2009）。如果出现差异，则可能与两种方法处理的现象并非完全相同有关。基于烯酮的 SSTs 得之于生活在透光带尤其是水柱上部 10 m 的浮游植物。并且，浮游植物通常在特定的季节大量快速繁殖，因而所产生的有机沉积可能仅仅代表相对较短的数周时间（Sikes and Keigwin，1994，1996）。在 SSTs 年变化范围较大的区域，即使海洋状况未发生任何实际变化，浮游植物最大生产力出现的季节时限的变化也可能导致烯酮古温度的差异（Chapman et al.，1996）。相反，基于有孔虫的古温度则得之于一组不同的种，这些种可能在一年内不同时间达到最大丰度，且生活在不同深度的水域。因此，与烯酮估值相比，这种估值可能代表了更长时间跨度和更大深度范围温度变化的综合量度。此外，有孔虫组合（和 $\delta^{18}O$）数据因溶解效应可能会出现偏差，而基于烯酮的古温度却不会（Sikes and Keigwin，1994）。

百慕大海隆沉积岩心（约 33.6°N）中的烯酮提供了 MIS 3 SSTs 的详细记录，显示出与格陵兰冰心氧同位素记录存在显著的相似性（图 6.24）（Sachs and Lehman，1999）。其中，冰阶至间冰阶发生的突然变暖升温幅度为 1.7～5.3℃，但在间冰阶 12 和 8 的转变期，高分辨率烯酮记录却显示温度在短时间内出现急剧下降。这一现象在秘鲁的高分辨率氧同位素记录中也存在（Kanner et al.，2012）。Sachs 和 Lehman 认为，这一降温是由与冰山和冰融水相关联的冷水所致，这些冷水可能在那些转变期的海因里希事件时大量涌入大西洋亚热带海域（参见 Condron and Winsor，2011）。

将基于烯酮的古温度重建与其他方法（例如动物组合或基于 $\delta^{18}O$ 的古温度估值）相结合，可以获得关于古海洋状况的重要新认识。例如，Zhao 等（1995）研究了非洲西北岸外的沉积序列，发现最近 80000 年不同时期的古温度最低值与北大西洋沉积记录的海因里希事件（见 6.10.1 节）一一对应。这些突变似乎发生于冰筏事件产生的冷冰融水被加那利洋流向南传输的时期，导致温度在＜100 年内下降 3～4℃（图 6.25）。Sikes 和 Keigwin（1996）通过对比大西洋东北部沉积的烯酮和 $\delta^{18}O$ 记录也发现了冰融水效应。这种方法被 Rostek 等（1993）用于"反演"印度洋沉积记录的过去盐度变化，效果良好。他们利用烯酮获得了 SSTs，然后将其与 $\delta^{18}O$ 记录结合以重建古盐度（另见 Caley et al.，2011）。具体而言，即先扣除局地温度对 $\delta^{18}O$ 的影响，然后剔除冰量变化对 $\delta^{18}O$ 的影响，$\delta^{18}O$ 的剩余变化则被解释为盐度变化记录（图 6.26）。显然，距今 16 万～14 万年和 75000～25000 年出现的高盐度（高 0.5‰～1‰），是由当时西南季风减弱（次大陆降雨减少，因而汇入孟加拉湾的径流减弱）和/或东北（反向）季风气流增强引起的。

其他研究已将烯酮分析应用于近期沉积记录（如调查 ENSO 事件；Kennedy and Brassell，1992）和冰期终止点快速环境变化期的高分辨率古温度重建。结果发现，终止点 II 和 IV 曾发生"新仙女木型"振荡，表明涉及北大西洋深层水快速重组的类似机制也存在于较早的冰消期事件及末次冰消期事件（Eglinton et al.，1992）。

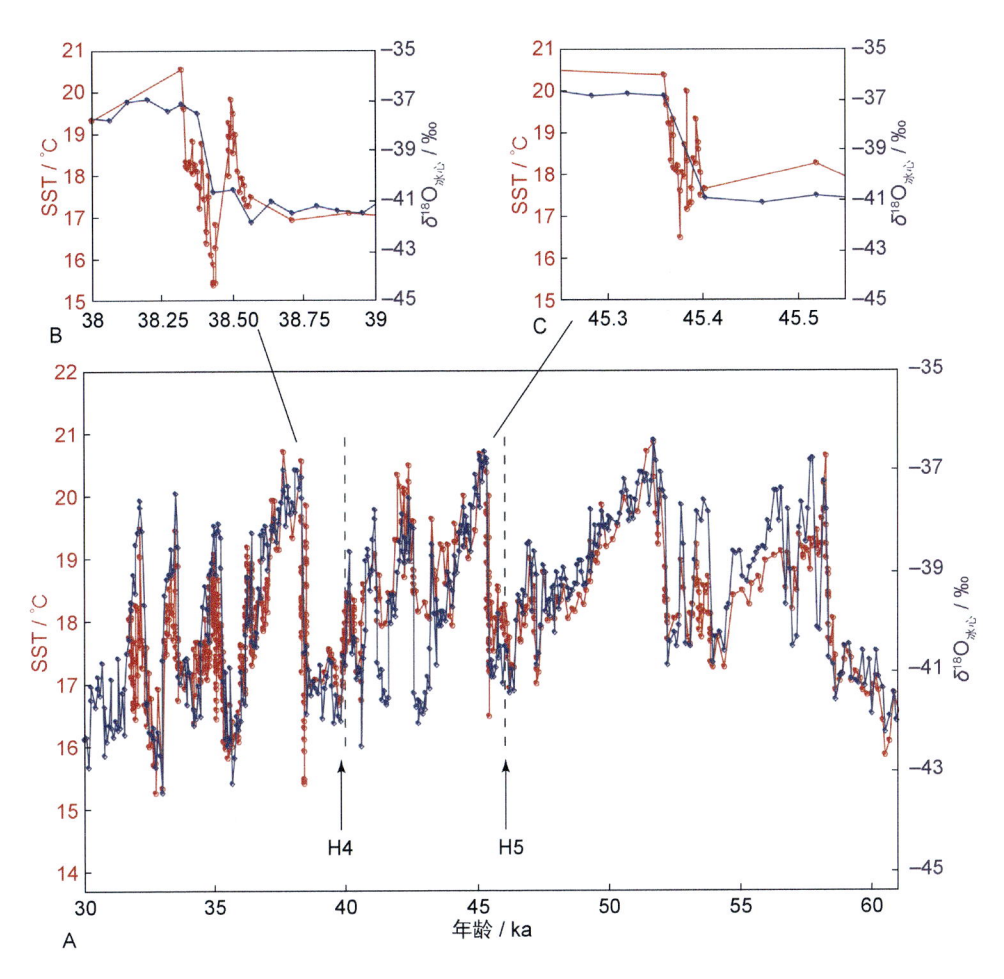

图 6.24 百慕大海隆基于烯酮的 SST 重建（红色）与 GISP2 氧同位素数据（蓝色）的对比。海洋记录的时间标尺与冰心记录调准，注意：此年代标尺之后已作修改（第 5 章 5.3 节已讨论）。冰阶气候至间冰阶 12 和 8（分别为右上角和左上角）的转变呈现出 SSTs 的快速倒转，可能与来自劳伦泰德冰盖的冰山和冰融水形成的淡水有关，这些淡水当时涌入了百慕大海隆区。引自 Sachs 和 Lehman（1999）。

6.5.2 TEX$_{86}$ 和长链二醇重建古温度

奇古菌（其构成古菌的一门）是单细胞微生物，普遍存在于海洋和湖泊环境。奇古菌的脂质膜会随水温变化而改变（Schouten et al.，2013）。这些脂类包括含有 86 个碳原子的四醚——确切地说即甘油二烷基甘油四醚或 GDGTs（图 6.27）。随着温度升高，奇古菌会将含有更多环戊烷环的 GDGTs 纳入其脂质膜（使其更加坚硬）。全球范围海洋岩心顶部沉积中提取的脂类显示，GDGTs 组合中环戊烷环的平均数量与 SSTs 密切（正）相关，这为将其用作古温度代用指标提供了可能（Schouten et al.，2002）。为此，基于脂类提取物中环戊烷环的相对数量，引入了四醚指数 TEX$_{86}$［荷兰皇家海洋研究所（Royal Netherlands Institute for Sea Research，NIOZ），位于泰瑟尔岛］：

$$\text{TEX}_{86} = \frac{([\text{GDGT}-2] + [\text{GDGT}-3] + [\text{cren}'])}{([\text{GDGT}-1] + [\text{GDGT}-2] + [\text{GDGT}-3] + [\text{cren}'])}$$

式中，GDGT-1 至 GDGT-3 分别为包含 1~3 个环戊烷基团的 GDGTs 的量；cren′为泉古菌醇的位置（区域-）异构体，包含 4 个环戊烷基团和 1 个环己烷环（图 6.27）（Schouten et al.,

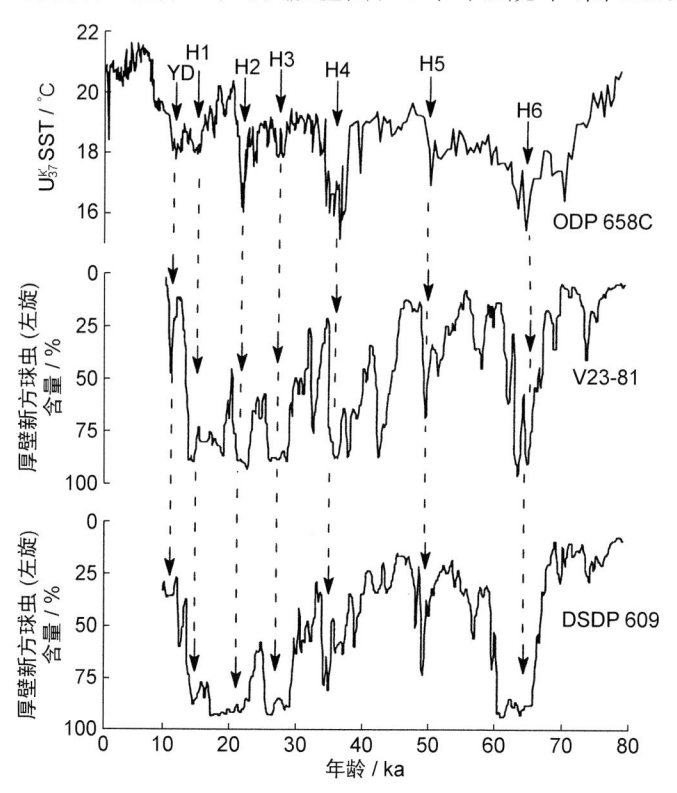

图 6.25 非洲西北岸外 ODP 658C 点位 SSTs 的 $U^{k'}_{37}$ 温度重建（上图）与北大西洋两套岩心中冷水有孔虫厚壁新方球虫（左旋）百分含量的对比。北大西洋海因里希事件与冷水事件的密切关系以及非洲岸外 SSTs 降低事件表明，这些事件与当时冷的加那利洋流向南传输寒凉、低盐度的冰融水有关。引自 Zhao 等（1995）。

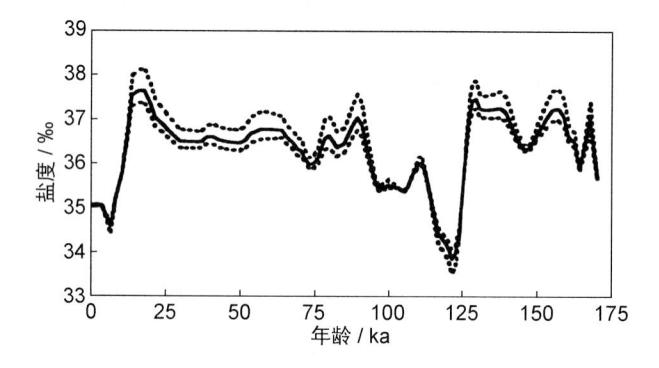

图 6.26 印度洋 MD 9000963 点位（印度西南）重建的古盐度。由 $\delta^{18}O$ 导出，利用烯酮获得古温度，然后利用温度变化以及大陆冰盖增长和退缩引起的全球冰量和海洋盐度变化调整 $\delta^{18}O$ 记录。剩余的 $\delta^{18}O$ 变化被解释为古盐度记录。引自 Rostek 等（1993）。

2002；Kim et al.，2008）。

尽管奇古菌在水柱中生活和合成 GDGTs 的确切时间（季节）和位置（垂向）存在很大不确定性（如 Wuchter et al.，2005；Herfort et al.，2006；Huguet et al.，2007；Turich et al.，2007；Kim et al.，2008；Shah et al.，2008），但将年平均 SSTs 和 TEX$_{86}$ 相关联的实验证据却相当有力（如 Wuchter et al.，2006），因此该指数被许多研究用于重建古温度。基于大量岩心顶部样品，以下公式最能确切描摹所获数据（Kim et al.，2010）：

$$SST = 68.4*\log(TEX_{86}) + 38.6$$

该公式在约 6~30℃ 的 SST 范围内高度显著，Kim 等（2010）将该公式称为 TEX$_{86}^{H}$。对温度低于约 5℃ 的情况，Kim 等（2010）建议消除 TEX$_{86}$ 公式中的 cren′ 以获得与观测数据更好的拟合，他们将此值称为 TEX$_{86}^{L}$（SST = 67.5*TEX$_{86}^{L}$ + 46.9）。TEX$_{86}$ 可以补充基于烯酮的温度估算和其他温度估算，并且由于 GDGTs 的成岩变化看来很小（与烯酮类不同），因此在前第四纪沉积中使用 TEX$_{86}$ 也是可行的（如 Jenkyns et al.，2004；Sluijs et al.，2006）。TEX$_{86}$ 在湖泊中的应用更加复杂，将在第 9 章 9.7 节中讨论。

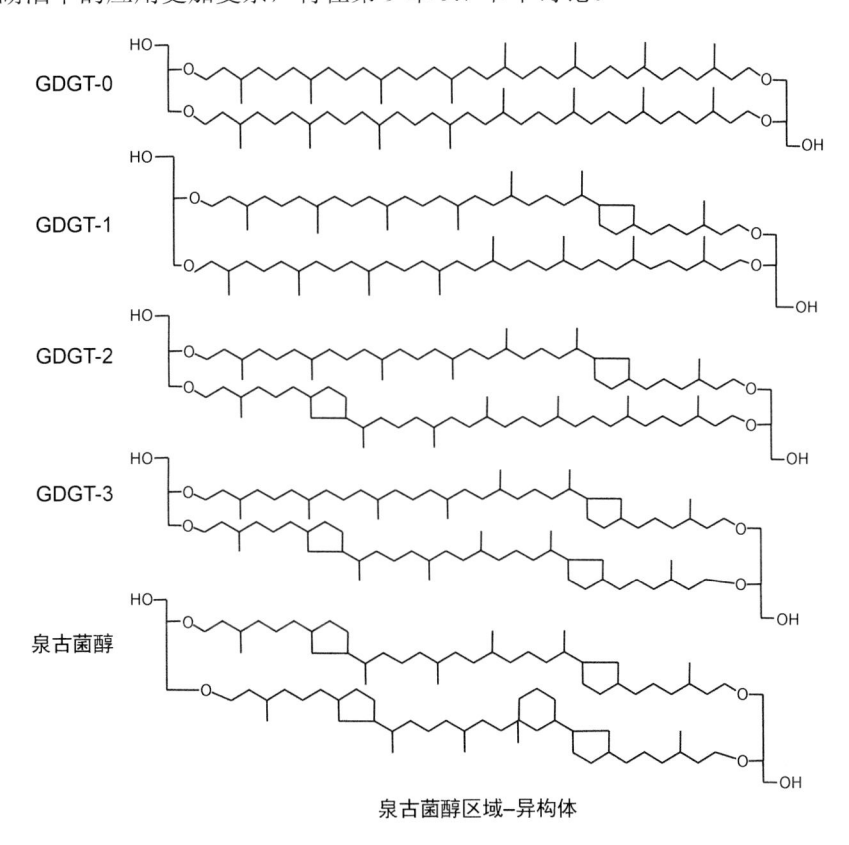

图 6.27 用于计算 TEX$_{86}$ 指数的 GDGTs 的化学结构。脂类为含有 86 个碳原子的四醚，包含 1~4 个环戊烷基团。泉古菌醇还包含 1 个环己烷基团，在 TEX$_{86}$ 计算中使用泉古菌醇的区域-（位置）异构体 cren′。值得注意的是，上述四醚通常在文献中被编为不同的号码，这可能会引起混淆。引自 Kim 等（2010）。

另一组可能具有古温度计潜力的脂类为长链正构烷基二醇。它们具有自 C$_{24}$ 至 C$_{36}$ 不等的链长和在C_1及可能自C_{11}至C_{19}不等的另一位置的醇基。海洋沉积古温度重建的重要二醇为C_{28}、C_{30}和C_{32}，其中二醇C_{28}1,13、C_{30}1,13和C_{30}1,15（由硅藻和海藻生产）尤为重要。基于岩心顶部样品分析，发现长链二醇指数（long-chain diol index，LDI）在–3～27℃的温度范围内与SSTs密切相关（Rampen et al.，2012）：

$$LDI = \frac{F[C_{30}1,15-diol]}{F[C_{28}1,13-diol]+F[C_{30}1,13-diol]+F[C_{30}1,15-diol]}$$

式中，F为每种二醇丰度的分数。迄今为止，只有少数研究检出LDI与其他代用指标的关联（如Naafs et al.，2012；Lopes dos Santos et al.，2013），但这看来为古温度估算开发了另一种有效方法，为有孔虫组合、烯酮和TEX_{86}等指标估值提供了可比的量值。不过，每种指数都可能偏向于特定季节的SSTs或年均状况，这反而可能提供有关SSTs季节性的宝贵信息（图6.28）。

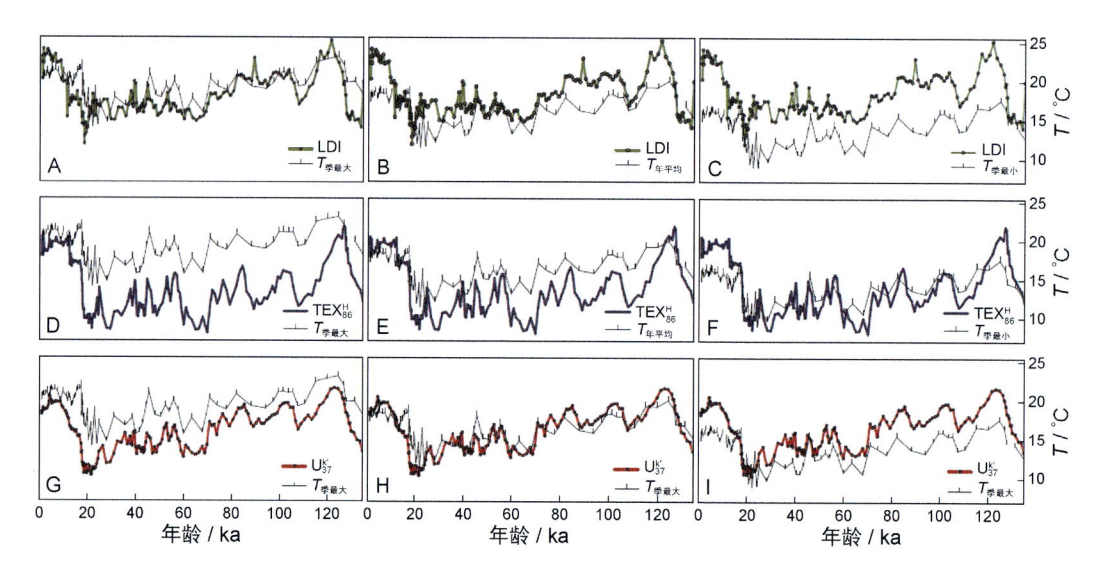

图6.28 最近13万年澳大利亚东南岸外点位古SST估值的对比，基于动物（有孔虫）组合（源于现代相似型技术）（所有图中细线）以及长链二醇指数（LDI）（绿线，上部组图）、TEX_{86}^H（蓝线，中间组图）和$U_{37}^{K'}$（红线，下部组图）。三组图显示基于动物组合数据的季最大（左）、年平均（中）和季最小（右）SST估值。假定这些估值正确，在这一地点，LDI最接近最高（夏季）温度，而TEX_{86}^H最接近最低（冬季）温度，$U_{37}^{K'}$最接近年平均温度。在此实例中，基于TEX_{86}的SSTs进行了对数校准，优化了高温数据的拟合[Kim等（2010）称之为TEX_{86}^H]。引自Lopes dos Santos等（2013）。

6.5.3 IP_{25}和相关海冰指标

IP_{25}是由栖息于海冰的硅藻［主要为海氏藻属（*Haslea* spp.）］所产生的脂类生标，因此，虽然并非SSTs的直接指标，但它可以作为海冰出现的指标，而这显然与海面温度相关（Belt et al.，2007，2010）。关键（海冰代用指标）分子是含有25个碳原子的高度支化的类异戊二烯（highly branched isoprenoid，HBI）烯烃（图 6.29）。海冰仅季节性出现至全年完全覆盖等区域的海冰和表层沉积物实地研究表明，IP_{25} 可作为海冰存在及其随时间变化的重要指标。然而，南极洲的海冰藻类似乎并不产生 IP_{25}，所以目前所有的 IP_{25} 研究都只与北极海冰有关。一种相关的化合物（HBI 二烯）能够为南半球海冰变化提供可对比的指标（Massé et al.，2011）。与所有的生标一样，IP_{25} 也存在诸多问题，例如，产生相关化合物的生物控制因素问题（如营养、光照和其他变量的影响以及生产的季节性），以及生标的保存

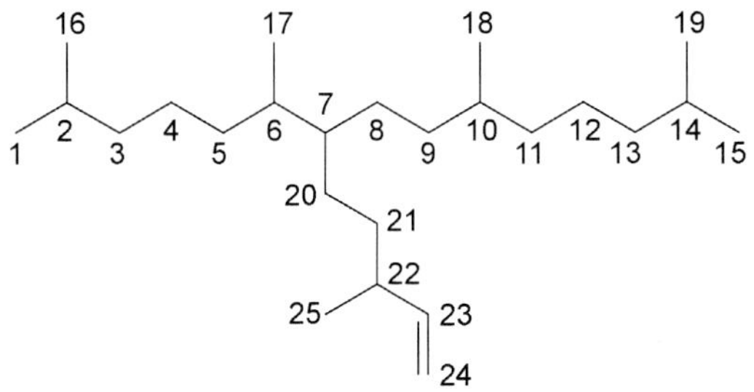

图 6.29　IP_{25} 结构。IP_{25} 为含有 25 个碳原子的高度支化的类异戊二烯烯烃，由栖息于海冰边缘环境的硅藻产生。引自 Belt 和 Müller（2013）。

问题（随时间推移而发生的降解、水深等，前者对使用特定化合物比值的情形尤其重要）和自生产地至沉积点的横向搬运范围问题等。尽管如此，迄今为止的结果显示，IP_{25} 是北极海冰状况的一个极好的代用指标。如果 IP_{25} 指标与无冰水域浮游植物产生的甲藻甾醇和菜籽甾醇等甾醇类生标相结合，则效果尤其突出。因此，Müller 等（2011）提出了另外一个指数 PIP_{25}，该指数将 IP_{25} 数据与指示无冰状况的浮游植物生标（P）相结合：

$$PIP_{25} = IP_{25}/(IP_{25} + P_c)$$

式中，c（IP_{25} 平均含量与 P 平均含量的比值）为用于补偿量值通常比 IP_{25} 大得多的浮游植物含量的因子。使用这两种生标，可以评估各种各样的海冰状况（图 6.30）。然而，海冰硅藻对沉积物总甾醇含量也会有所贡献，这可能对该指数产生显著影响（Rampen et al.，2010；Belt et al.，2013）。弄清这些新兴指标的所有特性和局限性仍需要进一步的研究，不过许多研究已显示出它们的潜力（如 Massé et al.，2008；Vare et al.，2009；Cabedo-Sanz et al.，2013）。为重建全新世海冰变化，已自加拿大北极群岛岛间通道钻取的沉积岩心中提取了 IP_{25}。结果表明，春季/初夏的海冰在早至中全新世的大部分时间内十分有限，但在距今约 4000 年以后有所增加，并在距今约 2300 年前后以及最近数世纪的小冰期达到最大（Vare et al.，2009；Belt et al.，2010）。Cabedo-Sanz 等（2013）研究了新仙女木时段挪威西北近岸的沉积岩心。他们利用 IP_{25} 和浮游植物甾醇类获得了 PIP_{25} 指数，结果清晰显示，新仙女木事件开始时该区域海冰突然形成（之前一直无海冰），但在距今约 11500 年前再次消失（图 6.31）。在更短时间尺度上，Massé 等（2008）重建了最近千年冰岛以北的海冰变化，结果与海冰范围的历史记录及 SSTs 的独立指标高度一致。由此，这些及其他研究展示了 IP_{25} 和相关指数在深入认识过去海冰范围和变率方面具有的潜力。

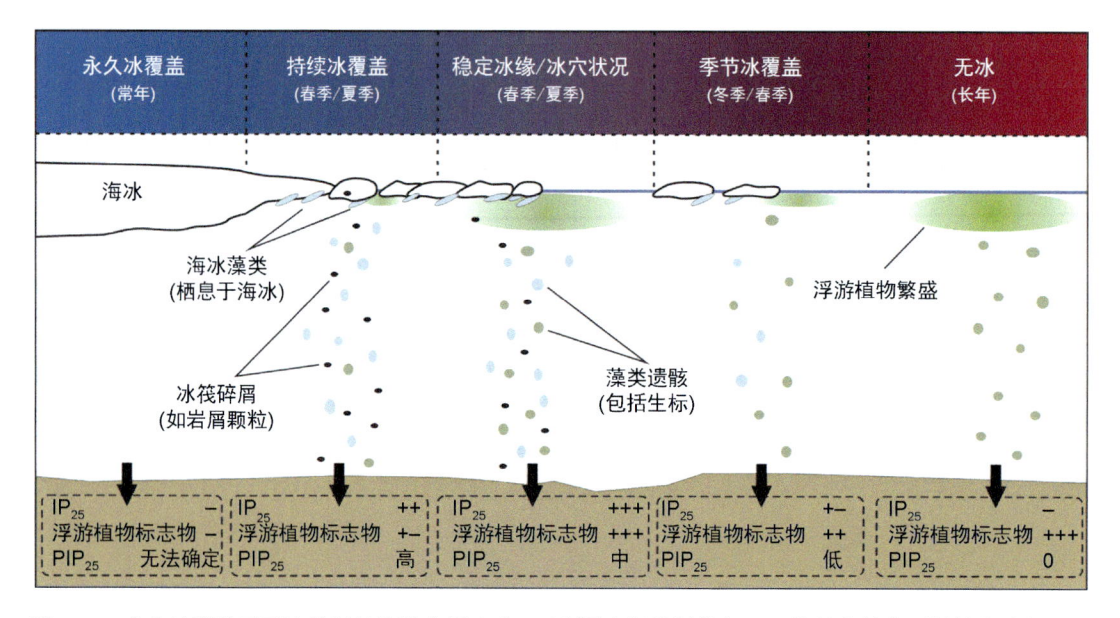

图 6.30 永久冰覆盖至无冰状况的海冰范围变化，可利用生标代用指标 IP$_{25}$ 并结合其他浮游植物生标指数（假定自海冰生产地至沉积物沉降点的横向搬运有限）予以识别。引自 Belt 和 Müller（2013）。

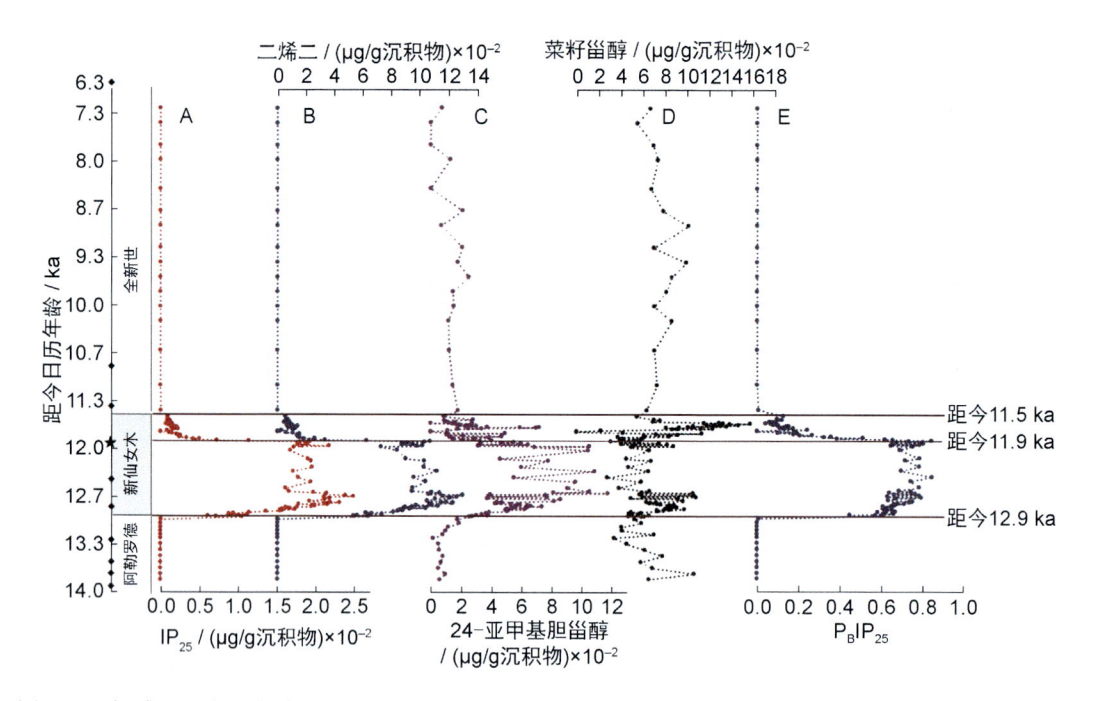

图 6.31 挪威西北岸外海洋沉积岩心 JM99-1200（约 69°N，16°E）生标含量序列。A. IP$_{25}$；B. 二烯二；C. 24-亚甲基胆甾醇；D. 菜籽甾醇；E. P$_B$IP$_{25}$ 指数（将菜籽甾醇用作指示无冰状况的浮游植物生标）。距今 12900 年和 11500 年前横实线接近于新仙女木事件的起始和终止。距今 11900 日历年前横实线指示新仙女木晚期海冰状况的转变。菱形标记 AMS ^{14}C 年龄，星号标示年龄模型使用的维德火山灰层。生标显示，在新仙女木之前和之后该地点均未出现海冰，但在新仙女木时段最冷期出现了海冰。引自 Cabedo-Sanz 等（2013）。

6.5.4 Mg/Ca 比重建古温度

在生物碳酸钙形成过程中，Mg^{2+} 可能会置换 Ca^{2+}。这一过程取决于温度，随水温升高，置换作用增强（图 6.32）。因此，测量有孔虫的 Mg/Ca 比值可以提供方解石形成时（和深度）的水温，该指标可直接与相同物质的氧同位素组成进行对比（Barker et al.，2005；Rosenthal，2007）。由于 Mg/Ca 比和氧同位素都反映了有孔虫壳体形成的时间，因此选择特定深度生境的种，则可获得该深度的古温度。此外，Mg/Ca 比数据不受盐度变化的影响，而盐度变化会影响有孔虫壳体的同位素组成。Lea 等（2003）提供了一个利用 Mg/Ca 比值获得古温度数据的有趣实例。他们基于红拟抱球虫壳体 Mg/Ca 比值，获得了 LGM 至今卡里亚科海盆（约 11.5°N）高分辨率 SST 记录。该地点氧同位素记录显示，随着大陆冰盖融化，与海洋同位素组成变化相关的氧同位素值总体减小，但 Mg/Ca 比数据给出的海盆 SSTs 记录与格陵兰氧同位素密切相关，类似于前面讨论的百慕大海隆烯酮 SSTs 记录（另见图 6.52；Deplazes et al.，2013）。与现今相比，LGM 期间该海盆降温约 2.6 ± 0.5 ℃。新仙女木时段温度突然下降，与冰心 $\delta^{18}O$ 变化以及 CH_4 同步（在定年误差内）（图 6.33）。这些关联被认为与冰期终止点 I 期间热带辐合带（Intertropical Convergence Zone，ITCZ）位置变化有关，由于新仙女木时段热带辐合带位置更南，导致卡里亚科海盆气候冷干、热带湿地气候普遍干旱（这使得 CH_4 产量降低）（参见 Chiang and Friedman，2012）。

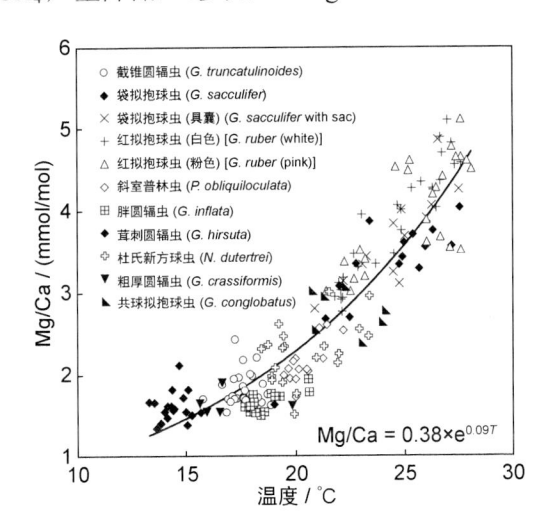

图 6.32 不同种有孔虫 Mg/Ca 比与温度的关系，基于沉积捕集器收集的样品。引自 Barker 等（2005），利用 Anand 等（2003）的数据。

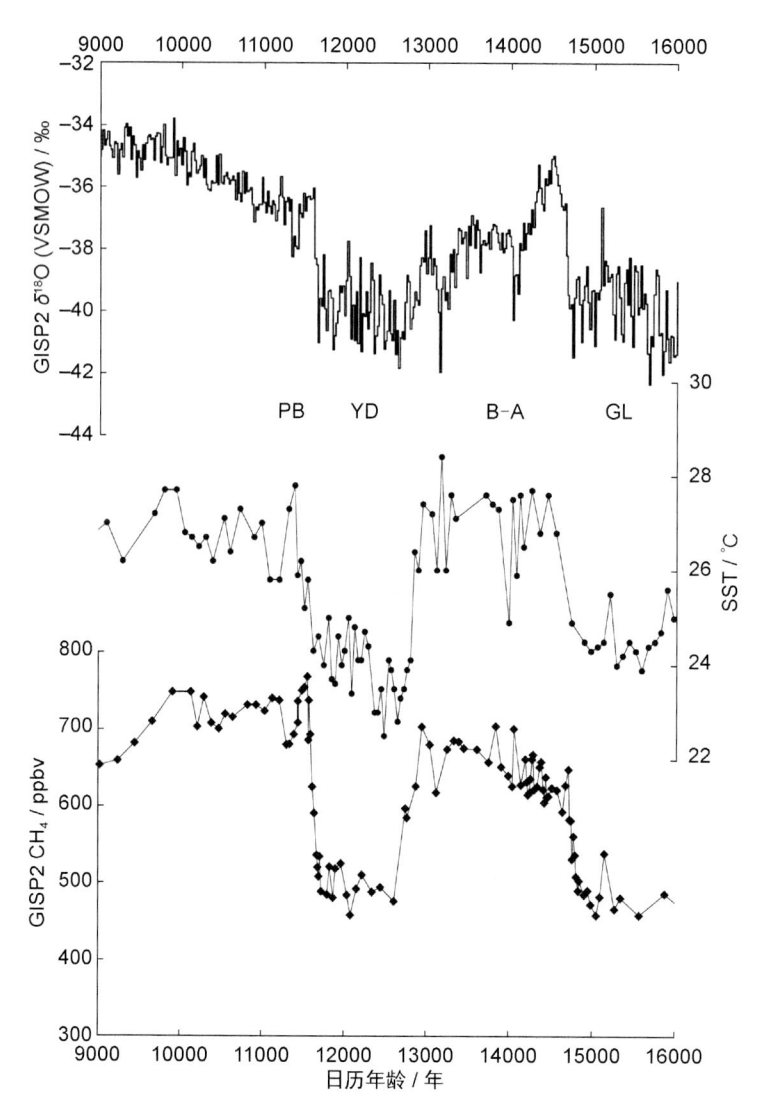

图 6.33 基于 Mg/Ca 比重建的卡里亚科海盆 SSTs（中）与 GISP2 氧同位素数据（上）和 CH_4（下）的对比。PB. 前北方期；YD. 新仙女木；B-A. 博令-阿勒罗德；GL. 冰期。引自 Lea 等（2003）。

6.6 末次冰盛期（LGM）海洋状况

上述各种古温度定量重建技术最重要的应用之一，是绘制过去选定时段全球海洋的古海洋状况图。这是 CLIMAP 计划（Climate: Long-range Investigation, Mapping, and Prediction, 气候: 长期调查、制图与预测）的主要目标之一，该计划重点关注 LGM 时期（他们将此界定为距今 18000 ^{14}C 年前，也即距今约 21500 日历年前）的海洋状况（CLIMAP Project Members, 1976, 1981, 1984）。通过运用在世界各大洋得出的微体化石转换函数，重建了这一时期 2 月和 8 月的海面温度。大多数研究主要依据有孔虫组合数据，但在硅质化石占主导的区域（如南大西洋和南极诸大洋），转换函数技术也应用于放射虫组合（Lozano and Hays，1976；Morley and Hays，1979）和硅藻（Koç Karpuz and Schrader，1990；Pichon et al.，1992）。在太平洋（其碳酸盐和硅质化石保存特征因地而异），研究发现基于四大微体化石群落（颗石藻、有孔虫、放射虫和硅藻）构建转换函数具有很大优势，能够获得最佳的古温度重建结果（Geitzenauer et al.，1976；Luz，1977；Moore，1978；Sancetta，1979；Moore et al.，1980）。这些工作极大地促进了我们对过去大洋表面温度变化的理解，产生了许多关于轨道驱动和冰川作用机制的重要新认识和新假说，例如有关冰盖增长和退缩的速率与时限的认识（Hays et al.，1976；McIntyre et al.，1975，1976；Ruddiman and McIntyre，1981）。继CLIMAP之后，SPECMAP（Spectral Mapping Project，频谱制图计划）聚焦于确定海洋沉积古气候记录的频谱特征，为过去气候事件建立一个基本的时间框架（Imbrie et al.，1984；Martinson et al.，1987）。随后的研究不仅关注表层水状况，而且关注全球海洋随时间变化的三维结构，旨在重建对能量转换及大洋深渊二氧化碳封存起关键作用的深层水循环。这些工作包括 EPILOG（Environmental Processes of the Ice Age: Land, Oceans, Glaciers, 冰期环境过程：陆地、海洋、冰川）、GLAMAP（Glacial Atlantic Ocean Mapping, 冰期大西洋制图）和MARGO（Multiproxy Approach for the Reconstruction of the Glacial Ocean Surface, 冰期海面重建的多指标方法）（Mix et al.，2001；Pflaumann et al.，2003；Sarnthein et al.，2003；Kucera et al.，2005b；MARGO Project Members，2009）等。

　　MARGO计划将基于微体化石转换函数重建的SSTs与利用地球化学古温度方法（烯酮类和Mg/Ca比）重建的SSTs相结合，以提供LGM时期（他们将此界定为距今23000～19000年前）SSTs的全面评估。图6.34显示全球海洋SST变化（LGM-现今）。在这一研究中，几个重要特征十分突出。如CLIMAP重建所示，副热带涡流区的SSTs与现今非常相似，在某些区域甚至可能稍高一些。SSTs最大的变化发生于爱尔兰以西的北大西洋中部，温度比现今低约12℃（图6.35）。强大的东西向温度梯度成为热带和赤道海洋的重要特征，表明与东部边界流相关的上升流大幅增强，这在大西洋盆地尤为显著。在北大西洋，不同代用指标之间不太一致（de Vernal et al.，2006），但在冬季，海冰似乎向南扩张到了55°N，而在夏季月份，开阔水域则可达北至斯瓦尔巴（约75°N）的区域（图6.35）。尽管基于地球化学方法的古温度估值呈现较大的变率，但整个热带的总体纬向平均温度一般比现今低2℃（图6.36）。就全球海洋而言，总体上LGM时期SSTs下降了1.9±1.8℃，其中北大西洋温度变化最大。

　　特别引人关注的是，LGM时期低纬海面温度降幅相对较小。这一结论与热带的一些陆地证据相矛盾。例如，根据委内瑞拉安第斯山脉冰川平衡线的高度变化，Standell等（2007）估计，LGM时期的温度比现今低约8.8±2℃。热带巴西地下水中的惰性气体研究也显示温度变化很大。地下水中惰性气体（Ne、Ar、Kr和Xe）的含量在很大程度上取决于气体发生溶解的地下水位面的温度。通过对比放射性碳定年的全新世与冰期地下水中惰性气体的含量，估计出两者的温差为5.4±0.6℃。基于^{14}C定年的鸸鹋蛋壳中氨基酸外消旋作用的程度，Miller等（1997）估计，澳大利亚中部冰期的温度比全新世至少低9℃。由于外消旋作用是年龄和温度的函数，所以只要限定年龄即可算出古温度（见第4章4.2.1.4节）。上述

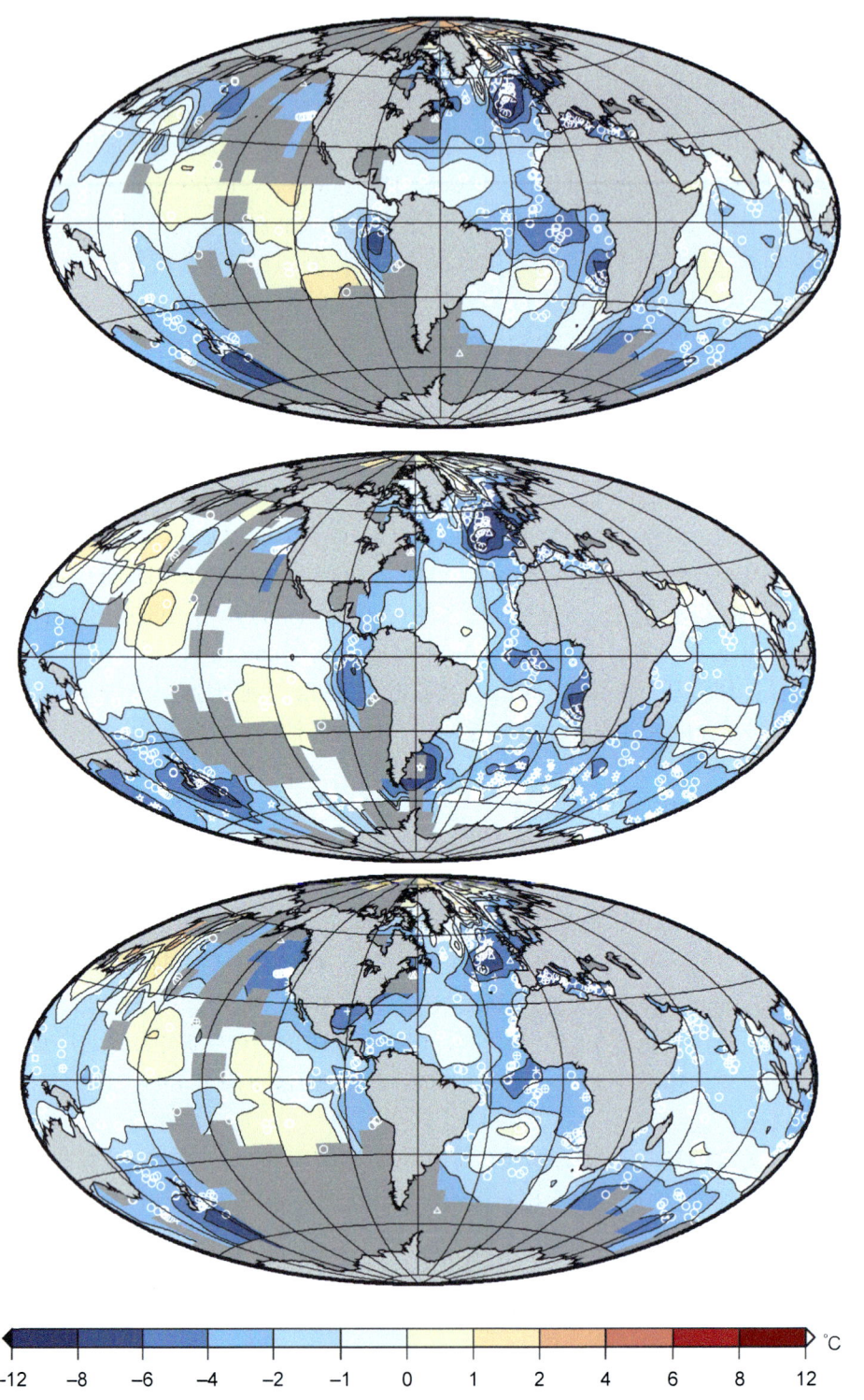

图 6.34 LGM 时期海面温度（SST）异常，基于生物指标（有孔虫、硅藻、沟鞭藻囊和放射虫）和地球化学古温度测量法（Mg/Ca 比、烯酮类）重建。异常值引自 LGM-现今世界海洋数据图集（1998）。上：7～9月；中：1～3月；下：年平均异常。引自 MARGO Project Members（2009）。

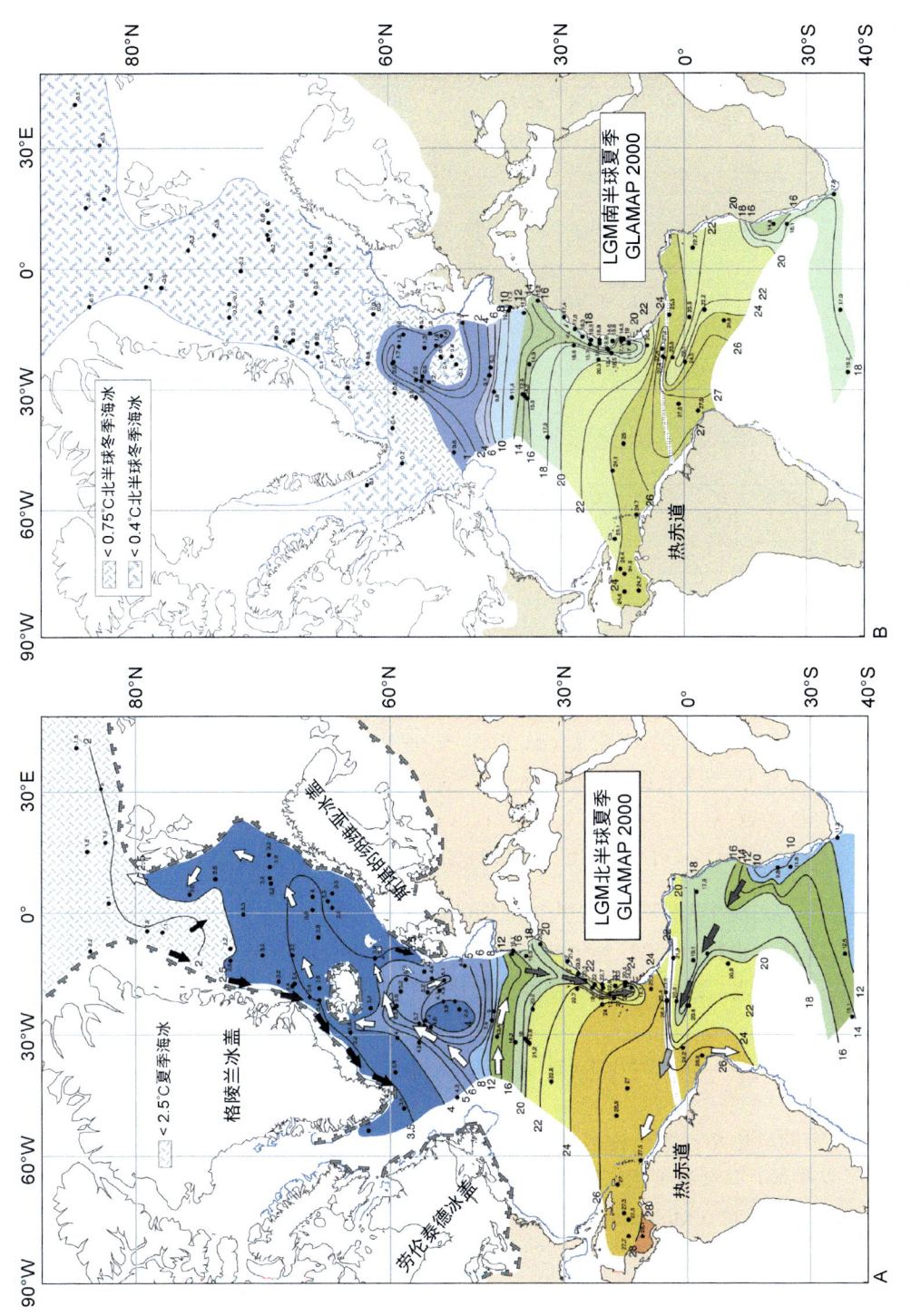

图6.35 北半球夏季（左）和冬季（右）冰期大西洋GLAMAP 2000 SST重建。箭头标示主要洋流方向（灰色示冷，白色示暖）。热赤道等深线标示以点条带标示。蓝色等深线标示冰期海岸线位置。引自Pflaumann等（2003）。

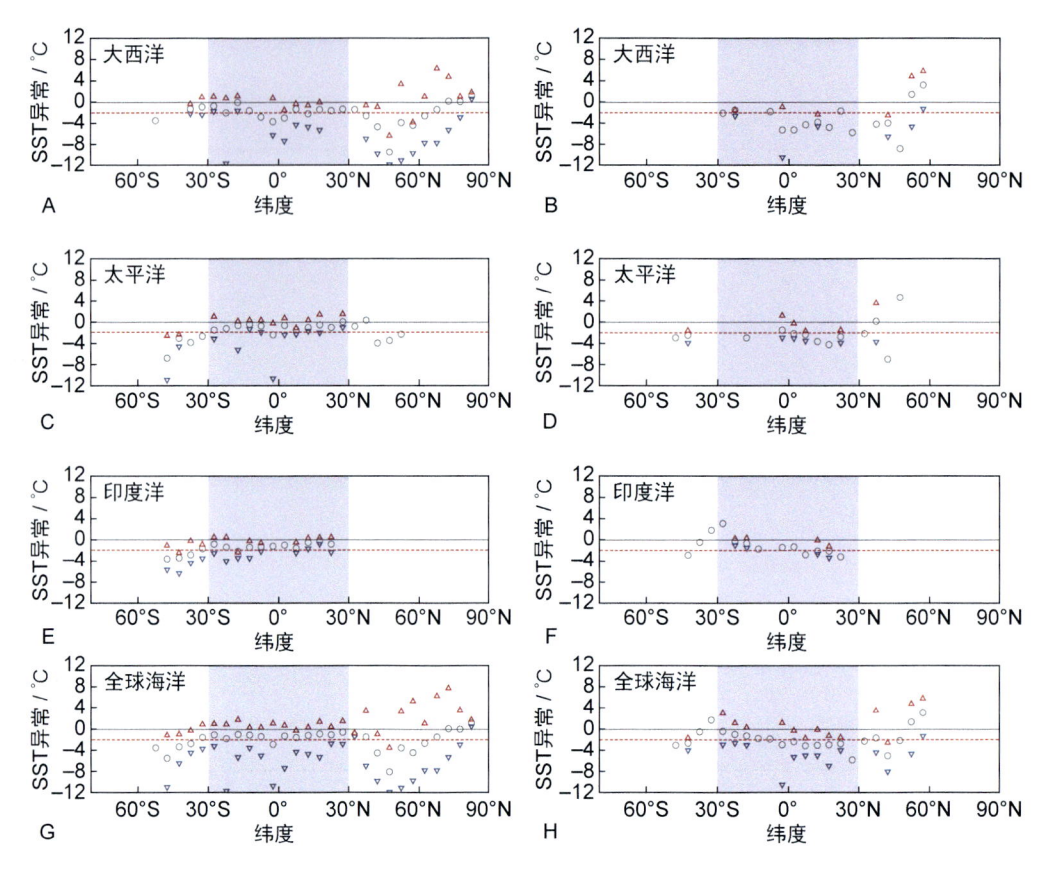

图 6.36 不同海盆以及全球海洋 SST 异常（LGM-现今）纬向平均值。左侧组图为基于有孔虫和沟鞭藻囊组合的估值，右侧组图为基于有孔虫烯酮类和 Mg/Ca 比的估值。三角标示每个估值的上限和下限，圆圈标示其平均值。红色虚线标示–2℃异常值。灰色阴影标示 30°N～30°S 纬度带（占地球表面积的一半）。值得注意的是，在这一区域，LGM 时期的温度一般比现今低 2℃。改自 MARGO Project Members（2009）。

各种证据都表明，LGM 时期热带和亚热带陆地的温度显著降低。这一矛盾在古气候和未来气候模拟的 GCMs 中也得到证实，其中热带陆地温度变化往往比海洋大（Izumi et al., 2013）。然而，古气候证据表明，过去的海-陆温度差异比模型模拟所显示的还要大。

6.7　海洋沉积无机物的古气候信息

不同气候带的风化和侵蚀过程可能会产生特征性的无机物。当这些物质被搬运至海洋（被风、河流或浮冰）并沉积于近海时，它们会记录其沉积时有关邻近大陆区气候或有关海洋和/或大气环流的信息（McManus, 1970; Kolla et al., 1979）。在大陆边缘，大部分沉积物是由河流沉积的，但在远离陆地且不受浮冰影响的远海区，自大气中清洗下来的很细的风飏物质可能占沉积物总累积量的一大部分（Windom, 1975）。现代观测表明，干旱区下风向数千公里内的粉尘总通量主要取决于源区状况，而粉尘粒度变化主要与（上层）风速变化有关（Rea, 1994）。因此，通过分析海洋沉积岩心中风成组分的变化，便可获得重要的大陆干旱度（受气流模式变化调节）指标。例如，在中国黄土高原以东 2500 km 处的沉积岩心中，Hovan 等（1989，1991）发现，风尘沉积速率存在大幅变化，且与黄土高原环境变化相对应。在间冰期，当黄土高原黄土沉积减缓且土壤发育时，风尘沉积速率降低；而在冰期（以同一岩心的底栖 $\delta^{18}O$ 记录标定），风尘沉积速率高出好几倍（图 6.37）。

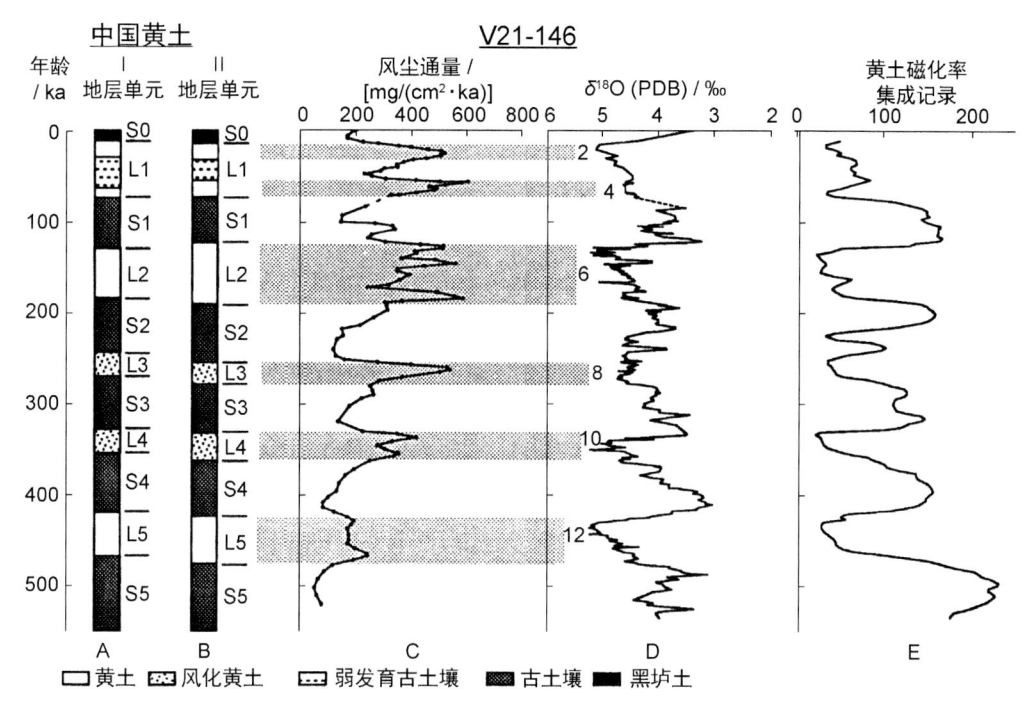

图 6.37 北太平洋岩心 V21-146（约 38°N,163°E）记录的风尘通量和同一岩心底栖同位素记录（中间曲线）与中国黄土高原集成记录中黄土磁化率（右侧曲线）的对比。Kukla（1987a）所描述的黄土与古土壤层的时间界线显示于最左侧（柱状图Ⅰ）。根据海洋记录与黄土磁化率对比修正的年龄显示于左侧第二（柱状图Ⅱ）。引自 Hovan 等（1991）。

西非海岸外岩心中无机物的大量研究使得追踪邻近陆地的气候波动成为可能。今天在这一区域，巨量粉砂和粘土级颗粒（每年超过 2500 万 t）被东北信风从撒哈拉沙漠向西搬运并横穿大西洋（Chester and Johnson，1971）。在晚第四纪冰期，由于信风更强、干旱区更大，西非海岸外的赤道和热带大西洋沉积的陆源物质比例甚至更高（图 6.38）（Sarnthein et al.，1981；Matthewson et al.，1995）。这种冰期气候更加干旱的情景得到海洋岩心生物碎屑研究的进一步支持。冰期，西非海岸外 20°N 以南的岩心中淡水硅藻（直链藻）和蛋白石植硅体（源于陆地植物尤其是草本植物表皮细胞的极小二氧化硅体）的含量增大。有学者认为，这是在（草原）植被广泛发育且湖泊随处可见的湿润间冰期之后，在相对干旱的冰期，干涸湖底沉积物遭受强劲信风的吹蚀所致（Parmenter and Folger，1974；Pokras and Mix，1985）。

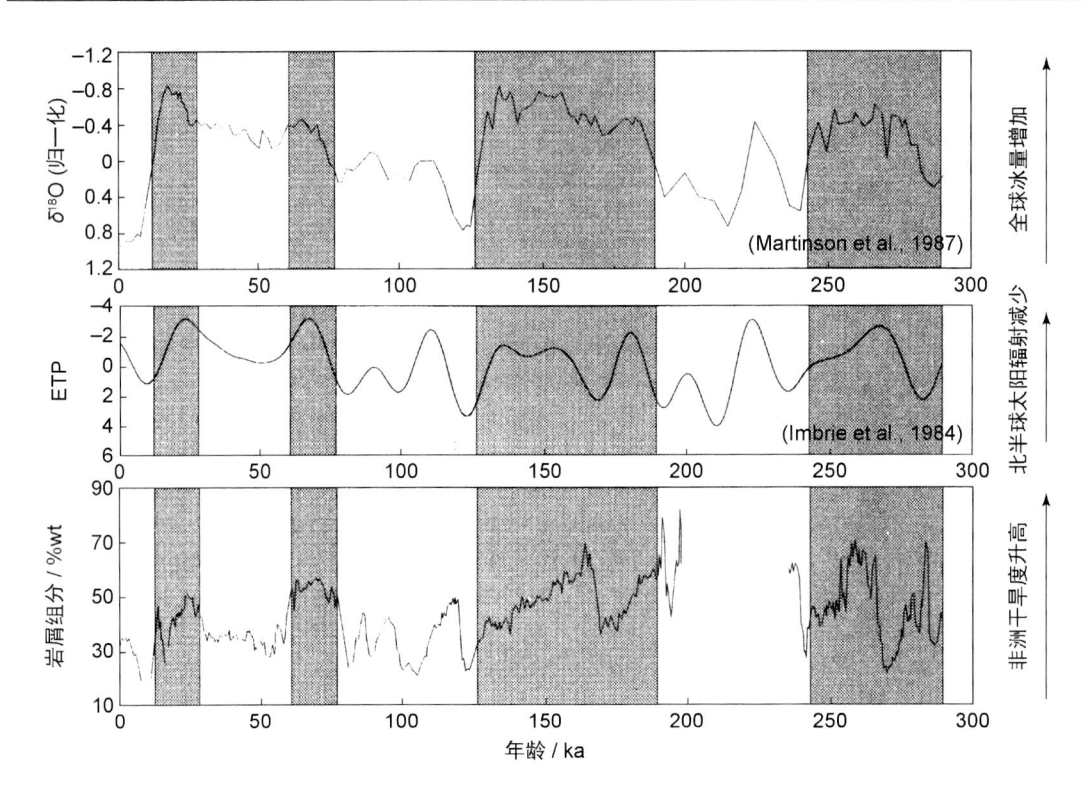

图 6.38 海洋岩心 CD53-30（约 20°N,21°W，非洲西北海岸外）中的岩屑组分（下图）与 SPECMAP 海洋同位素记录（上图）和北半球岁差、斜率和偏心率共同驱动记录（中图）的对比。冰期（阴影）对应于自撒哈拉吹向邻近海洋风尘通量的增大。风尘快速增加通常与岁差变化驱动的北半球太阳辐射减少有关，但风尘含量的突变指示对轨道驱动的非线性响应。引自 Matthewson 等（1995）。

另一个风尘吹向海洋的重要区域为阿拉伯半岛海岸外。今天，将细粒沉积物搬运至印度洋的强劲西北风横扫源自索马里的低空西南风（季风），现代沉积物中硅质碎屑颗粒（>6 μm）30%含量等值线接近西北气流与西南气流的主辐合带位置。因此，重建这条等值线在过去不同时期的位置便可示踪该辐合带的变化。研究表明，该辐合带在 LGM 时期偏向东南（即西北气流更强），但在距今 6000～9000 年前更靠近海岸（图 6.39）（Sirocko and Sarnthein, 1989；Sirocko et al., 1991）。

最后一个例子来自南半球，塔斯曼海的风尘沉积记录了澳大利亚东南部的干旱度变化（Hesse，1994）。在冰期，风尘通量增加了 50%～300%，主尘暴流的北界向赤道方向迁移了约 350 km。这种冰期风尘通量增加、间冰期风尘通量减少的周期性模式叠加于 35 万～50 万年来风尘沉积整体增加的长期趋势之上，反映了澳大利亚东南部不断加剧的干旱化趋势。

在上述每个实例中，确凿的证据表明，在末次冰期以及更早的冰川事件期间吹向海洋的风尘通量都更大。这种增加的部分原因可能与极地-赤道温度梯度增强和风速增大有关（参见 Wilson and Hendy, 1971），但另一方面，冰期热带干旱区面积也更大了（Sarnthein, 1978）。这两种因素导致冰期大气浊度水平升高，后者以颗粒物显著增加的形式被清晰地记录于偏远的极地（和高海拔）冰心（如 Petit et al., 1999；Winckler et al., 2008）（图 6.40）。

也有学者猜测，冰期大量的风尘物质可能在控制大气二氧化碳浓度方面起了作用。由于生物活动（尤其在南大洋）受到缺铁的限制，冰期沉积于海洋中的额外的铁可能增强了海洋光合作用，从而降低了二氧化碳浓度（Martin，1990）。最近在贫营养海域开展的铁"播种"实验确实表明，排除这一限制因素后生产力显著提高（如 Coale et al.，1996；Pollard et al.，2009），但这种机制在多大程度上影响了冰期低二氧化碳浓度仍存争议。

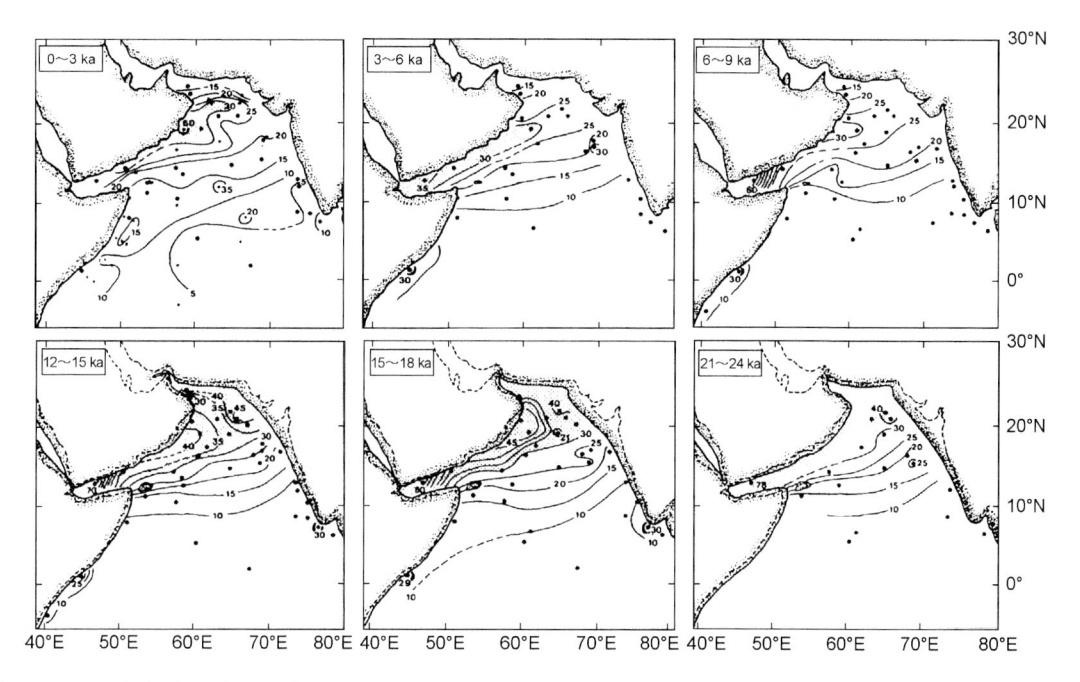

图 6.39　阿拉伯半岛海岸外岩心硅质碎屑组分中＞6 μm 硅质碎屑颗粒的百分比，自距今 21000～24000 年前（右下）至距今 0～3000 年前（左上），以 3000 年为间隔。30% 等值线对应于自阿拉伯半岛搬运粉尘的西北气流与源自非洲之角（索马里）的西南季风气流的主辐合带。引自 Sirocko 等（1991）。

偏远海域沉积岩心观测的粗粒沉积物提供了过去冰筏事件（来自冰山或来自以前固定于滨岸的海冰）的证据。大规模大陆冰川作用始于早更新世的最令人信服的证据之一，就是冰搬运的粗粒沉积物首次出现于北大西洋和北太平洋的岩心之中。Shackleton 等（1984）根据北大西洋岩心研究将这一时间定为约 240 万～250 万年前，Haug 等（2005）将北太平洋冰筏作用和水柱分层的起始时间确定为约 280 万年前。此后，北大西洋发生了许多重大冰筏事件（超出周围环境本底水平），这些事件现在被称为海因里希事件（Heinrich，1988）（见 6.10.1 节）。这些粗粒层中至少有一些含有丰富的碳酸盐碎屑，其地理分布指示源区为福克斯海盆（巴芬岛以西）或哈得孙湾。这些物质似乎是由劳伦泰德冰盖主冰流崩解的冰山经哈得孙海峡搬运至大西洋的（Andrews et al.，1994；Dowdeswell et al.，1995）（见图 6.54）。

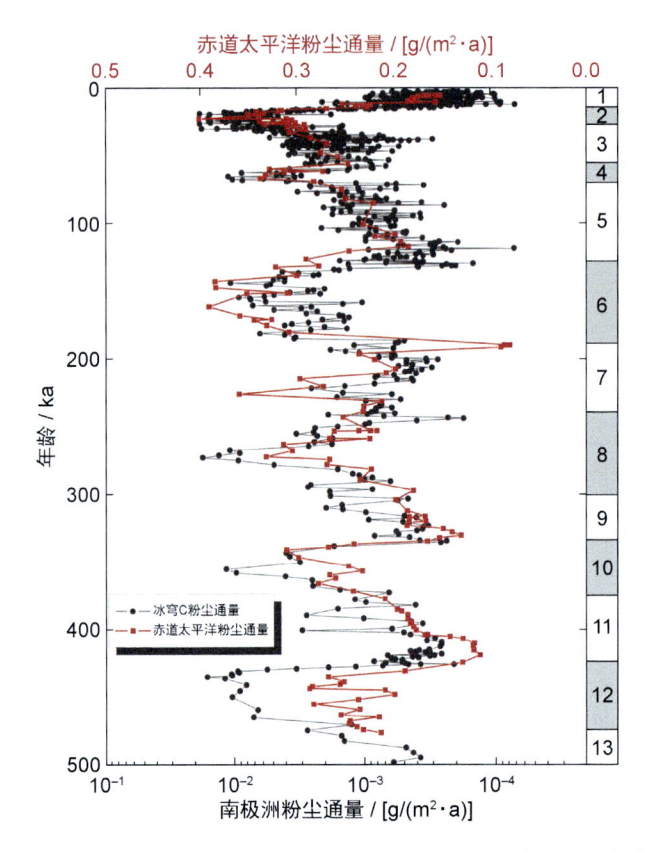

图6.40 南极洲EPICA冰穹C冰心和赤道太平洋中部沉积岩心记录的粉尘通量变化，显示出最近5个冰期-间冰期旋回粉尘通量的同步变化。每条记录都按各自独立的时间标尺绘制。海洋同位素阶段示于右侧。引自Winckler等（2008）。

6.8 海洋温盐环流

海洋表面水流动在很大程度上是对拖曳海表面的上覆大气环流的响应。然而，全球海洋更深水域的环流却是海水密度变化的结果，而密度变化是由海面的感热和潜热通量、降水以及径流引起的海水温度和盐度差异所致。这形成了全球海洋热量和盐分的环流，即温盐环流（图6.41）(Rahmstorf，2002；Wunsch，2002)。此外，扩散混合和湍流涡流也会在全球范围内传输水团，其规模甚至比温盐"传送带"系统更大（Ganachaud and Wunsch，2000；Holzer and Primeau，2006）。

在表层水因冷却和/或蒸发（从而盐度增大）而密度相对增大的区域，表层水将下沉至与周围水团达到平衡（中性浮力）的深度[①]。此外，海冰的形成会导致盐分自冰中析出，因而海冰形成区会产生咸水，这会增加水的密度，导致水下沉并形成低温、高密度水团。高

[①] 水团与气团类似，能够根据独有的物理特性（主要为温度和盐度）加以识别，这些物理特性使其有别于相邻的水团。随着水团移出源区，它会与其他水团缓慢混合，从而逐渐失去其原有特性。

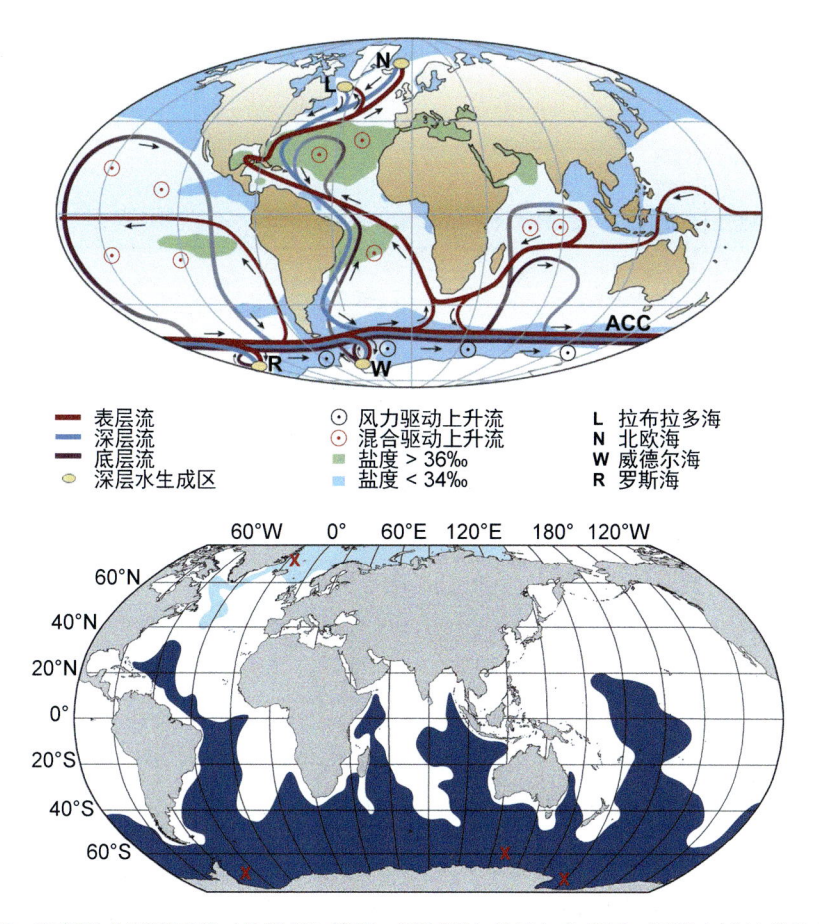

图 6.41　上图：现代温盐环流系统（传送带）简图。近海面水体以红色标示，深部水流以蓝色和紫色标示。北大西洋深层水生成的主要区域以黄色椭圆标示。现今北太平洋未形成任何深层水。注意：该系统仅占全球海水运动的一部分，更多的海水混合是通过与大规模涡流相关的扩散过程和湍流发生的。下图：亚南极水域海冰形成和盐析作用（红十字）导致高密度水下沉，产生南极底层水（Antarctic bottom water，AABW）。南极底层水向北扩散，填充了全球大洋盆地的最深部分（深蓝色；界线在此定义为 45.92 kg/m³ 等密度线，即恒势密度面）。上图引自 Kuhlbrodt 等（2007）；下图引自 Talley（1999）。

密度水团从其源区流出，或形成底层水或形成中层水，这取决于其相对密度（Oppo and Curry，2012）。全球海洋的最深部分大多为高密度的南极底层水（AABW），源于邻近南极大陆的海冰形成区（图 6.41）。AABW 的温度约为 –0.4℃，盐度约为 34.7‰。在大西洋，最深部分（>2 km）大多为北大西洋深层水（North Atlantic Deep Water，NADW），主要生成于挪威海（60°N，冰岛以东）和格陵兰海（冰岛以北和以西）（图 6.42）（Kellogg，1987；Hay，1993）。目前，北太平洋未形成深层水，那里的海水含盐量比北大西洋低（Emile-Geay et al.，2003）。

在这些高密度水团之上（约 1 km 以深）覆盖着中层水，通常其盐度略低和/或温度略高。全球海洋大部分为南极中层水（Antarctic Intermediate Water，AAIW），其温度为 2~4℃，盐度约为 34.2‰，源于环南极极锋区。在北大西洋高纬区，发现源于拉布拉多海的中层水

（3~4℃，34.92‰）（有时称为北大西洋深层水上部或西北大西洋深层水），在更南部源于地中海的咸水也出现于中层。

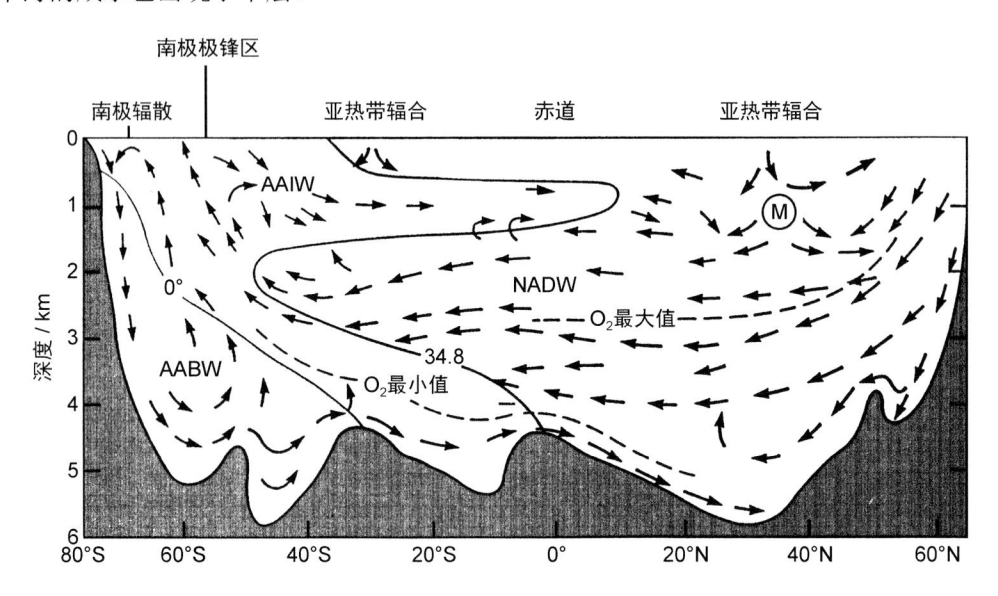

图 6.42　大西洋经向断面，显示目前的主要水团及其分布。NADW. 北大西洋深层水；AABW. 南极底层水；AIW. 大西洋中层水；AAIW. 南极中层水。在末次冰盛期，NADW 的范围非常有限，而 AABW 则进一步向北延伸至北大西洋盆地深部（参见图 6.43）。改自 Brown 等（1989）。

深水环流变化对古气候学意义重大，这是因为随着深层水的生成及混合层上部水的补偿，大量热量在全球范围内传输，其中尤为重要的是与北大西洋深层水生成相关的温盐环流（Dickson and Brown，1994）。如前所述，当约 60°N 以北表层水温度降低（由于蒸发和感热损失）和盐度升高时，NADW 形成，从而产生高密度水团，该水团在深部向南运移，将咸水带至南大西洋和其他洋盆（图 6.41）。以这种方式损失的水，则是通过墨西哥湾流区暖咸表层水向极地方向流动至北大西洋（与北大西洋暖流相关）而得到补偿。这些水团是欧洲西部气候即使在冬季也相对温和的部分原因。

风力驱动温暖咸水向北大西洋高纬运移、高密度 NADW 的生成以及当 NADW 流出北大西洋时水的置换（大西洋经向翻转流，AMOC），可视为一个相互连接的传送带系统，囊括了遍及全球大洋的物质传输。对 AMOC 的扰动可包括水交换速率变化甚至深层水生成的完全中断（Broecker，1991）。事实上，模型表明，该系统对扰动非常敏感，尤其是对淡水注入北大西洋的扰动（Manabe and Stouffer，1988；Rahmstorf，1994；Weaver and Hughes，1994）。目前，北大西洋盆地通过蒸发损失的淡水略多于通过降水和河流径流获得的淡水（分别为每年 -1.21 m 对 $+0.87$ m 和 0.21 m）。正是这一过程，加之墨西哥湾流咸水流入和强烈降温（尤其是在冬季），导致 NADW 的生成。然而，当主要大陆冰盖融化时，注入北大西洋的淡水增加，从而产生一层上部低盐度水层，使得 NADW 生成减弱。这反过来又会影响 NADW 的全球环流，最终导致北返的亚热带温暖咸水流量减小。由于输送至北大西洋的热量减少以及气候状况普遍偏冷，大陆冰盖的淡水径流减弱，因而 NADW 生成过程重启，环流总体上恢复至之前的状态。因此,北大西洋翻转流的强度在发生变化,受流入北大西洋盆地表层水中淡水流量相对平衡的控制(Broecker et al.,1985b,1990a,1990b;Broecker and Denton,1989;Broecker,1994)。在极端情形下,如果深层水生成完全中断,北大西洋的盐分输出速率(通过 NADW)将低于因蒸发和水汽输向邻区所致的盐分累积速率。之后,盐度将会逐渐增大,直至达到某一临界密度阈值,此时 AMOC 恢复,将更多的咸水经墨西哥湾流输向北大西洋。假如注入北大西洋的融水通量低于盐分累积,则 NADW 将持续生成。然而,如果融水和/或盐分输出超过该阈值,NADW 的生成将大大减弱或完全消失(Broecker et al.,1990a)。海洋-大气-冰冻圈系统就是这样处于动态平衡的,其中任何一个系统的一部分受到扰动都可能导致另一个系统的非线性响应(Broecker and Denton,1989)。

Boyle 和 Rosener(1990)在重新评估上述模型时提出质疑,该耦合系统是否真的仅有两种模式?或者实际上存在模型模拟所显示的多种稳定环流模式(如 Rahmstorf,1994,1995)?他们认为,该系统并非由"开关"控制,而更可能是在响应"阀门",因而存在许多可能的准稳定环流状态。不幸的是,深海沉积的分辨率常常不足以(由于沉积速率低和生物扰动)确定这些模式中的哪一个是正确的,不过有证据表明,当 NADW 的生成减弱时(例如在海因里希事件期间),才会产生独特的北大西洋中层水(Boyle and Keigwin,1987;Gherardi et al.,2009)。这提供了另外一种脚本:也许诸多因素的某种平衡既非一种极端,也非另一极端。Lehman 和 Keigwin(1992a,1992b)认为,在晚冰期,挪威海深层水(NADW 下部)的生成经常被中断(见 6.10.1 节),但拉布拉多海深层水(NADW 上部)却持续生成。Veum 等(1992)提出了另一种解释:深层水是通过格陵兰-冰岛-挪威海海冰边缘形成海冰时的盐析作用而生成的,这一现象发生于整个末次冰盛期,从而使该区域的海盆深部得以换气。相反,该区域以南开阔的北大西洋却未能生成深层水,其盆地深部直至距今约 12600 年前均为 AABW 所占据。因此,可能存在不同时期形成的许多不同的深层水环流状态,其中 NADW 上部和下部的完全关闭是所有可能状态的两个极端端元。

6.8.1 海洋示踪指标

在进一步讨论温盐环流变化的证据之前,首先有必要考虑识别深层水环流变化的方法。每个水团都具有某种地球化学特征,这些特征可通过分析生活于水体中的有孔虫予以识别。因此,海洋沉积中底栖有孔虫的地球化学可作为有孔虫沉积时深层水状况的示踪指标,其中源于水柱溶解 CO_2 的碳酸盐壳体 $^{13}C/^{12}C$ 值($\delta^{13}C$)尤为重要(Ravelo and Hillaire-Marcel,2007)。大气的 $\delta^{13}C$ 值为–7.2‰,由于分馏效应,与大气处于平衡的海水的 $\delta^{13}C$[溶解无机碳(dissolved inorganic carbon,DIC)]值约为+3.5‰(2℃下)(Mook et al.,1974)。与之相对,有机物的 $\delta^{13}C$ 值为–20‰~–25‰。因此,水柱中沉降的有机物氧化将导致海水的 $\delta^{13}C_{DIC}$ 降低。如果表层水营养丰富且生产力高,则大量有机物输入海洋深部将导致 $\delta^{13}C_{DIC}$ 降低、含氧水平下降。低 $\delta^{13}C_{DIC}$ 在某种程度上会与浮游有孔虫碳酸盐壳体在水柱中沉降时发生溶解相互平衡,因为碳酸盐壳体的 $\delta^{13}C$ 值近似于水柱深部总溶解 CO_2(DIC)的 $\delta^{13}C$ 值。因此,水团总体 $\delta^{13}C$ 反映有机物氧化量与溶解量之间的平衡。尽管如此,$\delta^{13}C_{DIC}$ 的全球分布反映的却是水团的营养含量和有机物生产力(Kroopnick,1985)。例如,南极水体营养丰富且生产力高,导致底层水(AABW)相对亏损 ^{13}C,而北大西洋深层水营养水平低、生产力低，因此具有较高的 $\delta^{13}C_{DIC}$ 值（Duplessy and Shackleton，1985）。这些特征保存于底栖有孔虫壳体中，可用于示踪冰期-间冰期旋回 NADW 和 AABW 的生成与分布（如 Curry et al.，1988；Raymo et al.，1990）。此外，在深层水生成区，$\delta^{13}C_{DIC}$ 的垂直分布相当均匀（由于对流混合），因此底栖和浮游有孔虫钙质壳体记录的 $\delta^{13}C$ 信号十分相似。当深层水生成中断时（或随着与深层水生成区的距离增加），表层水与深层水的 $\delta^{13}C_{DIC}$ 差异会增大，这会在深水和表层有孔虫壳体中反映出来（Duplessy et al.，1988）。因此，$\delta^{13}C_{DIC}$ 可用于确定深层水生成区的变化，并示踪其随时间的移动。例如，Anderson 等（2009）发现，在距今约 16000~9000 年前，赤道太平洋东部有孔虫的 $\delta^{13}C$ 值非常低。这记录了末次冰消期南大洋富含营养的深部水流入和上涌，与南极洲周围海盆深部的换气作用增强以及冰期封存于深部的 CO_2 释放导致大气 CO_2 增加有关。

这一富有创意的探索存在两个难题。首先，由于因种而异的生境效应，显然并非所有的底栖有孔虫种都会记录相同的 $\delta^{13}C$ 值。这一问题可以通过选择不存在该效应的底栖有孔虫[如威氏似面包虫（*Cibicidoides wuellerstorfi*）或利用该效应已知的有孔虫予以解决（Zahn et al.，1986）。其次，由于大陆生物量显著减少及暴露于大陆架、^{13}C 亏损的有机质重新活化（当时海平面较现今低达 120 m），冰期全球海洋平均 $\delta^{13}C$ 值降低（约 0.4‰）（Boyle and Keigwin，1985；Curry et al.，1988；Duplessy et al.，1989；Keigwin et al.，1994）。在此期间，大约 500 Gt 的碳（$\delta^{13}C$ 值为-25‰）加入海-气系统，从而降低了海洋的 ^{13}C 含量（Siegenthaler，1991）。鉴于陆地光合作用减弱，我们可能会预期冰期 pCO_2 水平升高，但这却被 CO_2 溶解度增大（在较冷水域）以及海洋生物活动增强（即碳汇增大）所抵消。这些因素对所有海洋沉积记录产生了同样的影响，因此 $\delta^{13}C$ 可为过去水团提供一个重要的代用指标（图 6.43）。

另一种有效的深层水示踪指标为底栖有孔虫壳体的 Cd/Ca 比（Boyle and Keigwin，1982；Boyle，1988）。镉（Cd）是海洋营养水平的代用指标，与 NADW 相比，南极底层水具有较高的 Cd 含量，因此 Cd/Ca 比为这些水团提供了一个重要参数（Boyle，1992）。尽管全球海洋的 Cd 含量在冰期较高，但百慕大海隆沉积记录显示，在末次冰盛期（同位素阶段 2）和新仙女木时段，大西洋深部 Cd 含量增加的幅度更大，表明当时 NADW 减弱并被 AABW 取代（Boyle and Keigwin，1987）。这为 $\delta^{13}C$ 数据提供了支持，也指示深层水环流向 AABW 通量增大的方向转变（图 6.43）不仅发生在末次冰期，而且发生在同位素阶段 6（距今 13.5 万年前）和更早的冰期（Boyle and Keigwin，1985；Duplessy and Shackleton，1985；Oppo and Fairbanks，1987；Curry et al.，1988；Raymo et al.，1990）。

水团也可以利用海洋沉积的钕（Nd）同位素进行追踪（Claude and Hamelin，2007）。^{143}Nd 是 ^{147}Sm（钐）的放射性衰变产物，因此大致反映陆源岩石的年龄。大陆上的溶解钕被河流搬运至大洋，由于每个洋盆周围的源岩不同，这使得不同洋盆的水团具有特定的 Nd 信号，这种信号会保持很长距离，并被水团中的生物和自生沉积所记录。示踪指标（ε_{Nd}）以 $^{143}Nd/^{144}Nd$ 比值相对于"整个地球"参考标准（$0.512638/10^4$）的偏差表示。NADW 的 ε_{Nd} 值通常为-13.5 左右，而 AABW 为-7~-9，北太平洋深层水为-2~-3（van de Flierdt et al.，2006）。东南大西洋沉积岩心（41°S）Nd 同位素比值显示出 ε_{Nd} 的大幅变化，与过去 9 万年底栖 $\delta^{13}C$ 变化和格陵兰冰心 $\delta^{18}O$ 变化类似（图 6.44）（Piotrowski et al.，2005）。这些变化反映了 NADW 与 AABW 的相对影响，与前述根据其他示踪指标推断的北大西洋深层水变化相一致。

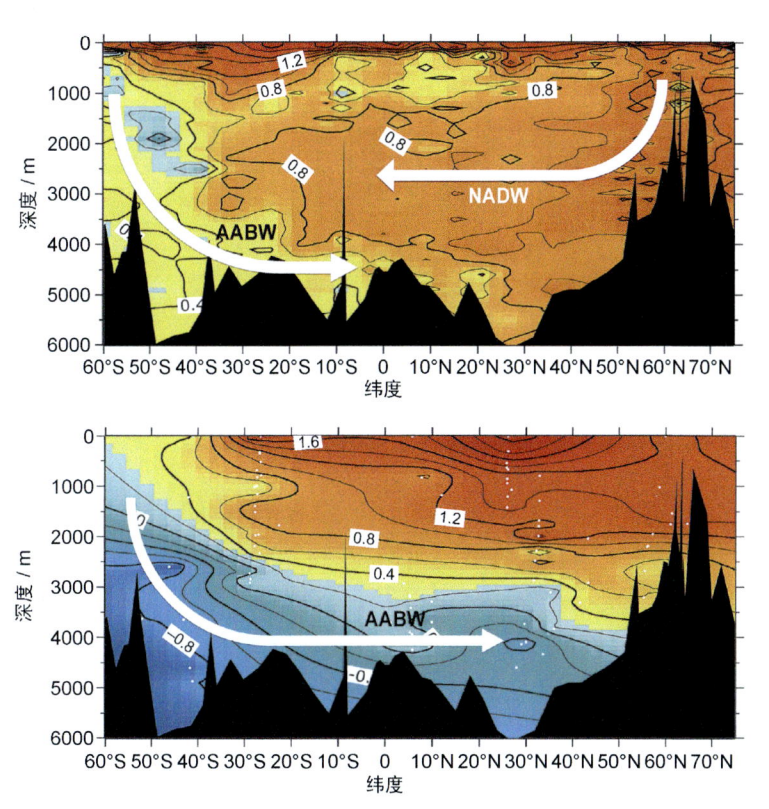

图 6.43　西大西洋 75°N～60°S 断面 $\delta^{13}C$ 横剖面。上图显示现代状况（据 GEOSECS 测量值）。$\delta^{13}C$ 高值表征北大西洋深层水（NADW），最低值表征南极底层水（AABW）。下图显示末次冰盛期状况，当时大部分深海为 AABW 所占据。引自 Oppo 和 Curry（2012）。

　　除了水团的这些特征示踪指标外，还有一些海洋动力学指标（运动学示踪指标）。例如，深层水生成的一个重要指标就是 $^{231}Pa/^{230}Th$ 比值。这两种同位素分别通过溶解的 ^{235}U 和 ^{234}U 衰变产生于海水中（François，2007）。衰变产物很容易被水柱中沉降的颗粒吸附，导致无支持（过剩）的 ^{231}Pa 和 ^{230}Th 在沉积物中累积。然而，^{231}Pa 不如 ^{230}Th 容易被吸附，因此北大西洋产生的约 50% 的 ^{231}Pa 被 NADW 搬运出洋盆，这导致沉积物的 $^{231}Pa/^{230}Th$ 比值低于上覆水柱。假如颗粒清除速率未发生显著变化，追踪该比值随时间的变化则可提供有关 AMOC 强度的宝贵指标。如果 AMOC 增强，则更多的 ^{231}Pa 被输出，导致 $^{231}Pa/^{230}Th$ 比值降低。如果 AMOC 完全停止，该比值将升高，至接近深层水生成完全中断时海水的平均值（0.093）。这正是在百慕大海隆沉积岩心（33.7°N，57.5°W）中发现的情形：在海因里希事件 1 期间，AMOC 环流似乎已完全关闭，之后在博令-阿勒罗德暖期开始时又突然重启（图 6.45）。有趣的是，LGM 期间的 $^{231}Pa/^{230}Th$ 比值与全新世并无太大差异（参见 Gutjahr and Lippold，2011；Ritz et al.，2013）。AMOC 在新仙女木时段也出现减缓，之后在早全新世缓慢恢复并回升至现今水平（McManus et al.，2004）。类似的 $^{231}Pa/^{230}Th$ 比值变化在更早的

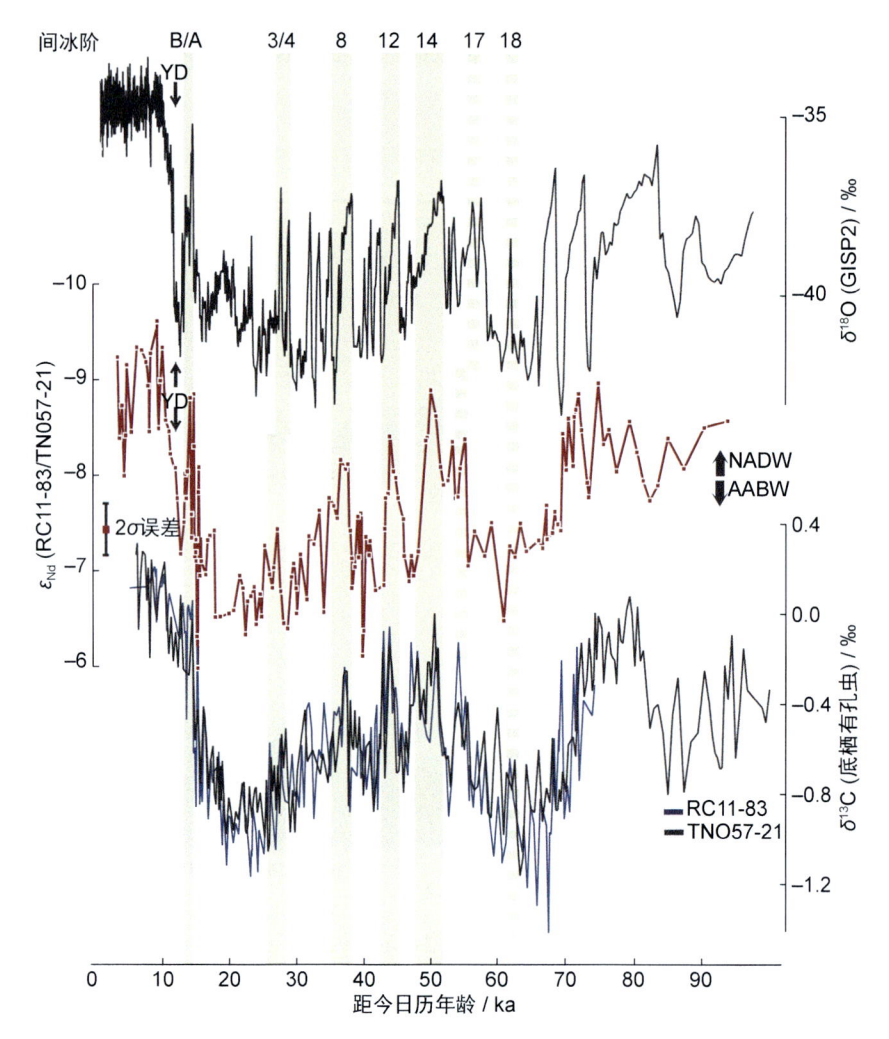

图 6.44 GISP2 冰心 $\delta^{18}O$、Nd 同位素比值（ε_{Nd}）和大西洋东南部开普海盆沉积岩心底栖 $\delta^{13}C$。ε_{Nd} 和 $\delta^{13}C$ 变化指示 NADW 与 AABW 的相对影响，该变化与格陵兰冰心的同位素变化一致。格陵兰间冰阶以及博令-阿勒罗德和新仙女木温暖/寒冷时段标注于顶部。引自 Piotrowski 等（2005）。

海因里希事件中也有体现（Lippold et al., 2009）。不过，解释并非易事，因为也有证据显示，硅藻在上述时期因富含二氧化硅水域扩大而增加，这使得 ^{231}Pa 的清除速率增大、$^{231}Pa/^{230}Th$ 比值升高（Keigwin and Boyle, 2008）。但是，富二氧化硅水的流入本身也可能是由 AMOC 减弱引起的，这使得问题更加复杂。对不同水深岩心的进一步研究为这些变化提供了更加细致的解释。在 LGM 期间，大西洋中层水环流相当强劲（与 NADW 相比），在 H1 期间深层水生成可能并未完全停止，而是以较低的速率在较浅的深度（至深约 2000 m）持续进行（Gherardi et al., 2009；Lippold et al., 2012）。

深层水的另一个重要特征是将氧气输送至全球洋盆深处。海表水通常充分含氧，但由于有机物在水柱中沉降时发生氧化，氧含量会随深度而降低。深层水将含氧的水带入海洋深部，使深海得以换气。换气速率可通过测量水的放射性碳含量予以估算，一旦水与大气

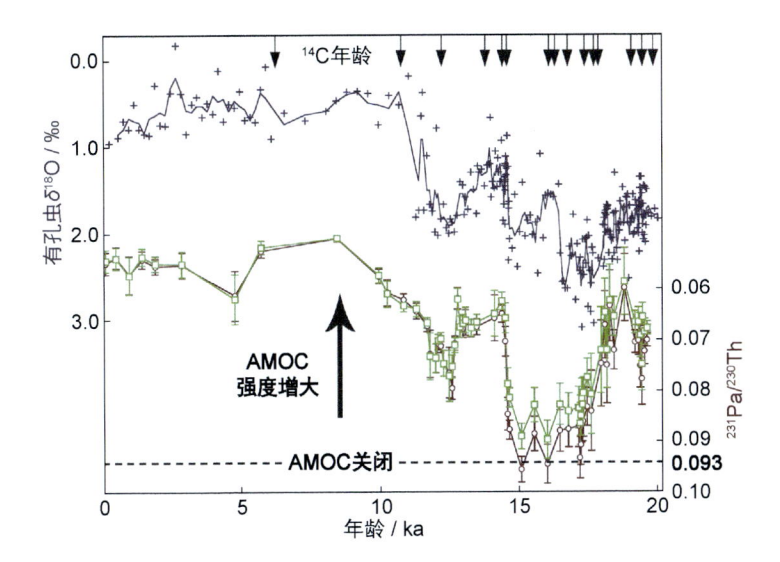

图 6.45　百慕大海隆浮游有孔虫［胖圆辐虫（G. inflata）］稳定同位素和沉积物 ^{231}Pa/^{230}Th 比值。在海因里希事件 1（H1）期间，由于大西洋经向翻转流（AMOC）关闭，北大西洋未输出任何 ^{231}Pa，导致沉积物 ^{231}Pa/^{230}Th 比值增大（至接近海水的比值 0.093）。AMOC 在新仙女木（YD）时段也曾减缓。有孔虫同位素值高指示温度低和/或盐度高，自 LGM 至全新世同位素总体降低（约 1.0‰），部分原因是大陆冰量对海洋同位素组成的影响。引自 McManus 等（2004）。

隔离，放射性碳就不再与大气碳库处于平衡，因而 ^{14}C 含量会下降（见第 3 章 3.2.1.4.2 节）。因此，深层水的放射性碳年龄反映其自与海表隔离以来经历的时间。这显然因区域不同而存在差异（参见图 3.9），但通常深层水的 ^{14}C 年龄在大西洋约为 400 年，在印度洋约为 1200 年，在太平洋约为 1600 年。生活在上升流区的生物（那里的生物发育有机组织时与"老水"处于平衡）存在比"现代"老数百年、在某些区域其至老数千年的视放射性碳年龄（Sikes et al., 2000；Marchitto et al., 2007）。为评估换气速率是否随时间发生变化，Broecker 等（1988a）对末次冰盛期（LGM）大西洋和太平洋沉积的浮游与底栖有孔虫进行了对比。平均而言，北大西洋水柱上部和下部有孔虫放射性碳年龄差异在 LGM 期间增加至 2000 年，而在晚全新世则约为 500 年，表明冰期换气速率显著低于现代（Keigwin and Schlegel, 2002）。Bard 等（1994）也得出类似结论，并且发现了寒冷的新仙女木振荡期间北大西洋换气减弱的证据。相比之下，太平洋的情形存在相当大的不确定性。一些研究推断 LGM 期间北太平洋换气增强，而其他一些研究却认为当时状况与现代相似且换气最弱（Broecker et al., 2004a, 2004b）。通过编绘不同深度、不同时间的数据，可以获得换气作用变化的图像。由此，Robinson 等（2005）的研究揭示，博令-阿勒罗德时段大西洋的换气作用比此前时期和之后的新仙女木时段都显著增强，那两个时段的翻转流似乎大大减弱了海洋深部的换气作用（图 6.46）。

Marchitto 等（2007）在对加利福尼亚南部岸外沉积岩心的研究中发现，中层水 Δ^{14}C 在距今约 17500～14600 年前和距今约 13500～11000 年前两次大幅减小，表明在这些时段该区受到了与大气长期隔离的深部海水的影响。该 Δ^{14}C 变化与南极冰穹 C 冰心记录的冰后期 CO_2 增加一一对应。LGM 时期，南极大陆周围的大面积海冰将南大洋大片海域与大气隔离，

导致越来越贫 ^{14}C 的南极深层水碳库的产生和大气 CO_2 的减少。在冰消期，海冰退缩及西风带向极移动使得南极洲周围南大洋上升流增强，导致之前与大气隔离的水团中的大量 CO_2 释放至大气。与此同时，上升流将大洋深渊贫 ^{14}C 的水体传输至南极中层水，这一信号随后被记录于加利福尼亚南部岸外的沉积中（Marchitto et al., 2007；Anderson et al., 2009）。有趣的是，这些变化似乎与北大西洋深层水生成减弱（如 $^{231}Pa/^{230}Th$ 所示）有关，为 NADW 与南大洋状况之间存在密切关联（两极跷跷板）的假说提供了支持。

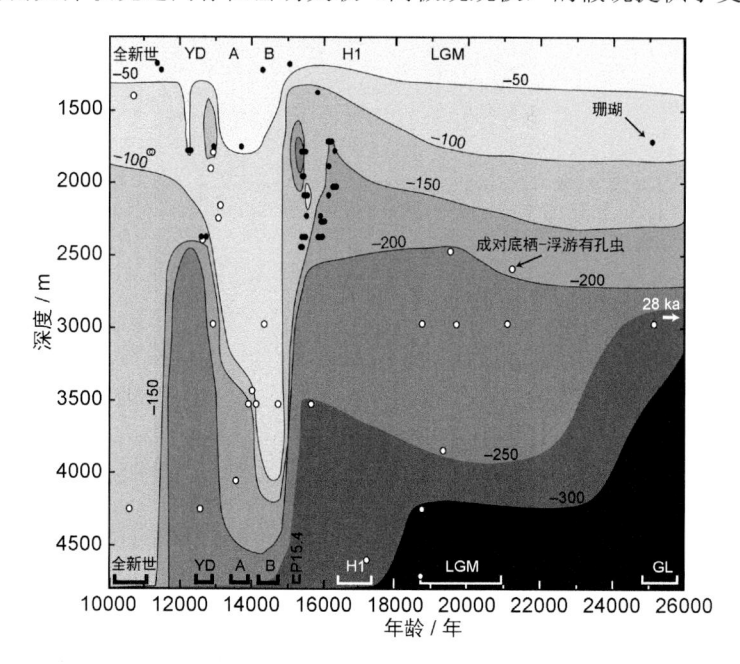

图 6.46 北大西洋西部 1000 m 以下不同深度距今 26000～10000 年前有孔虫（空心圈）和珊瑚（实心圈）Δ^{14}C 含量示意图。数据相对于大气记录绘制。深色表示放射性碳含量低，浅色表示放射性碳含量高，显示海表换气强。该图表明，大西洋经向翻转流（AMOC）在博令-阿勒罗德（B-A）时段增强，但在之前和之后即海因里希事件 1（H1）期间和新仙女木时段（YD）减弱。引自 Robinson 等（2005）。

6.9 大气二氧化碳变化：海洋的作用

冰心记录清楚地显示，末次冰盛期大气二氧化碳浓度比全新世低得多（低 90～100 ppmv）（见第 5 章 5.4.3 节）。事实上，二氧化碳的长期变化与冰心 $\delta^{18}O$ 相似，并且肯定在冰期-间冰期气候变化中直接或间接地起了作用。这种变化是如何发生的？海洋换气作用是决定大气 CO_2 浓度的关键因素，这是因为深层水上涌会将富含营养的水带至海面，提高生物生产力，从而随着海洋生物有机组织和碳酸盐壳体的形成，降低大气 CO_2 浓度。生物死亡后沿水柱沉降，因而在海面附近固定的碳会被转移至海洋深部，并可能沉淀于沉积物中。这一过程可被视为"海洋碳泵"，藉此生物活动不断地将海面的碳移除（Volk and Hoffert, 1985）。然而，在一些上升流区，这一过程可能不足以抵消 CO_2 自海面向大气的传输，在这些情况下，富含碳的上升流水体的排气作用将导致大气 CO_2 增加（Pedersen et al., 1991）。因此，海洋的一些区域为大气的碳汇,而另一些区域为大气的碳源。由于海洋碳含量是大气的50~60倍,即使海洋吸收或释放二氧化碳的速率发生相对较小的变化,也会对大气CO_2浓度产生重大影响(Broecker,1982)。冰期海面温度和盐度变化(变为温度低、盐度高海洋)的贡献可占观测pCO_2变化的约10%(仅据这些条件下的CO_2溶解度差异),但大部分变化肯定与冰期海洋生物生产力升高有关。因此,改变表层水生物生产力和富含营养深层水上升速率的因素或改变碳源与碳汇分布的因素,将对大气CO_2浓度产生重要影响(Ennever and McElroy,1985)。

海洋表层水中光合作用的一个重要指标是^{12}C与^{13}C的相对比例。在光合作用过程中,^{12}C被优先自水中移除,从而生产出低$\delta^{13}C$值的有机物。在许多海域,生产力受到营养物质(尤其是铁、磷酸盐和硝酸盐)缺乏的限制。Broecker(1982)提出,在冰期,当海面降低时,先前沉积于大陆架的磷酸盐会被侵蚀并散布于海洋,从而提高近海面水体的营养水平和生产力。这将导致^{12}C自近海面水体中移除,使得海洋上部与深部之间的$\delta^{13}C$梯度增大。与此同时,透光带生产力升高会使海洋CO_2移除速率增大,从而降低pCO_2。因此,与生活于深海的生物相比,生活于近海面的生物其遗骸应该保存了更低大气CO_2浓度的记录。Shackleton等(1983)通过测量赤道太平洋岩心浮游与底栖有孔虫碳酸盐壳体中^{13}C的差异检验了上述假设(图6.47A)。所获近海面水与深部水之间的$\delta^{13}C$梯度($\Delta\delta^{13}C$)记录提供了大气CO_2浓度的代用指标,梯度增大表示海面生产力升高、pCO_2降低。该记录与基于东方站冰心获得的记录非常相似(图6.47B),表明有机碳在海洋中的封存速率变化(与碳酸盐含量变化不同,后者不会影响近海面$\delta^{13}C$)是冰期-间冰期时间尺度大气CO_2变化的主要原因。此外,该记录与底栖$\delta^{18}O$(大陆冰量代用指标)相关的频谱分析显示,CO_2变化与轨道驱动完全同相位,但在所有轨道频率上都超前于冰量变化(Shackleton and Pisias,1985)。这一结论意味着,CO_2变化在驱动包涵冰盖增长和退缩的气候变化中起了关键作用,而并非是被动地响应这些变化(参见Shakun et al.,2012)。同时还表明,Broecker(1982)设想的磷酸盐驱动不能成为引发生产力变化的主要因素,因为该机制受制于海面变化(滞后于轨道驱动和CO_2变化达数千年)。有趣的是,CO_2记录的大部分变量都发生于与斜率相关的频段,而斜率本身主要影响的是高纬辐射接收量。这表明,亚极地海域(可能通过温盐环流开关)在控制CO_2变化从而放大轨道驱动的气候变化中起着关键作用(参见Wenk and Siegenthaler,1985)。这一点得到Ziegler等(2013)工作的有力支持,该工作获取了亚南极地区厄加勒斯高原南部沉积岩心(41°S,26°E)的$\Delta^{13}C$(底栖$\delta^{13}C$-浮游$\delta^{13}C$)记录,该记录与最近36万年大气CO_2密切相关(图6.48)。此外,CO_2和$\Delta^{13}C$记录与冰穹C冰心记录的大气粉尘呈现出一致的变化。这有力地支持了以下假说:通过调节南大洋海洋碳泵强度,冰期大气粉尘浓度升高在控制大气CO_2浓度中起了关键作用。有意思的是,北大西洋海因里希事件期间$\Delta^{13}C$值低而CO_2浓度高,表明当时生物泵减弱。这符合温盐环流的两极跷跷板概念,即NADW减弱及北半球降温与南半球升温相关。该升温导致南半球西风带向极移动、南极洲周围海冰退缩,并伴随深层水上涌和CO_2释放至大气。南大洋粉尘通量也在这些时段有所下降,从而削弱了其对生物活动的影响,这导致$\Delta^{13}C$降低(图6.48)。

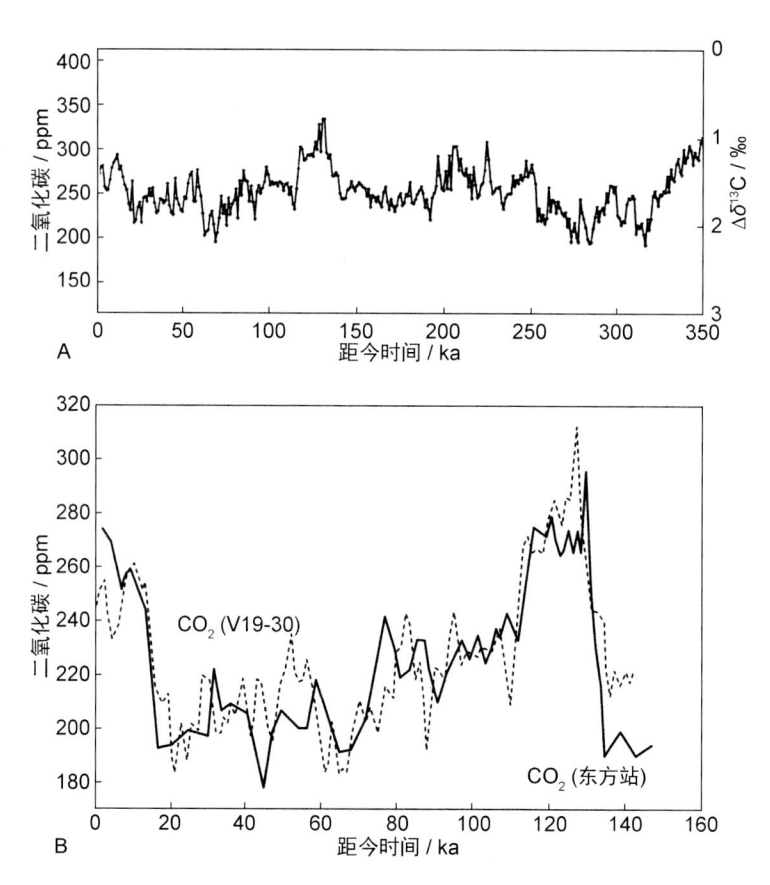

图 6.47 上图：赤道太平洋岩心 V19-30 中浮游有孔虫杜氏新方球虫与底栖有孔虫棘刺葡萄虫（*Uvigerina senticosa*）之间的 $\delta^{13}C$ 差异（Shackleton and Pisias，1985）。该差值（$\Delta\delta^{13}C$）显示，冰期表层水生物生产力与深层水相比相对升高，这导致当时的 $\delta^{13}C$ 梯度增大。表层水生产力升高导致大气二氧化碳减少，因此 $\Delta\delta^{13}C$ 可被解释为古 CO_2 指标（左标度）。下图显示同一记录与东方站冰心 CO_2 记录一起绘制的效果，不过确切的时间匹配可能并不完全正确（Shackleton et al.，1992）。

Kumar 等（1995）通过分析作为过去生物生产力量度的亚南极沉积"过剩" $^{231}Pa/^{230}Th$ 和 $^{10}Be/^{230}Th$，提出了另一种支持南大洋生物活动增强对大气 CO_2 浓度起控制作用的观点。他们指出，最初沉淀为沉积物的大部分生物量并未得到保存，因此所测的沉积物累积速率并非之前生产力的可靠指标。如前所述，放射性核素 ^{231}Pa 和 ^{230}Th（由海水中铀的衰变而散布于整个海洋）以附着于颗粒的形式自水柱中移除。然而，^{231}Pa 不如 ^{230}Th 易于移除，因此随着颗粒沉积通量（生产力）增大，这两种放射性核素的清除速率差异增大（即 ^{231}Pa 与 ^{230}Th 比值增大）。$^{10}Be/^{230}Th$ 也可提供类似的指示。^{10}Be 属于宇成同位素，广泛分布于洋盆，但与 ^{231}Pa 相似，其滞留时间长于 ^{230}Th。因此，$^{10}Be/^{230}Th$ 比值增大也可作为颗粒沉积通量的量度。$^{231}Pa/^{230}Th$ 和 $^{10}Be/^{230}Th$ 都会在沉积物中累积，即使将它们搬运至海底的颗粒也许已不复存在。因此，这些放射性核素的过剩（超出基于稳定沉积速率所预计）记录了上覆水柱过去的高生产力。上述以及其他生产力指标的研究表明，冰期亚南极水域的生产力要高得多，但在靠近南极大陆的地点却并非如此（可能由于海冰范围更大）。Kumar 等认

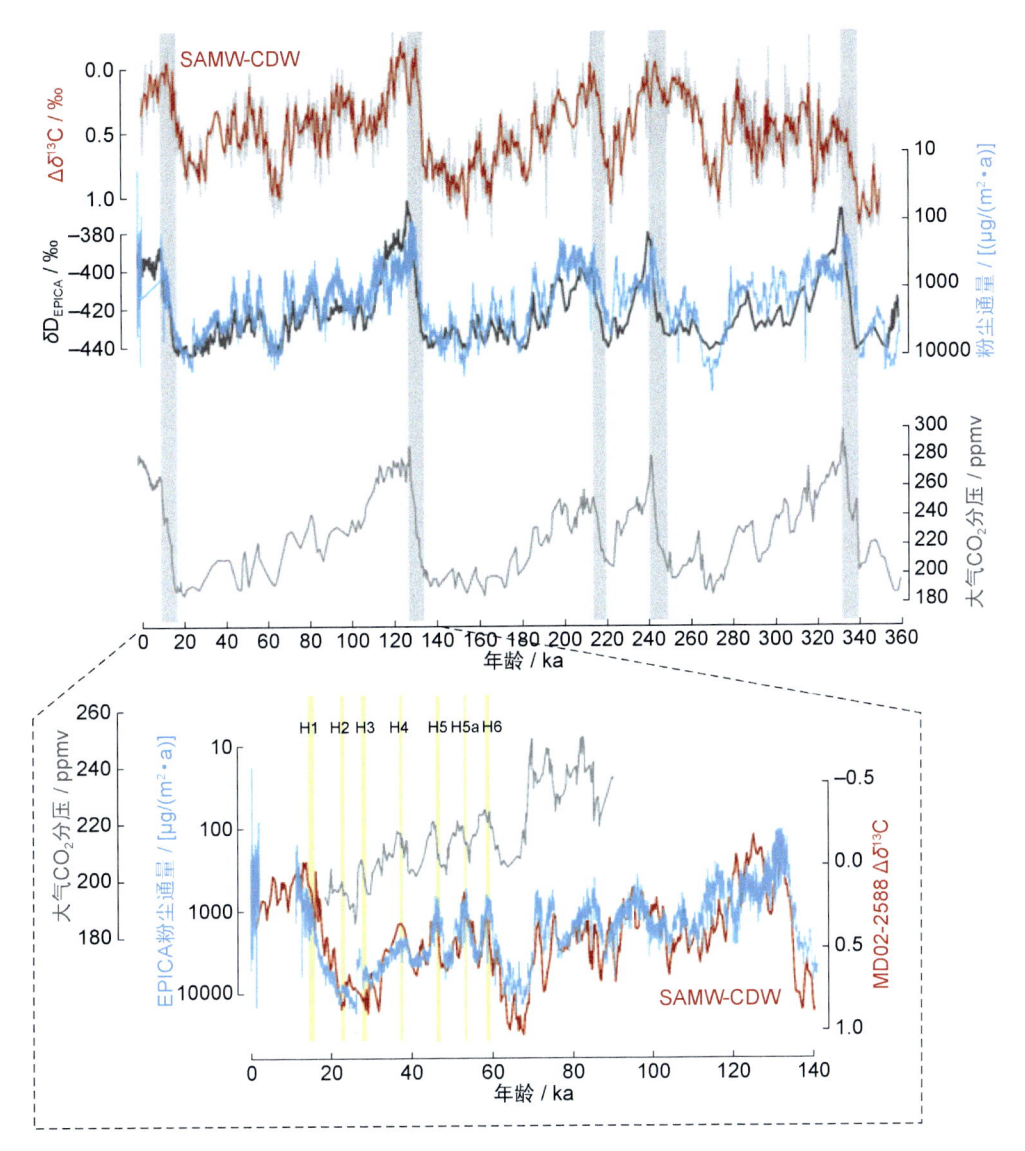

图 6.48 最近 36 万年 Δ^{13}C（底栖 δ^{13}C-浮游 δ^{13}C）记录（上部灰线，红线示 3 点滑动平均）、EPICA 冰穹 C 冰心 δD（黑线）和粉尘通量（蓝线）及冰穹 C pCO$_2$ 记录（下部灰线）。Δ^{13}C 记录来自非洲以南亚南极海域 41°S。下图为最近 14 万年展开的高分辨率剖面，显示了粉尘通量、pCO$_2$ 和 Δ^{13}C 之间的密切相关性以及北大西洋海因里希事件的时段。在那些时段，粉尘通量降低，海洋上部与下部之间的 δ^{13}C 差异减小，CO$_2$ 浓度升高。引自 Ziegler 等（2013）。

为，沉积证据表明，观测 CO$_2$ 减少量的 30%～50% 可用冰期南极洲周围寒冷水域的生物泵因铁施肥而更高效予以解释。

氮同位素研究揭示了另一种对大气 CO$_2$ 变化具有重要影响的机制（Altabet et al., 1995; Ganeshram et al., 1995）。如前所述，硝酸盐（NO$_3^-$）是限制许多海域生物生产力的关键营养。海洋硝酸盐含量是富含硝酸盐的水体上涌与海洋低氧带细菌的反硝化作用相平衡的结果。反硝化作用产生气态氮和氧化亚氮,之后这些气体自水柱中逸出,从而减少了植物生长所需的氮供给,进而影响大气 CO_2 浓度。在反硝化作用中,分馏作用会导致 ^{14}N 先行损失,从而使 ^{15}N 在水体中富集,而 ^{15}N 将会被所有正在形成并将沉降至海底的有机物吸收。因此,反硝化作用减弱期形成的沉积物具有较低的 $\delta^{15}N$,这在墨西哥西北岸外(图 6.49)和阿拉伯海岩心记录中的海洋同位素阶段 2、4 和 6 表现得十分明显。这些海域以及赤道南太平洋东部在现代海洋的反硝化作用中尤为重要,几乎包括了现今正在进行的所有的水柱反硝化作用。冰期反硝化作用大幅减弱的证据,以及海平面降低将会减弱大陆架沉积反硝化过程的影响这一事实,表明在这些时期海洋整体的硝酸盐含量相当高。这使得现今生产力相对低下的(寡营养的)海域生物活动增强,从而导致大气 pCO_2 总体降低。此外,Altabet 等(1995)指出,东方站冰心冰期记录的温室气体 N_2O 浓度降低,可能是当时海洋反硝化作用减弱的直接体现。

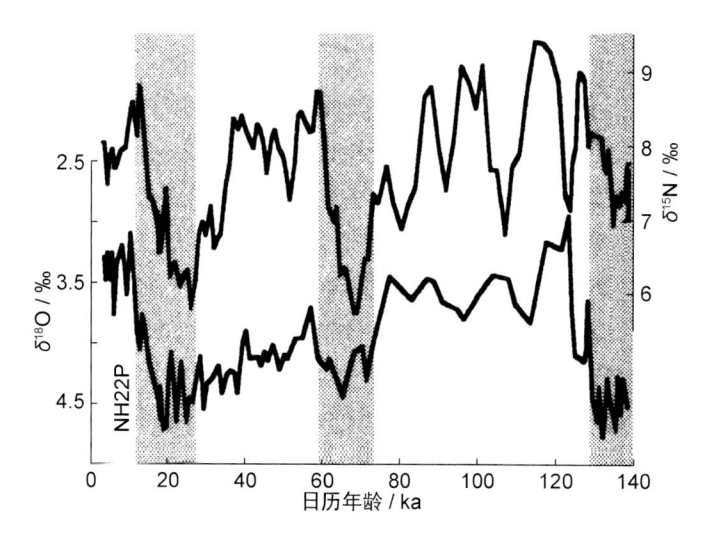

图 6.49 最近 14 万年墨西哥大陆边缘西北岸外底栖有孔虫 $\delta^{18}O$ 和全样沉积 $\delta^{15}N$ 记录。冰期主要阶段以阴影标示。底栖记录显示常见的大陆冰盖增长和退缩指标,而 $\delta^{15}N$ 记录了发生在水柱中的反硝化过程。$\delta^{15}N$ 值低指示反硝化作用速率低,这意味着生产力水平升高、大气 CO_2 浓度降低。引自 Ganeshram 等(1995)。

从以上对各种证据的概述看,显然多个因素同时起作用才使得冰期大气二氧化碳浓度降低。总体而言,这些因素将海洋生产力提高到 CO_2 自大气净输入至海洋的程度,最终导致大气 pCO_2 水平比工业化前低约 100 ppmv。这种变化的最初驱动力似乎是轨道驱动,同时附加了诸多反馈(特别是全球 SSTs 降低、冰盖增长、大陆干旱化和海洋粉尘通量增加以及温盐环流变化),之后这些反馈又放大了上述变化。

6.10 气候突变

格陵兰冰心氧同位素记录的主要特征之一,是距今 20000~60000 年间标志性的突变序列(见第 5 章 5.4.1 节)。这些丹斯加德-奥施格(D-O)事件十分短暂,在某些时候,自冰阶水平转换至间冰阶水平然后再回返至冰阶水平，仅需不足 1000 年（如 D-O 事件 3 和 4；图 5.17）。了解这些大幅且快速变化的原因是最近 10 年第四纪研究的焦点（如 Clark et al., 2002；Wunsch，2006；Clement and Peterson，2008）。在许多海洋沉积岩心中，由于沉积速率低且生物扰动扰乱了气候记录，因此难以分辨这种短期变化。然而，在某些地点，一些有力证据表明，沉积物沉积特性的突变反映了 D-O 事件的存在。在挪威海，冰筏碎屑（ice-rafted debris，IRD）变化以及底栖和浮游有孔虫同位素负偏就与 GISP2 冰心的冰阶相对应，其中较大的异常与海因里希事件相关（6.10.1 节进一步讨论）（图 6.50）（Dokken and Jansen，1999；Rasmussen and Thomsen，2008）。这些变化与冰盖融化产生的淡水涌入北大西洋有关，其导致大规模海冰的形成。随着海冰形成，盐分析出，产生了密度大、同位素轻的水团，这种水团沉入海洋深部，导致浮游和底栖有孔虫同位素发生同步变化（参见 Vidal et al.，1998）。增加的 IRD 可能源于滨岸冰，其在季节性冰裂期将物质带向近海。沉积证据因此意味着，由于淡水注入异常，北欧海大规模海冰得以形成，这是格陵兰冰心中大幅 D-O 变化的初步解释。GCM 模拟为这一设想提供了有力支持（Gildor and Tziperman，2003；Kaspi et al.，2004；Li et al.，2005，2010a，2010b）。海冰的形成和退缩都非常快，为大气提供了强烈的冰-反照率反馈。基于 LGM 边界条件和（强迫的）大小两种海冰范围的模型模拟显示，北大西洋东部（挪威海）冬季海冰范围的变化对格陵兰温度具有显著影响。该区域海冰退缩时，格陵兰冰盖上温度升高、积雪增加，而海冰扩张会降低格陵兰的温度和降雪速率，这与冰心记录所见相似（Li et al.，2010a，2010b；Wolff et al.，2010a）。导致海冰范围变化的原因尚不能确定，但很可能与大西洋经向翻转流（AMOC）变化有关。北大西洋淡水注入的变化会减弱深层水的生成，同时因表层水盐度降低而有利于海冰的形成。随着表层水淡化和水柱翻转减弱，相对温暖的大西洋中层水则在北欧海次表层累积，正如与南方有密切关系、同位素偏轻的海洋底栖有孔虫所记录的（Elliott et al.，2002；Rasmussen and Thomsen，2004，2008）。表层水淡化和海冰覆盖限制了混合，直至达到水柱变得不稳定的阈值，之后暖水上升至海面。此时，海冰快速退缩，格陵兰温度突然升高（图 6.51）。该假设主张，D-O 变化并非主要由 AMOC 变化所驱动，而是受与北大西洋淡水注入相关的海冰范围变化的调制。AMOC 变化只是这一系列事件中的一个小角色。相反，由于大陆冰盖边缘的冰架崩裂，更大规模的冰山搬运 IRD 沉积（海因里希事件）是与范围更广的淡水泛滥期相关的。这一过程导致深层水生成完全中断，AMOC 大幅减弱，并引发了全球性后果。因此，海因里希事件的全球印记比 D-O 事件更强（如 6.10.1 节所述）。Petersen 等（2013）在对这一 D-O 发展模型的小修版本中指出，格陵兰东海岸冰架的增长和退缩起了关键作用。在温暖的间冰阶，格陵兰冰盖积雪增加，导致冰盖增长、海基冰架向北大西洋西北部（格陵兰海）扩张。这种冰体增长产生的降温反过来又导致海冰增加及寒冷冰阶的发展。而暖水在深部的累积使得冰架不稳定，导致前述的冰架崩裂及海冰的最终消失。这一情景并未得到模型模拟的有力支持，模拟显示，是处于对海冰范围变化更敏感位置的北大西洋东北部（挪威海）驱动了格陵兰冰心记录的 D-O 型变化（Li et al.，2010a，2010b）。尽管如此，巴伦支海、北冰洋边缘或斯堪的纳维亚冰盖边缘的冰架也可能与海冰变化一起发挥了一定的作用。

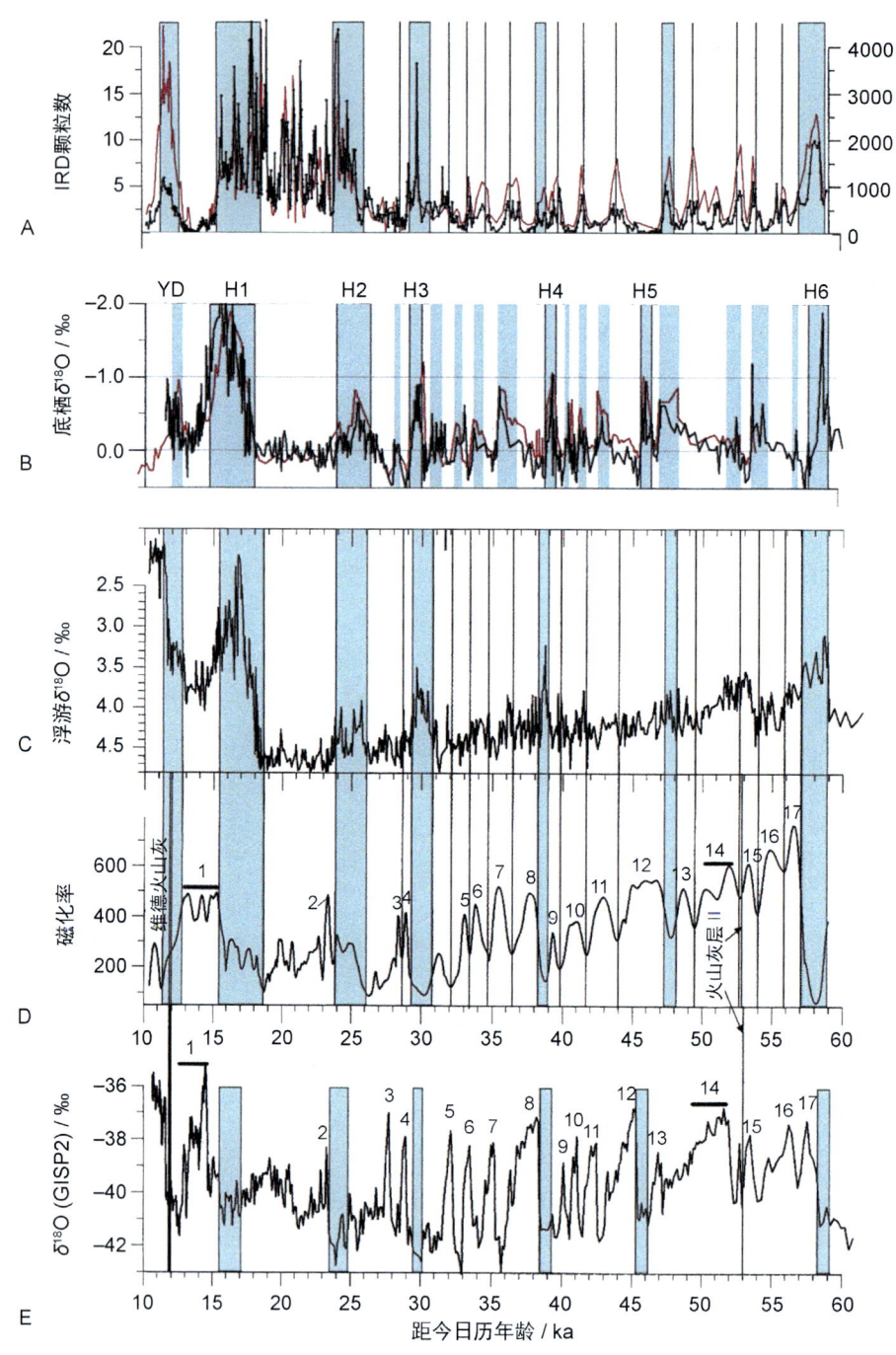

图 6.50 挪威海岩心 MD95-2010（67°N, 4.5°E）和 ENAM93-21（63°N, 4°E）沉积特征变化。A. 每克干沉积物中 IRD 颗粒数（红色：右轴=125 μm，黑色：左轴=500 μm）；B. 底栖有孔虫 $\delta^{18}O$，已校正为全球同位素变化；C. 浮游有孔虫 $\delta^{18}O$；D. 磁化率；E. GISP2 冰心 $\delta^{18}O$，D-O 事件已编号。沉积和冰心记录以其独立的时间标尺绘制。绿色阴影指示与海因里希事件相关的大异常。D-O 事件与浮游及底栖有孔虫同位素负偏和 IRD 异常相关。最大异常由海因里希事件所致。改自 Dokken 和 Jansen（1999）。

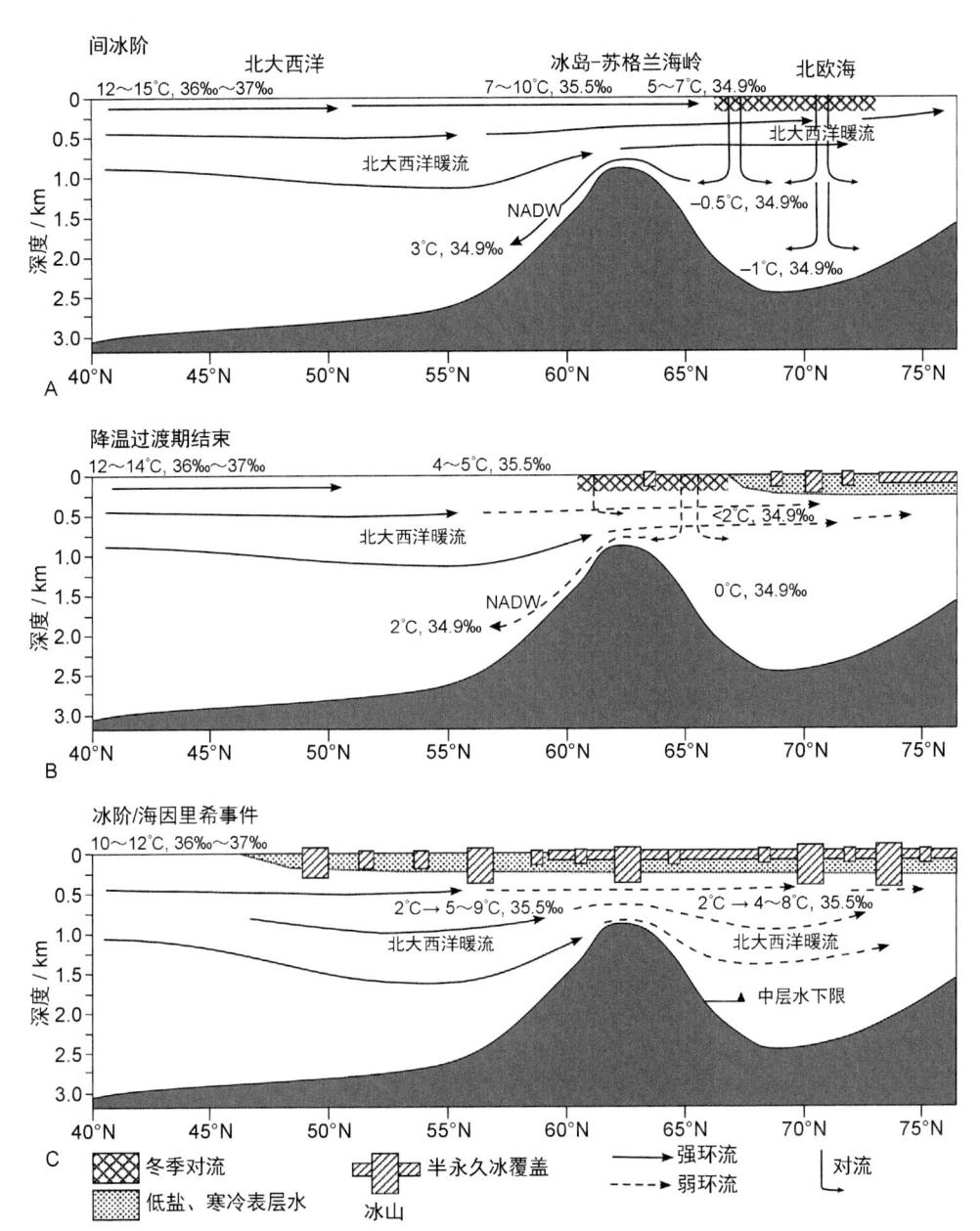

图 6.51 北大西洋和北欧海 SSW–NNE 断面示意图，显示间冰阶（A）、降温过渡期（B）和冰阶（C）的环流状况重建和相关的温度与盐度估值。水团盐度已据现今北大西洋水域盐度修正。冰期全球海洋盐度可能比现今高千分之一。当冰阶深层水生成区收缩和/或向南移动时，热量在北欧海次表层累积，从而使得大西洋中层水通畅地流过冰岛-法罗群岛-设得兰群岛海岭。在某个时刻，北欧海暖水变得不稳定而上升至海面，导致上覆海冰覆盖快速消退、北大西洋突然升温。引自 Rasmussen 和 Thomsen（2004）。

北大西洋 D-O 变化是如何影响其他区域的？Voelker（2002）为检测短期变化调查了许多分辨率足够高的记录，结果表明 D-O 事件具有全球影响。在南极洲，基于常见微量气体信号的南极冰心记录与格陵兰冰心记录进行时间调准后显示，格陵兰 D-O 变化与 EPICA

毛德皇后地冰心点位的同位素变化呈反相关（Lemieux-Dudon et al.，2010）。这支持了两极跷跷板的概念，即两极温度变化通过温盐环流相关联，北极降温则南极升温，反之亦然。卡里亚科海盆和阿拉伯海沉积也提供了令人信服的证据，即北大西洋 D-O 变化经由 ITCZ 位置移动和阿拉伯海季风气流强度变化，对这些区域产生了影响（Schulz et al.，1998；Schulte and Müller，2001；Deplazes et al.，2013）。在间冰阶，阿拉伯海季风增强及南美洲北部 ITCZ 平均位置偏北，导致上述海盆深部处于缺氧环境，从而发育深色纹层沉积，与冰阶发育的浅色且生物扰动强的沉积形成对比。因此，沉积颜色变化记录了季风强度和 ITCZ 相对位置的变化（图 6.52）。其他高分辨率载体也记录了与 D-O 事件相关的变化，显示出这些变化的全球影响［如 Martrat et al.，2007（伊比利亚边缘海）；Kanner et al.，2012（秘鲁北部）；Zhao et al.，2010（中国中部）以及 Wang et al.，2006（巴西东南部）］。

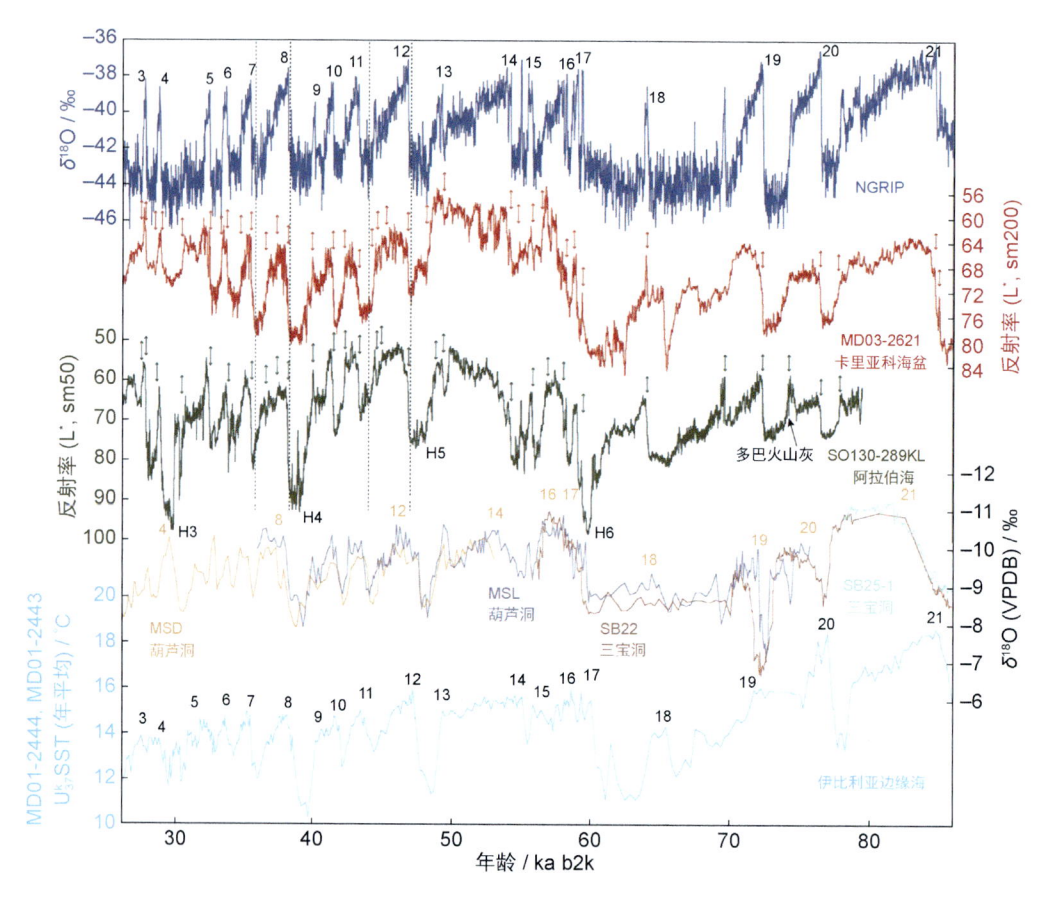

图 6.52　NGRIP 冰心同位素变化与卡里亚科海盆、阿拉伯海和伊比利亚边缘海沉积记录对比。冰心丹斯加德-奥施格事件已编号，年代联结点以箭头标示。反射率值高（卡里亚科、阿拉伯海）指示与冰阶相关的浅色沉积。伊比利亚边缘海 SST 估值基于烯酮类。引自 Deplazes 等（2013）。

6.10.1　海因里希事件

除了与 D-O 事件相关的沉积岩心突变外，在整个北大西洋尤其是大约 35°N～50°N 纬度带的岩心中，还发现了频次不高但规模更大的异常。Heinrich（1988）首次报道了末次冰期北大西洋东北部沉积岩心中岩屑物质（>180 μm 组分）百分比增大的现象（图 6.53）。进一步研究表明，这些岩屑物质峰（现称为海因里希事件）可在北大西洋的广阔区域进行追踪（Grousset et al.，1993；Hemming，2004）。最近 7 万年发生的 6 次事件（H1～H6）已在大量沉积岩心中得到确认，并通过 AMS ^{14}C 年龄界定或通过与格陵兰冰盖同位素年代学对比予以定年（表 6.3）。然而，虽然海因里希事件起始点的物理证据可能比较明确，但 IRD 的下降更为平缓，这使得其终止点常常不易界定。此外，与海洋碳库校正以及生物扰动相关的不确定性使得精确定年成为问题。这些事件的最佳年龄可能来自铀系定年的热带石笋，它们记录了温盐环流变化引起的气候异常，而如下文所述，温盐环流变化伴随着海因里希事件。由于生产力降低和/或溶解增强，每次事件似乎都表现为冰筏碎屑（IRD）在有孔虫丰度下降期的快速堆积过程（Broecker et al.，1992；Broecker，1994）。海因里希事件 3 和 6 与其他事件不同，这两次事件主要表现为有孔虫百分丰度低而非 IRD 堆积量大，可能反映劳伦泰德冰盖较小时（分别为阶段 2 和 4 开始时）的情形，因此冰山及所挟碎屑的输送可能更为有限（Gwiazda et al.，1996b）。Bond 等（1993）在拉布拉多海的新仙女木时段沉积中也发现了 IRD，他们将其描述为额外的海因里希事件（H0）（参见 Keigwin and Jones，1995）。然而，新仙女木降温的原因可能有别于其他海因里希事件，因此如下文将讨论的，这应被视为截然不同的气候异常。尽管大多数研究都聚焦于 MIS 2～4 期间的海因里希事件，但大西洋沉积岩心研究也报道了更早时段海因里希型 IRD 事件的证据（如 Martrat

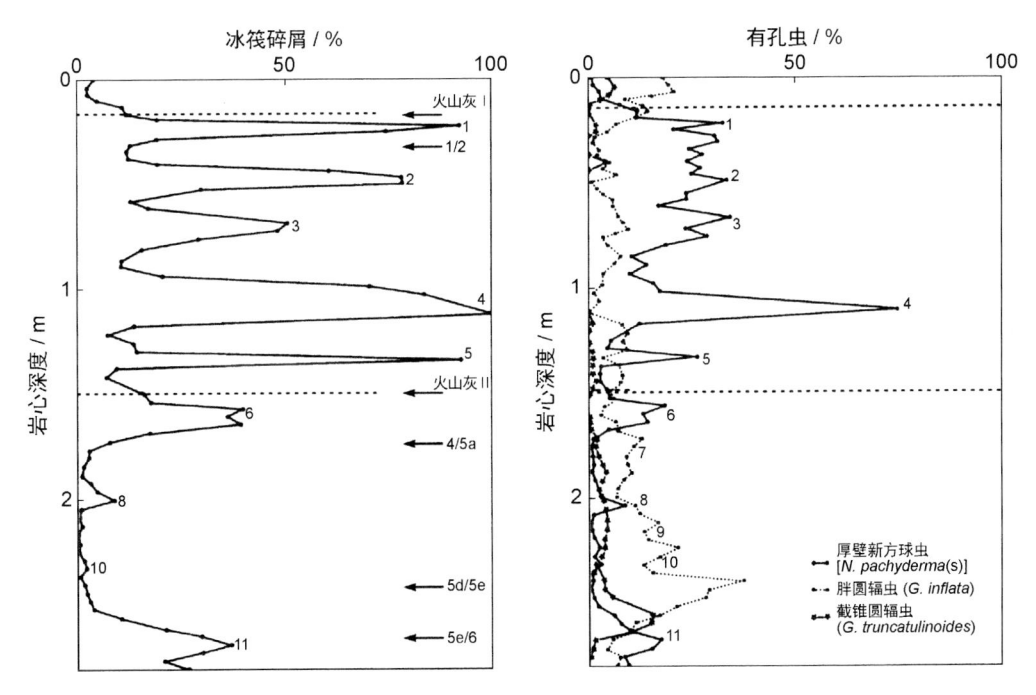

图 6.53 北大西洋沉积岩心（约 47°N,20°W）中冰筏碎屑（IRD）占有孔虫＋冰筏颗粒总数的百分比。图示同位素阶段界线和火山灰层（火山灰 I 沉积于距今约 10800 年前，火山灰 II 沉积于距今约 54000 年前）。冰筏碎屑峰值时段现称为海因里希事件（参见表 6.3）。引自 Heinrich（1988）。

表 6.3　海因里希事件年龄（距今 ka）

	海洋沉积	Sanchez-Goni 和 Harrison（2010）	石笋
H$_0$	11		11.5~12.5
H$_1$	16~17.25[a]	15.6~18.0	15.0~17.0
H$_2$	24~25.2[a]	24.3~26.5	23.5~24.5
H$_3$	31[b]	31.3~32.7	30.5~31.5
H$_4$	38[b]	38.3~40.2	38.5~39.5
H$_5$	约45[b]	47.0~50.0	47.0~49.0
H$_6$	约60[b]	60.1~63.2	59.5~60.5
H$_7$	约71		
H$_8$	约76		
H$_9$	约85		
H$_{10}$	约105		
H$_{11}$	约133		

注：较老事件（在此标记为"H$_7$"至"H$_{11}$"）基于 McManus 等（1994）研究的两个岩心，其年龄误差可能为±5%。
a 调整为日历年的放射性碳年龄（Hemming, 2004）。
b 与格陵兰冰心δ^{18}O 对比而得（Hemming, 2004）。

et al.，2007；Hodell et al.，2008a；Stein et al.，2009；Margari et al.，2010）。Hodell 等（2008a）发现约 64 万年以前没有任何此类事件发生的证据，他们将其解释为早期较小的大陆冰盖并未经历热不稳定和崩塌（导致含大量碎屑的冰山崩解），而这种现象在最近的冰川作用中却更为常见。

Heinrich 最初将 IRD 描述为以棱角状为主的石英颗粒，但在更南部和更西部的岩心中每一碎屑层却都含有较多独特的石灰岩和白云岩碎屑，表明这些物质为单一来源，可能来自哈得孙湾/哈得孙海峡地区的古生代碳酸盐岩（Hemming，2004）。此外，海因里希层 1 和 2 在 43°N~55°N 纬度带内往西向拉布拉多海厚度增大，表明物质源于劳伦泰德冰盖，并随冰山散布于大西洋（Dowdeswell et al.，1995）（图 6.54）。为确定不同海因里希事件层碎屑的物源，已进行了单一矿物颗粒的同位素研究（Bond et al.，1992；Grousset et al.，1993；Andrews et al.，1994）。有两种方法用以表征沉积物及其潜在源岩，一种使用铅同位素，另一种使用锶钕同位素比值和锶含量，但两者给出了相互矛盾的解释。铅同位素比值非常明确地将位于加拿大地盾的丘吉尔省（哈得孙湾、哈得孙海峡和巴芬岛西北）标定为海因里希事件 2（距今约 21000 年前）碎屑的物源（Gwiazda et al.，1996a）。相反，针对这次以及其他海因里希事件，尤其是 H3 和 H6，Sr 和 Nd 同位素却显示碎屑物质多个来源（包括冰岛、芬诺斯坎迪亚和不列颠群岛冰盖来源）的可能性（Grousset et al.，1993；Bond and Lotti，1995；Revel et al.，1996；Scourse et al.，2000）。这些不同的解释对于确定引发海因里希事件的驱动机制具有重要意义。如果海因里希事件只牵涉劳伦泰德冰盖的物质（经由哈得孙海峡），则其指向某种内部机制控制着冰盖卸载，如 MacAyeal（1993）的暴饮-暴泻模式。然而，如果海因里希事件是由北大西洋周边所有冰盖卸载的冰所致，那则指向一种更加普遍的气候驱动机制，在某种程度上该机制可能同时影响了小（冰岛）冰盖和大（劳伦泰德）冰盖（Bond and Lotti，1995）。另外，一个区域的冰流崩解可能导致海平面上升，从而使得其他区域的冰盖边缘不稳定，不过与海因里希事件相关的海平面变化幅度仍不能确定，估值自约 2 m 至 15 m 不等（参见图 6.19）（Chappell，2002；Siddall et al.，2008；Carlson and Clark，2013）。

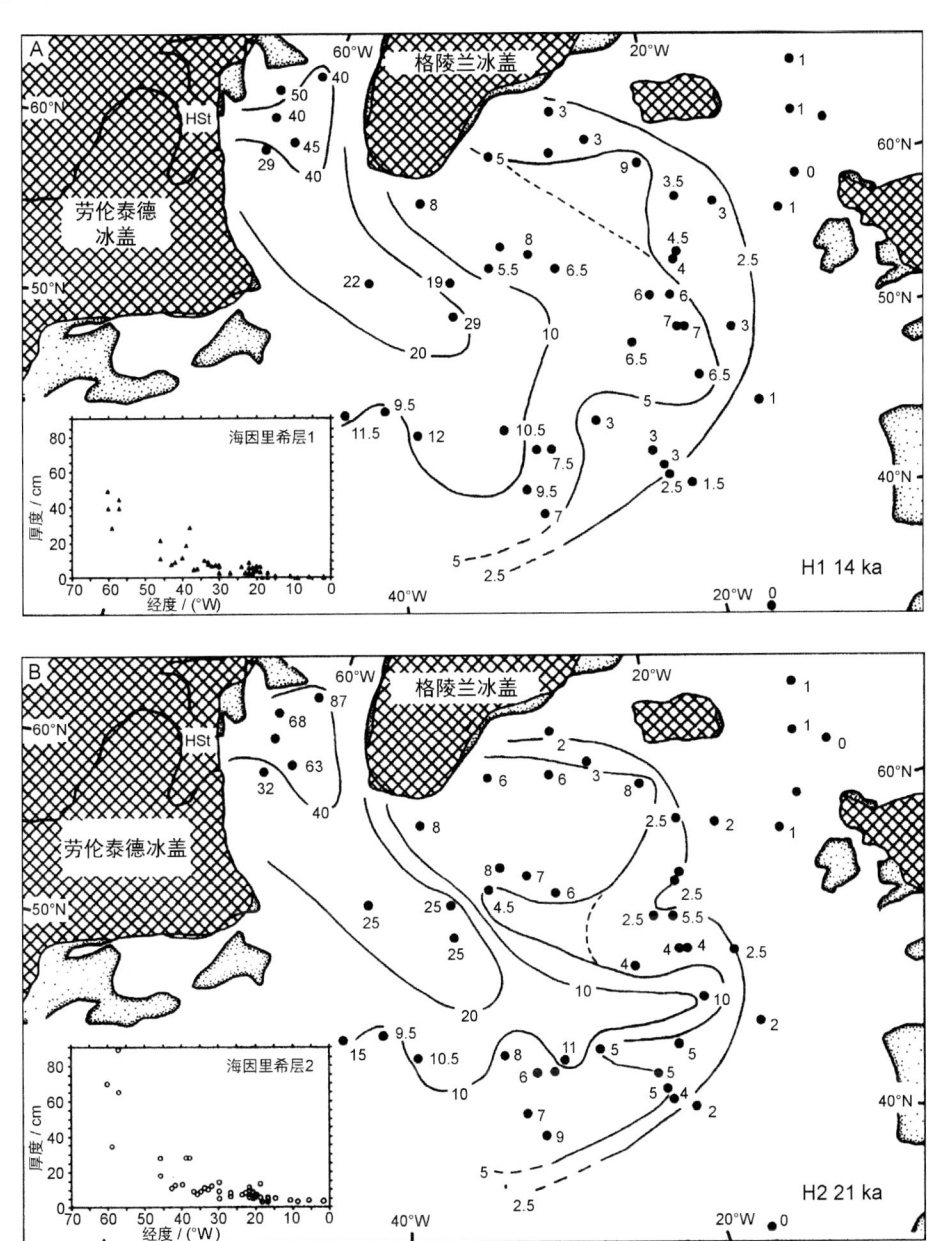

图 6.54　北大西洋沉积中海因里希层厚度（cm），基于整个岩心的磁化率数据。交叉影线表示主要冰盖。HSt 即哈得孙海峡，被认为是劳伦泰德冰盖向北大西洋供给物质的主要冰流路径。上图：海因里希事件 1（距今约 14300 ^{14}C 年前）；下图：海因里希事件 2（距今约 21000 ^{14}C 年前）。引自 Dowdeswell 等（1995）。

海因里希事件通常发生于持续时间长的降温事件结束之时，正如标志事件发生的冷水有孔虫厚壁新方球虫（左旋）百分比增加所记录的（图6.55），这可能意义重大。并且，这些长期降温旋回可与格陵兰GRIP冰峰冰心$\delta^{18}O$的类似变化进行对比，这表明海洋和大气系统（主要由各自的记录所代表）与冰盖动力学变化之间存在直接关联，这种关联被IRD记录于海因里希层中。每次海因里希事件之后，大西洋表层水突然变暖、格陵兰温度突然升高，这都发生在短短的数十年间（参见Steffensen et al.，2008）。

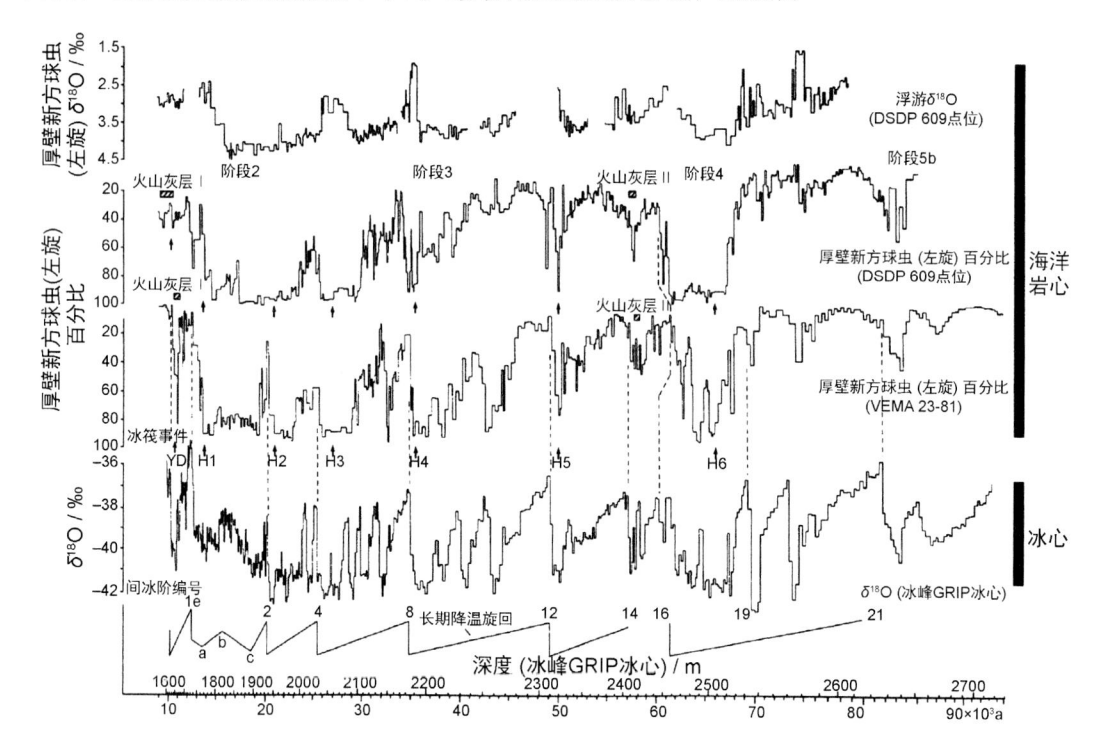

图6.55 北大西洋两套海洋沉积岩心中浮游冷水有孔虫厚壁新方球虫（左旋）$\delta^{18}O$和百分比与GRIP冰心（格陵兰冰峰）$\delta^{18}O$记录对比。虚线标示用于匹配代用指标记录的常见特征，但过去约35500年的时间标尺基于放射性碳年龄，而海因里希事件（标记为H1～H6）的估计年龄源于其他研究。冰心记录由此直接与假定的沉积年代标尺进行匹配。这些记录非常相似，表明在该图所示时段北大西洋的海洋-大气-冰冻圈系统之间存在很强的关联。下部示意图显示冰心记录中$\delta^{18}O$的千年时长旋回组（有时称为丹斯加德-奥施格旋回）如何形成长期降温旋回，这些旋回以不规则的间隔突然终止。类似的模式也见于冷水有孔虫百分比数据，岩心VM23-81（约55°N）尤为如此。引自Bond等（1993）。

海因里希事件的发生与大西洋经向翻转流（AMOC）变化密切相关。今天，作为温盐"传送带"环流的一部分，自热带传输至北大西洋的密度较大的咸水变冷并下沉，使海洋深部得以换气（6.8节）。表层水盐度降低（浮力驱动）会扰乱这一过程，导致北大西洋深层水生成减缓甚至中断，之后的温盐环流变化将产生全球影响。这正是末次冰期结束时的情形，当时随着大陆冰盖融化，注入北大西洋的淡水大幅增加，导致AMOC减缓（Clark et al.，2012）。于是，随着北大西洋深层水（NADW）生成减弱，自南部返回北大西洋的水流受到限制。这导致热量在南半球和大西洋深部累积，正如南极洲同位素记录（EPICA-DML；

见图 5.28）和北大西洋沉积岩心底栖有孔虫 Mg/Ca 比及 $\delta^{18}O$ 所示（图 6.56）（Broecker，1998；McManus et al.，2004；Gutjahr and Lippold，2011；Marcott et al.，2011）。重要的是，北大西洋中层水升温期早于每次海因里希事件数千年。Gutjahr 和 Lippold（2011）在百慕大海隆沉积研究中也注意到，涉及南半球水流的环流变化发生于海因里希事件之前。北大西洋次表层水升温，可能引起拉布拉多和哈得孙海峡沿岸的劳伦泰德冰盖潮冰边缘以及斯堪的纳维亚冰盖边缘发生融化且变得不稳定，从而导致冰盖快速解体（参见 Alvarez-Solas et al.，2010）。表面融化及裂缝扩展也可促进冰盖的崩解（Hulbe et al.，2004；见 Alley et al.，2005 评述）。结果，冰山"舰队"迅速进入大西洋，向北大西洋注入更多的淡水，导致 AMOC 突然瓦解（Broecker et al.，1992；Broecker，1994）。另一种据模拟试验提出的冰盖瓦解的解释是，冰盖可能会增长至其不稳定的程度（由于基底冰的融化），而这种不稳定会导致冰流和冰架快速排入（涌入）海湾（MacAyeal，1993；Alley and MacAyeal，1994）。寒冷而缓慢移动的冰可将岩屑冻结于其基底，但在不稳定期会形成沟道状冰流，而沟道内的摩擦加热使得冰能够在相对温湿的冰床上滑动。当汹涌的冰流进入海洋环境时，就会产生大量

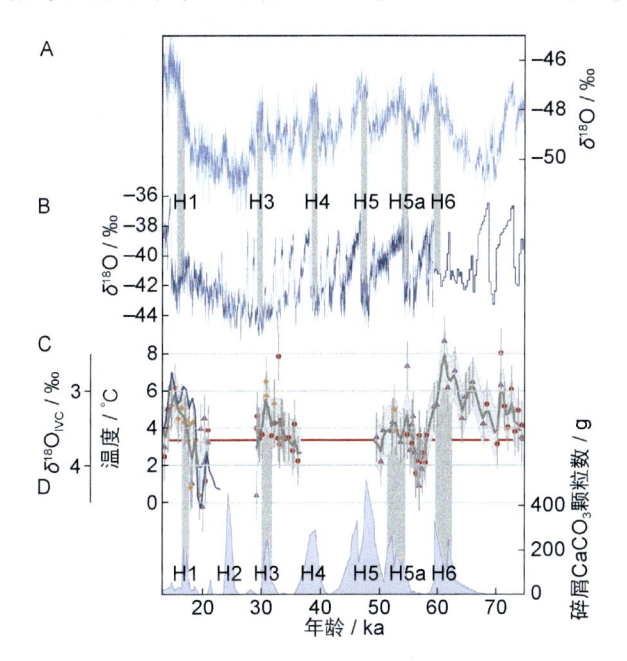

图 6.56　A. 南极 EPICA-DML（欧洲南极毛德皇后地冰钻项目）冰心 $\delta^{18}O$ 记录（年代标尺引自 Lemieux-Dudon et al.，2010）。B. 北格陵兰冰心项目冰心 $\delta^{18}O$ 记录；<6 万年年代标尺引自 Lemieux-Dudon 等（2010），>6 万年年代标尺引自 GISP2 冰心年龄模型。C. 北大西洋岩心 EW9302-2JPC（1251 m，48°48'N，45°05'W）中 3 种不同底栖有孔虫种的 Mg/Ca 比底层水温度；500 年高斯滤波记录以粗灰线表示，源于分析不确定性的误差为 1.3℃；图中还显示经冰量校正的末次冰消期该岩心底栖 $\delta^{18}O$（$\delta^{18}O_{IVC}$）记录（蓝线）。D. 岩心 EW9302-2JPC 每克沉积物中冰筏碎屑 $CaCO_3$ 颗粒数，这些颗粒数增加被用以识别海因里希层 1~6。灰色纵条带显示海因里希事件在独立的冰心（A，B）和 EW9302-2JPC 岩心（C，D）年代标尺上的时限。南极洲和北大西洋深部升温早于海因里希事件，这也对应于格陵兰变冷。海因里希事件之后气候状况相反。引自 Marcott 等（2011）。

挟带碎屑的冰山,这一直会持续至冰盖再次稳定。这种"暴饮-暴泻"模式可以解释记录中所见的准周期特征,不过导致冰盖不稳定需要怎样的气候条件尚不清楚。以下条件之间存在着相当微妙的平衡:①使冰盖保持准平衡状态,②导致冰盖周期性瓦解但之后能够恢复,以及③导致冰盖不可逆转的瓦解(即完全的冰消作用)。海洋、大气和冰的相互作用以及随冰载荷变化而增加的全球海平面变化和冰川性均衡调整的复杂性,使得解释是什么导致了所记录的变化存在许多可能的脚本。无论与海因里希事件相关的冰山产生机制是什么,紧接着发生的应该是:冰山大大减少,北大西洋淡水注入快速减弱,从而导致盐度增大并返回传送带"开启"模态,使得进入格陵兰地区的暖水和暖气团平流再次增强(Paillard and Labeyrie,1994)。

许多模型模拟研究了劳伦泰德冰盖的"淡水驱动"对温盐环流的影响。在大多数情形下,这是通过向北大西洋大片海域(通常自 50°N 至 70°N)注入淡水,并将结果与基准模拟进行对比完成的(注水试验)。各种驱动组合(改变淡水注入量和持续时间)都经过了检验(Stouffer et al.,2006;Kageyama et al.,2010;Otto-Bliesner and Brady,2010)。然而,最近利用高分辨率洋流模型的模拟显示,注水试验可能被误导。自哈得孙海峡、巴芬湾和拉布拉多海岸流入北大西洋的淡水并未扩散至整个北大西洋,而是被限制在北美海岸狭带淡水的西边界流范围之内,最终扩散至亚热带海域而非更北(图 6.57)(Condron and Winsor,2012)。但是,如果淡水自北冰洋流入北大西洋,那么整个高纬海域肯定会出现范围更广的泛滥。这种淡水入流的源头会是什么?Condron 和 Winsor(2012)利用数值模拟检验了以下假说:劳伦泰德冰盖南缘大型冰前湖的淡水经马更些河流入北冰洋,最终经弗拉姆海峡流出北冰洋进入北大西洋。这是有些学者所认为的导致新仙女木冷倒转(距今约 12700~11700 年前)的脚本(如 Tarusov and Peltier,2005)。但是,没有任何直接证据表明当时发生了此类泛滥,也毫无证据显示类似事件在 MIS 2~4 期间曾多次发生。然而,北冰洋本身曾是北大西洋淡水之源却是说得通的。在冰期,当气温极低时,北冰洋上会形成非常厚的积冰,冰层下会有极少量的大西洋暖水流入。降雪会原地累积数百年,从而产生以海冰为基底但其上为数十米厚淡水(以雪和叠加冰的形式)的"陈年浮冰"(类似于今天在埃尔斯米尔岛北部所见的边缘冰架,在某些地点厚度超过 50 m)(Bradley and England,2008)。这种厚而硬的冰盖存在的沉积证据就是 LGM 期间冰层之下的无沉积期(Poore et al.,1999;Polyak et al.,2004)。在冰阶,随着温暖的中层水向北穿行,这片冰盖可能因北欧海暖水侵入而失去稳定性并发生流动。通常与高于 3.5℃的水体相关的底栖种在冰阶肯定会到达北极圈以北(Rasmussen and Thomsen,2004)。这些暖水的流入可能导致北冰洋冰盖边缘破裂,从而使得大量淡水(以浮冰形式)向南输送,直接进入北大西洋深层水生成的区域(图 6.57)。

伴随海因里希事件而发生的海洋和大气环流变化在全球范围内产生了重大影响。随 AMOC 减弱,整个北半球温度下降,但因暖水开始在南大洋积聚,南半球温度却在上升(Blunier et al.,1998;Stocker and Johnsen,2003)。这种半球间热梯度的增大导致热带辐合带(ITCZ)及相关的对流降雨带的位置南移(Broccoli et al.,2006;Chiang,2009;Chiang and Friedman,2012)。相应的降水变化在巴西石笋记录(Wang et al.,2006;参见图 8.11)以及玻利维亚阿尔蒂普拉诺高原湖泊沉积记录(Baker et al.,2001;Fritz et al.,2010a;Placzek et al.,2013)和巴西岸外沉积(图 6.58)(Arz et al.,1998;Jennerjahn et al.,2004;Jaeschke

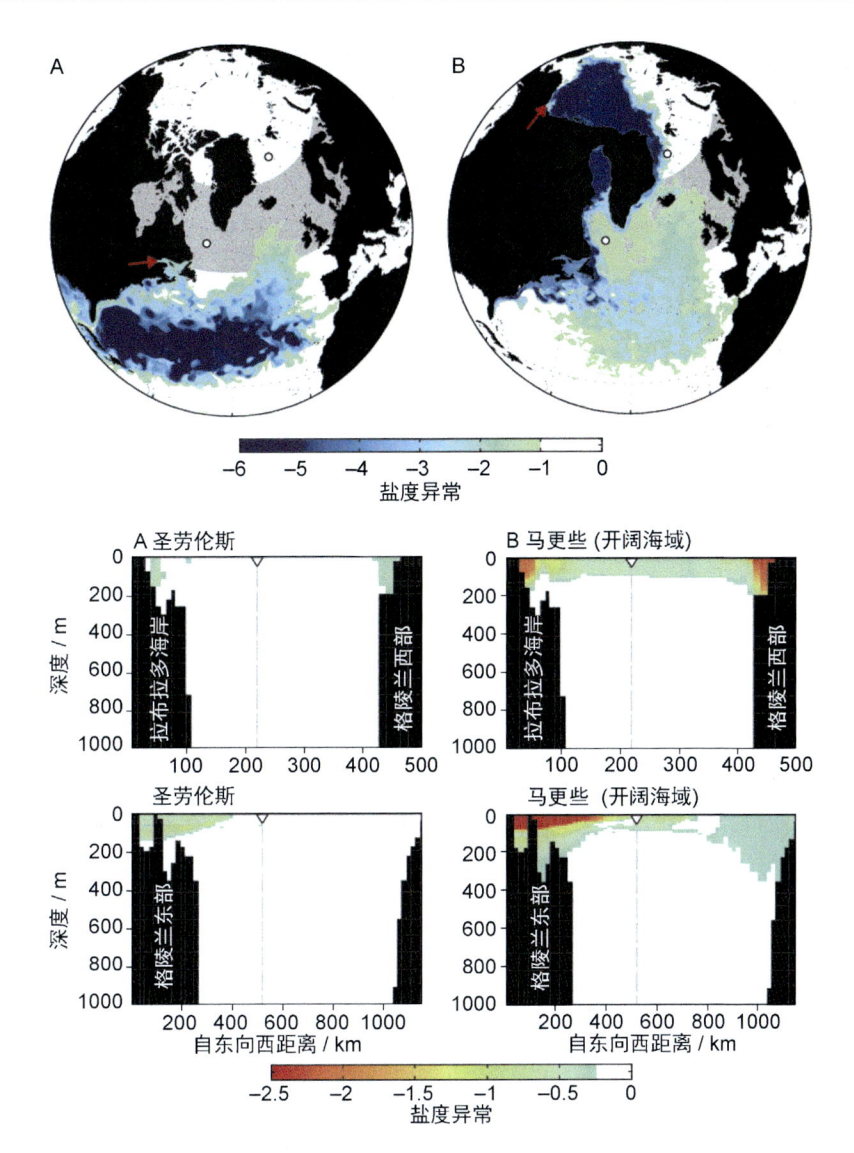

图 6.57 上：冰融水在北大西洋的扩散。颜色（绿-蓝）显示圣劳伦斯湾（A）和马更些河谷（加拿大北极群岛相连情形下，即被冰覆盖）（B）释放的冰融水造成的海面盐度差异（扰动试验减控制试验）。照片显示最大海面淡化状况（分别为冰融水释放后 32 个月和 56 个月）。红色箭头为释放位置。白色圆圈为现今海洋所观测的开阔海域深部对流位置，不过冰期深层水生成位置可能不同。灰色阴影（50°N～70°N）为传统气候模型冰融水"注水"区。下：流经拉布拉多海中部（56.5°N,51°W）（上图）和格陵兰海（约 75°N,3°W）（下图）冰融水的分布，对应于现今海洋所观测的开阔海域深部对流位置。颜色（绿-红）显示模型积分 10 年后的盐度差异（扰动试验减控制试验）。只有自北冰洋进入北大西洋的冰融水可形成经典的"淡水盖层"，抑制开阔海域深部对流（纵虚线，标示现今深层水生成位置）。拉布拉多海中部和格陵兰海的水柱未因圣劳伦斯河谷冰融水排放而发生变化。引自 Condron 和 Winsor（2012）。

et al.，2007）中清晰可见。海因里希事件在阿拉伯海沉积（Schulz et al.，1998；Deplazes et al.，2013；图 6.52）及中国的黄土沉积和石笋记录（如图 7.10 和图 8.11）（Porter and An，

1995；Wang et al.，2006）中也得以识别，这表明由于与海因里希事件相关的北大西洋环流发生变化，季风强度也出现总体减弱。在许多热带古气候记录中也可见到与 D-O 事件相关的类似变化，不过只有高分辨率代用指标序列记录了这些变化更快的气候状况（Kanner et al.，2012；Deplazes et al.，2013）。因此，由淡水注入引起的北大西洋深层水生成的变化具有全球影响，其中对整个热带降雨分布的影响尤其显著。

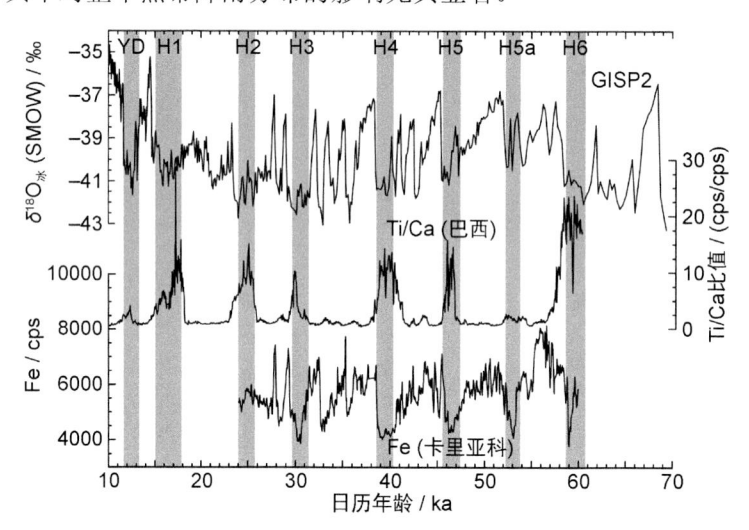

图 6.58　巴西东北岸外沉积岩心（约 4°S,36°W）Ti/Ca 比值变化与 GISP2 冰心氧同位素和委内瑞拉岸外卡里亚科海盆岩心陆源 Fe 记录（cps，每秒计数，XRF 扫描仪测试）的对比。这两种参数都是邻近大陆降水的代用指标，数据表明，海因里希事件期间随 ITCZ 南移，巴西东北部降雨增加，但为卡里亚科海盆供给沉积物的南美洲北部（奥里诺科盆地）降雨减少。因此，这两条记录呈反相关。同样值得注意的是，这些数据并无任何强烈的 D-O 事件信号。引自 Jaeschke 等（2007）。

总之，海因里希事件和 D-O 事件都是过去气候变率的重要体现，两者都与注入北大西洋淡水量的变化有关，淡水注入稳定水柱并减弱深层水生成，从而对全球气候产生影响。但这两类突变的原因有所不同——D-O 事件主要牵涉大范围海冰的形成，发展得快但衰退得也快。在其他时间，与海洋相接的大陆冰通过冰流或冰架的融化释放淡水。由此深层水生成减弱，导致暖水在深部积聚，使得冰盖更不稳定，从而引起大规模崩解，以冰山（主要源于劳伦泰德冰盖）的形式向海洋表层注入大量淡水，冰山挟带的碎屑物则沉积于海洋，形成了我们现在称为海因里希层的冰筏沉积。这进一步导致深层水生成减弱（AMOC 突然减弱），使得更多的暖水在深部累积。最终，水柱失去稳定而将这些暖水带至海面，导致海冰快速消退，造成格陵兰冰盖所见的同位素突变（图 5.28），并使深层水生成得以重启。这一系列事件发生的前提是，与海洋相接的陆基和海基冰盖及海冰覆盖的北冰洋本身毗邻北大西洋深层水生成的关键区域。白令海峡关闭（距今约 80000～12000 年前）可能也是一个起作用的因素，因为这限制了所有北大西洋较淡的表层水经由北冰洋流入太平洋，使淡水持续在北大西洋盆地累积，从而使得 AMOC 进一步减缓（Hu et al.，2012）。因此，毋庸置疑，只有在具备上述条件的主要冰川作用期，才能在古气候记录中观察到这些类型的气候突变（图 6.19）（参见 Ganopolski and Rahmstorf，2001）。

第7章 黄 土

　　黄土是一种风成粉砂沉积,覆盖着大陆的大片区域。黄土颜色通常为浅褐色,主要由石英、长石、云母和碳酸钙组成(Pye,1984,1987)。从地理上看,黄土广泛分布于北美大平原、欧洲中南部、乌克兰、中亚、中国和阿根廷(图7.1)。北美黄土既有来源于冰川沉积的又有来源于非冰川沉积的(Bettis et al.,2003),但通常都与劳伦泰德冰盖的大规模冰水沉积和大型辫状河洪泛沉积有关,其中密西西比河谷的黄土剖面厚度可达20 m(Forman et al.,1995;Oches et al.,1996)。最厚的黄土沉积出现于阿拉斯加的非冰川作用区(厚达50 m;Beget and Hawkins,1989)和内布拉斯加州(厚达48 m),后者LGM(皮奥里亚)黄土来源于该区西北部的基岩(Muhs et al.,2008)。欧洲黄土常见于阿尔卑斯冰盖与斯堪的纳维亚冰盖之间的区域及其以东与主要河流系统相关的区域(图7.2)(Kukla,1975b;Frechen et al.,2003;Smalley et al.,2009)。一些最厚的黄土剖面与过去的大规模辫状河有关,因为当时植被覆盖大大减少了(主要为草原)(Fitzsimmons et al.,2012)。虽然连续的地层甚为罕见,但一些地点的黄土和古土壤序列却可延伸至早更新世(尤其是在多瑙河流域的中下游,例如塞尔维亚的斯塔里斯兰卡门和奥地利的斯特兰森多夫和克雷姆斯;Marković et al.,2011)。在其他区域,黄土与沙漠相关,尤其是广袤的中亚沙漠,在那里邻近山地的风化物质被搬运至沙漠并发生沉积(Smalley et al.,2009)。这些广阔的干旱区以及毗邻的黄河水系,是中国大范围黄土沉积的源区(Stevens et al.,2013)。在中国北方中部(戈壁东南),黄土沉积厚度非常大,在某些地点高达300 m(图7.3),完全覆盖了

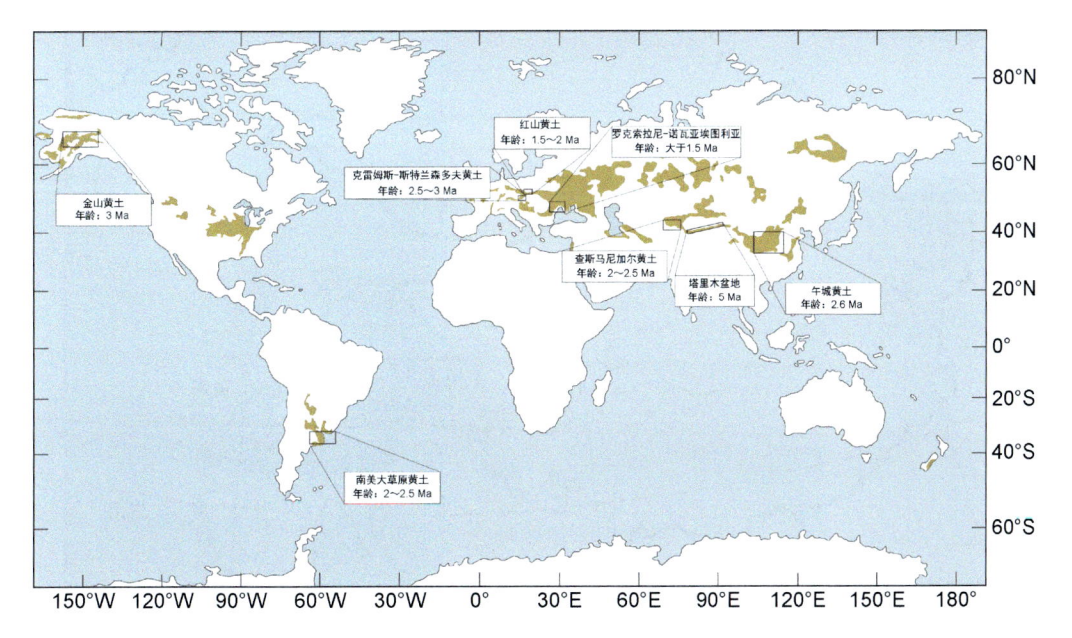

图7.1　全球黄土沉积分布。改自Varga(2011)。

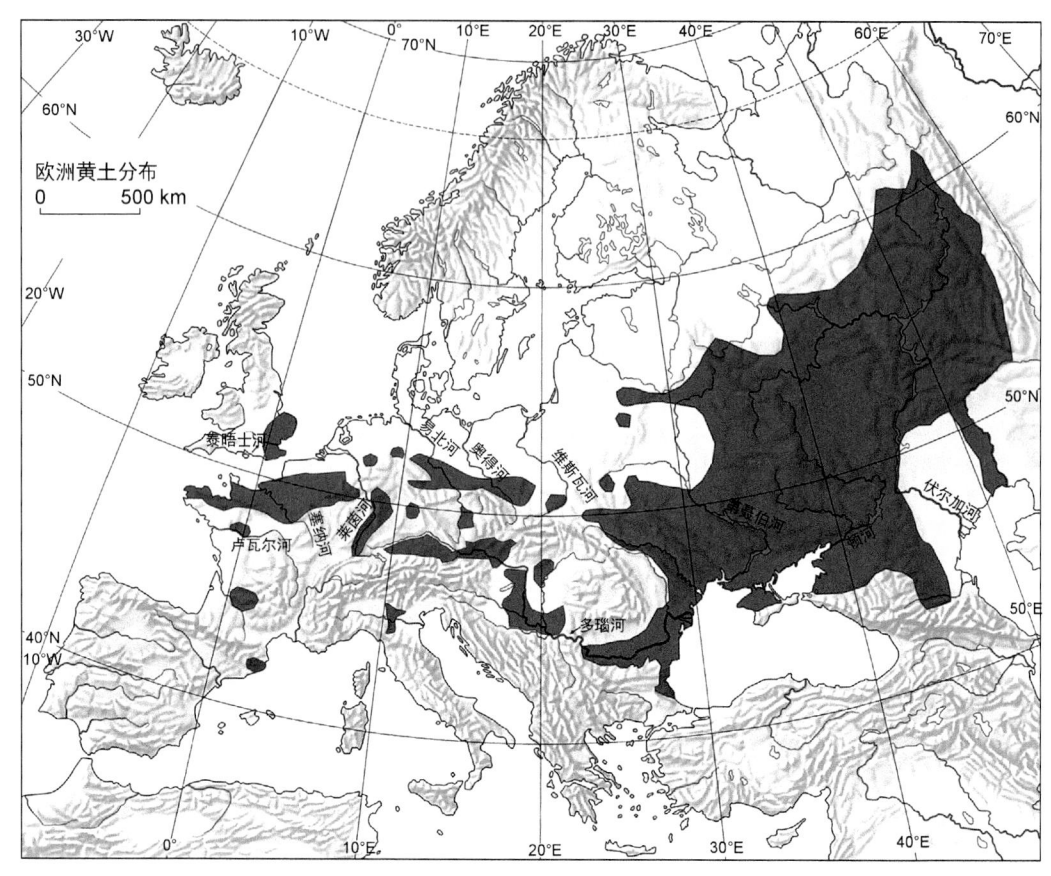

图 7.2 欧洲黄土分布。黄土分布与冰盖范围和主要河流系统分布有关。引自 Smalley 等（2009）。

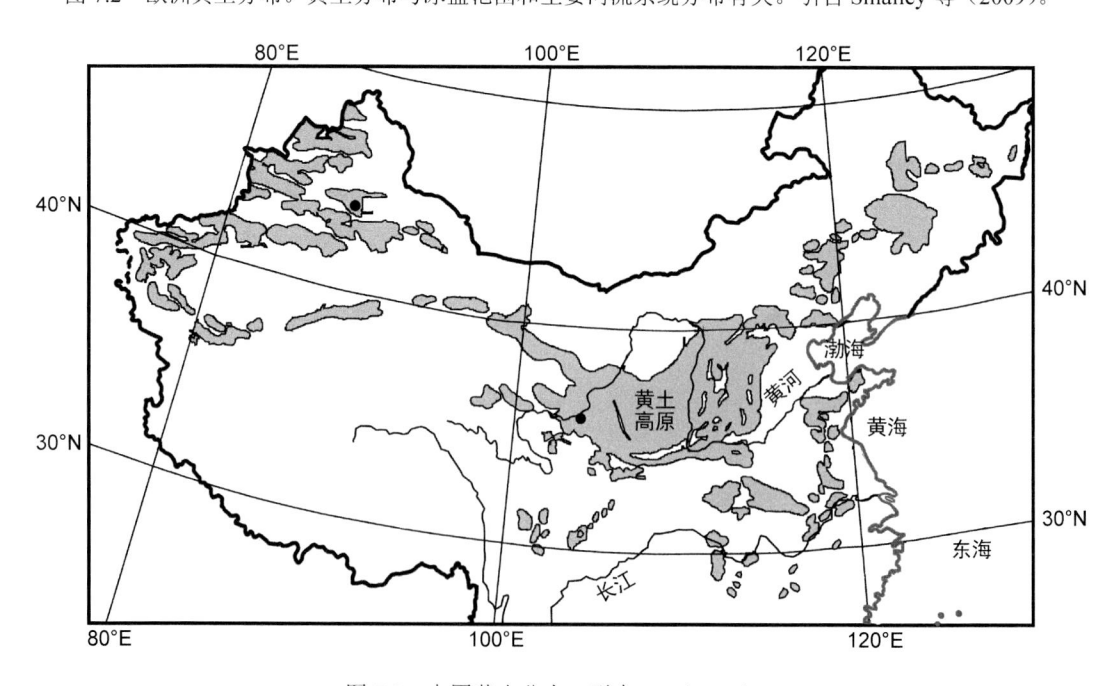

图 7.3 中国黄土分布。引自 An（2014）。

下伏地形，形成面积超过约 500000 km² 的黄土高原（Liu et al.，1985）。正是在那里，最全面的黄土沉积与古气候研究得以开展（Kukla，1987a；Kukla and An，1989；Liu and Ding，1998；An，2000）。

黄土高原典型的地层特征是黄土与其间古土壤的交替出现。黄土堆积于干旱期，降尘频繁发生，植被以矮草为主。在温暖湿润的气候期，黄土沉积减弱，而已堆积于地表的黄土就地发生风化，形成加积型土壤（图 7.4）。今天，黄土与古土壤的交替序列构成了大陆上最长且最完整的第四纪古气候演变陆相记录（图 7.5）（An et al.，1990；Ding et al.，1993）。事实上，黄土高原广泛分布的黄土已经堆积了 700 万年，在某些区域，黄土沉积可追溯至约 2500 万年前（晚渐新世）的红色、富含黏土的沉积，表明内陆干旱源区至少已存在了如此长的时间（An et al.，2001；Guo et al.，2002；Qiang et al.，2011）。大陆的进一步干旱化是由中新世时期喜马拉雅山脉和青藏高原的隆升所致，该过程使得欧亚大陆内部与其以南和东南的潮湿空气隔离（Liu and Yin，2002；An et al.，2005；Guo et al.，2008）。随着大陆更加干旱，冬季强劲的西伯利亚-蒙古高压系统产生的北风将风成物质向南输送，并沉积于各种地形。高空西风将细粒粉尘向更东方向输送，沉积于北太平洋（Rea et al.，1998；Zheng et al.，2004）。夏季，大陆受热形成低压系统，吸入潮湿空气，为内陆带来降雨。寒冷干燥的北风和西北风（冬季风）与温暖湿润的南风或东南风（夏季风）的交替出现，界定了该区域典型的季风气候（An et al.，1990）。在冰期-间冰期时间尺度上，冬季风和夏季风的强度是不断变化的。冰期，冬季风环流占据主导，夏季到达内陆的水汽极少；而在间冰期，则盛行相反的气候状况。冰期搬运的大部分风成沉积都与沙尘暴有关，沙尘暴从干旱区挟带了大量颗粒较粗的沉积物。间冰期沙尘暴不常发生，因此沉积于黄土高原的物质平均粒径要细得多（Liu et al.，1985；Zhang et al.，1999；Prins et al.，2007）。中新世和上新世红粘土的详细地球化学和粒度研究表明，类似季风的气候状况在黄土高原地区已经持续了 2000 万年，不过那时候的信号比由黄土和古土壤构成的上覆第四纪沉积要弱得多（An et al.，

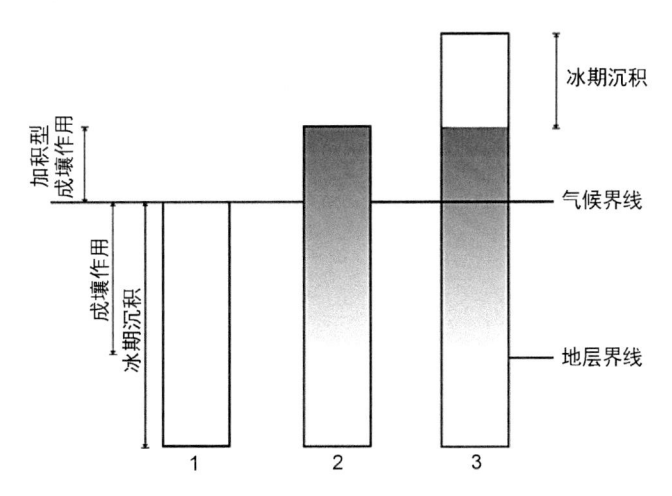

图 7.4 先前沉积黄土上叠加成壤作用的概念模型。1. 黄土堆积。2. 气候变化，黄土堆积减少；土壤在新堆积的沉积物和先前沉积的黄土上形成。3. 随着更多的黄土堆积，沉积速率再次增大，成壤作用减弱。这使得土壤开始发育时的气候界线模糊不清。引自 Stevens 等（2007）。

2001；Guo et al., 2008）。这可能是因为过去沙尘暴的输入较少，或者由于红粘土中细粒沉积物在更湿润气候条件下因成壤过程经历了强烈的风化（Ding et al., 2000）。抗风化能力更强的石英颗粒的分离研究揭示出与第四纪沉积相似但幅度较小的粒度周期性变化（Guo et al., 2008；Sun et al., 2010）。气候状况在距今 270 万年前后发生了重大变化：黄土沉积速率显著增大，导致黄土与加积型古土壤的交替取代了红黏土（图 7.6）。这种变化显然与北半球主要大陆冰川作用的起始以及北冰洋永久性海冰覆盖的首次出现有关。这两者使得冬季欧亚大陆温度降低，从而产生更强的北风，并从内陆向外输出越来越多的粉尘（Ding et al., 2000；Sun and An, 2005）。

图 7.5 中国陕西黄陵附近出露良好的黄土-古土壤剖面。在此地点，上部（全新世）土壤不明显，大部分最近的黄土（L1）和末次间冰期土壤（S1）已被剥离。S5 古土壤非常突出，在整个黄土高原都易于辨认。照片由 Bill McCoy 提供。

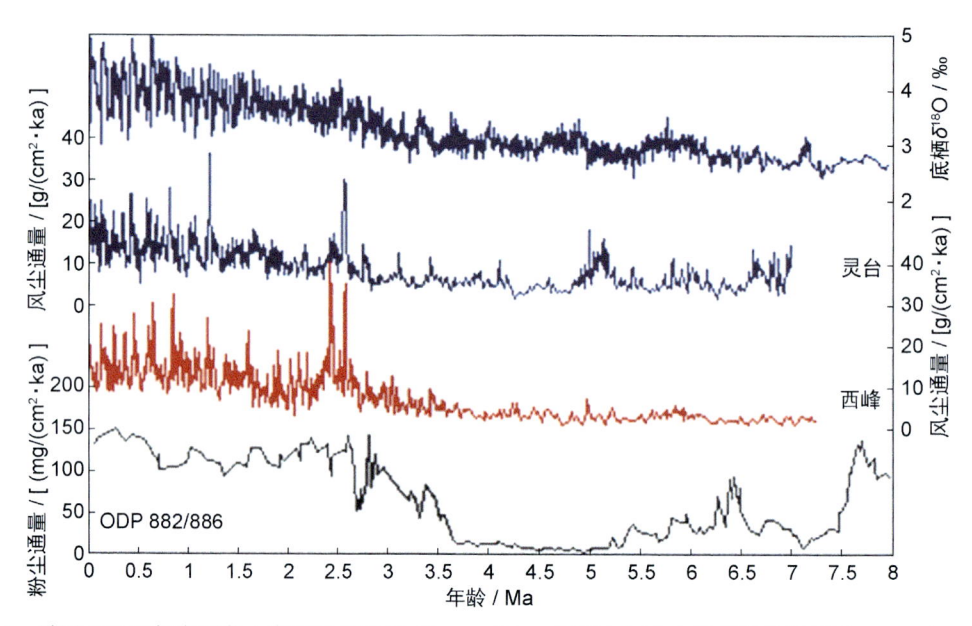

图 7.6 最近 700 万年中国黄土高原粉尘通量（Sun and An, 2005）与北太平洋粉尘通量（Rea et al., 1998）以及海洋底栖 δ^{18}O 记录（Zachos et al., 2001）的对比。引自 An (2014)。

7.1 黄土-古土壤序列年代学

古地磁极性时间标尺（见第4章）为黄土定年提供了主要的年代地层框架（图7.7）（Heller and Liu，1984；Rolph et al.，1989；Rutter et al.，1990；Thistlewood and Sun，1991）。地磁倒转和漂移清晰地记录于黄土中，不过磁信号锁定于沉积物中所需的时间尚不确定（Zhou and Shackleton，1999；Sun et al.，2006；Jin and Liu，2011）。通过先建立基本的古地磁时间标尺，然后再将黄土-古土壤变化的主要指标——磁化率和粒度调谐至斜率和岁差的轨道记录，更为精细的年代标尺得以构建。磁化率（χ）被认为是夏季风强度的指标（An et al.，

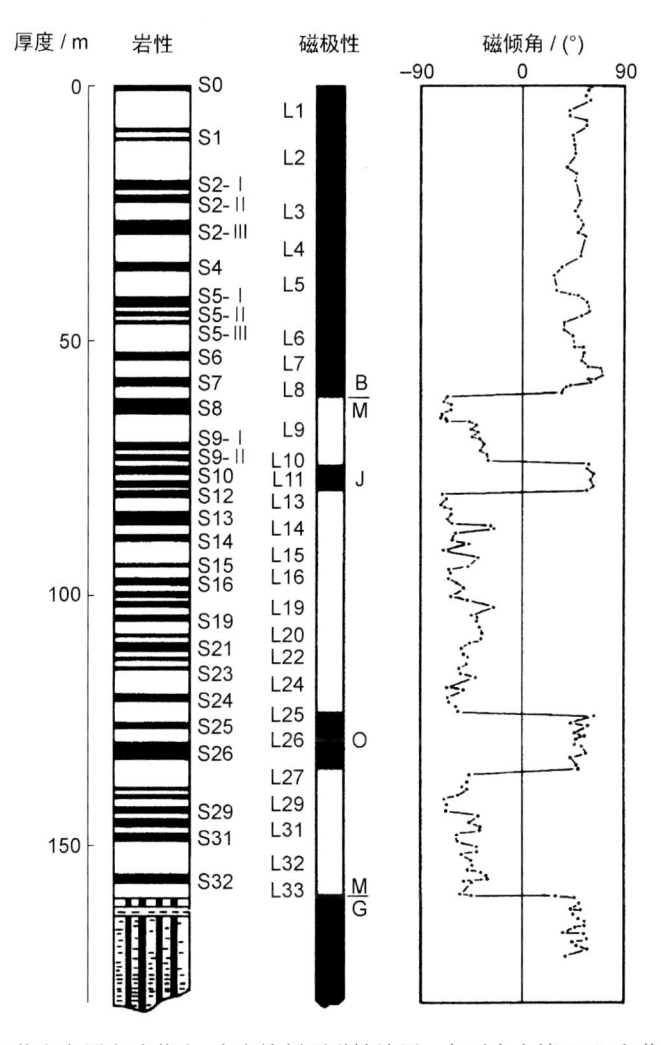

图7.7 中国北方中部黄土高原宝鸡黄土-古土壤剖面磁性地层。主要古土壤（S）和黄土（L）自上而下编号（全新世土壤为S0）。右侧磁倾角记录清晰显示极性变化（B/M. 布容-松山界线；J. 贾拉米洛时；O. 奥杜威亚时；M/G. 松山-高斯界线）。在高斯-松山过渡期前后，黄土开始堆积于红粘土沉积之上。引自Liu等（1993）。

1991），由于成壤作用会产生超顺磁颗粒，古土壤的磁化率值大于黄土。石英粒度是冬季风强度的指标，其最大值指示寒冷且风力强劲的气候状况，这样的强风能够输送远源粗颗粒（Porter and An，1995；Xiao et al.，1995）。这些代用指标变化清晰地揭示出长时间序列的黄土与古土壤交替特征（图7.8）。尤其值得注意的是代表一个长间冰期的主要古土壤 S5 以及距今约260万年（L33）、125万年（L15）和约87万年（L9）的主要黄土层（参见 Vandenberghe et al.，2004）。将这些层位调谐至斜率和岁差时间序列隐含着冬季风和夏季风强度的两种代用指标与北半球冰量变化同相位的假设，而后者的相位在以前的研究中已与轨道变化相关联（Imbrie et al.，1984）。运用相同的滞后响应（斜率最小值之后8000年，岁差最大值之后4500年），黄土记录的轨道调谐时间标尺得以构建（Sun et al.，2006）。结果表明，不同地点之间具有良好的可比性，并且调幅随时间的变化与轨道参数相似。尽管运用相位滞后将粒度和磁化率数据调谐至轨道数据有其益处，但定年准确的石笋同位素数据却不支持夏季风响应滞后于轨道驱动的概念。中国东部石笋 $\delta^{18}O$（夏季风强度指标）显示，最近22.4万年季风降雨直接响应65°N 7月日射量，并以23000年岁差周期为主导周期（Wang et al.，2008）。石笋数据和黄土数据应该含有同样的夏季风信号，调和这两种数据还需要进一步的研究。

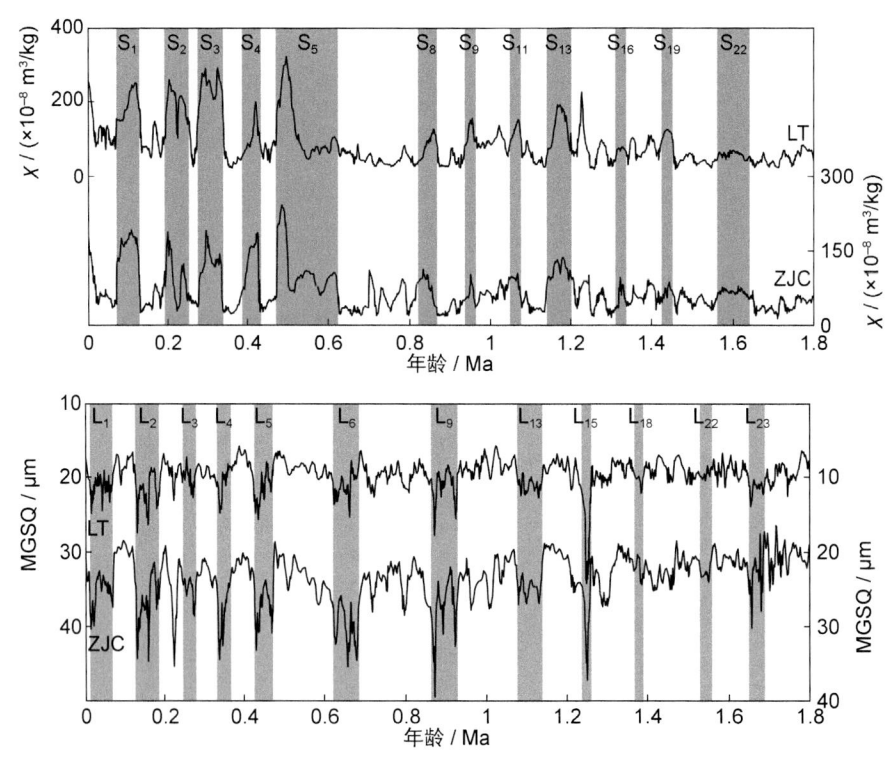

图7.8　0～180万年时段灵台（LT）与赵家川（ZJC）剖面磁化率（χ，上图）和石英平均粒径（MGSQ，下图）的对比。地层单元自全新世土壤（S_0）和最近黄土（L_1）向下计数至之前间冰期土壤（S_1）及其下伏黄土（L_2），沿剖面向下依此类推。以此方式，识别出最近约270万年（即红粘土层之上）32层主要黄土和古土壤，其记录了整个第四纪冰期与间冰期气候的交替。图中阴影条带显示，两条剖面之间主要古土壤（S_1、S_2等）与黄土（L_1、L_2等）的持续时间具有良好的可比性。引自 Sun 等（2006）。

氨基酸地层学研究（关于黄土蜗牛；见第 4 章 4.2.1 节）可用于明确不同地点之间的地层学关系，这对空间上不连续的欧洲黄土剖面而言更为有益（Oches and McCoy，1995a，1995b，1995c，2001；Marković et al.，2007）。末次冰期-间冰期旋回更加详细的年代学研究，通常采用放射性定年和释光定年，尤其是采用光释光技术（OSL）（见第 3 章）。OSL 数据显示，在某些地点，黄土沉积（在时间和空间上）并非像通常假设的那样一致（Lu et al.，2007；Stevens et al.，2007，2008）。因此，虽然轨道调谐定年提供了一个宽泛的冰期-间冰期年代地层框架，但在较短时间尺度上这种方法可能会带来显著误差（Stevens et al.，2008）。

7.2 黄土-古土壤序列古气候意义

石英粒度和磁化率的长期变化表明，过去 360 万年包含数个不同的阶段，始于约 340 万年前的一次突变，当时夏季风强度增大但冬季风强度减小（图 7.9）。距今 340 万～272 万年前，夏季风增强，而冬季风基本保持稳定。距今 272 万～125 万年前，磁化率降低，表明夏季风降雨减弱，但冬季风强度增大。距今 272 万年前的这一显著变化与红粘土/黄土-古土壤过渡相关，并与北半球主要冰川作用的开始有关，这在其他许多古气候记录中均有体现。距今 125 万年前开始（尤其是距今 50 万年以后），磁化率和石英平均粒径的变率增大，这与北半球冰量的重大变化在时间上一致。这些变化发生的时间与 Ding 等（2005）的研究相似，他们发现，260 万年、120 万年、70 万年和 20 万年前西北沙漠边缘附近地点粗颗粒风成物质沉积通量增大，并据此认为沙漠在上述时期出现扩张。他们将这些变化解释为夏季风强度降低，这导致黄土高原西北缘的降雨减少，从而使沙漠区得以扩大。Deng 等（2006）根据最近 250 万年黄土沉积的磁性特征变化也发现，干旱状况随时间推移愈发加剧。黄土和古土壤中的风尘赤铁矿和成壤赤铁矿持续减少，是在气候变冷条件下分别由源区干旱度增大和化学风化减弱所致。

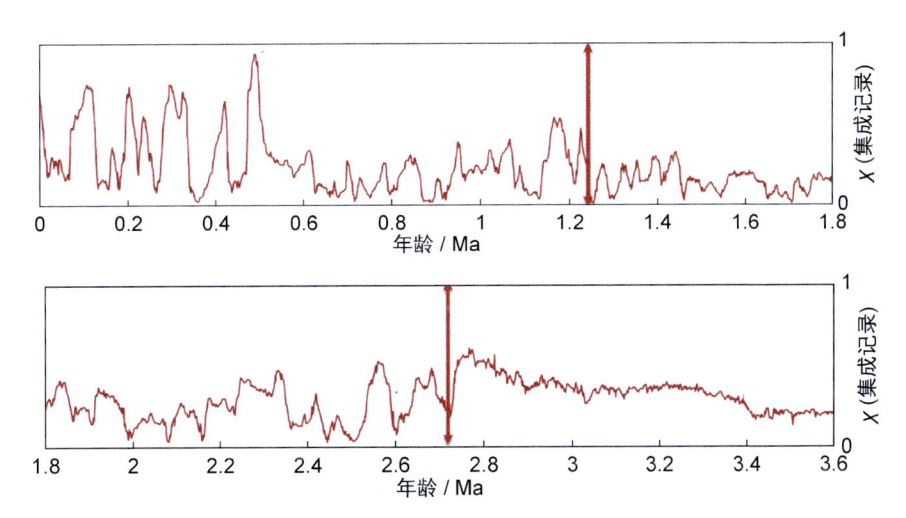

图 7.9 最近 360 万年磁化率（χ）集成记录的时间变化。磁化率被解释为夏季风强度的指标。"集成"是指西安与兰州之间黄土高原两个地点灵台和赵家川的归一化数据的平均值（参见图 7.8）。箭头标示夏季风演化可分为 3 个阶段：360 万～272 万年前、272 万～125 万年前和 125 万～0 万年前。改自 Sun 等（2006）。

黄土详细的 OSL 定年结果显示，粒度变化至少在末次冰期-间冰期旋回的部分时段与格陵兰冰心$\delta^{18}O$ 相似（Liu and Ding，1998；Sun et al.，2012）（图 7.10）。这表明北大西洋气候与黄土沉积之间存在联系，这一观点由 Porter 和 An（1995）首次提出，Porter 和 Zhou（2006）对此进行了进一步讨论。GCM 模拟为这一观点提供了可能的解释：北大西洋被淡水覆盖，影响了大西洋经向翻转流（AMOC）的状态；这转而又对全球大气环流产生影响，从而将格陵兰与东亚的气候状况相关联（Sun et al.，2012）。

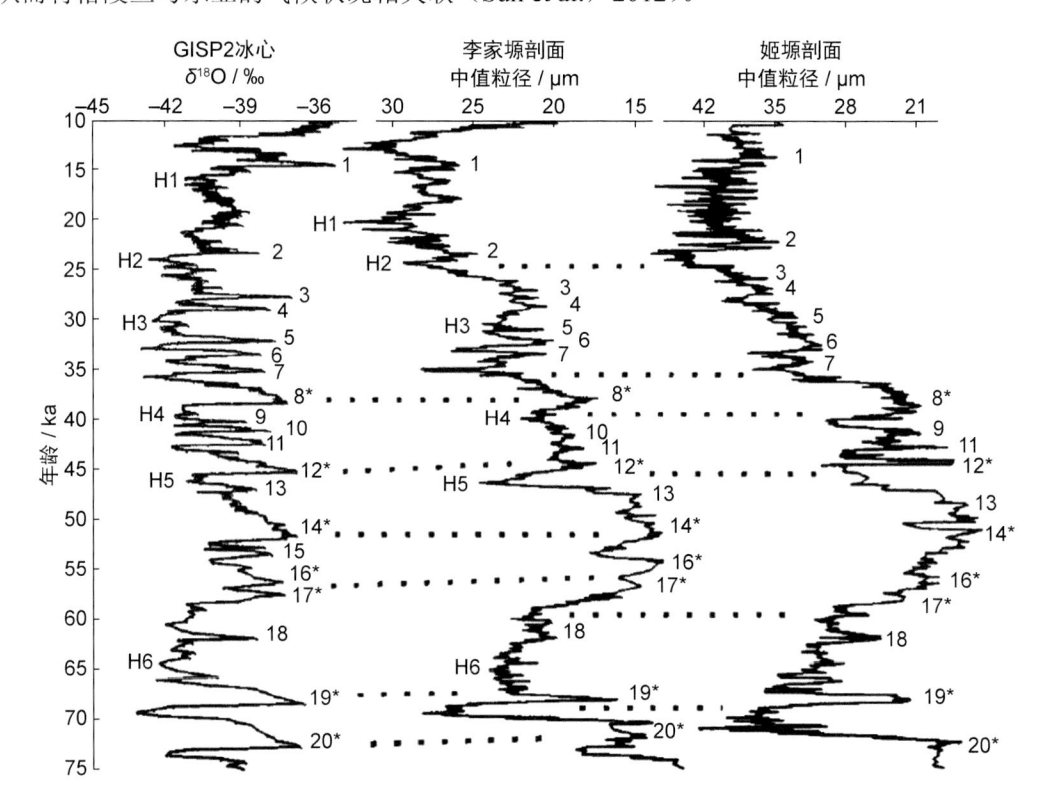

图 7.10　格陵兰（GISP2）冰心同位素记录与黄土高原两个地点中值粒径的对比。丹斯加德-奥施格事件自 1 至 20 编号，粒度记录的关联特征标示于图中。标有星号的间冰阶也出现于南极洲（Bender et al.，1994）。海因里希事件的层位（H1~H6）据 Bond 等（1993）标示。引自 Liu 和 Ding（1998）。

有关黄土和古土壤的古气候定量化研究一直相当少。在最简单的层面上，类似的土壤和黄土堆积区的现代相似型可近似地提供过去不同时期盛行的气候状况。因此，Liu 等（1985）估计，S5 古土壤形成期的年平均降水量和温度分别比现今高 350 mm 和 4℃。同样，Ding 等（1992）基于与黄土堆积时气候条件相似地点的现代气候提出，最老的厚层黄土（L33 和 L32）反映年平均温度比现今低 12℃、降水量比现今低 25%。Rousseau 和 Wu（1997，1999）研究了最近两个冰期-间冰期旋回的蜗牛组合，揭示出喜湿种群、喜干种群和"南方"种群的丰度变化，后者代表现今仅见于中国东南部相当湿润环境中的蜗牛。基于与现生蜗牛分布相关的现代气候条件，这可用以定性估计温度和湿度状况的相对变化（不过最温暖和最潮湿的时段蜗牛的溶解使得对这些时段的认识受到限制）。Wu 等（2007）对 L5 黄土和 S4 古土壤（分别相当于 MIS 12 和 11，距今约 48 万~36 万年前）的蜗牛组合进行了研究。尽管底栖同位素记录表明 MIS 12 具有整个第四纪时期最大的大陆冰量，但黄土高原的蜗牛组合却显示当时气候并非特别寒冷，年平均温度（mean annual temperatures，MAT）仅比现今低 1~3℃。此外，由于出现了喜湿种，距今约 45 万~44.2 万年前的 MIS 12 中期，夏季风可能推进至这一地区。在 MIS 11（S4）早期，黄土高原北部和西部的气候状况与其西南更湿润地区的现代气候状况相似，MAT 为 11~14℃、年降水量高出 30%，直至距今约 38.5 万年之后更冷、更干的气候开始盛行。

Maher 等（1994）及 Maher 和 Thompson（1995）聚焦于磁化率（χ）作为降雨量代用指标的研究。他们认为，由于趋磁（铁还原）细菌的出现有助于无机沉淀作用在原位形成超细（<0.02 μm）铁磁性（磁赤铁矿）颗粒，土壤磁化率会更高（参见 Maher and Thompson，1992；Heller et al.，1993；Verosub et al.，1993；Liu et al.，1994）。干湿旋回的交替有利于这一过程，因此可将磁化率序列视为过去降雨变化的代用指标记录。他们针对中国黄土高原不同地区的现代土壤，建立了现代降雨量与磁化率之间的关系，并确认在俄罗斯大草原也存在非常近似的关系（Maher et al.，2003）。Balsam 等（2011）通过调查非洲和中国其他地区的土壤，检验了 χ 与降雨量之间的关系是否具有更加普遍的适用性。他们得出结论：在年降雨量低于约 200 mm 条件下，由于基本上不发生成壤作用，χ 与降雨量毫无关系。与此同时，在年降雨量高于约 1200 mm 条件下，χ 可能随降雨量增大而减小，这是因为土壤处于饱和及潜育化过程可能会降低铁磁性物质的产率，甚至发生非磁性铁取代磁性铁的现象（Bloemendal and Liu，2005）。尽管磁化率看来可作为一种有用的古降水代用指标，并且许多地区的黄土都已进行了磁化率测量，但其他磁性特征或特定矿物（如针铁矿和赤铁矿）的测量仍有助于进一步完善对过去降雨量的估算（参见 Balsam et al.，2004，2011；Ji et al.，2004）。

图 7.11 显示基于磁化率数据重建的过去 110 万年西峰降雨量变化（Maher and Thompson，1995）。在此时段，降雨量变化了约 2 倍（约 400~750 mm），但在最近 110 万年 80% 的时间内降雨量均低于现代。Liu 等（1995）采用类似的方法对西峰降雨量进行了重建，但仅涉及末次冰期-间冰期旋回。他们得出结论：冰期降雨量降至比 Maher 和 Thompson（1995）估值低得多的水平（年降雨量<200 mm）。Zhou 等（2007）基于黄土中的宇成同位素 ^{10}Be 大部分来自湿沉降（降水自大气中清除）的论点，将 ^{10}Be 含量与降雨量相联系，得出了类似的结论。通过对记录进行反卷积以消除地磁场效应，提取出了古降水记录。他们推断，洛川年降雨量在 LGM 极盛期和 MIS 4 约为 200 mm，但在 MIS 3 增加至约 600 mm，且在早全新世的一段时间增加至 800 mm。

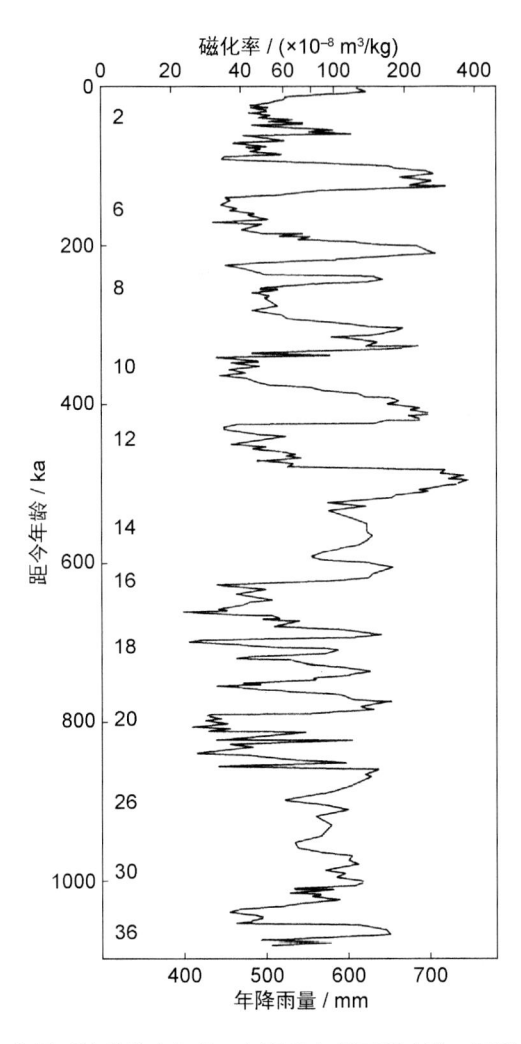

图 7.11 中国北方中部黄土高原西峰磁化率记录，解释为年降雨量变化。随降雨量增大，风化作用产生的磁性物质量增加，磁化率值升高。海洋同位素阶段编号标示于左侧。引自 Maher 和 Thompson（1995）。

第 8 章 石　　笋

洞穴沉积是石灰岩洞形成的矿物建造，以石笋和钟乳石及名为流石的板状沉积最为常见。钟乳石（悬挂于洞顶）通常是空心的，沿中心孔口周围生长，而石笋是实心的，在滴水点上逐渐生长。因此，通常选取石笋进行古气候研究。喀斯特地貌分布广泛（图 8.1），这意味着相关的研究可在全球范围内展开。洞穴沉积主要由碳酸钙组成，是因毗邻碳酸盐围岩渗流的地下水发生沉淀形成的。某些微量元素也可能出现在碳酸钙中（通常使得沉积物呈现特征颜色），这其中的铀则可用于确定洞穴沉积的年龄（如下文所述）。滴水微量元素组成的季节性变化也可用于识别年层（Treble et al.，2005a）。洞穴的沉积作用是由水的蒸发或水滴中的二氧化碳脱气引起的。蒸发通常只是洞口附近的重要过程，因此洞内深处的大多数洞穴沉积都是在脱气过程中形成的。自土壤渗流以及与腐烂有机质接触的水通常会获得高于洞穴空气的二氧化碳分压。因此，当水进入洞穴时，二氧化碳会发生脱气作用，导致水对方解石过饱和，从而发生方解石沉淀（图 8.2）（McDermott，2004；McDermott et al.，2006；Fairchild and Baker，2012）。

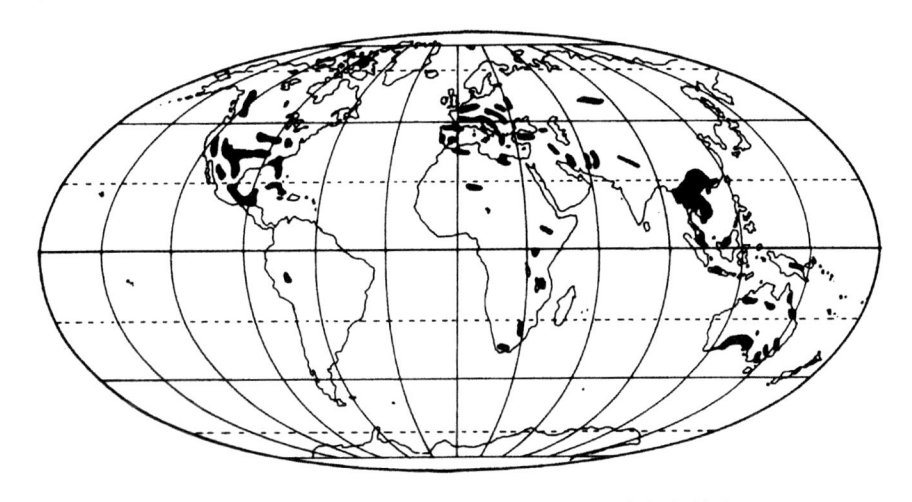

图 8.1　世界喀斯特分布，显示洞穴沉积的潜在古气候信息源。

运用石笋进行古气候研究的数量呈现爆炸式增长，高分辨率的石笋研究尤为如此（图 8.3）。这得益于可提供高精度铀系年龄的热电离质谱仪（TIMS）和多接收电感耦合等离子体质谱仪（MC-ICP-MS）的研发（Edwards et al.，1987a；Shen et al.，2002，2012；Richards and Dorale，2003；Eggins et al.，2005；Cheng et al.，2012a），以及激光熔蚀质谱仪、离子显微探针和显微 X 射线荧光扫描仪等高分辨率采样和分析技术的改进（如 Baldini et al.，2002；Kolodny et al.，2003；Frisia et al.，2005；Orland et al.，2009）。由此，石笋可提供有关环境快速变化时段的新认识，而这些时段的年龄测定，铀系法比 ^{14}C 更为精确，并且可以分析远远超出放射性碳测年范围的突变时间。然而，就古气候应用而言，此类研究的分辨率受制于水在含水层中的滞留时间，而含水层是连接地表气候状况与地下洞穴沉积的纽带。这实际上起着洞穴环境记录低通滤波器的作用，好在通常流速已足够大，在某些情况下可以分辨出年（甚至亚年）变化（图8.4）（参见 Shopov et al., 1994; Baldini et al., 2002）。

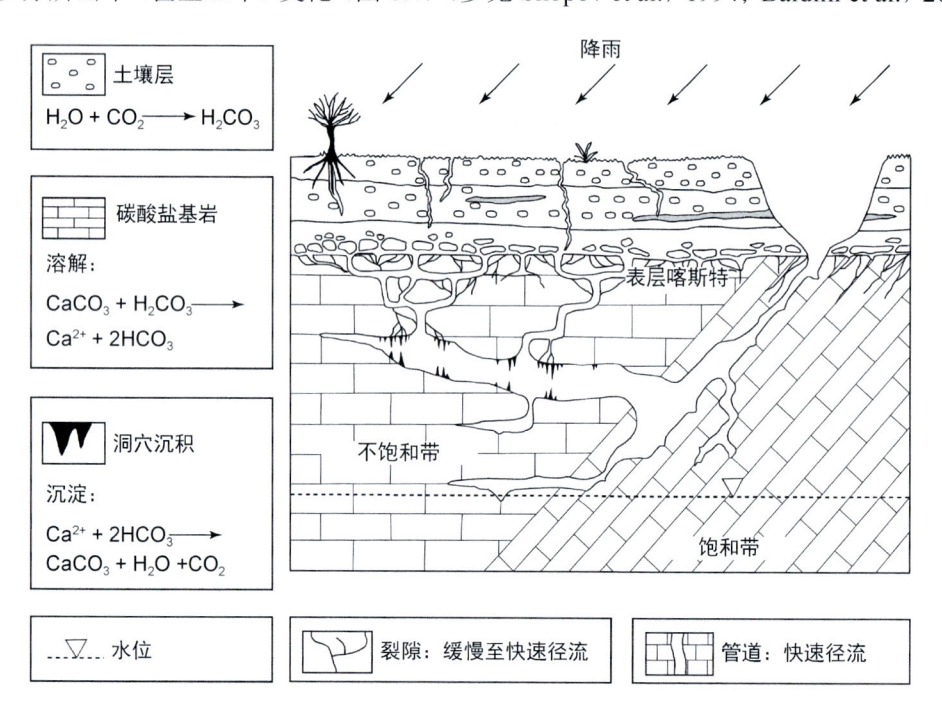

图 8.2　洞穴系统和碳酸盐溶解与沉积示意图（Fairchild et al., 2006）。

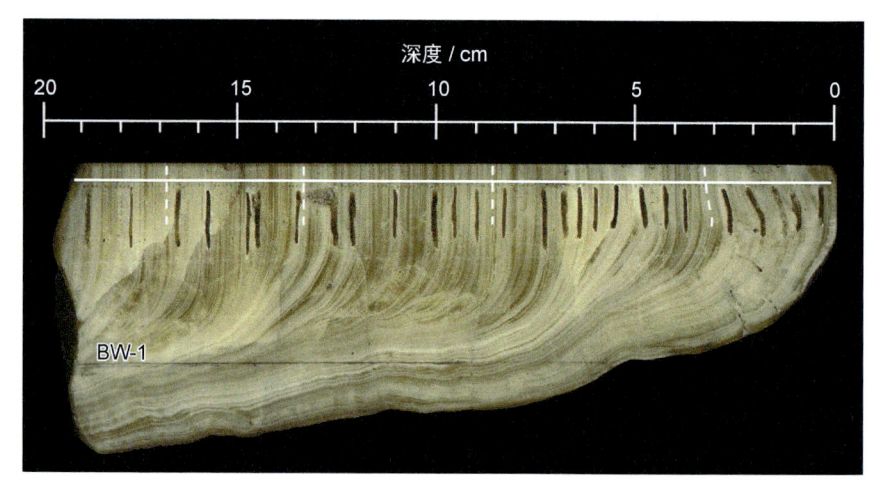

图 8.3　北京附近苦栗树洞（39.6°N,115.6°E，海拔 610 m）石笋抛光切面。可见钻取 [230]Th 测年样品的孔洞。白色垂线标示稳定同位素分析采样轨迹，虚线标示亨迪试验采样点位。引自 Ma 等（2012）。

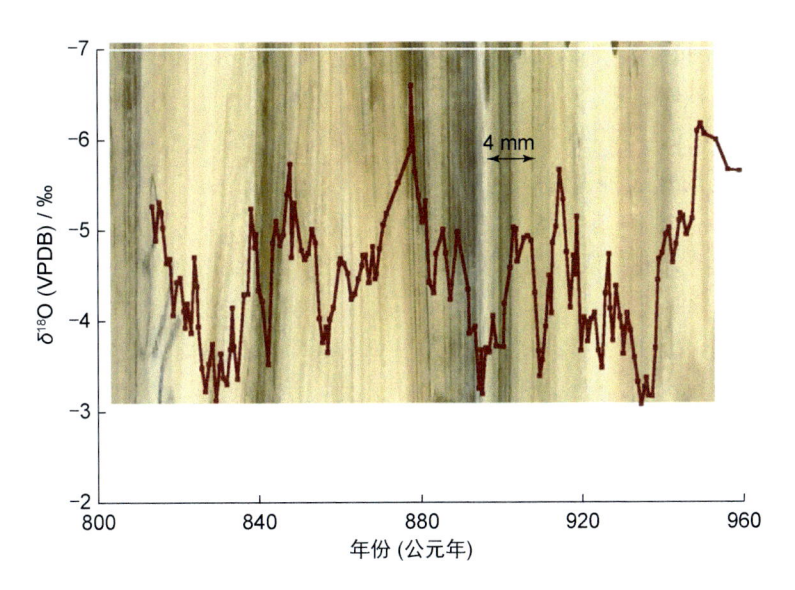

图 8.4 墨西哥尤卡坦半岛恰克洞（21°N,89°W）石笋沿生长轴断面，显示玛雅古国终结期清晰的纹层。与图中所示采样层段最近的 ^{230}Th 实测年龄为公元 1004 年和 780 年，表明该样本的年龄范围为公元 918～820 年（98 年）。本节石笋共有 85±10 层纹层，表明这些纹层为年层。纹层计数误差源于相同深度层段生长中心与边缘的纹层数量差异，在生长中心观测的单层通常在远离中心处显现为数个条带。叠加于石笋断面之上的曲线（红色）为 δ^{18}O 记录，显示出一系列对区域族群产生严重影响的干旱事件（同位素值增大）。引自 Medina-Elizalde 等（2010）。

洞穴沉积通常利用第 3 章 3.2.3 节介绍的铀系非平衡法（通常为 ^{230}Th/^{234}U）进行定年。自碳酸盐基岩淋滤出的铀同位素，以碳酸铀酰的形式与洞穴沉积中的方解石共沉淀。在正常情况下，沉淀溶液不含 ^{230}Th，这是因为钍离子要么被粘土矿物吸附，要么以不溶性水解物的形式留在原处。因此，如果洞穴沉积不含携带碎屑钍的粘土或其他不溶性物质，则 ^{234}U 与其衰变产物 ^{230}Th 的活度比值将给出样品的年龄（Richards and Dorale，2003）。该方法适用于距今约 500000～100 年的年龄范围。为确保获得可靠的年龄数据，需采取诸多预防措施，尤其是任何含有超过 1%酸不溶性碎屑的样品都可能被放弃。同时，任何可能发生过重结晶的迹象（指示样品可能未处于封闭系统）都需要特别关注。最新的铀系定年分析技术仅需很少量的样品（<100 mg 方解石），并且定年的 1σ 误差通常小于 1%，在某些情况下低达 0.1%（Shen et al., 2012）。

8.1 石笋同位素变化

氧和碳的稳定同位素为利用石笋重建一地的温度和降水历史提供了主要依据。当洞内空气和水的运移相对缓慢时，基岩温度与洞内空气温度会形成热力平衡，且接近地表的年平均温度。在方解石自渗水（滴水）中沉积时，随着 CO_2 逸失，氧同位素发生分馏，分馏速率取决于沉积时的温度（–0.24‰/℃；O'Neil et al., 1969）。因此，理论上洞穴沉积方解石的氧同位素（$\delta^{18}O_c$）变化应该成为温度随时间变化的代用指标。但是，其他许多因素也必须加以考虑（Mickler et al.，2004）。首先，只有当方解石（或文石）与滴水溶液处于同位素平衡而发生沉积时，才会记录同位素古温度。这可以通过查验 $\delta^{18}O_c$ 是否沿生长层保持恒定做出评估。如果同一沉积层段的 $\delta^{18}O_c$ 值不同，则表明沉积作用受到蒸发的影响，而不仅仅是 CO_2 的缓慢脱气过程，这将改变简单的温度-分馏关系。另一种常用的同位素平衡检验方法即所谓的亨迪试验。这涉及对比碳氧同位素沿单一生长层的变化（Hendy，1971）。如果处于非平衡状态，则同位素组成受动力因素控制，碳和氧的同位素会呈现相同的变化。如果这两种同位素之间不存在任何相关，则可以认为洞穴碳酸盐是在平衡条件下沉积的。

利用 $\delta^{18}O_c$ 重建古温度还必须考虑其他一些因素。尽管方解石与水的分馏系数随洞穴温度升高而减小（导致 $\delta^{18}O_c$ 值减小），但地表气温变化几乎肯定伴随着降水的同位素组成变化，这样（至少在中纬区）滴水的 $\delta^{18}O$ 值将随温度升高而增大（见第 5 章 5.2.3 节）。因此，必须对这些相反效应的相对重要性予以评估。此外，在冰期，^{18}O 亏损的大陆冰盖的增长导致海水 $\delta^{18}O$ 增大（达 1‰），因而也使得降水 $\delta^{18}O$ 增大。如此，对于特定的气候变化，多个（通常是相反的）因素在起作用，而在某些地点，可能难以事先推断 $\delta^{18}O_c$ 会朝哪个方向变化（Thompson et al.，1976；Harmon et al.，1978a）。在理想情况下，当样品分辨率与器测或历史数据的分辨率相当时，可直接在记录重叠时段进行对比。由此，Mangini 等（2005）利用重建的区域温度（引自 Luterbacher et al.，2004），对奥地利阿尔卑斯中部斯潘纳格尔洞石笋 $\delta^{18}O$ 变化进行了校正。接着，他们利用这种回归方法获得了最近 2000 年洞穴点接近年分辨率的温度变化。同样，Burns 等（2002）的研究表明，20 世纪区域降雨量与阿曼石笋 $\delta^{18}O$ 之间存在密切关系，从而量化了他们根据降雨量变化对更长石笋记录的解释。此外，滴水的直接观测对于认识最近沉积期的重要环境因素也极为有益（如 Genty et al.，2001；McDonald and Drysdale，2004；Cruz et al.，2005a；Treble et al.，2005b；Mattey et al.，2008）。

在一些洞穴中，滴水随石笋生长被捕获为微小的液体包裹体而与外界隔离，从而可直接用以测量雨水的同位素组成（如 van Breukelen et al.，2008），也可通过提取惰性气体进行直接的古温度估算（如 Kluge et al.，2008）。这些包裹体的丰度各不相同，丰度较大（重量比＞1%）时会使石笋呈乳白色外观（Thompson et al.，1976；Harmon et al.，1979）。由于包裹体水在被捕获后可能持续与周围的方解石进行氧同位素交换，因此测量其氘-氢（D/H）比值更为合适，这是因为方解石中没有可与包裹体水中氢进行交换的氢。滴水的 δD 与 $\delta^{18}O$ 之间的关系应该接近大气降水线（meteoric water line，MWL），这条线由 Craig（1961c）针对降水最先提出：

$$\delta D = 8\delta^{18}O + 10$$

和

$$d = \delta D - 8\delta^{18}O$$

式中，d 为氘过剩参数（见 5.2.4 节）。如果这种关系（或具有不同 d 值的类似关系）随时间保持恒定，则可估算之前很长时间降雨的 $\delta^{18}O$ 值。McGarry 等（2004）运用这种方法计算了与降雨相关的同位素变化量，从而确定了末次间冰期以来以色列索瑞克洞温度变化的可能范围。这项研究显示，温度自海洋同位素阶段 5e 的 20℃左右下降至末次冰盛期（LGM）的约 10℃。相反，Fleitmann 等（2003a）针对 LGM 和更早冰期阿曼北部石笋中出现更轻流体包裹体氢同位素和相关的更轻方解石 $\delta^{18}O_c$，排除了利用温度变化解释的可能性。他们认为,这些变化反映当时该区季风降雨增强,从而将更多的同位素亏损水带入了洞穴系统。事实上,在整个热带,冰期-间冰期时间尺度上的温度变化相对较小(2~4℃),相当于$\delta^{18}O_c$不足1‰的变化,因此热带石笋的氧同位素信号主要为降雨变化信号。这已被证明是理解过去气候状况,尤其是季风环流体系变化的有效途径,并已揭示出在长短两种时间尺度上热带与高纬气候变化如何进行动力学关联的重要细节。

8.2 石笋记录的热带和亚热带古气候变率

中国石笋异常精彩地揭示出最近50万年的季风气候变率(Wang et al.,2008;Cheng et al.,2012b)。图8.5显示的最近22.4万年中国东部和中部东亚季风控制区一组石笋的$\delta^{18}O$变化,仅为其中一例。这些记录与23000年岁差周期控制的北半球65°N 7月日射量变化同步。引人注目的是,远在中国西部边缘(与哈萨克斯坦交界处,42°N,81°E)的石笋也表明,在日射量最大期,同位素轻的夏季风降雨都已抵达该区,这远远超出了现今夏季风气流的界限(Cheng et al.,2012c)。强烈的岁差信号被认为是由于轨道变化对印度季风系统和东亚季风系统的强度及持续时间产生了直接影响,该季风系统以平流方式将水汽向北输送。气团自热带印度洋和太平洋向陆地运移过程中发展为对流云,对流云中发生的同位素分馏导致日射量最大期平流至内陆的水汽严重亏损同位素(Lewis et al.,2010;Pausata et al.,2011)。部分信号也可能是由于来自东亚季风系统与印度季风系统的水汽比例发生了变化,因为前者的同位素更重(Maher,2008)。此外,同位素亏损的季风降雨很可能存在局地的"雨量效应",不过这种关系与夏季降雨量并非完全线性相关。就此而言,可能存在一个阈值,超过此值,降雨量增大将不再导致同位素变轻(也许反之亦然)(Cheng et al.,2012b)。这些因素中的一个或多个能够用以解释为什么在MIS 5.5和7.3,轨道日射量最大值与不够低的同位素值不匹配(图8.5)。尽管如此,同位素值的突变(增大和减小)表明,亚洲季

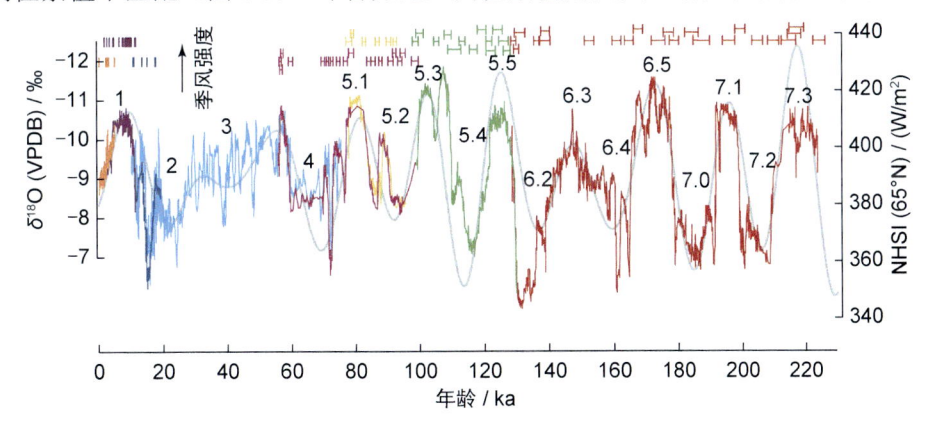

图8.5 中国东部葫芦洞石笋(26°N,105°E)(浅蓝色)和中部三宝洞多个石笋(32°N,110°E)(其他颜色)的氧同位素记录。注意:同位素值反向绘制,所以季风强度(代表夏季降雨量在年总降雨量中所占的百分比)向上表示增大。北半球65°N夏季(7月21日)日射量显示为灰色。考虑到葫芦洞$\delta^{18}O$值高于三宝洞,葫芦洞$\delta^{18}O$记录按减去1.6‰的值绘制。^{230}Th年龄和误差(顶部2σ误差棒)按石笋标记为不同颜色。数字标示海洋同位素阶段和亚阶段。引自Wang等(2008)。

风降雨是直接响应轨道岁差（约 23000 年）驱动的，总体上没有明显滞后（<1000 年）。与包括中国黄土高原在内的其他许多古气候记录不同，石笋的同位素数据并未显示出任何强烈的 41000 年或 100000 年周期信号，表明该区夏季风降雨波动不受北半球大陆冰量变化的显著影响。

另一个非同寻常的同位素记录是利用索瑞克洞和碧奇洞（分别位于以色列中部和北部）重叠的石笋拼接的（Bar-Matthews and Ayalon，1997，2004；Bar-Matthews et al.，1999，2000，2003）。这两个地点的记录具有很好的可比性，提供了涵盖最近 25 万年的集成记录（图 8.6）。在该地区，现代观测表明降雨的 $\delta^{18}O$ 与降雨量呈反相关（每 200 mm 雨量为–1‰），因此长期记录显示该区冰期非常干燥（MIS 2 和 6 的降雨量低于现今 50%），而间冰期则是湿润的。$\delta^{18}O$ 在距今 22 万年、19.5 万年、12.8 万～12 万年和 11 万～10 万年前后出现最低值（图 8.6）。$\delta^{13}C$ 值反映该区主要为 C_3 型植被（见附录 A），除距今约 12.8 万～12 万年和 8500～

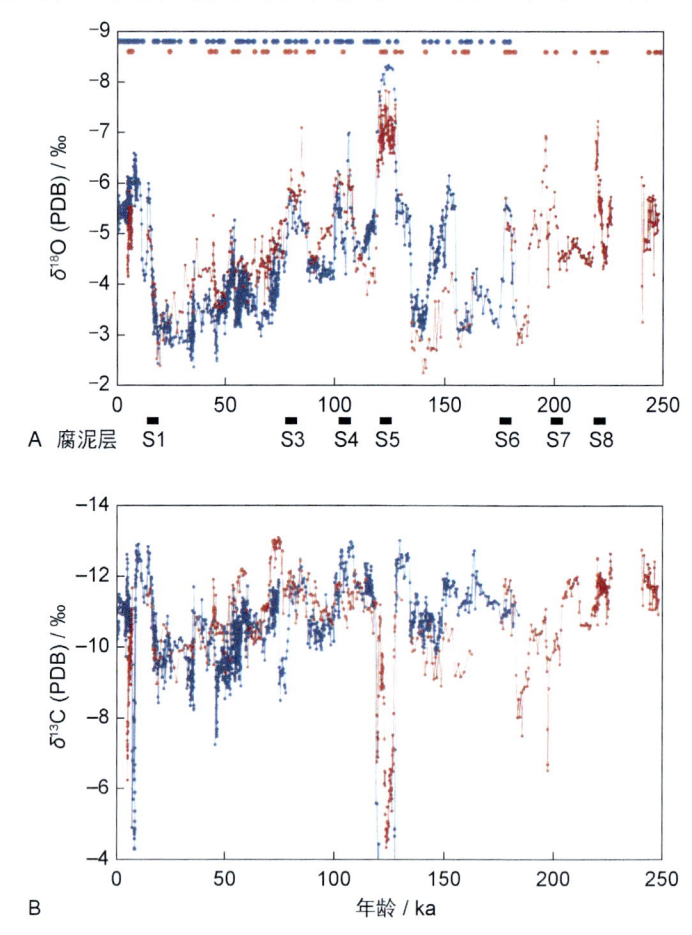

图 8.6 以色列北部碧奇洞（红色）和中部索瑞克洞（蓝色）20 余个重叠石笋和钟乳石的氧碳同位素集成记录。TIMS 年龄以误差棒示于上图顶部。重叠记录具有显著的相似性，因此最高分析分辨率的层段被用以构建集成序列。$\delta^{18}O$ 低值反映气候湿润，但最湿润时段显示出异常高的 $\delta^{13}C$ 值（早全新世和末次间冰期）。东地中海腐泥沉积期以棒条标示（Bar-Matthews et al.，2003）。

7000 年呈现极高值的两个时段外，$\delta^{13}C$ 变化与 $\delta^{18}O$ 大致平行。这两个时段是整个记录中最湿润的时期，当时强降雨过快渗过上覆土壤而无法与土壤 CO_2 相平衡，因此渗流水同位素值反映的是大气的同位素组成（0~2‰），而非更轻的植被同位素组成（Bar-Matthews et al.，1997）。这些时段的罕见特征得到洞内（现在干涸）水池地貌证据的证实，这些水池的年龄为距今 12.8 万~11.5 万年（Bar-Matthews et al.，2003）。据估算，这些湿润时段的降雨量是现今的 2 倍，导致丽三湖（现今死海扩大的前身）出现相应的高湖面（Bar-Matthews et al.，1997；Frumkin，1997）。此外，东地中海主要缺氧事件的时间与以色列强降雨期之间存在很强的相关性。最近 25 万年东地中海缺氧期（深部氧不足）曾出现数次，与岁差周期最小值大致同步（Bar-Matthews et al.，2000）。在这些时期，腐泥——黑色富含有机质沉积广泛沉积于东地中海（Kallel et al.，2000，2004）。以色列索瑞克洞和碧奇洞石笋清晰表明，每层腐泥都沉积于气候湿润期（图 8.6）。强降雨会导致径流增强（养分通量增加、生物生产力可能升高）以及整个地中海表层水盐度降低，从而使对流及深层水换气减弱，最终引发深层水缺氧。石笋 $\delta^{18}O$ 高值段的 TIMS 定年为这些湿润时段提供了精确的年代标尺，揭示出其间必须达到表层水盐度的临界阈值，然后腐泥才会沉积（Bar-Matthews et al.，2000）。因此，石笋为腐泥沉积的持续时间提供了约束（最大值）（Bar-Matthews et al.，2003）。意大利西部石笋的类似研究证实，至少在腐泥 6 沉积期（距今约 17.5 万年前），湿润状况在地中海盆地更加普遍（Bard et al.，2002a）。

8.3 石笋与冰期终止

冰期终止最初被 Broecker 和 van Donk（1970）定义为底栖有孔虫同位素组成突变，指示气候自冰期向间冰期过渡时大陆冰量的大幅减少。石笋同位素数据为认识这些时段提供了新的视角。中国石笋显示，在最近 4 次冰期终止期亚洲季风均突然增强（图 8.7）。例如，在终止点 II，距今 129000±800 年前代表弱季风体系的重同位素值，在约 70 年内转变为代表间冰期强季风体系的轻同位素值（Yuan et al.，2004；Zhang et al.，2004；Cheng et al.，2006，2009；Kelly et al.，2006）。这与以色列索瑞克洞和碧奇洞石笋的 $\delta^{18}O$ 和 $\delta^{13}C$ 记录非常相似，在这两个洞点，距今约 13 万年前向湿润间冰期气候的转变也非常之快（Bar-Matthews et al.，2003）。所有这些记录都揭示气候变化相对于日射量驱动有所延迟，冰期-间冰期 65°N 7 月日射量一半以上的增量都发生在石笋数据出现响应之前。然而，在此之后同位素变化则远远快于日射量变化，显示出对日射量驱动的非线性响应。这也许表明，当大陆冰盖规模和/或海冰范围缩小至某个临界阈值以下时，全球大气环流将发生突然重组。巴巴多斯抬升的珊瑚显示，距今 135800±800 年前海平面仅低于现今 18±3 m，表明到那时大多数大陆冰盖肯定都已融化（Gallup et al.，2002）。当然，南极洲冰期至间冰期升温、绝大部分 CO_2 增加以及大部分 CH_4 增加，在同位素冰期终止被记录于热带洞穴之前均已发生。

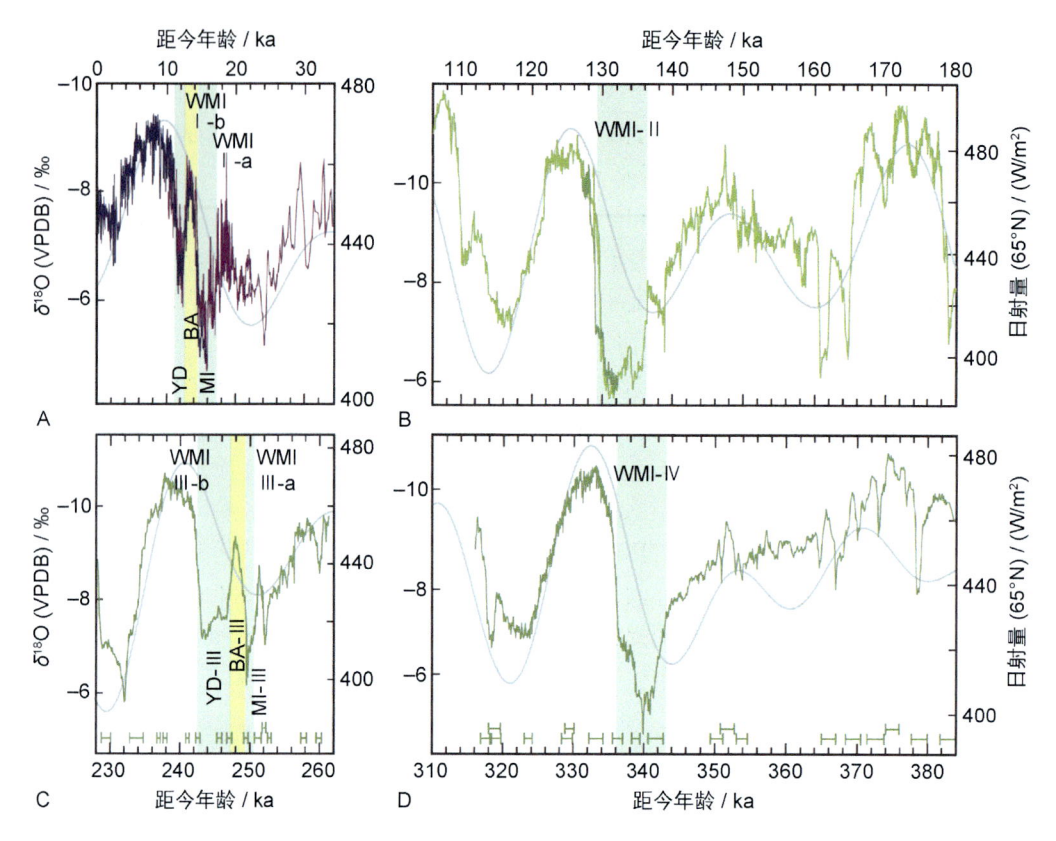

图 8.7 最近 4 次冰期终止期（A）葫芦洞和董哥洞（中国东部和南部）以及（B～D）中国黄土高原以南三宝洞石笋 $\delta^{18}O$ 与 65°N 7 月 21 日日射量（灰线）。底部符号标示 ^{230}Th 年龄 2σ 误差棒。WMI 表示"弱季风时段"。向湿润间冰期气候的转变均为突变，但较日射量增大有所延迟。引自 Cheng 等（2009）。

目前在美国获得的最长石笋同位素记录来自内华达州的魔鬼洞，该洞方解石过饱和地下水中沉淀的方解石脉几乎跨越了 50 万年（距今 6 万～56 万年前）（Ludwig et al., 1992）。在这一系统中，方解石 $\delta^{18}O$ 被认为反映了补给地下水的降水同位素组成变化，因此同位素值大指示气候温暖（Winograd et al., 1988, 1992；另见 Johnson and Wright, 1989）。该记录显示出与 SPECMAP 海洋同位素记录（图 8.8）和东方站冰心 δD 十分相似的变化，表明所记录的信号具有超出区域的气候意义。然而，魔鬼洞记录引起了相当大的争议，这是因为魔鬼洞倒数第二次冰期向末次间冰期转变的时间比海洋同位素所记录的要早（距今约 15 万年对 13.5 万年前），并且魔鬼洞于距今 13.5 万年前就达到间冰期鼎盛期，而 SPECMAP 同位素最小值则出现于距今 12.4 万年前。魔鬼洞方解石定年精准（有许多利用 TIMS 方法测定的高精度年龄），而 SPECMAP 记录则是在假定轨道驱动是大陆冰量变化主控因素的前提下，调谐至轨道周期的[①]。另外，魔鬼洞方解石只能在降水通过地下水系统传输之后发生

---

① 然而，海洋沉积序列中的末次间冰期同位素最小值对应于全球多个地点珊瑚（因构造活动而抬升）记录的高海平面，这些珊瑚的 TIMS 铀系定年一致给出距今约 125000±2500 年的年龄（参见 Gallup et al., 1994；Stirling et al., 1995）。直接对海洋沉积进行的铀系定年也证实这一时间（距今 123500±4500 年前）为末次间冰期鼎盛期，当时大陆冰量最小（Slowey et al., 1996）。

沉积，这至少需要数千年（一些估计为>1万年），从而使得两种记录之间的差异更大（不过底栖有孔虫所记录的海洋同位素组成变化与冰盖消亡之间显然存在滞后）。Winograd 等（1992）提出，导致末次间冰期鼎盛期（海洋同位素记录中的阶段 5e）的升温实际上始于距今15万年前后。这一论点的关键含义是，当轨道驱动的北半球日射量异常较低时（甚至可能当异常正在降低时）海平面就开始上升了，因此北半球太阳辐射驱动这一冰消期的传统观点（至少）并非合理。这种对米兰科维奇假说的攻击招致了无数的反驳，但所有争端最终并未平息[Johnson 和 Wright（1989）及 Winograd 等（1988）的答复；Shackleton（1993）及 Ludwig 等（1992）的答复；Edwards 和 Gallup（1993）及 Ludwig 等（1992）的答复；Imbrie 等（1993c）及 Winograd 和 Landwehr（1993）的答复]。答案可能在南半球，南半球日射量在距今14万年前增加，这意味着北半球冰消作用的开始可能是由另一半球的事件触发的（参见 Weaver et al.，2003）。实际上，距今约 136400±1200 年前湿润（间冰期）气候就已对巴西东北部（约 10°S）产生了影响（Wang et al.，2004）。

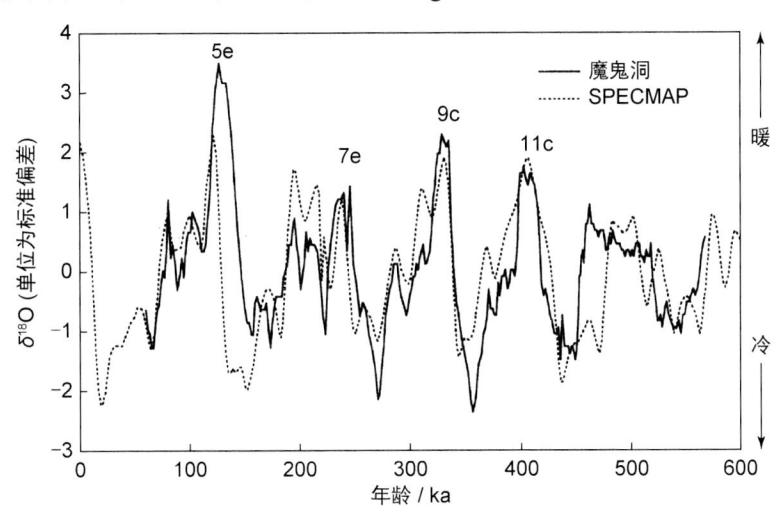

图 8.8　内华达州魔鬼洞方解石脉 $\delta^{18}O_c$ 记录与 SPECMAP 海洋同位素记录的对比。所选的海洋同位素亚阶段以编号标示。数值表示与各自序列总体平均值的偏差，单位为标准偏差（据完整记录计算）。因此，数值零代表每条记录的平均值。注意：SPECMAP 时间序列以反向标示，因此间冰期显示为峰（Winograd et al.，1997）。

支持末次间冰期温暖气候出现较早的其他证据，来自奥地利因斯布鲁克附近的一个高海拔洞穴。现在该洞温度仅在冰点以上 1~2℃，因此过去的沉积作用在温度仅略微降低时就会中断。在末次冰期，该洞穴确实处于冰川之下。最近 35 万年曾发生多期方解石沉积，其中尤其令人感兴趣的是距今 13.5 万~13.7 万年前发生的流石沉积（Spötl et al.，2002；Holzkamper et al.，2005）。这清楚地表明，距今 13.7 万年前冰川肯定已退出该地，并且温度已接近现在水平，从而使水得以穿越地表渗入洞穴。这次冰川撤退的时间对应于北半球夏季日射量最小值，并且和魔鬼洞记录类似，与 SPECMAP 的冰期终止点Ⅱ年龄不一致[据 Martinson 等（1987），阶段 6 至 5 过渡期中点（界线 6.0）为距今 128000±3000 年；参见图 6.15]。

8.4 千年至百年尺度变化

热带精确定年的高分辨石笋揭示，气候在千年至百年尺度上发生变化，并且与热带以外区域的状况密切相关。如图 8.9 所示，该图展示了秘鲁安第斯山中部帕库帕瓦因洞（11.5°S）

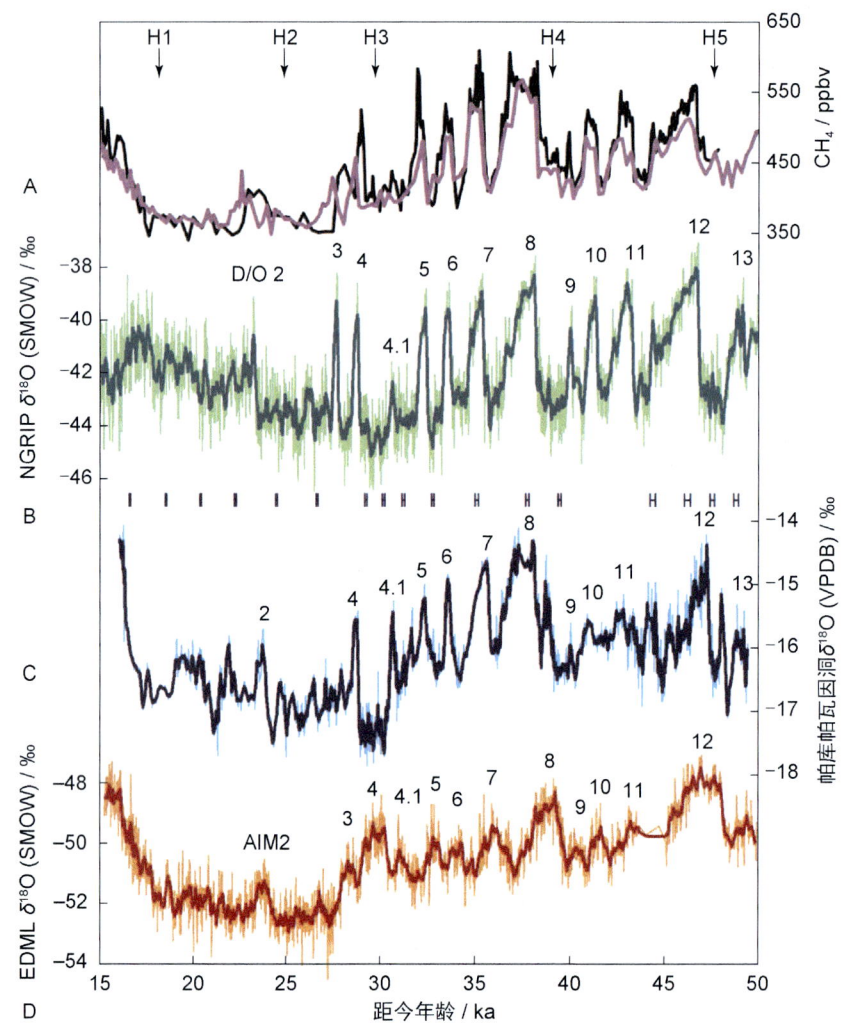

图 8.9 秘鲁安第斯山中部帕库帕瓦因洞（11.5°S,76°W）石笋氧同位素变化（蓝线）与 NGRIP（格陵兰）和 EDML（南极洲）冰心的 $\delta^{18}O$ 数据（分别为绿线和红线）以及 GRIP 和 NGRIP 的 CH_4 数据对比。洞穴记录的年龄控制点示于记录上方。丹斯加德-奥施格（D-O）事件见编号，海因里希事件 1~5 也以编号标示。南极同位素最大期（AIM）事件 2~12 如图所示。帕库帕瓦因洞石笋同位素值越大（负值越小）指示南美夏季风（SASM）越弱，这些时段对应于格陵兰温暖的 D-O 事件。在这些时段，因印度季风区和东亚季风区气候湿润，CH_4 浓度升高。由于 ITCZ 位置南移，导致该区降雨增加，因此海因里希事件与北大西洋气候变冷、AIM 最大值以及 SASM 增强相关。引自 Kanner 等（2012）。

石笋的同位素变化。石笋序列中的突变显然与格陵兰 NGRIP 冰心记录的丹斯加德-奥施格事件相关（Kanner et al.，2012）。格陵兰暖（同位素重）事件与安第斯同位素富集（相对干旱）事件同步，表明在这些时段南美夏季风（South American summer monsoon，SASM）因热带辐合带（ITCZ）北移而减弱。相反，石笋方解石相对亏损 ^{18}O 的时段指示 SASM 增强，与南极同位素最大期（AIM）事件相对应。在这些时段，ITCZ 向南移动，为秘鲁安第斯山中部带去更多的降雨。这些关系反映了两极跷跷板现象，即北大西洋寒冷气候通过温盐环流与南半球温暖气候相联系，并伴随着 ITCZ 的南移。这种联系也可见于海因里希事件，当时大量淡水自冰前湖、崩解冰山或厚层北极海冰（或所有三者）排入大西洋，这导致大西洋经向翻转流（AMOC）完全中断。海因里希事件在帕库帕瓦因洞石笋记录中表现为气候相对湿润期，也是与 ITCZ 平均位置南移有关。在厄瓜多尔东部亚马孙盆地低地的一个洞穴（3°S,78°W）中也发现类似的记录，由于 SASM 减弱，D-O 事件显示为气候相对干旱，而海因里希事件显示为气候湿润（Mosblech et al.，2012）。海因里希事件的影响同样可见于巴西东南部的石笋，这与自亚马孙盆地外输的水汽（同位素轻）增加导致季风降雨增强相关（Wang et al.，2006）。

千年尺度气候突变也记录于中国东部和南部洞穴石笋的海洋同位素阶段 2 和 3，但格陵兰间冰阶对应于强季风，而最富集的同位素值（最弱季风时段）与北大西洋海因里希事件同时（图 8.10）（Wang et al.，2001；Zhou et al.，2008；Zhao et al.，2010）。因此，如图 8.11 所示，南美（赤道以南）季风降雨和东亚季风降雨在千年尺度上显然不同相（Wang et al.，2006）。这表明，通过温盐环流与南极地区气候相联系的北大西洋气候变化对整个热带具有直接影响。北大西洋冷事件导致南美 ITCZ 位置南移，这使得 SASM 中心南移至巴西南部。同时，由于两极跷跷板作用，南极周围温度升高，使得印度洋南部马斯克林高压系统减弱，从而导致向北穿越赤道进入印度夏季风系统的水汽减少（An et al.，2011）。在温暖的 D-O 事件期间，情况几乎相反。因此，两半球的热带季风系统在动力学上均与高纬气候状况相关联，这导致过去约 75000 年间季风亚洲、南美洲和北大西洋几乎同步出现半球范围的大气遥相关。同样有趣的是，由于 SASM 与印度季风和东亚季风系统之间的异相关系，CH_4 浓度在 D-O 事件期间有所升高（图 8.9）。这些时段是秘鲁中部和亚马孙盆地的相对干旱期，因此甲烷产量增大最为可能的来源应为印度季风区和东亚季风区的热带湿地。

8.5 晚冰期和全新世记录

中国的多个洞穴提供了过去约 16000 年非常详细的气候变化图像，尤其值得注意的是中国东部的苦栗树洞（约 40°N）、葫芦洞（32.5°N）和董哥洞（25°N）记录。在中国东部，夏季风降雨占年总降雨量的一大部分，这些地点的石笋自距今约 16000 年至 10000 年经历了十分相似的降雨同位素变化（中国东部其他数个地点也是如此）（Dong et al.，2010；Ma et al.，2012）。此外，中国石笋记录的同位素变化时间与格陵兰冰心的同位素变化完全匹配（中国干期对应于格陵兰冷期）（Dykoski et al.，2005；Wang et al.，2005）。葫芦洞记录中向博令-阿勒罗德期转变发生于距今 14645±60 年前，新仙女木期（弱季风期）始于距今 12820

±60 年前（GISP2 为距今 12880±260 年前）。苦栗树洞记录中这一期突然（在不到数十年内）结束于距今 11560±40 年前（GISP2 为距今 11640±250 年前），同位素值急剧减小了约 2‰（图 8.12）。因此，这两个地区的记录表明，新仙女木期持续了约 1250 年。俄勒冈州西南部的一个洞穴给出了类似的结果，那里自距今 12840±200 年至 11700±260 年前 $\delta^{18}O$ 减小，被解释为该区的一个降温期（Vacco et al.，2005）。

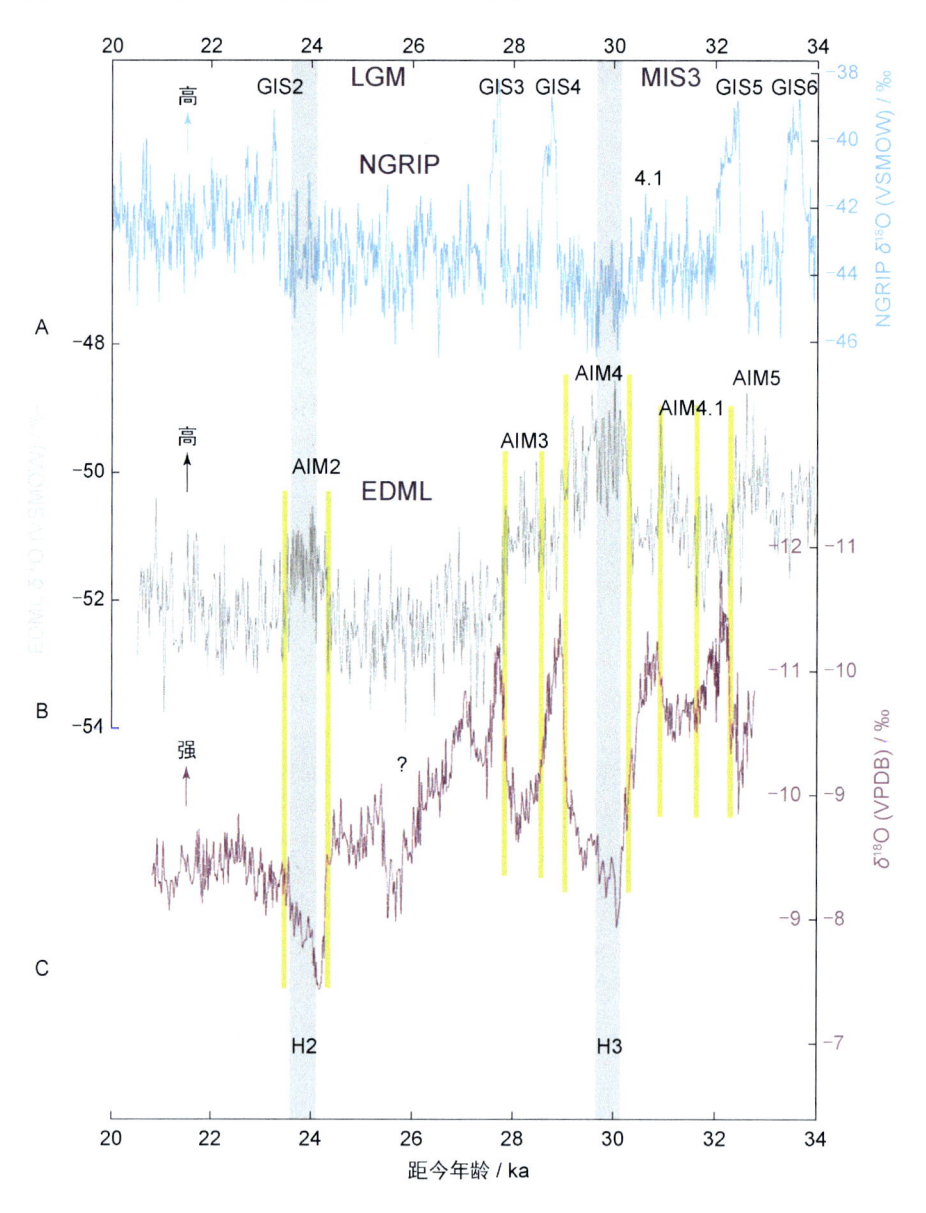

图 8.10　高纬温度记录与低纬季风记录的对比。A. NGRIP $\delta^{18}O$ 记录；B. EPICA 毛德皇后地（EDML）冰心 $\delta^{18}O$ 记录，按 GICC05 时间标尺绘制，所有事件同步性误差范围为 400～800 年（EPICA Community Members，2006）；C. 中国中部三宝洞、葫芦洞和大石包洞石笋 $\delta^{18}O$ 合成记录。"高"表示格陵兰和南极洲温度升高。"强"表示亚洲夏季风增强。引自 Zhao 等（2010）。

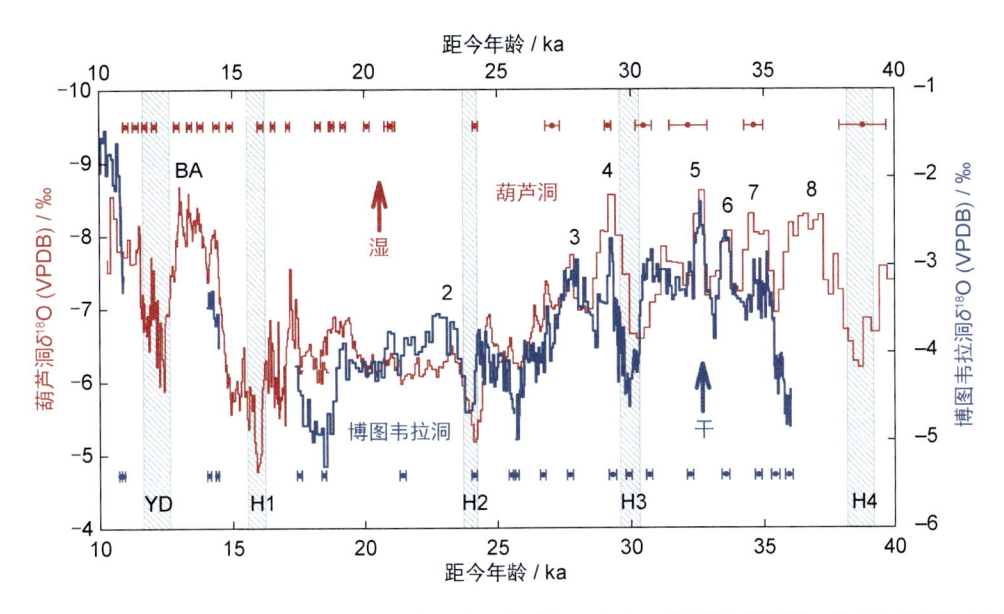

图 8.11 巴西东南部博图韦拉洞（蓝色）和中国东部葫芦洞（红色）氧同位素数据，显示出鲜明的异相关系，即巴西之湿对应于中国之干（注意：葫芦洞 y 轴反向，向上代表湿）。因此，由于 ITCZ 位置南移，海因里希事件（阴影）与中国弱夏季风和巴西南部湿润状况相关。石笋的年龄控制示于各自记录的上方和下方。引自 Wang 等（2006）。

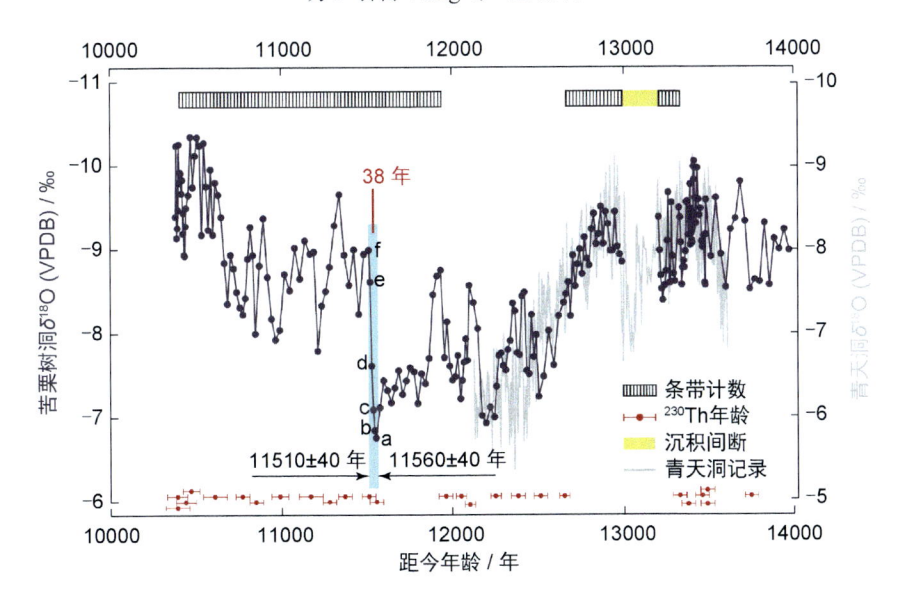

图 8.12 中国东部苦栗树洞（蓝色）和青天洞（灰色；Liu et al.，2008）石笋记录的新仙女木事件期间氧同位素变化。同位素值越负（向上）指示季风越强。^{230}Th 定年误差（2σ）示于底部。年层计数层段和沉积间断以黑色和黄色条带标示于顶部。新仙女木期起始相当缓慢，延续了 350～400 年，但结束突然（浅蓝色纵条带，据年层计数测算，其持续时间小于 38 年）。引自 Ma 等（2012）。

东亚、阿拉伯半岛以及南美南半球地点的全新世记录显示，其气候变化强烈响应各自半球的夏季轨道驱动（图 8.13）。在早全新世，ITCZ 北移，使得印度季风区和东亚季风区季风降雨增加；之后至晚全新世，随日射量降低，ITCZ 南退（Fleitmann et al.，2007a）。季风强度主要与每个半球夏季日射量有关，这导致南北半球季风强度变化趋势相反。因此，当印度季风和东亚季风增强时，南美夏季风减弱。这些变化的主要后果是，亚洲热带湿地扩张、大气 CH_4 浓度升高（Burns，2011）。

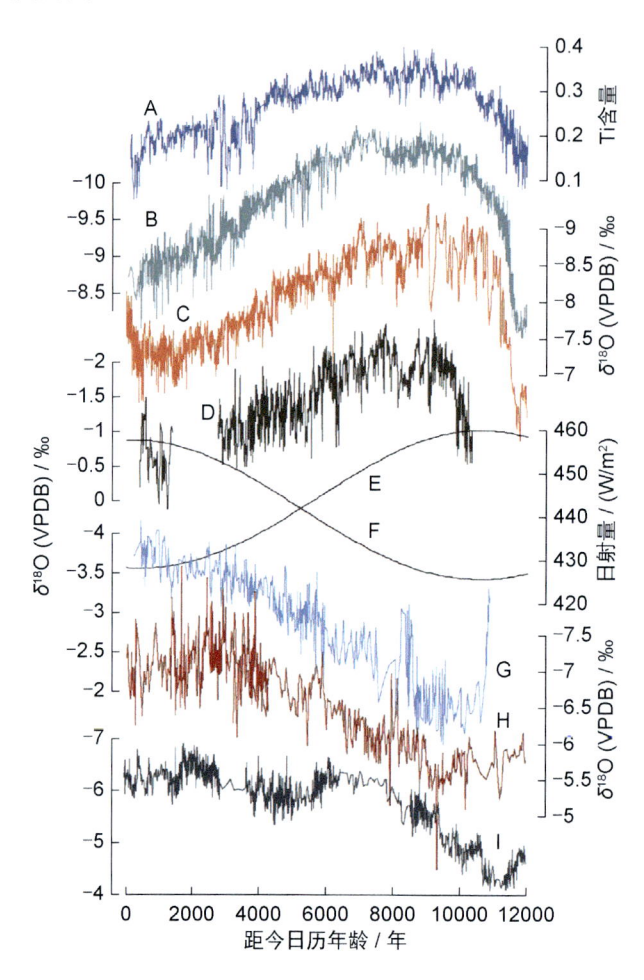

图 8.13　北半球 3 个洞穴和南半球 3 个洞穴的氧同位素记录以及（A）卡里亚科海盆 Ti 记录（Haug et al.，2001）。B. 中国中部三宝洞，31°N（Dong et al.，2010）；C. 中国南部董哥洞，25°N（Dykoski et al.，2005；Wang et al.，2005）；D. 阿曼南部坦弗洞，17°N（Fleitmann et al.，2003b）；E 和 F. 分别为 10°N 7 月和 10°S 1 月日射量曲线；G. 巴西东南部博图韦拉洞，27°S（Wang et al.，2006）；H. 秘鲁东部低地迷虎洞，7°S（van Breukelen et al.，2008）；I. 印度尼西亚亮月洞，8°S（Griffiths et al.，2009）。引自 Burns（2011）。

董哥洞全新世记录已进行非常详细的采样，平均采样间隔为 4~5 年。TIMS 定年提供了非常准确的年龄标尺，2σ 误差为 50~70 年（Dykoski et al.，2005；Wang et al.，2005）。与亚洲其他洞穴地点（如 Cosford et al.，2008；Cai et al.，2012）一样，其记录（图 8.14）总体上显示早全新世以来季风强度减弱（由于轨道驱动），但这一低频变化不时被一系列持续 100~500 年的事件中断，其间季风降雨减少。这些事件——以距今 8300 年、7200 年、6300 年、5200 年、4400 年、2700 年、1600 年和 500 年前为中点，在时间上与阿拉伯海上升流减弱（西南季风减弱）期（Gupta et al.，2003）以及北大西洋冰筏增加期（Bond et al.，1997）近似。距今约 8300 年前 $\delta^{18}O$ 显著增大与此时在世界各地所见的类似异常可能存在关联，也许反映逐渐退缩的劳伦泰德冰盖最终排放大量淡水，对北大西洋温盐环流及大气遥相关产生影响（Barber et al.，1999；Rohling and Pälike，2005）。其他数个石笋详细记录了这一事件。在以色列，证据（$\delta^{13}C$ 急剧减小）表明，距今 8200 年与 8000 年之间出现了一个短暂的冷事件，处于降雨量相对较高的时期（Bar-Matthews et al.，1999）。此时，德国南部阿默湖底栖介形虫的同位素记录也显示出类似的短暂寒冷期（von Grafenstein et al.，1999）。在阿曼，$\delta^{18}O$ 自距今约 8500 年至 8200 年前总体上增大，反映西南（印度洋）季风降雨逐渐减少，但之后于距今约 8200 年前 $\delta^{18}O$ 突然大幅减小，石笋沉积完全中断约 200 年（Fleitmann et al.，2003b，2004）。这一时期降雨减少的证据也显示于哥斯达黎加的石笋记录（Lachniet et al.，2004a），其中 $\delta^{18}O$ 于距今 8400 年前后开始增大，距今约 8200 年前达到最大值。这被解释为降雨显著减少，通常可能与 ITCZ 在该地区的季节性摆动有关，ITCZ 北移可能受到当时大西洋副热带高压增强和/或副热带大西洋 SSTs 降低的限制。事实上，中国、阿曼和哥斯达黎加的记录都表明，在距今 8200 年前后的这一短暂时段，ITCZ 的季节性摆动更为有限，北半球季风降雨显著减少。

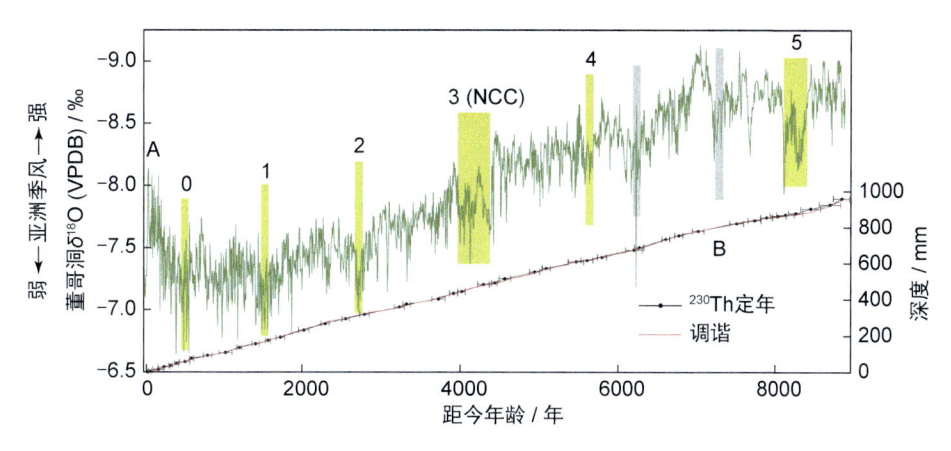

图 8.14 中国南部董哥洞最近 10000 年石笋 $\delta^{18}O$ 记录。TIMS 年龄示于底部，年龄模型以实线表示。$\delta^{18}O$ 总体增大反映因轨道驱动（早全新世夏季日射量高）全新世期间季风降雨强度减弱。叠加于这种低频趋势之上的是短暂的干旱事件（已标出），这些事件似与北大西洋冰筏（邦德）事件相关。距今 4200~4000 年前后的多个干旱时段对应于中国新石器文化（Neolithic cultures in China，NCC）的崩溃（Wang et al.，2005）。

董哥洞记录的高频变化显示出与全新世期间大气 ^{14}C 变化的密切关联，这表明太阳驱动可能对十年至百年尺度的亚洲季风强度产生影响。这种联系的证据也可见于阿曼的石笋记录，其中放射性碳异常与 $\delta^{18}O$ 密切相关（Neff et al.，2001；Fleitmann et al.，2003b）（图 8.15）。与董哥洞记录相同，$\Delta^{14}C$ 减小（反映太阳活动增强）与降雨增加（季风增强以及 $\delta^{18}O$ 减小）相关。德国西北部石笋 $\delta^{18}O$ 与放射性碳异常之间也存在强相关（Niggemann et al.，

2003），因此放射性碳异常增大对应于该区气候变干变暖（$\delta^{18}O$ 增大）。这与最近数世纪意大利北部石笋出现的变化相似（Frisia et al., 2003）。尽管这种关系具有统计学意义，并可根据简单的辐照度-气候关系合理地加以理解，但至今仍无任何明确的机制，用以解释太阳活动相当小的变化是如何引起地球气候相当大的变化的。最近的太阳周期所观测的总辐照度变化非常小，在大气层外仅为约 0.1%，而更大幅度、长期的辐照度变化的证据则模棱两可。事实上，太阳活动变化与太阳辐照度变化之间的关系尚不清楚（Lean et al., 2002），这一问题在第 2 章 2.7 节中已有深入讨论。

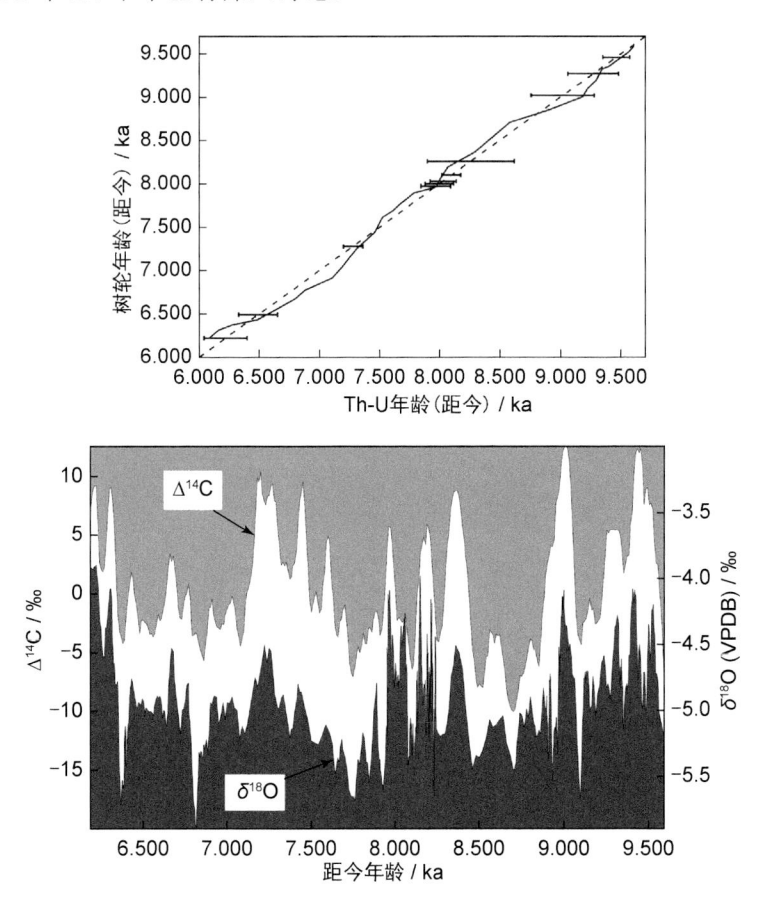

图 8.15　阿曼霍蒂洞氧同位素和 $\Delta^{14}C$ 记录，显示大气放射性碳异常与该区降雨同位素组成之间存在密切关联（未平滑数据 r=0.6）。$\delta^{18}O$ 低值与放射性碳低异常有关，而后者被认为是由太阳活动强（宇成同位素产率低）所致。这两条记录已通过滤波，为优化两者之间的拟合，石笋年龄标尺进行了微调。上图显示，调整后年龄标尺（实线）完全处于该序列原始年龄模型（虚线）的误差范围内（Neff et al., 2001）。

8.6　最近 2000 年石笋记录

在许多地点，石笋高分辨率研究以年或接近年的采样间隔提供了最近一两千年气候变率的详细记录。例如，Burns 等（2002）在阿曼石笋的抛光切面上识别出 780 层，铀系定年证实这些层为年层。自该剖面钻取的 600 余个样品提供了采样间隔约为 1.3 年的记录（图 8.16）。$\delta^{18}O$、$\delta^{13}C$ 以及层厚均变化一致，反映了公元 1215 年（±5 年）以来的降雨量变化。这一记录大大拓展了基于该区器测数据对气候变率的有限认识，表明最强季风降雨发生于公元 1650~1700 年前后。20 世纪降雨趋于减少，可能与印度洋（相对于亚洲大陆）升温有关，这使得驱动季风的季节性温度梯度减弱。

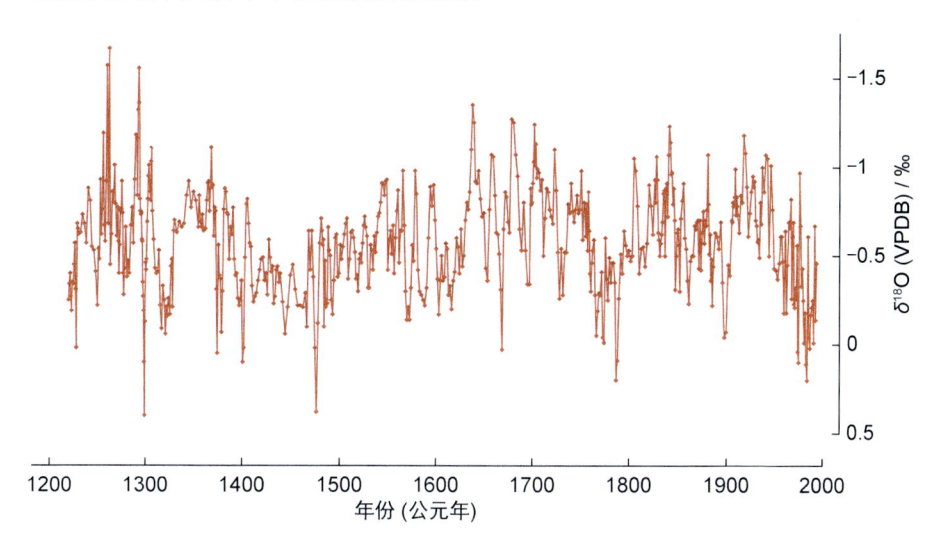

图 8.16 阿曼南部洞穴的石笋 $\delta^{18}O$。现代观测以及利用降雨器测记录对石笋剖面顶部的校正表明，低同位素值与强季风降雨有关，这也导致厚年层的形成。改自 Burns 等（2002）。

印度东部和中国中西部洞穴的高分辨率石笋样本在最近约 1300 年的时间内重叠，尽管两者相距 3000 km 以上，但却呈现出显著的一致性（图 8.17）（Sinha et al.，2007，2011a，2011b；Zhang et al.，2008）。两个区域均显现出小冰期季风相对较弱，14 世纪末、15 世纪以及 17 世纪初气候普遍干旱，远比 20 世纪记录的任何干旱都要严重（Sinha et al.，2011b）。越南南部树轮研究也显示上述时段出现干旱，表明在非常广阔的地区发生了大范围区域性季风衰颓（Buckley et al.，2010）。这些干旱事件与该地区社会动荡和王朝崩溃的时期相关可能并非巧合（Zhang et al.，2008）。这种大规模降雨异常的原因尚不清楚，但可能与季风出现的"活跃中断"期频率增加有关，这导致夏季降雨总体上减少。这种天气环流模式的变化可能与 ITCZ 位置南移和/或印度洋南部马斯克林高压减弱有关，这导致穿赤道进入该地区的潮湿气流减少。有趣的是，正如卡斯卡尤加洞石笋所记录的，最近千年南亚和东亚降雨量变化与秘鲁东北部降水量呈反相关（Reuter et al.，2009）。非常相似的干-湿期序列也出现于巴拿马（Lachniet et al.，2004b）和墨西哥尤卡坦半岛，其中 9 世纪发生的长期严重干旱也与社会崩溃相关（图 8.18）（Medina-Elizalde et al.，2010）。这表明，冰期发生的亚洲与南美间异相关系（如前所述）也可能存在于更短的时间尺度，同样与全球尺度 ITCZ 平均位置的变化相关（参见 Yancheva et al.，2007）。

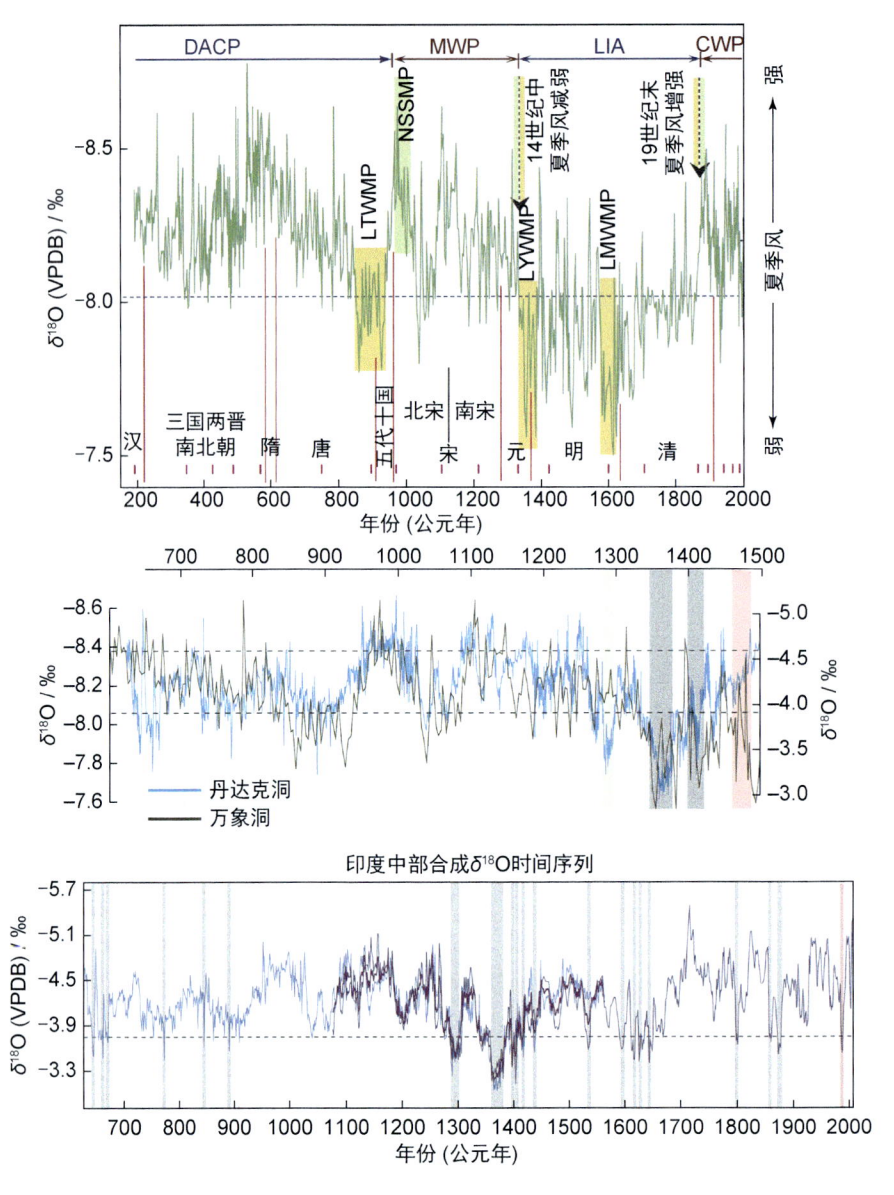

图 8.17 中国中西部万象洞（33°N,109°E）和印度东部丹达克洞（19.5°S,83°E）约公元 600～1500 年同位素记录。尽管相距约 3000 km，但两条记录都反映夏季印度季风气流变化。两条记录显示，小冰期初期（13～19 世纪）季风相对较弱，14 世纪末和 15 世纪初两个地区均出现干旱。弱季风事件与唐朝、元朝和明朝的最后数十年终结期存在关联。在上图中，中国朝代示于底部，粉色标记表示铀系年龄。LYWMP. 元末弱季风期；LTWMP. 晚唐弱季风期；LMWMP. 明末弱季风期；NSSMP. 北宋强季风期；DACP. 黑暗时代冷期；MWP. 中世纪暖期；LIA. 小冰期；CWP. 现代暖期。下图显示印度东部丹达克洞（蓝色）和附近的胡马尔洞（紫色）两条记录（深色为两者重叠部分的平均记录）。数据引自 Zhang 等（2008）和 Sinha 等（2011b）。

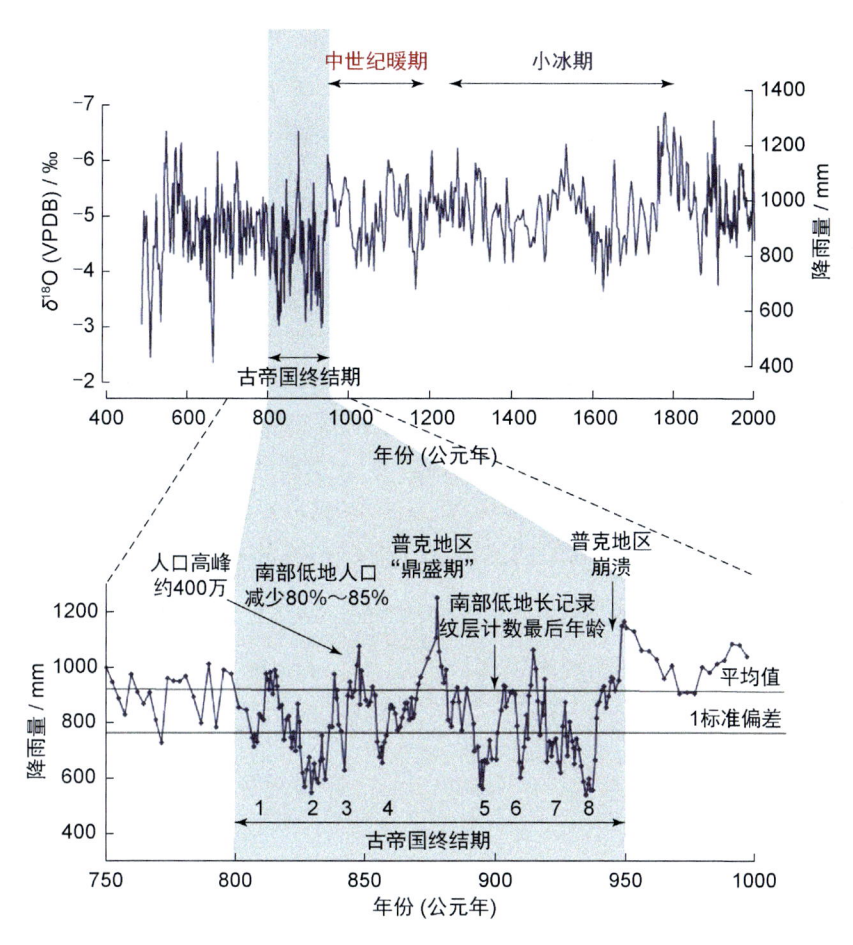

图 8.18 尤卡坦半岛石笋最近 1500 年 $\delta^{18}O$ 估算降水记录，平均分辨率为 2.3 年。$\delta^{18}O$ 根据以下校正方程转换为降水量：年降水量（mm）= $-176.47\delta^{18}O - 50.956$。估算误差为 100 mm，包括校正误差和样品分析重现性误差（±0.1‰）。下图为玛雅古国终结期记录的放大图，显示公元 800~950 年连续 8 次的系列干旱。在此时段，记录的分辨率为年或更高，降水量相比今洞穴区年平均值（1120 mm）下降了 36%~51%。图示与古帝国终结期相关的一些政治和人口事件。引自 Medina-Elizalde 等（2010）。

8.7 石笋生长期的古气候信息

石笋沉积取决于许多因素——地质、水文、化学和气候，其中任何一个因素的变化都可能导致水停止渗流，从而使特定滴水点的石笋生长中断。然而，在一个大的地理区域上，石笋生长中断更可能是由于气候因素而非其他因素，因此石笋生长期的定年可以提供有用（尽管相当粗略）的古气候信息（如 Baker et al., 1993；Zhao et al., 2001；Drysdale et al., 2004；Holzkamper et al., 2005）。对现今处于石笋生长临界地点的样本进行定年最为有效，因为这些地点要么过于干旱，要么过于寒冷。在抛光切面上，生长未受扰动的石笋会呈现出一系列非常薄的生长层，而主要的沉积间断通常表现为侵蚀面、干化、白化以及污层，有时则为颜色的变化。

巴西东北部洞穴区现今过于干旱，无法维持石笋的生长，但在过去的湿润期，石笋会间歇性生长（图 8.19）。每个生长期都与 10°S 南半球秋季（2～5 月，即该区降雨量最大的时段）轨道尺度日射量最大值相关。该纬度的日射量变化与岁差周期密切关联（Wang et al., 2004）。在日射量最大期，热带辐合带（ITCZ）南移越过其现今的南界，为该区带来更多的降水，有效地启动了洞穴的沉积过程。这些湿润期在时间上与格陵兰冰心 $\delta^{18}O$ 低值期（即北大西洋冷期）和中国南部石笋 $\delta^{18}O$ 高值期（即弱东亚季风期）相对应。这些相当分散的记录如何相互关联是一个复杂的问题，而答案的要点可能是，当时北半球极地-赤道温度梯度很大（受日射量驱动，且因高纬存在大陆冰盖而增大），从而导致 ITCZ 的位置南移。巴西亚热带博图韦拉洞石笋为此提供了进一步的认知，该洞拥有最近 11.6 万年连续的石笋沉积（Cruz et al., 2005b）。在这一更南的纬度（27°S），季节性降雨旋回十分明显（冬季和早春降雨源于中纬度气旋性风暴向赤道的移动，夏末/初秋降雨源于亚马孙盆地潮湿空气向极地的传输）。每个降雨期都有不同的同位素信号（冬季为 –3‰，初秋为 –7‰），因此年降雨

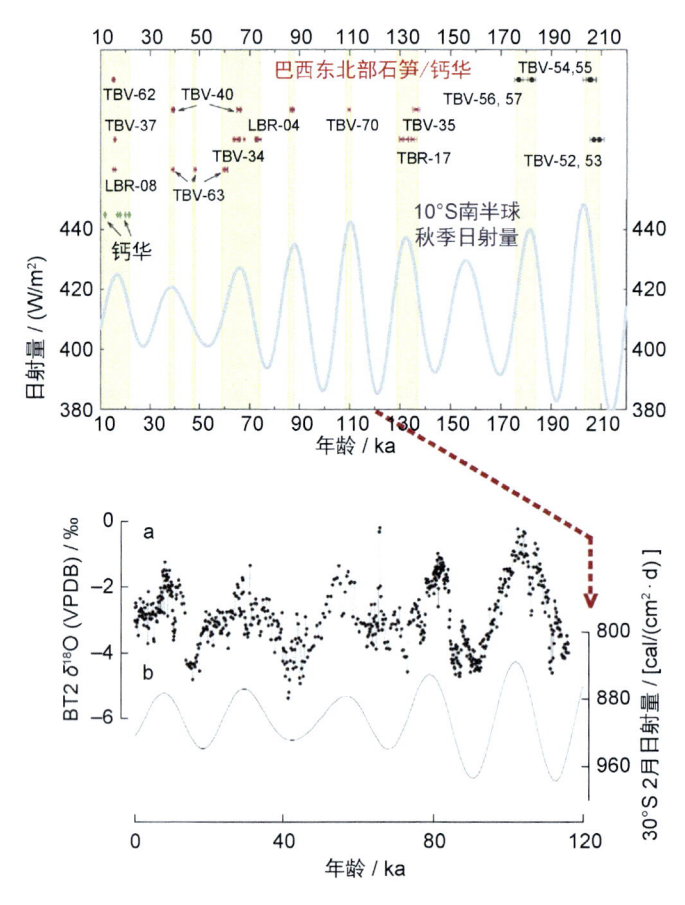

图 8.19 巴西东北部石笋和年轻钙华生长时段与 10°S 南半球秋季日射量变化的对比。粉色、黑色和绿色圆点分别代表石笋、流石（一类洞穴沉积）和钙华。下图：巴西博图韦拉洞（27°S）稳定氧同位素序列。图示 BT2 序列与 30°S 2 月日射量（向下增大）的对比。引自 Wang 等（2004）和 Cruz 等（2005b）。

的总体同位素组成反映不同季节降雨的相对比例。石笋$\delta^{18}O$与岁差密切相关,在夏季日射量相对较高的距今9.5万~8.5万年、4.5万~4.0万年和2.0万~1.4万年前出现最小值(图8.19)。在这些时段,自亚马孙盆地季节性外输的潮湿空气进一步向南扩展(即南美夏季风增强、南大西洋辐合带南移),从而使得进入洞穴的同位素轻的降雨比例增大。相反,在日射量较低的时期,这些系统向赤道移动,导致源于大西洋风暴的降雨增加,洞穴中则沉积同位素更富集的方解石。

在阿拉伯半岛的也门干旱区,石笋的^{230}Th定年揭示出多个间歇性生长期,依次为距今约0.6万~1.0万年、约10.0万~10.5万年、约12.3万~13.0万年、约19.5万~20.9万年、约23.0万~24.5万年和约30万~33万年,对应于海洋同位素(间冰期)阶段1、5.3、5.5、7.1、7.5和9(Fleitmann et al.,2011)。这些数据与阿曼洞穴沉积的年龄近似(Burns et al.,2001)。在这些时段之间,由于气候过于干旱,未形成方解石沉积。通过评估石笋形成的区域模式,Fleitmann等估算,在石笋连续形成期,该区降雨量应该高出现今的2~3倍。在这些时期,气候之湿润可能足以支撑人类的迁徙,为古人自非洲穿过该区向东迁移打开了"机会之窗"。

在许多高纬或高山洞穴中,冰期温度降低、融水减少以及永久冻土扩张可能导致地下水渗流显著减弱其至停止。同时,生物活动减弱可能导致土壤空气的二氧化碳分压降低,使水溶液中的碳酸盐减少,从而导致这些地区的石笋停止生长(Holzkamper et al.,2005)。采自地表年均温接近0℃,因而处于生长临界地点的加拿大西部高山石笋,其铀系定年揭示出4个更早的适合石笋生长的洞穴沉积期,分别为距今约32.0万~28.5万年、约23.5万~18.5万年、约15万~9万年和约1.5万年至今(Harmon et al.,1977)。这些时段可与欧洲洞穴所见的石笋生长期进行很好的对比。在现今永久冻土零星分布的西伯利亚中部洞穴中,石笋在最近50万年里仅生长于数个短暂时段,每个时段都与间冰期最暖期一致,表明当时水能够在洞穴中自由渗流(Vaks et al.,2013)。

8.8 石笋对海平面变化的指示

在接近海平面的地点,石笋的生长可以提供过去海平面位置以及陆地冰量变化非常重要的指示。由于石笋只能形成于海平面以上充满空气的洞穴中,因此现今海平面以下洞穴中出现的石笋,就设置了其形成时海平面的上限。同样,现今出露的含有次生海相文石的石笋无疑指示过去更高的海平面。例如,Bard等(2002b)在现今海平面以下18 m处发现了一节石笋,其表面被海洋龙介虫产生的生物方解石所包裹,这些生物在海平面上升淹没洞穴后定殖于石笋表面。TIMS定年显示,石笋生长开始于距今约20.6万年前,结束于约14.5万年前(跨越海洋同位素阶段7.2至6),但在距今约20.2万~19.0万年出现明显的间断,当时海平面升高,龙介虫也曾定殖于石笋表面(图8.20)。尽管海平面的确切位置无法根据这一个地点加以确定,但另一个处于海平面以下9 m处的巴哈马水下洞穴(Toscano and Lundberg,1999)在此时段并未显示出任何生长间断,这表明此时段(海洋同位素阶段7.1)全球海平面位于-9 m与-18 m之间(图8.21)。

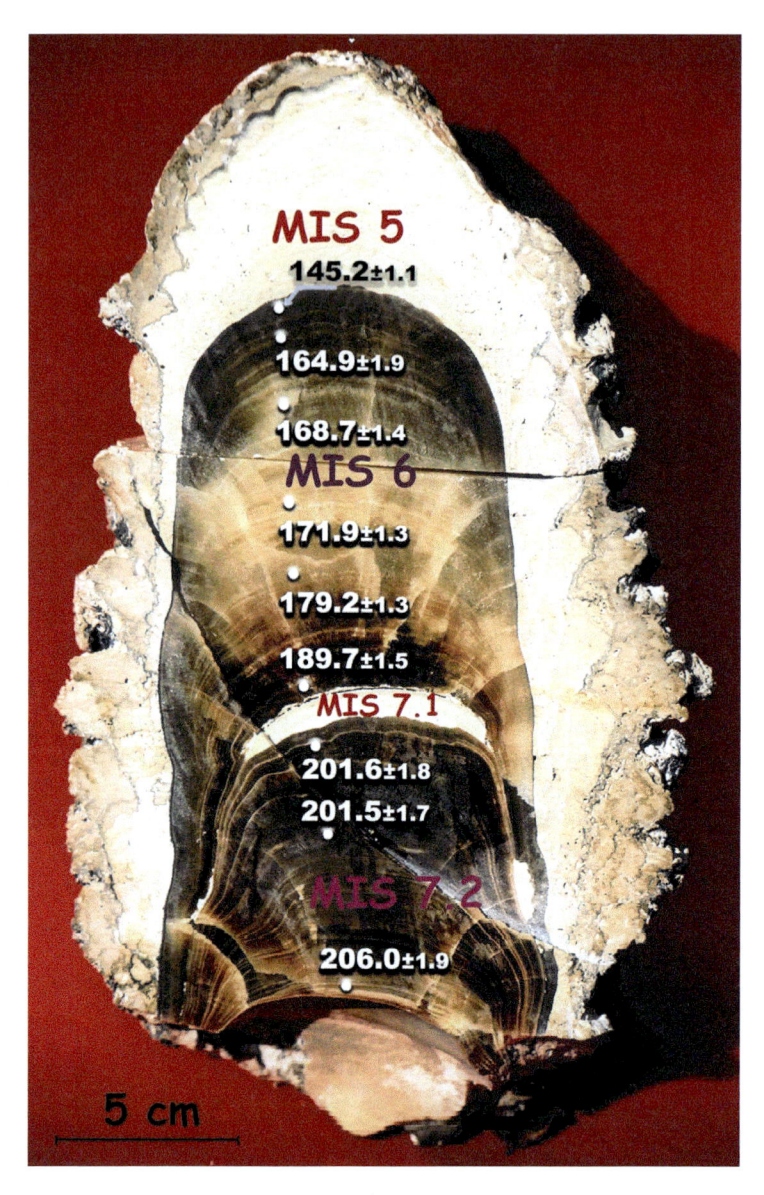

图 8.20　意大利中西部阿金塔罗拉洞石笋横断面，显示因海平面上升洞穴被淹之后海洋龙介虫产生的次生生物方解石。石笋采集于现今海平面以下 18 m，处于海岸线构造稳定区。铀系年龄示于石笋样品采集点。距今约 20.2 万～19.0 万年前次生生物方解石包壳中断了石笋的生长，从而出现明显的间断，表明在此时段海平面高于 –18 m（Bard et al.，2002b）。

Harmon 等（1978b）根据百慕大洞穴沉积研究得出结论：间冰期气候（高海平面）出现于距今约 12 万年和 9.7 万年前，其间距今约 11.4 万年前海平面高度降低（–8 m）。Li 等（1989）及 Lundberg 和 Ford（1994）通过巴哈马流石（水深 –15 m）的高精度（TIMS）定年拓展了这一研究，揭示出可归因于前全新世高海平面事件的多期沉积间断，分别出现于距今 >28.0 万年、约 23.0 万年、约 21.5 万年、约 12.5 万年和约 10.0 万年前。并非所有间断都可归因于海平面上升，降水减少也可能会使地下水流动受限并导致方解石停止沉积

(Richards et al.，1994)。然而，现今海平面以下的陆台稳定区洞穴连续沉积证据明确显示，当时海平面不可能高于阈值水平。因此，Richards 等（1994）认为，在距今 9.3 万～1.5 万年前的任何时间，海平面都不可能上升至 –18 m 以上。此外，他们的数据将海洋同位素阶段 5a 期间的海平面高度约束在 –15 m 与 –18 m 之间，其依据是这两个高度的洞穴沉积分别始于距今 9.3 万年和 8.0 万年前。进一步采集（海底）洞穴沉积样本，有可能揭示出过去全球海平面长期变化的确切幅度，这对理解与日射量变化相关的冰盖增长和退缩速率具有重要意义（如 Dutton et al.，2009）。

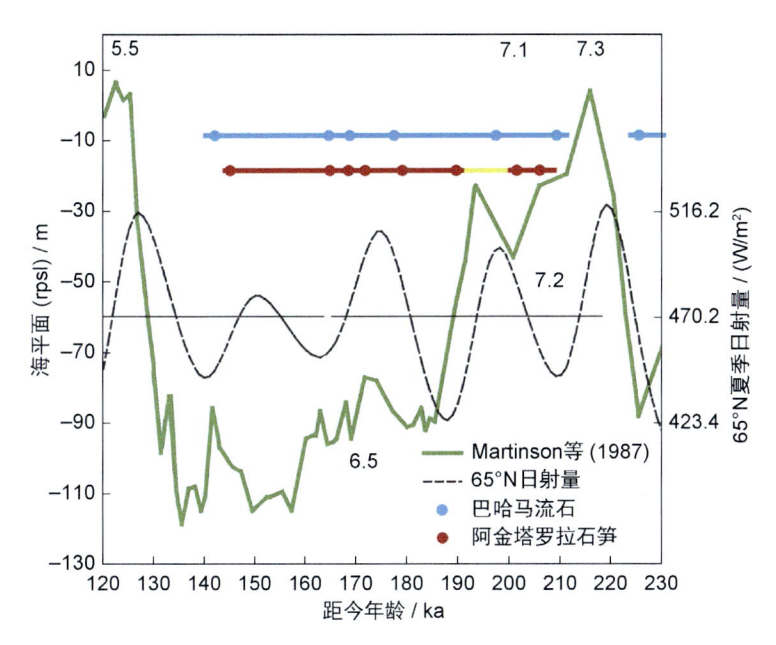

图 8.21 现今海平面以下洞穴石笋的生长将距今约 19 万～14 万年前的海平面位置约束在 –18 m 以下（基于意大利中西部阿金塔罗拉洞石笋）。距今约 20.2 万～19.0 万年前，海平面高于 –18 m，但低于 –9 m（巴哈马一个洞穴中已定年流石沉积的高度）。然而，在距今约 22.5 万～21.3 万年前，海平面可能高于 –9 m，因为在此时段巴哈马洞停止了沉积。这些推论与 Martinson 等（1987）的底栖有孔虫 SPECMAP 记录所暗示的海平面变化（绿线）一致，并与轨道驱动（虚线）的预期相符。阶段 5.5 期间（距今约 12.5 万年前）海平面更高则表明，当时除轨道驱动外，还有其他因素驱动了大陆冰盖的消亡（如 CO_2 增加约 100 ppmv）。引自 Bard 等（2002b）。

第9章 湖泊沉积

湖泊自其周边环境汇集沉积物,因此湖泊沉积岩心可提供连续的环境变化记录(图9.1)(Cohen,2003;Smol,2008)。湖泊的累积速率通常很高,如果能够适当定年,湖泊沉积就可提供高分辨率的过去气候记录。然而,没有两个湖泊是完全相同的,因此只有对每个湖盆的环境状况和湖泊的水体特征进行仔细分析,才能对沉积物做出有意义的古气候解释。本章介绍各类有机和无机代用指标,其他重要的湖泊沉积代用指标(水生昆虫和花粉)分别在第11章11.2.2节和第12章中论述。

图9.1 大气和流域物质向湖泊沉积的迁移(外源输入)以及湖泊内源物质的迁移(内源输入)示意图。在某些情况下,地下水也会影响溶解物质向湖泊沉积的迁移。引自Smol等(2001)。

湖泊沉积物由两类基本组分构成,即外源物质(来自湖盆以外)和内源物质(湖泊内部产生)。外源物质由河流和溪流、地表水流、风沙活动以及(在某些情况下)地下水排泄等搬运至湖泊,包括不同数量的河流或风成碎屑物、溶解盐、陆地大化石、植硅体、花粉以及火烧木炭屑,等等。内源物质可能源于生物作用,也可能来自湖泊水柱中的无机沉淀(通常是由于生物生产力的季节性变化,这会显著改变湖水的化学性质)。外源物质和内源物质均可用于古气候重建。

9.1 沉积学与无机地球化学

气候变化的大量基本信息可以通过对湖泊沉积物的沉积特征和无机地球化学特征进行简单的分析测试来获得。例如，Nesje 等（2000）将"烧失量"（loss on ignition，LOI）用作挪威约斯特达尔布林冰帽下游湖泊沉积岩心有机质与无机碎屑物相对含量的指标，论证了利用 LOI 监测冰帽质量平衡的有效性。LOI 的变化相当好地反映了冰川的进退，这是因为在冰川扩张期碎屑物沉积量增大（和／或有机质生产量减小）。同样，磁化率指标也可以记录沉积岩心中碎屑物比例的变化，这也可以反映某些环境下的冰川活动（如 Polissar et al.，2005）。这类指标以及关系到准确地层描述的其他湖泊沉积基本物理特性（干容重、粒度，等等）的变化序列，为进一步的古气候分析提供了起点，而具体方法则取决于所获材料的类型以及湖泊本身的环境背景。当然，更加可靠的古气候重建来自多指标分析，这将使单一指标的解释更有说服力（如 Birks et al.，2000；Caseldine et al.，2003；Lotter，2003；McFadden et al.，2005）。

许多无损测试方法可用于沉积物分析，如沉积岩心的可见光或 X 射线数字图像分析（Francus，2004）。尤其重要的是，利用 X 射线荧光（X-ray fluorescence，XRF）扫描分析可获得非常高分辨率的元素数据（Shanahan et al.，2008；Rothwell and Croudace，2014）。在许多情况下，岩心的特定元素含量或元素比值记录可提供有关过去气候状况的重要信息。例如，Bakke 等（2010a）通过沉积岩心 XRF 扫描分析，研究了挪威南部克拉肯尼斯湖的 Ti 记录。在该地区，Ti 反映冰川对前寒武纪基岩的侵蚀作用，因而为流域冰川活动提供了代用指标。记录显示，新仙女木期开始时 Ti 增加，但在约 12150 a b2k 之后沉积物中 Ti 含量发生了大幅、快速的变化（图 9.2）。这种"闪现"信号被认为反映该区经历了一个环流

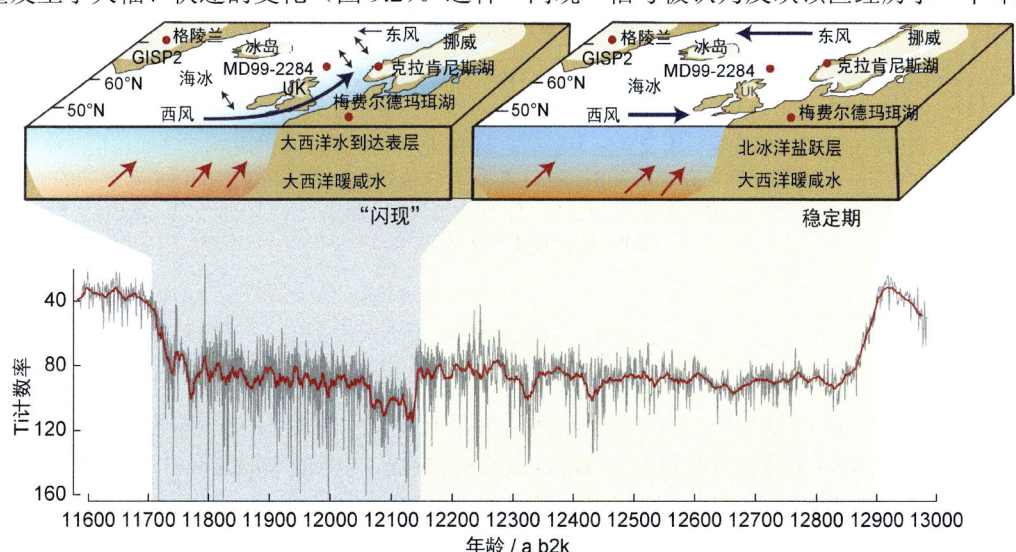

图 9.2 挪威南部克拉肯尼斯湖 13000～11600 a b2k 时段的 Ti 记录。记录显示，新仙女木期 Ti 因冰川侵蚀增强而增加，至新仙女木期末湖泊沉积物供给呈现出快速振荡。如前示意图所示，这被解释为海冰变化的结果，海冰的变化影响了大西洋暖水以及相关联的西风位置和变率。引自 Bakke 等（2010a）。

活跃期,当时海冰状况快速变化导致西风出现短期波动,使得冰川质量平衡及湖泊沉积物供给发生了大幅变化。在中国南部湖光岩玛珥湖,Ti 含量提供了该湖冬季风尘沉积通量记录(图 9.3)。数据显示,新仙女木期开始时冬季风突然持续增强,这与中国南部更北的石笋 $\delta^{18}O$ 所记录的夏季风减弱在时间上完全一致(Yancheva et al.,2007)。

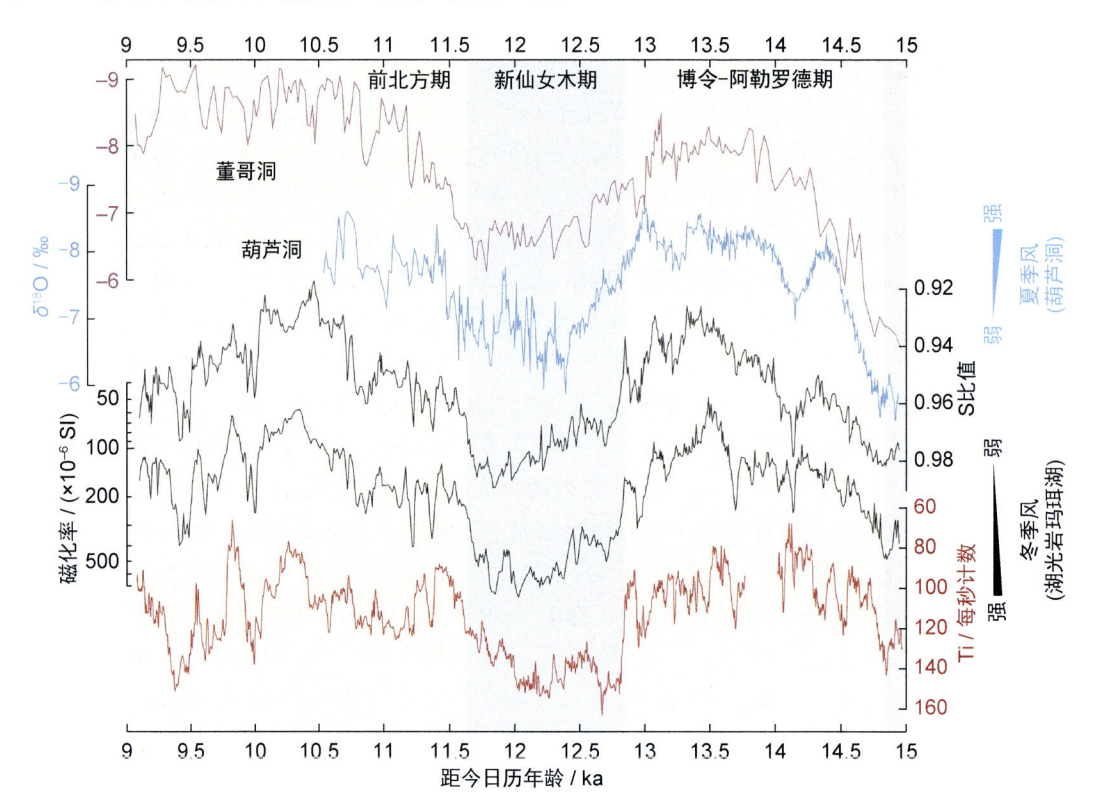

图 9.3 中国南部湖光岩玛珥湖(21°N,110°E)Ti 计数(XRF 分析结果)、磁化率值和 S 比值记录与董哥洞及葫芦洞石笋氧同位素数据的对比。磁化率值和 S 比值分别是磁性矿物含量和磁铁矿丰度的指标,S 比值增大指示底层水中氧增加,被解释为反映风力驱动的湖泊混合增强。钛的变化是由于冬季风尘沉积变化,因此在新仙女木期,冬季风强盛与夏季风降雨减少(石笋 $\delta^{18}O$ 值增大)同时发生。磁化率对湖泊的氧化还原条件和风尘输入十分敏感,这两者均受风力强度(注意标度反向)影响。引自 Wang 等(2001)、Yancheva 等(2007)和 Dykoski 等(2005)。

9.2 纹 层

在世界许多地区,年复一年的季节轮回是整个气候变率谱中最强的部分,这通常反映为湖泊年层沉积物的沉积,即纹层[①](Anderson and Dean,1988;Ojala et al.,2012)。纹层形成于碎屑物质或生物成因物质的沉积过程或两者的结合(图 9.4)。在湖泊沉积中,可识别的纹层很少,这是因为湖泊内部的各种过程通常会混合或扰动那些沉降至湖底的物质的

---

① 在海洋环境中,纹层沉积非常少见,但在生物生产力高的区域(上升流区)和深水缺氧使沉积物得以保存的海盆发现了极佳的范例 [例如委内瑞拉岸外的卡里亚科海盆(Hughen et al.,1996)和加利福尼亚南部岸外的圣巴巴拉海盆(Sancetta,1995;Pike and Kemp,1996)]。

季节变化印迹。尤其是沉积物-水界面的潜穴生物可能会使沉积物发生混合，妨碍年沉积序列的识别。纹层在寒温带环境更为常见，特别是在那些一年中有部分时间结冰和物质输入有强烈季节性的深水缺氧湖泊（如 Ojala et al.，2000）。在一些湖泊中，纹层沉积物连续累积数千年（如美国明尼苏达麋鹿湖：Bradbury and Dean，1993；德国霍尔茨玛珥湖和梅费尔德玛珥湖：Zolitschka，1998；Litt et al.，2009；波兰戈西亚兹湖：Ralska-Jasiewiczowa et al.，1998；芬兰中部湖泊：Tiljander et al.，2003；Ojala and Alenius，2005；乍得约阿湖：Francus et al.，2013），这为详细研究湖泊记录的沉积特征提供了可能（图9.5）（Dean et al.，1999；Shanahan et al.，2008）。在特殊情况下，纹层可用作校正放射性碳时间标尺的年代学准绳（Staff et al.，2013）（见第3章 3.2.1.5 节）。

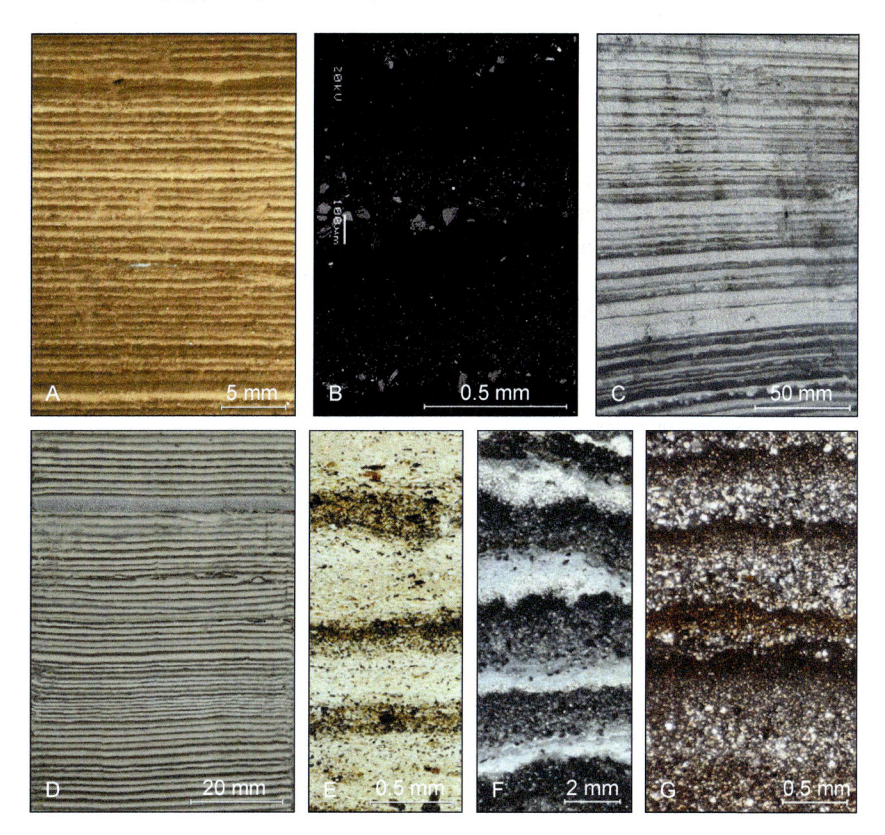

图 9.4 不同类型纹层示例。A. 芬兰中南部纳乌塔瓦维湖约 2500 a b2k 的碎屑-生物纹层及其 B.反向散射模式下的扫描电镜图像。C. 芬兰南部科里亚地区冰水-湖泊粘土纹层。D. 德国北部贝劳尔湖碳质纹层。E. 德国西埃菲尔火山区霍尔茨玛珥湖有机质纹层的岩相显微图像（单偏光）。F. 德国东部萨克罗湖碳质-有机质纹层的岩相显微图像（偏光）。G. 加拿大北极高地埃尔斯米尔岛北海岸 C2 湖非冰川碎屑纹层的岩相显微图像（偏光）。引自 Ojala 等（2012）。

在某些情况下，纹层能够界定极端事件发生的具体年份。Besonen 等（2008）识别出最近数世纪席卷新英格兰南部波士顿地区的单次飓风的沉积信号，并将这些信号与已知历史飓风事件的逐年记录进行匹配。据此，早期（前殖民期）飓风发生的时间得以可靠地识别（图9.6）。结果表明，飓风在中世纪更为频繁（13 世纪 8 次飓风），但在小冰期不太常见（7 世纪仅 2 次）。

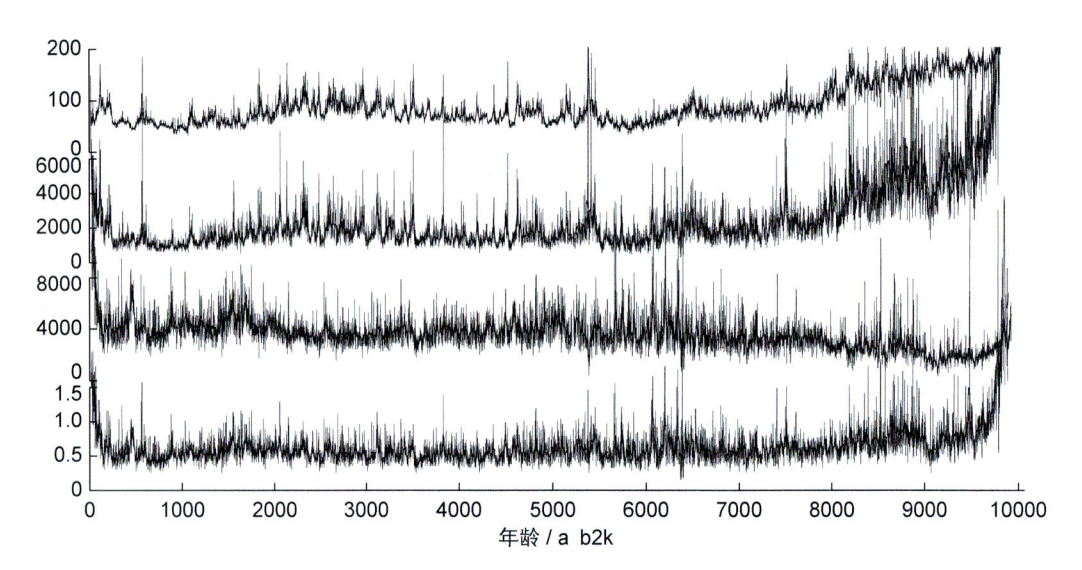

图 9.5 芬兰纳乌塔瓦维湖最近 10000 年纹层（年分辨率）沉积记录。记录显示（自下向上）纹层总厚度（mm）、每层纹层中有机质和矿物质的相对含量以及 X 射线相对密度。有机（深色层）和矿物（浅色层）组分依据 X 射线数据。9590～9530 a b2k、9450～9400 a b2k、9220～9110 a b2k、9000～8000 a b2k、7400～7200 a b2k、6400～6000 a b2k、4700～4400 a b2k 和约 3500～1500 a b2k，侵蚀作用增强。这些时段被解释为持续严冬并伴随降雪的增加。约 600 a b2k 之后，侵蚀作用再次增强，这是由最近数世纪的农业活动所致。改自 Ojala 和 Alenius（2005）。

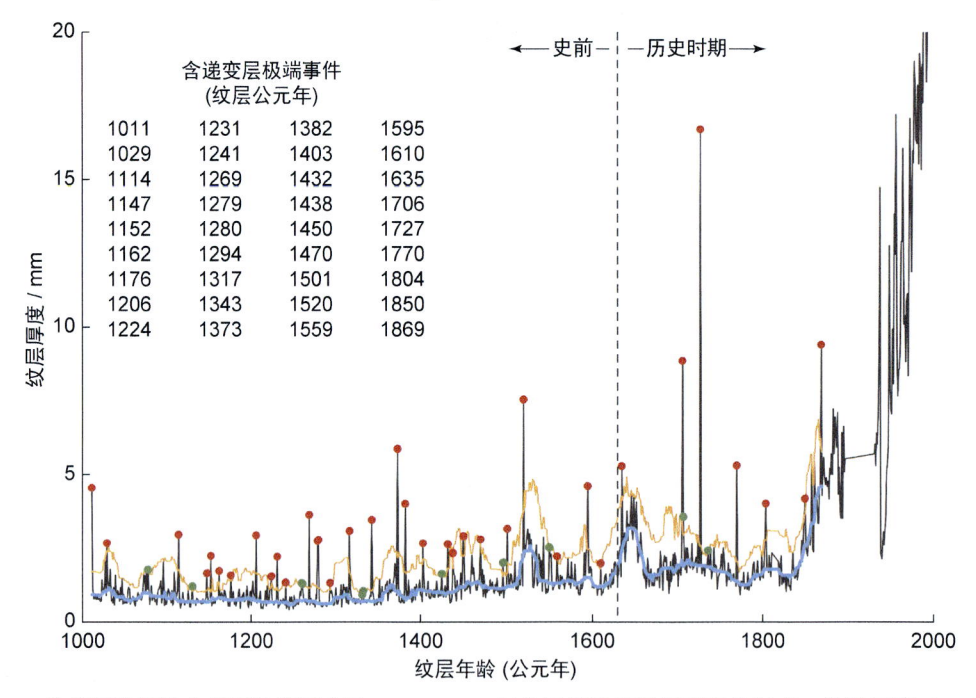

图 9.6 马萨诸塞州波士顿下神秘湖公元 1011～1870 年纹层厚度以及极端事件年表。纹层厚度（mm）以黑线绘于下部。粗蓝线显示根据 17 年中值平滑对随时间变化的本底厚度所做的稳妥估算。上部橙线代表根据统计确定的阈值，超过该值的纹层厚度被归为极值。在已确定的 47 次极端事件中，36 次含有递变层（历史飓风事件特征）的事件以红点标示并列于插表中，11 次不含递变层的事件以绿点标示。公元 1630 年的纵虚线表示该地区的史前 / 历史界线。引自 Besonen（2008）。

9.3 花粉、大化石和植硅体

花粉是湖泊沉积研究中应用最广的指标,将在第12章中进行详细讨论。花粉提供了丰富的古环境和古气候信息,是古气候重建中用于验证全球大气环流模型模拟结果的主要依据(Prentice et al., 1996; Bartlein et al., 1998; Bennett and Willis, 2001)。植物大化石(如肉眼可见的叶子、种子和果实)对于证实根据花粉重建的植被类型具有重要价值(如 Hannon and Gaillard, 1997; Jackson et al., 1997)。与花粉不同,大化石通常靠近植物来源地,因此可以清楚地判别当地植被。在花粉广为扩散的地区(如山区)或者花粉雨总体较少且易受长距离扩散花粉影响的地区[如北极(苔原)区],这是一种特别重要的属性(Birks, 2001; Birks and Birks, 2003)。此外,花粉粒一般只能鉴定至科或属的层级,而大化石通常可以鉴定至种,从而有助于深入认识控制单个植物种分布的气候条件。将花粉气候解释与植物大化石数据相结合的研究可获得富有见地的认识(如 Birks and Birks, 2000)。例如,阿拉斯加 LGM 点位花粉和大化石残体的详细研究表明,长期以来根据花粉得出的当时为广阔"草原-苔原"景观的认识是不正确的,其受到了长距离搬运花粉的误导。白令陆桥 LGM 古环境更为真实的情形是:那里是一片片多沼泽的苔原,为更干旱、更开阔的苔原所分隔,苔原植被以莎草、苔藓和草本植物占优(Elias, 1997; Goetcheus and Birks, 2001)。

植硅体是形态独特的蛋白石质二氧化硅淀积物,存在于许多高等植物中。由于抗溶蚀能力很强,这些"植石"在分泌植硅体的植物腐烂以后仍能保存很长时间。然后,它们可能被河流或风搬运并沉积于湖泊和海洋中(或混入陆地沉积物,如黄土)(Piperno, 2001)。植硅体分析远远不如花粉分析常见,但它可以提供补充数据,从而厘清可能模棱两可的花粉解释,或者为花粉缺失或保存不佳的地区提供替代性的植物分布数据(如 Barboni et al., 1999)。植硅体在区分草原植被类型(以及相关的气候状况)随时间的变化方面尤为有效,因为不同类型的草原会产生不同形态的植硅体(Alexandre et al., 1997)。Fredlund 和 Tieszen (1997)展示了利用植硅体化石直接重建古温度的可能,他们提出植硅体组合的差异与现今跨越整个北美大平原温度梯度的各类草原存在关联。他们据此估算,堪萨斯和内布拉斯加晚更新世温度比现今低 7~8 ℃。Prebble 等(2002)利用植硅体对新西兰南岛的气候状况进行了定量估算。他们根据产生独特植硅体的特定植被类型与现代气候状况的相关性,构建了转换函数,并将其应用于岩心的植硅体记录(Prebble and Schulmeister, 2002)。结果显示,该区的有效降水和土壤 pH,而非仅温度,是现代样品所反映的植被(及相关的植硅体)分布的主控因素。

9.4 介 形 类

湖泊的生物生产力在某种程度上取决于气候,因此生活于水柱中的生物遗存具有古气候意义(Battarbee, 2000)。例如,不同种类的介形虫(具有一对壳瓣的小型甲壳纲动物,体长一般约为 0.5~2.5 mm)在富含 Ca^{2+} 的碱性湖泊中就很常见。介形类对许多变量都很敏感,包括水化学(尤其是阴离子成分)、水深、温度(某种程度上)等(Holmes, 2001;

Schwalb，2003）。确定哪些参数重要，需要对所调查的湖泊及其介形虫种类进行详细研究，以解析涉及介形类生态学竞争因素之间通常很复杂的相互作用。尽管如此，在某些情况下，介形类组合还是被证明在解释古气候方面具有重要价值。例如，玻利维亚阿尔蒂普拉诺高原晚更新世和全新世沉积中的介形类组合（已知具有耐盐性）被确认为湖泊水位变化的指标，指示了湖泊自晚更新世的大型明钦湖演变为早全新世的孤立干盐湖的过程（Wirrman and Mourguiart，1995）。明钦大湖面积超过 60000 km^2，相对而言为淡水湖，但湖水位在距今约 21000 年之后下降了 100 m 以上，从而形成了如现今乌尤尼湖这样的孤立干盐湖。同样，Holmes（1998）发现，牙买加沃利沃什大水潭代表不同水深生境的介形类组合，可用于推断过去湖水位（以及 P-E）如何随时间发生变化。介壳的微量元素化学尤其是 Sr/Ca 比和 Mg/Ca 比也已用于古环境研究，但解释这种变化并非易事，并且可能因湖而异，这取决于湖泊本身的水化学（Holmes，1996；Holmes and Engstrom，2003）。最成功的研究已将介形类地球化学（包括氧同位素，稍后讨论）分析、介形类微量元素地球化学以及湖泊沉积中可获得的其他代用指标（花粉、硅藻、摇蚊，等等）结合起来进行（参见 Gasse et al.，1987；Chivas et al.，1993；Holmes et al.，1997）。

9.5 硅 藻 类

硅质微体化石是许多湖泊和湿地沉积的重要组成部分，占许多湖泊生物沉积的大部分。硅质生物包括硅藻、海绵和原生动物，但迄今为止，只有硅藻被证明在古气候重建中具有重要价值。硅藻属于（硅藻纲）单细胞藻类，是湖泊水温和水化学［pH、溶解氧、盐度和营养（尤其是氮和磷）含量］的敏感指标（Battarbee et al.，2001；Mackay et al.，2003；Smol and Stoermer，2010）。某些硅藻尤其对盐度变化具有指示意义（Gasse et al.，1997）。硅藻具有非常独特的形态，使得个体在大多数情况下能够鉴定至种的层级，这为分辨特定硅藻响应的重要环境参数提供了有效途径。硅藻的环境响应通常通过采集各种类型湖泊的表层沉积物，并测量其现今温度、pH 值、水化学等（"训练数据集"）予以确定。利用训练数据集中的环境变量，对硅藻组合进行校正，以确定哪些因子具有首要意义（Birks，2010；Fritz et al.，2010b；Juggins and Birks，2012）。例如，Fritz（1990）提出，盐度是美国大平原北部 55 个（大型封闭盆地）湖泊硅藻组合的主控因素。这些湖泊的盐度差异很大，而每个硅藻种属都有最适盐度耐受范围。一旦确定了这一点，便可通过计算岩心中各层位出现的各种属硅藻最适盐度加权平均值，利用岩心的硅藻组合变化估算出湖水古盐度。北达科他州魔鬼湖 20 世纪的盐度监测记录证实了古盐度重建的有效性。在类似研究中，Laird 等（1998）将他们基于硅藻重建的盐度（北达科他州月亮湖）与利用器测记录获得的干旱指数进行了对比，显示两者在 20 世纪呈现强相关关系（图 9.7）。月亮湖沉积记录表明，该湖在早全新世为低盐度的开放湖［以淡水硅藻极小冠盘藻（*Stephanodiscus minutulus*）为特征］，但在距今约 7300 年前已成为以咸水硅藻查克托哈奇小环藻（*Cyclotella choctawhatcheeana*）为主、盐度不断增大的封闭湖（Laird et al.，1996）。湖区气候在全新世的大部分时间持续干旱，但在最近 2500 年气候变湿，导致湖泊盐度降低。最近 2000 年的高分辨率分析（样品分辨率约为 5 年）提供了详细的干旱变化序列（图 9.7）。序列表明，该区小冰期（尤其是 14 世纪和 19 世纪初）相对湿润——可能比早全新世以来的任何时期都要湿润。到约公元 1200 年前，干旱气候在该区盛行，某些时期甚至比 20 世纪 30 年代的"尘暴"干旱年份更干。

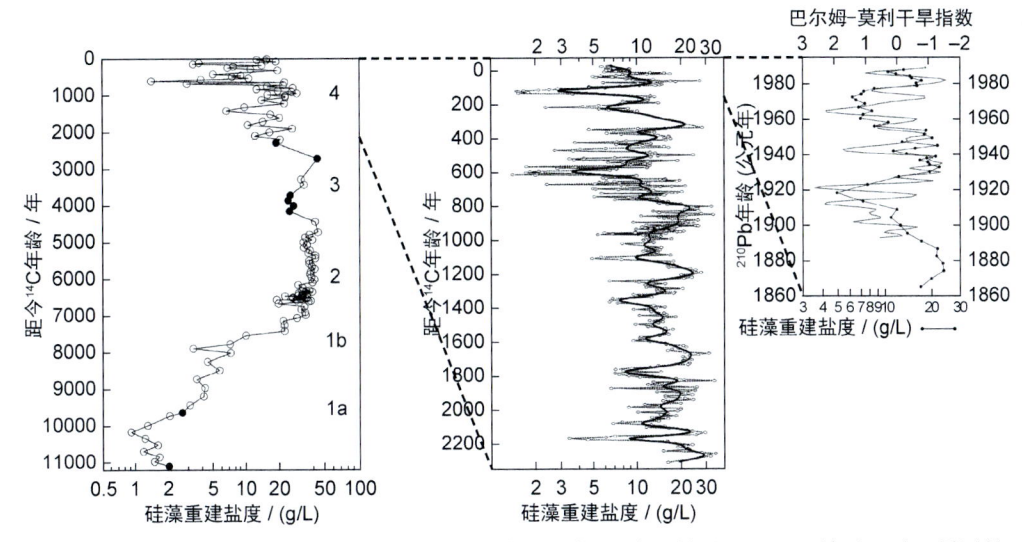

图 9.7　美国北达科他州月亮湖（左）最近 11000 放射性碳年、（中）最近 2300 日历年和（右）最近约 100 年硅藻-盐度重建序列及其与湖泊附近器测数据得出的干旱指数（向右干旱加剧）的对比。引自 Laird 等（1996，1998）。

硅藻也被证实在温度为环境主控因素的地区，如高山和高纬区，可用于古温度重建（Pienitz et al.，1995；Lotter et al.，2010）。Korhola 等（2000）采集了芬兰北部 38 个湖泊的样品，这些湖泊涵盖了约 6 ℃的 7 月气温梯度。利用典型相关分析（canonical correlation analysis，CCA），评估了每个湖泊的理化条件与现代（岩心顶部）硅藻组合之间的关系。数据表明温度是影响该区硅藻组合的主要变量，由此将得出的关系应用于楚尔布马加夫里湖的全新世沉积（图 9.8）。结果显示，气温在距今约 6200 日历年前达到最高值，距今约 4000 年前后下降至低值。在距今约 1000 年前出现了微弱的升温趋势，但小冰期更加寒冷——几乎与整个记录中最冷的时期同样寒冷。

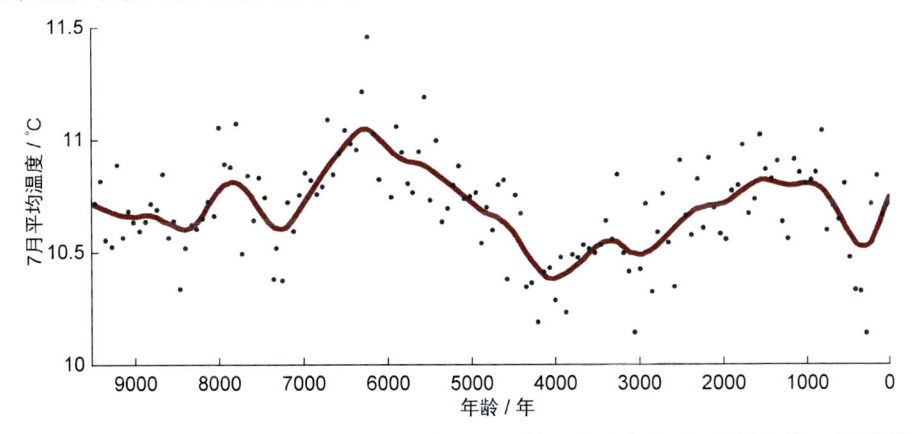

图 9.8　芬兰西北部楚尔布马加夫里湖最近 10000 年 7 月平均温度重建序列。数据点为 4 种不同预测模型给出的重建温度的平均值。基于 500 次蒙特卡罗模拟估算的不同模型特定样本预测误差介于 0.9～1.1℃之间，下部（老）地层误差大。引自 Korhola 等（2000）。

在某些情况下，生物硅（BioSi：沉积物非晶质二氧化硅含量）总量被用作硅藻生产力的代用指标，这是因为硅藻通常是生物硅的主要存在形式（Conley and Schelske，2001）。例如，在贝加尔湖，硅藻的溶解使得无法对沉积物硅藻组合变化进行有意义的解释。然而，其溶解作用被认为随时间保持了相对恒定，因此 BioSi 总量变化总体上反映了湖泊生产力变化（Colman et al.，1995）。图 9.9 显示最近 80 万年贝加尔湖的生物硅记录。这些变化类

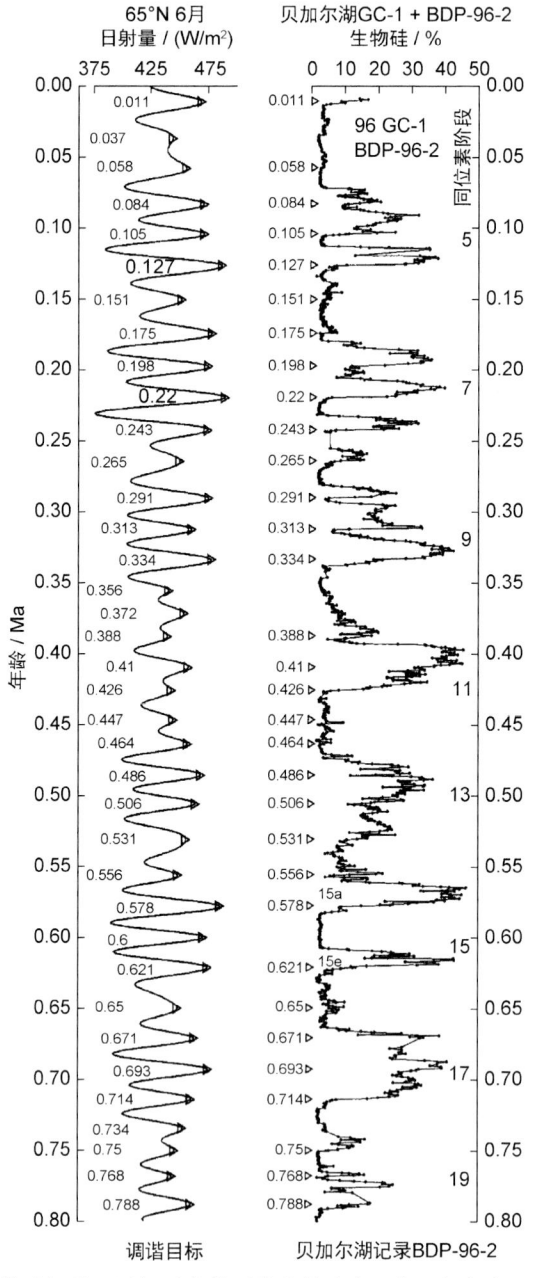

图 9.9 俄罗斯贝加尔湖生物硅记录。以相对应的暖峰为约束点，将贝加尔湖沉积记录调谐至 65°N 6 月日射量。约束点以标有距今百万年年龄的空心箭头分别显示于日射量曲线和调谐的 BioSi 序列。海洋同位素阶段标示于序列右侧。生物硅高含量对应于间冰阶和间冰期。引自 Prokopenko 等（2001）。

似于(全球冰量的)海洋底栖有孔虫同位素记录的变化,其中硅藻生产力在间冰期最高,在冰期很低。硅藻生产力与湖泊的热量平衡(控制水柱结构和营养分布)有关,而热量平衡又反映日射量驱动(Prokopenko et al.,2001)。贝加尔湖所处的纬度较高(51.5°N~56°N),但是该记录却显示异常微弱的斜率信号,而偏心率和岁差周期则主导着整个记录,尤其是在最近40万年(Williams et al.,1997)。

Smol等(2001)、Pienitz等(2004)及Smol和Stoermer(2010)提供了许多利用硅藻进行古环境和古气候重建的其他实例。下一节将讨论硅藻二氧化硅稳定同位素分析的一些例证。

9.6 稳定同位素

氧和碳(以及某些情形下氮)的同位素为了解古环境和古气候状况提供了重要依据(Leng,2006;Leng and Henderson,2013)。碳酸盐的氧同位素尤为重要。这些碳酸盐或来源于生物(介形类、水生蜗牛和软体动物),或来源于自生(内生)方解石(灰泥和微晶灰泥),而自生方解石是在湖水对碳酸钙过饱和时从湖水中直接沉淀的。在封闭湖泊中,自生碳酸盐的沉淀可能与蒸发作用增强使得溶解矿物浓度增大有关,也可能与藻类和大型植物光合作用吸收二氧化碳导致碳酸钙过饱和有关。这通常是因藻类的季节性繁盛所致,而藻类季节性繁盛则是由水柱翻转、透光带营养物质增加引起的。在此情形下,藻类对二氧化碳的需求增加,导致碳酸氢钙[$Ca^{2+}2HCO_3^-$]离解,形成方解石($CaCO_3$)并随之发生沉淀。

方解石的氧同位素组成是湖水同位素组成和方解石形成时水温的函数(切记方解石可能仅形成于特定季节)。在同位素平衡条件下,水温每升高1℃,$\delta^{18}O$减小约0.23‰[重要的是确定所有的碳酸盐是否均为方解石,因为文石相态的$CaCO_3$相对于方解石,同位素富集约0.6‰,而白云石($CaMgCO_3$)富集更高达约2.4‰]。

实验研究表明,温度可近似表示为下式(Leng and Marshall,2004):

$$T(℃) = 13.8 - 4.58(\delta_c - \delta_w) + 0.08(\delta_c - \delta_w)^2$$

式中,δ_c和δ_w分别为自生方解石和湖水的$\delta^{18}O$值。生物成因碳酸盐(介形类、水生蜗牛和软体动物中)通常形成于一年中的特定时间(取决于种),可能存在的与种相关的偏差(生命效应)须予考虑。例如,底栖介形类玻璃介属某些种的$\delta^{18}O$比同位素平衡条件下形成的方解石重2.3‰(von Grafenstein et al.,1994)。尽管存在这些问题,无论用于分析的方解石如何形成,湖水的同位素组成都是一个关键变量。假如δ_w保持不变,温度即可简单地视为碳酸盐$\delta^{18}O$的函数,但如果δ_w发生变化,问题则更为复杂。事实上,降水$\delta^{18}O$和温度都可能随时间而变化,因此很难求出方程的唯一解,除非可以相对独立地获得一个或另一个参数的估值。von Grafenstein等(1996,1999)通过分析底栖介形类(玻璃介属某些种)解决了这一问题(德国南部阿默湖),这些底栖介形类在接近4℃(水的最大密度)的几乎恒温的深层水中发生钙化。因此,其$\delta^{18}O$变化是由于入流水$\delta^{18}O$的变化所致,而因为湖水滞留时间小于3年,所以入流水$\delta^{18}O$与当地年降水的$\delta^{18}O$几乎相同(图9.10)。据此导出的$\delta^{18}O_p$变化与最近15000年GRIP(格陵兰)冰心$\delta^{18}O$变化高度相关,这表明位于北大西洋两侧的两个地点都记录了反映北大西洋洋盆温盐环流（与相关大气环流）大尺度振荡的同位素变化（von Grafenstein et al., 1999）。

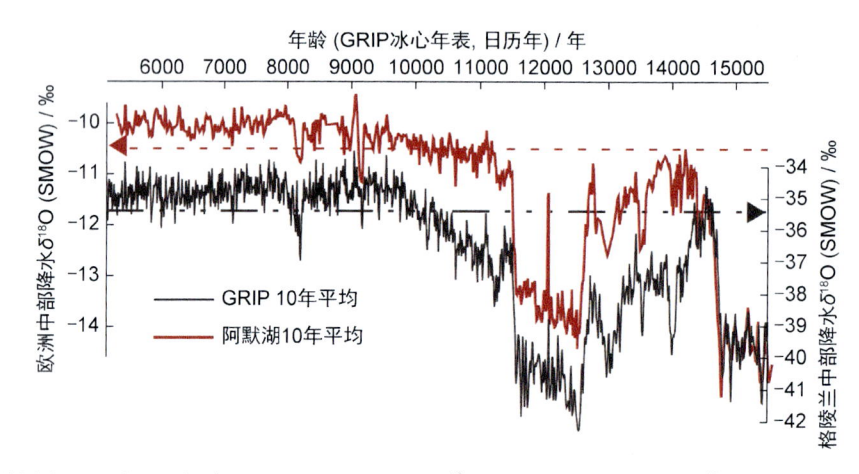

图 9.10　德国南部阿默湖底栖介形类分析获得的降水 $\delta^{18}O$ 与格陵兰 GRIP 冰心 $\delta^{18}O$ 的对比（两条记录均为 10 年平均）。现代 $\delta^{18}O$ 平均值（最近 30 年）以虚线和箭头标示。两条记录的相似之处反映影响广阔区域的北大西洋地区环流变化，不过在某些时段（如距今 12000 年）欧洲发生了变化而格陵兰并未记录，这揭示出北大西洋环流的经向差异（欧洲转暖而格陵兰仍然寒冷）。引自 von Grafenstein 等（1999）。

在封闭湖泊中，由于蒸发作用导致含有轻同位素（^{16}O）的水优先移除，使得湖水富集 ^{18}O，因此出现了更为复杂的情况。这一效应通常通过绘制湖水 ^{18}O 与 δD 关系图予以评估。在全球尺度上，这种关系近似为

$$\delta D = 8\delta^{18}O + 10$$

这被称为全球大气降水线（global meteoric water line，GMWL）（Ito, 2001；Leng, 2003）。蒸发作用导致氘和 ^{18}O 均发生同位素富集，从而偏离 GMWL [当地蒸发线（local evaporation line，LEL）]。蒸发量越大（被解释为湿度越低和/或风速越大），LEL 对 GMWL 的偏移就越大（图 9.11）。封闭湖泊 $\delta^{18}O$ 变化通常远远大于开放湖泊，反映了当地水文平衡（降水减蒸发，P–E）的变化。例如，在墨西哥金塔纳罗奥的封闭湖泊蓬塔湖，由于蒸发作用导致同位素富集，湖水的 $\delta^{18}O$ 比降雨或地下水重约 5‰。在湖泊沉积岩心中，最近 3500 年介形类伊氏小浪纹介（*Cytheridella ilosvayi*）和腹足类花环塔形螺（*Pyrgophorus coronatus*）的 $\delta^{18}O$ 呈现一致变化，约公元 400~1100 年同位素显著富集（^{18}O 更多）（Curtis et al., 1996）。这一同位素富集时段被解释为蒸发增强且降水减少（即 P–E 减小）的时期。在奇坎卡纳布湖（墨西哥尤卡坦半岛）的沉积物中也可见类似的变化，在 $\delta^{18}O$ 最大期，石膏沉淀也有所增加（表现为硫的百分含量增大），这证实了该时段气候更加干旱的解释（图 9.12）（Hodell et al., 1995, 2005）。特别有趣的是，尤卡坦半岛人口急剧减少（"玛雅崩溃"）恰好发生在这一时期，这表明前所未有的长期干旱（在奇坎卡纳布湖最近 7000 年中干旱持续时间和强度均独一无二）是造成人口突然消亡的主要原因。卡里亚科海盆（尤卡坦半岛东南约 2500 km）海洋沉积岩心的钛记录（邻近大陆降雨和沉积物搬运的代用指标）显示，干旱事件影响了广大地区，在公元 9 世纪前后（公元 760 年、810 年、860 年和 910 年）尤其严重，这与玛雅古国文化期的终结时间非常一致（Haug et al., 2003；参见图 8.18）。

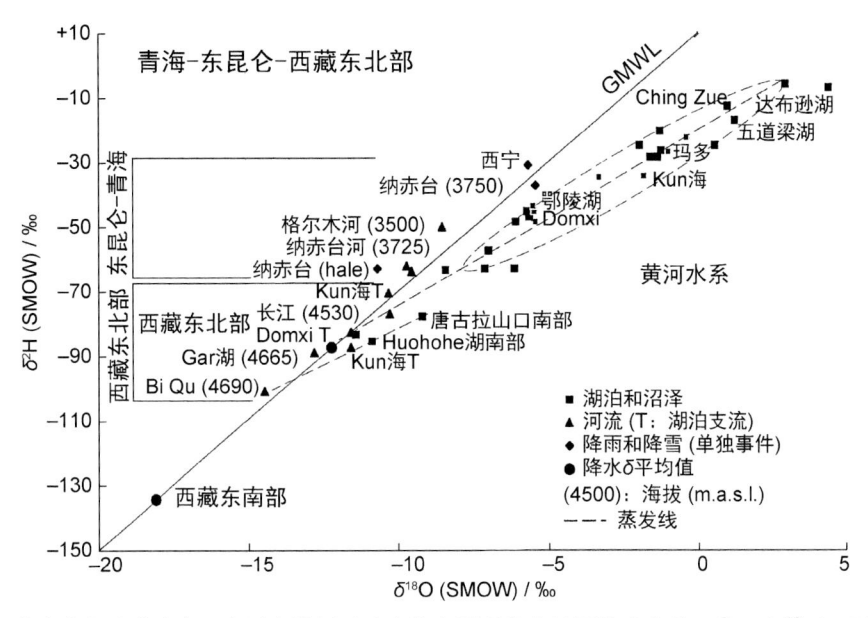

图 9.11 西藏东北部和东南部、东昆仑地区以及青海高原现代水的同位素含量（δ^2H 对 $\delta^{18}O$）。开放湖数据点沿全球大气降水线（GMWL）分布，但在蒸发量超过降水量的封闭湖泊，湖水同位素组成偏离 GMWL，这界定了当地蒸发线（LEL）。引自 Wei 和 Gasse（1999）。

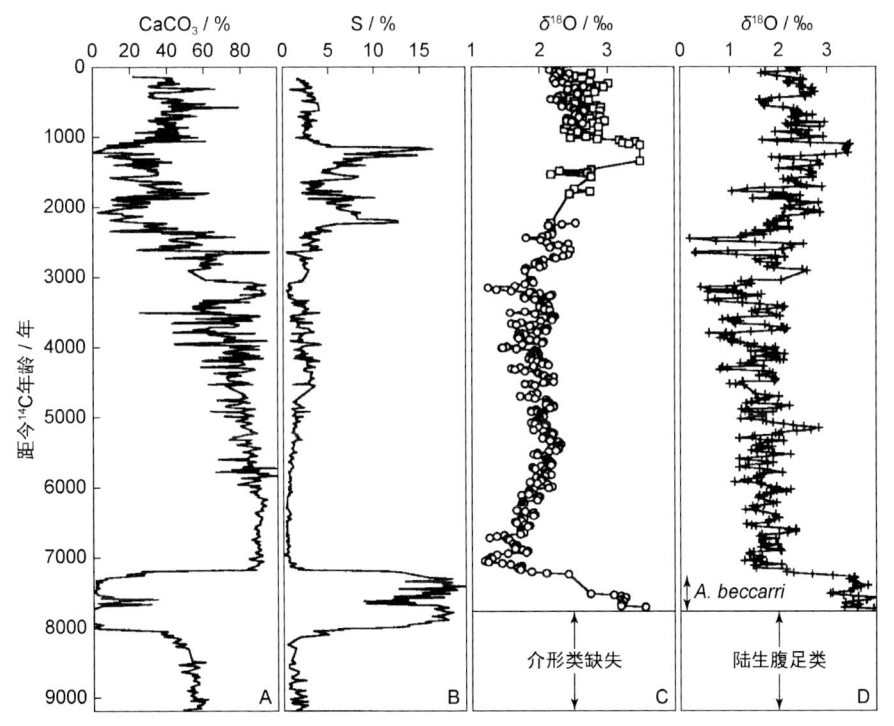

图 9.12 最近 7000 放射性碳年墨西哥尤卡坦半岛奇坎卡纳布湖沉积记录。第 3 列和第 4 列分别显示介形类［眼丽星介（*Cypria ophthalmica*），圆圈；喜盐异星美星介相似种（*Cypronotus* cf. *salinus*），方形］和水生腹足类［花环塔形螺（*Pyrgophorus coronatus*）］的 $\delta^{18}O$。$\delta^{18}O$ 最大值对应于硫百分含量高值，这与 P-E 减小（干旱）条件下的石膏沉积相关。整个 7000 年记录中最干旱的时段集中于公元 850±50 年，正是玛雅古国文化期突然终结的时间。引自 Hodell 等（1995）。

在某些情况下,可将开放湖泊碳酸盐$\delta^{18}O$变化与邻近封闭湖泊的碳酸盐$\delta^{18}O$进行对比,从而获得两者差值的时间序列,这应该是湿度(蒸发)随时间变化的量度。例如,Anderson 等(2007)研究了加拿大育空地区两个相邻的湖泊——一个开放湖和一个封闭湖,这两个湖泊接受了同位素组成相似的降雨,并受相似区域温度变化的影响。将开放湖碳酸盐同位素值减去封闭湖碳酸盐同位素值,获得了湿度变化的量度值,其中最小差值对应于湿度最大的时期(因此该封闭湖的蒸发和同位素富集效应最小)(图 9.13)。在冰心或石笋记录能够提供独立的降雨同位素组成随时间变化实测值的地点,也可进行类似的对比研究(参见 Seltzer et al., 2000)。

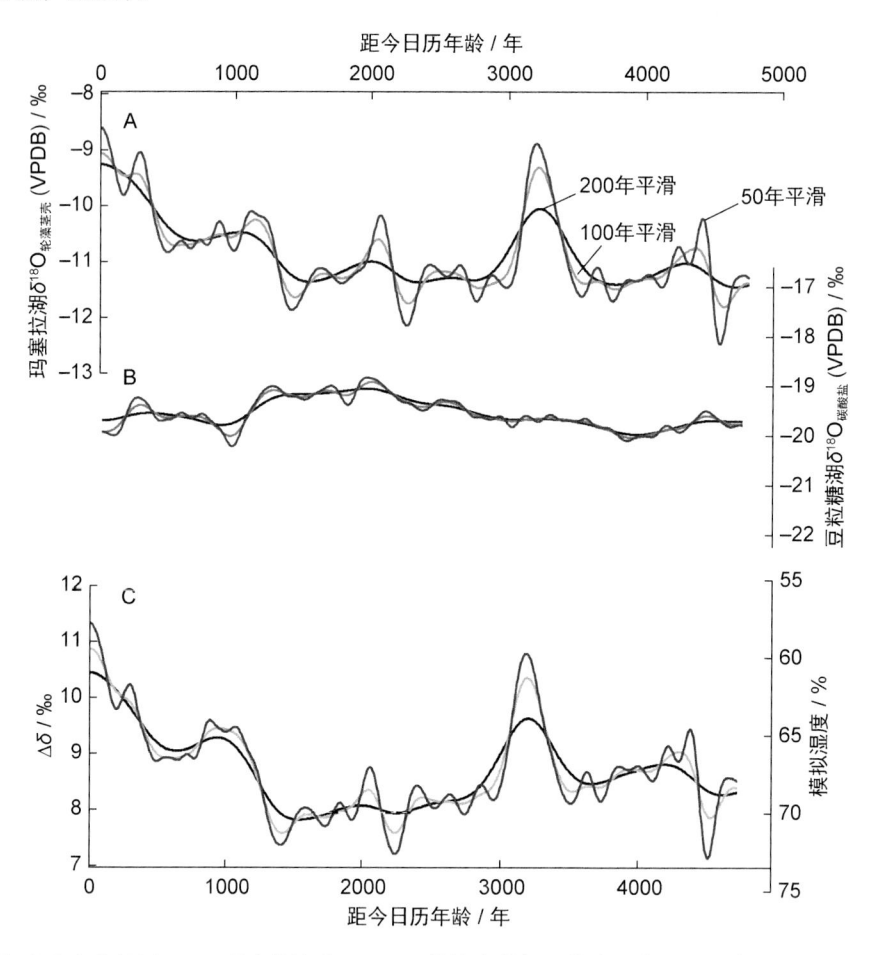

图 9.13 加拿大育空地区(A)玛塞拉湖和(B)豆粒糖湖的氧同位素比值(显示为 200 年、100 年和 50 年平滑),时间标尺为校正年龄。A 与 B 的差值显示在 C 中,其反映在湿度增大(估值标示于右侧,注意标度反向)条件下,蒸发量减小所导致的同位素富集量($\Delta\delta$)的变化。最近 100 年该地点年平均相对湿度约为 60%。引自 Anderson 等(2007)。

生物硅(来自硅藻)的$\delta^{18}O$也已用于评估过去温度和/或降水的变化。不同的硅藻种并未观测到任何生命效应,因此可对生物硅进行全样分析。由于硅藻生活于湖泊透光带,生物硅$\delta^{18}O$($\delta^{18}O_{Si}$)反映了湖泊表层水状况(主要为夏季生长季)。水温每升高 1℃,$\delta^{18}O_{Si}$减小 0.2‰(Moschen et al., 2005),其关系式为

$$T(℃) = 11.03 - 2.03(\delta^{18}O_{Si} - \delta^{18}O_w - 40)$$

式中，$\delta^{18}O_{Si}$ 和 $\delta^{18}O_w$ 分别为生物硅和湖水的同位素值（Shemesh et al.，2001）。Shemesh 和 Peteet（1998）据美国康涅狄格南部一个湖泊的 $\delta^{18}O_{Si}$ 估算，自阿勒罗德至新仙女木期，湖泊表层水温度下降达 7℃。然而，这一估值相当不确定，因为不同源区降水频率的变化（以及相关联的 $\delta^{18}O_p$ 变化）可能是 $\delta^{18}O_{Si}$ 变化的主要原因。Shemesh 等（2001）和 Rosqvist 等（2004）在瑞典北部湖泊的 $\delta^{18}O_{Si}$ 研究中遇到了类似的问题。独立的古温度估计（据其他各种代用指标）均显示全新世总体上变冷，而假如温度是唯一的影响因素，则观测到的 $\delta^{18}O_{Si}$ 减小应相当于至少 7℃ 的变暖。他们将 $\delta^{18}O_{Si}$ 减小解释为冷气团及相关降水（比来源于更南纬度的早全新世降水更亏损 ^{18}O）的频率增大所致（Rosqvist et al.，2004）。基于整个拉普兰地区现今 $\delta^{18}O_p$ 与年平均温度之间的关系（1.86‰/℃），Shemesh 等（2001）估算变冷约 2.5℃，才能解释全新世时期观测到的 $\delta^{18}O_{Si}$ 低值。

氧同位素记录也已从湖泊沉积细粒有机组分中的（藻类）纤维素（Edwards，1993；Abbott et al.，2000；Wolfe et al.，2001）和摇蚊的几丁质头壳（Wooller et al.，2004）中获得。在任何情况下，只有仔细解析了降水 $\delta^{18}O$、湖水和温度之间的复杂关系，才能获得可靠的古气候重建序列。

湖泊沉积有机质和碳酸盐的碳同位素组成为认识古气候和古环境变化提供了另一种途径。大气二氧化碳的 $\delta^{13}C$ 值为 $-7‰$，植物通过光合作用获得 CO_2，生产纤维素时优先吸收 ^{12}C 而非 ^{13}C。对于 C_3 植物，这种分馏效应约为 $-20‰$（导致 $\delta^{13}C$ 约为 $-27‰$）；对于 C_4 植物则为 $4‰\sim6‰$（导致 $\delta^{13}C$ 为 $-11‰\sim-13‰$）。对于利用 CAM 固碳途径的 C_4 植物（参见附录 A A.2 节），分馏效应可能更大（高达 $-20‰$）。因此，在其他条件相同的情况下，有机质 $\delta^{13}C$ 减小可能反映流域 C_3 植物相对于 C_4 植物有机质的贡献增大，有可能指示降雨量或 P-E 增加（Meyers and Lallier-Vergès，1999）。但湖泊藻类对沉积物中的有机质也有贡献，而藻类的 $\delta^{13}C$ 通常为 $-25‰\sim-30‰$（有时甚至更小），因此水生植物与 C_3 或 C_4 陆生植物的百分比决定总（全）有机质的 $\delta^{13}C$。此外，藻类优先移除 ^{12}C 导致湖水总溶解无机碳（total dissolved inorganic carbon，TDIC）富集 ^{13}C（封闭湖泊尤为如此），这反映在所有生物碳酸盐或自生碳酸盐的 $\delta^{13}C$ 上。如果水生植物的光合作用利用的是 HCO_3^- 而非 CO_2，情况将更加复杂，因为与 CO_2 处于平衡的 HCO_3^- 的 $\delta^{13}C$ 值比 CO_2 大约 10‰（即约为 +2‰）。因此，如果藻类从利用 CO_2 转变为利用 HCO_3^-（例如，如果生产力快速升高导致 CO_2 来源受限，或者如果 pH 增大使得水柱中的 HCO_3^- 利用率超过 CO_2 利用率），有机质的 $\delta^{13}C$ 也将相应地增大。当然，在思考如何解释有机质或碳酸盐的 $\delta^{13}C$ 沉积记录时，所有这些因素都是未知的，因此必须通盘考虑其他参数才能进行有意义的解释。一个有效的度量指标是总有机碳与总氮的比值（C/N）。水生藻类的氮含量高于陆生植物，因此 C/N 比值小则反映水生藻类为沉积物有机碳的主要来源。另外值得注意的是，湖泊表层水与底层水的碳同位素组成变化很大（尤其是季节性变化），因此生物碳酸盐或自生碳酸盐形成的部位不同（即透光带或深部）会导致相当大的 $\delta^{13}C$ 差异。总之，碳同位素比氧同位素更难解释，但如果与其他参数相结合，那么碳同位素将有助于更全面地了解过去的气候状况。不过，未来从有机沉积而非从不加区分的全样中提取特定化合物进行分析，可能意义更大。湖泊沉积通常含有源于陆生植物叶蜡的长链正构烷烃。由于奇数长链正构烷烃是叶蜡的主要成分，且其$\delta^{13}C$值在C_3与C_4植被之间存在显著差异，因此，沉积物正构烷烃的$\delta^{13}C$组成可用作优势植被覆盖的特定化合物指标以及流域降水-蒸发水量平衡的指示。通常，C_3植物正构烷烃C_{29}和C_{31}的$\delta^{13}C$值为−35‰，而C_4植物为−21‰。然而，由于大多数湖泊沉积可能含有C_3植物和C_4植物的正构烷烃混合物，因此需要利用混合模型［理想情况下由一个独立参数（如花粉）导引］，估算不同植被类型的相对贡献（如Huang et al., 2006）。

最后，湖泊沉积中某些藻类脂类的δD组成可用于示踪湖水以及（在许多情况下）大气降水的δD变化。Huang等（2004）沿纬向断面调查了美国东部湖泊表层沉积后发现，植物醇、酯键棕榈酸和C_{17}正构烷烃是湖水δD的极佳记录者。此外，在脂类的生产过程中，氢似乎不发生任何显著的温度相关分馏，因此与碳酸盐体系（必须同时考虑温度和湖水同位素组成的变化）相比，分馏过程的复杂性大大降低。陆生植物正构烷烃的δD反映（在第一层级上）降水的δD，但在化合物的生物合成过程中，δD值会因分馏作用而发生明显变化（木本植物和草本植物分别约为−120‰和−150‰；Sachse et al., 2006；Liu and Yang, 2008）。不过，如果能充分估计这种分馏效应，那么叶蜡正构烷烃δD就可为认识过去水文状况变化提供重要的视角（如Tierney et al., 2010a, 2010b）。

9.7 有机生标

生标是特定生物产生的有机化合物，保存于沉积物时，则可提供分子代用指标，指示影响生物生长的古气候或古环境状况（Eglinton and Eglinton, 2008；Gaines et al., 2009；Bianchi and Canuel, 2011）。海洋沉积中一些更为重要的生标在第6章6.5节已有论述，其中某些生标也已用于湖泊沉积（Castañeda and Schouten, 2011）。然而，由于湖泊在大小、垂直结构和化学成分上相差很大，且通常接收大量来自周围流域的外源输入，因此从古气候的角度解释湖泊沉积生标并非易事，需要针对特定地点进行校正。尽管如此，湖泊沉积的生标古气候学研究已经取得了相当大的进展，未来的发展前景显得一片光明。

湖泊中可用作有效古温度生标的重要脂类是类异戊二烯甘油二烷基甘油四醚（GDGTs——含有86个碳原子的四醚），这在第6章6.5.2节SST重建部分已做论述。随着温度升高，奇古菌（古菌域的一门单细胞生物）会产生含有更多环戊烷基团的GDGTs，这为TEX_{86}指数提供了依据。基于极地至热带数百个地点的海洋沉积样品，该指数已被校正为SSTs。获得湖泊类似校正关系的尝试不是那么成功（如Blaga et al., 2009；Pearson et al., 2011），不过实际研究也显示，大型湖泊系统沉积岩心顶部样品的TEX_{86}指数在很大的温度范围（约5~30℃）内存在显著相关（Powers et al., 2010；Tierney et al., 2010a）。这一结果被Blaga等（2013）用于重建瑞士卢塞恩湖的年平均温度，类似的校正关系被Powers等（2005，2011）、Woltering等（2011）和Tierney等（2008，2010a）用于重建马拉维湖和坦噶尼喀湖的湖面年均温（图9.14）。这些非洲湖泊的古气候重建结果显示出相似的特征：距今20000年前后开始升温，新仙女木期间和距今8200年前后降温，之后为中全新世升温。近期记录则显示，与之前数世纪的平均状况相比，最近数十年在显著变暖。

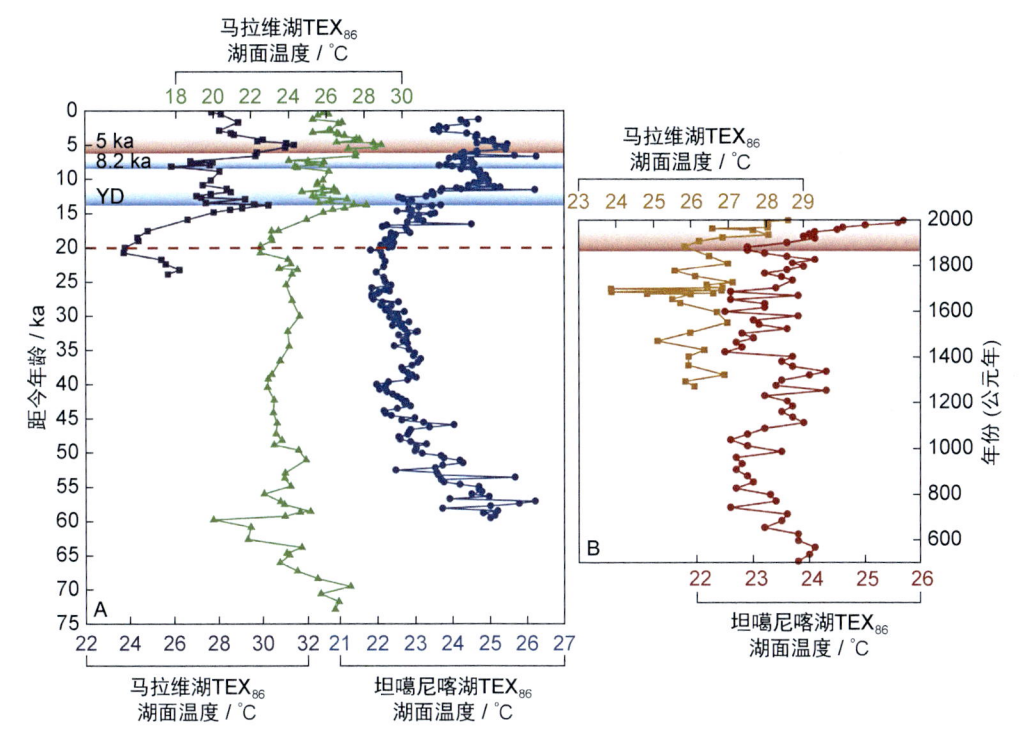

图9.14 马拉维湖和坦噶尼喀湖沉积物 TEX$_{86}$ 重建的湖面年均温。A. 最近 75000 年温度；B. 最近 1500 年温度。注意温度重建的均方根误差约为±2.0～3.5℃。数据引自 Powers 等（2005，2011）和 Woltering 等（2011）（马拉维湖）及 Tierney 等（2008，2010a）（坦噶尼喀湖），由 Castañeda 和 Schouten（2011）重新绘编。

这些是首次应用湖泊 TEX$_{86}$ 开展的古温度重建，其中的许多不确定性尚未完全解决，尤其是生成 GDGTs 的造甲烷生物在缺氧环境（这在湖泊和湖泊沉积中很常见）下出现，从而影响沉积物的 TEX$_{86}$ 值。奇古菌也不局限于透光带（它们被认为是化学自养生物），因此在有剧烈温跃层的湖泊中，这些生物栖息的深度会对其生长的水温产生极大的影响。其他因素，如 GDGTs 生成的季节时限、湖水 pH 以及成岩作用对特定 GDGTs 降解的影响，都会对 TEX$_{86}$ 作为古温度代用指标的应用造成不确定性（Castañeda and Schouten，2011）。此外，还存在与陆地环境输入的支链 GDGTs 相关的潜在难题。支链 GDGTs 包含具有 4 个、5 个或 6 个甲基的正构烷基侧链，存在于泥炭和土壤中，因此可被河流和溪流带入湖泊。为更好区分外源和内源 GDGT，Hopmans 等（2004）导出了 BIT（branched and isoprenoid tetraether，支链和类异戊二烯四醚）指数，该指数检测的是相对于土壤源支链 GDGTs 的泉古菌醇含量（图 6.27）。该指数的变化范围设定为 0～1，其中 0 代表 GDGTs 为纯水生来源，而 >0.9 的量值指示单一土壤来源。因此，BIT 指数可用于示踪输入湖泊的陆源有机质。但是，一些研究显示支链 GDGTs 也可能产生于湖泊，这显然使其指示意义复杂化。尽管如此，BIT 指数仍是评估 GDGTs 是否含有大量土壤源组分的有效途径，一些 TEX$_{86}$ 研究也因此将分析测试限定于 BIT 指数小于 0.5～0.6 的样品（如 Tierney et al.，2010a）。此外，基于支链 GDGT 比值还研发了其他指数，以用作土壤 pH 和年平均气温的代用指标。CBT 指数（cyclization of branched tetraethers，支链四醚环化）与土壤 pH 呈指数反相关，而 MBT 指数（methylization of branched tetraethers，支链四醚甲基化）与年平均气温和 pH 相关（Weijers et al.，2007）。最初应用这些指数进行的研究得出了喜忧参半的结果，这再次表明湖泊及其周边流域 GDGT 生产的复杂性，并凸显出开展更多研究以更好理解这些前途光明的代用指标的必要性。同时，实地校正和湖泊监测计划似乎是可靠解释各种 GDGT 指数必不可少的先决条件（如 Sinninghe Damsté et al.，2009）。

在海洋环境中，应用长链烯酮（C_{37}-C_{38} 二不饱和及三不饱和甲基酮和乙基酮，用于推导 U^{k}_{37} 指数）相对比例重建 SST 十分常见，并被认为是非常可靠的（见第 6 章 6.5.1 节）。烯酮也存在于许多湖泊沉积中（通常以四不饱和酮为主），是由附生藻类产生的。欧洲、中国和北美的湖泊研究均表明，与海洋烯酮类似，湖泊烯酮也可提供古温度记录，但其烯酮-温度关系并非那么普适，这可能是因为产生烯酮的附生植物类型在所有湖泊中并不一致。因此，可能需要进行区域校正或特定地点校正以获得准确的古温度重建结果（如 Zink et al.，2001；Chu et al.，2005；Toney et al.，2010）。这种方法使 D'Andrea 等（2011）得以重建格陵兰西部两个湖泊（布拉亚湖）5600 年的古温度序列，结果表明温度变化可能在不同文化人群的北极殖民化中起到了关键作用（图 9.15）。广泛应用湖泊沉积烯酮开展古温度重建，

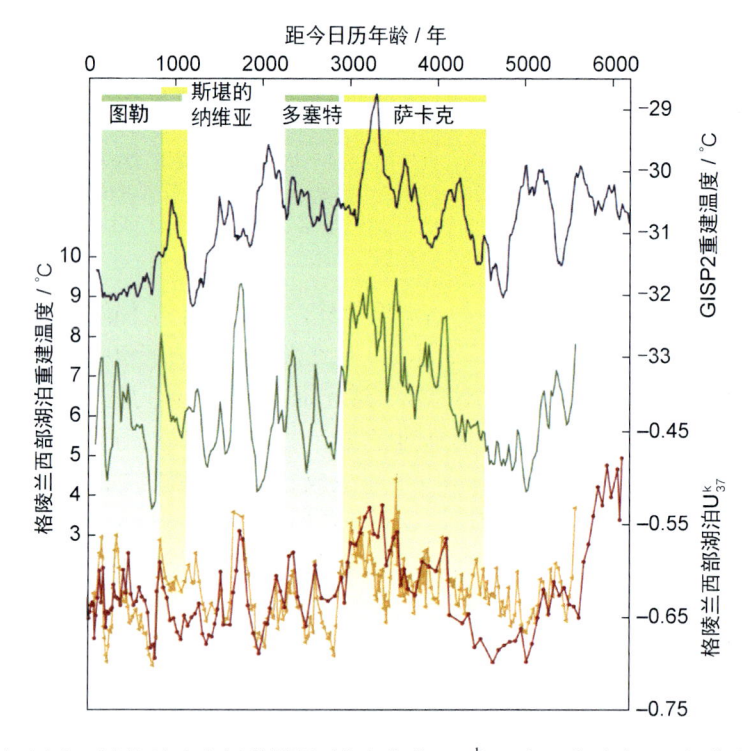

图 9.15　格陵兰西南部两个湖泊晚全新世烯酮不饱和指数（U^{k}_{37}）古温度重建。下部曲线显示每个湖泊的 U^{k}_{37} 值，中间曲线显示重建的温度，上部曲线显示 GISP2 $\delta^{18}O$ 重建的温度，假定其 $\delta^{18}O$ 与温度关系恒定。U^{k}_{37} 温度校正基于 6 月中旬至 7 月中旬自水柱中提取的烯酮实地测量值，并结合湖泊烯酮的空间校正与相关水温进行了回归（Zink et al.，2001），数据来自烯酮分子组成与格陵兰湖泊相似的地点。重建温度为夏季水温，而在该地区，气温和湖面水温密切相关。图顶部标注主要的因纽特文化人群出现的时段，可见多塞特文化更好地适应了在海冰上狩猎，并在距今约 3000 年之后的寒冷条件下表现更佳。数据引自 D'Andrea 等（2011）。

需要进一步研究不同种类的附生藻类以及影响附生藻类繁盛的环境因素，包括其深度分布和生产烯酮的季节时限。评估二不饱和、三不饱和或四不饱和酮在水柱和沉积物中是否存在差异性降解也很重要，这种差异性降解会使 U_{37}^k 指数产生严重偏差。

由于提取和鉴定沉积物烯酮（或其他有机生标）的工作非常耗时，因此建立很高分辨率的序列十分困难。但是，如果针对同一沉积岩心能够以更高分辨率测量其他相关特性，则可将烯酮温度信号转换至其他代用指标，从而提高重建的分辨率。因此，von Gunten 等（2012）以非常高的分辨率（约 2 mm 间隔）测量了格陵兰西部沉积岩心的反射光谱特性。在可见光色谱中，二氢卟吩在 660~670 nm 范围内产生独特的吸收信号，这可用于获取整个沉积岩心的二氢卟吩含量记录（相对吸收波段深度指数：$RABD_{660;670}$）（图 9.16）。二氢卟吩分子源于叶绿素，主要来自湖泊内部的初级生产力，因此沉积二氢卟吩信号反映了透光带生产与沉积有机质保存之间的平衡（Rein and Sirocko，2002；von Gunten et al.，2009）。在格陵兰西部布拉亚湖沉积中，$RABD_{660;670}$ 指数与较低分辨率的烯酮古温度记录密切相关，因此能够利用这种关系获得分辨率远远高于单独利用生标指数获得的古温度重建序列（图 9.17）。在进行这种指标对指标校正时，结果揭示出很强的利用粗分辨率烯酮数据无法检测的多年代际信号。

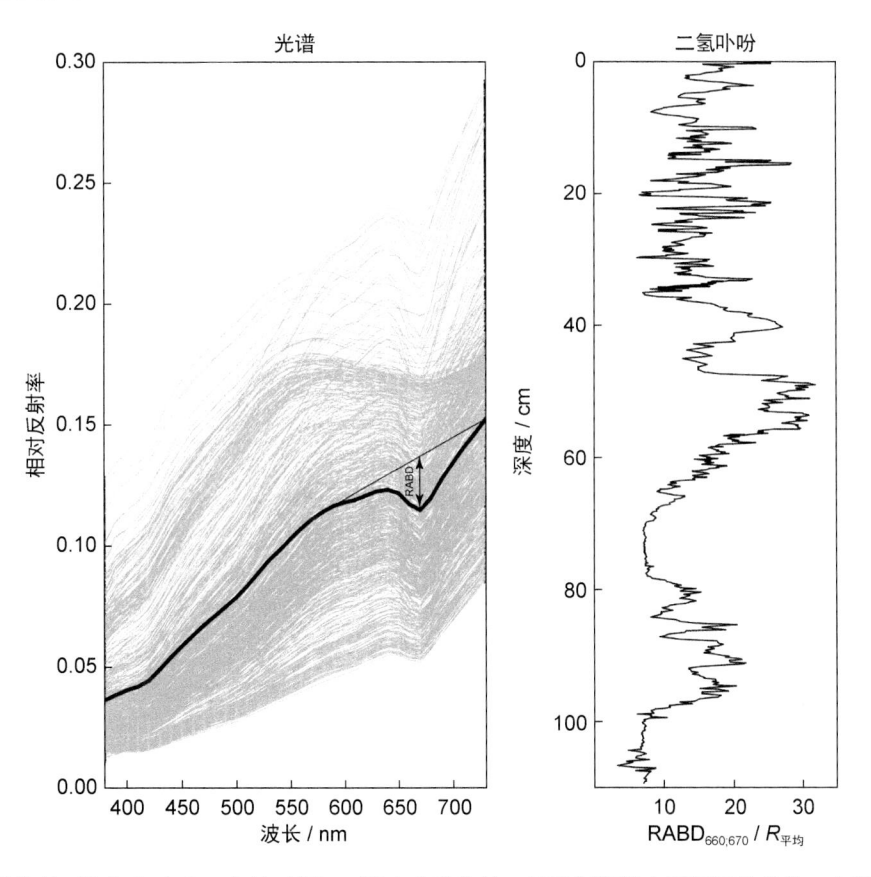

图 9.16　格陵兰西部沉积岩心（布拉亚湖）可见光光谱特性，显示沉积岩心不同层位的单一光谱（左图浅灰色线）。岩心某一深度的 660~670 nm 相对吸收深度（$RABD_{660;670}$）（由于二氢卟吩）示于左图（深色线）。岩心 $RABD_{660;670}$ 指数变化示于右图，指示沉积二氢卟吩含量的相对变化。引自 von Gunten 等（2011）。

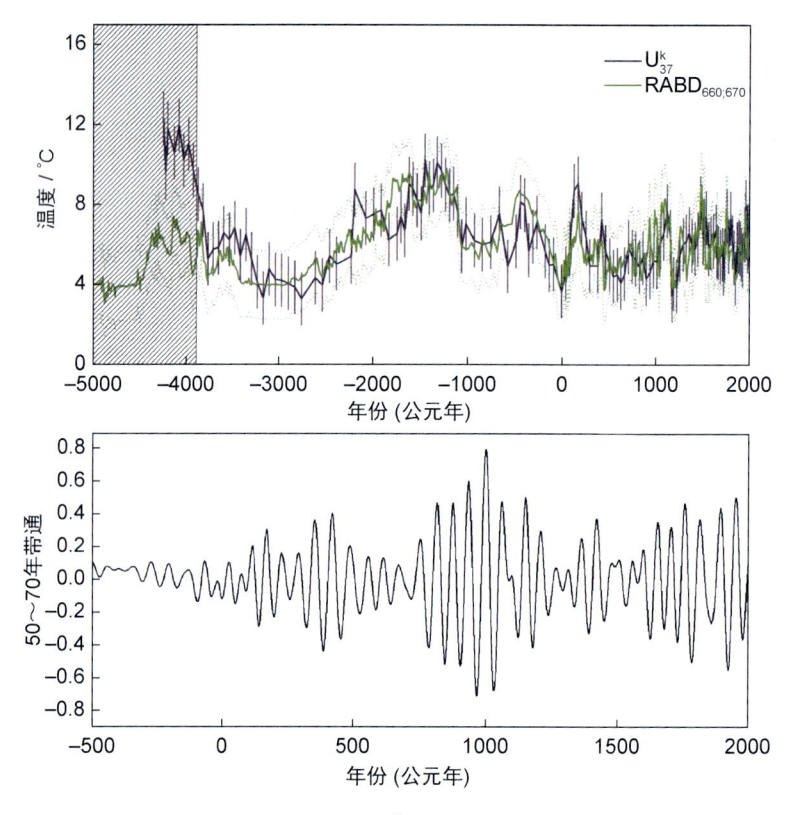

图 9.17 格陵兰西南部布拉亚湖温度重建,基于 U_{37}^k（蓝线）和更高分辨率的色谱数据（$RABD_{660;670}$）（绿线）。指标对指标校正提供了更高分辨率的重建序列,揭示出类似大西洋多年代际涛动（Atlantic Multidecadal Oscillation, AMO）的周期性（50~70 年）振荡。下图为最近 2500 年同一高分辨率序列的 50~70 年带通滤波结果,显示出这种"AMO"振荡幅度的显著变化。引自 von Gunten 等（2011）。

第10章 其他陆相地质证据

10.1 引　　言

提供古气候学相关信息的陆相地质记录研究所涉范围广泛。事实上，甚至可以说几乎所有的大陆沉积体都在某种程度上传递着古气候信号。风、冰川、湖泊和河流的沉积在很大程度上都随着气候的变化而发生变化，不过通常很难确定导致沉积物形成的特定气候条件组合。与此类似，诸如湖岸线和海岸线等侵蚀特征以及冰斗和其他冰川侵蚀地形特征，在某种意义上都指示特定的气候类型，但基于此类信息的古气候定量重建却面临真正的挑战（Flint，1976）。通常而言，从这些证据得出的气候推论都是定性的，甚至测定这些特征形成的时间都非常困难。然而，此类有关过去气候变化的证据无所不在，而诸多解释其古气候意义的新方法也已臻成熟。

本章无意回顾所有可能与古气候有关的地质和地貌现象，而是仅仅讨论已经提供了古气候定量数据或帮助建立了古气候事件年代的少数几种方法。

10.2 冰 缘 特 征

将化石冰缘现象用作过去气候状况的指标受到两个基本问题的限制。首先，直接测定冰缘特征形成的时间通常十分困难（即使不是不可能）。一般情况下，是以冰缘特征伴生的沉积物为参照确定年龄，因此获得的只是这些特征形成的最大年龄。其次，尽管现代冰缘活动区可根据特定等温线圈定，但过去发生的类似冰缘活动却仅能指示当时温度的上限而非下限（Williams R.B.G.，1975）。因此，通常而言，现今的永久冻土仅出现于年平均气温低于-2℃的地区，且在北半球-6～-8℃等温线以北几乎无处不在（Ives，1974）。然而，过去更为广泛的永久冻土证据仅表明温度低于这一水平，但并未提供低多少的任何信息。绘制残存冰缘特征分布图可能指示永久冻土带的最南界位移了多少，但在该带内部，只能获得有限的最高古温度估值。尽管如此，冰缘特征仍格外引人关注，因为它们能够提供过去冰期极端降温期的信息。它们还能够提供靠近冰盖边缘区域的信息，这些区域因毗邻冰盖而难以获得其他古气候代用指标数据。

如前所述，永久冻土仅出现于年平均温度低于一定水平的区域，但永久冻土本身并未留下其曾存在的任何形态证据。古气候状况只能根据形成于永久冻土区并以特有方式扰动沉积物的特征予以推定。通过这种方式，可识别化石或残存冰缘特征，并绘制其分布图（图10.1）。最有价值且最容易识别的冰缘特征有冰楔、冰丘、分选多边形土、石条和冰缘卷（Washburn，1979a）。问题是确定相关特征形成所必需的气候因素，而这通常只能笼统地推测（表10.1）。例如，冰楔是由温度低于冰点时的热收缩引起的，发生有效冻裂需要的冬季

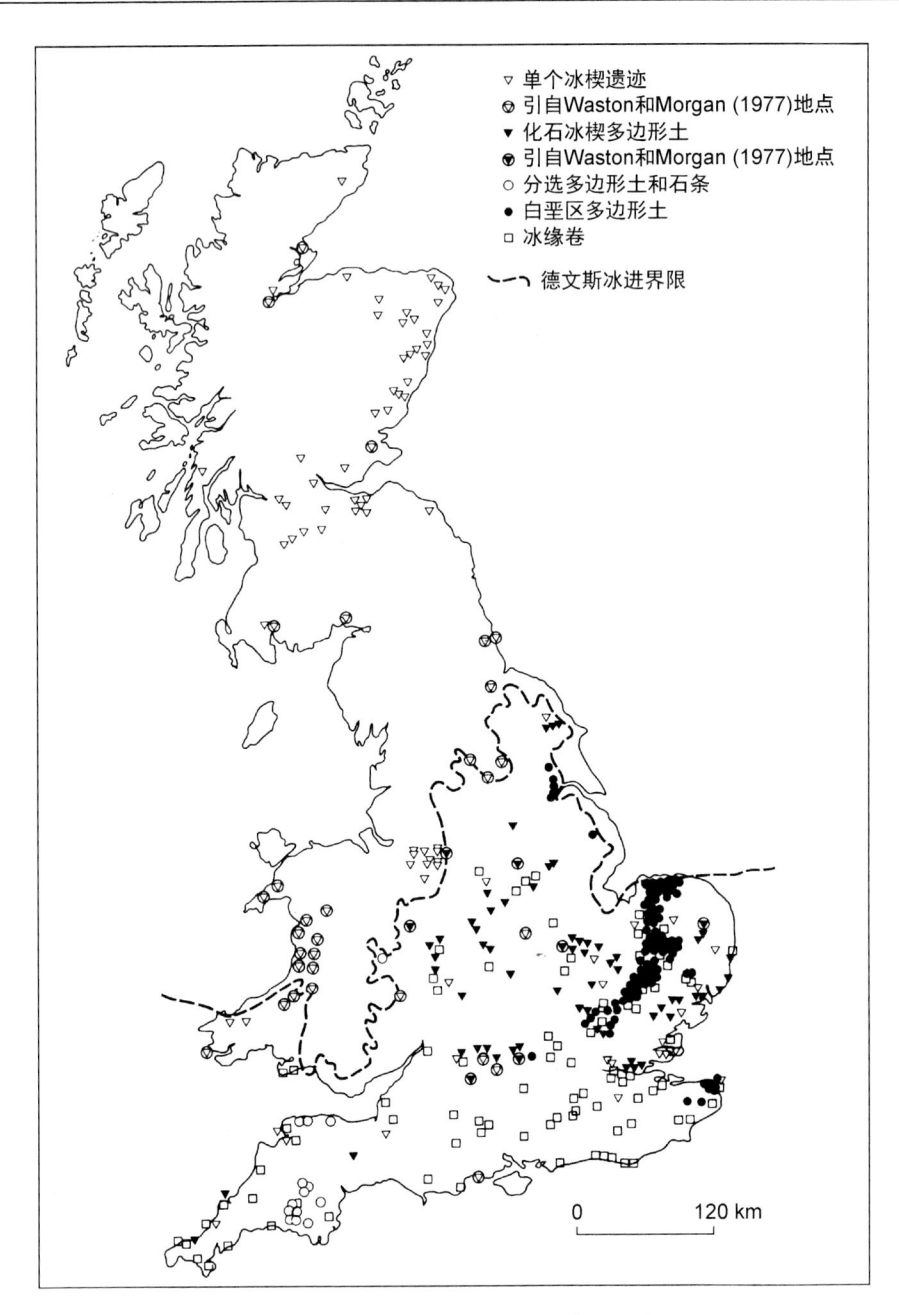

图 10.1 英国德文斯（=威斯康星）冰期多边形土分布。引自 Washburn（1979b）。

温度为–15～–20℃（或更低），但确切的温度水平取决于所研究的物质。粉砂和细粒物质形成冻裂和冰楔的温度高于砾石，后者所需年均温约为–12℃。另外，降雪量是一个重要因素，因为雪的隔热作用可使地面免受严寒的影响。这一点已在今天通常不会形成活动冰楔的许多地区得到证实，在这些地区，人工除雪（如道路或机场跑道）会导致冻裂发生和冰楔形成。因此，基于此类现象的古气候重建存在一定的不确定性，类似的问题在考虑其他类型冰缘特征时也必须面对。尽管如此，根据过去不同类型冰缘特征的分布，还是可以对温度

表 10.1　冰缘地貌特征分布与气候阈值

冰缘地貌特征[a]	气候阈值[b]	
	MAT / ℃[c]	MAP / mm[d]

1. 其形成需要永久冻土的冰缘特征

    1.1. 与连续永久冻土相关的特征

冰楔多边形土	<-4 至 <-8℃	>50~500 mm
	其他气候指示：初冬温度快速下降	
沙楔多边形土	<-12 至 <-20℃	<100 mm
封闭系统冰丘	<-5℃	

　　1.2. 与不连续永久冻土相关的特征

开放系统冰丘	<-1℃

　　1.3. 与连续、不连续和零星永久冻土相关的特征

融化型式（热喀斯特构型、活动层脱塌、地下冰塌、永久冻土洼地、热融喀斯特洼地、热融喀斯特谷、连珠小河、融冻湖和定向湖、热蚀和热融崖龛、退化多边形土、热喀斯特丘）	<-1℃
	其他重要指示：地面冰含量高
季节性冻丘（冻土丘、冰隆丘、小丘）	<-1 至 <-3℃
泥炭冰丘	<0 至 <-3℃
石冰川	<+2 至 <0℃　　<1200 mm
	其他气候指示：太阳辐射量高、升华和蒸发强以及降雪少的大陆性气候

2. 其形成需要强烈季节性冻结地面且也与永久冻土有关的冰缘特征

2.1. 季节性冻裂多边形土（地楔）	<0 至 <-4℃；最冷月平均气温<-8℃	
2.2. 冻丘（冻胀丘）		
苔原丘（形成于高纬度）	<-10℃	
土丘（形成于高纬度）	<-6℃	
土丘（形成于高海拔）	<+3℃	
2.3. 无分选环（泥结、泥环）	<-2℃	>400~800 mm
2.4. 分选环和石条（Φ>1 m）[e]	<-4℃	
2.5. 分选环和石条（Φ<1 m）[e]	<+3℃	
2.6. 融冻泥流微构型（舌形体、阶状体、刨块）	<-2℃	
2.7. 雪蚀和冰冻夷平特征（雪蚀洼地、冰冻夷平阶地、冻裂陡崖）	<-1℃	

3. 与昼夜冻结地面和针冰相关且也与季节性冻结地面和永久冻土有关的冰缘特征

    3.1. 微型多边形土
    3.2. 微型分选构型和石条　　　　　　　　　　　　　　<+1℃
    3.3. 微型丘

a 有关特征描述，参见 Washburn (1979b) 或 French (2007)。
b 热阈值代表相关特征形成的上限。
c 年平均气温。
d 年平均降水量。
e $\Phi = -\log_2 d$，其中 d = 沉积物直径（克鲁宾沉积物粒级标度）。
引自 Karte 和 Liedtke（1981）。

变化进行保守的估计（图10.2）。其准确性确实受限于对类似现代冰缘特征气候控制机理的理解。图 10.2 显示，末次（威斯康星/武木/威赫塞尔）冰盛期欧洲年平均温度比现今温度平均值至少低 14～17℃（Washburn，1979b）。虽然用于编图的许多冰缘特征并未准确定年，并且经常被简单地视为反映末次冰盛期的情形，但仍然值得考虑 Dylik（1975）提出的观点，即最大降温在时间上与最大冰盖范围（最大"冰川作用"）通常并非对应。Dylik 认为，冰盖范围在很大程度上指示的是降雪（即冷湿气候状况）而非仅仅是低温信息。因此，冰缘特征可能在大冰盖达到最大范围之前的最低温度期进入鼎盛发育阶段。这可以解释末次冰盛期基于植物重建的古温度（有时显示年平均温度比现今仅低 3～6℃）与基于冰缘现象估算的古温度之间的显著差异。

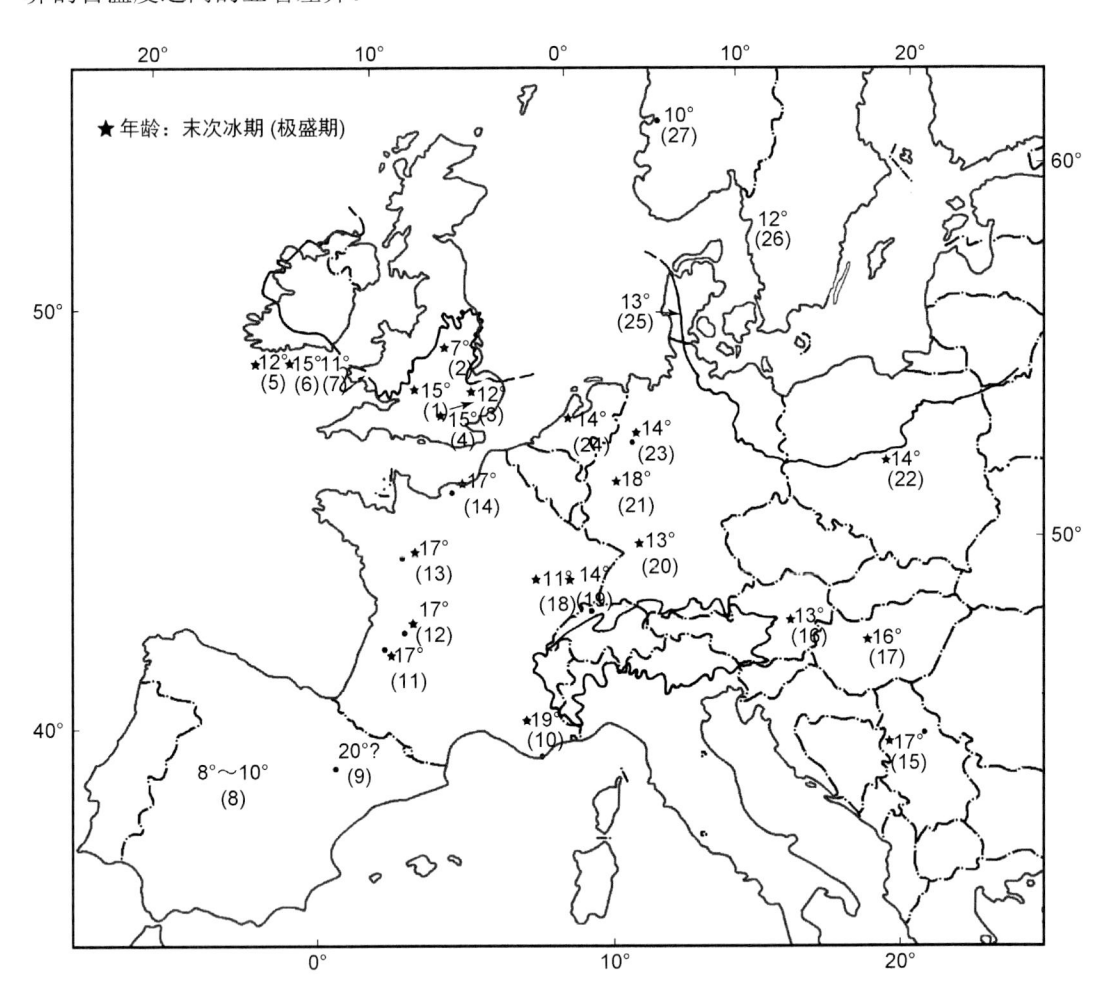

图 10.2　末次冰盛期以来欧洲升温状况，基于冰缘特征。升温值为最低估值。最大冰盖界线以粗线标示。引自 Washburn（1979a）。

如果能够在有限的区域内识别出各种不同年龄的冰缘特征，则可以重建不同时期的古温度。Maarleveld（1976）利用荷兰残存冰缘特征观测结果对此进行了尝试（图 10.3）。Maarleveld 将每种类型的特征与特定的温度约束相关联，例如，残存冰丘指示最高年平均温度为–2℃，而"广泛分布的粗粒雪融水沉积"指示年平均温度的范围为–7~–5℃。遗憾的是，Maarleveld 并未指出其图中哪些时段是基于最高温度估值，哪些时段是基于明确的温度范围，因此图中某些时段的估值可能比其他时段更加精确。尽管如此，作为第一个粗略的古温度重建序列，其结果可与其他代用指标数据记录进行良好的对比（图10.3），表明冰缘研究对古气候分析具有潜在价值。

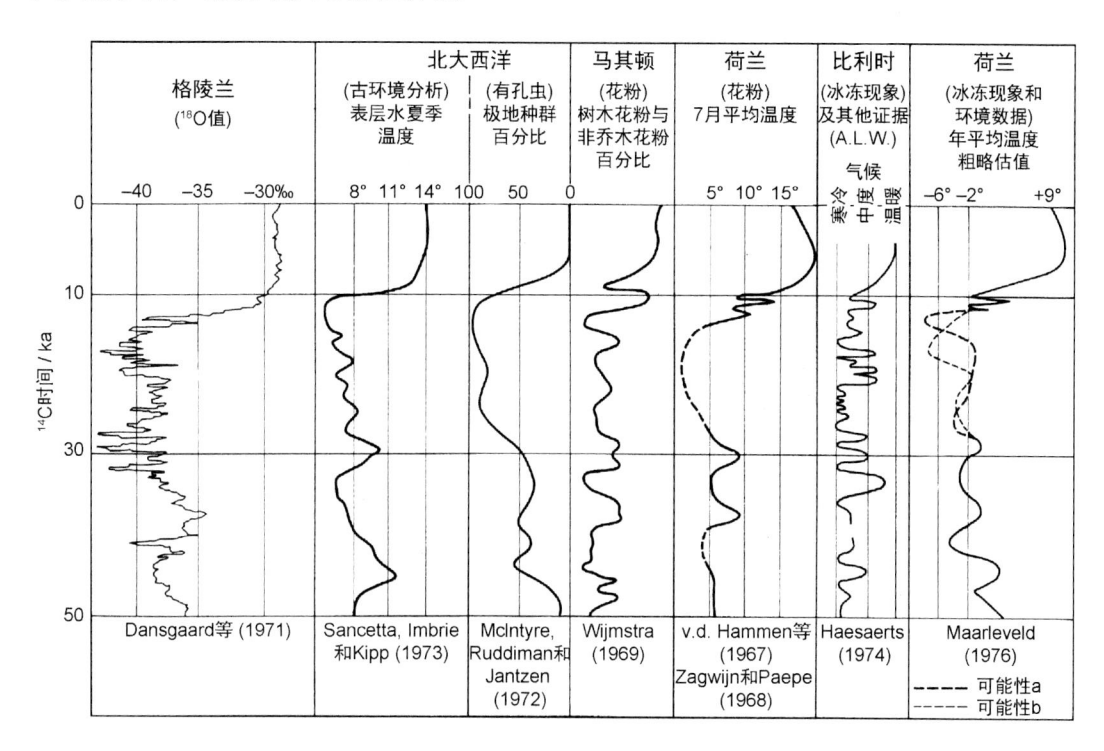

图 10.3　冰缘特征重建的欧洲古温度序列（右列）与其他长尺度代用指标数据记录的对比。
引自 Maarleveld（1976）。

10.3　雪线与冰川活动阈值

在永久积雪区，可以确定一个高度带，将季节性积雪的较低海拔区与永久积雪的较高海拔区分开。使用带这一术语，是因为实际界线或雪线的海拔每年都有变化，这取决于积雪和融雪季节的具体天气状况。在冰川区，这相当于粒雪线或（在无重叠冰带的温带冰川区）平衡线高度（equilibrium line altitude，ELA）。如果观测一段时间，雪线的平均高度将清晰显现，从而可以明确区域或气候雪线（Østrem，1974）。现代冰川观测表明，ELA 接近于冰川累积区占其总面积约 70%的高度。为估算古雪线，通常的做法是通过绘制过去冰川区分布图（据冰碛位置）重建古 ELA，然后基于约 0.7 的累积区面积比确定 ELA 的位置。这通常对应于侧碛的最上限。将现代 ELA 与依上述方法构建的古 ELA 之间的差异绘制成图，可为认识过去气候状况提供宝贵信息。例如，Péwé 和 Reger（1972）据此证明，北冰洋在现今的阿拉斯加冰川作用中并未起到重要水汽源的作用，因为北部海岸的雪线梯度不大，且雪线未下降至低海拔区（图10.4）。相反，在靠近阿拉斯加湾的南部海岸，雪线梯度很大，且随水汽源距离增加，雪线高度快速上升。类似的雪线分布模式（尽管低得多）曾出现于威斯康星冰期晚期，表明当时的主要水汽源与现今相似。

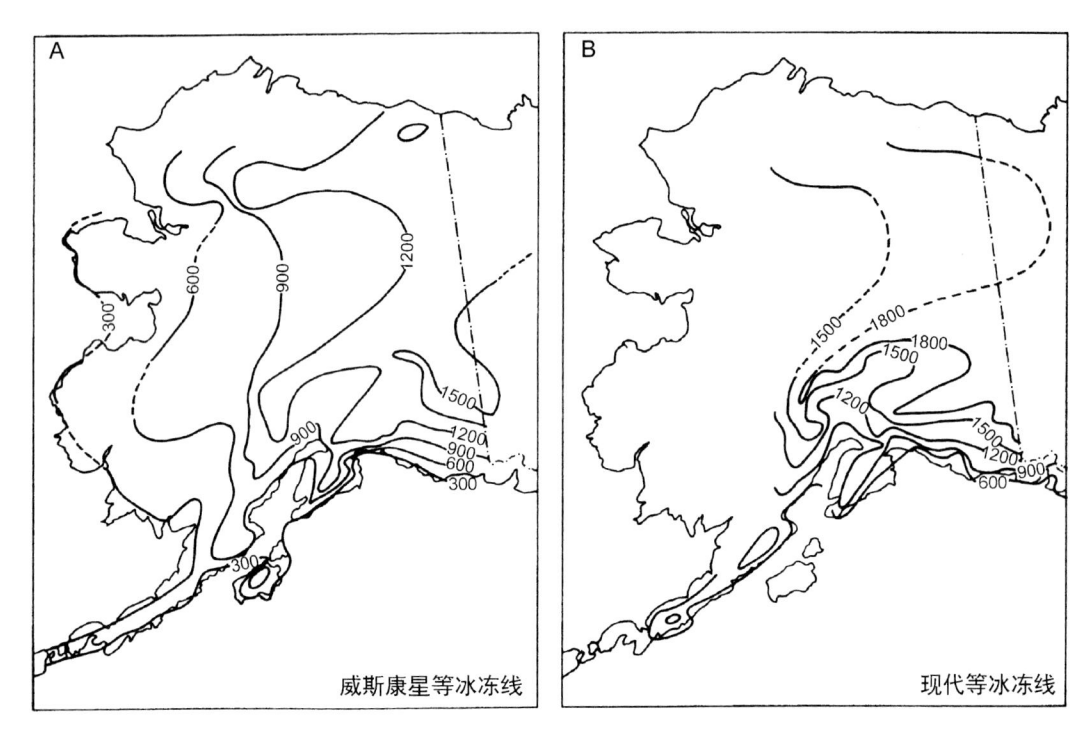

图10.4 （A，B）阿拉斯加现代和威斯康星冰期雪线（高程单位为m）。现代雪线显示出与冰期雪线相同的分布模式，表明水汽源未发生重大变化。因此，冰川作用最重要的水汽源为阿拉斯加湾而非波弗特海。
引自 Péwé 和 Reger（1972）。

有一个类似的指标是基于冰川发育水平或冰川活动阈值提出的，该指标界定了冰川或永久冰原发育的下限（Miller et al.，1975；Porter，1977）。这通常是通过识别一个地区最高的无冰川山峰和最低的有冰川山峰，然后求取两者海拔平均值确定的。如果能够绘制出过去时期类似特征的分布，则雪线和冰川活动阈值都可用于古气候重建（Osmaston，1975），不过这些数据显然只能提供（盛）冰期的信息，且对认识暖期气候状况毫无助益。虽然在绘制现代和过去雪线图方面已开展大量工作，但除少数案例外，古气候重建都过于简单，且重建结果往往模棱两可。这主要是由于以下问题。

（1）现代雪线与现今气候的关系尚未得到充分研究，气候对现代雪线高度的"控制"作用仍不清楚，且不能假定其在所有地区都一致。此外，山区气温直减率尚无详尽的记录，因而将其用于古温度重建仍成问题。

（2）古雪线重建通常基于不同时期形成的地貌特征，这可能是过去雪线下降估值差异很大的原因（如 Reeves，1965；Brakenridge，1978）。

10.3.1 雪线和平衡线高度（ELAs）的气候与古气候解释

通常认为雪线与夏季 0℃ 等温线的高度有关，实际上，Leopold（1951）已证实，美国西部 35°N～50°N 纬度带，这两个等值面存在紧密的对应关系。因此，比现今低约 1000 m 的古雪线被解释为指示夏季温度的降低。利用现今夏季月份每 100 m 0.6℃的大气温度直减率，Leopold 得出结论：当雪线处于最低位置时，7 月温度比现今低 6℃。假设其他月份的降温比率较低，而降冬时节（1 月）的温度与现今保持不变，他认为年平均温度可比现今低 4～5℃。按照相似逻辑但假定直减率为每 100 m 0.75℃，Reeves（1965）提出，新墨西哥州雪线下降 1300 m 相当于 7 月温度降低 10℃、年平均温度降低 5.1℃。Brakenridge（1978）对这些估值提出严重质疑，他发现，由于纬向雪线梯度相当大，美国西南部现代雪线与 7 月 0℃ 等温线实际上与 7 月任一等温线之间都不存在密切关系。使用年均温–6℃等温线能够得到更好的拟合，而"盛冰期"雪线具有相似梯度，表明年均温下降了 7℃。在安第斯山脉中部（10°S～30°S），温度越高的地区雪线实际上越低，这是由于这些地区降水量大，抵消了温度效应，而该区最高雪线出现于阿尔蒂普拉诺高原西部（西部山脉）寒冷、干旱的山区（Fox，1991）。

这些研究凸显出在明确雪线如何随温度变化，以及在可能情况下利用以前的雪线作为温度变化指标时，应设定什么直减率等方面存在的基本问题。将现代直减率用于此类计算可能并非合理的假设，因为过去的温度和湿度状况均与现今不同，这在许多地区可能导致直减率降低。不过，整个研究太过简化，忽略了其他重要因素。雪线不仅随直减率变化而变化，还取决于冰雪累积随高程（累积梯度）辐射平衡、风速和湿度的变化，以及反照率随温度的变化（因为温度影响降雪与降雨的相对频率）（Williams R.B.G.，1975；Seltzer，1994）。

降水在控制雪线高度和空间变化方面的重要性在北美和南美的科迪勒拉山系已受到关注。例如，在华盛顿州的喀斯喀特山脉，86%的冰川活动阈值变量可用积雪季节降水量加以解释（但年均温与降水量高度相关）（Porter，1977）。通过利用孢粉学证据评估威斯康星冰期晚期（弗雷泽）的温度变幅，Porter 估算得出冬季降水量比现今少 20%～30%，融雪季温度比现今低 5.5±1.5℃。Porter 等（1983）将这种方法拓展至落基山脉，推测该区晚更新世低雪线所需的温度远远低于简单直减率计算所得出的温度（相当于–6℃，ΔT=–10～–15℃），这是因为当时气候更为干旱。除非同时考虑温度和降水的变化，否则会得出错误的结论。然而，Seltzer（1994）认为，这种方法只是局部的解决方案，因为毫无疑问，存在入射太阳辐射变化（由于轨道驱动）和云量变化引起的区域效应，从而使整体辐射平衡也发生变化。他提出了一个包含许多相关因素的模型，但评估重要变量如何变化仍是一项重大挑战。

在安第斯山脉，最干旱纬度的雪线最高（>6000 m）（图 10.5）。"更新世"雪线下降了 650～1500 m，降幅最大为秘鲁南部和智利北部的极端干旱区，最小为赤道区。这表明整个地区的温度总体下降，但沙漠区的降水量明显增加（Hastenrath，1967）。跨越山脉屏障的东西向断面提供了更多的信息，该断面显示现代雪线梯度在 28°S～32°S 之间发生倒转（图 10.5）。这与中心位于约 30°S 的副热带高压周围的盛行环流有关，盛行风向在高压以北为东风，而在高压以南为西风（向岸）。冰期的低雪线梯度通常与现代雪线平行，但在 28°S 情况并非如此。"更新世"雪线显示出梯度倒转，表明对流层下部温带西风与热带东风之间的边界向赤道移动了约 5°。在西风体系确立的地区，更新世雪线向东显著上升（图 10.5）。在东非部分地区，也已注意到现代至冰期的粒雪线梯度发生了类似的倒转（Hamilton and Perrott，1979）。

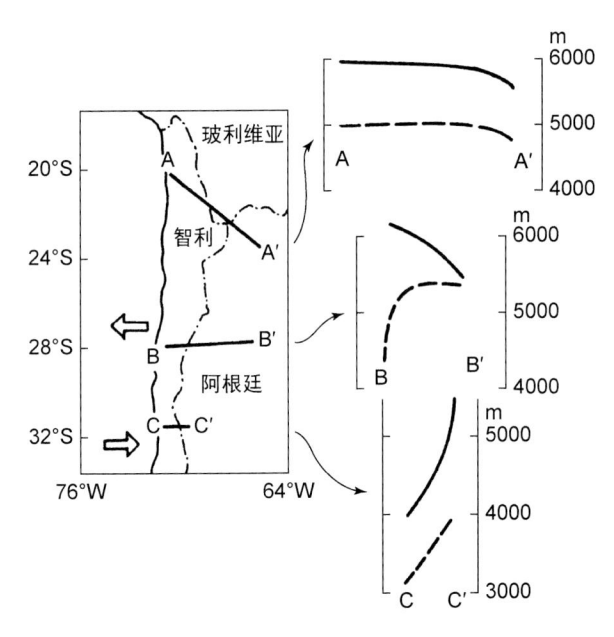

图 10.5　南美安第斯山脉东西向断面现代（——）和更新世（----）雪线高度。现今纬向风主分量以箭头标示于左图。在北部和南部地点，整个断面的更新世雪线均较低。在中部地点（28°S），更新世与现代的雪线梯度明显倒转。这是由于副热带高压及相关风场改变所致，自更新世时期的主导性向岸气流转变为现今的离岸气流。引自 Hastenrath（1971）。

以上简短概述表明，不同地区的雪线受控于不同的气候参数，必须先理解这种关系，才能运用古雪线进行古气候重建。不过，也可以利用能量平衡模型评估不同气候变量对雪线下降的相对重要性，这类模型考虑了许多相关变量以及它们之间的相互作用。比如，这种模型就已用于解答加拿大北部发生大规模冰川作用需要什么气候条件的问题（Williams，1979）。通过计算不同气候条件下区域雪线高度，得以确定哪些地区过去最有可能形成常年积雪（即哪些地区最容易受冰川作用影响）以及不同气候条件变化导致的冰川作用范围。有趣的是，Williams 的模型表明，夏季温度大幅下降（10～12℃）才能使基韦廷和拉布拉多发生大规模冰川作用，而较小的温度变化却足以使其以北的巴芬岛发生冰川作用（图 10.6）。这证实了以下观点：巴芬岛对气候波动尤为敏感，很有可能是过去（也可能是未来）冰盖最初开始形成的地点（Tarr，1897；Bradley and Miller，1972；Andrews et al.，1972）。同样有趣的是，模型结果表明，降雪量增加对冰川作用范围几无影响，温度变化似乎对区域雪线下降和冰川作用最为重要（Williams，1979）。

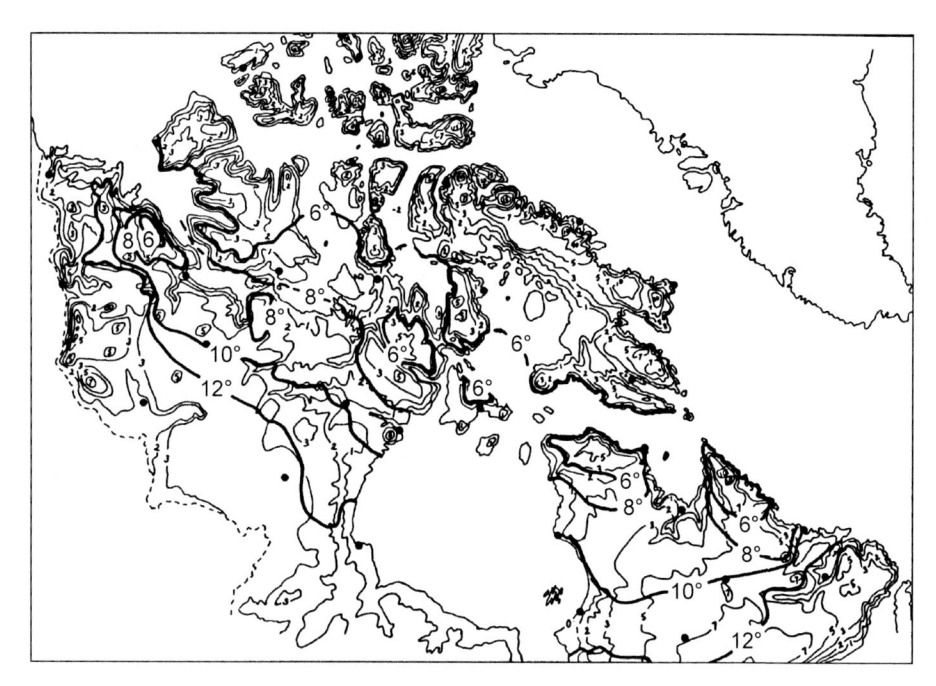

图 10.6 能量平衡模型预测的不同量值的春夏一致性降温下常年积雪界线，假定以"常年"（1931～1970年）积雪和距今 116000 年前 3 月 31 日的地球轨道参数为条件。例如，当春-夏温度下降 6～8℃，常年积雪主要局限于北极群岛和拉布拉多-昂加瓦北端；当春-夏温度下降 10～12℃，基韦廷和拉布拉多的大片区域将发生冰川作用。引自 Williams（1979）。

10.3.2 过去雪线的年龄

上节多次提及"过去"或"更新世"雪线而未加限定。不过，并非所有的古雪线都是以相同方式定义的，这使得重建的古气候图像更加混乱。一种常用的方法是估算特定冰期冰川覆盖的冰斗底端平均高度（Péwé and Reger，1972），或者将古雪线界定在位于某一特定冰进形成的终碛与冰斗壁最高点之间的中值高度（Richmond，1965）。在这两种方法中，冰斗的方位都是一个重要因素，这不仅对于太阳辐射接收，而且对于盛行风和山地背风坡强降水汇集都是如此。基于不同方位、不同冰斗群的研究可能会得出明显不同的古雪线数据。此外，在不了解与冰斗相关的冰川沉积物年龄的情况下使用冰斗底端高度，可能会得出混杂的冰斗群古雪线估值。因此，Hastenrath（1971）只能将他绘制的古雪线描述为"更新世"雪线，而 Péwé 和 Reger（1972）则将他们的古雪线描述为"广义威斯康星冰期"雪线。这些因素可以解释通常报道的雪线下限存在巨大差异的原因。例如，在新墨西哥州，估算的区域雪线下降值自 1000 m 至 1500 m 不等（Brakenridge，1978），在其他研究中差异更大（如 Reeves，1965）。这类定年不精确以及气候控制雪线高度的不确定性问题，使得大多数雪线研究对古气候重建的价值大打折扣。然而，如 Porter（1977）所示，对现代条件和定年准确冰川沉积的详细研究仍可为认识山区古气候状况提供重要信息。实际上，围绕这一主题对世界许多山地予以重新评估显然具有相当大的潜力。Dahl 和 Nesje（1996）在挪威南部山地全新世古气候研究中就提供了一个有趣的例子。他们依据末端冰川进退超过某些阈值时会在下游沉积中留下标志性特征的事实，利用冰水和冰湖沉积估算了哈当厄冰

帽大小的变化。这样可估算出冰帽的面积，并可据此计算出古 ELA（图 10.7）。松树（欧洲

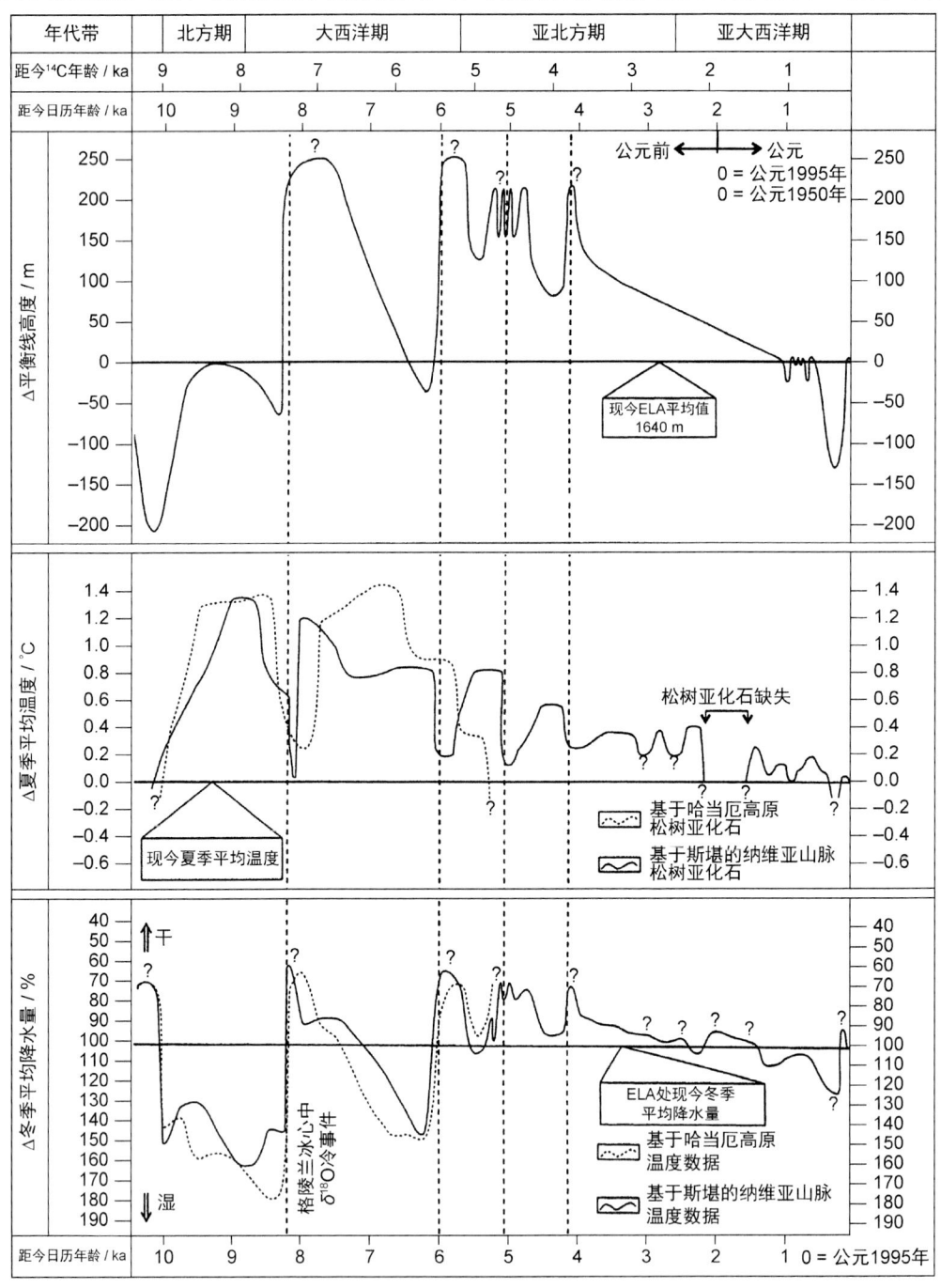

图 10.7 挪威中南部哈当厄冰帽平衡线高度（ELA）变化（上图）、夏季温度变化［基于现代树线以上发现的亚化石树木（欧洲赤松）］（中图）和冬季降水量（积雪量）变化（由 ELA 现今积雪量与温度之间的关系得出）（下图；注意标度反向）。所有量值以相对于现今状况的形式表示。年龄以校准和未校准 ^{14}C 年示于顶部。夏季温度在全新世大部分时间都高于现今水平，冰川前进发生于冬季积雪量增大的时期。只有"小冰期"夏季温度降低且冬季降水量增大，导致整个全新世最大的冰进。引自 Dahl 和 Nesje（1996）。

赤松)上限变化为评估夏季温度变化提供了量度,据此可获得ELA的温度估值(使用每100 m 0.6℃的直减率)。然后,他们利用普遍接受的挪威冰川平衡线处冬季积雪量(A)与温度(t)之间的关系($A=0.915\ e^{0.339t}$),重建了ELA冬季积雪量变化(假定这一关系随时间保持恒定)(图10.7)。他们的研究表明,在过去某些时期(距今9500~8300校准^{14}C年、7200~6200校准^{14}C年、约5500校准^{14}C年和约4500校准^{14}C年),尽管夏季温度较高,但因冬季降水量较大,冰盖面积反而增大了。"小冰期"主要冰进(18世纪达到高峰)由冬季降水增多叠加夏季降温所致,这一点是异乎寻常的,但这也许可以解释为什么当时的ELA比全新世其他任何时期都要低。

10.4　山地冰川波动[①]

冰川波动是由冰川的质量平衡变化引起的。净累积量增大会导致冰川增厚、冰体移动和冰川舌前进;而净消融量增大则会导致冰川减薄和冰川前缘后退。因此,冰川前进对应于能够增加累积、减少消融的气候波动所致的质量正平衡(如图10.8)。不过,有多种气候状况组合可能与这种质量平衡的净变化相对应(Oerlemans and Hoogendorn,1989),因此过去更大范围冰川位置的证据并不能提供当时气候状况的明确图像。然而,如果可以利用独立的古气候数据源核实一个重要变量(如温度),则有可能计算或模拟出引起冰川末端前进或后退的总体气候变化(如Allison and Kruss,1977)。

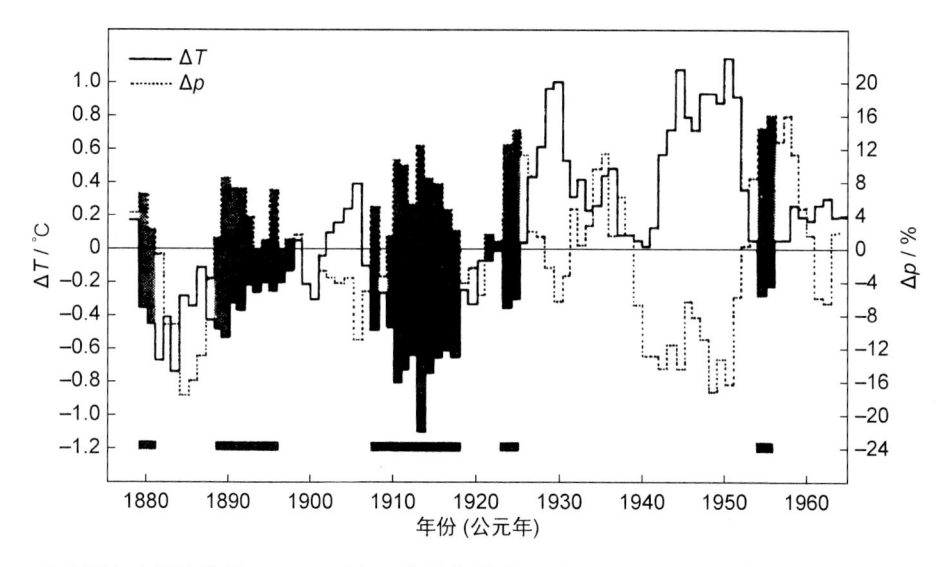

图10.8　瑞士阿尔卑斯山海拔2000 m以上7个站点夏季(6月、7月和8月)降水量(%)和温度(℃)平均距平(与1851~1950年平均值)。阴影区显示降水量高于平均值和温度低于平均值的年份,这些年份与该地区主要冰进的时间(底部条带)一一对应。引自Hoinkes(1968)。

[①] 大陆冰盖的增长和退缩以及相伴的海平面及大洋和大气环流变化是第四纪时期的基本特征(有关全球概述,参见《第四纪科学评论》1986年第5卷和1990年第9卷2/3期)。此类研究提供了冰川范围响应(无疑地)大尺度气候变化的重要区域信息。全球冰川作用范围与年代的综合报道,参见Ehlers和Gibbard(2004a,2004b,2004c),以及Ehlers和Gibbard(2003)的总结。

质量平衡变化不会立即转变为冰川前缘位置的变化。有可能会有一段下消作用期，在此期间冰川会损失质量但不会后退。例如，珠穆朗玛峰地区昆布冰川下部在1930～1956年减薄了约70 m，但冰川舌并未移动（Müller，1958）。即使下消作用不是重要因素，冰川前缘位置变动也会滞后于气候波动。不同冰川对质量平衡变化具有不同的响应时间（Oerlemans，1989）。净质量的增加会产生一种向冰川下方传递的运动波，其传播速度比冰川正常流动速度快数倍。该波到达冰川最末端所经历的时间即为冰川的响应时间，它取决于许多因素，包括冰川长度、基底坡度、冰川厚度和温度以及冰川本身的总体几何形状（Nye，1965；Paterson，1994）。例如，南喀斯喀特冰川（华盛顿）的响应时间仅为25～30年，而大型冰盖的响应时间可达数千年。

一些证据表明，消融量超过累积量可能导致响应更快，从而使得冰川后退基本上不会滞后于造成质量损失的气候波动（Karlén，1980）。因此，冰川前缘变化是短期和长期气候波动相当复杂的综合反映，在响应时间短的小冰川后退时，一些大冰川前进是不足为奇的。不同地区、不同大小和响应时间的冰川可能同时前进，但响应的却是不同的气候事件。最大的冰川系统响应低频气候波动，而较小的冰川系统响应高频气候波动。

10.4.1　冰川波动证据

冰川古气候记录中的空缺时段表明，气候条件的复杂性以及冰川响应时间的差异性，使得冰川波动成为相当复杂的古气候数据源。在通常只有很少的有机物质可用于测年和风化速率极低的环境下，对过去冰川前缘位置进行定年的固有困难更使情况变得雪上加霜。

冰川前缘位置变化记录通常来自冰进期产生的冰碛，冰退期和冰退的程度在野外很难识别，因此冰川谷下游的冰水或冰湖沉积记录通常是与冰川范围相关的更有价值的古气候记录（Nesje and Dahl，2000）。此外，在合适的情况下，沉积记录可与ELA变化相关联，进而可据此得出更直接的气候解释（如Dahl and Nesje，1996；Bakke et al.，2005，2010b，2013）。冰碛记录的问题在于其通常不完整，因为最近的冰进（通常规模最大）会抹除早期规模较小的冰进证据。然而，冰川沉积的详细地层学研究可揭示出指示以前地面的埋藏土壤和风化剖面、之后被更新的冰碛岩屑所埋藏的序列（如Rothlisberger，1976；Schneebeli，1976）。

到目前为止，将冰川前缘位置用作古气候指标的最大困难是冰川沉积的定年问题。虽然可通过测定冰碛上发育的土壤有机质获得放射性碳年龄，但它们只能提供冰进的最小年龄。冰碛达到相对稳定的时间与土壤剖面发育成熟所需的时间之间可能存在数百年的滞后。如果土壤一直被之后冰进所挟岩屑埋藏，土壤定年只能提供之后冰川事件的最大年龄，因为土壤中的有机质可能比之后的冰进（至少）老数百年（Griffey and Matthews，1978；Matthews，1980）。过去放射性碳产率的变化进一步制约了定年的准确性，尤其是在涵盖至关重要的"小冰期"冰进的最近500余年。对于曾发生冰川作用的火山区，火山灰年代学（见第4章4.3节）或熔岩流夹层定年可能有助于解释冰川事件（如Loffler，1976；Porter，1979）。在其他地区，暴露表面宇成同位素定年的最新进展，使得测定一个地区被冰川覆盖或冰碛达到稳定以来的时间成为可能（如Phillips et al.，1996）（见第3章3.2.5节）。

地衣测年法通常用于测定冰碛的年龄（见第4章4.4.1节），但该技术尚存不确定性，在距今1000年前的时段其可靠性可能不超过±20%。在大多数情况下，缺乏准确定年的校正曲线，或曲线是由完全不同于所研究冰川谷或冰斗环境的观测所得，使得这一不确定性更大。简言之，冰川波动年代学在世界大部分地区都存在非常大的不确定性。

10.4.2 冰川前缘位置记录

全世界几乎所有山区都已开展了冰川波动研究［Davis 等.（2009）以及《第四纪科学评论》专辑相关论文；Thackray 等.（2008）以及《第四纪科学杂志》专辑相关论文］。尽管很难测定冰川沉积的年龄，但山区提供了整个第四纪时期冰川作用反复进行的若干最详尽记录（如 Thackray，2008；Owen et al.，2008）。山地冰川的冰川沉积记录表明，最近100万年至少发生了11次具有全球意义（广义而言）的大规模冰川作用（图10.9），这一点已被相应的海洋^{18}O富集所证实。然而，由于上述定年问题，最详细的工作集中于冰后期（全新世）冰川波动。早期在落基山脉的工作使得Matthes（1940，1942）提出，许多高山冰川在中全新世暖干期［这被Antevs（1948）称为高温期］消失了，只是在之后的温凉和/或湿润期重新形成（"新冰期"；Porter and Denton，1967）。山地冰川和小冰帽在早至中全新世缩小甚至完全消失的证据通常是间接的，但因最近冰退而暴露的植物放射性碳年龄则提供了令人信服的证据，表明当时冰川至少与现今大小相同或比现今更小（如Hormes et al.，2001；Joerin et al.，2006；Anderson et al.，2008；Thompson et al.，2013）。在斯堪的纳维亚，一些湖泊沉积研究以及现代树线以上树木亚化石^{14}C定年的综合研究业已完成，获得了全新世大部分时段的夏季温度估值（见第11章11.3.2节）。该地区的许多高山冰川似乎并未挺过距今8000～4000年前的最暖期（Karlén，1981；Nesje et al.，1991）。其他学者对其他地区的研究也得出了类似的结论［如 Koerner 和 Paterson（1974）针对加拿大北极高地的梅格冰帽和Brown（1990）针对新几内亚的赤道冰川］。中全新世以后，许多地区的气候明显恶化，导致距今5000～4000年期间冰川作用和冰进再次发生（图10.10）。在之后的数千年里，冰川作用曾多次发生，并于最近的新冰期（13世纪至19世纪中叶）达到顶峰，成为最大规模的全新世冰进。这一时期通常称为小冰期（Bradley and Jones，1993），在西欧有特别详细的记载（Grove，1988，2001a，2001b）。在欧洲阿尔卑斯，可以通过历史文献、绘画和素描来追踪冰进，这大大促进了对野外冰川沉积的解释。针对法国、瑞士和奥地利的多个冰川，已详细重建了过去约450年冰川前缘位置变化，这其中最著名的是瑞士格林德瓦冰川（Messerli et al.，1978；Zumbühl，1980）和法国冰海冰川（Nussbaumer et al.，2007）。利用各种类似信息源，冰进期和冰退期均可得以确定（如图10.11）。不过，如此详细的记载非常少见，而仅凭地貌证据是无法构建冰川进退序列的。

由于小冰期冰进范围最大（在许多地区比末次大冰期结束以来的任何时期都大），更老的冰川事件记录经常被毁坏或掩埋。加之前述的定年难题，这使得世界范围的对比非常困难。因此，是否存在全球同步的冰川事件尚不清楚。毫无疑问，整个全新世出现了许多高山冰川扩张期（图10.10），并且冰川扩张的程度因地而异。然而，全新世冰川波动具有全球同步性或者冰川前进具有确定周期性的观点却无人赞同（参见 Denton and Karlén，1973a；Grove，1979；Rothlisberger，1986；Wigley and Kelly，1990）。

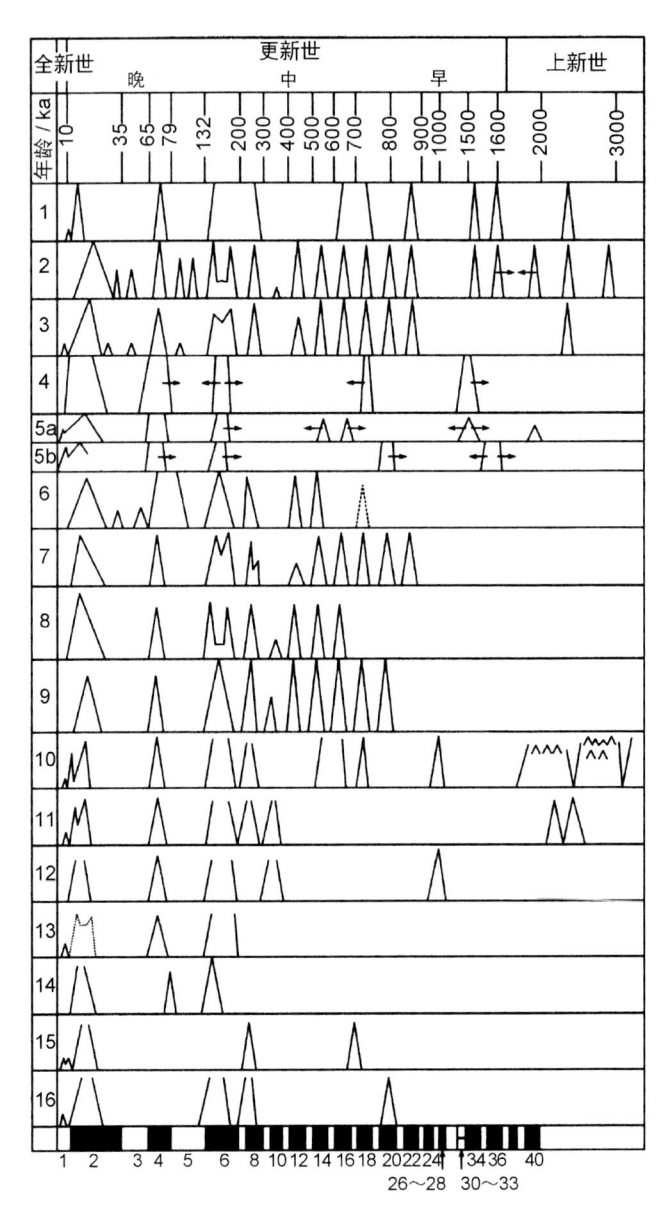

图 10.9 过去约 300 万年北半球和南半球主要冰川作用期概图，基于所示不同地区的冰川地质研究。冰进以向上三角形示意性标示，其相对尺寸表示每次冰进的程度。注意：时间标尺（示于顶部）为非线性。海洋氧同位素阶段示于底部，偶数阶段（大陆主要冰雪累积期）以阴影标示（但注意并非所有偶数阶段的量级都相同——见 6.3.2 节）。箭头表示定年误差。尽管存在误差，但仍可清晰识别出许多具有全球意义的冰进事件。1. 美国科迪勒拉冰盖；2. 美国山地冰川；3. 美国劳伦泰德冰盖；4. 加拿大科迪勒拉冰盖；5. 加拿大劳伦泰德冰盖（a. 西南边缘，b. 西北边缘）；6. 俄罗斯东北部；7. 波兰/苏联西部；8. 欧洲西北部；9. 欧洲阿尔卑斯山脉；10. 安第斯山脉南部；11. 新西兰；12. 塔斯马尼亚岛；13. 南大洋和亚南极洲；14. 南极洲（罗斯湾）；15. 新几内亚；16. 东非。据 Bowen 等（1986）和 Clapperton（1990）中图表简化。

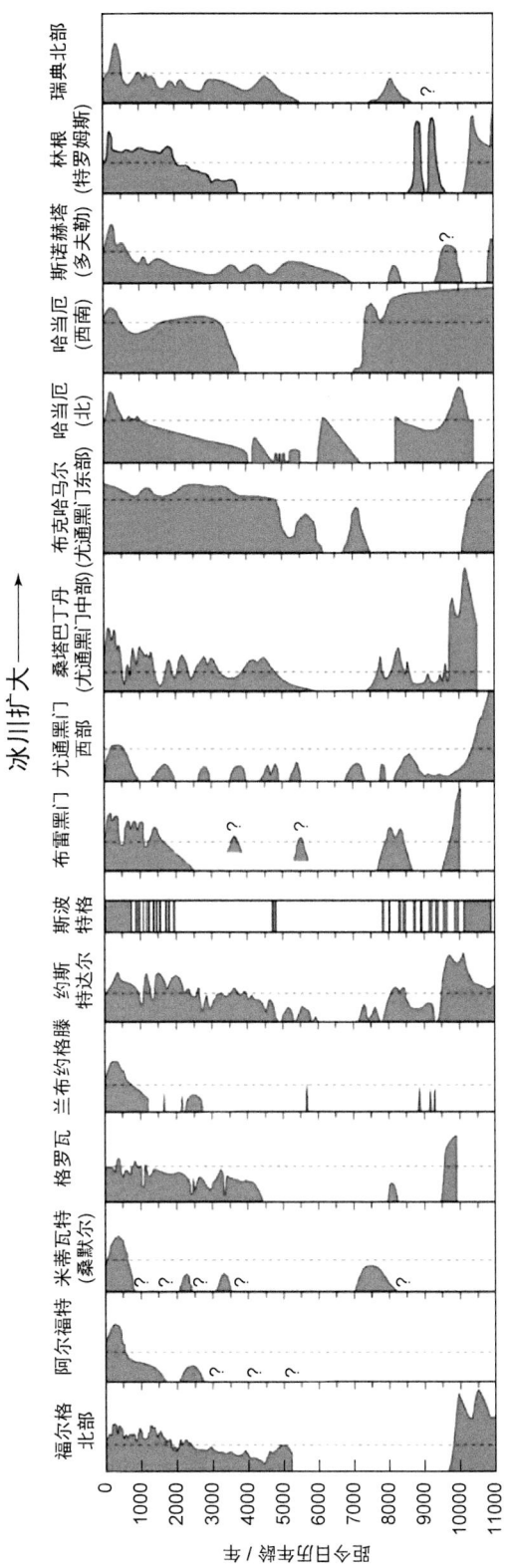

图10.10 斯堪的纳维亚（全世界研究程度最高的地区之一）不同区域全新世冰进一览图。水平标度为示意性而非按比例。尽管这些变化反映该地区特有的气候波动，但其总体模式与全世界其他许多山脉观测的情况相似，即早全新世冰川扩大，之后冰川退缩（在某种情形下导致某些地区的冰川完全消融），然后于4000～5000年前（新冰期期间）再次发生冰进。一系列冰进和冰退是最近数千年的特征，至最近数世纪的小冰期冰进达到顶峰，成为许多地区整个全新世规模最大的冰进。最近数十年，由于人类温室气体排放增加引起全球变暖，许多冰川已大幅消退。?标示该记录不确定。引自Nesje（2009）。

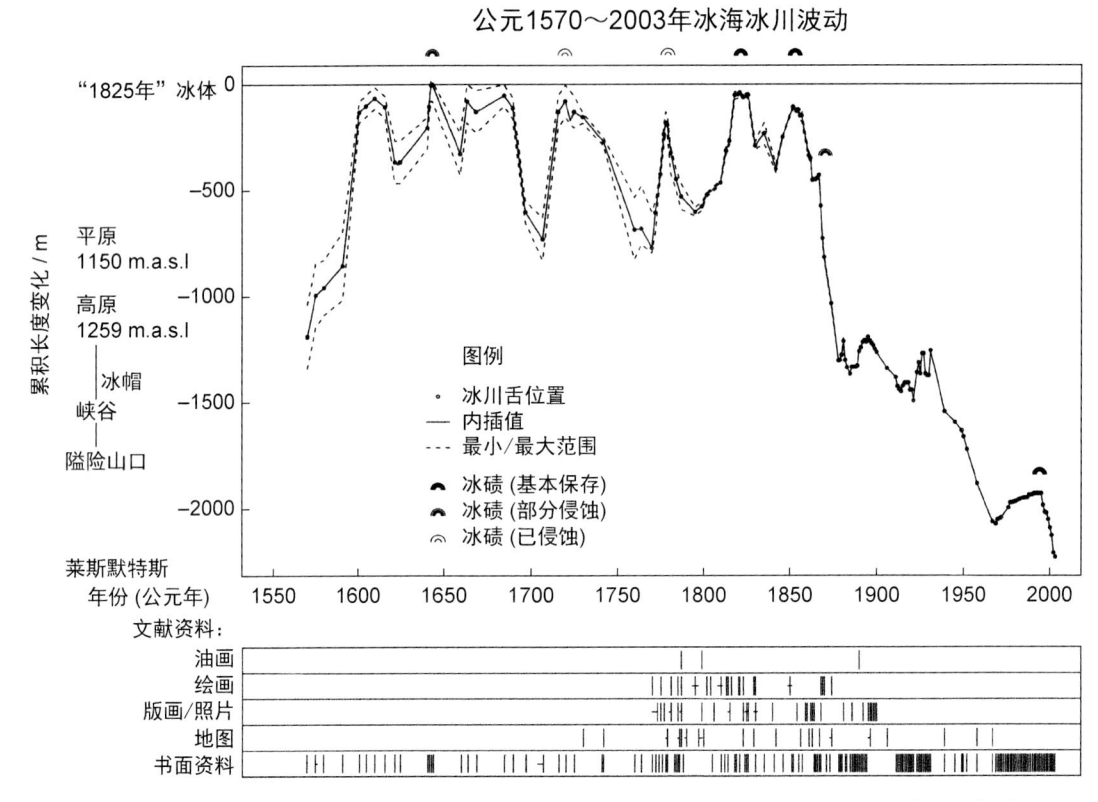

图 10.11 公元 1570~2003 年冰海冰川（法国勃朗峰）波动，以其 1825 年最大前进位置为对比标准。1850 年以来＞2 km 的大消退（1890 年和 1920 年前后出现轻微中断）清晰可见。冰碛以粗曲线标示，信息来源示于图下部。瑞士格林德瓦冰川下部的变化几乎与此一致，该冰川拥有同样详细的历史记录。引自 Nussbaumer 等（2007）。

10.5 湖面波动

全世界的干旱和半干旱区通常没有入海径流（地表水径流量）。相反，地表水系基本上不存在（无流区），或者终止于水体几乎完全因蒸发而损耗的内陆流域（内流区）。在这些内陆水系流域（图 10.12），气候波动导致的水文平衡变化会对水储量产生巨大影响。在正水量平衡期，湖泊大范围发育和扩张，而在负水量平衡期，湖泊退缩甚至干涸。因此，湖面变化研究可为认识古气候状况提供重要依据，尤其是在干旱和半干旱区。在现代湖盆中，过去的正水量平衡期通常根据残留的浪蚀湖滨线和/或湖滩沉积（图 10.13），或者河流支流和溪流高位三角洲以及暴露于现今湖滨线高度以上的湖相沉积予以辨识（如 Morrison，1965；Butzer et al.，1972；Bowler，1976）。负水量平衡期（相对于现今）可以在湖泊沉积岩心中或通过湖泊沉积露头上发育的古土壤加以辨识（Street-Perrott and Harrison，1985a，1985b）。封闭湖泊沉积的地层学、地球化学和微体化石含量研究对于解析湖泊历史具有特别重要的价值（如 Bradbury et al.，1981，2001）。

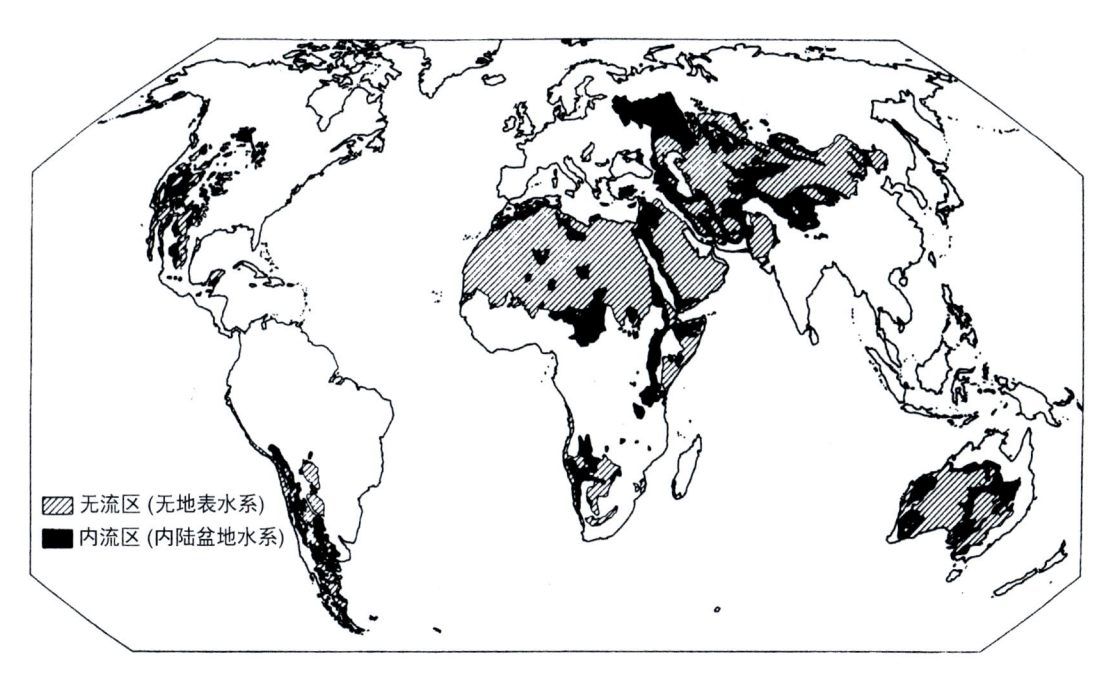

图 10.12　内流水系区与无流水系区。无流区没有永久性地表水系，内流区为内陆水系流域。引自 Cooke 和 Warren（1977）及 de Martonne 和 Aufrere（1928）。

图 10.13　内华达州皮拉米德湖中阿纳霍岛上的古湖湖滨阶地。最低湖滨线（1177 m）年龄为晚全新世（约 3000 年前至公元 1900 年）。一级侵蚀阶地（1207 m）形成于距今 13200～9500 年间，钙华堆积阶地（1265 m）形成于距今 23000～17000 年前。古湖湖面对应于不同的湖槛高度，在此高度，湖水可流入其他盆地。拉洪坦古湖高湖面高出该岛顶部约 3 m。照片由 Larry Benson 提供。

湖面波动的大多数早期研究都集中于封闭湖泊，在这些湖泊中，降水-蒸发平衡变化会导致湖泊容积变化以及由此引起的湖面高程调整。最近的工作已自此类湖泊所处的干旱和半干旱区扩展至开放（溢流）湖泊更常见的高纬区。在开放湖泊中，水量平衡变化自然地通过外流变化加以补偿，但湖面也会有所变化，尽管变幅远小于封闭湖泊。如果在一个湖泊中获取多套沉积岩心，就可以根据沉积相检测出过去的浅水状况，从而测定低湖面期的年龄（如 Harrison and Digerfeldt，1993）。大化石和孢粉学指标也可以藉由浅水与深水水生植物种群的相对丰度变化，提供湖面变化的证据。在开展了此类研究的情况下，即使是开放湖泊（毫无疑问，其中一些湖泊在气候干旱期已变为封闭系统），也能够重建水量平衡变化。虽然绝大多数开放湖泊沉积物研究并未自深水至浅水获得多套岩心，但沉积学、大化石、硅藻和孢粉学数据的详细研究有时也可用以指示湖面变化（Yu and Harrison，1995；Tarusov et al.，1996）。此类研究已被 Harrison（1989）和 Harrison 等（1996）用于大尺度水文重建。

全世界数十个封闭湖盆已开展了湖面波动研究（主要工作清单，参见 Street-Perrott et al.，1983）。这些研究大多是地层学方面的，仅仅提供了气候状况的定性估计。高湖面期通常被描述为雨期，但这种气候状况是起因于降水增加还是温度降低及有效降水增大（因蒸发蒸腾减弱）却存在争议（参见 Brakenridge，1978；Wells，1979）。为解决这一争议，许多研究试图利用地貌证据以及与现今气候参数相关的经验推导方程，对过去特定湖泊阶段的古气候状况进行定量估计。这些研究可分为两大类：水文平衡模型和水文-能量平衡模型。

10.5.1 水文平衡模型

在封闭湖盆中，湖水位变化是水量的函数，这反过来又反映了水的补给与损耗的平衡：

$$\frac{\mathrm{d}V}{\mathrm{d}t} = \frac{\mathrm{d}(P+R+U)}{\mathrm{d}t} - \frac{\mathrm{d}(E+O)}{\mathrm{d}t}$$

式中，V 为湖泊水量；P 为湖面降水量；R 为流域入湖径流量；U 为地下（地面以下）入湖流量；E 为湖面蒸发量；O 为湖泊地下外流量。对于任一特定的湖泊阶段，如果水文平衡被认为处于均衡状态，那么

$$\frac{\mathrm{d}V}{\mathrm{d}t} = 0$$

则 $P+R+U=E+O$。一般而言，地下入流和外流被认为可忽略不计，可从该方程式中剔除，不过在某些情况下它们的量值可能会很大。例如，在犹他州大盐湖，据各种不同的估算，地下入流量为湖泊总入流量的 3%~15%（Arnow，1980）。然而，在大多数情况下，即使就现今湖泊水位而言，地下分量也是一个未知数，因而试图估算古湖泊的地下分量将极具风险性。如果将两个地下分量值设定为零，那么特定湖盆的水文平衡方程为

$$A_L P_L + A_T (P_T k) = A_L E_L$$

式中，A_L 为湖泊面积；A_T 为湖泊汇水流域面积；P_T 为流域单位面积平均降水量；k 为径流系数（因此，$P_T k$ 等于流域单位面积径流量 R_T）；P_L 为湖面单位面积平均降水量；E_L 为湖面单位面积平均蒸发量。由于对任一给定的湖泊阶段只有 A_L 和 A_T 是已知的，所以该方程式可进行变换。因此，

$$\frac{A_L}{A_T} = \frac{P_T k}{A_L E_L}$$

由此，该方程的解需要已知湖泊及其汇水流域的降水量、流域径流量和湖面蒸发的水

量。毫不夸张地说，所有这些参数都是其他许多未知变量的函数，这使得给出方程的唯一解极其困难。为说明其中的不确定性，表10.2列出了一些影响蒸发和径流的主要因素。在这两个参数中，至关重要的是温度，因此在能够获得较好古温度估值的情况下，可对过去的径流量和蒸发量估值加以一定的约束。如果古温度已知，则与径流、蒸发和温度相关的经验推导方程（如图10.14和图10.15）就可用以求解水文平衡方程。不过，这些经验关系通常受限于所考虑的量值范围，并受到不适用甚至不存在的数据的制约。以湖面蒸发与温度之间的关系为例，大多数经验关系基于不同温度下直径为1.2 m金属蒸发皿蒸发的标准测量值，据Kohler等（1966）的经验研究，湖面蒸发量比金属蒸发皿蒸发量小0.7倍。但是，蒸发速率取决于许多因素，这些因素并非随时间保持不变（表10.2），如湖泊体积和盐度变化等。在苏必利尔湖和安大略湖等大型湖泊中，月温度和蒸发量之间的相关性很差，这是因为大量能量被用于升高湖泊深部的水温（即用于储热）。蒸发量在秋季和冬季月份最大，在这些月份湖面温度最终变得比上覆空气高（Morton，1967）。这种效应在热带湖泊中不太显著，但在过去曾发育大型湖泊（如邦纳维尔湖和拉洪坦湖）的中纬环境下却很重要。冰层的形成及持续时间也会对蒸发速率产生显著影响。湖面蒸发的另一个极端是，正在变干的湖泊可能具有极高的盐分含量，随着盐度升高，蒸发速率会因水汽压降低而下降。例如，在盐度为200‰的湖泊中，蒸发量仅为淡水湖的80%（Langbein，1961）。这些因素使得所有依据仪器记录数据得出的简单经验关系变得复杂，也显示古湖泊水文平衡计算存在固有的困难。降水-径流关系也面临类似的困难（表10.2）。即使准确的经验关系可被证明，也还需可靠的古温度估值。通常，这些经验关系本身充满了不确定性，实际上可能隐含着有关古降水量的假设。例如，根据雪线下降研究得出的古温度结果依赖于降水量与现今近似的假设。降水的任何增加都同时需要温度的小幅下降，才能产生相同量值的雪线降幅。因此，使用基于雪线下降的古温度估值（如Leopold，1951；Brakenridge，1978）都会导致可疑的循环论证。没有准确的古温度估算，就可能得出相当不同的结论。例如，表10.3总结了针对新墨西哥州埃斯坦西亚古湖的3项不同研究。尽管每项研究使用的方法和经验关系略有不同，但其最终古降水量估值根本差异（自现今值的86%至150%不等）的原因，就在于所假定的古温度不同。假定的温度变化值越大，所需的降水增加量就越小（参见Benson，1981）。只要温度降幅足够大，甚至可以证明比现今更小的降水量值就能够平衡高湖面期的水文收支（如Galloway，1970）。

表10.2 影响蒸发速率和径流系数的因素

蒸发	径流
温度（日均值和季节性变化）	地温
云量和太阳辐射接收量	植被盖度和类型
风速	土壤类型（入渗量）
湿度（水汽压梯度）	降水频率和季节分布
湖水深度和湖盆形态（水量）	降水强度（事件量级和持续时间）
冰层持续时间	降水类型（雨、雪等）
湖水盐度	坡面梯度、河流大小和数量

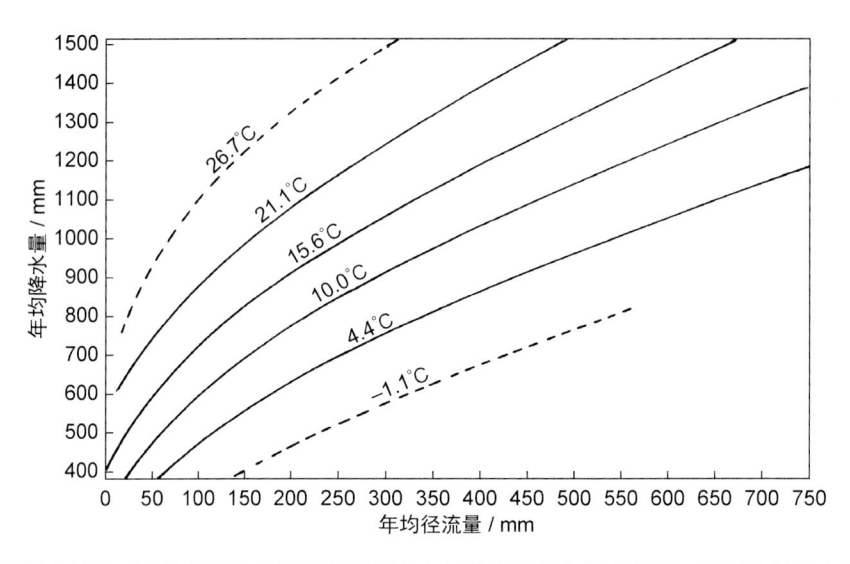

图 10.14　不同年均温（单位为℃）地区年均径流量与年均降水量之间的关系。通过将月降水量与温度乘积的总和除以年降水量对温度进行加权。该商数给出年平均温度，其中每月温度根据该月降水量进行加权。加权的年均温高于正常计算的平均值，指示降水集中于温暖月份（反之亦然）。引自 Langbein 等（1949）。

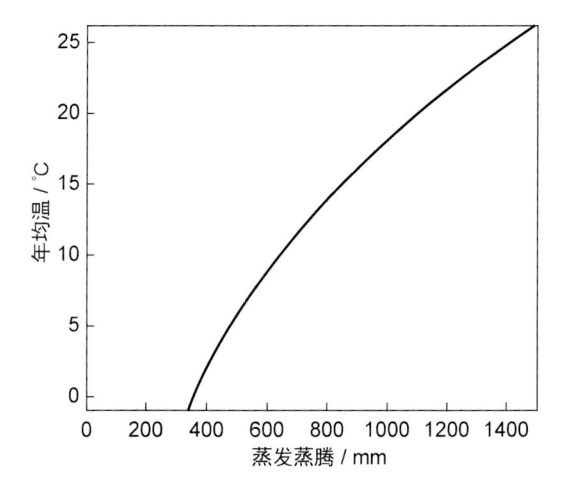

图 10.15　湿润区年均温与蒸发蒸腾损耗之间的关系，基于美国东部数据。引自 Langbein 等（1949）。

表 10.3　遴选的美国西部水文平衡研究得出的古降水量估值

研究区	假定古温度变化 / ℃ 7月	假定古温度变化 / ℃ 年	古降水量/现代降水量	作者
新墨西哥州埃斯坦西亚湖	−9	−4.5	1.5	Leopold（1951）
新墨西哥州埃斯坦西亚湖	−8	>−7.5	1.0	Brakenridge（1978）
新墨西哥州埃斯坦西亚湖	−10	−10.5	0.86	Galloway（1970）
内华达州泉谷	−7	−3.5	1.6	Snyder 和 Langbein（1962）
内华达州各地		−2.8	1.68	Mifflin 和 Wheat（1979）

除非①对蒸发与温度、降水和径流之间的现代关系进行更详细的研究,从而提供更可靠的经验方程,以及②可获得更好(独立)的古温度估值,否则关于古降水量估算的争议就不可能得到解决。根据已知年龄的淡水腹足类壳体的氨基酸差向异构化程度计算古温度,为解决这个问题提供了一种新探索(McCoy,1987b;Oviatt et al.,1994)。

10.5.2 水文-能量平衡模型

一种替代上述传统水文平衡模型的方法由 Kutzbach(1980)应用于北非的乍得古湖。Kutzbach 运用 Lettau(1969)的气候计量方法,从湖面能量通量的角度考虑湖盆的水文平衡。简言之,在没有足够多的能量蒸发湖盆降水的情况下,将会产生正水文平衡。水文-能量平衡模型不是根据径流量和蒸发量估值(通过古温度估值),而是利用湖泊和流域的净辐射量及感热和潜热通量的估值,来计算古降水量的。这些组分的现代值被用于计算,依据的是对若干能代表所研究湖盆古环境的地点进行的测量。因此,古温度估值隐含于这种"相似型"方法中。例如,在乍得古湖研究中,通过与现今相似植被区类比,假定距今 5000~10000 年前的植被变化对应于年平均温度为-1.5℃的面积加权差。据各种古环境数据估算,降水量几乎是现代值的 2 倍(约 650 mm 对现今的 350 mm),这一结果与之前对当时该区降水量的估值近似。Tetzlaff 和 Adams(1983)使用类似的方法,但对重要参数量值的假设略有不同,得出了以下结论:乍得大湖盆的降水量至少是现代值的 3 倍,才能产生所观测的增大的湖泊面积。

Kutzbach 利用古湖研究量化过去气候状况的方法可应用于其他许多湖泊系统。然而,它是否代表了对传统水文研究的重大改进尚有争议,因为它至少包含了同样多甚至更多的假设(如 Benson,1981)。尽管如此,这种模拟方法仍然有它的优点:能够通过敏感性试验,确定哪些气候变量可能对导致所观测的湖面变化具有最重要的意义。

10.5.3 湖面波动的区域模式

大量有关湖面波动定年相对准确的地层学和地貌学研究,使得在世界许多地区构建特定时段相对湖面图式成为可能(Street-Perrott and Harrison,1985a,1985b;Harrison,1993;Viau and Gajewski,2001)。尽管湖面定年无疑存在个别的差错,但绘制非连续时段的相对湖面图仍具有使区域性模式得以辨识的优点,当然也难免会出现零星的"异常"。因此,大部分干旱和半干旱区最近 25000 年的相对湖面变化都可进行制图。Street-Perrot 和 Grove(1976,1979)建立了一套基本的方法学,之后一直被广泛采用。他们确定了每个地点湖面波动的总范围,即自完全干涸的湖面至已知的最高湖面(或溢流),并定义了 3 个类别:低湖面指湖泊不超过其最大变化范围 15%的时段,中湖面指湖面波动于其最大变化范围 15%~70%的时段,高湖面指湖面超过其总高程变化范围 70%的时段。据此制图,展示出每个时段低湖面、中湖面和高湖面的空间分布(如图 10.16 和 10.17)。这些湖面图揭示了湖面波动时空模式的显著一致性。在末次冰盛期(距今 18000~17000 年前),热带地区的大部分证据(以非洲的数据为主)表明该区相对干旱(图 10.16);而在热带以外地区(特别是北美大盆地),大量证据显示当时为泛湖阶段,这与劳伦泰德冰盖南缘风暴路径位移有关(Webb et al.,1993a)。因此,美国西部冰期极盛期所谓的"雨期"气候并非热带和赤道地区的可行模式（Butzer et al., 1972; Nicholson and Flohn, 1980）。在这一干旱期，撒哈拉沙漠和卡拉哈里沙漠朝赤道方向边缘的沙丘系统大大扩张了（Sarnthein, 1978）。例如，在撒哈拉西南部，沙丘甚至阻塞了流量已大大减小的马里塞内加尔河（Michel, 1973）。低湖面在这些地区持续至距今约 12000 年前，此后许多湖泊开始蓄水，其封闭的汇水盆地出现溢流并开启新的水系系统。整个热带地区湖泊鼎盛发育期在全新世早至中期达到顶峰（Rognon and Williams, 1977; Harrison, 1993; 图 10.17 和图 10.18），不过有趣的是，那时中纬区湖面普遍较低，这表明西风带已向极地移动。在撒哈拉以南非洲，湖泊扩张尤为壮

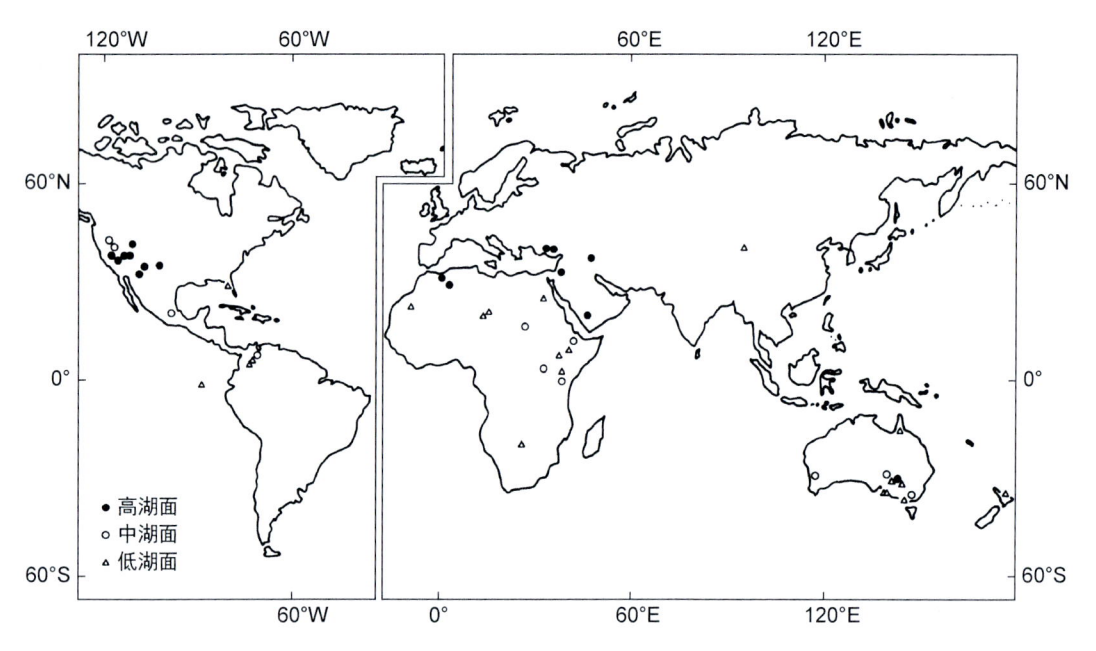

图 10.16　距今约 18000 年前湖面状况。非洲大部分湖泊处于低湖面，而美国西部的湖泊处于高湖面。高湖面、中湖面和低湖面状况的定义见正文。引自 Street-Perrott 和 Harrison（1985a）。

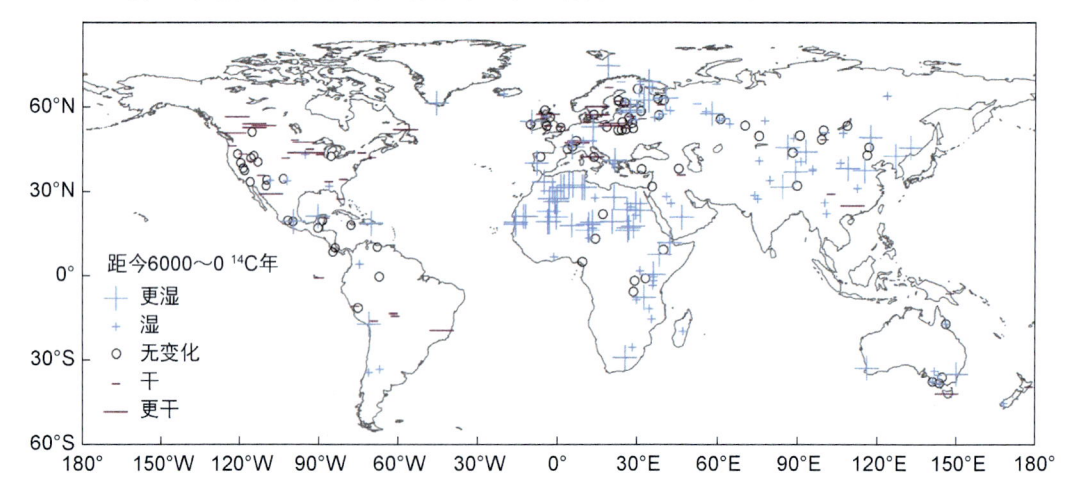

图 10.17　与现今相比，距今 6000 ^{14}C 年前（距今 6800 日历年前）全球湖泊状况变化。数据来源于全球湖泊状况数据库。引自 Wanner 等（2008）和 Braconnot 等（2004）。

观，乍得湖扩大至与今天里海相当的规模（Grove and Warren，1968；Rognon，1976；Street and Grove，1976）。高湖面阶段一直持续至距今 4000~5000 年前，至少在非洲的大部分地区，高湖面期因干旱而中断，在距今 7500±1000 年前后湖面也略有下降（但仍相对较高）（图 10.19）（Hoelzmann et al.，2004）。这些有效降水显著增加的时期伴随着巨大的生态变化，使得人类居住和文化活动以今天难以想象的规模出现于撒哈拉非洲（见第 12 章 12.5.5 节）。距今约 4500 年前以来，湖泊范围逐步缩小，导致最近 1000 年大部分热带和中低纬湖泊几乎都处于低湖面阶段（图 10.20）。而在许多地区，过去 20000 年的湖面看来却罕有降低。

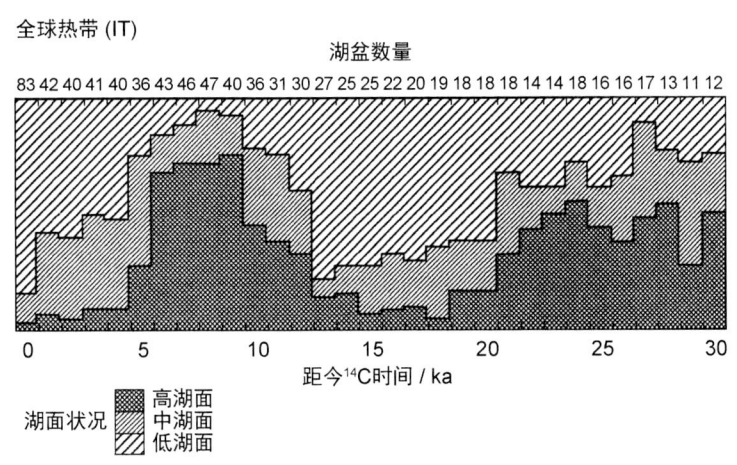

图 10.18 距今 30000 年前至今以 1000 年时长为组距的热带湖面状况直方图。基于与湖面相关的放射性碳年龄百分比（示于图顶），湖面状况分为高湖面、低湖面和中湖面。大部分数据与热带非洲有关。引自 Street-Perrott 和 Harrison（1985b）。

尽管所展示的图件显示出极好的空间一致性，但以这种方式解释湖面数据时仍须谨慎行事。一旦湖泊变干，就无法知晓湖泊干涸期的干旱状况。因此，干旱期可能会被低估。将规模相差很大的湖盆进行对比可能会导致错误的结论。体积小的湖泊对水文变化的响应比大型深水湖泊要快得多，与体积大的湖泊相比，能够记录更高频率的气候变化。这一点与试图将小型高山冰川波动与大冰盖变化进行对比时遇到的问题一样，显然，这两个系统的响应时间可能相差了一个数量级。不过，在湖泊系统中这个问题并不是那么严重，因为即使是非常大的湖泊，湖内的物质周转率也很少超过数十年（Langbein，1961）。因此，如果所使用的时间间隔比较粗，并且所考虑的水文变化主要为低频组分，则仍可进行广阔区域的对比。当区域模式在特定时段不存在任何空间一致性时，可能是气候在很大的范围内相当快速地波动，因此没有重要低频信号在该记录中占主导地位。最后，应该注意的是，Street 和 Grove（1976，1979）使用的 15%和 70%的分类界线（低湖面阶段和高湖面阶段）可能代表迥然不同的湖面状况，这取决于湖盆形态。例如，考虑一个从深而窄的盆地溢流到某种程度上宽而浅的平原的湖泊，湖泊深度增大所代表的湖泊面积变化（因而湖面蒸发量变化）比同等幅度湖面下降所代表的要大得多。当湖面扩大后的蒸发量与入流量相抵消时，就会达到新的平衡。因此，湖泊面积是控制湖泊深度的关键变量，而湖泊深度又随湖盆形态的变化而变化。遗憾的是，这方面的数据非常少见。

· 302 ·　古气候学：重建第四纪气候

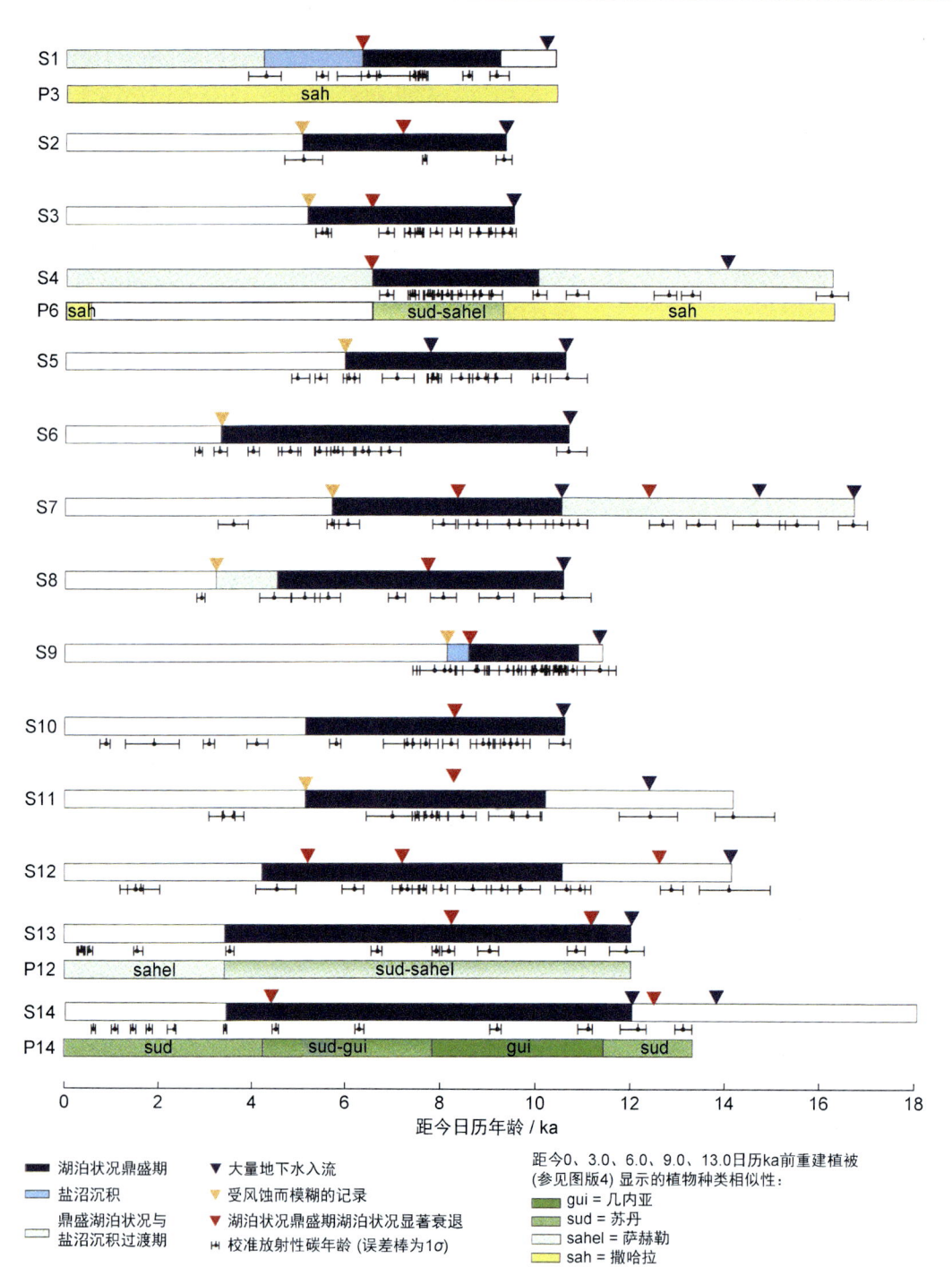

图 10.19　晚冰期至全新世撒哈拉西部和中部湖泊古水文状况，类似模式也出现于撒哈拉东部和阿拉伯半岛。深色表示主要湿润时段。红色三角标示湖泊变小但仍比之前和之后大的时期。全新世早至中期的湿润气候使食草动物的活动范围扩展至该区，并使人类得以在撒哈拉的许多地区定居，这些地区现今因缺水而无法居住。在一些地区，人类居住景象被先民以象形文字记录于岩壁之上（如原著封面所示）。引自 Hoelzmann 等（2004）。

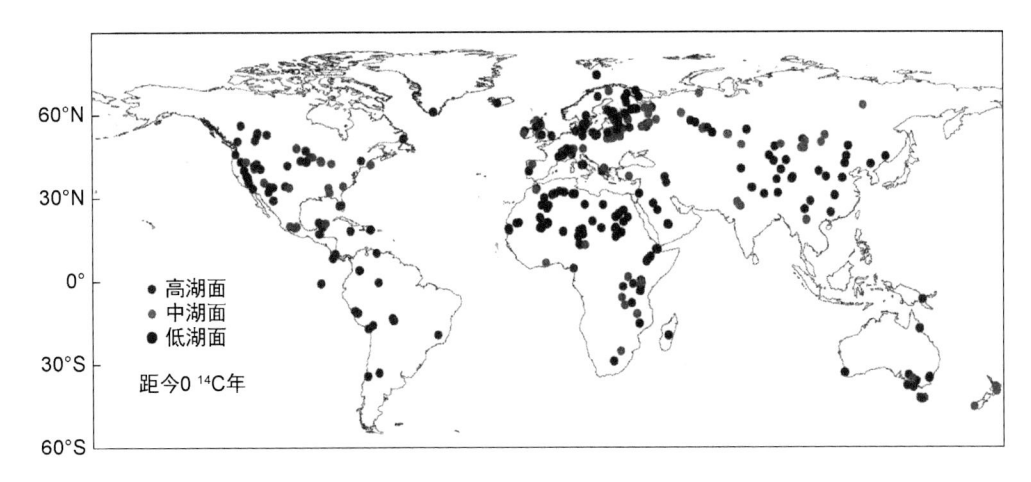

图 10.20 现代湖面状况（高、中和低湖面状况的定义见正文）。很明显，在热带大部分地区，现代湖面像过去 25000 年里所有干旱期湖面一样低。引自 Braconnot 等（2004）。

第 11 章　昆虫及大陆地区的其他生物证据

11.1　引　　言

生物物质作为气候代用指标涵盖了范围广泛的分支学科，其中两个学科太大，需要单独设立章节予以介绍（见第 12 章和第 13 章）。本章重点讲述昆虫、啮齿类粪堆和其他陆地生物证据提供的记录。

11.2　昆　　虫

昆虫是地球上数量最多的一个动物纲，自极地沙漠至热带雨林，几乎在每种类型的环境中都可以找到它们的代表。当然，这种普遍分布之所以成为可能，是因为昆虫具有极大的种类多样性，每一种都已适应特定的环境条件。对单一种的分布而言，最重要的是一个地区的气候状况，特别是温度状况。分布局限于特定气候区的种被称为狭温种，而对气候要求不太严格的种则为广温种。显然，前一类在古气候重建中最有价值，古气候推论也正是基于这些种得出的。然而，过于相信任何特定昆虫个体的出现均可视为气候指示是不明智的，因为昆虫通常具有极强的活动性，单个个体不可避免地会被远远吹离其最佳栖息地。更为可靠的解释可以昆虫组合为依据，这些组合通常与特定的气候状况相关联。今天观察到这样的组合，则有理由认为相似的化石组合代表过去出现了近似的气候状况。在这方面，该方法与孢粉学方法类似，传递气候信息的是特征化石组合（Coope，1967）。Elias（1994，2010）提供了有关第四纪昆虫研究及其古环境重建应用的最佳综合指南。

大多数应用昆虫所做的古气候工作都涉及甲虫（鞘翅目；Coope，1977a，1977b）化石研究，尽管其他昆虫，如苍蝇（双翅目）、石蛾（毛翅目）以及黄蜂和蚂蚁（膜翅目）等，也提供了补充信息（Morgan and Morgan，1979）。甲虫有 30 多万个种，占所有已知生物的 20%（Elias，2010）。昆虫化石常见于湖泊沉积或泥炭等沉积物，在这些沉积物中其几丁质（高抗性多糖）外骨骼得到非常好的保存。这一点很重要，因为昆虫纲的分类差异主要基于外骨骼形态。因此，昆虫化石通常可通过观察外骨骼的微观特征，鉴定至种的层级（图 11.1）。这项工作的一项成果，就是证明了许多昆虫种在整个第四纪保持着形态的恒定性。这被认为也是它们表现出生理学恒定性的证据，换句话说，至少在过去 200 万年左右的时间内，它们一直未改变其生态需求。尽管这方面的直接证据无法获得，但化石组合通常与现代组合十分相似，从而认为两者出现在相似的环境条件下，这表明其生理发育并未发生根本性变化。这是将昆虫化石用作古气候指标的基本假设，因为昆虫气候耐受性的任何变化，无疑都会使任何据其出现而得出的结论变得不可靠。不过，这一问题与孢粉学家或海洋微体动物分析者所面临的没什么不同，事实上，昆虫学家在化石基因型稳定性方面获得的证据，比其他许多生物学分支学科所能提供的证据都要多得多。

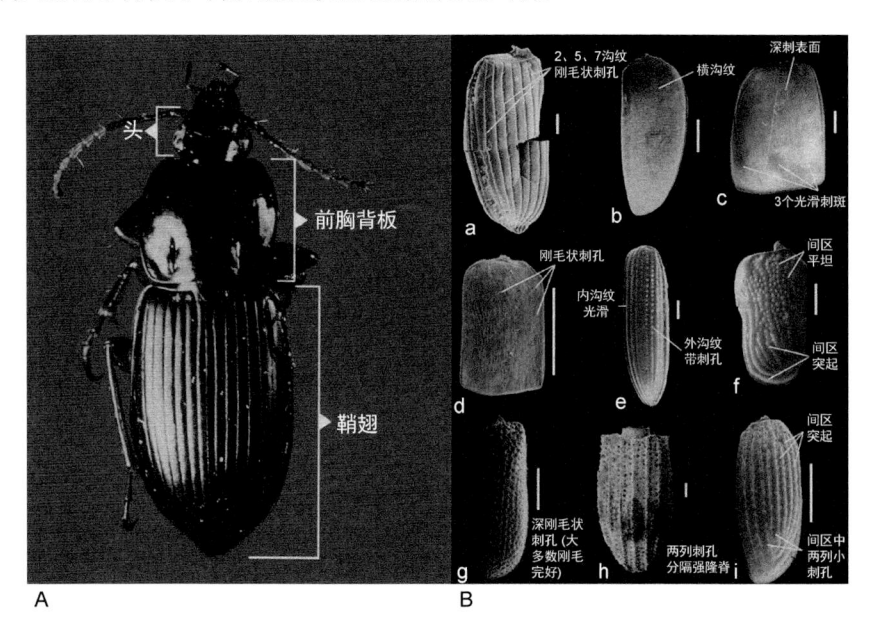

图 11.1 A. 甲虫雷氏通缘步甲（*Pterostichus leconteianus*），显示第四纪沉积物中保存的主要部分。B. 各种甲虫鞘翅的扫描电镜照片，显示其独特的形态。a. 加氏月步甲（*Selenophorus gagantinus*）（步甲科）；b. 美洲脊球覃甲（*Choleva americana*）（球覃甲科）；c. 狂皱额阎甲（*Hypocaccus estriatus*）（阎甲科）；d. 二型尖腹隐翅虫（*Tachyporus dimorphus*）（隐翅虫科）；e. 亚角盾舌步甲（*Aspidoglossa subangulata*）（步甲科）；f. 温和短柱叶甲（*Pachybrachis mitis*）（叶甲科）；g. 伯仲寒带长蠹（*Stephanopachys sobrinus*）（长蠹科）；h. 脊裂幽甲（*Rhagodera costata*）（幽甲科）；i. 阿拉斯加梨象（*Apion alaskanum*）（象甲科）。比例尺条棒＝0.5 mm。图版 A 引自 Elias（2010）。照片由伦敦大学皇家霍洛威学院 Scott Elias 提供。

从古气候角度看，昆虫最重要的属性之一是它们在气候好转之后相当迅速地占领新地盘的能力。因此，它们可以提供比迁移速度慢得多的植物更为敏感的气候变化指标。事实上，鞘翅目可随短暂但显著的变暖过程而占据或放弃新的领地，但花粉记录则可能因植被响应时间滞后而没有反映此类事件的证据（Coope and Brophy，1972；Morgan，1973）。简言之，"这种响应气候变化的敏感性与快捷性的结合，加之其所证明的进化稳定性，使得鞘翅目成为所有陆地生物中最具气候意义的成员之一"（Coope，1977a）。通过对比一个种的现代分布与化石产出，已发现昆虫种群具有极大移动性的证据。例如，刻纹圆胸隐翅虫（*Tachinus caelatus*）发现于英国的冰期沉积中，但今天，它似乎仅限于极端大陆性气候盛行的蒙古山区（Coope，1994）。英国冰期沉积中发现的许多其他种今天仅出现于西伯利亚苔原区。相反，许多英国间冰期和间冰阶沉积含有今天仅见于欧洲南部的昆虫（图 11.2）。因此，昆虫可通过大规模迁徙对气候变化做出反应，随着第四纪全球气候变化在其周围潮起潮落，它们通过地理上的转移有效地为自己维持了一个几乎不变的环境。

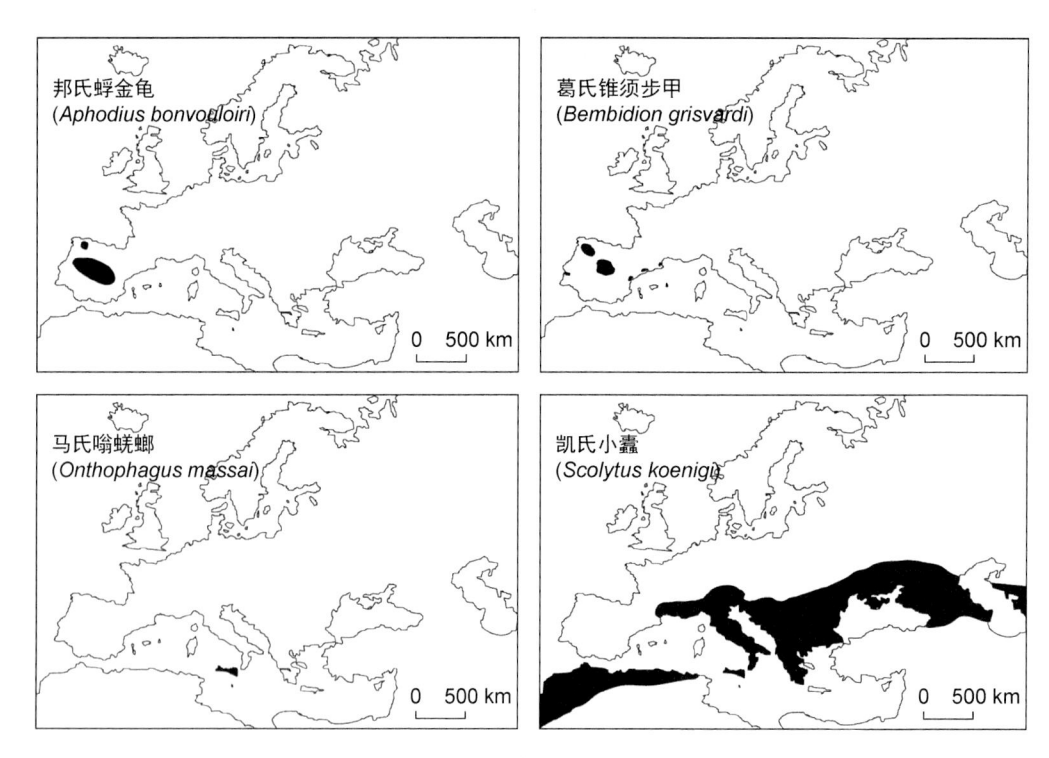

图11.2 英国间冰阶和间冰期沉积中发现的4个嗜热甲虫种的现代分布。引自Coope（1986）。

11.2.1 鞘翅目化石古气候重建

大量昆虫与古气候研究在欧洲尤其是英国展开，结果显示，现生温带鞘翅目组合在过去冰期和冰阶被北方与极地组合交替取代，而在过去间冰期和间冰阶则被更南的组合或亚热带组合所取代（Coope，1975a，1977b）。数量众多的地点已经过研究，其年龄跨越间冰期至冰后期（佛兰德期）。图11.3显示自末次［伊普斯威奇（＝桑加门＝伊姆）］间冰期以来过去120000年7月平均温度的估算记录。7月温度被认为是控制昆虫分布的主要因素，这是因为大多数嗜热（喜暖）种的北界更接近于7月或夏季等温线而非冬季月份等温线（Morgan，1973）。尽管如此，冬季温度也可通过参考现今欧亚大陆出现的特征种进行某种估计。一个种可能是北极狭温种（分布于北方），但它也可能生活于7月温度相对较高而冬季温度极低的大陆地区。鉴于这些因素，并参考今天发现（化石）种地区的现代气候，对过去某些时段的年温度范围进行估计是可能的（图11.3；Coope，1977b）。

在过去125000年，看起来有3个不同时期英格兰中部温度至少和现今同样温暖或更加温暖，这就是伊普斯威奇间冰期、阿普顿沃伦间冰阶和温德米尔湖间冰阶。末次间冰期，顾名思义，是这些时段中最温暖的，其时欧洲南部现今特征性鞘翅目组合出现于英格兰低地，7月温度估计比现今高1～3℃（Coope，1974）。距今120000～60000年期间，大不列颠的气候似乎在温带与寒带大陆性气候之间快速波动。这一推论基于所见的气候指示迥异的鞘翅目组合，这些组合在地层序列中非常突然地相继出现。这一时期被称为阿普顿沃伦复合型间冰阶，包含一个温度看来比现今高（1～2℃）的短暂时段（距今约43000年前）

(图 11.3)。这一时段的持续时间不确定（实际上，放射性碳年龄因接近定年极限而存在的不确定性，可能使得这一时段好像发生了温度快速波动），但它可能持续了 1000～2000 年，其后温度逐渐下降。今天欧亚大陆部分地区的典型甲虫组合证据表明，这一降温过程更具大陆性气候特征，有可能 2 月平均温度为-20℃，7 月平均温度仅为+10℃。尽管处于"复合型间冰阶"的相对温暖期，但英格兰中部一直未生长树木，也没有任何指示气候好转的孢粉学证据（Coope，1975b）。显然，鞘翅目足够机动，随着气候好转，它们可以快速向北迁徙，而某些植物在气候再次恶化之前，难以足够快地向北迁移从而定殖于英国。类似的情况也发生于德文斯（威赫塞尔）冰期之末，当时温度再次突然上升，但仅持续较短的时间（温德米尔湖间冰阶；Coope and Pennington，1977）。当此之时，北极甲虫组合突然转变为嗜热甲虫组合，其中最温暖气候出现于距今 12500～12000 年前。其后不久（据花粉数据，显然，当时桦已开始定殖英格兰北部），温暖的间冰阶峰期结束，一个更为寒凉的时段已然开启。新定殖的桦林衰落，嗜热甲虫组合被今天苔原区北部的代表性组合所取代。到距今 9500 年前，该序列完全逆转，嗜热种再次快速取代了在仅仅 500 年前还大量出现的北极狭温种（Osborne，1974，1980）。移动性更强的昆虫再次超越了植被，提供了比仅靠孢粉数据所能获得的更为准确的古气候状况判定。

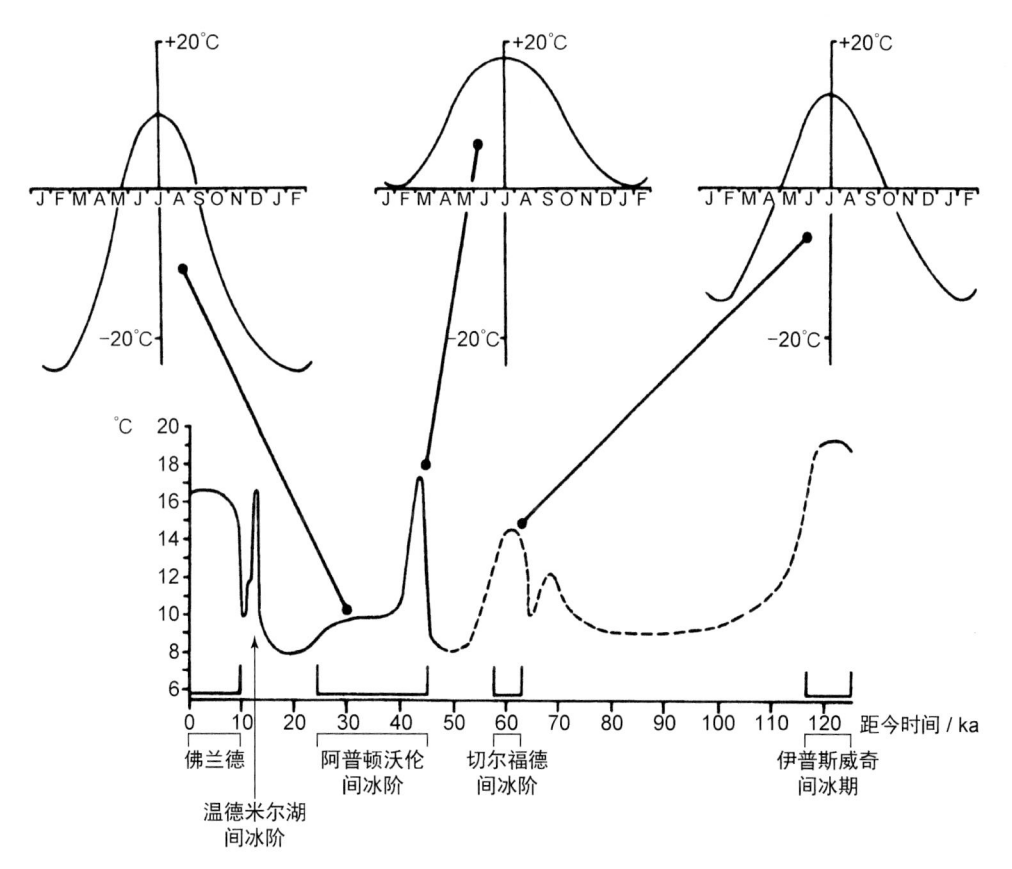

图 11.3　基于昆虫遗存重建的末次（伊普斯威奇）间冰期以来不列颠群岛南部和中部地区 7 月古温度。年温度范围示于图中。距今 50000 年之前时段（虚线），温度不确定性很大，距今 120000～60000 年前呈现出更为缓慢的持续降温。引自 Coope（1977b）。

也许应该指出的是，鞘翅目和花粉数据并非总是不同步，这种情况可能属于例外而非常态。例如，在寒冷的德文斯冰期早期之后，切尔福德间冰阶（放射性碳定年为距今约60000年前）应该持续了足够长的时间，使树木得以向北迁移至不列颠。在此期间，鞘翅目组合和孢粉学证据完全一致地揭示出寒凉但颇具大陆性的气候状况（图11.3），其时英格兰中部的情况与今天的芬兰南部类似（Simpson and West，1958；Coope，1959，1977b）。

一种更为严格、定量的古气候重建方法已应用于过去22000年不列颠 ^{14}C 定年地点的鞘翅目群落。这一"共有气候域"法是根据特定种出现的现代气候条件范围，来确定其生理耐受限度（参见 Grichuk，1969）。多个化石种曾共存的地点的气候，是根据其共同出现于一个地方时相互交叠的气候条件范围予以界定的（图11.4；Elias，1997；Marra et al.，2004）。对于甲虫而言，这种"共有气候域"是根据最热月和最冷月平均温度来确定的（Atkinson et al.，1986b，1987）。图11.5显示以这种方法重建的过去22000年大不列颠（50°N～55°N）温度变化，同时与公元1659～1980年英格兰中部的观测温度变化范围进行了对比。特别值得注意的是，末次冰盛期（距今22000～18000年前）及距今约14500～13000年期间，冬季温度极低，最冷月平均温度分别为-16℃和低于-20℃。如此低的温度肯定与当时大不列颠以西大西洋广泛分布的海冰有关，否则海洋的影响会带来更加温和的气候格局。距今13300～12500年期间发生了快速变暖（冬季升温2.5℃，夏季升温7～8℃），表明当时海冰前锋已向北移动。在距今12000年前后的一小段时间，温度与现今接近，但在随后的新仙女木冷事件中，该区又骤然跌入类似于冰期的状况，之后至全新世早期突然变暖，形成了更为温和的海洋性气候。对于这些显著的气候突变，需要注意的是，放射性碳"平台"（见第3章3.2.1.5节）使界定某些时段（尤其是距今10000 ^{14}C 年前后）的精确年龄比较困难，这可能会夸大这些时段环境变化的速度。

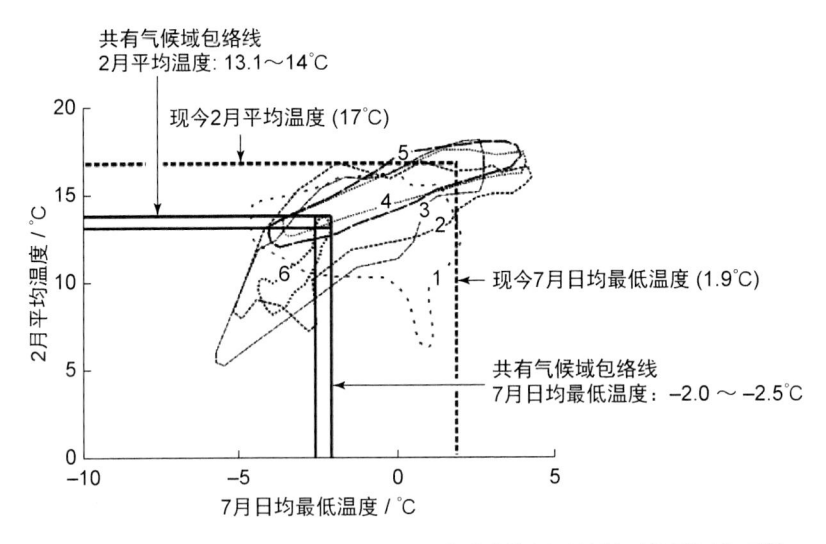

图11.4 共有气候域（mutual climatic range，MCR）法重建的新西兰阿瓦蒂里河谷下游LGM温度。2月平均最低温度和7月平均最低温度来源于6个甲虫种的气候指标分布交集。1. 逆迷叩甲（*Acritelater reversus*）；2. 费氏南步甲（*Notogonum ferridayi*）；3. 霍基蒂卡锥须步甲（*Bombidium hotikikensis*）；4. 黄斑莱窃蠹（*Leanobium flavomaculatum*）；5. 简泽甲（*Limnichus simplex*）；6. 哈氏前角隐翅虫（*Aleochara hammondi*）。引自Marra等（2004）。

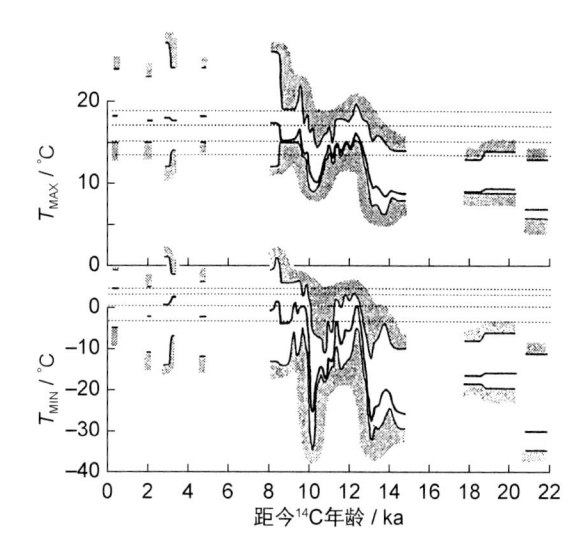

图 11.5 过去 22000 年一些时段年最热月和最冷月平均温度（T_{MAX} 和 T_{MIN}），基于不列颠群岛不同地点沉积物中甲虫遗存，已利用共有气候域法予以校正。深色中间线给出最佳温度估值，上侧线和下侧线给出极端估值范围（基于年龄相近样品的平均值）。内侧横线给出公元 1659~1980 年期间英格兰中部记录的最热月份和最冷月份 10 年平均温度范围，外侧横线给出同一时段内最热年份和最冷年份的温度范围。引自 Atkinson 等（1987）。

应用共有气候域法获得的最长昆虫古温度重建序列来自 Ponel（1995），该研究分析了大墩（法国）岩心中的昆虫。这一记录可追溯至末次间冰期以前，提供了距今约 135000~25000 年的昆虫古温度估值（参见图 12.18 和图 12.19）。分析表明，在末次冰期最冷期，最热月平均温度比伊姆间冰期适宜期低约 10°C，而在一年中最冷月，冰期平均温度可能比末次间冰期平均温度低 20°C 以上。

共有气候域法尚未在欧洲以外地区得到广泛应用，尽管也已用于其他地区的数据处理 [Elias（2010）已做总结]。不过，要像 Coope 在大不列颠所做的那样重建长尺度温度变化细节几乎是不可能的。这主要是因为许多地区的昆虫群落研究不像欧洲那么深入，而且现生昆虫的分布和生态通常鲜为人知（Ashworth，1980；Morgan and Morgan，1981），因此根据化石昆虫群落组合准确重建古环境状况显得更为困难。随着更多现生和化石组合研究的开展，这种情况应会得到明显改善，在某些地区仍有可能取得重要成果。例如，智利晚冰期地点的研究显示，该区并未发生新仙女木事件，这为解决这一长期争议带来了曙光（Hoganson and Ashworth，1992）。

11.2.2 水生昆虫古气候重建

在湖泊沉积研究中，某些水生昆虫已被证明可用于古气候重建。其中，不叮人蠓（双翅目摇蚊科）尤为重要。这些淡水昆虫（一种双翅飞虫）的生命周期中有一个水生的幼虫阶段。幼虫的头囊是几丁质的，因而通常保存于湖泊沉积中。这些头囊具有特征性形态，可鉴定至属并常至种的层级（图 11.6）。由于蠓对气温敏感（其幼虫对水温敏感），摇蚊遗存已被证明是极好的古温度指标（Brooks，2003，2006；Porinchu and MacDonald，2003）。此外，摇蚊寿命短，因而可基本即时地响应其环境的变化（Hofmann，1986；Walker，1987）。

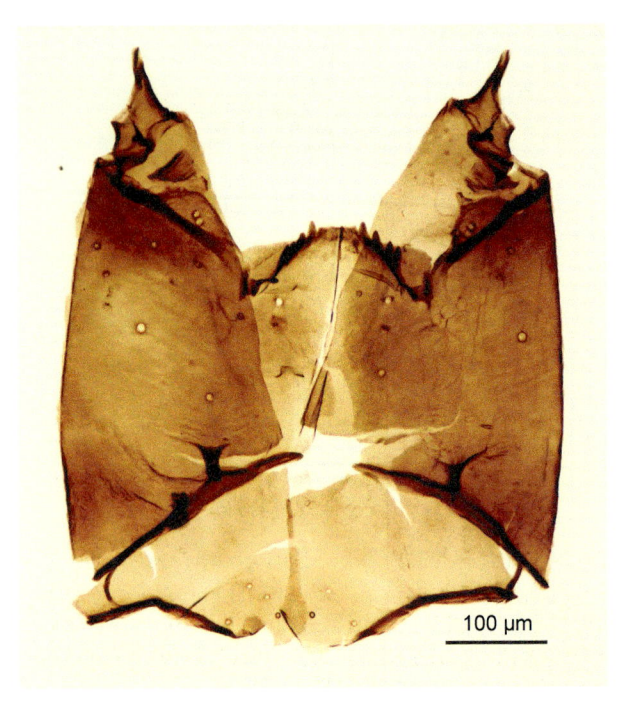

图11.6 摇蚊阿比斯库属（*Abiskomyia*）幼虫头囊。特征性形态使该标本得以鉴定至属的层级，而在某些情况下，摇蚊遗存可鉴定至种的层级。显微照片由马萨诸塞大学（阿默斯特）Donna Francis 提供。

为确定影响摇蚊现代分布的环境因素，已经开展了许多研究（如 Walker et al.，1997；Lotter et al.，1999；Brooks and Birks，2001；Larocque et al.，2001；Porinchu et al.，2002；Francis，2004）。这些研究涵盖了广阔的地理背景，但都指示仲夏温度（气温和/或水温）是影响摇蚊种分布的主要因素。其他因素，如水的 pH、盐度和氧含量以及水深，在某些环境中也可能很重要，但温度通常是首要变量（Walker and Cwynar，2006）。这促成了大量基于湖泊沉积摇蚊幼虫遗存的古温度重建研究。例如，图 11.7 显示晚冰期-早全新世过渡期惠特里克沼泽（苏格兰东南部）摇蚊地层，按摇蚊温度偏好排列。利用现代数据集，将 100 余个湖泊表层沉积样品中出现的摇蚊种群与 7 月平均气温相关联，可将古蠓数据转换为古温度记录（图 11.8；Brooks et al.，1997；Brooks and Birks，2000，2001）。结果显示，温度自该记录开始时的约 6℃ 上升至一个较早间冰阶的 11℃ 左右，随后在新仙女木期下降 3～4℃，到全新世早期恢复至较温暖状况。温暖期早期的短暂冷事件清晰可辨。该重建序列极好地再现了格陵兰冰盖氧同位素地层——事实上，好得足以将 GRIP 的"事件地层"（Björck et al.，1998）转移至惠特里克沼泽记录，从而为基于摇蚊重建的温度变化提供年龄标尺（图 11.8）。有趣的是，一些研究已经开始探讨将摇蚊几丁质头囊的氧同位素［以及甲虫几丁质；Elias（2010）已有论述］用作过去温度直接量度的可能性。争论的焦点取决于温度与降水（或湖水，假定未因蒸发而发生任何富集）同位素组成之间的关系（如 Wooller et al.，2004；Wang et al.，2009）。

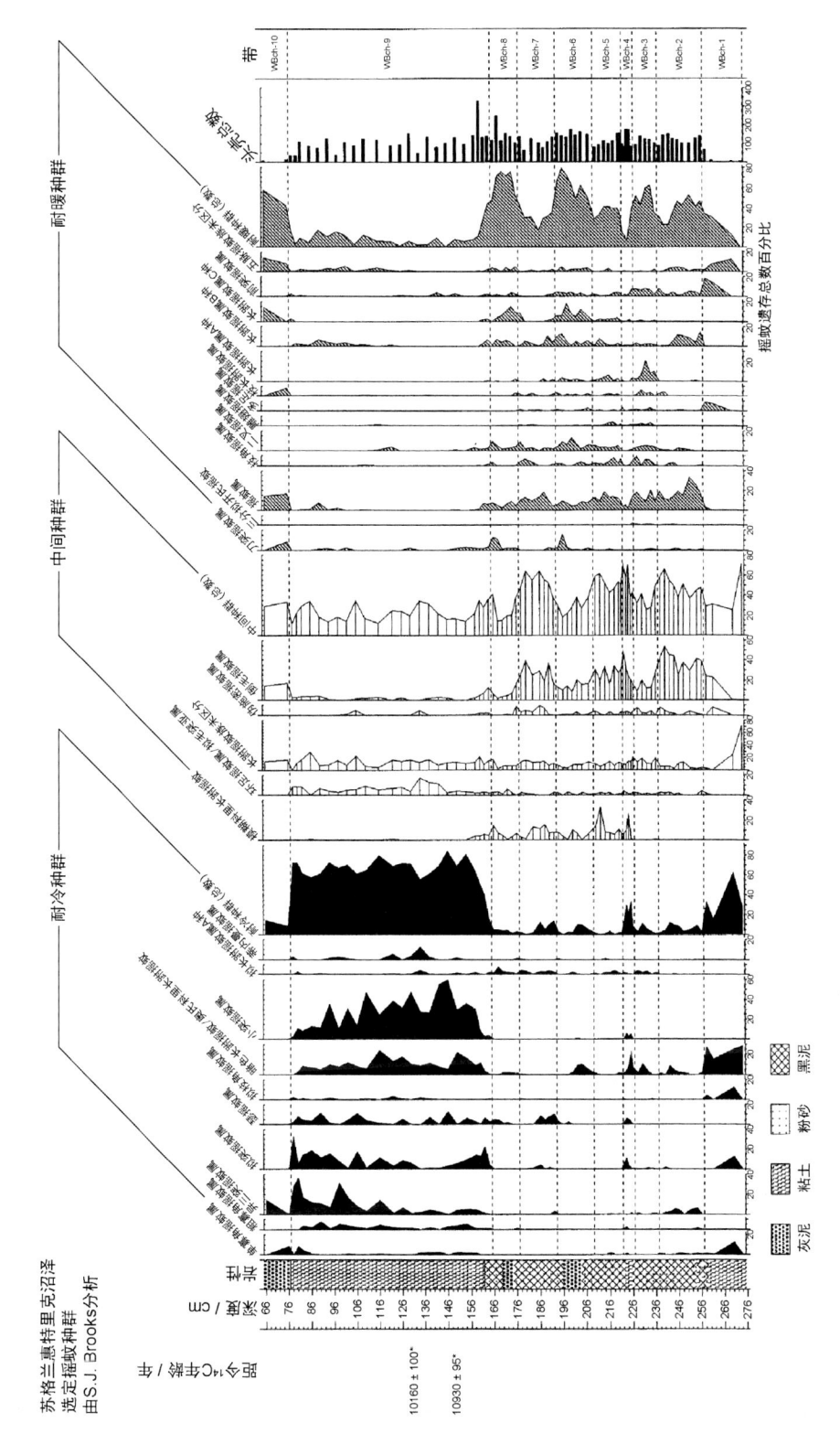

图11.7 苏格兰东南部惠特里克沼泽晚冰期沼泽摇蚊地层，自左至右分为耐冷种群、中间种群和耐暖种群。发生了从耐暖和中间种群向耐冷种群的明显变化。引自Brooks和Birks（2001）。在166 cm深处，即新仙女木期开始时，发生了从耐暖和中间种群向耐冷种群的明显变化。

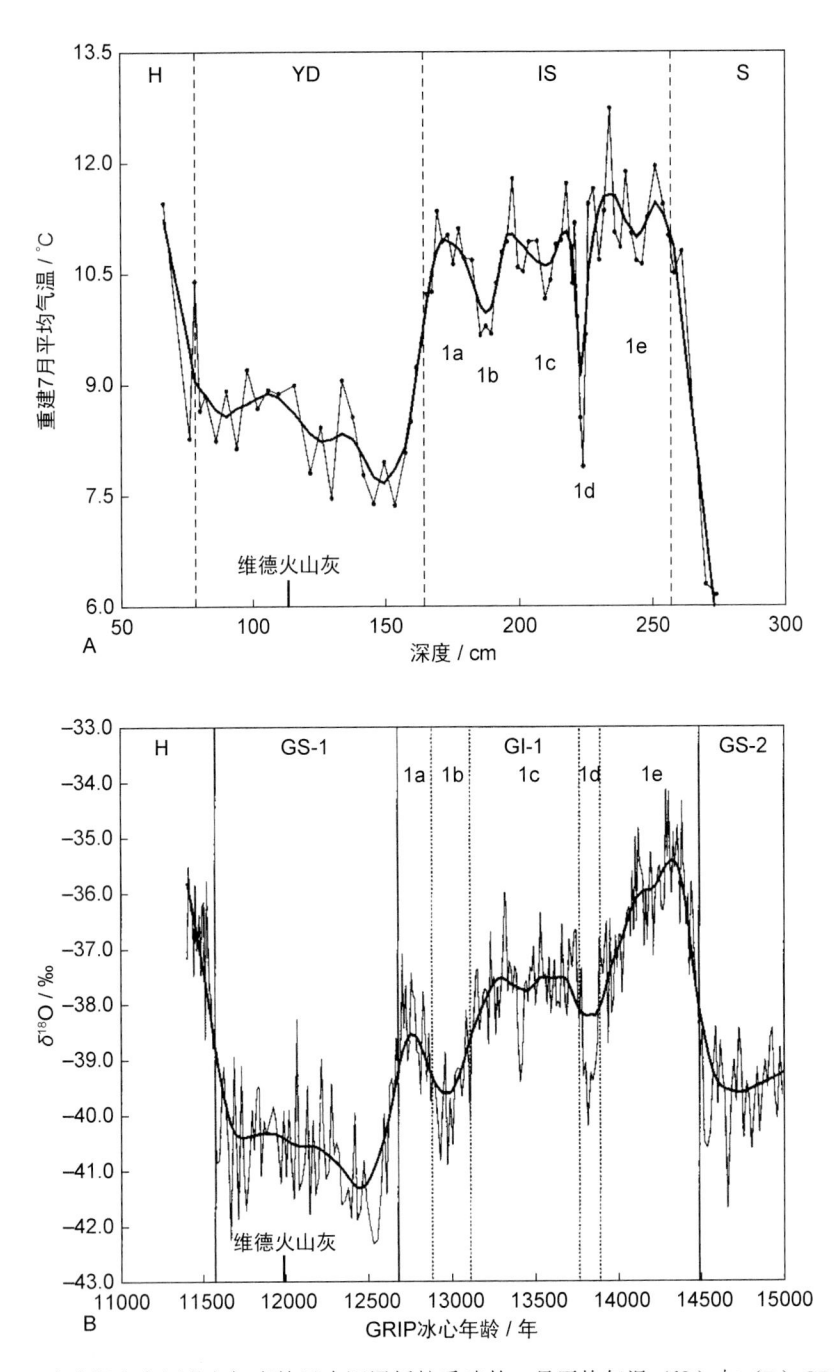

图 11.8 （A）晚冰期和全新世之初惠特里克沼泽摇蚊重建的 7 月平均气温（℃）与（B）GRIP 氧同位素数据的对比。参见 Johnsen 等（1992）和 Dansgaard 等（1993）。GRIP 时间标尺为距今 GRIP 冰心年前。维德火山灰出现的层位在两图中均已标出，图示 GRIP 同位素地层（全新世、GS-1、GI-1 和 GS-2 事件以及 GI-1a～GI-1e 事件）与摇蚊重建温度的初步对比方案。引自 Brooks（2006）。

在某些情况下，摇蚊可提供与湖泊水量平衡（或水深）变化相关的古盐度记录（Walker et al., 1995; Eggermont et al., 2006）。由此，Verschuren 等（2001）利用摇蚊（以及其他证据）推测了过去 1100 年肯尼亚赤道附近奈瓦沙湖的湖水位变化。结果显示，17 世纪和 18 世纪，湖泊处于高水位，湖水最淡；公元约 1000~1270 年，湖水为咸水，湖水位下降至最近 1000 年的最低水位。因此，在湖泊盐度可能发生过显著变化的地区，摇蚊可作为有用的古生态指标。不过，在大多数情况下，摇蚊的重要性不如硅藻，因为硅藻更适合诊断盐度状况（如 Fritz et al.，1991）。

除摇蚊外，水生昆虫在古环境重建中的应用多少都带有一些探索性。Williams 和 Eyles（1995）认为，末次间冰期和威斯康星期早期多伦多附近沉积物中出现的不同种类石蛾（毛翅目），指示距今 80000~55000 年前温度发生了 4~5℃ 的变化。这一估计基于所鉴定的不同种类石蛾现今分布的现代气候状况。此类研究为促进更为全面的古环境重建提供了补充信息（如 N.E. Williams et al.，1981）。

11.3 植物大化石重建的过去植被分布

在远离现今特定植物种分布范围发现植物大化石的情况并非罕见。当已知现今植物分布的气候控制因素时，则可依据已定年的大化石对其过去的分布做出古气候学解释。利用大化石，已对 3 个主要生物地理界线的波动进行了相当详细的研究，这 3 个界线分别是北极树线、高山树线和半干旱-干旱区低树线或"干旱"树线。无论在哪种情况下，树线的精确定义都会引发相当多的问题，因为明确的分界线非常少见。通常，从成熟茂密森林到断续稀疏树林，再到零星树木或树丛，都是逐渐过渡的，其中可能包括小矮树或矮曲（畸形）林，在高山环境下尤其如此（LaMarche and Mooney，1972）。地形气候因素在确定树木的精确界限方面尤为重要，这一点不必在此赘述，但需要注意的是，现代树线的位置本身常常是不确定的，这可能会使大化石的解释多少有些困难。此外，今天的树线位置可能并未与现代气候达成平衡，而只是反映了过去幼苗得以定殖时的气候。关于该问题的进一步讨论，参见 Larsen（1974）、Wardle（1974）和 Holtmeier（2000）。

11.3.1 北极树线波动

在阿拉斯加、加拿大北部和苏联的整个北半球苔原区，都已发现以前存在更大范围北方森林的大化石证据（如 Miroshnikov，1958；Tikhomirov，1961；McCulloch and Hopkins，1966；Ritchie，1987）。另外，在加拿大中北部基韦廷的许多苔原区，发现了古灰壤（残留森林土壤）和木炭层（与森林火事件有关）（Bryson et al.，1965；Sorenson and Knox，1974）。在大多数地区，大化石证据实际上非常零散，由位于现代树线以北单个树桩的放射性碳测年提供。在基韦廷，大量年龄（包括古灰壤有机质年龄和木炭层年龄）使得构建全新世后期森林/苔原界线的时间序列成为可能（图 11.9；Sorenson，1977）。根据这些数据，在距今 6000~3500 年前，北部树线位于现代树线以北 250 km 或更多（参见 Moser and MacDonald，1990；Gajewski and Garralla，1992）。规模不大的北移发生于距今 2700~2200 年和 1600~1000 年前。与此相反，现代树线以南最近灰壤之下埋藏的北极棕色古土壤（残留苔原土壤）表明，距今 2900 年、1800 年和 800 年前，树线至少更偏南 80 km。在欧亚大陆，MacDonald 等（2000）基于树木种群现今界限以北出现的大化石，绘制了不同树木种群的范围。结果显示，距今 8000～5000 年前，树木出现于北冰洋（现今）海岸附近，今天为苔原的地区（图 11.10）。

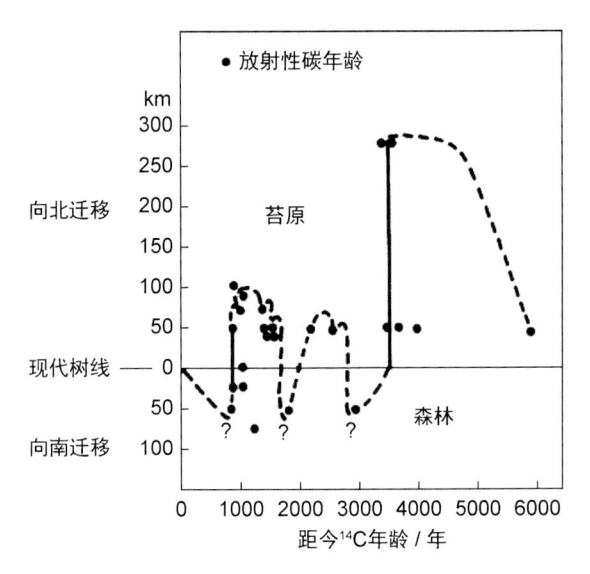

图 11.9　加拿大西北地区基韦廷西南部全新世树线波动重建。树线位置依据现代树线以北放射性碳定年的原地树木大化石以及现代树线以北和以南埋藏森林土壤和苔原土壤的年龄重建。引自 Sorenson 和 Knox（1974）。

这种波动有什么古气候意义？一些学者已注意到北方树线与夏季或 7 月平均温度等温线的对应关系（Larsen，1974），因此生态带向北迁移可能指示夏季温度升高。Nichols（1967）根据 7 月温度对树线迁移进行了初步校正。Nichols 假设，当森林界限向北移动 250 km 时，现代树线处的 7 月温度就与其以南 250 km 处的近似。以此方式，利用古土壤、大化石和花粉证据重建了基韦廷的 7 月古温度。现代树线在空间上也与北美夏季北极锋平均位置或模态位置以及欧亚大陆北部北极锋中位位置密切相关（图 11.11；Bryson，1966；Krebs and Barry，1970）。这是否是森林北界位置的一个诱发因素，或者植被界线本身是否在很大程度上决定了纵贯植被界线显见的气候差异，很难予以评估，不过全球大气环流模型模拟试验显示树线对气候具有很强的反馈作用（Foley et al.，1994）。在轨道驱动单独作用下，60°N～90°N 纬度带全新世中期升温约 2℃，但对更大范围北方森林区的模拟试验则显示出 1℃（夏季）和春季 4℃ 的额外升温。这是由于森林覆盖的反照率较低（相比苔原）导致净辐射增大的结果，这在冰雪覆盖的春季尤为关键。

如果气团边界是森林界限的决定因素，那么，绘制出古森林界限则可为认识过去的动力气候学提供重要启示（如 Ritchie and Hare，1971）。遗憾的是，许多因素使这类解释变得困难。树线在气候好转时向北迁移比在气候恶化时向南迁移要快得多。树木一旦定殖，它们可能会活过恶劣气候期，而树线只在树木死后不再被更新时才会缓慢"后退"（参见高山树线；LaMarche and Mooney，1967）。这一过程可能因地而异。例如，在魁北克东北部（哈得孙湾以东）的森林-苔原带，过去广泛发育的针叶林留存的炭屑记录表明，树线（即连片的森林界限）似乎并未发生整体性南北移动。相反，证据表明，该地区现代苔原-森林

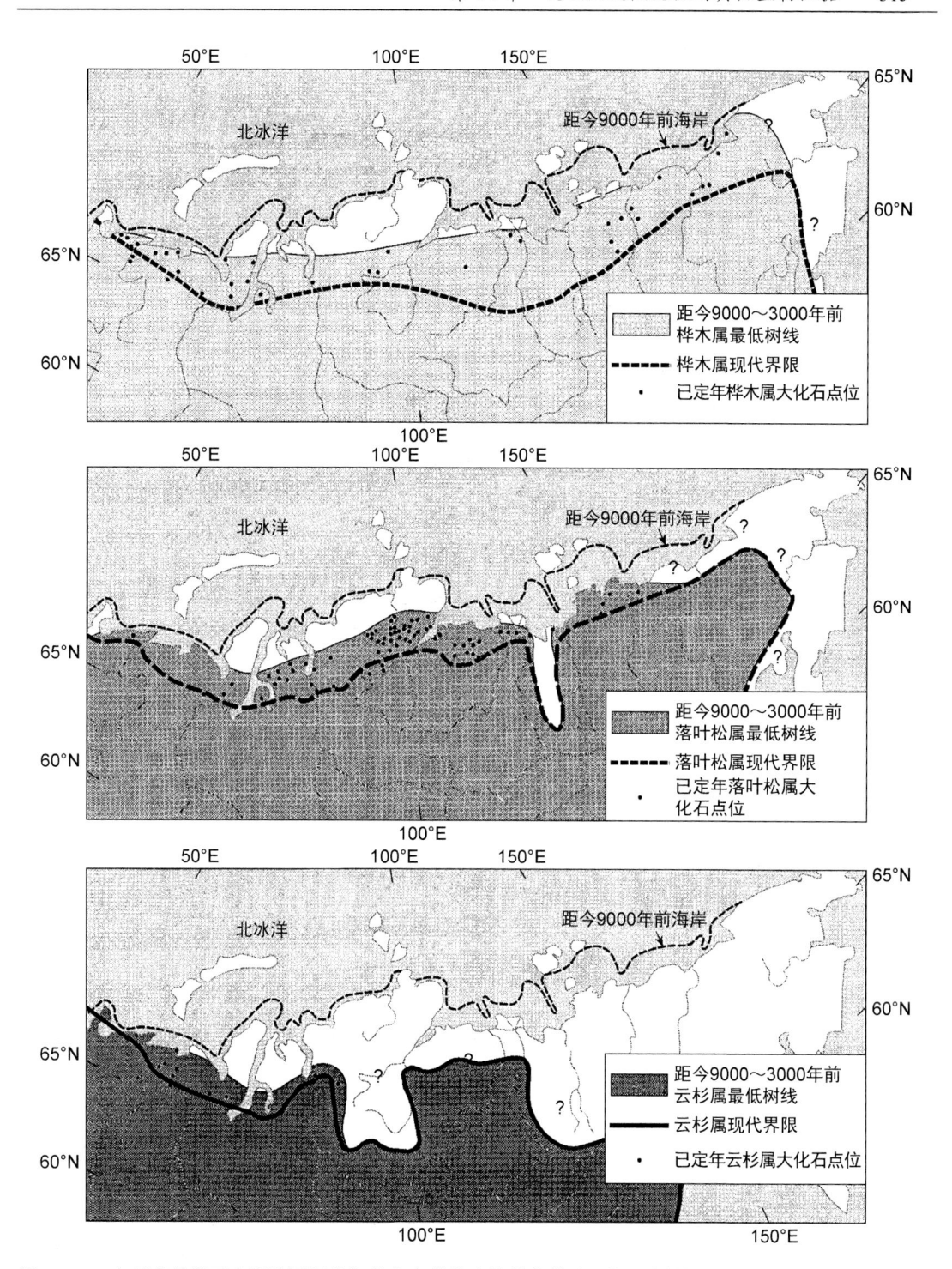

图 11.10 全新世早期至中期俄罗斯北部北方森林发育的纬向模式，基于放射性碳定年的树木大化石分布，并与现代界限进行对比。图示距今约 9000～3000 年前木本属（桦木属、落叶松属和云杉属）的北界。距今 9000 年前欧亚大陆北冰洋海岸线的推测位置（近似于现今 25 m 等深线）也在图中做了标示。引自 MacDonald 等（2000）。

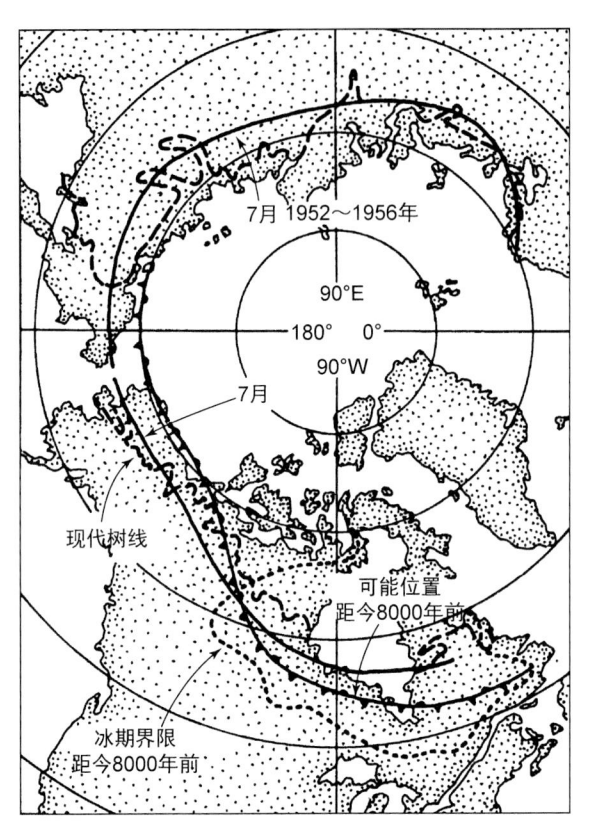

图 11.11 与近年北极锋模态位置、平均位置和中位位置［位置定义见 Krebs 和 Barry（1970）和 Bryson（1966）］相关的现代树线。图示基于大化石和花粉证据推测的距今 8000 年前北极锋位置。距今 8000 年前北极锋位置暗示当时存在变幅更大的上层西风流模态。引自 Ritchie 和 Hare（1971）。

交错带是过去规模更大（全新世中期）森林的产物，这些森林在全新世晚期经历了降温和周期性火灾，从而形成现今仅见孤树独木的无树主导景观（Payette and Gagnon，1985）。距今 3000 年前之后（尤其是距今约 650~450 年前），树木无法在较冷气候下繁殖，因此今天所见的森林-苔原界线反映了气候与火灾的共同影响（Payette and Morneau，1993）。另外，详细研究揭示出改变生长型以适应气候变化、尤其是积雪深度变化的重要性。魁北克北部树线处的黑云杉能够以直立和匍匐（高山矮曲林）两种形式生长，这是许多植物种在其北极和高山界限处的典型特征。在约公元 1435~1570 年的温暖期，云杉主要生长为直立树木，但在 1570 年以后，寒冷的气候导致茎焦梢枯，因而只有防雪的矮曲林型得以幸存（Payette et al.，1989）。18 世纪较适宜的温度（可能还有较大降雪）使得云杉长出新芽，但约 1801~1880 年的严冬再次杀死了许多暴露的茎干（Lavoie and Payette，1992）。因此，森林北界处的树木可能会采取更为匍匐的生长形式以适应寒冷的气候，直至适宜的气候条件使得它们能够直立生长。在这些地区，树线南北移动的想法显然过于简单了（参见 Holtmeier，2000）。毫无疑问，对有 ^{14}C 年龄的大化石、古土壤、生长型分析以及树轮变化的进一步研究，将为这一重要的生态带勾画更加清晰的古气候图像。

11.3.2 高山树线波动

Körner 和 Paulsen（2004）在调查世界各地（68°N～42°S）高山树线点位的温度时发现，树木生长上限具有共同的热量限制，大多数树线点位的地面平均温度为 6.7℃（温带和地中海地区高约 1℃，赤道带低约 1℃）。因此，温度与树木生长上限之间存在基本的生物地理关系（不过平均温度只是实际控制因素的便利指标，而那些因素可能还牵涉极端事件的频率和时限；Tranquillini，1993；Holtmeier，1994）。此外，地形气候因素（尤其是坡向、背阴和冷空气流通）以及食草动物啃食效应和过去火灾效应等，都对许多地方的树线位置产生影响（Holtmeier，2000）。在干旱亚热带，树线受温度和有效水汽的影响。在湿润热带，季节温差极小，向无树区的过渡通常非常突然。在中高纬（尤其在北半球），树线通常更为模糊，反映了强烈的地形气候控制。

过去高树线的证据通常被解释为指示夏季温度高，并按每 100 m 升温 0.6～0.7℃的直减率来推断温度变化的幅度。例如，Dahl 和 Nesje（1996）基于＜220 m 的树线变化估计，全新世期间瑞典北部夏季温度变化了约 1.5℃（图 11.12）。然而，这些数据的解释存在许多问题（Karlén，1976）。具体而言，大化石记录可能不完整；最高树木可能未被发现，或者实际上可能未被保存。另外，在某些地区，山峰可能并不比现代树线高出很多，因而无法给出过去树线高度的最大估值（如 LaMarche，1973）。在这些情形下，古树线证据只能提供古温度的最小估值。最后，目前的树线可能并未与现代气候达成平衡，最近发生的火灾、过度放牧、雪崩、大风和虫害可能导致树线远低于现代气候条件下的潜在最大高度（Holtmeier，2000）。树木在气候适宜期需要许多年才能定殖，而且可能不到温度升至最高之后不会达到其最高位置，这往往又会导致依据树线波动而给出最小古温度估值。另外值得注意的是，树线形成的时间可能比树木死亡的时间更为重要（后者可能与气候无关）。因此，理想情况下，应该尝试利用放射性碳分析或树轮年代学或两者对树木的心材部分进行定年（LaMarche and Mooney，1967，1972），但是树木内部常常风化或腐烂，使得这种尝试无法开展，因而只能提供高山树线上升时间的最小估计。Karlén（1976）认为，过去的高树线可能表明 50～100 年的平均温度高于现代值，以使幼苗定殖并导致树线整体"上升"。一旦定殖，树木就可在恶劣气候期存活，也许可持续同样长的时间。因此，树线变化可视为提供了过去气候的低频记录，该记录倾向于记录持续时间超过 50 年的温暖时段。

考虑到所有这些因素，看到高山树线记录在全球范围内显得极其复杂，也许就不足为奇了。尽管如此，仍有证据表明，全新世早期至中期许多地区的树线较高，这可能反映出存在全球范围的温暖时期。最详尽的研究是在斯堪的纳维亚开展的，其中现代树线以上数百个桦树、桤树和松树大化石已进行了 ^{14}C 定年。这些数据明确显示，自山地冰川消退后不久（距今约 9000 年前）至全新世中期，树木的高度界限远高于现代树线的海拔。在芬诺斯坎迪亚北部，松树的最大范围出现于距今约 5000 年前，在距今约 3500 年前以后范围缩小（Eronen and Huttunen，1987；Karlén，1993）。在瑞典中部（图 11.12），距今 9000～7000 年前，松树至少生长在其 20 世纪中叶界限以上 220 m，但在距今 6000 年前后被海拔最高的树种桦树取代。那时，松树达到其全新世最大丰度，而桦树林延伸至现代界限以上 220 m

(Kullman, 1989, 1993)。这表明当时 7 月温度比 20 世纪中叶高出约 1～2℃（按约 0.65℃/100 m 直减率估算）。距今约 3500 年之后，气候开始变凉，其时许多在全新世早期完全消失的冰川重新活跃（Karlén, 1993；Kvamme, 1993；Matthews, 1993）。这标志着数次新冰川作用期的第一期，这些新冰期在公元 16～19 世纪的最近一次冷期（"小冰期"）达到极盛。乌拉尔北部现代树线以上枯死落叶松的详细研究表明，小冰期之前，树木生长在现代界线以上 60～80 m（公元 9～13 世纪），但自那以后直至 20 世纪中叶，任何树木都未及定殖（Shiyatov, 1993）。中世纪暖期的树木确实活过了紧随其后的冷期，但许多树木分别在 13 世纪末和 14 世纪初、16 世纪初期以及 19 世纪初期和末期最终死亡（参见 Kullman, 1987）。这种模式与许多古气候学家的观点相呼应，即小冰期开始得更早（在 14 世纪），随后的 500 年经历了一系列温和期和急剧寒冷期，最终于 19 世纪初达到最冷期（Bradley and Jones, 1992b, 1993；Jones and Bradley, 1992；Mann et al., 1998）。

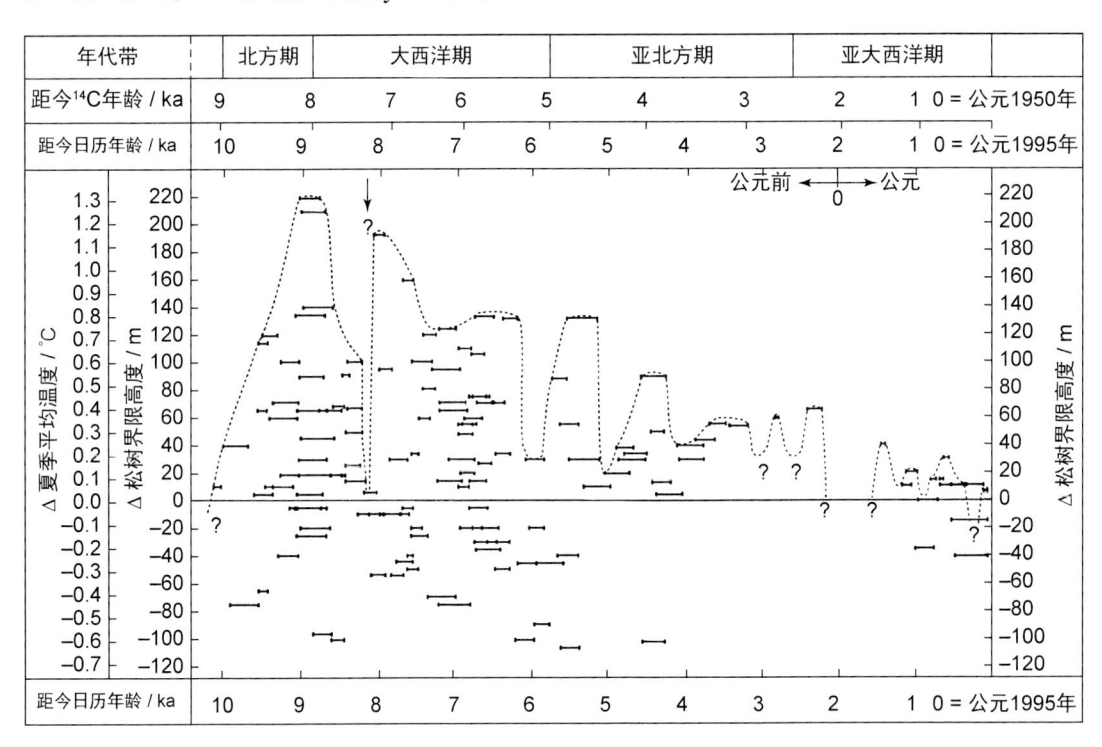

图 11.12 瑞典中部斯堪的纳维亚山脉 ^{14}C 定年的松木亚化石样品（欧洲赤松）海拔（黑条棒）与该区现代松树极限（经全新世地壳均衡回弹调整）对比。松树生长上限以虚线标示。温度变化按照 0.6℃/100 m 的直减率做出估计。树木样品在靠近树心处进行了 ^{14}C 定年，以获得接近发芽期的年龄。引自 Dahl 和 Nesje（1996），基于 L. Kullman 和 J. Lundqvist 采集的样品。

其他地区的高山树线研究在很大程度上揭示了与斯堪的纳维亚相似的情况［例如 Rybnfckova 和 Rybnfcek（1993）在喀尔巴阡山和 Tinner 等（1996）在瑞士阿尔卑斯山发现的类似变化］。同样，在北美西部，多项研究表明树线在全新世早期高于现代界限。在圣胡安山，Carrara 等（1991）对树线以上 50 余个针叶树大化石进行了定年，发现了距今 9600～5400 年前树木生长于现代界限以上 140 m 的证据，表明当时 7 月温度比现今高 0.9℃。距今5400~3500年前，树线接近现代界限，之后，气候恶化，导致树线在距今3500年前降低。这与来自加拿大落基山（Luckman and Kearney，1986；Clague and Mathewes，1989）和美国西部其他地区（Rochefort et al.，1994）的证据相似。在某些地区，特定时段缺失放射性碳定年树木，这暗示全新世早期存在短暂冷事件，但在更大范围采集样品可能会改变这一状况（参见Kullman，1988）。大化石证据有点像钝器，明显的"数据空白"难以用作解释。Karlén（1993）利用湖泊沉积证据来支持他对冷事件的解释，这表明，只有对许多不同的代用指标进行集成，才能充分理解山地全新世气候的复杂性。

11.3.3 低树线波动与啮齿类粪堆

美国西南部的整个干旱和半干旱区有一个垂直植被带，低海拔为旱生沙漠灌丛（通常为蒿属灌丛、常绿墨西哥拉瑞木灌丛和常绿暗色灌丛），随着海拔连续升高，逐渐转变为中生林地（刺柏、矮松和常绿栎）（图11.13）。林地/沙漠灌丛界线的精确高程或多或少随纬度而发生变化，其中在墨西哥奇瓦瓦沙漠最低，在内华达大盆地内部最高。这种向南降低的高程梯度与夏季水汽源（墨西哥湾和热带太平洋）的距离有关，大盆地内部距离这些热带海洋性气流的源区最远，并且因以西山脉的阻挡而与温带太平洋水汽源隔绝（Wells，1979）。因此，低树线的高程梯度强烈反映了水分对树木生长的重要性，故此低树线有时也被称为"干旱树线"。

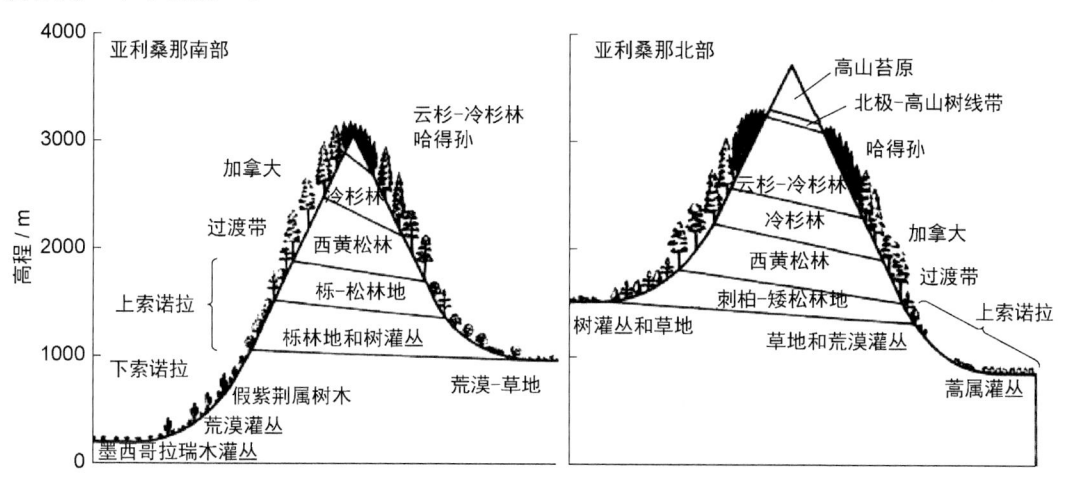

图11.13 美国西南部山地典型断面，显示植被随海拔的变化。冰期，由于有效水汽增加（温度较低和/或降水量较高所致），植被带界线通常降低。

美国西南部洞穴中林鼠粪堆化石的分析极大促进了对低树线波动的理解（Wells and Jorgensen，1964；Wells and Berger，1967；Betancourt et al.，1990）。世界其他干旱和半干旱区的鼠粪研究，也为理解过去植被分布和相关气候变化提供了很好的视角（Pearson and Dodson，1993；Pearson，1999；Betancourt et al.，2000；Chase et al.，2011，2012）。林鼠在其穴窝周围非常有限的范围内（约1 hm^2）不断地觅食，其穴窝是用周围地点的植物材料搭建的。由于林鼠常常随意采集物料，而非仅仅为储存食物，因此其穴窝或粪堆有效地提供了非常完整的当地植物群落清单（Wells，1976；Spaulding et al.，1990；Vaughan，1990）。

粪堆由变干的林鼠尿液形成的深棕色清漆状胶膜（称为鼠珀）粘结成坚硬的纤维团块。鼠珀将沉淀物粘结在洞穴岩石裂隙中，使其免受真菌和细菌的破坏。由于洞穴地点非常干燥，因而林鼠粪堆可保存数万年。事实上，美国西部林鼠粪堆中的1000多个大化石已进行定年，年龄范围为全新世晚期至距今>40000年（Webb and Betancourt，1990）。

粪堆是在岩石裂隙被填满之前形成的，因此它们通常代表了洞穴地点附近过去断续时间里的植被样本。许多粪堆本质上为窝巢，仅仅提供了过去环境的一个短暂时间窗，但也有一些南非蹄兔的粪堆已持续存在了很长时间，保存了几乎连续的植被历史地层记录（Chase et al.，2012）。其中所获的大化石包括粗树枝、细树枝、树叶、树皮、种子、果实、禾草、蜗牛和甲虫等无脊椎动物，以及脊椎动物的骨头。如此丰富多样的大化石清单使得重建粪堆点周围相当详细的当地植被图景成为可能，不过所收集的材料可能并不代表该区植物的随机样本。由于林鼠可能会优先采集某些种类的物质，所以粪堆不一定能够给出采集区植物相对丰度的完整图像。此外，不同种类的林鼠具有不同的采集偏好，因此不同林鼠种相继占据同一地点可能会造成当地植被发生变化的错误印象（Dial and Czaplewski，1990）。

尽管存在这些潜在的问题，但美国西南部不同时期林鼠粪堆组成的区域对比使末次冰期以来植被变化的大尺度格局得以建立。最为重要的是，该结果揭示出整个南部的矮松-刺柏林地面积在冰盛期的威斯康星晚期急剧扩大（Van Devender and Spaulding，1979；Van Devender，1990a）。在今天的大盆地、莫哈维、索诺拉和奇瓦瓦沙漠中（图11.14），这些

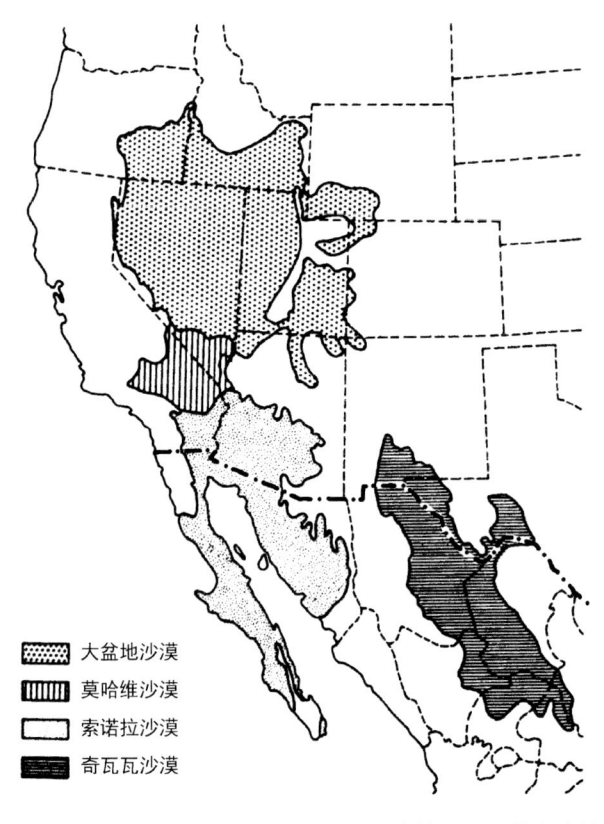

图11.14　美国西部沙漠区。沙漠区垂直植被带变化记录于林鼠粪堆化石中。

林地仅限于高海拔区，通常位于被大片沙漠灌丛围绕的孤立山顶。然而，现今极端干旱地点的林鼠粪堆记录显示，自距今＞40000年至约12000年期间出现了范围大得多的刺柏或矮松-刺柏林地。在大盆地，森林植被（现今仅限于孤立山顶）延伸至远低于其现今范围的高度。例如，亚高山针叶树生长于比现代界限低达1000 m处（Thompson，1990）。在莫哈维沙漠，矮松-刺柏林地占据了低至海拔约900 m的地带，那里现今仅能维持嗜热沙漠灌丛的生长。同样，在索诺拉和奇瓦瓦沙漠，矮松-刺柏-栎树林地向下延伸至海拔500～600 m，进入现今为大片沙漠的地区（Van Devender，1990a，1990b）。有趣的是，在这些南部沙漠区，占主导的植被群落今天在该地区没有现代相似型，这些群落由森林植被以及对霜冻敏感的沙漠肉质植物构成。这意味着，造成致命性霜冻的冬季冷空气爆发频率较低，而森林覆盖也可能通过减弱夜间辐射性降温而有所助益。

该区冰期植被变化模式均显示，夏季温度降低达6～10℃，蒸发减少，冬季降雨量增加（高达50%）（表11.1）。这与冬季风暴向南移至该区以及墨西哥湾夏季风气流减弱有关。这种状况似乎一直盛行于距今至少22000～12000年前，几无变化。在之后的数千年，气候和植被发生快速变化，从而到距今8000～9000年前，植被格局开始显得更像现代，此时冬季降雨型结束，温度上升到现代水平的数度以内，降雨则主要由夏季风输送（图11.15）。在一些地区，最强干旱似乎出现于全新世中期（如大峡谷和莫哈维沙漠；Cole，1990；Spaulding，1990，1991），但在其他地区，有证据表明全新世中期季风降雨体系更强，而更干旱的气候以及最大规模的沙漠植被出现于全新世后期（Van Devender，1990a；Van Devender et al.，1994）。在莫哈维沙漠，全新世晚期（距今3800～1500年前）有效水汽增加的证据揭示出一个凉和/或湿气候的"新雨期"，这可能与其以北和以东山地发生的新冰期相关（Spaulding，1990）。

表11.1 基于林鼠粪堆发现化石估计的末次冰盛期美国西部和西南部气候状况与现今对比

地点	ΔT/℃	降雨量	注释	来源
科罗拉多高原	＞6.3（夏季）	增大	夏季变干	Betancourt（1990）
大峡谷	约6.7（年）	+24%～41%	冬季降雨量最大	Cole（1990）
大盆地	10（年）	增大		Thompson（1990）
索诺拉沙漠	8（7月）	+50%	冬季降雨量最大	Van Devender（1990b）
奇瓦瓦沙漠	夏季显著变凉	增大	冬季降雨模式、几无冰冻	Van Devender（1990a）
莫哈维沙漠	6（年）	+＜40%	冬季降雨量最大	Spaulding（1990）

智利极端干旱的阿塔卡马沙漠边缘的鼠粪揭示出该区过去气候非常剧烈的变化（Betancourt et al.，2000）。今天，粪堆点周围的植被仅由几种禾草组成，但在距今11800～10500年期间，即过去22000年中最湿润的时期，丰富多样的灌木和多年生草本植物群落完全覆盖了该地区（Latorre et al.，2002）。这一证据得到了该区高湖面的地貌证据和湖泊沉积研究的支持，这些研究都揭示出始于距今约15500年前更加湿润的气候状况（Grosjean and Veit，2005）。Betancourt等（2000）认为，晚冰期和全新世早期更为湿润的气候状况是由

更加频发的类拉尼娜现象引起的，后者与玻利维亚高压系统增强以及安第斯山东坡上升水汽通量增加有关。

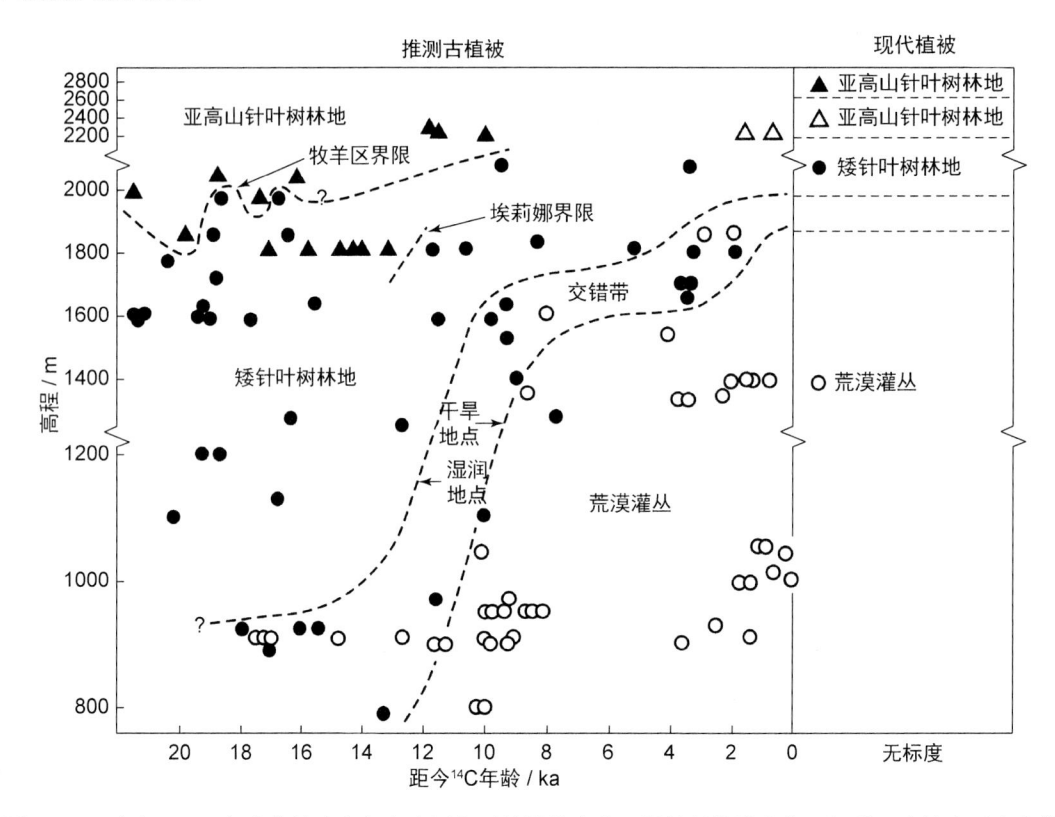

图 11.15　过去 22000 年内华达中南部多岩区主要植被带变化，据林鼠粪堆大化石记录。虚线表示生态带的大致高程。如大尺度生态带所示，矮针叶树（矮松-刺柏）林地/沙漠灌丛过渡带在湿润地点和干旱地点有所不同。引自 Spaulding（1990）。

在南非，岩蹄兔粪堆提供了自 LGM 直至全新世的连续植被记录（Scott and Woodborne，2007；Chase et al.，2009，2011，2012）。氮（$\delta^{15}N$）和碳（$\delta^{13}C$）稳定同位素分析提供了降雨量随时间变化的记录。在干旱期，^{15}N 在植被中富集，这随后反映在了粘结粪堆的蹄兔尿液中。类似的信号可见于 $\delta^{13}C$。在该地区，植被主要由 C_3 植物构成（见附录 A），其 $\delta^{13}C$ 变化反映了植物叶片水分利用效率的变化（干旱期富集更强）。$\delta^{15}N$ 和 $\delta^{13}C$ 记录一起提供了降雨量随时间变化的连贯图像（图 11.16）。结果表明，晚冰期气候干旱，之后湿度越来越大，但这种趋势在新仙女木期突然中断，干旱状况再次出现。新仙女木期气候变干与大西洋东南部近海海面温度降低相关，这是由于东南信风增强导致冷水上涌所致，而那些近海次表层冷水则是非洲大陆以南的海洋副热带锋向赤道移动引起南非周围厄加勒斯暖流减弱的结果。

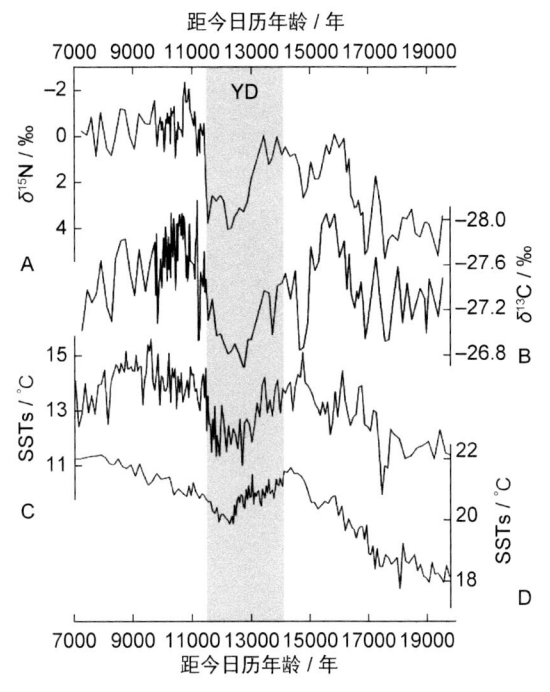

图 11.16 塞德伯格山（南非西南端）岩蹄兔粪堆（A）$\delta^{15}N$ 和（B）$\delta^{13}C$ 记录。两种同位素的高值反映气候干旱。C 和 D 分别为 ODP 岩心 1084B 和 GeoB1023-5 记录的 SSTs。这些数据表明，晚冰期和新仙女木期（YD）冷水上升流增强。引自 Chase 等（2011）。

11.4 泥　　炭

前文已经提及，累积于沼泽（酸性泥沼）中的泥炭是提取火山灰和花粉的天然档案，而泥炭本身的研究也提供了宝贵的古气候信息（Barber，1981；Chambers and Charman，2004；Charman et al.，2009；Chambers et al.，2012）。泥沼广泛分布于北方地区，尤其是在因多年冻土阻碍地下水排泄而排水不畅的地区（图 11.17）。热带尤其是东南亚和亚马孙盆地也广泛发育泥炭沉积（Strack，2008）。今天所见的大部分北方泥炭是末次冰期以后形成的，而热带泥炭自晚更新世以来就一直在累积。由于泥炭地在全球占有如此广阔的区域，它们为利用古生态学和地球化学方法开展古气候重建提供了得天独厚的条件。

由于水文状况直接受降雨-蒸发平衡的控制，因此雨养（"云养"）沼泽对古气候重建具有特殊意义。渍水条件有利于有机物（主要为泥炭藓以及禾本科植物和杜鹃花科、岩高兰属等矮灌木）的累积，从而使可用于植被历史重建的大化石得以很好地保存（Barber and Charman，2003；Barber et al.，2003）。泥炭总累积在很大程度上是随着植被腐烂速率而非植物总体生产力的变化而变化的。腐烂发生于上部氧化层（间歇饱水层），而有机物累积于其下的渍水缺氧层（持续饱水层）（Mäkilä and Saarnisto，2008）。因此，水位高度的变化直接影响着有机物的保存，这可通过分析腐殖化程度随深度的变化加以度量。通常使用的是比色法，即利用碱性溶液消解泥炭，然后测量所产生液体的颜色。深色表示植被暴露于氧化环境（通常指示干旱环境），腐殖化强（腐殖质含量高），而浅色则表示湿润期和弱腐殖

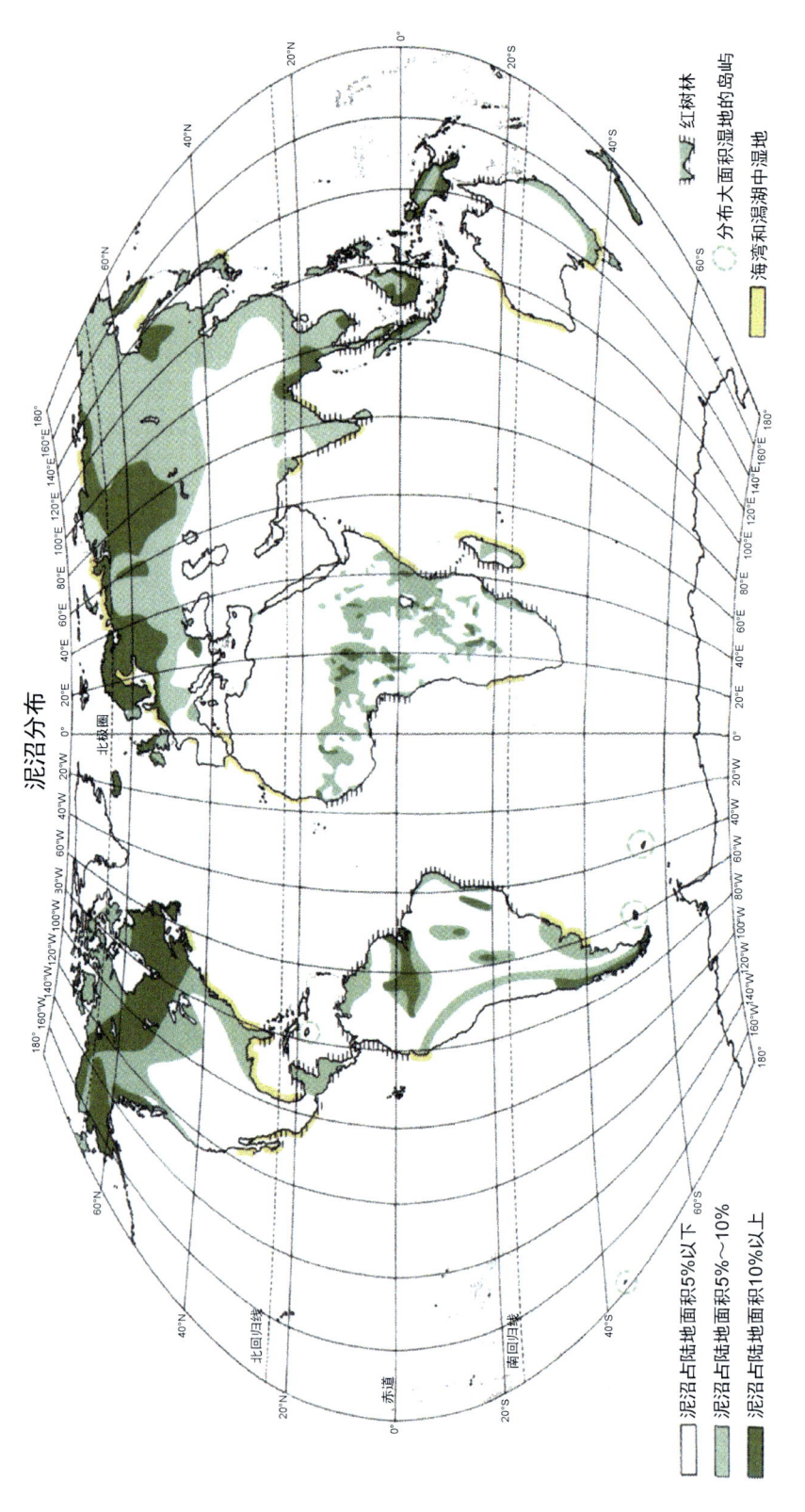

图11.17 全球泥炭沼泽分布。引自 Strack（2008）。

化，其时水位升高。据此，Vorren 等（2012）测量了全新世中期至晚期挪威西北部泥炭沼泽的泥炭腐殖化程度，识别出泥炭记录的 19 次湿润期，其中一些湿润期看来具有广泛的地理意义（图 11.18）。然而，P–E 的平衡也会受温度变化的影响，冷凉期（可能与降雪更多或积雪持续时间更长有关）也可能导致湿润状况，因此可能需要如摇蚊这样的其他古气候指标，来确定水文平衡在多大程度上是由降水单独驱动，或者是由温度和降水共同驱动的（Charman et al., 2009）。Vorren 等（2012）提出，沼泽湿度的变化与太阳活动变化（将 $\Delta^{14}C$ 作为辐照度变化的代用指标）密切相关。沼泽表面湿度与太阳活动之间的这种联系是贯穿许多泥炭研究的主题，西欧的泥炭研究尤为如此（如 Mauquoy et al., 2002; Blaauw et al., 2004; Borgmark, 2005）。Shindell 等（2001）的 GCM 模拟结果的确显示，辐照度减小可能导致整个欧洲年平均温度降低、大气环流处于更偏负的北大西洋涛动模态（导致西欧大部分地区更加湿润，而使得斯堪的纳维亚降雨更少）。这一过程如何在广为散布的地点（甚至包含智利南部的地点；van Geel et al., 2000）产生共同的信号，仍可谓是个谜题。当然，还有其他代用指标似乎也记录了太阳辐照度信号（如 Neff et al., 2001; Niggemann et al., 2003; Wang et al., 2005b），但目前尚无能够解释太阳活动的微小变化如何影响了全球广大地区气候的综合性理论（见第 2 章 2.7 节）。

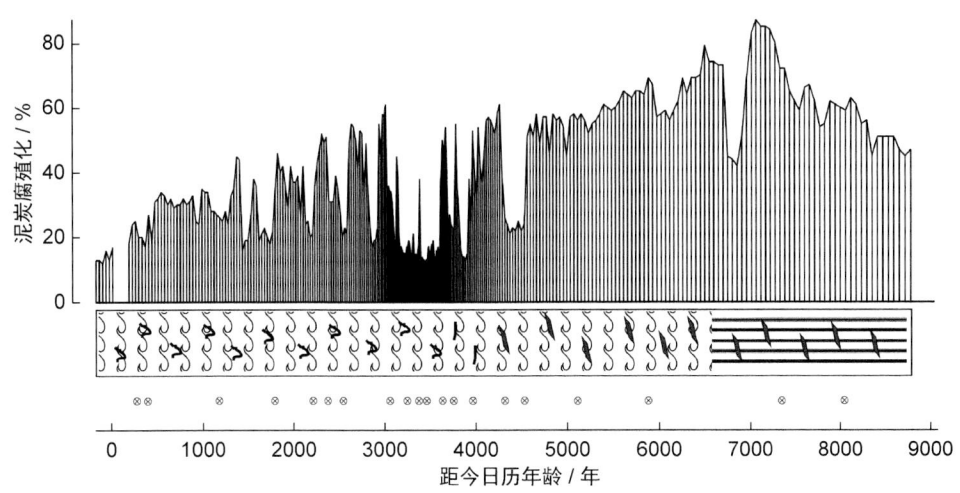

图 11.18 挪威西北部罗弗敦群岛瑞斯塔德泥沼的泥炭腐殖化指数，基于从泥炭中提取的腐殖质比色测量数据。低值指示水位升高时的湿润环境。引自 Vorren 等（2012）。

泥沼水文状况的一个关键指标是可自泥炭中提取的有壳变形虫。这些变形虫是一个多样的原生动物群落，具有形态独特的壳体（Charman, 2001）。不同的有壳变形虫群落代表不同的沼泽表层湿度（主要为夏季水分亏缺的持续时间）。尽管有壳变形虫也受 pH 影响，但在雨养沼泽中，pH 通常是一成不变的，所以沼泽表层湿度是其群落结构的主要控制因素。由此，利用现代数据校正的岩心剖面有壳变形虫组合可重建过去水文状况。

泥炭中的有机物为有机生标研究提供了极好的对象，因为泥炭中的大化石通常保存完好，并且单种常可识别。泥炭藓（仅繁盛于湿润环境，因其没有可自泥炭深层供给水分的维管系统）与维管植物（耐干旱，因其在渍水区无法很好存活）的叶蜡正构烷烃存在差异。维管植物的正构烷烃平均链长为 C_{29}-C_{31}，而泥炭藓的为 C_{23}（Nichols et al., 2006, 2009）。

据此，Nichols 等（2009）基于 C_{23} 与 C_{29} 正构烷烃比值，获得了挪威西北部沼泽的泥炭藓/维管植物比率水分平衡指数，结果表明距今约 8000 年前发生了一次干旱突变。雨养沼泽中的泥炭还有望通过特定化合物（如正构烷烃）同位素研究获得降雨氢同位素的可靠估值。通过区分泥炭藓 C_{23} 正构烷烃 δD 和维管植物 C_{29} 正构烷烃 δD，Nichols 等（2010）获得了一个蒸发指数，这基于这样的思路：维管植物可自沼泽表层以下得到水分（所以受蒸发损耗的影响不大），而泥炭藓必须依靠降雨获取水分，所以有可能遭受强烈的蒸发损耗。因此，维管植物和泥炭藓的 δD 值差异提供了水文状况变化相对影响（P-E）的量度（图 11.19）。

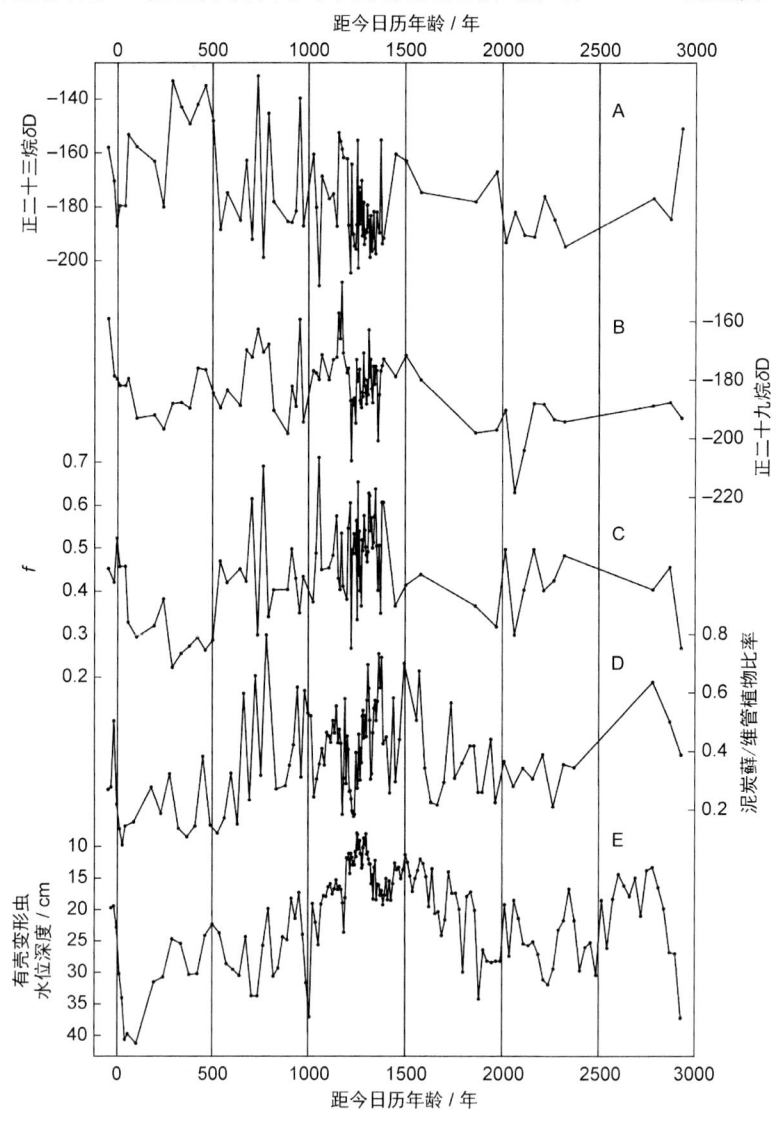

图 11.19 最近 3000 年美国密歇根明登沼泽水文平衡（P-E）的各种指标。A. 泥炭藓 C_{23} 正构烷烃 δD；B. 维管植物 C_{29} 正构烷烃 δD；C. f 为蒸发、蒸腾和下渗以后留存于沼泽中的水分量；D. 泥炭藓/维管植物比率（Sphagnum/Vascular Ratio，SVR），表示泥炭藓正构烷烃与维管植物正构烷烃的相对丰度；E. 基于有壳变形虫重建的水位深度。所有指标都表明距今 1200~1500 年前气候湿润。引自 Nichols 等（2012）。

第12章 花　　粉

12.1 引　　言

　　每年，数百万吨的有机物质由显花植物和隐花植物（无真正的花或种子的植物）为繁殖而播撒到大气中。高等植物（被子植物和裸子植物）产生含有雄性遗传物质的花粉粒，只有当这些花粉粒到达同种植物的雌性花托时，才能保证有性繁殖获得成功。低等植物或隐花植物产生孢子，这些孢子含有独立子代植物生长所必需的遗传物质。花粉粒和孢子是古气候重建的一个重要方面——花粉分析或孢粉学，即花粉与孢子研究[①]——的基础。当花粉随时间推移而被保存于湖泊、沼泽、河口等地时，它就可提供可能归因于气候变化的过去植被变化记录。花粉分析是第四纪古气候学最重要的分支之一，提供了来自大陆的信息，弥补了海洋沉积和冰心信息[②]的不足。一些地点的花粉记录跨越整个第四纪，而更为常见的是全新世和/或晚冰期记录。由于湖泊和沼泽的花粉记录几乎随处可见，所以它们可在全新世晚期高分辨率树轮记录与其他更长但分辨率较低的陆地和海洋记录之间建立重要的联系（表12.1）。

　　花粉分析需要考虑的一个重要因素是尺度的概念（Webb，1991；Bradshaw，1994）。植被变化发生在各种尺度（时间和空间）上，并非所有这些变化都必然是由气候变化导致的，火灾、虫害、植物演替变化和人为干扰，以及导致化石材料本身堆积和保存的诸多因素的变化，常常会使花粉记录的解释变得复杂。不过，通过适当选取用于分析的空间和时间尺度，花粉研究可将重要的气候信号与非气候噪声分开（图12.1）。

　　本章着重介绍利用花粉达到定量古气候重建目标的一些方法，这些花粉主要保存于湖泊和沼泽中。严格地说，有关过去植被组成或植物演替重建的研究并未加以详细论述（可参见Huntley and Webb，1988；Jackson，1994）。本章最后列举了不同区域孢粉学研究的部分案例，这些研究使我们对一些重要的古气候问题有了新的认识。这最后一节的重点，是提供了大陆过去气候变化信息的长记录及其与长冰心记录和海洋沉积记录的对比。

[①] 由于花粉粒在重建过去气候方面的研究远多于孢子（即重点关注高等植物；表12.1），由此以下几节将聚焦于花粉粒。不过，从方法论角度看，花粉粒研究的大多数问题同样适用于孢子研究。

[②] 在某些情形下，海洋沉积中的花粉使得陆地记录与海洋记录之间的直接对比成为可能，从而可为陆地沉积的年代标尺提供核验（如Hooghiemstra et al.，1992，1993）。花粉还有助于热带冰心的年代学解释（如Liu et al.，2005，2007）。

表 12.1　北美和欧洲第四纪孢粉学中的一些重要植物类群（见图 12.1）

属	科	俗名
冷杉属		冷杉
槭属		枫
桤木属		桤
豚草属		豚草
蒿属		蒿/鼠尾草
桦木属		桦
鹅耳枥属[a]		铁木
山核桃属		山核桃
	藜科	藜
榛属		榛
	莎草科	莎草
麻黄属		马尾草
桉属[b]		桉
水青冈属		山毛榉
梣属		梣
	禾本科	禾草
胡桃属		胡桃
刺柏属		刺柏
落叶松属		落叶松
枫香树属		枫香
石松属[b]		石松
蓝果树属		蓝果树
铁木属[a]		鹅耳枥
云杉属		云杉
松属		松
杨属		杨
黄杉属		花旗松
栎属		栎
柳属		柳
落羽杉属		落羽杉
红豆杉属		紫杉
椴属		椴木/椴树
铁杉属		铁杉
榆属		榆

a 铁木属和鹅耳枥属花粉难以区分，通常一起考虑。
b 将外来花粉加入样品，以计算花粉通量（见 12.2.4 节）。

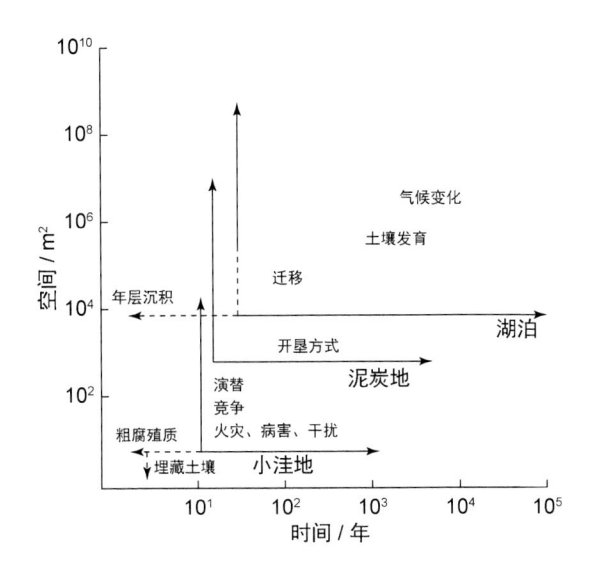

图 12.1 尺度在阐释花粉分析所获信息方面十分重要。有关气候的信息是在较大的时间和空间尺度上获得的，主要来自湖泊和泥炭地。在较小的空间和时间尺度上，非气候效应主导着花粉信号。引自 Bradshaw（1994）。

12.2 花粉分析基础

利用花粉分析可重建古气候，是因花粉粒的 4 种基本属性：①它们具有特定植物属或种独有的形态特征；②它们由风媒传粉植物大量生产，且在其源地以外广泛分布；③它们在某些沉积环境中极耐腐烂；④它们反映花粉沉积时的自然植被，这（如果在正确的尺度上考虑）可提供有关过去气候状况的信息。

12.2.1 花粉粒特征

花粉粒的大小自 10 μm 至 150 μm 不等，受一层耐化学腐蚀的外层（即外壁）保护。由于许多植物科的花粉粒形态不同，因此可通过其独特的形状、大小、雕饰和萌发孔数量加以识别（Punt et al.，2007；图 12.2）。花粉外壁由花粉素构成，这是一种复杂的聚合物（一种β-类胡萝卜素酯），能够抵抗除最极端氧化剂和还原剂外所有物质的腐蚀。因此，利用化学方法可去除包裹花粉粒的有机或无机基质，而不会破坏花粉本身。不过，一些证据也显示，在某些沉积环境中，并非所有的花粉粒都会得到同样好的保存（Cushing，1967）。例如，花粉粒在苔藓泥炭中就比在粉砂沉积中更易受到腐蚀，这可能是由于藻菌、细菌和其他微生物的活动所致。另外，某些种（如杨树）的花粉可能在抵达沉积点之前就已经碎裂了（Davis，1973）。

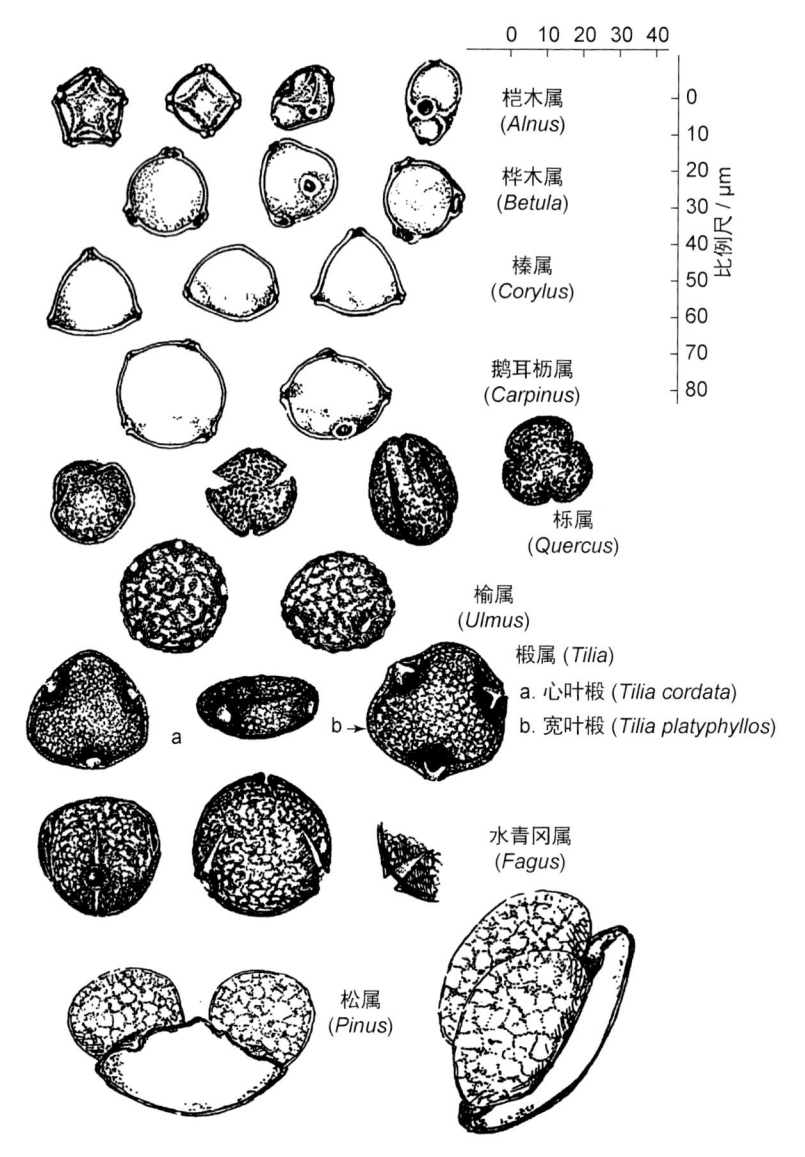

图 12.2　不列颠全新世沉积中的一些主要花粉类型，按相同比例尺绘制。植物常用名称见表 9.1。引自 Godwin（1956）。

通常，花粉粒仅鉴定至属或科一级，但在某些情况下，也可分辨出特定的种（Faegri and Iversen，1975；Moore and Webb，1978）。花粉图集编制已取得重大进展，尤其是在热带地区，这些工作拓展和改进了相关地区的花粉分析（Hooghiemstra and van Geel，1998）。利用图像分析实现花粉鉴定自动化也取得了一些进展（如 Holt et al.，2011），但大多数研究仍有赖于分析人员艰辛的镜下手工鉴定。花粉粒外壁稳定同位素组成的探索性研究业已展开，但迄今为止，这一方法尚未得到广泛应用（Loader and Hemming，2004）。

12.2.2　花粉产率与传输：花粉雨

所有进行有性繁殖的植物都会产生花粉粒，并通过各种机制传播，使花粉抵达其他植物的雌性生殖器官实现授粉。花粉产量一般与成功授粉的概率成反比,因此,以昆虫或动物作为传播媒介的植物(虫媒传粉种或动物媒传粉种)产生的花粉量要比通过风传播花粉的植物(风媒传粉种)少几个数量级。同理,与风媒传粉植物相比,自授粉植物(自花授粉种或闭花授粉种)仅产出极少量的花粉。由于这些情况,因此尽管绝大多数显花植物都是由昆虫授粉的,但在任何特定地点,花粉粒积累通常都以风媒传粉种的花粉为主。一棵栎树每年可产生并经风传播 10^8 个以上的花粉粒,因此,整个森林中花粉(花粉雨)的数量会是一个天文数字。在北方阔叶林中,花粉累积量可达每年每公顷 80 kg(Faegri and Iversen,1975)。虫媒传粉种的花粉产量通常要低几个数量级,自花授粉种产出更少。在某些情况下,虫媒传粉种,如椴树(*Tilia*),可能会产生相当数量的花粉,但其效率较高的传播机制(通过昆虫)意味着花粉粒很少大量出现,即使在椴树很多的森林中也是如此(Janssen,1966)。

12.2.3 化石花粉来源

由于花粉是风成沉积,落到有机或无机沉积物累积地点的花粉将成为地层记录的一部分(Traverse,1994),因此从泥炭、湖泊沉积、冲积沉积、河口和海洋沉积以及冰川冰中可提取花粉。也可从考古遗址(Dimbleby,1985)、鼠粪堆(King and Van Devender,1977)和粪化石(石化的动物粪便;Martin et al.,1961)中提取花粉。在第四纪孢粉学中,古气候信息的主要来源为藓沼和草沼中的泥炭以及较浅的湖泊沉积(Jacobson and Bradshaw,1981)。许多湖泊沉积速率非常高,使得高时间分辨率采样成为可能,其分辨率通常比海洋沉积(其中花粉浓度随离岸距离增大而快速下降)高一个数量级(如 Montade et al.,2011)。因此,陆地花粉研究可以提供海洋环境中少见的气候变化时域视角。

绝大多数风传输的花粉粒不会传播至离源地 0.5 km 以外的地方。风传输过程受颗粒大小影响,较大和较重的颗粒要比较小和较轻的颗粒更快地降落到地面(Dyakowska,1936)。例如,山毛榉[水青冈属(*Fagus*)]和落叶松[落叶松属(*Larix*)]的花粉粒相对较重,会在靠近其源地处降落。因此,如果山毛榉或落叶松花粉粒化石出现于沉积物中,则表明其曾生长于附近。人工种植和隔离立地植被花粉传输的实测结果显示,单株植物产生的花粉在数百米之外无法与本底值(区域花粉雨)加以区分。理论传输模型也明确了这一点(Tauber,1965)。因此,许多研究者倾向于选取大型湖泊(>1 km^2)的沉积物进行分析,这是因为大型湖泊充当了区域花粉雨的汇集盆地,并且不会受采样点附近植被的太大影响(Prentice,1985)。

针对湖盆中的花粉传输和沉积问题,业已开展了大量研究(Pennington,1973;Holmes,1994)。就像在大气中一样,花粉粒在水中也会发生差异性沉降,从而导致花粉从空气进入湖泊时的原始比例失真,较轻的花粉粒更多沉积于湖滨带。花粉也会通过入湖溪流在湖盆中聚集,在强径流期尤其如此。此外,在湍流混合期,花粉粒还会发生再悬浮和再沉积,尤其是在浅水中,从而平滑了湖泊花粉和沉积物输入的年变化。进一步的平滑可能是由潜穴蠕虫和其他泥栖生物活动造成的(Davis,1974)。因此,很高分辨率的研究(年至十年)是不切实际的,除非是在发育年层(纹层)沉积的情形下(如 Swain,1978)。无论如何,花粉都不适合这样的时间尺度的气候重建,因为气候信号(通过植被变化记录的)在这样的尺度上不够强，其他非气候因素可能会掩盖所有气候信号。随着采样的时间尺度增大，气候信号开始超过非气候噪声（Bradshaw，1994）。通过在适当时间尺度上仔细解释记录并在区域尺度上集成数据，则可从影响湖泊花粉沉积的诸多因素中提取出重要的气候信号。

12.2.4 样品制备

为了从有机或无机沉积物基质中分离出花粉粒和孢子，通常需要用盐酸、硫酸和氢氟酸进行细致的化学处理，并用醋酸酐和硫酸的混合物进行醋酸水解（详见 Moore and Webb，1978 或 Faegri et al.，1989）。去除基质并经染色后置于载玻片上，使得余留的花粉粒和孢子在进行镜下分析时清晰可见。通常，原始岩心以数厘米间隔（取决于沉积速率）进行采样，对每个采样层位进行花粉和孢子载玻片制备。之后，检查载玻片上的花粉和孢子，并记录每个样品中不同颗粒的数量。每个采样层位统计的总粒数取决于研究目的和研究材料的来源（Moore and Webb，1978），但通常至少统计 200 粒。

为计算花粉通量密度（12.2.5 节），必须将每个载玻片统计的花粉粒数与所分析层位样品的花粉总量相关联。使用最多的方法是，先将已知数量的外来花粉或孢子［如桉树（*Eucalyptus*）或石松（*Lycopodium*）］加入样品，然后统计最终制备载玻片上出现的这些颗粒的数量。所统计的外来花粉数与最初加入样品的外来花粉数的比例，可用于估算原始样品的花粉总量（Stockmarr，1971；Bonny，1972）。

12.2.5 花粉分析：花粉图谱

地层序列的花粉数据通常以花粉图谱的形式呈现，它由每个采样层位的"花粉谱"构成（图 12.3）。花粉谱由特定层位不同的花粉数组成，以花粉总量（花粉总数）的百分比表

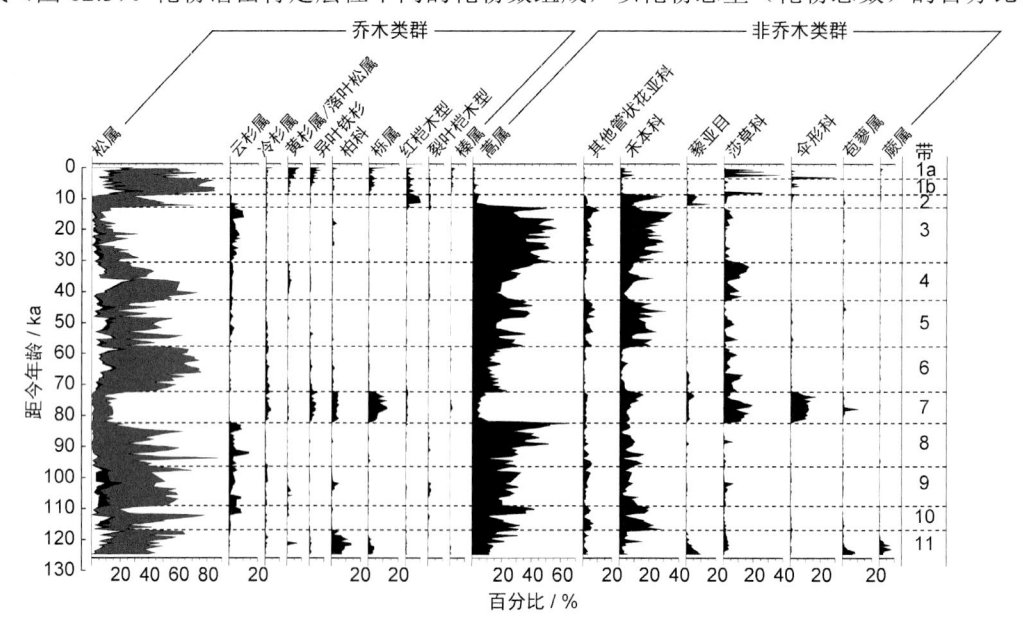

图 12.3 俄勒冈鲤鱼湖花粉图谱，涵盖过去 125000 年，显示出 11 个不同的带，这些带是据其所代表的花粉谱客观划分的。第一列记录了 3 种松：扭叶松（*P. contorta*）或西黄松（*P. ponderosa*）（白色）、西部白松（*P. monticola*）或美国白皮松（*P. albicaulis*）（黑色）和不确定种（阴影）。引自 Whitlock 和 Bartlein（1997）。

示。实际上，花粉总数并非总是由所统计的全部花粉种类构成。就古气候而言，花粉分析的目的是描述具有气候意义的区域植被变化，因此花粉总数包括乔木和非乔木（灌木和草本）种。那些通常生长于采样点周围潮湿（低地）环境的种常常被排除在外，不过，当某一特定属既有生长于潮湿低地环境也有生长于干燥高地环境［前者如黑云杉（*Picea mariana*），后者如白云杉（*Picea glauca*）；Wright and Patten，1963］的不同种（其花粉不易区分）时，会出现统计困难。

在花粉图谱中，一个种的百分比变化被认为反映了植被组成的类似变化（充分考虑前述代表性过高和过低的因素）。这么做的问题是，一个种发生的百分比数据显著变化可能是由于其他种的花粉量发生了变化，因为总数肯定始终等于100%［Prentice 和 Webb（1986）称之为"法格林德效应"］。以下选自 Faegri 和 Iversen（1975，第160页）的例子简要概括了这种困难：

想象一片由等分的栎树和松树组成的森林，使用所获得的花粉产量数据绘图，我们会发现相应的图谱将包含15%的栎树花粉和85%的松树花粉。如果用山毛榉替换松树（暂不考虑这种演替在植物学上不大可能发生），同样数量的栎树将产生60%的花粉，而山毛榉则产生40%的花粉。如果山毛榉再次被另一种树木替换，例如几乎或根本未被花粉图谱记录的槭属（*Acer* spp.）或香脂杨（*Populus balsamifera*），我们将发现几乎100%为栎树花粉，可是栎树的数量根本未发生任何变化。因此，不仅需要考虑所讨论的曲线，还需要考虑其他因素。

为了规避这类问题，孢粉学者可能会计算花粉通量密度（有时被错误地称作花粉通量绝对值），即单位时间内单位沉积面上累积的花粉粒数（图12.4）。然而，为得出这一指标，必须获知沉积物的沉积速率。通常，样品可在很小的间隔进行 ^{14}C 定年，从而确定平均沉积速率。在北美，殖民定居期（森林被清除，草本植物数量快速增加）湖泊沉积中豚草属（*Ambrosia*）（豚草）花粉的增加显而易见，因为定居时间是已知的，所以自那时以来的沉积速率很容易算出（Bassett and Terasmae，1962；McAndrews，1966；Davis et al.，1973）。显然，后一种方法仅适用于获取现代花粉通量统计数据，而 ^{14}C 定年则使得计算更早时间的花粉通量成为可能。

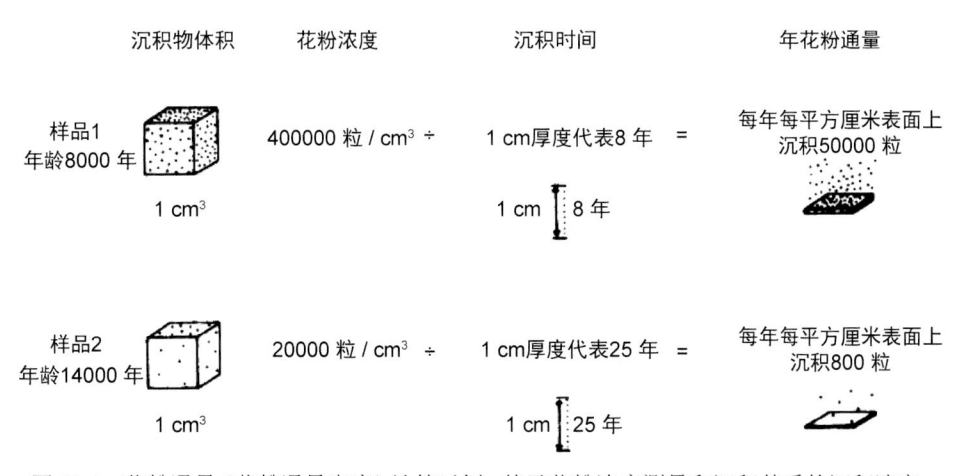

沉积物体积	花粉浓度	沉积时间	年花粉通量
样品1 年龄8000年 1 cm³	400000 粒/cm³ ÷	1 cm厚度代表8年 1 cm : 8年 =	每年每平方厘米表面上沉积50000粒
样品2 年龄14000年 1 cm³	20000 粒/cm³ ÷	1 cm厚度代表25年 1 cm : 25年 =	每年每平方厘米表面上沉积800粒

图12.4 花粉通量（花粉通量密度）计算示例，基于花粉浓度测量和沉积基质的沉积速率。引自 Davis（1963）。

花粉通量值常可清晰阐释地层记录，但也存在一些严重缺陷。湖泊中的沉积物积聚可能会导致总花粉通量值远远超出实际值，从而导致错误的结论。最重要的是，通量计算需要对沉积物进行密集且准确的定年，从而获得可靠的沉积速率。但是，由于具有足够准确定年的记录本来就相对较少，而对于大区域气候重建，还需要数十个（如果不是数百个）地点的记录，因此通常都采用花粉百分比数据。有充分证据表明，尽管存在固有局限，但这些数据仍提供了可靠、可重复和可验证的古气候重建结果（如 Webb et al., 1993a）。因此，在现今大多数古气候研究中，花粉通量密度研究已退居花粉百分比之后。

在某些情况下，除了单一种类花粉数量外，花粉比值也可列入花粉图谱用作大尺度植被和气候变化的有益指标（Li et al., 2010b）。例如，乔木与非乔木花粉比值（AP/NAP）通常会被列入，以概括从森林状况至草原或苔原的变化。同样，在更为干旱的环境中，可能会计算蒿属（*Artemisia*）与藜科（Chenopodiacea）花粉比值（A/C），作为有效水分的指标，这是因为蒿属植物（典型草原植被）比藜科植物（耐旱植被）需要更多水分（El-Moslimany，1990）。关于其他有用但不太常用的指标及其局限性，Li 等（2010a）已有讨论。

如果能在一个地点找到大化石证据（叶子、种子等），则通常可显著改进花粉图谱的解释，因为这有助于改进本地植被的分类鉴定，并辨识出一些花粉产量很低的种。这在苔原环境（如在冰川条件下）和靠近树线的地点（在亚北极和高山）尤为重要，在那里乔木花粉传播可穿越这一重要生态交错带（Jackson et al., 1997；Birks and Birks, 2000；Barkenow and Sandgren, 2001）。

12.2.6　花粉图谱分带

花粉图谱包含大量关于不同花粉种类随时间协变的信息。为便于不同地点之间的对比，花粉图谱中的地层记录通常被细分为花粉带，这些花粉带是基于特征花粉化石组合定义的生物地层单元（图 12.3）。通常，花粉带由变化均匀的花粉和孢子组合构成，但一些研究者会将突变特征段视为一个带。当然，定义什么是带是一个相当主观的抉择，不同的科学家可能会有不同的想法（Tzedakis，1994）。人性也驱使我们寻求与以前"鉴定"的带相关联，从而强化那些可能已无力为此盲目信仰辩护的体系！为避免这些问题，许多更为客观的以计算机为依托的方法已得到开发（Birks and Gordon，1985）。这些方法能够识别出主要带与次要带的界线（即能够界定带和亚带），并使点与点之间能够进行客观对比。客观的计算机分带或变化点分析也可应用于沉积序列的其他变量（如大化石、硅藻和沉积物特征），从而进一步阐释地层记录中与气候相关的重要特征（Birks，1978；Birks and Birks，1980）。如果能在广阔的地理区域内识别出类似的局地花粉组合带，那就可能明确具有大尺度古气候意义的区域植被变化（Gordon and Birks，1974；Birks and Berglund，1979）。不过，考虑到花粉鉴定通常限于属/科层级，花粉组合无法捕捉生态学家所认识的更大的植物群落多样性，例如现代景观中的植物群落多样性（Seppä and Bennett，2003）。

12.3　花粉雨对植被组成和气候的表征

花粉产率和传输速率的差异对植被组成重建造成了严重的问题，这是因为沉积物中的花粉粒相对丰度不能直接解释为该区的植物种丰度。为利用花粉数据计算周围植被的真实组成，必须获知一个地区的植物频度与那些植物种总花粉雨之间的关系。例如，一个由10%的松树、35%的枫树和65%的山毛榉组成的植被群落，由于它们的花粉产率和传输速率各异，在沉积物中可能表现为大致等量的松树、枫树和山毛榉花粉组成。但是，对古气候重建而言，这些问题无关紧要。古气候学家需要了解的是，花粉数据是否存在可从气候角度进行校正的模式。由此，问题归结到了适当的分析尺度上。在最小的空间尺度和最短的时间尺度，花粉所代表的信号一方面受影响花粉传输的短期（天气尺度）因素控制，另一方面受影响植物生长的局地因素控制。从这种复杂性中退后一步，就可揭示出所期望的气候信息。

孢粉学家采用的是均变论原理：现在是过去的钥匙。利用现代花粉分布的空间关系及其与现代气候的联系作为解释过去记录中花粉模式的指南，开展古气候重建。现代植被群落可视为过去植被覆盖的相似型。如果现代花粉雨的花粉组合类似于花粉化石组合，则可假定过去植被及其相关的气候与现今相似型区域的植被和气候相似。如果类似的现今花粉组合未能找到，则过去植被覆盖与气候的现代相似型可能不存在（如 Ritchie，1976）。这种方法的主要问题是，难以对现代景观中巨量的可能植被组合进行采样以找到符合标准的相似型，而且旧世界和新世界的很多"自然植被"早已被破坏或大大改变。然而，即使在这种被改变的环境中，在区域尺度（约 10^3 km）上，现代花粉仍然蕴涵着可区分区域尺度气候条件的气候信号。

山区的花粉雨则带来了特殊的解释问题，因为植被群落可能局限于山坡狭窄的气候带（Maher，1963）。例如，在南美部分地区，植被可能在水平距离不足 100 km 内，从 500 m 以下的赤道雨林一直递变为 3500 m 以上的类苔原高寒草原（或干冷山间高原）。理想情况下，如果花粉有大化石证据佐证，则靠近树线处植被变化的识别将会大大改进（Birks and Birks，2000）。不过，现代花粉雨研究表明，在许多情况下，不同的植被带可能很好区分，即使不同植被群落在空间上存在着复杂的穿插关系（Salgado-Labouriau，1979；Gaudreau et al.，1989；Lynch，1996；Hicks，2001）。在东非山地，高海拔带的花粉并未从其产生的较高植被带传输很远（Hamilton and Perrott，1980），而较低植被带的花粉通常被白天的上坡风向上挟带至更高的海拔。然而，随着海拔升高，梯度风占据主导，因而花粉上坡传输可能存在上限（Markgraf，1980）。例如，在哥伦比亚，树线以下（约 3200～3500 m）的乔木花粉在 3700 m 以上变得微不足道（Marchant et al.，2001）。据此，业已识别出对应于不同海拔的特征性花粉雨组合，并用于重建植被随时间的海拔变化（如 Salgado-Labouriau et al.，1978）。如果已知现代气候对不同种群海拔上限的控制，这些变化可被转换为古气候估值，但必须考虑到冰期 CO_2 浓度变化对植被的约束（Jolly and Haxeltine，1997；Boom et al.，2001）。在冰期，植被变化可能更多的是对 CO_2 浓度而非对简单降温的响应。

12.3.1 现代花粉数据图

有关现代花粉雨和现代植被的大量研究已在北美（Davis and Webb，1975；Webb and McAndrews，1976；Webb et al.，1978；Delcourt et al.，1984）和欧洲（Huntley and Birks，1983）展开。在这些研究中，每个地点特定属的现代花粉量被表述为花粉总累积量的百分比，然后每个主要属的花粉等值线（表示花粉等百分比的线）被绘制成图，并叠加于区域植被图上（图12.5）。通常，花粉等值线的零值线能很好地与种群的分布范围界限（尽管该界限因属而异）相对应，而最大值与植被中种群的最大频度区一致。然而，与特定种群界限相对应的确切花粉等值线可能因地而异，需要通过详细的区域研究加以确定。例如，北美东北部北方森林中云杉属的界限对应于20%的花粉等值线，这是因为云杉花粉被频繁的西南风挟带至森林界限以北很远处。在阿拉斯加北部，云杉属（Picea）的界限对应于10%的花粉等值线，在那里布鲁克斯山脉对云杉向更北生长形成了强大的地形屏障，并且盛行西风抑制了花粉的向北扩散。这两个地区的云杉分布都与类似的气候控制有关，但相同的花粉等值线并未提示这一信息（Anderson et al.，1991）。

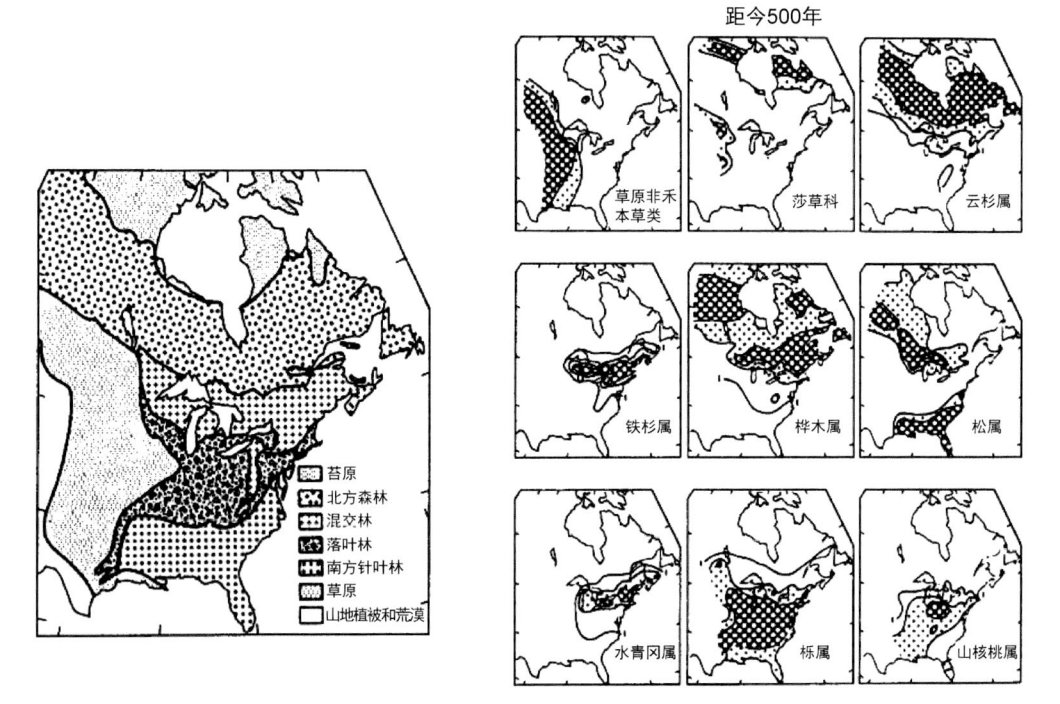

图12.5 距今500年前北美东部植被概图和遴选的种群及种群组花粉等值线图。显示的等值线为：非禾本草类5%和10%；莎草科（Cyperaceae）、水青冈属和铁杉属（Tsuga）1%、5%和10%；云杉属和栎属1%、5%和20%；桦木属1%、10%和20%；松属20%和40%；山核桃属（Carya）1%、3%和6%。非禾本草类花粉为豚草属（Ambrosia）、蒿属以及其他菊科（Compositae）、藜科和苋科（Amaranthaceae）花粉的总和。引自Webb（1988）。

现代植被和现代花粉间对应关系最有说服力的证明之一来自Webb（1974）的研究，他将密歇根南部64个湖泊沉积岩心上部2 cm的花粉含量与详细的森林存量记录进行了对比，同时将单一树木属的百分比分布图与相应的花粉等值线图也进行了对比（图12.6）。显然，每个属花粉的空间分布与本州内的该属盖度百分比非常相似（参见Prentice，1978；Solomon and Webb，1985）。此外，花粉雨数据的主成分分析也揭示出按主成分归纳的森林组成（即各属的协变）（图12.7）。在此分析中，第一主成分反映植被（以及花粉）的主要气候控制，第二主成分反映土壤类型的区域变化。

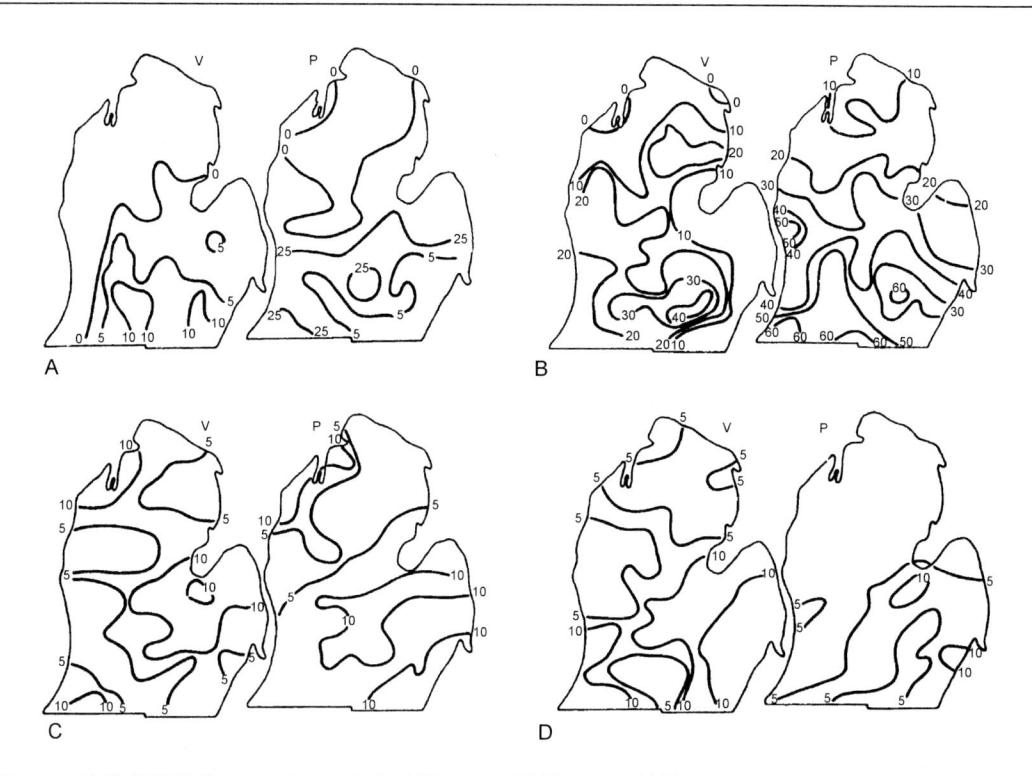

图 12.6 密歇根州植被（V）中（A）山核桃、（B）栎树、（C）榆树和（D）白蜡树的百分比图与现代花粉雨中同一树木花粉（P）的百分比图（基于乔木花粉总和）对比。现代花粉数据基于湖泊最上层沉积物分析。引自 Webb（1974）。

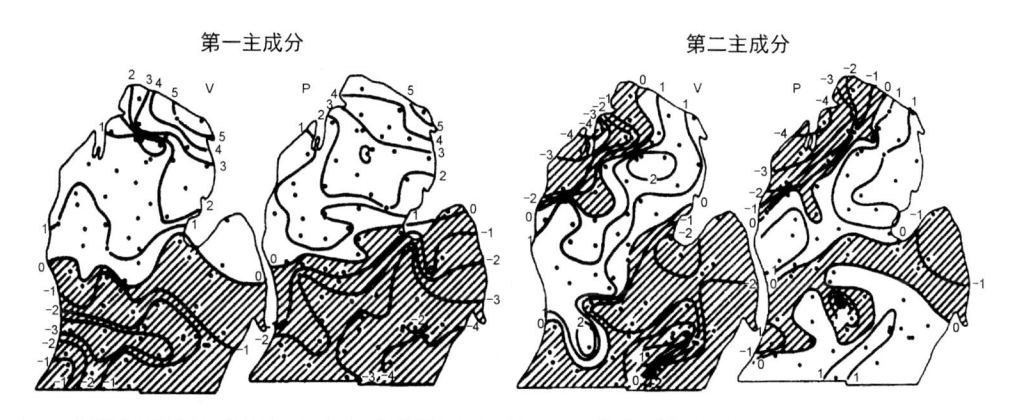

图 12.7 密歇根州植被百分比（V）和花粉类型百分比（P）的前两个主成分（principal components，PC）图。植被主成分反映该州的主要植被型。PC1 反映了自南部的落叶林向北部的针-阔叶混交林的变化，占原始数据集方差的 25%。PC2 表述了两大类植被型的主要分界线，即将阔叶林北部与北部的松-桦-白杨林分开，将山毛榉-枫和榆-白蜡-棉白杨林与南部的栎树-山核桃林分开，占原始数据集方差的另外 35%。花粉的前两个主成分与植被主成分相对应，表明空间上的花粉数据可用作植被分布的可靠指标。湖泊以点标示。引自 Webb（1974）。

这些研究清楚地表明，尽管关于花粉的传输、保存和累积还存在诸多问题（见 12.2.2 节和 12.2.3 节），但花粉雨的组成和数量仍然逼真地反映了植被的大尺度地理格局。因此，在这种分析尺度上，花粉化石可为重建古气候状况提供大量信息。

12.3.2 植被变化制图：等值线与等时线

现代花粉雨和现今景观中不同种群分布的研究显示，两者之间存在相当好的空间对应关系。现代花粉数据图可重现大区域单一种群的大尺度模式（Davis and Webb，1975；Webb and McAndrews，1976；Huntley and Birks，1983；Delcourt et al.，1984）。这类研究为绘制过去不连续时段的植被分布概图铺平了道路。这种方法首先由 Szafer（1935）提出，他将花粉等值线定义为代表花粉总数中特定花粉类型的等百分比线。Szafer 利用花粉等值线制图，显示出晚冰期至晚全新世期间 5 个时段整个民主德国和波兰的山毛榉和云杉分布。然而，Szafer 的时间框架是推测性的，因为当时还没有任何准确测定有机质年龄的方法。只有当 ^{14}C 定年得到广泛应用后，同一地层层位才能在广阔地理区域的不同地点得以确定（通过年龄间内插），从而实现时序图的绘制，例如 Huntley 和 Birks（1983）、Delcourt 等（1984）、Jacobsen 等（1987）和 Williams 等（2004）编绘的图件。图 12.8 显示的距今 18000 年前至今不同时段北美东部云杉（云杉属）、松树（松属）和栎树（栎属）的花粉等值线图（Webb et al.，1993a）就是一个例子。这些图表明，距今 12000～9000 年期间，植被对升温及对劳

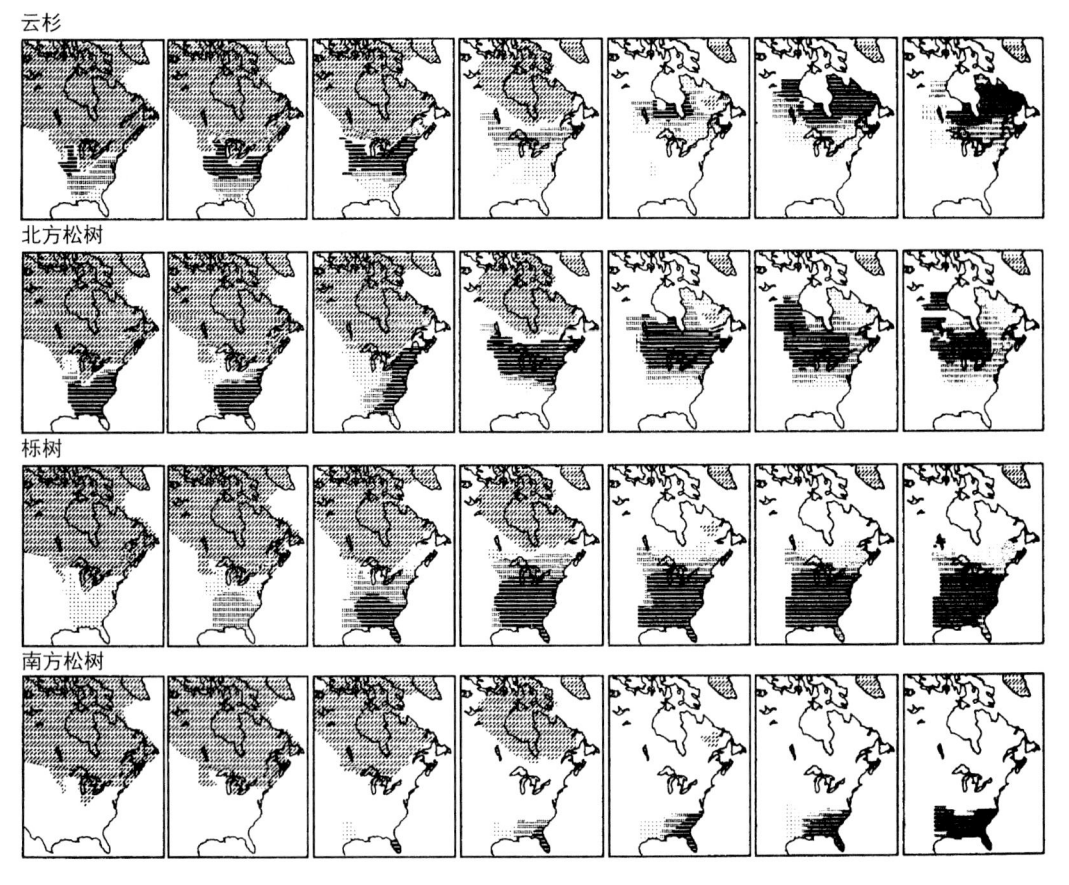

图 12.8 距今 18000 年前（最左列）至今（右侧）每 3000 年间隔的花粉观测数据等值线图。3 级阴影表示花粉百分比：＞1%（最浅）、＞5%和＞20%（最深）。引自 Webb 等（1987）。

伦泰德冰盖退缩的响应表现为单一种群的快速迁移。至距今 9000 年前，现代花粉分布（0年前）的最主要特征首次显现；至距今 6000 年前，大多数种群已达到其冰后期的最北缘。不过需要注意的是，云杉花粉百分比在距今 6000 年之后出现小幅南移，这可能反映了早全新世之后美国东北部土壤有效湿度的增加（这对云杉比松更有利）(Webb et al., 1993b)。

花粉等值线图可做重新诠释，从而通过等时线（等时间线）显示特定属或交错带随时间的迁移。例如，图 12.9A 显示距今 11500~8000 年期间不同时期 15%云杉花粉等值线的位置，这条线被视为近似于该地区晚冰期北方森林的南界。同样，图 12.9B 显示通过现代花粉类比得出的针叶-阔叶/落叶林交错带的位置，表明该界线与栎树和松树的 20%~30%花粉等值线一致。两张图都显示出晚冰期森林快速向北迁移。最末的图，即图 12.9C，显示"草原边界"的位置，也就是基于 30%草本花粉等值线的北美中西部草原/森林交错带。这条界线在早全新世快速东移以后，于距今约 7000 年前之后向西退缩，这表明至此该地区降水最少、温度最高的时期已经过去。

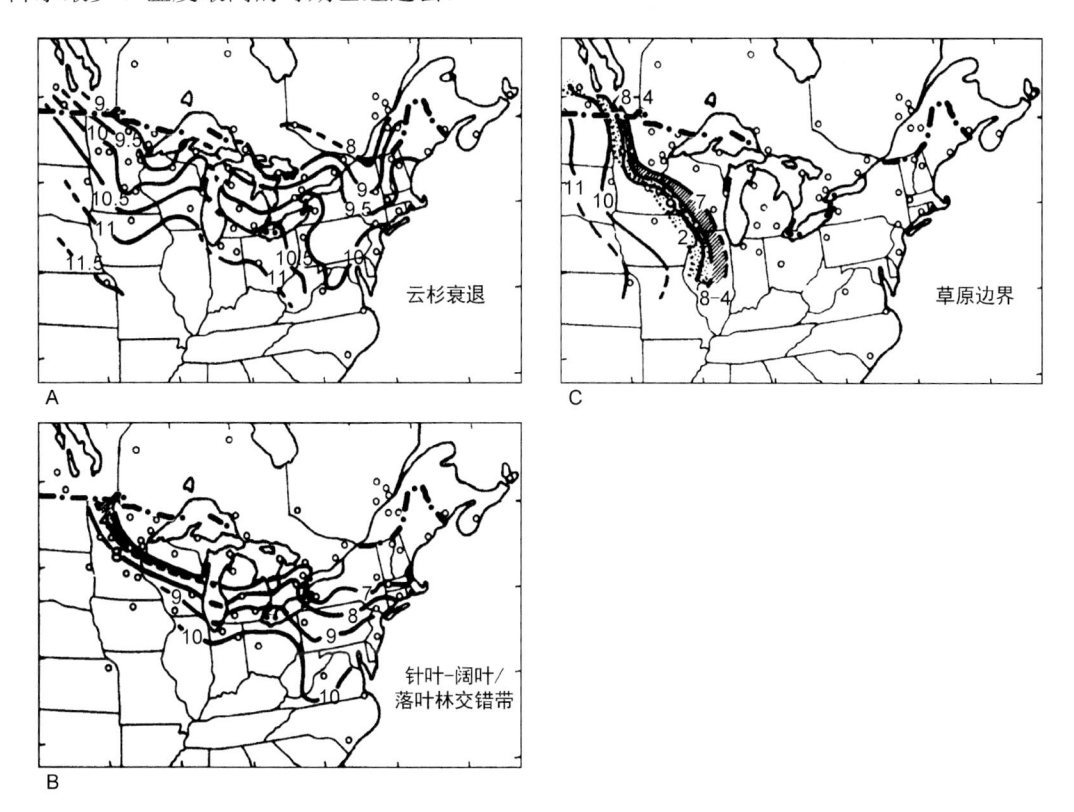

图 12.9 不同植被种群或交错带迁移等时线（以数千年为单位），基于被视为代表植被界线的特征性花粉等值线位置。例如，在现代北方森林中，云杉花粉等值线超过 15%。在 A 中，等时线指示不同时期 15%云杉花粉等值线的位置，被认为反映北方森林向北迁移时的南缘。在 B 中，针叶-阔叶/落叶林交错带根据20%松树花粉等值线和 30%栎树花粉等值线予以确定，反映自栎树占优至松树占优的变化（方向向北）。在 C 中，"草原边界"根据 30%草本花粉等值线予以界定。阴影表示当全新世中期至晚期该地区气候变湿时，草原边界先扩张（至距今 7000 年前）再退缩（向西）所经过的区域。引自 Bernabo 和 Webb（1977）。

单一种群的花粉等值线图暗示，我们现在所知的植被型并非生态景观的永久性特征（如

12.3.3 节所述）。这一点 Huntley（1990b）业已厘清，他展示了依据过去不同时段不同花粉类群组合确定的"植被单元"图。该图显示，早全新世以前，今天西欧的许多典型植被单元在欧洲并不存在，事实上，即使是距今 1000 年前，也有一些植被区在欧洲的现代植被型中没有相似型（Huntley，1990a，1990b）。

刻画过去植被格局的等值线和等时线图提供了有关过去气候的定性判断，因为大尺度植被型（生物群系）显然是由气候决定的（Prentice et al.，1992）。为将此规范化，孢粉学家采用了"植物功能型"（plant functional types，PFTs）的概念——具有相似生态需求的植物类群，来定义生物群系（Cramer，1997；Harrison et al.，2009）。同一 PFT 组中的植物树形近似（如像树木或像灌木），具有相似的叶型（针叶或阔叶），具有类似的物候条件（落叶或常绿），因此具有大致相似的气候适应方式，但种的精确组合从一个区域到另一个区域可能有所差异。表 12.2 显示 Prentice 等（1996）定义的与主要植物功能型相关的欧洲花粉

表 12.2　植物功能型（PFTs）及所对应的花粉种群（基于欧洲植物群评估）（Prentice et al.，1996）

PFTs		花粉种群
树木		
北方常绿针叶林	[bec]	冷杉属、云杉属、松属（单维管束松亚属）
北方夏绿阔叶林	[bs]	桤木属、桦木属、落叶松属、杨属、柳属
寒温带针叶林	[ctc]	冷杉属
中温带针叶林	[ctc$_1$]	雪松属、红豆杉属
广温性针叶林	[ec]	刺柏属、松属（双维管束松亚属）
温带夏绿阔叶林	[ts]	槭属、桤木属、榕属（欧榕型）、杨属、栎属（落叶）、柳属
寒温带夏绿阔叶林	[ts$_1$]	鹅耳枥属、榛属、水青冈属、裸芽鼠李属、椴属、榆属
暖温带夏绿阔叶林	[ts$_2$]	栗属、花楂、胡桃属、铁木属、悬铃木属、鼠李属、葡萄属
暖温带常绿阔叶林	[wte]	栎属（常绿）
寒温带常绿阔叶林	[wte$_1$]	黄杨属、常春藤属、冬青属
灌木		
暖温带硬叶灌丛	[wte$_2$]	木樨榄属、总序桂属、黄连木属
其他		
草原非禾本草类	[sf]	蒿属、藜科
荒漠非禾本草类	[df]	麻黄属
极地-高山矮灌丛	[aa]	桤木属、桦木属、柳属
禾草草原	[g]	禾本科
莎草草原	[s]	莎草科
石楠荒原	[h]	杜鹃花目

种群。这些 PFTs（及其相关花粉）可进行组合，以表征该区域的主要生物群系（表 12.3）。将沼泽和湖泊沉积岩心最表层的花粉先进行 PFTs 分类，然后再进行生物群系分类，以与现代生物群系分布进行对比。这显示出良好的空间一致性，从而证实，以这种方式处理的花粉数据可提供植被格局及其随时间变化的有效大尺度信息（Prentice et al.，1992，1996）。不过，生物群系的概念无疑假定了每个群系单元内的均一性，而实际上，整个群系通常存在连续的植被梯度。因此，聚焦于群系可能会低估群系内的植被因气候波动而发生的重要动态变化。另外，如下节所述，植物作为个体而非简单地作为大尺度单元的一部分进行迁移，因此，过去不可避免地会出现一些时期，其时植物因气候变化而发生的短暂迁移形成了没有现代对应物的独特生物群系。

表 12.3 欧洲主要生物群系中的特征 PFTs（参见表 12.2）

生物群系	PFTs
寒带落叶林	bs、ec (h)
泰加林	bs、bec、ec、(h)
寒带混交林	bs、ctc、(ctc$_1$)、ec、(ts)、(h)
寒温带针叶林	bs、bec、ctc、ec、(ts$_1$)、(h)
温带落叶林	bs、ctc、(ctc$_1$)、ec、ts、ts$_1$、(ts$_2$)、(wte$_1$)、(h)
寒温带混交林	bs、bec、ctc、ec、ts、ts$_1$、(h)
常绿阔叶林/暖温带混交林	ec、ts、(ts$_1$)、(ts$_2$)、wte、(wte$_1$)、(h)
旱生树丛/灌丛	ec、wte、wte$_2$
草原	sf、g
荒漠	sf、df、g
苔原	aa、g、s、(h)

注：括号中功能型限于部分生物群系。
引自 Prentice 等（1996）。

PFT/生物群系方法已用于重建 LGM 以来以数千年为间隔的北美植被格局变化（图 12.10；Williams et al.，2004）。这揭示出已不存在的群系在过去的重要性，如距今约 16000～13000 年前美国中北部的稀树草原。到早全新世冰盖消失时，泰加林迅速扩展至以前被冰覆盖的地区，而美国东部大部分地区的寒温带混交林则被暖温带混交林所取代。一个全球尺度的科研项目也旨在利用花粉数据，绘制距今 6000 年前和 18000 年前世界主要生物群系分布图，以获得 LGM 和全新世中期的全球植被概图（Jolly et al.，1998；Prentice and Webb III，1998；Williams et al.，1998；Edwards et al.，2000；Prentice et al.，2000；Takahara et al.，2000；Tarusov et al.，2000；Thompson and Anderson，2000；Yu et al.，2000；Williams et al.，2000，2004；Bartlein et al.，2011）。这种做法的一个动因就是要将过去气候状况的 GCM 模拟结果与古气候观测数据进行对比，从而检验模型的准确性。由于植物具有特定的气候耐受性，而这些耐受性可依据植物的现代分布加以定义，因此可根据这些已知的极限值重建模型导出的植物分布。这一点将在 12.4 节中进一步讨论。

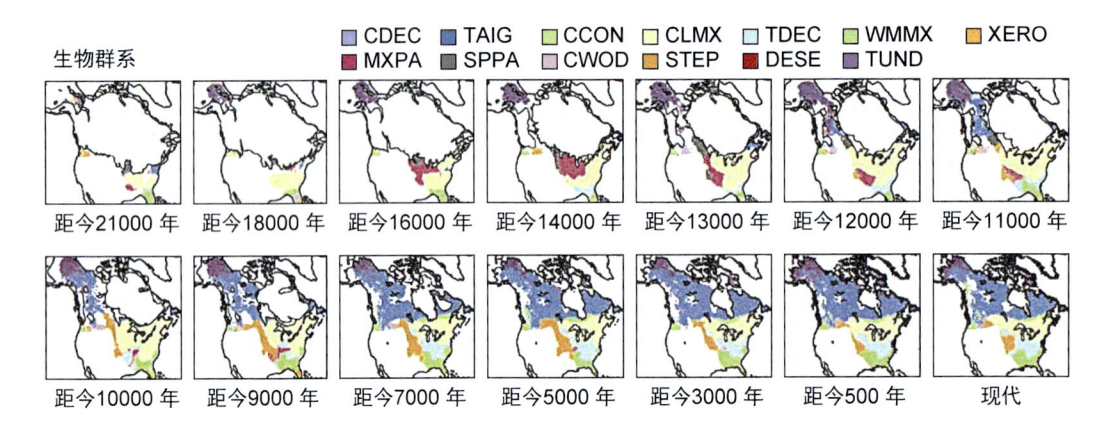

图 12.10 北美生物群系随时间的分布（据花粉数据推断）。CCON. 寒温带针叶林；CDEC. 寒带落叶林；CLMX. 寒温带混交林；CWOD. 针叶林；DESE. 荒漠；MXPA. 稀树草原；SPPA. 云杉草原；STEP. 草原；TAIG. 泰加林；TDEC. 温带落叶林；TUND. 苔原；WMMX. 暖温带混交林；XERO. 旱生灌丛（Williams et al., 2004）。

12.3.3 植被对气候变化响应有多快？

与当前对人为因素导致快速气候变化的担忧相伴的一个重要问题是：植被是如何滞后响应气候变化的？花粉记录能否提供气候的短期、大幅变化信息？或者更笼统地说，花粉记录的频率响应特征是什么？Davis 和 Botkin（1985）试图利用森林生长模型模拟温度逐级变化后森林组成（特定树种的基干面积）的变化来回答这个问题。他们将大幅、短期事件与小幅、长期变化进行对比，从而得出结论：由于"群落惰性"，森林对气候变冷的响应滞后了 100~150 年。新种定殖存在自然延迟，这主要是由于成熟树冠的遮蔽效应。因此，他们预估，约 1850~1990 年升温引起的森林组成变化至少还将持续一个世纪（参见 Overpeck et al., 1990）。他们还发现，植被对变幅大、历时短的事件的响应与对历时长、变幅小的变化引起的事件相似（图 12.10）。森林响应可被检出所需的最小变化是持续约 50 年的 2℃年均温变化，或持续约 200 年以上的 1℃年均温变化。简言之，这些模拟试验表明，不应期望（中纬森林）植被的花粉记录能分辨出历时"比一两个世纪更短"的气候变化的影响，相反，它只能提供一个"气候变化的连续平均值"（Davis and Botkin, 1985）。这一点已在植被对气候突变事件响应研究中得到证实，例如新仙女木事件的起始与终止和距今 8200 年前的普遍降温时期（Williams et al., 2002；Pross et al., 2009）。在北美和欧洲的各个地点，气候变化后，植被滞后一般不到 200 年，通常在 100 年以内。然而，其他研究显示，在地形起伏较大的地区（生态过渡带之间的距离较短），这些时期植被的变化要快得多（约 10 年）（Ammann et al., 2000；Tinner and Lotter, 2001）。这意味着，由于当前人为因素导致的气候变化，一些地区可能很快就会出现植被的显著变化。

植被对气候变化响应的问题还涉及生态系统的理念：生态系统是否一直与我们在今天的景观中所看到的一样？Webb（1988）、Huntley 和 Webb（1989）及 Huntley（1990a）提出了令人信服的论点，即现代植被不应被视为具有稳定组成的固定单元，它会因气候变化而整建制地穿过一个区域。相反，各个类群响应不同，从而导致植被组成不断变化，有时会形成无现代相似型的植被型（例如在西欧大部分地区的晚冰期；Huntley，1990b）。这不仅是由于类群对气候变化的个性化响应及其迁移能力的差异，还因为许多地区的晚更新世和早全新世气候与今天所见的完全不同（COHMAP Members，1988）。如 Webb（1988）所述，"生态系统和植物组合之于生物圈就像云层、锋面和风暴之于大气圈……不断变化的特征……[与]……内部动力学……[但]……没有足够的力量克服来自外部的重大变化。"因此，过去的快照将揭示出生物群系在组成上随时间而变化，而非作为固定实体简单地迁移。这对预估未来生态系统随全球变暖而发生的变化具有重要启示。新的群落可能与今天和过去的群落都不相同（Overpeck et al.，1990；Davis，1991）。

有了这样一种植被变化观，不可避免地就会转向一个颇有争议的问题，即植被是否可被视为曾与气候"达成平衡"。这在很大程度上似乎是一个涉及对平衡的定义以及考虑问题的尺度的问题。Webb（1986，1987，1988）认为，植被与气候处于动态平衡，在 $10^3 \sim 10^5$ 年时间尺度上，气候不断发生变化，而植被（在次大陆尺度上以 10^3 年间隔）紧跟这些变化。将时间和空间聚焦为更短间隔和更小区域，则无疑会显示出与迁移、演替或土壤的影响有关的"不平衡"（Davis et al.，1986；Prentice，1986）。然而，特定植被类型或环境类型的差异（例如在森林环境中，树种是否可以忍受树冠的遮蔽或被入侵景观是否为空地）使得这一问题更加复杂。尤其是生态系统扰动的程度也会对树种占据新环境的能力产生重要影响，即使是在面临气候变化压力的情况下（Davis，1991）。此外，在沙漠和半干旱区这类环境中，植被已经适应了变率很大的降雨，所以降水的持续变化可使植被盖度产生几近即时的响应[①]（Ritchie，1986）。最后，如果较小且孤立的植物种群出现在主要种界限以外（在花粉等值线图中可能不明显），则古记录中貌似很快的迁移速率证据可能被高估。其时这些种群可能已迅速扩张至新的领地，从而导致迁移速率的高估（自主要植被边界）（如 Stewart and Lister，2001；Anderson et al.，2006）。虽然存在这些具体问题，但证据显示，至少在中纬区，以约 2000~3000 年为间隔的植被概图揭示出了与我们目前所知气候变化相吻合的变化（Webb et al.，1987）。

作为对植被与气候处于动态平衡假说的检验，Bartlein 等（1986）和 Webb 等（1987）将现代花粉雨与现代气候相联系的方程（见 12.4 节）应用于过去的气候状况（由全球大气环流模型导出），以预测在假定植被与气候处于平衡条件下花粉雨会如何表现。这种方法设定①这些方程充分表征了花粉-气候关系，②模型准确重建了过去气候。结果显示，模拟的与观测的花粉雨之间具有相当好的对应关系，表明在所考虑的时空尺度上植被滞后并不显著。在另一研究中，Prentice 等（1991）利用"响应面"（见 12.4 节）直接根据花粉化石数据预测了气候（距今 18000~3000 年前）。他们将这些结果与（独立导出的）模型模拟的气候进行对比，发现两者也具有很好的一致性。由于花粉推断的气候与模型导出的气候之间未出现重要异常，他们得出结论："过去 18000 年，大陆尺度植被格局对连续的气候变化做出了响应，滞后不超过约 1500 年"（Prentice et al.，1991）。事实上，正如前文所指出的，植被（由花粉所反映）可在更短的时间段内发生明显变化。在很多地点，似可断定，花粉能够敏感指示突然、短暂的气候变化。

[①] 由于大面积植被的快速响应（如热带荒漠边缘）几乎会对气候系统产生即时反馈作用，这对植被引起的与气候驱动相关的微量气体浓度（CH_4、CO_2）、反照率和水文变化具有重要意义（参见 Petit-Maire et al.，1990）。

12.4 基于花粉分析的古气候定量重建

依据化石花粉谱进行古气候重建基于这样一个理念：由于植被分布主要取决于气候，因此利用植被分布（如在化石花粉谱中所表现的）重建过去气候应该是可行的。今天，表层花粉样品的大数据库（主要来自湖泊表层沉积）已可用于世界许多地区，这些数据库使花粉组合能够直接依据气候加以校正（Bartlein et al., 2011）。虽然在许多地区自然植被已显著减少，但花粉雨与气候之间的大尺度关系仍足够确定，可用以进行可靠的古气候重建。这一点已被多次证实（如 Bartlein et al., 1984；Huntley, 1990b；Huntley and Prentice, 1993），不过 Guiot（1990）认为这一因素（自然植被减少）会在古气候估计中产生大量噪声（见以下讨论）。

许多不同的统计方法已用于从重建过去气候状况的视角来解释化石花粉谱[简要评述见 Bartlein 等（2011）]。所有这些方法都牵涉到先在尽可能大的地理区建立现代花粉数据与气候参数之间的关系，然后将这些观测关系应用于化石数据。最简单的方法是多元线性回归，即

$$C_m = T_m P_m$$

式中，C_m 为现代气候数据；P_m 为现代花粉雨；T_m 为依据现代气候与花粉数据间关系导出的一个函数系数或一组系数（转换函数）。随之，利用化石花粉组合（P_f）和现代转换函数（T_m）推导出过去气候状况（C_f）。在北美东部的花粉-气候关系研究中，针对不同区域推导出了这类方程，并以气候与花粉百分比[通常使用主要森林种群，加上莎草科和草原非禾本草类（草本植物）的花粉总数]之间可识别的"清晰且单一"的关系加以界定（Bartlein and Webb，1985）。那些与人类定居相关的种（如豚草属）会被剔除，以尽量减小人为因素对花粉总数的影响。花粉百分比与气候变量的散点图（例如一个区域的栎树花粉百分比与 7 月平均温度）通常显示出花粉百分比和气候变量间的非线性关系。这种非线性关系可利用某种幂函数转换花粉数据进行求解（图 12.11）。之后，将转换后的数据用于构建方程，其中气候为因变量，花粉百分比为自（预测）变量。据此，针对美国新英格兰地区构建了以下方程（$R^2=0.77$）（Bartlein and Webb，1985）：

七月均温 (℃) = 17.76 + 1.73 (栎属)$^{0.25}$ + 0.09 (刺柏属) + 0.51 (铁杉属)$^{0.25}$
− 0.41 (松属)$^{0.5}$ − 0.12 (槭属) − 0.04 (水青冈属)

Bartlein 和 Webb（1985）使用这种方法，估算出距今 6000 年前美国中北部和东部及加拿大南部 7 月温度比现今高 1~2℃。Huntley 和 Prentice（1988）使用类似的方法估计，与现代气候相比，距今 6000 年前中欧和南欧 7 月温度高出达 4℃。该方法的假设（生态学和统计学上的）已由 Howe 和 Webb（1983）做了详细讨论。最重要的是关键均变论假设，即过去花粉百分比中所见的任何变化都可根据现代气候-花粉关系进行解释。实际上，这一假设几乎是所有涉及依据现代数据校正古记录的古气候研究的基础（Jackson and Williams, 2004）。必须承认，只有当现代校正数据集覆盖的范围足够大，可以代表过去发生的所有（或几乎所有）气候状况时，基于转换函数的古气候重建才是可靠的，否则，就可能做出不可靠的推断。因此，转换函数无助于对与现代情形无关的过去化石花粉组合进行气候解释（非

相似型情形；Williams and Jackson，2007），不过已经提出了改进类似时段气候解释的新方法（如 Gonzales et al.，2009）。

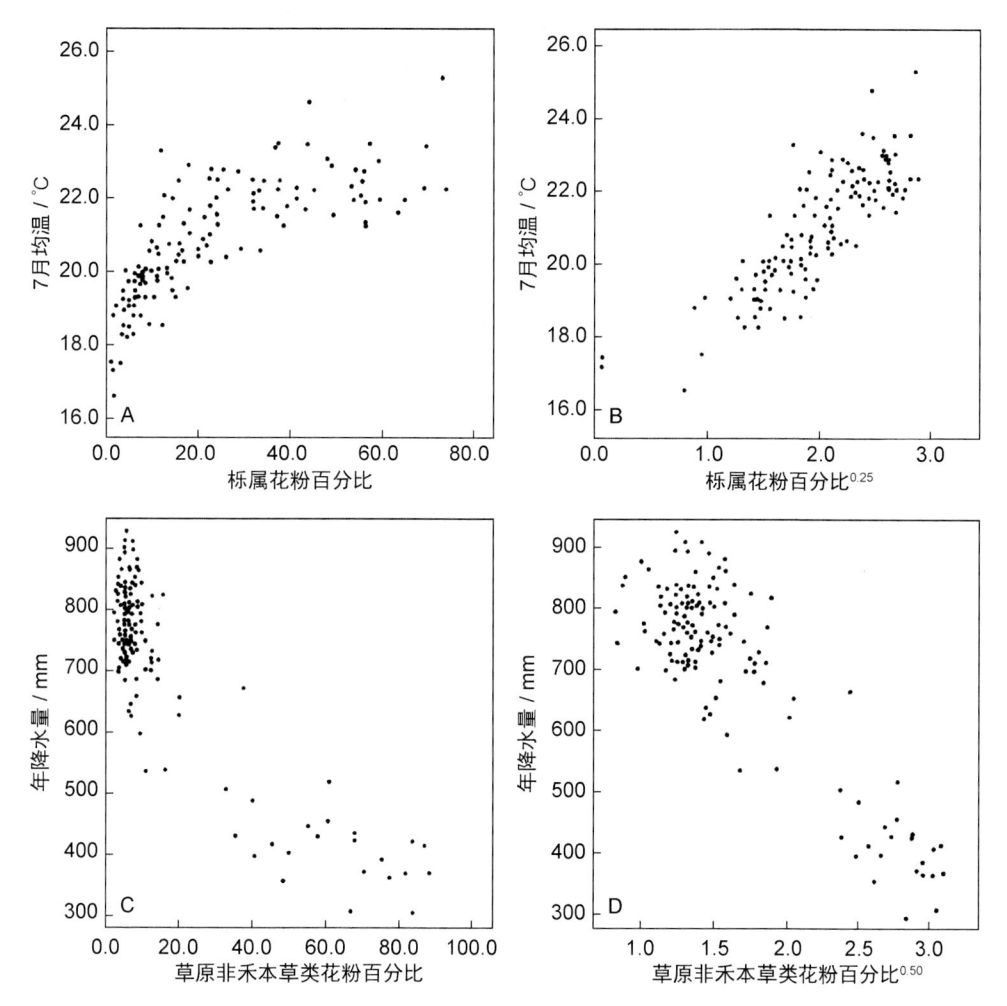

图 12.11 散点图。A. 7 月均温与栎属（栎树）花粉百分比；B. 7 月均温与栎属花粉百分比的 0.25 次方；C. 年降水量与草原非禾本草类花粉百分比（不包括豚草属）；D. 年降水量与草原非禾本草类花粉百分比的 0.5 次方。引自 Bartlein 等（1984）。

面对非相似型问题，Overpeck 等（1985）通过计算花粉图中每个层位的"相异系数"，量化了现代花粉雨与化石花粉谱之间的关系（参见 Prell，1985；Bartlein and Whitlock，1993）。通过将最相似（或差异最小）的地点与指定的过去花粉谱进行匹配，依据现代相似型刻画了美国东部全新世植被变化特征。然后，利用现代花粉相似型地点的现代气候数据，推断出以前的气候状况。这种方法对大多数全新世样品都很有效，但对于美国中西部北部距今 11000~9000 年时段，现代花粉雨中并未找到任何接近的相似型。这可能是由于当时气候正在快速变化，每个种以不同的速率对这些变化做出响应，从而形成今天见不到的临时生态系统。

另一种古气候重建的多元分析方法牵涉"响应面"的计算，花粉分布被视为占据着由气候变量三维阵列界定的"气候空间"（Bartlein et al., 1986）。图 12.12A～C 对这一概念进行了说明，即从简单的双变量图开始，将云杉（云杉属）花粉百分比与 1 月和 7 月平均温度及年降水量相联系。这些图基于北美北部和格陵兰的 1000 余个现代花粉样品及其最近气象站的气候数据（Anderson et al., 1991）。显然，仅仅利用这些图中的某一个来单独解释花粉数据是很难的。通过绘制云杉花粉百分比与 1 月均温和 7 月均温关系图（图 12.12D），一幅清晰连贯的图像得以呈现，其中花粉百分比最大值与 12～15℃ 7 月均温和-17～-20℃ 1 月均温相关。同样，云杉花粉百分比最大值出现于约 900 mm 年降水量和 11～13℃ 7 月均温处。因此，云杉花粉百分比在两种月温度和年降水量界定的三维"气候空间"内变化。可以设想，当年降水量沿第三轴变化时（在图 12.13 中以一系列选定的降水量区间片段表示），花粉百分比是如何随 1 月温度和 7 月温度变化的。云杉花粉在 7 月温度约为 10～13℃、1 月

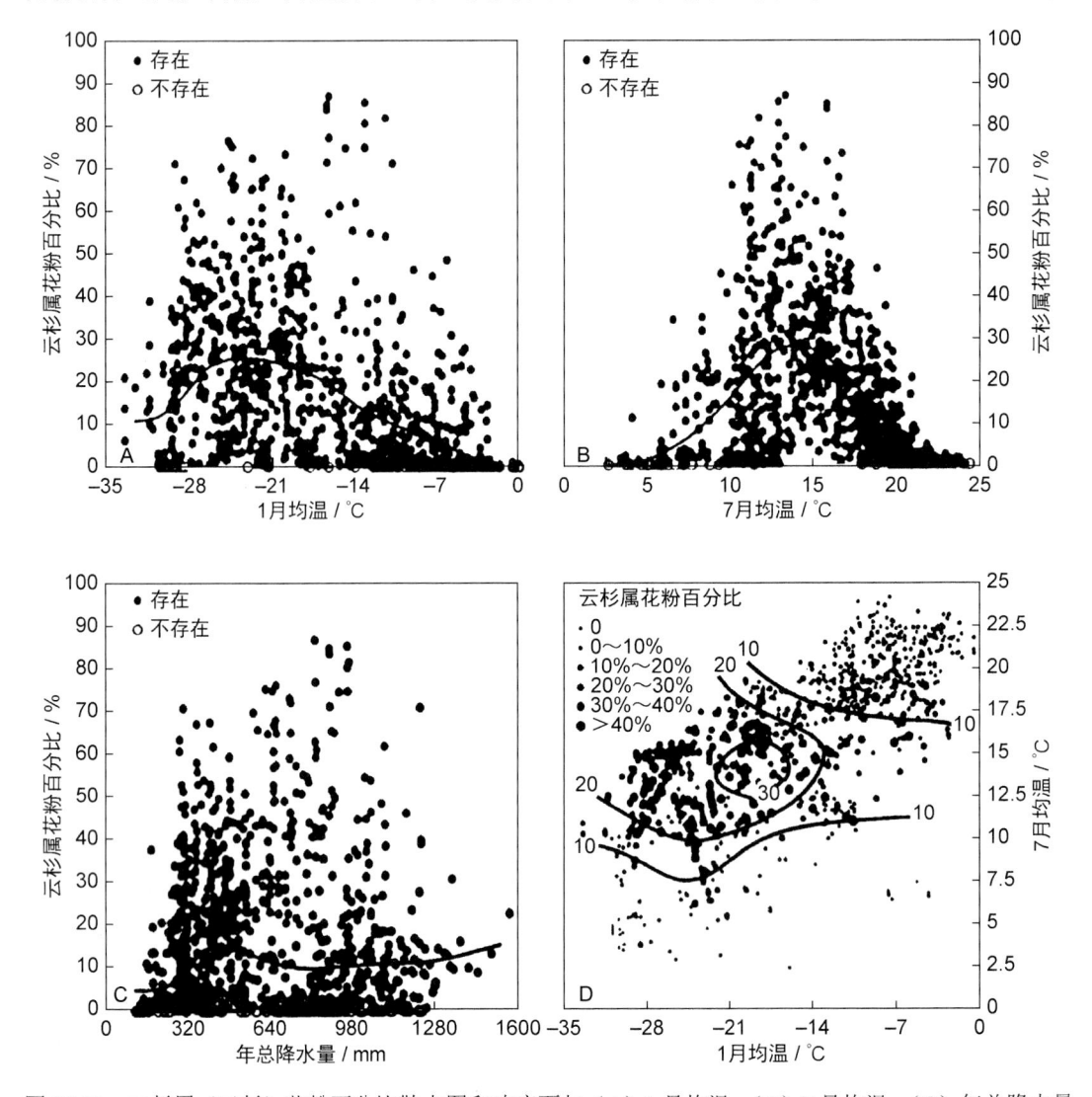

图 12.12　云杉属（云杉）花粉百分比散点图和响应面与（A）1 月均温、（B）7 月均温、（C）年总降水量以及（D）7 月均温和 1 月均温。引自 Anderson 等（1991）。

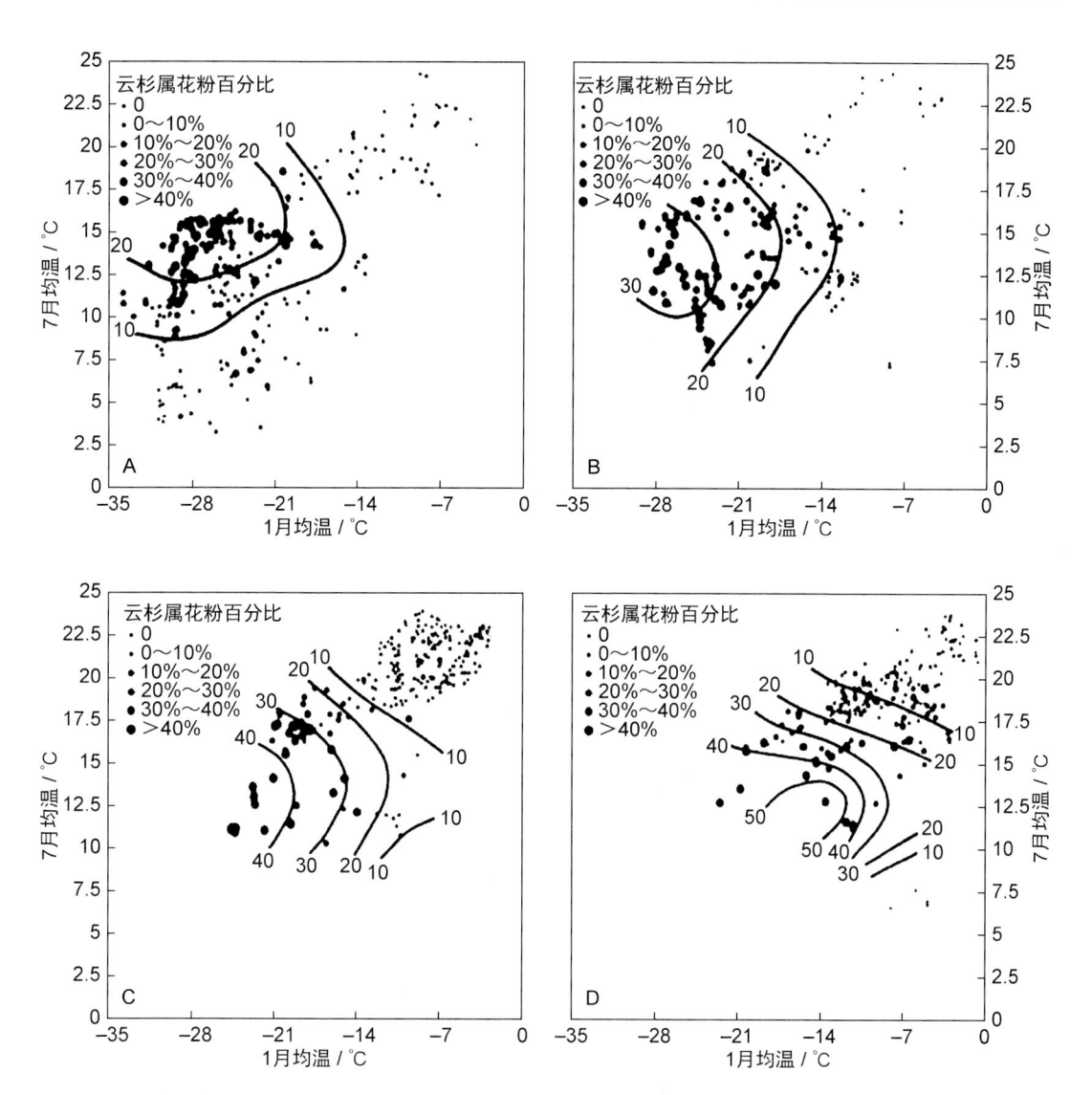

图 12.13 云杉属（云杉）花粉百分比散点图和响应面作为 7 月和 1 月均温的函数，4 个年降水量区间为：0~400 mm（A）、400~640 mm（B）、640~880 mm（C）和 880~1600 mm（D）。引自 Anderson 等（1991）。

温度为–12~–18℃、年降水量为 880~1600 mm 的地区最高。这些图简要表明，花粉百分比数据界定了一个悬于气候空间的变量密度体（即百分比数据）（Prentice et al.，1991）。响应面是这些关系的数学表达，通过局部加权回归技术获得。每个花粉类群以这种方式加以描述，从而根据一组方程就可界定给定花粉谱（由许多不同花粉种类构成）对应的气候状况组合。在考虑花粉百分比（在化石花粉谱中），比如说 20% 的云杉，代表了什么样的气候状况时，这使得答案清晰明了。显然，有许多气候变量组合都可能对应于 20% 的云杉花粉（图 12.13D）。但是，如果花粉谱中有 20% 的云杉和 10% 的松（这在气候空间中有其特有的约束条件），这些选项就很有限了，并且随着花粉种类增加，每种花粉在气候空间中都有其独特的界限，可能的选项数量会变得越来越有限。最后，分离出与花粉种类组合相对应的恰当气候状况，或者至少已最大程度缩小了选择范围，由此界定的最终气候空间的质心可作为相应气候的最佳估计。Prentice 等（1991）证实，在北美东部，至少需要 6 个主要花粉种类（云杉、桦树、北方松树、南方松树、栎树和草原非禾本草类），才能避免多解或不确定的答案。这 6 个种类足以界定整个北美东部花粉化石点过去的气候状况（图 12.14），但必须认识到，并非图中的所有数值都与其他数值同样可靠，这取决于现代气候-花粉关系响应面的拟合优度以及化石花粉谱对应的气候空间区域的"大小"。这些散点图如果以某种方式体现了相对误差或可靠性（在时间和空间上），则会更加完善。使用更多的花粉种类可降低古气候估计的不确定性 [参见 Webb 等（1993a），其中使用了 14 个种类]。在所给例子中，花粉雨被认为反映了 1 月和 7 月均温及年降水量。然而，其他参数，如土壤湿度或大陆度指数，可能是更具判别性的变量。例如，Webb 等（1993b）采用土壤湿度指数界定响应面，重建了距今 12000 年以来美国东北部土壤湿度变化，降水变化则是根据另一组响应函数获得的。分析表明，虽然降水量在距今 12000 年前最低，但土壤有效湿度却在距今 9000 年前最低，这是该区域松树最繁盛的时间。这一重建得到了湖泊水位数据的支持，表明早全新世是一个气候明显较为干旱的时期。

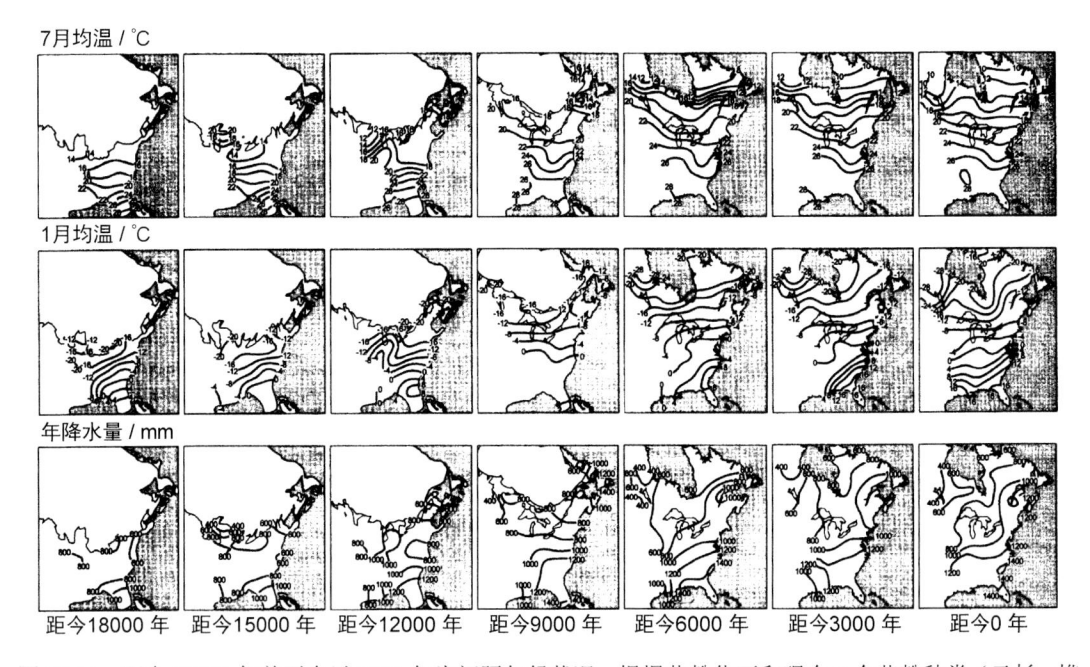

图 12.14 距今 18000 年前至今以 3000 年为间隔气候状况，根据花粉化石和现今 6 个花粉种类（云杉、桦树、北方松树、南方松树、栎树和草原非禾本草类）丰度利用响应面推断。空白区为劳伦泰德冰盖。引自 Prentice 等（1991）.

虽然利用花粉数据进行古气候重建常常需用不同的统计方法加以校正，但好消息是这些方法都给出了非常近似的结果，至少在大尺度气候模式方面是如此。这使 Bartlein 等（2011）得以结合许多不同的重建结果，绘制出距今 6000 日历年和 21000 日历年前的气候异常图（如图 12.15）。该图显示，距今 6000 年前，西欧大部分地区最热月（和生长度日）温度较高，而地中海附近地区气候较凉。当时，西欧大部分地区也比较湿润，因此植物可利用水分（实际与潜在蒸散量比值，α）也比较丰沛。北美的温度和降水变化模式不太一致，不过，该大陆东北部的生长度日普遍较高，气候总体上较为干旱。

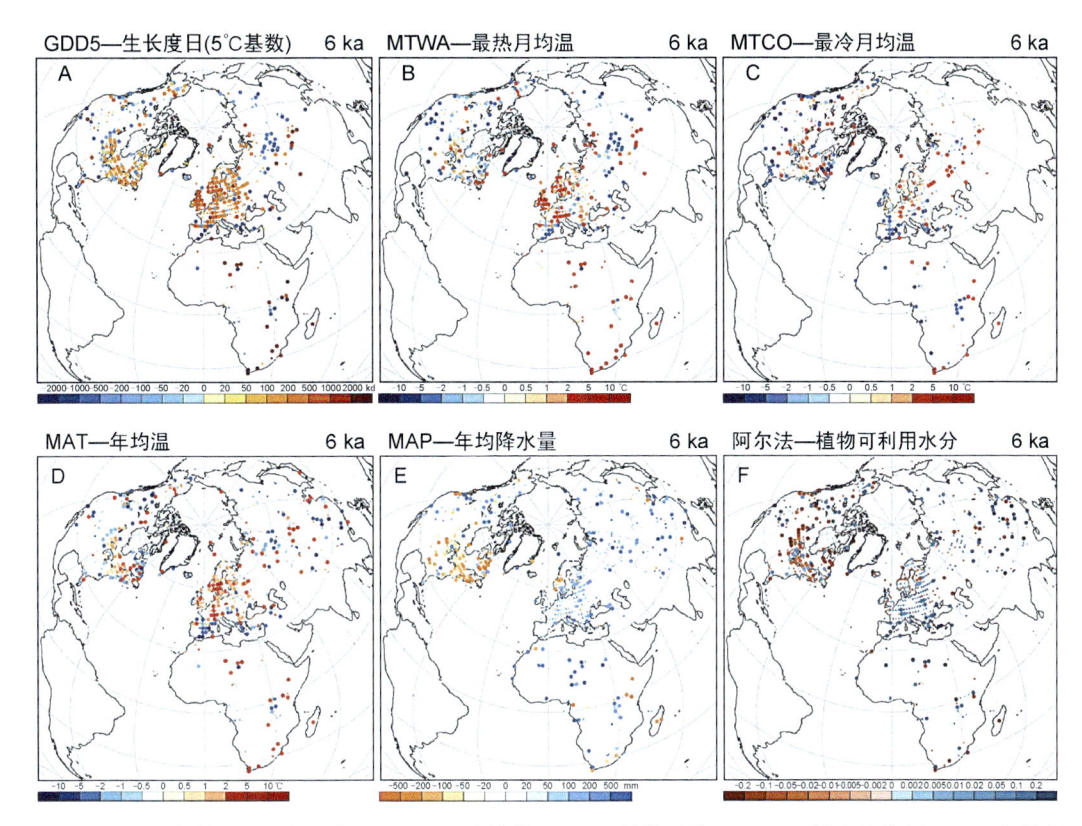

图 12.15　6000 年前（A）生长度日（以 5℃为基数）、（B）最热月均温、（C）最冷月均温、（D）年均温、（E）年均降水量和（F）阿尔法（实际与潜在蒸散量比值）的重建异常值（相对于 1961~1990 年平均值）。数据来源于大量重建，这些重建使用不同的统计方法对现代花粉数据进行校正。大图标表示异常显著的格点（即超过重建合并标准误差两倍的格点），小图标表示在该量度上不显著的异常。注意：异常模式在空间上是连贯的，包括具有显著异常值和不显著异常值的地区。引自 Bartlein 等（2011）。

　　进行可靠古气候重建的一个固有问题与现代景观受人类活动改变的方式有关。Guiot（1987）认为，在许多地区（如欧洲），由于地形多变以及人类的长期影响，很难从现代花粉雨中捕获到解释化石花粉谱所需的所有信息。这些问题为古气候估算带来了相当大的噪声。另外，植被对给定气候变化的响应并不总是以相同方式表现在花粉谱中的，这取决于此前的植被状态。花粉序列存在一定的自相关，这是转换函数和响应函数方法未能顾及的[只是 Webb 等（1987）和 Prentice 等（1991）在仅以 3000 年为间隔重建气候时，隐约地考虑了这一点]。Guiot 提出一种基于转换函数或响应函数以降低古气候重建变率（噪声）的方法（他称之为"相似型气候"）。首先，分析一个有限区域的化石花粉谱变化，以提取不同地点共有的变化。这是通过类似于主成分分析的方法完成的，比如，主成分占两个或两个以上记录共有变量的 80%，同时假定这一共有信号（称为"古生物气候"）代表了在所有地点气候变化对植被变化的压倒性影响。然后，基于化石花粉谱与现代花粉谱之间的相似性量度，该序列可用以确定最合适的现代相似型气候（Guiot et al.，1989）。通过降低原始序列中设定的非气候噪声，最终的古气候估算比用其他方法获得的结果具有更大的气候信-噪比。Guiot 等（1989）利用这种方法，估算了过去 140000 年法国两个地点的年均温和年降水量变化（图 12.16）。这些数据显示，欧洲末次间冰期（伊姆）鼎盛期温度与全新世水平相近或略高，之后的两个间冰阶（圣日耳曼Ⅰ和Ⅱ）几乎同样温暖。极端冷干气候最初出现于距今约 65000 年前后。另外 3 次或 4 次冷干时段出现于主冰期（武木/威赫塞尔），之后在全新世，气候变得更为温暖和湿润。这些重建及其局限性将在 12.5.1 节中进一步讨论。

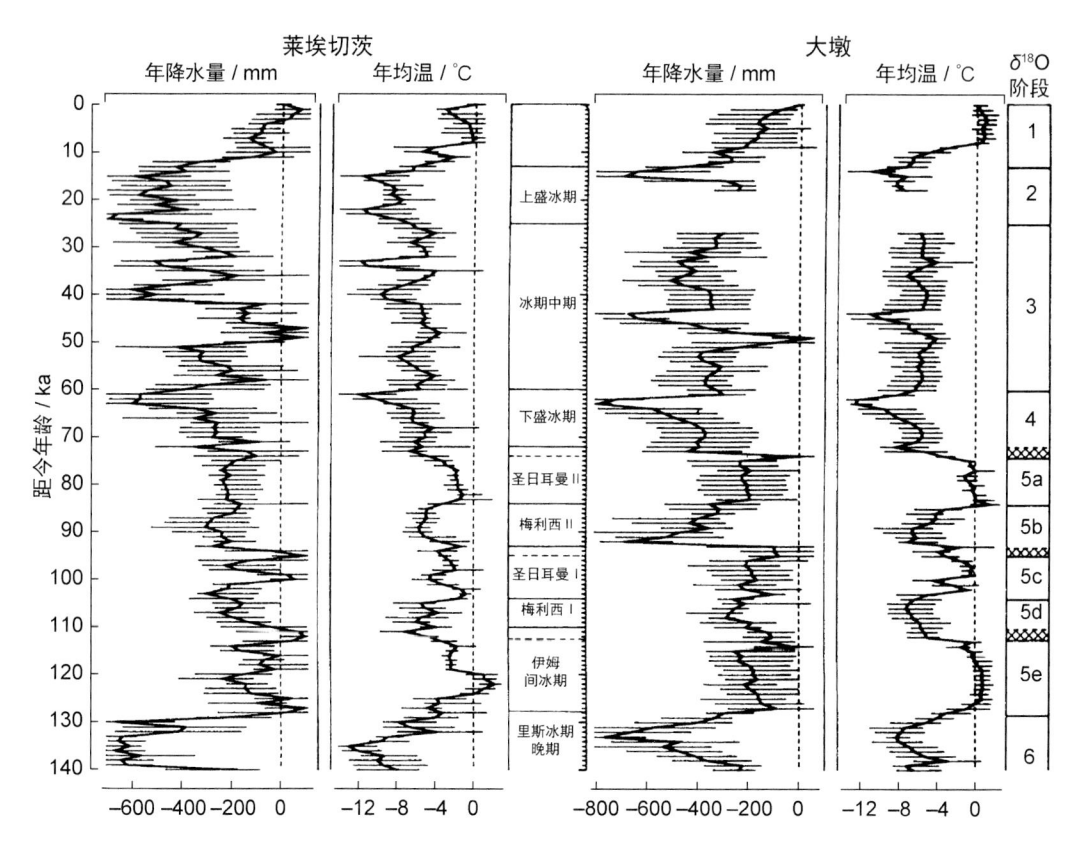

图 12.16 法国莱埃切茨（左）和大墩（右）年均温和年降水量重建（地点见图 12.17）。数值表示为与现今值的偏差（大墩为 9.5℃和 1080 mm，莱埃切茨为 11℃和 800 mm）。误差棒据蒙特卡罗模拟计算。年代标尺在上盛冰期以前为近似年龄，通过与右侧所示 SPECMAP 海洋同位素记录对比而定（参见 6.3.3 节）。引自 Guiot 等（1989）。将此图与图 12.18 进行对比。

12.5 第四纪花粉长记录的古气候重建

现在有大量花粉记录涵盖晚第四纪，有些一直延伸至上新世。当然，在放射性碳定年范围（大多数情形下约为 40000 年）以外，定年是个问题，而且根据花粉记录本身的特点，通常会简单地假定记录延伸到了末次间冰期或更老。在某些情况下，与海洋氧同位素地层的对比，无论是直接地（在海洋沉积记录中）还是间接地（通过陆地记录与邻近海洋记录的对比），都已证明颇有助于构建年代标尺。本节展示了从世界不同地区遴选的一些花粉长记录，以综览这些记录（即使未被良好定年或未经定量校正）如何揭示具有大尺度意义的重要古气候变化。这些记录为洞悉陆地气候在与重要冰心、黄土和海洋沉积记录类似时间尺度上的变化提供了重要视角，从而完善了第四纪时期气候变化的全球图像。

12.5.1 欧洲

欧洲的湖泊和沼泽保存了多个超过100000年的长序列记录（图12.17）。其中，法国孚日山脉的大墩研究得最为详细，在此钻取了20余套岩心，用作花粉、植物大化石、沉积学和动物群（昆虫）分析（Woillard，1978；Woillard and Mook，1982；de Beaulieu and Reille，1992；Guiot et al.，1992，1993；Pons et al.，1992；Seret et al.，1992；Ponel，1995）。该地点的花粉记录十分完整，能够建立整个末次间冰期-冰期旋回的植被变化序列（图12.18）。倒数第二次冰期（里斯）表现为开阔草原，树木稀少。向伊姆间冰期鼎盛期气候的过渡以明晰的植物种群序列[①]为标志，首先是刺柏属（*Juniperus*），然后是松属以及桦木属、榆属和栎属及榛属，最后是指示间冰期气候适宜期的红豆杉属（*Taxus*）。随后的气候恶化表现为冷杉属（*Abies*）和鹅耳枥属增加，之后是云杉属、松属、桦木属增加，以及刺柏属的再次增加。这一短暂的冷期是两次同类冷期（称为梅利西Ⅰ和Ⅱ）中的第一次，而这两次冷期则被更为温和的气候状况（圣日耳曼Ⅰ和Ⅱ）隔开。这在乔木与非乔木花粉相对比例

图12.17 欧洲最长花粉记录（至少涵盖末次冰期-间冰期旋回）地点。引自Guiot等（1993）。

---

① 俗名见表12.1。

(AP/NAP)变化中清晰可见，冷期表现为花粉总数中的 NAP 组分急剧增加。冰期极盛状态（盛冰期）开始于距今约 70000 年前，其时蒿属和其他冷凉的草原种类丰度增大。之后的 50000 年以 NAP 为主，不过乔木种类丰度的间歇性波动暗示气候并未完全稳定。最冷、最干的气候状况出现于晚冰期（塔蒂冰期），表现为 NAP 值最低和蒿属丰度最高（图 12.18）。

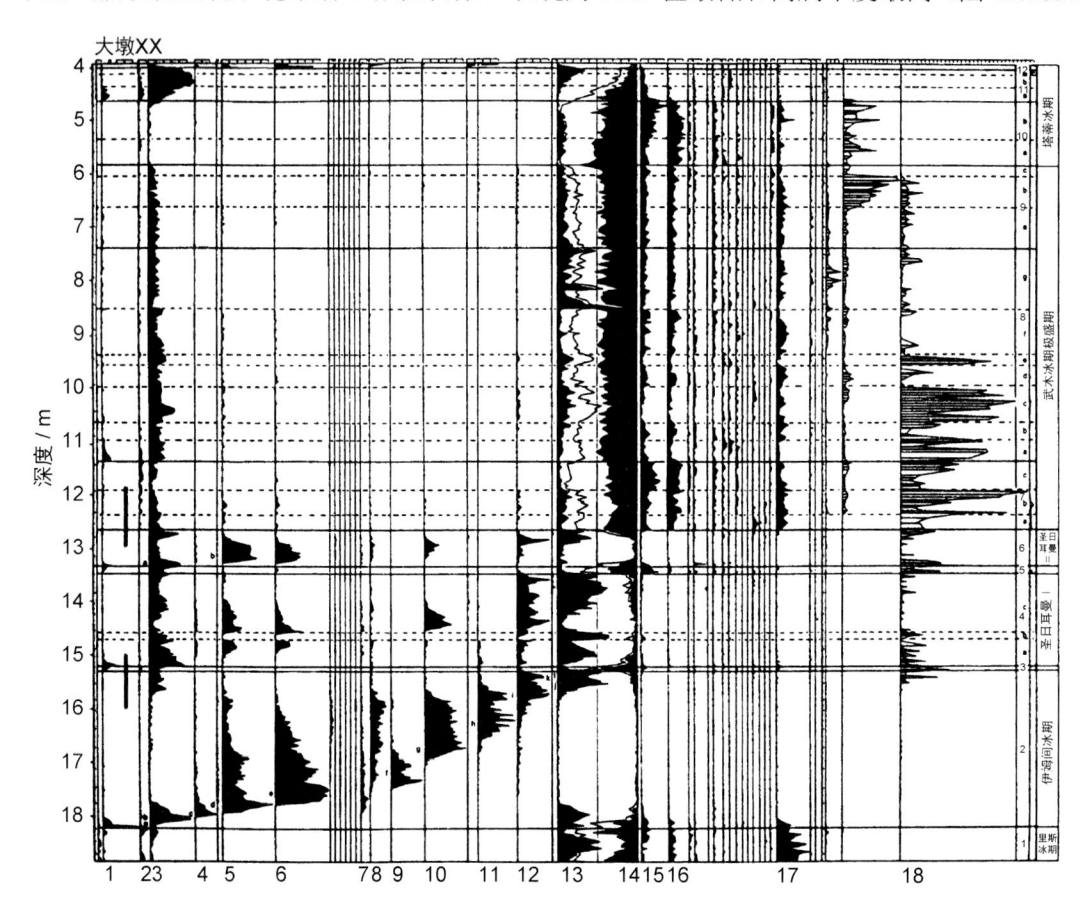

图 12.18　法国孚日大墩花粉图谱，代表自倒数第二次冰期（里斯）至晚冰期（"塔蒂武木期"——见右侧所示花粉带）的变化。底部数字对应于主要花粉类型，整个冰期-间冰期旋回植被的时序性变化显而易见。1. 刺柏属；2. 柳属（*Salix*）；3. 桦木属；4. 榆属；5. 落叶栎属；6. 榛属；7. 梣属（*Fraxinus*）；8. 椴木属；9. 红豆杉属；10. 鹅耳枥属；11. 冷杉属；12. 云杉属；13. 松属；14. 禾本科；15. 蒿属；16. 阳生植物（多种）；17. 莎草科；18. 水韭属（*Isoetes*）。13 与 14 之间的细线表示整个乔木/非乔木花粉比值，乔木花粉向右增加。引自 de Beaulieu 和 Reille（1992）。

如前所述（参见图 12.16），这些解释已由 Guiot 等（1989，1992）基于现代花粉组合校正进行了量化。然而，这一重建是有问题的，因为末次冰期最冷期记录的花粉组合没有很好的现代相似型（至少在欧洲没有）。实际上，与欧洲任何地区相比，其盛冰期植被组合可能与今天亚洲内陆和西藏的冷干草原有更多的共同之处。此外，花粉序列可能并未详细记录气候快速变化的时段，因为植被组合的整体惰性使花粉成为短暂、突然气候变化的低敏感指标。这些担忧促使研究者在最近的重建中将其他气候指标，如沉积特征（Seret et al.，1992）和昆虫（Guiot et al.，1993；Ponel，1995）等，与花粉结合起来。例如，在盛冰期最冷期，沉积物黄土含量最高，而有机质含量最低。将这些因素加以考虑，会使得盛冰期期间的温度解释出现显著差异（高达6℃），并伴随更大的温度变率。进一步的研究已将花粉与昆虫群落相结合，以优化年均温重建（图12.19）。昆虫对气候波动响应很快（见11.2节），因此在气候不稳定期更有价值（Ponel，1995）。昆虫与花粉数据的结合揭示出盛冰期气候的许多快速变化，其中一些对应于格陵兰冰心记录的丹斯加德-奥施格振荡，可能也对应于北大西洋海因里希事件。这种古气候重建的多变量方法可提供更多信息，因为很明显，没有一个变量能够提供盛冰期背景下欧洲过去气候的精确图像。通过综合每种代用指标所提供的信息，更为可靠的古气候重建可望实现。

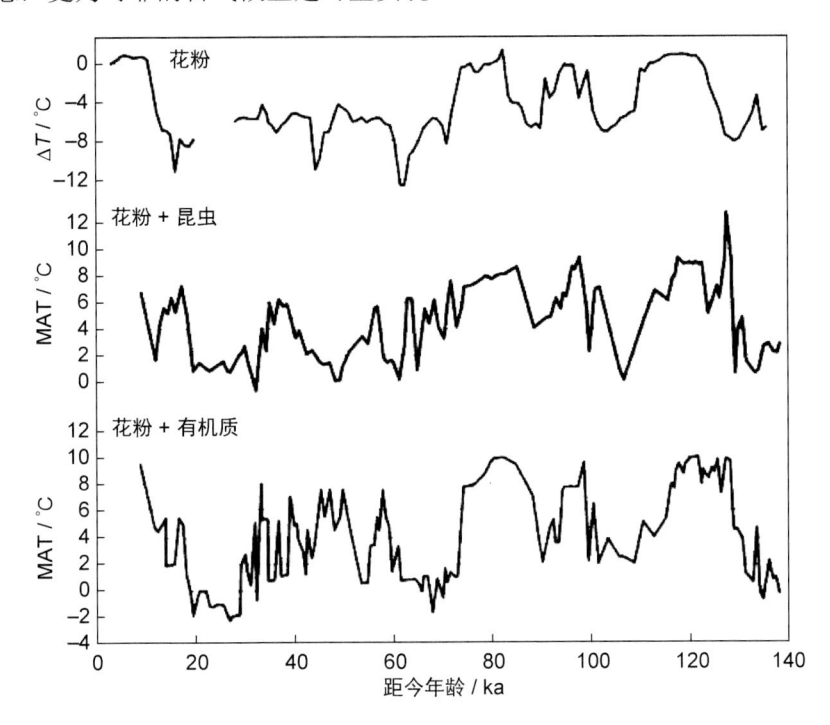

图12.19 过去140000年大墩年均温，基于花粉单独重建（上图）和花粉结合有机质变化约束（下图）或昆虫（鞘翅目）约束（中图）的重建（参见图9.15）。现代花粉相似型并未很好描述主要冰期时段（距今约70000～20000年前）或气候突然变化时的气候状况。通过考虑昆虫群落和沉积变化，对古温度估算引入了附加约束。引自Guiot等（1993）。

欧洲最长的连续花粉记录来自特纳吉-菲利彭（希腊马其顿），其约200 m的泥炭、黑泥、湖泊灰泥和粘土序列提供了最近130万年南欧植被变化的独特图像。虽然这一记录早已为人所知，但定年一直是个问题。Tzedakis等（2003，2006）结合 ^{14}C、古地磁数据以及植被变化与岁差变化之间的显著相关性，对早期的年代标尺进行了调整。他们注意到，当近日点在3月时，由于气候冷干，树木数量快速减少，而当近日点在6月时，由于气候热干，地中海型植被扩张，由此他们相应地对花粉记录进行了调谐，揭示出比迄今所辨识的更长的序列，这为认识植被变化提供了非凡的长期视角。图12.20根据乔木花粉（arboreal pollen，AP）百分比变化对此进行了总结。森林植被的扩张与收缩（AP自接近0至几乎100%）紧随全球冰量的减少和增加（如图12.20所示底栖 ^{18}O 所记录的），但也显示出一些亚轨道尺度的变化，这些变化似乎跟随着与冰期-间冰期变率无关的干湿振荡。森林植被的大幅变化也发生于前布容时期，当时冰期-间冰期变幅小于最近 50 万年，且受 41000 年倾角变化主导，而非之后所见的约 100000 年变率。尤其有趣的是 MIS 16（距今约 630000～680000 年前），在这一漫长时期树木种群一直较少。这一时期似乎对区域植被产生了持久影响。在 MIS 16 之前，出现了分类学上多样化的植物群，但自 MIS 16 以后，木本群落更加受限，而存留的树种比那些消失的树种似乎更为耐旱。这是反映了 MIS 16 之后较干间冰期的局地水文变化，还是反映了冷期持续时间延长导致该地区的许多种群灭绝，尚不完全清楚。不过，这一树种灭绝模式也已在欧洲其他地区受到关注，即更耐冷的种群存活于北部，而更耐旱的种存活于南部，指示随时间推移总体上转向更为极端的温度和湿度状况。

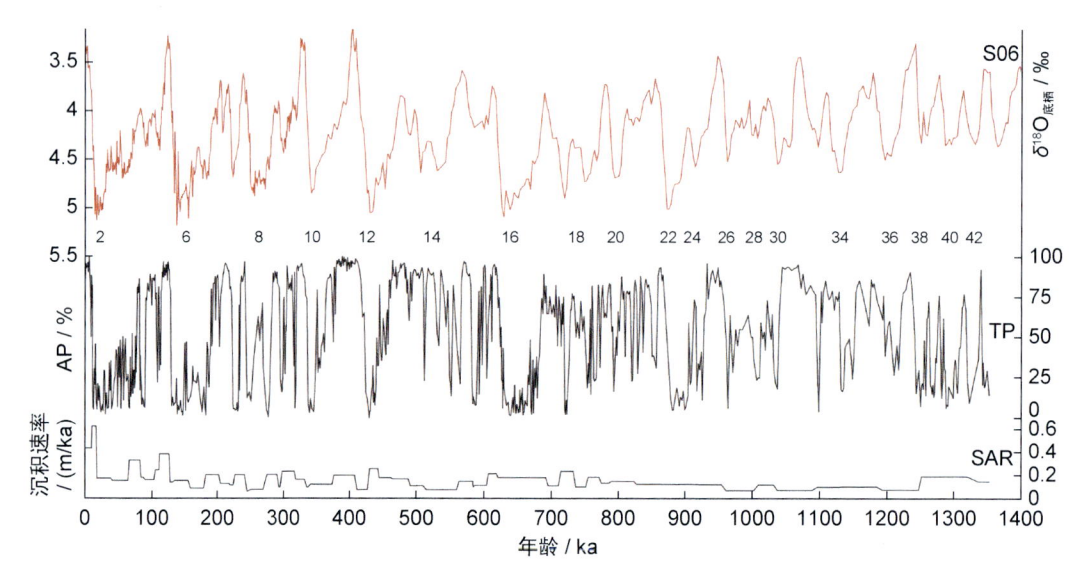

图 12.20　最近 140 万年特纳吉-菲利彭（TP）乔木花粉（AP）百分比（下）与 S06（赤道太平洋）底栖 $\delta^{18}O$ 集成记录（上），前者据花粉-轨道校正时间标尺绘制。底部折线显示由此估算的沉积物累积速率（sediment accumulation rates，SARs）。SAR 曲线拐点显示控制点层位。引自 Tzedakis 等（2006）。

12.5.2　哥伦比亚萨瓦纳-德波哥大

南美最长的连续沉积记录来自哥伦比亚安第斯山脉的一个山间盆地（Hooghiemstra，1984）。它被称为萨瓦纳-德波哥大，是一个曾经的湖盆，现今海拔约 2550 m。在此钻取了超过 580 m 的沉积物，但记录定年却一直有争议，现在认为其已延伸至早第四纪（Torres et al.，2013）。该区植被随高度分带明显，约 1000 m 以下为热带森林，约 2300 m 以上为安第斯森林，约 3500 m 以上为高寒草原（图 12.21），最高海拔区常年积雪。整个记录时段都做了花粉分析，但对最近 284000 年分析得尤为详细（约 60 年分辨率）（Groot et al.，2011）。其中尤其有趣的是乔木花粉百分比（AP%），它与温度驱动的森林上限变化密切相关。区域研究表明，AP% 10%的变化对应于 1.3±0.3℃的年均温变化（假定冰期直减率更大；Wille et al.，2001）。AP%记录的谱分析显示出两个强周期，可能反映了 41000 年（倾角）和约 100000 年（偏心率）信号。由此对整个记录进行了调谐，以匹配底栖海洋同位素序列记录的41000年周期,这将AP%的变化与海洋记录所见的轨道驱动冰期-间冰期变化相关联(暗含着假定冰量变化与轨道驱动之间存在6000~8000年滞后)。基于这些假设,丰萨记录的底界被定为距今约225万年前(Groot et al.,2011;Torres et al.,2013)。时间标尺确定后,即可探究植被变化的长期历史及其气候意义。最近284000年,AP%在约10%至>90%之间变化,表明丰萨盆地的温度在冰期极盛期的约6℃至间冰期鼎盛期的约17℃之间变动(图12.22)。饶有趣味的是,森林覆盖在冰期终止点发生了非常快速的变化,这说明温度在数个世纪的时间内上升了约10±2℃。快速变化也发生于其他时期,与D-O和北大西洋海因里希事件相关,意味着北大西洋状况与南美高山气候存在密切关联(参见 Kanner et al.,2012;Placzek et al.,2013)。从温度角度解释乔木花粉长记录则问题更大,这是因为该地区在距今约50万年前未生长栎树(栎属),距今约100万年前未生长桤树(桤木属),因此森林组成完全不同,没有现代相似型(图12.23)。然而,在最近100万年,其他所有乔木花粉(栎属和桤木属除外)的百分比呈现出同步变化,这表明在冰期-间冰期时间尺度上,其对温度变化的长期响应与最近约280000年(森林组成与现今相似)所重建的相似。同样有趣的是,整个记录显示,气候变化周期在距今100万年前后出现转型,自小幅高频变化转变为周期接近100000年的大幅波动(参见图12.23)(Hooghiemstra et al.,1993;Torres et al.,2013)。

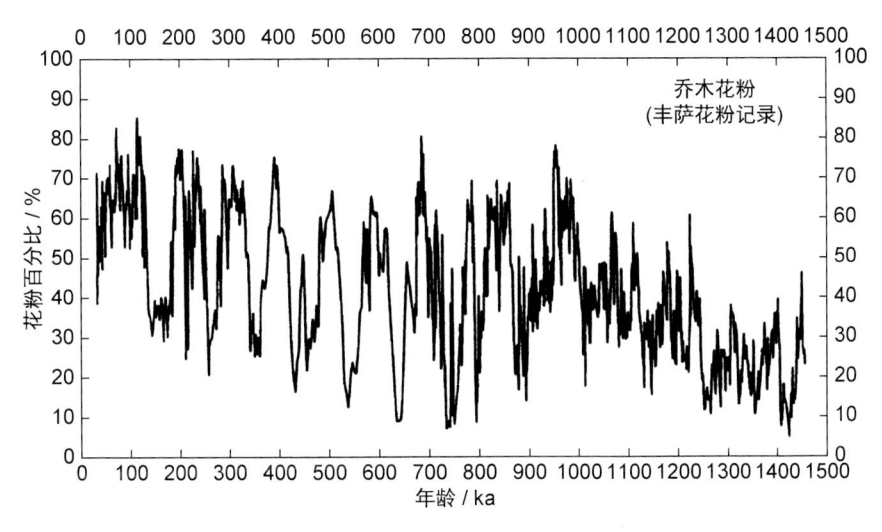

图12.21 过去146万年哥伦比亚萨瓦纳-德波哥大丰萨点位乔木花粉(AP)总数波动。波哥大古湖于距今约27000年前干涸,致使这一序列终结。最近100万年,约100000年显著气候周期的演变清晰可见。引自Hooghiemstra和Ran(1994)。

仅从温度角度解释AP%变化的另一个复杂因素则与冰期-间冰期时间尺度CO_2浓度变化有关。其他山地环境的植被变化研究显示,冰期二氧化碳浓度较低可能对高海拔区植被产生特别强烈的影响。冰心证据表明,与工业化前水平相比,末次冰盛期CO_2浓度降低了约100 ppm,因此在高海拔区CO_2分压可能无法维持C_3植物(如树木)存活(Street-Perrott,1994;Street-Perrott et al.,1997,1998)。二氧化碳浓度降低会导致气孔的气体交换增强,从而使蒸腾速率和植物的干旱胁迫增大(Jolly and Haxeltine,1997)。草类等C_4植物通常

在 CO_2 和水的利用上更加有效,因此,树线降低和高寒草原植被扩张的证据在某种程度上可能与 CO_2 浓度变化有关。

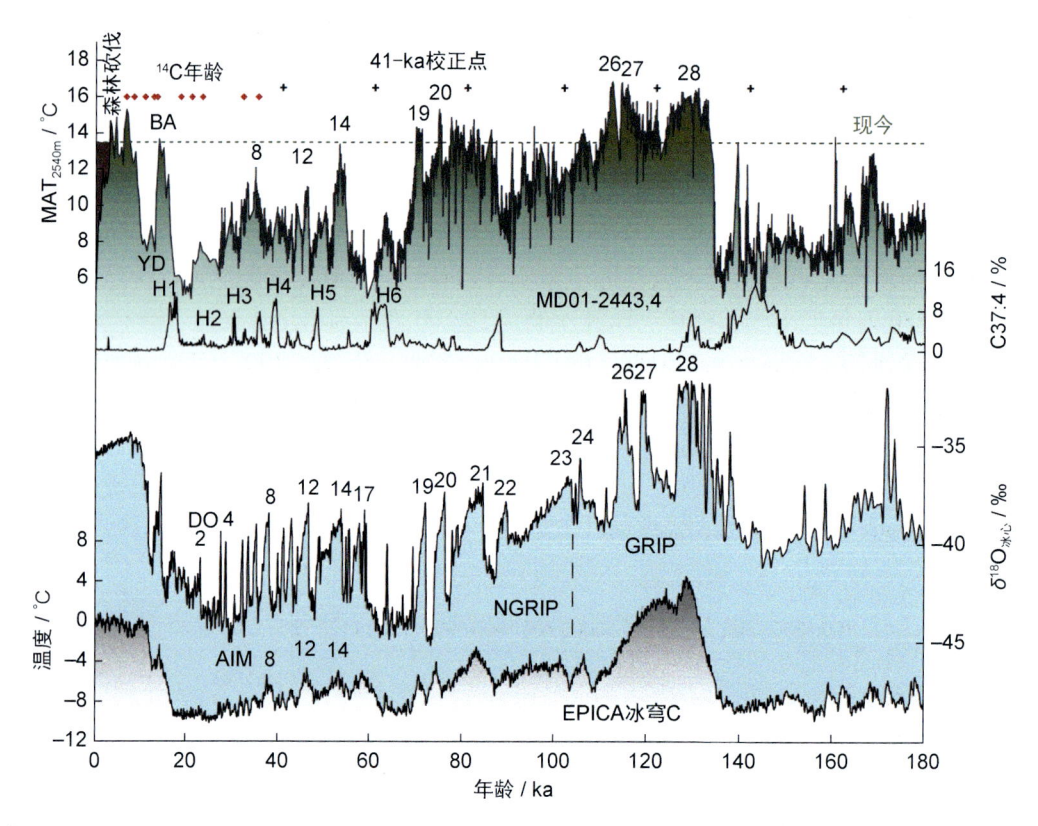

图 12.22 富克内湖重建的年均温 (mean annual temperatures, MATs)、伊比利亚边缘海 C37:4 烯酮记录(指示海因里希事件时限; Martrat et al., 2007)、格陵兰冰心 $\delta^{18}O$ 记录(Anklin et al., 2003)和 EPICA 冰穹 C 估算的温度记录(Jouzel et al., 2007b; Parrenin et al., 2007)。D-O 编号表示丹斯加德-奥施格旋回,AIM 为南极同位素最大值。H1~H6 对应于海因里希事件,BA 为博令-阿勒罗德间冰阶,YD 为新仙女木事件。格陵兰 $\delta^{18}O$ 合成记录包括: ①格陵兰冰心年表 2005 (GICC05) (North Greenland Ice Core Project Members, 2004), 基于过去 60000 年年层计数; ②60000 年与 103000 年之间 NGRIP 原始数据(North Greenland Ice Core Project Members, 2004; Svensson et al., 2008); ③103000 年以下 GRIP 数据(见第 5 章 5.3.2 节)。引自 Groot 等 (2011)。

12.5.3 中美洲低地

佩滕伊察湖是危地马拉北部低地的一个封闭湖泊,在此已钻取了涵盖最近约 83000 年的沉积岩心 (Hodell et al., 2008b)。该纬度(约 17°N)的气候属亚热带气候(年均温约为 25°C),降雨具有强烈的季节性周期,这与热带辐合带(ITCZ)迁移及其伴随的夏季月份接近湖泊的对流活动有关,而冬季月份气候干旱,与 ITCZ 南移、亚热带辐散相关。ITCZ 平均位置变化与大西洋经向翻转流(AMOC)紧密相连。在过去地质时期,当 AMOC 减弱时,ITCZ 向南移动,导致危地马拉气候变干,对湖水位、湖水化学以及整个地区的植被产生了直接影响。AMOC 的强度受岁差影响,它是晚第四纪中美洲生态和水文变化的低频驱动因素。叠加于岁差影响之上的，是与北大西洋海因里希事件相关的更为突然的变化（由于在靠近北大西洋深层水源区，冰山融化产生的大量淡水注入导致 AMOC 强度降低）（Correa-Metrio et al.，2012a）。当 AMOC 减弱时，ITCZ 向南移动，导致中美洲气候变干，从而使湖水位降低（佩滕伊察湖水位降低达 56 m）、自生石膏（$CaSO_4$）沉积。

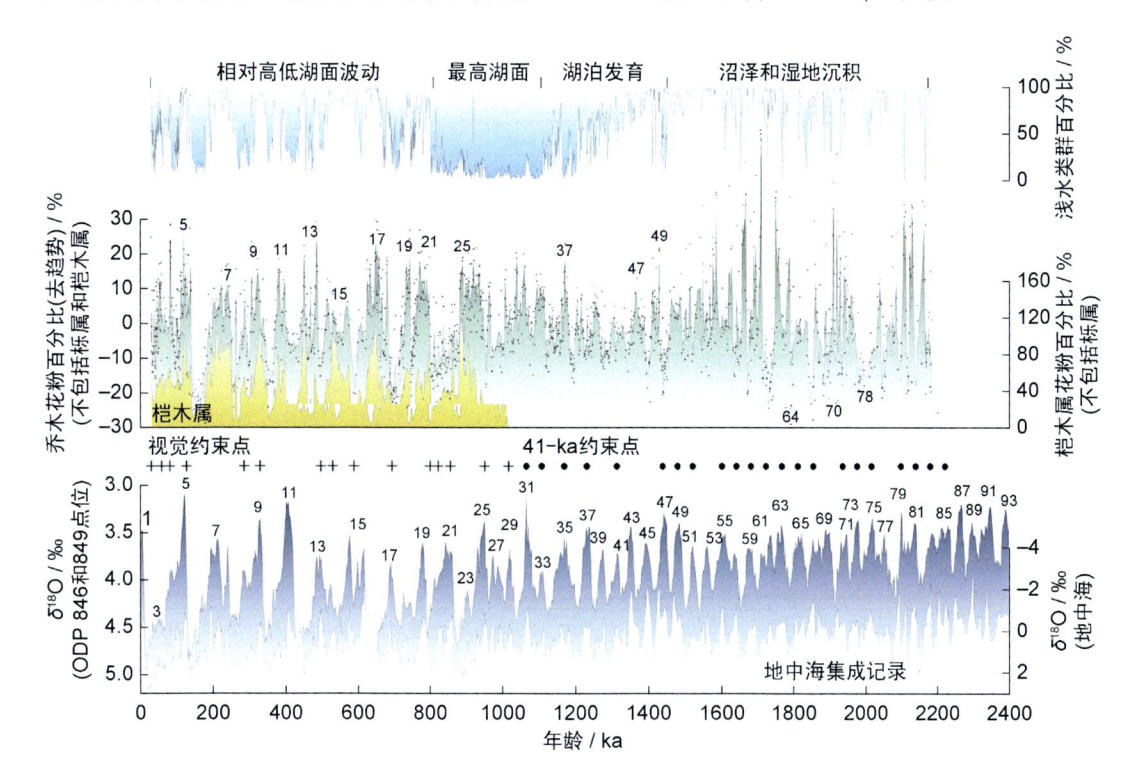

图 12.23 更新世哥伦比亚萨瓦纳-德波哥大山地森林和高寒草原群落演变，AP%记录已调谐至倾角驱动。上图显示湖盆水文状况随时间的演变，以水生蕨类水韭属（反映深达 8 m 的水体）占浅水水生植物的百分比表示。中图显示桤木属百分比记录（黄色）和总乔木花粉（AP）（不包括栎属和桤木属）的百分比（绿色）。下图显示 ODP 赤道东太平洋 846 和 849 点位底栖有孔虫 $\delta^{18}O$ 集成记录（蓝色）和地中海浮游有孔虫 $\delta^{18}O$ 集成记录（白色）。引自 Torres（2013）。

这些变化清楚地记录于佩滕伊察湖的花粉序列。某些花粉类型的相对丰度与温度密切相关，据此 Correa-Metrio 等（2011）构建了"集成花粉组合"作为不同温度状况（自约 13.5℃ 至 26℃）的模型。随后，他们将岩心花粉组合与这些模型进行对比，以确定与集成数据的最近拟合，从而获得最佳的古温度重建（图 12.24；Correa-Metrio et al.，2012a）。结果表明，距今 83000 年前至 LGM 气候逐渐变冷，最冷时期为距今约 22000～14500 年前，当时温度比现今低达 4～5℃。尽管存在温度突变期，但即使是最快的变化速率，也要比预期的下世纪人为气候变化的速率小一个数量级。过去，如此快速的变化导致了"非相似型"植被组合，这意味着未来该地区气候也将导致独特的植被群落，并伴随局地性灭绝的可能。

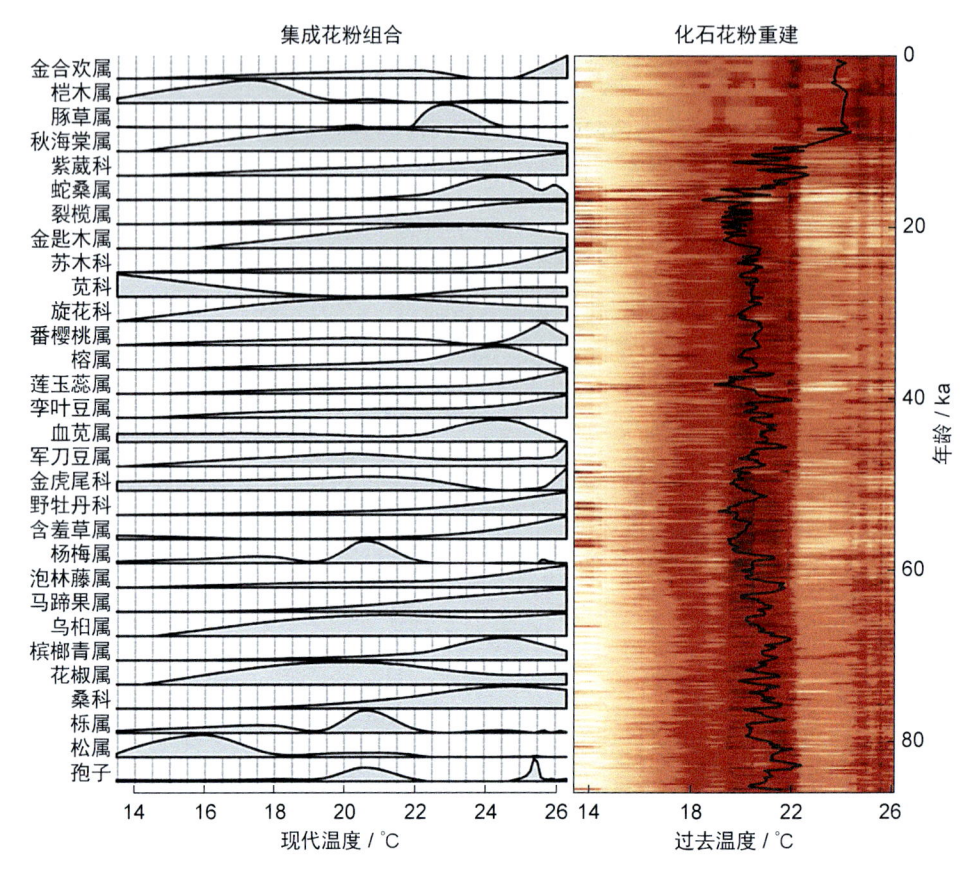

图 12.24 危地马拉北部佩滕伊察湖花粉温度重建，基于集成花粉组合。左图：每个种类沿现代观测温度梯度的分布，丰度按比例绘制为统一大小以便说明（Correa-Metrio et al.，2011）。灰色图形表示在整个温度梯度上以 0.5℃为温度增量的花粉相对丰度，不过计算中则使用了 0.25℃的温度增量。右图：温度重建。红色阴影颜色越深，表示化石样品与左图所示理想集成花粉组合的距离越小。引自 Correa-Metrio 等（2012a）。

在 LGM（距今 23000～18000 年前）期间，该区植被是以高海拔种类为主的松-栎森林，当温度降低时会向下迁移，这种模式也出现于巴拿马的花粉数据中（Bush and Colinvaux，1990）。今天，在该地区看不到任何与此森林组成类似的植被。当时气候相对湿润，表明 ITCZ 向北推进至整个地区，或者冬季冷空气爆发使得相伴的降雨更为常见。在这种长期降温模式中叠加了发生于海因里希事件（HE）期间的植被快速变化，其时温带树林（以松树和栎树为主）很快被旱生灌丛替代，仅存零星的树木和很大比例的禾草。这种变化与那些时段的降温（1.5～2.5℃）和变干有关，并伴随显著的季节性降雨模式。植被群落在 HEs 之后不久恢复至海因里希之前的组成，但一些种类滞后于其他种类，因而需要数世纪至数千年才完全恢复至前 HE 群落结构（Correa-Metrio et al.，2012b）。

12.5.4 亚马孙地区

尽管通常认为南美洲赤道低地的大量动植物物种是气候长期稳定的结果，但许多生物地理学研究对此假说提出了质疑。Haffer（1969，1974）在亚马孙流域及其周边不同鸟类的综合研究中识别出大量区域，他认为这些区域在过去干旱期曾经是鸟类的避难所，那时今天广阔的热带森林退化为被稀树草原植被分隔的零散林地。以这种方式被隔离的森林定殖种，独立于已被分散至其他林地的同种成员而发生分异（发育新种）。Haffer 认为，当气候返回湿润状况且森林重新占据稀树草原区时，森林定殖种也扩展其界限，开始与中间区域的其他种群接触。在这些"二次接触"区，发生了物种杂交，因此，曾在森林避难所中进化的物种的离散形态特征不再明显。

避难所假说的推崇者认为，这些变化的结果今天可在现代生物地理分布模式中看到。在广阔的热带森林中，可识别出物种多样性相对较高的区域（即不同植物和动物物种极度集中的区域）。这些区域有时被称为特有分布中心（Brown and Ab'Saber，1979）。在此区域内，个别物种可能表现出非常一致的形态特征（Vanzolini and Williams，1970）。这类区域被许多学者认为是以前的森林避难所，在干旱期成为森林定殖种的生存中心。在这些特有分布中心之间，发现有接触区或"缝合区"，其特点是物种比避难所少得多，且特定物种的种群形态特征更加多样化。

避难所假说一直存在争议，但热点现已转向亚马孙气候变化并未那么剧烈的说法（Bush，2005；Colinvaux，2007）。一方面，有相当多的生物地理学证据表明，确实存在物种多样性非常高的一些区域。这些区域的确定通常是先绘制单个物种范围图，再叠置其分布，最后选定呈现很高水平物种多样性的区域（Haffer，1982）。利用这种方法，已对雨林树木、蝴蝶和蜥蜴进行了研究，所有这些都揭示出在地理上与 Haffer（1974）据其热带鸟类详细研究所提相似的核心区（参见 Vanzolini and Williams，1970；Vanzolini，1973；Brown et al.，1974；Prance，1974，1982；Brown，1982）。甚至有语言学和人种学证据表明，史前亚马孙地区存在分布相似的森林避难所（Meggers，1982；Migliazza，1982）。考虑到证据所涉范围，所有这些区域总体上的一致性非常引人注目。然而，也可以认为，所观测的分布模式根本不反映以前的避难所，而只是反映随现代土壤和气候条件变化而共同进化的现代生态单元，其独特性可能会也可能不会立即显现（Endler，1982；Colinvaux，1996）。同样，"二次接触"区可能只是反映了显著的环境梯度（Benson，1982）。

显然，这些争论只有利用定年准确的地层证据才能得到令人满意的解决，以论证一些地区存在稀树草原，而同时其他地区（即假定的避难所）却处于森林覆盖之下（Livingstone，1982），而且现有大量证据表明，亚马孙流域低地过去 40000 年（至少）事实上一直发育着广阔的森林。例如，巴西西北部低地［位于茂密热带雨林生态系统（塞尔瓦）腹地］的花粉长记录延续 40000 年以上，而未显示任何该地区曾经历过稀树草原阶段的证据，在整个时段，乔木花粉始终保持在花粉总数 70%～90%的水平（Colinvaux et al.，1996a）。有趣的是，花粉记录显示，末次冰期（海洋同位素阶段 2）山地种［如罗汉松属（*Podocarpus*）］增加，因此当时出现了由低地元素和山地元素组成的独特森林组合。这种组合没有任何现代相似型，它可能代表山地植物迁移至低地环境，那里的温度比现今低 5～6℃（基于罗汉松属下降约 800～1000 m，并假定绝热直减率为每 100 m 0.6℃）。其他几项研究支持气候寒凉但非干旱的观点，至少在热带常绿林区的核心区是如此。在厄瓜多尔东部，一个定年为末次冰期的剖面也显示出山地和低地雨林花粉类型及伴随的大化石非同寻常的混合。在该地区，桤木属和罗汉松属等树木出现于其现代范围界限以下约 1500 m（Liu and Colinvaux，1985；Bush et al.，1990）。这类证据也发现于巴拿马，冰期那里栎树（栎属）的生长高度在比现今低 1000 m（Bush and Colinvaux，1990）。在巴西东南部，花粉数据也表明，末次冰盛期气候寒凉而湿润，温度降低了 6~9℃。类似的气候状况在距今约 48000~19000 年前的秘鲁亚马孙也得以重建（Bush et al.，2004）。总而言之，这些证据提供了整个末次冰期至全新世发育了广阔低地雨林的令人信服的论据，尽管在某些地区这片森林的组成与今天截然不同（Colinvaux et al.，1996b）。这并不是说现今经历季节性水汽亏缺的一些外围地区并不干旱（参见 Markgraf，1989；Vander Hammen and Absy，1994）。例如，在玻利维亚东南部的季节性干燥森林中，距今 50000~12000 年前气候既寒凉又干旱，这可能与夏季对流减少和/或 ITCZ 季节性南移更为受限有关（Punyasena et al.，2008）。此外，巴西石笋记录显示，降水确实发生了与岁差驱动有关的显著变化（见第 8 章 8.2 节），因此当 ITCZ 的季节性移动更为受限时，亚马孙流域部分地区的降雨总量可能确实有所减少。不过，尽管这一广阔区域的记录仍然很少，但目前几乎没有地层证据支持冰期亚马孙流域大部分地区出现稀树草原的观点（参见 Clapperton，1993a，1993b；Anhuf et al.，2006）。实际上，最近亚马孙河口海洋沉积的花粉研究表明，过去 100000 年间乔木花粉百分比几乎未发生任何变化，如果存在广阔的稀树草原，那么，在由亚马孙河向下游挟带并沉积于近海的花粉中应该出现明确的信号，但这并未发生（Haberle，1997）。因此，诸多生物地理学研究指出的特有分布中心可能反映了错综复杂的环境状况（气候、地形、地质、地貌等），这种环境状况在很长时间内一直使这些区域相互区隔，即使当气候自寒冷冰期条件转变为温暖间冰期条件也是如此。

12.5.5 赤道非洲和撒哈拉以南非洲

像南美洲一样，生物地理学家长期以来一直认为，刚果流域及邻近的几内亚湾沿海区广阔的热带森林以前范围更为有限，局限于气候条件长期有利的地区。今天，与其他地区相比，这些避难所的特有种群众多，物种多样性丰富（如 Hamilton，1976；Sosef，1991；Maley，1996）。与南美洲不同，有大量证据支持生物地理学论点，这些证据来自湖泊沉积的孢粉学数据（Anhuf，1997，2000）。在加纳，博苏姆推火山口湖长达 27000 年的记录清楚地显示，全新世大部分时间占据该地区的赤道半落叶林在冰期并不存在（图 12.25）。距今 19000~15000 年前，乔木花粉降低至花粉总数的 5%（相比之下，现今为>75%），而草本植物（禾草和莎草）则占据了该地区。这得到了沉积岩心 $\delta^{13}C$ 的证实，即在禾本科花粉含量高的时期 $\delta^{13}C$ 值介于−10‰~−20‰之间（与 C_4 植物占优一致），而全新世的 $\delta^{13}C$ 值为 −28‰［森林（C_3）植物典型值］（Talbot and Johannessen，1992；另见 Giresse et al.，1994）。一些山地植物［如山橄榄东非木犀榄（*Olea hochstetteri*）］也迁移至该地区，而今天它们仅出现于遥远西部海拔约 1200 m 以上的地方，表明冰期温度降低了 3~4℃。类似的证据在西喀麦隆、刚果巴泰隆高原以及更东的布隆迪的地点都有报道，在这些地点，现代花粉雨数据被用于定量重建古温度变化（图 12.26）（Maley，1991；Bonnefille et al.，1992）。图 12.27 显示与现代状况相比的末次冰盛期赤道非洲低地雨林避难所的界限。这一对比揭示出冰期该地区是如此地不同，其中稀树草原和草地覆盖了今天发育森林的大片区域。热带潮湿森林的总面积减少了约 74%（Anhuf et al.，2006）。气候状况在距今约 9500 年前突然改变，雨林快速扩张，并在 2000 年内占据了比现今雨林更大的区域（Maley，1991，1996）。

这一变化被认为与导致湿季更长、总降雨量更大的几内亚湾 SSTs 的快速升高（由于上升流减弱）有关（Maley，1989a），但东非在此期间也发生了剧烈变化（图 12.26）。Jolly 和 Haxeltine（1997）认为，无论温度因冰期 CO_2 浓度降低［这有利于禾草和莎草（C_4 植物）而非树木］如何变化，热带植被都会发生显著变化（即使在低海拔区），但详细的花粉分析表明，降水变化才是区域植被变化的主要驱动因素（Wu et al.，2007a，2007b）。

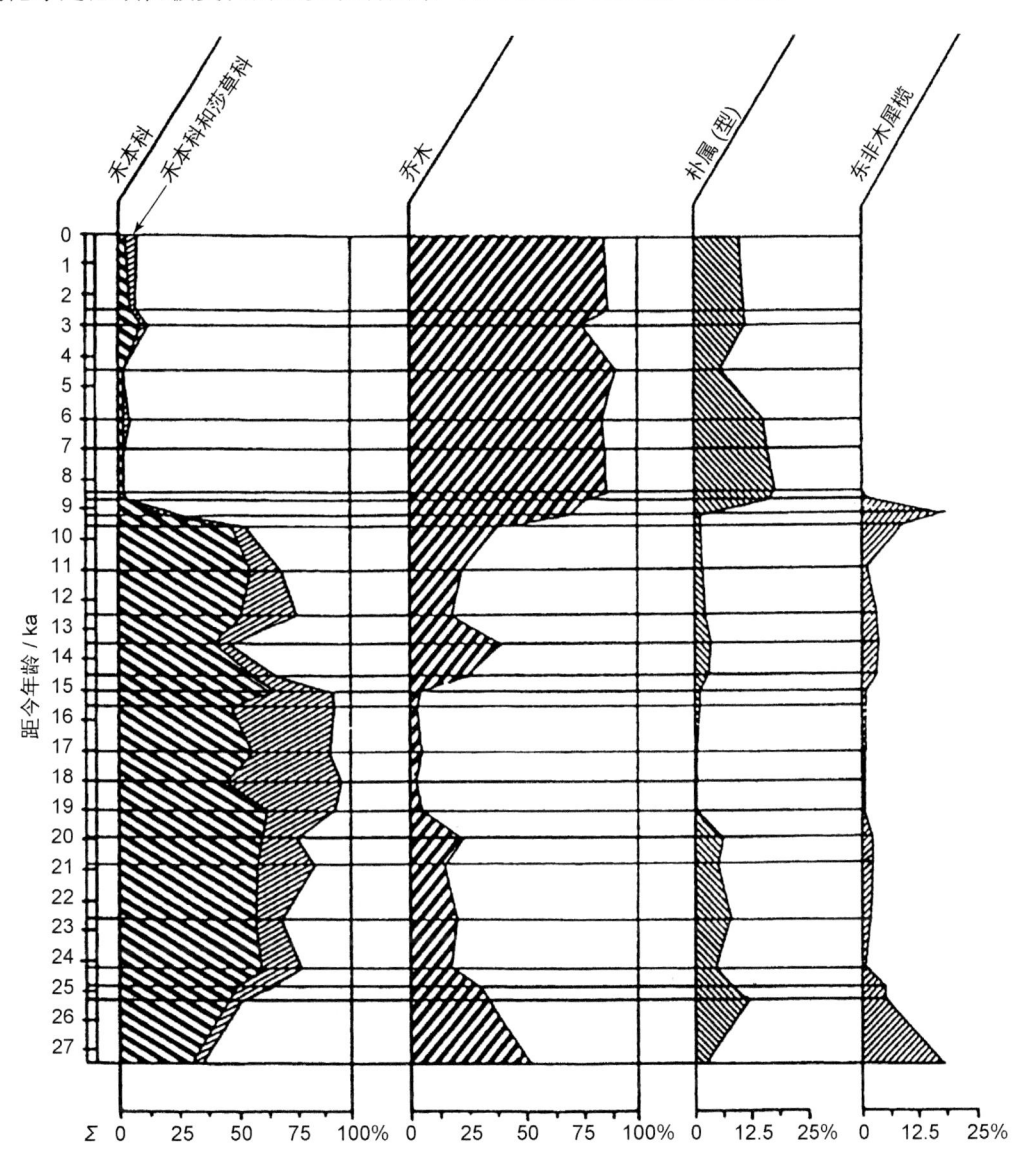

图 12.25　过去 27000 年加纳博苏姆推湖重要花粉变化概图。在距今约 10000 年以前，代表开阔稀树草原环境的禾草（禾本科）在该地点占主导地位，乔木花粉含量低，自距今约 19000～15500 年前尤为如此。山橄榄（东非木犀榄）在这一低地环境中的出现表明冰期寒凉气候盛行。引自 Maley（1996）。

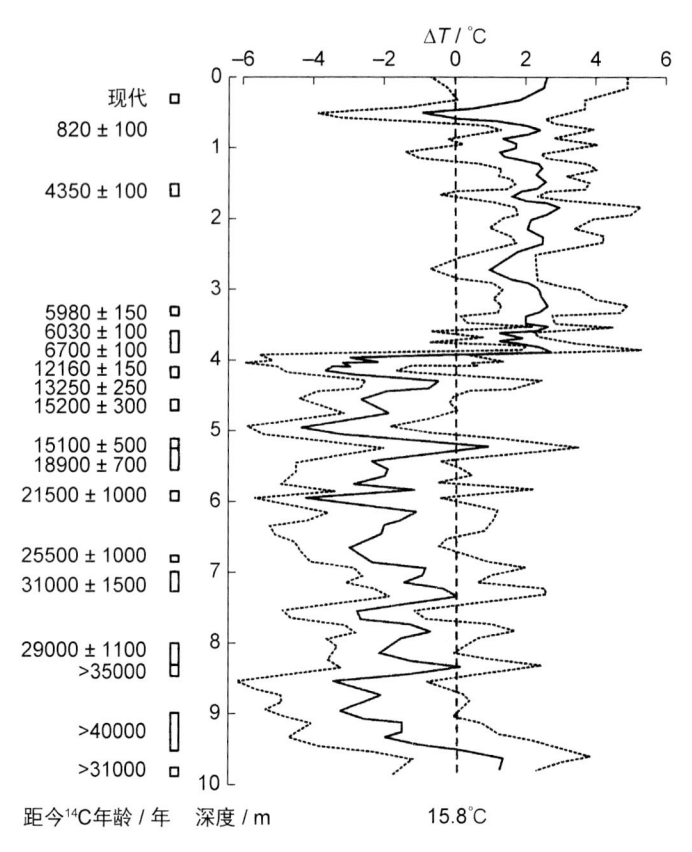

图 12.26 东非布隆迪卡西琉泥炭沼泽花粉重建的年均温距平（相对于 15.8℃ 的现今温度）。该地点位于潮湿的山地森林中，海拔 2240 m。古温度估值来源于东非广大地区的现代花粉雨样品网，并据该区域现代气候数据进行了校正。虚线表示置信区间。^{14}C 年龄示于左侧（注意：数据相对于深度而非年龄线性绘制）。表层样品的古温度估值受人为植被变化的影响，因此现代花粉图谱提供的温度估值比仪器记录值大。引自 Bonnefille 等（1992）。

在早全新世低地森林植被扩张的同时，撒哈拉以南非洲的气候状况变得不那么干旱了，这使得半干旱稀树草原植被带进一步向北扩展（参见 10.4.3 节）。结果导致大型食草动物（如长颈鹿、大象、河马和瞪羚）的活动范围也进一步扩大，而今天这些动物的遗骸默默地提示着我们：早全新世那里的气候状况迥然不同。伴随着动物迁徙至撒哈拉以南非洲的是土著猎人，他们在宏伟的岩画和岩刻上记录了他们的生活方式（Lhote，1959；Lajoux，1963；Monod，1963）。今天，这些岩画岩刻地处最近的永久定居点数百公里以外。

在稀树草原和热带森林扩张期，尤为重要的是河流和湖泊环境更加广阔，它将尼罗河至塞内加尔河的整个撒哈拉以南地区水系有效地连接起来（Beadle，1974）。例如，乍得湖流域的动物群为最近的连接提供了明确证据，不仅连接了尼日尔和刚果流域，而且连接了 1000 km 以东的尼罗河水系。即使在今天，仍然可以发现动植物残遗种群被隔离在地貌上适宜的环境中，与它们最近的毗邻种群相去甚远。例如，在距离相邻种群至少 1000 km 的阿哈加尔山溪流中发现了欧亚绿蛙（湖蛙）。更有甚者，也许最出乎意料的是，在塔西里-阿杰尔山的一个水潭中发现了尼罗河鳄鱼（尼罗鳄），它与东部的主要种群中心被辽阔的沙漠分隔（Seurat，1934；Beadle，1974）。这些间断物种将气候变化融入了生命。

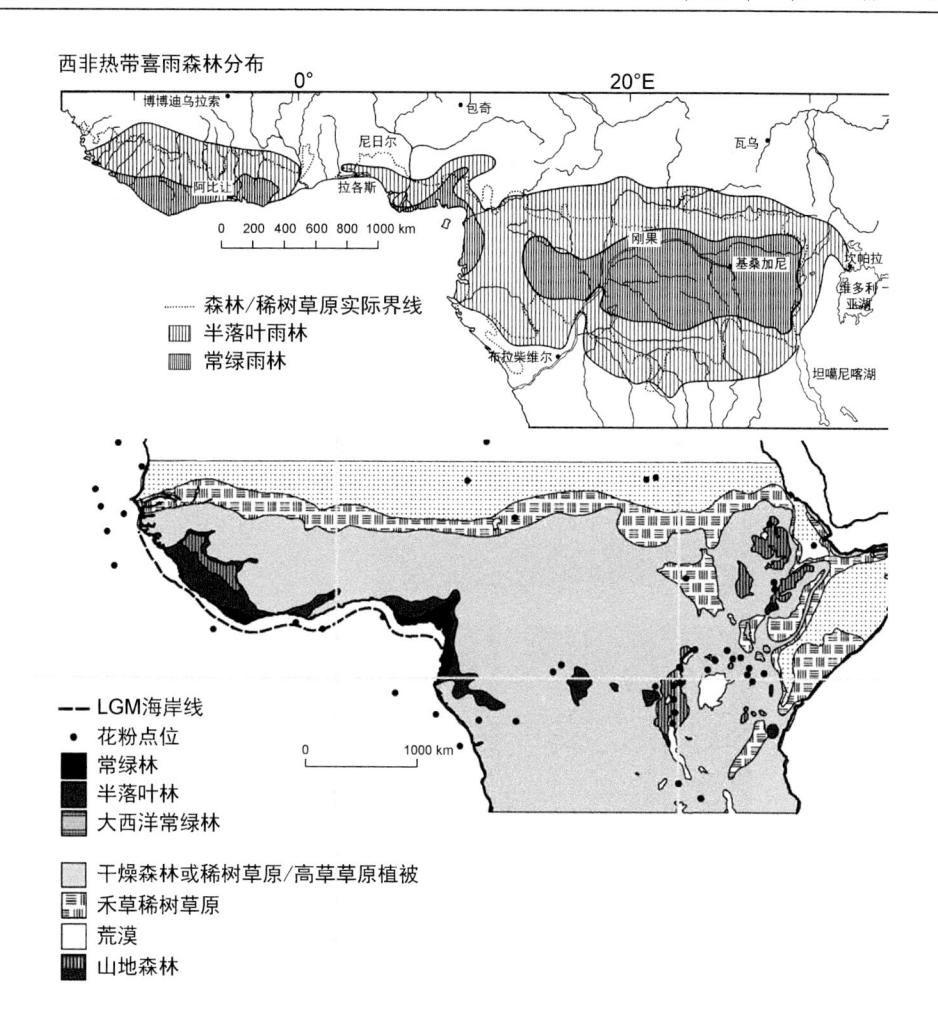

图 12.27　现今赤道西非热带潮湿森林分布（上）与末次冰盛期植被（下）。现今覆盖该区的 70%以上潮湿森林在 LGM 期间被稀树草原植被所替代。改自 Anhuf 等（2006）。

亚热带非洲今天可能比全新世大部分时间都更干旱，只是在威斯康星冰盛期晚期比今天更为干旱（参见图 10.16～图 10.19）。然而，记录在时间和空间上仍远非完整，因此也可能出现过短暂的相对湿润期或更干旱期（在 10^2 年量级上）。事实上，湖泊水位证据表明，晚全新世确实发生了气候的突变（可能与上升流有关）（例如距今约 3500～4000 年前，如博苏姆推湖水位变化所记录的），但这些振荡并未持续多久，也未导致森林覆盖的显著变化（Talbot and Delibrias，1977；Maley，1991）。然而，此类事件可能对该地区的人口产生过重要影响（Maley，1989b，1997）。

12.5.6　西伯利亚东北部

西伯利亚东北部楚科奇的埃利格格特根湖（E 湖）是约 358 万年前陨石撞击地球而产生的。由于北极的这一部分从未发生冰川作用，湖泊沉积提供了可追溯至晚上新世的独特古环境记录（Melles et al.，2012）。今天，湖泊周围为苔原，最近的树线在湖泊以南 150 km，而最近的连续森林在约 300 km 以外。花粉分析显示,上新世时期 E 湖周围地区的植被状况截然不同,发育着云杉、冷杉、落叶松和铁杉林,而今天为灌丛苔原(Brigham-Grette et al.,2013;Lozhkin and Anderson,2013)。利用最佳现代相似型方法(通过岩心花粉谱与现今环境花粉谱之间的最佳拟合),估算出最热月平均温度约为 15~16℃、年降水量为 600 mm(现今约为 8℃、200 mm)。大约 274 万年前,环境状况发生了巨大改变,景观中的云杉和松消失了。至距今 263 万年前,当降水量降至接近现代水平、夏季温度降低时,植被以落叶松、桦和灌木桤为主。这一变化可能与第四纪开始时北冰洋永久海冰的形成有关,它限制了北方水汽的传输,不过模型模拟并不完全支持这种观点(Melles et al.,2012)。此后,寒冷气候越来越常见,在最近约 200 万年的大部分时间,灌丛-苔原植被在景观中占主导地位,仅有一些相当于海洋同位素记录中过去间冰期的时段例外(图 12.28)。这些时段以高生物硅产量为特征,这被认为反映了海冰范围最小、入湖营养通量(由于风化增强)最大时湖泊

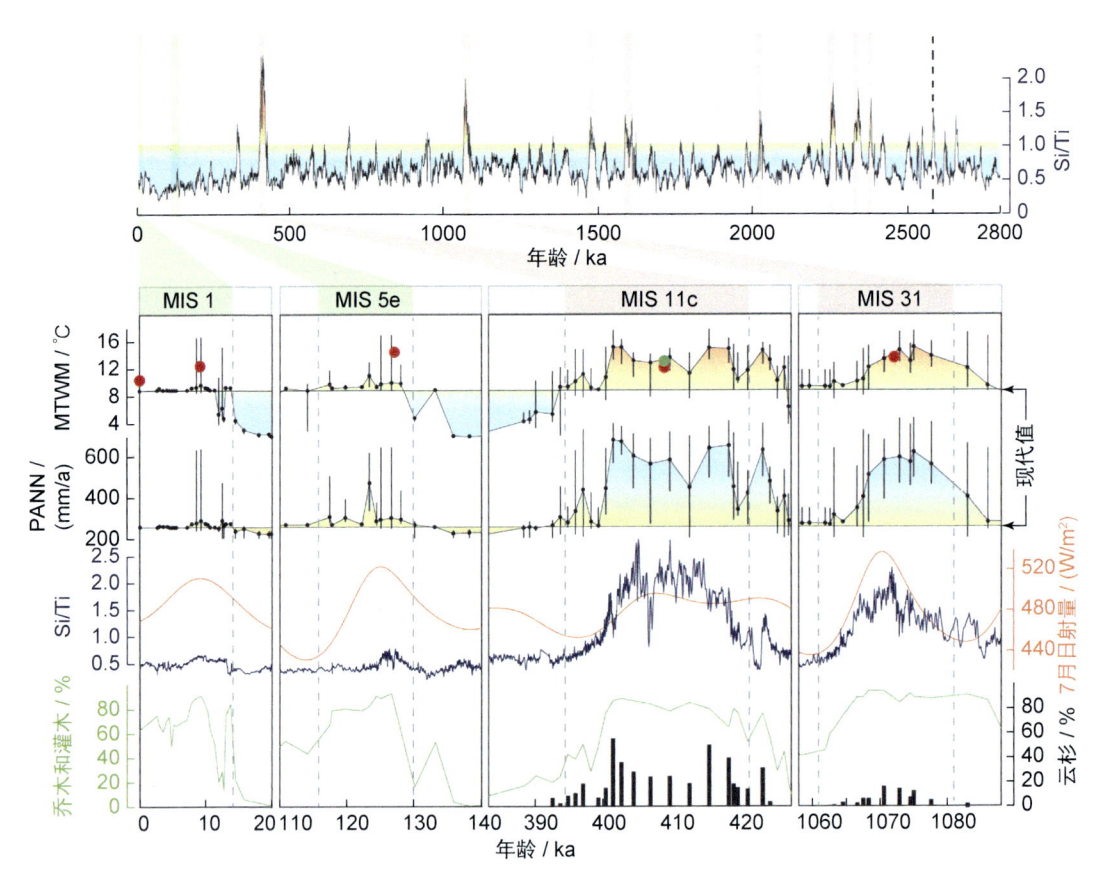

图 12.28 西伯利亚东北部埃利格格特根湖 Si/Ti 比的第四纪记录(顶部),异常温暖时段已标出。高生物硅产量反映海冰范围最小、入湖营养通量(由于风化增强)最大时,湖泊初级生产力升高。针对最后 4 个此类时段,图示乔木和灌木的百分比以及云杉百分比(底部),推断的年降水量(annual precipitation,PANN)和最热月平均温度(mean temperature of the warmest month,MTWM)示于其上方(相对于现代值,基于总花粉组合)。MIS 5e 仅比全新世稍暖、稍湿,但 MIS 11c 和 MIS 31 更暖、更湿,尽管 7 月日射量异常(底部图,橙线)相近。红点和绿点表示模型导出的温度估值,基于改变轨道和温室气体强迫的模拟。引自 Melles 等(2012)。

初级生产力的升高。这些时段的花粉表明，早全新世和之前的间冰期温暖期（MIS 5.5）比现今稍暖、稍湿（1~2℃、降水量+20~50 mm），但更早的间冰期则完全不同。MIS 11c（距今约 395000~422000 年前）和 MIS 31（距今约 1060000~1080000 年前）为"超级间冰期"，在此期间，针叶林向北迁移，因此当时 E 湖的花粉包括云杉、松、桦、桤和落叶松（Lozhkin and Anderson，2013）。最热月温度比 MIS 5.5 高 4~5℃，降水量高约 300 mm。有趣的是，这些时段的轨道条件（斜率大、近日点在北半球夏季以及偏心率大，即所谓的暖轨道）与 MIS 5e 相似，而 E 湖的气候状况却大不相同。100 万年前，CO_2 浓度略高（约 325 ppmv），但这似乎难以解释所见的不同气候状况，更合理的解释尚待探寻（Melles et al.，2012）。

第13章 树　　轮

13.1 引　　言

当年到次年树轮宽度的变化一直被认为是年代和气候信息的重要来源。在欧洲，将树轮作为古气候信息潜在来源的研究可追溯至18世纪初，当时有几位学者对1708~1709年严冬狭窄的树轮（有些受到霜冻伤害）提出了解释。在北美，Twining（1833）首先注意到树轮作为古气候指数的巨大潜力［历史回顾见 Studhalter，1955；Robinson et al.，1990；Schweingruber，1996（第537页）；Speer，2010］。但是，在英语世界，"树轮研究之父"通常被认为是热衷于研究太阳黑子活动与降雨间关系的天文学家道格拉斯。为了验证太阳黑子-气候关联的想法，道格拉斯需要长时间气候记录，而他也认识到，美国西南干旱区树木的年轮宽度变化可能提供降雨变化的长期代用指标记录（Douglass，1914，1919）。考古遗址和现代树木可获木料为他构建树木生长长期记录提供了有利条件（Robinson，1976）。道格拉斯早期工作对树轮年代学（将树轮用于定年；见第3章3.2.1.5节）和树轮气候学（将树轮用作气候代用指标）的发展至关重要。

13.2 树轮气候学基础

大多数温带森林树木的横截面都会显示出浅色和深色条带的交替，每个条带通常都不间断地环绕树围。这些条带是树木形成层中的分生组织产生的季节性生长增量（Vaganov et al.，2006）。如果仔细观察（图13.1），可清楚看出它们是由大薄壁细胞（早材）与致密厚壁细胞（晚材）序列构成。每一对早材和晚材共同构成一个年生长增量，通常称为树轮。任何一棵树的年轮平均宽度都取决于许多变量，包括树种、树龄、树木内可利用的存储养料和土壤中可获取的重要养分，以及一系列复杂的气候因素（光照、降水、温度、风速、湿度及其全年分布状况）（Vaganov et al.，2011）。树轮气候学家面临的问题是提取树轮数据中所有可用的气候信号，并区分气候信号与本底噪声。同时，如果要使气候信号具有时间序列价值，树轮气候学家还必须准确获知每个树轮的年龄。从古气候学观点看，将树木视为过滤器或传感器也许是有益的，即：树木通过各种生理过程将给定的气候输入信号转换为特定的轮宽输出，这种轮宽输出可被保存，并可在数千年后进行详细研究（如 Fritts，1976；Schweingruber，1988，1996；Hughes，2011）。

气候信息通常采集自轮宽的年际变化，但也有大量工作是利用年际和年内的密度变化（密度计量树轮气候学）来进行。木材密度是多种特性的综合量度，包括细胞壁厚度、管腔直径、管道或导管的大小和密度以及纤维的比例（Polge，1970；Schweingruber，1996）。树轮由早材和晚材构成，两者的平均密度差异很大，因而密度变化像轮宽数据一样，可用

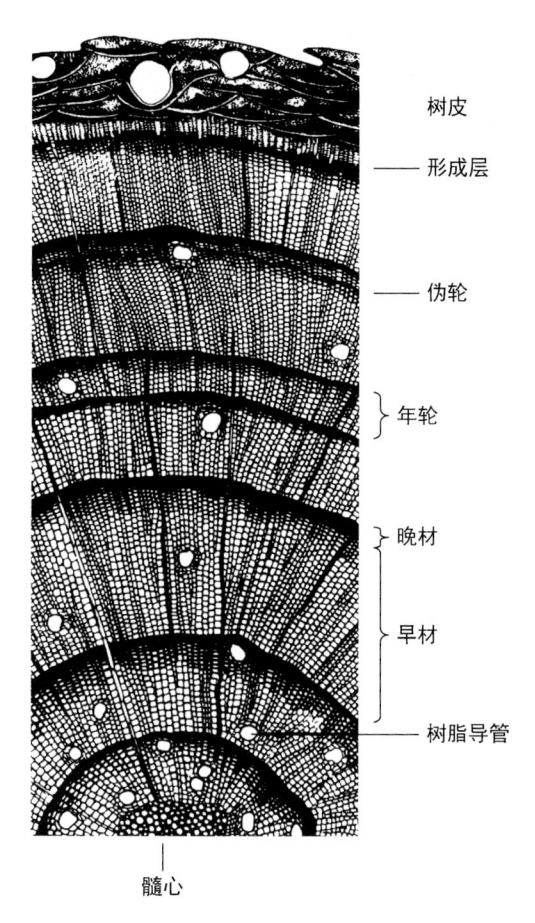

图 13.1　针叶树幼茎横截面细胞结构素描图。早材由大薄壁细胞（管胞）构成，晚材由小厚壁管胞构成。管胞厚度变化可能会在早材或晚材中产生伪轮。引自 Fritts（1976）。

于确定年生长增量和样品的交叉定年（Parker，1971）。经验显示，密度变化包含强烈的气候信号，可用于估算大范围区域的长期气候变化（Schweingruber et al.，1979，1993）。密度变化是在预先准备的树心切片的 X 射线负片上进行测量（图 13.2），负片光密度与木材密度成反比（Schweingruber et al.，1978）。

密度变化在树轮气候学中具有特殊价值，这是因为密度变化的增长函数相对简单（通常与年龄接近线性关系）。因此，密度标准化数据能够比标准化的轮宽数据保留更多的低频气候信息（见 13.2.3 节）。通常针对每个年轮测量最小密度和最大密度（分别代表在早材层和晚材层内的位置）两个值，不过最大密度值似乎是比最小密度值更好的气候指标。例如，Schweingruber 等（1993）的研究显示，在从阿拉斯加到拉布拉多的整个北方森林的树木中，最大密度值与 4～8 月平均温度强烈相关，而最小和平均密度值及轮宽却与采样点夏季温度的关系很不一致（参见 D'Arrigo et al.，1992）。晚材的最大密度值应用 13.2.5 节描述的统计程序，以与轮宽数据相同的处理方式进行校正。无论如何，同时使用轮宽和密度计量数据来最大限度地提取每个样本中的气候信号，有望实现最佳气候重建（如 Briffa et al.，1995）。

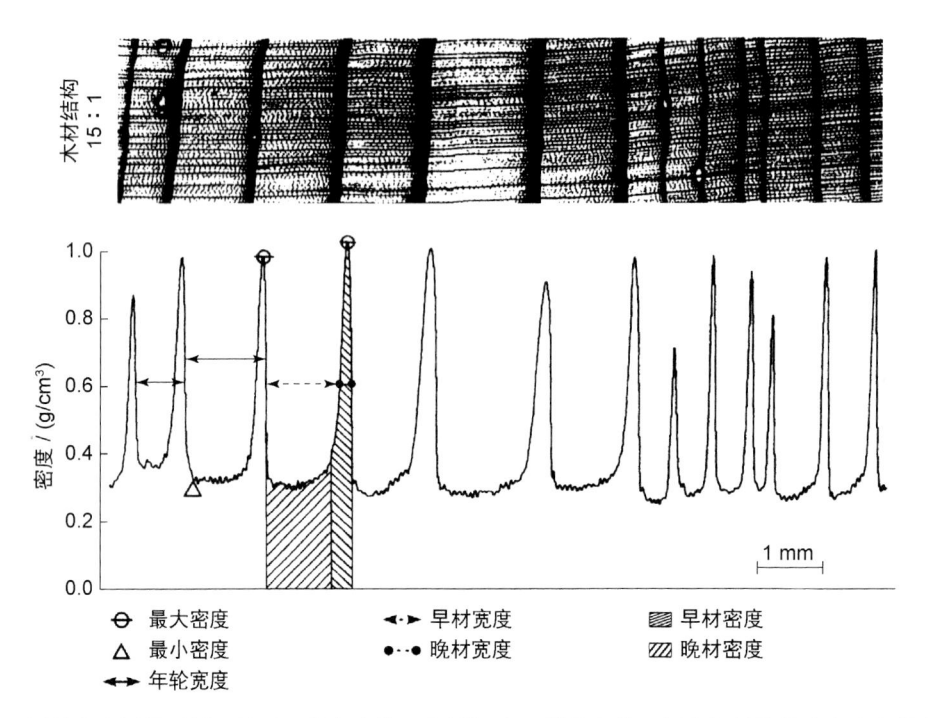

图13.2 树轮密度测量示例，基于（前文中的）木材切片 X 射线负片。每个年轮的最小密度和最大密度清晰可见，这使年轮宽度以及早材和晚材的宽度得以测量。由 F. Schweingruber 提供。

业已开展有关木材同位素变化作为温度或降水随时间变化的可能指标的研究，但水文系统内部以及树木本身同位素分馏的复杂性，使简明解释变得非常困难。尽管如此，热带树木木材（其中明显的年轮可能不清晰）的详细同位素分析，仍为认识最近数世纪树木生长速率和气候变化提供了新视角（Evans and Schrag，2004）。这将在 13.4 节中进一步讨论。用于古气候重建的轮宽、密度计量和同位素方法是相互补充的，在某些情况下，可以单独使用一种方法来查明古气候重建结果，也可以同时使用多种方法提供更为准确的古气候重建（如 Briffa et al.，1992a；McCarroll et al.，2003，2011）。

13.2.1 样本选取

在以轮宽变化为气候信息源的传统树轮气候学研究中，树木采样是在生长处于胁迫之下的地点进行的，通常，这需要选择那些生长在接近其极端生态条件下的树木。在这种环境下，气候变化会极大地影响其年生长增量，而这些树木则被认为是敏感的。在更为有利的环境下，可能是在靠近树种分布范围的中部，或者在树木可获得丰富地下水的地方，树木的生长可能不会受气候的显著影响，这一点将反映在较小的轮宽年际变率上（图 13.3）。这样的树轮被认为是迟钝的。因此，有一系列可能的采样情形，从树木对气候极度敏感到树木几乎不受年际气候变化影响的点位。显然，要获得有意义的树轮气候重建，靠近该系列敏感端的样本是备受青睐的，因为它们包含最强的气候信号。因此，通常倾向于在树木分布界限（例如高山或北极树线地点）开展树轮研究。不过，如果能够成功分离出所有样本共有的气候信号，气候信息也可自并非处于如此明显的气候胁迫下的树木获得

(LaMarche，1982）。例如，美国东南部沼泽中的落羽杉轮宽已用于重建最近 1000 年或更长时间该地区的干旱和降水历史（Stahle et al.，1988，2012；Stahle and Cleaveland，1992）。利用印度尼西亚赤道森林（D'Arrigo et al.，1994）和塔斯马尼亚中湿森林（Cook et al.，1992；另见 Jones et al.，2009）的柚树，也已实现古气候重建。对于同位素树轮气候研究（见 13.4 节），敏感度要求似乎并不那么严格，而事实上，选用迟钝树轮进行分析可能更好（Gray and Thompson，1978）。敏感度在密度计量研究中也不那么重要，在生长于潮湿和排水良好地点的"正常"树木中，均已发现晚材最大密度与温度之间存在良好关系（Schweingruber et al.，1991，1993）。

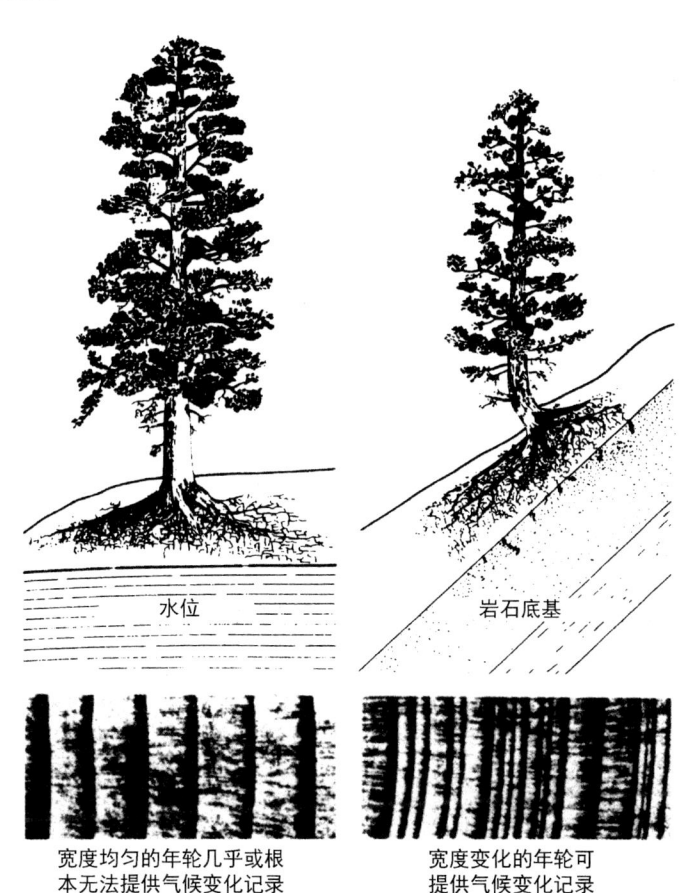

图 13.3 左图：生长于气候很少限制生长过程的地点的树木会产生宽度均匀的年轮。这种年轮几乎或根本无法提供气候变化记录，被称为是迟钝的。右图：生长于气候因素经常限制生长过程的地点的树木会产生宽度随年而变的年轮，具体取决于气候对生长限制的严重程度。这些树轮被称为是敏感的。引自 Fritts（1971）。

在边缘环境中，通常存在两种类型的气候胁迫，即水分胁迫和温度胁迫。生长于半干旱区的树木经常受到有效水分的限制，因而轮宽变化主要反映这一变量。生长于纬度或高度树线附近的树木主要处于温度施加的生长限制下，因此这些树木的轮宽变化包含强烈的温度信号。不过，也可能会间接地涉及其他气候因素。树木内部的生物过程极其复杂，近似的生长增量可能是由完全不同的气候状况组合产生的。此外，生长期之前的气候状况可能是树木内部生理过程的"先决条件"，从而对之后的生长产生强烈影响。同样，当年的树木生长和养料生产可能会影响次年的生长，并导致树轮记录中强烈的序列相关或自相关。因此，边缘环境中树木的生长通常与生长季（t_0 年）和之前数月许多不同的气候因素以及之前生长记录本身（通常为之前生长年 t_{-1} 和 t_{-2}）相关。实际上，在一些树轮气候重建中，也可能包括之后数年（t_{+1}、t_{+2} 等）树木的生长，因为它们也包含 t_0 年的气候信息。

树木样本使用树轮钻沿径向采集，钻取木心（通常直径为 4~5 mm），而不会伤害树木。重要的是要认识到，除非钻取足够数量的样本，否则树轮气候研究是不可靠的。具体而言，从每棵树上应钻取 2 个或 3 个树心，并且在单个地点至少应采集 20 棵树木样本，不过这并非总是可行（Speer，2010）。最后，如下文所述，所有树心都被用以编制采样地点轮宽变化的主年表，正是这个主年表将被用于提取气候信息。

13.2.2　交叉定年

对于将用于古气候研究的树轮数据，准确厘定每个年轮的年龄是必不可少的。这在对年龄相近的现代树木轮宽进行比对的地点构建主年表时很有必要，在匹配活树、死树桩或考古标本的重叠记录序列从而将年表向前延伸时，也同样不可或缺（图 13.4；Stokes and Smiley，1968）。这需要非常谨慎，因为树木偶尔会产生伪轮或年内生长条带，这可能被误认为实际的早材/晚材过渡带（图 13.5）。另外，在极端年份，一些树木可能根本不产生年生长层，或者年生长层可能在树周不连续或太薄，从而无法与相邻的晚材区分（即不完全轮或失踪轮）（图 13.6）。显然，这种情况会对气候数据对比和重建造成严重混乱，所以对树轮序列进行仔细的交叉定年十分必要。这需要对每个树心的轮宽序列进行比对，从而使轮宽变化的特征模式（轮宽"标记"）正确匹配（图 13.7）。如果出现伪轮，或一轮失踪，就会立刻被发现（Holmes，1983；Speer，2010）。同样的程序也可用于考古木料，其中活树的最早记录与相同年龄的考古木料进行匹配或交叉定年，而后者又可能与更老的木料进行匹配。这一程序多次重复，即可建立完全可靠的年表。在美国西南部，印第安人村庄使用的木梁或原木无处不在，这使得以这种方式构建的年表长达 2000 年。事实上，老练的树轮年代学家通过将承重木料的树轮序列与该地区主年表进行对比，就能很快确定居所的年龄（Robinson，1976）。同样，在西欧也已建立了具有重要考古意义的年表。例如，Hoffsummer（1996）利用比利时东南部建筑物木梁，建立了栎树年表，可追溯至公元 672 年，而在法国的几个地区，则利用建筑木料编制了长度超过 1000 年的年表（Lambert et al.，1996）。树轮年代学也被用于重要艺术品的研究，例如，测定用于油画、家具甚至早期书籍封面的木板年代（Eckstein et al.，1986；Lavier and Lambert，1996）。最后，从冲积物和沼泽中发掘的树桩也已进行交叉定年，构建了连续跨越整个全新世的合成年表（如 Eckstein et al.，2009；Kromer，2009）。诸如此类的长树轮序列十分精准，足以用于校正放射性碳时间标尺（见第 3 章 3.2.1.5 节）。在一些地方，埋藏于沉积物中的亚化石木材可进行交叉定年，但这种木材比费尽千辛万苦构建的欧洲连续交叉定年序列更老，因此在时间上"浮动不定"（图 13.8）。不过，如果将这类木材的多个放射性碳年龄与浮动年表绘制相关图，它们通常就可通过"摆动匹配"放射性碳主年表中出现的放射性碳变化，用以确定时间序列（图 13.9）。通过这种方式，浮动年表可在时间上严格（但非绝对）确定（如 Kromer et al., 2004；Friedrich et al., 2006；Schaub et al., 2008a, 2008b）。亚化石木材样本在约束更老时段的放射性碳校准曲线方面也具有重要价值，该曲线主要基于海洋样品，而海洋的放射性碳库校正相当不确定，尤其是在距今 60000~10000 年气候和海洋的快速变化期（Turney et al., 2010）。

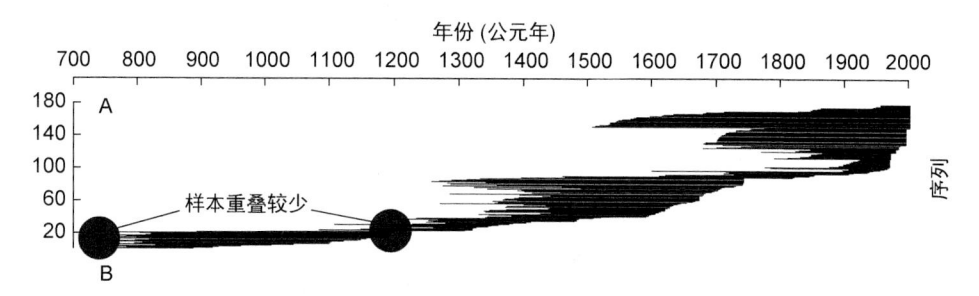

图 13.4　利用轮宽或密度变化的交叉定年，将活树木材样本与死树老样本进行匹配。在此示例中，对 180 余个样本进行了晚材最大密度测量，然后将合成记录延伸至公元 755 年。圈出的两个时段样本重叠较少，但足以用于延伸整个年表。引自 Büntgen 等（2006）。

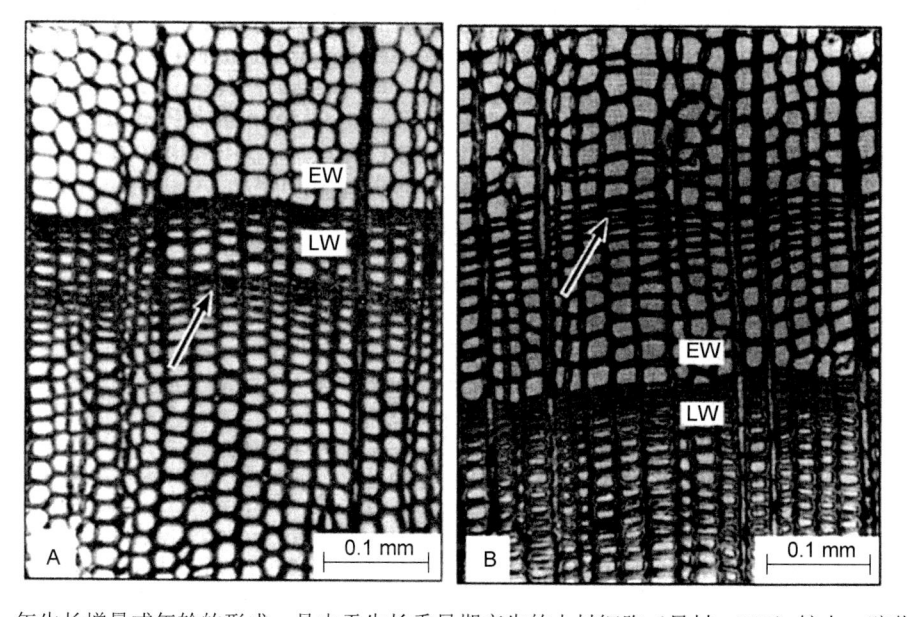

图 13.5　年生长增量或年轮的形成，是由于生长季早期产生的木材细胞（早材，EW）较大、壁薄且密度较小，而生长季结束时形成的细胞（晚材，LW）较小、壁厚且密度较大。一轮中最后形成的细胞（LW）与下一轮中最先形成的细胞（EW）之间细胞大小的突变标志着年轮之间的界线。有时，生长条件在生长季结束前暂时恶化，可能导致在年生长层内产生厚壁细胞（箭头）。这可能使实际生长增量结束的部位难以区分，从而导致定年误差。通常，这些年内条带或伪轮是能够识别的，但如果不能识别，问题就必须通过交叉定年予以解决。引自 Fritts（1976）。

树轮在古气候代用指标记录中是独一无二的，这是因为它通过多个树心的交叉定年在时间上自现今连续不断向前延伸，从而能够确定样本的绝对年龄。这一属性使得树轮有别于其他高分辨率代用指标记录（冰心、纹层沉积、珊瑚、条带状石笋等），因为在此类记录中，多个地点不同记录的可比性重现以及多样本交叉定年几乎是不可能的。因此，除特定的标志层（例如与已知年龄的火山事件相关的标志层）外，这些代用指标记录的年代测定总是比树轮气候研究更加不确定（Stahle，1996）。

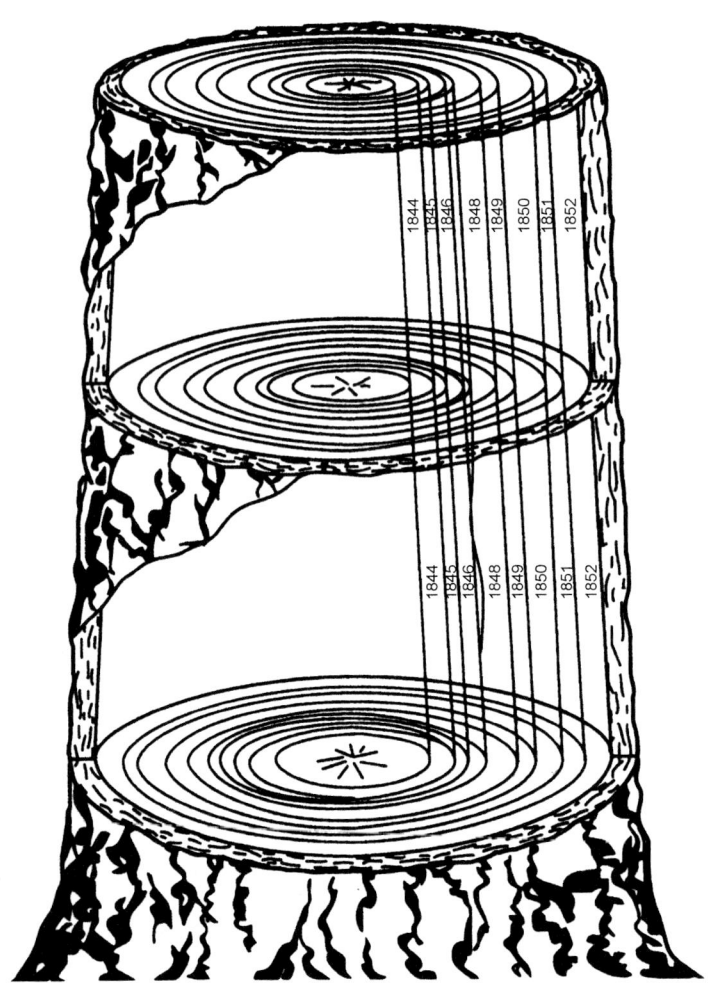

图 13.6 不完全轮的形成（于 1847 年）带来的潜在困难示意图。在下部两个切片中，不完全轮可能未被仅钻取细小木心的树轮钻采集。在上部切片中，不完全轮很薄，但都出现于树周。这种失踪的或部分缺失的树轮可通过多个样本的仔细交叉定年加以识别。引自 Glock（1937）。

一旦对样本进行了交叉定年并建立了可靠的年表，就需要通过 3 个重要步骤来进行树轮气候重建。

（1）树轮参数标准化以构建地点年表；
（2）利用器测气候数据校正地点年表，并根据校正方程进行气候重建；
（3）利用未用于初始校正的独立时段数据验证气候重建；

在接下来的 3 节中，将对其中每一个步骤进行详细的讨论。

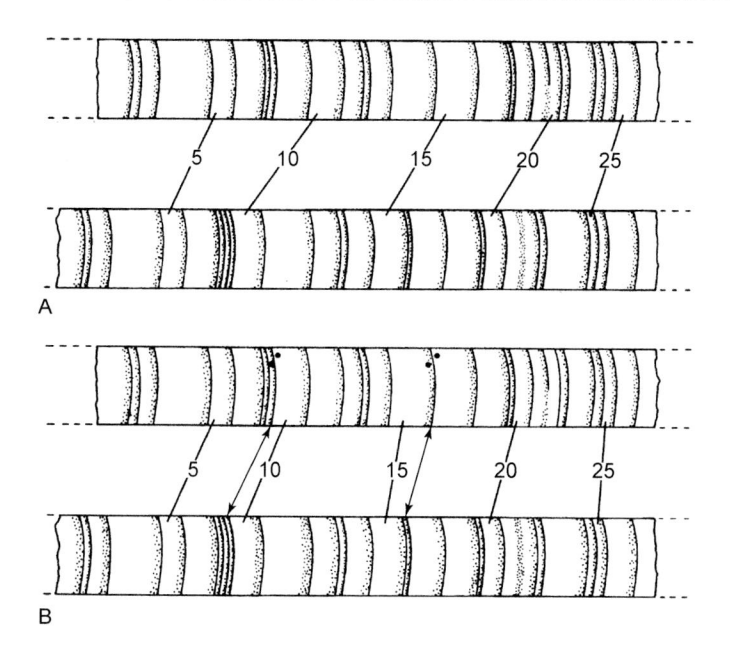

图13.7 树轮交叉定年。树轮宽度比对使得识别伪轮和年轮局部缺失的部位成为可能。例如，在A中，精确计数表明特征模式明显缺乏同步性。在A的下部样本中，可看出第9轮和第16轮很窄，且两者在上部样本中并未出现。此外，第21轮（下）和第20轮（上）显示出年内生长条带。在B中，推断的缺失位置以点标示（上部切片），第20轮中的年内生长条带得以识别，所有轮宽的特征模式得到同步匹配。引自Fritts（1976）。

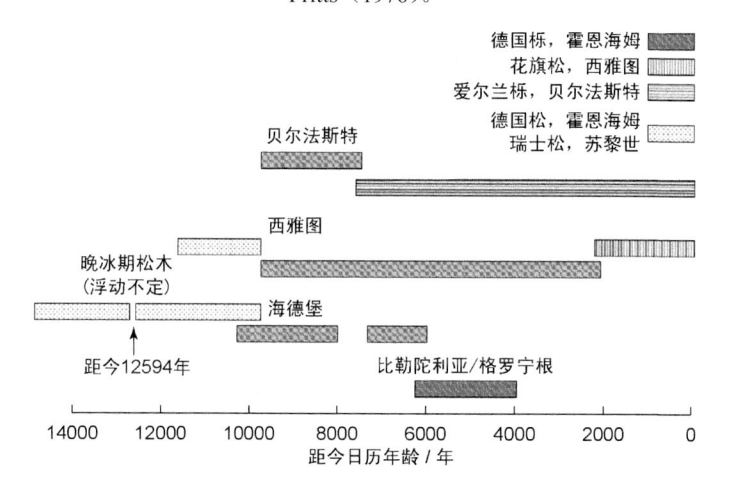

图13.8 树轮 ^{14}C 数据序列，源于3个树轮年表。^{14}C 实验室名称示于条框之上。树种和树轮实验室示于图例。引自 Kromer（2009）。

13.2.3 轮宽数据标准化

建立了每个树心的年表之后，即可测量单轮宽度并绘制轮宽图，从而构建轮宽数据的通用模板（图13.10）。通常轮宽的时间序列都会包含完全由树木生长本身产生的低频组分，即在生命早期树木通常会产生更宽的年轮。为使不同树心的轮宽变化可做比对，首先必须去除特定树木特有的生长函数。只有这样，才能利用多个树心来构建主年表。生长函数是

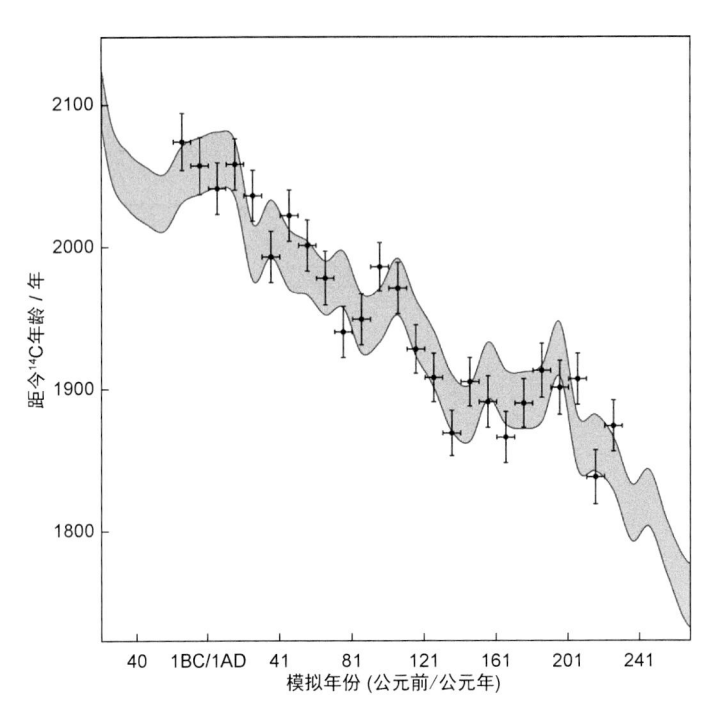

图13.9 树轮数据"摆动匹配"示例,新西兰埋藏森林中蕨状叶枝杉木材样本"浮动年表"的高精度^{14}C测定值(±1σ)与公元前60年至公元270年期间的校准数据集相匹配。通过匹配两条序列的变化,浮动数据集在时间上得以非常精准地确定。引自Hogg(2012)。

通过曲线拟合轮宽数据,并将每个轮宽测量值除以生长曲线上的"期望"值来去除的(图13.11)。多数情况下,可用负指数函数或低通数字滤波进行数据分析。Cook等(1990)建议使用三次平滑样条,其中50%的频率响应等于约75%的记录长度(n)。这意味着数据的低频变化(周期>0.75n)在很大程度上已从标准化数据中去除,因此分析人员对生成的序列所表现的频域了然于胸(Cook and Peters, 1981)。

无论采用何种方法去除生物生长函数,标准化程序都会生成轮宽指数的时间序列,其平均值为1,方差随时间保持不变(Fritts, 1971)。随之对各个树心的轮宽指数进行逐年平均,生成样本地点平均指数的主年表,独立于生长函数和不同的样本年龄(图13.10,最下部图)。对标准化指数进行平均也会增大(气候)信-噪比。这是因为所有记录共有的与气候相关的变化不会因平均而丢失,但因树而异的非气候"噪声"会在平均过程中被部分消除。因此,开始时获取足够数量的树心,以增强所有样本共有的气候信号,就显得十分重要(Cook et al., 1990)。

标准化是将轮宽数据用于树轮气候重建必不可少的先决条件,但它也带来了重大的方法论问题。例如,想一想图13.11所示的轮宽年表,美国西南部对干旱敏感的针叶树表现为如图13.11A所示的轮宽变化特征。对于大多数年表,$y = ae^{-bt} + k$形式的负指数函数对轮宽数据都拟合得非常好。然而,记录的早期部分并非如此,它要么必须被舍弃,要么必须采用不同的数学函数来拟合。显然,恰到好处的函数选择将会对得出的轮宽指数值产生重要影响(另见13.2.4节)。对生长于密闭树冠林中的树木而言,生长曲线通常变化很大,与干旱区针叶树特有的负指数值不同。在记录中,与竞争、管理和虫害等非气候因素相关的

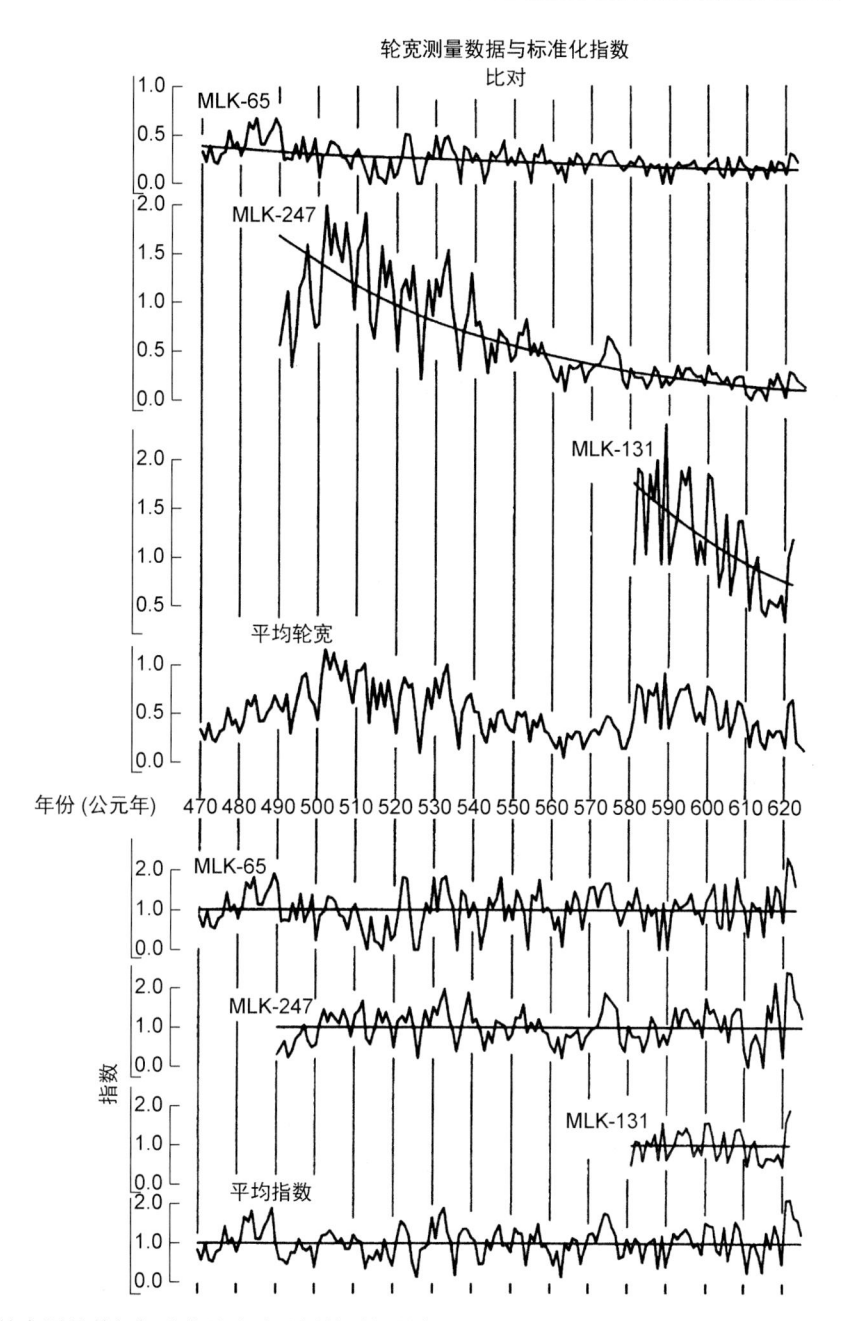

图 13.10 轮宽测量数据标准化是去除随树龄增加轮宽减小的现象所必需的。如果上图所示的 3 个样本的轮宽仅按年份进行平均，而不去除树龄效应，则其下所示的平均轮宽年表就会呈现出与样本年龄变化相关的高生长和低生长时段。这种年龄变率的去除通常是通过对每条轮宽序列进行曲线拟合，并将每个轮宽值除以拟合曲线的对应值来完成。所得值被称作指数，示于图下半部，同时，可对年龄不同的样本进行平均，从而构建地点的平均年表（最下部记录）。引自 Fritts（1971）。

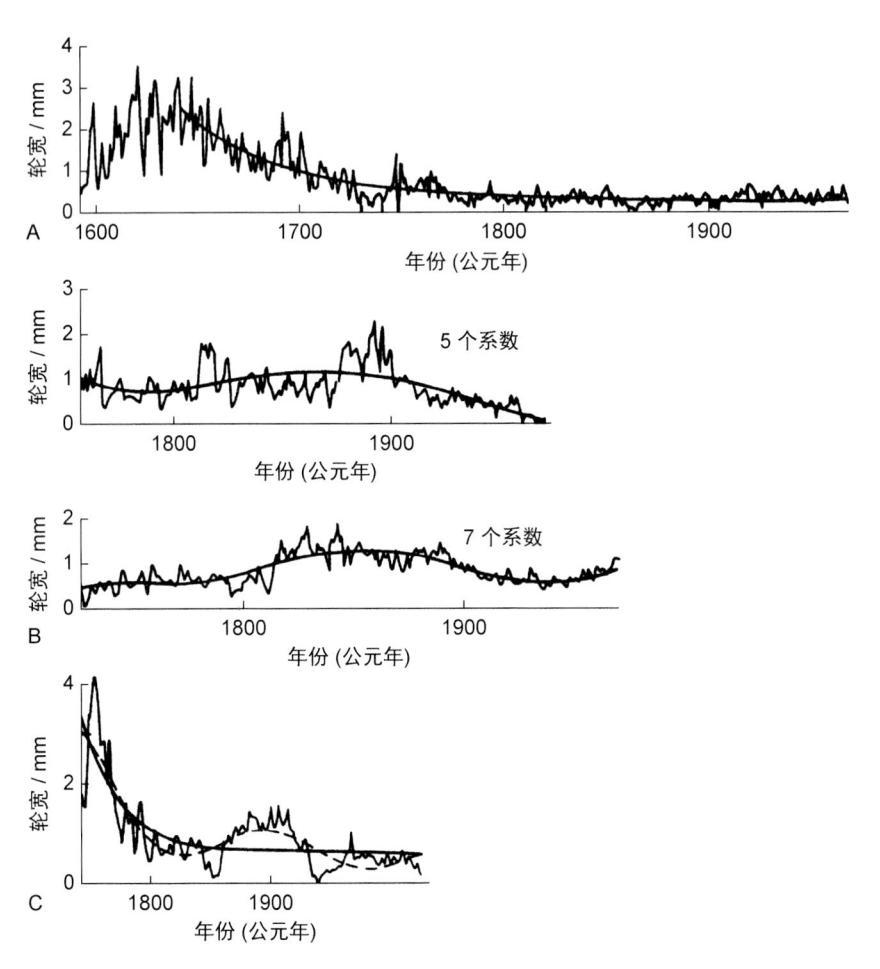

图 13.11 轮宽标准化潜在问题的一些示例。在 A 中，树轮序列的大部分可采用所示的指数函数进行拟合。但是，必须舍弃记录的早期部分。在 B 中，两条轮宽序列都需要采用高阶多项式拟合每条记录的低频变化（每个方程的系数数量越多，曲线形状的复杂程度就越高）。在 C 中，可采用多项式（虚线）或指数函数（实线）对序列进行标准化。随所选函数及其复杂性的不同，可能会消除低频气候信息。最终的轮宽指数在很大程度上取决于所采用的标准化程序。示例选自 Fritts（1976）。

生长增强期或抑制期通常是显而易见的。在此情况下（图 13.11B），另外的函数可能与数据拟合效果更好，而各个轮宽值将被除以该曲线的局部值从而得出一系列轮宽指数。必须注意不要选择过于精细描述原始数据的函数（如复数多项式），否则所有的（低频）气候信息可能都会被消除。大多数分析人员尽量选择最简单的函数来避免这一问题，但选择的程序难免会有些随意。在密度计量或同位素树轮气候研究中，密度和同位素数据通常几乎不存在生长趋势，因此这些方法可能会比单一轮宽测量得到更多的低频气候信息（参见 Schweingruber and Briffa，1996）。

显然，标准化程序不易于应用，实际上可能会去除重要的低频气候信息。不可能先验地确定，轮宽的部分长期变化是否是由于同时发生的气候趋势所致。如果试图构建一个长期树轮年代学序列，但只获得了一些时间长度有限的树木节段或历史木料，且相应的生长函数又不明显，则问题会更加严重。Briffa 等（1990，1992a）关于芬诺斯坎迪亚北部长序列树轮记录［苏格兰松、欧洲赤松（*Pinus sylvestris*）］的研究，很好地展示了不同标准化方法应用的结果。为获得 1500 年以上的长序列树轮气候重建，Briffa 等（1990）构建了一个由大量重叠树心构成的合成年表，这些树心单个的长度从不足 100 年到 200 年以上不等（图 13.12）。在较短节段中，生长函数在整个节段上都很显著，但在较长节段中，生长因素就不那么显著了（参见图 13.10，上图）。在此情况下，Briffa 等（1990）的研究利用三次样条函数，对每个节段进行了单独标准化（树轮气候研究常用的程序），该函数在小于约 2/3 记录长度的时段保持方差。因此，在 100 年的节段中，超出了 66 年时段的方差会被去除，而在 300 年的节段中，长达 200 年时段的方差将会被保留。所有已标准化的树心随后进行平均，生成图 13.13C 所示的记录。该记录显示出相当大的年际至十年尺度变率，但未出现长期低频变率。事实上，由于树心节段平均长度随时间而变化（图 13.12），所以合成序列中表现的低频方差也会随时间而变化。

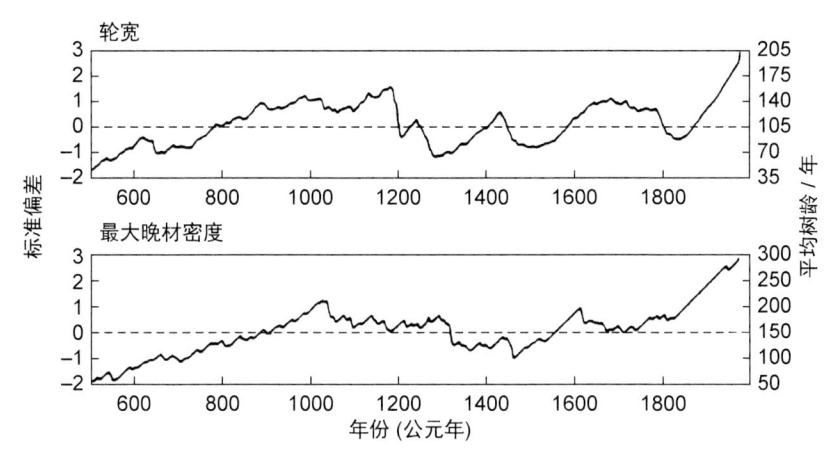

图 13.12 用于构建芬诺斯坎迪亚北部树木 1500 年合成年表的树心分段的平均年龄。代表最近时段的样本通常最长，因为这些样本常常选自最老的活树，而老的样本（死树桩）可能来自各种年龄的树木。引自 Briffa 等（1992a）。

Briffa 等（1992a）的研究对标准化程序进行了修订，即首先将所有树心节段按其相对年龄调准，然后对它们进行平均［即对每个节段第一年（t_1）所有的值进行平均，然后对 t_2、t_3、…、t_n 所有的值进行平均］。其中假定，在所用的每个节段中，t_1 位于或非常接近树心，并且存在一个所有样本共有的树木生长函数（仅取决于生理年龄）。由此产生的"区域曲线"为导出平均生长函数提供了靶标，该函数可用于所有单个树心段，无论其长度有多大差异（图 13.14）。对所有树心段进行平均，并以此方式标准化区域曲线，生成了图 13.13B 所示的记录。这一记录比单独标准化树心所得的记录具有更多的低频信息（图 13.13C），并保留了原始数据中所见的许多特征（图 13.13A）。从这个序列中可清楚看出，16 世纪 00 年代末至 19 世纪 00 年代初树木生长减缓，这与记录了该时期"小冰期"的欧洲其他序列相一致。还可看到约公元 950～1100 年的生长加速期，这正处于 Lamb（1965）所谓的"中世纪暖期"。显然，图 13.13B 和 C 的对比表明，任何有关过去最暖或最冷年份和最暖或最冷十年的结论，都会因所采用的标准化程序而改变。图 13.13C 中所有高频方差仍在区域曲线标准化（regional curve standardization，RCS）所生成的记录中得以体现，而较低频率的潜在重要气候信息也得到保留。

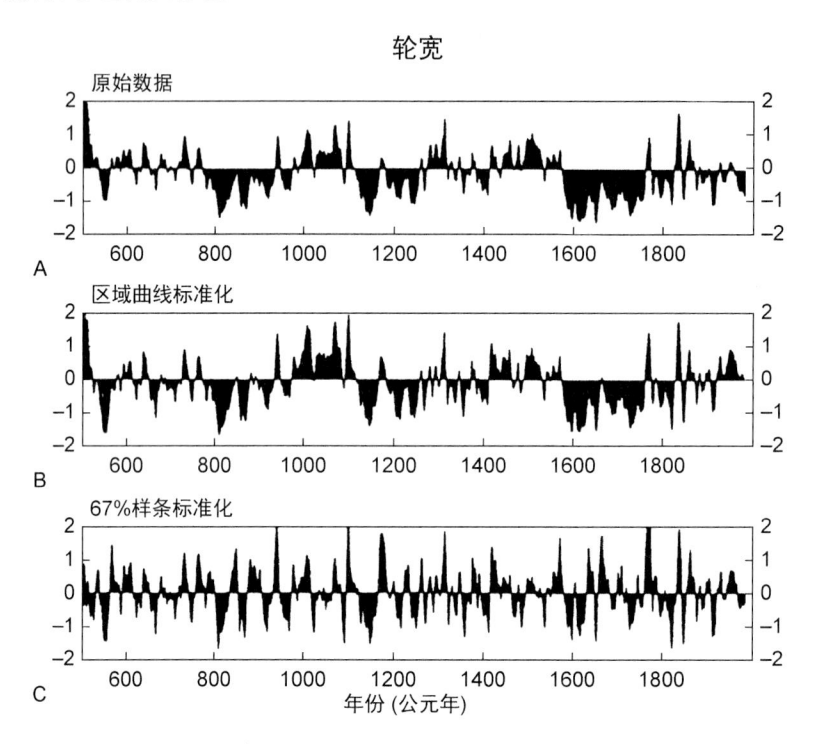

图 13.13 芬诺斯坎迪亚北部树木轮宽数据，显示（A）未标准化的平均指数、（B）采用区域标准化曲线进行标准化所得指数、（C）采用三次平滑样条函数进行标准化所得指数（讨论见正文）。引自 Briffa 等（1992a）。

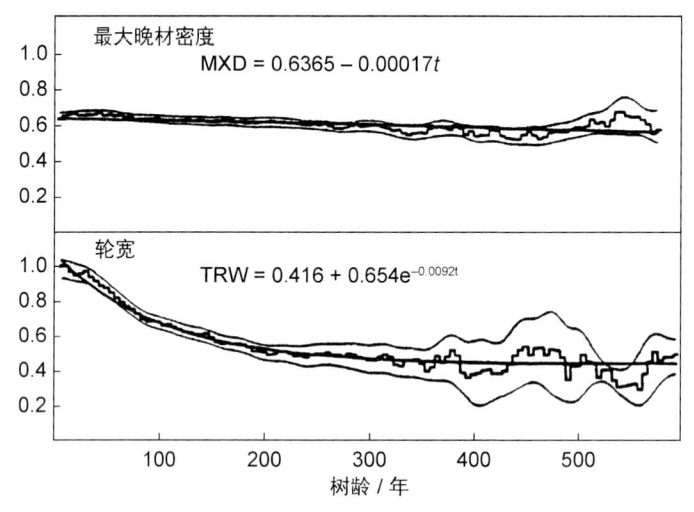

图 13.14 芬诺斯坎迪亚北部树轮样本区域曲线标准化（RCS），通过将所有树心按其生理年龄调准后，对所有序列的平均值采用最小二乘拟合而得。轮宽数据通常比晚材最大密度数据具有更为显著的生长函数。引自 Briffa 等（1992a）。

Briffa 等（1996）和 Cook 等（1995）明确提出了从许多单个短节段构成的长合成记录中提取低频气候信息的问题，他们将此称为"节长诅咒"！RCS 是为解决这一问题而研发的，但它并非保留低频气候信息的灵丹妙药，实际上可能会导致"末端效应"异常，而这可能会被误解为真正的气候信号（Esper and Frank，2009；Briffa and Melvin，2011）（见 13.2.4 节）。有关 RCS 的一些局限性以及其他标准化方法，Melvin 和 Briffa（2008）及 Briffa 和 Melvin（2011）有所论述。低频气候信号的保留在树轮气候学中尤其值得关注，不过在所有利用有限时长记录来建立更长合成序列（如历史数据）的古气候重建中，它都是一个重要问题。

13.2.4 分异

最近数年备受关注的一个问题是所谓的树轮数据分异问题。这是指在某些地区，过去数百年温度和树轮宽度之间明显的密切关系，在最近数十年似乎变差了（D'Arrigo et al.，2008）。预期关系中的这种分异或非线性现象特别令人苦恼，因为分析人员希望将近期不同寻常的气候变化放在长期视野下，但如果树轮指标不再紧随温度变化，这也许就变得不可能了。这也意味着，如果树木的生长跟不上温度的上升，未来北方森林可能不会成为二氧化碳的有效碳汇。并且，它还带来了一个问题：在过去类似的温暖期树轮-温度关系是否也曾破裂，因而是否该怀疑古温度重建。

分异问题最早是在阿拉斯加北部和中部白云杉的树轮宽度和晚材最大密度研究中被注意到的（Jacoby and D'Arrigo，1995），它被认为是在近年特别温暖条件下树木的水分胁迫增加所致，最近数年也是该地区降水量相对较低的时期。Briffa 等（1998a，1998b）的研究使得该问题进一步突显，他们发现在更为广阔的区域存在相同的晚材最大密度分异模式，包括北美和欧亚的北方森林北部以及美国西部、加拿大和欧洲阿尔卑斯的高海拔地区（图13.15）。重要的是，并未发现任何年际变率与树木生长间关系破裂的证据，分异仅限于十年尺度变率，尤其是自 20 世纪 60 年代和 70 年代以来。由于这种现象出现的范围广泛，而所有地区都经历过干旱胁迫的可能性似乎不太可能，因此 Briffa 等提出，大尺度因素，如平流层臭氧耗竭导致的太阳辐照度降低或紫外线 B 波段辐射增强，可能是原因所在（Briffa et al.，2004）。这些结果引发了数量众多的相关研究，其中一些研究证实最近数十年的确发生了分异（如 Barber et al.，2000；Lloyd and Fastie，2002；D'Arrigo et al.，2004，2009；Driscoll et al.，2005），而其他研究则断定，如果仔细选择树轮数据并进行恰当分析，这个问题就不存在（Wilson et al.，2007；Büntgen et al.，2008；Esper et al.，2009）。在对该问题的简要评述中，Esper 和 Frank（2009）指出，数据标准化是一个关键因素，可以解释许多出现分异的情况。如果用于去除记录中生长函数的方法选择不当，则记录标准化时，低频特征（尤其是在记录末端）可能会出现异常。这可以解释为什么年际变率未受影响，而在十年尺度上的现代分异则可认为仅仅是数据处理的人为产物。然而，这一论点并未得到普遍接受（Briffa et al.，1998a；D'Arrigo et al.，2008，2009）。其他学者则提出，分异主要影响特定树种（例如云杉不像落叶松那样持续地紧随温度变化），或者反映样本选择不当或气候数据不适合用作正常校正。在偏远的北方和高山地区，气象站常常非常稀少，需要树轮气候学家利用数百公里以外或海拔远低于树木生长地点的器测数据来校正树轮数据，这可能无法正确刻画树木生长点的当地气候状况（参见 Bunn et al.，2011）。基于月均温或季均温进行校正，也可能遗漏影响这些边缘环境树木生长的重要生理因素。树木生长对温度的响应可能存在非线性或阈值，而现今许多地区可能已越过了此类界限。

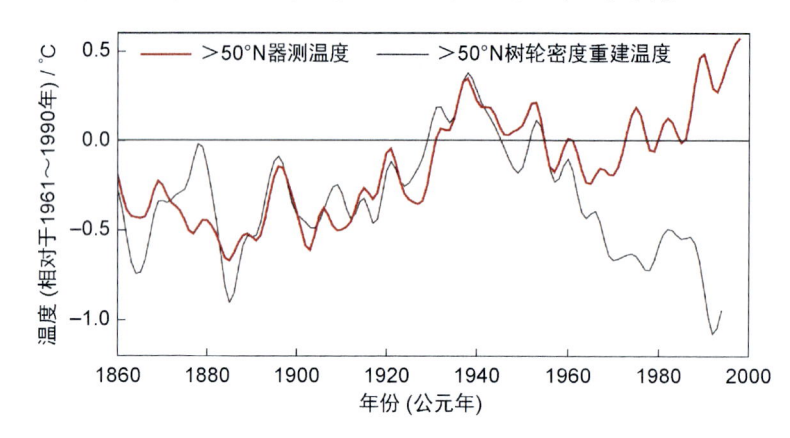

图 13.15　器测温度（红色）与树轮密度重建温度（黑色），50°N 以北所有陆地网格框平均值，经 5 年低通滤波平滑。引自 Briffa 等（2004）。

因此，分异仍然是树轮气候学中有些令人困惑的问题。某些情况下，在最初被认为存在分异问题的地区开展的详细单点研究发现，当样本依据温度敏感度经过仔细选择，并对数据进行适当去趋势以优化记录的低频特征后，该问题基本上就不存在了（如 Wilson et al., 2007；Briffa et al., 2008；Büntgen et al., 2008；Esper et al., 2009）。对最初有关温暖期早期树木生长也已与温度解耦的担忧进行了核查，却没有任何令人信服的证据表明情况确实如此，近年的升温期应该是最近 1000 年独有的。广而言之，这一问题突显了偏远地区数据校正的难度，以及我们对树木生长生理控制因素理解的局限性，尤其是对生长季很短地区干旱、温度以及其他参数（积雪和融雪时间、土壤湿度、太阳辐射等）之间相互作用的理解（参见 Lloyd and Bunn, 2007；Porter and Pisaric, 2011）。

13.2.5　树轮数据校正

一俟获得标准化轮宽指数的主年表，下一步就是构建模型，以将这些指数变化与气候数据变化相关联。这个过程称为校正，藉此利用统计程序找出将生长测量值转换为气候估计值的最佳方案。如果能够建立一个根据树木生长来准确描述同一时段器测气候变率的方程式，则可单凭树轮数据进行古气候重建。本节简要概述用于树轮校正的几种方法，其中统计数据的详尽处理及应用示例，可参阅 Hughes 等（1982）、Fritts 等（1990）及 Cook 和 Kairiukstis（1990）。

校正的第一步是选择控制树木生长的主要气候参数。该步骤称为响应函数分析，包含将树轮数据（预测量）对月气候数据（预测因子，通常为温度和降水量）进行回归，以确定哪些月份或月份组合与树木生长相关度最高（Briffa et al., 2008）。通常选择生长季期间和之前的月份，但 t_0 年与 t_{-1} 年树木生长之间的关系也可能需要检查，因为 t_0 年树木生长受前一年气候状况的影响。如果可获得的气候数据集足够长，则可分为两个单独时段进行分析，以确定两个时段的树轮-气候关系是否相似。这就需要选择与树轮记录息息相关的某个月份或数个月份，也是树轮因此有望进行有价值重建的月份。例如，Büntgen 等（2006）发现瑞士阿尔卑斯落叶松（欧洲落叶松）的最大密度与6~9月均温密切相关（图13.16），从而将该季节温度重建到了公元755年。

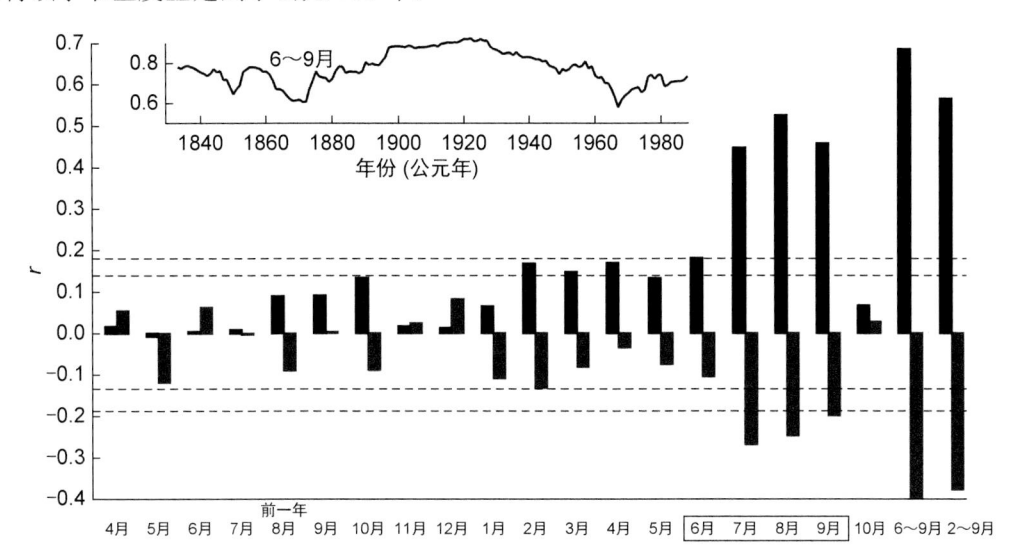

图13.16 瑞士阿尔卑斯RCS-MXD年表的气候响应。A.与前一年和当年高海拔月均温（黑色）和月均降水量（灰色）的相关（1818~2003年）。横虚线表示95%和99%显著性水平，经滞后-1自相关校正。插图：与6~9月均温相关的31年移动平均。改自Büntgen等（2006）。

确定了影响树轮的气候参数后，树轮数据就可用作这些气候状况的预测因子。重建可能牵涉各种层级的复杂性（表13.1）。基础层级采用简单的线性回归，其中单个地点的生长指数变化对单个气候参数（如夏季均温或夏季总降水量）进行回归或简单地绘图标度。这种方法的一个例子是Cleaveland和Duvick（1992）的工作，他们根据单一区域年表重建了爱荷华的7月水文干旱指数，该年表是同一树种17个地点年表的平均。更常见的方法是，在具有相同气候信号的地理区域内，采用多元回归来界定所选气候变量与一组树轮年表之间的关系。树轮数据可包括轮宽值和密度值。将树轮（预测因子）与气候（预测量）相联系的方程称为转换函数，其基本形式（假定为线性关系）为

$$y_t = a_1 x_{1t} + a_2 x_{2t} + a_3 x_{3t} + \cdots + a_m x_{mt} + b + e_t$$

式中，y_t为所求的气候参数（t年）；x_{1t}、$\cdots$、x_{mt}为t年的树轮变量（例如不同地点的）；a_1、$\cdots$、a_m为赋予每个树轮变量的权重或回归系数；b为常数；e_t为误差或残差。实际上，该方程只是线性方程$y_t = ax_t + b + e_t$的展开式，以包含更多的项，其中每个附加变量都可解释气候数据的更多方差（Ferguson，1977）。理论上，可建立一个方程来准确预测y_t值。然而，添加太多的系数只会扩大重建估值的置信限，因此最终不确定性会变得很大，使重建几乎毫无价值。所需要的是一个用最少树轮变量来解释最多气候记录方差的方程。通常采用逐步多元回归程序来实现这一目标（Fritts，1962，1965）。首先从具有潜在影响的预测因子变量矩阵中，选择可解释大部分气候方差的变量；其次确定可解释最大部分剩余气候方差的预测因子，并将其代入方程；然后如此反复递进。在选择每个变量时，当方程中变量进一步增加不再使方差解释显著增加时，统计显著性检验则可使程序终止。以此方式，在大量潜在预测因子中，只有最重要的变量被客观地选取。这种方法的一个例子是Meko等（1980）

对南加利福尼亚干旱历史的重建。

表 13.1　树轮参数与气候之间关系判定方法的不同复杂性层级

层级	变量数 树木生长	变量数 气候	主要统计程序
I	1	1	简单线性回归分析
IIa	n	1	多元线性回归（MLR）
IIb	nP	1	主成分分析（PCA）
IIIa	nP	nP	正交空间回归（PCA 和 MLR）
IIIb	nP	nP	典型回归分析（利用 PCA）

注：1. 数据时间阵列；n. 数据空间和时间阵列；nP. 舍弃 PCA 不需要变量后的变量数。
引自 Bradley 和 Jones（1995）。

逐步回归的主要问题是树轮预测因子之间的交互相关会导致预测方程的不稳定。在统计学术语中，这被称作多重共线性。为克服这一问题，常见的步骤是将预测因子变量转换为其主成分［或经验正交函数（empirical orthogonal functions，EOFs）］，并将它们用作回归程序中的预测因子。主成分分析涉及对原始数据集进行数学变换，以生成一组正交（即无相关性）特征向量，这些特征向量可勾勒出构成数据集的多个参数的主要方差模式（Grimmer，1963；Stidd，1967；Daultrey，1976；Richman，1986）。每个特征向量都是表达数据集中部分总方差的一个变量。尽管特征向量的数量与原始变量同样多，但仅仅数个特征向量即可解释大部分原始方差。第一特征向量代表数据集的主要分布模式，可解释最大百分比的方差（Mitchell et al.，1966）。随后的特征向量只能解释越来越少的剩余方差（图13.17）。通常只考虑前几个特征向量，因为它们已经占据了大部分总方差。每个特征向量的量值或变幅随年份而变化，其值在特征向量所代表的特定气候状况组合最显著的年份最大，反之，在这一组合的反向状况在数据中最显著的年份最小。特征向量变幅届时可用作回归程序中的正交预测因子变量，通常可用比"原始"数据本身更少的变量，解释更大比例的关联数据方差。特征向量值（变幅）的时间序列称为主成分（PC），其中主要特征向量为 PC1，下一个最常见模式为 PC2，以此类推。

除减少潜在预测因子的数量外，主成分分析还使得多元回归大大简化。因为新的潜在预测因子都是正交的，所以不必使用分步程序。Cook 和 Jacoby（1979）将这种方法用于纽约哈得孙河谷 7 月干旱历史的重建中。他们从 6 个不同地点选择了轮宽指数序列，计算了其主要特征值的特征向量。这些特征向量随即作为预测因子，用于以帕默尔干旱重度指数（见 13.3.2 节；Palmer，1965）为因变量的多元回归分析中。所得方程再依据 1931~1970 年期间的气候数据，被用于重建树轮记录 1694 年开始以来的帕默尔指数（图 13.18）。该重建显示，20 世纪 60 年代初影响整个美国东北部的干旱是该地区最近 3 个世纪所经历的最严重干旱。

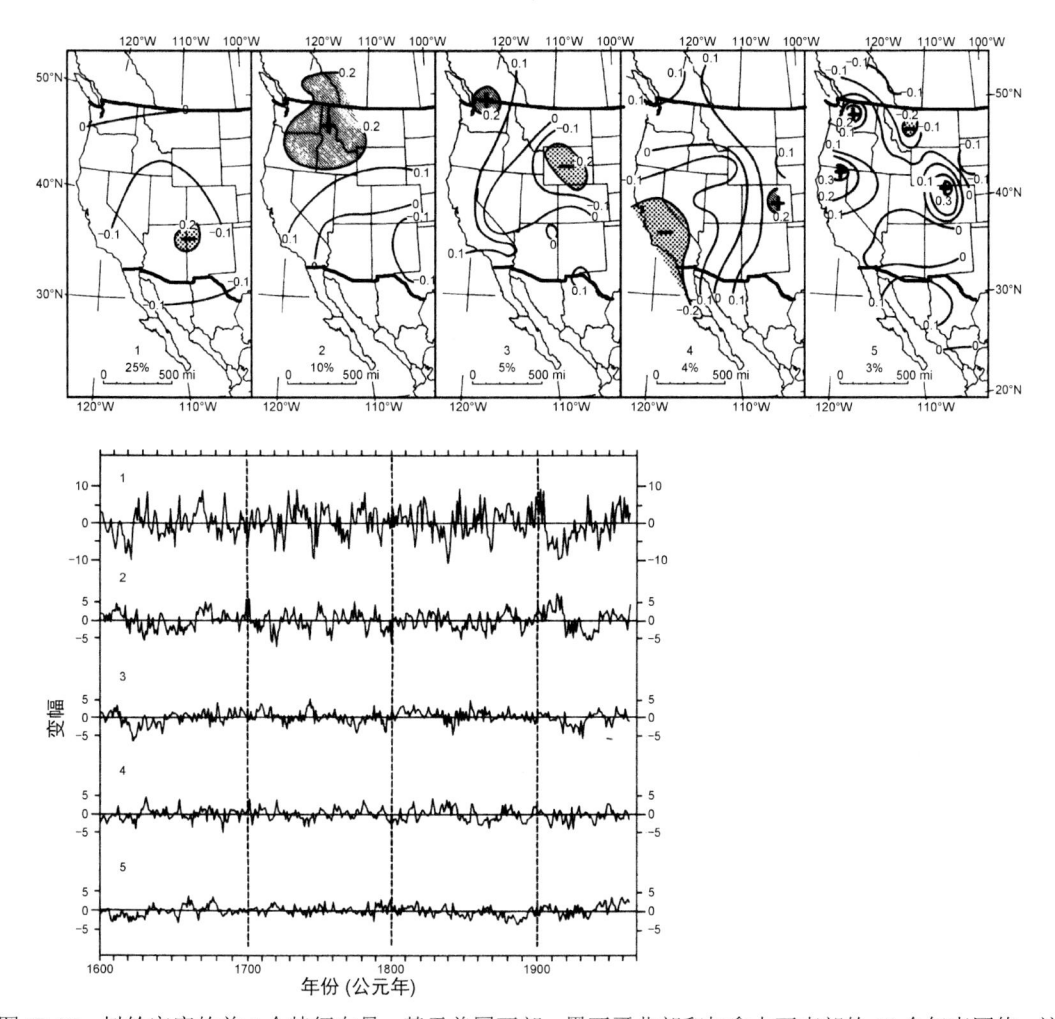

图 13.17 树轮宽度的前 5 个特征向量，基于美国西部、墨西哥北部和加拿大西南部的 65 个年表网络。这 5 个特征向量代表了该地区树木生长异常的主要模式。特征向量 1 解释了总方差的 25%，随后的每个特征向量解释的比例逐渐减少。下图显示公元 1600 年以来这 5 个特征向量（即主成分，PCs1～5）的相对变幅。这些以及其他 PCs 用于带有网格化温度、降水量和气压数据的典型回归，首先校正树轮数据，然后重建公元 1600 年以来每个气候参数的分布图。引自 Fritts（1991）。

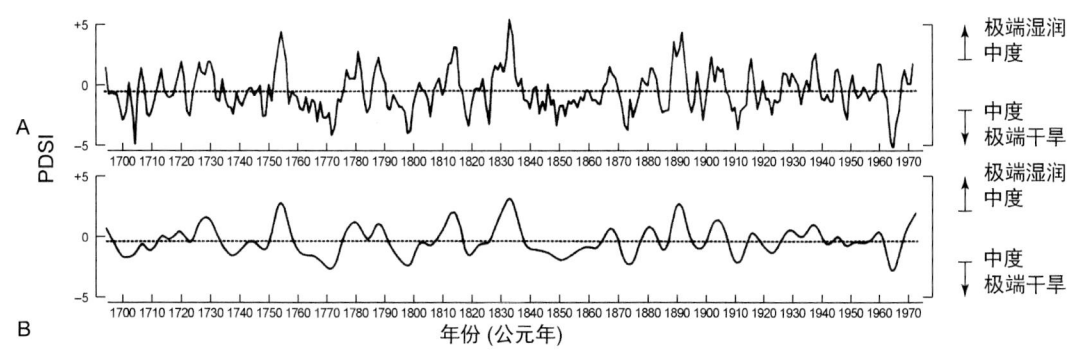

图 13.18 树轮重建的 1694～1972 年纽约哈得孙河谷 7 月帕默尔干旱重度指数。A. 未平滑估值；B. 未平滑序列低通滤波值，突显了 ≥10 年的周期。引自 Cook 和 Jacoby（1979）。

简单的单变量转换函数表达一个气候变量与多个树轮变量之间的关系。较为复杂的一步，是将多个树木生长记录的方差与多组气候变量的方差（例如大地理区域的夏季温度）相关联（表13.1）。为此，每个数据矩阵（代表时间和空间变化）都被转换为其主成分，然后利用典型回归技术或正交空间回归技术将这些主成分相联系（Clark，1975；Cook et al.，1994）。这些技术涉及识别两个不同数据集各自特征向量共有的方差，并界定它们的关系。这些技术很重要，因为它们使得树轮指数的空间阵列（地图）能够用于重建不同时期的气候变化图（Fritts et al.，1971；Fritts，1991；Briffa et al.，1992b；Fritts and Shao，1992）。例如，Briffa等（1988）基于欧洲针叶树树轮密度计量信息，利用正交空间回归重建了30°E以西欧洲4～9月温度。在他们的程序中，温度的空间阵列和密度计量数据的空间阵列首先被简化为其主成分，且每组仅保留显著的主成分。随之，将每个保留的气候PC依次对保留的密度计量PCs集进行回归。这一过程可视为是将Ⅱb层级方法（表13.1）重复m次，其中m是保留的气候PCs数量。获得所有显著回归系数后，再将气候PCs与树木生长PCs相联的方程组转换回原始变量空间，从而根据所有密度计量年表生成每个温度点位的方程。利用类似的方法，Schweingruber等（1991）及Briffa和Schweingruber（1992）获得了欧洲温度重建结果，Briffa等（1992b）基于树轮密度数据网络绘制出了美国西部温度异常图。图13.19显示这些温度重建与同一年份器测数据对比的一些实例，给人以重建能够达到何种效果的直观印象。事实上，独立时段的验证统计数据通常都很好，对早期重建的可靠性进行了更定量的评判。尤其令人感兴趣的是19世纪初坦博拉火山喷发期的温度重建（图13.20）。坦博拉火山（8°S，118°E）于1815年4月喷发，它被认为是最近千年（如果不是整个全新世）最大的火山喷发（Rampino and Self，1982；Stothers，1984）。当时的档案记录了次年西欧和美国东部所经历的所谓"无夏之年"的恶劣气候状况（Harington，1992）。

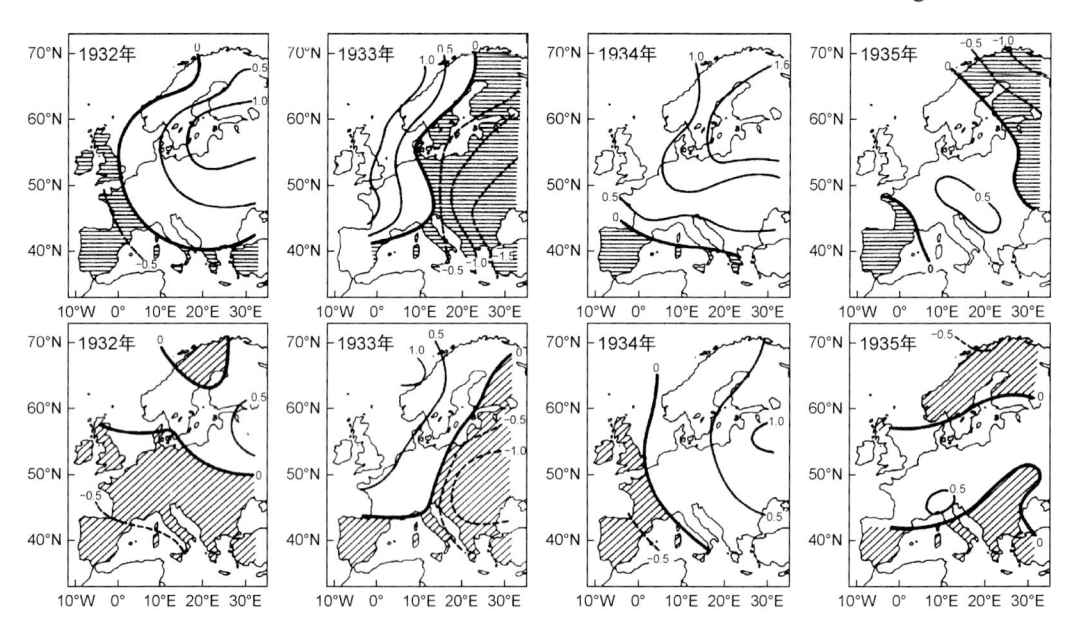

图13.19 观测的20世纪30年代初夏季4～9月平均温度异常（以与1951～1970年平均值距平表示）与（下文）基于该地区37个年表构成的树轮密度网络重建的对应温度。引自Schweingruber等（1991）。

西欧夏季（4～9月）温度的树轮气候重建确实显示出 1816 年极端寒冷的气候状况，以及 1817 年和 1818 年西欧大部分地区（和俄罗斯西北部；参见 Shiyatov，1996）寒冷的夏季气候（在南欧持续至 1819 年）。在美国西部大部分地区和阿拉斯加，1816 年并不寒冷，但接下来的 4 个夏天都比 1951～1970 年参照期更凉。美国西部最近数世纪最冷的夏天（1601年）也与火山喷发相关，可能是秘鲁的埃纳普蒂纳火山（Briffa et al.，1992b，1994）。由于那次喷发事件，该地区平均温度比 1881～1982 年平均值低 2.2℃。

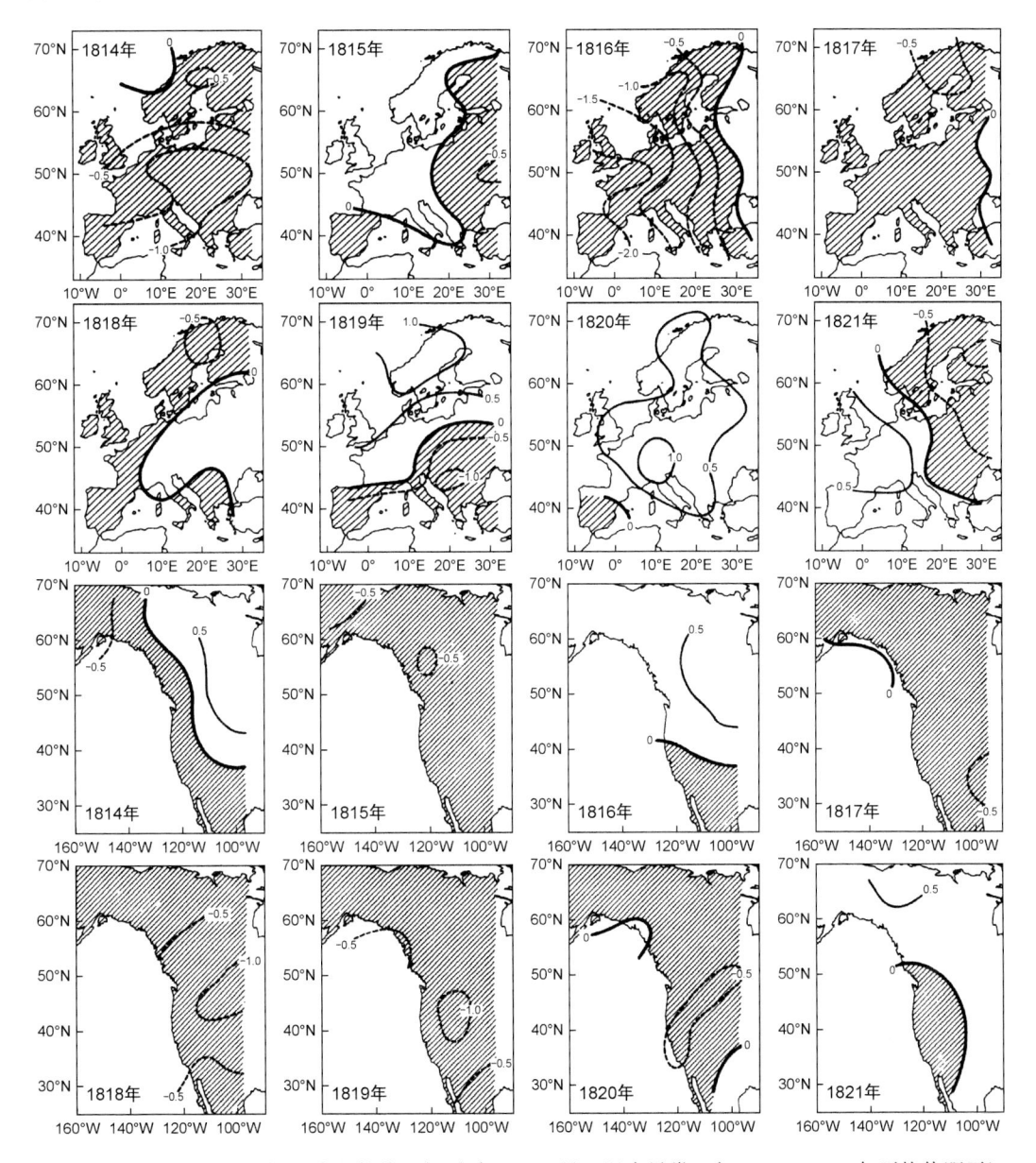

图 13.20　重建的 19 世纪初西欧和北美西部夏季（4～9 月）温度异常（与 1951～1970 年平均值距平），基于欧洲 37 个地点树轮密度网络和北美 53 个地点树轮密度网络。在坦博拉火山喷发后数年内，这两个地区的气候都很寒冷，不过 1816 年当年北美西部大部分地区气候是温暖的。引自 Schweingruber 等（1991）。

在结束本节关于校正的内容前，需要强调的是，树轮指数不一定仅据气候数据进行校正。轮宽变化包含着气候信号，而这也可能对以某种方式依赖于气候的其他自然现象同样有效。因此，可以直接使用树轮校正这类数据，并利用长树轮记录来重建其他气候相关序列。通过这种方式，树轮气候分析已用于重建径流记录（如 Woodhouse et al., 2006）和冰川质量平衡变化（Watson and Luckman, 2004）。

13.2.6 气候重建验证

树轮气候分析中（实际上在所有古气候研究中）一个必不可少的步骤是以某种方式检验或验证古气候重建。验证的目的是检测转换函数模型（据校正时段的数据得出）是否长时间稳定，验证通常是通过对比不同时段的重建片段与独立数据而进行的。当针对独立数据集检测预测估值时，解释的方差量不可避免地几乎总是小于校正时段的量值。为了定量表达气候重建的效果如何，在与独立数据对比时，通常会进行各种统计检测（Gordon, 1982; Fritts et al., 1990; Fritts, 1991, 附录 1）。这些统计数据可在剩余的重建中提供一定水平的置信度，而转换函数在整个验证时段的表现，则是评估无器测数据时段气候重建质量的最佳指南。

验证通常采用两种方法。首先，在校正树轮数据时，需要查找研究区最长的器测记录。这些记录只有一部分用于校正，剩余的早期器测数据将用作树轮气候重建的独立核查材料。如果重建为地图形式，则可利用不同区域的多个记录来验证重建，从而可能指示重建结果显得最为准确的地理区（如 Briffa et al., 1992b）。这种方法在某些已开展了树轮研究的地区（如美国西部和北方树线）是难以施行的，因为这些地区早期器测记录非常之少（Bradley, 1976）。西欧的树轮气候研究之所以能够进行更为详尽的检测，就是因为其拥有更长的器测记录（Briffa and Schweingruber, 1992; Serre-Bacher et al., 1992）。实际上，有时可以对不同时段的树轮数据和气候数据进行两次校正，并对得出的独立于两个数据集的早期树轮气候重建结果进行对比（如 Briffa et al., 1988）。这为所获古气候重建的稳定性提供了生动例证（图 13.21）。

第二种方法是采用其他代用指标数据作为验证手段。这可能牵涉与历史记录或者冰川前进（LaMarche and Fritts, 1971）或湖泊纹层沉积的花粉变化（Fritts et al., 1979）等其他气候相关现象的对比，甚至也可能利用独立的树轮数据集，对观测的生长异常和古气候重建中预期的生长异常进行对比。例如，Blasing 和 Fritts（1975）利用墨西哥北部与不列颠哥伦比亚南部之间区域的树木网络，重建了太平洋东部和北美西部的海平面气压异常图。接着，利用阿拉斯加和加拿大西北地区独立的温度敏感数据集来检测气候重建。正如气压重建所预测的那样，北方树木的异常低生长期与北方气流增加相关。

在所有的验证检测中，都不可避免地面临两个问题。

（1）如果验证结果不佳，错误是出在树轮气候重建（以及导出重建的模型）上，还是出在用于检测的代用指标数据或器测数据上（其本身可能质量不良且存在不同解释）？在此情况下，必须对树轮数据、转换函数模型和检测数据进行重新评估，然后才能得出明确的结论。

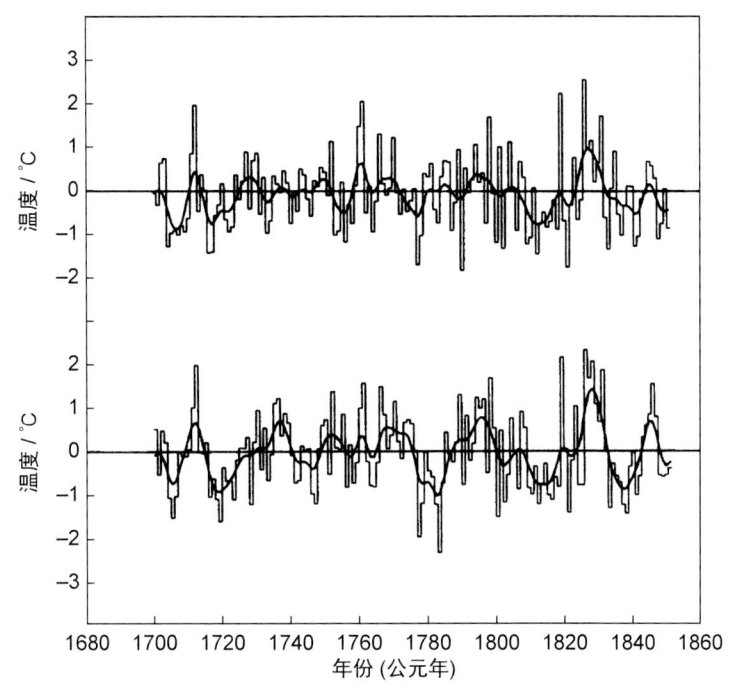

图 13.21 芬诺-斯堪的纳维亚北部 7~8 月温度的两次重建，使用相同的转换函数模型，但上图中校正基于 1852~1925 年，而下图中校正基于 1891~1964 年。纵坐标轴为标准偏差单位，1 个单位约等于 1℃。两次校正分别解释了相同（校正）时段器测温度方差的 69% 和 56%。在针对另一"独立"时段的数据进行验证时，两者都给出了具有统计意义的统计数据。因此，两种重建在统计学上都可视为可靠。尽管这两个序列高度相关（$r=0.87$），但两者之间存在重要差异，这对过度解释某个年份的重建结果提出了警告。例如，下图显示了并未在上图中出现的 1783 年极值，此外，即使是低频变化也呈重要差异，需要仔细检查每次重建中的回归权重。引自 Briffa 等（1988）。

（2）在无法进行独立核查的时段，树轮气候重建是否与可进行验证核查的时段同样可靠？这似乎是一个无法解决的问题，但在考虑用于导出树木生长指数的标准化程序时（13.2.3 节），这一点却尤为重要。错误最有可能发生于树木生长记录的最早部分，而使用器测数据的检测通常在靠近树木生长记录的末端进行（重复性通常最高，标准化函数的斜率通常最低），最不可能牵涉较大的误差。最佳方案是在整个记录中，按一定的时段对气候重建进行器测数据和代用指标数据核查，从而提高总体古气候估算的置信度。

树轮气候学家通过研发严格检测其气候重建的方法，为其他古气候学家树立了标杆。其他诸多领域将因采用类似的程序而获益匪浅。

13.3 树轮气候重建

以下几节提供了一些如何利用树轮重建世界不同地区气候参数的参考示例。这绝非详尽的评述，如需更多信息，可查阅 Dean 等（1996）及 Hughes 等（2011）编写的书籍。

13.3.1 北半球温度重建

随着对全球平均温度上升的担忧不断增加,许多有关目前全球变暖长期背景的问题开始突显。例如,变暖有多罕见?是何时开始的?除人为温室气体外,还有哪些其他驱动因素可能引发所见的变化?用政府间气候变化专门委员会(IPCC)的说法,这些都属于归因问题——什么驱动因素导致了当前的变化?器测温度记录提供了可靠的全球温度变化图像,可追溯至 1850 年前后(Brohan et al.,2005),但要进一步在时间上延伸记录,就需要一个广泛的温度敏感古气候代用指标记录网络。许多研究表明,北方树线和山区树木上限处树木的生长受温度的限制,因此这些地区的树轮数据(轮宽或密度)网络可用于重建过去的温度变化。一些研究完全基于此类树轮数据,开展了最近 1000~1200 年北半球温度重建(南半球的数据不足以对其进行类似的重建)(如 Briffa et al., 2001; Esper et al., 2002; Cook et al., 2004a; Osborn and Briffa, 2006; Wilson et al., 2007)。其他研究已将树轮数据与别的高分辨率代用指标相结合,但通常树轮数据仍占全部所用数据的很大一部分(Mann et al., 1998, 1999, 2008; Crowley and Lowery, 2000; Moberg et al., 2005; Ljungqvist, 2009, 2010; Frank et al., 2010a, 2010b)。所有的树轮重建都使用热带之外的数据,因此它们提供了热带以外地区的温度变化记录。另外,虽然树木生长可能会受前几个季节气候状况的影响,但轮宽和密度数据主要反映夏季生长季的气候状况(Cook et al., 2004a)。不过,在年代际至百年时间尺度上,夏季变化与年变化可能非常相似。为保留数据的低频部分,必须对树轮数据进行仔细的遴选和处理。例如,图 13.22 显示基于北美和欧亚 14 个高纬度和高海拔地点 1200 余个轮宽年表网络进行的北半球热带以外地区温度重建(Esper et al., 2002)。虽然每年可用的年表数量随时间前移而下降,但 Cook 等(2004a)的仔细评估表明这对重建的影响很小。平均树轮指数经平滑处理以突出持续时间>20 年时段的变率后,利用经类似处理的 30°N~70°N 陆地器测数据进行了校正。结果表明,公元 1000±50 年前后是 20 世纪以前最温暖的时期,不过当然不像最近数十年这么温暖(Frank et al., 2007)。这与其他许多重建得出的结论相同,但由于缺乏最近数年的代用指标数据以及潜在的分异问题(13.2.4 节),这一结论颇受争议,并成为一个难以彻底解决的问题(参见 Mann et al., 1999; Moberg et al., 2005; Osborn and Briffa, 2006; Wilson et al., 2007; Ljungqvist, 2010)。上一个千年最冷的时段为约 1250~1400 年、17 世纪 00 年代初和 19 世纪 00 年代初。归因研究显示,这些冷期与爆发式火山活动密切相关,并可能因积雪和海冰反馈而增强,这不仅在每次火山喷发之后,而且更为普遍地是在最近千年的大部分时间内,都导致温度急剧下降(图 13.23)(参见 Miller et al., 2012)。相反,中世纪最温暖期是爆发式火山活动相对平静的时期。有学者已提出,太阳驱动可能在调节这一时期的温度方面起了额外的作用,但据目前的理解,最近千年太阳总辐照度(TSI)变化不足±0.2%,因此太阳驱动不大可能对全球温度产生重大影响,不过由于大气环流的波动,这种变化可能具有区域意义(Y.M. Wang et al., 2005)。最近的变暖不能用观测到的辐照度变化或火山活动予以解释,而是由大气温室气体增加驱动的,温室气体增加将北半球和全球平均温度推高至最近 1000 年从未有过的水平(Jansen et al., 2007)。

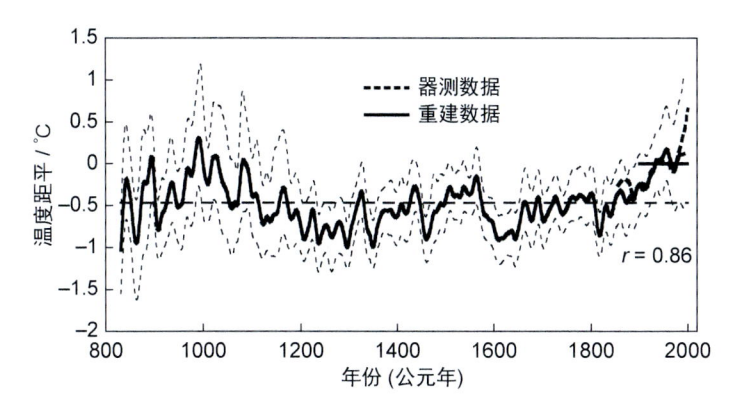

图 13.22 北半球热带以外地区（30°N～70°N）公元 831～1990 年温度校正的平均 RCS 树轮年表（粗实曲线），仅含陆地，经 20 年低通滤波处理。细虚曲线为自举 95%置信区间，粗虚曲线表示直至 2000 年的器测数据。温度值为相对于整个 20 世纪平均器测异常（1900～1999 年）的异常值。20 世纪零异常与长期平均异常（约 0.47℃）之间的差值以长期平均值（粗虚横线）表示。引自 Cook 等（2004a）。

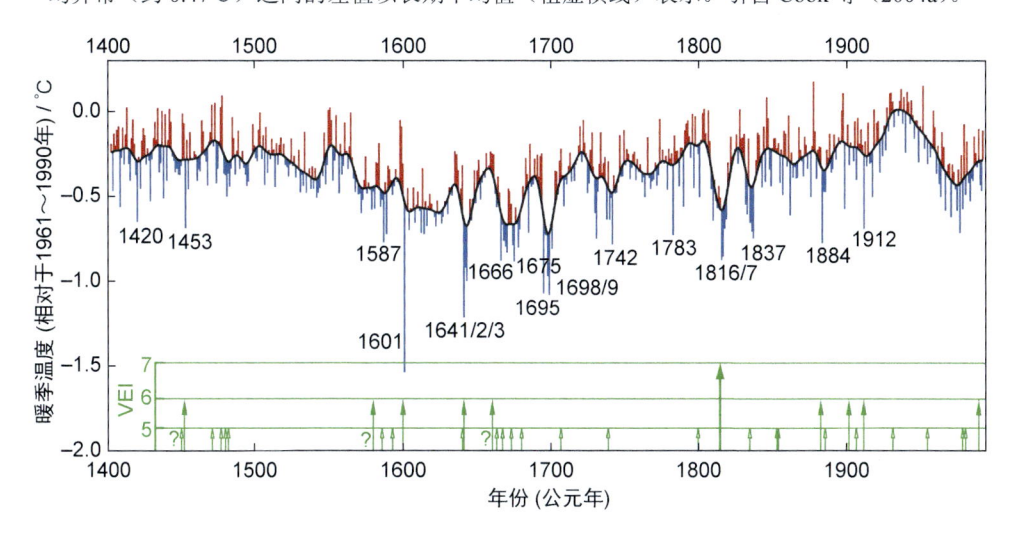

图 13.23 20°N 以北陆地暖季温度估值（与 1961～1990 年平均值的℃异常值）。平滑曲线为 25 年低通滤波重建，利用 Briffa 等（2001）的年龄段分解法得出。火山爆发指数（volcanic explosivity index，VEI）以图底部的箭头表示，"？"标示时间不确定的火山喷发。引自 Briffa 等（2004）。

13.3.2 干旱重建

许多树木的生长受有效水分而非温度的限制，这为树轮气候学家提供了将有限的降水量（或水分平衡）器测记录延伸至更早时间的机会。这极大地扩展了对许多地区干旱历史及其社会影响的理解，并为认识导致干旱的大气条件提供了新视角。

北美已建立了一个由 835 个干旱敏感的树轮年表构成的网络，其中大部分至少可延伸至 500 年前，一小部分网络涵盖了最近 1200 年（Cook et al.，1996，1999）。美国东南部和墨西哥长寿命沼泽雪松的持续研究无疑将在未来加入这一网络（Stahle et al.，2012）。所有这些记录都已依据帕默尔干旱重度指数（Palmer drought severity index，PDSI）进行了校正，该指数实际上已成为表征干旱的首选指数（Dai et al.，2004）。帕默尔指数是降水盈亏相对强度的量度，考虑了土壤水分的储存和蒸散以及先前的降水历史（Palmer，1965）。因此，这些指数可在一个变量中提供许多复杂气候因素的综合量度，这些因素在一定程度上受到先前气候状况的影响。帕默尔指数按干旱程度划分为+4或更大（极端湿润）至–4或更小（极端干旱）等级别，并被美国农学家广泛用作与作物生产相关的气候条件指南。Cook 等（1996）根据20世纪器测数据计算了北美的 PDSI 值，并将这些值内插至统一的 2.5×2.5 网格。然后，在每个格点周围指定圆圈内获取树轮数据的 EOFs，以捕获相邻树轮网络的主要变率模式，并将这些变率模式对 PDSI 数据进行逐点回归（Cook et al.，1996）。最后，利用所得出的方程计算了每个点位在不同时间的 PDSI 值。验证统计显示，所有格点的重建至公元1300年都具有统计学意义，而前溯至公元800年，75%网络的重建都具有统计学意义（Herweijer et al.，2007）。

网格化的干旱重建图集（"北美干旱图集"；Cook and Krusic，2004；Cook et al.，2010a）是调查过去干旱（以及多雨期）频率和持续时间，并将它们与20世纪干湿期对比的巨大资源。20世纪，对北美影响最严重且最广泛的干旱事件发生于20世纪30年代（约1929～1940年），由于大平原广大地区的表土普遍受到风蚀，这一时期通常被称为"尘暴年"（Egan，2006）。树轮数据很好地刻画了所观测的干旱空间范围（尽管并非所有地区的干旱严重程度），干旱图集为追踪发生过类似程度干旱的更早时期提供了长期视角（图13.24）。这表明，尽管过去许多地区都经历了长期干旱，但就其总体地理范围、持续时间和量级而言，20世纪30年代的干旱是最近500年中最极端的（Fye et al.，2003）。不过，还有许多持续时间更

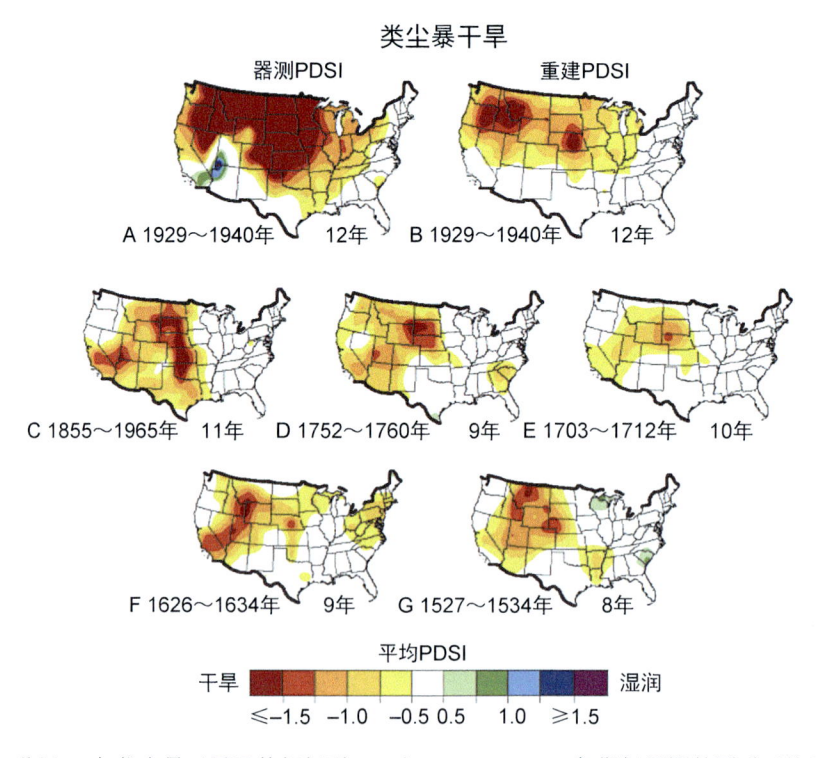

图13.24　20世纪30年代尘暴干旱及其相似型。A和B. 1929～1940年期间器测的夏季平均PDSI和重建的夏季平均PDSI；C～G. 重建的各干旱期夏季PDSI平均值及分布图。引自Fye等（2003）。

长的干旱影响了美国（"特大干旱"；Stahle et al.，2000），尤其是在西部和西南部各州。其中最为严重的干旱发生于 16 世纪后期，最先于 16 世纪 30 年代和 40 年代始于墨西哥，之后到 70 年代蔓延至美国西南部，尔后其地理中心逐渐转移至更北和更东的其他地区（Stahle and Dean，2011）。事实上，令人信服的证据表明，16 世纪 60～80 年代，干旱影响到美国东部沿海地区，导致南卡罗来纳和弗吉尼亚的殖民定居者陷入严重困难，许多人死亡，最终使殖民者放弃了他们在这些地区的第一批定居点（Stahle et al.，1998，2000）。在墨西哥，干旱对人类造成的后果要严重得多，据信在 16 世纪，由于干旱引起的饥荒、社会崩溃以及通过老鼠排泄物传播的汉坦病毒流行病（当地称为可可利兹特利瘟疫），数百万人死亡，而老鼠则是在干旱发生后几年里数量激增并涌入人类生活区的（Acuña-Soto et al.，2002；Stahle et al.，2011）。

在美国西部，一组特别长的树轮年表使得公元 800 年以来的干旱历史（定义为 PDSI≤1）研究成为可能（Cook et al.，2004b）。总体而言，公元 900～1300 年比之后的 600 年更加干旱，其中有 4 个时期，以公元 936 年、1034 年、1150 年和 1253 年为中心，发生了范围尤其广泛的干旱（图 13.25）。在 12 世纪，该地区 50%以上的面积经历了异常干旱的气候状况。树轮重建的上科罗拉多河流量清楚地显示，公元 1130～1154 年属于异常期，当时年平均径流量为 20 世纪平均水平的 80%，且自公元 1143～1155 年连续保持低流量（图 13.26；Meko et al.，2007）。类似的结果也出现于加利福尼亚萨克拉门托河流域的径流重建中（Meko et al.，2001；Meko and Woodhouse，2005）。显然，如果如此严重且长期的干旱再次发生，它对美国西南部造成的后果将是灾难性的，因此理解引起这种异常情况的大气环流模式非常重要。

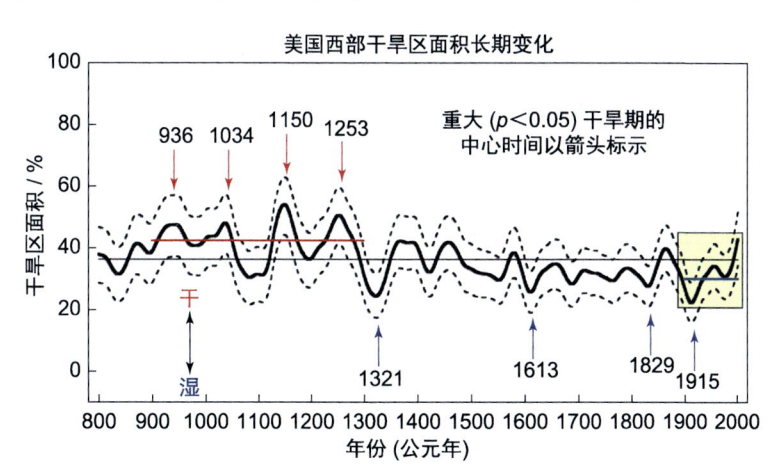

图 13.25　美国西部干旱区域指数重建的平滑曲线（实黑曲线），显示双尾 95%自举置信区间（虚黑曲线）和长期平均值（横细黑线）。60 年平滑用以突出年代际至百年尺度干旱变化。4 个最干旱期发生于公元 1300 年之前，而 4 个最湿润期出现于该年之后。公元 900～1300 年平均值（红线，42.4%）与公元 1900～2003 年平均值（蓝线，30%）之间的差异也很明显。两个时段之间 12.4%的差异造成美国西部干旱区面积在前一个时段平均增加了 41.3%。这一差异具有统计学意义，不过，公元 900～1300 年期间的一些 PDSI 估值为外推值，因为它们超出了公元 1928～1978 年校正时段器测 PDSI 数据的范围，但它们仍基于对干旱高度敏感树木的实际生长历史。引自 Cook 等（2004b）。

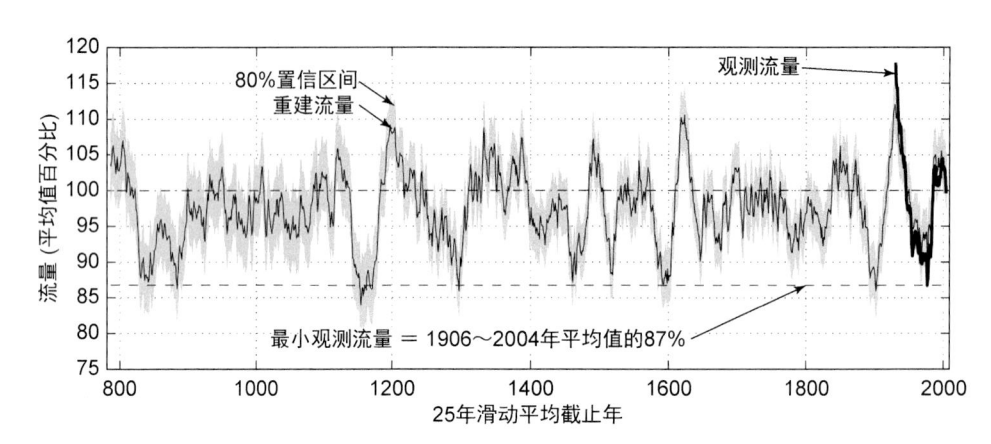

图 13.26　加利福尼亚萨克拉门托河重建流量（25 年滑动平均值）。流量以 1906~2004 年观测自然流量平均值（185.3 亿 m³，或 1503 万 acre-ft）的百分比绘制。置信区间以阴影表示。横虚线为观测流量的最小 25 年滑动平均值（1953~1977 年）。引自 Meko 等（2007）。

以美国西南部为中心的 20 世纪干旱分析揭示出与太平洋海面温度异常模式的紧密关联（Cole and Cook，1998；Cook et al.，2007）。尤其是赤道东太平洋 SSTs 低于平均水平的类拉尼娜现象，导致中纬度急流向北位移，从而使美国西南和南部各州降水量大幅减少。厄尔尼诺期间的情况大致相反，南部各州降雨量高于平均水平，北部则较为干旱。20 世纪的 ENSO 变率序列包含厄尔尼诺与拉尼娜的 3~7 年时间尺度振荡，这不利于发生持续十年或数十年的干旱（Cole et al.，2002）。因此，美国西部公元 900~1300 年的总体干旱状况说明，尽管 ENSO 变化可能仍然存在，但 SST 模式可能更像"类拉尼娜"，海洋环流持续不断地向今天通常和拉尼娜相关联的那种状态转变（Cook et al.，2007）。这一时期仍然有些令人迷惑，但有一点是明确的，即 20 世纪的器测记录并未捕捉到古气候数据所反映的 ENSO 变率的全部序列。这对于如何应对人口压力和用水需求都空前高涨的地区的未来变化，是一个真正的挑战（Woodhouse et al.，2010）。

有趣的是，20 世纪 30 年代的尘暴干旱似乎并非一个简单的拉尼娜驱动事件。干旱状况蔓延至西北部和大平原北部，因此情况与 16 世纪中后期的特大干旱有所不同。北大西洋异常温暖的 SSTs 可能在 20 世纪 30 年代的干旱中起了额外的作用，但统计分析表明，还有其他重要因素在起作用，或许牵涉气溶胶反馈，它使美国中部普遍的暖干状况得以加强（所谓的查尼反馈；Charney et al.，1975；Cook et al.，2011）。当时常见的粗放耕作方式引起的区域性土地扰动，在多大程度上促成了 20 世纪 30 年代的异常干旱，则仍是个悬而未决的问题。

干旱历史也是东亚和东南亚树轮研究的重点，采用的方法与北美类似（Cook et al.，2010b）。研究揭示出数个重大区域尺度干旱的范围和程度（图 13.27），其中最为严重的干旱发生于 1750~1768 年，影响了印度、东南亚和印度尼西亚（参见 Buckley et al.，2007）。一场持续时间虽短但却具毁灭性的干旱与 1876~1878 年发生的强厄尔尼诺事件密切相关，据信在此期间超过 3000 万人因作物歉收而饿死。东南亚干旱与厄尔尼诺的相关性由 Berlage（1931）首次提出，他通过研究印度尼西亚柚木树轮注意到了这种关联。近年，D'Arrigo 等（2006a）对这项工作加以拓展，将爪哇和苏拉威西的帕默尔干旱重度指数重建至 1787 年。

这一研究证实干旱指数与太平洋中部 SSTs（尼诺 3.4 区）具有强负相关，在厄尔尼诺期间，对流降雨主区向东移动，高压持续存在于印度尼西亚，从而导致干旱。有趣的是，树轮 PDSI 重建还揭示，极端干旱紧随热带大型爆发式火山喷发（例如在 1810 年和 1815～1818 年）而发生。鉴于厄尔尼诺通常出现于赤道大型火山喷发之后，这可能是其中的机制，不过印度尼西亚暖池 SSTs 降低也可能是一个因素（D'Arrigo et al.，2006b）。

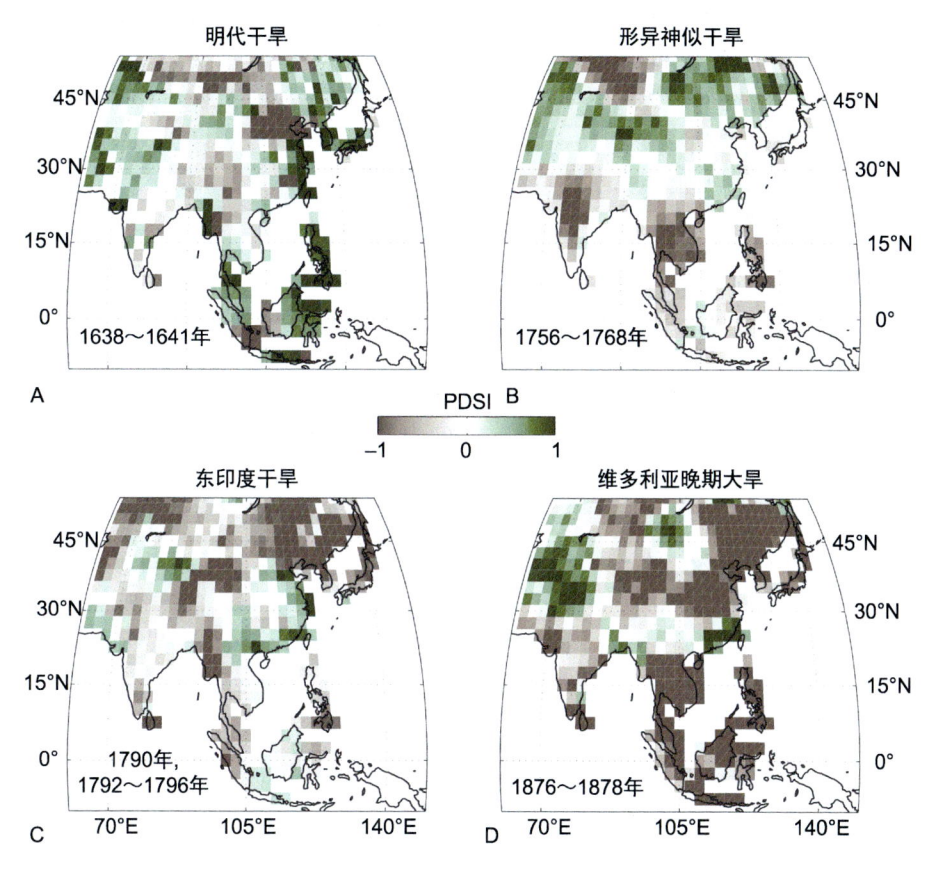

图 13.27　亚洲 4 次历史干旱期干旱空间模式。4 次区域干旱中每次的平均 PDSI 据历史记录予以确定。A. 明代干旱（1638～1641 年）。B. "形异神似"（The "Strange Parallels"）干旱（1756～1768 年）。C. 18 世纪晚期东印度干旱（1790 年和 1792～1796 年）。1791 年，除干旱仍在持续的金奈地区外，印度大部分地区似乎略显湿润。D. 维多利亚晚期大旱（1876～1878 年）。引自 Cook 等（2010b）。

常常有人宣称，严重且持续的干旱是许多地区社会崩溃的根本原因。当然，任何地区的气候都不是永恒不变的，并且在农业边缘区，长期和出乎意料的干旱会使脆弱性加剧（Weiss and Bradley，2001）。但是，其他许多因素也可能引发社会混乱，因此，构建社会变化发生期间的气候状况可为相关讨论提供必要的背景。在干旱对社会造成了严重冲击（如 Therrell et al.，2004）甚至成为特定文化制度崩溃决定性因素的许多实际案例中，基于树轮的干旱重建在其中提供了时空视角。例如，在中国，公元 1644 年明朝的终结，在某种程度上可能是由于严重干旱引发的作物歉收和社会动荡所致，那场干旱自公元 1638 年至 1641 年逐渐加剧，且影响范围不断扩大（Shen et al.，2007；Cook et al.，2010b）。这似乎是最近千年中国东北部最为严重的干旱，导致黄河下游完全断流，整个地区水井干涸。由此，一种令人信服的论点提出，社会动乱因干旱而起，它不可阻挡地导致了明朝统治的终结。在美国西部，阿纳萨齐文化的消亡肯定与13世纪（公元1276～1297年）的干旱相关，但人类学和考古学证据表明，其他文化和人口因素可能也在所发生的社会变迁中起了重要作用（Stahle and Dean，2011）。树轮数据清楚地显示，13世纪的干旱集中于阿纳萨齐文化的核心地带，但在严重干旱期之前，该地区的人口已开始迁移，因此其他因素似乎在推动当时的社会变革中起到了同等重要的作用。树轮重建还表明，气候在14世纪后期柬埔寨吴哥王国的衰落中发挥了作用，尽管气候可能并非导致重大社会混乱的决定性因素（Buckley et al.，2010）。吴哥高度依赖复杂的水利工程系统，该地区树轮重建表明，包含干旱及其后强季风降雨和灾难性洪水的显著水文变率，可能使部分用水系统遭到毁坏，从而对社会产生了影响。

13.3.3 大气环流模态重建

最近20年，树轮气候学最重要的进展之一，是构建了范围广泛的树轮数据集网络，并开展了相关的气候重建（如Cook and Krusic，2004；Cook et al.，2010a，2010b；Villalba et al.，2011；Stahle et al.，2012）。这使得在时间和空间上约束气候变率的大尺度模态成为可能，从而为认识最重要的区域环流模式提供了长期视角，并为理解环流模态变率与驱动因素的关联机制提供了可能。然而，这些气候重建假定，20世纪观测到的与特定环流模态相关的异常模式并未随时间发生显著变化，而真实情况可能并非如此。这里选取3个例子予以讨论。

在13.3.2节中，讨论了美国西南部和西部区域干旱与ENSO变率之间的关系。随着ENSO系统从厄尔尼诺相态转变为拉尼娜相态，全球大部分地区的降水和温度异常都会受到影响，这些遥相关模式可用于将有限的ENSO变率器测记录向更早的时间延伸。然而，由于其他（如北大西洋或印度洋）环流模式的影响，这些异常模式通常十分复杂，因此并非所有的厄尔尼诺现象都具有相同的异常场（实际上，并非所有厄尔尼诺现象都具有相同的SSTs异常特征模式或幅度），而这为所有ENSO重建带来了不确定性（Cole and Cook，1998；Wilson et al.，2010）。考虑到这些潜在问题，美国西南部和墨西哥湿度敏感地点的树轮数据网络被用于重建太平洋中部（尼诺3.4区，5°N～5°S，120°W～170°W）的海面温度指数，该指数通常被用作整个ENSO系统的代用指标。将树轮数据主成分对尼诺3.4区的器测SST记录进行回归，然后利用所得方程将尼诺3.4区指数重建到了15世纪。结果显示，最近600年在约4年和约5年频段上存在很大的变率，这在较短的器测记录中也显而易见。然而，对比其他ENSO重建（包括整个太平洋SSTs的珊瑚指标）结果，美国西南部的树轮重建在提供完全可靠的ENSO变率记录这点上，并未令人感到任何宽慰。尽管所有重建似乎都很好地捕捉到了20世纪的ENSO变率，但在较早时段却存在显著差异。这可能反映了这样的事实，即20世纪"典型的"厄尔尼诺与过去不同，或者有关的遥相关模式在时间上并不像所假定的那么稳定。为了尝试解决这些困难，McGregor等（2010）从一组10个独立的ENSO重建中提取了第一主成分，这些ENSO重建来源于太平洋盆地周围不同的树轮网络和其他古气候代用指标记录（图13.28）。这一"统一ENSO代用指标"（unified ENSO proxy，UEP）相当可靠地通过了独立验证，因此可能是目前可用于调查 ENSO 长期变率的最佳重建。它揭示出 ENSO 变率随时间大幅增大，最近的极端状态超过了以前数个世纪。还有证据表明，最近数个世纪存在显著的十年尺度变率，这可能与北太平洋的状况有关（下文讨论）。有学者提出，火山喷发或太阳辐照度降低引发的低辐射驱动期可能会导致厄尔尼诺状态，这种情况确实在最近的许多大型火山事件之后已观测到（Adams et al.，2003；Mann et al.，2005；Emile-Geay et al.，2008）。尽管长期 ENSO 重建存在不确定性，但迄今为止，所有重建确实都显示在大型爆发式火山喷发后一年内存在向类厄尔尼诺状态转变的趋势。

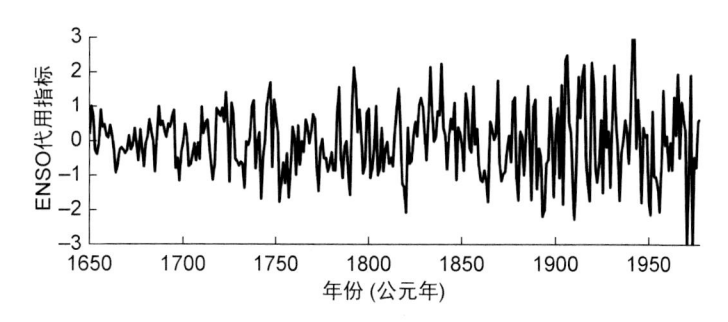

图 13.28　1650～1978 年 "统一 ENSO 代用指标"（UEP）。引自 McGregor 等（2010）。

太平洋十年涛动（Pacific decadal oscillation，PDO）涉及北太平洋环流的大尺度转变，对海洋生态系统和北美西北部气候都具有重要影响。PDO（定义为太平洋海面温度的首要主成分，20°N 以北；图 13.29）有两种模态，涉及阿留申低压强度和位置的变化及相关的气流和洋流（Trenberth，1990；Mantua et al.，1997；Hare and Mantua，2000）。器测数据仅可用于考察 20 世纪前后的 PDO 频率特征，而最近 300 年的 PDO 长期变率，则已利用北美西部地区（这些地区受到与 PDO 的不同模态关联的降雨和温度异常影响）的树轮数据网络得以重建（Biondi et al.，2001；D'Arrigo et al.，2001；MacDonald and Case，2005）。这揭示出过去发生的 PDO 的许多转变时段，不过像 20 世纪 40 年代与 50 年代之间那么显著的环流转变看来很少（图 13.29B）。有趣的是，大约公元 1000～1300 年，PDO 似乎主要处于负模态，这与美国西部广大地区出现最大干旱范围的时期相对应（Cook et al.，2004a；参见图 13.25）。实际上，当时干旱的范围比基于 "典型的" 负 PDO 状态所预期的还要大得多，这表明，当时是一种完全不同的环流模态在运行，而这种模态可能还没有现代相似型。自约公元 1450 年至 1600 年，PDO 为强正相态，而从那时起，除约 1630～1730 年这段时间外，PDO 基本上保持着正相态。看来，20 世纪典型的 PDO 行为在更长时间尺度上可能并不典型（MacDonald and Case，2005）。

在大西洋，环流显著的年际模态为北大西洋涛动（NAO）。这是指纵贯北大西洋、自冰岛至亚速尔群岛的偶极气压梯度，该梯度在冬季月份表现最强（Hurrell，1995）。NAO 指数基于 12～3 月亚速尔高压与冰岛低压之间的归一化气压差。在 NAO 正相态，北部气压异常低，而南部气压较高，伴随着风暴路径移位（及相伴的高于平均水平的降水量和温度）越过北大西洋进入斯堪的纳维亚北部和西伯利亚西部，相对干冷的气候状况向更南扩张。在 NAO 负相态，风暴路径向南移动，使得整个西欧和中欧降水量高于正常水平，气

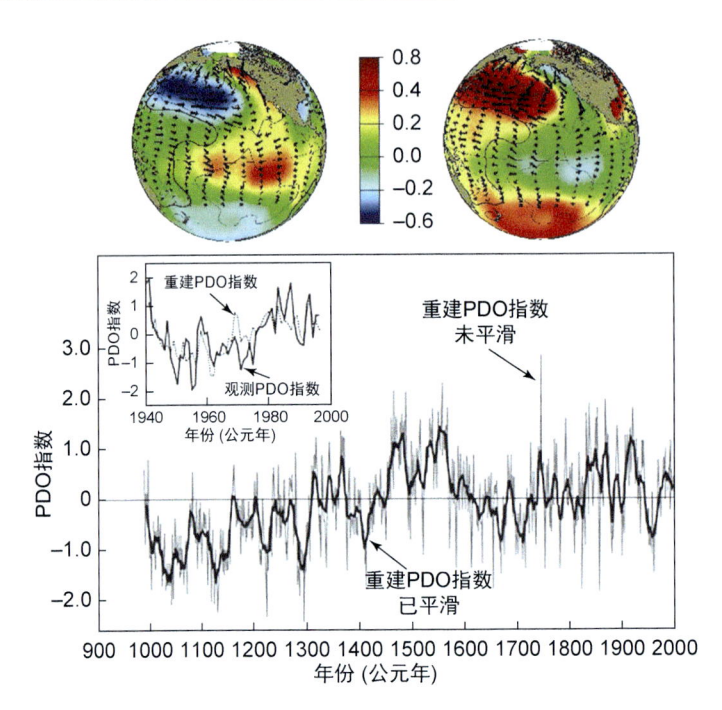

图 13.29 上图：PDO 相态，左："暖"相态或正相态；右："冷"相态或负相态。阴影表示海面温度异常，箭头为风场异常（引自 http://jisao.wash ington.edu/pdo/）。下图：重建的年 PDO 与观测的年 PDO（Mantua et al., 1997）（插图）以及重建的公元 993～1996 年年 PDO 指数。粗线为经 11 年移动平均平滑的指数。引自 MacDonald 和 Case（2005）。

候变冷（图 13.30）。像本节所讨论的其他重建一样，NAO 的重建并非基于气压梯度本身，而是基于涛动引发的温度和降水量异常模式。因此，Cook 等（2002）通过组合树轮数据网络（加上一些额外的冰心同位素指标），利用 NAO 变率在相关气候异常场中的表现，捕捉到早至公元 1400 年的大部分 NAO 变率结构（图 13.30）。欧洲器测和历史数据表明，前溯至公元 1500 年该重建都很好地通过了验证（Luterbacher et al., 2002；Pinto and Raible, 2012）。记录的谱分析显示约 4 年的强周期及强烈的 2 年变率。自 15 世纪后期直至 17 世纪早期，NAO 变化很大，但基本上处于正相态，而在 18 世纪和 19 世纪，其变率较小。至 20 世纪，NAO 变率再次增大，但可能受到此前数世纪未曾有过的低频变率［大西洋多年代际涛动（Atlantic multidecadal oscillation，AMO）］的调节，这无疑与人为温室气体驱动对气候系统的影响增强有关。

13.3.4 野火与树轮气候学

野火在世界许多地区的生态系统发育中都起着重要作用。在美国西部，干冬和暖春会导致山区积雪较早融化，使土壤湿度降低，从而为闪电引发野火铺平道路（Westerling et al., 2006）。在干旱时期，野火尤为常见，而由于干旱往往与该地区的 ENSO 变率相关，所以野火的历史也是如此（Swetnam and Betancourt, 1990, 1992）。树木经常可在火灾中活，但部分形成层会受到损坏，导致其木质组织出现火痕（图 13.31）。这些火痕在利用树轮年代学方法定年后，则可提供火灾历史的记录（Schweingruber, 1996）。通过汇编美国西南部广

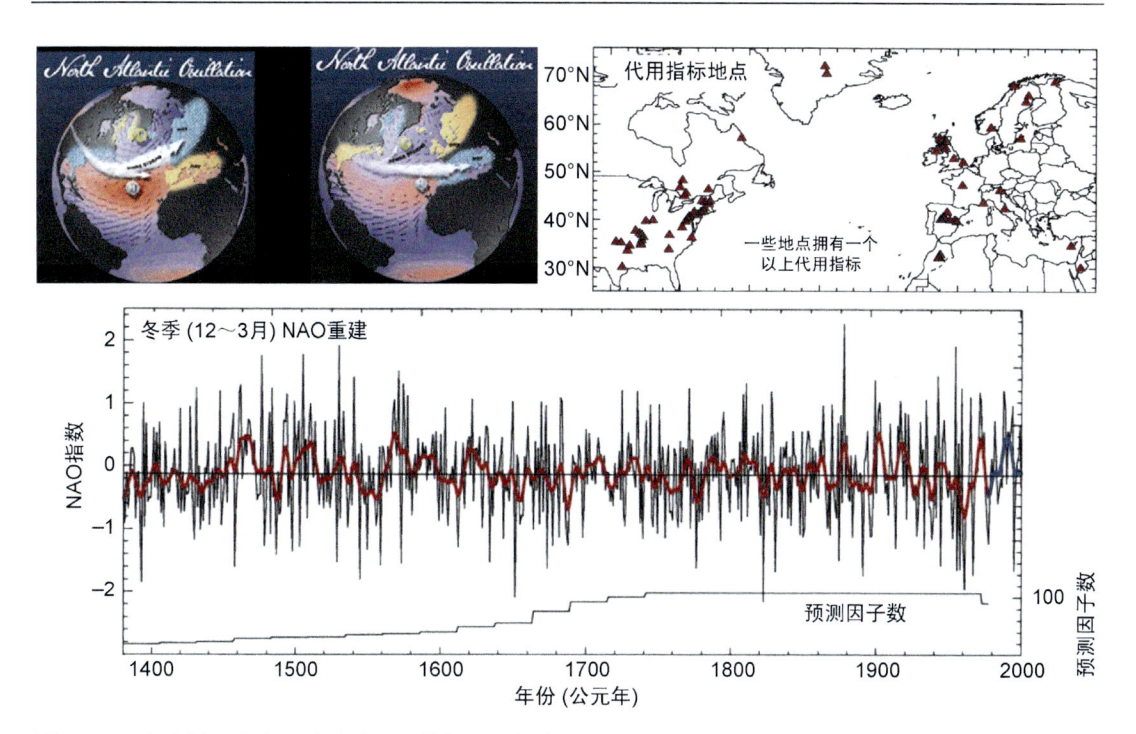

图 13.30　左上图：北大西洋涛动主要特征，正相态（左）和负相态（右）；右上图：用于重建 NAO 的树轮年表（和两个格陵兰冰心氧同位素数据集）地点。下图：重建至公元 1400 年的 NAO 指数。引自 Cook 等（2002）。

阔区域树木的此类数据，可确定大范围火灾发生的年份，并与火灾范围小得多的年份进行对比（图 13.32）。数据显示，火灾的范围与 ENSO 相态之间存在非常密切的关系，范围最大的区域干旱几乎都与拉尼娜年份相关（Swetnam and Brown，2011）。加利福尼亚巨杉更

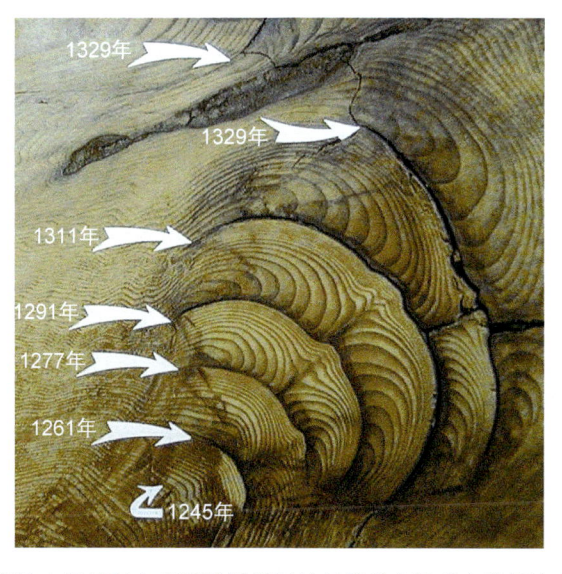

图 13.31　加利福尼亚内华达山脉巨杉火痕以及根据树轮年代学方法确定的每次火灾发生的时间。照片由亚利桑那大学 Tom Swetnam 提供。

长火灾历史记录的分析表明,大约公元 800~1300 年,火灾频率增大,这一时期也是内华达山脉最近 2000 年的最干旱期(Swetnam et al.,2009)和整个美国西部的大范围干旱期(Cook et al.,2004a,2004b)。这些记录都表明,太平洋气候变率的大尺度模态对美国西部和西南部的大片地区产生了非常强烈的区域尺度的生态影响(Swetnam and Brown,2011)。

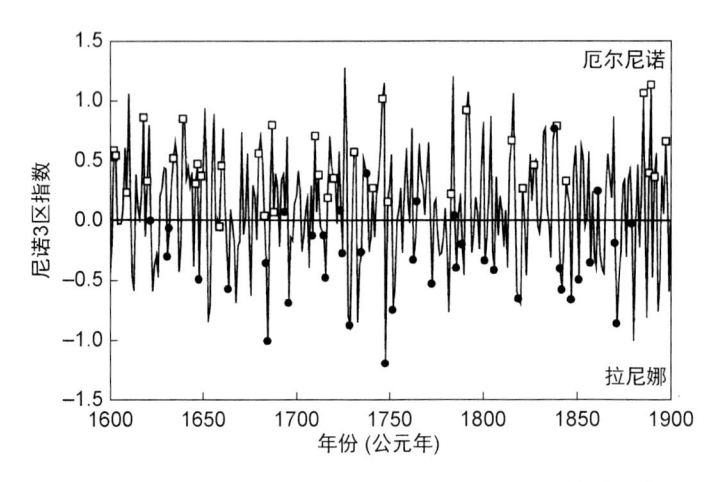

图 13.32　树轮重建的海面温度尼诺 3 区指数(引自 Cook,2000),图示美国西南部 120 个地点的火痕网络中最大(黑点)和最小(空心方形)区域火灾的年份。"大"火灾和"小"火灾分别指>20 个地点和<4 个地点受火灾影响。引自 Swetnam 和 Brown(2011)。

13.4　同位素树轮气候学

许多研究基于经验证实,树轮同位素含量($\delta^{13}C$、$\delta^{18}O$ 和 δ^2H)[①]变化在某种程度上与气候有关。过去,此类研究常常仅依赖于统计关系,但现在,生理学研究为理解木材形成时植物体内导致不同同位素分馏的过程提供了强有力的理论依据(Farquhar et al.,1989;McCarroll and Loader,2006;Barbour,2007)。

13.4.1　$\delta^{18}O$ 和 δ^2H

在中纬区和高纬区,降雨的氧和氢同位素组成与温度呈正相关(广义上),而在热带,同位素与温度一般不存在相关性,但与降水量呈强负相关(Rozanski et al.,1993;参见第 5 章,图 5.6)。因此,可以预料,树木木材通过吸收具有特定同位素特征的土壤水,其氧(或氢)同位素含量可保存这些地区过去温度或降雨量的记录。问题是,在木质材料的合成过程中,树木体内会发生额外的同位素分馏,而这些生物分馏和动力分馏本身又取决于许多因素,包括温度、相对湿度和风速(蒸散效应)(Gagen et al.,2011)。尤其是蒸发引起

[①] 为避免木材样品存在的化学异质性难题,提取单一组分α纤维素(聚合葡萄糖)进行同位素分析。α纤维素含有与碳结合的氢原子和与氧结合(羟基)的氢原子,而后者在植物体内容易进行同位素交换。因此,为避免自生物合成初期就发生的同位素交换问题,必须去除所有的羟基氢原子(通过生成硝化纤维素)。有关氘/氢(D/H)和 $^{18}O/^{16}O$ 等同位素比值的讨论,参见 5.2.1 节和 5.2.2 节。

的同位素富集发生在叶片内,因此蒸散作用持续时间和蒸散量会改变土壤水的同位素含量。此外,如果树木的根系很深而汲取了同位素组成更为均一的地下水,则难以检测出木材同位素的年际变化(参见 Darling, 2004)。

这些只是影响木质组织氧同位素含量诸多因素中的一部分,但通过仔细选择样本,气候信号总体上可超过其他因素的影响。例如,Treydte 等(2006)利用巴基斯坦北部山区的刺柏属树木,进行了 1000 年的氧同位素降水重建。在该地区,降水来源于西风带裹挟的风暴,大部分年总降水在冬季月份以雪的形式累积。湿润状况会降低针叶的蒸散(以及 ^{18}O 的富集),从而当降水量大时,木质组织的 ^{18}O 值小。重建结果表明,最近千年大部分时间的降雪远少于 20 世纪,其中 18 世纪 90 年代和 19 世纪 90 年代降雪量尤其低——这两个时期以大规模饥荒影响该地区而出名。

绝大多数的树轮气候重建来自中纬至高纬地点的树木,在这些地点,温度的强烈季节性使得年轮发育良好。在热带,大多数树木不会产生年轮,这是因为季节性温度变化很小(不过也有例外;参见 Worbes,2002)。然而,许多热带森林确实经历了降雨量和蒸发速率的强烈季节变化,这对树木生长的生理机能以及在每年整个时间产生的木材的氧同位素含量具有显著影响。这些变化已通过以观测环境数据为驱动因子进行了模拟,并且模拟的同位素变化与在实际木材样本中所观测的非常吻合(如 Roden et al., 2000;Evans and Schrag, 2004)。整个热带样本的测试表明,通常可检测出明显的季节性同位素旋回,从而使年生长增量得以识别和测量,即使在无年轮情形下也是如此[Poussart 和 Schrag(2005);另见 Poussart 等(2006)报道的木材化学的其他季节变化]。另外,年平均同位素旋回的变化反映 ^{18}O 影响因素的季节变化,即叶片水氧同位素的蒸发富集(主要在旱季),以及对流降雨量很大时导致 ^{18}O 同位素亏损的强化雨量效应(图 13.33)。以此方式,Anchukaitis 和 Evans

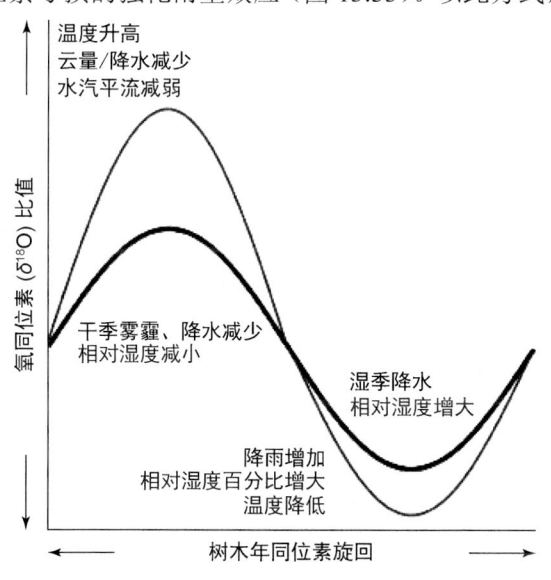

图 13.33 云雾林树木径向生长过程中稳定氧同位素比值年和年际模式的气候控制概念模型。年旋回主要是由降雨 $\delta^{18}O$ 的季节变化、干季树木对云水的利用以及干季蒸散作用对水源的同位素富集产生的。年最大值的年际变率预计与干季的温度、相对湿度、云量和水汽平流有关。年最小值异常可能主要与湿季降水量有关。引自 Anchukaitis 等(2008)。

(2010) 在哥斯达黎加蒙特韦尔德云雾林桃榄属 (*Pouteria*) 树木中识别出了强烈的 ENSO 信号。在厄尔尼诺年，该地区的降雨较少，导致叶片水发生蒸发富集，因此在这些时期产生的木材同位素比湿润年份重。在爪哇（印度尼西亚）的不同树种中也观测到了类似的效应，那里厄尔尼诺也与干旱相关 (Poussart et al., 2004)。这表明，整个热带太平洋地区树木网络的氧同位素数据可提供宝贵的 ENSO 变率长期记录 (Evans, 2004)。

13.4.2 $\delta^{13}C$

木材中所有的碳都来源于大气二氧化碳，后者通过光合作用在植物叶片中被转化为碳水化合物。今天大气的 $\delta^{13}C$ 为 –8‰（比工业化前时期低 –1.6‰，这是由于化石燃料燃烧产生的同位素轻的 CO_2 输入所致），但植物在光合作用过程中会歧视 ^{13}C，因此木材的 $\delta^{13}C$ 一般介于 –20‰ 至 –30‰ 之间。木材 $\delta^{13}C$ 值每年的变化反映这种歧视程度的变化。^{13}C 分馏作用的一个关键参数是叶片内细胞间隙的 CO_2 浓度。如果这个值低（可能是由于生长季温度高或日照总量高时光合作用速率高），它就会导致同位素歧视减弱，从而使得 ^{13}C 值相对较高。相反，如果光合作用速率低，而细胞内的 CO_2 浓度高，则所产生的光合作用产物就会亏损 ^{13}C (Farquhar et al., 1982, 1989; Schleser et al., 1999; McCarroll and Loader, 2004)。因此，中纬区和高纬区树木木材的 $\delta^{13}C$ 通常与夏季温度和日照时数呈正相关 (Treydte et al., 2007)。同样，干旱状况会导致植物关闭气孔（以保存水分），而这也会使得叶片中的 CO_2 浓度降低。因此，温暖状况和干旱状况（当然两者通常一起发生）都将导致木材的 $\delta^{13}C$ 值相对升高。据此，Kress 等 (2010) 发现，瑞士勒奇河谷相对干旱高山地点的木材 $\delta^{13}C$ 与温度和日照时数都密切相关，但与降水量呈负相关，因此综合干旱指数最好地刻画了碳同位素分馏的总体约束，这使长期干旱重建得以实现（图 13.34）。碳同位素值的一个非常重要特征是，它显然不存在那种影响树轮宽度和（在较小程度上）晚材密度长期气候重建的生物生长函数 (Gagen et al., 2007)。由于同位素分馏过程与年龄无关，所以无须去除低频生长函数 [Cook 等 (1995) 所描述的 "节长诅咒"]。碳同位素在树木生长的最初数十年确实偏轻（由于树冠对树木早期生长的影响），但这个问题只需通过剔除那些数据即可克服。另外，同一区域不同树木之间的碳同位素年际变化似乎高度一致，因此，很容易从少量样本中获得区域信号（即信-噪比高）。这意味着，依靠交叠木材节段进行的长期气候重建，可能不需要大量样本来生成区域同位素随时间变化的可靠图像 (McCarroll and Loader, 2004)。

同位素树轮气候学仍处于发展初期，但能够快速分析大量木材样品的新仪器（如激光熔蚀 ICP-MS）的应用可能会激发更多的研究，并为这一领域构筑更加稳固的基础。同位素树轮气候学可能在热带树轮气候学、综合多种同位素的多指标研究以及与传统（轮宽和密度）树轮气候学相结合等方面达成其最大期许 (McCarroll et al., 2003; Gagen et al., 2011)。

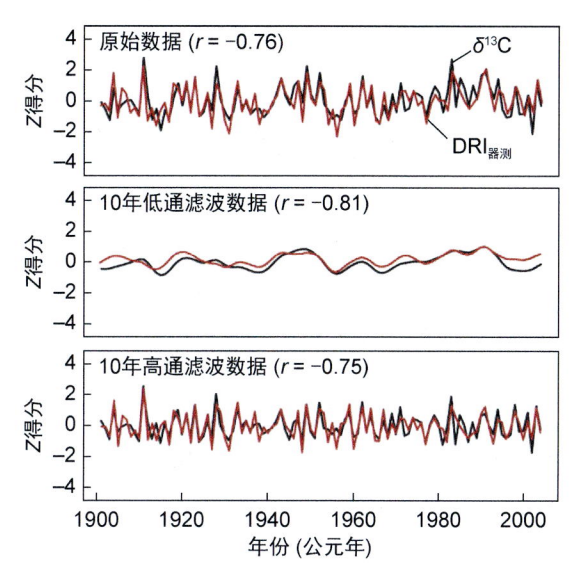

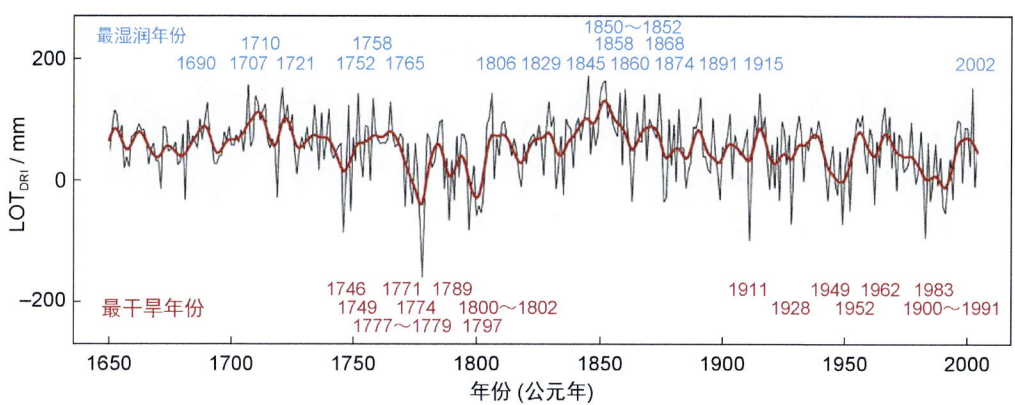

图 13.34 上图：公元 1901~2004 年碳同位素序列（黑色）和根据器测温度和降水数据计算的 7~8 月干旱指数（drought index，DRI）（红色）。下图：瑞士勒奇河谷年分辨率 $\delta^{13}C$ 干旱重建。10 年低通滤波记录以粗线表示，灰色阴影表示估计的误差范围。图示 20 个最湿润和最干旱的年份。引自 Kress 等（2010）。

第14章 珊　　瑚

珊瑚通过提供与过去海平面位置相关的可定年材料，在古气候学中发挥了重要作用。在某些地区，珊瑚礁因构造活动被抬升至现今海平面以上（图6.18），如果抬升历史能够估计，则可提供过去海平面位置的详细记录（如Chappell，2002；Cutler et al.，2003）。与地层、定年、成岩变化等相关的问题带来了额外的不确定性（Medina-Elizalde，2013）。尽管如此，通过恰当选择样本，珊瑚还是能为海洋沉积重建的海平面变化时间和幅度提供独立检验（如Siddall et al.，2003；Rohling et al.，2009；Grant et al.，2012）。海平面变化已在第6章6.3.5节进行了详细讨论。这里，重点讨论珊瑚在生长过程中捕捉到的古气候记录。

14.1　过去气候的珊瑚记录

"珊瑚"一词通常适用于石珊瑚目的成员，它们具有坚硬的钙质骨骼以支撑软组织（Wood，1983；Veron，1993）。对古气候研究而言，重要的亚类群是造礁的大型珊瑚（图14.1），其中珊瑚虫与单细胞藻类（虫黄藻）共生，被称为造礁珊瑚（与非造礁珊瑚相对，

图14.1　佛罗里达礁岛最西端国家公园干龟岛的大型圆菊珊瑚群落样心钻取。照片由Kristine DeLong和美国地质调查局海岸与海洋科学中心（佛罗里达圣彼得斯堡）提供。

后者无共生藻类且非礁体建造者）。藻类通过光合作用产生碳水化合物，因此受有效光照的影响，而有效光照则随水深（大多数生长于 0～20 m 之间）、水的浊度和云量而变化。藻类固定的大部分有机碳从藻类细胞中扩散，为珊瑚虫提供食物，反过来珊瑚虫又为藻类提供保护性环境。造礁珊瑚主要受温度限制，大多数出现于 18℃年均海温（SST）等温线内（通常在 30°N 与 30°S 之间）。当温度降至 18℃以下时，钙化（骨骼生长）率就会显著下降，且持续低温可能会导致珊瑚群落死亡。海面以下较深处的硬海绵［钙质海绵，如硬骨海绵（*Ceratoporella nicholsoni*）］也已做分析，以获取过去海水深处的温度变化记录（如 Haase-Schramm et al.，2003）。在热带以外地区，深海珊瑚开始出现，这些珊瑚可提供有关海洋状况的独特高分辨率视窗，如过去的换气率或水团运动（如 Adkins et al.，2002b，2004；Robinson and van der Flierdt，2008；Colin et al.，2010；Copard et al.，2012）。下一节将聚焦热带造礁珊瑚，即最常见的像巨砾一样的滨珊瑚（*Porites*）或圆菊珊瑚（*Montastraea*）群落，不过其他数个珊瑚种，即铁星珊瑚（*Siderastrea siderea*）、槽纹双沟珊瑚（*Diploria strigosa*）、脑纹双沟珊瑚（*Diploria labyrinthiformis*）和同双星珊瑚（*Diploastrea heliopora*），也正日渐兴起为优质的代用指标记录。

新的碳酸盐每年都会补充到珊瑚群落表面，其中包含反映周围环境状况的同位素和地球化学印迹（Felis and Pätzold，2004；Lough，2010）。珊瑚生长速率（通常约为 0.5～2 cm/a）在一年之中会有变化。对珊瑚进行切片和 X 射线检测，即可见高密度和低密度条带的变化，代表着年生长增量（图 14.2）。高密度层是在 SSTs 最高时产生的（Fairbanks and Dodge，1979；Lough and Barnes，1990），这为后续分析提供了年代框架。以这种方式进行定年相当准确，这从 $\delta^{18}O$ 的大幅漂移与已知的厄尔尼诺/南方涛动（ENSO）事件之间的密切对应关系（Cole et al.，1992）、以及年层计数与单一条带精确的 ^{230}Th 年龄之间的高度相似性（Dunbar et al.，1994；Shen et al.，2008）中显而易见。不过，按照经树轮年代学充分测试的方法，通过对多个珊瑚记录进行交叉定年，珊瑚年表的可靠性仍可显著提高，古气候信号的信-噪比也会增大（如 Hendy et al.，2003；DeLong et al.，2013）。

用于分析的样品是从珊瑚切板或样心沿生长轴或沿特定的骨骼单元，以均匀间隔用微钻钻取的。精确标定每个样品形成的季节可能有问题，因此通常假定较密标志条带之间的生长速率为线性，以生成"年平均"信号，则标志条带的边缘被标定为高 SSTs 的"开始"。然而，如果珊瑚的扩张（生长）是非线性的，则需要进行精细采样（每年 6～12 个样品），否则样品可能无法覆盖整个季节范围，而只能提供年际总变率的最小估值。另外，在极端情况下［常常与重大厄尔尼诺/南方涛动（ENSO）事件相关］，某些地区的珊瑚甚至可能停止生长，因此这些地区的珊瑚可能无法记录到真实的极端状况。

珊瑚研究主要聚焦于珊瑚生长速率、同位素以及融入珊瑚结构中的微量元素的环境记录（Corrège，2006；Grottoli and Eakin，2007）。这些研究提供了有关古 SSTs、降雨、河流径流、洋流和海-气环流模态（如 ENSO 和印度洋偶极子）的新信息。许多研究都是基于相对较短时段（最近数十年）的记录，以更好地理解或校正所分析的参数，从而提高古气候重建的置信度（如 Lough and Barnes，1997；Quinn and Sampson，2002；Smith et al.，2006；Goodkin et al.，2007；McGregor et al.，2011）。迄今为止，仅有少数涵盖最近 200 年的研究见诸报道（表 14.1；图 14.3），为降低分析成本，其他许多研究也只是调查了最近数世纪内

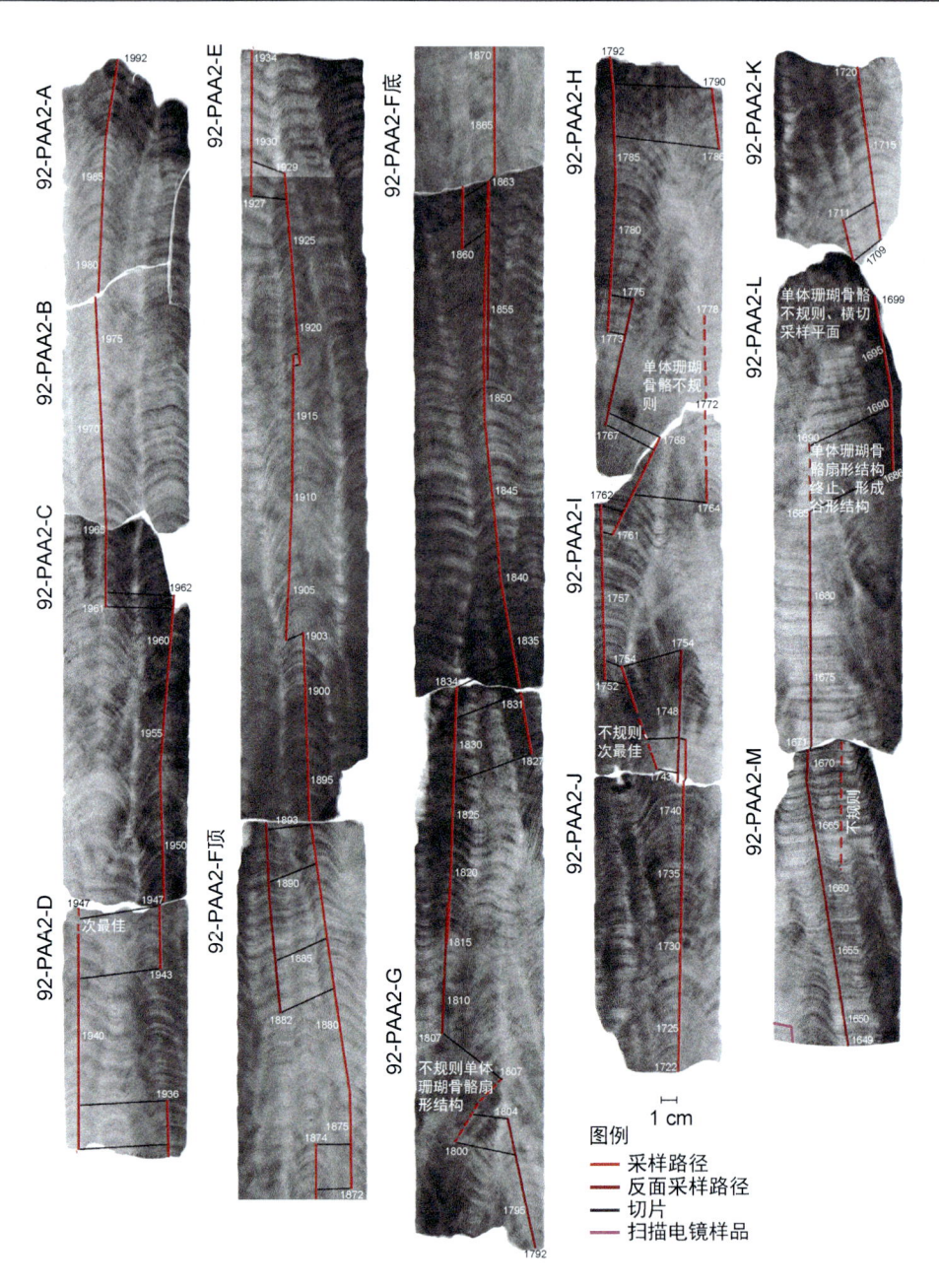

图 14.2　新喀里多尼亚阿梅代岛（22.5°S, 166.5°E）澄黄滨珊瑚（*Porites lutea*）切板 X 射线正片。较密的层显得较暗。红线显示采样轨迹，计数的年数以白色年份标示。引自 DeLong 等（2013）。

较短的几个时窗（如 Winter et al., 2000；Zinke et al., 2004）。除这些相对现代的珊瑚研究外，前溯至末次间冰期甚至更早的珊瑚常常见诸遍布整个热带的抬升海洋台地。只要珊瑚文石未发生成岩作用（Bar-Matthews et al., 1993），就可用于重建过去特定时段的 SSTs（以及 SSTs 年变化）（如 Gagan et al., 2000；Cobb et al., 2003）。

表 14.1　连续覆盖最近 200 年或更长时间的过去气候的珊瑚记录

地点	经纬度	记录长度(公元年)	参数	指标	参考文献
百慕大	32°N,65°W	约 1180~1986	生长速率	SST/上涌流	Pätzold 等(1999)、Berger 等(2002)
红海	28°N,38°E	1751~1994	$\delta^{18}O$	SST、NAO/AO	Felis 等(2000)
佛罗里达南部	25°N,80°W	1745~1986	$\delta^{18}O$	降雨/径流	Swart 等(1996)
尤卡坦	21°N,87°W	1773~2009	生长速率	SST	Vasquez-Bedoya 等(2012)
牙买加西北部	19°N,78°W	1356~1991	Sr/Ca[a]	温度	Haase-Schramm 等(2003)
巴哈马	18°N,88°W	1552~2001	生长速率	SST	Saenger 等(2009)
关岛	14°N,145°E	1790~2000	$\delta^{18}O$	SST、SSS、ENSO	Asami 等(2005)
巴拿马奇里基湾	8°N,82°W	1707~1984	$\delta^{18}O$	降雨/ITCZ 位置	Linsley 等(1994)
伊莎贝尔岛	0.4°S,91°W	1587~1953	$\delta^{18}O$	SST	Dunbar 等(1994)
加拉帕戈斯			$\Delta^{14}C$	上涌流	Druffel 等(2007)
肯尼亚马林迪	3°S,41°E	1705~1997	Ba/Ca	河流径流/侵蚀	Fleitmann 等(2007b)
巴厘岛	8°S,116°E	1783~1990	$\delta^{18}O$	SST、IOD	Charles 等(2003)
昆士兰东北大堡礁	17°S~23°S, 46°E~151°E	1631~1957	释光	河流径流/洪泛	Lough(2007, 2011)
亚伯拉罕礁	22°S,167°E	1479~1985	生长速率	SST	Lough 和 Barnes(1997)
拉罗汤加岛	22°S,160°E	1726~2000	Sr/Ca	SST、PDO	Linsley 等(2000,2006)、Ren 等(2002)
新喀里多尼亚	22°S,166°E	1658~1993	$\delta^{18}O$、$\delta^{13}C$	SST	Quinn 等(1998)
新喀里多尼亚	23°S,167°E	1649~1999	Sr/Ca	SST	DeLong 等(2012)
澳大利亚大堡礁	22°S,153°E	1635~1957	$\Delta^{14}C$	海洋平流和/或上涌流	Druffel 和 Griffin(1993)
澳大利亚西部阿布罗柳斯岛	29°S,114°E	1795~1993	$\delta^{18}O$、$\delta^{13}C$	SST	Kuhnert(1999)
斐济	17°S,179°E	1617~2001	$\delta^{18}O$	SST	Linsley 等(2008)
汤加	20°S,175°W	1650~2004	$\delta^{18}O$	SST	Linsley 等(2004)
马达加斯加伊法蒂	23°S,44°E	1659~1995	$\delta^{18}O$	SST、IOD	Zinke 等(2004, 2005)
大堡礁	18°S,146°E	1612~1985	$\delta^{18}O$、Sr/Ca	SST、盐度	Hendy 等(2002)
百慕大	32°N,64°W	1781~1988	Sr/Ca、$\delta^{18}O$	SST、盐度	Goodkin 等(2005, 2008)
			$\delta^{13}C$、$\Delta^{14}C$	海洋混合	Goodkin 等(2012)
波多黎各	17°N,67°W	1751~2004	Sr/Ca、$\delta^{18}O$	SST	Kilbourne 等(2007, 2008, 2010)
			$\Delta^{14}C$	海洋混合	
波多黎各	17°N,69°W	1700~1989	释光	SST、飓风	Nyberg 等(2007)
大堡礁	18°S,146°E	1644~1986	荧光	河流径流	Isdale 等(1998)
大堡礁	18°S,146°E	1572~2001	扩张速率、密度(钙化)	SST?、胁迫	De'Ath 等(2009)
巴厘岛	8°S,115°E	1782~1990	$\delta^{18}O$	SST、ENSO、季风	Charles 等(2003)

续表

地点	纬度,经度	记录长度 (公元年)	参数	指标	参考文献
珊瑚海	18°S,148°E	1708~1992	Sr/Ca、$\delta^{18}O$	盐度、IPO	Calvo 等（2007）
巴哈马	25°N,78°W	1552~1991	线性生长	SST	Saenger 等（2009）
斐济	16°S,178°W	1617~2004	$\delta^{13}C$	苏斯效应	Dassié 等（2013）
汤加哈弗	20°S,175°W	1793~2004	Sr/Ca、$\delta^{18}O$	盐度、SPCZ	Wu 等（2013）

注：ENSO. 厄尔尼诺/南方涛动；IOD. 印度洋偶极子；PDO. 太平洋十年涛动；NAO. 北大西洋涛动；AO. 北极涛动；IPO. 年代际太平洋涛动；SPCZ. 南太平洋辐合带。

a 硬海绵采自-20 m 水深处。

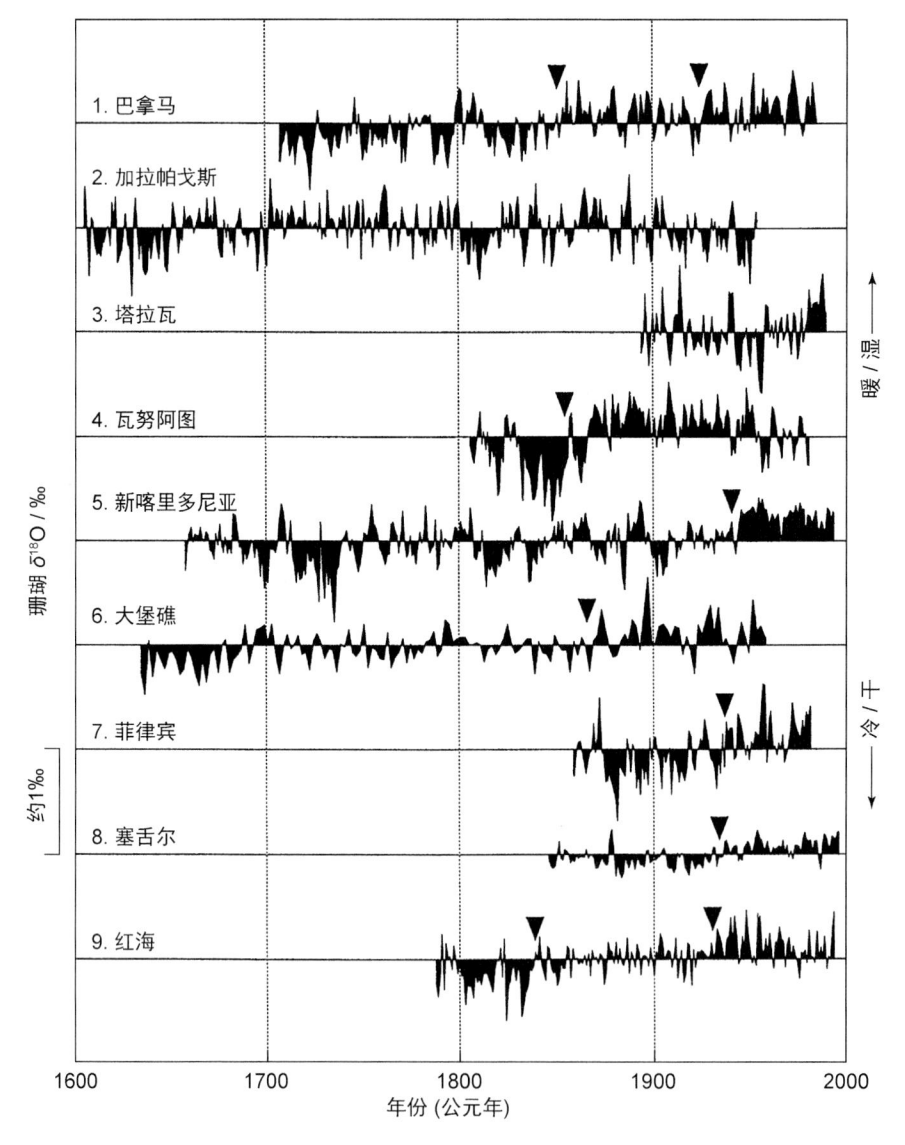

图 14.3 大西洋、太平洋、印度洋及红海最近珊瑚 $\delta^{18}O$ 代表性记录。$\delta^{18}O$ 值减小由环境变暖或变湿所致。引自 Gagan 等（2000）。

14.2 珊瑚生长速率重建的古气候

珊瑚生长速率取决于多种因素，包括 SSTs 和可用养分（Lough et al.，1996；Lough and Cooper，2011）。珊瑚生长速率变化的最长记录是百慕大一个巨大珊瑚岬（圆菊珊瑚）的 800 年记录（Pätzold et al.，1999；Berger et al.，2002）。在该区域，生长速率与 SST 呈反相关，这是因为冷的上升流营养丰富，导致珊瑚生长加快。记录显示，自约 1250 年至 1470 年，SSTs 基本上高于其长期平均值。最冷的状况出现于约 1470~1710 年和约 1760 年至 19 世纪末，之后为 20 世纪变暖期。在巴哈马珊瑚的研究中，生长速率也被用作 SSTs 的代用指标（Saenger et al.，2009）。结果显示，最近约 450 年的最低温度出现于大约公元 1650~1730 年，当时 SSTs 比 20 世纪低约 1℃。这些研究揭示，SSTs 的总体变化与同期北半球夏季温度变化估值大体近似（Bradley et al.，2003b；Mann et al.，2009）。鉴于当前在海洋温度上升和海洋酸化的双重人为威胁下对珊瑚群落生存能力的担忧，将珊瑚生长参数（骨骼密度、线性扩张和钙化率）置于长期背景下进行研究显得尤为重要。事实上，迄今为止获得的证据并不令人欣慰，近年热带许多地区珊瑚生长正在显著衰退（Cooper et al.，2008；Cantin et al.，2010；Lough and Cooper，2011）。

14.3 珊 瑚 释 光

在某些地区，毗邻大陆发生的异常径流事件被珊瑚的荧光带（紫外光下可见）所记录（Isdale，1984；Hendy et al.，2003）。这些荧光带是由融入珊瑚结构的陆源富里酸产生的（Boto and Isdale，1985）。因此，释光可用作河流径流的代用指标（Lough，2007）。由于流入大堡礁海岸水域的径流主要来源于夏季热带气旋降雨，Lough（2011）利用据降雨量校正的释光信号，将昆士兰东北部的夏季总降雨量重建至公元 1685 年（图 14.4）。数据显示，自大约公元 1760 年至 1850 年，降雨量通常低于 1901~1980 年平均值，之后变化增大。结果检测

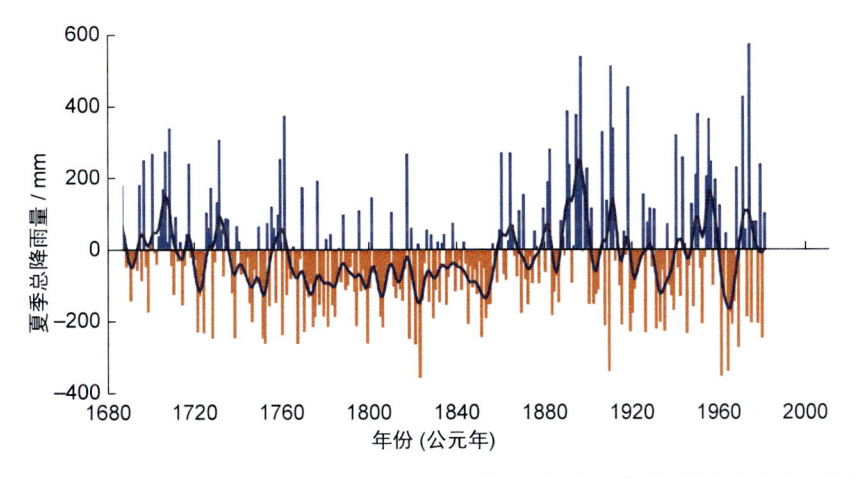

图 14.4 昆士兰（澳大利亚）东北部夏季总降雨量重建，基于一组大堡礁珊瑚的释光信号。异常值以相对于 1901~1980 年（校正时段）平均值表示。引自 Lough（2011）。

出与ENSO的强相关性，其中湿季基本上对应于拉尼娜事件，这通常与影响该地区的热带气旋频率增大相关。珊瑚释光还被用作加勒比海北部飓风频率（其强烈影响沿海径流）的指标（Nyberg et al., 2007）。该研究表明，在大约公元1750~1995年期间，本地区的飓风频率持续下降。最后，Grove等（2013）分析了最近300年马达加斯加东北部海岸珊瑚的释光记录。在校正了人类森林砍伐对径流的影响之后，他们得出结论：该地降雨量主要受太平洋十年涛动（PDO）的调节，PDO正相态与该地区降雨量以及相关径流的增加相关。

14.4 珊瑚 $\delta^{18}O$

人们早已熟知，当生物碳酸盐自溶液中沉淀时，氧同位素的温度相关分馏就会发生（Epstein et al., 1953）。温度每升高1℃，$\delta^{18}O$ 相应减小约0.22‰。Emiliani等（1978）及Fairbanks和Dodge（1979）首先报道了 $\delta^{18}O$ 沿珊瑚生长轴的季节变化及其与SST季节变化的关系。之后，Dunbar和Wellington（1981）的研究也显示，如果进行精细采样，珊瑚 $\delta^{18}O$ 就可提供SST的年内变化记录（图14.5）。与预测平衡值的偏差可能是由生命效应所致（参见6.3.1节），但对某个特定的属而言，其偏差却是恒定的（Weber and Woodhead, 1972）。Winter等（2000）将最近数个世纪中特定时段的加勒比珊瑚样本 $\delta^{18}O$ 与其现代值进行了对比，结果表明18世纪末和19世纪初的温度比20世纪80年代低2~3℃（图14.6）。这些估值得到了基于Mg/Ca（Watanabe et al., 2001）以及Sr/Ca和 $\delta^{18}O$（Kilbourne et al., 2008, 2010）等其他重建的支持。降温可能是由小冰期北美大陆冷空气更为频繁的爆发和/或ITCZ南移引起的（Kilbourne et al., 2010）。

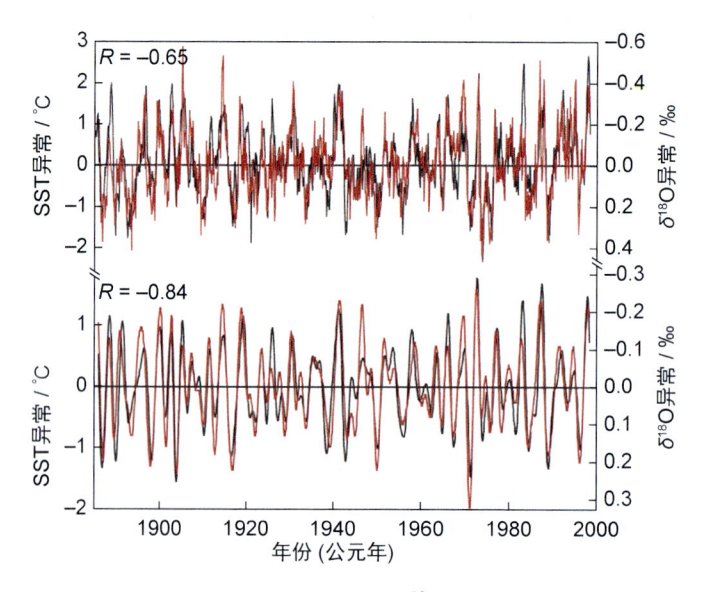

图14.5 西南太平洋帕尔迈拉岛（6°N, 162°W）现代珊瑚 $\delta^{18}O$（红色）与中太平洋尼诺3.4区（5°N~5°S, 120°W~170°W）SSTs器测记录（黑色）之间的关系。在下图中，数据经过2~7年带通滤波处理。$\delta^{18}O$ 与温度之间高度显著的相关性显而易见，故此更大的温度异常对应于更为偏负的 $\delta^{18}O$ 值。引自Cobb等（2003）。

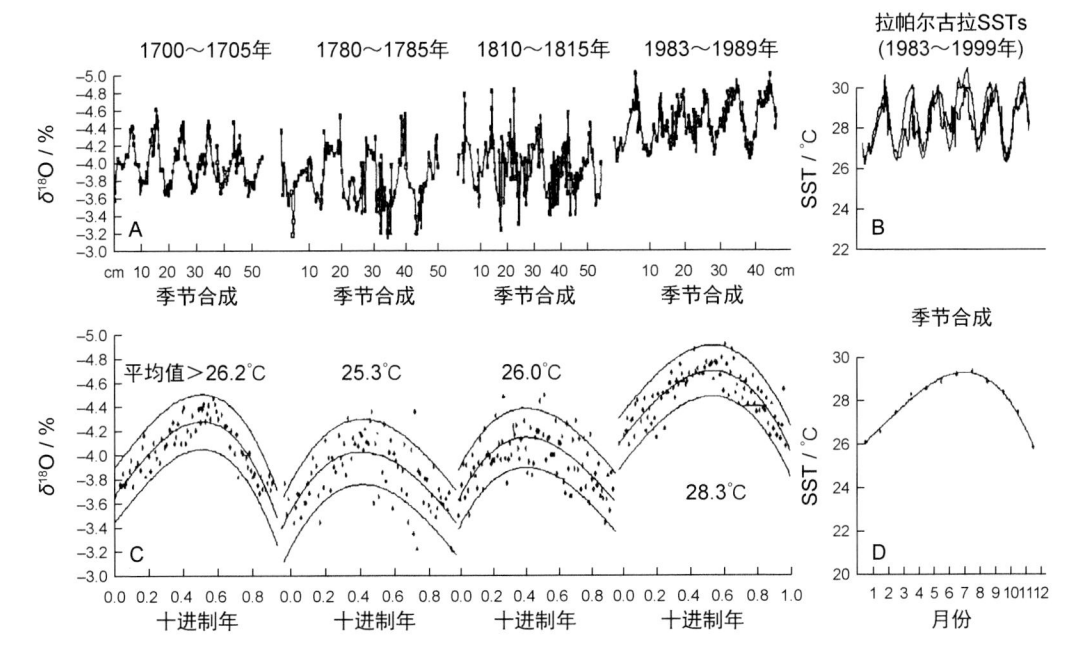

图14.6 A. 小冰期特定时段波多黎各西南沿岸珊瑚样品实测$\delta^{18}O$与现代值（1983～1989年）对比；B. 该地区实测SSTs；C. A中所示量值得出的平均季节范围；D. SSTs季节变化。$\delta^{18}O$对温度的回归表明，特定时窗内的平均温度比20世纪80年代低2～3℃，如C所示。引自Winter等（2000）。

在一些温度季节变率小的热带区域，如赤道地区，可能不存在简单的SST-$\delta^{18}O$关系。在季节性强降雨地区，对流活动期降雨$\delta^{18}O$减小，湿季海洋表面混合层同位素变轻，从而在珊瑚$\delta^{18}O$中产生显著的季节信号（Cole and Fairbanks，1990；Linsley et al.，1994）。在某些区域，这种效应是通过大陆排出的同位素较轻河水涌入近岸水域而产生或增强的（McCulloch et al.，1994）。相反，在长期干热条件下，海面蒸发会使海面盐度（sea-surface salinity，SSS）升高，并因优先移除^{16}O而导致同位素富集（$\delta^{18}O$值增大）。因此，理想的地点应该是，要么降雨年变化大（如Cole et al.，1993；Linsley et al.，1994），要么SST变化大而SSS几乎不变（如Dunbar et al.，1994），或者存在暖湿季与冷干季（对珊瑚$\delta^{18}O$产生累加效应）的区域（如Cahyarini et al.，2008）。例如，在西太平洋部分地区，厄尔尼诺与异常强降雨相关。在塔拉瓦环礁（1°N，172°E），由于同位素亏损降雨稀释了混合层，在ENSO事件期间$\delta^{18}O$发生了0.6‰±0.1‰的负漂（Cole and Fairbanks，1990）。在该区域，这些异常提供了过去ENSO事件的诊断信号（图14.7）（Gorman et al.，2012）。通过在太平洋不同海域识别出适当的区域ENSO信号，有可能重建很早以前ENSO事件（"暖"和"冷"）的时空特征（Cole et al.，1992；Cobb et al.，2013；Hereid et al.，2013）。

在ENSO事件期间经历极端SST异常的地区，珊瑚$\delta^{18}O$可提供此类事件的独特记录，并提供比短期器测记录时间更长的有关ENSO变率的认识（如Carriquiry et al.，1994）。Dunbar等（1994）利用加拉帕戈斯群岛的柱形牡丹珊瑚，重建了过去380年$\delta^{18}O$记录的SST变化。结果表明，在最近350年100个最大的$\delta^{18}O$负异常（指示该地区极高的SSTs）中，88个（±1年）与Quinn（1992）据历史资料建立的厄尔尼诺事件年表相一致。Dunbar

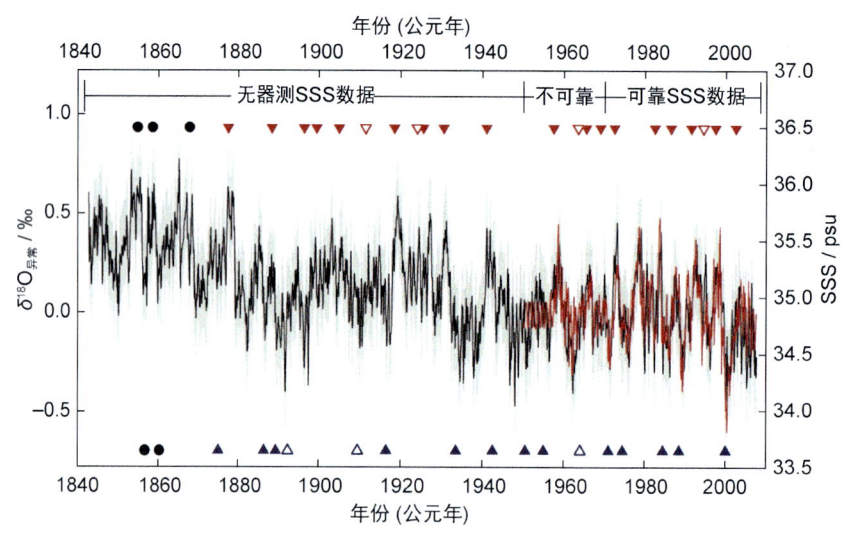

图14.7 西南太平洋瓦努阿图海面盐度重建（黑线）与盐度观测记录（红线）。该区域的拉尼娜（蓝三角）与低盐度相关，而厄尔尼诺（红三角）与高盐度相关。空心三角标示珊瑚重建未记录到的事件，而黑点标示在观测时段之前识别出的ENSO事件。长期趋势被认为与表层水平流的年代际变化有关。引自Gorman等（2012）。

等又利用进化谱分析，检查了记录主周期的变化模式。这涉及在重叠的时段（在此情形下，时段为120年，自1610～1730年至1862～1982年），按时序对数据进行谱分析，以标出该地区SSTs的时间/频率响应。分析揭示出数次主频率模态转变，其中在18世纪00年代初期，准周期性厄尔尼诺事件的周期从4.6～7年转变为4.6年和3年。第二次转变发生于19世纪中期，主周期变为约3.5年（参见Braganza et al., 2009）。主低频方差也呈现出类似的时间变化，自约33年转变为约17年，19世纪中期尤为如此。有趣的是，19世纪中期至后期整个南太平洋也发生了显著的变化（转向更暖和/或更干的状况），这在该区域大量珊瑚记录中显而易见（Quinn et al., 1993; Hendy et al., 2002; Linsley et al., 2004）。

14.5 珊瑚$\delta^{13}C$

珊瑚碳酸盐的$\delta^{13}C$受多种因素的影响，包括海水的$\delta^{13}C$（在某种程度上与表层水与上升流的相对贡献有关）、藻类光合作用过程中的碳同位素分馏以及珊瑚的生理过程。由于藻类优先吸收海水溶解无机碳（dissolved inorganic carbon, DIC）中的^{12}C，因此光合作用速率升高会导致DIC富集^{13}C（$\delta^{13}C$不那么偏负），这转而对正在形成的骨骼碳酸盐的$\delta^{13}C$产生影响（McConnaughey, 1989）。一些研究显示，$\delta^{13}C$随水深增大（如Fairbanks and Dodge, 1979）并在多云月份（即当光合速率降低）减小（如Shen et al., 1992a; Quinn et al., 1993），表明珊瑚条带的$\delta^{13}C$可能提供了长期云量指数。然而，与珊瑚几何形状相关的复杂因素（珊瑚岬周边的生长速率和光合作用活动有所不同）以及对光照水平变化可能产生的非线性光合作用响应，通常使得$\delta^{13}C$记录在珊瑚稳定同位素古气候重建中屈居$\delta^{18}O$记录之后。不过，珊瑚$\delta^{13}C$通过追踪海洋表层水溶解无机碳的$\delta^{13}C$组成，看来的确能作为海洋吸收人为二氧化碳（因而也是海洋酸化）的一个重要示踪指标（Swart et al., 2010）。

14.6 珊瑚Δ^{14}C

海洋混合层的Δ^{14}C变化（即相对于长期趋势的^{14}C异常）与大气^{14}C含量变化或深海亏损^{14}C水体的上涌有关。Δ^{14}C异常也被记录于树轮中，因此，在珊瑚中观测到的而在树轮中未见的^{14}C变化很可能与洋流变化有关，指示来自其他区域的^{14}C亏损（或富集）水体的上涌或对流。据此，Druffel和Griffin（1993）将1680~1730年大堡礁西南部珊瑚Δ^{14}C值的异常大幅偏移与南赤道流（Δ^{14}C约为–60‰）及东澳大利亚流（Δ^{14}C约为–38‰）水体的相对贡献变化相联系。同样，Druffel等（2007）在加拉帕戈斯群岛的珊瑚中发现了低Δ^{14}C时段，认为这些时段正是严重亏损^{14}C的亚南极水体被带入自西向东穿过太平洋的赤道底层流的时期。正如珊瑚Δ^{14}C所记录的，这一水体最终在加拉帕戈斯群岛周围上涌。Kilbourne等（2007）利用波多黎各西南部珊瑚，解译最近250年赤道水体（亏损^{14}C）相对于亚热带水体（相对富集^{14}C）的变化。他们发现，无论在年际还是在年代际时间尺度上，这两种不同水团的占比都发生了相当大的变化。

14.7 珊瑚微量元素

由于某些元素（Sr、Ba、Mn、Cd和Mg）在化学性质上与Ca相似，因此这些元素可能会在珊瑚骨骼碳酸盐中微量出现。许多研究显示，此类元素的相对含量（以微量元素与钙的比值表示）常常可提供古气候或古海洋信号（Shen and Sanford，1990）。例如，由于混合层以下的Cd含量通常要高得多，因此加拉帕戈斯珊瑚的Cd/Ca比值随季节性上升流而增大（Shen et al.，1987）。由于Ba/Ca比值与SSTs呈反相关（Lea et al.，1989），因此低Cd/Ca和Ba/Ca比值可提供厄尔尼诺事件（在加拉帕戈斯地区）的有效指数，这是因为厄尔尼诺事件与非常高的SSTs和最弱的上升流相关联。在一些区域，Mn/Ca比值也可提供很重要的信息。例如，在中太平洋西部，在赤道西风强盛期（与厄尔尼诺相关），锰自潟湖沉积中活化，因此珊瑚高Mn/Ca比值指示此类状况的发生（Shen et al.，1992a，1992b）。在其他地区，Mn/Ca（或许还有Ba/Ca）比值可提供有关大陆地区径流的信息，因为与海洋混合层的环境本底值相比，陆源物质富含Mn和Ba。例如，Fleitmann等（2007b）分析了最近约300年肯尼亚沿岸珊瑚的Ba/Ca比值，将其作为邻近陆区土壤源沉积的指标。数据揭示单个年异常可能与强降雨事件有关，但Ba/Ca的长期增大趋势，则被归咎于粗放型农耕引发的土壤侵蚀加剧，而非降雨的系统性增加。

Sr/Ca比值（以及在一定程度上Mg/Ca和U/Ca）是珊瑚的重要古温度指标（图14.8）（McCulloch et al.，1994；Min et al.，1995；Mitsuguchi et al.，1996）。Sr/Ca与观测的SSTs常常密切相关，这为古温度重建提供了可靠依据（Quinn and Sampson，2002）。然而，Sr/Ca（或许还有Mg/Ca）比值在一些生长较慢的种中或在群落生长较慢的区域，可能受珊瑚的生长速率影响（DeLong et al.，2013）。这可能导致对生长速率低（低于特定种阈值）的珊瑚节段古温度估值比对同一珊瑚快速生长节段的估值低。考虑到这一点，Goodkin等（2007）利用生长缓慢的脑纹双沟珊瑚（*D. labyrinthiformis*）不同群落的样本组合，结合生长速率和 Sr/Ca 数据，建立了可广泛用于不同地点的 Sr/Ca 与 SSTs 之间紧密的校正关系。然而，生长速率较快的同属珊瑚（槽纹双沟珊瑚，*D. strigosa*）群落并未表现出珊瑚 Sr/Ca 与生长速率的相关性（Giry et al.，2010）。

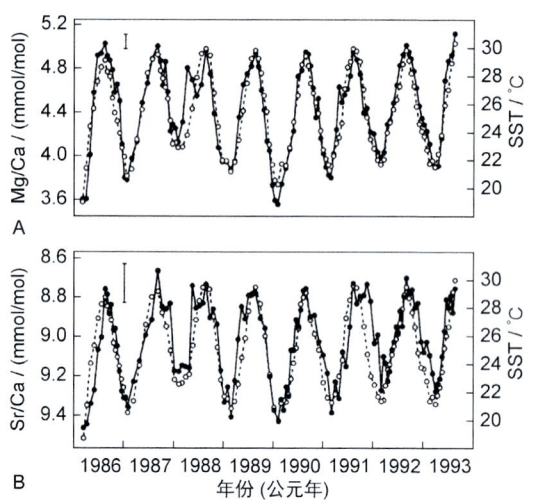

图 14.8　日本琉球群岛验潮站记录的 SSTs（日温的 3 周平均值）（虚线）与附近珊瑚的地球化学变化的对比。A. Mg/Ca 比值（$r=0.92$）；B. Sr/Ca 比值（$r=0.85$）。图示分析误差棒，分别表示 ±0.5℃ 和 ±1.6℃。引自 Mitsuguchi 等（1996）。

DeLong 等（2012）非常详细地（每年约 12 个 Sr/Ca 样品）分析了西南太平洋新喀里多尼亚的大量珊瑚，时间涵盖 1649～1999 年。根据最近数十年观测 SSTs 与 Sr/Ca 比值的高度相关性，重建了 350 年的 SST（图 14.9）。结果显示，温度自 17 世纪中期逐渐下降至

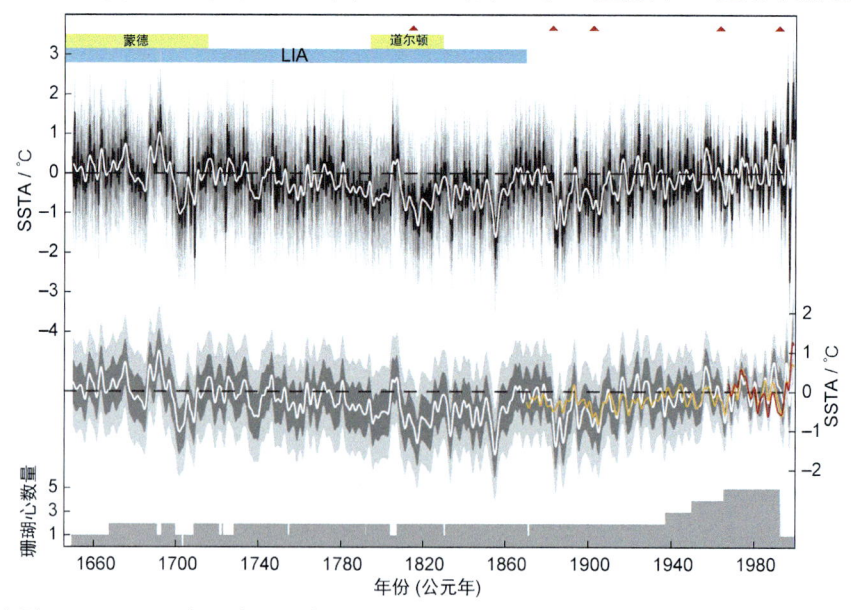

图 14.9　上图：1667～1992 年月海面温度异常（相对于 1961～1990 年平均值），基于热带太平洋西南部新喀里多尼亚珊瑚的 14000 余个 Sr/Ca 测量值重建。黑线和白线分别为 7 个月和 36 个月低通滤波数据。下图：36 个月滤波数据，以及估计的 1 个标准偏差和 2 个标准偏差误差（灰色阴影）。红线和橙线显示仪器记录的 SSTs。底部直方图显示分析所用的珊瑚心数量。太阳活动减弱期以黄色标示，主要爆发式火山喷发以红三角标示。引自 DeLong 等（2012）。

19 世纪中期的最低值，然后又逐渐上升至今。叠加在这些趋势之上强烈的多年代际尺度变率则与大尺度南太平洋十年涛动（可能为 ENSO 变率的低频表现）相关，这种涛动已在整个区域的 SST 和降雨模式中得到确认（Shakun and Shaman，2009；Hsu and Chen，2011）。

14.8 珊瑚化石记录

表 14.1 清楚地显示，从现代向更早时间连续延伸的长珊瑚记录数量非常有限，但在一些地区已采集到珊瑚化石样本，提供了可与现代样本数据对比的有关过去状况的缩影（Gagan et al.，2000）。例如，Cobb 等（2003）自中太平洋帕尔迈拉岛（6°N, 162°W）获得了珊瑚化石。在此地点，SSTs 与 ENSO 变化密切相关，厄尔尼诺与暖湿状况相关，而这些暖湿状况在珊瑚记录中表现为 $\delta^{18}O$ 负异常。化石样本的年龄范围利用 U/Th 年龄来界定，之后进行高分辨率采样，用于 $\delta^{18}O$ 分析。年龄重叠的珊瑚样本数据揭示了共有的年际至多年代际尺度振荡。将众多记录拼接起来，就生成了最近千年（公元 982~1998 年）中太平洋 SST/盐度变化的长卷（图 14.10）。结果表明，在 17 世纪后期，厄尔尼诺和拉尼娜比该地区在 20 世纪所经历的更加频繁且幅度更大。相比之下，12 世纪和 14 世纪中期 ENSO 变率则大大降低。综合记录还显示，SSTs 在百年尺度上仅有很小的变化（已估计盐度变化的影响），但 10 世纪可能明显比 20 世纪后期更冷和/或更干，表明其时出现了更多的类拉尼娜状态。

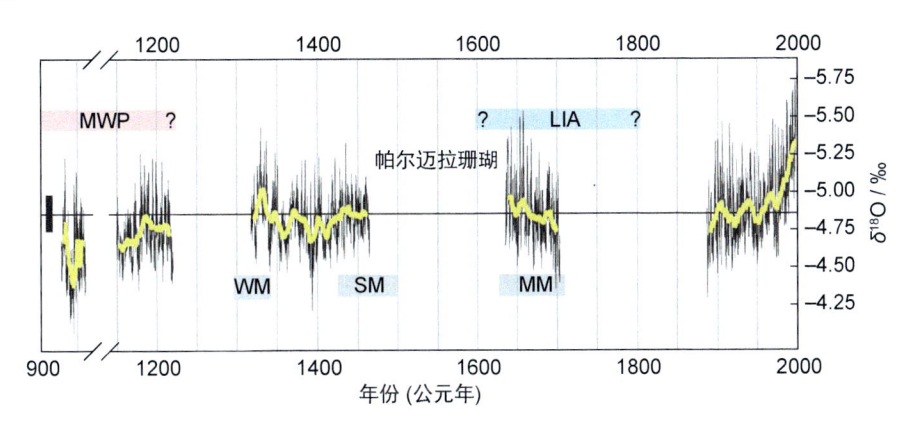

图 14.10 太平洋西南部帕尔迈拉岛现代珊瑚和珊瑚化石的氧同位素。较大的负值（反向绘制）指示过去较冷和/或较干的状况。该区域的此类情况通常与拉尼娜相关。引自 Cobb 等（2003）。

其他众多较短的化石记录（绝对年龄可延伸至距今 350000 年前）也已进行了分析（表 14.2）。澳大利亚大堡礁珊瑚的 Sr/Ca 显示，中全新世温度比 20 世纪 90 年代初高约 1.2℃（Gagan et al.，1998）。他们又对相同样品的 $\delta^{18}O$ 进行了分析，去除 $\delta^{18}O$ 中的温度信号后，获得了盐度变化记录。结果显示，^{18}O 发生了富集，表明盐度升高，这是由于 SSTs 升高引起蒸发速率增大所致。如果这种模式在中全新世遍及整个热带，那它可能显著增加了大气的水汽含量以及输往热带以外地区的潜热。

表 14.2 若干珊瑚化石记录实例

地点	参数	样品距今年龄 / ka	参考文献
百慕大	$\delta^{18}O$	公元 1520~1603 年	Kuhnert 等（2002）
巴布亚新几内亚米西马岛	$\delta^{18}O$、Sr/Ca	公元 1411~1644 年	Hereid 等（2012）
帕尔迈拉岛	$\delta^{18}O$	0.25~1.0	Cobb 等（2003）
北线群岛（圣诞岛范宁）	$\delta^{18}O$	1.3~6.9	Cobb 等（2013）
加勒比海博奈尔岛	Sr/Ca	1.8~6.2	Giry 等（2012）
	$\delta^{18}O$、Sr/Ca	1.8~6.2	Giry 等（2013）
红海	$\delta^{18}O$、Sr/Ca	2.9 和 122	Felis 等（2004）
瓦努阿图	Sr/Ca、U/Ca	4.15	Corrège 等（2000）
印度尼西亚西部明打威群岛	Sr/Ca、$\delta^{18}O$	4.16~6.57	Abram 等（2007）
瓦努阿图	Sr/Ca	4.2~10.3	Beck 等（1997）
中国南海海南岛	$\delta^{18}O$	4.4	Sun 等（2005）
红海埃拉特	$\delta^{18}O$	4.5~6	Moustafa 等（2000）
多米尼加共和国	$\delta^{13}C$、$\delta^{18}O$	5.2~7.2	Greer 和 Swart（2006）
澳大利亚大堡礁	Sr/Ca、$\delta^{18}O$	5.35	Gagan 等（1998，2000）
新喀里多尼亚	Sr/Ca、Ba/Ca	5.5	Lazareth 等（2013）
塔希提	$\delta^{18}O$、Sr/Ca	9.5	DeLong 等（2010）
塔希提	Mg/Ca、Ba/Ca、U/Ca 和 Cd	9~15	Inoue 等（2010）
塔希提	$\delta^{18}O$、Sr/Ca	12.4 和 14.2	Asami 等（2009）
塔希提	$\delta^{18}O$、Sr/Ca	15	Felis 等（2012）
巴布亚新几内亚	$\delta^{18}O$	多个[a]	Tudhope 等（2001）、Brown 等（2006）
瓦努阿图	$\delta^{18}O$、Sr/Ca	350	Kilbourne 等（2004）

a 多个样品，年龄为距今约 2.3 ka、6.5 ka、38~42 ka、85 ka、112 ka 和 118~128 ka。

  许多珊瑚化石研究都聚焦于过去 ENSO 变率的性质。总体而言，这些研究表明，ENSO 系统在整个末次冰期-间冰期旋回一直是气候系统的长期角色，尽管强度（幅度）和频率在不同时期有所变化。例如，在巴布亚新几内亚北部海岸的珊瑚中，Tudhope 等（2001）发现的证据表明，ENSO 变率（在该区域表现为冷干状况，因而在珊瑚中记录为同位素重的——不那么偏负的——$\delta^{18}O$ 值）在冰期和间冰期相似（图 14.11）。在太平洋西南部的珊瑚化石研究中，Cobb 等（2013）断定，ENSO 变率在全新世期间变化很小，不过在最近数十年表现为比过去典型事件变幅更大的事件。通过补充采样，有理由预期足够多的珊瑚化石终将找到，从而足以勾勒出几乎连续延伸至 LGM 的热带海洋状况图像，至少在某些区域能够如此。

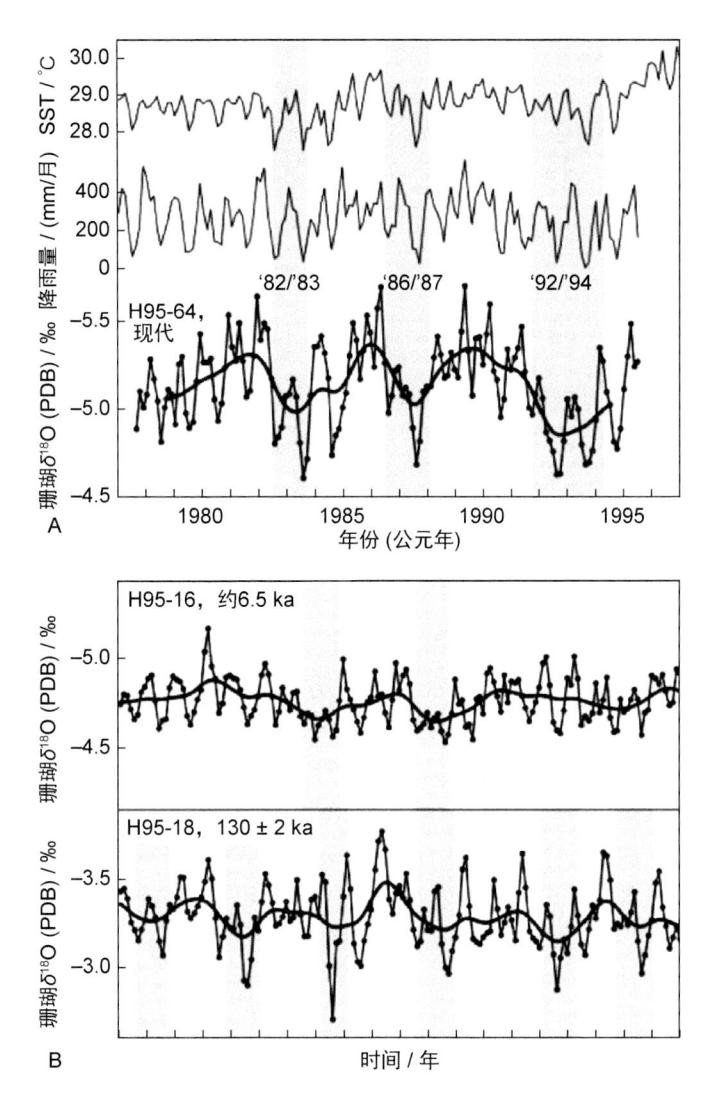

图14.11 巴布亚新几内亚北部海岸现代珊瑚（上图，图示1978～1997年记录的SSTs和降雨量）与距今约6500年前（中图）和距今约130000年前（下图）珊瑚化石样本的氧同位素变化。20世纪80年代和90年代初的厄尔尼诺事件以阴影示于上图。这些事件在该区域通常表现为干冷，导致$\delta^{18}O$值相对增大（注意反向标度）。类厄尔尼诺变化也出现于化石样本（阴影），不过变幅小于现代珊瑚。引自Tudhope等（2001）。

第15章 历 史 文 献

15.1 引　　言

若干最多样和最宝贵的代用指标数据来源于历史记录。这些数据特别重要，因为它们涉及最近历史的短期（高频）气候波动。从气候未来的角度看，正是这一时间尺度和频率域常常令规划者和决策者最感兴趣。通过参考历史记录，可以了解大量关于极端事件概率的信息，这为预估未来再次发生类似事件的可能性提供了更为现实的视角（Ingram et al.，1978；Pfister and Brázdil，1999）。Brázdil 等（2005）对这一主题进行了出色的概述，其中有许多欧洲的实例。

利用历史记录重建过去气候的工作，直接牵涉气候和气候波动在人类历史上究竟发挥了多大的作用这一争论。致力于研究气候与历史的数部著作讨论了这个问题（LeRoy Ladurie，1971；Delano Smith and Parry，1981；Rotberg and Rabb，1981；Wigley et al.，1981；Pfister et al.，1999；Jones et al.，2001）。这些书中的大部分讨论都以气候和气候变化对人类活动各个方面产生的影响（如果有）为中心，尤其关注农业和经济活动及其社会和政治后果（Ingram et al.，1981a；Salvesen，1992；Bauernfeind and Woitek，1999）。考虑到本章主旨，在此没有必要对那些赞同或反对的论点加以评论，但需要指出，在因果关系尚未明确证实的情况下，将历史数据作为气候代用指标记录存在很大风险。对此问题，通常藉由建立历史时间序列与重叠气候数据简明记录之间的经验关系加以处理。然而，如果没有模型证实这种关系的逻辑，则可能得出错误的结论（de Vries，1981）。模型应该是综合性的，既能确认气候的作用，也能确认其他非气候因素的潜在重要性（Parry，1981）。这样，不仅可为历史古气候重建奠定坚实的基础，而且可更好地理解气候和气候波动在历史中的作用。

当然，历史文献中的古气候数据有赖于观测笔录或铭文，这意味着世界某些地区比其他地区拥有更为丰富的历史古气候信息遗产（表 15.1）。最长的记录来自埃及，那里有关尼罗河洪水位的石刻可追溯至中全新世时期（距今约 5000 年前），显示当时东非夏季风带来降雨量的增加（Bell，1970；Henfling and Pflaubaum，1991）。阿拉伯编年史也提供了中东其他地区（伊拉克、叙利亚和巴勒斯坦）断断续续的观测记录（主要为降雨量），时间可至 1000 多年前（Grotzfeld，1991）。在中国，最早的甲骨文可追溯至商代（距今约 3700～3100 年前），当时气候似乎比现代略显温暖（Wittfogel，1940；Chu，1973；Zhang，2004，第 1 卷）。当然，这样的记录很少且相距甚远，而对绝大多数大陆地区以及海洋来说，历史观测通常仅在最近数世纪才成为可能。

表 15.1 气候的最早历史记录

地区	最早文字证据（大致时间）
埃及	公元前 3000 年
中国	公元前 1750 年
南欧	公元前 500 年
北欧	0
日本	公元 500 年
冰岛	公元 1000 年
北美	公元 1500 年
南美	公元 1550 年
澳大利亚	公元 1800 年

改自 Ingram 等（1978）。

历史数据可分为四大类。首先是对天气现象本身的观测，例如早期日志记载者记录的霜冻频率和时间或降雪的出现。其次是与天气相关的自然现象（有时称为类气象现象）的记录，例如干旱、洪涝以及湖泊或河流的封冻和解冻。第三是物候记录，记载着与天气相关的周期性生物现象出现的时间，例如春季灌木和树木开花或候鸟到来的日期。在这组记录中也涉及特定气候相关物种过去空间范围的观测。第四是涉及对过去气候状况可能产生影响的驱动因素的记录。在每个类型中，都有浩如烟海的可用信息源和同样繁多的可能与气候相关的现象。这些将在以下几节中进行更为详细的讨论。

15.2 历史记录及其解释

可用的历史古气候信息源包括①古代铭文；②纪年表、编年史等；③政府档案；④私人庄园档案；⑤海事和商业档案；⑥个人材料，例如日记或信件；⑦科学或原科学著述，例如（非器测）天气日志（Ingram et al.，1978）。在所有这些信息源中，历史气候学家面临着从现代观测的角度确定过去定性描述的对等意涵的困难。"干旱"、"霜冻"和"封冻"这些术语的真正含义是什么？如何解读形容词（例如"极度"霜冻）？例如，Baker（1932）注意到，一位 17 世纪的日记作者在短短 5 年的时间里记录了 3 次"严重程度前所未有的"干旱！解决这一问题的途径是，利用文本分析（Baron，1982）并尽可能严格地对历史文献中的气候信息进行定量评估。核查历史文献中关键描述性词汇（例如"雪"、"霜"和"暴风雪"）使用的频率以及作者可能使用的修饰性语言（例如"严重霜冻"、"致命霜冻"和"轻微霜冻"）。这样就可评估所使用的描述性术语的等级，从而可按原作者所理解的严重程度依序对它们进行分级。然后，为分级的术语赋予数值，以便对数据进行统计分析。这可能涉及单一变量（如雪）的简单频率计数或变量组合的复杂计算。由此，原始的定性信息可被转换为更为有用的关于过去不同时期气候的定量数据。解释历史文献中的气候特征常常需要非气候信息，即事件发生的地点（事件是否仅有地方意义？日记作者是游方士还是定居者？）以及事件确切发生于何时又持续多久？最后一个问题可能牵涉与变换纪年习惯有关的困难（van Engelen et al., 2001），以及在试图界定"夏季"或"冬季"等术语的含义和"人们记忆中最冷的冬天"这样的短语所代表的时间跨度方面的困难。并非所有这些问题都能得到解决，但文本分析可帮助萃取历史文献中最相关和最明确的部分（Moody and Catchpole，1975）。

历史文献很少给出过去气候状况的完整图像。更常见的是不连续的观测，非常偏重记录极端事件，而即使是这些事件，如果未能引起观测者的注意，也可能无法留下记录。另外，长期趋势可能无法得到关注，因为它超出了一个人的时间视域。从某种意义上说，人类观测者充当了高通滤波器，记录着围绕一个持续变化的常态出现的短期波动（Ingram et al., 1981b）。尽管如此，自然现象（如湖泊结冰）的长期记录还是能表达相关的低频信息，即使其时间序列是由诸多短期观测构成的。

那些看来包含着丰富类气象信息的历史记录，几乎肯定不是为了历史气候学家应用而编纂的，因此必须谨慎评估作者编纂记录的目的。例如，中国历朝历代都有大量关于洪涝和干旱的文献，但记载的目的并非为了记录气候的异常变化，而是为了记录降雨变化带来的苦难和损毁。此类事件被认为是向当时的皇帝发出的超自然警告（Yao，1944）。正因如此，旱涝事件报告存在着偏向至关重要生长季的严重季节偏倚，同时数据也存在向人口众多定居区的空间偏倚。例如，在明代（1368~1643 年），直隶省份所记录的旱涝次数超过其他任何省份（Chu，1926；Yao，1943）。另外，由于旱涝使受灾地区的税赋得以减免，因此不可能不诱使地方官员夸大极端事件的严重性。当然，这在历史上许多地方都并不鲜见。

关于异常温度的记录可能出现严重偏差，这取决于作者的判断，这种偏差对重建可靠的古温度估值提出了艰巨的挑战。例如，在中国文献记录的 2 万多次"气候灾害"中，只有 100 次与暖异常有关（Wang，1991a，1991b）。35%的年份提及冷事件，而只有 5%的年份提及暖事件。这种偏差反映出寒冷气候对中国农业活动的重要影响。在较冷气候地区，特别重要的是温暖状况。冰岛的档案通常记录温和期，这些温和期以 16 世纪 70 年代、17 世纪 40~50 年代和 18 世纪 00 年代温暖时期表现最为明显（图 15.1）（Ogilvie，1992）。

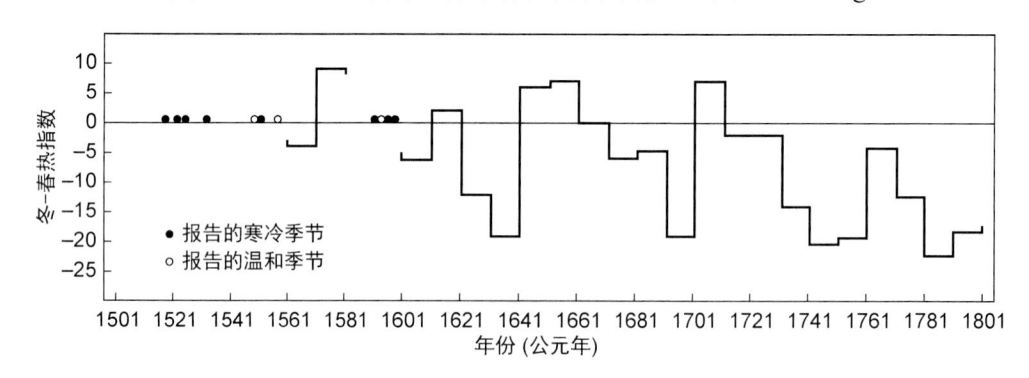

图 15.1　1501~1801 年冰岛冬-春热指数，基于历史文献（纪年表、信件和日记）的文本分析。图示非常寒冷季节和非常温和季节的单独报告。引自 Ogilvie（1992）。

最后，值得强调的是，并非所有的历史文献都同样可靠。在某些情况下，可能很难确定作者所写的事件是否为其所亲身经历，或者事件是否已因谣传或时间流逝而被曲解。理想情况下，文献源应该是原始文献而非文献汇编。许多关于过去气候的错误结论都是由于气候学家依赖汇编不当的二手资料造成的，经查原始数据，已证明这些资料错误百出（Bell and Ogilvie，1978；Wigley，1978；Ingram et al.，1981b）。尽管如此，一些重要的文献汇编，如卷帙浩繁的中文百科全书《图书集成》，已被证明是古气候信息极其宝贵的来源（Chu，1926，1973；Yao，1942，1943）。

如果有可供对比的现代观测数据，一些观测记载可不需进行直接校正。这适用于雨/雪频率、初雪和末雪的日期以及河流封冻/解冻日期之类的事项，只要城市热岛效应或技术变革（如开凿运河）并未造成记录的不一致。然而，如果历史观测记录可据仪器记录的温度进行校正，则与现代数据进行更多的定量对比就成为可能。这可通过使用与代用指标记录重叠的早期器测数据，以建立将两个数据集相关联的方程来完成（如 Dobrovolný et al.，2010）。以此方式，Bergthorsson（1969）将19世纪冰岛近岸的海冰频率观测数据对年均温进行了回归，然后将所得方程用于海冰观测数据，重建了此前300年的长期温度波动。同样，荷兰运河封冻频率观测数据由 de Vries（1977）利用器测记录的冬季温度数据进行了校正（图15.2），校正方程被用以重建每个地区器测记录之前的古温度（不过在这些情况下，运河未封冻或海冰不存在时较高的温度无法重建）。

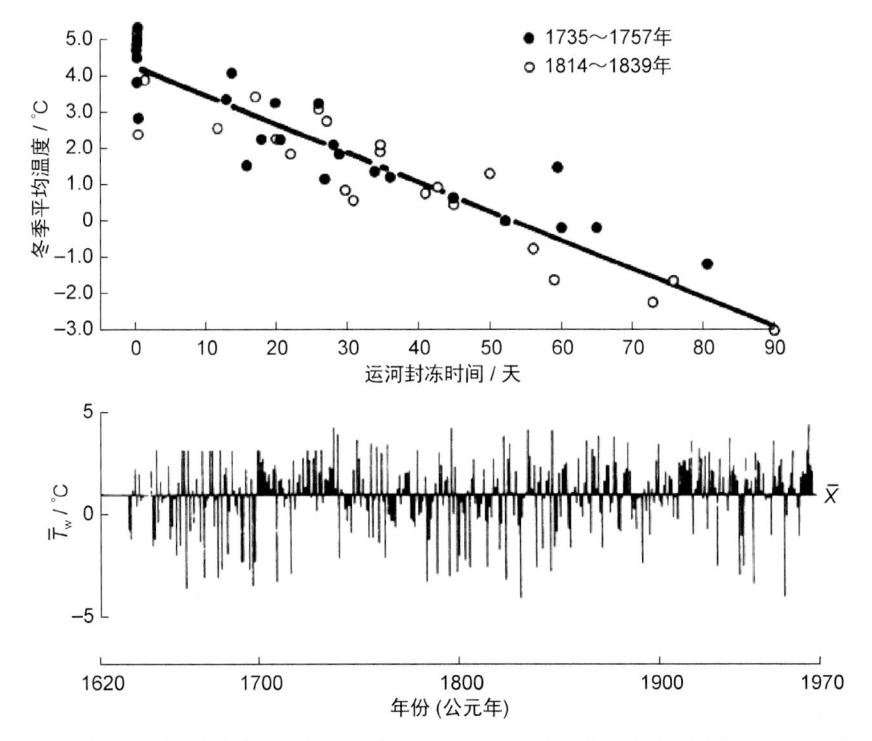

图15.2 上图：每年冬季哈勒姆与莱顿（荷兰）间运河封冻日数与冬季平均温度之间的关系。图示最佳拟合线性回归线。下图：荷兰德比尔特重建的冬季温度，表示为与长期平均值（+2℃）的距平，基于图示回归和运河封冻频率历史记录。引自 van den Dool 等（1978）。

很多地方降水事件（日频率）是与降雨强度备注而非降雨总量一起记录的。在中国，自1736年开始（一直持续至1911年）建立了一个非常全面的系统，持续记录了中国东部和南部18个省份273个地点的日降雨和降雪（Ge et al.，2005）。这些记录被称为《雨雪分寸》，其中的数据要定期向皇帝呈报，以便皇帝了解可能影响农业生产的气象状况，以及可能（如果是坏消息）潜在的社会动荡。令人意想不到的是，数据是以降水的类型和持续时间以及降雨渗入地面以下的深度（入渗深度）——这对农业极端重要——或累积降雪厚度来记录的。由于降雨入渗在很大程度上取决于当地土壤类型、先前土壤湿度状况以及降雨持续时间和强度，Ge等（2005）开展了野外试验，通过人工重现不同的降雨量和降雨强度，再测量入渗深度，以量化历史记录中的描述性术语。通过这种方式，他们重建了石家庄（北京南部）的日总降水量，并合计了月和季总降水量（图15.3）。结果显示，冬季降水量在1825年之前高于20世纪，之后在整个19世纪下降。在夏季，18世纪末和19世纪初（约1785~1815年）降雨量最高。

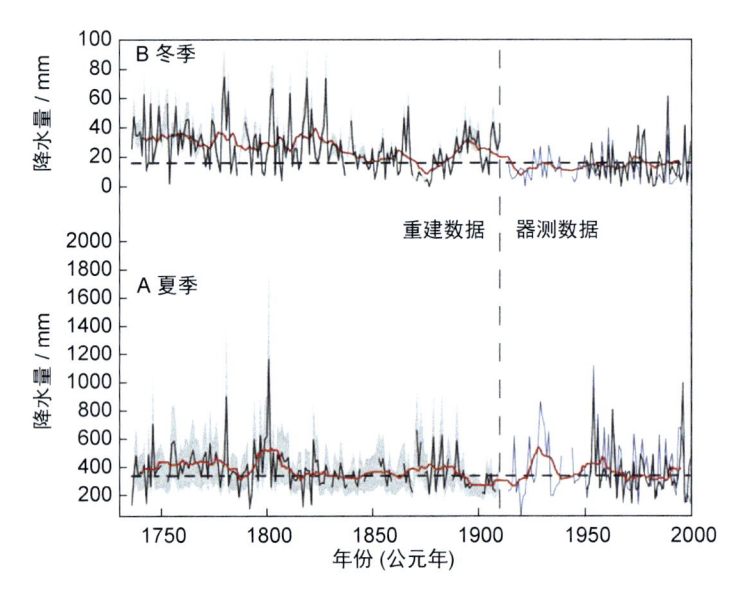

图15.3 石家庄重建（1736~1911年）和器测（1951~2000年）的（A）夏季和（B）冬季降水量（黑线）。红线代表11年滑动平均值，横虚线为1961~1990年年平均值。阴影表示95%置信限。由于石家庄缺失1911~1950年测量数据，这些数据以附近保定的数据代替（蓝线）。引自Ge等（2005）。

许多研究显示，降雨频率（和/或降雨持续时间）与日降雨量之间在统计学上存在显著关系，因此可对日降雨量进行估算，从而累积出月和季总降雨量。例如，在长江下游地区，清代（1636~1910年）地方官员持续进行了详细的天气观测记载，这套档案（《晴雨录》）提供了每日的天空状况、风向、降水类型（雨或雪、小、大、暴等）和降水事件持续时间的记录（Wang and Zhang，1988）。通过将总降水量与最近数十年的降水频率和强度（利用器测数据）相关联，Wang和Zhang（1992）建立了回归方程，可应用于历史数据以重建过去的降水量。有学者注意到，由于云层往往会降低直接辐射，而降雨本身会导致蒸发冷却，因此降雨频率（降雨日数和/或雨季时长）通常与温度呈反相关。Wang等（1992）将这一思路应用于《晴雨录》，将北京夏季温度器测记录自1855年延伸至1724年。Mikami（1992b）

也注意到了日本部分地区降雨日数与夏季温度之间的密切关系（基于器测数据）。他利用石川家族世世代代自1721年保存的日记（所幸与器测记录时期重叠），用重叠时段的7月温度校正了降雨日数，然后将这一关系用于降雨频率历史记录，重建了1721年以来的温度（图15.4）（Mikami，2008）。

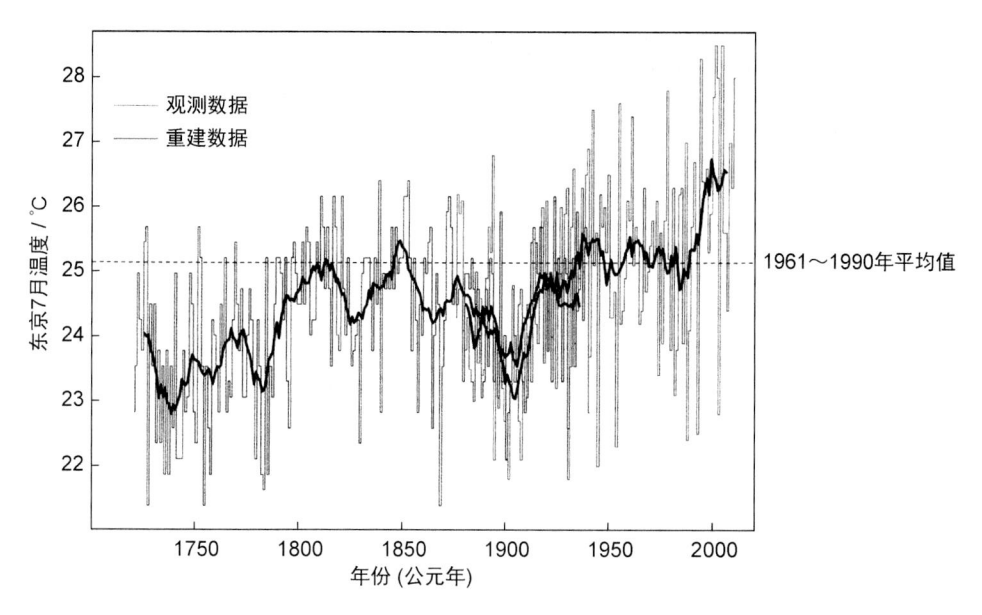

图15.4 1721~1995年东京重建（实线）和观测（折线）的7月温度组合时间序列。重建值基于观测与记录数据重叠时段的降雨日数和7月温度的校正。引自Mikami（2008）。

15.2.1 历史时期天气观测

历史文献记录最广的气象现象是雪，以每年初雪和末雪的日期或地面积雪日数或降雪日频率表示。最早的一些降雪观测来自杭州，时间为公元1131~1210年，当时对春季末雪的日期进行了断断续续的记录。与1905~1914年杭州记录对比显示，12世纪春季月份的降雪通常比20世纪初的典型情形晚3~4周（Chu，1926）。这表明，南宋（公元1127~1279年）年间冬季更长，且可能更冷。

Manley（1969）编制了伦敦地区更晚近且更完整的降雪记录（初雪和末雪日期）。这些记录可延伸至1811年，其中显示雪季在1811~1840年与1931~1960年期间大约减少了6周，不过这种变化大多发生在20世纪，可能是城市热岛效应显著增强所致。类似的问题可能也对东京地区最近的初雪累积观测记录产生了影响。自1632~1633年至1869~1870年，初雪累积的平均日期为1月6日，而自1876~1877年至1954~1955年，平均日期为1月15日（Arakawa，1956a）。在这两个时段，数据的标准偏差近似（大约20日）。有多少变化是由东京都市区变暖所致难以评估，但这突显出更多地从农村地区获取数据的特殊价值。例如，Pfister对比了瑞士上高原和下高原许多海拔相近地点的积雪（地面广泛积雪）日数。结果显示，18世纪的积雪常常比20世纪最寒冷的冬天（1962~1963年）持续时间还要长（表15.2），这为苏黎世-温特图尔地区的"积雪日数"记录提供了有力支持（图15.5）。这些数据表明,1691~1700 年的 10 年间,地面积雪日数最多(每年>65 日),而最近的平均值仅为该数值的一半(Pfister,1985)。同样重要的是,据长期温度器测记录,最近这 10 年是英格兰中部最冷的年份(Manley,1974)。因此,虽然城市扩张效应无疑对温度逐步施加了影响,但却不能用以解释观测到的所有显著变化。

表 15.2 瑞士特定地点每年积雪日数(括号内为 3~5 月数值)

选定年份冬季	下高原	上高原
1769~1770		126(45)
1784~1785	134(51)	154(60)
1788~1789	112(35)	
1962~1963[a]	59(0)	86(12)

a 20 世纪最冷冬季。严冬也出现于 1684~1685 年、1715~1716 年、1730~1731 年和 1969~1970 年。

引自 Pfister(1978a)。

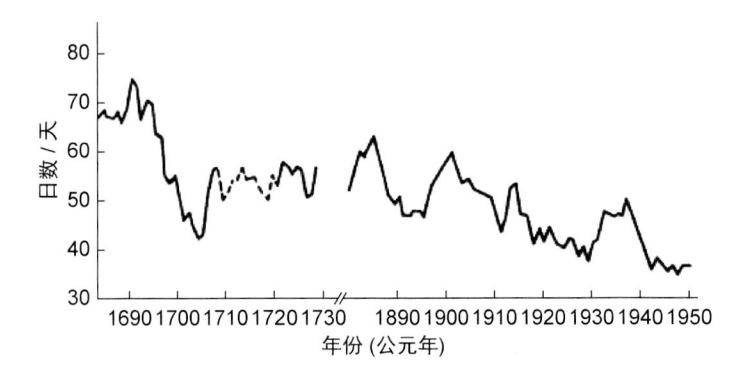

图 15.5 苏黎世积雪日数波动(注意横坐标刻度间断)。1800 年之前的数值基于每日非器测数据估算。1721~1738 年的观测数据来自苏黎世东北 20 km 的温特图尔。数值以 10 年滑动平均值绘制,第 n 年数值对应于第 n 至第 $n+9$ 年的 10 年。引自 Pfister 等(1978)。

一种有趣地估算过去冬季温度的方法已经被 Flohn(1949)验证,他观测到在器测时期,冬季月份降雪日数与降雨日数的比值与冬季温度密切相关。Flohn 利用 16 世纪丹麦赫文岛第谷·布拉赫(1582~1597 年)和苏黎世沃尔夫冈·哈勒(1546~1576 年)的观测数据揭示,1564 年之后冬季越来越冷,导致 17 世纪初阿尔卑斯冰川前进幅度显著增大。在赫文岛,1582~1597 年冬季温度平均比 20 世纪初低 1.5℃。另外有趣的是,16 世纪的天气异常奇点(每年同一时间重现的天气事件)在 20 世纪仍可观测到,这表明尽管该地区的气候已发生根本性变化,但大气环流的潜在周期性却持续存在。

在日本金泽地区(本州中西部),统治者前田家族将降雪的历史记录自 1583 年保持到了约 1870 年。Yamamoto(1971)基于这些和后续记录的详细分析,构建了降雪变化指数,与近年器测记录的冬季温度相当吻合。该指数虽然并未进行精确校正,但总体特征为冬季多雪,19 世纪上半叶尤为如此,这一结论似乎得到了日本历史文献中其他降雪指数的支持。

历史记录中经常提及的另一种观测是生长季霜冻的发生率,这对农学家尤为重要。与降雪一样,中国也拥有霜冻的长期记录,尤其是黄河中下游农业区。记录表明,1551~1600

年、1621~1700 年、1731~1780 年和 1811~1910 年期间霜冻频率较高。不过，其影响程度很小（每 10 年 1~6 次事件），并且极端事件频率的这种变化对整个生长季温度的意义尚不清楚。另有历史记录显示，1440~1900 年内蒙古和东北地区的无霜期平均比 20 世纪短约 2 个月。同样，在中国南方，最近数十年无霜季比 1440~1900 年长期平均值长 5~6 周（Zhang and Gong，1979）。

欧洲历史档案为气候学家提供了多种多样有价值的非器测记录。H.H. Lamb 对其中许多档案进行了评估，构建了最近 1000 年的冬季严寒和夏季湿润指数（Lamb，1961，1963，1977）。Lamb 得出结论：公元 1080~1200 年这段时间，整个欧洲都表现为夏季干旱，自那时以来从未出现类似情况。据此，他将这一时段称为"中世纪暖期"（Medieval Warm Epoch，MWE）（Lamb，1965，1988）。这引发了将其作为未来温室气体诱发气候的可能相似型的极大兴趣。然而，后续研究对此概念毁誉参半（Hughes and Diaz，1994；Bradley et al.，2003c；Mann et al.，2008，2009；Jones et al.，2009；Diaz et al.，2011；Graham et al.，2011），已有的证据有限（地理上）且模棱两可。正如 Lamb 所指出的，许多记录确实有在这一时段的某个时间气候变暖的证据，尤其是在 11 世纪和 12 世纪的欧洲部分地区。然而，其他记录并未显示这样的证据，或者甚至有更温暖的状况盛行，但却是在另外的时期。事实上，并非所有季节都是温暖的，例如，当时西欧的冬季就相对寒冷，至少在约公元 1170 年之前是如此（Alexandre，1977）。这种相当迥异的图像可能是由记录数量不足造成的，随着更多、更好已校正代用指标记录的提出，更为清晰的图像将会显现。不过，多指标温度重建并不支持 Lamb 关于 MWE 具有全球意义的观点（Mann et al.，2009）。

一项最有趣、最别致的历史资料研究是 Neuberger（1970）的工作，他通过艺术家在当代绘画中所描绘的对其气候环境的感知，研究了西欧"小冰期"（Little Ice Age，LIA）（16~19 世纪）的气候变化（另见 Zerefos et al.，2007）。Neuberger 分析了 1400~1967 年间的 12000 多幅画作，并尽可能对每幅画作中的蓝天强度、描绘的能见度、云量百分比和云的类型进行了分类。如图 15.6 所示，一半以上的画作包含某种气象信息，其过去 570 年来的基本特

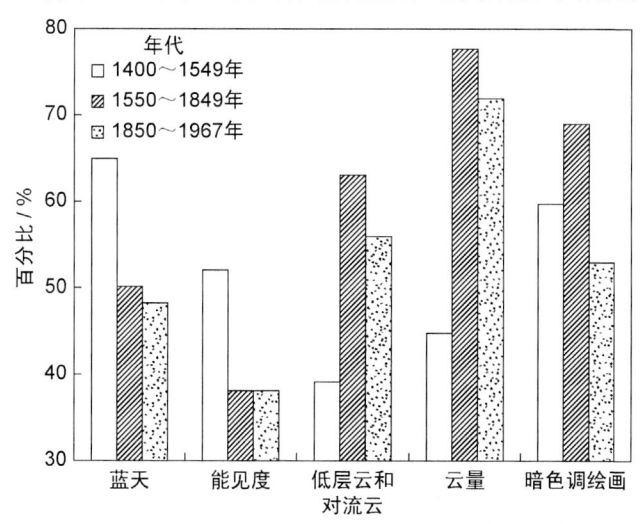

图 15.6　1400~1549 年、1550~1849 年和 1850~1967 年期间欧洲绘画某些特征的频率变化。引自 Neuberger（1970）。

征按不同时期进行了平均。1400~1549 年间，画中蓝天百分比大，能见度高，云量少。接下来的 300 年里完成的画作通常色调更暗，蓝天更少，能见度更低，且表现出百分比更大的云量以及频率更大的低层云和对流云。在最近 100 年里，描绘的云量有所减少，且低层云和对流云频率有所减小，但能见度仍然很低，可能反映大气浊度因工农业活动而升高的事实。显然，尽管绘画风格时移世易，但艺术家们却在他们的画作中捕捉到气候随时间变化的重要印迹。也许，这种感性记录比任何冷冰冰的统计数据都更能反映"小冰期"生活受气候恶化影响的程度。

15.2.2 天气相关自然现象的历史记录

在所有与天气有关的自然灾害中，洪涝和干旱似乎对人类社会产生了最广泛且最持久的影响，这些事件的记录出现在世界各地的历史文献中（如 Pfister and Hachler，1991；Pavese et al.，1992；Barriendos，1997；Jacobeit et al.，2003；Brázdil et al.，2006，2012；Glaser et al.，2010；Wetter et al.，2011）。极端天气常常给农业社会造成巨大困难，在一些地区，对这种影响关注的程度可在当地的教会记录中查找到。天主教会举行祈祷仪式，以祈求从恶劣天气中解脱出来，如果恶劣天气持续，这些仪式会变得越来越烦琐，最终常常是携带着圣像或装有当地受人尊敬的圣徒骨骸的圣髑盒上街游行（Barriendos，1997）。公元 1568~1913 年，埃里切（西西里岛西部）记录了 50 次这样的游行，通常与春季月份发生的长期干旱有关（Piervitali and Colacino，2001）。

最长且最详细的旱涝记录来自中国，中国许多省份和地区都保存着 10 世纪以来的方志和其他档案，而许多档案可涵盖最近 2000 年（Chu，1973；Zhang，2004，2005）。每一本方志都记录了当地具有历史或地理关注度的事项以及对农业和经济具有重要意义的气候事件（如干旱、洪涝、强寒潮、大雪和反常霜冻）。不言而喻，方志一直是备受关注的焦点，不过在数据解释方面往往存在许多困难（见 15.2 节）。尤其是修建灌溉渠或排水沟等技术进步，可能会大大降低气候灾害发生的频率。例如，四川省记录的洪涝很少，但干旱却很常见，这是不同寻常的。通常，会发现在很长一段时间内有数量相近的极度湿润和极度干旱事件。这种异常的原因似乎与 2100 年前蜀郡太守李冰采取了特别有效的防洪措施有关，这些措施能够减少洪涝灾害，却对减轻干旱危害收效甚微（Yao，1943）。同样，元代（公元 1234~1367 年）旱涝频率升高在一定程度上是由于当时的蒙古入侵者毁坏了灌溉和排水系统（Chu，1926）。

中国最近 500 年旱涝的详细时空数据库已由中国气象局（1981）编制，数据库后来又延伸至公元 980 年（Zhang，2005）。对最近 500 年中的每一年，每个区域记录被归为 5 个异常等级之一（自湿至干）。Wang 和 Zhao（1981）对这些矩阵进行了主成分分析。1470~1977 年的数据分析中使用了几乎整个中国东部的 118 个站点。由此得出的特征向量显示出"降水异常"的大尺度模式，之后这些特征向量又与基于 1951~1974 年器测记录中夏季降水量数据得出的特征向量进行了对比（图 15.7）。之所以选择夏季，是因为夏季正是大多数记录中旱涝发生的时间（Yao，1942）。器测时段和历史时期降水异常主模态之间的相似性清楚表明，历史记录确实可提供夏季降水长期变化模式的有效代用指标。

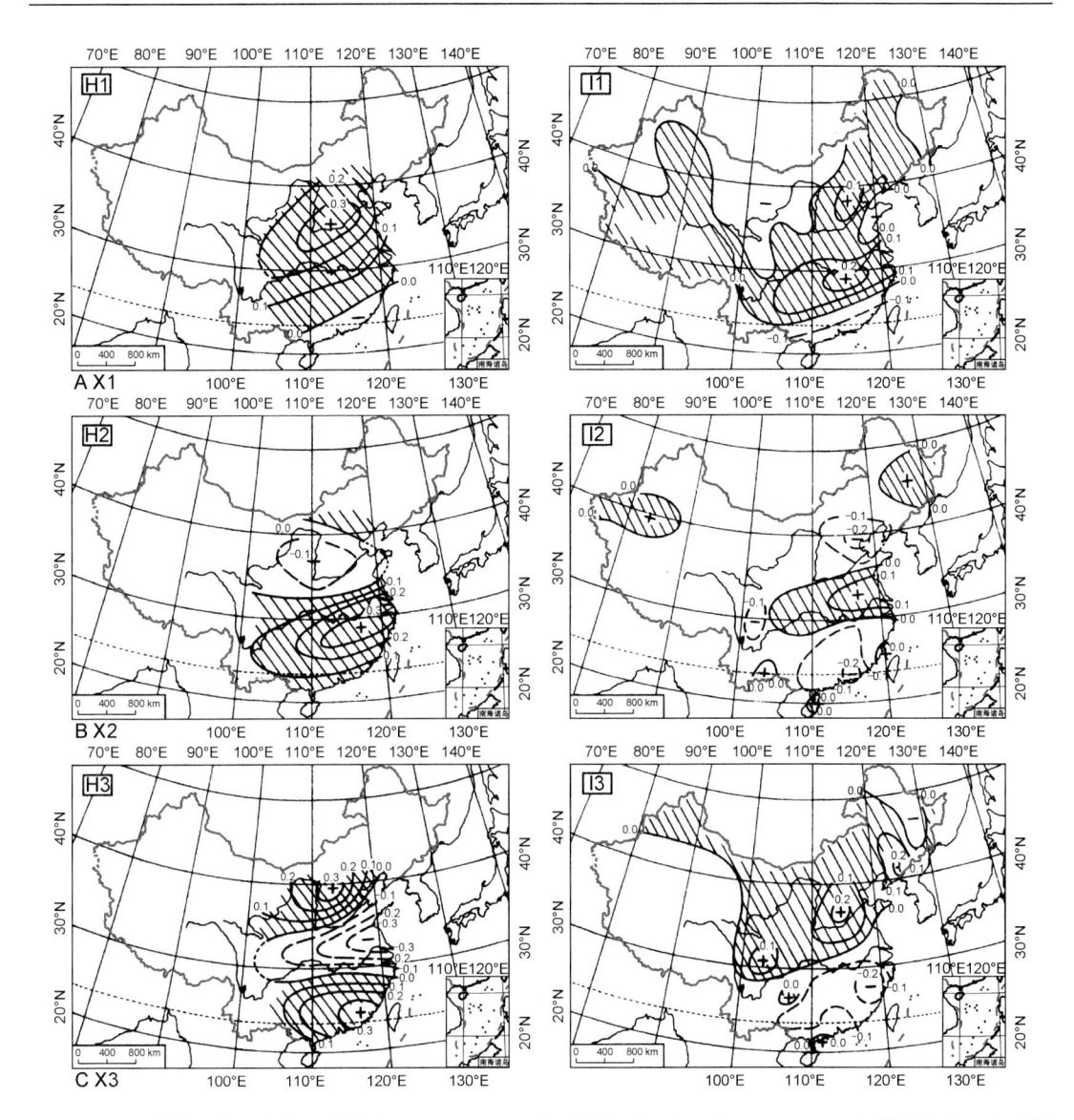

图 15.7 旱涝数据特征向量，利用公元 1470～1977 年历史记录（左）和 1951～1974 年器测记录（右）降水量数据计算得出。历史数据的前 3 个特征向量（H1～H3）分别解释数据方差的 15%、11%和 7%。器测数据的前 3 个特征向量（I1～I3）分别解释数据方差的 18%、13%和 11%。特征向量 H1 与 I1 相似，H2 与 I3 以及 H3 与 I2 也是如此(反向模式)。这表明历史数据是气候异常模式的可靠指标。引自 Wang 和 Zhao（1981）。

Zhang（2005）识别出最近 1000 年中国东北部最严重的几场干旱，其时干旱在 4 个以上省份持续了 3 年或更长时间。其中，在影响范围和持续时间上最严重的是发生于公元 1585～1590 年间和公元 1637～1643 年间的干旱，当时许多地区的湖泊、河流、泉水和水井干涸，导致大规模饥荒和社会动荡（图 15.8）（Shen et al.，2007）。1588 年和 1589 年中国第三大湖太湖干涸，1640 年黄河下游及其部分支流断流，这在过去一个世纪见所未见。

干旱自北向南蔓延，波及整个东部地区，这是一种常见的模式（图 15.9）。这场干旱显然与夏季风衰退有关，但确切原因（是否与 ENSO 或 PDO 异常状态有关，或与当时的大型火山喷发有关）尚不清楚（Shen et al.，2007）。有趣的是，1587~1589 年美国西部也格外干旱，这表明与 ENSO 异常状态存在关联（Stahle et al.，2007）。

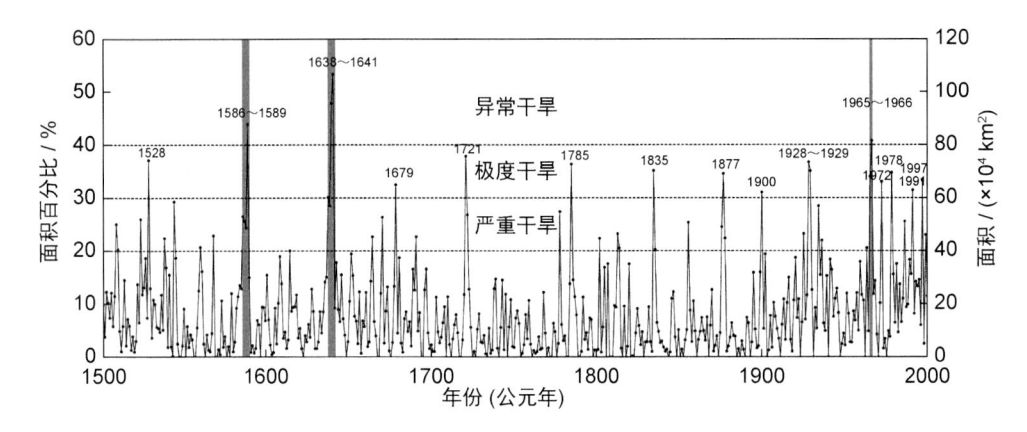

图 15.8　最近 500 年中国东部异常干旱（严重干旱或更甚）面积，基于中国旱涝指数网络。严重干旱、极度干旱和异常干旱的阈值，是通过与美国国家抗旱中心干旱分类方案中此类干旱发生率的对比来界定的。最大干旱发生在 1638~1641 年干旱的后两年，面积高达 50%左右，第二大旱（面积约 44%）发生于 1586~1589 年干旱期间的 1589 年，第三大旱（面积约 41%）发生于 1966 年。引自 Shen 等（2007）。

除洪涝和干旱外，历史记录中最受关注的类气象现象看来是湖泊、河流、运河和海湾的封冻。Koslowski 和 Glaser（1999）利用各种船舶和海岸记录（其中记载了沿岸航运的中断以及有关冰封海峡旅行情况的信息），重建了丹麦附近波罗的海西南部的封冻状况记录。据此，他们构建了前溯至公元 1501 年的年冰情重度指数，数据显示，在最近 500 年中，1554~1576 年、1593~1630 年、1655~1710 年以及 1763~1860 年出现了特别严重的冰情。考虑到有利于出现持续寒冷气候（导致沿岸水域封冻）的大气环流条件，他们认为这些时期以频繁的反气旋（阻塞）气流和较弱的西风气流（即北大西洋涛动负相态；Wanner et al.，2001）为特征。

湖泊封冻日期的最长连续序列来自日本的诹访湖（京都附近）。这个小湖（约 15 km²）完全封冻日期的记录自 15 世纪以来一直保持着，不过 1680~1740 年的日期不是很可靠（Arakawa，1954，1957）。将这些日期与 1945~1990 年气象观测数据进行对比，获得了校正的 12~1 月的平均温度（图 15.10）。结果表明，最低温度出现于 17 世纪第一个十年初，总体上 15 世纪中叶至 17 世纪中叶比 20 世纪更加寒冷（Mikami，2008）。

中国也有河流和湖泊封冻的长期历史记录。Zhang 和 Gong（1979）利用方志和日记，编辑了有关长江中下游湖泊封冻频率、黄河下游河流和水井封冻、直隶海湾和江苏省（31°N~41°N）出现海冰以及华南热带地区出现降雪的记录。他们利用所有这些信息，计算了 1500~1978 年每 10 年中异常寒冬的数量。结果显示，寒冬最大频率出现于 1500~1550 年、1601~1720 年和 1830~1900 年，其中 1711~1720 年这 10 年是最近 480 年最为寒冷的时期。通过对严冬影响最重的地区进行制图，还识别出了两种异常主模式——寒冬遍及

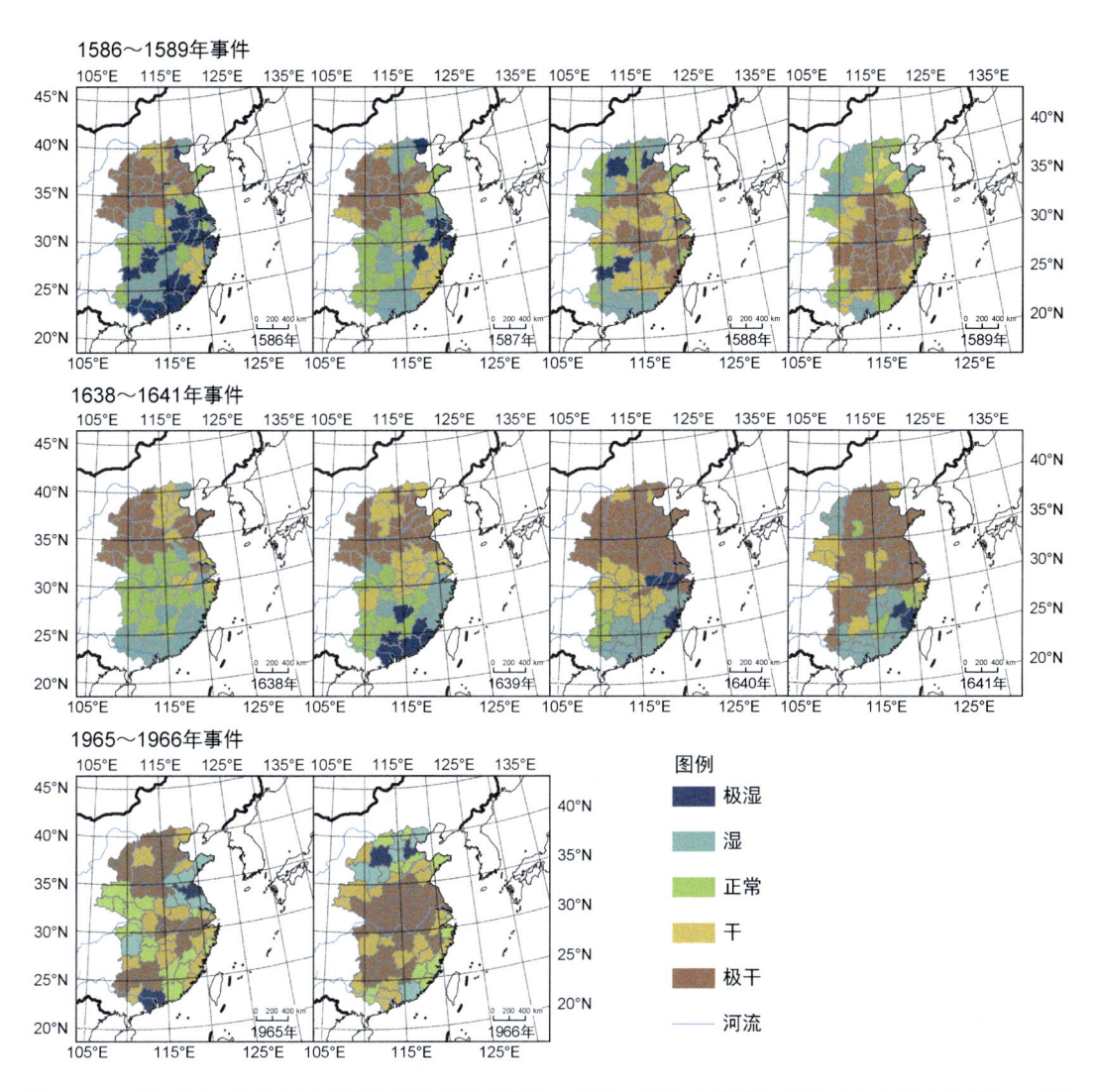

图15.9　中国东部3次异常干旱事件期间气候状况的空间格局和时间演变。干旱中心最初位于华北，随后南移至长江中下游，最后进一步南移达到其最大空间范围。引自Shen等（2007）。

约115°E以东地区的时期和约115°E以西地区更冷的时期。现代气象研究表明，这种大尺度异常模式似乎是由东亚上空高空低压槽位置变化所致。当低压槽位置更偏西且相当深时，冷空气会更频繁地扫过115°E以西地区。当低压槽较弱且范围较小时，西风气流盛行，导致西部较为温和而东部冷空气爆发更为常见。一般而言，在较冷的时期，115°E以西冷空气爆发更频繁，这表明在这些时期东亚上空高空低压槽十分发育。相反，较暖的时期是冬季西风气流较强、高空低压槽发育较弱的时期（Zhang and Gong，1979）。

历史上，严冬温度最重要的影响之一是对水运系统的影响，许多记录都涉及到运河和河流长期封冻所造成的破坏。例如，在荷兰，运河建于17世纪初，用以连接主要城市，自1633年以来一直保持着运河航运记录，包括封冻时间（de Vries，1977）。研究者利用德比尔特的器测冬季温度数据（Labrijn，1945），对哈勒姆-莱顿运河每年冬季封冻的日数进行了校正（图15.2，上图），将德比尔特的冬季温度重建至1657年。利用哈勒姆与阿姆斯特丹之间的游艇航行频率（1634~1682 年）（航行服务通常因运河结冰而暂停）对运河封冻数据进行校正，可进一步将温度估算延伸至1634 年（van den Dool et al.，1978）。通过这种方法，德比尔特1634年以来完整的冬季温度重建得以完成（图15.2）。但需要注意的是，在记录中仅注明运河未封冻的年份，该记录并未传达冬季有多温暖的任何信息。

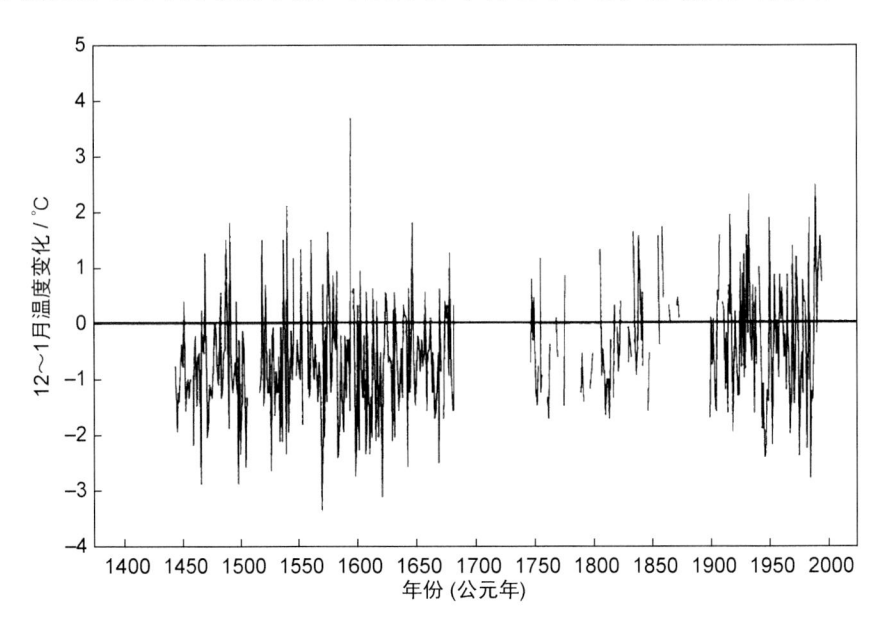

图15.10　1444~1870年（重建）和1891~1995年（观测）诹访地区12~1月温度变化。引自Mikami（2008）。

在更北的纬度，河流每年都会封冻，而在历史时期，封冻和解冻的日期在经济上和心理上都很重要。因此，这些地区的日记和日志通常经常提及附近河流和河口的结冰状况。具有讽刺意味的是，加拿大北部偏远地区反而拥有相对丰富的历史档案，这是哈得孙湾公司设在哈得孙湾周围及其以西地点的各个公司的经理们辛劳付出的结果（Ball，1992）。Catchpole等（1976）对哈得孙湾西部的数据进行了有益的分析。通过文本分析，他们解析了18世纪初至19世纪末哈得孙湾公司贸易站经理们保存的日志。虽然关于附近河流和河口结冰状况的参照常常不够精确，但文本分析使封冻和解冻日期的估计变得相当可靠（图15.11），这些数据提供了这一偏远地区总的"冬季持续时间"的特有指数（Moody and Catchpole，1975）。19世纪早期封冻提前和解冻推后的时间之长都特别引人注目。因为这些地点已无人居住，所以很难与现代数据进行对比，但在可对比的地方，18世纪和19世纪"封冻季"（封冻与解冻之间的时间）似乎平均比近年来要长2~3周（表15.3）。

15.2.3　物候与生物记录

本节将讨论纯物候数据，即循环性生物现象（如植物开花和长叶、作物成熟、动物迁徙等）出现时间的数据以及特定气候敏感植物种过去分布的历史观测数据。在中国，物候观测已有数千年的历史，第一本"物候历"显现了自然的年循环，可追溯至公元前11世纪

（Yoshino，2004）。欧洲的物候学始于 18 世纪，当时林奈在瑞典开始记录植物长叶和开花的日期、种子繁殖的时间等（Freer，2003）。现在，许多国家已建立了完善的物候网［相关综述，见 Rutishauser（2007）］。

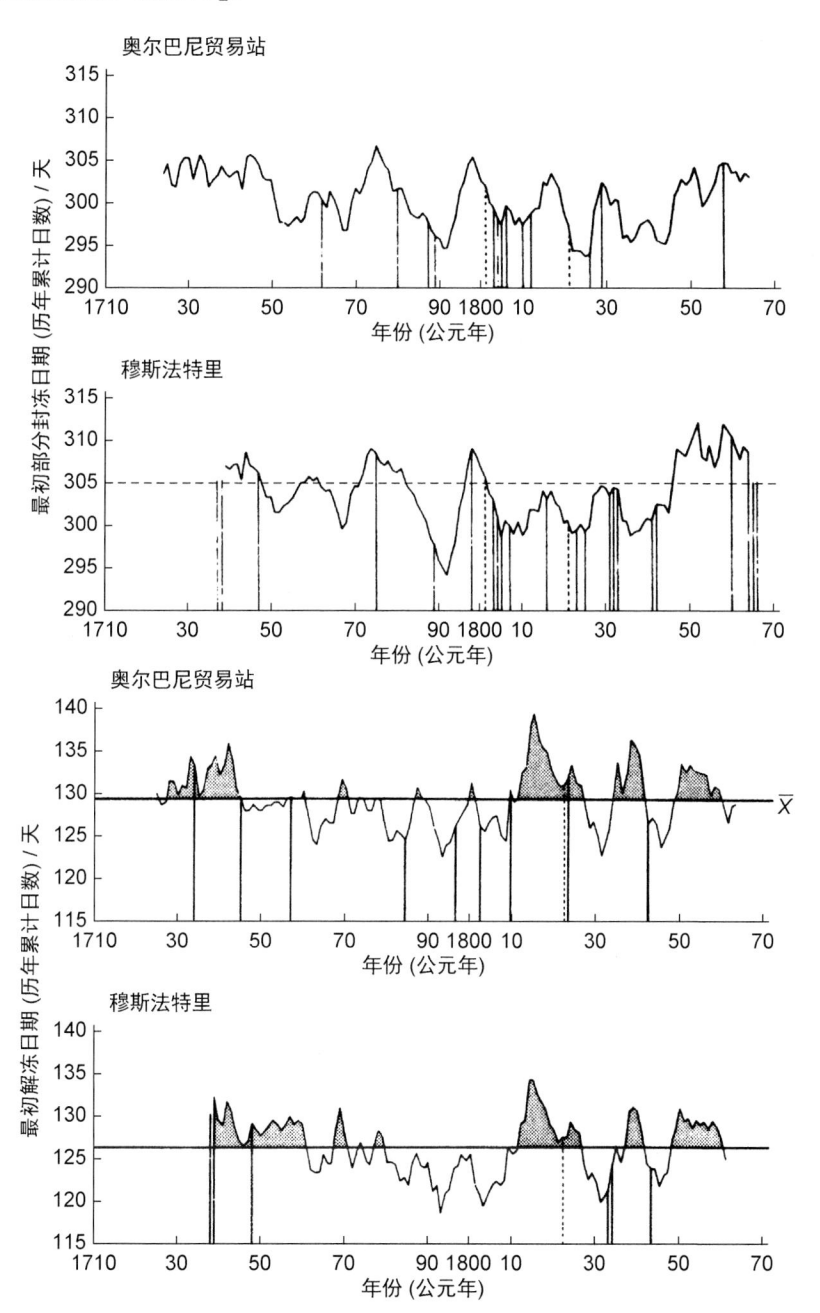

图 15.11　所示地点（全部位于加拿大哈得孙湾西岸）河口冰最初部分封冻（上）和最初解冻（下）日期的 7 年滑动平均值。数据来源于历史资料的文本分析。另见表 15.3。与现代状况可比的日期以横线表示。日期以 12 月 31 日之后的日数表示。引自 Catchpole 等（1976）。

表 15.3 历史（H）与现代（M）封冻和解冻日期对比（12月31日之后的日数）

地点	最初部分封冻（H）或最初结冰（M）			最初完全封冻（H）或完全封冻（M）			最初解冻（H）或最初化冰（M）		
	最早	平均	最晚	最早	平均	最晚	最早	平均	最晚
丘吉尔段丘吉尔河（M）	273	291	318	288	319	336	141	160	169
威尔士亲王贸易站	273	292	319	295	321	345	150	168	187
丘吉尔段哈得孙湾（M）	292	305	319	313		340	124	159	180
穆斯法克特里（H）	281	304	335	290	319	341	105	126	145
穆索尼段穆斯河（M）	304	316	331	217	330	347	103	116	126

引自 Catchpole（1976）。

物候记录作为气候代用指标的价值显示于图15.12。自1923年至1953年，印第安纳州布拉夫顿的花园中51种不同植物的开花日期都有记载。每一个种的开花平均日期都进行了计算，每一年的指数以与30年平均值的偏差表示（Lindsey and Newman，1956）。之后，将所有种每年的偏差值进行平均，得出51个种的总偏差指数。在图15.12中，指数是相对于3月1日至5月16日期间（即生长期的开始）的平均温度绘制的。显然，物候数据是春季温度的极佳指标，冷期严格对应于晚的花期，反之亦然。这个例子很好地说明了长期物候观测的潜在古气候价值，这些数据如能得到校正，则可提供过去气候变化的出色代用指标记录（Sparks and Carey，1995；Primack et al.，2004；Rutishauser et al.，2007；Schleip et al.，2008）。

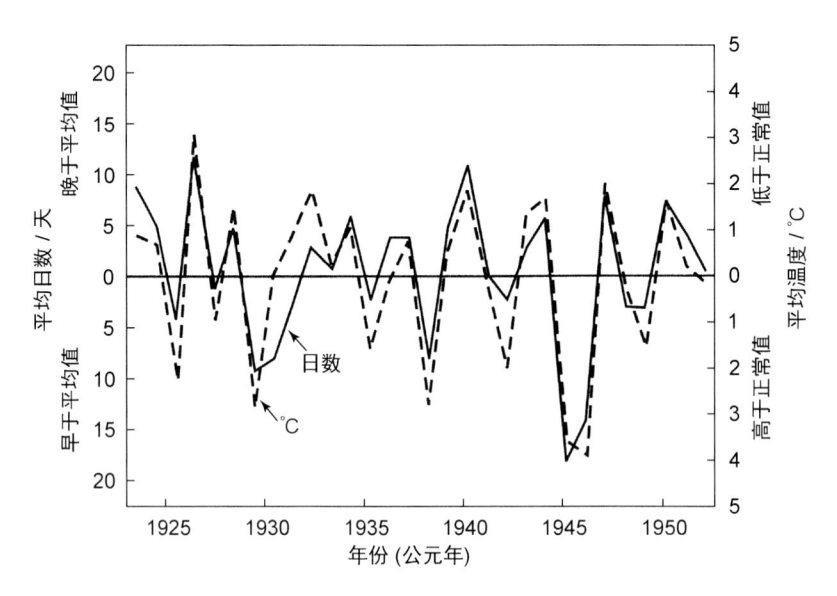

图 15.12 作为气候指数的物候数据。实线表示51种植物每年花期比平均值早（0以下，左纵坐标）或晚（0以上，左纵坐标）的平均日数。虚线表示每年3月1日至5月16日日平均温度的平均偏差（右纵坐标）。观测数据来自印第安纳州布拉夫顿。引自 Lindsey 和 Newman（1956）。

与其他许多长期历史记录一样，最长、最知名的物候记录之一来自远东。在京都（公元784~1869年日本国都），当樱花盛开时，太政大臣或天皇常常在其宫院盛开的樱花下举行聚会，因此有关这些事件的大量记载得以保存（Arakawa，1956b，1957；Sekiguti，1969）。开花日期可被视为春季温暖（2月和3月花蕾发育时）的指标（Aono and Kazui，2008；Primack et al.，2009；Aono and Saito，2010），春季温度高会使得开花日期早。京都档案在公元1100年以前极其稀少，尽管如此，由于涵盖如此长的时期，它仍受到了很多关注（图15.13）。个别年份的开花日期相差1个月之多，但很难从数据中检测出任何显著的长期趋势，唯一例外的是20世纪初以来明显变暖（开花日期较早），这可能（至少在某种程度上）与京都的城市热岛效应有关。最冷的时期为1330~1350年、1520~1550年和1670~1700年（Aono and Kazui，2008）。正如Maejima和Tagami（1983）在历史记录中所指出的，17世纪后期，日本尤其寒冷多雪。

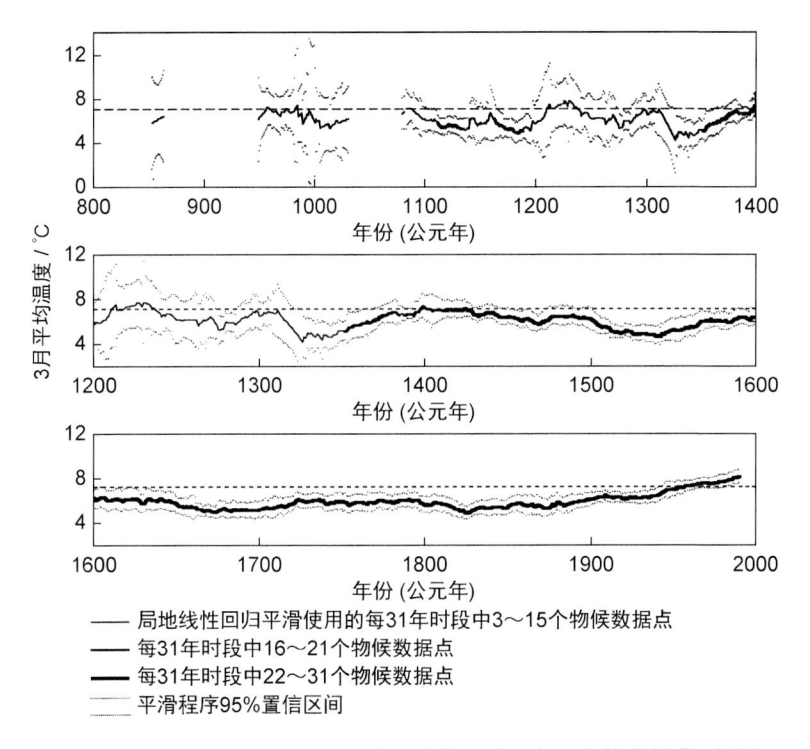

图15.13 京都3月平均温度，基于旧日记和编年史记载的日本京都当年樱花树［野樱桃（*Prunus serrulata* var. *spontanea*），亦称红山樱（*Prunus jamasakura*）］樱花盛开的日期。每一年的日期已用器测时期的3月平均温度进行了校正。曲线不同的粗细程度表示在局地线性回归程序中使用的每31年时段中物候数据点数量的差异。平滑值的置信区间（95%）也以点线显示。在上图时段中，基于樱花与紫藤开花日期的回归，额外使用了紫藤［多花紫藤（*Wisteria floribunda*）］的开花日期数据。现今3月平均温度经城市热岛效应调整后为7.1℃（虚线）。注意上图时间标度不同。引自Aono和Kazui（2008）及Aono和Saito（2010）。

欧洲最重要的物候记录关心的是收获日期，如黑麦收获的开始（Tarand and Kuiv，1994），而其中最重要的则是葡萄收获的时间（Le Roy Ladurie et al.，2006；Meier et al.，2007）。当然，葡萄的收成不仅取决于气候因素，还取决于经济利益。例如，白兰地需求的增长可能会促使葡萄园园主推迟收获，以期酿制含糖量更高且从烈酒生产的角度看更受青睐的酒。

然而，这些因素不大可能具有普遍意义，并且如果葡萄收获日期的变化呈现出区域相似性，则可合理地推断气候是个控制因素。因此，Chiune 等（2004）计算了勃艮第（法国东北部）不同地点黑皮诺葡萄收获的中位日期，时间追溯至公元 1370 年，然后利用黑皮诺葡萄生长的过程模型，将这些日期转换为 4～8 月平均温度估值（图 15.14）。结果显示，与 20 世纪末相当的暖期发生于 14 世纪 80 年代、15 世纪 20 年代以及 17 世纪 30～80 年期间。该记录还清晰地表明，2003 年夏该区域所经历的显著变暖实属异常（参见 Luterbacher et al., 2004; Schär et al., 2004）。这些结果拓展了 LeRoy Ladurie 和 Baulant（1981）的工作，后者基于 100 多个当地收获日期序列，构建了法国中部和北部葡萄收获日期的区域均一指数，时间前溯至公元 1484 年。在与巴黎器测记录重叠的时期（1797～1879 年），该指数与 4～9 月平均温度的相关系数为+0.86，表明它提供了生长季整体温暖程度的良好指标（LeRoy Ladurie, 1971）。事实上，Bray（1982）的研究表明，重建的夏季古温度也与欧洲西部高山冰川前进记录具有很强的相关性。温度持续低于中位值的时期之后通常紧随冰川的前移。

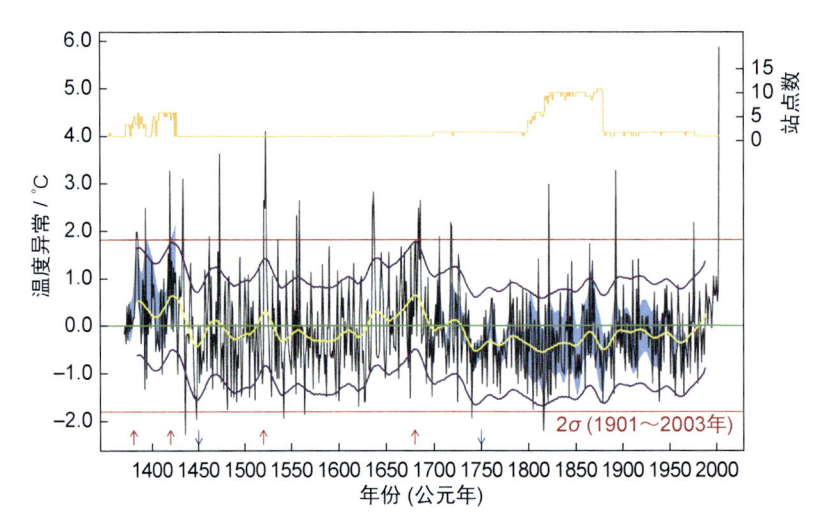

图 15.14 法国勃艮第 4～8 月温度异常，基于 1370～2003 年葡萄收获日期重建。年异常为黑色，30 年高斯滤波为黄色。葡萄园差异（在 1 年有 3 个以上可用的观测数据时）产生的置信区间以蓝色阴影表示。橙线（站点数量）代表每年观测的收获日期数量。基于 1880～2000 年第戎观测温度与重建温度回归的置信区间（2 个标准误差）为紫色。绿色横（零）线为 1960～1989 年参照期。红色横线代表 20 世纪（1901～2003 年）重建温度的 2σ 区间。纵箭头标示高于第 90 百分位或低于第 10 百分位的 10 年暖期或 10 年冷期（红色或蓝色）。引自 Chiune 等（2004）。

LIA 期间气候恶化也对动植物地理分布造成了严重影响，在边缘环境尤为突出。例如，在苏格兰东南部拉默缪尔丘陵区，公元 1150 年至公元 1250 年的暖期期间，燕麦播种到了海拔 450 m 以上的地区。然而，到公元 1300 年，最高界线已降至 400 m，而到公元 1600 年，又降至仅约 265 m，不可耕种土地面积增加了两倍多（Parry, 1975, 1981）。这些变化可能由夏季温暖程度降低、湿度增大以及冬季月份降雪提前所致，所有这些因素相结合，使作物歉收概率自中世纪时的 20 年仅有 1 年增加至 LIA 期间 2 年或 3 年就有 1 年。高地农田耕作的放弃也伴随着高地定居点的放弃，导致该地区人口出现相当程度的重新分布。

过去的动植物分布可提供有价值的气候波动指标。例如，Parmesan 和 Yohe（2003）记录了 20 世纪全球变暖引起的动植物群分布的广泛变化。这些变化对海洋和陆地的物种都产生了影响。格陵兰沿岸贸易站关于海洋哺乳动物和其他物种的档案也表明，19 世纪动物种群与气候波动及相关的海冰分布变化之间有很强的相关性（Vibe，1967）。然而，此类档案很少延伸至 19 世纪中叶以前，并且只是指出了气候波动的生物学影响，而器测记录则相当详细地载录了这些气候波动本身。尽管如此，利用过去动植物分布、迁徙时间等历史档案来解译尚无器测记录时期的气候变化，仍具有很大的潜力。这类工作的潜在价值在 Chu（1973）和 Ge 等（2003）对中国过去动植物种群所做范围广泛的调查中得到了很好的体现。

15.3 历史记录的区域研究

世界关键地区异常天气事件的历史记录已用于重建极端 ENSO（厄尔尼诺/南方涛动）事件（Quinn，1992，1993；Quinn and Neal，1992；Mabres et al.，1993；Ortlieb，2000；García-Herrera et al.，2008）。厄尔尼诺表现为厄瓜多尔和秘鲁北部近海水域异常温暖，尤其是在 12 月，与南太平洋气团重新分布（南方涛动）引起的环流异常相关联。这一海-气耦合系统的振荡通常具有 3~7 年的周期，先是赤道东太平洋海面温度高于平均水平，之后又被低于平均水平的温度（拉尼娜）所取代。ENSOs 导致全球温度和降水异常（Bradley et al.，1987）以及全球尺度的气候系统扰动，某些地区受到的影响尤为严重（Diaz and Kiladis，1992）。在强厄尔尼诺期间，厄瓜多尔南部和秘鲁北部的沿海地区出现强降雨，经常发生洪水和滑坡，而在太平洋彼岸，厄尔尼诺常伴随着印度尼西亚和澳大利亚东北部的干旱，引发范围广泛的丛林火灾。由于在厄尔尼诺和拉尼娜事件期间天气状况往往非常极端（取决于地点），因此报道这些事件的历史文献可用以拼接事件发生时间，并据其总体强度进行分级。业已证明，这有助于解释和验证 ENSO 事件的其他代用指标记录，如珊瑚、树轮和多指标重建的代用指标记录（如 Cook et al.，2000；Mann et al.，2000；D'Arrigo et al.，2005；McGregor et al.，2010；Fowler et al.，2012；Hereid et al.，2012）。然而，早期关于该主题的工作（Quinn，1992，1993；Quinn and Neal，1992）已被全面修订，因为相关重建并未依据原始文献源，且其中厄尔尼诺事件通常是根据边远地区的异常识别的，而这些边远地区只是有时（但并非总是）通过大气遥相关与厄尔尼诺事件相关联。因此，García-Herrera 等（2008）认为，以往的所有研究（包括 Ortlieb，2000）都高估了厄尔尼诺事件的频率。他们的年代标尺则只限于利用秘鲁北部特鲁希略的原始文献源，那里完好地记录了厄尔尼诺现象最强烈且最一致的信号（即通常极度干旱的地方出现异常强降雨）。图 15.15 对这些不同的解释进行了总结。

越来越多的研究来自加勒比地区以及中美洲和南美洲，这些地区拥有殖民时代以来的大量历史记录（如 Chenoweth，2003；Endfield，2007；Mendoza et al.，2007；Prieto，2007；Neukom et al.，2009；Prieto and García-Herrera，2009）。尤其值得注意的是加勒比海及邻近热带大西洋的飓风和强风暴研究，这些飓风和强风暴通常在历史报告中有清晰的描述（García-Herrera et al.，2004，2005，2007）。这些研究显示，1766~1780 年，飓风数量似乎高于平均水平，这可能表明当时热带大西洋海面温度相对较高，而（也许）厄尔尼诺则很少发生（图 15.15），后者往往与破坏飓风发育的跨热带大西洋强高空风相伴随。

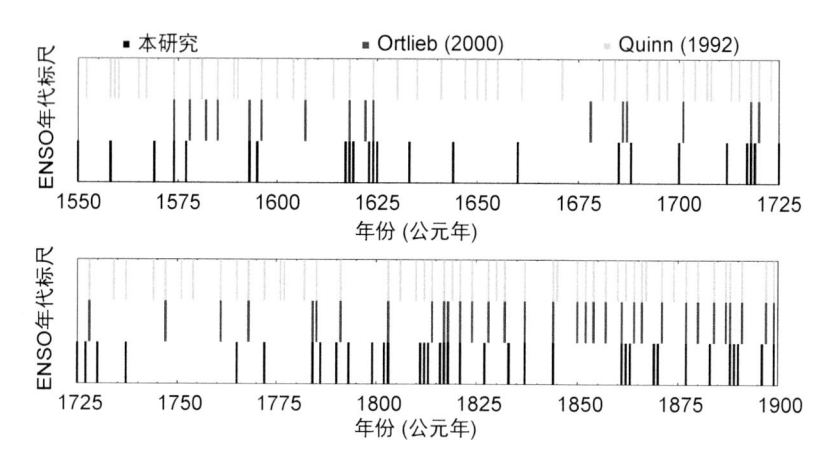

图 15.15 1550~1900 年期间厄尔尼诺发生年份对比，基于 Quinn（1992）（上）、Ortlieb（2000）（中）和 García-Herrera 等（2008）（下）的重建。Ortlieb 重新评估了 Quinn 的工作，仅确认了少部分事件。García-Herrera 等则只使用了与厄尔尼诺具有清晰且明确关联地点的原始文献源。引自 García-Herrera 等（2008）。

除陆地气象状况观测数据外，许多图书馆还拥有大量海洋记录档案，其中航海日志包含了有关风向、风速、云量和其他参数的宝贵信息。CLIWOC 项目（世界海洋气候学数据库，1750~1850 年）（Wheeler et al.，2006）曾关注这些档案的重要意义，但其实还有大量材料可提供有益信息（如 Frich and Freyendahl，1994；García-Herrera et al.，2004；Wheeler and Suarez-Dominguez，2005）。在更高纬度，航海日志还可提供有关海冰状况和冰山出现（这些对极地水域构成了重大威胁）的大量信息（Catchpole，1992；Prieto et al.，2004）。

船舶航行研究最出彩的一项成果是 Garcia 等（2001）的工作，他们分析了西班牙大帆船自阿卡普尔科穿越太平洋，途经菲律宾马尼拉，前往圣贝纳迪诺内河码头（位于吕宋岛东南端）所用的时间。1585~1815 年期间，船只定期在 10°N~15°N 纬度上航行，利用东北信风，在西班牙的两个殖民帝国之间运送商品。Garcia 等通过分析西印度群岛综合档案馆（位于西班牙塞维利亚）中的档案发现，大帆船一般在 3 月中旬至 4 月中旬之间起航，每次航行所用的时间年年相差很大，平均约为 3 个月。然而，显著的十年尺度差异也很明显（图 15.16），其中 1640~1670 年期间航行时间要长得多。通过检查大帆船向西的航行进度，发现这种差异显然主要与西太平洋季风槽的位置和强度变化有关，该季风槽的位置自约 1640~1670 年似乎一直更为偏东。这确实削减了船帆上的风力，因为偏东信风被伴随季风-信风辐合带出现的偏南风和西南风所取代。

15.3.1 东亚

中国、朝鲜和日本的王朝档案、地方志和日记是有关过去天气事件及其对这些农业社会影响的宝贵信息源（Kim，1987；Wang and Zhang，1988；Batten，2009）。大量研究者

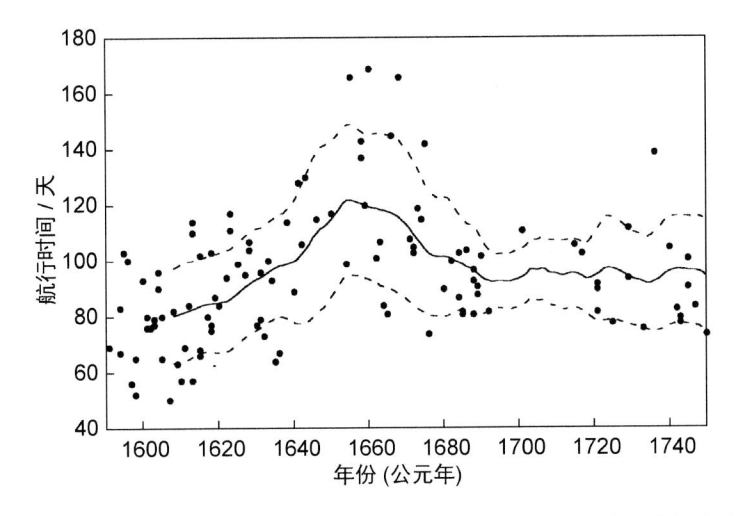

图 15.16　1591～1750 年西班牙大帆船自墨西哥阿卡普尔科出发，途经马尼拉，到达圣贝纳迪诺内河码头（位于菲律宾吕宋岛东南缘）所用的日数。实线：30 年滑动平均；虚线：±1 标准偏差。引自 Garcia 等（2001）。

仔细查阅了这些浩繁的档案以提取与天气相关的信息［例如，见 Zhang（1988）、Mikami（1992a）、Zhang（2004）编著的书籍］，并已发表了许多基于这些记录的气候重建（表 15.4）。

在中国，大部分研究都是针对长江下游及其以北地区的记录进行的（Wang and Wang，1989；Wang and Wang，1990；Wang，1991a，1991b；Wang et al.，1991；Wang et al.，1991；Ge et al.，2003）。中国中东部的物候记录以及合肥（位于长江下游）每年降雪日数数据在以邻近站点的季节性温度进行校正后，被用来重建过去 2000 年冬半年温度异常（图 15.17）（Ge et al.，2003）。区域平均数据显示，温度在 5 世纪最低，之后缓慢上升，在 10 世纪和 13 世纪达到最高水平。之后，在 19 世纪初温度再次降至较低水平，并于 17 世纪中叶出现另一次显著冷期，其时严霜对南至 20°N 的植被造成了严重损害（Li，1992）。17 世纪 50 年代，朝鲜也异常寒冷（Kim，1984，1987）。Kim 和 Choi（1987）甚至认为，1631～1740 年期间，朝鲜的夏季是过去 1000 年中最冷的。在 17 世纪和 19 世纪的两次冷期，中国旱涝频率增加，说明这些时期气候的不稳定性增大（Zheng and Feng，1986）。

在日本，江户时代（17 世纪末至 19 世纪初）以来的许多文献都包含每日天气状况记录（图 15.18）。这使得用早期观测者网络提供的每日天气信息来构建 1700～1870 年月气候图成为可能（Yoshimura，1996）。所有这些信息都被编码和数字化，以便进行计算机分析（Yoshimura，1992）。这些历史记录提供了最近 250 年日本气候的丰富信息（Mizukoshi，1992；Murata，1992；Tagami and Fukaishi，1992）。例如，Fukaishi 和 Tagami（1992）将观测结果分为代表典型"类冬季"气压格局（西部为高压、东部为低压）的一些模式。图 15.19 显示 1720～1869 年每年 11～3 月期间这种气压格局的日数。在这种气压格局盛行的年份（如 1726～1733 年、1777～1785 年、1808～1819 年和 1826～1836 年），异常寒冷的大雪天气很常见。

表 15.4 基于历史记录重建的东亚古气候序列

序号	区域	春季	夏季	秋季	冬季	年	记录	间隔	参考时段	时段	来源
1	中国东部	×	×	×	×	×	温度异常	10	1470~1980 年	1470~1980 年	Wang 和 Wang (1990, 1991)、Wang (1991b)
2	中国北方	×	×	×	×	×	温度异常	10	1470~1980 年	1470~1980 年	Wang 和 Wang (1990, 1991)、Wang (1991a, 1991b)
3	中国南方（5 个区[a]）				×		温度异常	10		1470~1970 年代	Zhang (1980)、Zhang (1988)
4	中国				×		寒冬次数	10		1500~1970 年代	Zhang 和 Gong (1979)
5	黄河下游				×		霜冻次数	10		1440~1940 年代	Zhang 和 Gong (1979)
6	山东省				×		寒冬指数	10		1500~1970 年代	Zheng 和 Zheng (1992)
7	中国东南部（上海）	×	×	×	×	×	温度异常	10	1950~1979 年	1470~1970 年代	Wang 等(1991)
8	中国中部和南部（35°N 以南）				×		温度异常	10	1951~1980 年	1470~1970 年代	Wang 和 Wang (1989)
9	中国				×		雷电事件	30		公元前 190 年~1920 年	Wang (1980)
10	长江中游和下游				×		温度指数	10		1470~1970 年代	Zheng 和 Feng (1986)
11	中国东部				×		"降尘"事件	1		公元前 300 年后~1933 年	Zhang (1983)
12	北京	×	×				平均温度	1		1724~1986 年	Wang 等(1992)
13	中国南方				×		霜冻、降雪（不正常）	1		1488~1900 年	Li (1992)
14	中国						冬季风指数	10		1390~1980 年	Guo (1992)
15	朝鲜				×		冷事件次数	50		1392~1900 年	Kim (1984)
16	日本弘前	×	×	×	×	×	最高温度	20~40	1661~1870 年	1661~1870 年	Maejima 和 Tagami (1983)
17	日本		×		×		温度指数	10		601~1900 年	Maejima 和 Tagami (1986)
18	日本		×				温度	1	1950~1970 年	1771~1840 年	Mikami (1992a, 1992b)
19	日本中部		×		×		温度、降水	1		1801~1870 年	Mizukoshi (1992)
20	日本中部和南部		×		×		降雪/降雨比率、夏季降雨	1		1670~1860 年	Tagami 和 Fukaishi (1992)
21	日本中部和南部				×		天气型频率	1		1720~1869 年	Fukaishi 和 Tagami (1992)

a I 区. 长江流域东部；II 区. 长江流域中部；III 区. 湖南省和江西省；IV 区. 东南省份；V 区. 广东省和广西壮族自治区。

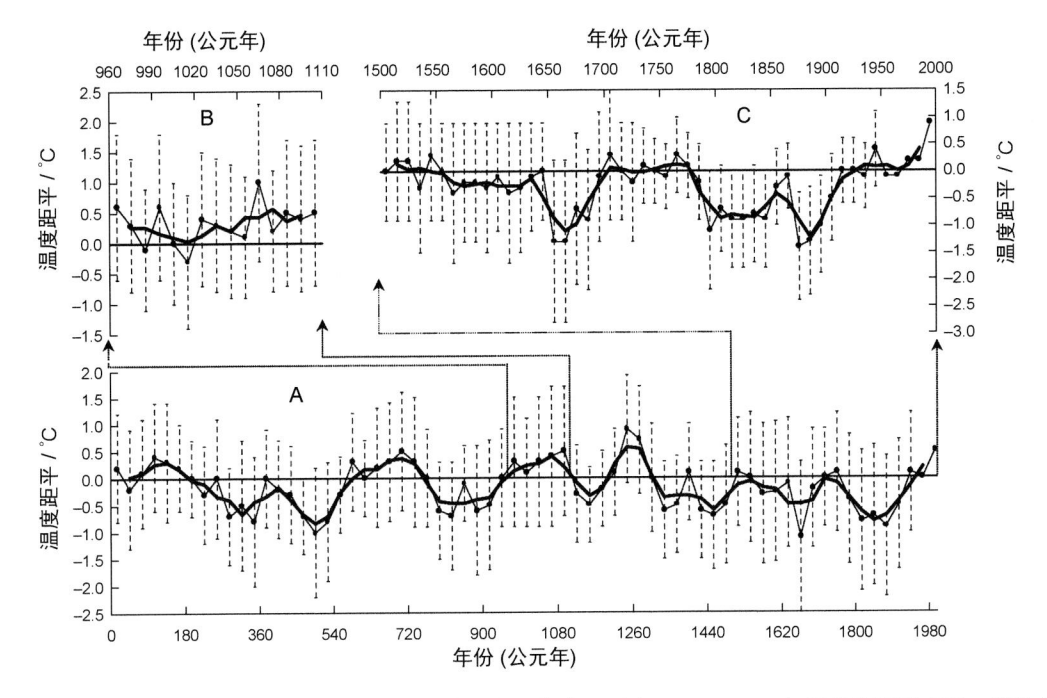

图15.17 冬半年温度距平,中国东部20余个站点平均值,以与1951~1980年平均值距平表示。平均值在(A)过去2000年分辨率为30年,在(B)公元961~1110年和(C)1501~1999年分辨率为10年。带点黑线表示冬半年温度距平,深色线为3点滑动平均。虚线表示每10年或30年平均值误差棒。引自Ge等(2003)。

15.3.2 欧洲

最近数世纪欧洲气候发生显著变化的证据十分丰富(Frenzel et al., 1992; Pfister, 1992),一些针对特定区域的重要综述业已发表(Pfister, 1984, 1999; Brázdil and Kotyza, 1995–2000; Buisman and van Engelen, 1995–2000; Rácz, 1999; Glaser, 2001)。这使得温度和降水的定量区域重建成为现实,从而可将最近的器测期置于更长期的视角之下。例如,Dobrovolný等(2010)利用重叠时段的器测温度数据,对瑞士、德国和捷克的文献材料进行了校正,以重建可追溯至公元1500年的月温度距平变化(图15.20)。结果表明,1988年以来是整个记录最温暖的时期。van Engelen等(2001)及Shabalova和van Engelen(2003)对低地国家记录的研究得出了类似的结论:20世纪最后25年,无论冬季或夏季,都比最近1000年的任何可比时期温暖。文献数据与树轮和器测数据相结合的区域尺度重建,也证实了最近数十年的异常特性(Luterbacher et al., 2004, 2007; Xoplaki et al., 2005)。降水变化更大,但其大尺度距平已获重建(Pauling et al., 2006)。温度场和降水场都显示出北大西洋涛动(NAO)在控制强区域异常模式方面的重要性。基于器测期特定地点的温度、降水量和气压距平与整个北大西洋和欧洲观测的气压场之间的统计关系,最近500年冬季海面气压模式也已得到重建。所得方程(转换函数)随之被应用于从文献数据中提取的气候数据,以重建前溯至公元1500年的海面气压(Luterbacher et al., 2002)。图15.21给出了基于这一分析获得的公元 1500~1999 年期间海面气压的两个主要 EOFs。EOF 1 解释了方差的 55%，代表类似 NAO 的偶极模式。EOF 2 显示出典型的西欧上空为反气旋阻塞的模式。EOF 1 的时间序列表明，这种模式的最新表现是过去 500 年来前所未有的。

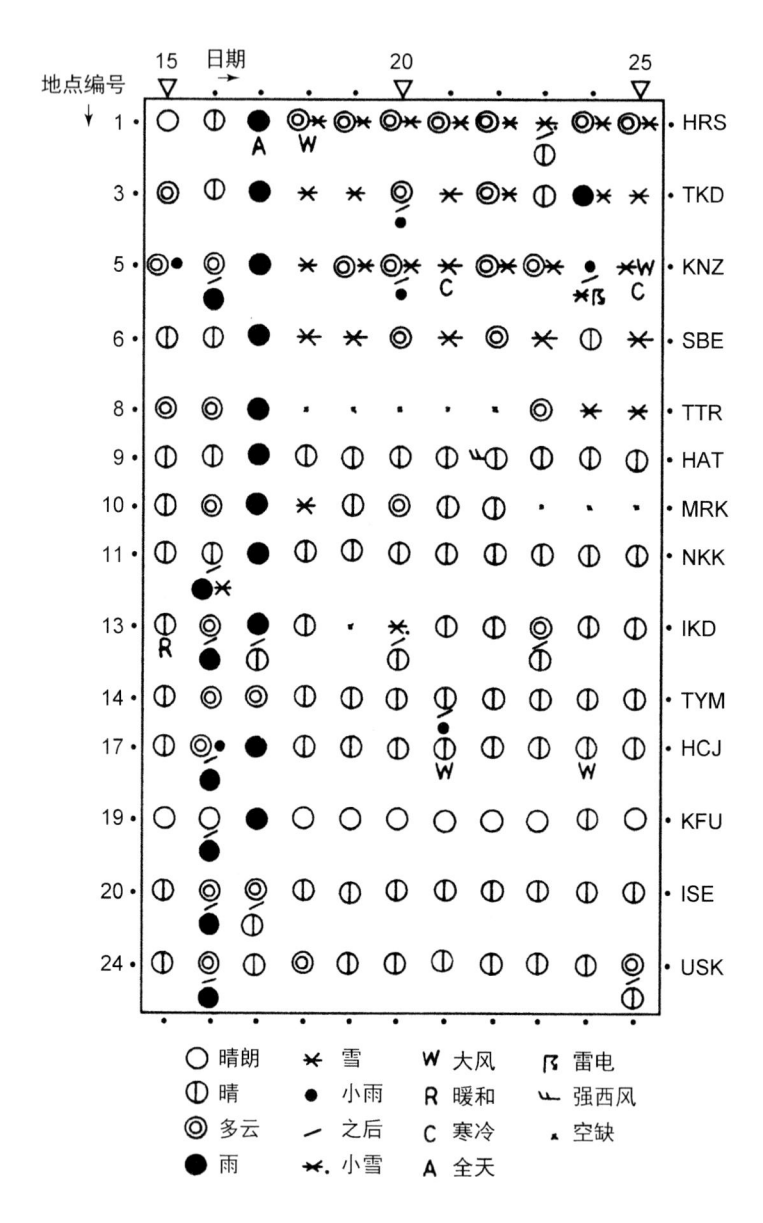

图 15.18　1754 年 1 月 15~25 日天气数据编码示例，数据源于日本各地 14 个不同地方封建门阀保存的日记。引自 Fukaishi 和 Tagami（1992）。

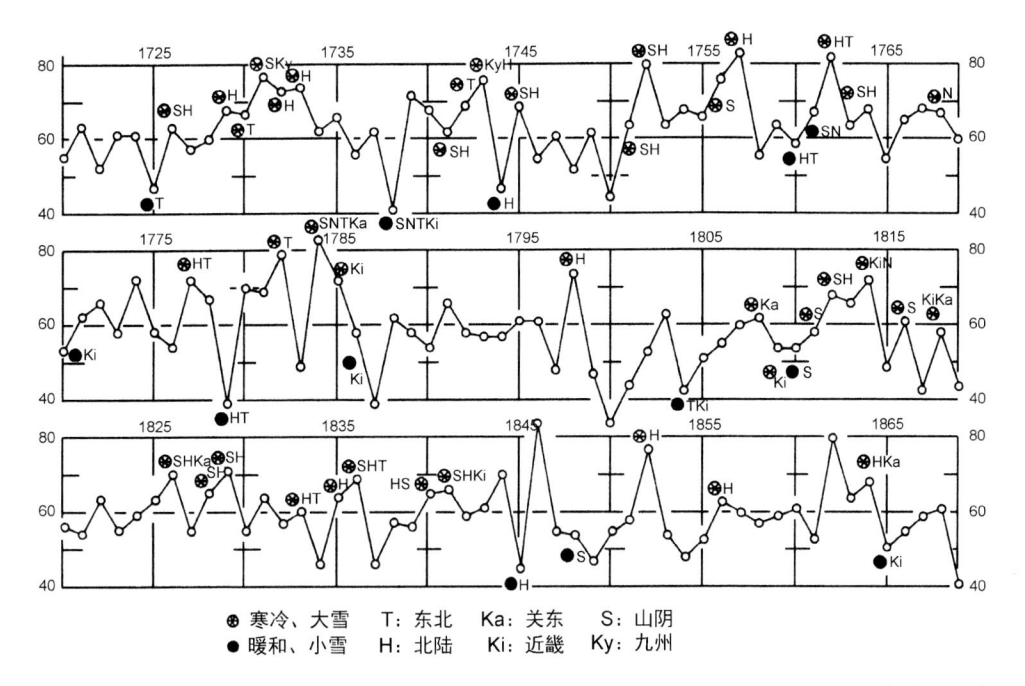

图 15.19　1720～1869 年每年 11 月 1 日～3 月 31 日期间日本"类冬季"气压格局（西部为高压、东部为低压）年日数，基于对天气信息图的解析，天气信息源于日记。引自 Fukaishi 和 Tagami（1992）。

15.4　气候驱动因素的记录

历史观测对于记录大型爆发式火山喷发和追踪太阳变率指数（指示辐照度变化）具有重要意义。日落后天空的异常颜色通常被敏锐的天象观察家记录下来，许多这样的观察可与大型爆发式火山喷发相关联，这种火山喷发将富含硫的气体和颗粒物喷入平流层。这些颗粒对太阳辐射的散射作用会减少直接辐射，并导致清晨或夜晚天空出现神奇的颜色（Meinel and Meinel，1983）。例如，据中国编年史记载，在汉灵帝在位时期（公元 168～189 年），"太阳屡次自血色东方升起，无光……只有当太阳升至两丈多高［24°］时，才见光亮……"。与此同时，罗马观察家写道："在逃亡战［公元 186 年］之前，天空闪烁……整日都可见星星……悬于一片云天……"（Wilson et al.，1980）。这些都是对大型爆发式火山喷发之后天空的典型描述，上述特殊事件似乎与阿拉斯加火山喷发（白河火山灰）有关，其放射性碳年龄大约是那个时间。Lamb（1970，1977，1983）将这类观测作为构建过去约 500 年爆发式火山活动年代标尺的依据，他称之为尘罩指数（dust veil index，DVI）（图 15.22）。这已被证明对于解释冰心酸性记录具有重要价值，而后者也是爆发式火山事件的一类记录（见 5.3.2 节）。许多研究已利用 DVI 来评估爆发式火山活动对温度变化的影响（如 Sear et al.，1987），而冰心的冰川化学数据现在则更常用于评估爆发式火山活动的历史和强度（Robock and Free，1996；Robock，2000；Gao et al.，2008）。历史记录也有助于解析独特的火山喷发对区域气候的影响，如冰岛的拉基裂隙喷发（1783～1784 年）（Stothers，1996；Demarée and Ogilvie，2001）及其他类似的"干霾"事件（Camuffo and Enzi，1994，1995）。

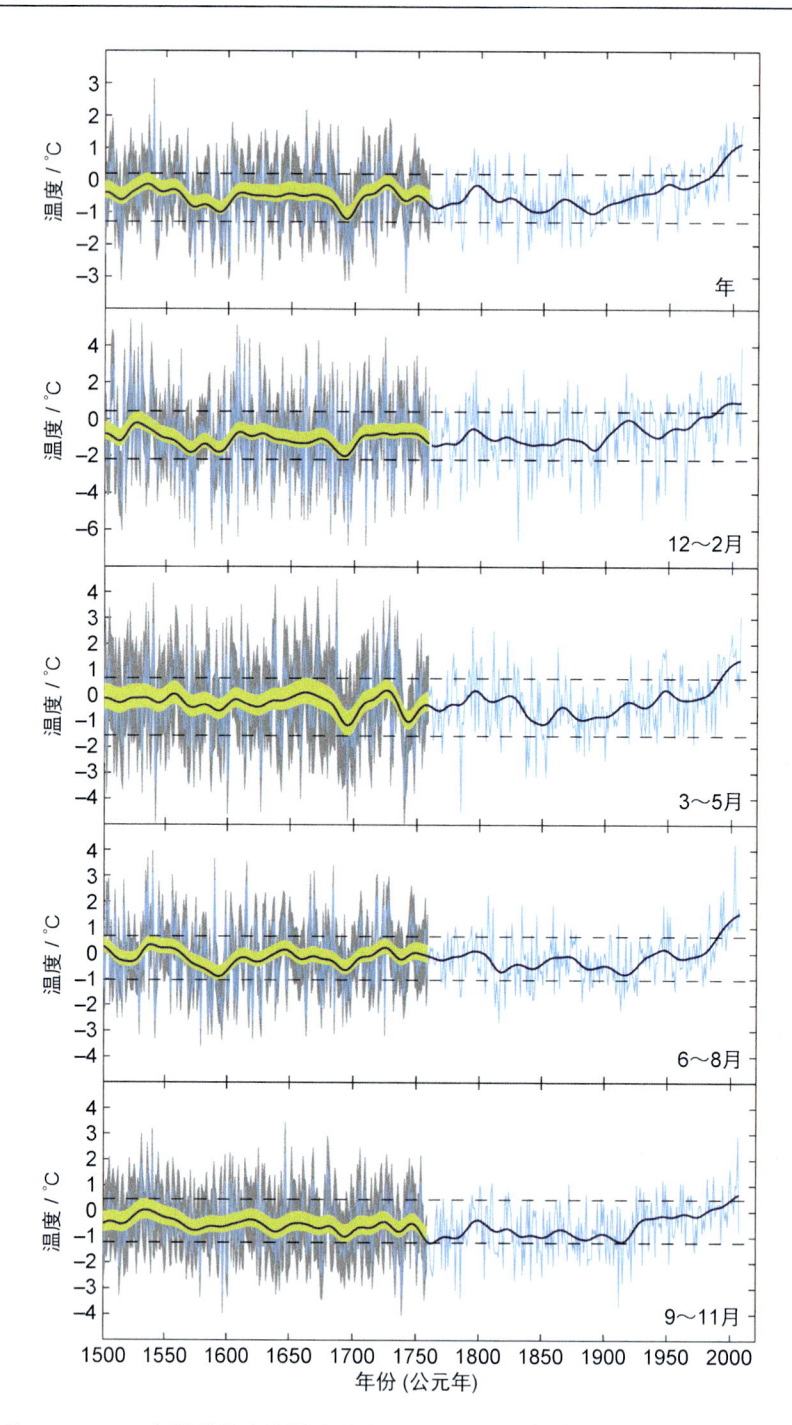

图15.20 公元1500～2007年拼接的中欧温度重建（1500～1759年基于方差和经均值调整的代用指标数据，1760～2007年基于器测数据），表示为与1961～1990年平均值的距平，高斯低通滤波数据近似对应于20年移动平均值。误差带约为95%置信区间。横虚线表示低频误差棒的最大值和最小值。引自Dobrovolný等（2010）。

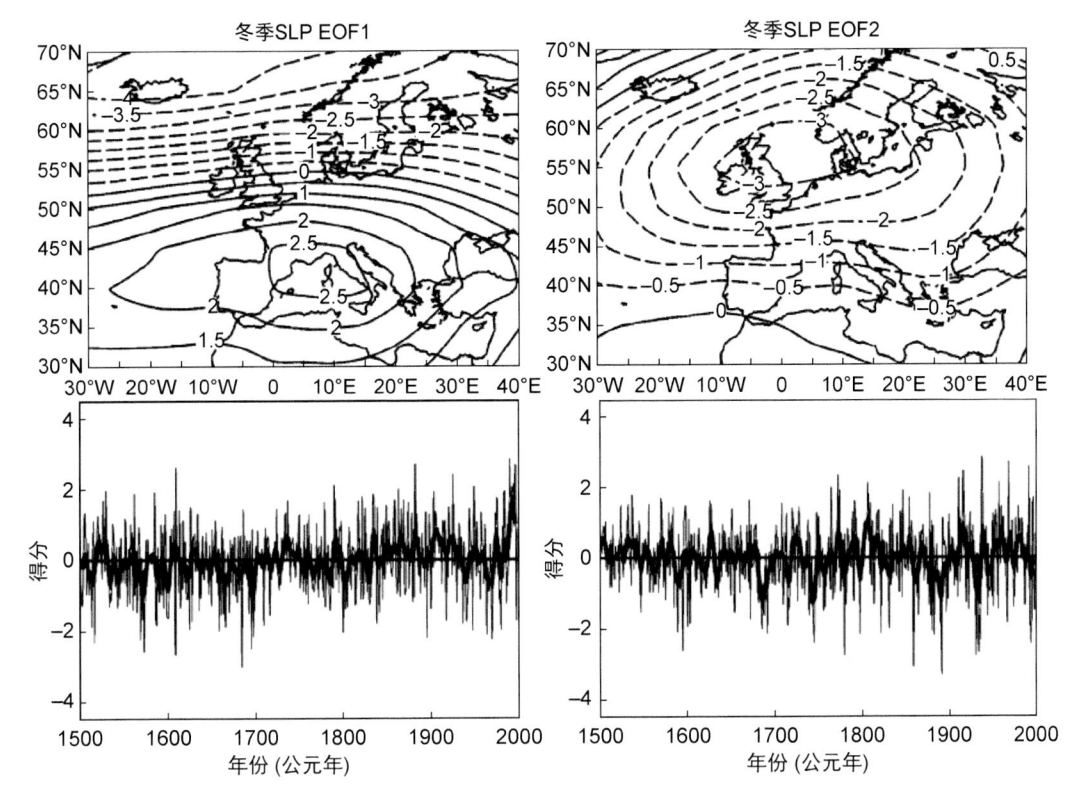

图 15.21　上图：1500~1999 年冬季海面气压（sea-level pressure，SLP）距平的前两个 EOFs 模式（距平单位为 hPa，等值线间隔为 0.5 hPa）。最后 9 个冬季来源于再分析数据。第一 EOF 和第二 EOF 分别解释了冬季 SLP 方差的 55%和 23%。实线表示正值，虚线表示负值。下图：前两个 EOF 相应的归一化时间分量（得分）。粗线为 9 点低通滤波时间序列。引自 Luterbacher 等（2002）。

尤其令人感兴趣的是 1815 年 4 月发生的坦博拉火山喷发（印度尼西亚），它是晚全新世最大的火山喷发之一，对全球范围的气候都产生了影响（Harington，1992；Stothers，1984）。这一事件导致次年许多地方变冷，成为所谓的无夏之年。历史记录对于揭示公元 1257 年的大规模爆发式喷发（印度尼西亚龙目岛林贾尼火山）的全球影响也具有重要价值，这次喷发在格陵兰和南极洲的冰心中都得到了确认（Palais et al.，1992；Stothers，2000；Lavigne et al.，2013）。

早期对太阳的观测注意到光球上的黑点，这些太阳黑子的天文记录可以追溯至 17 世纪初（Hoyt and Schatten，1997）。太阳黑子的肉眼观测以及极光记录提供了更长期太阳变率的线索（Vaquero and Vásquez，2009；Vaquero and Trigo，2012）。这些长期太阳黑子观测表明，太阳活动具有周期性变化，周期平均长度约为 11 年，不过每个周期的变幅随时间而变化，并且自约 1675 年至 1715 年发生了几乎没有或根本没有太阳黑子活动的长期事件（蒙德极小期）（图 2.25）（Eddy，1976）。最近几个太阳周期的卫星观测表明，其包含太阳黑子极大期与太阳黑子极小期之间太阳常数（大气层以外总辐照度）约 0.1%的变化。就总辐照度或光谱辐照度而言，太阳周期变幅的长期变化代表了什么尚不确定，但目前的估计是：在此期间周期平均总辐照度的总体变化约为 0.1%，而紫外线辐射的变化可能更大（Lean，

2000；Wang et al., 2005a, 2005b)。

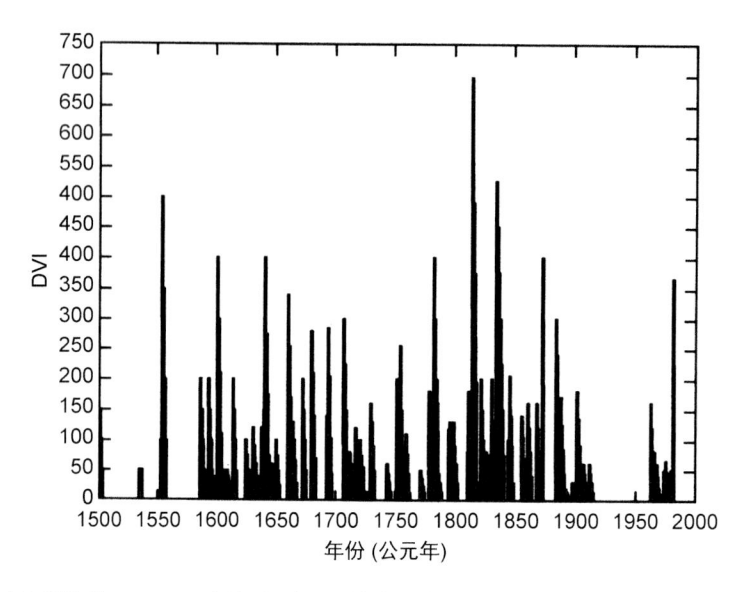

图 15.22 北半球尘罩指数（DVI）（假定尘霾源于单次喷发），分摊至 4 年，第一年分每个 DVI 的 40%，第二年分 30%，第三年分 20%，第四年分 10%。由此，喀拉喀托火山 1883 年喷发（DVI=1000）在 1883 年的量值为 400，1886 年降至 100。另外还假定，20°N 至北极间喷发的所有尘霾都留在北半球。对于 15°N 至赤道间的喷发，尘霾在两半球之间平均分配，而对于 15°N 与 20°N 间和 15°S 与 20°S 间的喷发，假定三分之二的物质留在喷发的半球，三分之一扩散至另一半球。引自 Bradley 和 Jones（1992b）；DVI 值引自 Lamb（1970，1977，1983）。

15.5 最近 1000 年气候范式

学界普遍认为，最近 1000 年的气候遵循一个简单的序列——"中世纪暖期"（MWE），"小冰期"（LIA），之后为全球范围变暖。这种观点源于 H.H. Lamb（1963，1965）早期的工作，但最近的研究对这种范式进行了重新评估。Lamb 将 MWE 定义为公元 11~13 世纪异常温暖的时期，几乎完全基于西欧和北大西洋地区的证据。他的研究早于现代定量古气候学，因此他所认为的这一时期的温度变化值本质上是传闻性的，主要基于他自己的估计和个人看法。Hughes 和 Diaz（1994）在重新审视 MWE 的概念时，查验了范围广泛的古气候数据，其中大部分是在 Lamb 的经典著作（Lamb，1965）之后见诸报道的。他们得出的结论是："目前不可能从这些收集的证据中得出结论认为，除了全球某些地区在一年的某些时间内可能存在相对温暖的状况这一事实外，还有什么更为重要的事实。"因此，他们并未找到明确的证据，支持在 MWE 期间，或者确切地说是在 9 世纪至 15 世纪初更长的时段内，存在一个全球范围的温暖期。可以肯定的是，几乎没有任何证据表明，MWE 期间的全球或半球平均温度比 20 世纪下半叶高（Bradley et al., 2003c, 2003d），然而，不知何故这一理念就成了根深蒂固的成见。这是令人遗憾的事，因为它无助于理解自然气候变率及其原因。也许更重要的是，"MWE"期间出现了显著的降水异常，尤其是许多地区经历了持久的干旱事件，而这些干旱事件远远超出了器测记录时期任何记录的范围（图 15.23）。例如，Stine（1994）描述了令人信服的证据，表明（至少）自公元 910 年至大约公元 1110 年以及（至少）自公元 1210 年至大约公元 1350 年期间，长期干旱影响了美国西部许多地区（尤其是加利福尼亚东部和大盆地西部）。也有强有力的证据表明，在这些时段的早期，长期干旱影响了巴塔哥尼亚。这促使 Stine 提出，对于整个时期更好的术语为"中世纪气候异常"（Medieval Climatic Anomaly，MCA），该术语排除了着重强调温度作为其本质的特征（Stine，1998）。MCA 期间水文异常的广泛性表明，特定环流体系（例如 NAO 和 ENSO）的频率或持续性变化可能是该时期异常性质的原因，并且自然而然地，这可能导致某些地区（但并非所有地区）异常温暖。最近关于中世纪时期气候的讨论，可参见 Mann 等（2009）、Ge 等（2010）、Graham 等（2011）和 Diaz 等（2011）。

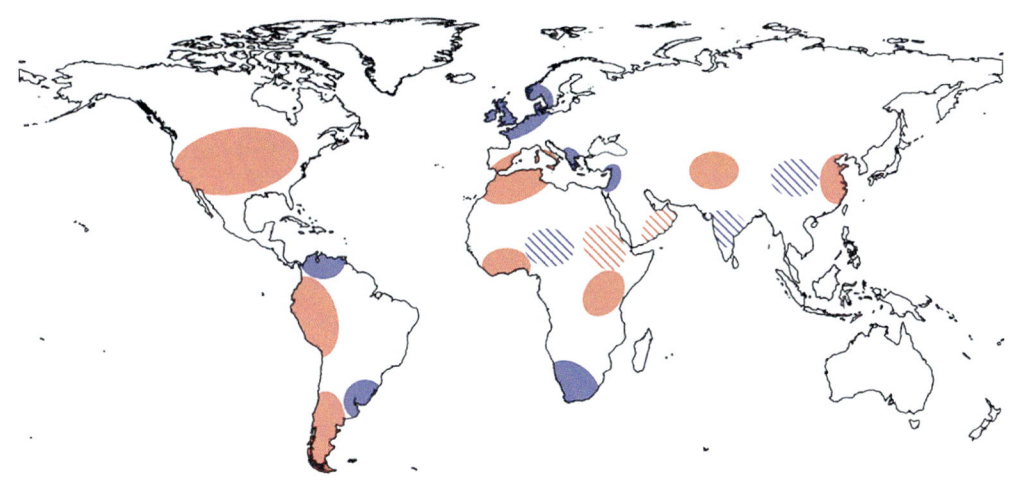

图 15.23　公元 950~1400 年期间水文气候异常。粉色区域代表此间异常干旱（相对于 20 世纪平均水平），不过干旱并未在整个时期持续存在；蓝色区域代表湿润。阴影线表示存在更多不确定性的地区。引自 Diaz 等（2011）。

　　大量研究提供了强有力的证据，表明随后的数百年表现为较为寒冷的气候状况，"小冰期"一词通常适用于这一时期（图 15.24）。小冰期气候的环境后果在高山冰川（自其现今位置远远前移）的许多精彩绘画中得到了很好的说明（Zumbühl，1980；Grove，1988）。类似的冰川证据在世界上几乎所有的山区都可找到，表明这些变化是由大尺度驱动因素引起的。遗憾的是，"小冰期"一词经常被模糊使用，一些作者以为 LIA 始于 13 世纪，而其他人则将其开始时间定为 15 世纪。实际上，这一恶化事件是驱使 Matthes（1940）引入 LIA 术语的几个晚全新世冷期（新冰期）中的一个。他写道："我们生活在一个更新但温和的冰川时代——一个'小的冰期'，它已持续了大约 4000 年……最近数百年的冰川振荡是这 4000 年来发生的最大的一次……更新世冰期结束以来最大的一次。"正是新冰期的这一最新且最引人注目的一幕，现在被普遍称作"小冰期"。事实上，后中世纪发生了一系列冷事件，始于 13 世纪（Grove，2001a，2001b），强度因地而异，但在约 1510±50 年之后似乎出现了范围更广的气候恶化（Bradley and Jones，1992b）。学界普遍认为，LIA 在 19

世纪中后期（约 1850~1890 年）突然结束，这发生在过去 500 年所经历的最冷状况之后仅数十年。大多数最长的器测温度记录都是在这一时间开始的，那时以来记录的大部分变暖代表着自 19 世纪初那个低点开始回升，这主要是温室气体在大气中累积的结果。

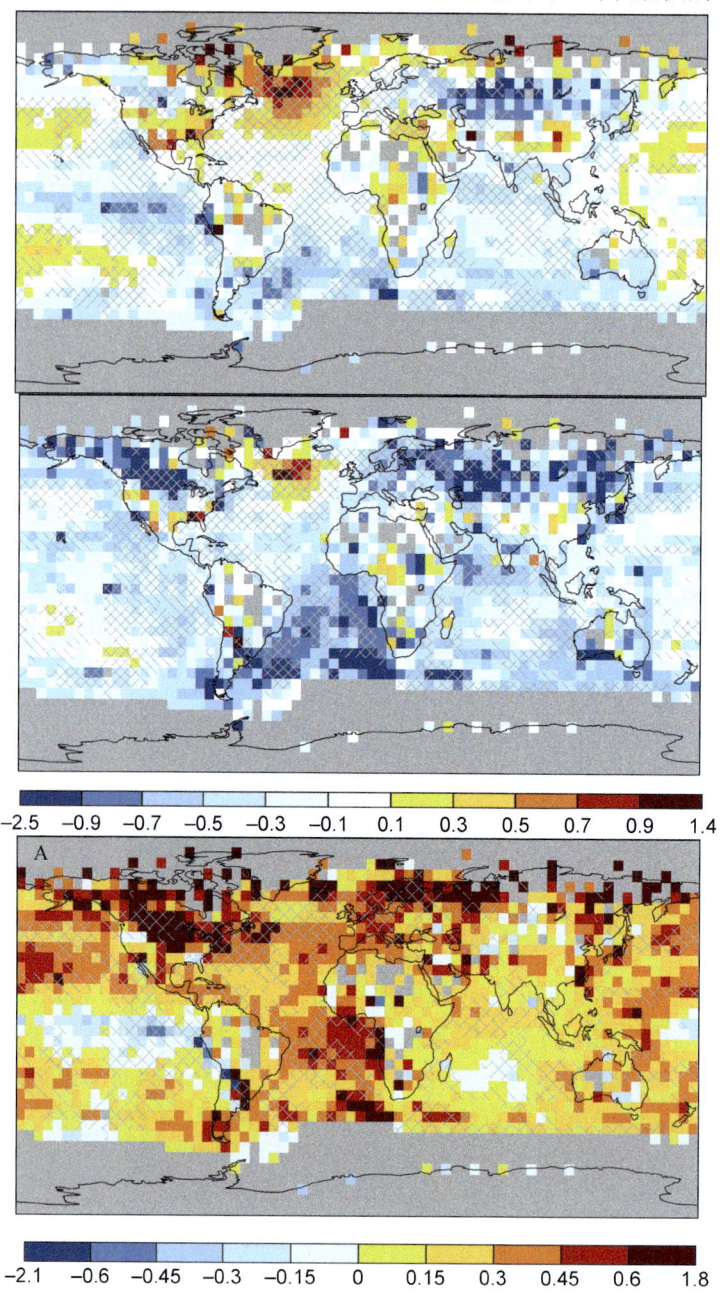

图 15.24 公元 950~1250 年（上）和公元 1400~1700 年（中）期间重建的温度距平（相对于 1961~1990 年平均值）。下图显示两个时段（中世纪与 LIA）之间的差异。重建基于代用指标记录网络，主要包括树轮宽度和密度数据，珊瑚、湖泊沉积和冰心地球化学数据，以及历史文献资料。阴影覆盖区域表示重建通过了一项或多项统计显著性检验。灰色区域（主要在极地区）没有足够的记录进行有意义的温度估算。引自 Mann 等（2009）。

最近 1000 年北半球年平均温度的若干估值说明了 LIA 是如何定义的，这些估值显示，温度在最近 1000 年的前半部分是逐渐下降的，而不是"LIA"的突然"启动"（图 15.25）（Jansen et al.，2007）。另外，很明显，1550～1850 年期间温度在时间和空间上都发生了很大的变化。有些地区在其他地区变冷时变暖，反之亦然，有些季节可能相对温暖，而同一地区的其他季节却异常寒冷（Luterbacher et al.，2004；Xoplaki et al.，2005；Mann et al.，2008，2009）。毫无疑问，在 LIA 气候中看到的复杂性或结构是这一时期古气候档案（树轮、珊瑚、纹层沉积、冰心、历史记录等）提供的信息（相对）丰富度的反映。如前所述，从长期看，这一时段总体上无疑是整个全新世最寒冷的时期之一。

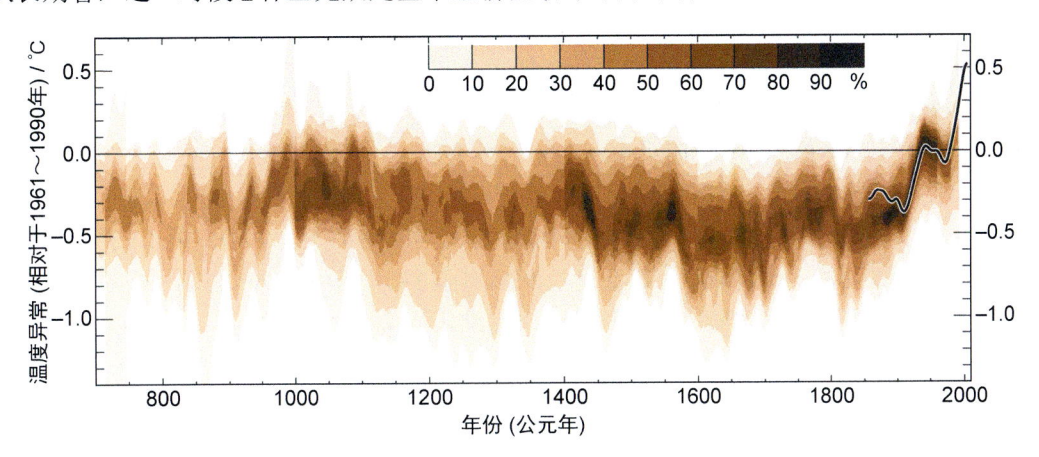

图 15.25 北半球温度（年平均或夏季平均），基于用各种代用指标数据进行的 10 个重建。颜色编码代表记录在多年代际时间尺度上的一致程度，温度值在所有 10 个重建的 ±1 个标准误差范围内时得分为 100%，在 5%～95% 范围内时得分为 5%。因此，最深的颜色表示不同的重建非常一致，而颜色较浅的阴影表示差异较大的时期。所有序列均经高斯加权滤波进行平滑，以剔除小于 30 年时间尺度上的波动，所有温度值均表示为与 1961～1990 年平均值的偏差。HadCRUT2v 器测年平均温度记录以黑线表示。引自 Jansen 等（2007）。

附录 A　放射性碳定年进阶

A.1　放射性碳年龄计算与标准化程序

虽然放射性碳年龄用户没有必要详细了解年龄实际数值是如何得出的，但对其程序有一些了解也是很有启迪意义的，尤其是在考虑对 ^{14}C 分馏效应进行调整的情况下（见 3.2.1.4.3 节）。所有问题涉及一系列复杂的校准、调整和校正 [有关这些程序的历史，见 Olson（2009）]。以下的简要说明供勇于探索者参考。

为了使不同实验室测定的年龄具有可比性，所有实验室都使用一种标准物质进行"现代"碳同位素浓度测量。该标准物质原为"美国国家标准局草酸 I"（Ox I），由 1955 年种植的西印度甘蔗制备而成。这种物质 ^{14}C 活度的 95% 等于 1890 年种植的木材的 ^{14}C 活度，因而通过这种迂回方式，所有实验室将其测试结果标准化为未被"原子弹" ^{14}C 污染的物质。因为原标准物质已耗尽，现使用另一种草酸标准（Ox II），旧标准等于 [0.7459 Ox II]。按惯例，所有年龄都以"1950 年之前年"给出 [years BP，"距今"或"物理年之前"（指大气核弹试验，其污染了大气层中的 ^{14}C）]，因此需将年龄调整至这一时间标准，而非 1890 年这个可能更合乎逻辑的时间。还需要进行第二次调整，以校正草酸在分析过程中所经历的变化不定的 ^{13}C 和 ^{14}C 分馏效应。为了使样品的实验室间对比成为可能，必须考虑这些分馏效应以进行标准化。幸运的是，^{14}C 的分馏效应非常接近 ^{13}C 分馏效应的 2 倍，并且 ^{13}C 丰度要高得多，易于在质谱仪上测量[①]。因此，可通过测量 ^{13}C 而非 ^{14}C 来实现必要的标准化。根据 Craig（1961a）对草酸样品的详细分析，学界一致同意所有标准样品都应调整为 –19.3‰ 的 ^{13}C 值，其中

$$\delta^{13}C = [(^{13}C/^{12}C)_{ox} - (^{13}C/^{12}C)_{PDB}] \div (^{13}C/^{12}C)_{PDB} \times 10^3 \quad (A.1)$$

式中，C_{ox} 为草酸标准；C_{PDB} 为另一个参考标准，即南卡罗来纳州皮狄组白垩纪箭石（美洲拟箭石）（Craig，1957）。参考标准的最新更新已由 Coplen（1996）做了讨论。

草酸参考样品 ^{14}C 活度的标准化可通过下式完成：

$$0.95 A_{ox} = 0.95 A_{lox}[1 - ((2\delta^{13}C_{ox} + 19) \div 1000)] \quad (A.2)$$

式中，A_{lox} 为参考草酸的 ^{14}C 活度；$^{13}C_{ox}$ 为参考草酸的 ^{13}C [式（A.1）]。据此，$0.95 A_{ox}$ 的值就成为计算所有年龄所依据的通用 ^{14}C 标准活度。

通常用于计算样品放射性碳年龄的程序可归纳为 3 个方程。

（1）样品的 ^{14}C 活度表示为与参考标准的偏差：

$$\delta^{14}C = (A_{样品} - 0.95 A_{ox}) \div 0.95 A_{ox} \times 10^3$$

[①] $\delta^{14}C = 2\delta^{13}C + 10^{-3}(\delta^{13}C)^2$ 。

式中，$A_{样品}$ 为样品的 ^{14}C 活度，经本底辐射校正；A_{ox} 为 NBS 草酸 I（或等效物）1950 年活度，经本底分馏和同位素分馏校正。

（2）样品的 ^{14}C 活度通过归一化为 $\delta^{13}C=-25‰$ PDB 进行分馏校正，该值为木材的 $\delta^{13}C$ 平均值（讨论见下文）：

$$\Delta = \delta^{14}C - (2[\delta^{13}C + 25])(1 + (\delta^{14}C \div 1000))$$

式中，$\delta^{13}C = [((^{13}C/^{13}C)_{样品} - (^{13}C/^{12}C)_{PDB}) \div (^{13}C/^{12}C)_{PDB}] \times 10^3$

（3）最后用 5570 年"Libby"半衰期计算年龄（T）：

$$T = 8033\log_e(1 + (\Delta/1000))^{-1}$$

A.2 分 馏 效 应

由于在植物光合作用和壳体碳酸盐沉积过程中同位素分馏程度不同，因此必须获知分馏效应的程度，这样才能对不同材料的年龄进行对比。Lerman（1972）和 Troughton（1972）研究了现代植物的分馏效应并发现了三峰分布，其分馏程度看来与不同植物种为光合作用进化的特定生物化学途径有关。据此，最大 ^{13}C 亏损对应于所谓的 C_3 植物，其利用卡尔文光合循环（Calvin photosynthetic cycle，CAL），而最小亏损发生于 C_4 植物，其利用哈奇-斯莱克（Hatch-Slack，HS）循环。肉质植物利用第三种代谢途径［景天酸代谢（crassulacean acid metabolism，CAM）］，可针对温度和光周期变化利用 HS 途径或 CAL 途径固碳，因而其构成第三种类型。图 A.1 显示 C_3 植物或 C_4 植物主导型生态系统的大尺度分布。对于定

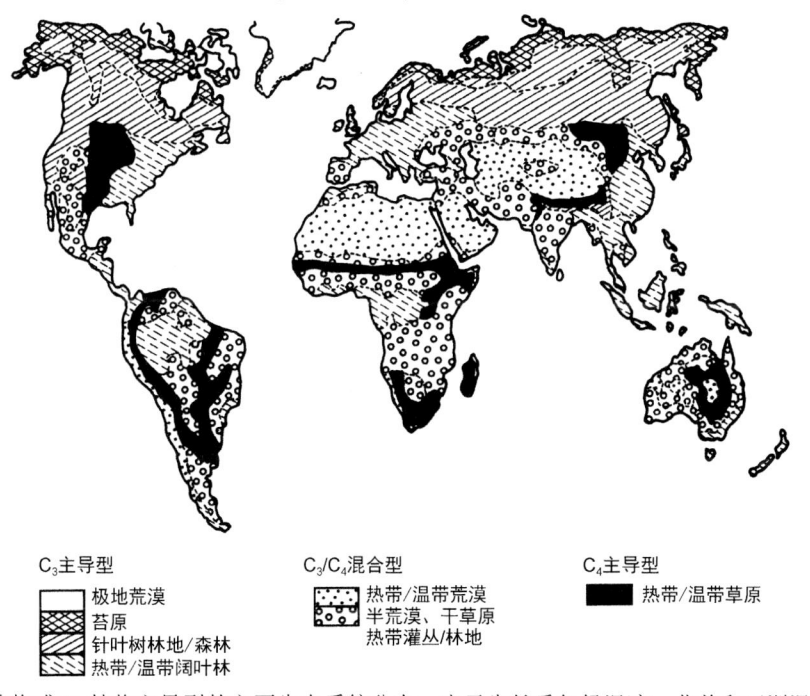

图 A.1 C_3 植物或 C_4 植物主导型的主要生态系统分布。由于生长季气候温凉，北美和亚洲温带草原北界囊括了相当比例的 C_3 植物。引自 Cerling 和 Quade（1993）。

年的意义在于，含有（比如说）较高比例 HS 植物的样品将显示带有这些不甚亏损 ^{13}C 植物特征的 ^{14}C/^{12}C 比值（图 A.2）。因此，此类材料的未校正年龄会比同一地层中主要含有 CAL 类植物的样品更为年轻。类似的问题可能也会出现在主要以利用一种或另一种光合途径的植物为食的动物遗骸定年中，不过这一问题尚未得到详细研究。

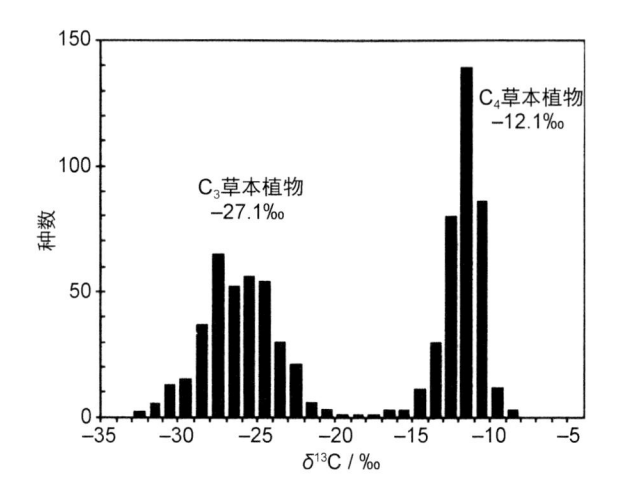

图 A.2 C_3 和 C_4 草本植物的 δ^{13}C 值（‰）。引自 Cerling 和 Quade（1993）。

根据国际协议，所有 ^{14}C 年龄都通过标准化为 –25‰ 的 δ^{13}C 值（木材的平均值）进行分馏效应校正。这使得对 CAL 植物的"校正"相对较小，而对 HS 和 CAM 植物、淡水和海洋壳体以及水生植物的校正较大。尤其是对于海洋壳体，可能需要进行长达 450 年的校正，因为这些壳体是在与海水处于平衡下形成碳酸盐，而海水相对富集 ^{13}C。表 A.1 显示对 ^{14}C 年龄进行分馏效应标准化所需的校正值。在定年样品未进行这种调整的情形下，这些值可作为进行适当校正的指南。

表 A.1 放射性碳分馏误差

序号	定年材料	光合作用途径	δ^{13}C / ‰	添加至未校正年龄的年数
1	木材和木炭	(C_3) CAL	–25±5	0±80
2	树叶	(C_3) CAL	–27±5	–30±80
3	泥炭、腐殖质、土壤[a]	(C_3) CAL	–27±7	–30±110
4	谷类[b]	(C_3) CAL	–23±4	+30±60
5	禾草和莎草叶秆（如水葱）[b]	(C_3) CAL	–27±4	–30±60
6	骨头（欧洲）		–20±4	+80±60
7	谷类[c]	(C_4) HS	–10±3	+240±50
8	禾草和莎草叶秆（如纸莎草）	(C_4) HS	–13±4	+200±60
9	肉质植物[d]	CAM	–17±8	+130±120
10	水生植物（淡水）		–24~–8	
	水生植物（海洋）		–17~–8	

续表

序号	定年材料	光合作用途径	$\delta^{13}C$ / ‰	添加至未校正年龄的年数
11	淡水和咸水壳体		−12～0	
12	海洋壳体		−2～3	

注：CAL. 卡尔文代谢途径；HS. 哈奇-斯莱克代谢途径；CAM. 景天酸代谢。
a 大多数北欧和温带的泥炭、腐殖质和土壤均为 CAL 型，其他区域的必须被视为未确定。
b 小麦、燕麦、大麦、水稻、黑麦及相关禾草。
c 玉米、高粱、谷子、稗子及相关禾草。
d 仙人掌、龙舌兰、菠萝、铁兰等。
引自 Lerman（1972）。

附录 B　古气候学互联网资源

互联网为那些对古气候学感兴趣的人提供了大量资源，包括数据库、GCM 古气候模拟数据、重要软件、相关机构信息以及时事通讯。其中许多维护得很好，而其他一些维持的时间可能较短。读者可查阅马萨诸塞大学气候系统研究中心的古气候资源网页，我将尽力保持一组全面且最新的链接：

www.geo.umass.edu/climate/paleo.html

文献：在此，文献包含一个 URL，以 dx.doi.org/...开头，提供了摘要链接。在谷歌学术搜索上通常可提供参考文献所列文章 pdf 版的链接，也可搜索作者网站查找相关出版物。如果无法访问某一特定期刊，我建议给作者发电子邮件索取 pdf 副本。

数据：获取数据集，可查阅世界古气候学数据中心和欧洲盘古大陆网站。

NOAA 古气候学计划（世界古气候学数据中心 A）：

www.ngdc.noaa.gov/paleo/paleo.html

盘古大陆（地球与环境科学数据发行机构）（需要注册）：

www.pangaea.de

参 考 文 献

Abbott, P.M., Davies, S.M., 2012. Volcanism and the Greenland ice-cores: the tephra record. Earth-Sci. Rev. 115, 173-191.

Abbott, M.B., Wolfe, B.B., Aravena, R., Wolfe, A.P., Seltzer, G.O., 2000. Holocene hydrological reconstructions from stable-isotopes and palaeolimnology, Cordillera Real, Bolivia. Quat. Sci. Rev. 19, 1801-1820.

Abbott, P.M., Davies, S.M., Steffensen, J.P., Pearce, N.J.G., Bigler, M., Johnsen, S.J., Seierstad, I.K., Svensson, A., Wastegård, S., 2012. A detailed framework of Marine Isotope Stages 4 and 5 volcanic events recorded in two Greenland ice cores. Quat. Sci. Rev. 36, 59-77.

Abram, N.J., Gagan, M.K., Liu, Z.Y., Hantoro, W.S., McCulloch, M.T., Suwargadi, B.W., 2007. Seasonal characteristics of the Indian Ocean Diploe during the Holocene epoch. Nature 445, 299-302.

Acuña-Soto, R., Stahle, D.W., Cleaveland, M.K., Therrell, M.D., 2002. Megadrought and megadeath in 16th century Mexico. Emerg. Infect. Dis. 8, 360-362.

Adams, J.B., Mann, M.E., Ammann, C.M., 2003. Proxy evidence for an El Niño-like response to volcanic forcing. Nature 426, 274-278.

Adelseck, C.G., Berger, W.H., 1977. On the dissolution of planktonic foraminifera and associated microfossils during settling and on the sea floor. In: Sliter, W.V., Bé, A.W.H., Berger, W.H. (Eds.), Dissolution of Deep-Sea Carbonates. Special Publication No. 13, Cushman Foundation for Foraminiferal Research, Washington, DC, pp. 70-81.

Adkins, J.F., Boyle, E.A., 1997. Changing atmospheric $\Delta^{14}C$ and the record of deep water paleoventilation ages. Paleoceanography 12, 337-344.

Adkins, J.F., McIntyre, K., Schrag, D.P., 2002a. The salinity, temperature and $\delta^{18}O$ of the Glacial Deep Ocean. Science 298, 1769-1773.

Adkins, J.F., Cheng, H., Boyle, E.A., Druffel, E.R.M., Edwards, R.L., 2002b. Deep-sea coral evidence for rapid change in ventilation of the deep North Atlantic 15,400 years ago. Science 280, 725-728.

Adkins, J.F., Henderson, G.M., Wang, S.L., O'Shea, S., Mokadem, F., 2004. Growth rates of the deep-sea scleractinia *Desmophyllum cristagalli* and *Enallopsammia rostrata*. Earth Planet. Sci. Lett. 227, 481-490.

Aharon, P., Chappell, J., 1986. Oxygen isotopes, sea level changes and the temperature history of a coral reef environment in New Guinea over the last 10^5 years. Palaeogeogr. Palaeoclimatol. Palaeoecol. 56, 337-379.

Aitken, M.J., 1974. Physics and Archaeology. Clarendon Press, Oxford, 291 pp.

Aitken, M.J., 1985. Thermoluminescence Dating. Academic Press, London.

Aitken, M.J., 1998. An Introduction to Optical Dating. Oxford University Press, Oxford, 267 pp.

Aldahan, A., Possnert, G., 1998. A high-resolution ^{10}Be profile from deep sea sediment covering the last the last 70 ka: indication for globally synchronized environmental events. Quat. Sci. Rev. 17, 1023-1032.

Aldaz, L., Deutsch, S., 1967. On a relationship between air temperature and oxygen isotope ratio of snow and firn in the South Pole region. Earth Planet. Sci. Lett. 3, 267-274.

Alexandre, P., 1977. Les variations climatiques au Moyen Age (Belgique, Rhenanie, Nord de la France). Ann. Econ. Soc. Civ. 32, 183-197.

Alexandre, A., Meunier, J.-D., Lezine, A.-M., Vincens, A., Schwartz, D., 1997. Phytoliths: indicators of grassland dynamics during the late Holocene in intertropical Africa. Palaeogeogr. Palaeoclimatol. Palaeoecol. 136, 213-229.

Alley, R.B., 2002. The Two-mile Time Machine: Ice cores, Abrupt Climate Change and the Future. Princeton University Press, Princeton, 240 pp.

Alley, R.B., Anandakrishnan, S., 1995. Variations in melt-layer frequency in the GISP2 ice core: implications for Holocene summer temperatures in central Greenland. Ann. Glaciol. 21, 64-70.

Alley, R.B., Cuffey, K.M., 2001. Oxygen- and hydrogen-isotopic ratios of water in precipitation: beyond paleothermometry. Rev. Mineral. Geochem. 43, 527-553.

Alley, R.B., MacAyeal, D., 1994. Ice-rafted debris associated with the binge-purge oscillations of the Laurentide Ice Sheet. Paleoceanography 9, 503-511.

Alley, R.B., Perepezko, J.H., Bentley, C.R., 1988. Long-term climate changes from crystal growth. Nature 332, 592-593 (and reply by Petit, J.P., Duval, P., Lorius, C., p. 593).

Alley, R.B., Gow, A.J., Johnsen, S.J., Kipfstuhl, J., Meese, D.A., Thorsteinsson, T., 1995. Comparison of deep ice cores. Nature 373, 393-394.

Alley, R.B., Shuman, C.A., Meese, D.A., Gow, A.J., Taylor, K.C., Cuffey, K.M., Fitzpatrick, J.J., Grootes, P.M., Zielinski, G.A., Ram, M., Spinelli, G., Elder, B., 1997a. Visual-stratigraphic dating of the GISP2 ice core: basis, reproducibility and application. J. Geophys. Res. 102C, 26367-26381.

Alley, R.B., Gow, A., Meese, D.A., Fitzpatrick, J.J., Waddington, E.D., Bolzan, J.F., 1997b. Grain-scale processes, folding and stratigraphic disturbance in the GISP2 ice core. J. Geophys. Res. 102C, 26819-26830.

Alley, R.B., Mayewski, P.A., Sowers, T., Stuiver, M., Taylor, K.C., Clark, P.U., 1997c. Holocene climatic instability: a prominent, widespread event 8200 yr ago. Geology 25, 483-486.

Alley, R.B., Marotzke, J., Nordhaus, W.D., Overpeck, J.T., Peteet, D.M., Pielke Jr., R.A., Pierrehumbert, R.T., Rhines, R.B., Stocker, T.F., Talley, L.D., Wallace, J.M., 2002. Abrupt climate change. Science 299, 2005-2009.

Alley, R.B., Andrews, J.T., Barber, D.C., Clark, P.U., 2005. Comment on "Catastrophic ice shelf breakup as the source of Heinrich event icebergs" by C.L. Hulbe et al. Paleoceanography 20, PA1009, dx.doi.org/10.1029/2004PA001086.

Alley, R.B., Shuman, C.A., Meese, D.A., Gow, A.J., Taylor, K.C., Cuffey, K.M., Fitzpatrick, J.J., Grootes, P.M., Zielinski, G.A., Ram, M., Spinelli, G., Elder, B., 2007. Visual-stratigraphic dating of the GISP2 ice core: basis, reproducibility and application. J. Geophys. Res. 102C, 26367-26381.

Allison, I., Kruss, P., 1977. Estimation of recent climatic change in Irian Jaya by numerical modelling of its tropical glaciers. Arct. Alp. Res. 9, 49-60.

Altabet, M.A., Francois, R., Murray, D.W., Prell, W.L., 1995. Climate-related variations in denitrification in the Arabian Sea from sediment $^{15}N/^{14}N$ ratios. Nature 373, 506-509.

Alvarez-Solas, J., Charbit, S., Ritz, C., Paillard, D., Ramstein, G., Dumas, C., 2010. Links between ocean temperature and iceberg discharge during Heinrich events. Nat. Geosci. 3, 122-126.

Alverson, K., Oldfield, F., Bradley, R.S.(Eds.), 1999. Past Global Changes and Their Significance for the Future. Elsevier, Amsterdam, 479 pp.

Alverson, K., Bradley, R.S., Pedersen, T.F. (Eds.), 2003. Paleoclimate, Global Change and the Future. Springer Verlag, Berlin, 220 pp.

Amason, B., 1969. The exchange of hydrogen isotopes between ice and water in temperate glaciers. Earth Planet. Sci. Lett. 6, 423-430.

Ambach, W., Dansgaard, W., Eisner, H., Moller, J., 1968. The altitude effect on the isotopic composition of precipitation and glacier ice in the Alps. Tellus 20, 595-600.

Ammann, B., Birks, H.J.B., Brooks, S.J., Eicher, U., von Grafenstein, U., Hofmann, W., Lemdahl, G., Schwander, J., Tobolski, K., Wick, L., 2000. Quantification of biotic responses to rapid climatic changes around the Younger Dryas—a synthesis. Palaeogeogr. Palaeoclimatol. Palaeoecol. 159, 313-347.

Ammann, C.M., Meehl, G.A., Washington, W.M., Zender, C.S., 2003. A monthly and latitudinally varying volcanic forcing dataset in simulations of 20th century climate. Geophys. Res. Lett. 30, 1657. dx.doi.org/ 10.1029/2003GL016875.

Ammann, C.M., Joos, F., Schimel, D.S., Otto-Bliesner, B.L., Tomas, R.A., 2007. Solar influence on climate during the past millennium: results from transient simulations with the NCAR Climate System Model. Proc. Natl. Acad. Sci. U.S.A. 104, 3713-3718.

An, Z.S., 2000. The history and variability of the East Asian paleomonsoon climate. Quat. Sci. Rev. 19, 171-187.

An, Z.S. (Ed.), 2014. Late Cenozoic Climate Change in Asia. Springer, Berlin.

An, Z., Liu, T., Lu, Y., Porter, S.C., Kukla, G., Wu, X., Hua, Y., 1990. The long term paleomonsoon variation recorded by the loess paleosol sequence in central China. Quat. Int. 718, 91-95.

An, Z.S., Kukla, G.J., Porter, S.C., Xiao, J.L., 1991. Magnetic susceptibility evidence of monsoon variation on the Loess Plateau of central China during the last 130,000 years. Quat. Res. 36, 29-36.

An, Z.S., Kutzbach, J.E., Prell, W.L., Porter, S.C., 2001. Evolution of Asian monsoons and phased uplift of the Himalaya-Tibetan Plateau since late Miocene times. Nature 411, 62-66.

An, Z.S., Huang, Y.S., Liu, W.G., Guo, Z.T., Clemens, S., Li, L., Prell, W., Ning, Y.F., Cai, Y.J., Zhou, W.J., Lin, B.H., Zhang, Q.L., Cao, Y.N., Qiang, X.K., Chang, H., Wu, Z.K., 2005. Multiple expansions of C_4 plant biomass in East Asia since 7 Ma coupled with strengthened monsoon circulation. Geology 33, 705-708.

An, Z.S., Clemens, S.C., Shen, J., Qiang, X.K., Jin, Z.D., Sun, Y.B., Prell, W.L., Luo, J.J., Wang, S.M., Xu, H., Cai, Y.J., Zhou, W.J., Liu, X.D., Liu, W.G., Shi, Z.G., Yan, L.B., Xian, X.Y., Chang, H., Wu, F., Ai, L., Lu, F.Y., 2011. Glacial-interglacial Indian summer monsoon dynamics. Science 333, 719-723.

Anand, P., Elderfield, H., Conte, M.H., 2003. Calibration of Mg/Ca thermometry in planktonic foraminifera from a sediment trap time series. Paleoceanography 18. dx.doi.org/10.1029/2002PA000846.

Anchukaitis, K., Evans, M.N., 2010. Tropical cloud forst climate variability and the demise of the Monteverde golden toad. Proc. Natl. Acad. Sci. U.S.A. 107, 5036-5040.

Anchukaitis, K., Evans, M.N., Wheelwright, N.T., Schrag, D.P., 2008. Stable isotope chronology and signal calibration in neotropical cloud forest trees. J. Geophys. Res. 113, G03030. dx.doi.org/10.1029/2007JG000613.

Andersen, T.F., Steinmetz, J.C., 1981. Isotopic and biostratigraphical records of calcareous nannofossils in a Pleistocene core. Nature 294, 741-744.

Andersen, K.K., Svensson, A., Johnsen, S.J., Rasmussen, S.U., Bigler, M., Rothlisberger, R., Ruth, U., Siggard-Andersen, M.-L., Steffensen, J.P., Dahl-Jensen, D., Vinther, B.M., Clausen, H.B., 2006a. The Greenland Ice Core Chronology 2005, 15-42ka. Part 1: constructing the time scale. Quat. Sci. Rev. 25, 3246-3257.

Andersen, K.K., Ditlevsen, P.D., Rasmussen, S.O., Clausen, H.B., Vinther, B.M., Johnsen, S.J., Steffensen, J.P., 2006b. Retrieving a common accumulation record from Greenland ice cores for the past 1800 years. J. Geophys. Res. 111. D15106, dx.doi.org/10.1029/2005JD006765.

Anderson, R.Y., Dean, W.L., 1988. Lacustrine varve formation through time. Palaeogeogr. Palaeoclimatol. Palaeoecol. 62, 215-235.

Anderson, D.M., Prell, W.L., Barratt, N.J., 1989. Estimates of sea surface temperature in the Coral Sea at the last glacial maximum. Paleoceanography 4, 615-627.

Anderson, P.M., Bartlein, P.J., Brubaker, L.B., Gajewski, K., Ritchie, J.C., 1991. Vegetation-pollen-climate relationships for the arcto-boreal regions of North America and Greenland. J. Biogeogr. 18, 565-582.

Anderson, L.L., Hu, F.S., Nelson, D.M., Petit, R.J., Palge, K.N., 2006. Ice-age endurance: DNA evidence of a white spruce refugium in Alaska. Proc. Natl. Acad. Sci. U.S.A. 103, 12447-12450.

Anderson, L., Abbott, M.B., Finney, B.P., Burns, S.J., 2007. Late Holocene moisture balance variability in the southwest Yukon Territory, Canada. Quat. Sci. Rev. 26, 130-141.

Anderson, R.K., Miller, G.H., Briner, J.P., Lifton, N.A., DeVogel, S.B., 2008. A millennial perspective on Arctic warming from ^{14}C in quartz and plants emerging beneath ice caps. Geophys. Res. Lett. 35, L01502, dx.doi.org/10.1029/ GL032057.

Anderson, R.F., Ali, S., Bradtmiller, L.I., Nielsen, S.H.H., Fleisher, M.Q., Anderson, B.E., Burckle, L.H., 2009. Wind-driven upwelling in the Southern Ocean and the deglacial rise in atmospheric CO_2. Science 323, 1443-1448.

Andrée, M., Beer, J., Loetscher, H.P., Moor, E., Oeschger, H., Bonani, G., Hoffman, H.J., Morenzoni, E., Ness, M., Suter, M., Wolfli, W., 1986. Dating polar ice by ^{14}C accelerator mass spectrometry. Radiocarbon 28, 417-423.

Andrews, J.T., Barry, R.G., Bradley, R.S., Miller, G.H., Williams, L.D., 1972. Past and present glaciological responses to climate in eastern Baffin Island. Quat. Res. 2, 303-314.

Andrews, J.T., Davis, P.T., Wright, C., 1976. Little Ice Age permanent snowcover in the eastern Canadian Arctic: extent mapped from Landsat-1 satellite imagery. Geogr. Ann. 58A, 71-81.

Andrews, J.T., Erlenkeuser, H., Tedesco, K., Aksu, A., Jull, A.J.T., 1994. Late Quaternary (Stage 2 and 3) meltwater and Heinrich Events, northwest Labrador Sea. Quat. Res. 41, 26-34.

Andriessen, P.A.M., Helmens, K.F., Hooghiemstra, H., Riezobos, P.A., Van der Hammen, T., 1993. Absolute chronology of the Pliocene-Quaternary sediment sequence of the Bogota area, Colombia. Quat. Sci. Rev. 12, 483-501.

Anhuf, D., 1997. Palaeovegetation in west Africa for 18,000 B.P. and 8500 B.P. Eiszeit. Gegenw. 47, 112-119.

Anhuf, D., 2000. Vegetation history and climate changes in Africa north and south of the Equator (10N-10S) during the Last Glacial Maximum (LGM). In: Smolka, P., Volkheimer, W. (Eds.), Southern Hemisphere Paleo- and Neoclimate. Springer, Berlin, pp. 225-248.

Anhuf, D., Ledru, M.P., Behling, H., Da Cruz Jr., F.W., Cordeiro, R.C., Van der Hammen, T., Karmann, I., Marengo, J.A., De Oliveira, P.E., Pessenda, L., Siffedine, A., Albuquerque, A.L., Da Silva Dias, P.L., 2006. Paleo-environmental change in Amazonian and African rainforest during the LGM. Palaeogeogr. Palaeoclimatol. Palaeoecol. 239, 510-527.

Anklin, M., Barnola, J.M., Beer, J., Blunier, T., Chappellaz, J., Clausen, H.B., Dahl-Jensen, D., Dansgaard, W., De Angelis, M., Delmas, R.J., 1993. Climate instability during the last interglacial period recorded in the GRIP ice core. Nature 364, 203-207.

Antevs, E., 1948. Climatic changes and pre-white man. Univ. Utah Bull. 36, 168-191.
Aono, Y., Kazui, K., 2008. Phenological data series of cherry tree flowering in Kyoto, Japan, and its application to reconstruction of springtime temperature since the 9th century. Int. J. Climatol. 25, 905-914.
Aono, Y., Saito, S., 2010. Clarifying springtime temperature reconstructions of the Medieval period by gap-filling the cherry blossom phonological data series at Kyoto, Japan. Int. J. Biometeorol. 54, 211-219.
Appleby, P.G., 2001. Chronostratigraphic techniques in recent sediments. In: Last, W.M., Smol, J.P. (Eds.), Tracking Environmental Change Using Lake Sediments. Basin Analysis, Coring and Chronological Techniques, vol. 1. Kluwer, Dordrecht, pp. 171-203.
Appleby, P.G., Oldfield, F., 1978. The calculation of ^{210}Pb dates assuming a constant rate of supply of unsupported ^{210}Pb to the sediment. Catena 5, 1-8.
Appleby, P.G., Oldfield, F., 1983. The assessment of ^{210}Pb data from sites with varying sediment accumulation rates. Hydrobiology 103, 29-35.
Arakawa, H., 1954. Fujiwhara on five centuries of freezing dates of Lake Suwa in central Japan. Arch. Meteorol. Geophys. Bioklimatol. B6, 152-166.
Arakawa, H., 1956a. Dates of first or earliest snow covering for Tokyo since 1632. Quart. J. Roy. Meteorol. Soc. 82, 222-226.
Arakawa, H., 1956b. Climatic change as revealed by the blooming dates of the cherry blossoms at Kyoto. J. Meteorol. 13, 599-600.
Arakawa, H., 1957. Climatic change as revealed by the data from the Far East. Weather 12, 46-51.
Arguez, A., Vose, R.S., 2011. The definition of the standard WMO climate normal. Bull. Am. Meteorol. Soc. 92, 699-704.
Arnow, T., 1980. Water budget and water-surface fluctuations of Great Salt Lake. Utah Geol. Miner. Surv. Bull. 116, 255-263.
Arz, H.W., Pätzold, J., Wefer, G., 1998. Correlated millennial-scale changes in surface hydrography and terrigenous sediment yield inferred from Last Glacial marine deposits off northeastern Brazil. Quat. Res. 50, 157-166.
Asami, R., Yamada, T., Iryu, Y., Quinn, T.M., Meyer, C.P., Paulay, G., 2005. Interannual and decadal variability of the western Pacific sea surface condition for the years 1787-2000: reconstruction based on stable isotope record from a Guam coral. J. Geophys. Res. 110, C05018, dx.doi.org/10.1029/2004JC002555.
Asami, R., Felis, T., Deschamps, P., Hanawa, K., Iryu, Y., Bard, E., Durand, N., Murayama, M., 2009. Evidence for tropical South Pacific climate change during the Younger Dryas and the Bølling-Allerød from geochemical records of fossil Tahiti corals. Earth Planet. Sci. Lett. 288, 96-107.
Ashworth, A.C., 1980. Environmental implications of a beetle assemblage from the Gervais formation (Early Wisconsinan?), Minnesota. Quat. Res. 13, 200-212.
Atkinson, T.C., Lawson, T.J., Smart, P.L., Harmon, R.S., Hess, J.W., 1986a. New data on speleothem deposition and palaeoclimate in Britain over the last forty thousand years. J. Quat. Sci. 1, 67-72.
Atkinson, T.C., Briffa, K.R., Coope, G.R., Joachim, M., Perry, D.W., 1986b. Climatic calibration of coleopteran data. In: Berglund, B. (Ed.), Handbook of Holocene Palaeoecology and Palaeohydrology. Wiley, New York, pp. 851-858.
Atkinson, T.C., Briffa, K.R., Coope, G.R., 1987. Seasonal temperatures in Britain during the last 22,000 years, reconstructed using beetle remains. Nature 325, 587-592.
Austin, W.E.N., Bard, E., Hunt, J.B., Kroon, D., Peacock, J.D., 1995. The ^{14}C age of the Icelandic Vedde ash: implications for Younger Dryas marine reservoir age corrections. Radiocarbon 37, 53-62.
Bada, J.L., 1985. Amino acid racemization dating of fossil bones. Annu. Rev. Earth Planet. Sci. 13, 241-268.
Bada, J.L., Schroeder, R.A., 1975. Amino acid racemization reactions and their geochemical implications. Naturwissenschaften 62, 71-79.
Bada, J.L., Protsch, R., Schroeder, R.A., 1973. The racemization reaction of isoleucine used as a palaeotemperature indicator. Nature 241, 394-395.
Baker, J.N.L., 1932. The climate of England in the 17th century. Quart. J. Roy. Meteorol. Soc. 58, 421-436.
Baker, A., Smart, P.L., Ford, D.C., 1993. Northwest European paleoclimate as indicated by growth frequency variations of secondary calcite deposits. Palaeogeogr. Palaeoclimatol. Palaeoecol. 100, 291-301.
Baker, P., Seltzer, G.O., Fritz, S.C., Dunbar, R.B., Grove, M.J., Tapia, P.M., Cross, S.L., Rowe, H.D., Broda, J.P., 2001. The history of South American tropical precipitation for the past 25,000 years. Science 291, 640-643.
Bakke, J., Lie, Ø., Nesje, A., Dahl, S.O., Paasche, Ø., 2005. Utilizing physical sediment variability in glacier-fed lakes for continuous glacier reconstructions during the Holocene, northern Folgefonna, western Norway. The Holocene 15, 161-176.
Bakke, J., Lie, Ø., Heegaard, E., Dokken, T., Haug, G.H., Birks, H.J.B., Dulski, P., Nilsen, T., 2010a. Rapid oceanic and

atmospheric changes during the Younger Dryas cold period. Nat. Geosci. 2, 202-205.

Bakke, J., Dahl, S.O., Paasche, O., Simonsen, J., Kvisvik, B., Bakke, K., Nesje, A., 2010b. A complete record of Holocene glacier variability at Austre Okstindbreen, northern Norway: an integrated approach. Quat. Sci. Rev. 29, 1246-1262.

Bakke, J., Trachsel, M., Kvisvik, B.C., Nesje, A., Lyså, A., 2013. Numerical analyses of a multi-proxy data set from a distal glacier-fed lake, Sørsendalsvatn, western Norway. Quat. Sci. Rev. 73, 182-185.

Baksi, A.K., Hsu, V., McWilliams, M.O., Farrar, E., 1992. ^{40}Ar/^{39}Ar dating of the Brunhes-Matuyama geomagnetic field reversal. Science 256, 356-357.

Balco, G., 2011. Contributions and unrealized potential contributions of cosmogenic-nuclide exposure dating to glacier chronology, 1990-2010. Quat. Sci. Rev. 30, 3-27.

Baldini, J.U.L., McDermott, F., Fairchild, I.J., 2002. Structure of the 8200-year cold event revealed by a speleothem trace element record. Science 296, 2203-2206.

Baldwin, M.P., Dunkerton, T.J., 2001. Stratospheric harbingers of anomalous weather regimes. Science 294, 581-584.

Balescu, S., Lamothe, M., 1994. Comparison of TL and IRSL age estimates of feldspar coarse grains from waterlain sediments. Quat. Geochronol. (Quat. Sci. Rev.) 13, 437-444.

Ball, T., 1992. Historical and instrumental evidence of climate: western Hudson Bay, Canada 1714-1850. In: Bradley, R.S., Jones, P.D. (Eds.), Climate Since A.D. 1500. Routledge, London, pp. 40-73.

Balsam, W., Ji, J.F., Chen, J., 2004. Climatic interpretation of the Luochuan and Lingtai loess sections, China, based on changing iron oxide mineralogy and magnetic susceptibility. Earth Planet. Sci. Lett. 223, 335-348.

Balsam, W.L., Ellwood, B.B., Williams, E.R., Long, X.Y., El Hassani, A., 2011. Magnetic susceptibility as a proxy for rainfall: worldwide data from tropical and temperate climate. Quat. Sci. Rev. 30, 2732-2744.

Barber, K.E., 1981. Peat Stratigraphy and Climatic Change: A Palaeoecological Test of the Theory of Cyclic Peat Bog Regeneration. Balkema, Rotterdam.

Barber, K.E., Charman, D.J., 2003. Holocene palaeoclimate records from peatlands. In: Mackay, A.W., Battarbee, R.W., Birks, H.J.B., Oldfield, F. (Eds.), Global Change in the Holocene. Arnold, London, pp. 10-226.

Barber, D.C., Dyke, A., Hillaire-Marcel, H., Jennings, A.E., Andrews, J.T., Kerwin, M.W., Bilodeau, G., McNeely, R., Southon, J., Morehead, M.D., Gagnon, J.-M., 1999. Forcing of the cold event of 8200 years ago by catastrophic drainage of Laurentide lakes. Nature 400, 344-348.

Barber, V., Juday, G., Finney, B., 2000. Reduced growth of Alaska white spruce in the twentieth century from temperature-induced drought stress. Nature 405, 668-672.

Barber, K.E., Chambers, F.M., Maddy, D., 2003. Holocene palaeoclimates from peat stratigraphy: macrofossil proxy climate records from three oceanic raised bogs in England and Ireland. Quat. Sci. Rev. 22, 521-539.

Barboni, R., Bonnefille, R., Alexandre, A., Meunier, J.D., 1999. Phytoliths as paleoenvironmental indicators, West Side Middle Awash Valley, Ethiopia. Palaeogeogr. Palaeoclimatol. Palaeoecol. 152, 87-100.

Barbour, M.M., 2007. Stable oxygen isotope composition of plant tissue: a review. Funct. Plant Biol. 34, 83-94.

Bard, E., 1988. Correction of accelerator mass spectrometry ^{14}C ages measured in planktonic foraminifera: paleoceanographic implications. Paleoceanography 3, 635-645.

Bard, E., 2000. Comparison of alkenone estimates with other paleotemperature proxies. Geochem. Geophys. Geosyst. 2. dx.doi.org/10.1029/2000GC000050.

Bard, E., Frank, M., 2006. Climate change and solar variability: what's new under the Sun? Earth Planet. Sci. Lett. 248, 480-493.

Bard, E., Fairbanks, R.G., Arnold, M., Maurice, P., Duprat, J., Moyes, J., Duplessy, J.C., 1989. Sea-level estimates during the last deglaciation based on δ^{18}O and accelerator mass spectrometry ^{14}C ages measured in *Globigerina bulloides*. Quat. Res. 31, 381-391.

Bard, E., Hamelin, B., Fairbanks, R.G., Zindler, A., 1990. Calibration of the ^{14}C timescale over the last 30,000 years using mass spectrometric U-Th ages from Barbados corals. Nature 345, 405-410.

Bard, E., Arnold, M., Fairbanks, R., Hamelin, B., 1993. ^{230}Th-^{234}U and ^{14}C age, obtained by mass spectrometry on corals. Radiocarbon 35, 191-199.

Bard, E., Arnold, M., Mangerud, J., Paterne, M., Labeyrie, L., Duprat, J., Mélières, M.A., Sønstegaard, E., Duplessy, J.C., 1994. The North Atlantic atmosphere-sea surface ^{14}C gradient during the Younger Dryas climatic event. Earth Planet. Sci. Lett. 126, 275-287.

Bard, E., Hamelin, B., Arnold, M., Montaggioni, L., Cabioch, G., Faure, G., Rougerie, F., 1996. Deglacial sea-level record from Tahiti corals and the timing of global meltwater discharge. Nature 382, 241-244.

Bard, E., Rostek, F., Sonzogni, C., 1997. Interhemispheric synchrony of the last deglaciation inferred from alkenone palaeothermometry. Nature 385, 707-710.

Bard, E., Raisbeck, G., Yiou, F., Jouzel, J., 2000. Solar irradiance during the last 120 years based on cosmogenic nuclides. Tellus 52B, 985-992.

Bard, E., Delaygue, G., Rostek, F., Antonioli, F., Silenzi, S., Schrag, D.P., 2002a. Hydrological conditions over the western Mediterranean basin during the deposition of the cold Sapropel 6 (ca 175 kyr BP). Earth Planet. Sci. Lett. 202, 481-494.

Bard, E., Antonioli, F., Silenzi, S., 2002b. Sea-level during the penultimate interglacial period based on a submerged stalagmite from Argentarola Cave (Italy). Earth Planet. Sci. Lett. 196, 135-146.

Barkenow, L., Sandgren, P., 2001. Paleoclimate and tree-line changes during the Holocene based on pollen and plant macrofossils records from six lakes at different altitudes in northern Sweden. Rev. Palaeobot. Palynol. 117, 109-118.

Barker, S., Cacho, I., Benway, H., Tachikawa, K., 2005. Planktonic foraminiferal Mg/Ca as a proxy for past ocean temperatures: a methodological overview and data compilation for the Last Glacial Maximum. Quat. Sci. Rev. 24, 821-834.

Barletta, F., St-Onge, G., Stoner, J.S., Lajeunesse, P., Locat, J., 2010. A high-resolution Holocene paleomagnetic secular variation and relative paleointensity stack from eastern Canada. Earth Planet. Sci. Lett. 298, 162-174.

Bar-Matthews, M., Ayalon, A., 1997. Late Quaternary paleoclimate in the eastern Mediterranean region from stable isotope analysis of speleothems at Soreq Cave, Israel. Quat. Res. 47, 155-168.

Bar-Matthews, M., Ayalon, A., 2004. Speleothems as palaeoclimate indicators, a case study from Soreq Cave located in the eastern Mediterranean region, Israel. In: Battarbee, R.W., Gasse, F., Stickley, C.E. (Eds.), Past Climate Variability through Europe and Africa. Springer, Dordrecht, pp. 363-391.

Bar-Matthews, M., Wasserburg, G.J., Chen, J.H., 1993. Diagenesis of fossil coral skeletons: correlation between trace elements, textures and $^{234}U/^{238}U$. Geochim. Cosmochim. Acta 57, 257-276.

Bar-Matthews, M., Ayalon, A., Kaufman, A., Wasserburg, G.J., 1999. The eastern Mediterranean paleoclimate as a reflection of regional events: Soreq Cave, Israel. Earth Planet. Sci. Lett. 166, 85-95.

Bar-Matthews, M., Ayalon, A., Kaufman, A., 2000. Timing and hydrological conditions of Sapropel events in the estern Mediterranean, as evident from speleothems, Soreq cave, Israel. Chem. Geol. 169, 145-156.

Bar-Matthews, M., Ayalon, A., Gilmour, M., Matthews, A., Hawkesworth, C.J., 2003. Sea-land oxygen isotopic relationships from planktonic foraminifera and speleothems in the eastern Mediterranean region and their implications for paleorainfall during interglacial intervals. Geochim. Cosmochim. Acta 67, 3181-3199.

Barnola, J.-M., Raynaud, R., Korotkevich, Y.S., Lorius, C., 1987. Vostok ice core provides 160,000 year record of atmospheric $\delta^{18}O$. Nature 329, 408-414.

Barnola, J.-M., Pimienta, P., Raynaud, D., Korotkevich, Y.S., 1991. CO_2-climate relationship as deduced from the Vostok ice core: a re-examination based on new measurements and on a re-evaluation of the air dating. Tellus B43, 83-90.

Baron, W.R., 1982. The reconstruction of eighteenth century temperature records through the use of content analysis. Clim. Chang. 4, 385-398.

Barriendos, M., 1997. Climatic variations in the Iberian Peninsula during the late Maunder Minimum (A.D. 1675- 1715): an analysis of data from rogation ceremonies. The Holocene 7, 105-111.

Barry, R.G., Andrews, J.T., Mahaffy, M.A., 1975. Continental ice sheets: conditions for growth. Science 190, 979-981.

Bartlein, P.J., Webb III, T., 1985. Mean July temperature at 6000 B.P. in eastern North America: regression equations for estimates from fossil-pollen data. In: Harington, C.R.(Ed.), Climatic Change in Canada 5. Syllogeus No. 55, National Museum of Canada, Ottawa, pp. 301-342.

Bartlein, P.J., Whitlock, C., 1993. Paleoclimatic interpretation of the Elk Lake pollen record. In: Bradbury, J.P., Dean, W.E. (Eds.), Elk Lake, Minnesota: Evidence for Rapid Climate Change in the North-Central United States. Special Paper 276, Geological Society of America, Boulder, pp. 275-293.

Bartlein, P.J., Webb III, T., Fieri, E., 1984. Holocene climatic change in the northern midwest: pollen-derived estimates. Quat. Res. 22, 361-374.

Bartlein, P.J., Prentice, I.C., Webb III, T., 1986. Climatic response surfaces from pollen data for some eastern North American taxa. J. Biogeogr. 13, 35-57.

Bartlein, P.J., Edwards, M.E., Shafer, S.L., Barker Jr., E.D., 1995. Calibration of radiocarbon ages and the interpretation of paleoenvironmental records. Quat. Res. 44, 417-424.

Bartlein, P.J., Anderson, K.H., Anderson, P.M., Edwards, M.E., Mock, C.J., Thompson, R.S., Webb, R.S., Webb III, T., Whitlock, C., 1998. Paleoclimate simulations for North America over the past 21,000 years: features of the simulated climate and comparisons with paleoenvironmental data. Quat. Sci. Rev. 17, 549-585.

Bartlein, P.J., Harrison, S.P., Brewer, S., Connor, S., Davis, B.A.S., Gajewski, K., Guiot, J., Harrison-Prentice, T.I., Henderson, A., Peyron, O., Prentice, I.C., Scholze, M., Seppä, H., Shuman, B., Sugita, S., Thompson, R.S., Viau, A.E., Williams, J., Wu, H., 2011. Pollen-based continental climate reconstructions at 6 and 21ka: a global synthesis. Clim. Dyn. 37, 775-802.

Bassett, I.J., Terasmae, J., 1962. Ragweeds, Ambrosia species in Canada and their history in postglacial time. Can. J. Bot. 40, 141-150.

Bassinot, F.C., Labeyrie, L.D., Vincent, E., Quidelleur, X., Shackleton, N.J., Lancelot, Y., 1994. The astronomical theory of climate and the age of the Brunhes-Matuyama magnetic reversal. Earth Planet. Sci. Lett. 126, 91-108.

Battarbee, R.W., 2000. Paleolimnological approaches to climate change, with special regard to the biological record. Quat. Sci. Rev. 19, 107-124.

Battarbee, R.W., Jones, V.J., Flower, R.J., Cameron, N.G., Bennion, H., Carvalho, L., Juggins, S., 2001. Diatoms. In: Smol, J.P., Birks, H.J.B., Last, W.M. (Eds.), Tracking Environmental Change Using Lake sediments, vol. 3. Kluwer Academic, Dordrecht, pp. 155-202.

Batten, B.L., 2009. Climate Change in Japanese History and Prehistory. Occasional Papers 2009-01, E.O. Reischauer Institute of Japanese Studies, Harvard University, Cambridge, 77 pp.

Bauernfeind, W., Woitek, U., 1999. The influence of climatic change on price fluctuations in Germany during the 16th century. Clim. Chang. 43, 303-321.

Baumgartner, A., 1979. Climatic variability and forestry. In: Proceedings of the World Climate Conference. WMO Publication No. 537, World Meteorological Organization, Geneva, pp. 581-607.

Baumgartner, T.R., Michaelsen, J., Thompson, L.G., Shen, G.T., Soutar, A., Casey, R.E., 1989. The recording of interannual climatic change by high resolution natural systems: tree rings, coral bands, glacial ice layers and marine varves. In: Peterson, D. (Ed.), Climatic Change in the Eastern Pacific and Western Americas. American Geophysical Union, Washington, DC, pp. 1-14.

Baumgartner, S., Beer, J., Masarik, J., Wagner, G., Meynadier, L., Synal, H.-A., 1998. Geomagnetic modulation of the ^{36}Cl flux in the GRIP ice core, Greenland. Science 279, 1330-1332.

Bé, A.W.H., 1977. An ecological, zoogeographic and taxonomic review of recent planktonic foraminifera. In: Ramsay, A.T.S. (Ed.), Oceanic Micropalaeontology. Academic Press, London, pp. 1-88.

Bé, A.W.H., Damuth, J.E., Lott, L., Free, R., 1976. Late Quaternary climatic record in western equatorial Atlantic sediment. In: Cline, R.M., Hays, J.D. (Eds.), Investigation of late Quaternary Paleooceanography and Paleoclimatology. Memoir No. 145, Geological Society of America, Boulder, pp. 165-200.

Beadle, L.C., 1974. The Inland Waters of Tropical Africa. Longmans, London.

Beck, J.W., Récy, J., Taylor, F., Edwards, R.L., Cabioch, G., 1997. Abrupt changes in Holocene tropical sea surface temperature derived from coral records. Nature 385, 705-707.

Becker, B., 1993. An 11,000 year German oak and pine dendrochronology for radiocarbon calibration. Radiocarbon 35, 201-213.

Becker, B., Kromer, B., Trimlorn, P., 1991. A stable isotope tree-ring timescale of the late glacial/Holocene boundary. Nature 353, 647-649.

Beer, J., Mende, W., Stellmacher, R., White, O.R., 1996. Intercomparisons of proxies for past solar variability. In: Jones, P.D., Bradley, R.S., Jouzel, J. (Eds.), Climatic Variations and Forcing Mechanisms of the Last 2000 Years. Springer, Berlin, pp. 501-517.

Beer, J., Mende, W., Stellmacher, R., 2001. The role of the sun in climate forcing. Quat. Sci. Rev. 19, 403-415.

Beget, J.E., 1994. Tephochronology, lichenometry and radiocarbon dating at Gulkana glacier, central Alaska Range, USA. The Holocene 4, 307-313.

Beget, J.E., Hawkins, D.B., 1989. Influence of orbital parameters on Pleistocene loess deposition in central Alaska. Nature 337, 151-153.

Beget, J.E., Machida, H., Lowe, D. (Eds.), 1996. Climatic Impact of Explosive Volcanism: Recommendations for Research. IGBP PAGES Workshop Report 96-1, Bern, 11.

Bell, B., 1970. The oldest records of the Nile floods. Geogr. J. 136, 569-573.

Bell, W.T., Ogilvie, A.E.J., 1978. Weather compilations as a source of data for the reconstruction of European climate during the Medieval Period. Clim. Chang. 1, 331-348.

Belt, S.T., Müller, J., 2013. The Arctic sea-ice biomarker IP25: a review of current understanding, recommendations for future research and applications in palaeo sea ice reconstructions. Quat. Sci. Rev. 79, 9-25.

Belt, S.T., Massé, G., Rowland, S.J., Poulin, M., Michel, C., LeBlanc, B., 2007. A novel chemical fossil of palaeo sea ice: IP25. Org. Geochem. 38, 16-27.

Belt, S.T., Vare, L.L., Massé, G., Manners, H.R., Price, J.C., MacLachlan, S.E., Andrews, J.T., Schmidt, S., 2010. Striking similarities in temporal changes to seasonal sea ice conditions across the central Canadian Arctic Archipelago over the last 7,000 years. Quat. Sci. Rev. 29, 3489-3504.

Belt, S.T., Brown, T.A., Ringrose, A.E., Cabedo-Sanz, P., Mundy, C.J., Gosselin, M., Poulin, M., 2013. Quantitative measurement of the sea ice diatom biomarker IP25 and sterols in Arctic sea ice and underlying sediments: further considerations for palaeo sea ice reconstruction. Org. Geochem. 62, 33-45.

Bender, M., Sowers, T., Dickson, M.-L., Orchado, J., Grootes, P., Mayewski, P.A., Meese, D.A., 1994. Climate correlations between Greenland and Antarctica during the past 100,000 years. Nature 327, 663-666.

Bender, M.L., 2002. Orbital tuning chronology for the Vostok climate record supported by trapped gas composition. Earth Planet. Sci. Lett. 204, 275-289.

Bender, M.L., 2013. Paleoclimate. Princeton University Press, Princeton, 306 pp.

Bender, M.L., Labeyrie, L.D., Raynaud, D., Lorius, C., 1985. Isotopic composition of atmospheric oxygen in ice linked with deglaciation and global primary productivity. Nature 318, 349-352.

Benedict, J.B., 1967. Recent glacial history of an alpine area in the Colorado Front Range, USA. I. Establishing a lichen growth curve. J. Glaciol. 6, 817-832.

Benedict, J.B., 1993. A 2000-year lichen snow-kill chronology for the Colorado Front Range, USA. The Holocene 3, 27-33.

Bennett, K.D., Willis, K.J., 2001. Pollen. In: Smol, J.P., Birks, H.J.B., Last, W.M. (Eds.), Tracking Environmental Change Using Lake sediments, vol. 3. Kluwer Academic, Dordrecht, pp. 5-32.

Benson, C.S., 1961. Stratigraphic studies in the snow and firn of the Greenland Ice Sheet. Folia Geogr. Dan. 9, 13-37.

Benson, L.V., 1981. Paleoclimatic significance of lake-level fluctuations in the Lahontan Basin. Quat. Res. 16, 390-403.

Benson, W.W., 1982. Alternative models for infrageneric diversification in the humid Tropics: tests with Passion Vine Butterflies. In: Prance, G.T. (Ed.), Biological Diversification in the Tropics. Columbia University Press, New York, pp. 608-640.

Berger, W.H., 1968. Planktonic foraminifera: selective solution and paleoclimatic interpretation. Deep-Sea Res. 15, 31-43.

Berger, W.H., 1970. Planktonic foraminifera: selective solution and lysocline. Mar. Geol. 8, 111-138.

Berger, W.H., 1971. Sedimentation of planktonic foraminifera. Mar. Geol. 11, 325-358.

Berger, W.H., 1973a. Deep-Sea carbonates: evidence for a coccolith lysocline. Deep-Sea Res. 20, 917-921.

Berger, W.H., 1973b. Deep-Sea carbonates: pleistocene dissolution cycles. J. Foram. Res. 3, 187-195.

Berger, W.H., 1975. Deep-Sea carbonates: dissolution profiles from foraminiferal preservation. In: Sliter, W.V., Bé, A.W.H., Berger, W.H. (Eds.), Dissolution of Deep-Sea Carbonates. Special Publication No. 13, Cushman Foundation for Foraminiferal Research, Washington, DC, pp. 82-86.

Berger, A., 1977a. Long-term variations of the Earth's orbital elements. Celest. Mech. 15, 53-74.

Berger, A., 1977b. Support for the astronomical theory of climatic change. Nature 269, 44-45.

Berger, W.H., 1977c. Deep-Sea carbonate and the deglaciation preservation spike in pteropods and foraminifera. Nature 269, 301-304.

Berger, A., 1978. Long-term variations of caloric insolation resulting from the Earth's orbital elements. Quat. Res. 9, 139-167.

Berger, A., 1979. Insolation signatures of Quaternary climatic changes. Il Nuovo Cimento. 2C, 63-87.

Berger, A., 1980. The Milankovitch astronomical theory of paleoclimates. A modern review. Vistas Astron. 24, 103-122.

Berger, A., 1988. Milankovitch theory and climate. Rev. Geophys. 26, 624-657.

Berger, A., 1990. Testing the astronomical theory with a coupled climate-ice-sheet model. Glob. Planet. Chang. 3, 25-141.

Berger, W.H., Gardner, J.V., 1975. On the determination of Pleistocene temperatures from planktonic foraminifera. J. Foram. Res. 5, 102-113.

Berger, W.H., Killingley, J.S., 1977. Glacial-Holocene transition in deep-sea carbonates: selective dissolution and the stable isotope signal. Science 197, 563-566.

Berger, A., Loutre, M.F., 1991. Insolation values for the climate of the last 10 million years. Quat. Sci. Rev. 10, 297-318.

Berger, W.H., Wefer, G., 1991. Productivity of the glacial ocean: discussion of the iron hypothesis. Limnol. Oceanogr. 36, 1899-1918.

Berger, W.H., Winterer, E.L., 1974. Plate stratigraphy and the fluctuating carbonate line. In: Hsu, K.J., Jenkins, H. (Eds.), Pelagic Sediments on Land and in the Ocean. Special Publication No. 1, International Association of Sedimentologists. Blackwell Scientific, Oxford, pp. 11-48.

Berger, R., Homey, A.G., Libby, W.F., 1964. Radiocarbon dating of bone and shell from their organic components. Science 144, 999-1001.

Berger, W.H., Johnson, R.F., Killingley, J.S., 1977. "Unmixing" of the deep-sea record and the deglacial meltwater spike. Nature 269, 661-663.

Berger, A., Gallée, H., Loutre, M.F., 1991. The earth's future climate at the astronomical timescale. In: Goodess, C.M., Palutikof, J.P.(Eds.), Future Climate Change and Radioactive Waste Disposal. Climatic Research Center, Univer- sity of East Anglia, Norwich, pp. 148-165.

Berger, A., Loutre, M.F., Laskar, J., 1992a. Stability of the astronomical frequencies over the Earth's history for paleoclimatic studies. Science 255, 560-566.

Berger, G.W., Pillans, B.J., Palmer, A.S., 1992b. Dating loess up to 800 ka by thermoluminescence. Geology 20, 403-406 (see also comment by Wintle et al., 1993. Geology 21, 568).

Berger, A., Li, X.S., Loutre, M.F., 1999. Modelling northern hemisphere ice volume over the last 3Ma. Quat. Sci. Rev. 18, 1-11.

Berger, W.H., Pätzold, J., Wefer, G., 2002. Times of quiet, times of agitation: Sverdrup's conjecture and the Bermuda coral record. In: Wefer, G., Berger, W., Behre, K.-E., Jansen, E.(Eds.), Climate Development and History of the North Atlantic Realm. Springer, Berlin, pp. 89-99.

Berggren, W.A., Burckle, L.H., Cita, M.B., Cooke, H.B.S., Funnell, B.M., Gartner, S., Hays, J.D., Kennett, J.P., Opdyke, N.D., Pastouret, L., Shackleton, N.J., Takayanagi, I.Y., 1980. Towards a Quaternary time scale. Quat. Res. 13, 277-302.

Berggren, W.A., Kent, D.V., Swisher III, C.C., Aubry, M.P., 1995. A revised Cenozoic geochronology and chronostratigraphy. In: Beggren, W.A., Kent, D.V., Aubry, M.P., Hardenbol, J. (Eds.), Geochronology Time Scales and Global Stratigraphic Correlation. Special Publication No. 54, Society for Sedimentary Geology, Tulsa, Oklahoma, pp. 129-212.

Berggren, A.-M., Beer, J., Possnert, G., Aldahan, A., Kubik, P., Christl, M., Johnsen, S.J., Abreu, J., Vinther, B.M., 2009. A 600-year annual ^{10}Be record from the NGRIP ice core, Greenland. Geophys. Res. Lett. 36, L11801, dx.doi.org/10.1029/2009GL038004.

Bergthorsson, P., 1969. An estimate of drift ice and temperature in Iceland in 1000 years. Jøkull. 19, 94-101.

Berkelhammer, M., Sinha, A., Stott, L., Cheng, H., Pausata, F.S.R., Yoshimura, K., et al., 2012. An abrupt shift in the Indian Monsoon 4000 years ago. In: Giosan, L., Fuller, D.Q., Nicoll, K., Flad, R.K., Clift, P.D. (Eds.), Climates, Landscapes and Civilisations. Geophysical Monograph Series, vol. 198. American Geophysical Union, Washington, DC, pp. 75-87.

Berlage, H., 1931. Over het verband tusschen de dikte der jaarringen van djatdibonem (*Tectona grandis* L.F.) en den regenval op Java [On the relation between the width of annual rings of *Tectona grandis* and the rainfall in Java]. Tectona 24, 939-953.

Bernabo, J.C., Webb III, T., 1977. Changing patterns in the Holocene pollen record of northeastern North America: a mapped summary. Quat. Res. 8, 69-96.

Berner, R.A., 1977. Sedimentation and dissolution of pteropods in the ocean. In: Anderson, N.R., Malahoff, A. (Eds.), The Fate of Fossil Fuel CO_2 in the Ocean. Plenum Press, New York, pp. 243-260.

Beschel, R., 1961. Dating rock surfaces by lichen growth and its application in glaciology and physiography (lichenometry). In: Raasch, G.O. (Ed.), Geology of the Arctic, II. University of Toronto Press, Toronto, pp. 1044-1062.

Besonen, M.R., Bradley, R.S., Mudelsee, M., Abbott, M., Francus, P., 2008. A 1,000 year record of hurricane activity from Boston, Massachusetts. Geophys. Res. Lett. 35, L14705, dx.doi.org/10.1029/2008GL033950.

Betancourt, J.L., 1990. Late Quaternary biogeography of the Colorado Plateau. In: Betancourt, J.L., Van Devender, T.R., Martin, P.S. (Eds.), Packrat Middens: The Last 40,000 Years of Biotic Change. University of Arizona Press, Tucson, pp. 259-292.

Betancourt, J.L., Van Devender, T.R., Martin, P.S.(Eds.), 1990. Packrat Middens: The Last 40,000 Years of Biotic Change. University of Arizona Press, Tucson.

Betancourt, J.L., Latorre, C., Rech, J.A., Quade, J., Rylander, K.A., 2000. A 22,000-year record of monsoonal precipitation from Northern Chile's Atacama Desert. Science 289, 1542-1546.

Bettis III, E.A., Muhs, D.R., Roberts, H.M., Wintle, A.G., 2003. Last glacial loess in the conterminous USA. Quat. Sci. Rev. 22, 1907-1946.

Bianchi, T.S., Canuel, E.A., 2011. Chemical Biomarkers in Aquatic Systems. Princeton University Press, Princeton, 396 pp.

Bickerton, R., Matthews, J.A., 1992. On the accuracy of lichenometric dates: an assessment based on the 'Little Ice Age' moraine sequence of Nigardsbreen, southern Norway. The Holocene 2, 227-237.

Bigler, M., Röthlisberger, R., Lambert, F., Wolff, E.W., Castellano, E., Udisti, R., Stocker, T.F., Fischer, H., 2009. Atmospheric decadal variability from high-resolution Dome C ice core records of aerosol constituents beyond the Last Interglacial. Quat. Sci. Rev. 29, 324-337.

Biondi, F., Gershunov, A., Cayan, D.R., 2001. North Pacific decadal climate variability since 1661. J. Clim. 14, 5-10.

Birks, H.J.B., 1978. Numerical methods for the zonation and correlation of biostratigraphical data. In: Berglund, B.E. (Ed.), Palaeohydrological Changes in the Temperate Zone in the Last 15,000 Years. 1, International Geological Correlation Program, Project 158B, Subproject B, University of Lund, Sweden, pp. 99-119.

Birks, H.H., 2001. Plant macrofossils. In: Smol, J.P., Birks, H.J.B., Last, W.M. (Eds.), Tracking Environmental Change Using Lake sediments, vol. 3. Kluwer Academic, Dordrecht, pp. 49-74.

Birks, H.J.B., 2010. Numerical methods for the analysis of diatom assemblage data. In: Smol, J.P., Stoermer, E.F.(Eds.), The Diatoms: Applications for the Environmental and Earth Sciences. Cambridge University Press, Cambridge, pp. 23-54.

Birks, H.J.B., Berglund, B.E., 1979. Holocene pollen stratigraphy of southern Sweden: a reappraisal using numerical methods. Boreas 8, 257-279.

Birks, H.J.B., Birks, H.H., 1980. Quaternary Palaeoecology. Arnold, London.

Birks, H.H., Birks, H.J.B., 2000. Future uses of pollen analysis must include plant macrofossils. J. Biogeogr. 27, 31-35.

Birks, H.H., Birks, H.J.B., 2003. Reconstructing Holocene climates from pollen and plant macrofossils. In: Mackay, A., Battarbee, R., Birks, H.J.B., Oldfield, F. (Eds.), Global Change in the Holocene. Arnold, London, pp. 342-357.

Birks, H.J.B., Birks, H.H., 2008. Biological responses to rapid climate change at the Younger Dryas-Holocene transition at Kråkenes, western Norway. The Holocene 18, 19-30.

Birks, H.J.B., Gordon, A.D., 1985. Numerical Methods in Quaternary Pollen Analysis. Academic Press, London.

Birks, H.H., Gulliksen, S., Haflidason, H., Mangerud, J., Possnert, G., 1996. New radiocarbon dates for the Vedde ash and the Saksunarvatn ash from western Norway. Quat. Res. 45, 119-127.

Birks, H.H., Battarbee, R.W., Birks, H.J.B., 2000. The development of the aquatic ecosystem at Kråkenes Lake, western Norway, during the late-glacial and early-Holocene—a synthesis. J. Paleolimnol. 23, 91-114.

Björck, S., Walker, M.J.C., Cwynar, L.C., Johnsen, S., Knudsen, K.-L., Lowe, J.J., Wohlfarth, B., 1998. An event stratigraphy for the last termination in the North Atlantic region based on the Greenland ice-core record: a proposal by the INTIMATE group. J. Quat. Sci. 13, 283-292.

Blaauw, M., van Geel, B., van der Plicht, J., 2004. Solar forcing of climatic change during the mid-Holocene: indications from raised bogs in The Netherlands. The Holocene 14, 35-44.

Black, D.E., Peterson, L.C., Overpeck, J.T., Kaplan, A., Evans, M.N., Kashgarian, M., 1999. Eight centuries of North Atlantic Ocean atmosphere variability. Science 286, 1709-1713.

Blackwell, B., Schwarcz, H.P., 1995. The uranium series disequilibrium dating methods. In: Rutter, N.W., Catto, N.R. (Eds.), Dating Methods for Quaternary Deposits. Geological Association of Canada, St. John's, pp. 167-208.

Blaga, C.I., Reichart, G.-J., Heiri, O., Sinninghe Damsté, J.S., 2009. Tetraether membrane lipid distributions in water-column particulate matter and sediments: a study of 47 European lakes along a north-south transect. J. Paleolimnol. 41, 523-540.

Blaga, C.I., Reichart, G.-J., Lotter, A.F., Anselmetti, F.S., Sinninghe Damsté, J.S., 2013. A TEX$_{86}$ lake record suggests simultaneous shifts in temperature in Central Europe and Greenland during the last deglaciation. Geophys. Res. Lett. 40, 948-953. dx.doi.org/10.1002/GRL.50181.

Blasing, T.J., Fritts, H.C., 1975. Past climate of Alaska and northwestern Canada as reconstructed from tree-rings. In: Weller, G., Bowling, S.A. (Eds.), Climate of the Arctic. University of Alaska Press, Fairbanks, pp. 48-58.

Blinman, E., Mehringer, P.J., Sheppard, J.C., 1979. Pollen influx and the deposition of Mazama and Glacier Peak tephras. In: Sheets, P.D., Grayson, D.K. (Eds.), Volcanic Activity and Human Ecology. Academic Press, New York, pp. 393-425.

Blockley, S.P.E., Lane, C.S., Hardiman, M., Rasmussen, S.O., Seierstad, I.K., Steffensen, J.P., Svensson, A., Lotter, A.F., Turney, C.S.M., Bronk Ramsey, C., INTIMATE members, 2012. Synchronisation of palaeoenvironmental records over the last 60,000 years, and an extended INTIMATE event stratigraphy to 48,000 b2k. Quat. Sci. Rev. 36, 2-10.

Bloemendal, J., Liu, X.M., 2005. Rock magnetism and geochemistry of two Plio-Pleistocene Chinese loess-palaeosol sequences—implications for quantitative palaeoprecipitation reconstruction. Palaeogeogr. Palaeoclimatol. Palaeoecol. 226, 149-166.

Blunier, T., Chappellaz, J., Schwander, J., Stauffer, B., Raynaud, D., 1995. Variations in atmospheric methane concentration during the Holocene epoch. Nature 374, 46-49.

Blunier, T., Chappellaz, J., Schwander, J., Dallenbach, A., Stauffer, B., Stocker, T.F., Raynaud, D., Jouzel, J., Clausen, H.B., Hammer, C.U., Johnsen, S.J., 1998. Asynchrony of Antarctic and Greenland climate change during the last glacial period. Science 394, 739-743.

Blunier, T., Spahni, R., Barnola, J.-M., Chappellaz, J., Loulergue, L., Schwander, J., 2007. Synchronization of ice core records via atmospheric gases. Clim. Past. 3, 325-330.

Boersma, A., 1978. Foraminifera. In: Haq, B.U., Boersma, A. (Eds.), Introduction to Marine Micropaleontology. Elsevier/North Holland, New York, pp. 19-77.

Bonan, G.B., 2008. Forests and climate change: forcings, feedbacks, and the climate benefits of forests. Science 320, 1444-1449.

Bond, G.C., Lotti, R., 1995. Iceberg discharges into the North Atlantic on millennial time scales during the Last Glaciation. Science 267, 1005-1010.

Bond, G., Heinrich, H., Broecker, W., Labeyrie, L., McManus, J., Andrews, J., Huon, S., Jantschik, R., Clausen, S., Simet, C., Tedesco, K., Klas, M., Bonani, G., Ivy, S., 1992. Evidence for massive discharges of icebergs into the North Atlantic Ocean during the last glacial period. Nature 360, 245-249.

Bond, G., Broecker, W., Johnsen, S., McManus, J., Labeyrie, L., Jouzel, J., Bonani, G., 1993. Correlations between climate records from North Atlantic sediment and Greenland ice. Nature 365, 143-147.

Bond, G., Showers, W., Cheseby, M., Lotti, R., Almasi, P., deMenocal, P., Priore, P., Cullen, H., Hajdas, I., Bonani, G., 1997. A pervasive millennial-scale cycle in North Atlantic Holocene and Glacial climates. Science 278, 1257-1266.

Bond, G., Kromer, B., Beer, J., Muscheler, R., Evans, M.N., Showers, W., Hoffmann, S., Lotti-Bond, R., Hajdas, I., Bonani, G., 2001. Persistent solar influence on North Atlantic climate during the Holocene. Science 294, 2130-2136.

Bonfils, C., de Noblet-Ducoudré, N., Guiot, J., Bartlein, P., 2004. Some mechanisms of mid-Holocene climate change in Europe, inferred from comparing PMIP models to data. Clim. Dyn. 23, 79-98.

Bonnefille, R., Chalie, F., Guiot, J., Vincens, A., 1992. Quantitative estimates of full glacial temperatures in equatorial Africa from palynological data. Clim. Dyn. 6, 251-257.

Bonny, A.P., 1972. A method for determining absolute pollen frequencies in lake sediments. New Phytol. 71, 391-403.

Boom, A., Mora, G., Cleef, A.M., Hooghiemstra, H., 2001. High altitude C4 grasslands in the northern Andes: relicts from glacial conditions? Rev. Palaeobot. Palynol. 115, 147-160.

Booth, R.K., Jackson, S.T., Forman, S.L., Kutzbach, J.E., Bettis III, E.A., Kreig, J., Wright, D.K., 2005. A severe centennial-scale drought in mid-continental North America 4200 years ago and apparent global linkages. The Holocene 15, 321-328.

Borgmark, A., 2005. Holocene climate variability and periodicities in south-central Sweden, as interpreted from peat humification analysis. The Holocene 15, 387-395.

Borisenkov, Y.P., Tsvetkov, A.V., Agaponov, S.V., 1983. On some characteristics of insolation changes in the past and future. Clim. Chang. 5, 237-244.

Borisenkov, Y.P., Tsvetkov, A.V., Eddy, J.A., 1985. Combined effect of earth orbit perturbations and solar activity on terrestrial insolation. Part I. Sample days and annual mean values. J. Atmos. Sci. 42, 933-940.

Boto, K., Isdale, P., 1985. Fluorescent bands in massive corals result from terrestrial fulvic acid inputs to nearshore zone. Nature 315, 396-397.

Bowen, D.Q., Richmond, G.M., Fullerton, D.S., Sibrava, V., Fulton, R.J., Velichko, A.A., 1986. Correlation of Quaternary glaciations in the Northern Hemisphere. Quat. Sci. Rev. 5, 509-510（plus chart）.

Bowen, D.Q., Hughes, S., Sykes, G.A., Miller, G.H., 1989. Land-sea correlations in the Pleistocene based on isoleucine epimerization in non-marine molluscs. Nature 340, 49-51.

Bowler, J.M., 1976. Aridity in Australia: age origins and expression in aeolian landforms and sediments. Earth-Sci. Rev. 12, 279-310.

Boyle, E.A., 1988. Cadmium: chemical tracer of deepwater paleoceanography. Paleoceanography 3, 471-490.

Boyle, E.A., 1992. Cadmium and $\delta^{13}C$ paleochemical ocean distributions during the stage 2 glacial maximum. Annu. Rev. Earth Planet. Sci. 20, 245-287.

Boyle, E.A., 1997. Cool tropical temperatures shift the global $\delta^{18}O$-T relationship: an explanation for the ice core $\delta^{18}O$ borehole temperature conflict? Geophys. Res. Lett. 24, 273-276.

Boyle, E.A., Keigwin, L.D., 1982. Deep circulation of the North Atlantic over the past 200,000 years: geochemical evidence. Science 218, 784-787.

Boyle, E.A., Keigwin, L.D., 1985. Comparison of Atlantic and Pacific paleochemical records for the last 215,000 years: changes in deep ocean circulation and chemical inventories. Earth Planet. Sci. Lett. 76, 135-150.

Boyle, E.A., Keigwin, L.D., 1987. North Atlantic thermohaline circulation during the past 20,000 years linked to high-latitude surface temperature. Nature 330, 35-40.

Boyle, E.A., Rosener, P., 1990. Further evidence for a link between Late Pleistocene North Atlantic surface temperatures and North Atlantic Deep-Water production. Palaeogeogr. Palaeoclimatol. Palaeoecol. (Glob. Planet. Change Sect.). 89, 113-124.

Braconnot, P., Harrison, S.P., Joussaume, S., Hewitt, C.D., Kitoh, A., Kutzbach, J.E., Liu, Z., Otto Bliesner, B., Syktus, J., Weber, S.L., 2004. Evaluation of PMIP coupled ocean-atmosphere simulations of the mid-Holocene. In: Battarbee, R.W., Gasse, F., Stickley, C.E. (Eds.), Past Climate Variability through Europe and Africa. Springer, Dordrecht, pp. 515-534.

Braconnot, P., Otto-Bliesner, B., Harrison, S., Joussaume, S., Peterchmitt, J.-Y., Abe-Ouchi, A., Crucifix, M., Driesschaert, E., Fichefet, Th., Hewitt, C.D., Kageyama, M., Kitoh, A., Loutre, M.-F., Marti, O., Merkel, U., Ramstein, G., Valdes, P., Weber, L., Yu, Y., Zhao, Y., 2007. Results of PMIP2 coupled simulations of the Mid- Holocene and Last Glacial Maximum. Part 1: experiments and large-scale features. Clim. Past. 3, 261-262.

Braconnot, P., Harrison, S.P., Kageyama, M., Bartlein, P.J., Masson-Delmotte, V., Abe-Ouchi, A., Otto-Bliesner, B., Zhao, Y., 2012. Evaluation of climate models using palaeoclimatic data. Nat. Clim. Chang. 2, 417-424.

Bradbury, J.P., Dean, W.E.(Eds.), 1993. Elk Lake, Minnesota: Evidence for Rapid Climatic Change in the North-central United States. Special Paper 276, Geological Society of America, Boulder, 336 pp.

Bradbury, J.P., Leyden, B., Salgado-Labouriau, M., Lewis, W.M., Schubert, C., Binford, M.W., Frey, D.G., Whitehead, D.R., Weibezahn, F.H., 1981. Late Quaternary environmental history of Lake Valencia, Venezuela. Science 214, 1299-1305.

Bradbury, J.P., Grosjean, M., Stine, S., Sylvestre, F., 2001. Full and Late Glacial lake records along the PEP1 transect: their role in developing interhemispheric paleoclimate interactions. In: Markgraf, V. (Ed.), Interhemispheric Climate Linkages. Academic Press, San Diego, pp. 265-291.

Bradley, R.S., 1976. Precipitation History of the Rocky Mountain States. Westview Press, Boulder, Colo.

Bradley, R.S., 1988. The explosive volcanic eruption signal in northern hemisphere continental temperature records. Clim. Chang. 12, 221-243.

Bradley, R.S., 1991. Instrumental records of past global change: lessons for the analysis of non-instrumental data. In: Bradley, R.S. (Ed.), Global Changes of the Past. University Corporation for Atmospheric Research, Boulder, pp. 103-116.

Bradley, R.S., 2003. Climate forcing during the Holocene. In: Mackay, A.W., Battarbee, R.W., Birks, H.J.B., Oldfield, F. (Eds.), Global Change in the Holocene: Approaches to Reconstructing Fine-resolution Climate Change. Arnold, London, pp. 10-19.

Bradley, R.S., 2008. Holocene perspectives on future climate change. In: Battarbee, R.W., Binney, H.A. (Eds.), Natural Climate Variability and Global Warming: A Holocene Perspective. Wiley-Blackwell, Chichester, pp. 254-268.

Bradley, R.S., Eddy, J.A., 1991. Records of past global changes. In: Bradley, R.S. (Ed.), Global Changes of the Past. University Corporation for Atmospheric Research, Boulder, pp. 5-9.

Bradley, R.S., England, J., 2008. The Younger Dryas and the Sea of Ancient Ice. Quat. Res. 70, 1-10.

Bradley, R.S., Jones, P.D. (Eds.), 1992a. Introduction. Climate Since A.D. 1500, Routledge, London, pp. 1-16.

Bradley, R.S., Jones, P.D., 1992b. When was the "Little Ice Age'? In: Mikami, T.(Ed.), Proceedings of the International Symposium on the Little Ice Age Climate. Department of Geography, Tokyo Metropolitan University, Tokyo, pp. 1-4.

Bradley, R.S., Jones, P.D. (Eds.), 1992c. Records of explosive volcanic eruptions over the last 500 years. Climate Since A.D. 1500, Routledge, London, pp. 606-622.

Bradley, R.S., Jones, P.D., 1993. "Little Ice Age" summer temperature variations: their nature and relevance to recent global warming trends. The Holocene 3, 367-376.

Bradley, R.S., Jones, P.D. (Eds.), 1995. Climate Since A.D. 1500. revised ed. Routledge, London.

Bradley, R.S., Miller, G.H., 1972. Recent climatic change and increased glacierization in the eastern Canadian Arctic. Nature 237, 385-387.

Bradley, R.S., Diaz, H.F., Kiladis, G.N., Eischeid, J.K., 1987. ENSO signal in continental temperature and precipitation records. Nature 327, 497-501.

Bradley, R.S., Bard, E., Farquhar, G., Joussaume, S., Lautenschlager, M., Molfino, B., Raschke, E., Shackleton, N.J.,

Sirocko, F., Stauffer, B., White, J., 1993. Evaluating strategies for reconstructing past global changes-what and where are the gaps? In: Eddy, J.A., Oeschger, H. (Eds.), Global Changes in the Perspective of the Past. Wiley, Chichester, pp. 145-171.

Bradley, R.S., Alverson, K., Pedersen, T.F., 2003a. Challenges of a changing earth: past perspectives, future concerns. In: Alverson, K.D., Bradley, R.S., Pedersen, T.F. (Eds.), Paleoclimate, Global Change and the Future. Springer Verlag, Berlin, pp. 163-167.

Bradley, R.S., Vuille, M., Hardy, D.R., Thompson, L.G., 2003b. Low latitude ice cores record Pacific sea surface temperatures. Geophys. Res. Lett. 30, 1174-1177. dx.doi.org/10.1029/2002GL016546.

Bradley, R.S., Hughes, M.K., Diaz, H.F., 2003c. Climate in Medieval time. Science 302, 404-405.

Bradley, R.S., Briffa, K.R., Cole, J., Hughes, M.K., Osborn, T.J., 2003d. The climate of the last millennium. In: Alverson, K., Bradley, R.S., Pedersen, T.F. (Eds.), Paleoclimate, Global Change and the Future. Springer Verlag, Berlin, pp. 105-141.

Bradshaw, R.H.W., 1994. Quaternary terrestrial sediments and spatial scale: the limits to interpretation. In: Traverse, A. (Ed.), Sedimentation of Organic Particles. Cambridge University Press, Cambridge, pp. 239-252.

Braganza, K., Gergis, J.L., Power, S.B., Risbey, J.S., Fowler, A.M., 2009. A multiproxy index of the El Niño-Southern Oscillation, A.D. 1525-1982. J. Geophys. Res. Atmos. 114. dx.doi.org/10.1029/2008JD010896.

Brakenridge, G.R., 1978. Evidence for a cold, dry full-glacial climate in the American Southwest. Quat. Res. 9, 22-40.

Brassell, S.C., Eglinton, G., Marlowe, I.T., Pflaumann, U., Sarnthein, M., 1986. Molecular stratigraphy: a new tool for climatic assessment. Nature 320, 129-133.

Braun, C., Bezada, M., 2013. The history and disappearance of glaciers in Venezuela. J. Latin Am. Geogr. 12, 85-124.

Bray, J.R., 1974. Glacial advance relative to volcanic activity since AD 1500. Nature 248, 42-43.

Bray, J.R., 1979. Surface albedo increase following massive Pleistocene explosive eruptions in western North America. Quat. Res. 12, 204-211.

Bray, J.R., 1982. Alpine glacier advance in relation to a proxy summer temperature index based mainly on wine harvest dates, AD 1453-1973. Boreas 11, 1-10.

Brázdil, R., 1996. Reconstructions of past climate from historical sources in Czech lands. In: Jones, P.D., Bradley, R.S., Jouzel, J. (Eds.), Climatic Variations and Forcing Mechanisms of the Last 2000 Years. Springer-Verlag, Berlin, pp. 409-431.

Brázdil, R., Pfister, C., Wanner, H., von Storch, H., Luterbacher, J., 2005. Historical climatology: the state of the art. Clim. Chang. 70, 363-430.

Brázdil, R., Kundzewicz, Z.W., Benito, G., 2006. Historical hydrology for studying flood risk in Europe. Hydrol. Sci. J. 51, 739-764.

Brázdil, R., Kundzewicz, Z.W., Benito, G., Demarée, G., MacDonald, N., Roald, L.A., 2012. Historical floods in Europe in the past millennium. In: Kundzewicz, Z.W. (Ed.), Changes of Flood Risk in Europe. IAHS Special Publication 10 IAHS Press, Wallingford, pp. 121-166.

Briffa, K.R., Melvin, T.M., 2011. A closer look at regional curve standardization of tree-ring records: justification of the need, a warning of some pitfalls and suggested improvements in its application. In: Hughes, M.K., Swetnam, T.W., Diaz, H.F. (Eds.), Dendroclimatology: Progress and Prospects. Springer, Dordrecht, pp. 113-145.

Briffa, K.R., Schweingruber, F.H., 1992. Recent dendroclimatic evidence of northern and central European summer temperatures. In: Bradley, R.S., Jones, P.D. (Eds.), Climate Since A.D. 1500. Routledge, London, pp. 366-392.

Briffa, K.R., Jones, P.D., Pilcher, J.R., Hughes, M.K., 1988. Reconstructing summer temperatures in northern Fennoscandia back to A.D. 1700 using tree-ring data from Scots Pine. Arct. Alp. Res. 20, 385-394.

Briffa, K.R., Bartholin, T.S., Eckstein, D., Jones, P.D., Karlen, W., Schweingruber, F.H., Zetterberg, P., 1990. A 1400-year tree-ring record of summer temperatures in Fennoscandia. Nature 346, 434-439.

Briffa, K.R., Jones, P.D., Bartholin, T.S., Eckstein, D., Schweingruber, F.H., Karlen, W., Zetterberg, P., Eronen, M., 1992a. Fennoscandian summers from A.D. 500: temperature changes on short and long timescales. Clim. Dyn. 7, 111-119.

Briffa, K.R., Jones, P.D., Schweingruber, F.H., 1992b. Tree-ring density reconstructions of summer temperature patterns across western North America since 1600. J. Clim. 5, 735-754.

Briffa, K.R., Jones, P.D., Schweingruber, F.H., 1994. Summer temperatures across northern North America: regional reconstructions from 1760 using tree-ring indices. J. Geophys. Res. 99D, 25835-25844.

Briffa, K.R., Jones, P.D., Schweingruber, F.H., Shiyatov, S.G., Cook, E.R., 1995. Unusual twentieth century warmth in a 1,000-year temperature record from Siberia. Nature 376, 156-159.

Briffa, K.R., Jones, P.D., Schweingruber, F.H., Karlen, W., Shiyatov, S.G., 1996. Tree-ring variables as proxy climate indicators: problems with low-frequency signals. In: Jones, P.D., Bradley, R.S., Jouzel, J. (Eds.), Climate Variations and Forcing Mechanisms of the Last 2000 Years. Springer-Verlag, Berlin, pp. 9-41.

Briffa, K., Schweingruber, F., Jones, P., Osborn, T., 1998a. Reduced sensitivity of recent tree growth to temperature at high northern latitudes. Nature 391, 678-682.

Briffa, K., Schweingruber, F., Jones, P., Osborn, T., Harris, I., Shiyatov, S., Vaganov, A., Grudd, H., 1998b. Trees tell of past climates: but are they speaking less clearly today? Philos. Trans. R. Soc. Lond. B. 353, 65-73.

Briffa, K.R., Osborn, T.J., Schweingruber, F.H., Harris, I.C., Jones, P.D., Shiyatov, S.G., Vaganov, E.A., 2001. Low frequency temperature variations from a northern tree ring density network. J. Geophys. Res. 106, 2929-2941.

Briffa, K., Osborn, T., Schweingruber, F., 2004. Large-scale temperature inferences from tree rings: a review. Glob. Planet. Chang. 40, 11-26.

Briffa, K., Shishov, V.V., Melvin, T.M., Vaganov, A., Grudd, H., Hantemirov, R.M., Eronen, M., Nauerzbaev, M.M., 2008. Trends in recent temperature and radial tree growth spanning 2000 years across northwest Eurasia. Phil. Trans. R. Soc. Lond. B. 363, 2271-2284.

Brigham-Grette, J., Melles, M., Minyuk, P., Andreev, A., Tarasov, P., DeConto, R., Koenig, S., Nowaczyk, N., Wennrich, V., Rosén, P., Haltia, E., Cook, T., Gebhardt, C., Meyer-Jacob, C., Snyder, J., Herzschuh, U., 2013. Pliocene Warmth, polar amplification, and stepped Pleistocene cooling recorded in NE Arctic Russia. Science 340, 1421-1427.

Broccoli, A.J., Dahl, K.A., Stouffer, R.J., 2006. Response of the ITCZ to Northern Hemisphere cooling. Geophys. Res. Lett. 33, L01702. dx.doi.org/10.1029/2005GL024546.

Broecker, W., 1971. Calcite accumulation rates and glacial to interglacial changes in oceanic mixing. In: Turekian, K.K. (Ed.), The Late Cenozoic Glacial Ages. Yale University Press, New Haven, pp. 239-265.

Broecker, W.S., 1982. Ocean chemistry during glacial time. Geochim. Cosmochim. Acta. 46, 1689-1705.

Broecker, W.S., 1987. Unpleasant surprises in the greenhouse? Nature 328, 123-126.

Broecker, W.S., 1989. The salinity contrast between the Atlantic and Pacific Oceans during glacial time. Paleoceanography 4, 207-212.

Broecker, W.S., 1991. The great ocean conveyor. Oceanography 4, 79-89.

Broecker, W.S., 1994. Massive iceberg discharges as triggers for global climate change. Nature 372, 421-424.

Broecker, W.S., 1997. Thermohaline circulation, the Achilles heel of our climate system: will man-made CO_2 upset the current balance? Science 278, 1582-1588.

Broecker, W.S., 1998. Paleocirculation during the last deglaciation: a bipolar seesaw? Paleoceanography 13, 119-121. dx.doi.org/10.1029/97PA03707.

Broecker, W.S., 2009. The mysterious ^{14}C decline. Radiocarbon 51, 109-119.

Broecker, W.S., Barker, S.A., 2007. 190‰ drop in atmosphere's $\Delta^{14}C$ during the "Mystery Interval" 17.5 to 14.5 kyr. Earth Planet. Sci. Lett. 256, 90-99.

Broecker, W.S., Bender, M.L., 1972. Age determinations on marine strandlines. In: Bishop, W.W., Miller, J.A. (Eds.), Calibration of Hominoid Evolution. Scottish Academic Press, Edinburgh, pp. 19-38.

Broecker, W.S., Broecker, S., 1974. Carbonate dissolution on the eastern flank of the East Pacific Rise. In: Hay, W.W. (Ed.), Studies in Paleo-oceanography. Special Publication No. 20, Society of Economic Paleontologists and Mineralogists, Tulsa, pp. 44-58.

Broecker, W.S., Denton, G.H., 1989. The role of ocean-atmosphere reorganizations in glacial cycles. Geochim. Cosmochim. Acta. 53, 2465-2501.

Broecker, W.S., van Donk, J., 1970. Insolation changes, ice volumes and the ^{18}O record in deep-sea cores. Rev. Geophys. Space Phys. 8, 169-198.

Broecker, W.S., Thurber, D.L., Goddard, J., Ku, T.L., Matthews, R.K., Mesolella, K.J., 1968. Milankovitch hypothesis supported by precise dating of coral reefs and deep-sea sediments. Science 159, 297-300.

Broecker, W.S., Peng, T.-H., Ostlund, G., Stuiver, M., 1985a. The distribution of bomb radiocarbon in the ocean. J. Geophys. Res. 90, 6953-6970.

Broecker, W.S., Peteet, D., Rind, D., 1985b. Does the ocean-atmosphere have more than one stable mode of operation? Nature 315, 21-25.

Broecker, W.S., Andrée, M., Bonani, G., Wolfli, W., Oeschger, H., Klas, M., Mix, A., Curry, W., 1988. Preliminary estimates for the radiocarbon age of deep water in the glacial ocean. Paleoceanography 3, 659-669.

Broecker, W.S., Bond, G., Klas, M., Bonani, G., Wolfli, W., 1990a. A salt oscillator in the glacial Atlantic? 1. The concept. Paleoceanography. 5, 469-477.

Broecker, W.S., Peng, T.-H., Jouzel, J., Russell, G., 1990b. The magnitude of global fresh-water transports of importance to ocean circulation. Clim. Dyn. 4, 73-79.

Broecker, W.S., Bond, G., Klas, M., Clark, E., McManus, J., 1992. Origin of the northern Atlantic's Heinrich events. Clim. Dyn. 6, 265-273.

Broecker, W.S., Clark, E., Hajdas, I., Bonani, G., 2004a. Glacial ventilation rates for the deep Pacific Ocean. Paleoceanography. 19, PA2002. dx.doi.org/10.1029/2003PA000974.

Broecker, W.S., Barker, S., Clark, E., Hajdas, I., Bonani, G., Stott, L., 2004b. Ventilation of the glacial deep Pacific Ocean. Science 306, 1169-1172.

Broecker, W.S., Clark, E., Barker, S., 2008. Near constancy of the Pacific Ocean surface to mid-depth radiocarbon-age difference over the last 20 kyr. Earth Planet. Sci. Lett. 274, 322-326.

Brohan, P., Kennedy, J.J., Harris, I., Tett, S.F.B., Jones, P.D., 2005. Uncertainty estimates in regional and global observed temperatures: a new data set from 1850. J. Geophys. Res. 111, D12106. dx.doi.org/ 10.1029/2005JD006548.

Bromwich, D.H., Weaver, C.J., 1983. Latitudinal displacement of the main moisture source controls $\delta^{18}O$ of snow in coastal Antarctica. Nature 301, 145-147.

Bronk Ramsey, C.B., Staff, R.A., Bryant, C.L., Brock, F., Kitagawa, H., van der Plicht, J., Schlolaut, G., Marshall, M.H., Brauer, A., Lamb, H.J., Payne, R.L., Tarasov, P.E., Haraguchi, T., Gotanda, K., Yonenobu, H., Yokohama, Y., Tada, R., Nakagawa, T., 2012. A complete terrestrial radiocarbon record for 11.2 to 52.8 kyr BP. Science 338, 370-374.

Brook, E.J., Sowers, T., Orchado, J., 1996. Rapid variations in atmospheric methane concentration during the past 110,000 years. Science 273, 1087-1091.

Brooks, S.J., 2003. Chironomid analysis to interpret and quantify Holocene climatic change. In: Mackay, A., Battarbee, R., Birks, H.J.B., Oldfield, F. (Eds.), Global Change in the Holocene. Arnold, London, pp. 328-341.

Brooks, S.J., 2006. Fossil midges (Diptera: Chironomidae) as paleoclimatic indicators for the Eurasian region. Quat. Sci. Rev. 25, 1894-1910.

Brooks, S.J., Birks, H.J.B., 2000. Chironomid-inferred late-glacial air temperatures at Whitrig Bog, southeast Scotland. J. Quat. Sci. 15, 759-764.

Brooks, S.J., Birks, H.J.B., 2001. Chironomid-inferred air temperatures from Lateglacial and Holocene sites in northwest Europe: progress and problems. Quat. Sci. Rev. 20, 1723-1741.

Brooks, S.J., Mayle, F.E., Lowe, J.J., 1997. Chironomid-based Late Glacial climatic reconstruction for southeast Scotland. J. Quat. Sci. 12, 161-167.

Brown, K.S., 1982. Paleoecology and regional patterns of evolution in Neotropical forest butterflies. In: Prance, G.T. (Ed.), Biological Diversification in the Tropics. Columbia University Press, New York, pp. 255-308.

Brown, I.M., 1990. Quaternary glaciations of New Guinea. Quat. Sci. Rev. 9, 273-280.

Brown, K.S., Ab'Saber, A.N., 1979. Ice-age forest refuges and evolution in the Neotropics: correlation of paleoclimatological, geomorphological and pedological data with modern biological endemism. Paleoclimas. 5, 1-30.

Brown, K.S., Sheppard, P.M., Turner, J.R.G., 1974. Quaternary refugia in tropical America: evidence from race formation in Heliconius butterflies. Proc. R. Soc. Lond. B. 187, 369-378.

Brown, J.S., Colling, A., Park, D., Phillips, J., Rothery, D., Wright, J., 1989. Ocean Circulation. The Open University, Milton Keynes, 238 pp.

Brown, T.A., Farwell, G.W., Grootes, P.M., Schmidt, F.H., 1992. Radiocarbon AMS dating of pollen extracted from peat samples. Radiocarbon 34, 550-556.

Brown, J., Collins, M., Tudhope, A., 2006. Coupled model simulations of mid-Holocene ENSO and comparisons with coral oxygen isotope records. Adv. Geosci. 6, 29-33.

Bryson, R.A., 1966. Air masses, streamlines and the boreal forest. Geogr. Bull. 8, 228-269.

Bryson, R.A., Murray, T.J., 1977. Climates of Hunger. University of Wisconsin Press, Madison.

Bryson, R.A., Irving, W.N., Larsen, J.A., 1965. Radiocarbon and soil evidence of former forest in the southern Canadian forest. Science 147, 46-48.

Buckley, B.M., Palakit, K., Duangsathaporn, K., Sanguantham, P., Prasomin, P., 2007. Decadal scale droughts over northwestern Thailand over the past 448 years: links to the tropical Pacific and Indian Ocean sectors. Climate Dynam. 29, 63-71.

Buckley, B.M., Anchukaitis, K.J., Penny, D., Fletcher, R., Cook, E.R., Sano, M., Nam, L.C., Wichienkeeo, A., Minh,

T.T., Hong, T.M., 2010. Climate as a contributing factor in the demise of Angkor, Cambodia. Proc. Natl. Acad. Sci. U.S.A. 107, 6748-6752.

Budyko, M.I., 1978. The heat balance of the earth. In: Gribbin, J. (Ed.), Climatic Change. Cambridge University Press, Cambridge, pp. 85-113.

Buisman, J., 1995. Duizend Jaar Weer, Wind en Water in de Lage Landen [A Thousand years, Wind and Water in the Low Countries], 4 vols (vol. 1, up to 1300; vol. 2, 1300-1450; vol. 3, 1450-1575; vol. 4, 1575-1675). Uitgeverij Van Wijnen, Fraenker.

Bunn, A.G., Hughes, M.K., Salzer, M.W., 2011. Topographically modified tree-ring chronologies as a potential means to improve paleoclimate inference. Clim. Chang. 105, 627-634.

Büntgen, U., Frank, D., Nievergelt, D., Esper, J., 2006. Summer temperature variations in the European Alps, A.D. 755-2004. J. Clim. 19, 5606-5623.

Büntgen, U., Frank, D., Wilson, R., Carrer, M., Urbinati, C., Esper, J., 2008. Testing for tree-ring divergence in the European Alps. Glob. Chang. Biol. 14, 2443-2453.

Burbank, D.W., 1981. A chronology of Late Holocene glacier fluctuations on Mount Rainier, Washington. Arct. Alp. Res. 13, 369-381.

Burga, C., 1988. Swiss vegetation history during the past 18,000 years. New Phytol. 110, 581-602.

Burns, S.J., 2011. Speleothem records of changes in tropical hydrology over the Holocene and possible implications for atmospheric methane. The Holocene 21, 735-741.

Burns, S.J., Fleitmann, D., Matter, A., Neff, U., Mangini, A., 2001. Speleothem evidence from Oman for continental pluvial events during interglacial periods. Geology 29, 623-626.

Burns, S.J., Fleitmann, D., Mudelsee, M., Neff, U., Matter, A., Mangini, A., 2002. A 780-year annually resolved record of Indian Ocean monsoon precipitation from a speleothem from south Oman. J. Geophys. Res. 107 (D20), 4434. dx.doi.org/10.1029/2001JD001281.

Burrows, C.J., Burrows, V.L., 1976. Procedures for the study of snow avalanche chronology using growth layers of woody plants. INSTAAR Occasional Paper No. 23, University of Colorado INSTAAR, Boulder.

Bush, M.B., 2005. Of orogeny, precipitation, precession and parrots. J. Biogeogr. 32, 1301-1302.

Bush, M.B., Colinvaux, P.A., 1990. A pollen record of a complete glacial cycle from lowland Panama. J. Veg. Sci. 1, 105-118.

Bush, M.B., Colinvaux, P.A., Weimann, M.C., Piperno, D.R., Liu, K.-B., 1990. Late Pleistocene temperature depression and vegetation change in Ecuadorian Amazonia. Quat. Res. 34, 330-345.

Bush, M.B., Silman, M.R., Urrego, D.H., 2004. 48,000 years of climate and forest change in a biodiversity hotspot. Science 303, 827-829.

Butzer, K.W., Isaac, G.L., Richardson, J.L., Washbourn-Kamau, C., 1972. Radiocarbon dating of East African lake levels. Science 175, 1069-1076.

Cabedo-Sanz, P., Belt, S.T., Knies, J., Husum, K., 2013. Identification of contrasting seasonal sea ice conditions during the Younger Dryas. Quat. Sci. Rev. 79, 74-86.

Cahyarini, S.Y., Pfeiffer, M., Timm, O., Dullo, W.-C., Schönberg, D.G., 2008. Reconstructing seawater $\delta^{18}O$ from paired coral $\delta^{18}O$ and Sr/Ca ratios: methods, error analysis and problems, with examples from Tahiti (French Polynesia) and Timor (Indonesia). Geochim. Cosmochim. Acta. 72, 2841-2853.

Cai, Y.J., Zhang, H.W., Cheng, H., An, Z.S., Edwards, R.L., Wang, X.F., Tan, L.C., Liang, F.Y., Wang, J., Kelly, M., 2012. The Holocene Indian monsoon variability over the southern Tibet plateau and its teleconnections. Earth Planet. Sci. Lett. 135-144, 335-336.

Caley, T., Kim, J.H., Malaizé, B., Giraudeau, J., Laepple, T., Caillon, N., Charlier, K., Rebaubier, H., Rossignol, L., Castañeda, I., Schouten, S., Sinninghe Damsté, J.S., 2011. High-latitude obliquity as a dominant forcing in the Agulhas current system. Clim. Past. 7, 1285-1296.

Calkin, P.E., Ellis, J.M., 1980. A lichenometric dating curve and its application to Holocene glacier studies in the Central Brooks Range, Alaska. Arct. Alp. Res. 12, 245-264.

Calvo, E., Marshall, J.F., Pelejero, C., McCulloch, M.T., Gagan, M.K., Lough, J.M., 2007. Interdecadal climate variability in the Coral Sea since 1708 A.D. Palaeogeogr. Palaeoclimatol. Palaeoecol. 248, 190-201.

Camuffo, D., Enzi, S., 1994. Chronology of 'Dry Fogs' in Italy, 1374-1891. Theor. Appl. Climatol. 50, 31-33.

Camuffo, D., Enzi, S., 1995. Impact of the clouds of volcanic aerosols in Italy during the last 7 centuries. Nat. Hazards 11, 135-161.

Cande, S.C., Kent, D.V., 1992. A new geomagnetic polarity time scale for the late Cretaceous and Cenozoic. J. Geophys. Res. 97B,

13917-13951.

Cande, S.C., Kent, D.V., 1995. Revised calibration of the geomagnetic polarity time scale for the late Cretaceous and Cenozoic. J. Geophys. Res. 100, 6093-6095.

Cane, M.A., Molnar, P., 2001. Closing of the Indonesian seaway as a precursor to East African aridification around 3-4 million years ago. Nature 411, 157-162.

Cantin, N.E., Cohen, A.L., Karnauskas, K.B., Tarrant, A.M., McCorkle, D.C., 2010. Ocean warming slows coral growth in the central Red Sea. Science 329, 322-325.

Cao, L., Fairbanks, R.G., Mortlock, R.A., Risk, M.J., 2007. Radiocarbon reservoir age of high latitude North Atlantic surface water during the last deglacial. Quat. Sci. Rev. 26, 732-742.

Capron, E., Landais, A., Chappellaz, J., Schilt, A., Buiron, D., Dahl-Jensen, D., Johnsen, S.J., Jouzel, J., Lemieux-Dudon, B., Loulergue, L., Leuenberger, M., Masson-Delmotte, V., Meyer, H., Oerter, H., Stenni, B., 2010. Millennial and sub-millennial scale climatic variations recorded in polar ice cores over the last glacial period. Clim. Past. 6, 345-365.

Capron, E., Landias, A., Buiron, D., Cauquoin, A., Chappellaz, J., Debret, M., Jouzel, J., Leuenberger, M., Martinerie, P., Masson-Delmotte, V., Mulvaney, R., Parrenin, F., Prié, F., 2013. Glacial-interglacial dynamics of Antarctic firn columns: comparison between simulations and ice core air-δ^{15}N measurements. Clim. Past. 9, 983-999.

Carlson, A.E., Clark, P.U., 2013. Ice sheet sources of sea level rise and freshwater sources during the last deglaciation. Rev. Geophys. 50, RG4007. dx.doi.org/10.1029/2011RG000371.

Carrara, P.E., 1979. The determination of snow avalanche frequency through tree-ring analysis and historical records at Ophir, Colorado. Geol. Soc. Am. Bull. 1（90）, 773-780.

Carrara, P.E., Trimble, D.A., Rubin, M., 1991. Holocene treeline fluctuations in the northern San Juan mountains, Colorado, U.S.A., as indicated by radiocarbon-dated conifer wood. Arct. Alp. Res. 23, 233-246.

Carriquiry, J.D., Risk, M.J., Schwarcz, H.P., 1994. Stable isotope geochemistry of corals from Costa Rica as proxy indi- cator of El Niño-Southern Oscillation（ENSO）. Geochim. Cosmochim. Acta. 58, 335-352.

Carslaw, K.S., Boucher, O., Spracklen, D.V., Mann, G.W., Rae, J.G.L., Woodward, S., Kulmala, M., 2010. A review of natural aerosol interactions and feedbacks within the Earth system. Atmos. Chem. Phys. 10, 1701-1737.

Caseldine, C.R., Geirsdóttir, A., Langdon, P., 2003. Efstadalsvatn—a multi-proxy study of a Holocene lacustrine sequence from NW Iceland. J. Paleolimnol. 30, 55-73.

Castañeda, I., Schouten, S., 2011. A review of molecular organic proxies for examining modern and ancient lacustrine environments. Quat. Sci. Rev. 30, 2851-2891.

Castellano, E., Becagli, S., Hansson, M., Hutterli, M., Petit, J.R., Rampino, M.R., Severi, M., Steffensen, J.P., Traversi, R., Udisti, R., 2005. Holocene volcanic history as recorded in the sulfate stratigraphy of the European Project for Ice Coring in Antarctica Dome C（EDC96）ice core. J. Geophys. Res. 110, D06114. dx.doi.org/10.1029/2004JD005259.

Catchpole, A.J.W., 1992. Hudson's Bay Company ships' log-books as sources of sea ice data, 1751-1870. In: Bradley, R.S., Jones, P.D. （Eds.）, Climate Since A.D. 1500. Routledge, London, pp. 17-39.

Catchpole, A.J.W., Moodie, D.W., Milton, D., 1976. Freeze-up and break-up of estuaries on Hudson Bay in the 18th and 19th centuries. Can. Geogr. 20, 279-297.

Cerling, T.E., Quade, J., 1993. Stable carbon and oxygen isotopes in soil carbonates. In: Swart, P.K., Lohmann, K.C., McKenzie, J., Savin, S. （Eds.）, Climate Change in Continental Isotopic Records. American Geophysical Union, Washington, DC, pp. 217-231.

Chambers, F.M., Charman, D.J., 2004. Holocene environmental change: contributions from the peatland archive. The Holocene 14, 1-6.

Chambers, F.M., Booth, R.K., De Vleeschouwer, F., Lamentowicz, M., Le Roux, G., Mauquoy, D., Nichols, J.E., van Geel, B., 2012. Development and refinement of proxy-climate indicators from peats. Quat. Int. 268, 21-33.

Channell, J.E.T., Hodell, D.A., Curtis, J.H., 2012. ODP Site 1063 （Bermuda Rise） revisited: oxygen isotopes, excursions and paleointensity in the Brunhes Chron. Geochem. Geophys. Geosyst. 13, Q02001. doi.org/ 10.1029/2011GC003897.

Chapman, M.R., Shackleton, N.J., Zhao, M., Eglinton, G., 1996. Faunal and alkenone reconstructions of sub-tropical North Atlantic surface hydrography and paleotemperature over the last 28 kyrs. Paleoceanography 11, 343-358.

Chappell, J., 2002. Sea level changes forced ice breakouts in the Last Glacial cycle: new results from coral terraces. Quat. Sci. Rev. 21, 1229-1240.

Chappell, J.M.A., Polach, H.A., 1972. Some effects of partial recrystallisation on ^{14}C dating of late Pleistocene corals and molluscs.

Quat. Res. 2, 244-252.

Chappell, J.M.A., Shackleton, N.J., 1986. Oxygen isotopes and sea level. Nature 324, 137-138.

Chappellaz, J., Barnola, J.M., Raynaud, D., Korotkevich, Y.S., Lorius, C., 1990. Ice core record of atmospheric methane over the last 160,000 years. Nature 345, 127-131.

Chappellaz, J., Blunier, T., Kints, S., Dällenbach, A., Barnola, J.-M., Schwander, J., Raynaud, D., Stauffer, B., 1997. Changes in the atmospheric CH$_4$ gradient between Greenland and Antarctica during the Holocene. J. Geophys. Res. 102 (D13), 15987-15997.

Charles, C.D., Rind, D., Jouzel, J., Koster, R.D., Fairbanks, R.G., 1994. Glacial-interglacial changes in moisture sources for Greenland: influences on the ice core record of climate. Science 263, 508-511.

Charles, C.D., Cobb, K., Moore, M.D., Fairbanks, R.G., 2003. Monsoon-tropical ocean interaction in a network of coral records spanning the 20th century. Mar. Geol. 201, 207-222. dx.doi.org/10.1016/s0025-3227 (03) 00217-2.

Charman, D.J., 2001. Biostratigraphic and palaeoenvironmental applications of testate amoebae. Quat. Sci. Rev. 20, 1753-1764.

Charman, D.J., Barber, K.E., Blaauw, M., Langdon, P.G., Mauquoy, D., Daley, T.J., Hughes, P.D.M., Karofeld, E., 2009. Climate drivers for peatland palaeoclimate records. Quat. Sci. Rev. 28, 1811-1819.

Charney, J.G., Stone, P.H., Quirk, W.J., 1975. Drought in the Sahara: a biogeophysical feedback mechanism. Science 187, 434-435.

Chase, B.M., Meadows, M.E., Scott, L., Thomas, D.S.G., Marais, E., Sealy, J., Reimer, P.J., 2009. A record of rapid Holocene climate change preserved in hyrax middens from southwestern Africa. Geology 37, 703-706.

Chase, B.M., Quick, L.J., Meadows, M.E., Scott, L., Thomas, D.S., Reimer, P.J., 2011. Late glacial interhemispheric climate dynamics revealed in South African hyrax middens. Geology 39, 19-22.

Chase, B.M., Scott, L., Meadows, M.E., Gil-Romera, G., Boom, A., Carr, A.S., Reimer, P.J., Truc, L., Valsecchi, V., Quick, L.J., 2012. Rock hyrax middens: a palaeoenvironmental archive for southern African drylands. Quat. Sci. Rev. 56, 107-125.

Chen, C., 1968. Pleistocene pteropods in pelagic sediments. Nature 219, 1145-1147.

Chen, J., Farrell, J.W., Murray, D.W., Prell, W.L., 1995. Timescale and paleoceanographic implications of a 3.6 m.y. oxygen isotope record from the northeast Indian Ocean (Ocean Drilling Program site 758). Paleoceanography 10, 21-47.

Cheng, H., Edwards, R.L., Wang, Y.J., Kong, X.G., Ming, Y.F., Kelly, M.J., Wang, X.F., Gallup, C.D., Liu, W.G., 2006. A penultimate glacial monsoon record from Hulu Cave and two-phase glacial terminations. Geology 34, 217-220.

Cheng, H., Edwards, R.L., Broecker, W.S., Denton, G.H., Kong, X.G., Wang, Y.J., Zhang, R., Wang, X.F., 2009. Ice age terminations. Science 326, 248-252.

Cheng, H., Edwards, R.L., Shen, C.C., Polyak, V.J., Asmerom, Y., Woodhead, J., Hellstrom, J., Wang, Y., Kong, X., Spötl, C., Wang, X., Alexander, E.C., 2012a. Improvements in ^{230}Th dating, ^{230}Th and ^{234}U half-life values, and U-Th isotopic measurements by multi-collector inductively coupled plasma mass spectroscopy. Earth Planet. Sci. Lett. 371-372, 82-91.

Cheng, H., Sinha, A., Wang, X.F., Cruz, F.W., Edwards, R.L., 2012b. The global paleomonsoon as seen through speleothem records from Asia and the Americas. Clim. Dyn. 39, 1045-1062. dx.doi.org/ 10.1007/s00382-012-1363-7.

Cheng, H., Zhang, P.Z., Spötl, C., Edwards, R.L., Cai, Y.J., Zhang, D.Z., Sang, W.C., Tan, M., An, Z.S., 2012c. The climatic cyclicity in semiarid-arid central Asia over the past 500,000 years. Geophys. Res. Lett. 39, L01705. dx.doi.org/10.1029/2011GL050202.

Chenoweth, M., 2003. The 18th Century Climate of Jamaica, Derived from the Journals of Thomas Thistlewood, 1750-1786. American Philosophical Society, Philadelphia, 153 pp.

Chester, R., Johnson, L.R., 1971. Atmospheric dusts collected off the Atlantic coasts of North Africa and the Iberian Peninsula. Mar. Geol. 11, 251-260.

Chiang, J.C.H., 2009. The Tropics in paleoclimate. Annu. Rev. Earth Planet. Sci. 37, 263-297.

Chiang, J.C.H., Friedman, A.R., 2012. Extratropical cooling, interhemispheric thermal gradients, and Tropical climate change. Annu. Rev. Earth Planet. Sci. 40, 383-412.

Chiang, J.C.M., Biasutti, M., Battisti, D.S., 2003. Sensitivity of the Atlantic Inter-Tropical Convergence Zone to Last Glacial Maximum boundary conditions. Paleoceanography 18, 1094. dx.doi.org/10.1029/ 2003PA000916.

Chinn, T.J.H., 1981. Use of rock weathering-rind thickness for Holocene absolute age-dating in New Zealand. Arct. Alp. Res. 13, 33-45.

Chiu, T.-C., Fairbanks, R.G., Mortlock, R.A., Bloom, A.L., 2005. Extending the radiocarbon calibration beyond 26,000 years before present using fossil corals. Quat. Sci. Rev. 24, 1797-1808.

Chiu, T.-C., Fairbanks, R.G., Cao, L., Mortlock, R.A., 2007. Analysis of the atmospheric ^{14}C record spanning the past 50,000 years derived from high-precision ^{230}Th/^{234}U/^{238}U, ^{231}Pa/^{235}U and ^{14}C dates on fossil corals. Quat. Sci. Rev. 26, 18-36.

Chiune, I., Yiou, P., Viovy, N., Seguin, B., Daux, V., Le Roy Ladurie, E., 2004. Grape ripening as a past climate indicator. Nature 432, 289-290.

Chivas, A.R., De Decker, P., Cali, J.A., Chapman, A., Kiss, E., Shelley, J.M.G., 1993. Coupled stable-isotope and trace-element measurements of lacustrine carbonates as paleoclimatic indicators. In: Swart, P.K., Lohmann, K.C., McKenzie, J., Savon, S. (Eds.), Climate Change in Continental Isotopic Records. American Geophysical Union, Washington, DC, pp. 113-121.

Chu, K'o-chen, 1926. Climate pulsations during historical times in China. Geogr. Rev. 16, 274-282.

Chu, K'o-chen, 1973. A preliminary study on the climatic fluctuations during the last 5000 years in China. Sci. Sinica 16, 226-256.

Chu, G.Q., Sun, Q., Li, S.Q., Zheng, M.P., Jia, X.X., Lu, C.F., Liu, J.Q., Liu, T.S., 2005. Longchain alkenone distributions and temperature dependence in lacustrine surface sediments from China. Geochim. Cosmochim. Acta 69, 4985-5003.

Clague, J.J., Mathewes, R.W., 1989. Early Holocene thermal maximum in western North America: new evidence from Castle Peak, British Columbia. Geology 17, 277-280.

Clapperton, C.M., 1990. Quaternary glaciations in the southern hemisphere: an overview. Quat. Sci. Rev. 9, 299-304 (plus chart).

Clapperton, C.M., 1993a. Quaternary Geology and Geomorphology of South America. Elsevier, Amsterdam.

Clapperton, C.M., 1993b. Nature of environmental changes in South America at the Last Glacial Maximum. Palaeogeogr. Palaeoclimatol. Palaeoecol. 101, 189-208.

Clark, D., 1975. Understanding Canonical Correlation Analysis. Concepts and Techniques in Modern Geography No. 3, University of East Anglia, Norwich.

Clark, P.U., Alley, R.B., Pollard, D., 1999. Northern hemisphere ice-sheet influences on global climate change. Science 286, 1104-1111.

Clark, P.U., Pisias, N.G., Stocker, T.F., Weaver, A.J., 2002. The role of the thermohaline circulation in abrupt climate change. Nature 415, 863-869.

Clark, P.U., Dyke, A.S., Shakun, J.D., Carlson, A.E., Clark, J., Wohlfarth, B., Mitrovica, J.X., Hostetler, S.W., McCabe, A.M., 2009. The Last Glacial Maximum. Science 325, 710-714.

Clark, P.U., Shakun, J.D., Baker, P.A., Bartlein, P.J., Brewer, S., Brook, E., Carlson, A., Cheng, H., Kaufman, D.S., Liu, Z.Y., Marchitto, T.M., Mix, A.L., Morrill, C., Otto-Bliesner, B.L., Pahnke, K., Russell, J.M., Whitlock, C., Adkins, J.F., Blois, J.L., Clark, J., Colman, S.M., Curry, W.B., Flower, B.P., He, F., Johnson, T.C., Lynch-Stieglitz, J., Markgraf, V., McManus, J., Mitrovica, J.X., Moreno, P.I., Williams, J.W., 2012. Global climate evolution during the last deglaciation. Proc. Natl. Acad. Sci. U.S.A. 109, E1134-E1142.

Clarke, M.L., Wintle, A.G., Lancaster, N., 1996. Infra-red stimulated luminescence dating of sands from the Cronese Basins, Mojave Desert. Geomorphology 17, 199-205.

Claude, C., Hamelin, B., 2007. Isotopic tracers of water masses and deep currents. In: Hillaire-Marcel, C., de Vernal, A. (Eds.), Proxies in Late Cenozoic Paleoceanography. Elsevier, Amsterdam, pp. 645-679.

Clausen, H.B., Hammer, C.U., 1988. The Laki and Tambora eruptions as revealed in Greenland ice cores from 11 locations. Ann. Glaciol. 10, 16-22.

Claussen, M., 2009. Late Quaternary vegetation-climate feedbacks. Clim. Past. 5, 203-216.

Cleaveland, M.K., Duvick, D.N., 1992. Iowa climate reconstructed from tree-rings, 1640-1982. Water Resour. Res. 28, 2607-2615.

Clement, A.C., Peterson, L.C., 2008. Mechanisms of abrupt climate change of the last glacial period. Rev. Geophys. 46. dx.doi.org/10.1029/RG000204.

CLIMAP Project Members, 1976. The surface of the ice-age Earth. Science 191, 1131-1144.

CLIMAP Project Members, 1981. Seasonal reconstructions of the Earth's surface at the last glacial maximum. Geol. Soc. Am. Map Chart Ser. MC-36.

CLIMAP Project Members, 1984. The last interglacial ocean. Quat. Res. 21, 123-224.

Coale, K.H., Johnson, K.S., Fitzwater, S.E., Gordon, R.M., Tanner, S., Chavez, F.P., Ferioli, L., Sakamoto, C., Rogers, P., Millero, F., Steinberg, P., Nightingale, P., Cooper, D., Cochlan, W.P., Landry, M.R., Constantinou, J., Rollwagen, G., Trasvina, A., Kudela, R., 1996. A massive phytoplankton bloom induced by an ecosystem-scale iron fertilization experiment in the equatorial Pacific Ocean. Nature 383, 495-501.

Cobb, K.M., Charles, C.D., Cheng, H., Edwards, R.L., 2003. El Niño/Southern Oscillation and tropical Pacific climate during the last millennium. Nature 424, 271-276.

Cobb, K.M., Westphal, N., Sayani, H.R., Watson, J.T., Di Lorenzo, E., Cheng, H., Edwards, R.L., Charles, C.D., 2013. Highly variable El Niño-Southern Oscillation throughout the Holocene. Science 339, 67-70.

Coe, R.S., Liddicoat, J.C., 1994. Overprinting of natural magnetic remanance in lake sediments by a subsequent high-intensity field. Nature 367, 57-59.

Cohen, A.S., 2003. Paleolimnology: The History and Evolution of Lake Systems. Oxford University Press, Oxford, 500 pp.

COHMAP Members, 1988. Climatic changes of the last 18,000 years: observations and model simulations. Science 241, 1043-1052.

Cole, K.L., 1990. Late Quaternary vegetation gradients through the Grand Canyon. In: Betancourt, J.L., Van Devender, T.T., Martin, P.S. (Eds.), Packrat Middens: The Last 40,000 Years of Biotic Change. University of Arizona Press, Tucson, pp. 240-258.

Cole, J.E., Cook, E.R., 1998. The changing relationship between ENSO variability and moisture balance in the continental United States. Geophys. Res. Lett. 25, 4529-4532.

Cole, J.E., Fairbanks, R.G., 1990. The Southern Oscillation recorded in the oxygen isotopes of corals from Tarawa Atoll. Paleoceanography 5, 669-683.

Cole, J.E., Shen, G.T., Fairbanks, R.G., Moore, M., 1992. Coral monitors of El Niño/Southern Oscillation dynamics across the equatorial Pacific. In: Diaz, H.F., Markgraf, V.K. (Eds.), El Niño: Historical and Paleoclimatic Aspects of the Southern Oscilllation. Cambridge University Press, Cambridge, pp. 349-376.

Cole, J.E., Fairbanks, R.G., Shen, G.T., 1993. Recent variability in the Southern Oscillation: isotopic results from a Tarawa atoll coral. Science 260, 1790-1793.

Cole, J.E., Overpeck, J.T., Cook, E.R., 2002. Multiyear La Niña events and persistent drought in the contiguous United States. Geophys. Res. Lett. 29, 1647. http://dx.doi.org/10.1029/2001GL013561.

Cole-Dai, J., Thompson, L.G., Mosley-Thompson, E., 1995. A 485 year record of at mospheric chloride, nitrate and sulfate: results of chemical analysis of ice cores from Dyer Plateau, Antarctic Peninsula. Ann. Glaciol. 21, 182-188.

Colin, C., Frank, N., Copard, K., Douville, E., 2010. Neodymium isotopic composition of deep-sea corals from the NE Atlantic: implications for past hydrological changes during the Holocene. Quat. Sci. Rev. 29, 2509-2517.

Colinvaux, P.A., 1996. Quaternary environmental history and forest diversity in the Neotropics. In: Jackson, J., Coates, A. (Eds.), Environmental and Biological Change in Neogene and Quaternary Tropical America. Chicago University Press, Chicago.

Colinvaux, P.A., 2007. Amazon Expeditions: My Quest for the Ice-Age Equator. Yale University Press, New Haven, 328 pp.

Colinvaux, P.A., De Oliveira, P.E., Moreno, J.E., Miller, M.C., Bush, M.B., 1996a. A long pollen record from lowland Amazonia: forest and cooling in Glacial times. Science 274, 85-88.

Colinvaux, P.A., Liu, K.-B., De Oliveira, P., Bush, M.B., Miller, M.C., Steinitz-Kannon, M., 1996b. Temperature depression in the lowland Tropics in Glacial time. Clim. Chang. 32, 19-33.

Colman, S.M., Dethier, D.P. (Eds.), 1986. Rates of Chemical Weathering of Rocks and Minerals. Academic Press, Orlando.

Colman, S.M., Pierce, K.L., 1981. Weathering rinds on andesitic and basaltic stones as a Quaternary age indicator, western United States. U.S. Geological Survey Prof. Paper 1210.

Colman, S.M., Pierce, K.L., Birkeland, P.W., 1987. Suggested terminology for Quaternary dating methods. Quat. Res. 28, 314-319.

Colman, S.M., Peck, J.A., Karabanov, E.B., Carter, S.J., Bradbury, J.P., King, J.W., Williams, D.F., 1995. Continental climate response to orbital forcing from biogenic silica records in Lake Baikal. Nature 378, 769-771.

Condomes, M., Moraud, P., Camus, G., Duthon, L., 1982. Chronological and geochemical study of lavas from the Chaine des Puys, Massif Central, France: evidence for crustal contamination. Contrib. Mineral. Petrol. 81, 296-303.

Condron, A., Winsor, P., 2011. A subtropical fate awaited freshwater discharged from glacial Lake Agassiz. Geophys. Res. Lett. 38, L03705. dx.doi.org/10.1029/2010GL046011.

Condron, A., Winsor, P., 2012. Meltwater routing and its ability to trigger the Younger Dryas. Proc. Natl. Acad. Sci. U.S.A. 109, 19928-19933.

Conley, D.J., Schelske, C.L., 2001. Biogenic silica. In: Smol, J.P., Birks, H.J.B., Last, W.M. (Eds.), Tracking Environmental Change Using Lake sediments, vol. 3. Kluwer Academic, Dordrecht, pp. 281-293.

Conte, M.H., Sicre, M.-A., Rühlemann, C., Weber, J.C., Schulte, S., Schulz-Bull, D., Blanz, T., 2006. Global temperature calibration of the alkenone unsaturation index (Uk'37) in surface waters and comparison with surface sediments. Geochem. Geophys. Geosyst. 7. dx.doi.org/10.1029/2005GC001054.

Cook, E.R., Jacoby, G.C., 1979. Evidence for the quasi-periodical July drought in the Hudson Valley, New York. Nature 282, 390-392.

Cook, E.R., Kairiukstis, L.A. (Eds.), 1990. Methods of Dendrochronology. Kluwer, Dordrecht, 394 pp.

Cook, E.R., Krusic, P.J., 2004. North American summer PDSI reconstructions. In: IGBP PAGES/World Data Center for Paleoclimatology Data Contribution Series No. 2004-045, NOAA/NGDC Paleoclimatology Program, Boulder, CO, 24 pp.

Cook, E.R., Peters, K., 1981. The smoothing spline: a new approach to standardizing forest-interior tree-ring width series for denroclimatic studies. Tree Ring Bull. 41, 45-53.

Cook, E.R., Briffa, K., Shiyatov, S., Mazepa, V., 1990. Tree-ring standardization and growth-trend estimation. In: Cook, E.R., Kariukstis, L.A.(Eds.), Methods of Dendrochronology: Applications in the Environmental Sciences. Kluwer, Dordrecht, pp. 104-123.

Cook, E.R., Bird, T., Peterson, M., Barbetti, M., Buckley, B.M., D'Arrigo, R., Francey, R., 1992. Climatic change over the last millennium in Tasmania reconstructed from tree rings. The Holocene 2, 205-217.

Cook, E.R., Stahle, D.W., Cleaveland, M.K., 1992a. Dendroclimatic evidence from eastern North America. In: Bradley, R.S., Jones, P.D. (Eds.), Climate Since A.D. 1500. Routledge, London, pp. 331-348.

Cook, E.R., Briffa, K.R., Jones, P.D., 1994. Spatial regression methods in dendroclimatology: a review and comparison of two techniques. Int. J. Climatol. 14, 379-402.

Cook, E.R., Briffa, K.R., Meko, D.M., Graybill, D.A., Funkhauser, G., 1995. The 'segment length curse' in long tree-ring chronology development for paleoclimatic studies. The Holocene 5, 229-237.

Cook, E.R., Meko, D.M., Stahle, D.W., Cleaveland, M.K., 1996. Tree-ring reconstructions of past drought across the coterminous United States: tests of a regression method and calibration/verification results. In: Dean, J.S., Meko, D.M., Swetnam, T.W. (Eds.), Tree Rings, Environment and Humanity. Radiocarbon, University of Arizona, Tucson, pp. 1-24.

Cook, E.R., Meko, D.M., Stahle, D.W., Cleaveland, M.K., 1999. Drought reconstructions for the continental United States. J. Clim. 12, 1145-1162.

Cook, E.R., D'Arrigo, R.D., Cole, J.E., Stahle, D.W., Villalba, R., 2000. Tree-ring records of past ENSO variability and forcing. In: Diaz, H.F., Markgraf, V. (Eds.), El Niño and the Southern Oscillation: multiscale variability and global and regional impacts. Cambridge University Press, Cambridge, pp. 297-323.

Cook, E.R., D'Arrigo, R.D., Mann, M.E., 2002. A well-verified, multiproxy reconstruction of the North Atlantic Oscillation since A.D. 1400. J. Clim. 15, 1754-1764.

Cook, E.R., Esper, J., D'Arrigo, R., 2004a. Extra-tropical northern hemisphere land temperature variability over the past 1000 years. Quat. Sci. Rev. 23, 2063-2074.

Cook, E.R., Woodhouse, C.A., Eakin, C.M., Meko, D.M., Stahle, D.W., 2004b. Long-term aridity changes in the western United States. Science 306, 1015-1018.

Cook, E.R., Seager, R., Cane, M.A., Stahle, D.W., 2007. North American drought: reconstructions, causes and consequences. Earth-Sci. Rev. 81, 93-134.

Cook, E.R., Seager, R., Heim, R.R., Vose, R.S., Herweijer, C., Woodhouse, C., 2010a. Megadroughts in North America: placing IPCC projections of hydroclimatic change in a long-term palaeoclimate context. J. Quat. Sci. 25, 48-61.

Cook, E.R., Anchukaitis, K., Buckley, B.M., D'Arrigo, R.D., Jacoby, G.C., Wright, W.E., 2010b. Asian monsoon failure and megadrought during the last millennium. Science 328, 486-489.

Cook, B.I., Cook, E.R., Anchukaitis, K., Seager, R., Miller, R.L., 2011. Forced and unforced variability of twentieth century North American droughts and pluvials. Clim. Dyn. 37, 1097-1110.

Cooke, R.U., Warren, A., 1977. Geomorphology in Deserts. University of California Press, Berkeley.

Coope, G.R., 1959. A late Pleistocene insect fauna from Chelford, Cheshire. Proc. R. Soc. Lond. B. 151, 70-86.

Coope, G.R., 1967. The value of Quaternary insect faunas in the interpretation of ancient ecology and climate. In: Cushing, E.J., Wright, H.E. (Eds.), Quaternary Paleoecology. Yale University Press, New Haven, pp. 359-380.

Coope, G.R., 1974. Interglacial coleoptera from Bobbitshole, Ipswich. J. Geol. Soc. Lond. 130, 333-340.

Coope, G.R., 1975a. Climatic fluctuations in north-west Europe since the last Interglacial, indicated by fossil assemblages of coleoptera. In: Wright, A.E., Moseley, F. (Eds.), Ice Ages Ancient and Modern. Geological Journal Special Issue No. 6, Liverpool University Press, Liverpool, pp. 153-168.

Coope, G.R., 1975b. Mid-Weichselian climatic changes in western Europe, reinterpreted from coleopteran assemblages. Bull. R. Soc. N. Z. 13, 101-110.

Coope, G.R., 1977a. Quaternary coleoptera as aids in the interpretation of environmental history. In: Shotton, F.W. (Ed.), British Quaternary Studies. Clarendon Press, Oxford, pp. 55-68.

Coope, G.R., 1977b. Fossil coleopteran assemblages as sensitive indicators of climatic changes during the Devensian (Last) cold stage. Proc. R. Soc. Lond. B. 280, 313-337.

Coope, G.R., 1986. Coleoptera analysis. In: Berglund, B.E. (Ed.), Handbook of Holocene Palaeoecology and Palaeohydrology. Wiley,

New York, pp. 703-713.

Coope, G.R., 1994. The response of insect faunas to glacial-interglacial climatic fluctuations. Philos. Trans. R. Soc. Lond. 344B, 19-26.

Coope, G.R., Brophy, J.A., 1972. Late glacial environmental changes indicated by a coleopteran succession from North Wales. Boreas 1, 97-142.

Coope, G.R., Pennington, W., 1977. The Windermere interstadial of the late Devensian. Philos. Trans. R. Soc. Lond. B208, 337-339.

Cooper, T.F., De'ath, G., Fabricius, K.E., Lough, J.M., 2008. Declining coral calcification in massive Porites in two nearshore regions of the northern Great Barrier Reef. Glob. Chang. Biol. 14, 529-538.

Copard, K., Colin, C., Henderson, G.M., Scholten, J., Douville, E., Sicre, M.-A., Frank, N., 2012. Late Holocene intermediate water variability in the northeastern Atlantic as recorded by deep-sea corals. Earth Planet. Sci. Lett. 34-44, 313-314.

Coplen, T.B., 1996. More uncertainty than necessary. Paleoceanography 11, 369-370.

Correa-Metrio, A., Bush, M.B., Pérez, L., Schwalb, A., Cabrera, K.R., 2011. Pollen distribution along climatic and biogeographic radients in northern Central America. The Holocene 21, 681-692.

Correa-Metrio, A., Bush, M.B., Cabrerea, K.R., Sully, S., Brenner, M., Hodell, D.A., Escobar, J., Guilderson, T., 2012a. Rapid climate change and no-analog vegetation in lowland Central America during the last 86,000 years. Quat. Sci. Rev. 38, 63-75.

Correa-Metrio, A., Bush, M.B., Hodell, D.A., Brenner, M., Escobar, J., Guilderson, T., 2012b. The influence of abrupt climate change on the ice-age vegetation of the Central American lowlands. J. Biogeogr. 39, 497-509.

Corrège, T., 2006. Sea surface temnperature and salinity reconstructions from coral geochemical tracers. Palaeogeogr. Palaeoclimatol. Palaeoecol. 232, 408-428.

Corrège, T., Delcroix, T., Récy, J., Beck, W., Cabioch, G., Le Cornec, F., 2000. Evidence for stronger El Niño-Southern Oscillation (ENSO) events in a mid-Holocene massive coral. Paleoceanography 15, 465-470.

Cosford, J., Qing, H.R., Eglington, B., Mattey, D., Yuan, D.X., Zhang, M.L., Chang, H., 2008. East Asian monsoon variability since the mid-Holocene recorded in a high-resolution absolute-dated aragonite speleothem from eastern China. Earth Planet. Sci. Lett. 275, 296-307.

Coulter, S.E., Pilcher, J.R., Plunkett, G., Baillie, M., Hall, V.A., Steffensen, J.P., Vinther, B.M., Clausen, H.B., Johnsen, S.J., 2012. Holocene tephras highlight complexity of volcanic signals in Greenland ice cores. J. Geophys. Res. 117, D21303. dx.doi.org/10.1029/2012JD017698.

Cox, A., 1969. Geomagnetic reversals. Science 163, 237-245.

Craig, H., 1953. The geochemistry of the stable carbon isotopes. Geochim. Cosmochim. Acta 3, 53-92.

Craig, H., 1957. Isotopic standards for carbon and oxygen and correction factors for mass spectrometric analysis of CO_2. Geochim. Cosmochim. Acta 12, 133-149.

Craig, H., 1961a. Mass spectrometer analysis of radiocarbon standards. Radiocarbon 3, 1-3.

Craig, H., 1961b. Standard for reporting concentrations of deuterium and oxygen-18 in natural waters. Science 133, 1833-1834.

Craig, H., 1961c. Isotopic variations in meteoric waters. Science 133, 1702-1703.

Craig, H., 1965. The measurement of oxygen isotope paleotemperature. In: Proceedings of the Spoleto Conference on Stable Isotopes in Oceanographic Studies and Paleotemperatures. Consiglio Nazionale delle Ricerche Laboratorio di Geologia Nucleare, Pisa, pp. 3-24.

Cramer, W., 1997. Using plant functional types in a global vegetation model. In: Woodward, F.I. (Ed.), Plant Functional Types: Their Relevance to Ecosystem Properties and Global Change. Cambridge University Press, Cambridge, pp. 271-288.

Croll, J., 1867a. On the eccentricity of the Earth's orbit and its physical relations to the glacial epoch. Philos. Mag. 33, 119-131.

Croll, J., 1867b. On the change in the obliquity of the ecliptic, its influence on the climate of the polar regions and on the level of the sea. Philos. Mag. 33, 426-445.

Croll, J., 1875. Climate and Time. Appleton and Co., New York.

Cronin, T.M., 2009. Paleoclimates. Columbia University Press, New York, 441 pp.

Crosta, X., Koç, N., 2007. Diatoms: from micropaleontology to isotope geochemistry. In: Hillaire-Marcel, C., de Vernal, A. (Eds.), Proxies in Late Cenozoic Paleoceanography. Elsevier, Amsterdam, pp. 327-370.

Crowley, T.J., 1994. Pleistocene temperature changes. Nature. 371, 664.

Crowley, T.J., 2000. Causes of climate change over the past 1000 years. Science. 289, 270-277.

Crowley, T.J., Kim, K.-Y., 1999. Modeling the temperature response to forced climate change over the last six centuries. Geophys. Res. Lett. 26, 1901-1904.

Crowley, T.J., Lowery, T., 2000. How warm was the Medieval Warm Period? A comment on "man-made versus natural climate change" Ambio. 29, 51-54.

Crozaz, G., Picciotto, E., De Breuck, W., 1964. Antarctic snow chronology with Pb-210. J. Geophys. Res. 69, 2597-2604.

Crozaz, G., Langway Jr., C.C., Picciotto, E., 1966. Artificial radioactivity reference horizons in Greenland firn. Earth Planet. Sci. Lett. 1, 42-48.

Crucifix, M., 2006. Does the Last Glacial Maximum constrain climate sensitivity? Geophys. Res. Lett. 33, L18701dx.doi.org/10.1029/2006GL027137.

Crucifix, M., Loutre, F.M., Berger, A., 2006. The climate response to the astronomical forcing. Space Sci. Rev. 125, 213-226.

Crutzen, P.J., 2002. The geology of mankind. Nature 415, 23.

Crutzen, P.J., Steffen, W., 2003. How long have we been in the Anthropocene Era? Clim. Chang. 61, 251-257.

Cruz Jr., F.W., Karmann, I., Viana Jr., O., Burns, S.J., Ferrari, J.A., Vuille, M., Sial, A.N., Moreira, M.Z., 2005a. Stable isotope study of cave percolation waters in subtropical Brazil: implications for paleoclimate inferences from speleothems. Chem. Geol. 220, 245-262.

Cruz Jr., F.W., Burns, S.J., Karmann, I., Sharp, W., Vuille, M., Cardoso, A.O., Ferrari, J.A., Silva Dias, P.L., Viana Jr., O., 2005b. Insolation-driven changes in atmospheric circulation over the past 116,000 years in subtropical Brazil. Nature 434, 63-66.

Cuffey, K.M., Paterson, W.S.B., 2010. The Physics of Glaciers. Elsevier, Amsterdam, 693 pp.

Cuffey, K.M., Alley, R.B., Grootes, P.M., Bolzan, J.M., Anandakrishnan, S., 1994. Calibration of the $\delta^{18}O$ isotopic paleothermometer for central Greenland, using borehole temperatures. J. Glaciol. 40, 341-350.

Cuffey, K.M., Clow, G.D., Alley, R.B., Stuiver, M., Waddington, E.D., Saltus, R.W., 1995. Large Arctic temperature change at the Wisconsin-Holocene transition. Science 270, 455-458.

Cunningham, J., Waddington, E.D., 1990. Boudinage: a source of stratigraphic disturbance in glacial ice in central Greenland. J. Glaciol. 36, 269-272.

Curry, R.R., 1969. Holocene climatic and glacial history of the Sierra Nevada, California. Geol. Soc. Am. Spec. Pap. 123, 1-47.

Curry, W.B., Duplessy, J.-C., Labeyrie, L.D., Shackleton, N.J., 1988. Quaternary deep water circulation changes in the distribution of $\delta^{13}C$ of Deep water: ΣCO_2 between the last glaciation and the Holocene. Paleoceanography 3, 317-342.

Curtis, G.H., 1975. Improvements in potassium-argon dating, 1962-1975. World Archaeol. 7, 198-207.

Curtis, J.H., Hodell, D.A., Brenner, M., 1996. Climate variability on the Yucatan Peninsula (Mexico) during the past 3500 years, and implications for Maya cultural evolution. Quat. Res. 46, 37-47.

Cushing, E.J., 1967. Evidence for differential pollen preservation in late Quaternary sediments in Minnesota. Rev. Palaeobot. Palynol. 4, 87-101.

Cutler, K.B., Edwards, R.L., Taylor, F.W., Cheng, H., Adkins, J., Gallup, C.D., Cutler, P.M., Burr, G.S., Bloom, A.L., 2003. Rapid sea-level fall and deep-ocean temperature change since the last interglacial period. Earth Planet. Sci. Lett. 206, 253-271.

Cwynar, L.C., Levesque, A.J., 1995. Chironomid evidence for late-glacial climatic reversals in Maine. Quat. Res. 43, 405-413.

D'Andrea, W.J., Huang, Y., Fritz, S.C., Anderson, N.J., 2011. Abrupt Holocene climate change as an important factor for human migration in West Greenland. Proc. Natl. Acad. Sci. U.S.A. 108, 9765-9769.

D'Arrigo, R.D., Jacoby, G.C., Free, R.M., 1992. Tree-ring width and maximum late wood density at the North American treeline: parameters of climatic change. Can. J. For. Res. 22, 1290-1296.

D'Arrigo, R.D., Jacoby, G.C., Krusic, P.J., 1994. Progress in dendroclimatic studies in Indonesia. Terr. Atmos. Ocean. Sci. 5, 349-363.

D'Arrigo, R.D., Villalba, R., Wiles, G., 2001. Tree-ring estimates of Pacific decadal climate variability. Clim. Dyn. 18, 219-224.

D'Arrigo, R., Kaufmann, R., Davi, N., Jacoby, G., Laskowski, C., Myneni, R., Cherubini, P., 2004. Thresholds for warming-induced growth decline at elevational treeline in the Yukon Territory, Canada. Glob. Biogeochem. Cycles. 18, GB3021. dx.doi.org/10.1029/2004GB002249.

D'Arrigo, R., Cook, E.R., Wilson, R.J., Allan, R., Mann, M.E., 2005. On the variability of ENSO over the past six centuries. Geophys. Res. Lett. 32, L03711.

D'Arrigo, R., Wilson, R., Palmer, J., Krusic, P., Curtis, A., Sakulich, J., Bijaksana, S., Ngkoimani, L.O., 2006a. Monsoon drought over Java, Indonesia, during the past two centuries. Geophys. Res. Lett. 33, L04709. dx.doi.org/10.1029/ 2005GL025465.

D'Arrigo, R.D., Wilson, R., Palmer, J., Krusic, P., Curtis, A., Sakulich, J., Bijaksana, S., Zulaikah, S., Ngkoimani, L.O., Tudhope, A., 2006b. The reconstructed Indonesian warm pool sea surface temperatures from tree-rings and corals: linkages to Asian monsoon drought and El Niño-Southern Oscillation. Paleoceanography 21. dx.doi.org/10. 1029/2005PA001256.

D'Arrigo, R., Wilson, R., Liepert, B., Cherubini, P., 2008. On the "Divergence Problem" in northern forests: a review of the tree-ring evidence and possible causes. Glob. Planet. Chang. 60, 289-305.

D'Arrigo, R., Jacoby, G., Buckley, B., Sakulich, J., Frank, D., Wilson, R., Curtis, A., Anchukaitis, K., 2009. Tree growth and inferred temperature variability at the North American treeline. Glob. Planet. Chang. 65, 71-82.

Dahl, S.O., Nesje, A., 1996. A new approach to calculating Holocene winter precipitation by combining glacier equi- librium line altitudes and pine-tree limits: a case study from Hardangerjokulen, central south Norway. The Holocene 6, 381-398.

Dahl-Jensen, D., Johnsen, S.J., Hammer, C.U., Clausen, H.B., Jouzel, J., 1993. Past accumulation rates derived from observed annual layers in the GRIP ice core from Summit, Greenland. In: Peltier, W. (Ed.), Ice in the Climate System, Springer-Verlag, Berlin, pp. 517-532.

Dahl-Jensen, D., Mosegaard, K., Gundestrup, N., Clow, G.D., Johnsen, S.J., Hansen, A.W., Balling, N., 1998. Past temperatures directly from the Greenland Ice Sheet. Science 282, 269-291.

Dai, A., Trenberth, K.E., Qian, T., 2004. A global data set of Palmer Drought Severity index for 1870-2002: relationship with soil moisture and effects of global warming. J. Hydrometeorol. 5, 1117-1130.

Dalfes, H.N., Kukla, G., Weiss, H. (Eds.), 1997. Third Millennium B.C. Climate Change and Old World Collapse. Springer, Berlin, 728 pp.

Dalrymple, G.B., Lanphere, M.A., 1969. Potassium-Argon Dating: Principles, Techniques and Applications to Geochronology. W.H. Freeman, San Francisco.

Damon, P.E., 1970. Radiocarbon as an example of the unity of science. In: Olsson, I.U. (Ed.), Radiocarbon Variations and Absolute Chronology. Wiley, New York, pp. 641-644.

Damon, P.E., Lerman, J.C., Long, A., 1978. Temporal fluctuations of atmospheric ^{14}C: causal factors and implications. Annu. Rev. Earth Planet. Sci. 6, 457-494.

Dansgaard, W., 1961. The isotopic composition of natural waters with special reference to the Greenland Ice Cap. Meddelelser øm Gronland. 165, 1-120.

Dansgaard, W., 1964. Stable isotopes in precipitation. Tellus. 16, 436-468.

Dansgaard, W., 2004. Frozen Annals: Greenland Ice Sheet Research. Aage V. Jenkins Fonde, Copenhagen, 122 pp.

Dansgaard, W., Johnsen, S.J., 1969. A flow model and a time scale for the ice core from Camp Century. J. Glaciol. 8, 215-223.

Dansgaard, W., Tauber, H., 1969. Glacier oxygen-18 content and Pleistocene ocean temperatures. Science 166, 499-502.

Dansgaard, W., Johnsen, S.J., Moller, J., Langway Jr., C.C., 1969. One thousand centuries of climatic record from Camp Century on the Greenland ice sheet. Science 166, 377-381.

Dansgaard, W., Johnsen, S.J., Clausen, H.B., Langway, C.C., 1971. Climatic record revealed by the Camp Century ice core. In: Turekian, K.K. (Ed.), The Late Cenozoic Ice Ages. Yale University Press, New Haven, pp. 37-56.

Dansgaard, W., Johnsen, S.J., Clausen, H.B., Gundestrup, N., 1973. Stable isotope glaciology. Meddelelser øm Gronland. 197, 1-53.

Dansgaard, W., Clausen, H.B., Gundestrup, N., Hammer, C.U., Johnsen, S.F., Kristindottir, P.M., Reeh, N., 1982. A new Greenland deep ice core. Science 218, 1273-1277.

Dansgaard, W., Johnsen, S.J., Clausen, H.B., Dahl-Jensen, D., Gundestrup, N., Hammer, C.U., Oeschger, H., 1984. North Atlantic climatic oscillations revealed by deep Greenland ice cores. In: Hansen, J.E., Takahashi, T. (Eds.), Climate Processes and Climate Sensitivity. American Geophysical Union, Washington, DC, pp. 288-298.

Dansgaard, W., Johnsen, S.J., Clausen, H.B., Dahl-Jensen, D., Gundestrup, N.S., Hammer, C.U., Hvidberg, C.S., Steffensen, J.P., Sveinbjornsdottir, A.E., Jouzel, J., Bond, G., 1993. Evidence for general instability of past climate from a 250-kyr ice-core record. Nature 364, 218-220.

Darling, W.G., 2004. Hydrological factors in the interpretation of stable isotope proxy data present and past: a European perspective. Quat. Sci. Rev. 23, 743-770.

Darling, W.G., Bath, A.H., Gibson, J.J., Rozanski, K., 2006. Isotopes in water. In: Leng, M.J. (Ed.), Isotopes in Palaeoenvironmental Research. Springer, Dordrecht, pp. 1-66.

Dassié, E.P., Lemlety, G.M., Linsley, B.K., 2013. The Suess effect in Fiji coral δ^{13}C and its potential as a tracer of anthropogenic CO_2 uptake. Palaeogeogr. Palaeoclimatol. Palaeoecol. 370, 30-40.

Daultrey, S., 1976. In: Principal Components Analysis. Concepts and Techniques in Modern Geography No. 8, University of East Anglia, Norwich.

Davies, S.M., Wastegard, S., Abbott, P.M., Barbante, C., Bigler, M., Johnsen, S.J., Rasmussen, T.L., Steffensen, J.P., Svensson, A., 2010. Tracing volcanic events in the NGRIP ice-core and synchronising North Atlantic marine records during the last glacial period. Earth Planet. Sci. Lett. 294, 69-79.

Davis, M.B., 1963. On the theory of pollen analysis. Am. J. Sci. 261, 899-912.

Davis, M.B., 1973. Redeposition of pollen grains in lake sediment. Limnol. Oceanogr. 18, 44-52.

Davis, R.B., 1974. Stratigraphic effects of tubificids in profundallake sediments. Limnol. Oceanogr. 19, 466-488.

Davis, M.B., 1991. Research questions posed by the paleoecological record of global change. In: Bradley, R.S. (Ed.), Global Changes of the Past. University Corporation for Atmospheric Research, Boulder, pp. 385-396.

Davis, M.B., Botkin, D.B., 1985. Sensitivity of cool-temperate forests and their fossil pollen record to rapid temperature change. Quat. Res. 23, 327-340.

Davis, R.B., Webb III, T., 1975. The contemporary distribution of pollen in eastern North America: a comparison with the vegetation. Quat. Res. 5, 395-434.

Davis, M.B., Brubaker, L.B., Webb III, T., 1973. Calibration of absolute pollen influx. In: Birks, H.J.B., West, R.G. (Eds.), Quaternary Plant Ecology. Blackwell Scientific Publications, Oxford, pp. 9-25.

Davis, M.B., Woods, K.D., Webb, S.L., Futyua, R.B., 1986. Dispersal versus climate: expansion of *Fagus* and *Tsuga* into the upper Great Lakes region. Vegetatio. 69, 93-103.

Davis, P.T., Menounos, B., Osborn, G., 2009. Holocene and latest Pleistocene alpine glacier fluctuations. Quat. Sci. Rev. 28, 2021-2033.

Dean, J.S., Meko, D.M., Swetnam, T.W. (Eds.), 1996. Tree Rings, Environment and Humanity. Radiocarbon, University of Arizona, Tucson 889 pp.

Dean, J.M., Kemp, A.E.S., Bull, D., Pike, J., Patterson, G., Zolitschka, B., 1999. Taking varves to bits: scanning electron microscopy in the study of laminated sediments and varves. J. Paleolimnol. 22, 121-136.

Dean, W., Anderson, R., Bradbury, J.P., Anderson, D., 2002. A 1500-year record of climatic and environmental change in Elk Lake, Minnesota I: varve thickness and gray-scale density. J. Paleolimnol. 27, 287-299.

De'Ath, G., Lough, J.M., Fabricius, K.E., 2009. Declining coral calcification on the Great Barrier Reef. Science 323, 116-119.

de Beaulieu, J., Reille, M., 1992. The last climatic cycle at La Grande Pile (Vosges, France). A new pollen profile. Quat. Sci. Rev. 11, 431-438.

DeConto, R.M., Pollard, D., Wilson, P.A., Pälike, H., Leare, C.H., Pagani, M., 2008. Thresholds for Cenozoic bipolar glaciation. Nature 455, 652-657.

Deevey, E.S., Flint, R.F., 1957. Postglacial Hypsithermal interval. Science 125, 1824.

Defant, A., 1961. Physical Oceanography, vol. 1. Pergamon/Macmillan, New York.

de Jong, A.F.M., Mook, W.G., Becker, B., 1980. Confirmation of the Suess wiggles, 3200-3700 BP. Nature 280, 48-49.

Delano Smith, C., Parry, M. (Eds.), 1981. Consequences of Climatic Change. Department of Geography, University of Nottingham, Nottingham.

Delcourt, P.A., Delcourt, H.R., Webb, I.I.I.T., 1984. In: Atlas of mapped distributions of dominance and modern pollen percentages for important tree taxa of Eastern North America. Contribution Series 14, American Association of Stratigraphy Palynologists, Dallas.

Delmas, R.J., 1992. Environmental information from ice cores. Rev. Geophys. 30, 1-21.

Delmas, R.J., Petit, J.R., 1994. Present Antarctic aerosol composition: a memory of ice age atmospheric dust. Geophys. Res. Lett. 21, 879-882.

Delmas, R.J., Legrand, M., Aristarain, A.J., Zanolini, F., 1985. Volcanic deposits in Antarctic snow and ice. J. Geophys. Res. 90D, 12901-12920.

Delmas, R.J., Kirchner, S., Palais, J.M., Petit, J.R., 1992. 1000 years of explosive volcanism recorded at the South Pole. Tellus 44B, 335-350.

Delmonte, B., Andersson, P.S., Hansson, M., Schoberg, H., Petit, J.R., Basile-Doelsch, I., Maggi, V., 2008. Aeolian dust in East Antarctica (EPICA-Dome C and Vostok): provenance during glacial ages over the last 800 kyr. Geophys. Res. Lett. 35, L07703. dx.doi.org/10.1029/2008GL033382.

DeLong, K.L., Quinn, T.M., Shen, C.-C., Lin, K., 2010. A snapshot of climate variability at Tahiti 9.5 ka using a fossil coral from IODP expedition 310. Geochem. Geophys. Geosyst. 11, Q06005. http://dx.doi.org/10.1029/2009GC002758.

DeLong, K.L., Quinn, T.M., Taylor, F.W., Lin, K., Shen, C.C., 2012. Sea surface temperature variability in the southwest tropical Pacific since AD 1649. Nat. Clim. Chang. 2, 799-804.

DeLong, K.L., Quinn, T.M., Taylor, F.W., Shen, C.C., Lin, K., 2013. Improving coral-based paleoclimate reconstructions by replicating 350 years of coral Sr/Ca variations. Palaeogeogr. Palaeoclimatol. Palaeoecol. 373, 6-24.

Demarée, G.R., Ogilvie, A.E.J., 2001. *Bons Baisers d'Islande*: climatic, environmental and human dimensions impacts of the Lakagígar eruption (1873-1784) in Iceland. In: Jones, P.D., Ogilvie, A.E.G., Davies, T.D., Briffa, K.R. (Eds.), History and Climate: Memories of the Future? Kluwer, New York, pp. 219-246.

de Martonne, E., Aufrere, L., 1928. L'extension des regions privées d'écoulement vers l'ocean. Ann. Geophys. 38, 1-24.

Deng, C.L., Shaw, J., Liu, Q.S., Pan, Y.X., Zhu, R.X., 2006. Mineral magnetic variation of the Jingbian loess/paleosol sequence in the northern Loess Plateau of China: implications for the Quaternary development of Asian aridification and cooling. Earth Planet. Sci. Lett. 241, 248-259.

Denton, G.H., Karlén, W., 1973a. Holocene climatic variations—their pattern and possible cause. Quat. Res. 3, 155-205.

Denton, G.H., Karlén, W., 1973b. Lichenometry: its application to Holocene moraine studies in southern Alaska and Swedish Lapland. Arct. Alp. Res. 5, 347-372.

Deplazes, G., Lückge, A., Peterson, L.C., Timmermann, A., Hamann, Y., Hughen, K.A., Röhl, U., Laj, C., Cane, M.A., Sigman, D.M., Haug, G.H., 2013. Links between tropical rainfall and North Atlantic climate during the last glacial period. Nat. Geosci. 6, 213-217.

Deuser, W.G., Ross, E.H., 1989. Seasonally abundant planktonic foraminifera of the Sargasso Sea: succession, deep-water fluxes, isotopic compositions and paleoceanographic implications. J. Foram. Res. 19, 268-293.

de Vernal, A., Marret, F., 2007. Organic-walled dinoflaggellate cysts: tracers of sea-surface conditions. In: Hillaire-Marcel, C., de Vernal, A. (Eds.), Proxies in Late Cenozoic Paleoceanography. Elsevier, Amsterdam, pp. 371-408.

de Vernal, A., Londeix, L., Mudie, P.J., Harland, R., Morzadec-Kerfourn, M.T., Turon, J.-L., Wrenn, J.H., 1992. Quaternary organic-walled dinoflagellate cysts of the North Atlantic Ocean and adjacent Seas: ecostratigraphy and biostratigraphy. In: Head, M.J., Wrenn, J.H. (Eds.), Neogene and Quaternary Dinoflagellate Cysts and Acritarchs. American Association of Stratigraphic Palynologists Foundation, Dallas, pp. 289-328.

de Vernal, A., Hillaire-Marcel, C., Thuron, J.-L., Matthiessen, J., 2000. Reconstruction of sea-surface temperature, salinity and sea-ice cover in the northern Atlantic during the last glacial maximum based on dinocyst assemblages. Can. J. Earth Sci. 37, 725-750.

de Vernal, A., Eynaud, F., Henry, M., Hillaire-Marcel, C., Londeix, L., Mangin, S., Matthiessen, J., Marret, F., Radi, T., Rochon, A., Solignac, S., Turon, J., 2005. Reconstruction of sea-surface conditions at middle to high-latitudes of the Northern Hemisphere during the Last Glacial Maximum (LGM) based on dinoflagellate cyst assemblages. Quat. Sci. Rev. 24, 897-924.

de Vernal, A., Rosell-Melé, A., Kucera, M., Hillaire-Marcel, C., Eynaud, F., Weinelt, M., Dokken, T., Kageyama, M., 2006. Comparing proxies for the reconstruction of LGM sea-surface temperature conditions in the northern North Atlantic. Quat. Sci. Rev. 25, 2820-2834.

Devine, J.D., Sigurdsson, H., Davis, A.N., Self, S., 1984. Estimates of sulfur and chlorine yield to the atmosphere from volcanic eruptions and potential climatic effects. J. Geophys. Res. 89B, 6309-6325.

de Vries, H.L., 1958. Variation in concentration of radiocarbon with time and location on earth. Proc. Konikl. Nederl. Akad. Wetenschap. B61, 94-102.

de Vries, J., 1977. Histoire du climat et économie: des faits nouveaux, une interpretation différente. Ann: Econ. Soc. Civ. 32, 198-228.

de Vries, J., 1981. Measuring the impact of climate on history: the search for appropriate methodologies. In: Rotberg, R.I., Rabb, T.K. (Eds.), Climate and History: Studies in Interdisciplinary History. Princeton University Press, Princeton, pp. 19-50.

Dial, N.P., Czaplewski, N.J., 1990. Do woodrat middens accurately represent the animals' environments and diets? The Woodhouse Mesa Study. In: Betancourt, J.L., Van Devender, T.R., Martin, P.S. (Eds.), Packrat Middens: The Last 40,000 Years of Biotic Change. University of Arizona Press, Tucson, pp. 43-58.

Diaz, H.F., Kiladis, G., 1992. Atmospheric teleconnections associated with the extreme phase of the Southern Oscillation. In: Diaz, H.F., Markgraf, V. (Eds.), El Niño: Historical and Paleoclimatic Aspects of the Southern Oscillation. Cambridge University Press, Cambridge, pp. 7-28.

Diaz, H.F., Trigo, R., Hughes, M.K., Mann, M.E., Xoplaki, E., Barriopedro, D., 2011. Spatial and temporal characteristics of climate in medieval times revisited. Bull. Am. Meteorol. Soc. 92, 1487-1500.

Dibb, J.E., Clausen, H.B., 1997. A 200-year ^{210}Pb record from Greenland. J. Geophys. Res. 102D, 4325-4332.

Dickson, R.R., Brown, J., 1994. The production of North Atlantic Deep Water: sources rates and pathways. J. Geophys. Res. 99C, 12319-12341.

Dimbleby, G.W., 1985. The Palynology of Archeological Sites. Academic Press, London.

Ding, Z., Rutter, N., Han, J., Liu, T., 1992. A coupled environmental system formed at about 2.5 Ma in East Asia. Palaeogeogr. Palaeoclimatol. Palaeoecol. 94, 223-242.

Ding, Z., Rutter, N.W., Liu, T.S., 1993. Pedostratigraphy of Chinese loess deposits and climatic cycles in the last 2.5 Ma. Catena 20, 73-91.

Ding, Z.L., Rutter, N.W., Sun, J.M., Yang, S.L., Liu, T.S., 2000. Re-arrangement of atmospheric circulation at about 2.6 Ma over northern China: evidence from grain size records of loess-paleosol and red clay sequences. Quat. Sci. Rev. 19, 547-558.

Ding, Z.L., Derbyshire, E., Yang, S.L., Sun, J.M., Liu, T.S., 2005. Stepwise expansion of desert environment across northern China in the past 3.5 Ma and implications for monsoon evolution. Earth Planet. Sci. Lett. 237, 45-55.

Dobrovolný, P., Moberg, A., Brázdil, R., Pfister, C., Glaser, R., Wilson, R., van Engelen, A., Limanówka, D., Kiss, A., Halíčková, M., Macková, J., Riemann, D., Luterbacher, J., Bohm, R., 2010. Monthly, seasonal and annual temperature reconstructions for Central Europe derived from documentary evidence and instrumental records since A.D. 1500. Clim. Chang. 101, 69-107.

Dokken, T.M., Jansen, E., 1999. Rapid changes in the mechanism of ocean convection during the last glacial period. Nature 401, 458-461.

Dong, W.Y., Wang, Y.J., Cheng, H., Hardt, B., Edwards, R.L., Kong, X.G., Wu, J.Y., Chen, S.T., Liu, D.B., Jiang, X.Y., Zhao, K., 2010. A high resolution stalagmite record of the Holocene East Asian monsoon from Mt Shennongjia, central China. The Holocene 20, 257-264.

Douglass, A.E., 1914. A method of estimating rainfall by the growth of trees. In: Huntingdon, E. (Ed.), The Climatic Factor. Publication No. 192, Carnegie Institution of Washington, Washington, DC, pp. 101-122.

Douglass, A.E., 1919. Climatic Cycles and Tree Growth, vol. 1. Carnegie Institution of Washington, Washington, DC, Publication No. 289.

Dowdeswell, J.A., Maslin, M.A., Andrews, J.T., McCave, L.N., 1995. Iceberg production, debris rafting and the extent and thickness of Heinrich layers (H-1, H-2) in North Atlantic sediments. Geology 23, 301-304.

Dowsett, H.J., Poore, R.Z., 1990. A new planktic foraminifer transfer function for estimating Plio-Holocene paleoceanographic conditions in the North Atlantic. Mar. Micropaleontol. 16, 1-23.

Dreyfus, G.B., Parrenin, F., Lemieux-Dudon, B., Durand, G., Masson-Delmotte, V., Jouzel, J., Barnola, J.-M., Panno, L., Spahni, R., Tisserand, A., Siegenthaler, U., Leuenberger, M., 2007. Anomalous flow below 2700 m in the EPICA Dome C ice core detected using $\delta^{18}O$ of atmospheric oxygen measurements. Clim. Past. 3, 341-353.

Driscoll, W., Wiles, G., D'Arrigo, R., Wilmking, M., 2005. Divergent tree growth response to recent climate warming, Lake Clark National Park and Preserve, Alaska. Geophys. Res. Lett. 32, L20703. dx.doi.org/1029/ 2005GL024258.

Druffel, E.R.M., Griffin, S., 1993. Large variations of surface ocean radiocarbon: evidence of circulation changes in the southwestern Pacific. J. Geophys. Res. 98C, 20,249-20,259.

Druffel, E.R.M., Griffin, S., Beaupré, S.R., Dunbar, R.B., 2007. Oceanic climate and circulation changes during the past four centuries from radiocarbon in corals. Geophys. Res. Lett. 34, L09601. dx.doi.org/ 10.1029/2006GL028681.2007.

Drysdale, R.N., Zanchetta, G., Hellstrom, J.C., Fallick, A.E., Zhao, J.X., Bruschi, G., 2004. Paleoclimatic implications of the growth history and stable isotope ($\delta^{18}O$ and $\delta^{13}C$) geochemistry of a Middle to Late Pleistocene stalagmite from central-western Italy. Earth Planet. Sci. Lett. 227, 215-229.

Dudley, W.C., Goodney, D.E., 1979. Stable isotope analysis of calcareous nannoplankton: a paleo-oceanographic indicator of surface water conditions. In: Evolution des Atmospheres Planetaires et Climatologie de la Terre. Centre National d'Etudes Spatiales, Toulouse, pp. 133-148.

Duller, G.A.T., 1995. Luminescence dating using single aliquots: methods and applications. Radiat. Meas. 24, 217-226.

Duller, G.A.T., 1996. Recent developments in luminescence dating of Quaternary sediments. Prog. Phys. Geogr. 20, 127-145.

Duller, G.A.T., 2004. Luminescence dating of Quaternary sediments: recent advances. J. Quat. Sci. 19, 183-192.

Dumitru, T.A., 2000. Fission-track geochronology. In: Noller, J.S., Sowers, J.M., Lettis, W.R. (Eds.), Quaternary Geochronology: Methods and Applications. American Geophysical Union, Washington, DC, pp. 131-156.

Dunai, T., 2000. Scaling factors for production rates of in situ produced cosmogenic nuclides: a critical reevaluation. Earth Planet. Sci. Lett. 176, 157-169.

Dunai, T., 2010. Cosmogenic Nuclides: Principles, Concepts, and Applications in the Earth Surface Sciences. Cambridge University

Press, Cambridge.

Dunbar, R.B., Cole, J.E., 1993. Coral records of ocean-atmosphere variability. Special Report No. 10, NOAA Climate and Global Change Program, Washington, DC.

Dunbar, R.B., Wellington, G.M., 1981. Stable isotopes in a branching coral monitor seasonal temperature variation. Nature 293, 453-455.

Dunbar, R.B., Wellington, G.M., Colgan, M.W., Glynn, P.W., 1994. Eastern Pacific sea surface temperature since 1600 A.D.: the ^{18}O record of climate variability in Galapagos corals. Paleoceanography 9, 291-315.

Dunbar, R.B., Linsley, B.K., Wellington, G.M., 1996. Eastern Pacific corals monitor El Niño/Southern Oscillation, precipitation and sea surface temperature variability over the past 3 centuries. In: Jones, P.D., Bradley, R.S., Jouzel, J. (Eds.), Climate Variations and Forcing Mechanisms of the Last 2,000 years. Springer-Verlag, Berlin, pp. 373-405.

Duplessy, J.-C., 1978. Isotope studies. In: Gribbin, J. (Ed.), Climatic Change. Cambridge University Press, Cambridge, pp. 46-67.

Duplessy, J.-C., Maier-Reimer, E., 1993. Global ocean circulation changes. In: Eddy, J.A., Oeschger, H. (Eds.), Global Changes in the Perspective of the Past. Wiley, Chichester, pp. 199-220.

Duplessy, J.-C., Shackleton, N.J., 1985. Response of global deep-water circulation to earth's climatic change 135,000-107,000 years ago. Nature 316, 500-507.

Duplessy, J.-C., Lalou, C., Vinot, A.C., 1970. Differential isotopic fractionation in benthic foraminifera and paleotemperatures re-assessed. Science 168, 250-251.

Duplessy, J.-C., Blanc, P.-L., Bé, A.W.H., 1981. Oxygen-18 enrichment of planktonic foraminifera due to gametogenic calcification below the euphotic zone. Science 213, 1247-1250.

Duplessy, J.-C., Shackleton, N.J., Fairbanks, R.G., Labeyrie, L., Oppo, D., Kallel, N., 1988. Deep-water source variations during the last climatic cycle and their impact on the global deep water circulation. Paleoceanography 3, 343-360.

Duplessy, J.-C., Arnold, M., Bard, E., Juillet-Leclerc, A., Kallel, N., Labeyrie, L., 1989. AMS ^{14}C study of transient events and of the ventilation rate of the Pacific Intermediate Water during the last deglaciation. Radiocarbon 31, 493-502.

Duplessy, J.-C., Labeyrie, L., Juillet-LeClerc, A., Maitre, F., Duprat, J., Sarnthein, M., 1991. Surface salinity reconstruction of the North Atlantic Ocean during the last glacial maximum. Oceanol. Acta 14, 311-324.

Duplessy, J.-C., Labeyrie, L., Arnold, M., Paterne, M., Duprat, J., van Weering, T.C.E., 1992. Changes in surface salinity of the North Atlantic during the last deglaciation. Nature 358, 486-488.

Duplessy, J.-C., Bard, E., Labeyrie, L., Duprat, J., Moyes, J., 1993. Oxygen isotope records and salinity changes in the northeastern Atlantic Ocean during the last 18,000 years. Paleoceanography 8, 341-350.

Dutton, A., Bard, E., Antonioli, F., Esat, T.M., Lambeck, K., McCulloch, M.T., 2009. Phasing and amplitude of sea-level and climate change during the penultimate interglacial. Nat. Geosci. 2, 355-358.

Dyakowska, J., 1936. Researches on the rapidity of the falling down of pollen of some trees. Bull. Int. Acad. Pol. Sci. Lett. B1, 155-168.

Dykoski, C.A., Edwards, R.L., Cheng, H., Yuan, D.X., Cai, Y.J., Zhang, M.L., Lin, Y.S., Qing, J.M., An, Z.S., Revenaugh, J., 2005. A high-resolution, absolute-dated Holocene and deglacial Asian monsoon record from Dongge Cave, China. Earth Planet. Sci. Lett. 233, 71-86.

Dylik, J., 1975. The glacial complex in the notion of the late Cenozoic cold ages. Biul. Peryglac. 24, 219-231.

Eckstein, D., Wazny, T., Blauch, J., Klein, P., 1986. New evidence for the dendrochronological dating of Netherlandish paintings. Nature 320, 465-466.

Eckstein, J., Leuschner, H.H., Bauerochse, A., Sass-Klaassen, U., 2009. Subfossil bog-pine horizons document climate and ecosystem changes during the Mid-Holocene. Dendrochronologia 27, 129-146.

Eddy, J.A., 1976. The Maunder Minimum. Science 192, 1189-1202.

Eddy, J.A., 1977. Climate and the changing sun. Clim. Chang. 1, 173-190.

Edwards, T.W.D., 1993. Interpreting past climate from stable isotopes in continental organic matter. In: Swart, P.K., Lohmann, K.C., McKenzie, J., Savon, S. (Eds.), Climate Change in Continental Isotopic Records. American Geophysical Union, Washington, DC, pp. 333-341.

Edwards, R.L., Gallup, C.D., 1993. Dating of the Devils Hole calcite vein. Science 259, 1626 (see also reply by Ludwig, K.R., et al., 1626-1627).

Edwards, R.L., Chen, J.H., Wasserburg, G.J., 1987a. ^{238}U-^{234}U-^{230}Th-^{232}Th systematics and the precise measurement of time over the past 500,000 years. Earth Planet. Sci. Lett. 81, 175-192.

Edwards, R.L., Chen, J.H., Ku, T.-L., Wasserburg, G.J., 1987b. Precise timing of the last interglacial period from mass spectrometric determination of ^{230}Th in corals. Science 236, 1547-1553.

Edwards, R.L., Beck, J.W., Burr, G.S., Donahue, D.J., Chappell, J.M.A., Bloom, A.L., Druffel, E.R.M., Taylor, F.W., 1993. A large drop in atmospheric $^{14}C/^{12}C$ and reduced melting in Younger Dryas, documented with 230Th ages of corals. Science 260, 962-967.

Edwards, M.E., Anderson, P.M., Brubaker, L.B., Ager, T.A., Andreev, A.A., Bigelow, N.H., Cwynar, L.C., Eisner, W.R., Harrison, S.P., Hu, F.-S., Jolly, D., Lozhkin, A.V., MacDonald, G.M., Mock, C.J., Ritchie, J.C., Sher, A.V., Spear, R.W., Williams, J.W., Yu, G., 2000. Pollen-based biomes for Beringia 18,000, 6000 and 0 ^{14}C BP. J. Biogeogr. 27, 521-554.

Egan, T., 2006. The Worst Hard Time. Mariner Books, Boston, 340 pp.

Eggermont, H., Heiri, O., Verschuren, D., 2006. Fossil Chironomidae (Insecta: Diptera) as quantitative indicators of past salinity in African lakes. Quat. Sci. Rev. 25, 1966-1994.

Eggins, S.M., Grun, R., McCulloch, M.T., Pike, A.W.G., Chappell, J., Kinsley, L., Mortimer, G., Shelley, M., Murray-Wallace, C.V., Spötl, C., Taylor, L., 2005. In situ U-series dating by laser-ablation multi-collector ICPMS: new prospects for Quaternary geochronology. Quat. Sci. Rev. 24, 2523-2538.

Eglinton, T.I., Eglinton, G., 2008. Molecular proxies for paleoclimatology. Earth Planet. Sci. Lett. 275, 1-16.

Eglinton, G., Stuart, A.B., Rosell, A., Sarnthein, M., Pflaumann, U., Tiedeman, R., 1992. Molecular record of secular sea surface temperature changes on 100-year timescales for glacial terminations I, II and IV. Nature 356, 423-426.

Eglinton, T.I., Aluwihare, L.I., Bauer, J.E., Druffel, E.R.M., McNichol, A.P., 1996. Gas chromatographic isolation of individual compounds from complex matrices for radiocarbon dating. Anal. Chem. 68, 904-912.

Eglinton, T.I., Benitez-Nelson, B.C., Pearson, A., McNichol, A.P., Bauer, J.E., Druffel, E.R.M., 1997. Variability in radiocarbon ages of individual organic compounds from marine sediments. Science 277, 796-799.

Ehlers, J., Gibbard, P.L., 2003. Extent and chronology of glaciations. Quat. Sci. Rev. 22, 1561-1568.

Ehlers, J., Gibbard, P.L. (Eds.), 2004a. Quaternary Glaciations: Extent and Chronology. Part I: Europe. Elsevier, Amsterdam.

Ehlers, J., Gibbard, P.L. (Eds.), 2004b. Quaternary Glaciations: Extent and Chronology. Part II: North America. Elsevier, Amsterdam.

Ehlers, J., Gibbard, P.L. (Eds.), 2004c. Quaternary Glaciations: Extent and Chronology. Part III: South America, Asia, Africa, Australia, Antarctica. Elsevier, Amsterdam.

Eichler, A., Olivier, S., Henderson, K., Laube, A., Beer, J., Papina, T., Gäggeler, H., Schwikowski, M., 2009. Temperature response in the Altai region lags solar forcing. Geophys. Res. Lett. 36, L01808. dx.doi.org/10.1029/ 2008GL035930.

Elias, S., 1994. Quaternary Insects and Their Environments. Smithsonian Institution Press, Washington, DC.

Elias, S.A., 1997. The mutual climatic range method of palaeoclimate reconstruction based on insect fossils: new application and interhemispheric comparisons. Quat. Sci. Rev. 16, 1217-1225.

Elias, S.A., 2010. Advances in Quaternary Entomology. Developments in Quaternary Sciences, vol. 12. Elsevier, Amsterdam, 288 pp.

Elliott, M., Labeyrie, L., Duplessy, J.-C., 2002. Changes in North Atlantic deepwater formation associated with the Dansgaard-Oeschger temperature oscillations (60-10ka). Quat. Sci. Rev. 21, 1153-1165.

Elmore, S., Phillips, F.M., 1987. Accelerator mass spectrometry for measurement of long-lived radioisotopes. Science 236, 543-550.

El-Moslimany, A.P., 1990. Ecological significance of common non-arboreal pollen: examples from drylands of the Middle East. Rev. Palaeobot. Palynol. 64, 343-350.

Emile-Geay, J., Cane, M.A., Naik, N., Seager, R., Clement, A.C., van Geen, A., 2003. Warren revisited: Atmospheric freshwater fluxes and "Why is no deep water formed in the North Pacific" J. Geophys. Res. 108, 3178.

Emile-Geay, J., Seager, R., Cane, M.A., Cook, E.R., Haug, G., 2007. Volcanoes and ENSO over the past millennium. J. Clim. 21, 3134-3138.

Emiliani, C., 1955. Pleistocene temperatures. J. Geol. 63, 538-578.

Emiliani, C., 1966. Paleotemperature analysis of Caribbean cores, P6304-8 and P6304-9 and a generalized temperature curve for the past 425,000 years. J. Geol. 74, 109-126.

Emiliani, C., 1971. Depth habitats of growth stages of pelagic foraminifera. Science 173, 1122-1124.

Emiliani, C., 1977. Oxygen isotopic analysis of the size fraction between 62 and 250 micrometers in Caribbean cores P6304-8 and p 6304-9. Science 198, 1255-1256.

Emiliani, C., Ericson, D.B., 1991. The glacial/interglacial temperature range of the surface water of the oceans at low latitudes. In: Taylor Jr., H.P., O'Neil, J.R., Kaplan, I.R. (Eds.), Stable Isotope Geochemistry: A Tribute to Samuel Epstein. Special Publication

No. 3, The Geochemical Society, St. Louis, pp. 223-228.

Emiliani, C., Hudson, J.H., Shinn, E.A., George, R.Y., 1978. Oxygen and carbon isotopic growth record in a reef coral from the Florida Keys and a deep-sea coral from Blake Plateau. Science 202, 627-629.

Endfield, G.H., 2007. Archival explorations of climate variability and social vulnerability in colonial Mexico. Clim. Chang. 83, 9-38.

Endler, J.A., 1982. Pleistocene forest refuges: fact or fancy. In: Prance, G.T. (Ed.), Biological diversification in the Tropics. Columbia University Press, New York, pp. 641-657.

Ennever, F.K., McElroy, M.B., 1985. Changes in CO_2: factors regulating the glacial to interglacial transition. In: Sundquist, E.T., Broecker, W.S. (Eds.), The Carbon Cycle and Atmospheric CO_2: Natural Variations, Archean to Present. American Geophysical Union, Washington, DC, pp. 154-162.

EPICA community members, 2004. Eight glacial cycles from an Antarctic ice core. Nature 429, 623-628.

EPICA community members, 2006. One-to-one coupling of glacial climate variability in Greenland and Antarctica. Nature 444, 195-198.

Epstein, S., Mayeda, T., 1953. Variation of ^{18}O content of waters from natural sources. Geochim. Cosmochim. Acta 4, 213-224.

Epstein, S., Sharp, R.P., 1959. Oxygen isotope variations in the Malaspina and Saskatchewan glaciers. J. Geol. 67, 88-102.

Epstein, S., Yapp, C.J., 1976. Climatic implications of the DIH ratio of hydrogen in C/H groups in tree cellulose. Earth Planet. Sci. Lett. 30, 252-266.

Epstein, S., Buchsbaum, R., Lowenstam, H.A., Urey, H.C., 1953. Revised carbonate-water isotopic temperature scale. Bull. Geol. Soc. Am. 64, 1315-1326.

Eronen, M., Huttunen, P., 1987. Radiocarbon dated sub-fossil pine from Finnish Lapland. Geogr. Ann. 69A, 297-304.

Esper, J., Frank, D., 2009. Divergence pitfalls in tree-ring research. Clim. Chang. 94, 261-266.

Esper, J., Cook, E.R., Schweingruber, F.H., 2002. Low-frequency signals in long tree-ring chronologies for reconstructing past temperature variability. Science 295, 2250-2253.

Esper, J., Frank, D., Büntgen, U., Verstage, A., Hantemirov, R.M., Kidyanov, A.V., 2009. Trends and uncertainties in Siberian indicators of 20th century warming. Glob. Chang. Biol. 16, 386-398. dx.doi.org/ 10.1111/j.1365-2486.2009. 01913.x.

Etheridge, D.M., Steele, L.P., Langenfelds, R.L., Francey, R.J., Barnola, J.-M., Morgan, V.I., 1996. Natural and anthropogenic changes in atmospheric CO_2 over the last 1000 years from air in Antarctic ice and firn. J. Geophys. Res. 101, 4115-4128.

Evans, M.N., 2007. Toward forward modeling for paleoclimate proxy signal calibration: a case study with oxygen isotope composition of tropical woods. Geochem. Geophys. Geosyst. 8, Q07008. dx.doi.org/10.1029/ 2006GC001406.

Evans, M.E., Heller, F., 2003. Environmental Magnetism: Principles and Applications of Enviromagnetics. Academic Press, San Diego, 293 pp.

Evans, M.N., Schrag, D.P., 2004. A stable isotope-based approach to tropical dendroclimatology. Geochim. Cosmochim. Acta 68, 3295-3305.

Evans, M.N., Tolwinski-Ward, S.E., Thompson, D.M., Anchukaitis, K.J., 2013. Applications of proxy system modeling in high resolution paleoclimatology. Quat. Sci. Rev. 76, 16-28.

Faegri, K., Iversen, J., 1975. Textbook of Pollen Analysis, third ed. Hafner Press, New York.

Faegri, K., Kaland, P.E., Krzywinski, K., 1989. Textbook of Pollen Analysis, fourth ed. Wiley, Chichester.

Fairbanks, R.G., 1989. A 17,000 year glacio-eustatic sea level record: influence of glacial melting rates on the Younger Dryas event and deep ocean circulation. Nature 342, 637-642.

Fairbanks, R.G., 1990. The age and origin of the "Younger Dryas Climate Event" in Greenland ice cores. Paleoceanography 5, 937-948.

Fairbanks, R.G., Dodge, R.E., 1979. Annual periodicity of the O-18/O-16 and C-13/C-12 ratios in the coral *Montastrea annularis*. Geochim. Cosmochim. Acta 43, 1009-1020.

Fairbanks, R.G., Mortlock, R.A., Chiu, T.-C., Cao, L., Kaplan, A., Guilderson, T.P., Fairbanks, T.W., Bloom, A.L., Grootes, P.M., Nadeau, M.-J., 2005. Radiocarbon calibration curve spanning 0 to 50,000 years BP based on paired $^{230}Th/^{234}U/^{238}U$ and ^{14}C dates on pristine corals. Quat. Sci. Rev. 24, 1781-1796.

Fairchild, I.J., Baker, A., 2012. Speleothem Science: From Process to Past Environments. Wiley-Blackwell, Oxford, 432 pp.

Fairchild, I.J., Smith, C.L., Baker, A., Fuller, L., Spötl, C., Mattey, D., McDermott, F., 2006. Modification and preservation of environmental signals in speleothems. Earth-Sci. Rev. 75, 105-153.

Farquhar, G.D., O'Leary, M.H., Berry, J.A., 1982. On the relationship between carbon isotope discrimination and intercellular carbon dioxide concentration in leaves. Aust. J. Plant Physiol. 9, 121-137.

Farquhar, G.D., Ehleringer, J., Hubick, K., 1989. Carbon isotope discrimination and photosynthesis. Annu. Rev. Plant Physiol. Plant Mol. Biol. 40, 503-537.

Fattahi, M., Stokes, S., 2003. Dating volcanic and related sediments by luminescence methods: a review. Earth-Sci. Rev. 62, 229-264.

Faul, H., Wagner, G.A., 1971. Fission track dating. In: Michael, H.N., Ralph, E.K. (Eds.), Dating Techniques for the Archaeologist. MIT Press, Cambridge, pp. 152-156.

Felis, T., Pätzold, J., 2004. Climate reconstructions from annually banded corals. In: Shiyomi, M. (Ed.), Global Environmental Change in the Oceans and on Land. Terrapub, Tokyo, pp. 205-227.

Felis, T., Pätzold, J., Loya, Y., Fine, M., Nawar, A.H., Wefer, G., 2000. A coral oxygen isotope record from the northern Red Sea documenting NAO, ENSO, and North Pacific teleconnections on Middle East climate variability since the year 1750. Paleoceanography 15, 679-694.

Felis, T., Lohmann, G., Kuhneret, H., Lorenz, S.J., Scholz, D., Pätzold, J., Al-Rousan, S.A., Moghrabi, S.M., 2004. Increased seasonality in Middle East temperatures during the last interglacial period. Nature 429, 164-168.

Felis, T., Merkel, U., Asami, R., Deschamps, P., Hathorne, E.C., Kölling, M., Bard, E., Cabioch, G., Durand, N., Prange, M., Schulz, M., Cahyarini, S.Y., Pfeiffer, M., 2012. Pronounced interannual variability in tropical South Pacific temperatures during Heinrich Stadial 1. Nat. Commun. 3, 965-971.

Ferguson, R., 1977. Linear Regression in Geography. Concepts and Techniques in Modern Geography No. 15, University of East Anglia, Norwich.

Fischer, H., Siggaard-Andersen, M.L., Ruth, U., Rothlisberger, R., Wolff, E.W., 2007. Glacial-interglacial changes in mineral dust and sea salt records in polar ice cores: sources, transport, deposition. Rev. Geophys. 45, RG1002 dx.doi.org/10.1029/2005RG000192.

Fisher, D.A., 1991. Remarks on the deuterium excess in precipitation in cold regions. Tellus 43B, 401-407.

Fisher, D.A., 1992. Stable isotope simulations using a regional stable isotope model coupled to a zonally averaged global model. Cold Reg. Sci. Technol. 21, 61-77.

Fisher, D.A., Koerner, R.M., Reeh, N., 1995. Holocene climatic records from the Agassiz Ice Cap, Ellesmere Island, N.W.T., Canada. The Holocene 5, 19-24.

Fisher, D.A., Osterburg, E., Dyke, A., Dahl-Jensen, D., Demuth, D., Zdanowicz, C., Bourgeois, J., Koerner, R.M., Mayewski, P., Wake, C., Kreutz, K., Steig, E., Zheng, J., Yalcin, K., Goto-Azuma, K., Luckman, B., Rupper, S., 2008. The Mt Logan Holocene-late Wisconsinan isotope record: Tropical Pacific-Yukon connections. The Holocene 18, 667-678.

Fisher, D.A., Zheng, J., Burgess, D., Zdanowicz, C., Kinnard, C., Sharp, M., Bourgeois, J., 2012. Recent melt rates of Canadian arctic ice caps are the highest in four millennia. Glob. Planet. Chang. 84-85, 3-7.

Fitch, J.R., 1972. Selection of suitable material for dating and the assessment of geological error in potassium-argon age determination. In: Bishop, W.W., Miller, J.A. (Eds.), Calibration of Hominoid Evolution. Scottish Academic Press, Edinburgh, pp. 77-91.

Fitzsimmons, K.E., Marković, S.B., Hambach, U., 2012. Pleistocene environmental dynamics recorded in the loess of the middle and lower Danube basin. Quat. Sci. Rev. 41, 104-118.

Fleischer, R.L., 1975. Advances in fission track dating. World Archaeol. 7, 136-150.

Fleischer, R.L., Hart, H.R., 1972. Fission track dating techniques and problems. In: Bishop, W.W., Miller, J.A. (Eds.), Calibration of Hominoid Evolution. Scottish Academic Press, Edinburgh, pp. 135-170.

Fleitmann, D., Burns, S.J., Neff, U., Mangini, A., Matter, A., 2003a. Changing moisture sources over the last 330,000 years in Northern Oman from fluid-inclusion evidence in speleothems. Quat. Res. 60, 223-232.

Fleitmann, D., Burns, S.J., Mudelsee, M., Neff, U., Kramers, J., Mangini, A., Matter, A., 2003b. Holocene forcing of the Indian monsoon recorded in a stalagmite from southern Oman. Science 300, 1737-1739.

Fleitmann, D., Burns, S.J., Neff, U., Mudelsee, M., Mangini, A., Matter, A., 2004. Palaeoclimatic interpretation of high-resolution oxygen isotope profiles derived from annually laminated speleothems from Southern Oman. Quat. Sci. Rev. 23, 915-945.

Fleitmann, D., Burns, S.J., Mangini, A., Mudelsee, M., Kramer, J., Villa, I., Neff, U., Al-Subbary, A.A., Buettner, A., Hippler, D., Matter, A., 2007a. Holocene ITCZ and Indian monsoon dynamics recorded in stalagmites from Oman and Yemen (Socotra). Quat. Sci. Rev. 26, 170-188.

Fleitmann, D., Dunbar, R.B., McCulloch, M., Mudelsee, M., Vuille, M., McClanahan, T.R., Cole, J.E., Eggins, S., 2007b. East African soil erosion recorded in a 300 year old coral colony from Kenya. Geophys. Res. Lett. 34, L04401. dx.doi.org/10.1029/20006GL028525.

Fleitmann, D., Burns, S.J., Pekala, M., Mangini, A., Al-Subbary, A., Al-Aowah, M., Kramers, J., Matter, A., 2011. Holocene and Pleistocene pluvial periods in Yemen, southern Arabia. Quat. Sci. Rev. 30, 783-787.

Fleming, S., 1976. Dating in Archaeology: A Guide to Scientific Techniques. J.M. Dent, London.

Flint, R.F., 1971. Glacial and Quaternary Geology. Wiley, New York.

Flint, R.F., 1976. Physical evidence of quaternary climatic change. Quat. Res. 6, 519-528.

Flock, J.W., 1978. Lichen-bryophyte distribution along a snow-cover/soil-moisture gradient, Niwot Ridge, Colorado. Arct. Alp. Res. 10, 31-47.

Flohn, H., 1949. Klima und Witterungsablauf in Zurich im 16 Jahrhundert. Vierteljahresheft der Naturf. Gesell. Zurich. 94, 28-41.

Flohn, H., 1978. Comparison of Antarctic and Arctic climate and its relevance to climate evolution. In: Van Zinderen Bakker, E.M. (Ed.), Antarctic Glacial History and World Palaeoenvironments. A.A. Balkema, Rotterdam, pp. 3-13.

Foley, J.A., Kutzbach, J.E., Coe, M.T., Levis, S., 1994. Feedbacks between climate and boreal forests during the Holocene epoch. Nature 371, 52-54.

Forman, S.L., 1991. Late Pleistocene chronology of loess deposition near Luochuan, China. Quat. Res. 36, 19-28.

Forman, S.L., Lepper, K., Pierson, J., 1994. Limitations of infra-red stimulated luminescence in dating High Arctic marine sediments. Quat. Geochronol. (Quat. Sci. Rev.) 13, 545-550.

Forman, S.L., Oglesby, R., Markgraf, V., Stafford, T., 1995. Paleoclimatic significance of Late Quaternary eolian deposition on the Piedmont and High Plains, central United States. Glob. Planet. Chang. 11, 35-55.

Forster, P., Ramaswamy, V., Artaxo, P., Berntsen, T., Betts, R., Fahey, D.W., Haywood, J., Lean, J., Lowe, D.C., Myhre, G., Nganga, J., Prinn, R., Raga, G., Schulz, M., van Dorland, R., 2007. Changes in atmospheric constituents and in radiative forcing. In: Solomon, S., Qin, D., Manning, M., Chen, Z., Marquis, M., Averyt, K.B., Tignor, M., Miller, H.L. (Eds.), Climate Change 2007: The Physical Science Basis. Cambridge University Press, Cambridge, pp. 129-234.

Fowler, A.M., Boswijk, G., Lorrey, A.M., Gergis, J., Pirie, M., McCloskey, S.P., Palmer, J.G., Wunder, J., 2012. Multi-centennial tree-ring record of ENSO-related activity in New Zealand. Nat. Clim. Chang. 2, 172-176.

Fox, A.N., 1991. A quantitative model of Alpine snowline variations in the central Andes. In: Boletim IC-USP. Publicação Especial, No. 8, Instituto de Geociências, Universidad de São Paulo, Brazil, pp. 75-88.

Frakes, L.A., Francis, J.E., Syktus, J.I., 1992. Climate Modes of the Phanerozoic. Cambridge University Press, Cambridge.

Francis, D.R., 2004. Distribution of midge remains (Diptera: Chironomidae) in surficial lake sediments in New England. Northeast. Nat. 11, 459-478.

François, R., 2007. Paleoflux and paleocirculation from sediment ^{230}Th and ^{231}Pa/^{230}Th. In: Hillaire-Marcel, C., de Vernal, A. (Eds.), Proxies in Late Cenozoic Paleoceanography. Elsevier, Amsterdam, pp. 681-716.

Francou, B., Vincent, C., 2011. Les Glaciers a l'epreuve du Climat. IRD Orstom.

Francou, B., Vuille, M., Wagnon, P., Mendoza, J., Sicart, J.-E., 2003. Tropical climate change recorded by a glacier in the central Andes during the last decades of the twentieth century: Chacaltaya, Bolivia, 16S. J. Geophys. Res. 108, D4154. dx.doi.org/10.1029/2002JD002959.

Francou, B., Vuille, M., Favier, V., Cáceres, B., 2004. New evidence for an ENSO impact on low latitude glaciers: Antizana 15, Andes of Ecuador, 028'S. J. Geophys. Res. 109, D18106; dx.doi.org/10.1029/ 2003JD004484.

Francus, P. (Ed.), 2004. Image Analysis, Sediments and Paleoenvironments. Springer, Berlin, 330 pp.

Francus, P., von Suchodoletz, H., Dietze, M., Donner, R.V., Bouchard, F., Roy, A.-J., Fagot, M., Verschuren, D., Kröpelin, S., 2013. Varved sediments of Lake Yoa (Ounianga Kebir, Chad) reveal progressive drying of the Sahara during the last 6100 years. Sedimentology 60, 911-934.

Frank, D., Esper, J., Cook, E.R., 2007. Adjustment for proxy number and coherence in a large-scale temperature reconstruction. Geophys. Res. Lett. 34, L16709. dx.doi.org/10.1029/2007GL030571.

Frank, D., Esper, J., Zorita, E., Wilson, R., 2010a. A noodle, hockey stick, and spaghetti plate: a perspective on high-resolution paleoclimatology. Wiley Interdiscip. Rev. Clim. Chang. 1, 507-516.

Frank, D., Esper, J., Raible, C.C., Buntgen, U., Trouet, V., Stocker, B., Joos, F., 2010b. Ensemble reconstruction constraints on the global carbon cycle sensitivity to climate. Nature 463, 527-530.

Frechen, M., Oches, E.A., Kohfeld, K.E., 2003. Loess in Europe—mass accumulation rates during the Last Glacial Period. Quat. Sci. Rev. 22, 1835-1857.

Fredlund, G.G., Tieszen, L.L., 1997. Calibrating grass phytolith assemblages in climatic terms: application to late Pleistocene assemblages from Kansas and Nebraska. Palaeogeogr. Palaeoclimatol. Palaeoecol. 136, 199-211.

Free, M., Robock, A., 1999. Global warming in the context of the Little Ice Age. J. Geophys. Res. 104, 19057-19070.

Freer, S., 2003. Linnaeus' Philosophia Botanica. Oxford University Press, New York, 402 pp.

French, H.M., 2007. The Periglacial Environment. Wiley, Chichester, 475 pp.

Frenzel, B., Pfister, C., Glaser, B. (Eds.), 1992. European Climate Reconstructed from Documentary Data: Methods and Results. Gustav Fischer Verlag, Stuttgart.

Frenzel, B., Pfister, C., Glaser, B. (Eds.), 1994. Climatic Trends and Anomalies in Europe 1675-1715. Gustav Fischer Verlag, Stuttgart.

Frich, P., Freyendahl, K., 1994. The summer climate in the Øresund region of Denmark. In: Frenzel, B., Pfister, C., Glaser, B. (Eds.), Climatic Trends and Anomalies in Europe 1675-1715. Gustav Fischer, Stuttgart, pp. 33-41.

Friedrich, M., Remmele, S., Kromer, B., Hofmann, J., Spurk, M., Kaiser, K.F., Orcel, C., Küppers, M., 2004. The 12,460-year Hohenheim oak and pine tree-ring chronology from central Europe—a unique annual record for radiocarbon calibration and paleoenvironment reconstructions. Radiocarbon 46, 1111-1121.

Friedrich, W.L., Kromer, B., Friedrich, M., Heinemeier, J., Pfeiffer, T., Talamo, S., 2006. Santorini eruption radiocarbon dated to 1627-1600 B.C. Science 312, 548.

Frisia, S., Borsato, A., Preto, N., McDermott, F., 2003. Late Holocene annual growth in three Alpine stalagmites records the influence of solar activity and the North Atlantic Oscillation on winter climate. Earth Planet. Sci. Lett. 216, 411-424.

Frisia, S., Borsato, A., Fairchild, I.J., Susini, J., 2005. Variations in atmospheric sulfate recorded in stalagmites by synchrotron micro-XRF and XANES analyses. Earth Planet. Sci. Lett. 235, 729-740.

Fritts, H.C., 1962. An approach to dendroclimatology screening by means of multiple regression techniques. J. Geophys. Res. 67, 1413-1420.

Fritts, H.C., 1965. Tree-ring evidence for climatic changes in western North America. Mon. Weather Rev. 93, 421-443.

Fritts, H.C., 1971. Dendroclimatology and dendroecology. Quat. Res. 1, 419-449.

Fritts, H.C., 1976. Tree Rings and Climate. Academic Press, London.

Fritts, H.C., 1991. Reconstructing Large Scale Climatic Patterns from Tree-Ring Data. University of Arizona Press, Tucson.

Fritts, H.C., Blasing, T.J., Hayden, B.P., Kutzbach, J.E., 1971. Multivariate techniques for specifying tree-growth and climate relationships and for reconstructing anomalies in paleoclimate. J. Appl. Meteorol. 10, 845-864.

Fritts, H.C., Lofgren, G.R., Gordon, G.A., 1979. Variations in climate since 1602 as reconstructed from tree rings. Quat. Res. 12, 18-46.

Fritts, H.C., Guiot, J., Gordon, G.A., Schweingruber, F., 1990. Methods of calibration, verification and reconstruction. In: Cook, E.R., Kariukstis, L.A. (Eds.), Methods of Dendrochronology: Applications in the Environmental Sciences. Kluwer, Dordrecht, pp. 163-217.

Fritz, S.C., 1990. Twentieth century salinity and water-level fluctuations in Devils Lake, North Dakota: test of a diatom-based transfer function. Limnol. Oceanogr. 35, 1771-1781.

Fritts, H.C., Shao, X.M., 1992. Mapping climate using tree-rings from western North America. In: Bradley, R.S., Jones, P.D. (Eds.), Climate Since A.D. 1500. Routledge, London, pp. 269-295.

Fritz, S., Juggins, S., Batterbee, R.W., Engstrom, D.R., 1991. Reconstruction of past changes in salinity and climate using a diatom-based transfer function. Nature 352, 706-708.

Fritz, S.C., Baker, P.A., Ekdahl, E., Seltzer, G.O., Stevens, L.R., 2010a. Millennial-scale climate variability during the Last Glacial period in the tropical Andes. Quat. Sci. Rev. 29, 1017-1024.

Fritz, S.C., Cumming, B.F., Gasse, F., Laird, K.R., 2010b. Diatoms as indicators of hydrologic and climatic change in saline lakes. In: Smol, J.P., Stoermer, E.F. (Eds.), The Diatoms: applications for the environmental and earth sciences. Cambridge University Press, Cambridge, pp. 186-208.

Fronval, T., Jansen, E., Bloemendal, J., Johnsen, S., 1995. Oceanic evidence for coherent fluctuations in Fennoscandian and Laurentide ice sheets on millennium timescales. Nature 374, 443-445.

Frumkin, A., 1997. The Holocene history of the Dead Sea levels. In: Niemi, T.N., Ben-Avraham, Z., Gat, J.R. (Eds.), The Dead Sea: The Lake and its Setting. Oxford University Press, Oxford, pp. 237-248.

Fukaishi, K., Tagami, Y., 1992. An attempt of reconstructing the winter weather situations from 1720 to 1869 by the use of historical documents. In: Mikami, T. (Ed.), Proceedings of the International Symposium on the Little Ice Age Climate. Department of

Geography, Tokyo Metropolitan University, Tokyo, pp. 194-201.

Fye, F.K., Stahle, D.W., Cook, E.R., 2003. Paleoclimatic analogs to twentieth-century moisture regimes across the United States. Bull. Am. Meteorol. Soc. 84, 901-909.

Gagan, M.K., Ayliffe, L.K., Hopley, D., Cali, J.A., Mortimer, G.E., Chappell, J., McCulloch, M.T., Head, M.J., 1998. Temperature and surface-ocean water balance of the mid-Holocene tropical western Pacific. Science 279, 1014-1018.

Gagan, M.K., Ayliffe, L.K., Beck, J.W., Cole, J.E., Druffel, E.R.M., Dunbar, R.B., Schrag, D.P., 2000. New views of tropical paleoclimates from corals. Quat. Sci. Rev. 19, 45-64.

Gagen, M., McCarroll, D., Loader, N.J., Robertson, I., Jalkanen, R., Anchukaitis, K., 2007. Exorcising the "segment length curse": summer temperature reconstruction since A.D. 1640 using non-detrended stable carbon isotope ratios from pine trees in northern Finland. The Holocene 17, 435-446.

Gagen, M., McCarroll, D., Loader, N.J., Robertson, I., 2011. Stable isotopes in dendroclimatology: moving beyond "potential" In: Hughes, M.K., Swetnam, T.W., Diaz, H.F. (Eds.), Dendroclimatology: Progress and Prospects. Springer, Dordrecht, pp. 147-172.

Gaggeler, H.W., VonGunten, H.R., Rossler, E., Oeschger, H., Schotterer, U., 1983. ^{210}Pb-dating of cold alpine firn/ice cores from Colle Gnifetti, Switzerland. J. Glaciol. 29, 165-177.

Gaines, S.M., Eglinton, G., Rullkötter, J., 2009. Echoes of Life: What Fossil Molecules Reveal About Earth History. Oxford University Press, Oxford, 357 pp.

Gajewski, K., Garralla, S., 1992. Holocene vegetation histories from three sites in the tundra of northwestern Quebec, Canada. Arct. Alp. Res. 24, 329-336.

Galloway, R.W., 1970. The full glacial climate in the southwestern United States. Ann. Assoc. Am. Geogr. 60, 245-256.

Gallup, C.D., Edwards, R.L., Johnson, R.G., 1994. The timing of sea levels over the past 200,000 years. Science 263, 796-800.

Gallup, C.D., Cheng, H., Taylor, F.W., Edwards, R.L., 2002. Direct determination of the timing of sea level change during Termination II. Science 295, 310-313.

Ganachaud, A., Wunsch, C., 2000. Improved estimates of global ocean circulation, heat transport and mixing from hydrographic data. Nature 408, 453-457.

Ganeshram, R.S., Pedersen, T.F., Calvert, S.E., Murray, J.W., 1995. Large changes in oceanic nutrient inventories from glacial to interglacial periods. Nature 376, 755-758.

Ganopolski, A., Rahmstorf, S., 2001. Rapid changes of glacial climate simulated in a coupled climate model. Nature 409, 153-158.

Gao, C.C., Oman, L., Robock, A., Stenchikov, G.L., 2007. Atmospheric volcanic loading derived from bipolar ice cores: accounting for the spatial distribution of volcanic deposition. J. Geophys. Res. 112, D09109. dx.doi.org/10.1029/ 2006JD007461.

Gao, C.C., Robock, A., Ammann, C., 2008. Volcanic forcing of climate over the past 1500 years: an improved ice core-based index for climate models. J. Geophys. Res. 113. D23111. dx.doi.org/10.1029/2008JD010239.

Garcia, R., Díaz, H.F., García-Herrera, R., Eischeid, J., Prieto, M.R., Hernández, E., Gimeno, L., Durán, F.R., Buscary, A.M., 2001. Atmospheric circulation changes in the tropical Pacific inferred from the voyages of the Manila galleons in the sixteenth-eighteenth centuries. Bull. Am. Meteorol. Soc. 82, 2435-2455.

García-Herrera, R., Rubio, F., Wheeler, D., Hernández, E., Prieto, M.R., Gimeno, L., 2004. The use of Spanish and British documentary sources in the investigation of Atlantic hurricanes in historical times. In: Murnane, R., Liu, K.-B. (Eds.), Hurricanes: Present and Past. Columbia University Press, New York, pp. 149-176.

García-Herrera, R., Gimeno, L., Ribera, P., Hernández, E., 2005. New records of Atlantic hurricanes from Spanish documentary sources. J. Geophys. Res. Atmos. 110, D03109. dx.doi.org/10.1029/2004JD005272.

García-Herrera, R., Gimeno, L., Ribera, P., Hernández, E., González, E., Fernández, G., 2007. Identification of Caribbean basin hurricanes from Spanish documentary sources. Clim. Change 83, 55-85.

García-Herrera, R., Barriopedro, D., Hernández, E., Diaz, H.F., Garcia, R.R., Prieto, M.R., Moyano, R., 2008. A chronology of El Niño events from primary documentary sources in northern Peru. J. Clim. 21, 1948-1962.

Gardner, J.V., 1975. Late Pleistocene carbonate dissolution cycles in the eastern Equatorial Atlantic. In: Sliter, W.V., Bé, A.W.H., Berger, W.H. (Eds.), Dissolution of Deep-sea Carbonates. Special Publication No. 13, Cushman Foundation for Foraminiferal Research, Washington, DC, pp. 129-141.

Gasse, F., Fontes, J.C., Plaziat, J.C., Carbonel, P., Maczmarska, I., De Decker, P., Soulie-Marsche, I., Callot, Y., Dupeuple, P.A., 1987. Biological remains, geochemistry and stable isotopes for the reconstruction of environmental and hydrological changes in the Holocene lakes from North Sahara. Palaeogeogr. Palaeoclimatol. Palaeoecol. 60, 1-46.

Gasse, F., Barker, P., Gell, P.A., Fritz, S.C., Chalié, F., 1997. Diatom-inferred salinity in palaeolakes: an indirect tracer of climate change. Quat. Sci. Rev. 16, 547-563.

Gates, W.L., 1976. The numerical simulation of ice-age climate with a global general circulation model. J. Atmos. Sci. 33, 1844-1873.

Gaudreau, D.C., Jackson, S.T., Webb III, T., 1989. Spatial scale and sampling strategy in paleoecological studies of vegetation patterns in mountainous terrain. Acta Bot. Neerlandica 38, 369-390.

Ge, Q.S., Zheng, J.Y., Fang, X.Q., Man, Z.M., Zhang, X.Q., Zhang, P.Y., Wang, W.C., 2003. Winter half-year temperature reconstruction for the middle and lower reaches of the Yellow River and Yangtze River, China, during the past 2000 years. The Holocene 13, 933-940.

Ge, Q.S., Zhang, J.Y., Hao, Z.X., Zhang, P.Y., Wang, W.C., 2005. Reconstruction of historical climate in China: high-resolution precipitation data from Qing Dynasty archives. Bull. Am. Meteorol. Soc. 86, 671-679.

Ge, Q.S., Zheng, J.Y., Hao, Z.X., Shao, X.M., Wang, W.C., Luterbacher, J., 2010. Temperature variation through 2000 years in China: an uncertainty analysis of reconstruction and regional difference. Geophys. Res. Lett. 37. L03703. dx.doi.org/10.1029/2009GL041281.

Gehrels, A., Newnham, R.M., Lowe, D.J., Wynne, S., Hazell, Z.J., Caseldine, C., 2008. Towards rapid assay of cryptotephra in peat cores: review and evaluation of various methods. Quat. Int. 178, 68-84.

Geitzenauer, K.R., Roche, M.B., Mcintyre, A., 1976. Modern Pacific coccolith assemblages: derivation and application to late Pleistocene paleotemperature analysis. In: Cline, R.M., Hays, J.D. (Eds.), Investigation of Late Quaternary Paleooceanography and Paleoclimatology. Memoir 145, Geological Society of America, Boulder, pp. 423-448.

Genthon, C., Barnola, J.M., Raynaud, D., Lorius, C., Jouzel, J., Barkov, N.L., Korotkevich, Y.S., Kotlyakov, V.M., 1987. Vostok ice core: climatic response to CO_2 and orbital forcing changes over the last climatic cycle. Nature 329, 414-418.

Genty, D., Baker, A., Vokal, B., 2001. Intra- and inter-annual growth rate of modern stalagmites. Chem. Geol. 176, 191-212.

Geyh, M.A., Schleicher, H., 1990. Absolute Age Determination: Physical and Chemical Dating Methods and Their Application. Springer-Verlag, Berlin.

Gherardi, J.M., Labeyrie, L., Nave, S., François, R., McManus, J.F., Cortijo, E., 2009. Glacial-interglacial circulation changes inferred from $^{231}Pa/^{230}Th$ sedimentary record in the North Atlantic region. Paleoceanography 24. PA2204. dx.doi.org/10.1029/2008PA001696.

Gildor, H., Tziperman, E., 2000. Sea ice as the glacial cycles climate switch: role of seasonal and orbital forcing. Paleoceanography 15, 605-615.

Gildor, H., Tziperman, E., 2003. Sea-ice switches and abrupt climate change. Philos. Trans. R. Soc. Lond. Ser. A. 361, 1935-1944.

Gillot, P.Y., Labeyrie, J., Laj, C., Valladas, G., Guerin, G., Poupeau, G., Delibrias, G., 1979. Age of the Laschamp paleomagnetic excursion revisited. Earth Planet. Sci. Lett. 42, 444-450.

Girardeau, J., Luc, B., 2007. Coccolithophores: from extant populations to fossil assemblages. In: Hillaire-Marcel, C., de Vernal, A. (Eds.), Proxies in Late Cenozoic Paleoceanography. Elsevier, Amsterdam, pp. 409-440.

Giresse, P., Maley, J., Brenac, P., 1994. Late Quaternary palaeoenvironments in the Lake Barombi Mbo (West Cameroon) deduced from pollen and carbon isotopes of organic matter. Palaeogeogr. Palaeoclimatol. Palaeoecol. 107, 65-78.

Giry, C., Felis, T., Kölling, M., Scheffers, S., 2010. Geochemistry and skeletal structure of *Diploria strigosa*, implications for coral-based climate reconstruction. Palaeogeogr. Palaeoclimatol. Palaeoecol. 298, 378-387.

Giry, C., Felis, T., Kölling, M., Scholz, D., Wei, W., Lohmann, G., Scheffers, S., 2012. Mid- to late Holocene changes in tropical Atlantic temperature seasonality and interannual to multidecadal variability documented in southern Caribbean corals. Earth Planet. Sci. Lett. 331-332, 187-200.

Giry, C., Felis, T., Kölling, M., Wei, W., Lohmann, G., Scheffers, S., 2013. Controls of Caribbean surface hydrology during the mid- to late Holocene: insights from monthly resolved corals. Clim. Past 9, 841-858.

Glaser, R., 2001. Klimageschichte Mitteleuropas. [Climate History of Central Europe]. Primus-Verlag, Darmstadt, 227 pp.

Glaser, R., Riemann, D., Schönbein, J., Barriendos, M., Brázdil, R., Bertolin, C., Camuffo, D., Deutsch, M., Dobrovolný, P., van Engelen, A., Enzi, S., Halíčková, M., Koenig, S.J., Kotyza, O., Limanówka, D., Macková, J., Sghedoni, M., Martin, B., Himmelsbach, I., 2010. The variability of European floods since A.D. 1500. Clim. Dyn. 101, 235-256.

Glock, W., 1937. Principles and Methods of Tree-Ring Analysis. Carnegie Institution, Washington, DC.

Godfrey-Smith, D.I., Huntley, D.J., Chen, W.H., 1988. Optical dating studies of quartz and feldspar sediment extracts. Quat. Sci. Rev.

7, 373-380.

Godwin, H., 1956. The History of the British Flora. Cambridge University Press, Cambridge.

Godwin, H., 1962. Half-life of radiocarbon. Nature 195, 984.

Goetcheus, V.G., Birks, H.H., 2001. Full-glacial upland tundra vegetation preserved under tephra in the Beringia National Park, Seward Peninsula, Alaska. Quat. Sci. Rev. 20, 135-147.

Gonzales, L.M., Williams, J.M., Grimm, E.C., 2009. Expanded response-surfaces: a new method to reconstruct paleoclimates from fossil pollen assemblages that lack modern analogues. Quat. Sci. Rev. 28, 3315-3332.

Gooday, A., 2003. Benthic foraminifera (Protists) as tools in paleoceanography: environmental influences on faunal characteristics. Adv. Mar. Biol. 46, 1-90.

Goodfriend, G.A., 1991. Patterns of racemization and epimerization of amino acids in land snail shells over the course of the Holocene. Geochim. Cosmochim. Acta 55, 293-302.

Goodfriend, G.A., 1992. Rapid racemization of aspartic acid in molluscan shells and potential for dating over recent centuries. Nature 357, 399-401.

Goodfriend, G.A., Meyer, V.R., 1991. A comparative study of the kinetics of amino acid racemization/ epimerization in fossil and modern mollusk shells. Geochim. Cosmochim. Acta 55, 3355-3367.

Goodfriend, G.A., Hare, P.E., Druffel, E.R.M., 1992. Aspartic acid racemization and protein diagenesis in corals over the last 350 years. Geochim. Cosmochim. Acta 56, 3847-3850.

Goodfriend, G.A., Brigham-Grette, J., Miller, G.H., 1996. Enhanced age resolution of the marine Quaternary record in the Arctic using aspartic acid racemization dating of bivalve shells. Quat. Res. 45, 176-187.

Goodkin, N.F., Hughen, K., Cohen, A.C., Smith, S.R., 2005. Record of Little Ice Age sea surface temperatures at Bermuda using a growth-dependent calibration of coral Sr/Ca. Paleoceanography 20. PA4016. dx.doi.org/10.1029/2005PA001140.

Goodkin, N.F., Hughen, K.A., Cohen, A.L., 2007. A multicoral calibration method to approximate a universal equation relating Sr/Ca and growth rate to sea surface temperature. Paleoceanography 22. PA1214. dx.doi.org/10.1029/2006PA001312.

Goodkin, N.F., Hughen, K.A., Curry, W.B., Doney, S.C., Ostermann, D.R., 2008. Sea surface temperature and salinity variability at Bermuda during the end of the Little Ice Age. Paleoceanography 23. PA3203. dx.doi.org/10.1029/ 2007PA001532.

Goodkin, N.F., Druffel, E.R.M., Hughen, K.A., Doney, S.C., 2012. Two centuries of limited variability in subtropical North Atlantic thermocline variability. Nat. Commun. 3. dx.doi.org/10.1038/ncomms1811.

Goosse, H., Renssen, H., Timmermann, A., Bradley, R.S., 2005. Internal and forced climate variability during the last millennium: a model-data comparison using ensemble simulations. Quat. Sci. Rev. 24, 1345-1360.

Gordon, G.A., 1982. Verification of dendroclimatic reconstructions. In: Hughes, M.K., Kelley, P.M., Pilcher, J.R., LaMarche, V.C. (Eds.), Climate from Tree Rings. Cambridge University Press, Cambridge.

Gordon, A.D., Birks, H.J.B., 1974. Numerical methods in Quaternary paleoecology II. Comparison of pollen diagrams. New Phytol. 73, 221-249.

Gorman, M.K., Quinn, T.M., Taylor, F.W., Partin, J.W., Cabioch, G., Austin, J.A., Pelletier, B., Ballu, C., Maes, C., Saustrup, S., 2012. A coral-based reconstruction of sea surface salinity at Sabine Bank, Vanuatu from 1842 to 2007 CE. Paleoceanography 27. dx.doi.org/10.1029/2012PA002302.

Goslar, T., Arnold, M., Bard, E., Kuc, T., Pazdur, M., Ralska-Jasiewiczowa, M., Rozanski, K., Tisnerat, N., Walanus, A., Wicik, B., Wieckowski, K., 1995. High concentration of atmospheric ^{14}C during the Younger Dryas cold episode. Nature 377, 414-417.

Gow, A.J., Epstein, S., Sheehy, W., 1979. On the origin of stratified debris in ice cores from the bottom of the Antarctic Ice Sheet. J. Glaciol. 23, 185-192.

Gow, A.J., Meese, D.A., Alley, R.B., Fitzpatrick, J.J., Anandakrishnan, S., Woods, G.A., Elder, B.C., 1997. Physical and structural properties of the GISP2 ice core: a review. J. Geophys. Res. 102C, 26559-26575.

Graham, N.E., Ammann, C.M., Fleitmann, D., Cobb, K.M., Luterbacher, J., 2011. Support for global climate reorganization during the "Medieval Climate Anomaly. Clim. Dyn. 37, 1217-1245.

Grant, K.M., Rohling, E.J., Bar-Matthews, M., Ayalon, A., Medina-Elizalde, M., Bronk Ramsey, C., Satow, C., Roberts, A.P., 2012. Rapid coupling between ice volume and polar temperature over the past 150,000 years. Nature 491, 744-747.

Grant-Taylor, T.L., 1972. Conditions for the use of calcium carbonate as a dating material. In: Proceedings of the 8th International Conference on Radiocarbon Dating, vol. 2. Royal Society of New Zealand, Wellington, pp. 592-596.

Gray, B.M., 1974. Early Japanese winter temperatures. Weather 29, 103-107.

Gray, J., Thompson, P., 1978. Climatic interpretation of $\delta^{18}O$ and δD in tree rings. Nature 271, 93-94.

Greer, L., Swart, P.K., 2006. Decadal cyclicity of regional mid-Holocene precipitation: evidence from Dominican coral proxies. Paleoceanography 21. PA2020. dx.doi.org/10.1029/2005PA001166.

Grichuk, V.P., 1969. An attempt to reconstruct certain elements of the climate of the northern hemisphere in the Atlantic period of the Holocene. In: Neishtadt, M.I. (Ed.), Golotsen.8th INQUA Congress, Izd-vo Nauka, Moscow, pp. 41-57 (in Russian; translated by Peterson, G.M. Center for Climatic Research, University of Wisconsin, Madison).

Griffey, N.J., Matthews, J.A., 1978. Major neoglacial glacier expansion episodes in southern Norway: evidence from moraine ridge stratigraphy with ^{14}C dates on buried palaeosols and moss layers. Geogr. Ann. 60A, 73-90.

Griffiths, M.L., Drysdale, R.N., Gagan, M.K., Zhao, J.X., Ayliffe, L.K., Hellstrom, J.C., Hantoro, W.S., Frisia, S., Feng, Y.X., Cartright, I., St Pierre, E., Fisher, M.J., Suwargardi, B.W., 2009. Increasing Australian-Indonesian monsoon rainfall linked to early Holocene sea-level rise. Nat. Geosci. 2, 636-639.

Grimm, E.C., Jacobson Jr., G.L., Watts, W.A., Hansen, B.C.S., Maasch, K.A., 1993. A 50,000-year record of climate oscillations from Florida and its temporal correlation with the Heinrich events. Science 261, 198-200.

Grimmer, M., 1963. The space-filtering of monthly surface temperature data in terms of pattern, using empirical orthogonal functions. Quart. J. Roy. Meteorol. Soc. 39, 395-408.

Groisman, P.Ya., 1992. Possible regional climatic consequences of Pinatubo eruption. Geophys. Res. Lett. 19, 1603-1606.

Groisman, P.Ya., Karl, T.R., Wright, R.W., 1994a. Observed impact of snow cover on the heat balance and the rise of continental spring temperatures. Science 263, 198-200.

Groisman, P.Ya., Karl, T.R., Wright, R.W., Stenchikov, G.L., 1994b. Changes of snow cover, temperature and the radiative heat balance over the northern hemisphere. J. Clim. 7, 1633-1656.

Grönvald, K., Óskarsson, N., Johnsen, S.J., Clausen, H.B., Hammer, C.U., Bond, G., Bard, E., 1995. Ash layers from Iceland in the Greenland GRIP ice core correlated with oceanic and land sediments. Earth Planet. Sci. Lett. 135, 149-155.

Groot, M.H.M., Bogota, R.G., Lourens, L.J., Hooghiemstra, H., Vriend, M., Berrio, J.C., Tuenter, E., Van der Plicht, J., Van Geel, B., Ziegler, M., Weber, S.L., Betancourt, A., Contreras, L., Gaviria, S., Giraldo, C., Gonzalez, N., Jansen, J.H.F., Konert, M., Ortega, D., Rangel, O., Sarmiento, G., Vandenberghe, J., Van der Hammen, T., Van der Linden, M., Westerhoff, W., 2011. Ultra-high resolution pollen record from the northern Andes reveals rapid shifts in montane climates within the last two glacial cycles. Clim. Past. 7, 299-316.

Grootes, P.M., Stuiver, M., Thompson, L.G., Mosley-Thompson, E., 1989. Oxygen isotope changes in tropical ice, Quelccaya, Peru. J. Geophys. Res. 94D, 1187-1194.

Grootes, P.M., Stuiver, M., White, J.W.C., Johnsen, S., Jouzel, J., 1993. Comparison of oxygen isotope records from the GISP2 and GRIP Greenland ice cores. Nature 366, 552.

Grosjean, M., Veit, H., 2005. Water resources in the arid mountains of the Atacama Desert (Northern Chile): past climate changes and modern conflicts. In: Huber, U.M., Bugmann, H.K.M., Reasoner, M.A. (Eds.), Global Change and Mountain Regions. Springer, Dordrecht, pp. 93-104.

Grossman, E.L., 1987. Stable isotopes in benthic foraminifera: a study of vital effect. J. Foram. Res. 17, 48-61.

Grottoli, A.G., Eakin, C.M., 2007. A review of modern coral $\delta^{18}O$ and $\Delta^{14}C$ proxy records. Earth-Sci. Rev. 81, 67-91.

Grotzfeld, H., 1991. Klimageschichte des Vorderen Orients 800-1800 A.D. nach arabischen Quellen. Wiirzburger Geographische Arbeiten 80, 21-43.

Grousset, F.E., Labeyrie, L., Sinko, J.A., Cremer, M., Bond, G., Duprat, J., Cortijo, E., Huon, S., 1993. Patterns of ice-rafted detritus in the glacial North Atlantic (40-55° N). Paleoceanography 8, 175-192.

Grousset, F.E., Pujol, C., Labeyrie, L., Auffret, G., Boelaert, A., 2000. Were the North Atlantic Heinrich Events triggered by the behavior of the European ice sheets? Geology 28, 123-126.

Grove, J.M., 1979. The glacial history of the Holocene. Prog. Phys. Geogr. 3, 1-54.

Grove, J.M., 1988. The Little Ice Age. Methuen, London.

Grove, J.M., 2001a. The onset of the Little Ice Age. In: Jones, P.D., Ogilvie, A.E.G., Davies, T.D., Briffa, K.R. (Eds.), History and Climate: Memories of the Future? Kluwer, New York, pp. 153-185.

Grove, J.M., 2001b. The initiation of the "Little Ice Age" in regions round the North Atlantic. Clim. Chang. 48, 53-82.

Grove, A.T., Warren, A., 1968. Quaternary landforms and climate on the south side of the Sahara. Geogr. J. 134, 194-208.

Grove, C.A., Zinke, J., Peeters, F., Park, W., Scheufen, T., Kasper, S., Randriamanantsoa, B., McCulloch, M.T., Brummer, G.-J.A., 2013. Madagascar corals reveal a multidecadal signature of rainfall and river runoff since 1708. Clim. Past 9, 641-656.

Guiot, J., 1987. Late Quaternary climatic change in France estimated from multivariate pollen time series. Quat. Res. 28, 100-118.

Guiot, J., 1990. Methodology of paleoclimatic reconstruction from pollen in France. Palaeogeogr. Palaeoclimatol. Palaeoecol. 80, 49-69.

Guiot, J., de Vernal, A., 2007. Transfer functions: methods for quantitative paloceanography based on microfossils. In: Hillaire-Marcel, C., de Vernal, A. (Eds.), Proxies in Late Cenozoic Paleoceanography. Elsevier, Amsterdam, pp. 523-563.

Guiot, J., Pons, A., de Beaulieu, J.L., Reille, M., 1989. A 140,000 year climatic reconstruction from two European pollen records. Nature 338, 309-313.

Guiot, J., de Beaulieu, J.L., Reille, M., Pons, A., 1992. Calibration of the climatic signal in a new pollen sequence from La Grande Pile. Clim. Dyn. 6, 259-264.

Guiot, J., de Beaulieu, J.L., Cheddadi, R., David, F., Ponel, P., Reille, M., 1993. The climate in western Europe during the last Glacial/Interglacial cycle derived from pollen and insect remains. Palaeogeogr. Palaeoclimatol. Palaeoecol. 103, 73-93.

Guo, Q., 1992. Winter monsoon over East Asia during the Little Ice Age. In: Mikami, T. (Ed.), Proceedings of the International Symposium on the Little Ice Age Climate. Department of Geography, Tokyo Metropolitan University, Tokyo, pp. 227-232.

Guo, Z.T., Ruddiman, W.F., Hao, Q.Z., Wu, H.B., Qiao, Y.S., Zhu, R.X., Peng, S.Z., Wei, J.J., Yuan, B.Y., Liu, T.S., 2002. Onset of Asian desertification by 22 Myr ago inferred from loess deposit in China. Nature 416, 159-163.

Guo, Z.T., Sun, B., Zhang, Z.S., Peng, S.Z., Xiao, G.Q., Ge, J.Y., Hao, Q.Z., Qiao, Y.S., Liang, M.Y., Liu, J.F., Yin, Q.Z., Wei, J.J., 2008. A major reorganization of Asian climate by the early Miocene. Clim. Past 4, 153-174.

Gupta, A.K., Anderson, D.M., Overpeck, J.T., 2003. Abrupt changes in the Asian southwest monsoon during the Holocene and their links to the North Atlantic Ocean. Nature 421, 354-357.

Gutjahr, M., Lippold, J., 2011. Early arrival of Southern Source Water in the deep North Atlantic prior to Heinrich event 2. Paleoceanography 26. dx.doi.org/10.1029/2011PA002114.

Guyodo, Y., Valet, J.-P., 1999. Global changes in intensity of the Earth's magnetic field during the past 800 kyr. Nature 399, 249-252.

Gwiazda, R.H., Hemming, S.R., Broecker, W.S., 1996a. Tracking the sources of icebergs with lead isotopes: the provenance of ice-rafted debris in Henrich layer 2. Paleoceanography 11, 77-93.

Gwiazda, R.H., Hemming, S.R., Broecker, W.S., 1996b. Provenance of icebergs during Heinrich event 3 and the contrast to their sources during other Heinrich episodes. Paleoceanography 11, 371-378.

Haase, D., Fink, J., Haase, G., Ruske, R., Pécsi, M., Richter, H., Altermann, M., Jäger, K.-D., 2007. Loess in Europe—its spatial distribution based on a European Loess Map, scale 1:2,500,000. Quat. Sci. Rev. 26, 1301-1312.

Haase-Schramm, A., Böhm, F., Eisenhauer, A., Dullo, W.-C., Joachimski, M.M., Hansen, B., Reitner, J., 2003. Sr/Ca ratios and oxygen isotopes from sclerosponges: temperature history of the Caribbean mixed layer and thermocline during the Little Ice Age. Paleoceanography 18, dx.doi.org/10.1029/2002PA000830.

Haberle, S., 1997. Late Quaternary vegetation and climate history of the Amazon Basin: correlating marine and terrestrial pollen records. In: Flood, R.D., Piper, D.J.W., Klaus, A., Peterson, L.C. (Eds.), Proceedings of the Ocean Drilling Program, Scientific Results, vol. 155. pp. 381-396.

Haesaerts, P., 1974. Séquence paléoclimatique du Pléistocène supérieur du bassin de la Haine (Belgique). Ann. Soc. Géol. Belg. 97, 105-137.

Haffer, J., 1969. Speciation in Amazonian forest birds. Science 165, 131-137.

Haffer, J., 1974. Avian speciation in tropical South America. Publication No. 14, Nuttall Ornithological Club, Cambridge, Massachusetts.

Haffer, J., 1982. General aspects of the refuge theory. In: Prance, G.T. (Ed.), Biological Diversification in the Tropics. Columbia University Press, New York, pp. 6-24.

Hagstrum, J.T., Blinman, E., 2010. Archeomagnetic dating in western North America: an updated reference curve based on paleomagnetic and archeomagnetic data sets. Geochem. Geophys. Geosyst. 11, Q06009. dx.doi.org/10.1029/2009GC002979.

Haigh, J.D., 1996. The impact of solar variability on climate. Science 272, 981-984.

Haigh, J.D., 2005. The Earth's climate and its response to solar variability. In: Haigh, J.D., Lockwood, M., Giampapa, M.S. (Eds.), The Sun, Solar Analogs and the Climate. Springer, Berlin, pp. 1-107.

Halme, E., 1952. On the influence of climatic variation on fish and fishery. Fennia 75, 89-96.

Hamilton, A.C., 1976. The significance of patterns of distribution shown by forest plants and animals in tropical Africa for the reconstruction of upper Pleistocene palaeoenvironments: a review. Palaeoecol. Afr. 9, 63-97.

Hamilton, A.C., Perrott, R.A., 1979. Aspects of the glaciation of Mt Elgon, East Africa. Palaeoecol. Afr. 11, 153-162.

Hamilton, A.C., Perrott, R.A., 1980. Modern pollen deposition on a tropical African mountain. Pollen Spores. 22, 437-468.

Hammer, C.U., 1977. Past volcanism revealed by Greenland ice sheet impurities. Nature 270, 482-486.

Hammer, C.U., 1980. Acidity of polar ice cores in relation to absolute dating, past volcanism and radio echoes. J. Glaciol. 25, 359-372.

Hammer, C.U., 1984. Traces of Icelandic eruptions in the Greenland ice sheet. Jökull. 34, 51-65.

Hammer, C.U., 1989. Dating by physical and chemical seasonal variations and reference horizons. In: Oeschger, H., Langway Jr., C.C. (Eds.), The Environmental Record in Glaciers and Ice Sheets. Wiley, Chichester, pp. 99-121.

Hammer, C.U., Clausen, H.B., Dansgaard, W., Gundestrup, N., Johnsen, S.J., Reeh, N., 1978. Dating of Greenland ice cores by flow models, isotopes, volcanic debris and continental dust. J. Glaciol. 20, 3-26.

Hammer, C.U., Clausen, H.B., Dansgaard, W., 1980. Greenland ice sheet evidence of post-glacial volcanism and its climatic impact. Nature 288, 230-255.

Hammer, C.U., Clausen, H.B., Langway Jr., C.C., 1997. 50,000 years of recorded global volcanism. Clim. Chang. 35, 1-15.

Hann, B.J., Walker, B.G., Warwick, W.F., 1992. Aquatic invertebrates and climate change: a comment on Walker et al. 1991. Can. J. Fish. Aquat. Sci. 49, 1274-1276 (see also, Reply, 1276-1280).

Hannon, G.E., Gaillard, M.-J., 1997. The plant-macrofossil record of past lake-level changes. J. Paleolimnol. 18, 15-28.

Hansen, J.E., Lacis, A., Rind, D., Russell, G., Stone, P., Fung, I., Ruedy, R., Lerner, J., 1984. Climate sensitivity: analysis of feedback mechanisms. In: Hansen, J.E., Takahashi, T. (Eds.), Climate Processes and Sensitivity. American Geophysical Union, Washington, DC, pp. 130-163.

Hansen, J.E., et al., 1996. A Pinatubo climate modelling investigation. In: Fiocco, G., Fina, D., Visconti, G. (Eds.), The Mount Pinatubo Eruption: Effects on the Atmosphere and Climate. Springer-Verlag, New York.

Hansen, J., Ruedy, R., Sato, M., Lo, K., 2012. Global surface temperature change. Rev. Geophys. 48, RG4004. dx.doi.org/10.1029/2010RG000345.

Haq, B.U., 1978. Calcareous nannoplankton. In: Haq, B.U., Boersma, A. (Eds.), Introduction to Marine Micropaleontology. Elsevier/North Holland, New York, pp. 79-107.

Haq, B.U., Boersma, A. (Eds.), 1978. Introduction to Marine Micropaleontology. Elsevier/North Holland, New York.

Hardy, D.R., 2011. Kilimanjaro. In: Singh, V.P., Singh, P., Haritashya, U.K. (Eds.), Encyclopedia of Snow, Ice and Glaciers. Springer, Dordrecht, pp. 672-679.

Hare, F.K., 1979. Climatic variation and variability: empirical evidence from meteorological and other sources. In: Proceedings of World Climate Conference. Publication No. 537 World Meteorological Organization, Geneva, pp. 51-87.

Hare, S.R., Mantua, N.J., 2000. Empirical evidence for North Pacific regime shifts in 1977 and 1989. Prog. Oceanogr. 47, 103-146.

Hare, P.E., Mitterer, R.M., 1968. Laboratory simulation of amino acid diagenesis in fossils. Carnegie Inst. Wash. Year-book 67, 205-208.

Harington, C.R. (Ed.), 1992. 1816. The Year Without a Summer? Canadian Museum of Nature, Ottawa.

Harland, W.B., Armstrong, R.L., Cox, A.V., Craig, L.E., Smith, A.G., Smith, D.G., 1990. A Geologic Time Scale 1989. Cambridge University Press, Cambridge.

Harmon, R.S., Thompson, P., Schwarcz, H.P., Ford, D.C., 1975. Uranium-series dating of speleothems. National Speleological Society Bulletin 37, 21-33.

Harmon, R.S., Ford, D.C., Schwarcz, H.P., 1977. Interglacial chronology of the Rocky and Mackenzie mountains based on ^{230}Th and ^{234}U dating of calcite speleothems. Can. J. Earth Sci. 14, 2543-2552.

Harmon, R.S., Thompson, P., Schwarcz, H.P., Ford, D.C., 1978a. Late Pleistocene paleoclimates of North America as inferred from stable isotope studies of speleothems. Quat. Res. 9, 54-70.

Harmon, R.S., Schwarcz, H.P., Ford, D.C., 1978b. Late Pleistocene sea level history of Bermuda. Quat. Res. 9, 205-218.

Harmon, R.S., Schwarcz, H.P., O'Neil, J.R., 1979. D/H ratios in speleothem fluid inclusions: a guide to variations in the isotopic composition of meteoric precipitation? Earth Planet. Sci. Lett. 41, 254-266.

Harper, F., 1961. Changes in climate, faunal distribution and life zones in the Ungava Peninsula. Polar Notes 20-41, Dartmouth College, N.H. No. III.

Harrison, S.P., 1989. Lake-levels and climatic changes in eastern North America. Clim. Dyn. 3, 157-167.

Harrison, S.P., 1993. Late Quaternary lake-level changes and climates of Australia. Quat. Sci. Rev. 12, 211-231.

Harrison, S.P., Digerfeldt, G., 1993. European lakes as palaeohydrological and palaeoclimatic indicators. Quat. Sci. Rev. 12, 233-248.

Harrison, S.P., Tarasov, P.E., 1996. Late Quaternary lake-level records from northern Eurasia. Quat. Res. 45, 138-159.
Harrison, S.P., Yu, G., Tarasov, P.E., 1996. Late Quaternary lake-level record from northern Eurasia. Quat. Res. 45, 138-159.
Harrison, S.P., Prentice, I.C., Barboni, D., Kohfeld, J.E., Ni, J., Sutra, J.-P., 2009. Ecophysiological and bioclimatic foundations for a global plant functional classification. J. Veg. Sci. 21, 30-317.
Hastenrath, S., 1967. Observations on the snow line in the Peruvian Andes. J. Glaciol. 6, 541-550.
Hastenrath, S., 1971. On the Pleistocene snow line depression in the arid regions of the South American Andes. J. Glaciol. 10, 255-267.
Hastenrath, S., Kruss, P.D., 1992. The dramatic retreat of Mount Kenya's glaciers 1963-87: greenhouse forcing. Ann. Glaciol. 16, 127-133.
Haug, G.H., Hughen, K.A., Sigman, D.M., Peterson, L.C., Röhl, U., 2001. Southward migration of the Intertropical Convergence Zone through the Holocene. Science 293, 1304-1308.
Haug, G.H., Gunther, D., Peterson, L.C., Sigman, D.M., Hughen, K.A., Aeschlimann, B., 2003. Climate and the collapse of Maya civilization. Science 299, 1731-1735.
Haug, G.H., Ganopolski, A., Sigman, D.M., Rosell-Melé, A., Swann, G.E., Tiedemann, R., Jaccard, S.L., Bollman, J., Maslin, M.A., Leng, M.J., Eglinton, G., 2005. North Pacific seasonality and the glaciation of North America 2.7 million years ago. Nature 433, 821-825.
Hay, W.W., 1974. Introduction. In: Hay, W.W. (Ed.), Studies in Paleoceanography. Special Publication No. 20 Society of Economic Paleontologists and Mineralogists, Tulsa, pp. 1-5.
Hay, W.H., 1993. The role of polar deep water formation in global climate change. Annu. Rev. Earth Planet. Sci. 21, 227-254.
Hays, J.D., Imbrie, J., Shackleton, N.J., 1976. Variations in the earth's orbit: pacemaker of the ice ages. Science 194, 1121-1132 (see also Science 198, 528-530).
Head, M.J., Gibbard, P., Salvador, A., 2008. The Quaternary: its character and definition. Episodes 38 (31), 234-238.
Hecht, A., 1973. A model for determining Pleistocene paleotemperatures from planktonic foraminiferal assemblages. Micropalaeontology 19, 68-77.
Hecht, A.D., Savin, S.M., 1970. Oxygen-18 studies of recent planktonic foraminifera: comparisons of phenotypes and of test parts. Science 170, 69-71 (see also Science 173, 167-169).
Hecht, A.D., Savin, S.M., 1972. Phenotypic variation and oxygen isotope ratios in recent planktonic foraminifera. J. Foram. Res. 2, 55-67.
Hecht, A., Barry, R.G., Fritts, H.C., Imbrie, J., Kutzbach, J., Mitchell Jr., J.M., Savin, S.M., 1979. Paleoclimatic research: status and opportunities. Quat. Res. 12, 6-17.
Heinrich, M., 1988. Origin and consequences of cyclic ice rafting in the northeast Atlantic Ocean during the past 130,000 years. Quat. Res. 29, 143-152.
Heller, F., Liu, T., 1984. Magnetism of Chinese loess deposits. Geophys. J. Roy. Astron. Soc. 77, 125-141.
Heller, F., Shen, C.-D., Beer, J., Liu, X.-M., Liu, T.-S., Bronger, A., Suter, M., Bonani, G., 1993. Quantitative estimates of pedogenic ferromagnetic mineral formation in Chinese loess and paleoclimatic implications. Earth Planet. Sci. Lett. 114, 385-390.
Helsen, M.M., van de Wal, R.S.W., van den Broeke, M.R., 2007. The isotopic composition of present-day Antarctic snow in a Lagrangian atmospheric simulation. J. Clim. 20, 739-756.
Hemming, S., 2004. Heinrich events: massive Late Pleistocene detritus layers of the North Atlantic and their global climate impact. Rev. Geophys. 42, RG1005.
Hendy, C., 1971. The isotopic geochemistry of speleothems: I. The calculation of the effects of different modes of formation on the isotopic composition of speleothems and their applicability as paleoclimatic indicators. Geochim. Cosmochim. Acta 35, 801-824.
Hendy, E.J., Gagan, M.K., Alibert, C.A., McCulloch, M.T., Lough, J.M., Isdale, P.J., 2002. Abrupt decrease in tropical Pacific sea surface salinity at the end of the Little Ice Age. Science 295, 1511-1514.
Hendy, E.J., Gagan, M.K., Lough, J.M., 2003. Chronological control of coral records using luminescent lines and evidence for non-stationary ENSO teleconnections in northeast Australia. The Holocene 13, 187-199.
Henfling, E., Pflaubaum, H., 1991. Neue Aspekte zur klimatischen Interpretation der hohen pharaonischen Nilflut-marken am 2. Katarakt aus ägyptologischer und geomorphologischer Sicht. Würzburger Geographische Arbeiten 80, 87-109.
Herbert, T.D., 2003. Alkenone paleotemperature determinations. In: Elderfield, H., Turekian, K.K. (Eds.), Treatise in Marine Geochemistry. Elsevier, Amsterdam, pp. 391-432.
Herbert, T.D., Peterson, L.C., Lawrence, K.T., Liu, Z., 2010. Tropical ocean temperatures over the past 3.5 million years. Science

328, 1530-1534.

Hereid, K.A., Quinn, T.M., Taylor, F.W., Shen, C.-C., Edwards, R.L., Cheng, H., 2012. Coral record of reduced El Niño activity in the early 15th to middle 17th century. Geology 41, 51-54.

Hereid, K.A., Quinn, T.M., Okumura, Y.M., 2013. Assessing spatial variability in El Niño-Southern Oscillation event detection skill using coral geochemistry. Paleoceanography 28, 14-23.

Herfort, L., Schouten, S., Boon, J.P., Sinninghe Damsté, J.S., 2006. Application of the TEX$_{86}$ temperature proxy to the southern North Sea. Org. Geochem. 37, 1715-1726.

Herron, S., Langway Jr., C.C., 1979. The debris-laden ice at the bottom of the Greenland Ice Sheet. J. Glaciol. 23, 193-207.

Herron, M.M., Langway, C.C., 1980. Firn densification: an empirical model. J. Glaciol. 25, 373-386.

Herweijer, C., Seager, R., Cook, E.R., Emile-Geay, E., 2007. North American droughts of the last millennium from a gridded network of tree-ring data. J. Clim. 20, 1353-1376.

Hesse, P.P., 1994. The record of continental dust from Australia in Tasman Sea sediments. Quat. Sci. Rev. 13, 257-272.

Hicks, S., 2001. The use of annual arboreal pollen deposition values for delimiting tree-lines in the landscape and exploring models of pollen dispersal. Rev. Palaeobot. Palynol. 117, 1-29.

Hilgen, F.J., 1991. Astronomical calibration of Gauss to Matuyama sapropels in the Mediterranean and implications for the geomagnetic polarity time scale. Earth Planet. Sci. Lett. 104, 226-244.

Hodell, D.A., Curtis, J.H., Brenner, M., 1995. Possible role of climate in the collapse of Classic Maya civilization. Nature 375, 391-394.

Hodell, D.A., Brenner, M., Curtis, J.H., Guilderson, T., 2001. Solar forcing of drought frequency in the Maya Lowlands. Science 292, 1367-1370.

Hodell, D.A., Brenner, M., Curtis, J.H., 2005. Terminal Classic drought in the northern Maya lowlands inferred from multiple sediment cores in Lake Chichancanab (Mexico). Quat. Sci. Rev. 24, 1413-1427.

Hodell, D.A., Channell, J.E.T., Curtis, J.H., Romero, O.E., Röhl, U., 2008a. Onset of "Hudson Strait" Heinrich events in the eastern North Atlantic at the end of the middle Pleistocene transition (~640ka)? Paleoceanography 23, PA4218. dx.doi.org/10.1029/2008PA001591.

Hodell, D.A., Anselmetti, F.S., Ariztegui, D., Brenner, M., Curtis, J.H., Gilli, A., Grzesik, D.A., Guilderson, T.J., Müller, A.D., Bush, M.B., Correa-Metrio, A., Escobar, J., Kutterolf, S., 2008b. An 85-ka record of climate change in lowland Central America. Quat. Sci. Rev. 27, 1152-1165.

Hoelzmann, P., Jolly, D., Harrison, S.P., Laarif, F., Bonnefille, R., Pachur, H.-J., 1998. Mid-Holocene land-surface conditions in northern Africa and the Arabian Peninsula: a data set for the analysis of biogeophysical feedbacks in the climate system. Glob. Biogeochem. Cycles 12, 35-51.

Hoelzmann, P., Gasse, F., Dupont, L.M., Salzmann, U., Staubwasser, M., Leuschner, D.C., Sirocko, F., 2004. Palaeoenvironmental changes in the arid and subarid belt (Sahara-Sahel-Arabian Peninsula) from 150kyr to present. In: Battarbee, R.W., Gasse, F., Stickley, C.E. (Eds.), Past Climate Variability through Europe and Africa. Springer, Berlin, pp. 219-256.

Hoffsummer, P., 1996. Dendrochronology and the study of roof-framing in Belgium. In: Dean, J.S., Meko, D.M., Swetnam, T.W. (Eds.), Tree Rings, Environment and Humanity. University of Arizona, Tucson, pp. 525-531.

Hofmann, W., 1986. Chironomid analysis. In: Berglund, B.E. (Ed.), Handbook of Holocene Palaeoecology and Palaeohydrology. Wiley, Chichester, pp. 715-727.

Hoganson, J.W., Ashworth, A.C., 1992. Fossil beetle evidence for climatic change, 18,000-10,000 years B.P. in southcentral Chile. Quat. Res. 37, 101-116.

Hogg, A., Lowe, D.J., Palmer, J., Boswijk, G., Bronk Ramsey, C., 2011. Revised calendar date for the Taupo eruption derived by ^{14}C wiggle-matching using a New Zealand kauri ^{14}C calibration data set. The Holocene 22, 439-449.

Hoinkes, H.C., 1968. Glacier variation and weather. J. Glaciol. 7, 3-19.

Holdsworth, G., Peake, E., 1985. Acid content of snow from a mid-troposphere sampling site on Mount Logan, Yukon Territory, Canada. Ann. Glaciol. 7, 153-160.

Hollin, J.T., Schilling, D.H., 1981. Late Wisconsin-Weichselian mountain glaciers and small ice caps. In: Denton, G.H., Hughes, T.J. (Eds.), The Last Great Ice Sheets. Wiley, New York, pp. 179-206.

Holmes, R.L., 1983. Computer-assisted quality control in tree-ring dating and measurement. Tree-Ring Bull. 44, 69-75.

Holmes, P.L., 1994. The sorting of spores and pollen by water: experimental and field evidence. In: Traverse, A. (Ed.), Sedimentation of Organic Particles. Cambridge University Press, Cambridge, pp. 9-32.

Holmes, J.A., 1996. Trace-element and stable-isotope geochemistry of non-marine ostracod shells in Quaternary paleoenvironmental reconstruction. J. Paleolimnol. 15, 223-225.

Holmes, J.A., 1998. A late Quaternary ostracod record from Wallywash Great Pond, a Jamaican marl lake. J. Paleolimnol. 19, 115-128.

Holmes, J.A., 2001. Ostracoda. In: Smol, J.P., Birks, H.J.B., Last, W.M. (Eds.), Tracking Environmental Change Using Lake sediments, vol. 4. Kluwer Academic, Dordrecht, pp. 125-151.

Holmes, J.A., Engstrom, D.R., 2003. Non-marine ostracod records of Holocene environmental change. In: Mackay, A., Battarbee, R., Birks, H.J.B., Oldfield, F. (Eds.), Global Change in the Holocene. Arnold, London, pp. 310-327.

Holmes, J.A., Street-Perrott, F.A., Allen, M.J., Fothergill, P.A., Harkness, D., Kroon, D., Perrott, R.A., 1997. Holocene paleolimnology of Kajemarum Oasis, northern Nigeria: an isotopic study of ostracodes, bulk carbonate and organic carbon. J. Geol. Soc. 154, 311-319.

Holt, K., Allen, G., Hodgson, R., Marsland, S., Flenley, J., 2011. Progress towards an automated trainable pollen location and classifier system for use in the palynology laboratory. Rev. Palaeobot. Palynol. 167, 175-183.

Holtmeier, F.-K., 1994. Ecological aspects of climatically-caused timberline fluctuations. In: Beniston, M. (Ed.), Mountain Environments in Changing Climates. Routledge, London, pp. 220-233.

Holtmeier, F.-K., 2000. Mountain Timberlines. Kluwer, Dordrecht, 369 pp.

Holzer, M., Primeau, F.W., 2006. The diffusive ocean conveyor. Geophys. Res. Lett. 33. dx.doi.org/10.1029/ 2006GL026232.

Holzkamper, S., Spötl, C., Mangini, A., 2005. High-precision constraints on timing of Alpine warm periods during the middle to late Pleistocene using speleothem growth periods. Earth Planet. Sci. Lett. 236, 751-764.

Hooghiemstra, H., 1984. Vegetational and climatic history of the high plain of Bogota, Colombia: a continuous record of the last 3.5 million years. Dissertationes Botanicae No. 79, J. Cramer, Vaduz.

Hooghiemstra, H., Ran, E.T.H., 1994. Pliocene-Pleistocene high resolution pollen sequence of Colombia: an overview of climatic change. Quat. Int. 21, 63-80.

Hooghiemstra, H., van Geel, B., 1998. World list of pollen and spore atlases. Rev. Palaeobot. Palynol. 104, 157-182.

Hooghiemstra, H., Stalling, H., Agwu, C.O.C., Dupont, L.M., 1992. Vegetational and climatic changes at the northern fringe of the Sahara 250,000-5,000 years B.P.: evidence from 4 marine pollen records located between Portugal and the Canary Islands. Rev. Palaeobot. Palynol. 74, 1-53.

Hooghiemstra, H., Melice, J.L., Berger, A., Shackleton, N.J., 1993. Frequency spectra and paleoclimatic variability of the high resolution 30-1450 kyr Funza I pollen record (eastern Cordillera, Colombia). Quat. Sci. Rev. 12, 141-156.

Hopmans, E.C., Weijers, J.W.H., Schefuss, E., Herfort, L., Sinninghe Damsté, J.S., Schouten, S., 2004. A novel proxy for terrestrial organic matter in sediments based on branched and isoprenoid tetraether lipids. Earth Planet. Sci. Lett. 224, 107-116.

Hörhold, M.W., Laepple, T., Freitag, J., Bigler, M., Fischer, H., Kipfstuhl, S., 2012. On the impact of impurities on the densification of polar firn. Earth Planet. Sci. Lett. 325-326, 93-99.

Hormes, A., Müller, B.U., Schlüchter, S., 2001. The Alps with little ice: evidence for eight Holocene phases of reduced glacier extent in the central Swiss Alps. The Holocene 11, 255-264.

Hostetler, S.W., Giorgi, F., Bates, G.T., Bartlein, P.J., 1994. Lake-atmosphere feedbacks associated with paleolakes Bonneville and Lahontan. Science 263, 665-668.

Hovan, S.A., Rea, D.K., Pisias, N.G., Shackleton, N.J., 1989. A direct link between the China loess and marine $\delta^{18}O$ records: aeolian flux to the north Pacific. Nature 340, 296-298.

Hovan, S.A., Rea, D.K., Pisias, N.G., 1991. Late Pleistocene continental climate and oceanic variability recorded in Northwest Pacific sediments. Paleoceanography 6, 349-370.

Howe, S.E., Webb III, T., 1983. Calibrating pollen data in climatic terms: improving the methods. Quat. Sci. Rev. 2, 17-51.

Hoyt, D.V., Schatten, K.H., 1997. The Role of the Sun in Climate Change. Oxford University Press, Oxford. 279 pp.

Hsu, H.H., Chen, Y.L., 2011. Decadal to bi-decadal rainfall variation in the western Pacific: a footprint of South Pacific decadal variability? Geophys. Res. Lett. 38. L03703. dx.doi.org/10.1029/2010GL046278.

Hu, A.X., Meehl, G.A., Han, W.Q., Timmermann, A., Otto-Bliesner, B., Liu, Z.Y., Washington, W.M., Large, W., Abe-Ouchi, A., Kimoto, M., Lambeck, K., Wu, B.Y., 2012. Role of the Bering Strait on the hysteresis of the ocean conveyor belt circulation and glacial climate stability. Proc. Natl. Acad. Sci. U.S.A. 109, 6417-6422.

Huang, Y., Shuman, B., Wang, Y., Webb III, T., 2004. Hydrogen isotope ratios of individual lipids in lake sediments as novel tracers

of climatic and environmental change: a surface sediment test. J. Paleolimnol. 31, 363-375.
Huang, Y., Shuman, B., Wang, Y., Webb III, T., Grimm, E.C., Jacobson, J., 2006. Climatic and environmental controls on the variation of C_3 and C_4 plant abundances in central Florida for the past 62,000 years. Palaeogeogr. Palaeoclimatol. Palaeoecol. 237, 428-435.
Huber, B.T., McLeod, K.G., Wing, S.L., 2000. Warm Climates in Earth History. Cambridge University Press, Cambridge, UK, 465 pp.
Huber, C., Leuenberger, M., Spahni, R., Flückiger, J., Schwander, J., Stocker, T.F., Johnsen, S., Landais, A., Jouzel, J., 2006. Isotope calibrated Greenland temperature record over Marine Isotope Stage 3 and its relation to CH_4. Earth Planet. Sci. Lett. 243, 504-519.
Hughen, K.A., Overpeck, J.T., Peterson, L.C., Anderson, R.F., 1996. The nature of varved sedimentation in the Cariaco Basin, Venezuela and its paleoclimatic significance. In: Kemp, A.E.S. (Ed.), Palaeoclimatology and Palaeoceanography from Laminated Sediments. Special Publication No. 116, The Geological Society, London, pp. 171-183.
Hughen, K.A., Overpeck, J.T., Lehman, S.J., Kashgarian, M., Southon, J., Peterson, L.C., Alley, R., Sigman, D.M., 1998. Deglacial changes in ocean circulation from an extended radiocarbon calibration. Nature 391, 65-68.
Hughen, K.A., Southon, J.R., Lehman, S.J., Overpeck, J.T., 2000. Synchronous radiocarbon and climate shifts during the last deglaciation. Science 290, 1951-1954.
Hughen, K., Lehman, S., Southon, J., Overpeck, J., Marchal, O., Herring, C., Turnbull, J., 2004. ^{14}C activity and global carbon cycle changes over the past 50,000 years. Science 30, 202-207.
Hughen, K., Southon, J., Lehman, S., Bertrand, C., Turnbull, J., 2006. Marine-derived ^{14}C calibration and activity record for the past 50,000 years updated from the Cariaco Basin. Quat. Sci. Rev. 25, 3216-3227.
Hughes, M.K., 2011. Dendroclimatology in high-resolution paleoclimatology. In: Hughes, M.K., Swetnam, T.W., Diaz, H.F. (Eds.), Dendroclimatology: Progress and Prospects. Springer, Dordrecht, pp. 17-34.
Hughes, M.K., Diaz, H.F., 1994. Was there a "Medieval Warm Period" and if so, where and when? Clim. Chang. 26, 109-142.
Hughes, T.J., Denton, G.H., Anderson, B.G., Schilling, D.H., Fastook, J.L., Lingle, C.S., 1981. The last great ice sheets: a global view. In: Denton, G.H., Hughes, T.J. (Eds.), The Last Great Ice Sheets. Wiley, New York, pp. 275-318.
Hughes, M.K., Kelley, P.M., Pilcher, J.R., LaMarche, V.C., 1982. Climate from Tree Rings. Cambridge University Press, Cambridge.
Hughes, M.K., Swetnam, T.W., Diaz, H.F. (Eds.), 2011. Dendroclimatology: Progress and Prospects. Springer, Dordrecht, 365 pp.
Hughes, P.D., Gibbard, P.L., Ehlers, J., 2013. Timing of glaciation during the last glacial cycle: evaluating the concept of a global 'Last Glacial Maximum' (LGM). Earth-Sci. Rev. 125, 171-198.
Huguet, C., Schimmelmann, A., Thunell, R., Lourens, L.J., Sinninghe Damsté, J.S., Schouten, S., 2007. A study of the TEX_{86} paleothermometer in the water column and sediments of the Santa Barbara Basin, California. Paleoceanography 22. PA3203. dx.doi.org/10.1029/2006PA001310.
Hulbe, C.L., MacAyeal, D.R., Denton, G.H., Kleman, J., Lowell, T.V., 2004. Catastrophic ice shelf breakup as the source of Heinrich event icebergs. Paleoceanography 19. PA1004. dx.doi.org/10.1029/2003PA000890.
Hummel, J., Reck, R., 1979. A global surface albedo model. J. Appl. Meteorol. 18, 239-253.
Hunt, J.B., Hill, P.G., 1993. Tephra geochemistry: a discussion of some persistent analytical problems. The Holocene 3, 271-278 (See also discussion in, The Holocene 4, 435-438).
Huntley, B., 1990a. European vegetation history: palaeovegetation maps from pollen data -13,000 B.P. to present. J. Quat. Sci. 5, 103-122.
Huntley, B., 1990b. Dissimilarity mapping between fossil and contemporary pollen spectra in Europe for the past 13,000 years. Quat. Res. 33, 360-376.
Huntley, B., Birks, H.J.B., 1983. An Atlas of Past and Present Pollen Maps for Europe, 0-13,000 Years Ago. Cambridge University Press, Cambridge.
Huntley, B., Prentice, I.C., 1988. July temperatures in Europe from pollen data, 6000 years before present. Science 241, 687-690.
Huntley, B., Prentice, I.C., 1993. Holocene vegetation and climates in Europe. In: Wright Jr., H.E., Kutzbach, J.E., Webb III, T., Ruddiman, W.F., Street-Perrott, F.A., Bartlein, P.J. (Eds.), Global Climates Since the Last Glacial Maximum. University of Minnesota Press, Minneapolis, pp. 136-168.
Huntley, B., Webb III, T., 1988. Vegetation History. Kluwer, Dordrecht.

Huntley, B., Webb III, T., 1989. Migration: species' response to climatic variations caused by changes in the earth's orbit. J. Biogeogr. 16, 5-19.

Huntley, D.J., Godfrey-Smith, D.I., Thewalt, M.L.W., 1985. Optical dating of sediments. Nature 313, 105-107.

Hurford, A.J., Green, P.F., 1982. A user's guide to fission track dating calibration. Earth Planet. Sci. Lett. 59, 343-354.

Hurrell, J.W., 1995. Decadal trends in the North Atlantic oscillation. Science 269, 676-679.

Hutson, W.H., 1977. Transfer functions under no-analog conditions: experiments with Indian Ocean planktonic foraminifera. Quat. Res. 3, 355-367.

Hütt, G., Jaek, H.I., Tchonka, J., 1988. Optical dating: K-feldspars optical response stimulation spectra. Quat. Sci. Rev. 7, 381-385.

Huxtable, J., Aitken, M.J., Bonhommet, N., 1978. Thermoluminescence dating of sediment baked by lava flows of the Chaine des Puys. Nature 275, 207-209.

Huybers, P., 2006. Early Pleistocene glacial cycles and the integrated summer insolation forcing. Science 313, 508-511.

Huybers, P., 2007. Glacial variability over the last two million years: an extended depth-derived age model, continuous obliquity pacing, and the Pleistocene progression. Quat. Sci. Rev. 26, 37-55.

Huybers, P., 2011. Combined obliquity and precession forcing of Late Pleistocene deglaciations. Nature 480, 229-232.

Huybers, P., Curry, W., 2006. Links between annual, Milankovitch and continuum temperature variability. Nature 441, 329-332.

Huybers, P., Denton, G.H., 2008. Antarctic temperature at orbital timescales controlled by local summer duration. Nat. Geosci. 1, 787-792.

Imbrie, J., 1985. A theoretical framework for the Pleistocene ice ages. J. Geol. Soc. Lond. 142, 417-432.

Imbrie, J., Imbrie, K.P., 1979. Ice Ages: Solving the Mystery. Macmillan, London.

Imbrie, J., Kipp, N.G., 1971. A new micropalaeontological method for quantitative paleoclimatology: application to late Pleistocene Caribbean core V28-238. In: Turekian, K.K. (Ed.), The Late Cenozoic Glacial Ages. Yale University Press, New Haven, pp. 77-181.

Imbrie, J., van Donk, J., Kipp, N.G., 1973. Paleoclimatic investigation of a late Pleistocene Caribbean deep-sea core: comparison of isotopic and faunal methods. Quat. Res. 3, 10-38.

Imbrie, J., Hays, J.D., Martinson, D.G., Mcintyre, A., Mix, A., Morley, J.J., Pisias, N.G., Prell, W., Shackleton, N.J., 1984. The orbital theory of Pleistocene climate: support from a revised chronology of the marine $\delta^{18}O$ record. In: Berger, A., Hays, J., Kukla, G., Saltzman, B. (Eds.), Milankovitch and Climate. Reidel, Dordrecht, pp. 269-305.

Imbrie, J., Berger, A., Boyle, E.A., Clemens, S.C., Duffy, A., Howard, W.R., Kukla, G., Kutzbach, J., Martinson, D.G., Mcintyre, A., Mix, A.C., Molfino, B., Morley, J.J., Peterson, L.C., Pisias, N.G., Prell, W.L., Raymo, M.E., Shackleton, N.J., Toggweiler, J.R., 1992. On the structure and origin of major glaciation cycles, 1. Linear responses to Milankovitch forcing. Paleoceanography 7, 701-738.

Imbrie, J., Berger, A., Boyle, E.A., Clemens, S.C., Duffy, A., Howard, W.R., Kukla, G., Kutzbach, J., Martinson, D.G., Mcintyre, A., Mix, A.C., Molfino, B., Morley, J.J., Peterson, L.C., Pisias, N.G., Prell, W.L., Raymo, M.E., Shackleton, N.J., Toggweiler, J.R., 1993a. On the structure and origin of major glaciation cycles, 2. The 100,000-year cycle. Paleoceanography 8, 699-735.

Imbrie, J., Berger, A., Shackleton, N.J., 1993b. Role of orbital forcing: a two million year perspective. In: Eddy, J.A., Oeschger, H. (Eds.), Global Changes in the Perspective of the Past. Wiley, Chichester, pp. 263-277.

Imbrie, J., Mix, A.C., Martinson, D.G., 1993c. Milankovitch theory viewed from Devil's Hole. Nature 363, 531-533 (see also reply by Winograd, I.C., Landwehr, J.M., 1993).

Ineson, S., Scaife, A.A., Knight, J.R., Manners, J.C., Dunstone, N.J., Gray, L.J., Haigh, J.D., 2011. Solar forcing of winter climate variability in the Northern hemisphere. Nat. Geosci. 4, 753-757.

Ingalls, A.E., Pearson, A., 2005. Ten years of compound-specific radiocarbon dating. Oceanography 18, 18-31.

Ingram, M.J., Underhill, D.J., Wigley, T.M.L., 1978. Historical climatology. Nature 276, 329-334.

Ingram, M.J., Farmer, G., Wigley, T.M.L., 1981a. Past climates and their impact on Man: a review. In: Wigley, T.M.L., Ingram, M.J., Farmer, G. (Eds.), Climate and History. Cambridge University Press, Cambridge, pp. 3-50.

Ingram, M.J., Underhill, D.J., Farmer, G., 1981b. The use of documentary sources for the study of past climates. In: Wigley, T.M.L., Ingram, M.J., Farmer, G. (Eds.), Climate and History. Cambridge University Press, Cambridge, pp. 180-213.

Innes, J.L., 1982. Lichenometric use of an aggregated *Rhizocarpon* species. Boreas 11, 53-58.

Inoue, M., Yokoyama, Y., Harada, M., Suzuki, A., Kawahata, H., Matsuzaki, H., Iryu, Y., 2010. Trace element variations in fossil corals from Tahiti collected by IODP expedition 310: reconstruction of marine environments during the last deglaciation (15 to 9ka). Mar. Geol. 271, 303-306.

Isdale, P.J., 1984. Fluorescent bands in massive corals record centuries of coastal rainfall. Nature 310, 378-379.

Isdale, P.J., Stewart, B.J., Tickle, K.S., Lough, J.M., 1998. Palaeohydrological variation in a tropical river catchment: a reconstruction using fluorescent bands in corals of the Great Barrier Reef, Australia. The Holocene 8, 1-8.

Ito, E., 2001. Application of stable isotope techniques to inorganic and biogenic carbonates. In: Smol, J.P., Birks, H.J.B., Last, W.M. (Eds.), Tracking Environmental Change Using Lake sediments. Physical and Geochemical Methods, vol. 2. Kluwer Academic, Dordrecht, pp. 351-371.

Ivanovich, M., Harmon, R.S., 1982. Uranium Series Disequilibrium: Applications to Environmental Problems. Clarendon Press, Oxford.

Ives, J.D., 1974. Permafrost. In: Ives, J.D., Barry, R.G. (Eds.), Arctic and Alpine Environments. Methuen, London, pp. 159-194.

Ives, J.D., Andrews, J.T., Barry, R.G., 1975. Growth and decay of the Laurentide Ice Sheet and comparisons with Fenno-Scandinavia. Naturwissenschaften 61, 118-125.

Izett, G.A., Obradovich, J.D., 1994. ^{40}Ar/^{39}Ar age constraints for the Jaramillo Normal Subchron and the Matuyama-Brunhes geomagnetic reversal. J. Geophys. Res. 99B, 2925-2934.

Izumi, K., Bartlein, P.J., Harrison, S.P., 2013. Consistent large-scale temperature responses in warm and cold climates. Geophys. Res. Lett. 40, 1817-1823. dx.doi.org/10.1002/grl.50350.

Jackson, S.T., 1994. Pollen and spores in Quaternary lake sediments as sensors of vegetation composition: theoretical models and empirical evidence. In: Traverse, A. (Ed.), Sedimentation of Organic Particles. Cambridge University Press, Cambridge, pp. 253-286.

Jackson, S.T., Williams, J.W., 2004. Modern analogs in Quaternary paleoecology: here today, gone yesterday, gone tomorrow? Annu. Rev. Earth Planet. Sci. 32, 495-537.

Jackson, S.T., Overpeck, J.T., Webb III, T., Keattch, S.E., Anderson, K.H., 1997. Mapped plant-macrofossils and pollen records of late Quaternary vegetation in eastern North America. Quat. Sci. Rev. 16, 1-70.

Jacobeit, J., Glaser, R., Luterbacher, J., Wanner, H., 2003. Links between flood events in Central Europe since AD 1500 and large-scale atmospheric circulation modes. Geophys. Res. Lett. 30, 1172. dx.doi.org/10.1029/2002GL016433.

Jacobsen, G.L., Webb III, T., Grimm, E.C., 1987. Patterns and rates of vegetation change during the deglaciation of eastern North America. In: Ruddiman, W.F., Wright, H.E. (Eds.), North America and Adjacent Oceans During the Last Deglaciation. The Geology of North America, vol. K-3. Geological Society of America, Boulder, pp. 277-288.

Jacobson, G.L., Bradshaw, R., 1981. The selection of sites for paleovegetational studies. Quat. Res. 16, 80-96.

Jacoby, G.C., D'Arrigo, R.D., 1995. Tree ring width and density evidence of climatic and potential forest change in Alaska. Glob. Biogeochem. Cycles 9, 227-234.

Jaeschke, A., Rühlemann, C., Arz, H., Heil, G., Lohmann, G., 2007. Coupling of millennial-scale changes in sea surface temperature and precipitation off northeastern Brazil with high-latitude climate shifts during the glacial period. Paleoceanography 22. PA4206. dx.doi.org/10.1029/2006PA001391.

Jansen, E., Overpeck, J., Briffa, K.R., Duplessy, J.-C., Joos, F., Masson-Delmotte, V., Olago, D., Otto-Bliesner, B., Peltier, W.R., Rahmstorf, S., Ramesh, R., Raynaud, D., Rind, D., Solomina, O., Villalba, R., Zhang, D., 2007. Palaeoclimate. In: Solomon, S., Qin, D., Manning, M., Chen, Z., Marquis, M., Averyt, K.B., Tignor, M., Miller, H.L. (Eds.), Climate Change 2007: The Physical Science Basis. Contribution of Working Group I to the Fourth Assessment of the Intergovernmental Panel on Climate Change. Cambridge University Press, Cambridge, pp. 433-497.

Janssen, C.R., 1966. Recent pollen spectra from the deciduous and coniferous-deciduous forests and northeastern Minnesota: a study in pollen dispersal. Ecology 47, 804-825.

Jenk, T.M., Szidat, S., Bolius, D., Sigl, M., Gäggeler, H., Wacker, L., Ruff, M., Barbante, C., Boutron, C.F., Schwikowski, M., 2009. A novel radiocarbon dating technique applied to an ice core from the Alps indicating late Pleistocene ages. J. Geophys. Res. 114, D14305. dx.doi.org/10.1029/2009JD011860.

Jenkyns, H.C., Forster, A., Schouten, S., Sinninghe Damsté, J.S., 2004. High temperatures in the Late Cretaceous Arctic Ocean. Nature 432, 888-892.

Jennerjahn, T.C., Ittekkot, V., Arz, H.W., Behling, H., Patzold, J., Wefer, G., 2004. Asynchronous terrestrial and marine signals of climate change during Heinrich events. Science 306, 2236-2239.

Ji, J.F., Chen, J., Balsam, W., Lu, H.Y., Sun, Y.B., Xu, H.F., 2004. High resolution hematitite/goethite records from Chinese loess sequences for the last glacial-interglacial cycle: rapid climatic response of the Aast Asian Monsoon to the tropical Pacific. Geophys. Res. Lett. 31, L03207. dx.doi.org/10.1029/2003GL018975.

Jin, C.S., Liu, Q.S., 2011. Revisiting the position of the Brunhes-Matuyama geomagnetic polarity boundary in Chinese loess. Palaeogeogr. Palaeoclimatol. Palaeoecol. 299, 309-317.

Jochimsen, M., 1973. Does the size of lichen thalli really constitute a valid measure for dating glacial deposits? Arct. Alp. Res. 5, 417-424.

Joerin, U.E., Stocker, T.F., Schluchter, C., 2006. Multicentury glacier fluctuations in the Swiss Alps during the Holocene. The Holocene 16, 697-704.

Johnsen, S.J., 1977. Stable isotope profiles compared with temperature profiles in firn and with historical temperature records. In: Proceedings of Symposium on Isotopes and Impurities in Snow and Ice. International Association of Hydrological Sciences Publication. 118, Washington, D.C, pp. 388-392.

Johnsen, S.J., Dansgaard, W., 1992. On flow model dating of stable isotope records from Greenland ice cores. In: Bard, E., Broecker, W. (Eds.), The Last Deglaciation: Absolute and Radiocarbon Chronologies. Springer-Verlag, Berlin, pp. 13-24.

Johnsen, S.J., Dansgaard, W., Clausen, H.B., Langway Jr., C.C., 1972. Oxygen isotope profiles through the Antarctic and Greenland ice sheets. Nature 235, 429-434 (see also, Nature 236, 249).

Johnsen, S.J., Dansgaard, W., White, J.W.C., 1989. The origin of Arctic precipitation under glacial and interglacial conditions. Tellus 41B, 452-468.

Johnsen, S.J., Clausen, H.B., Dansgaard, W., Fuhrer, K., Gundestrup, N., Hammer, C.U., Iversen, P., Jouzel, J., Stauffer, B., Steffensen, J.P., 1992. Irregular glacial interstadials recorded in a new Greenland ice core. Nature 359, 311-313.

Johnsen, S.J., Clausen, H.B., Dansgaard, W., Gundestrup, N., Hammer, C.U., Tauber, H., 1995. The Eem stable isotope record along the GRIP ice core and its interpretation. Quat. Res. 43, 117-124.

Johnsen, S.J., Dahl-Jensen, D., Gundestrup, N., Steffensen, J.P., Clausen, H.B., Miller, H., Masson-Delmotte, V., Sveinbjornsdottir, A.E., White, J., 2001. Oxygen isotope and palaeotemperature records from six Greenland ice-core stations: Camp Century, Dye-3, GRIP, GISP2, Renland and NGRIP. J. Quat. Sci. 16, 299-307.

Johnson, R.G, 1982. Brunhes-Matuyama reversal dated at 790,000 yr B.P. by marine and astronomical correlation. Quat. Res. 17, 135-147.

Johnson, R.G., Wright Jr., H.E., 1989. Great Basin calcite vein and the Pleistocene time scale: comment. Science 246, 262 (see also reply by Winograd, I.C., Coplen, T.B., 262-263).

Jolly, D., Haxeltine, A., 1997. Effect of low glacial atmospheric CO_2 on tropical African montane vegetation. Science 276, 786-788.

Jolly, D., Prentice, I.C., Bonnefille, R., Ballouche, A., Bengo, M., Brenac, P., Buchet, G., Burney, D., Cazet, J.-P., Cheddadi, R., Edorh, T., Elenga, H., Elmoutaki, S., Guiot, J., Laarif, F., Lamb, H., Lezine, A.-M., Maley, J., Mbenza, M., Peyron, O., Reille, M., Reynaud-Farrera, I., Riollet, G., Ritchie, J.C., Roche, E., Scott, L., Ssemmanda, I., Straka, H., Umer, M., Van Campo, E., Vilimumbalo, S., Vincens, A., Waller, M., 1998. Biome reconstruction from pollen and plant macrofossil data for Africa and the Arabian Peninsula and 0 and 6000 years. J. Biogeogr. 25, 1007-1027.

Jones, P.D., Bradley, R.S., 1992. Climatic variations over the last 500 years. In: Bradley, R.S., Jones, P.D. (Eds.), Climate Since A.D. 1500. Routledge, London, pp. 649-665.

Jones, P.D., Bradley, R.S., Jouzel, J. (Eds.), 1996. Climate Variations and Forcing Mechanisms of the Last 2000 years. Springer-Verlag, Berlin.

Jones, P.D., Ogilvie, A.E.G., Davies, T.D., Briffa, K.R. (Eds.), 2001. History and Climate: Memories of the Future?. Kluwer, New York, 295 pp.

Jones, P.D., Briffa, K.R., Osborn, T.J., Lough, J.M., van Ommen, T.D., Vinther, B.M., Luterbacher, J., Wahl, E.R., Zwiers, F.W., Mann, M.E., Schmidt, G.A., Ammann, C.M., Buckley, B.M., Cobb, K.M., Esper, J., Goosse, H., Graham, N., Jansen, E., Kiefer, T., Kull, C., Küttel, M., Mosley-Thompson, E., Overpeck, J.T., Riedwyl, N., Schulz, M., Tudhope, A.W., Villalba, R., Wanner, H., Wolff, E., Xoplaki, E., 2009. High-resolution palaeoclimatology of the last millennium: a review of current status and future prospects. The Holocene 19, 3-49.

Jorissen, F.J., Fontanier, C., Thomas, E., 2007. Paleoceanographic proxies based on deep-sea benthic foraminiferal assemblage characteristics. In: Hillaire-Marcel, C., de Vernal, A. (Eds.), Proxies in Late Cenozoic Paleoceanography. Elsevier, Amsterdam, pp. 263-325.

Joussaume, S., Jouzel, J., 1993. Paleoclimatic tracers: an investigation using an atmospheric general circulation model under ice age conditions. 2. Water isotopes. J. Geophys. Res. 98D, 2807-2830.

Joussaume, S., Jouzel, J., Sadorny, R., 1984. A general circulation model of water isotope cycles in the atmosphere. Nature 311, 24-29.

Jouzel, J., 1991. Paleoclimatic tracers. In: Bradley, R.S. (Ed.), Global Changes of the Past. University Corporation for Atmospheric Research, Boulder, pp. 449-476.

Jouzel, J., Merlivat, L., 1984. Deuterium and oxygen-18 in precipitation: modeling of the isotopic effects during snow formation. J. Geophys. Res. 89D, 11749-11757.

Jouzel, J., Masson-Delmotte, V., 2010. Deep ice cores: the need for going back in time. Quat. Sci. Rev. 29, 3683-3689.

Jouzel, J., Merlivat, L., Lorius, C., 1982. Deuterium excess in an East Antarctic ice core suggests higher relative humidity at the oceanic surface during the last glacial maximum. Nature 299, 688-691.

Jouzel, J., Merlivat, L., Petit, J.R., Lorius, C., 1983. Climatic information over the last century deduced from a detailed isotopic record in the South Pole snow. J. Geophys. Res. 88C, 2693-2703.

Jouzel, J., Lorius, C., Merlivat, L., Petit, J.R., 1987a. Abrupt climatic changes: the Antarctic ice record during the late Pleistocene. In: Berger, W.H., Labeyrie, L.D. (Eds.), Abrupt Climatic Change: Evidence and Implications. D. Reidel, Dordrecht, pp. 235-245.

Jouzel, J., Lorius, C., Petit, J.R., Genthon, C., Barkov, N.J., Kotlyakov, V.M., Petrov, V.N., 1987b. Vostok ice core: a continuous isotope temperature record over the last climatic cycle 160,000 years. Nature 329, 403-408.

Jouzel, J., Raisbeck, G., Benoist, J.P., Yiou, F., Lorius, C., Raynaud, D., Petit, J.R., Barkov, N.I., Korotkevich, Y.S., Kotlyakov, V.M., 1989a. A comparison of deep Antarctic ice cores and their implications for climate between 65,000 and 15,000 years ago. Quat. Res. 31, 135-150.

Jouzel, J., Barkov, N.I., Barnola, J.M., Genthon, C., Korotkevich, Y.S., Kotlyakov, V.M., Legrand, M., Lorius, C., Petit, J.P., Petrov, V.N., Raisbeck, G., Raynaud, D., Ritz, C., Yiou, F., 1989b. Global changes over the last climatic cycle from the Vostok ice core record, Antarctica. Quat. Int. 2, 15-24.

Jouzel, J., Koster, R.D., Suozzo, R.J., Russell, G.L., White, J.W.C., Broecker, W.S., 1991. Simulations of the HDO and $H_2^{18}O$ atmospheric cycles using the NASA GISS general circulation model: sensitivity experiments for present day conditions. J. Geophys. Res. 96D, 7495-7507.

Jouzel, J., Petit, J.R., Barkov, N.I., Barnola, J.M., Chappellaz, J., Ciais, P., Kotlyakov, V.M., Lorius, C., Petrov, V.N., Raynaud, D., Ritz, C., 1992. The last deglaciation in Antarctica: further evidence of a "Younger Dryas" type climatic event. In: Bard, E., Broecker, W. (Eds.), The Last Deglaciation: Absolute and Radiocarbon Chronologies. Springer-Verlag, Berlin, pp. 229-266.

Jouzel, J., Joussaume, S., Koster, R.D., 1993. Use of general circulation models to follow climatic tracers on a global scale. In: Eddy, J.A., Oeschger, H. (Eds.), Global Changes in the Perspective of the Past. Wiley, Chichester, pp. 133-142.

Jouzel, J., Koster, R.D., Suozzo, R.J., Russell, G.L., 1994. Stable water isotope behavior during the last glacial maximum: a general circulation model analysis. J. Geophys. Res. 99D, 25791-25801.

Jouzel, J., Stiévenard, M., Johnsen, S.J., Landais, A., Masson-Delmotte, V., Sveinbjornsdottir, A., Vimeux, F., von Grafenstein, U., White, J.W.C., 2007a. The GRIP deuterium-excess record. Quat. Sci. Rev. 26, 1-17.

Jouzel, J., Masson-Delmotte, V., Cattani, O., Dreyfus, G., Falourd, S., Hoffmann, G., Minster, B., Nouet, J., Barnola, J.M., Chappellaz, J., Fischer, H., Gallet, J.C., Johnsen, S., Leuenberger, M., Loulergue, L., Luethi, D., Oerter, H., Parrenin, F., Riasbeck, G., Raynaud, D., Schilt, A., Schwander, J., Selmo, E., Souchez, R., Spahni, R., Stauffer, B., Steffensen, J.P., Stenni, B., Stocker, T.F., Tison, J.L., Werner, M., Wolff, E.W., 2007b. Orbital and millennial Antarctic climate variability over the past 800,000 years. Science 317, 793-796.

Jouzel, J., Vimeux, F., Caillon, N., Delaygue, G., Hoffmann, G., Masson-Delmotte, V., Parrenin, F., 2003. Magnitude of isotope/temperature scaling for interpretation of central Antarctic ice cores. J. Geophys. Res. [Atmos.] 108. dx.doi.org/10.1029/2002JD002677.

Jouzel, J., Lorius, C., Raynaud, D., 2013. The White Planet: The Evolution and Future of Our Frozen World. Princeton University Press, Princeton, 306 pp.

Juggins, S., Birks, H.J.B., 2012. Quantitative environmental reconstructions from biological data. In: Birks, H.J.B., Lotter, A.F., Juggins, S., Smol, J.P. (Eds.), Tracking Environmental Change Using Lake Sediments. Data Handling and Numerical Techniques, Vol. 5. Springer, Berlin, pp. 431-494.

Juillet-LeClerc, A., Labeyrie, L.D., 1987. Temperature-dependence of the oxygen isotope fractionation between diatom silica and water.

Earth Planet. Sci. Lett. 84, 69-74.

Kageyama, M., Paul, A., Roche, D.M., Van Meerbeeck, C.J., 2010. Modelling glacial climatic millennial-scale variability related to changes in the Atlantic meridional overturning circulation: a review. Quat. Sci. Rev. 29, 2931-2956.

Kalela, O., 1952. Changes in the geographic distribution of Finnish birds and mammals in relation to recent changes in climate. Fennia 75, 38-51.

Kållberg, P., Berrisford, P., Hoskins, B., Simmons, A., Uppala, S., Lamy-Thépaut, S., Hine, R., 2005. ERA-40 Atlas. ERA-40 Project Report Series 19 European Centre for Medium Range Weather Forecasting, Reading, 191 pp.

Kallel, N., Duplessy, J.-C., Labeyrie, L., Fontugne, M., Paterne, M., Montacer, M., 2000. Mediterranean pluvial periods and sapropel formation over the last 200,000 years. Palaeogeogr. Palaeoclimatol. Palaeoecol. 157, 45-58.

Kallel, N., Duplessy, J.-C., Labeyrie, L., Fortugne, M., Paterne, M., 2004. Mediterranean Sea paleohydrology and pluvial periods during the Late Quaternary. In: Battarbee, R.W., Gasse, F., Stickley, C.E. (Eds.), Past Climate Variability through Europe and Africa. Springer, Dordrecht, pp. 307-324.

Kanner, L.C., Burns, S.J., Cheng, H., Edwards, R.L., 2012. High-latitude forcing of the South American summer monsoon during the Last Glacial. Science 335, 570-573.

Kapsner, W.R., Alley, R.B., Shuman, C.A., Anandakrishnan, S., Grootes, P.M., 1995. Dominant influence of atmospheric circulation on snow accumulation in Greenland over the past 18,000 years. Nature 373, 52-54.

Karl, T., 1993. Missing pieces of the puzzle. Natl Geogr. Res. Explor. 12, 234-249.

Karlén, W., 1976. Lacustrine sediments and tree-limit variations as indicators of Holocene climatic fluctuations in Lappland, northern Sweden. Geogr. Ann. 58A, 1-34.

Karlén, W., 1979. Glacier variations in the Svartisen area, northern Norway. Geogr. Ann. 61A, 11-28.

Karlén, W., 1980. Reconstruction of past climatic conditions from studies of glacier-front variations. World Meteorol. Organ. Bull. 29, 100-104.

Karlén, W., 1981. Lacustrine sediment studies. Geogr. Ann. 63A, 273-281.

Karlén, W., 1993. Glaciological, sedimentological and palaeobotanical data indicating Holocene climatic change in Northern Fennoscandia. In: Frenzel, B., Eronen, M., Vorren, K.D., Glaser, B. (Eds.), Oscillations of the Alpine and Polar Tree Limits in the Holocene. Gustav Fischer Verlag, Stuttgart, pp. 69-83.

Karrow, P.F., Anderson, T.W., 1975. Palynological studies of lake sediment profiles from SW New Brunswick: discussion. Can. J. Earth Sci. 12, 1808-1812.

Karte, J., Liedtke, H., 1981. The theoretical and practical definition of the term "periglacial" in its geographical and geological meaning. Biuletyn Periglacjalny 28, 123-135.

Kaspi, Y., Sayag, R., Tziperman, E., 2004. A "triple sea-ice state" mechanism for the abrupt warming and synchronous ice sheet collapses during Heinrich events. Paleoceanography 19, PA3004. dx.doi.org/10.1029/ 2004PA0011009.

Kato, K., 1978. Factors controlling oxygen isotope composition of fallen snow in Antarctica. Nature 272, 46-48.

Kaufman, D.S., Sejrup, H.P., 1995. Isoleucine epimerization in the high-molecular weight fraction of Pleistocene Arctica. Quat. Sci. Rev. (Quat. Geochronol.) 14, 337-350.

Kaufman, A., Broecker, W.S., Ku, T.L., Thurber, D.L., 1971. The status of U-series methods of mollusc dating. Geochim. Cosmochim. Acta 35, 1155-1183.

Keigwin, L.D., 1996. The Little Ice Age and Medieval Warm Period in the Sargasso Sea. Science 274, 1504-1508.

Keigwin, L.D., Boyle, E.A., 2008. Did North Atlantic overturning halt 17,000 years ago? Paleoceanography 23, PA1101. dx.doi.org/10.1029/2007PA001500.

Keigwin, L.D., Jones, G.A., 1994. Western North Atlantic evidence for millennial-scale changes in ocean circulation and climate. J. Geophys. Res. C99, 12397-12410.

Keigwin, L.D., Jones, G.A., 1995. The marine record of deglaciation from the continental margin off Nova Scotia. Paleoceanography 10, 973-985.

Keigwin, L.D., Schlegel, M.A., 2002. Ocean ventilation and sedimentation since the glacial maximum at 3 km in the western North Atlantic. Geochem. Geophys. Geosyst. 3, 1-14. dx.doi.org/10.1029/2001GC000283.

Keigwin, L.D., Curry, W.B., Lehman, S.J., Johnsen, S., 1994. The role of the deep ocean in North Atlantic climate change between 70 and 130 kyr ago. Nature 371, 323-326.

Kellogg, T.B., 1987. Glacial-interglacial changes in global deepwater production. Paleoceanography 2, 259-272.

Kelly, M.J., Edwards, R.L., Cheng, H., Yuan, D.Z., Cai, Y.J., Zhang, M.L., Lin, Y.S., An, Z.S., 2006. High resolution characterization of the Asian Monsoon between 146,000 and 99,000 years B.P. from Dongge Cave, China and global correlation of events surrounding Termination II. Palaeogeogr. Palaeoclimatol. Palaeoecol. 236, 20-38.

Kemp, A.E., 1996. Palaeoclimatology and Palaeoceanography from Laminated Sediments. Special Publication No. 116, Geological Society of London, 272 pp.

Kennedy, J.A., Brassell, S.C., 1992. Molecular records of twentieth century El Niño events in laminated sediments from the Santa Barbara basin. Nature 357, 62-64.

Kennett, J.P., 1976. Phenotypic variation in some recent and late Cenozoic planktonic foraminifera. In: Hedley, R.H., Adams, C.G. (Eds.), Foraminifera, vol. 2. Academic Press, New York, pp. 111-170.

Kiehl, J.T., Trenberth, K.E., 1997. Earth's annual global mean energy budget. Bull. Am. Meteorol. Soc. 78, 197-208.

Kilbourne, K.H., Quinn, T.M., Taylor, F.W., 2004. A fossil coral perspective on western tropical Pacific climate 350ka. Paleoceanography 19, PA1019. dx.doi.org/10.1029/2003PA000944.

Kilbourne, K.H., Quinn, T.M., Guilderson, T.P., Webb, R.S., Taylor, F.W., 2007. Decadal- to interannual-scale source water variations in the Caribbean Sea recorded by Puerto Rican coral radiocarbon. Clim. Dyn. 29, 51-62.

Kilbourne, K.H., Quinn, T.M., Webb, R., Guilderson, T., Nyberg, J., Winter, A., 2008. Paleoclimate proxy perspective on Caribbean climate since the year 1751: evidence of cooler temperatures and multidecadal variability. Paleoceanography 23, PA3220. dx.doi.org/10.1029/2008PA001598.

Kilbourne, K.H., Quinn, T.M., Webb, R., Guilderson, T., Nyberg, J., Winter, A., 2010. Coral windows onto seasonal climate variability in the northern Caribbean since 1479. Geochem. Geophys. Geosyst. 11. dx.doi.org/10.1029/ 2010GC003171.

Kim, Y.O., 1984. The Little Ice Age in Korea: an approach to historical climatology. Geogr.-Educ. 14, 1-16 (in Korean with English abstract. Department of Geography, College of Education, Seoul National University).

Kim, Y.O., 1987. Climatic environment of Chosun Dynasty 1392-1910) based on historical records. J. Geogr. (Seoul) 14, 411-423 (in Korean with English abstract. Department of Geography, Seoul National University).

Kim, G.S., Choi, I.S., 1987. A preliminary study on long-term variation of unusual climate phenomena during the past 1000 years in Korea. In: Ye, D., Fu, C., Chao, J., Yoshino, M. (Eds.), The Climate of China and Global Climate. China Ocean Press, Beijing, pp. 30-37.

Kim, J.-H., Schouten, S., Hopmans, E.C., Donner, B., Sinninghe Damsté, J.S., 2008. Global sediment core-top calibration of the TEX$_{86}$ paleothermometer in the ocean. Geochim. Cosmochim. Acta 72, 1154-1173.

Kim, J.-H., van der Meer, J., Schouten, S., Helmke, P., Wilmott, V., Sangiorgi, F., Koç, N., Hopmans, E.C., Sinninghe Damsté, J.S., 2010. New indices and calibrations derived from the distribution of crenarchaeal isoprenoid tetraether lipids: implications for past sea surface temperature reconstructions. Geochim. Cosmochim. Acta 74, 4639-4654.

King, L., Lehmann, R., 1973. Beobachtung zur oekologie und morphologie von Rhizocarpon Geographicum(L) D.C. und Rhizocarpon Alpicola (Hepp.) Rabenh. in gletschervorfeld des steingletschers. Ber. Schweizer. Bot. Ges. 83, 139-146.

King, K., Neville, C., 1977. Isoleucine epimerization for dating marine sediments: the importance of analyzing monospecific samples. Science 195, 1333-1335.

King, J.E., Van Devender, T.R., 1977. Pollen analysis of fossil packrat middens from the Sonoran Desert. Quat. Res. 8, 191-204.

Kittleman, L.R., 1979. Geologic methods in studies of Quaternary tephra. In: Sheets, D.D., Grayson, D.K. (Eds.), Volcanic Activity and Human Ecology. Academic Press, New York, pp. 49-82.

Kleiven, H.F., Jansen, E., Fronval, T., Smith, T.M., 2002. Intensification of Northern Hemisphere glaciations in the circum-Atlantic region (3.5-2.4 Ma) —ice-rafted detritus evidence. Palaeogeogr. Palaeoclimatol. Palaeoecol. 184, 213-223.

Kluge, T., Marx, T., Scholz, D., Niggemann, S., Mangini, A., Aeschbach-Hertig, W., 2008. A new tool for palaeoclimate reconstruction: noble gas temperatures from fluid inclusions in speleothems. Earth Planet. Sci. Lett. 269, 408-415.

Knudsen, M.F., Riisager, P., Donadini, F., Snowball, I., Muscheler, R., Korhonen, K., Pesonen, L.J., 2008. Variations in the geomagnetic dipole moment during the Holocene and the past 50 kyr. Earth Planet. Sci. Lett. 272, 319-329.

Knutti, R., Hegerl, G.C., 2008. The equilibrium sensitivity of the Earth's temperature to radiation changes. Nat. Geosci. 1, 735-743.

Knutti, R., Fluckinger, J., Stocker, T.F., Timmermann, A., 2004. Strong hemispheric coupling of glacial climate through freshwater discharge and ocean circulation. Nature 430, 851-856.

Koç Karpuz, N., Schrader, H., 1990. Surface sediment diatom distribution and Holocene palotemperature variations in the Greenland, Iceland and Norwegian Sea. Paleoceanography 5, 557-580.

Koerner, R.M., 1977. Devon Island Ice Cap: core stratigraphy and paleoclimate. Science 196, 15-18.

Koerner, R.M., 1979. Accumulation, ablation and oxygen isotope variations on the Queen Elizabeth Islands Ice Caps, Canada. J. Glaciol. 22, 25-41.

Koerner, R.M., 1980. The problem of lichen-free zones in Arctic Canada. Arct. Alp. Res. 12, 87-94.

Koerner, R.M., 1989. Ice core evidence for extensive melting of the Greenland Ice Sheet in the last interglacial. Science 244, 964-968.

Koerner, R.M., Fisher, D.A., 1979. Discontinuous flow, ice texture and dirt content in the basal layers of the Devon Island Ice Cap. J. Glaciol. 23, 209-222.

Koerner, R.M., Fisher, D.A., 1990. A record of Holocene summer climate from a Canadian high-Arctic ice core. Nature 343, 630-631.

Koerner, R.M., Paterson, W.S.B., 1974. Analysis of a core through the Meighen Ice Cap, Arctic Canada and its paleoclimatic implications. Quat. Res. 4, 253-263.

Koerner, R.M., Russell, R.P., 1979. $\delta^{18}O$ variations in snow on the Devon Island Ice Cap, North West Territories, Canada. Can. J. Earth Sci. 16, 1419-1427.

Koerner, R.M., Taniguchi, H., 1976. Artificial radioactivity layers in the Devon Island Ice Cap, North West Territories. Can. J. Earth Sci. 13, 1251-1255.

Kohler, M.A., Nordenson, T.J., Baker, D.R., 1966. Evaporation maps for the United States. US Weather Bureau Technical Paper No. 37, US Department of Commerce, Washington, DC.

Köhler, P., Bintanja, R., Fischer, H., Joos, F., Knutti, R., Lohmann, G., Masson-Delmotte, V., 2010. What caused Earth's temperature variations during the last 800,000 years? Data-based evidence on radiative forcing and constraints on climate sensitivity. Quat. Sci. Rev. 29, 129-145.

Koide, M., Goldberg, E.D., 1985. The historical record of artificial radioactive fallout from the atmosphere in polar glaciers. In: Langway Jr., C.C., Oeschger, H., Dansgaard, W. (Eds.), Greenland Ice Core: Geophysics, Geochemistry and the Environment. American Geophysical Union, Washington, DC, pp. 95-100.

Kolla, V., Biscaye, P.E., Hanley, A.F., 1979. Distribution of quartz in late Quaternary Atlantic sediments in relation to climate. Quat. Res. 11, 261-277.

Kolodny, Y., Bar-Matthews, M., Ayalon, A., McKeegan, K.D., 2003. A high spatial resolution $\delta^{18}O$ profile of a speleothem using an ion microprobe. Chem. Geol. 197, 21-28.

Kominz, M.A., Heath, G.R., Ku, T.-L., Pisias, N.G., 1979. Brunhes time scales and the interpretation of climatic change. Earth Planet. Sci. Lett. 45, 394-410.

Kopp, G., Lean, J.L., 2011. A new, lower value of total solar irradiance: evidence and climate significance. Geophys. Res. Lett. 38. L01706. dx.doi.org/10.1029/2010GL045777.

Koren, J.H., Svendsen, J.I., Mangerud, J., Furnes, H., 2008. The Dimna Ash—a 12.8 ^{14}C kyr old volcanic ash in western Norway. Quat. Sci. Rev. 27, 85-94.

Korff, H.C.I., Flohn, H., 1969. Zusammenhang zwischen dem Temperaturgefälle Äquator Pol und den planetarischen Luftdruckgurteln. Ann. Meteorol. 4, 163-164.

Korhola, A., Weckström, J., Holmström, L., Erästö, P., 2000. A quantitative Holocene climatic record from diatoms in northern Fennoscandia. Quat. Res. 54, 284-294.

Körner, C., Paulsen, J., 2004. A world-wide study of high altitude tree-line temperatures. J. Biogeogr. 31, 713-732.

Korte, M., Constable, C., Donadini, F., Holme, R., 2011. Reconstructing the Holocene geomagnetic field. Earth Planet. Sci. Lett. 312, 497-505.

Koslowski, G., Glaser, R., 1999. Variations in reconstructed ice winter severity in the western Baltic from 1501-1995, and their implications for the North Atlantic Oscillation. Clim. Chang. 41, 175-191.

Koster, R.D., Jouzel, J., Souzzo, R.J., Russell, G.L., 1992. Origin of July precipitation and its influence on deuterium content: a GCM analysis. Clim. Dyn. 7, 195-203.

Krebs, J.S., Barry, R.G., 1970. The arctic front and the tundra-taiga boundary in Eurasia. Geogr. Rev. 60, 548-554.

Kress, A., Sauer, M., Siegwolf, R.T.W., Frank, D.C., Esper, J., Bugmann, H., 2010. A 350 year drought reconstruction from Alpine tree ring stable isotopes. Glob. Biogeochem. Cycles 24. GB2011. dx.doi.org/ 10.1029/2009GB003613.

Kromer, B., 2009. Radiocarbon and dendrochronology. Dendrochronologia 27, 15-19.

Kromer, B., Becker, B., 1993. German oak and pine ^{14}C calibration, 7200-9439 B.C. Radiocarbon 35, 125-135.

Kromer, B., Friedrich, M., Hughen, K.A., Kaiser, F., Remmele, S., Schaub, M., Talamo, S., 2004. Late Glacial ^{14}C ages

from a floating 1382-ring pine chronology. Radiocarbon 46, 1203-1209.
Kroopnick, P.M., 1985. The distribution of ^{13}C in the world oceans. Deep-Sea Res. 32, 57-84.
Ku, T.-L., 1976. The uranium series method of age determination. Annu. Rev. Earth Planet. Sci. 4, 347-380.
Ku, T.-H., 2000. Uranium-series methods. In: Noller, J.S., Sowers, J.M., Lettis, W.R. (Eds.), Quaternary Geochronology: methods and applications. American Geophysical Union, Washington, DC, pp. 101-114.
Ku, T.-L., Oba, T., 1978. A method for quantitative evaluation of carbonate dissolution in deep-sea sediments and its application to paleooceanographic reconstruction. Quat. Res. 10, 112-129.
Kucera, M., 2007. Planktonic foraminifera as tracers of past oceanic conditions. In: Hillaire-Marcel, C., de Vernal, A. (Eds.), Proxies in Late Cenozoic Paleoceanography. Elsevier, Amsterdam, pp. 213-262.
Kucera, M., Weinelt, M., Kiefer, T., Pflaumann, U., Hayes, A., Weinelt, M., Chen, M.-T., Mix, A.C., Barrows, T.T., Cortijo, E., Duprat, J., Juggins, S., Waelbroeck, C., 2005a. Reconstruction of sea-surface temperatures from assemblages of planktonic foraminifera: multi-technique approach based on geographically constrained calibration data sets and its application to glacial Atlantic and Pacific Oceans. Quat. Sci. Rev. 24, 951-998.
Kucera, M., Rosell-Melé, A., Schneider, R., Waelbroeck, C., Weinelt, M., 2005b. Multi-proxy approach for the reconstruction of the glacial ocean surface (MARGO). Quat. Sci. Rev. 24, 813-819.
Kuhlbrodt, T., Griesel, A., Montoya, M., Levemann, A., Hofmann, M., Rahmstorf, S., 2007. On the driving processes of the Atlantic meridional overturning circulation. Rev. Geophys. 45, RG2001. dx.doi.org/ 8755-1209/07/2004RG000166.
Kuhnert, H., Patzold, J., Hatcher, B., Wyrwoll, K.H., Eisenhauer, A., Collins, L.B., Zhu, Z.R., Wefer, G., 1999. A 200-year coral stable oxygen isotope record from a high-latitude reef off western Australia. Coral Reefs 18, 1-12. dx.doi.org/10.1007/s003380050147.
Kuhnert, H., Pätzold, J., Schnetger, B., Wefer, G., 2002. Sea-surface temperature variability in the 16th century at Bermuda inferred from coral records. Palaeogeogr. Palaeoclimatol. Palaeoecol. 179, 159-171.
Kukla, G.J., 1975a. Missing link between Milankovitch and climate. Nature 253, 600-603.
Kukla, G.J., 1975b. Loess stratigraphy of central Europe. In: Butzer, K.W., Isaac, G.L. (Eds.), After the Australopithecenes. Mouton, The Hague, pp. 99-188.
Kukla, G.J., 1977. Pleistocene land-sea correlations. I. Europe. Earth-Sci. Rev. 13, 307-374.
Kukla, G.J., 1978. Recent changes in snow and ice. In: Gribbin, J. (Ed.), Climatic Change. Cambridge University Press, Cambridge, pp. 114-130.
Kukla, G.J., 1979. Climatic role of snow covers. In: Sea level, Ice and Climatic Change. Publication No. 131, International Association of Scientific Hydrology, Washington, DC, pp. 79-107.
Kukla, G.J., 1987a. Loess stratigraphy in central China. Quat. Sci. Rev. 6, 191-220.
Kukla, G.J., 1987b. Pleistocene climates in China and Europe compared to oxygen isotope record. Paleoecol. Afr. 18, 37-45.
Kukla, G.J., An, Z., 1989. Loess stratigraphy in central China. Palaeogeogr. Palaeoclimatol. Palaeoecol. 72, 203-225.
Kukla, G.J., Robinson, D., 1980. Annual cycle of surface albedo. Mon. Weather Rev. 108, 56-68.
Kukla, G.J., An, Z., Melice, J.L., Gavin, J., Xiao, J.L., 1990. Magnetic susceptibilty record of Chinese loess. Trans. R. Soc. Edinb. Earth Sci. 81, 263-288.
Kullman, L., 1987. Long-term dynamics of high-altitude populations of Pinus sylvestris in the Swedish Scandes. J. Biogeogr. 14, 1-8.
Kullman, L., 1988. Holocene history of the forest-alpine tundra ecotone in the Scandes Mountains (central Sweden. New Phytol. 108, 101-110.
Kullman, L., 1989. Tree-limit history during the Holocene in the Scandes Mountains, Sweden inferred from sub-fossil wood. Rev. Paleobot. Palynol. 58, 163-171.
Kullman, L., 1993. Dynamism of the altitudinal margin of the boreal forest in Sweden. In: Frenzel, B., Eronen, M., Vorren, K.D., Glaser, B. (Eds.), Oscillations of the Alpine and Polar Tree Limits in the Holocene. Gustav Fischer Verlag, Stuttgart, pp. 41-55.
Kumar, N., Anderson, R.F., Mortlock, R.A., Froelich, P.N., Kubik, P., Dittrich-Hannen, D., Suter, M., 1995. Increased biological productivity and export production in the glacial Southern Ocean. Nature 378, 675-680.
Kuniholm, P.I., Kromer, B., Manning, S.W., Newton, M., Latini, C.E., Bruce, M.J., 1996. Anatolian tree rings and the absolute chronology of the eastern Mediterranean, 2220-718 B.C. Nature 381, 780-783.
Kurek, J., Cwynar, L.C., Ager, T.A., Abbott, M.B., Edwards, M.E., 2009. Late Quaternary paleoclimate of western Alaska inferred from fossil chironomids and its relation to vegetation histories. Quat. Sci. Rev. 28, 799-811.

Kutterolf, S., Jegen, M., Mitrovica, J.X., Kwasnitchka, T., Freundt, A., Huybers, P.J., 2012. A detection of Milankovitch frequencies in global volcanic activity. Geology 41, 227-230.

Kutzbach, J.E., 1974. Fluctuations of climate-monitoring and modelling. World Meteorol. Organ. Bull. 23, 155-163.

Kutzbach, J.E., 1976. The nature of climate and climatic variations. Quat. Res. 6, 471-480.

Kutzbach, J.E., 1980. Estimates of past climate at Paleolake Chad, North Africa, based on a hydrological and energy balance model. Quat. Res. 14, 210-223.

Kutzbach, J.E., 1983. Monsoon rains of the late Pleistocene and early Holocene: patterns, intensity and possible causes of changes. In: Street-Perrott, E.A., Beran, M., Ratcliffe, R. (Eds.), Variations in the Global Water Budget. D. Reidel, Dordrecht, pp. 371-389.

Kutzbach, J.E., Liu, X., Liu, Z., Chen, G., 2008. Simulation of the evolutionary response of global summer monsoons to orbital forcing over the past 280,000 years. Clim. Dyn. 30, 567-579.

Kvamme, M., 1993. Holocene forest limit fluctuations and glacier development in the mountains of southern Norway and their relevance to climate history. In: Frenzel, B., Eronen, M., Vorren, K.D., Glaser, B. (Eds.), Oscillations of the Alpine and Polar Tree Limits in the Holocene. Gustav Fischer Verlag, Stuttgart, pp. 99-113.

Kvamme, T., Mangerud, J., Fumes, H., Ruddiman, W.F., 1989. Geochemistry of Pleistocene ash zones in cores from the North Atlantic. Nor. Geol. Tidsskr. 69, 251-272.

Labeyrie, L., Duplessy, J.-C., Blanc, P.L., 1987. Variations in mode of formation and temperature of oceanic waters over the past 125,000 years. Nature 327, 477-482.

Labrijn, A., 1945. Het Klimaat van Nederland gedurende de laatste twee en een halve eeuw. Mededelingen en Verhandlingen. 49, 11-105 (Koninklijk Nederlands Met. Inst. No. 102).

Lachniet, M.S., Asmerom, Y., Burns, S.J., Patterson, W.P., Polyak, V.J., Seltzer, G.O., 2004a. Tropical response to the 8200 B.P. cold event? Speleothem isotopes indicate a weakened early Holocene monsoon in Costa Rica. Geology 32, 957-960.

Lachniet, M.S., Burns, S.J., Piperno, J., Asmerom, Y., Polyak, V.J., Moy, C.M., Christenson, K., 2004b. A 1500-year El Niño/Southern Oscillation and rainfall history for the Isthmus of Panama from speleothem calcite. J. Geophys. Res. 109. D20177. dx.doi.org/10.1029/2004JD004694.

Laird, K.R., Fritz, S.C., Grimm, E.C., Mueller, P.G., 1996. Century-scale reconstruction from Moon Lake, a closed basin lake in the northern Great Plains. Limnol. Oceanogr. 41, 890-902.

Laird, K.R., Fritz, S.C., Cumming, B.F., 1998. A diatom-based reconstruction of drought intensity, duration and frequency from Moon Lake, North Dakota: a sub-decadal record of the last 2300 years. J. Paleolimnol. 19, 161-179.

Laj, C., Channell, J.E.T., 2007. Geomagnetic excursions. In: Kono, M. (Ed.), Geomagnetism. Treatise on Geophysics, vol. 5. Elsevier, Amsterdam, pp. 373-416.

Laj, C., Kissel, C., Mazaud, A., Channell, J.E.T., Beer, J., 2000. North Atlantic palaeointensity stack since 75ka (NAPIS-75) and the duration of the Laschamp event. Philos. Trans. R. Soc. Lond. A. 358, 1009-1025.

Lajoux, J.-D., 1963. The Rock Paintings of the Tassili. Thames and Hudson, London.

Lal, D., 1991. Cosmic ray labeling of erosion surfaces: in situ nuclide production rates and erosion models. Earth Planet. Sci. Lett. 104, 424-439.

Lal, D., Charles, C., 2007. Deconvolution of the atmospheric radiocarbon record in the last 50,000 years. Earth Planet. Sci. Lett. 258, 550-560.

LaMarche, V.C., 1973. Holocene climatic variations inferred from treeline fluctuations in the White Mountains, California. Quat. Res. 3, 632-660.

LaMarche, V.C., 1982. Sampling strategies. In: Hughes, M.K., Kelly, P.M., Pilcher, J.R., LaMarche, V.C. (Eds.), Climate from Tree Rings. Cambridge University Press, Cambridge, pp. 2-6.

LaMarche, V.C., Fritts, H.C., 1971. Tree rings, glacial advance and climate in the Alps. Z. Gletscherk. Glazialgeol. 7, 125-131.

LaMarche, V.C., Mooney, H.A., 1967. Altithermal timberline advance in western United States. Nature 213, 980-982.

LaMarche, V.C., Mooney, H.A., 1972. Recent climatic change and development of the bristlecone pine (P. Longaeva Bailey) Krummholz zone, Mt. Washington, Nevada. Arct. Alp. Res. 4, 61-72.

Lamb, H.H., 1961. Climatic change within historical time as seen in circulation maps and diagrams. Ann. N. Y. Acad. Sci. 95, 124-161.

Lamb, H.H., 1963. On the nature of certain climatic epochs which differed from the modern 1900-1939 normal. In: Changes of Climate. Proceedings of the WMO-UNESCO Rome 1961 Symposium on Changes of Climate. UNESCO Arid Zone Research Series XX, UNESCO, Paris, pp. 125-150.

Lamb, H.H., 1965. The early Medieval warm epoch and its sequel. Palaeogeogr. Palaeoclimatol. Palaeoecol. 1, 13-37.

Lamb, H.H., 1970. Volcanic dust in the atmosphere; with a chronology and assessment of its meteorological significance. Philos. Trans. R. Soc. Lond. A266, 425-533.

Lamb, H.H., 1977. Climate, Present, Past and Future, vol. 2 Methuen, London.

Lamb, H.H., 1983. Update of the chronology of assessments of the volcanic dust veil index. Clim. Monit. 12, 79-90.

Lamb, H.H., 1988. Climate and life during the Middle Ages, studied especially in the mountains of Europe. In: Weather, Climate and Human Affairs. Routledge, London, pp. 40-74.

Lambeck, K., Chappell, J., 2001. Sea level change through the last glacial cycle. Science 292, 679-686.

Lambert, G.-N., Bernard, V., Doncerain, C., Girardclos, O., Lavier, C., Szepertisky, B., Trenard, Y., 1996. French regional oak chronologies spanning more than 1000 years. In: Dean, J.S., Meko, D.M., Swetnam, T.W. (Eds.), Tree Rings, Environment and Humanity. University of Arizona, Tucson, pp. 821-832.

Lambert, F., Delmonte, B., Petit, J.R., Bigler, M., Kaufmann, P.R., Hutterli, M.A., Stocker, T.F., Ruth, U., Steffensen, J.P., Maggi, V., 2008. Dust-climate couplings over the past 800,000 years from the EPICA Dome C ice core. Nature 452, 616-619.

Lambert, F., Bigler, M., Steffensen, J.P., Hutterli, M., Fischer, H., 2012. Centennial mineral dust variability in high-resolution ice core data from Dome C, Antarctica. Clim. Past. 8, 609-623.

Lamothe, M., Balescu, S., Auclair, M., 1994. Natural IRSL intensities and apparent luminescence ages of single feldspar grains extracted from partially bleached sediments. Radiat. Meas. 23, 555-561.

Landais, A., Barnola, J.M., Masson-Delmotte, V., Jouzel, J., Chappellaz, J., Caillon, N., Huber, C., Leuenberger, M., Johnsen, S.J., 2004. A continuous record of temperature evolution over a sequence of Dansgaard-Oeschger events during Marine Isotope Stage 4 (76 to 62 kyr B.P.). Geophys. Res. Lett. 31. L22211. dx.doi.org/10.1029/ 2004GL021193.

Landais, A., Masson-Delmotte, V., Jouzel, J., Raynaud, D., Johnsen, S., Huber, C., Leuenberger, M., Schwander, J., Minster, B., 2006. The glacial inception as recorded in the North-GRIP Greenland ice core: timing, structure and associated abrupt temperature changes. Clim. Dyn. 26, 273-284.

Landais, A., Dreyfus, G., Capron, E., Pol, K., Loutre, M.F., Raynaud, D., Lipenkov, V.Y., Arnaud, L., Masson-Delmotte, V., Paillard, D., Jouzel, J., Leuenberger, M., 2012. Towards orbital dating of the EPICA Dome C ice core using $\delta O_2/N_2$. Clim. Past. 8, 191-203.

Langbein, W.B., 1961. Salinity and Hydrology of Enclosed Lakes. US Geological Survey Professional Paper 412, US Geological Survey, Washington, DC.

Langbein, W.B., et al., 1949. Annual runoff in the United States. US Geological Survey Circular 52, US Geological Survey, Washington, DC.

Larkin, A., Haigh, J.D., Djavidnia, S., 2000. The effect of solar UV irradiance variations on the earth's atmosphere. Space Sci. Rev. 94, 199-214.

Larocque, I., Hall, R.I., Grahn, E., 2001. Chironomids as indicators of climate change: a 100-lake training set from a subarctic region of northern Sweden (Lapland). J. Paleolimnol. 26, 307-322.

Larsen, J.A., 1974. Ecology of the northern continental forest border. In: Ives, J.D., Barry, R.G. (Eds.), Arctic and Alpine Environments. Methuen, London, pp. 341-369.

Laskar, J., Joutel, F., Boudin, F., 1993. Orbital, precession and insolation quantities for the Earth from -20 Myr to +10 Myr. Astron. Astrophys. 270, 522-533.

Latorre, C., Betancourt, J.L., Rylander, K.A., Quade, J., 2002. Vegetation invasions into absolute desert: a 45,000 yr rodent midden record from the Calama-Salar de Atacama basins, northern Chile (lat 22°-24°S). Geol. Soc. Am. Bull. 114, 349-366.

Lauritzen, S.E., Haugen, J.E., Lovlie, R., Gilje-Nielson, H., 1994. Geochronological potential of isoleucine epimerization in calcite speleothems. Quat. Res. 41, 52-58.

Lavier, C., Lambert, G.-N., 1996. Dendrochronology and works of art. In: Dean, J.S., Meko, D.M., Swetnam, T.W. (Eds.), Tree Rings, Environment and Humanity. University of Arizona, Tucson, pp. 543-556.

Lavigne, F., Degeai, J.-P., Komorowski, J.-C., Guillet, S., Robert, V., Lahitte, P., Oppenheimer, C., Stoffel, M., Vidai, C.M., Surono, Pratomo, I., Wassmer, P., Hajdas, I., Hadmoko, D.S., de Belizai, E., 2013. Source of the great A.D. 1257 mystery eruption unveiled, Samalas volcano, Rinjani Volcanic Complex, Indonesia. Proceedings of the National Academy of Sciences. dx.doi.org/10.1073/pnas.1307520110.

Lavoie, C., Payette, S., 1992. Black spruce growth forms as a record of a changing winter environment at treeline, Quebec, Canada.

Arct. Alp. Res. 24, 40-49.

Lawrence, J.K., Ruzmaikin, A.A., 1998. Transient solar influence on terrestrial temperature fluctuations. Geophys. Res. Lett. 25, 159-162.

Lawrence, J.R., White, J.W.C., 1991. The elusive climate signal in the isotopic composition of precipitation. In: Taylor Jr., H.P., O'Neil, J.R., Kaplan, I.R. (Eds.), Stable Isotope Geochemistry: a Tribute to Samuel Epstein. Special Publication No. 3, The Geochemical Society, St. Louis, pp. 169-185.

Lazareth, C.E., Rosell, M.G.B., Turcq, B., Le Cornec, F., Mandeng-Yogo, M., Caquineau, S., Cabioch, G., 2013. Mid-Holocene climate in New Caledonia (southwest Pacific): coral and PMIP models monthly resolved results. Quat. Sci. Rev. 69, 83-97.

Lea, D.W., Shen, G.T., Boyle, E.A., 1989. Coralline barium records temporal variability in equatorial Pacific upwelling. Nature 340, 373-376.

Lea, D.W., Pak, D.K., Peterson, L.C., Hughen, K.A., 2003. Synchroneity of tropical and high-latitude Atlantic temperatures over the Last Glacial Termination. Science 301, 1361-1364.

Lean, J., 1994. Solar forcing of global change. In: Nesme-Ribes, E. (Ed.), The Solar Engine and its Influence on Terrestrial Atmosphere and Climate. Springer-Verlag, New York, pp. 163-184.

Lean, J.L., 2000. Evolution of the Sun's spectral irradiance since the Maunder Minimum. Geophys. Res. Lett. 27, 2425-2428.

Lean, J.L., 2010. Cycles and trends in solar irradiance and climate. Wiley Interdiscip. Rev. Clim. Chang. 1, 111-122.

Lean, J., Rind, D., 1994. Solar variability: implications for global change. Eos. Trans. Am. Geophys. Union 75, 1, 5-7.

Lean, J., Skumanich, A., White, O.R., 1992. Estimating the Sun's radiative output during the Maunder Minimum. Geophys. Res. Lett. 19, 1591-1594.

Lean, J., Beer, J., Bradley, R.S., 1995. Reconstruction of solar irradiance since A.D. 1600 and implications for climate change. Geophys. Res. Lett. 22, 3195-3198.

Lean, J., Wang, Y.M., Sheeley Jr., N.R., 2002. The effect of increasing solar activity on the Sun's total and open magnetic flux during multiple cycles: implications for solar forcing of climate. Geophys. Res. Lett. 29, 2224. dx.doi.org/10.1029/2002GL015880.

LeGrande, A.N., Schmidt, G.A., 2008. Ensemble, water-isotope enabled, coupled general circulation modeling insights into the 8.2-kyr event. Paleoceanography 23, PA3207.

LeGrande, A.N., Schmidt, G.A., 2009. Sources of Holocene variability of oxygen isotopes in paleoclimate archives. Clim. Past 5, 441-455.

Lehman, S.J., Keigwin, L.D., 1992a. Sudden changes in North Atlantic circulation during the last deglaciation. Nature 356, 757-762.

Lehman, S.J., Keigwin, L.D., 1992b. Deep circulation revisited. Nature 358, 197-198.

Lemieux-Dudon, B., Blayo, E., Petit, J.-R., Waelbroeck, C., Svensson, A., Ritz, C., Barnola, J.-M., Narcisi, B.M., Parrenin, F., 2010. Consistent dating for Antarctic and Greenland ice cores. Quat. Sci. Rev. 29, 8-20.

Leng, M.J., 2003. Stable-isotopes in lakes and lake sediment archives. In: Mackay, A., Battarbee, R., Birks, H.J.B., Oldfield, F. (Eds.), Global Change in the Holocene. Arnold, London, pp. 124-139.

Leng, M.J. (Ed.), 2006. Isotopes in Palaeoenvironmental Research. Springer, Dordrecht, 307 pp.

Leng, M.J., Henderson, A.C.G., 2013. Recent advances in isotopes as palaeolimnological proxies. J. Palaeolimnol. 49, 481-496.

Leng, M.J., Marshall, J.D., 2004. Paleoclimatic interpretation of stable isotope data from lake sediment archives. Quat. Sci. Rev. 23, 811-831.

Leonard, E.M., 1997. The relationship between glacial activity and sediment production: evidence from a 4450-year varve record of neoglacial sedimentation in Hector Lake, Alberta, Canada. J. Paleolimnol. 17, 319-330.

Leopold, L.B., 1951. Pleistocene climate in New Mexico. Am. J. Sci. 249, 152-168.

Le Quéré, C., Raupach, M.R., Canadell, J.G., Marland, G., 2009. Trends in the sources and sinks of carbon dioxide. Nat. Geosci. 2, 831-836.

Lerbemko, J.F., Westgate, J.A., Smith, D.G.W., Denton, G.H., 1975. New data on the character and history of the White River volcanic eruption, Alaska. In: Suggate, R.P., Cresswell, M.M. (Eds.), Quaternary Studies. Bulletin No. 13, Royal Society of New Zealand, Wellington, pp. 203-209.

Lerman, J.C., 1972. Carbon-14 dating: origin and correction of isotope fractionation errors in terrestrial living matter. In: Proceedings of 8th International Conference on Radiocarbon Dating, vol. 2. Royal Society of New Zealand, Wellington, pp. 613-624.

LeRoy Ladurie, E., 1971. Times of Feast, Times of Famine. Doubleday, New York.

LeRoy Ladurie, E., Baulant, M., 1981. Grape harvests from the fifteenth through the nineteenth centuries. In: Rotberg, R.I., Rabb,

T.K. (Eds.), Climate and History: Studies in Interdisciplinary History. Princeton University Press, Princeton, pp. 259-269.

Le Roy Ladurie, E., Daux, V., Luterbacher, J., 2006. Le climat de Bourgogne et d'ailleurs. Hist. Econ. Soc. 25, 421-436.

Letreguilly, A., Reeh, N., Huybrechts, P., 1991. The Greenland Ice Sheet through the last glacial-interglacial cycle. Glob. Planet. Chang. 90, 385-394.

Lettau, H., 1969. Evapotranspiration climatonomy, I. A new approach to numerical prediction of monthly evapotranspiration, runoff and soil moisture storage. Mon. Weather Rev. 97, 691-699.

Leuenberger, M., Siegenthaler, U., 1992. Ice-age atmospheric concentration of nitrous oxide from an Antarctic ice core. Nature 360, 449-451.

Levi, S., Karlin, R., 1989. A sixty thousand year paleomagnetic record from Gulf of California sediments: secular variation, late Quaternary excursions and geomagnetic implications. Earth Planet. Sci. Lett. 92, 219-233.

Levi, S., Gudmunsson, H., Duncan, R.A., Kristjansson, L., Gillot, P.V., Jacobsson, S.P., 1990. Late Pleistocene geomagnetic excursion in Icelandic lavas: confirmation of the Laschamp excursion. Earth Planet. Sci. Lett. 96, 443-457.

Lewis, S.C., LeGrande, A.N., Kelley, M., Schmidt, G.A., 2010. Water vapour source impacts on oxygen isotope variability in tropical precipitation during Heinrich events. Clim. Past 6, 325-343.

Lézine, A.M., Hély, C., Grenier, C., Braconnot, P., Krinner, G., 2011. Sahara and Sahel vulnerabilkity to climate changes, lessons from Holocene hydrological data. Quat. Sci. Rev. 30, 3001-3012.

Lhote, H., 1959. The Search for the Tassili Frescoes. Hutchinson, London.

Li, P., 1992. South China climate change during the Little Ice Age 16th-19th century. In: Mikami, T. (Ed.), Proceedings of the International Symposium on the Little Ice Age Climate. Department of Geography, Tokyo Metropolitan University, Tokyo, pp. 138-142.

Li, W.-X., Lundberg, J., Dickin, A.P., Ford, D.C., Schwarcz, H.P., McNutt, R., Williams, D., 1989. High precision mass spectrometric uranium-series dating of cave deposits and implications for paleoclimate studies. Nature 339, 534-536.

Li, C., Battisti, D.S., Schrag, D.P., Tziperman, E., 2005. Abrupt climate shifts in Greenland due to displacements of the sea ice edge. Geophys. Res. Lett. 32, L19702. dx.doi.org/10.1029/2005GL023492.

Li, C., Battisti, D.S., Bitz, C.M., 2010a. Can North Atlantic sea ice anomalies account for Dansgaard-Osechger climate signals? J. Clim. 23, 5457-5475.

Li, F., Sun, J., Zhao, Y., Guo, X., Zhao, W., Zhang, K., 2010b. Ecological significance of common pollen ratios: a review. Front. Earth Sci. China 4, 253-258.

Lian, O.B., Roberts, R.G., 2006. Dating the Quaternary: progress in luminescence dating of sediments. Quat. Sci. Rev. 25, 2449-2468.

Libby, W.F., 1955. Radiocarbon Dating. University of Chicago Press, Chicago.

Libby, W.F., 1970. Radiocarbon dating. Philos. Trans. R. Soc. Lond. A269, 1-10.

Lieth, H., 1975. Primary productivity in ecosystems: comparative analysis of global patterns. In: van Dobben, W.H., Lowe-McConnell, R.H. (Eds.), Unifying Concepts in Ecology: Report of Plenary Sessions, 1st International Congress on Ecology. Dr W. Junk BV, The Hague, pp. 67-88.

Lin, P.-N., Thompson, L.G., Davis, M.E., Mosley-Thompson, E., 1995. 1000 years of climatic change in China: ice-core δ^{18}O evidence. Ann. Glaciol. 21, 189-195.

Lindsey, A.A., Newman, J.E., 1956. Use of official data in spring time temperature analysis of Indiana phenological record. Ecology 37, 812-823.

Linsley, B.K., 1996. Oxygen-isotope record of sea level and climate variations in the Sulu Sea over the past 150,000 years. Nature 380, 234-237.

Linsley, B.K., Dunbar, R.B., Wellington, G.M., Mucciarone, D.A., 1994. A coral-based reconstruction of Inter-Tropical Convergence Zone variability over central America since 1707. J. Geophys. Res. 99C, 9977-9994.

Linsley, B.K., Wellington, G.M., Schrag, D.P., 2000. Decadal sea surface temperature variability in the subtropical South Pacific from 1726-1997 A.D. Science 290, 1145-1148.

Linsley, B.K., Wellington, G.M., Schrag, D.P., Ren, L., Salinger, M.J., Tudhope, A.W., 2004. Geochemical evidence from corals for changes in the amplitude and spatial pattern of South Pacific interdecadal climate variability over the last 300 years. Clim. Dyn. 22, 1-11.

Linsley, B.K., Kaplan, A., Gouriou, Y., Salinger, J., Demenocal, P.B., Wellington, G.M., Howe, S.S., 2006. Tracking the extent of the South Pacific Convergence Zone since the early 1600s. Geochem. Geophys. Geosyst. 7, Q05003. dx.

doi.org/10.1029/2005GC001115.

Linsley, B.K., Zhang, P., Kaplan, A., Howe, S.S., Wellington, G.M., 2008. Interdecadal-decadal climate variability from multicoral oxygen isotope records in the South Pacific Convergence Zone region since 1650 A.D. Paleoceanography 23. dx.doi.org/10.1029/2007PA001539.

Lippold, J., Grützner, G., Winter, D., Lahaye, Y., Mangini, A., Christl, M., 2009. Does sedimentary ^{231}Pa/^{230}Th from the Bermuda Rise monitor past Atlantic Meridional Overturning Circulation? Geophys. Res. Lett. 36, L12601. dx. doi.org/10.1029/2009GL038068.

Lippold, J., Luo, Y.M., François, R., Allen, S.E., Gherardi, J., Pichat, S., Hickey, B., Schulz, H., 2012. Strength and geometry of the glacial Atlantic Meridional Overturning Circulation. Nat. Geosci. 5, 813-816.

Lisiecki, L.E., 2010. Links between eccentricity forcing and the 100,000-year glacial cycle. Nat. Geosci. 3, 349-352.

Lisiecki, L.E., Raymo, M.E., 2005. A Pliocene-Pleistocene stack of 57 globally-distributed benthic δ^{18}O records. Paleoceanography 20, PA1003. dx.doi.org/10.1029/2004PA001071.

Litherland, A.E., Beukens, R.P., 1995. Radiocarbon dating by atom counting. In: Rutter, N.W., Catto, N.R. (Eds.), Dating Methods for Quaternary Deposits. Geological Association of Canada, St. John's, pp. 117-123.

Litt, T., Schölzel, C., Kühl, N., Brauer, A., 2009. Vegetation and climate history in the Westeifel Volcanic Field (Germany) during the past 11000 years based on annually laminated lacustrine maar sediments. Boreas 38, 679-690.

Liu, K.-B., Colinvaux, P.A., 1985. Forest changes in the Amazon Basin during the last glacial maximum. Nature 318, 556-557.

Liu, T.S., Ding, Z.L., 1998. Chinese loess and the paleomonsoon. Annu. Rev. Earth Planet. Sci. 26, 111-145.

Liu, W.G., Yang, H., 2008. Multiple controls for the variability of hydrogen isotopic compositions in higher plant *n*-alkanes from modern ecosystems. Glob. Chang. Biol. 14, 2166-2177.

Liu, X.D., Yin, Z.Y., 2002. Sensitivity of East Asian monsoon climate to the uplift of the Tibetan Plateau. Palaeogeogr. Palaeoclimatol. Palaeoecol. 183, 223-245.

Liu, X.D., Yin, Z.Y., 2011. Forms of the Tibetan Plateau uplift and regional differences of the Asian monsoon-arid environmental evolution—a modeling perspective. J. Earth Environ. 2, 401-416.

Liu, T.S., et al., 1985. Loess and the Environment. China Ocean Press, Beijing.

Liu, T.S., Ding, Z., Yu, Z., Rutter, N., 1993. Susceptibility time series of the Baoji section and the bearings on paleoclimatic periodicities in the last 2.5 Ma. Quat. Int. 17, 33-38.

Liu, X., Rolph, T., Bloemendal, J., Shaw, J., Liu, T., 1994. Remanence characteristics of different magnetic grain size categories at Xifeng, central Chinese Loess Plateau. Quat. Res. 42, 162-165.

Liu, X., Rolph, T., Bloemendal, J., Shaw, J., Liu, T., 1995. Quantitative estimates of palaeoprecipitation at Xifeng, in the Loess Plateau of China. Palaeogeogr. Palaeoclimatol. Palaeoecol. 113, 243-248.

Liu, K.-B., Yao, Z., Thompson, L.G., 1998. A pollen record of Holocene climatic changes from the Dunde ice cap, Qinghai-Tibetan Plateau. Geology 26, 135-138.

Liu, K.-B., Reese, C.A., Thompson, L.D., 2005. Ice-core pollen record of climatic changes in the central Andes during the last 400 yr. Quat. Res. 64, 272-278.

Liu, K.-B., Reese, C.A., Thompson, L.D., 2007. A potential pollen proxy for ENSO derived from the Sajama ice core. Geophys. Res. Lett. 34, L09504. dx.doi.org/10.1029/2006GL0298018.

Liu, D.B., Wang, Y.J., Cheng, H., Edwards, R.L., Kong, X.G., Wang, X.F., Wu, J.Y., Chen, S.T., 2008. A detailed comparison of Asian monsoon intensity and Greenland temperature during the Allerød and Younger Dryas events. Earth Planet. Sci. Lett. 272, 691-697.

Livingstone, D.A., 1982. Quaternary geography and Africa and the refuge theory. In: Prance, G.T. (Ed.), Biological Diversification in the Tropics. Columbia University Press, New York, pp. 523-536.

Ljungqvist, F.C., 2009. Temperature proxy records covering the last two millennia: a tabular and visual overview. Geogr. Ann. 91A, 11-29.

Ljungqvist, F.C., 2010. A new reconstruction of temperature variability in the extra-tropical northern hemisphere during the last two millennia. Geogr. Ann. 92A, 339-351.

Lloyd, A.H., Bunn, A.G., 2007. Responses of the circumpolar boreal forest to 20th century climate variability. Environ. Res. Lett. 2, 045013.

Lloyd, A.H., Fastie, C., 2002. Spatial and temporal variability in the growth and climate response of treeline trees in Alaska. Clim. Chang. 58, 481-509.

Loader, N.J., Hemming, D.L., 2004. The stable isotope analysis of pollen as an indicator of terrestrial palaeoenvironmental change: a review of progress and recent developments. Quat. Sci. Rev. 23, 893-900.

Locke, C.W., Locke, W.W., 1977. Little ice age snow-cover extent and paleoglaciation thresholds: north-central Barfin Island, NWT, Canada. Arct. Alp. Res. 9, 291-300.

Locke, W.W., Andrews, J.T., Webber, P.J., 1979. A Manual for Lichenometry. British Geomorphological Research, Group, Technical Bulletin No. 26 University of East Anglia, Norwich.

Loffler, E., 1976. Potassium-argon dates and pre-Würm glaciations of Mount Giluwe volcano, Papua, New Guinea. Z. Gletscherk. Glazialgeol. 12, 55-62.

Lopes dos Santos, R.A., Spooner, M.I., Barrows, T.T., De Decker, P., Sinninghe Damsté, J.S., Schouten, S., 2013. Comparison of organic (Uk'37, TEXH86, LDI) and faunal proxies (foraminiferal assemblages) for reconstruction of late Quaternary sea-surface temperature variability from offshore southeastern Australia. Paleoceanography 28, dx. doi.org/10.1002/palo.20035.

Lorenz, E.N., 1968. Climatic determinism. Meteorol. Monogr. 8, 1-3.

Lorenz, E.N., 1970. Climatic change as a mathematical problem. J. Appl. Meteorol. 9, 235-239.

Lorenz, E.N., 1976. Non-deterministic theories of climatic change. Quat. Res. 6, 495-507.

Lorius, C., 1991. Polar Ice cores: a record of climatic and environmental changes. In: Bradley, R.S. (Ed.), Global Changes of the Past. University Corporation for Atmospheric Research, Boulder, pp. 261-294.

Lorius, C., Jouzel, J., Ritz, C., Merlivat, L., Barkov, N.I., Korotkevich, Y.S., Kotlyakov, V.M., 1985. A 150,000 year climatic record from Antarctic ice. Nature 316, 591-596.

Lorius, C., Barkov, N.I., Jouzel, J., Korotkevich, Y.S., Kotlyakov, V.M., Raynaud, D., 1988. Antarctic ice core CO_2 and climatic change over the last climatic cycle. EOS 69, 681, and 683-684.

Lorius, C., Jouzel, J., Raynaud, D., Hansen, J., Le Treut, H., 1990. The ice core record: climate sensitivity and future greenhouse warming. Nature 347, 139-145.

Lotter, A.F., 1991. Absolute dating of the late-Glacial period in Switzerland using annually laminated sediments. Quat. Res. 35, 321-330.

Lotter, A.F., 2003. Multi-proxy climatic reconstructions. In: Mackay, A., Battarbee, R., Birks, H.J.B., Oldfield, F. (Eds.), Global Change in the Holocene. Arnold, London, pp. 373-383.

Lotter, A.F., Ammann, B., Sturm, M., 1992. Rates of change and chronological problems during the late-glacial period. Clim. Dyn. 6, 233-239.

Lotter, A.F., Walker, I.R., Brooks, S.J., Hofmann, W., 1999. An intercontinental comparison of chironomid palaeotemperature inference models: Europe vs North America. Quat. Sci. Rev. 18, 717-735.

Lotter, A.F., Pienitz, R., Schmidt, R., 2010. Diatoms as indicators of environmental change in subarctic and alpine regions. In: Smol, J.P., Stoermer, E.F. (Eds.), The Diatoms: Applications for the Environmental and Earth Sciences. Cambridge University Press, Cambridge, pp. 231-248.

Lough, J.M., 1992. An index of the Southern Oscillation reconstructed from western North America tree-ring chronologies. In: Diaz, H.F., Markgraf, V. (Eds.), El Niño: Historical and Paleoclimatic Aspects of the Southern Oscillation. Cambridge University Press, Cambridge, pp. 215-226.

Lough, J.M., 2007. Tropical river flow and rainfall reconstruction from coral luminescence: Great Barrier Reef, Australia. Paleoceanography 22, PA2218. dx.doi.org/10.1029/2006PA001377.

Lough, J.M., 2010. Climate records from corals. Wiley Interdiscip. Rev. Clim. Chang. 1, 318-331.

Lough, J.M., 2011. Great Barrier Reef coral luminescence reveals rainfall variability over northeastern Australia since the 17th century. Paleoceanography 26. dx.doi.org/10.1029/2010PA002050.

Lough, J.M., Barnes, D.J., 1990. Intra-annual timing of density band formation of Porites coral from the central Great Barrier Reef. J. Exp. Mar. Biol. Ecol. 135, 35-57.

Lough, J.M., Barnes, D.J., 1997. Several centuries of variation in skeletal extension, density and calcification in massive Porites colonies from the Great Barrier Reef: A proxy for seawater temperature and a background of variability against which to identify unnatural change. J. Exp. Mar. Biol. Ecol. 211, 29-67.

Lough, J.M., Cooper, T.F., 2011. New insights from coral growth band studies in an era of raoid environmental change. Earth-Sci. Rev. 108, 170-184.

Lough, J.M., Barnes, D.J., Taylor, R.B., 1996. The potential of massive corals for the study of high resolution climate variation in the past millennium. In: Jones, P.D., Bradley, R.S., Jouzel, J. (Eds.), Climatic Variations and Forcing Mechanisms of the Last 2000 Years. Springer-Verlag, Berlin, pp. 355-371.

Loulerge, L., Schilt, A., Spahni, R., Masson-Delmotte, V., Blunier, T., Lemieux, B., Barnola, J.-M., Raynaud, D., Stocker, T.F., Chappellaz, J., 2008. Orbital and millennial-scale features of atmospheric CH_4 over the past 800,000 years. Nature 453, 383-386.

Loulergue, L., Parrenin, F., Blunier, T., Barnola, J.-M., Spahni, R., Schilt, A., Raisbeck, G., Chappellaz, J., 2007. New constraints on the gas age-ice age difference along the EPICA ice cores, 0-50kyr. Clim. Past 3, 527-540.

Loutre, M.-F., Berger, A., Bretagnon, P., Blanc, P.-L., 1992. Astronomical frequencies for climatic research at the decadal to century time scale. Clim. Dyn. 7, 181-194.

Lowe, J.J., Rasmussen, S.O., Björck, S., Hoek, W.Z., Steffensen, J.P., Walker, M.J.C., Yu, Z.C., the INTIMATE group, 2008. Synchronisation of palaeoenvironmental events in the North Atlantic region during the Last Termination: a revised protocol recommended by the INTIMATE group. Quat. Sci. Rev. 27, 6-17.

Lozano, J.A., Hays, J.D., 1976. Relationship of radiolarian assemblages to sediment types and physical oceanography in the Atlantic and western Indian Ocean sectors of the Antarctic Ocean. In: CLine, R.M., Hays, J.D. (Eds.), Investigation of Late Quaternary Paleooceanography and Paleoclimatology. Memoir 145, Geological Society of America, Boulder, pp. 303-336.

Lozhkin, A.V., Anderson, P.M., 2013. Vegetation response to interglacial warming in the Arctic: examples from Lake El'gygytgyn, Far East Russian Arctic. Clim. Past 9, 1211-1219.

Lu, Y.C., Wang, X.L., Wintle, A.G., 2007. A new OSL chronology for dust accumulation in the last 130,000 yr for the Chinese Loess Plateau. Quat. Res. 67, 152-160.

Lückge, A., Doose-Rolinski, H., Khan, A.A., Schulz, H., von Rad, U., 2001. Monsoonal variability in the northeastern Arabian Sea during the past 5000 years: geochemical evidence from laminated sediments. Palaeogeogr. Palaeoclimatol. Palaeoecol. 167, 273-286.

Luckman, B.H., 1988. Dating the moraines and recession of Athabasca and Dome glaciers, Alberta, Canada. Arct. Alp. Res. 20, 40-54.

Luckman, B.H., 1994. Evidence for climatic conditions between 900-1300 A.D. in the southern Canadian Rockies. Clim. Chang. 26, 171-182.

Luckman, B.H., 1995. Calendar-dated, early 'Little Ice Age' glacier advance at Robson glacier, British Columbia, Canada. The Holocene 5, 149-159.

Luckman, B.H., 1996. Reconciling the glacial and dendrochronological records for the last millennium in the Canadian Rockies. In: Jones, P.D., Bradley, R.S., Jouzel, J. (Eds.), Climatic Variations and Forcing Mechanisms of the Last 2000 Years. Springer, Berlin, pp. 85-108.

Luckman, B.H., Kearney, M.S., 1986. Reconstruction of Holocene changes in alpine vegetation and climate in the Maligne Range, Jasper National Park, Alberta. Quat. Res. 26, 244-261.

Ludwig, K.R., Simmons, K.R., Szabo, B., Winograd, I.J., Landwehr, J.M., Riggs, A.C., Hoffman, R.J., 1992. Mass spectrometric ^{230}Th-^{234}U-^{238}U dating of the Devil's Hole calcite vein. Science 258, 284-287.

Lund, S.P., Banderjee, S.K., 1979. Paleosecular geomagnetic variations from lake sediments. Rev. Geophys. Space Phys. 17, 244-249.

Lundberg, J., Ford, D.C., 1994. Late Pleistocene sea level change in the Bahamas from mass spectrometric U-series dating of submerged speleothem. Quat. Sci. Rev. 13, 1-14.

Luterbacher, J., Rickli, R., Xoplaki, E., Tinguely, C., Beck, C., Pfister, C., Wanner, H., 2001. The Late Maunder Minimum (1675-1715) -a key period for studying decadal scale climatic change in Europe. Climatic Change 49, 441-462.

Luterbacher, J., Xoplaki, E., Dietrich, D., Rickli, R., Jacobeit, J., Beck, C., Gyalistras, D., Schmutz, C., Wanner, H., 2002. Reconstruction of sea level pressure fields over the eastern North Atlantic and Europe back to 1500. Clim. Dyn. 18, 545-561.

Luterbacher, J., Dietrich, D., Xoplaki, E., Grosjean, M., Wanner, H., 2004. European seasonal and annual temperature variability, trends and extremes since 1500. Science 303, 1499-1503.

Luterbacher, J., Liniger, M.A., Menzel, A., Estrella, N., Della-Marta, P.M., Pfister, C., Rutishauser, T., Xoplaki, E., 2007. The exceptional European warmth of Autumn 2006 and Winter 2007: historical context, the underlying dynamics and its phenological impacts. Geophys. Res. Lett. 34, L12704.

Lüthi, D., Le Floch, M., Bereiter, B., Blunier, T., Barnola, J.-M., Siegenthaler, U., Raynaud, D., Jouzel, J., Fischer, H., Kawamura, K., Stocker, T.F., 2008. High-resolution carbon dioxide concentration record 650,000-800,000 years before present. Nature 435, 379-382.

Luz, B., 1977. Paleoclimates of the South Pacific based on statistical analysis of planktonic foraminifers. Palaeogeogr. Palaeoclimatol.

Palaeoecol. 22, 61-78.
Luz, B., Shackleton, N.J., 1975. CaCO$_3$ solution in the tropical East Pacific during the past 130,000 years. In: Sliter, W.V., Bé, A.W.H., Berger, W.H. (Eds.), Dissolution of Deep-sea Carbonates. Special Publication No. 13, Cushman Foundation for Foraminiferal Research, Washington, DC, pp. 142-150.
Lynch, E.A., 1996. The ability of pollen from small lakes and ponds to sense fine-scale vegetation patterns in the central Rocky Mountains, U.S.A. Rev. Palaeobot. Palynol. 94, 197-210.
Lynch, T.F., Stevenson, C.M., 1992. Obsidian hydration dating and temperature controls in the Punta Negra region of northern Chile. Quat. Res. 37, 117-124.
Lyons, W.B., Mayewski, P.A., Spencer, M.J., Twickler, M.S., Graedel, T.E., 1990. A northern hemisphere volcanic chemistry 1869-1984 and climatic implications using a South Greenland ice core. Ann. Glaciol. 14, 176-182.
Ma, Z.B., Cheng, H., Tan, M., Edwards, R.L., Li, H.C., You, C.F., Duan, W.H., Wang, X., Kelly, M.J., 2012. Timing and structure of the Younger Dryas event in northern China. Quat. Sci. Rev. 41, 83-93.
Maarleveld, G.C., 1976. Periglacial phenomena and the mean annual temperature during the last glacial time in the Netherlands. Biul. Peryglac. 26, 57-78.
Mabres, A., Woodman, R., Zeta, R., 1993. Algunos puntos historicos adicionales sobre la cronologia de El Niño. Bull. Inst. Fr. Etudes Andines. 22, 395-406.
MacAyeal, D., 1993. Binge/purge oscillations of the Laurentide Ice Sheet as a cause of the North Atlantic's Heinrich events. Paleoceanography 8, 775-784.
MacDonald, G.M., Case, R.A., 2005. Variations in the Pacific Decadal Oscillation over the past millennium. Geophys. Res. Lett. 32, L08703. dx.doi.org/10.1029/2005GL022478.
MacDonald, G.M., Velichko, A.A., Kremenetski, C.V., Borisova, O.K., Goleva, A.A., Andreev, A.A., Cwynar, L.C., Riding, R.T., Forman, S.L., Edwards, T.W.D., Aravena, R., Hammarlund, D., Szeicz, J.C., Gattaulin, V.N., 2000. Holocene treeline history and climate change across northern Eurasia. Quat. Res. 53, 302-311.
Mackay, A., Jones, V.J., Battarbee, R.W., 2003. Approaches to Holocene climate reconstruction using diatoms. In: Mackay, A., Battarbee, R., Birks, H.J.B., Oldfield, F. (Eds.), Global Change in the Holocene. Arnold, London, pp. 294-309.
Mackereth, F.H., 1971. On the variation in direction of the horizontal component of remanent magnetization in lake sediments. Earth Planet. Sci. Lett. 12, 332-338.
Madureira, L.A.S., van Kreveld, S.A., Eglinton, G., Conte, M.H., Ganssen, G., van Hinte, J.E., Ottens, J.J., 1997. Late Quaternary high-resolution biomarker and other sedimentary climate proxies in a northeast Atlantic core. Paleoceanography 12, 255-269.
Maejima, I., Tagami, Y., 1983. Climate of Little Ice Age in Japan. Geogr. Rep. Tokyo Metropol. Univ. 21, 157-171.
Maejima, I., Tagami, Y., 1986. Climatic change during historical times in Japan: reconstruction from climatic hazards records. Geogr. Rep. Tokyo Metropol. Univ. 21, 157-171.
Magny, M., 1993. Solar influences on Holocene climatic changes. Quat. Res. 40, 1-9.
Maher, L.J., 1963. Pollen analyses of surface materials from the southern San Juan Mountains, Colorado. Geol. Soc. Am. Bull. 74, 1485-1504.
Maher, B.A., 2008. Holocene variability of the East Asian summer monsoon from Chinese cave records: a re-assessment. The Holocene 18, 861-866.
Maher, B.A., Thompson, R., 1992. Paleoclimatic significance of the mineral magnetic record of the Chinese loess and paleosols. Quat. Res. 37, 155-170.
Maher, B.A., Thompson, R., 1995. Paleorainfall reconstructions from pedogenic magnetic susceptibility variations in the Chinese loess. Quat. Res. 44, 383-391.
Maher, B.A., Thompson, R. (Eds.), 1999. Quaternary Climates, Environments and Magnetism. Cambridge University Press, Cambridge, 390 pp.
Maher, B.A., Thompson, R., Zhou, L.P., 1994. Spatial and temporal reconstructions of changes in the Asian paleomonsoon: a new mineral magnetic approach. Earth Planet. Sci. Lett. 44, 383-391.
Maher, B.A., Alekseev, A., Alekseeva, T., 2003. Magnetic mineralogy of soils across the Russian Steppe: climatic dependence of pedogenic magnetite formation. Palaeogeogr. Palaeoclimatol. Palaeoecol. 201, 321-341.
Mäkilä, M., Saarnisto, M., 2008. Carbon accumulation in boreal peatlands during the Holocene—impacts of climate variations. In: Strack, M. (Ed.), Peatlands and Climate Change. International Peat Society, Jyvaskyla, pp. 24-43.

Maley, J., 1989a. Late Quaternary climatic changes in the African rain forest: forest refugia and the major role of seasurface temperature variations. In: Leinen, M., Sarnthein, M. (Eds.), Paleoclimatology and Paleometeorology: Modern and Past Patterns of Global Atmospheric Transport. Kluwer Academic, Dordrecht, pp. 585-616.

Maley, J., 1989b. L'importance de la tradition orale et des donées historiques pour la reconstruction paleoclimatique du dernier millenaire sur l'Afrique nord-tropicale. In: Sud Sahara, Sahel Nord. Le Centre Culturel Français d'Abidjan, pp. 53-57.

Maley, J., 1991. The African rain forest and palaeoenvironments during Late Quaternary. Clim. Chang. 19, 79-98.

Maley, J., 1996. The African rainforest-main characteristics of changes in vegetation and climate from the Upper Cretaceous to the Quaternary. Proc. Roy. Soc. Edinburgh. 104B, 31-73.

Maley, J., 1997. Middle to Late Holocene changes in Tropical Africa and other continents. Paleomonsoon and sea surface temperature variations. In: Dalfes, H.N., Kukla, G., Weiss, H. (Eds.), Third Millennium B.C. Climate Change and Old World Collapse. Kluwer Academic, Dordrecht, pp. 611-640.

Manabe, S., Stouffer, R., 1988. Two stable equilibria of a coupled ocean-atmosphere model. J. Clim. 1, 841-866.

Manabe, S., Stouffer, R., 1997. Coupled ocean-atmosphere model response to freshwater input: comparison to Younger Dryas event. Paleoceanography 12, 321-336.

Mangerud, J., 1972. Radiocarbon dating of marine shells including a discussion of apparent age of recent shells from Norway. Boreas 1, 143-172.

Mangerud, J., Andersen, S.T., Berglund, B.E., Donner, J.J., 1974. Quaternary stratigraphy of Norden, a proposal for terminology and classification. Boreas 3, 109-128.

Mangerud, J., Lie, S.E., Furnes, H., Kristiansen, I.L., Lømo, L., 1984. A Younger Dryas ash bed in western Norway, and its possible correlations with tephra in cores from the Norwegian Sea and the North Atlantic. Quat. Res. 21, 85-104.

Mangini, A., Spötl, C., Verdes, P., 2005. Reconstruction of temperature in the Central Alps during the past 2000 yr from a $\delta^{18}O$ stalagmite record. Earth Planet. Sci. Lett. 235, 741-751.

Manley, G., 1969. Snowfall in Britain over the past 300 years. Weather 24, 428-437.

Manley, G., 1974. Central England temperatures: monthly means 1659 to 1973. Quart. J. Roy. Meteorol. Soc. 100, 389-405.

Mann, M.E., Park, J., Bradley, R.S., 1996. Global inter-decadal and century-scale climate oscillations during the past five centuries. Nature 378, 266-270.

Mann, M.E., Bradley, R.S., Hughes, M.K., 1998. Global scale temperature patterns and climate forcing over the past six centuries. Nature 392, 779-788 (also Science 280, 2029-2030).

Mann, M.E., Bradley, R.S., Hughes, M.K., 1999. Northern Hemisphere temperatures during the past millennium: inferences, uncertainties, and limitations. Geophys. Res. Lett. 26, 759-762.

Mann, M.E., Bradley, R.S., Hughes, M.K., 2000. Long-term variability in the El Niño/Southern Oscillation and associated teleconnections. In: Diaz, H.F., Markgraf, V. (Eds.), El Niño and the Southern Oscillation: multiscale variability and global and regional impacts. Cambridge University Press, Cambridge, pp. 357-412.

Mann, M.E., Cane, M.A., Zebiak, S.E., Clement, A., 2005. Volcanic and solar forcing of the tropical Pacific over the past 1000 years. J. Clim. 18, 447-456.

Mann, M.E., Zhang, Z., Hughes, M.K., Bradley, R.S., Miller, S., Rutherford, S., Ni, F., 2008. Proxy-based reconstructions of hemispheric and global surface temperature variations over the past two millennia. Proc. Natl. Acad. Sci. U.S.A. 105, 13252-13257.

Mann, M.E., Zhang, Z., Rutherford, S., Bradley, R.S., Hughes, M.K., Shindell, D., Ammann, C., Faluvegi, G., Ni, F., 2009. Global signatures and dynamical origins of the "Little Ice Age" and "Medieval Climate Anomaly". Science 326, 1256-1260.

Mantua, N.J., Hare, S.R., Zhang, Y., Wallace, J.M., Francis, R.C., 1997. A Pacific interdecadal climate oscillation with impacts on salmon production. Bull. Am. Meteorol. Soc. 78, 1069-1079.

Marchant, R., Berrio, J.C., Cleef, A., Duivenvoorden, J., Helmens, K., Hooghiemstra, H., Kuhry, P., Melief, B., Schreve-Brinkman, E., Van Geel, B., Van Reenen, G., Van der Hammen, T., 2001. A reconstruction of Colombian biomes derived from modern pollen data along an altitude gradient. Rev. Palaeobot. Palynol. 117, 79-92.

Marchitto, T.M., Lehman, S.J., Ortiz, J.D., Flückiger, J., van Geen, A., 2007. Marine radiocarbon evidence for the mechanism of deglacial atmospheric CO_2 rise. Science 316, 1456-1459.

Marcott, S.A., Clark, P.U., Padman, L., Klinkhammer, G.P., Springer, S.R., Liu, Z.Y., Otto-Bliesner, B.L., Carlson, A.E., Ungerer, A., Padman, J., He, F., Cheng, J., Schmittner, A., 2011. Ice-shelf collapse from subsurface warming as a trigger for

Heinrich events. Proc. Natl. Acad. Sci. U.S.A. 108, 13415-13419.

Margari, V., Skinner, L.C., Tzedakis, P.C., Ganapolski, A., Vautravers, M., Shackleton, N.J., 2010. The nature of millennial scale climate variations during the last two glacial periods. Nat. Geosci. 3, 127-131.

MARGO Project Members, 2009. Constraints on the magnitude and patterns of ocean cooling at the Last Glacial Maximum. Nat. Geosci. 2, 127-132.

Margolis, S.V., Kroopnick, P.M., Goodney, D.E., Dudley, W.C., Mahoney, M.E., 1975. Oxygen and carbon isotopes from calcareous nannofossils as paleo-oceanographic indicators. Science 189, 555-557.

Markgraf, V., 1980. Pollen dispersal in a mountain area. Grana 19, 127-146.

Markgraf, V., 1989. Palaeoclimates in Central and South America since 18,000 B.P. based on pollen and lake-level records. Quat. Sci. Rev. 8, 1-24.

Marković, S.B., Oches, E.A., McCoy, W.D., Frechen, M., Gaudenyi, T., 2007. Malacological and sedimentological evidence for "warm" glacial climate from the Irig loess sequence, Vojvodina, Serbia. Geochem. Geophys. Geosyst. 8, Q09008. dx.doi.org/10.1029/2006GC001565.

Marković, S.B., Hambach, U., Stevens, T., Kukla, G.J., Heller, F., McCoy, W.D., Oches, E.A., Buggle, B., Zöller, L., 2011. The last million years recorded at the Stari Slankamen (Northern Serbia) loess-palaeosol sequence: revised chronostratigraphy and long-term environmental trends. Quat. Sci. Rev. 30, 1142-1154.

Marra, M.J., Smith, E.G.C., Shulmeister, J., Leschen, R., 2004. Late Quaternary climate change in the Awatere Valley, South Island, New Zealand using a sine model with a maximum likelihood envelope on fossil beetle data. Quat. Sci. Rev. 23, 1637-1650.

Martin, J.H., 1990. Glacial-interglacial CO_2 change: the iron hypothesis. Paleoceanography 5, 1-13.

Martin, P.S., Sabel, B.E., Shutler Jr., D., 1961. Rampart cave coprolite and ecology of the Shasta ground sloth. Am. J. Sci. 259, 102-127.

Martinson, D.G., Pisias, N.G., Hays, J.D., Imbrie, J., Moore, T.C., Shackleton, N.J., 1987. Age dating and the orbital theory of the ice ages: development of a high resolution 0 to 300,000-year chronostratigraphy. Quat. Res. 27, 1-29.

Martrat, B., Grimalt, J.O., Shackleton, N., De Abreu, L., Hutterli, M.A., Stocker, T.F., 2007. Four climate cycles of recurring deep and surface water destabilizations on the Iberian Margin. Science 317, 502-507.

Masarik, J., Frank, M., Schäfer, J., Wieler, R., 2001. Correction of in situ cosmogenic nuclide production rates for geomagnetic field intensity variations during the past 800,000 years. Geochim. Cosmochim. Acta 65, 2995-3003.

Massé, G., Rowland, S.J., Sicre, M.-A., Jacob, J., Jansen, E., Belt, S.T., 2008. Abrupt climate changes for Iceland during the last millennium: evidence from high resolution sea ice reconstructions. Earth Planet. Sci. Lett. 269, 565-569.

Massé, G., Belt, S.T., Crosta, X., Schmidt, S., Snape, I., Thomas, D.N., Rowland, S.J., 2011. Highly branched isoprenoids as proxies for variable sea ice conditions in the Southern Ocean. Antarct. Sci. 1, 1-12.

Masson-Delmotte, V., Jouzel, J., Landais, A., Stievenard, M., Johnsen, S.J., White, J.W.C., Werner, M., Sveinbjornsdottir, A., Fuhrer, K., 2005. GRIP deuterium excess reveals rapid and orbital-scale changes in Greenland moisture origin. Science 309, 118-121.

Masson-Delmotte, V., Hou, S., Ekaykin, A., Jouzel, J., Aristarain, A., Bernardo, R.T., Bromwich, D., Cattani, O., Delmotte, M., Falourd, S., Frezzotti, M., Gallee, H., Genoni, L., Isaksson, E., Landais, A., Helsen, M.M., Hoffmann, G., Lopez, J., Morgan, V., Motoyama, H., Noone, D., Oerter, H., Petit, J.R., Poyer, A., Uemura, R., Schmidt, G.A., Schlosser, E., Simões, J., Steig, E.J., Stenni, B., Stievenard, M., van den Broeke, M.R., van de Wal, R.S.W., van de Berg, W.J., Vimeux, F., White, J.W.C., 2008. A review of Antarctic surface snow isotopic composition: observations, atmospheric circulation, and isotopic modeling. J. Clim. 21, 3359-3387.

Mattey, D., Lowry, D., Duffet, J., Fisher, R., Hodge, E., Frisia, S., 2008. A 53 year seasonally resolved oxygen and carbon isotope record from a modern Gibraltar speleothem: reconstructed drip water and relationship to local precipitation. Earth Planet. Sci. Lett. 269, 80-95.

Matthes, F.E., 1940. Report of the Committee on glaciers. Trans. Am. Geophys. Union 21, 396-406.

Matthes, F.E., 1942. Glaciers. In: Meinzer, O.E. (Ed.), Hydrology. Dover/McGraw-Hill, New York, pp. 149-219.

Matthews, J.A., 1980. Some problems and implications of ^{14}C dates from a podzol buried beneath an end moraine at Haugabreen, southern Norway. Geogr. Ann. 62A, 185-208.

Matthews, J.A., 1993. Deposits indicative of Holocene climatic fluctuations in the timberline areas of northern Europe: some physical proxy data sources and research approaches. In: Frenzel, B., Eronen, M., Vorren, K.D., Glaser, B. (Eds.), Oscillations of the

Alpine and Polar Tree Limits in the Holocene. Gustav Fischer Verlag, Stuttgart, pp. 85-97.

Matthewson, A.P., Shimmield, G.B., Kroon, D., Fallick, A.E., 1995. A 300 kyr high resolution aridity record of the North African continent. Paleoceanography 10, 677-692.

Mauquoy, D., van Geel, B., Blaauw, M., van der Plicht, J., 2002. Evidence from northwest European bogs shows 'Little Ice Age' climatic changes driven by variations in solar activity. The Holocene 12, 1-6.

Mayewski, P.A., White, F., 2002. The Ice Chronicles: The Quest to Understand Global Change. University Press of New England, Hanover, 233 pp.

Mayewski, P.A., Lyons, W.B., Spencer, M.J., Twickler, M., Dansgaard, W., Koci, B., Davidson, C.I., Honrath, R.E., 1986. Sulfate and nitrate concentrations from a South Greenland ice core. Science 232, 975-977.

Mayewski, P.A., Spencer, M.J., Lyons, W.B., 1992. A review of glaciochemistry with particular emphasis on the recent record of sulfate and nitrate. In: Moore III, B., Schimel, D. (Eds.), Trace Gases and the Biosphere. University Corporation for Atmospheric Research, Boulder, pp. 177-199.

Mayewski, P.A., Meeker, L.D., Whitlow, S., Twickler, M.S., Morrison, M.C., Bloomfield, P., Bond, G.C., Alley, R.B., Gow, A.J., Grootes, P.M., Meese, D.A., Ram, M., Taylor, K.C., Wumkes, W., 1994. Changes in atmospheric circulation and ocean ice cover over the North Atlantic during the last 41,000 years. Science 263, 1747-1751.

Mayewski, P.A., Twickler, M.S., Whitlow, S.I., Meeker, L.D., Yang, Q., Thomas, J., Kreutz, K., Grootes, P.M., Morse, D.L., Steig, E.J., Waddington, E.D., Saltzman, E.S., Whung, P.-Y., Taylor, K.C., 1996. Climate change during the last deglaciation in Antarctica. Science 272, 1636-1638.

Mayewski, P.A., Meeker, L.D., Twickler, M.S., Whitlow, S., Yang, Q., Prentice, M., 1997. Major features and forcing of high latitude northern hemisphere atmospheric circulation using a 110,000 year long glaciochemistry series. J. Geophys. Res. 102C, 26345-26366.

McAndrews, J.H., 1966. Postglacial history of prairie, savanna and forest in northwestern Minnesota. Mem. Torrey Bot.l Club 22, 1-72.

McCarroll, D., 1994. A new approach to lichenometry: dating single-age and diachronous surfaces. The Holocene 4, 383-396.

McCarroll, D., Loader, N.J., 2004. Stable isotopes in tree rings. Quat. Sci. Rev. 23, 771-801.

McCarroll, D., Loader, N.J., 2006. Isotopes in tree rings. In: Leng, M.J. (Ed.), Isotopes in Palaeoenvironmental Research. Springer, Dordrecht, pp. 67-116.

McCarroll, D., Jalkanen, R., Hicks, S., Tuovinen, M., Gagen, M., Pawallek, F., Eckstein, D., Scvhmitt, U., Autio, J., Heikkinen, O., 2003. Multiproxy dendroclimatology: a pilot study in northern Finland. The Holocene 13, 829-838.

McCarroll, D., Tuovinen, M., Campbell, R., Gagen, M., Grudd, H., Jalkanen, R., Loader, N.J., Robertson, I., 2011. A critical evaluation of multi-proxy dendroclimatology in northern Finland. J. Quat. Sci. 26, 7-14.

McCarthy, D.P., Luckman, B.H., 1993. Estimating ecesis for tree-ring dating of moraines: a comparative study from the Canadian cordillera. Arct. Alp. Res. 25, 63-68.

McConnaughey, T.A., 1989. C-13 and O-18 isotopic disequilibria in biological carbonates: I. Patterns. Geochim. Cosmochim. Acta 53, 151-162.

McConnell, J.R., Edwards, R., 2008. Coal burning leaves toxic heavy metal legacy in the Arctic. Proc. Natl. Acad. Sci. U.S.A. 105, 12140-12144.

McConnell, J.R., Edwards, R., Kok, G.L., Flanner, M.G., Zender, C.S., Saltzman, E.S., Banta, J.R., Pasteris, D.R., Carter, M.M., Kahl, J.D., 2007. 20th-century industrial black carbon emissions altered arctic climate forcing. Science 317, 1381-1384.

McCormac, F.G., Baillie, M.G.L., 1993. Radiocarbon to calendar date conversion: calendrical bandwidths as a function of radiocarbon precision. Radiocarbon 35, 311-316.

McCoy, W.D., 1987a. The precision of amino acid geochronology and paleothermometry. Quat. Sci. Rev. 6, 43-54.

McCoy, W.D., 1987b. Quaternary aminostratigraphy of the Bonneville Basin, western United States. Geol. Soc. Am. Bull. 98, 99-112.

McCulloch, D., Hopkins, D., 1966. Evidence for an early recent warm interval in northwestern Alaska. Geol. Soc. Am. Bull. 77, 1089-1108.

McCulloch, M.T., Mortimer, G.E., 2008. Applications of the ^{238}U-^{230}Th decay series to dating of fossil and modern corals using MC-ICPMS. Aust. J. Earth Sci. 55, 955-965.

McCulloch, M.T., Gagan, M.K., Mortimer, G.E., Chivas, A.R., Isdale, P.J., 1994. A high resolution Sr/Ca and δ^{18}O coral record from the Great Barrier Reef, Australia and the 1982-1983 El Niño. Geochim. Cosmochim. Acta 58, 2747-2754.

McDermott, F., 2004. Palaeoclimate reconstructions from stable isotope variations in speleothems: a review. Quat. Sci. Rev. 23,

901-918.

McDermott, F., Schwarcz, H.P., Rowe, P.J., 2006. Isotopes in speleothems. In: Leng, M.J. (Ed.), Isotopes in Palaeoen-vironmental Research. Springer, Dordrecht, pp. 185-225.

McDonald, J., Drysdale, R., 2004. The 2002-2003 El Niño recorded in Australian cave drip waters: implications for reconstructing rainfall histories using stalagmites. Geophys. Res. Lett. 31, L22202. dx.doi.org/10.1029/ 2004GL020859.

McDougall, I., 1995. Potassium-argon dating in the Pleistocene. In: Rutter, N.W., Catto, N.R. (Eds.), Dating Methods for Quaternary Deposits. Geological Association of Canada, St. John's, pp. 1-14.

McDougall, I., Brown, F.H., 2006. Precise ^{40}Ar/^{39}Ar geochronology for the upper Koobi Fora Formation, Turkana Basin, northern Kenya. J. Geol. Soc. 163, 205-220.

McDougall, I., Harrison, T.M., 1999. Geochronology and Thermochronology by the ^{40}Ar/^{39}Ar Method, second ed. Oxford University Press, Oxford, 288 pp.

McElhinny, M.W., McFadden, P.L., 2000. Paleomagnetism. Academic Press, San Diego.

McFadden, M.A., Patterson, W.P., Mullins, H.T., Anderson, W.T., 2005. Multi-proxy approach to long- and short-term Holocene climate-change: evidence from eastern Lake Ontario. J. Paleolimnol. 33, 371-391.

McGarry, S., Bar-Matthews, M., Matthews, A., Vaks, A., Schilman, B., Ayalon, A., 2004. Constraints on hydrological and paleotemperature variations in the eastern Mediterranean region in the last 140ky given by the δD values of speleothem fluid inclusions. Quat. Sci. Rev. 23, 919-934.

McGregor, S., Timmermann, A., Timm, O., 2010. A unified proxy for ENSO and PDO variability since 1650. Clim. Past 6, 1-17.

McGregor, H.V., Fischer, M.J., Gagan, M.K., Fink, D., Woodroffe, C.D., 2011. Environmental control of the oxygen isotope composition of Porites coral microatolls. Geochim. Cosmochim. Acta 75, 3930-3944.

McIntyre, A., Molfino, B., 1996. Forcing of Atlantic equatorial and subpolar millennia cycles by precession. Science 274, 1867-1870.

McIntyre, A., Ruddiman, W.F., Jantzen, R., 1972. Southward penetrations of the North Atlantic Polar Front: faunal and floral evidence of large-scale surface water mass movements over the last 225,000 years. Deep Sea Res. 19, 61-77.

McIntyre, A., Bé, A.W.H., Hays, J.D., Gardner, J.V., Lozano, J.A., Molfino, B., Prell, W., Thierstein, H.R., Crowley, T., Imbrie, J., Kellogg, T., Kipp, N., Ruddiman, W.F., 1975. Thermal and oceanic structures of the Atlantic through a glacial-interglacial cycle. In: Proceedings of WMO Symposium on Long-term Climatic Fluctuations. World Mete- orological Organization, Geneva, pp. 75-80, WMO No. 421.

McIntyre, A., Kipp, N.G., Bé, A.W.H., Crowley, T., Kellogg, T., Gardner, J.V., Prell, W., Ruddiman, W.F., 1976. Glacial North Atlantic 18 000 years ago: a CLIMAP reconstruction. In: Cline, R.M., Hays, J.D. (Eds.), Investigation of Late Quaternary Paleooceanography and Paleoclimatology. Geological Society of America, Boulder, pp. 43-76, Memoir 145.

McManus, D.A., 1970. Criteria of climatic change in the inorganic components of marine sediments. Quat. Res. 1, 72-102.

McManus, J.F., Bond, G.C., Broecker, W.S., Johnsen, S., Labeyrie, L., Higgins, S., 1994. High-resolution climate records from the North Atlantic during the last interglacial. Nature 371, 326-329.

McManus, J.F., Francois, R., Gherardi, J.-M., Keigwin, L.D., Brown-Leger, S., 2004. Collapse and rapid resumption of Atlantic meridional criculation linked to deglacial climate changes. Nature 428, 834-837.

Medina-Elizalde, M., 2013. A global compilation of coral sea-level benchmarks: implications and new challenges. Earth Planet. Sci. Lett. 362, 310-318.

Medina-Elizalde, M., Lea, D.W., 2005. The mid-Pleistocene transition in the Tropical Pacific. Science 310, 1009-1012.

Medina-Elizalde, M., Burns, S.J., Lea, D.W., Asmerom, Y., Von Gunten, L., Polyak, V., Vuille, M., Karmalkar, A., 2010. High resolution stalagmite record from the Yucatán peninsula spanning the Maya terminal classic period. Earth Planet. Sci. Lett. 298, 255-262.

Meehl, G.A., Stocker, T.F., Collins, W.D., Friedlingstein, P., Gaye, A.T., Gregory, J.M., Kitoh, A., Knutti, R., Murphy, J.M., Noda, A., Raper, S.C.B., Watterson, I.G., Weaver, A.J., Zhao, Z.C., 2007. Global climate projections. In: Solomon, S., Qin, D., Manning, M., Chen, Z., Marquis, M., Averyt, K.B., Tignor, M., Miller, H.L. (Eds.), Climate Change 2007: The Physical Science Basis. Cambridge University Press, Cambridge, pp. 747-845.

Meehl, G.A., Arblaster, J.M., Matthes, K., Sassi, F., van Loon, H., 2009. Amplifying the Pacific climate system response to a small 11-year solar cycle forcing. Science 325, 1114-1118.

Meese, D.A., Gow, A.J., Grootes, P., Mayewski, P.A., Ram, M., Stuiver, M., Taylor, K.C., Waddington, E.D., Zielinski, G.A., 1994. The accumulation record from the GISP2 core as an indicator of climate change throughout the Holocene. Science 266,

1680-1682.

Meese, D.A., Gow, A.J., Alley, R.B., Zielinski, G.A., Grootes, P.M., Ram, M., Taylor, K.C., Mayewski, P.A., Bolzan, J.F., 1997. The GISP2 depth-age scale: methods and results. J. Geophys. Res. 102C, 26411-26423.

Meggers, B.J., 1982. Archeological and ethnographic evidence compatible with the model of forest fragmentation. In: Prance, G.T. (Ed.), Biological Diversification in the Tropics. Columbia University Press, New York, pp. 483-496.

Meier, N., Rutishauser, T., Pfister, C., Wanner, H., Luterbacher, J., 2007. Grape harvest dates as a proxy for Swiss April to August temperature reconstructions back to AD 1480. Geophys. Res. Lett. 34, L20705. dx.doi.org/10.1029/2007GL031381.

Meinel, A., Meinel, M., 1983. Sunsets, Twilights and Evening Skies. Cambridge University Press, Cambridge.

Meko, D.M., Woodhouse, C.A., 2005. Tree-ring footprint of joint hydrologic drought in Sacramento and upper Colorado River basins, western USA. J. Hydrol. 308, 196-213.

Meko, D.M., Stockton, C.W., Boggess, W.R., 1980. A tree-ring reconstruction of drought in southern California. Water Resour. Res. 16, 594-600.

Meko, D.M., Therrell, M.D., Baisan, C.H., Hughes, M.K., 2001. Sacramento River flow reconstructed to A. D. 869 from tree rings. J. Am. Water Resour. Assoc. 37, 1029-1040.

Meko, D.M., Woodhouse, C.A., Baisan, C.A., Knight, T., Lukas, J.J., Hughes, M.K., Salzer, M.W., 2007. Medieval drought in the upper Colorado River Basin. Geophys. Res. Lett. 34, L10705. dx.doi.org/10.1029/2007GL029988.

Melles, M., Brigham-Grette, J., Minyuk, P.S., Nowaczyk, N.R., Wennrich, V., DeConto, R.M., Anderson, P.M., Andreev, A.A., Coletti, A., Cook, T.L., Haltia-Hovi, E., Kukkonen, M., Lozhkin, A.V., Rosén, P., Tarasov, P., Vogel, H., Wagner, B., 2012. 2.8 Million Years of Arctic climate change from Lake El'gygytgyn, NE Russia. Science 337, 315-320.

Melvin, T.M., Briffa, K.R., 2004. A "signal-free" approach to dendroclimatic standardisation. Dendrochronologia 26, 71-86.

Mendoza, B., García-Acosta, V., Velasco, V., Jáuregui, E., Diaz-Sandoval, R., 2007. Frequency and duration of historical droughts from the 16th to the 19th centuries in the Mexican Maya lands, Yucatan Peninsula. Clim. Chang. 83, 151-168.

Mesolella, K.J., Matthews, R.K., Broecker, W.S., Thurber, D.L., 1969. The astronomical theory of climatic change: Barbados data. J. Geology. 77, 250-274.

Messerli, B., Messerli, P., Pfister, C., Zumbuhl, H.J., 1978. Fluctuations of climate and glaciers in the Bernese Oberland, Switzerland and their geological significance, 1600-1975. Arct. Alp. Res. 10, 247-260.

Metz, B., Davidson, O.R., Bosch, P.R., Dave, R., Meyer, L.A. (Eds.), 2007. Mitigation of Climate Change. Cambridge University Press, Cambridge, 851 pp.

Meyer, C.E., Sarna-Wojcicki, A.M., Hillhouse, J.W., Woodward, M.J., Slate, J.L., Sorg, D.H., 1991. Fission-track age (400,000 yr) of the Rockland tephra, based on inclusion of zircon grains lacking fossil fission tracks. Quat. Res. 35, 367-382.

Meyers, P.A., Lallier-Vergès, E., 1999. Lacustrine sedimentary organic matter records of Late Quaternary paleoclimates. J. Paleolimnol. 21, 345-372.

Michel, P., 1973. Les bassins des Fleuves Senegal et Gambie: Etude Geomorphologie. Memoires no. 63, Office de Ia Recherche Scientifique et Technique d'Outre-mer, Paris.

Michels, J.W., Bebrich, C.A., 1971. Obsidian hydration dating. In: Michael, H.N., Ralph, E.K. (Eds.), Dating Techniques for the Archaeologist. MIT Press, Cambridge, pp. 164-221.

Mickler, P.J., Banner, J.L., Stern, L., Asmerom, Y., Edwards, R.L., Ito, E., 2004. Stable isotope variations in modern tropical speleothems: evaluating equilibrium vs. kinetic isotope effects. Geochim. Cosmochim. Acta 68, 4381-4393.

Mifflin, M.D., Wheat, M.M., 1979. Pluvial lakes and estimated pluvial climates of Nevada. Bulletin 94, Nevada Bureau of Mines and GeologyUniversity of Nevada, Reno.

Migliazza, E.C., 1982. Linguistic prehistory and the refuge model in Amazonia. In: Prance, G.T. (Ed.), Biological Diversification in the Tropics. Columbia University Press, New York, pp. 497-519.

Mignot, J., Ganapolski, A., Levermann, A., 2007. Atlantic subsurface temperatures: response to a shutdown of the overturning circulation and consequences for its recovery. J. Clim. 20, 4884-4898.

Mikami, T. (Ed.), 1992a. Proceedings of International Symposium on the Little Ice Age Climate. Department of Geography, Tokyo Metropolitan University, Tokyo.

Mikami, T. (Ed.), 1992b. Climate variations in Japan during the Little Ice Age. Proceedings of the International Symposium on the Little Ice Age Climate. Department of Geography, Tokyo Metropolitan University, Tokyo, pp. 176-181.

Mikami, T., 1999. Quantitative climate reconstruction in Japan based on historical documents. Bull. Natl. Mus. Jpn. Hist. 81, 41-50.

Mikami, T., 2008. Climatic variations in Japan reconstructed from historical documents. Weather 63, 190-193.

Milankovitch, M.M., 1941. Canon of Insolation and the Ice-age Problem. Koniglich Serbische Akademie, Beograd (English translation by the Israel Program for Scientific Translations, published for the US Department of Commerce and the National Science Foundation, Washington, DC. 1969).

Miller, J.A., 1972. Dating Holocene and Pleistocene strata using the potassium argon and argon-40/argon-39 methods. In: Bishop, W.W., Miller, J.A. (Eds.), Calibration of Hominoid Evolution. Scottish Academic Press, Edinburgh, pp. 63-73.

Miller, G.H., 1973. Variations in lichen growth from direct measurements: preliminary curves for *Alectoria minuscula* from eastern Baffin Island, NWT, Canada. Arct. Alp. Res. 5, 333-339.

Miller, G.H., Andrews, J.T., 1973. Quaternary history of northern Cumberland Peninsula, east Baffin Island, NWT, Canada, Part VI. Preliminary lichen growth curve for *Rhizocarpon geographicum*. Geol. Soc. Am. Bull. 83, 1133-1138.

Miller, G.H., Brigham-Grette, J., 1989. Amino acid geochronology: resolution and precision in carbonate fossils. Quat. Int. 1, 111-128.

Miller, G.H., Hare, P.E., 1975. Use of amino acid reactions in some arctic marine fossils as stratigraphic and geochronologic indicators. Carnegie Inst. Wash. Yearbook. 74, 612-617.

Miller, G.H., Hare, P.E., 1980. Amino acid geochronology: integrity of the carbonate matrix and potential of molluscan fossils. In: Hare, P.E., Hoering, T.C., King Jr., K. (Eds.), Biogeochemistry of Amino Acids. Wiley, New York, pp. 415-443.

Miller, G.H., Mangerud, J., 1985. Aminostratigraphy of European marine interglacial deposits. Quat. Sci. Rev. 4, 215-278.

Miller, G.H., Bradley, R.S., Andrews, J.T., 1975. Glaciation level and lowest equilibrium line altitude in the High Canadian Arctic: maps and climatic interpretation. Arct. Alp. Res. 7, 155-168.

Miller, G.H., Hollin, J.T., Andrews, J.T., 1979. Aminostratigraphy of UK Pleistocene deposits. Nature 281, 539-543.

Miller, G.H., Magee, J.W., Jull, A.J.T., 1997. Low-latitude glacial cooling in the southern hemisphere from amino-acid racemization in emu eggshells. Nature 385, 241-244.

Miller, G.H., Geirsdóttir, A., Zhong, Y., Larsen, D.J., Otto-Bliesner, B.L., Holland, M.M., Bailey, D.A., Refsynder, K.A., Lehman, S.J., Southon, J.R., Anderson, C., Bjornsson, H., Thordarson, T., 2012. Abrupt onset of the Little Ice Age triggered by volcanism and sustained by sea-ice/ocean feedbacks. Geophys. Res. Lett. 39, L02708. dx.doi.org/10.1029/2011GL05016.

Min, G.R., Edwards, R.L., Taylor, F.W., Re'cy, J., Gallup, C.D., Beck, J.W., 1995. Annual cycles of U/Ca in coral skeletons and U/Ca thermometry. Geochim. Cosmochim. Acta 59, 2025-2042.

Miroshnikov, L.D., 1958. Ostatki drevney lesnoy rastitel'nosti na Taymyrskom poluostrove. Priroda, Moskva. 2, 106-107.

Mitchell, J.M., 1976. An overview of climatic variability and its causal mechanisms. Quat. Res. 6, 481-493.

Mitchell, J.M., Dzerdzeevski, B., Flohn, H., Hofmeyr, W.L., Lamb, H.H., Rao, K.N., Wallén, C.C., 1966. Climate Change. World Meteorological Organization, Geneva, WMO Technical Note No. 79.

Mitsuguchi, T., Matsumoto, E., Abe, O., Uechida, T., Isdale, P.J., 1996. Mg/Ca thermometry in coral skeletons. Science 274, 961-963.

Mix, A.C., 1987. The oxygen-isotope record of glaciation. In: Ruddiman, W.F., Wright Jr., H.E. (Eds.), North America and Adjacent Oceans During the Last Deglaciation. The Geology of North America, vol. K-3. Geological Society of America, Boulder, pp. 111-135.

Mix, A.C., Ruddiman, W.F., 1984. Oxygen isotope analyses and Pleistocene ice volumes. Quat. Res. 21, 1-20.

Mix, A.C., Bard, E., Schneider, R., 2001. Environmental processes of the ice ages: land, oceans, glaciers (EPILOG). Quat. Sci. Rev. 20, 627-657.

Mizukoshi, M., 1992. Climatic reconstruction in central Japan during the Little Ice Age based on documentary sources. In: Mikami, T. (Ed.), Proceedings of the International Symposium on the Little Ice Age Climate. Department of Geography, Tokyo Metropolitan University, Tokyo, pp. 182-187.

Moberg, A., Sonechkin, D.M., Holmgren, K., Datsenko, N.M., Karlén, W., 2005. Highly variable northern hemisphere temperatures reconstructed from low- and high-resolution proxy data. Nature 433, 613-617.

Molfino, B., Kipp, N.G., Morley, J.J., 1982. Comparison of foraminiferal, coccolithophorid and Radiolarian paleotemperature equations: assemblage coherency and estimate concordancy. Quat. Res. 17, 279-313.

Mollenhauer, G., Kienast, M., Lamy, F., Meggers, H., Schneider, R.R., Hayes, J.M., Eglinton, T.I., 2005. An evaluation of ^{14}C age relationships between co-occurring foraminifera, alkenones, and total organic carbon in continental margin sediments. Paleoceanography 20, PA1016. dx.doi.org/10.1029/2004PA001103.

Monnin, E., Indermühle, A., Dällenbach, A., Flückiger, J., Stauffer, B., Stocker, T.F., Raynaud, D., Barnola, J.-M., 2001. Atmospheric CO_2 concentrations over the last glacial termination. Science 291, 112-114.

Monod, Th., 1963. The late Tertiary and Pleistocene in the Sahara. In: Howell, F.C., Bouliere, F. (Eds.), African Ecology and Human Evolution. Viking Publications in Anthropology No. 36, Wenner-Gren Foundation, New York, pp. 117-229.

Montade, V., Combourieu Nebout, N., Kissel, C., Mulsow, S., 2011. Pollen distribution in marine surface sediments from Chilean Patagonia. Mar. Geol. 282, 161-168.

Moody, D.W., Catchpole, A.J.W., 1975. Environmental Data from Historical Documents by Content Analysis: Freeze-up and Break-up of Estuaries on Hudson Bay, 1714-1871. Manitoba Geographical Studies No. 5, University of Winnipeg, Winnipeg.

Mook, W.G., Bommerson, J.C., Stoverman, W.H., 1974. Carbon isotope fractionation between dissolved bicarbonate and gaseous carbon dioxide. Earth Planet. Sci. Lett. 22, 169-176.

Moore, T.C., 1978. The distribution of radiolarian assemblages in the modern and ice-age Pacific. Mar. Micropaleontol. 4, 229-266.

Moore, P.D., Webb, J.A., 1978. An Illustrated Guide to Pollen Analysis. Hodder and Stoughton, London.

Moore, T.C., Burckle, L.H., Geitzenauer, K., Luz, B., Molina-Cruz, A., Robertson, J.H., Sachs, H., Sancetta, C., Thiede, J., Thompson, P., Wenkam, C., 1980. The reconstruction of sea surface temperatures in the Pacific Ocean of 18,000 BP. Mar. Micropaleontol. 5, 215-247.

Moore, J.C., Narita, H., Maeno, N., 1991. A continuous 770-year record of volcanic acidity from East Antarctica. J. Geophys. Res. 96, 17353-17359.

Morgan, A., 1973. Late Pleistocene environmental changes indicated by fossil insect faunas of the English Midland. Boreas 2, 173-212.

Morgan, V.I., 1982. Antarctic Ice Sheet surface oxygen isotope values. J. Glaciol. 28, 315-323.

Morgan, A.V., Morgan, A., 1979. The fossil coleoptera of the Two Creeks forest bed, Wisconsin. Quat. Res. 12, 226-240.

Morgan, A.V., Morgan, A., 1981. Paleoentomological methods of reconstructing paleoclimate with reference to interglacial and interstadial insect faunas of southern Ontario. In: Mahaney, W.C. (Ed.), Quaternary Paleoclimate. University of East Anglia, Norwich, pp. 173-192.

Morley, J.J., Hays, J.D., 1979. Comparison of glacial and interglacial oceanographic conditions in the South Atlantic from variations in calcium carbonate and radiolarian distributions. Quat. Res. 12, 396-408.

Morley, J.J., Hays, J.D., 1981. Towards a high-resolution, global, deep-sea chronology for the last 750,000 years. Earth Planet. Sci. Lett. 53, 279-295.

Morley, J.J., Shackleton, N.J., 1978. Extension of the radiolarian *Stylatractus universus* as a biostratigraphic datum to the Atlantic Ocean. Geology 6, 309-311.

Morrison, R., 1965. Quaternary geology of the Great Basin. In: Wright, H.E., Frey, D.G. (Eds.), The Quaternary of the United States. Princeton University Press, Princeton, pp. 265-286.

Mortensen, A.K., Bigler, M., Grönvold, K., Steffensen, J.P., Johnsen, S.J., 2005. Volcanic ash layers from the Last Glacial Termination in the NGRIP ice core. J. Quat. Sci. 20, 209-219.

Morton, F.I., 1967. Evaporation from large deep lakes. Water Resour. Res. 3, 181-200.

Mosblech, N.A.S., Bush, M.B., Gosling, W.D., Hodell, D., Thomas, L., van Calsteren, P., Correa-Metrio, A., Valencia, B.G., Curtis, J., van Woesik, R., 2012. North Atlantic forcing of Amazonian precipitation during the last ice age. Nat. Geosci. 5, 817-820.

Moschen, R., Lücke, A., Schleser, G.H., 2005. Sensitivity of biogenic oxygen isotopes to changes in surface water temperature and paleoclimatology. Geophys. Res. Lett. 32, http://dx.doi.org/10.1029/2004GL022167 L07708.

Moser, K.A., MacDonald, G.M., 1990. Holocene vegetation change at treeline north of Yellowknife, Northwest Territories. Quat. Res. 34, 227-239.

Mott, R.J., 1975. Palynological studies of lake sediment profiles from southwestern New Brunswick. Can. J. Earth Sci. 12, 273-288.

Moustafa, Y.A., Pätzold, J., Loya, Y., Wefer, G., 2000. Mid-Holocene stable isotope record of corals from the northern Red Sea. Int. J. Earth Sci. 88, 742-751.

Mudelsee, M., Raymo, M.E., 2005. Slow dynamics of Northern Hemisphere glaciation. Paleoceanography 20, PA4022. dx.doi.org/10.1029/2005PA001153.

Muhs, D.R., Bettis, E.A., Aleinikoff, J.N., McGeehin, J.P., Beann, J., Skipp, G., Marshall, B.D., Roberts, H.M., Johnson, W.C., Benton, R., 2008. Origin and paleoclimatic significance of late Quaternary loess in Nebraska: evidence from stratigraphy, chronology, sedimentology, and geochemistry. Geol. Soc. Am. Bull. 120, 1378-1407.

Müller, F., 1958. Eight months of glacier and soil research in the Everest region. In: Barnes, M. (Ed.), The Mountain World. Harper and Bros, New York, pp. 191-208.

Muller, R.A., 1977. Radioisotope dating with a cyclotron. Science 196, 489-494.

Muller, R.A., MacDonald, G.J., 1997. Glacial cycles and astronomical forcing. Science 277, 215-218.

Müller, P.J., Kirst, G., Ruhland, G., von Storch, I., Rosell-Melé, A., 1998. Calibration of the alkenone paleotemperature index U_{37}^{K} based on core-tops from the eastern South Atlantic and the global ocean (60°N-60°S). Geochim. Cosmochim. Acta. 62, 1757-1772.

Müller, J., Wagner, A., Fahl, K., Stein, R., Prange, M., Lohmann, G., 2011. Towards quantitative sea ice reconstructions in the northern North Atlantic: a combined biomarker and numerical modelling approach. Earth Planet. Sci. Lett. 306, 137-148.

Mullineaux, D.R., 1974. Pumice and Other Pyroclastic Deposits in Mount Rainier National Park, Washington. Bulletin 1326, US Geological Survey, Washington, DC.

Mulvaney, R., Peel, D.A., 1987. Anions and cations in ice cores from Dolleman Island and the Palmer Land plateau, Antarctic Peninsula. Ann. Glaciol. 10, 121-125.

Murata, A., 1992. Reconstruction of rainfall variation of the Baiu in historical times. In: Bradley, R.S., Jones, P.D. (Eds.), Climate Since A.D. 1500. Routledge, London, pp. 224-245.

Murray, A.S., Wintle, A.G., 2000. Luminescence dating of quartz using an improved regenerative-dose protocol. Radiat. Meas. 32, 57-73.

Muscheler, R., Kromer, B., Bjorck, S., Svensson, A., Friedrich, M., Kaiser, K.F., Southon, J., 2008. Tree rings and ice cores reveal ^{14}C calibration uncertainties during the Younger Dryas. Nat. Geosci. 1, 263-267.

Naafs, B.D.A., Hefter, J., Stein, R., 2012. Application of the long chain diol index (LDI) paleothermometer to the early Pleistocene (MIS 96). Org. Geochem. 49, 83-85.

Naeser, C.W., Naeser, N.D., 1988. Fission track dating of Quaternary events. In: Easterbrook, D.J. (Ed.), Dating Quaternary Sediments. Special Paper 227Boulder Geological Society of America, pp. 1-11.

Naeser, C.W., Briggs, N.D., Obradovich, J.D., Izett, G.A., 1981. Geochronology of tephra deposits. In: Self, S., Sparks, R.J.S. (Eds.), Tephra StudiesD. Reidel, Dordrecht, pp. 13-47.

National Research Council, 2002. Abrupt Climate Change: Inevitable Surprises. National Academy Press, Washington, DC, 230 pp.

National Research Council, 2003. Understanding Climate Change Feedbacks. National Academies Press, Washington D.C. 152 pp.

Naurzbaev, M.M., Vaganov, E.A., 2000. Variation of early summer and annual temperature in east Taymir and Putoran (Siberia) over the last two millennia inferred from tree rings. J. Geophys. Res. 16 (D6), 7317-7326.

NEEM community members, 2013. Eemian interglacial reconstructed from a Greenland folded ice core. Nature 493, 489-494.

Neff, U., Burns, S.J., Mangini, A., Mudelsee, M., Fleitmann, D., Matter, A., 2001. Strong coherence between solar variability and the monsoon in Oman between 9 and 6 kyr ago. Nature 411, 290-293.

Neftel, A., Oeschger, H., Stauffer, B., 1988. CO_2 record in the Byrd ice core 50,000-5,000 years B.P. Nature 331, 609-611.

Nelson, D.E., 1990. A new method for carbon isotopic analysis of protein. Science 251, 552-554.

Nelson, D.E., Korteling, R.G., Stott, W.R., 1977. Carbon-14: direct detection at natural concentrations. Science 198, 507-508.

Nesje, A., 2009. Latest Pleistocene and Holocene alpine glacier fluctuations in Scandinavia. Quat. Sci. Rev. 28, 2119-2136.

Nesje, A., Dahl, S.O., 2000. Glaciers and Environmental Change. Arnold, London, 203 pp.

Nesje, A., Kvamme, M., Løvlie, R., 1991. Holocene glacial and climate history of the Jostedalsbreen region, western Norway: evidence from lake sediments and terrestrial deposits. Quat. Sci. Rev. 10, 87-114.

Nesje, A., Dahl, S.O., Andersson, C., Matthews, J.A., 2000. The lacustrine sedimentary sequence in Sygneskardvatnet, western Norway: a continuous, high-resolution record of the Jostedalsbreen ice cap during the Holocene. Quat. Sci. Rev. 19, 1047-1065.

Neuberger, H., 1970. Climate in art. Weather 25, 46-56.

Neukom, R., Prieto, M.R., Moyano, R., Luterbacher, J., Pfister, C., Villalba, R., Jones, P.D., Wanner, H., 2009. An extended network of documentary data from South America and its potential for quantitative precipitation recon- structions back to the 16th century. Geophys. Res. Lett. 36, L12703. dx.doi.org/10.1029/2009GL038351.

Newell, R.E., Chiu, L.S., 1981. Climatic changes and variations: a geophysical problem. In: Berger, A. (Ed.), Climate Variations and Variability: Facts and Theories. Reidel, Dordrecht, pp. 21-61.

Newhall, C.G., Self, S., 1982. The Volcanic Explosivity Index (VEI): an estimate of explosive magnitude for historical volcanism. J. Geophys. Res. 87C, 1231-1238.

Nichols, H., 1967. The postglacial history of vegetation and climate at Ennadai Lake, Keewatin and Lynn Lake, Manitoba. Eiszeit. Gegenw. 18, 176-197.

Nichols, J.E., Booth, R.K., Jackson, S.T., Pendall, E.G., Huang, Y., 2006. Palohydrologic reconstruction based on *n*-alkane distributions in ombrotrophic peat. Org. Geochem. 37, 1505-1513.

Nichols, J.E., Walcott, M., Bradley, R.S., Pilcher, J., Huang, Y., 2009. Quantitative assessment of precipitation seasonality and summer surface wetness using ombrotrophic sediments from an Arctic Norwegian peatland. Quat. Res. 73, 443-451.

Nichols, J.E., Booth, R.K., Jackson, S.T., Pendall, E.G., Huang, Y., 2010. Differential hydrogen isotopic ratios of Sphagnum and vascular plant biomarkers in ombrotrophic peatlands as a quantitative proxy for precipitation- evaporation balance. Geochim. Cosmochim. Acta 74, 1407-1416.

Nicholson, S., Flohn, H., 1980. African environmental and climatic changes and the general circulation in late Pleistocene and Holocene. Clim. Chang. 2, 313-348.

Niggemann, S., Mangini, A., Richter, D.K., Wurth, G., 2003. A paleoclimate record of the last 17,600 years in stalagmites from the B7 cave, Sauerland, Germany. Quat. Sci. Rev. 22, 555-567.

Nix, H.A., Kalma, J.D., 1972. Climate as a dominant control in the biogeography of northern Australia and New Guinea. In: Walker, D. (Ed.), Bridge and Barrier: the Natural and Cultural History of Torres Strait. Publication No. BG3, Department of Biogeography and Geomorphology, Australian National University, Canberra, pp. 61-91.

Noller, J.S., Sowers, J.M., Lettis, W.R. (Eds.), 2000. Quaternary geochronology: methods and applications. American Geophysical Union, Washington D.C, 581 pp.

North Greenland Ice Core Project members, 2004. High resolution record of Northern Hemisphere climate extending into the last interglacial period. Nature 431, 147-151.

Nowaczyk, N.R., Arz, H.W., Frank, U., Kind, J., Plessen, B., 2012. Dynamics of the Laschamp geomagnetic excursion from Black Sea sediments. Earth Planet. Sci. Lett. 54-69, 351-352.

Nussbaumer, S.U., Zumbühl, H.J., Steiner, D., 2007. Fluctuations of the "Mer de Glace" (Mont Blanc area, France) AD 1500-2050: an interdisciplinary approach using new historical data and neural network simulations. Z. Gletscherk. Glazialgeol. 40, 3-183.

Nyberg, J., Malmgren, B.A., Winter, A., Jury, M.R., Kilbourne, K.H., Quinn, T.M., 2007. Low Atlantic hurricane activity in the 1970s and 1980s compared to the past 270 years. Nature 447, 698-702.

Nye, J.F., 1965. A numerical method of inferring the budget history of a glacier from its advance and retreat. J. Glaciol. 5, 589-607.

O'Brien, S.R., Mayewski, P.A., Meeker, L.D., Meese, D.A., Twickler, M.S., Whitlow, S.I., 1995. Complexity of Holocene climate as reconstructed from a Greenland ice core. Science 270, 1962-1964.

Oches, E.A., McCoy, W.D., 1995a. Aminostratigraphic evaluation of conflicting age estimates for the "Young Loess" of Hungary. Quat. Res. 44, 160-170.

Oches, E.A., McCoy, W.D., 1995b. Aminostratigraphy of central European loess cycles: introduction and data. Geolines (Praha) 2, 34-86.

Oches, E.A., McCoy, W.D., 1995c. Amino acid geochronology applied to the correlation and dating of central European loess deposits. Quat. Sci. Rev. 14, 767-782.

Oches, E.A., McCoy, W.D., 2001. Historical development and recent advances in amino acid geochronology applied to loess research: examples from North America, Europe, and China. Earth-Sci. Rev. 54, 173-192.

Oches, E.A., McCoy, W.D., Clark, P.U., 1996. Amino acid estimates of latitudinal temperature gradients and geochronology of loess deposition during the last glaciation, Mississippi Valley, United States. Geol. Soc. Am. Bull. 108, 892-903.

Oerlemans, J., 1989. On the response of valley glaciers to climatic change. In: Oerlemans, J. (Ed.), Glacier Fluctuations and Climatic ChangeKluwer, Dordrecht, pp. 353-371.

Oerlemans, J., Hoogendorn, N.C., 1989. Mass balance gradients and climatic change. J. Glaciol. 35, 399-405.

Oeschger, H., Langway Jr., C.C. (Eds.), 1989. The Environmental Record in Glacier and Ice Sheets. Wiley, Chichester.

Ogilvie, A., 1992. Documentary evidence for changes in the climate of Iceland, A.D. 1500-1800. In: Bradley, R.S., Jones, P.D. (Eds.), Climate Since A.D. 1500. Routledge, London, pp. 92-117.

Ohkouchi, N., Eglinton, T.I., Keigwin, L.D., Hayes, J.M., 2002. Spatial and temporal offsets between proxy records in sediment drifts. Science 298, 1224-1227.

Ojala, A.E.K., Alenius, T., 2005. 10,000 years of interannual sedimentation recorded in the Lake Nautajarvi (Finland) clastic-organic varves. Palaeogeogr. Palaeoclimatol. Palaeoecol. 219, 285-302.

Ojala, A.E.K., Saarinen, T., Salonen, V.-P., 2000. Preconditions for the formation of annually laminated lake sediments in southern and central Finland. Boreal Environ. Res. 5, 243-255.

Ojala, A.E.K., Francus, P., Zolitschka, B., Besonen, M., Lamoureux, S., 2012. Characteristics of sedimentary varve chronologies—a review. Quat. Sci. Rev. 43, 45-60.

Okazaki, Y., Timmermann, A., Menviel, L., Harada, N., Abe-Ouchi, A., Chikamoto, M.O., Mouchet, A., Asahi, H., 2010. Deepwater formation in the North Pacific during the Last Glacial Termination. Science 329, 200-204.

Olausson, E., 1965. Evidence of climatic changes in deep sea cores with remarks on isotopic palaeotemperature analysis. Prog. Oceanogr. 3, 221-252.

Olausson, E., 1967. Climatological, geoeconomical and paleooceanographical aspects of carbonate deposition. Prog. Oceanogr. 4, 245-265.

Oldfield, F., 2000. Paleoclimatology: out of Africa. Nature 403, 370-371.

Olley, J., Caitcheon, G., Murray, A., 1998. The distribution of apparent dose as determined by optically stimulated luminescence in small aliquots of fluvial quartz: implications for dating young sediments. Quat. Geochronol. 17, 1033-1040.

Olson, I.U., 2009. Radiocarbon dating history: early days, questions, and problems met. Radiocarbon 51, 1-43.

Olsson, I.U., 1968. Modern aspects of radiocarbon dating. Earth-Sci. Rev. 4, 203-218.

Olsson, I.U., 1974. Some problems in connection with the evaluation of ^{14}C dates. Geol. Fören. Stockh. Förh. 96, 311-320.

Olsson, I.U., Eriksson, K.G., 1972. Fractionation studies of the shells of Foraminifera. In: Etudes sur le Quaternaire dans le Monde.Proceedings, Congress INQUA, Paris, pp. 921-923.

Olsson, I.U., Osadebe, F.A.N., 1974. Carbon isotope variations and fractionation corrections in ^{14}C dating. Boreas 3, 139-146.

Olsson, I.U., El-Daoushy, M.F.A.F., Abd-El-Mageed, A.I., Klasson, M., 1974. A comparison of different methods for pretreatment of bones I. Geol. Fören. Stockh. Förh. 96, 171-181.

O'Neil, J.R., Clayton, R.N., Mayeda, T.K., 1969. Oxygen isotope fractionation in divalent metal carbonates. J. Chem. Phys. 51, 5547-5558.

Opdyke, N.D., 1972. Paleomagnetism of deep-sea cores. Rev. Geophys. Space Phys. 101, 213-249.

Opdyke, N.D., Channell, J.E.T., 1996. Magnetic Stratigraphy. Academic Press, San Diego.

Oppo, D.W., Curry, W.B., 2012. Deep Atlantic circulation during the Last Glacial Maximum and deglaciation. Nat. Educ. Knowl. 3, 1-6.

Oppo, D.W., Fairbanks, R.G., 1987. Variability in the deep and intermediate water circulation of the Atlantic Ocean during the past 25,000 years: northern hemisphere modulation of the Southern Ocean. Earth Planet. Sci. Lett. 86, 1-15.

Orland, I.J., Bar-Matthews, M., Kita, N.T., Ayalon, A., Matthews, A., Valley, J.W., 2009. Climate deterioration in the eastern Mediterranean as revealed by ion microprobe analysis of a speleothem that grew from 2.2-0.9 ka in Soreq cave, Israel. Quat. Res. 71, 27-35.

Ortlieb, L., 2000. The documented historical record of El Niño events in Peru: an update of the Quinn record (sixteenth through nineteenth centuries). In: Diaz, H.F., Markgraf, V. (Eds.), El Niño and the Southern Oscillation: multiscale variability and global and regional impacts. Cambridge University Press, Cambridge, pp. 207-295.

Osborn, T.J., Briffa, K.R., 2006. The spatial extent of 20th-century warmth in the context of the past 1200 years. Science 311, 841-844.

Osborne, P.J., 1974. An insect assemblage of early Handrian age from Lea Marston, Warwickshire and its bearing on the contemporary climate and ecology. Quat. Res. 4, 471-486.

Osborne, P.J., 1980. The late Devensian-Flandrian transition depicted by serial insect faunas from West Bromwich, Staffordshire, England. Boreas 9, 139-147.

Osmaston, H.A., 1975. Models for the estimation of firnlines of present and Pleistocene glaciers. In: Peel, R.F., Chisholm, M., Haggett, P. (Eds.), Processes in Physical and Human Geography: Bristol Essays. Heinemann, London, pp. 218-245.

Østrem, G., 1974. Present alpine ice cover. In: Ives, J.D., Barry, R.G. (Eds.), Arctic and Alpine Environments. Methuen, London, pp. 225-250.

Otto-Bliesner, B.L., Brady, E.C., 2010. The sensitivity of the climate response to the magnitude and location of freshwater forcing: last glacial maximum experiments. Quat. Sci. Rev. 29, 56-73.

Otto-Bliesner, B., Schneider, R., Brady, E.C., Kucera, M., Abe-Ouchi, A., Bard, E., Braconnot, P., Crucifix, M., Hewitt, C.D., Kageyama, M., Marti, O., Paul, A., Rosell-Melé, A., Waelbroeck, C., Weber, S.L., Weinelt, M., Yu, Y., 2009. A comparison of PMIP2 model simulations and the MARGO proxy reconstruction for tropical sea surface temperatures at last glacial maximum. Clim. Dyn. 32, 799-815.

Overpeck, J.T., Webb III, T., Prentice, I.C., 1985. Quantitative interpretation of fossil pollen spectra: dissimilarity coefficients and the method of modern analogs. Quat. Res. 23, 87-108.

Overpeck, J.T., Rind, D., Goldberg, R., 1990. Climate-induced changes in forest disturbance and vegetation. Nature 343, 51-53.

Overpeck, J.T., Rind, D., Lacis, A., Healey, R., 1996. Possible role of dust-induced regional warming in abrupt climate change during the last glacial period. Nature 384, 447-449.

Overpeck, J.T., Whitlock, C., Huntley, B., 2003. Terrestrial biosphere dynamics in the climate system: past and future. In: Alverson, K.D., Bradley, R.S., Pedersen, T.F. (Eds.), Paleoclimate, Global Change and the Future. Springer, Berlin, pp. 81-103.

Oviatt, C.G., McCoy, W.D., Nash, W.P., 1994. Sequence stratigraphy of lacustrine deposits: a Quaternary example from the Bonneville Basin, Utah; with Suppl. Data 9402. Geol. Soc. Am. Bull. 106, 133-144.

Owen, L.A., Caffee, M.W., Finkel, R.C., Seong, Y.B., 2008. Quaternary glaciation of the Himalayan-Tibetan orogeny. J. Quat. Sci. 23, 513-531.

Pagani, M., Zachos, J.C., Freeman, K.H., Tripple, B., Bohaty, S., 2005. Marked decline in atmospheric carbon dioxide concentrations during the Paleogene. Science 309, 600-603.

Paillard, D., Labeyrie, L., 1994. Role of the thermohaline circulation in the abrupt warming after Heinrich events. Nature 372, 162-164. Palaeoclimatol. Palaeoecol. 298, 378-387.

PALAEOSENS Project Members, 2012. Making sense of palaeoclimate sensitivity. Nature 491, 683-691.

Palais, J.M., Germani, M.S., Zielinski, G.A., 1992. Inter-hemispheric transport of volcanic ash from a 1259 A.D. volcanic eruption to the Greenland and Antarctic ice sheets. Geophys. Res. Lett. 19, 801-804.

Palmer, W.C., 1965. Meteorological Drought. Research Paper No. 45, US Weather Bureau, Washington, DC.

Parker, M.L., 1971. Dendrochronological Techniques used by the Geological Survey of Canada, Paper 71-25. Geological Survey of Canada, Ottawa.

Parker, M.L., Hennoch, W.E.S., 1971. The use of Engelmann spruce latewood density for dendrochronological purposes. Can. J. For. Res. 1, 90-98.

Parmenter, C., Folger, D.W., 1974. Eolian biogenic detritus in deep sea sediments: a possible index of Equatorial Ice Age aridity. Science 185, 695-698.

Parmesan, C., Yohe, G., 2003. A globally coherent fingerprint of climate change impacts across natural systems. Nature 421, 37-42.

Parrenin, F., Barnola, J.-M., Beer, J., Blunier, T., Castellano, E., Chappellaz, J., Dreyfus, G., Fischer, H., Fujita, S., Jouzel, J., Kawamura, K., Lemieux-Dudon, B., Loulergue, L., Masson-Delmotte, V., Narcisi, B., Petit, J.-R., Raisbeck, G., Raynaud, D., Ruth, U., Schwander, J., Severi, M., Spahni, R., Steffensen, J.P., Svensson, A., Udisti, R., Waelbroeck, C., Wolff, E., 2007. The EDC3 chronology for the EPICA Dome C ice core. Clim. Past 3, 485-497.

Parrenin, F., Barker, S., Blunier, T., Chappellaz, J., Jouzel, J., Landais, A., Masson-Delmotte, V., Schwander, J., Veres, D., 2012. On the gas-ice depth difference (D depth) along the EPICA Dome C ice core. Clim. Past 8, 1239-1255.

Parrenin, F., Masson-Delmotte, V., Köhler, P., Raynaud, D., Paillard, D., Schwander, J., Barbante, C., Landais, A., Wegner, A., Jouzel, J., 2013. Synchronous change of atmospheric CO_2 and Antarctic temperature during the last deglacial warming. Science 339, 1060-1063.

Parry, M.L., 1975. Secular climatic change and marginal agriculture. Trans. Inst. Br. Geogr. 64, 1-13.

Parry, M.L., 1981. Climatic change and the agricultural frontier: a research strategy. In: Wigley, T.M.L., Ingram, M.J., Farmer, G. (Eds.), Climate and History. Cambridge University Press, Cambridge, pp. 319-336.

Parry, M.L., Canziani, O., Palutikof, J., van der Linden, P., Hanson, C. (Eds.), 2007. Climate Change 2007: Impacts, Adaptation and Vulnerability. Cambridge University Press, Cambridge, 976 pp.

Paterson, W.S.B., 1994. The Physics of Glaciers, third ed. Pergamon, Oxford.

Pätzold, J., 1986. Temperature and CO_2 changes in tropical surface waters of the Philippines during the past 120 years: record in the stable isotopes of hermatypic corals. Berichte. 12, 1-82, Kiel: Geologisches/Palaontologisches Institut der Universitat Kiel.

Pätzold, J., Wefer, G., 1992. Bermuda coral reef record of the last 1,000 years. In: Proceedings of Fourth International Conference on Paleoceanography, Kiel, pp. 224-225.

Pätzold, J., Bickert, T., Flemming, B., Grobe, H., Wefer, G., 1999. Holozänes Klima des Nordatlantiks rekonstruiert aus massiven Korallen von Bermuda. Nat. Mus. 129, 165-177.

Pauling, A., Luterbacher, J., Casty, C., Wanner, H., 2006. Five hundred years of gridded high-resolution precipitation reconstructions over Europe and the connection to large-scale circulation. Clim. Dyn. 26, 387-405.

Paulson, D.E., Li, H.C., Ku, T.L., 2003. Climate variability in central China over the last 1270 years revealed by high-resolution stalagmite records. Quat. Sci. Rev. 22, 691-701.

Pausata, F.S.R., Battisti, D.S., Nisancioglu, K.H., Bitz, C.M., 2011. Chinese stalagmite $\delta^{18}O$ controlled by changes in the Indian monsoon during a simulated Heinrich event. Nat. Geosci. 4, 474-480.

Pavese, M.P., Banzon, V., Colacino, M., Gregori, G.P., Pasqua, M., 1992. Three historical data series on floods and anomalous climatic events in Italy. In: Bradley, R.S., Jones, P.D. (Eds.), Climate Since A.D. 1500. Routledge, London, pp. 155-170.

Payette, S., Gagnon, R., 1985. Late Holocene deforestation and tree regeneration in the forest-tundra of Quebec. Nature 313, 570-572.

Payette, S., Morneau, C., 1993. Holocene relict woodlands at the eastern Canadian treeline. Quat. Res. 39, 84-89.

Payette, S., Filion, L., Delwaide, A., Bégin, C., 1989. Reconstruction of treeline vegetation response to long-term climate change. Nature 341, 429-432.

Pearce, N.J.G., Denton, J.S., Perkins, W.T., Westgate, J.A., Alloway, B.V., 2007. Correlation and characterisation of individual glass shards from tephra deposits using trace element laser ablation ICP-MS analyses: current status and future potential. J. Quat. Sci. 22, 721-736.

Pearson, S., 1999. Late Holocene biological records from the middens of stick-nest rats in the central Australian arid zone. Quat. Int. 59, 39-46.

Pearson, S., Dodson, J.R., 1993. Stick-nest rat middens as sources of paleoecological data in Australian deserts. Quat. Res. 39, 347-354.

Pearson, G.W., Stuiver, M., 1993. High-precision bidecadal calibration of the radiocarbon time scale, 500-2500 B.C. Radiocarbon 35, 25-33.

Pearson, G.W., Becker, B., Qua, F., 1993. High precision ^{14}C measurement of German and Irish oaks to show the natural ^{14}C variations from 7890 to 500 B.C. Radiocarbon 35, 93-104.

Pearson, E.J., Juggins, S., Talbot, H.M., Weckström, J., Rosén, P., Ryves, D.B., Roberts, S.J., Schmidt, R., 2011. A lacustrine GDGT-temperature calibration from the Scandinavian Arctic to Antarctic: renewed potential for the application of GDGT-paleothermometry in lakes. Geochim. Cosmochim. Acta 75, 6225-6238.

Pécsi, M., 1992. Loess of the last glaciation. In: Frenzel, B., Pecsi, M., Velichko, A. (Eds.), Atlas of Paleoclimates and Paleoenvironments of the Northern Hemisphere. Geographical Research Institute, Hungarian Academy of Sciences, Budapest, pp. 110-119.

Pedersen, T.F., Nielsen, B., Pickering, M., 1991. Timing of late Quaternary productivity pulses in the Panama Basin and implications for atmospheric CO_2. Paleoceanography 6, 657-678.

Pedersen, T.F., Francois, R., Francois, L., Alverson, K., McManus, J., 2003. The Late Quaternary history of biogeochemical cycling of carbon. In: Alverson, K.D., Bradley, R.S., Pedersen, T.F. (Eds.), Paleoclimate, Global Change and the Future. Springer, Berlin, pp. 64-79.

Peel, D.A., Mulvaney, R., Davison, B.M., 1988. Stable-isotope/air-temperature relationships in ice cores from Dolleman Island and the Palmer Land plateau, Antarctic Peninsula. Ann. Glaciol. 10, 130-136.

Peixoto, J.P., Oort, A., 1992. The Physics of Climate. American Institute of Physics, New York.

Peltier, R., 1994. Ice Age paleotopography. Science 265, 195-201.

Peng, T.-H., Broecker, W.S., 1995. Reconstruction of radiocarbon distribution in the Glacial Ocean. In: Taylor, R.E., Long, A., Kra, R.S. (Eds.), Radiocarbon After Four Decades. Springer-Verlag, New York, pp. 75-92.

Peng, C.H., Guiot, J., Van Campo, E., 1998. Estimating changes in terrestrial vegetation and carbon storage using palaeoecological data and models. Quat. Sci. Rev. 17, 719-735.

Pennington, W., 1973. Absolute pollen frequencies in the sediments of lakes of different morphometry. In: Birks, H.J.B., West, R. (Eds.), Quaternary Plant Ecology. Blackwell Scientific Publications, Oxford, pp. 79-104.

Petersen, G.M., Webb III, T., Kutzbach, J.E., van der Hammen, T., Wijmstra, T.A., Street, F.A., 1979. The continental record of environmental conditions at 18 000 yr BP: an initial evaluation. Quat. Res. 12, 47-82.

Petersen, S.V., Schrag, D.P., Clark, P.U., 2013. A new mechanism for Dansgaard-Oeschger cycles. Paleoceanography 28, 1-7.

Peterson, L.C., Prell, W.L., 1985. Carbonate preservation and rates of climatic change: an 800 kyr record from the Indian Ocean. In: Sundquist, E.T., Broecker, W.S. et al., (Eds.), American Geophysical Union, Washington, DC, pp. 251-269.

Petit, J.R., Duval, P., Lorius, C., 1987. Long-term climatic changes indicated by crystal growth in polar ice. Nature 326, 62-64.

Petit, J.R., White, J.W.C., Young, N.W., Jouzel, J., Korotkevich, Y.S., 1991. Deuterium excess in recent Antarctic snow. J. Geophys. Res. 96D, 5113-5122.

Petit, J.R., Basile, I., Leruyuet, A., Raynaud, D., Lorius, C., Jouzel, J., Stievenard, M., Lipenkov, Y.Y., Barkov, N.I.,

Kudryashov, B.B., Davis, M., Saltzman, E., Kotlyakov, V., 1997. Four climate cycles in Vostok ice core. Nature 387, 359-360.

Petit, J.R., Jouzel, J., Raynaud, D., Barkov, N.I., Barnola, J.-M., Basile, I., Bender, M., Chappellaz, J., Davis, M., Delaygue, G., Delmotte, M., Kotlyakov, V.M., Legrand, M., Lipenkov, V.Y., Lorius, C., Pe´pin, L., Ritz, C., Saltzman, E., Stievenard, M., 1999. Climate and atmospheric history of the past 420 000 years from the Vostok ice core, Antarctica. Nature 399, 429-436.

Petit-Maire, N., Fontugne, M., Rouland, C., 1991. Atmospheric methane ratio and environmental changes in the Sahara and Sahel during the last 130 kyr. Palaeogeogr. Palaeoclimatol. Palaeoecol. 86, 197-204.

Péwé, T.L., Reger, R.D., 1972. Modern and Wisconsinan snowlines in Alaska. In: Proceedings No. 24, Section 12, Quaternary Geology. International Geological Congress, Montreal, pp. 187-197.

Pfister, C., 1978a. Climate and economy in eighteenth century Switzerland. J. Interdiscip. Hist. 9, 223-243.

Pfister, C., 1978b. Fluctuations in the duration of snow-cover in Switzerland since the late seventeenth century. In: Frydendahl, K. (Ed.), Proceedings of Nordic Symposium on Climatic Changes and Related Problems. Climatological Papers No. 4, Danish Meteorological Institute, Copenhagen, pp. 1-6.

Pfister, C., 1984. Klimageschichte der Schweiz 1525-1860. Das Klima der Schweiz von 1525-1860 und seine Bedeutung in der Geschichte von Belvolkerung und Landwirtschaft, 2 vols. Paul Haupt, Bern.

Pfister, C., 1985. Snow cover, snowlines and glaciers in Central Europe since the 16th century. In: Tooley, M.J., Sheail, G.M. (Eds.), The Climatic Scene. Allen and Unwin, London.

Pfister, C., 1992. Monthly temperature and precipitation in central Europe 1525-1979: quantifying documentary evidence on weather and its effects. In: Bradley, R.S., Jones, P.D. (Eds.), Climate Since A.D. 1500. Routledge, London, pp. 118-142.

Pfister, C., 1999. Wetternachhersage. 500 Jahre Klimavariationen und Naturkatastrophen 1496-1995 [Weather Hindcast. 500 years of climate variability and natural disasters, 1496-1995]. Haupt, Bern, 304 pp.

Pfister, C., Brázdil, R., 1999. Climate variability in sixteenth century Europe and its social dimension: a synthesis. Clim. Chang. 43, 5-53.

Pfister, C., Hachler, S., 1991. Überschwemmungskatastrophen im Schweizer Alpenraum seit dem Spätmittelalter. Wurzburger Geographische Arbeiten. 80, 127-148.

Pfister, C., Messerli, B., Messerli, P., Zumbuhl, H., 1978. Die Rekonstruktion des Klimaund Witterungsverlaufes der letzten Jahrhunderte mit Hilfe verscheidener Datentypen. In: Jahrbuch der Schweizerischen Naturforschenden Gesellschaft. Birkhauser, Zurich, pp. 89-105.

Pfister, C., Brázdil, R., Glaser, R., 1999. Climatic variability in sixteenth-century Europe and its social dimension (Special Issue). Clim. Chang. 43, 1-351.

Pflaumann, U., Duprat, J., Pujol, C., Labeyrie, L.D., 1996. SIMMAX: a modern analog technique to deduce Atlantic sea surface temperatures from planktonic foraminifera in deep-sea sediments. Paleoceanography 11, 15-35.

Pflaumann, U., Sarnthein, M., Chapman, M., d'ABREU, L., Funnell, B., Huels, M., Kiefer, T., Maslin, M., Schulz, H., Swallow, J., van Kreveld, S., Vautravers, M., Vogelsang, E., Weinelt, M., 2003. Glacial North Atlantic: sea-surface conditions reconstructed by GLAMAP 2000. Paleoceanography 18. dx.doi.org/10.1029/2002PA000774.

Phillips, F.M., Zreda, M.G., Benson, L.V., Plummer, M.A., Elmore, D., Sharma, P., 1996. Chronology for fluctuations in Late Pleistocene Sierra Nevada glaciers and lakes. Science 274, 749-751.

Picciotto, E., De Maere, X., Friedman, I., 1960. Isotopic composition and temperature of formation of Antarctic snows. Nature 187, 857-859.

Picciotto, E., Crozaz, G., De Breuck, W., 1971. Accumulation on the South Pole-Queen Maud Land Traverse 1964-1968. In: Crary, A.P. (Ed.), Antarctic Snow and Ice Studies II. Antarctic Research SeriesAmerican Geophysical Union, Washington, DC, pp. 257-316.

Pichon, J.J., Labeyrie, L.D., Bareille, G., Labracherie, M., Duprat, J., Jouzel, J., 1992. Surface water temperature changes in the high latitudes of the southern hemisphere over the last glacial-interglacial cycle. Paleoceanography 7, 289-318.

Pienitz, R., Smol, J.P., Birks, H.J.B., 1995. Assessment of freshwater diatoms as quantitative indicators of past climate change in the Yukon and Northwest Territories. J. Paleolimnol. 13, 21-49.

Pienitz, R., Douglas, M.V., Smol, J.P., 2004. Long-term Environmental Change in Arctic and Antarctic Lakes. Springer, Berlin, 562 pp.

Pierce, K.L., Friedman, I., 2000. Obsidian hydration dating of Quaternary events. In: Noller, J.S., Sowers, J.M., Lettis, W.R. (Eds.),

Quaternary Geochronology: Methods and Applications. American Geophysical Union, Washington, DC, pp. 223-240.

Pierce, K.L., Obradovich, J.D., Friedman, I., 1976. Obsidian hydration dating and correlation of Bull Lake and Pinedale Glaciations near west Yellowstone, Montana. Geol. Soc. Am. Bull. 87, 703-710.

Piervitali, E., Colacino, M., 2001. Evidence of drought in western Sicily during the period 1565-1915 from liturgical offices. Clim. Chang. 49, 225-238.

Pike, J., Kemp, A.E.S., 1996. Records of seasonal flux in Holocene laminated sediments, Gulf of California. In: Kemp, A.E.S. (Ed.), Palaeoclimatology and Palaeoceanography from Laminated Sediments. Special Publication No. 116, The Geological Society, London, pp. 157-169.

Pilcher, J.R., Hall, V.A., McCormac, F.G., 1995. Dates of Holocene Icelandic volcanic eruptions from tephra layers in Irish peats. The Holocene 5, 103-110.

Pilcher, J., Bradley, R.S., Francus, P., Anderson, L., 2005. A Holocene tephra record from the Lofoten Islands, Arctic Norway. Boreas 34, 136-156.

Pillow, M.Y., 1931. Compression wood records hurricane. J. Forest 29, 575-578.

Pinto, J., Raible, C.C., 2012. Past and recent changes in the NAO. Interdiscip. Rev. Clim. Change 3, 79-90.

Piotrowski, A.M., Goldstein, S.L., Hemming, S.R., Fairbanks, R.G., 2005. Temporal relationships of carbon cycling and ocean circulation at Glacial boundaries. Science 307, 1933-1938.

Piperno, D., 2001. Phytoliths. In: Smol, J.P., Birks, H.J.B., Last, W.M. (Eds.), Tracking Environmental Change Using Lake sediments, vol. 3. Kluwer Academic, Dordrecht, pp. 235-251.

Pisias, N.G., Moore, T.C., 1981. The evolution of Pleistocene climate: a time series approach. Earth Planet. Sci. Lett. 52, 450-458.

Pisias, N.G., Martinson, D.G., Moore Jr., T.C., Shackleton, N.J., Prell, W., Hays, J., Boden, G., 1984. High resolution stratigraphic correlation of benthic oxygen isotopic records spanning the last 300,000 years. Mar. Geol. 56, 119-136.

Pisias, N.G., Roelofs, A., Weber, M., 1997. Radiolarian-based transfer functions for estimating mean surface ocean temperature and seasonal range. Paleoceanography 12, 365-379.

Placzek, C.J., Quade, J., Patchett, P.J., 2013. A 130 ka reconstruction of rainfall on the Bolivian Altiplano. Earth Planet. Sci. Lett. 363, 97-108.

Pokras, E.M., Mix, A.C., 1985. Eolian evidence for spatial variability of late Quaternary climates in tropical Africa. Quat. Res. 24, 137-149.

Polge, H., 1970. The use of X-ray densitometric methods in dendrochronology. Tree Ring Bull. 30, 1-10.

Polissar, P., Abbott, M.B., Wolfe, A.P., Bezada, M., Rull, V., Bradley, R.S., 2005. Solar modulation of Little Ice Age climate in the Tropical Andes. Proc. Natl. Acad. Sci. U.S.A. 103, 8937-8942.

Pollard, D., DeConto, R.M., 2005. Hysteresis in Cenozoic Antarctic ice-sheet variations. Glob. Planet. Chang. 45, 9-21.

Pollard, R.T., Salter, I., Sanders, R.J., Lucas, M.I., Moore, C.M., Mills, R.A., Statham, P.J., Allen, J.T., Baker, A.R., Bakker, D.C.E., Charette, M.A., Fielding, S., Fones, G.R., French, M., Hickman, A.E., Holland, R.J., Hughes, J.A., Jickells, T.D., Lampitt, R.S., Morris, P.J., Nédélec, F.H., Nielsdóttir, M., Planquette, H., Popova, E.E., Poulton, A.J., Read, J.F., Seeyave, S., Smith, T., Stinchcombe, M., Taylor, S., Thomalla, S., Venables, H.J., Williamson, R., Zubkov, M.V., 2009. Southern Ocean deep-water carbon export enhanced by natural iron fertilization. Nature 457, 577-580.

Polyak, L., Curry, W.B., Darby, D.A., Bischof, J., Cronin, T.M., 2004. Contrasting glacial/interglacial regimes in the western Arctic Ocean as exemplified by a sedimentary record from the Mendeleev Ridge. Palaeogeogr. Palaeoclimatol. Palaeoecol. 203, 73-94.

Ponel, P., 1995. Rissian, Eemian and Würmian Coleoptera assemblages from La Grande Pile (Vosges, France. Palaeogeogr. Palaeoclimatol. Palaeoecol. 114, 1-41.

Pons, A., Guiot, J., de Beaulieu, J.L., Reille, M., 1992. Recent contributions to the climatology of the Last Glacial-Interglacial cycle based on French pollen sequences. Quat. Sci. Rev. 11, 439-448.

Poore, R.Z., Osterman, L., Curry, W.B., Phillips, R.L., 1999. Late Pleistocene and Holocene meltwater events in the western Arctic Ocean. Geology 27, 759-762.

Porinchu, D.F., MacDonald, G.M., 2003. The use and application of freshwater midges (Chironomidae: Insecta: Diptera) in geographical research. Prog. Phys. Geogr. 27, 378-422.

Porinchu, D.F., MacDonald, G.M., Bloom, A.M., Moser, K.A., 2002. The modern distribution of chironomid sub-fossils (Insecta: Diptera) in the Sierra Nevada, California: potential for paleoclimatic reconstructions. J. Paleolimnol. 28, 355-375.

Porter, S.C., 1977. Present and past glaciation thresholds in the Cascade Range, Washington, USA: topographic and climatic controls and paleoclimatic implications. J. Glaciol. 18, 101-116.

Porter, S.C., 1979. Hawaiian glacial ages. Quat. Res. 12, 161-187.

Porter, S.C., 1981a. Glaciological evidence of Holocene climatic change. In: Wigley, T.M.L., Ingram, M.J., Farmer, G. (Eds.), Climate and History. Cambridge University Press, Cambridge, pp. 82-110.

Porter, S.C., 1981b. Tephrochronology in the Quaternary geology of the United States. In: Self, S., Sparks, R.J.S. (Eds.), Tephra Studies. D. Reidel, Dordrecht, pp. 135-160.

Porter, S.C., 1981c. Lichenometric studies in the Cascade Range of Washington: establishment of *Rhizocarpon geographicum* growth curves at Mount Rainier. Arct. Alp. Res. 13, 11-23.

Porter, S.C., 1986. Pattern and forcing of Northern Hemisphere glacier variations during the last millennium. Quat. Res. 26, 27-48.

Porter, S.C., An, Z., 1995. Correlation between climate events in the North Atlantic and China during the last glaciation. Nature 375, 305-308.

Porter, S.C., Denton, G.H., 1967. Chronology of neoglaciation in the North American Cordillera. Am. J. Sci. 265, 177-210.

Porter, S.C., Zhou, W.J., 2006. Synchronism of Holocene East Asian monsoon variations and North Atlantic drift tracers. Quat. Res. 65, 443-449.

Porter, S.C., Pierce, K.L., Hamilton, T.D., 1983. Late Pleistocene glaciation in the western United States. In: Porter, S.C. (Ed.), Late Quaternary Environments of the United States. University of Minnesota Press, Minneapolis, pp. 71-111.

Porter, T.J., Pisaric, M.F.J., 2011. Temperature-growth divergence in white spruce forests of Old Crow Flats, Yukon Territory, and adjacent regions of northwestern North America. Glob. Chang. Biol. 17, 3418-3430.

Potter, N., 1969. Tree-ring dating of snow avalanche tracks and the geomorphic activity of avalanches, northern Absaroka Mountains, Wyoming. In: Schumm, S.A., Bradley, W.C. (Eds.), US Contributions to Quaternary Research. Special Paper 123, Geological Society of America, Boulder, pp. 141-165.

Poussart, P.F., Schrag, D.P., 2005. Seasonally resolved stable isotope chronologies from northern Thailand deciduous trees. Earth Planet. Sci. Lett. 235, 752-765.

Poussart, P.F., Evans, M.N., Schrag, D.P., 2004. Resolving seasonality in tropical trees: multi-decade, high resolution oxygen and carbon isotope records from Indonesia and Thailand. Earth Planet. Sci. Lett. 218, 301-316.

Poussart, P.F., Myneni, S.C.B., Lanzarotti, A., 2006. Tropical dendrochemistry: a novel approach to estimate age and growth from ringless trees. Geophys. Res. Lett. 33, L17711. dx.doi.org/10.1029/2006GL026929.

Povinec, P.P., Litherland, A.E., von Reden, K.F., 2009. Developments in radiocarbon technologies: from the Libby counter to compound-specific AMS analyses. Radiocarbon 51, 45-78.

Powers, L.A., Johnson, T.C., Werne, J.P., Castañada, I.S., Hopmans, E.C., Sinninghe Damsté, J.S., Schouten, S., 2005. Large temperature variability in the southern African tropics since the Last Glacial Maximum. Geophys. Res. Lett. 32, L08706. dx.doi.org/10.1029/2004GL022014.

Powers, L.A., Werne, J.P., Sinninghe Damsté, J.S., Hopmans, E.C., Schouten, S., 2010. Applicability and calibration of the TEX_{86} paleothermometer in lakes. Org. Geochem. 41, 404-413.

Powers, L.A., Johnson, T.C., Werne, J.P., Castañeda, I.S., Hopmans, E.C., Sinninghe Damsté, J.S., Schouten, S., 2011. Organic geochemical records of environmental variability in Lake Malawi during the last 700 years, Part I: the TEX_{86} temperature record. Palaeogeogr. Palaeoclimatol. Palaeoecol. 303, 133-139.

Prahl, F.G., Muehlhausen, L.A., Zahnle, D.L., 1988. Further evaluation of long-chain alkenones as indicators of paleo-ceanographic conditions. Geochim. Cosmochim. Acta 51, 2303-2310.

Prance, G.T., 1974. Phytogeographic support for the theory of Pleistocene forest refuges in the Amazon Basin, based on evidence from distribution patterns in Caryocaraceae, Chrysobalanaceae, Dichapetalaceae and Lecythidaceae. Acta Amazon 3, 5-26.

Prance, G.T., 1982. Forest refuges: evidence from woody angiosperms. In: Prance, G.T. (Ed.), Biological Diversification in the Tropics. Columbia University Press, New York, pp. 137-158.

Prebble, M., Schulmeister, J., 2002. An analysis of phytolith assemblages for the quantitative reconstruction of late Quaternary environments of the Lower Taieri Plain, Otago, South Island, New Zealand. II. Paleoenvironmental reconstruction. J. Paleolimnol. 27, 415-427.

Prebble, M., Schallenberg, M., Carter, J., Schulmeister, J., 2002. An analysis of phytolith assemblages for the quantitative reconstruction of late Quaternary environments of the Lower Taieri Plain, Otago, South Island, New Zealand. I. Modern assemblages and transfer functions. J. Paleolimnol. 27, 393-413.

Preiss, N., Mélières, M.-A., Pourchet, M., 1996. A compilation of data on lead-210 concentration in surface air and fluxes at the air-surface and water-sediment interfaces. J. Geophys. Res. 101, 28847-28862.

Prell, W.L. 1985. The stability of low-latitude sea-surface temperature: an evaluation of the CLIMAP reconstruction with emphasis on the positive SST anomalies. Dept. Energy Tech Report TR-025, Washington, DC.

Prell, W.L., Imbrie, J., Martinson, D.G., Morley, J.J., Pisias, N.G., Shackleton, N.J., Streeter, H.F., 1986. Graphic correlation of oxygen isotope stratigraphy: application to the Late Quaternary. Paleoceanography 1, 137-162.

Prentice, I.C., 1978. Modern pollen spectra from lake sediments in Finland and Finnmark, North Norway. Boreas 7, 131-153.

Prentice, I.C., 1985. Pollen representation, source area and basin size: toward a unified theory of pollen analysis. Quat. Res. 23, 76-86.

Prentice, I.C., 1986. Vegetation responses to past climate variation: mechanisms and rates. Vegetatio. 67, 131-141.

Prentice, I.C., Webb III, T., 1986. Pollen percentages, tree abundances and the Fagerlind effect. J. Quat. Sci. 1, 35-43.

Prentice, I.C., Bartlein, P.J., Webb III, T., 1991. Vegetation and climate change in eastern North America since the last glacial maximum. Ecology 72, 2038-2056.

Prentice, I.C., Cramer, W., Harrison, S.P., Leemans, R., Monserud, R.A., Solomon, A.M., 1992. A global biome model based on plant physiology and dominance, soil properties and climate. J. Biogeogr. 19, 117-134.

Prentice, I.C., Guiot, J., Huntley, B., Jolly, D., Cheddadi, R., 1996. Reconstructing biomes from palaeoecological data: a general method and its application to European pollen data at 0 and 6 ka. Clim. Dyn. 12, 185-194.

Prentice, I.C., Webb III, T., 1998. BIOME 6000: reconstructing global mid-Holocene vegetation patterns from palaeoecological records. J. Biogeogr. 25, 997-1005.

Prentice, I.C., Jolly, D., BIOME 6000 participants, 2000. Mid-Holocene and glacial-maximum vegetation geography of the northern continents and Africa. J. Biogeogr. 27, 507-519.

Prescott, J.R., Robertson, G.B., 2008. Luminescence dating: an Australian perspective. Aust. J. Sci. 55, 997-1007.

Prieto, M.R., 2007. ENSO signals in South America: rains and floods in the Paraná River region during colonial times. Clim. Chang. 83, 39-54.

Prieto, M.R., García-Herrera, R., 2009. Documentary sources from South America: potential for climate reconstruction. Palaeogeogr. Palaeoclimatol. Palaeoecol. 281, 196-209.

Prieto, M.R., García-Herrea, R., Hernández, E., 2004. Early records of icebergs in the South Atlantic Ocean from Spanish documentary sources. Clim. Chang. 66, 29-48.

Primack, D., Imbres, C., Primack, R.B., Miller-Rushing, A., Del Tredici, P., 2004. Herbarium specimens demonstrate earlier flowering times in response to warming in Boston. Am. J. Bot. 91, 1260-1264.

Primack, R.B., Higuchi, H., Miller-Rushing, S.J., 2009. The impact of climate change on cherry trees and other species in Japan. Biol. Conserv. 142, 1943-1949.

Prins, M.A., Vriend, M., Nugteren, G., Vandenberghe, J., Lu, H.Y., Zheng, H.B., Ao, H., Dong, J.B., Weltje, G.J., 2007. Late Quaternary Aeolian dust input variability on the Chinese Loess Plateau: inferences from unmixing of loess grain-size records. Quat. Sci. Rev. 26, 230-242.

Prokopenko, A.A., Karabanov, E.B., Williams, D.F., Kuzmin, M.I., Shackleton, N.J., Crowhurst, S.J., Peck, J.A., Gvozdkov, A.N., King, J.W., 2001. Biogenic silica record of the Lake Baikal response to climatic forcing during the Brunhes. Quat. Res. 55, 123-132.

Pross, J., Kotthoff, U., Muller, U.C., Peyron, O., Dormoy, I., Schmiedl, G., Kalaitzidis, S., Smith, A.M., 2009. Massive perturbation in terrestrial ecosystems of the Eastern Mediterranean region associated with the 8.2ky B.P. climatic event. Geology 37, 887-890.

Punt, W., Hoen, P.P., Blackmore, S., Nilsson, S., Le Thomas, A., 2007. Glossary of pollen and spire terminology. Rev. Palaeobot. Palynol. 143, 1-81.

Punyasena, S.W., Mayle, F.E., McElwain, J.C., 2008. Quantitative estimates of glacial and Holocene temperature and precipitation in lowland Amazonian Bolivia. Geology 36, 667-670.

Pye, K., 1984. Loess. Prog. Phys. Geogr. 8, 176-217.

Pye, K., 1987. Aeolian Dust and Dust Deposits. Academic Press, London.

Pyne-O'Donnell, S.D.F., 2007. Three new distal tephras in sediments spanning the Last Glacial-Interglacial transition in Scotland. J. Quat. Sci. 22, 559-570.

Qiang, X.K., An, Z.S., Song, Y.G., Chang, H., Sun, Y.B., Liu, W.G., Ao, H., Dong, J.B., Fu, C.F., Wu, F., Lu, F.Y., Cai, Y.J., Zhou, W.J., Cao, J.J., Xu, X.W., Ai, L., 2011. New eolian red clay sequence on the western Chinese Loess Plateau linked to onset of Asian desertification about 25 Ma ago. Sci. China Earth Sci. 54, 136-144.

Qin, D.H., Petit, J.R., Jouzel, J., Stievenard, M., 1994. Distribution of stable isotopes in surface snow along the route of the 1990 International Trans-Antarctica Expedition. J. Glaciol. 40, 107-118.

Quinn, W.H., 1992. A study of Southern Oscillation-related climatic activity for A.D. 622-1990 incorporating Nile River flood data. In: Diaz, H.F., Markgraf, V. (Eds.), El Niño: Historical and Paleoclimatic Aspects of the Southern Oscillation. Cambridge University Press, Cambridge, pp. 119-149.

Quinn, W.H., 1993. The large-scale ENSO event, the El Niño and other important regional features. Bull. Inst. Fr. Etudes Andines 22, 13-34.

Quinn, W.H., Neal, V.T., 1992. The historical record of El Niño events. In: Bradley, R.S., Jones, P.D. (Eds.), Climate Since A.D. 1500. Routledge, London, pp. 623-648.

Quinn, T.M., Sampson, D.E., 2002. A multiproxy approach to reconstructing sea surface conditions using coral skeleton geochemistry. Paleoceanography 17. dx.doi.org/10.1029/2000PA000528.

Quinn, T.M., Taylor, F.W., Crowley, T.J., 1993. A 173 year stable isotope record from a tropical South Pacific coral. Quat. Sci. Rev. 12, 407-418.

Quinn, T.M., Taylor, F.W., Crowley, T.J., Link, S.M., 1996. Evaluation of sampling resolution in coral stable isotope records: a case study using monthly stable isotope records from New Caledonia and Tarawa. Paleoceanography 11, 529-542.

Quinn, T.M., Crowley, T.J., Taylor, F.W., Henin, C., Joannot, P., Join, Y., 1998. A multicentury stable isotope record from a New Caledonia coral: interannual and decadal sea surface temperature variability in the southwest Pacific since 1657 A.D. Paleoceanography 13, 412-426. dx.doi.org/10.1029/98PA00401.

Rácz, L., 1999. Climate History of Hungary Since 16th Century: Past, Present and Future. Centre for Regional Studies of the Hungarian Academy of Sciences, Pécs, 158 pp.

Rahmstorf, S., 1994. Rapid climate transitions in a coupled ocean-atmosphere model. Nature 372, 82-85.

Rahmstorf, S., 1995. Bifurcations of the Atlantic thermohaline circulation in response to changes in the hydrological cycle. Nature 378, 145-149.

Rahmstorf, S., 2002. Ocean circulation and climate during the past 120,000 years. Nature 419, 207-214.

Rahmstorf, S., Alley, R., 2002. Stochastic resonance in glacial climate. EOS Trans. Am. Geophys. Union 83, 129, 135.

Raisbeck, G.M., Yiou, F., Jouzel, J., Petit, J.R., Barkov, N.I., Bard, E., 1992. ^{10}Be deposition at Vostok, Antarctica during the last 50,000 years and its relationship to possible cosmogenic production variations during this period. In: Bard, E., Broecker, W.S. (Eds.), The Last Deglaciation: Absolute and Radiocarbon Chronologies. Springer Verlag, Berlin, pp. 127-139.

Raisbeck, G.M., Yiou, F., Cattani, O., Jouzel, J., 2006. ^{10}Be evidence for the Matuyama-Brunhes geomagnetic reversal in the EPICA Dome C ice core. Nature 444, 82-84.

Raisbeck, G.M., Yiou, F., Jouzel, J., Stocker, T.F., 2007. Direct north-south synchronization of abrupt climate change record in ice cores using Beryllium 10. Clim. Past 3, 541-547.

Ralska-Jasiewiczowa, M., Goslar, T., Madeyska, T., Starkel, L. (Eds.), 1998. Lake Gościąż, Central Poland: a monographic study. Part 1. W. Szafer Institute of Botany, Polish Academy of Sciences, Kraków, 340 pp.

Ram, M., Illing, M., 1995. Polar ice stratigraphy from laser-light scattering: scattering from meltwater. J. Glaciol. 40, 504-508.

Ramirez, E., Hoffman, G., Taupin, J.D., Francou, B., Ribstein, P., Caillon, N., Ferron, F.A., Landais, A., Petit, J.R., Pouyaud, B., Schotterer, U., Simões, J., Stievenard, M., 2003. A new deep Andean ice core from Nevado Illimani (6350m), Bolivia. Earth Planet. Sci. Lett. 212, 337-350.

Rampen, S.W., Abbas, B.A., Schouten, S., Sinninghe Damsté, J.S., 2010. A comprehensive study of sterols in marine diatoms (Bacillariophyta): implications for their use as tracers for diatom productivity. Limnol. Oceanogr. 55, 91-105.

Rampen, S.W., Willmott, V., Kim, J.-H., Uliana, E., Mollenhauer, G., Schefuß, E., Sinninghe Damsté, J.S., Schouten, S., 2012. Long chain 1,13- and 1,15-diols as a potential proxy for palaeotemperature reconstruction. Geochim. Cosmochim. Acta 84, 204-216.

Rampino, M., Self, S., 1982. Historic eruptions of Tambora 1815, Krakatau 1883 and Agung 1963 their stratospheric aerosols and climatic impact. Quat. Res. 18, 127-143.

Rampino, M., Self, S., 1984. Sulfur-rich volcanic eruptions and stratospheric aerosols. Nature 310, 677-679.

Ramsey, C.N., 1995. Radiocarbon calibration and analysis of stratigraphy: the Oxcal program. Radiocarbon 37, 425-430.
Rasmussen, T.L., Thomsen, E., 2004. The role of the North Atlantic Drift in the millennial timescale glacial climate fluctuations. Palaeogeogr. Palaeoclimatol. Palaeoecol. 210, 101-116.
Rasmussen, T.L., Thomsen, E., 2008. Warm Atlantic surface water inflow to the Nordic seas 34-10 calibrated ka B.P. Paleoceanography 23, PA1201. dx.doi.org/10.1029/2007PA001453.
Rasmussen, T.L., Thomsen, E., van Weering, T.C.E., Labeyrie, L., 1996. Rapid changes in surface and deepwater conditions at the Faeroe margin during the last 58,000 years. Paleoceanography 11, 757-771.
Rasmussen, S.O., Andersen, K.K., Svensson, A.M., Steffensen, J.P., Vinther, B.M., Clausen, H.B., Siggard-Andersen, M.-L., Johnsen, S.J., Larsen, L.B., Dahl-Jensen, D., Bigler, M., Röthlisberger, R., Fischer, H., Goto-Azuma, K., Hansson, M.E., Ruth, U., 2006. A new Greenland ice core chronology for the last glacial termination. J. Geophys. Res. 111, D06102. dx.doi.org/10.1029/2005JD00607.
Rasmussen, S.O., Seierstad, I.K., Andersen, K.K., Bigler, M., Dahl-Jensen, D., Johnsen, S.J., 2008. Synchronization of the NGRIP, GRIP and GISP2 ice cores across MIS1 and paleoclimatic implications. Quat. Sci. Rev. 27, 18-28.
Ravelo, A.C., Hillaire-Marcel, C., 2007. The use of oxygen and carbon isotopes of foraminifera in paleoceanography. In: Hillaire-Marcel, C., de Vernal, A. (Eds.), Proxies in Late Cenozoic Paleoceanography. Elsevier, Amsterdam, pp. 735-764.
Ravelo, A.C., Andreasen, D.H., Lyle, M., Lyle, A.O., Wara, M.W., 2004. Regional climate shifts caused by gradual global cooling in the Pliocene epoch. Nature 429, 263-267.
Raymo, M.E., 1992. Global climate change: a three million year perspective. In: Kukla, G.J., Went, E. (Eds.), Start of a Glacial. Springer-Verlag, Berlin, pp. 207-223.
Raymo, M.E., 1998. Glacial puzzles. Science 281, 1467-1468.
Raymo, M.E., Huybers, P., 2008. Unlocking the mysteries of the ice ages. Nature 451, 284-285.
Raymo, M.E., Nisancioglu, K., 2003. The 41 kyr world: Milankovitch's other unsolved mystery. Paleoceanography 18. dx.doi.org/10.1029/2002PA000791.
Raymo, M., Ruddiman, W.F., Shackleton, N.J., Oppo, D., 1990. Evolution of global ice volume and Atlantic-Pacific $\delta^{13}C$ gradients over the last 2.5 m.y. Earth Planet. Sci. Lett. 97, 353-368.
Raymo, M.E., Lisiecki, L.E., Nisancioglu, K., 2006. Plio-Pleistocene ice volume, Antarctic climate and the global $\delta^{18}O$ record. Science 313, 492-495.
Raynaud, D., 1992. The ice record of the atmospheric composition: a summary, chiefly of CO_2, CH_4 and O_2. In: Moore III, B., Shimel, D. (Eds.), Trace Gases and the Biosphere. University Corporation for Atmospheric Research, Boulder, pp. 165-176.
Raynaud, D., Barnola, J.-M., 1985. CO_2 and climate: information from Antarctica ice core studies. In: Ghazi, A., Fantechi, R. (Eds.), Current Issues in Climate Research. D. Reidel, Dordrecht, pp. 240-246.
Raynaud, D., Chappellaz, J., Barnola, J.-M., Korotkevich, Y.S., Lorius, C., 1988. Climatic and CH_4 cycle implications of glacial-interglacial CH_4 change in the Vostok ice core. Nature 333, 655-657.
Raynaud, D., Jouzel, J., Barnola, J.M., Chappellaz, J., Delmas, R.J., Lorius, C., 1993. The ice record of greenhouse gases. Science 259, 926-934.
Raynaud, D., Blunier, T., Ono, Y., Delmas, R.J., 2003. The Late Quaternary history of atmospheric trace gases and aerosols: interactions between climate and biogeochemical cycles. In: Alverson, K.D., Bradley, R.S., Pedersen, T.F. (Eds.), Paleoclimate, Global Change and the Future. Springer, Berlin, pp. 13-31.
Raynaud, D., Lipenkov, V., Lemieux-Dudon, B., Duval, P., Loutre, M.-F., Lhomme, N., 2007. The local insolation signature of air content in Antarctic ice. A new step toward an absolute dating of ice cores. Earth Planet. Sci. Lett. 261, 337-349.
Rea, D.K., 1994. The paleoclimatic record provided by eolian deposition in the deep sea: the geologic history of the wind. Rev. Geophys. 32, 159-195.
Rea, D.K., Snoeck, H., Joseph, L.H., 1998. Late Cenozoic aeolian deposition in the North Pacific: Asian drying, Tibetan uplift, and cooling of the Northern Hemisphere. Paleoceanography 13, 215-224.
Reeh, N., 1989. Dating by ice flow modeling: a useful tool or an exercise in applied mathematics? In: Oeschger, H., Langway Jr., C.C. (Eds.), The Environmental Record in Glaciers and Ice Sheets. Wiley, Chichester, pp. 141-159.
Reeh, N., 1991. The last interglacial as recorded in the Greenland Ice Sheet and Canadian Arctic Ice Caps. Quat. Int. 10-12, 123-142.
Reeh, N., Thomsen, H.H., Clausen, H.B., 1987. The Greenland ice sheet margin-a mine of ice for paleoenvironmental studies. Palaeogeogr. Palaeoclimatol. Palaeoecol. 58, 229-234.

Reeh, N., Oerter, H., Letreguilly, A., Miller, H., Hubberten, H.W., 1991. A new detailed ice-age oxygen-18 record from the ice-sheet margin in central West Greenland. Palaeogeogr. Palaeoclimatol. Palaeoecol. 90, 373-383.

Reeh, N., Oerter, H., Miller, H., 1993. Correlation of Greenland ice-core and ice-margin $\delta^{18}O$ records. In: Peltier, W. (Ed.), Ice in the Climate System. Springer-Verlag, Berlin, pp. 481-497.

Reeves, C.C., 1965. Pleistocene climate of the Llano Estacado. J. Geol. 73, 181-189.

Regnell, J., 1992. Preparing pollen concentrates for AMS dating—a methodological study from a hard-water lake in southern Sweden. Boreas 21, 373-377.

Reimer, P.J., Hughen, K.A., 2008. Tree rings floating on ice cores. Nat. Geosci. 1, 218-219.

Reimer, P.J., Baillie, M.G.L., Bard, E., Bayliss, A., Beck, J.W., Blackwell, P.G., Bronk Ramsey, C., Buck, C.E., Burr, G.S., Edwards, R.L., Friedrich, M., Grootes, P.M., Guilderson, T.P., Hajdas, I., Heaton, T.J., Hogg, A.G., Hughen, K.A., Kaiser, K.F., Kromer, B., McCormac, G., Manning, S., Reimer, R.W., Richards, D.A., Southon, J.R., Talamo, S., Turney, C.S.M., van der Plicht, J., Weyhenmeyer, C.E., 2009. IntCal09 and Marine09 radiocarbon calibration curves, 0-50,000 years cal B.P. Radiocarbon 51, 1111-1150.

Rein, B., Sirocko, F., 2002. In-situ reflectance spectroscopy—analysing techniques for high-resolution pigment logging in sediment cores. Int. J. Earth Sci. 91, 950-954.

Ren, L., Linsley, B.K., Wellington, G.M., Schrag, D.P., Hoegh-Guldberg, O., 2002. Deconvolving the $\delta^{18}O$ seawater component from subseasonal coral $\delta^{18}O$ and Sr/Ca at Rarotonga in the southwestern subtropical Pacific for the period 1726 to 1997. Geochim. Cosmochim. Acta 67, 1609-1621.

Rendell, H.M., 1995. Luminescence dating of Quaternary sediments. In: Dunay, R.E., Hailwood, E.A. (Eds.), Non-biostratigraphical Methods of Dating and Correlation. Special Publication 89, The Geological Society, London, pp. 223-235.

Renne, P.R., 2000. K-Ar and $^{40}Ar/^{39}Ar$ dating. In: Noller, J.S., Sowers, J.M., Lettis, W.R. (Eds.), Quaternary Geochronology: Methods and Applications. American Geophysical Union, Washington, DC, pp. 77-100.

Renne, P.R., Deino, A.L., Walter, R.C., Turrin, B.D., Swisher, C.C., Becker, T.A., Curtis, G.H., Sharp, W.D., Jaouni, A.R., 1994. Intercalibration of astronomical and radioisotopic time. Geology 22, 783-786.

Reuter, J., Stott, L., Khider, D., Sinha, A., Cheng, H., Edwards, R.L., 2009. A new perspective on the hydroclimate variability in northern South America during the Little Ice Age. Geophys. Res. Lett. 36, L21706. dx.doi.org/10.1029/2009GL041051.

Revel, M., Sinko, J.A., Grousset, F.E., Biscaye, P.E., 1996. Sr and Nd isotopes as tracers of North Atlantic lithic particles: paleoclimatic implications. Paleoceanography 11, 95-113.

Reynolds-Sautter, L., Thunell, R.C., 1989. Seasonal succession of planktonic foraminifera: results from a four year time-series sediment trap experiment in the Northeast Pacific. J. Foram. Res. 19, 253-267.

Richards, D.A., Dorale, J.A., 2003. Uranium-series chronology and environmental applications of speleothems. Rev. Mineral. Geochem. 52, 407-460.

Richards, D.A., Smart, P.L., 1991. Potassium-argon and argon-argon dating. In: Smart, P.L., Frances, P.F.D. (Eds.), Quaternary Dating Methods—a user's guide. Technical Guide 4, Quaternary Research Association, Cambridge, pp. 37-44.

Richards, D.A., Smart, P.L., Edwards, R.L., 1994. Maximum sea levels for the last glacial period from ages of submerged speleothems. Nature 367, 357-360.

Richman, M.B., 1986. Rotation of principal components. J. Climatol. 6, 293-335.

Richmond, G.M., 1965. Glaciation of the rocky mountains. In: Wright, H.E., Frey, D.G. (Eds.), The Quaternary of the United States. Princeton University Press, Princeton, pp. 217-230.

Rind, D., 2002. The Sun's role in climate variations. Science 296, 673-677.

Rind, D., Overpeck, J., 1993. Hypothesized causes of decadal-to-century climate variability: climate model results. Quat. Sci. Rev. 12, 357-374.

Rind, D., Peteet, D., 1985. Terrestrial conditions at the last glacial maximum and CLIMAP sea-surface temperature estimates: are they consistent? Quat. Res. 24, 1-22.

Rind, D., Lean, J., Healy, R., 1999. Simulated time-dependent climate response to solar radiative forcing since 1600. J. Geophys. Res. 104D, 1973-1990.

Risebrobakken, B., Jansen, E., Andersson, C., Mjelde, E., Hevrøy, K., 2003. A high-resolution study of Holocene paleoclimatic and paleoceanographic changes in the Nordic Seas. Paleoceanography 18, 1017. dx.doi.org/10.1029/ 2002PA000764.

Ritchie, J.C., 1976. The late-Quaternary vegetational history of the western interior of Canada. Can. J. Bot. 54, 1793-1818.

Ritchie, J.C., 1986. Climate change and vegetation response. Vegetatio. 67, 65-74.

Ritchie, J.C., 1987. Postglacial Vegetation of Canada. Cambridge University Press, Cambridge.

Ritchie, J.C., Hare, F.K., 1971. Late Quaternary vegetation and climate near the Arctic treeline of northwestern North America. Quat. Res. 1, 331-342.

Ritz, S.P., Stocker, T.F., Grimalt, J.O., Menviel, L., Timmermann, A., 2013. Estimated strength of the Atlantic Overturning Circulation during the last deglaciation. Nat. Geosci. 6, 208-212.

Roberts, A.P., 2008. Geomagnetic excursions: knowns and unknowns. Geophys. Res. Lett. 35, L17307. dx.doi.org/10.1029/2008GL034719.

Robertson, A., Overpeck, J.T., Rind, D., Mosley-Thompson, E., Zielinski, G., Lean, J., Koch, D., Penner, J., Tegen, I., Healy, R., 2001. Hypothesized climate forcing time series for the last 500 years. J. Geophys. Res. 106, 14783-14803.

Robin, G. de Q., 1977. Ice cores and climatic change. Philos. Trans. R. Soc. Lond. B. 280, 143-168.

Robinson, W.J., 1976. Tree-ring dating and archaeology in the American Southwest. Tree Ring Bull. 36, 9-20.

Robinson, L.F., van der Flierdt, T., 2008. Southern Ocean evidence for reduced export of North Atlantic deepwater during Heinrich event 1. Geol. Soc. Am. Bull. 37, 195-198.

Robinson, W.J., Cook, E., Pilcher, J.R., Eckstein, D., Kariukstis, L., Shiyatov, S., Norton, D.A., 1990. Some historical background on dendrochronology. In: Cook, E.R., Kariukstis, L.A. (Eds.), Methods of Dendrochronology. Applications on the Environmental Sciences. Kluwer, Dordrechy, pp. 1-21.

Robinson, L.F., Atkins, J.F., Keigwin, L.D., Southon, J., Fernandez, D.P., Wang, S.-L., Scheirer, D.S., 2005. Radiocarbon variability in the western North Atlantic during the last deglaciation. Science 310, 1469-1473.

Robock, A., 1978. Internal and externally caused climate change. J. Atmos. Sci. 35, 1111-1122.

Robock, A., 2000. Volcanic eruptions and climate. Rev. Geophys. 38, 191-219.

Robock, A., Free, M.P., 1996. The volcanic record in ice cores for the past 2000 years. In: Jones, P.D., Bradley, R.S., Jouzel, J. (Eds.), Climatic Variations and Forcing Mechanisms of the Last 2000 Years. Springer, Berlin, pp. 533-546.

Robock, A., Mao, J.-P., 1995. The volcanic signal in surface temperature observations. J. Clim. 8, 1086-1103.

Rochefort, R.M., Little, R.L., Woodward, A., Peterson, D.L., 1994. Changes in subalpine tree distribution in western North America: a review of climatic and other causal factors. The Holocene 4, 89-100.

Rockström, J., Steffen, W., Noone, K., Persson, Å., Chapin III, F.S., Lambin, E.F., Lenton, T.M., Scheffer, M., Folke, C., Schellnhuber, H.J., Nykvist, B., de Wit, C.A., Hughes, T., van der Leeuw, S., Rodhe, H., Sörlin, S., Snyder, P.K., Costanza, R., Svedin, U., Falkenmark, M., Karlberg, L., Corell, R.W., Fabry, V.J., Hansen, J., Walker, B., Liverman, D., Richardson, K., Crutzen, P., Foley, J.A., 2009. A safe operating space for humanity. Nature 461, 472-475.

Rodbell, D.T., 1992. Lichenometric and radiocarbon dating of Holocene glaciation, Cordillera Blanca, Peru. The Holocene 2, 19-29.

Rodbell, D.T., 1993. Subdivision of late Pleistocene moraines in the Cordillera Blanca, Peru based on rock-weathering features, soils and radiocarbon dates. Quat. Res. 39, 133-143.

Roden, J.S., Lin, G., Ehrlinger, J.R., 2000. A mechanistic model for interpreting hydrogen and oxygen isotope ratios in tree-ring cellulose. Geochim. Cosmochim. Acta 64, 21-35.

Rognon, P., 1976. Essai d'interpretation des variations climatiques au Sahara depuis 40,000 ans. Rev. Géogr. Phys. Géol. Dyn. 18, 251-282.

Rognon, P., Williams, M.A.J., 1977. Late Quaternary climatic changes in Australia and NorthAfrica: a preliminary interpretation. Palaeogeogr. Palaeoclimatol. Palaeoecol. 21, 285-327.

Rohling, E.J., Bigg, G.R., 1998. Paleosalinity and $\delta^{18}O$: a critical assessment. J. Geophys. Res. 103, 1307-1318.

Rohling, E.J., Pälike, H., 2005. Centennial-scale climate cooling with a sudden cold event around 8,200 years ago. Nature 343, 975-979.

Rohling, E.J., Grant, K., Bolshaw, M., Roberts, A.P., Siddall, M., Hemleben, Ch., Kucera, M., 2009. Antarctic temperature and global sea level closely coupled over the last five glacial cycles. Nat. Geosci. 2, 500-504.

Rohling, E.J., Medina-Elizalde, M., Shepherd, J.G., Siddall, M., Staford, J.D., 2012. Sea surface and high-latitude temperature sensitivity to radiative forcing of climate over several glacial cycles. J. Clim. 25, 1635-1656.

Rolph, T.C., Shaw, J., Derbyshire, E., Wang, J.T., 1989. A detailed geomagnetic record from Chinese loess. Phys. Earth Planet. Inter. 56, 151-164.

Rontani, J.-F., Volkman, J.K., Prahl, F.G., Wakeham, S.G., 2013. Biotic and abiotic degradation of alkenones and implications for U_{37}^{K} paleoproxy applications: a review. Org. Geochem. 59, 95-113. 37

Rood, D.H., Burbank, D.W., Finkel, R.C., 2011. Chronology of glaciations in the Sierra Nevada, California from ^{10}Be surface exposure dating. Quat. Sci. Rev. 30, 646-661.

Roof, S., Werner, A., 2011. Indirect growth curves remain the best choice for lichenometry: evidence from directly measured growth rates from Svalbard. Arctic Antarct Alpine Res. 43, 621-631.

Rosell-Melé, A., McClymont, E.L., 2007. Biomarkers as paleoceanographic proxies. In: Hillaire-Marcel, C., de Vernal, A. (Eds.), Proxies in Late Cenozoic Paleoceanography. Elsevier, Amsterdam, pp. 441-490.

Rosell-Melé, A., Eglinton, G., Pflaumann, U., Sarnthein, M., 1995. Atlantic core-top calibration of the U_{37}^K index as a sea-surface paleotemperature indicator. Geochim. Cosmochim. Acta 59, 3099-3107.

Rosenthal, Y., 2007. Elemental proxies for reconstructing Cenozoic seawater paleotemperatures from calcareous fossils. In: Hillaire-Marcel, C., de Vernal, A. (Eds.), Proxies in Late Cenozoic Paleoceanography. Elsevier, Amsterdam, pp. 765-797.

Rosqvist, G., Jonsson, C., Yam, R., Karlén, W., Shemesh, A., 2004. Diatom oxygen isotopes in pro-glacial lake sediments from northern Sweden: a 5000 year record of atmospheric circulation. Quat. Sci. Rev. 23, 851-859.

Rostek, F., Ruhland, G., Bassinot, F.C., Muller, P.J., Labeyrie, L.D., Lancelot, Y., Bard, E., 1993. Reconstructing sea surface temperature and salinity using δ^{18}O and alkenone records. Nature 364, 319-321.

Rotberg, R.I., Rabb, T.K. (Eds.), 1981. Climate and History: Studies in Interdisciplinary History. Princeton University Press, Princeton.

Rothlisberger, F., 1976. Gletscherund Klimaschwankungen im Raun Zermatt, Ferpecle und Arolla. Die Alpen. 52, 59-132.

Rothlisberger, F., 1986. 10,000 Jahre Gletschergeschichte der Erde. Verlag Sauerländer, Aarau. Röthlisberger, R., Bigler, M., Hutterli, M., Sommer, S., Stauffer, B., Junghans, H., Wagenbach, D., 2000. Technique for continuous high-resolution analysis of trace substances in firn and ice cores. Environ. Sci. Technol. 34, 338-342.

Rothwell, R.G., Croudace, I. (Eds.), 2014. Micro-XRF Studies of Sediment Cores: A Non-destructive Tool for the Environmental Sciences. Springer, Berlin.

Rousseau, D.D., Wu, N.Q., 1997. A new molluscan record of the monsoon variability over the past 130,000 yr in the Luochuan loess sequence, China. Geology 25, 275-278.

Rousseau, D.D., Wu, N.Q., 1999. Mollusk record of monsoon variability during the L2-S2 cycle in the Luochuan loess sequence, China. Quat. Res. 52, 286-292.

Rozanski, K., Araguas-Araguas, L., Gonfiantini, R., 1992. Relation between long-term trends of oxygen-18 isotope composition of precipitation and climate. Science 258, 981-985.

Rozanski, K., Araguas-Araguas, L., Gonfiantini, R., 1993. Isotopic patterns in modern global precipitation. In: Swart, P.K., Lohmann, K.C., McKenzie, J., Savin, S. (Eds.), Climate Change in Continental Isotopic Records. American Geophysical Union, Washington, DC, pp. 1-36.

Ruddiman, W.F., 1971. Pleistocene sedimentation in the equatorial Atlantic: stratigraphy and faunal paleoclimatology. Geol. Soc. Am. Bull. 82, 283-302.

Ruddiman, W.F., 1977. Investigations of Quaternary climate based on planktonic foraminifera. In: Ramsay, A.T.S. (Ed.), Oceanic Micropaleontology. Academic Press, New York, pp. 101-161.

Ruddiman, W.F., 2003. The Anthropocene greenhouse era began thousands of years ago. Climate Change 61, 261-293.

Ruddiman, W.F., 2006. Orbital changes and climate. Quat. Sci. Rev. 25, 3092-3112.

Ruddiman, W.F., 2007. The early anthropogenic hypothesis: challenges and responses. Rev. Geophys. 45, RG4001. dx.doi.org/10.1029/2006RG000207.

Ruddiman, W.F., Esmay, A., 1987. A streamlined foraminiferal transfer function for the subpolar North Atlantic. Initial Rep. Deep Sea Drill. Proj. 94, 1045-1057.

Ruddiman, W.F., Glover, L.K., 1972. Vertical mixing of ice-rafted volcanic ash in North Atlantic sediments. Geol. Soc. Am. Bull. 83, 2817-2836.

Ruddiman, W.F., Heezen, B.C., 1967. Differential solution of planktonic foraminifera. Deep-Sea Res. 14, 801-808.

Ruddiman, W.F., Kutzbach, J.E., 1989. Forcing of late Cenozoic northern hemisphere climate by plateau uplift in southern Asia and the American West. J. Geophys. Res. 94, 18409-18427.

Ruddiman, W.F., McIntyre, A., 1981. The mode and mechanism of the last deglaciation: oceanic evidence. Quat. Res. 16, 125-134.

Ruddiman, W.F., Raymo, M., Mcintyre, A., 1986. Matuyama 41,000-year cycles: north Atlantic Ocean and northern hemisphere ice sheets. Earth Planet. Sci. Lett. 80, 117-129.

Ruth, U., Bigler, M., Röthlisberger, R., Siggard-Andersen, M.-L., Kipfstuhl, S., Goto-Azuma, K., Hansson, M.E., Johnsen,

S.J., Lu, H., Steffense, J.P., 2007. Ice core evidence for a very tight coupling between North Atlantic and east Asian glacial climate. Geophys. Res. Lett. 34. dx.doi.org/10.1029/2006GL027876.

Rutishauser, T., 2007. Historical phenology—plant phenological reconstructions and climate sensitivity in northern Switzerland. PhD thesis, Geographisches Institut, University of Bern, 167 pp.

Rutishauser, T., Luterbacher, J., Jeanneret, F., Pfister, C., Wanner, H., 2007. A phenology-based reconstruction of inter-annual changes in past spring seasons. J. Geophys. Res. Biogeosci. 112, G04016. dx.doi.org/10.1029/ 2006JG000382.

Rutter, N.W., Blackwell, B., 1995. Amino acid racemization dating. In: Rutter, N.W., Catto, N.R. (Eds.), Dating Methods for Quaternary Deposits. Geological Association of Canada, St. John's, pp. 125-166.

Rutter, N., Ding, Z., Evans, M.E., Wang, Y., 1990. Magnetostratigraphy of the Baoji loess-paleosol section in the north-central China loess plateau. Quat. Int. 718, 97-102.

Ruzmaikin, A.A., 1999. Can El Niño amplify the solar forcing of climate? Geophys. Res. Lett. 26, 2255-2258.

Rybnfckova, E., Rybnfcek, K., 1993. Late Quaternary forest line oscillations in the West Carpathians. In: Frenzel, B., Eronen, M., Vorren, K.D., Glaser, B. (Eds.), Oscillations of the Alpine and Polar Tree Limits in the Holocene. Gustav Fischer Verlag, Stuttgart, pp. 187-194.

Sabine, C.L., Feely, R.A., Gruber, N., Key, R.M., Lee, K., Bullister, J.L., Wanninkhof, R., Wong, C.S., Wallace, D.W.R., Tilbrook, B., Millero, F.J., Peng, T.-H., Kozyr, A., Ono, T., Rios, A.F., 2004. The oceanic sink for anthropogenic CO_2. Science 305, 367-371.

Sachs, J.P., Lehman, S.J., 1999. Subtropical North Atlantic temperatures 60,000 to 30,000 years ago. Science 286, 756-759.

Sachs, M.H., Webb, T., Clark, D.R., 1977. Paleoecological transfer functions. Annu. Rev. Earth Planet. Sci. 5, 159-178.

Sachs, J.P., Schneider, R.R., Eglinton, T.I., Freeman, K.H., Ganssen, G., McManus, J.F., Oppo, D.W., 2000. Alkenones as paleoceanographic proxies. Geochem. Geophys. Geosyst. 1. dx.doi.org/10.1029/ 2000GC000059.

Sachse, D., Radke, J., Gleixner, G., 2006. δD values of individual *n*-alkanes from terrestrial plants along a climatic gradient—implications for the sedimentary biomarker record. Org. Geochem. 37, 469-483.

Saenger, C., Cohen, A.L., Oppo, D.W., Halley, R.B., Carilli, J.E., 2009. Surface-temperature trends and variability in the low-latitude North Atlantic since 1552. Nat. Geosci. 2, 492-495.

Salgado-Labouriau, M.L., 1979. Modern pollen deposition in the Venezuelan Andes. Grana 18, 53-68.

Salgado-Labouriau, M.L., Schubert, C., Valastro Jr., S., 1978. Paleoecologic analysis of a Late-Quaternary terrace from Mucubaji, Venezuelan Andes. J. Biogeogr. 4, 313-325.

Salvesen, H., 1992. The climate as a factor of historical causation. In: Frenzel, B., Pfister, C., Glaser, B. (Eds.), European Climate Reconstructed from Documentary Data: Methods and Results. Gustav Fischer Verlag, Stuttgart, pp. 219-233.

Salzer, M.W., Hughes, M.K., 2007. Bristlecone pine tree rings and volcanic eruptions over the last 5000 yr. Quat. Res. 67, 57-68.

Sancetta, C., 1979. Oceanography of the North Pacific during the last 18,000 years: evidence from fossil diatoms. Mar. Micropalaeontol. 4, 103-123.

Sancetta, C., 1995. Diatoms in the Gulf of California: seasonal flux patterns and the sediment record for the last 15,000 years. Paleoceanography 10, 67-84.

Sancetta, C., Imbrie, J., Kipp, N.G., 1973a. Climatic record of the past 130,000 years in the North Atlantic deep-sea core V23-83: correlation with the terrestrial record. Quat. Res. 3, 110-116.

Sancetta, C., Imbrie, J., Kipp, N.G., 1973b. The climatic record of the past 14,000 years in North Atlantic deep-sea core V23-82: correlation with the terrestrial record. In: Mapping the Atmospheric and Oceanic Circulations and Other Climatic Parameters at the Time of the Last Glacial Maximum about 17,000 years ago. Publication No. 2, Climatic Research Unit, University of East Anglia, Norwich, pp. 62-65.

Santer, B.D., Wigley, T.M.L., Barnett, T.P., Anyamba, E., 1996. Detection of climate change and attribution of causes. In: Houghton, J.T., Meirho Filho, L.G., Callendar, B.A., Kattenberg, A., Maskell, K. (Eds.), Climate Change 1995: The Science of Climate Change. Cambridge University Press, Cambridge, pp. 407-443.

Sarnthein, M., 1978. Sand deserts during glacial maximum and climatic optimum. Nature 272, 43-46.

Sarnthein, M., Tetzlaff, G., Koopman, B., Wolter, K., Pflaumann, U., 1981. Glacial and interglacial wind regimes over the eastern sub-tropical Atlantic and northwest Africa. Nature 293, 193-196.

Sarnthein, M., Winn, K., Duplessy, J.-C., Fortugne, M.R., 1988. Global variations of surface ocean productivity in low and mid latitudes: influence on CO_2 reservoirs of the deep ocean and atmosphere during the last 21,000 years. Paleoceanography 3, 361-379.

Sarnthein, M., Gersonde, R., Niebler, S., Pflaumann, U., Spielhagen, R., Thiede, J., Wefer, G., Weinelt, M., 2003. Overview of Glacial Atlantic Ocean Mapping (GLAMAP 2000). Paleoceanography 18, 1065. dx.doi.org/10.1029/ 2002PA000769.

Savin, S.M., Stehli, F.G., 1974. Interpretation of oxygen isotope paleotemperature measurements: effect of the $^{18}O/^{16}O$ ratio of sea water depth stratification of foraminifera and selective solution. In: Les Methodes Quantitatives d'Etude des Variations du Climat au Cours du Pleistocene. Colloques lnternationaux du Centre National de la Recherche Scientifique No. 219, CNRS, Paris, pp. 183-191.

Schär, S., Vidale, P.L., Lüthi, D., Frei, C., Häberli, C., Linager, M.A., Appenzeller, C., 2004. The role of increasing temperature variability in European summer heatwaves. Nature 427, 332-336.

Schaub, M., Kaiser, K.F., Frank, D.C., Buntgen, U., Kromer, B., Talamo, S., 2008a. Environmental change during the Allerød and Younger Dryas reconstructed from Swiss tree-ring data. Boreas 37, 74-86.

Schaub, M., Buntgen, U., Kaiser, K.F., Kromer, B., Talamo, S., Andersen, K.K., Rasmussen, S.O., 2008b. Lateglacial environmental variability from Swiss tree rings. Quat. Sci. Rev. 27, 29-41.

Schiebel, R., 2002. Planktic foraminiferal sedimentation and the marine calcite budget. Glob. Biogeochem. Cycles. 16, 1065. dx.doi.org/10.1029/2001GB001459.

Schleip, C., Rutishauser, T., Menzel, A., Luterbacher, J., 2008. Time series modelling and central European temperature impact assessment of phenological records in the last 250 years. J. Geophys. Res. Biogeosci. 113. G04026.

Schleser, G.H., Helle, G., Lücke, A., Vos, H., 1999. Isotope signals as climate proxies: the role of transfer functions in the study of terrestrial archives. Quat. Sci. Rev. 18, 927-943.

Schmidt, G.A., 2010. Enhancing the relevance of palaeoclimate model/data comparisons for assessments of future climate change. J. Quat. Sci. 25, 79-87.

Schmidt, G.A., LeGrande, A.N., Hoffmann, G., 2007. Water isotope expressions of intrinsic and forced variability in a coupled ocean-atmosphere model. J. Geophys. Res. Atmos. 112, D10103. dx.doi.org/10.1029/2006JD007781.

Schmittner, A., Urban, N.M., Shakun, J.D., Mahowald, N.M., Clark, P.U., Bartrlein, P.J., Mix, A.C., Rosell-Melé, A., 2011. Climate sensitivity estimated from temperature reconstructions of the Last Glacial Maximum. Science 334, 1385-1388.

Schmitz, W.J., 1992. On the interbasin-scale thermohaline circulation. Rev. Geophys. 33, 151-173.

Schneebeli, W., 1976. Untersuchungen von Gletscherschwankungen in Val de Bagnes. Die Alpen. 52, 5-58.

Schott, W., 1935. Die Foraminiferen in dem aequatorialen Teil des Atlantischen Ozeans. Deutsche Atlantische Expedition "Meteor" 1925-1927. Wissenschaftliche Ergebnisse. 3 (3), 43-134.

Schouten, S., Hopmans, E.C., Schefuß, E., Sinninghe Damsté, J.S., 2002. Distrubutional variations in marine crenarchaeotal membrane lipids: a new tool for reconstructing ancient sea water temperature? Earth Planet. Sci. Lett. 204, 265-274 (note: Corrigendum: EPSL 211, 205-206).

Schouten, S., Hopmans, E.C., Sinninghe Damsté, J.S., 2013. The organic geochemistry of glycerol dialkyl glycerol tetraethers: a review. Org. Geochem. 54, 19-61.

Schrag, D.P., DePaulo, D.J., 1993. Determination of $\delta^{18}O$ of sea water in the deep ocean during the last glacial maximum. Paleoceanography 8, 1-6.

Schroeder, R.A., Bada, J.L., 1973. Glacial-postglacial temperature difference deduced from aspartic acid racemization in fossil bones. Science 182, 479-482.

Schroeder, R.A., Bada, J.L., 1976. A review of the geochemical applications of the amino acid racemization reaction. Earth-Sci. Rev. 12, 347-391.

Schubert, C., 1992. The glaciers of the Sierra Nevada de Merida (Venezuela): a photographic comparison of recent deglaciation. Erdkunde 46, 58-64.

Schüle, H., Pfister, C., 1992. Coding climate proxy information for the EURO-CLIMHIST data base. In: Frenzel, B., Pfister, C., Gläser, B. (Eds.), European Climate Reconstructed from Documentary Data: Methods and Results. Gustav Fischer Verlag, Stuttgart, pp. 235-262.

Schulte, S., Müller, P.J., 2001. Variations of sea surface temperature and primary productivity during Heinrich and Dansgaard-Oeschger events in the northeastern Arabian Sea. Geo-Mar. Lett. 21, 168-175.

Schulz, K.G., Zeebe, R.E., 2006. Pleistocene glacial terminations triggered by synchronous changes in Southern and Northern Hemisphere insolation: the insolation canon hypothesis. Earth Planet. Sci. Lett. 249, 326-336.

Schulz, H., von Rad, U., Erlenkeuser, H., 1998. Correlation between Arabian Sea and Greenland climate oscillations of the past 110,000 years. Nature 393, 54-57.

Schwalb, A., 2003. Lacustrine ostracodes as stable isotope recorders of late-glacial and Holocene environmental dynamics and climate. J. Paleolimnol. 29, 265-351.

Schwander, J., Stauffer, B., 1984. Age difference between polar ice and the air trapped in its bubbles. Nature 311, 45-47.

Schwarz-Zanetti, W., Pfister, C., Schwarz-Zanetti, G., Schüle, H., 1992. The EURO-CLIMHIST data base-a tool for reconstructing the climate of Europe in the pre-instrumental period from high resolution proxy data. In: Frenzel, B., Pfister, C., Glaser, B. (Eds.), European Climate Reconstructed from Documentary Data: Methods and Results. Gustav Fischer Verlag, Stuttgart, pp. 193-210.

Schweingruber, F.H., 1988. Tree Rings. Basics and Applications of Dendrochronology. Kluwer, Dordrecht.

Schweingruber, F.H., 1996. Tree Rings and Environment. Dendroecology. Paul Haupt, Berne.

Schweingruber, F.H., Briffa, K.R., 1996. Tree-ring density networks for climate reconstruction. In: Jones, P.D., Bradley, R.S., Jouzel, J. (Eds.), Climate Variations and Forcing Mechanisms of the Last 2000 Years. Springer-Verlag, Berlin, pp. 43-66.

Schweingruber, F.H., Fritts, H.C., Braker, O.U., Drew, L.G., Schar, E., 1978. The X-ray technique as applied to dendroclimatology. Tree Ring Bull. 38, 61-91.

Schweingruber, F.H., Braker, O.U., Schar, E., 1979. Dendroclimatic studies on conifers from central Europe and Great Britain. Boreas 8, 427-452.

Schweingruber, F.H., Briffa, K.R., Jones, P.D., 1991. Yearly maps of summer temperatures in western Europe from A.D. 1750 to 1975 and western North America from 1600 to 1982: results of a radiodensitometrical study on tree rings. Vegetatio. 92, 5-71.

Schweingruber, F.H., Briffa, K.R., Nogler, P., 1993. A tree-ring densitometric transect from Alaska to Labrador. Int. J. Biometeorol. 37, 151-169.

Scott, L., Woodborne, S., 2007. Pollen analysis and dating of late Quaternary faecal deposits (hyraceum) in the Cederberg, Western Cape, South Africa. Rev. Palaeobot. Palynol. 144, 123-134.

Scott, E.M., Long, Q., Kra, R. (Eds.), 1990. Proceedings of International Workshop on Inter-comparison of Radiocarbon Laboratories. Radiocarbon 32, 253-397.

Scourse, J.D., Hall, I.R., McCave, I.N., Young, J.R., Sugdon, C., 2000. The origin of Heinrich layers: evidence from H2 for European precursor events. Earth Planet. Sci. Lett. 182, 187-195.

Sear, C.B., Kelly, P.M., Jones, P.D., Godess, C.M., 1987. Global surface air temperature responses to major volcanic eruptions. Nature 330, 365-367.

Sekiguti, T., 1969. The historical dates of Japanese cherry festivals since the 8th century and their climatic changes. Geogr. Rev. Jpn. 35, 67-76.

Self, S., Sparks, R.J.S. (Eds.), 1981. Tephra Studies. D. Reidel, Dordrecht.

Seltzer, G.O., 1990. Recent glacial history and paleoclimate of the Peruvian-Bolivian Andes. Quat. Sci. Rev. 9, 137-152.

Seltzer, G.O., 1994. Climatic interpretation of Alpine snowline variations on millennial ltime scales. Quat. Res. 41, 154-159.

Seltzer, G., Rodbell, D., Burns, S., 2000. Isotopic evidence for late Quaternary climatic change in tropical South America. Geology 28, 35-38.

Seppä, H., Bennett, K.D., 2003. Quaternary pollen analysis: recent progress in palaeoecology and palaeoclimatology. Prog. Phys. Geogr. 27, 548-579.

Seret, G., Guiot, J., Wansard, G., de Beaulieu, J.L., Reille, M., 1992. Tentative paleoclimatic reconstruction linking pollen and sedimentology in La Grande Pile (Vosges, France). Quat. Sci. Rev. 11, 425-430.

Serre-Bacher, F., Guiot, J., Tessier, L., 1992. Dendrochmatic evidence from southwestern Europe and northwestern Africa. In: Bradley, R.S., Jones, P.D. (Eds.), Climate Since A.D. 1500. Routledge, London, pp. 349-365.

Severinghaus, J.P., Brook, E.J., 1999. Abrupt climate change at the end of the last glacial period inferred from trapped air in polar ice. Science 286, 930-934.

Severinghaus, J.P., Sowers, T., Brook, E.J., Alley, R.B., Bender, M.L., 1998. Timing of abrupt climate change at the end of the Younger Dryas interval from thermally fractionated gases in polar ice. Nature 391, 141-146.

Seurat, L.G., 1934. Etudes zoologiques sur le Sahara Central. Memoires de la Societe d'Histoire Naturelie de l'Afrique du Nord, No. 4, Mission du Hoggar Ill.

Shabalova, M.V., van Engelen, A.F.V., 2003. Evaluation of a reconstruction of winter and summer temperatures in the Low Countries, A.D. 764-1998. Clim. Chang. 58, 219-242.

Shackleton, N.J., 1967. Oxygen isotope analyses and Pleistocene temperatures re-assessed. Nature 215, 15-17.

Shackleton, N.J., 1969. The last interglacial in the marine and terrestrial records. Proc. R. Soc. Lond. B174, 135-154.

Shackleton, N.J., 1974. Attainment of isotopic equilibrium between ocean water and the benthonic foraminifera Genus Uvigerina: isotopic changes in the ocean during the last glacial. In: Les Methodes Quantitatives d'Etude des Variations du Climat au Cours du Pleistocene. Colloques Internationaux du Centre National de la Recherche Scientifique No. 219CNRS, Paris, pp. 4-5.

Shackleton, N.J., 1977. The oxygen isotope stratigraphic record of the late Pleistocene. Philos. Trans. R. Soc. Lond. B280, 169-179.

Shackleton, N.J., 1987. Oxygen isotopes, ice volume and sea level. Quat. Sci. Rev. 6, 183-190.

Shackleton, N.J., 1993. Last interglacial in Devil's Hole, Nevada. Nature 362, 596 (see also reply by Ludwig, K.R., et al., p. 596).

Shackleton, N.J., 2000. The 100,000-year ice-age cycle identified and found to lag temperature, carbon dioxide, and orbital eccentricity. Science 289, 1897-1902.

Shackleton, N.J., Matthews, R.K., 1977. Oxygen isotope stratigraphy of late Pleistocene coral terraces in Barbados. Nature 268, 618-620.

Shackleton, N.J., Opdyke, N.D., 1973. Oxygen isotope and paleomagnetic stratigraphy of equatorial Pacific core V28-238: oxygen isotope temperatures and ice volumes on a 105 year and 106 year scale. Quat. Res. 3, 39-55.

Shackleton, N.J., Opdyke, N.D., 1976. Oxygen-isotope and paleomagnetic stratigraphy of Pacific core V28-239. Late Pliocene to latest Pleistocene. In: Cline, R.M., Hays, J.D. (Eds.), Investigation of Late Quaternary Paleooceanography and Paleoclimatology. Memoir 145, Geological Society of America, Boulder, pp. 449-464.

Shackleton, N.J., Pisias, N.G., 1985. Atmospheric carbon dioxide, orbital forcing and climate. In: Sundquist, E.T., Broecker, W.S. (Eds.), The Carbon Cycle and Atmospheric CO2: Natural Variations Archean to Present. American Geophysical Union, Washington, DC, pp. 303-317.

Shackleton, N.J., Wiseman, J.D.H., Buckley, H.A., 1973. Non-equilibrium isotopic fractionation between sea-water and planktonic foraminiferal tests. Nature 242, 177-179.

Shackleton, N.J., Hall, M.A., Line, J., Cang, S., 1983. Carbon isotope data in core V19-30 confirm reduced carbon dioxide concentration of the ice age atmosphere. Nature 306, 319-322.

Shackleton, N.J., Backman, J., Zimmerman, H., Kent, D.V., Hall, M.A., Roberts, D.G., Schnitker, D., Baldauf, J., 1984. Oxygen isotope calibration of the onset of ice rafting and history of glaciation in the North Atlantic region. Nature 307, 620-623.

Shackleton, N.J., Duplessy, J.-C., Arnold, M., Maurice, P., Hall, M.A., Cartlidge, J., 1988. Radiocarbon age of Last Glacial Pacific deep water. Nature 335, 708-711.

Shackleton, N.J., Berger, A., Peltier, W.R., 1990. An alternative astronomical calibration of the lower Pleistocene time-scale based on ODP site 677. Trans. Roy. Soc. Edinb. Earth Sci. 81, 251-261.

Shackleton, N.J., Le, J., Mix, A., Hall, M.A., 1992. Carbon isotope records from Pacific surface waters and atmospheric carbon dioxide. Quat. Sci. Rev. 11, 387-400.

Shackleton, N.J., Hall, M.A., Vincent, E., 2000. Phase relationships between millennial-scale events 64,000-24,000 years ago. Paleoceanography 15, 565-569.

Shaffer, G., Bendtsen, J., 1994. Role of the Bering Strait in controlling North Atlantic Ocean circulation and climate. Nature 367, 354-357.

Shah, S.R., Mollenhauer, G., Ohkouchi, N., Eglinton, T.I., Pearson, A., 2008. Origins of archaeal tetraether lipids in sediments: Insights from radiocarbon analysis. Geochim. Cosmochim. Acta 72, 4577-4594.

Shakun, J.D., Shaman, J., 2009. Tropical origins of North and South Pacific decadal variability. Geophys. Res. Lett. 36, L19711. dx.doi.org/10.1029.2009GL040313.

Shakun, J.D., Clark, P.U., He, F., Marcott, S.A., Mix, A.C., Liu, Z., Otto-Bliesner, B., Schmittner, A., Bard, E., 2012. Global warming preceded by increasing carbon dioxide concentrations during the last deglaciation. Nature 484, 49-55.

Shanahan, T.M., Overpeck, J.T., Hubeny, J.B., King, J., Hu, F.S., Hughen, K., Miller, G.H., Black, J., 2008. Scanning micro-X-ray fluorescence elemental mapping: a new tool for the study of laminated sediment records. Geochem. Geophys. Geosyst. 9. dx.doi.org/10.1029/2007GC001800.

Shane, P.A.R., Froggatt, P.C., 1994. Discriminant function analysis of glass chemistry of New Zealand and North American tephra deposits. Quat. Res. 41, 70-81.

Sheets, P.D., Grayson, D.K. (Eds.), 1979. Volcanic Activity and Human Ecology. Academic Press, New York.

Shemesh, A., Peteet, D., 1998. Oxygen isotopes in fresh water biogenic opal—northeastern U.S. Allerød-Younger Dryas temperature shift. Geophys. Res. Lett. 25, 1935-1938.

Shemesh, A., Charles, C., Fairbanks, R.G., 1992. Oxygen isotopes in biogenic silica: global changes in ocean temperature and isotopic

composition. Science 256, 1434-1436.
Shemesh, A., Rosqvist, G., Rietti-Shati, M., Rubensdotter, L., Bigler, C., Yam, R., Karlén, W., 2001. Holocene climatic change in Swedish Lapland inferred from an oxygen-isotope record of lacustrine biogenic silica. The Holocene 11, 447-454.
Shen, G.T., Sanford, C.L., 1990. Trace element indicators of climate variability in reef building corals. In: Glynn, P.W. (Ed.), Global Ecological Consequences of the 1981-83 El Niño-Southern Oscillation. Elsevier, New York, pp. 255-284.
Shen, G.T., Boyle, E.A., Lea, D.W., 1987. Cadmium in corals as a tracer of historical upwelling and industrial fallout. Nature 328, 794-796.
Shen, G.T., Cole, J.E., Lea, D.W., McConnaughey, T.A., Fairbanks, R.G., 1992a. Surface ocean variability at Galapagos from 1936-1982: calibration of geochemical tracers in corals. Paleoceanography 7, 563-583.
Shen, G.T., Lim, L.J., Campbell, T.M., Cole, J.E., Fairbanks, R.G., 1992b. A chemical indicator of trade wind reversal in corals from the eastern tropical Pacific. J. Geophys. Res. 97, 12689-12698.
Shen, C.C., Edwards, R.L., Cheng, H., Dorale, J.A., Thomas, R.B., Moran, S.B., Weinstein, S.E., Edmonds, H.N., 2002. Uranium and thorium isotopic concentration measurements by magnetic sector inductively coupled plasma mass spectrometry. Chem. Geol. 185, 165-178.
Shen, C., Wang, W.-C., Hao, Z., Gong, W., 2007. Exceptional drought events over eastern China during the last five centuries. Clim. Chang. 85, 453-471.
Shen, C.C., Li, K.S., Sieh, K., Natawidjaja, D., Cheng, H., Wang, X., Edwards, R.L., Lam, D.D., Hsieh, Y.-T., Fan, T.-Y., Meltzner, A.J., Taylor, F.W., Quinn, T.M., Chiang, H.-W., Kilbourne, K.H., 2008. Variation of initial ^{230}Th/^{232}Th and limits of high precision U-Th dating of shallow-water corals. Geochim. Cosmochim. Acta 72, 4201-4223.
Shen, C.C., Wu, C.C., Cheng, H., Edwards, R.L., Hsieh, Y.T., Gallett, S., Chang, C.C., Li, T.Y., Lam, D.D., Kano, A., Hori, M., Spötl, C., 2012. High-precision and high-resolution carbonate ^{230}Th dating by MC-ICP-MS with SEM protocols. Geochim. Cosmochim. Acta 99, 71-86.
Shindell, D.T., Rind, D., Balachandran, N., Lean, J., Lonergan, P., 1999. Solar cycle variability, ozone and climate. Nature 284, 305-308.
Shindell, D.T., Schmidt, G.A., Mann, M.E., Rind, D., Waple, A., 2001. Solar forcing of regional climate change during the Maunder Minimum. Science 294, 2149-2152.
Shiyatov, S.G., 1993. The upper timberline dynamics during the last 1100 years in the Polar-Ural mountains. In: Frenzel, B., Eronen, M., Vorren, K.D., Glaser, B. (Eds.), Oscillations of the Alpine and Polar Tree Limits in the Holo- cene. Gustav Fischer Verlag, Stuttgart, pp. 195-203.
Shiyatov, S.G., 1996. Tree growth decrease between 1800 and 1840 in subarctic and highland regions of Russia. In: Dean, J.S., Meko, D.M., Swetnam, T.W. (Eds.), Tree Rings, Environment and Humanity. Department of Geosciences, University of Arizona, Tucson, pp. 283-294.
Shopov, Y.Y., Ford, D.C., Schwarcz, H.P., 1994. Luminescent microbanding in speleothems: high resolution chronology and paleoclimate. Geology 22, 407-410.
Shotton, F.W., 1972. An example of hard water error in radiocarbon dating of vegetable matter. Nature 240, 460-461.
Shroder, J.F., 1980. Dendrogeomorphology: review and new techniques of tree-ring dating. Progr. Phys. Geogr. 4, 161-188.
Siddall, M., Rohling, E.J., Almogi-Labin, A., Hemleben, Ch., Meischner, D., Schmelzer, I., Smeed, D.A., 2003. Sea-level fluctuations during the last glacial cycle. Nature 423, 853-858.
Siddall, M., Rohling, E.J., Thompson, W.G., Waelbroeck, C., 2008. Marine isotope stage 3 sea level fluctuations: data synthesis and new outlook. Rev. Geophys. 46, RG4003. dx.doi.org/10.1029/2007RG000226.
Siegenthaler, U., 1991. Glacial-Interglacial atmospheric CO_2 variations. In: Bradley, R.S. (Ed.), Global Changes of the Past. University Corporation for Atmospheric Research, Boulder, pp. 245-260.
Sigafoos, R.S., Hendricks, E.L., 1961. Botanical evidence of the modern history of Nisqually Glacier, Washington, US Geological Survey Professional Paper 387-A, US Geological Survey, Washington, DC.
Sigl, M., McConnell, J.R., Layman, L., Maselli, O., McGwire, K., Pasteris, D., Dahl-Jensen, D., Steffensen, J.P., Vinther, B., Edwards, R., Mulvaney, R., Kipfstuhl, S., 2013. A new bipolar ice core record of volcanism from WAIS Divide and NEEM and implications for climate forcing of the last 2000 years. J. Geophys. Res. Atmos. 118, 1151-1169.
Sigman, D.M., Hain, M.P., Haug, G.H., 2010. The polar ocean and glacial cycles in atmospheric CO_2 concentration. Nature 466, 47-55.

Sikes, E.L., Keigwin, L.D., 1994. Equatorial Atlantic sea surface temperature for the last 30 kyrs: a comparison of U^K_{37}, $\delta^{18}O$ and foraminiferal assemblage temperature estimates. Paleoceanography 9, 31-45.

Sikes, E.L., Keigwin, L.D., 1996. A re-examination of northeast Atlantic sea surface temperature and salinity over the last 16 kyr. Paleoceanography 11, 327-342.

Sikes, E.L., Keigwin, L.D., Farrington, J.W., 1991. Use of the alkenone unsaturation ratio U^K_{37} to determine past sea surface temperatures: core-top SST calibration and methodology considerations. Earth Planet. Sci. Lett. 104, 36-47.

Sikes, E.L., Samson, C.R., Guilderson, T.P., Howard, W.R., 2000. Old radiocarbon ages in the southwest Pacific Ocean during the last glacial period and deglaciation. Nature 405, 555-559.

Sime, L.C., Wolff, E.W., Oliver, K.I.C., Tindall, J.C., 2009. Evidence for warmer interglacials in East Antarctica. Nature 462, 342-346.

Simpson, I.M., West, R.G., 1958. On the stratigraphy and palaeobotany of a late Pleistocene organic deposit at Cheflord, Cheshire. New Phytol. 57, 239-250.

Singhvi, A.K., Bluszcz, A., Bateman, M.D., Someshwar Rao, M., 2001. Luminescence dating of loess-palaeosol sequences and coversands: methodological aspects and palaeoclimatic implications. Earth-Sci. Rev. 54, 193-211.

Sinha, A., Cannariato, K.G., Stott, L.D., Cheng, H., Edwards, R.L., Yadava, M.G., Ramesh, R., Singh, I.B., 2007. A 900-year (600-1500A.D.) record of the Indian monsoon precipitation from the core monsoon zone of India. Geophys. Res. Lett. 34, L16707. dx.doi.org/10.1029/2007GL030431.

Sinha, A., Stott, L.D., Berkelhammer, M., Cheng, H., Edwards, R.L., Aldenderfer, M., Mudelsee, M., 2011a. A global context for megadroughts in monsoon Asia during the past millennium. Quat. Sci. Rev. 30, 47-62.

Sinha, A., Berkelhammer, M., Stott, L.D., Mudelsee, M., Cheng, H., Biswas, J., 2011b. The leading mode of Indian summer monsoon variability during the last millennium. Geophys. Res. Lett. 38, L15703. http://dx.doi.org/ 10.1029/2011GL047713.

Sinninghe Damsté, J.S., Ossebaar, J., Abbas, B., Schouten, S., Verschuren, D., 2009. Fluxes and distribution of tetraether lipids in an equatorial African lake: constraints on the application of the TEX_{86} palaeothermometer and BIT index in lacustrine settings. Geochim. Cosmochim. Acta 73, 4232-4249.

Sirocko, F., Sarnthein, M., 1989. Wind-borne deposits in the northwestern Indian Ocean: record of Holocene sediments versus modern satellite data. In: Leinen, M., Sarnthein, M. (Eds.), Paleoclimatology and Paleometeorology: Modern and Past Patterns of Global Atmospheric Transport. Kluwer Academic, Dordrecht, pp. 401-433.

Sirocko, F., Sarnthein, M., Lange, H., Erlenkeuser, H., 1991. Atmospheric summer circulation and coastal upwelling in the Arabian Sea during the Holocene and the last glaciation. Quat. Res. 36, 72-93.

Skinner, L.C., 2008. Revisiting the absolute calibration of the Greenland ice-core age-scales. Clim. Past. 4, 295-302.

Skinner, L.C., Shackleton, N.J., 2004. Rapid transient changes in northeast Atlantic deep water ventilation age across Termination I. Paleoceanography 19, PA2005. dx.doi.org/10.1029/2003PA000983.

Skinner, L.C., Fallon, S., Waelbroeck, C., Michel, E., Barker, S., 2010. Ventilation of the deep Southern Ocean and deglacial CO_2 rise. Science 328, 1147-1151.

Slowey, N.C., Henderson, G.M., Curry, W.B., 1996. Direct U-Th dating of marine sediments from the two most recent interglacial periods. Nature 383, 242-244.

Sluijs, A., Schouten, S., Pagani, M., Woltering, M., Brinkhuis, H., Damsté, J.S., Dickens, G.R., Huber, M., Reichart, G.-J., Stein, R., Matthiessen, J., Lourens, L.J., Pedentchouk, N., Backman, J., Moran, K., the Expedition 302 scientists, 2006. Subtropical Arctic Ocean temperatures during the Palaeocene/Eocene thermal maximum. Nature 44, 610-613.

Smalley, I., O'Hara-Dhand, K., Wint, J., Machalett, B., Jary, Z., Jefferson, I., 2009. Rivers and loess: the significance of long river transportation in the complex event-sequence approach to loess deposit formation. Quat. Int. 198, 7-18.

Smith, J.M., Quinn, T.M., Helmle, K.P., Halley, R.B., 2006. Reproducibility of geochemical and climatic signals in the Atlantic coral Montastraea faveolata. Paleoceanography 21. dx.doi.org/10.1029/2005PA001187.

Smittenberg, R.H., Hopmans, E.C., Schouten, S., Hayes, J.M., Eglinton, T.I., Sinninghe Damsté, J.S., 2004. Compound-specific radiocarbon dating of the varved Holocene sedimentary record of Saanich Inlet, Canada. Paleoceanography 19, PA2012. dx.doi.org/10.1029/2003PA000927.

Smol, J.P., 2008. Pollution of Lakes and Rivers: a paleoenvironmental perspective. Blackwell, Oxford 383 pp.

Smol, J.P., Stoermer, E.F., 2010. The Diatoms: Applications for the Environmental and Earth Sciences. Cambridge University Press, Cambridge, 667pp.

Smol, J.P., Birks, H.J.B., Last, W.M., 2001. Using biology to study long-term environmental change. In: Tracking Environmental Change Using Lake Sediments. Vol. 3. Terrestrial, Algal and Siliceous Indicators. Kluwer, Dordrecht, pp. 1-3.

Snowball, I., Muscheler, R., 2007. Palaeomagnetic intensity data: an Achilles heel of solar activity reconstructions. The Holocene 17, 851-859.

Snowball, I., Zillén, L., Ojala, A., Saarinen, T., Sandgren, P., 2007. FENNOSTACK and FENNORPIS: Varve dated Holocene palaeomagnetic secular variation and relative palaeointensity stacks for Fennoscandia. Earth Planet. Sci. Lett. 255, 106-116.

Snyder, C.T., Langbein, W.B., 1962. The Pleistocene lake in Spring Valley, Nevada and its climatic implications. J. Geophys. Res. 67, 2385-2394.

Solomon, A., Webb III, T., 1985. Computer-aided reconstruction of Late Quaternary landscape dynamics. Annu. Rev. Ecol. Syst. 16, 63-84.

Sorenson, C.J., 1977. Holocene bioclimates. Ann. Assoc. Am. Geogr. 67, 214-222.

Sorenson, C.J., Knox, J.C., 1974. Paleosols and paleoclimate related to late Holocene forest-tundra border migrations: Mackenzie and Keewatin, NWT. In: Raymond, S., Schledermann, P. (Eds.), International Conference on Prehistory and Paleoecology of Western North American Arctic and Subarctic. Archaeological Association, University of Calgary, Calgary, pp. 187-203.

Sosef, M.S.M., 1991. New species of Begonia in Africa and their relevance to the study of glacial rain forest refugia. Wageningen Agr. Univ. Papers. 91, 120-151.

Sowers, T., Bender, M., Raynaud, D., Korotkevich, Y.S., Orchado, J., 1991. The ^{18}O of atmospheric O$_2$ from air inclusions in the Vostok ice core: timing of CO$_2$ and ice volume changes during the penultimate deglaciation. Paleoceanography 6, 679-696.

Sowers, T., Bender, M., Raynaud, D., Korotkevich, Y.S., 1992. δ^{15}N of N in air trapped in polar ice: a tracer of gas transport in the firn and a possible constraint on ice age-gas-age difference. Geophys. Res. 97D, 15683-15697.

Sowers, T., Bender, M., Labeyrie, L., Martinson, D., Jouzel, J., Raynaud, D., Pichon, J.-J., Korotkevich, Y.S., 1993. A 135,000 year Vostok-SPECMAP common temporal framework. Paleoceanography 8, 737-766.

Sowers, T., Alley, R.B., Jubenville, J., 2003. Ice core records of atmospheric N$_2$O covering the last 106,000 years. Science 301, 945-948.

Sparks, T.H., Carey, P.D., 1995. The responses of species to climate over two centuries an analysis of the Marsham phenological record, 1736-1947. J. Ecol. 83, 321-329.

Spaulding, W.G., 1990. Vegetational and climatic development of the Mojave Desert: the Last Glacial Maximum to the Present. In: Betancourt, J.L., VanDevender, T.R., Martin, P.S. (Eds.), Packrat Middens: The Last 40,000 Years of Biotic Change. University of Arizona Press, Tucson, pp. 166-199.

Spaulding, W.G., 1991. A middle Holocene vegetation record from the Mojave Desert of North America and its paleoclimatic significance. Quat. Res. 35, 427-437.

Spaulding, W.G., Betancourt, J.L., Croft, L.K., Cole, K.L., 1990. Packrat middens: their composition and methods of analysis. In: Betancourt, J.L., VanDevender, T.R., Martin, P.S. (Eds.), Packrat Middens: The Last 40,000 Years of Biotic Change. University of Arizona Press, Tucson, pp. 59-84.

Speer, J.H., 2010. Fundamentals of Tree-Ring Research. The University of Arizona Press, Tucson, 333 pp.

Spell, T.L., McDougall, I., 1992. Revision to the age of the Brunhes-Matuyama boundary and the Pleistocene geomagnetic polarity time scale. Geophys. Res. Lett. 19, 1181-1184.

Spötl, C., Mangini, A., Frank, N., Eichstädter, R., Burns, S.J., 2002. Start of the last interglacial period at 135 ka: evidence from a high Alpine speleothem. Geology 30, 815-818.

Staff, R.A., Schlolaut, G., Ramsey, C.B., Brock, F., Bryant, C.L., Kitagawa, H., van der Plicht, J., Marshall, M.H., Brauer, A., Lamb, H.F., Payne, R.L., Tarasov, P.E., Haraguchi, T., Gotanda, K., Yonenobu, H., Yokoyama, Y., Nakagawa, T., Suigetsu Project Members, 2013. Integration of the old and new Lake Suigetsu (Japan) terrestrial radiocarbon calibration data sets. Radiocarbon 55, 1-10.

Staffelbach, T., Stauffer, B., Oeschger, H., 1988. A detailed analysis of the rapid changes in ice core parameters during the last ice age. Ann. Glaciol. 10, 167-170.

Stager, J.C., Mayewski, P.A., 1997. Abrupt early to mid-Holocene climatic transition registered at the Equator and the Poles. Science 276, 1834-1836.

Stahle, D.W., 1996. The hydroclimatic application of tree-ring chronologies. In: Dean, J.S., Meko, D.M., Swetnam, T.W. (Eds.), Tree Rings, Environment and Humanity. Department of Geosciences, University of Arizona, Tucson, pp. 119-126.

Stahle, D.W., Cleaveland, M.K., 1992. Reconstruction and analysis of spring rainfall over the southeastern United States for the past 1000 years. Bull. Am. Meteorol. Soc. 73, 1947-1961.

Stahle, D.W., Cleaveland, M.K., 1993. Southern Oscillation extremes reconstructed from tree rings of the Sierra Madre Occidental and southern Great Plains. J. Clim. 6, 129-140.

Stahle, D.W., Dean, J.S., 2011. North American tree rings, climatic extremes and social disasters. In: Hughes, M.K., Swetnam, T.W., Diaz, H.F. (Eds.), Dendroclimatology: Progress and Prospects. Springer, Dordrecht, pp. 297-327.

Stahle, D.W., Cleaveland, M.K., Hehr, J.G., 1988. North Carolina climate changes reconstructed from tree-rings: A.D. 372-1985. Science 240, 1517-1519.

Stahle, D.W., Cleaveland, M.K., Blanton, D.B., Therrell, M.D., Gay, D.A., 1998. The lost colony and Jamestown droughts. Science 280, 564-567.

Stahle, D.W., Cook, E.R., Cleaveland, M.K., Therrell, D., Meko, D.M., Grissino-Mayer, H.D., Watson, E., Luckman, B.H., 2000. Tree-ring data document 16th century megadrought over North America. EOS. 81, 121 and 125.

Stahle, D.W., Fye, F.K., Cook, E.R., Griffin, R.D., 2007. Tree-ring reconstructed megadroughts over North America since A.D. 1300. Clim. Chang. 83, 133-149.

Stahle, D.W., Diaz, J.V., Burnette, D.J., Paredes, J.C., Heim Jr., R.R., Fye, F.K., Acuña-Soto, R., Therrell, M.D., Cleaveland, M.K., Stahle, D.K., 2011. Major Mesoamerican droughts of the past millennium. Geophys. Res. Lett. 38, L05703. dx.doi.org/10.1029/2010GL046472.

Stahle, D.W., Burnette, D.J., Villanueva, J., Cerano, J., Fye, F.F., Griffin, R.D., Cleaveland, M.K., Stahle, D.K., Edmondson, J.R., Wolff, K.P., 2012. Tree-ring analysis of ancient baldcypress trees and subfossil wood. Quat. Sci. Rev. 34, 1-15.

Standell, N.D., Polissar, P.J., Abbott, M.B., 2007. Last Glacial Maximum equilibrium-line altitude and paleo- temperature reconstructions for the Cordillera de Mérida, Venezuelan Andes. Quat. Res. 67, 115-127.

State Meteorological Administration, 1981. Annals of 510 years of precipitation record in China. Cartographic Publishers, Beijing (in Chinese with English summary).

Stauffer, B.R., 1989. Dating of ice by radioactive isotopes. In: Oeschger, H., Langway Jr., C.C. (Eds.), The Environmental Record in Glaciers and Ice Sheets. Wiley, Chichester, pp. 123-129.

Stauffer, B.R., Neftel, A., 1988. What have we learned from the ice cores about atmospheric changes in the concen- trations of nitrous oxide, hydrogen peroxide and other trace species? In: Rowland, E.S., Isaksen, I.S.A. (Eds.), The Changing Atmosphere. Wiley, Chichester, pp. 63-77.

Steffensen, J.P., 1985. Microparticles in snow from the South Greenland ice sheet. Tellus 37B, 286-295.

Steffensen, J.P., 1988. Analysis of the seasonal variations in dust, Cl⁻, NO₃ and SO₄ in two central Greenland firn cores. Ann. Glaciol. 10, 171-177.

Steffensen, J.P., Andersen, K.K., Bigler, M., Clausen, H.B., Dahl-Jensen, D., Fischer, H., Goto-Azuma, K., Hansson, M., Johnsen, S.J., Jouzel, J., Masson-Delmotte, V., Popp, T., Rasmussen, S.O., Röthlisberger, R., Ruth, U., Stauffer, B., Siggard-Andersen, M.-L., Sveinbjörnsdóttir, A.E., Svensson, A., White, J.W., 2008. High-resolution Greenland ice core data show abrupt climate change happens in few years. Science 321, 680-684.

Steig, E.J., Grootes, P.M., Stuiver, M., 1994. Seasonal precipitation and ice core records. Science 266, 1885-1886.

Stein, R., Hefter, J., Grützner, J., Voelker, A., Naafs, B.D.A., 2009. Variability of surface-water characteristics and Heinrich-like events in the Pleistocene midlatitude North Atlantic Ocean: biomarker and XRD records from IODP Site U1313 (MIS 16-9). Paleoceanography 24, PA2203. dx.doi.org/10.1029/2008PA001639.

Steinhilber, F., Beer, J., Frohlich, C., 2009. Total solar irradiance during the Holocene. Geophys. Res. Lett. 36, L19704. dx.doi.org/10.1029/2009GL040142.

Steinhilber, F., Abreu, J.A., Beer, J., Brunner, I., Christl, M., Fischer, H., Heikkilä, U., Kubik, P.W., Mann, M., McCracken, K.G., Miller, H., Miyahara, H., Oerter, H., Wilhelms, F., 2012. 9,400 years of cosmic radiation and solar activity from ice cores and tree rings. Proc. Natl. Acad. Sci. U.S.A. 109, 5967-5971.

Stevens, T., Thomas, D.S.G., Armitage, S.J., Lunn, H.R., Lu, H.Y., 2007. Reinterpreting climate proxy records from late Quaternary Chinese loess: a detailed OSL investigation. Earth-Sci. Rev. 80, 111-136.

Stevens, T., Lu, H.Y., Thomas, D.S.G., Armitage, S.J., 2008. Optical dating of abrupt shifts in the late Pleistocene East Asian nonsoon. Geology 36, 415-418.

Stevens, T., Carter, A., Watson, T.P., Vermeesch, P., Andò, S., Bird, A.F., Lu, H., Garzanti, E., Cottam, M.A., Sevastjanova,

I., 2013. Genetic linkage between the Yellow River, the Mu Us desert and the Chinese Loess Plateau. Quat. Sci. Rev. 78, 355-368.

Stewart, J.R., Lister, A.M., 2001. Cryptic northern refugia and the origins of the modern biota. Trends Ecol. Evol. 16, 608-613.

Stidd, C.K., 1967. The use of eigenvectors for climatic estimates. J. Appl. Meteorol. 6, 255-264.

Stine, S., 1994. Extreme and persistent drought in California and Patagonia during Medieval time. Nature 369, 546-549.

Stine, S., 1998. Medieval Climatic Anomaly in the Americas. In: Issar, A.S., Brown, N. (Eds.), Water, Environment and Society in Times of Climatic Change. Kluwer, Dordrecht, pp. 43-67.

Stirling, C.H., Anderson, M.B., 2009. Uranium-series dating of fossil coral reefs: extending the sea-level record beyond the last glacial cycle. Earth Planet. Sci. Lett. 284, 269-283.

Stirling, C.H., Esat, T.M., McCulloch, M.T., Lambeck, K., 1995. High-precision Useries dating of corals from western Australia and implications for the timing and duration of the Last Interglacial. Earth Planet. Sci. Lett. 135, 115-130.

Stocker, T.F., Johnsen, S.J., 2003. A minimum thermodynamic model for the bipolar seesaw. Paleoceanography 18. dx.doi.org/10.1029/2003PA000920.

Stockmarr, J., 1971. Tablets with spores used in pollen analysis. Pollen Spores 13, 615-621.

Stockton, C.W., 1975. Long term Streamflow Records Reconstructed from Tree Rings. Paper 5, Laboratory for Tree Ring Research. University of Arizona Press, Tucson.

Stockton, C.W., Boggess, W.R., 1980. Augmentation of hydrologic records using tree rings. In: Improved Hydrologic Forecasting. American Society of Civil Engineers, New York, pp. 239-265.

Stockton, C.W., Fritts, H.C., 1973. Long-term reconstruction of water level changes for Lake Athabasca by analysis of tree rings. Water Resour. Bull. 9, 1006-1027.

Stokes, M.A., Smiley, T.L., 1968. An Introduction to Tree-ring Dating. University of Chicago Press, Chicago.

Stone, J., 2000. Air pressure and cosmogenic isotope production. J. Geophys. Res. 105B, 23,753-23,759.

Stoner, J.S., St-Onge, G., 2007. Magnetic stratigraphy in paleoceanography: reversals, excursions, paleointensity and secular variation. In: Hillaire-Marcel, H., De Vernal, A. (Eds.), Proxies in Late Cenozoic Paleoceanography. Elsevier, Amsterdam, pp. 99-138.

Stothers, R.B., 1984. The great Tambora eruption in 1815 and its aftermath. Science 224, 1191-1198.

Stothers, R.B., 1996. The great dry fog of 1783. Clim. Change 32, 79-89.

Stothers, R.B., 2000. Climatic and demographic consequences of the massive volcanic eruption of 1258. Clim. Chang. 45, 361-374.

Stott, L., Southon, J., Timmermann, A., Koutavas, A., 2009. Radiocarbon age anomaly at intermediate water depth in the Pacific Ocean during the last deglaciation. Paleoceanography 24, PA2223. dx.doi.org/10.1029/ 2008PA001690.

Stouffer, R.J., Yin, J., Gregory, J.M., Dixon, K.W., Spelman, M.J., Hurlin, W., Weaver, A.J., Eby, M., Flato, G.M., Hasumi, H., Hu, A., Jungclaus, J.H., Kamenkovich, I.V., Levermann, A., Montoya, M., Murakami, S., Nawrath, S., Oka, A., Peltier, W.R., Robitaille, D.Y., Sokolov, A., Vettoretti, G., Weber, S.L., 2006. Investigating the causes of the response of the thermohaline circulation to past and future climate changes. J. Clim. 19, 1365-1387.

Strack, M. (Ed.), 2008. Peatlands and Climate Change. International Peat Society, Jyvaskyla, 223 pp.

Street, E.A., Grove, A.T., 1976. Environmental and climatic implications of late Quaternary lake-level fluctuations in Africa. Nature 261, 285-390.

Street, E.A., Grove, A.T., 1979. Global maps of lake-level fluctuations since 30,000 yr BP. Quat. Res. 12, 83-118.

Street-Perrott, E.A., 1994. Palaeo-perspectives: changes in terrestrial ecosystems. Ambio. 23, 37-43.

Street-Perrott, F.A., Harrison, S.P., 1985a. Lake levels and climate reconstruction. In: Hecht, A.D. (Ed.), Paleoclimate Analysis and Modeling. Wiley, Chichester, pp. 291-340.

Street-Perrott, F.A., Harrison, S.P., 1985b. Temporal variations in lake levels since 30,000 yr B.P.—an index of the global hydrological cycle. In: Hansen, J.E., Takahashi, T. (Eds.), Climate Processes and Sensitivity. American Geophysical Union, Washington D.C, pp. 118-129.

Street-Perrott, F.A., Perrott, R.A., 1993. Holocene vegetation, lake levels and climate of Africa. In: Wright, H.E., Kutzbach, J.E., Webb III, T., Ruddiman, W.F., Street-Perrott, F.A., Bartlein, P.J. (Eds.), Global Climates Since the Last Glacial Maximum. University of Minnesota Press, Minneapolis, pp. 318-356.

Street-Perrott, F.A., Marchand, D.S., Roberts, N., Harrison, S.P., 1983. Global Lake-level Variations from 18,000 to 0 years ago: a Paleoclimatic Analysis. Technical Report 046, Department of Energy, Washington, DC.

Street-Perrott, F.A., Huang, Y., Perrott, R.A., Eglinton, G., Barker, P., Khelifa, L.B., Harkness, D.D., Olago, D.O., 1997. Impact of lower atmospheric carbon dioxide on tropical mountain ecosystems. Science 278, 1422-1426.

Street-Perrott, F.A., Huang, Y., Perrott, R.A., Eglinton, G., 1998. Carbon isotopes in lake sediments and peats of last glacial age: implications for the global carbon cycle. In: Griffith, H. (Ed.), Stable Isotopes. BIOS Scientific Publishers, Oxford, pp. 381-396.

Studhalter, R.A., 1955. Tree growth: I. Some historical chapters. Bot. Rev. 21, 1-72.

Stuiver, M., 1978a. Carbon-14 dating: a comparison of beta and ion counting. Science 202, 881-883.

Stuiver, M., 1978b. Radiocarbon timescale tested against magnetic and other dating methods. Nature 273, 271-274.

Stuiver, M., 1993. A note on single-year calibration of the radiocarbon time scale, A.D. 151-954. Radiocarbon 35, 67-72.

Stuiver, M., Braziunas, T.F., 1991. Isotopic and solar records. In: Bradley, R.S. (Ed.), Global Changes of the Past. University Corporation for Atmospheric Research, Boulder, pp. 225-244.

Stuiver, M., Braziunas, T.F., 1992. Evidence of solar activity variations. In: Bradley, R.S., Jones, P.D. (Eds.), Climate Since A.D. 1500. Routledge, London, pp. 593-605.

Stuiver, M., Pearson, G.W., 1993. High-precision bidecadal calibration of the radiocarbon time scale, AD 1950-500 B.C. and 2500-6000 B.C. Radiocarbon 35, 1-23.

Stuiver, M., Quay, P.D., 1980. Changes in atmospheric carbon-14 attributed to a variable sun. Science 207, 11-19.

Stuiver, M., Reimer, P.J., 1993. Extended ^{14}C data base and revised Calib 3.0 ^{14}C age calibration program. Radiocarbon 35, 215-230.

Stuiver, M., Pearson, G.W., Braziunas, T., 1986. Radiocarbon age calibration of marine samples back to 9000 cal. yr B.P. Radiocarbon 28, 980-1021.

Stuiver, M., Braziunas, T.F., Becker, B., Kromer, B., 1991. Climatic, solar, oceanic and geomagnetic influences on Late-Glacial and Holocene atmospheric ^{14}C/^{12}C change. Quat. Res. 35, 1-24.

Sturm, C., Zhang, Q., Noone, D., 2010. An introduction to stable water isotopes in climate models: benefits of forward modeling for paleoclimatology. Clim. Past 6, 115-129.

Stute, M., Forster, M., Frischkorn, H., Serejo, A., Clark, J.F., Schlosser, P., Broecker, W.S., Bonani, G., 1995. Cooling of tropical Brazil (5°C) during the last glacial maximum. Science 269, 379-383.

Suess, H.E., 1965. Secular variations of the cosmic-ray produced carbon-14 in the atmosphere and their interpretations. J. Geophys. Res. 70, 5937-5952.

Suess, H.E., 1980. The radiocarbon record in tree rings of the last 8000 years. Radiocarbon 22, 200-209.

Sun, Y.B., An, Z.S., 2005. Late Pliocene-Pleistocene changes in mass accumulation rates of eolian deposits on the central Chinese Loess Plateau. J. Geophys. Res. 110, D23101. dx.doi.org/10.1029/2005JD006064.

Sun, D.H., Gagan, M.K., Cheng, H., Scott-Gagan, H., Dykoski, C.A., Edwards, R.L., Su, R.X., 2005. Seasonal and inter-annual variability of the mid-Holocene East Asia monsoon in coral δ^{18}O records from the South China Sea. Earth Planet. Sci. Lett. 237, 69-84.

Sun, Y.B., Clemens, S.C., An, Z.S., Yu, Z.W., 2006. Astronomical timescale and palaeoclimatic implication of stacked 3.6-Myr monsoon records from the Chinese Loess Plateau. Quat. Sci. Rev. 25, 33-48.

Sun, Y.B., An, Z.S., Clemens, S.C., Bloemendal, J., Vandenberghe, J., 2010. Seven million years of wind and precipitation variability on the Chinese Loess Plateau. Earth Planet. Sci. Lett. 297, 525-535.

Sun, Y.B., Clemens, S.C., Morrill, C., Lin, X.P., Wang, X.L., An, Z.S., 2012. Influence of Atlantic meridional overturning circulation on the East Asian winter monsoon. Nat. Geosci. 5, 46-49.

Sundquist, E.T., 1985. Geological perspectives on carbon dioxide and the carbon cycle. In: Sundquist, E.T., Broecker, W.S. (Eds.), The Carbon Cycle and Atmospheric CO_2: Natural Variations Archean to Present. American Geophysical Union, Washington D.C, pp. 5-59.

Sundquist, E.T., 1993. The global carbon dioxide budget. Science 259, 934-941.

Suwa, M., Bender, M.L., 2008. Chronology of the Vostok ice core constrained by O_2/N_2 ratios of occluded air, and its implication for the Vostok climate records. Quat. Sci. Rev. 27, 1093-1106.

Suwa, M., von Fischer, J.C., Bender, M.L., Landais, A., Brook, E.J., 2006. Chronology reconstruction for the disturbed bottom section of the GISP2 and the GRIP ice cores: implications for Termination II in Greenland. J. Geophys. Res. 111, D02101. dx.doi.org/10.1029/2005JD006032.

Svensson, A., Andersen, K.K., Bigler, M., Clausen, H.B., Dahl-Jensen, D., Davies, S.W., Johnsen, S.J., Muscheler, R., Rasmussen, S.O., Röthlisberger, R., Steffensen, J.P., Vinther, B.M., 2006. The Greenland Ice Core Chronology 2005, 15-42 ka. Part 2: comparison to other records. Quat. Sci. Rev. 25, 3258-3267.

Svensson, A., Andersen, K.K., Bigler, M., Clausen, H.B., Dahl-Jensen, D., Davies, S.M., Johnsen, S.J., Muscheler, R.,

Parrenin, F., Rasmussen, S.O., Röthlisberger, R., Seierstad, I., Steffensen, J.P., Vinther, B.M., 2008. A 60000 year Greenland stratigraphic ice core chronology. Clim. Past 4, 47-57.
Svensson, A., Bigler, M., Blunier, T., Clausen, H.B., Dahl-Jensen, D., Fischer, H., Fujita, S., Goto-Azuma, K., Johnsen, S.J., Kawamura, K., Kipfstuhl, S., Kohno, M., Parrenin, F., Popp, T., Rasmusssen, S.O., Schwander, J., Seierstad, I., Severi, M., Steffensen, J.P., Udisti, R., Uemura, R., Vallelonga, P., Vinther, B.M., Wegner, A., Wilhelms, F., Winstrup, M., 2012. Direct linking of Greenland and Antarctic ice cores at the Toba eruption (74 ka BP). Clim. Past 9, 749-766.
Swain, A.M., 1978. Environmental changes during the last 2000 years in north-central Wisconsin: analysis of pollen, charcoal and seeds from varved lake sediments. Quat. Res. 10, 55-68.
Swart, P.K., Lohmann, K.C., McKenzie, J., Savin, S. (Eds.), 1993. Climate Change in Continental Isotopic Records. American Geophysical Union, Washington, DC.
Swart, P.K., Dodge, R.E., Hudson, H.J., 1996. A 240-year stable oxygen and carbon isotopic record in a coral from South Florida: implications for the prediction of precipitation in southern Florida. Palaios 11, 362-375.
Swart, P.K., Greer, L., Rosenheim, B.E., Moses, C.S., Waite, A.J., Winter, A., Dodge, R.E., Helmle, K., 2010. The ^{13}C Suess effect in scleractinian corals mirror changes in the anthropogenic CO_2 inventory of the surface oceans. Geophys. Res. Lett. 37. dx.doi.org/10.1029/2009GL041397.
Swetnam, T.W., Betancourt, J.L., 1990. Fire-Southern Oscillation relations in the southwestern United States. Science 249, 1017-1020.
Swetnam, T.W., Betancourt, J.L., 1992. Temporal patterns of El Niño/Southern Oscillation: wildfire patterns in the southwestern United States. In: Diaz, H.F., Markgraf, V.M. (Eds.), El Niño: Historical and Paleoclimatic Aspects of the Southern Oscillation. Cambridge University Press, Cambridge, pp. 259-270.
Swetnam, T.W., Brown, P.M., 2011. Climatic inferences from dendroecological reconstructions. In: Hughes, M.K., Swetnam, T.W., Diaz, H.F. (Eds.), Dendroclimatology: Progress and Prospects. Springer, Dordrecht, pp. 263-295.
Swetnam, T.W., Baisan, C.H., Caprio, A.C., Brown, P.M., Touchan, R., Anderson, R.S., Hallett, D.J., 2009. Multi-millennial fire history of the giant forest, Sequoia National Park, California, USA. Fire Ecol. 5, 120-150.
Swingedouw, D., Terray, L., Cassou, C., Voldoire, A., Salas-Mélia, D., Servonnat, J., 2011. Natural forcing of climate during the last millennium: fingerprint of solar variability. Clim. Dyn. 36, 1349-1364.
Symonds, R.B., Rose, W.I., Reed, M.H., 1988. Contribution of Cl and F-bearing gases to the atmosphere by volcanoes. Nature 334, 415-418.
Szabo, B.J., 1979a. Uranium-series age of coral reef growth on Rottnest Island, western Australia. Mar. Geol. 29, Mll-M15.
Szabo, B.J., 1979b. ^{230}Th, ^{231}Pa and open system dating of fossil corals and shells. J. Geophys. Res. 84, 4927-4930.
Szabo, B.J., Collins, D., 1975. Age of fossil bones from British interglacial sites. Nature 254, 680-682.
Szabo, B.J., Rosholt, J.N., 1969. Uranium-series dating of Pleistocene molluscan shells from southern California-an open system model. J. Geophys. Res. 74, 3253-3260.
Szabo, B.J., Miller, G.H., Andrews, J.T., Stuiver, M., 1981. Comparison of uranium series, radiocarbon and amino acid data from marine molluscs, Baffin Island, Arctic Canada. Geology 9, 451-457.
Szafer, W., 1935. The significance of isopollen lines for the investigation of geographical distribution of trees in the post-glacial period. Bulletin International de l'Academie Polonaise des Sciences et des Lettres, Bl, pp. 235-239.
Tagami, Y., Fukaishi, K., 1992. Winter and summer climatic variation in Japan during the Little Ice Age. In: Mikami, T. (Ed.), Proceedings of the International Symposium on the Little Ice Age Climate. Department of Geography, Tokyo Metropolitan University, Tokyo, pp. 188-193.
Takahara, H., Sugita, S., Harrison, S.P., Miyoshi, N., Morita, Y., Uchiyama, T., 2000. Pollen-based reconstructions of Japanese biomes at 0, 6000 and 18000 14C yr BP. J. Biogeogr. 27, 665-683.
Talbot, M.R., Delibrias, G., 1977. Holocene variations in the level of Lake Bosumptwi, Ghana. Nature 268, 722-724.
Talbot, M.R., Johannessen, T., 1992. A high resolution palaeoclimate record for the last 27,500 years in tropical West Africa from the carbon and nitrogen isotopic composition of lacustrine organic matter. Earth Planet. Sci. Lett. 100, 23-37.
Talley, L.D., 1999. Some aspects of ocean heat transport by the shallow, intermediate and deep overturning circulations. In: Clark, P.U., Webb, R.S., Keigwin, L.D. (Eds.), Mechanisms of Global Climate Change at Millennial Time Scales. Monograph 112, American Geophysical Union, Washington, DC, pp. 1-22.
Tan, M., Liu, T.S., Hou, J.Z., Qin, X.G., Zhang, H.C., Li, T.Y., 2003. Cyclic rapid warming on centennial-scale revealed by a 2650-year stalagmite record of warm season temperature. Geophys. Res. Lett. 30, 1617. dx.doi.org/10.1029/2003GL017352.

Tapping, K.F., Boteler, D., Charbonneau, P., Crouch, A., Manson, A., Paquette, H., 2007. Solar magnetic activity and total irradiance since the Maunder Minimum. Sol. Phys. 246, 309-326.

Tarand, A., Kuiv, P., 1994. The beginning of the rye harvest - a proxy indicator of summer climate in the Baltic Area. In: Frenzel, B., Pfister, C., Glaser, B. (Eds.), Climatic Trends and Anomalies in Europe 1675-1715. Gustav Fischer, Stuttgart, pp. 61-72.

Tarling, D.H., 1975. Archeomagnetism: the dating of archaeological materials by their magnetic properties. World Archaeol. 7, 185-197.

Tarling, D.H., 1978. The geological-geophysical framework of ice ages. In: Gribbin, J. (Ed.), Climatic Change. Cambridge University Press, Cambridge, pp. 3-24.

Tarr, R.S., 1897. Difference in the climate of the Greenland and American side of Davis' and Baffin's Bay. Am. J. Sci. 3, 315-320.

Tarusov, L., Peltier, W.R., 2005. Freshwater forcing of the Younger Dryas cold reversal. Nature 435, 662-665.

Tarusov, P.E., Pushenko, M.Ya., Harrison, S.P., Saarse, L., Andreev, A.A., Aleshinskaya, Z.V., Davydova, N.N., Dorofeyuk, N.L., Efremov, Yu.Y., Elina, G.A., Elovicheva, Ya.K., Filimonova, L.V., Gunova, V.S., Khomutova, V.I., Kvavadze, E.V., Nuestrueva, I.Yu., Pisareva, V.V., Sevastyanov, D.V., Shelekhova, T.S., Subetto, D.A., Uspenskaya, O.N., Zernitskaya, V.P., 1996. In: Lake Status Records from the Former Soviet Union and Mongolia: Documentation of the Second Version of the Database. Paleoclimatology Publication Series Report No.3, World Data Center-A for Paleoclimatology, Boulder.

Tarusov, P.E., Volkova, V.S., Webb, T., Guiot, J., Andreev, A.A., Bezusko, G., Bykova, T.V., Dorofeyuk, N.I., Kvavadze, E.V., Osipova, I.M., Panova, N.K., Sevastyanov, D.V., 2000. Last glacial maximum biomes reconstructed from pollen and plant macrofossil data from northern Europe. J. Biogeogr. 27, 609-620.

Tauber, H., 1965. Differential pollen dispersion and the interpretation of pollen diagrams. In: Danmarks Geologiske Undersogelse, Series II, p. 89.

Tauxe, L., Deino, A.D., Behrensmeyer, A.K., Potts, R., 1992. Pinning down the Brunhes-Matuyama and upper Jaramillo boundaries: a reconciliation of orbital and isotopic time scales. Earth Planet. Sci. Lett. 109, 561-572.

Tauxe, L., Herbert, T., Shackleton, N.J., Kok, Y.S., 1996. Astronomical calibration of the Matuyama-Brunhes boundary: consequences for magnetic remanence acquisition in marine carbonates and the Asian loess sequences. Earth Planet. Sci. Lett. 140, 113-146.

Taylor, K.C., Hammer, C.U., Alley, R.B., Clausen, H.B., Dahl-Jensen, D., Gow, A.J., Gundestrup, N.S., Kipfstuhl, J., Moore, J.C., Waddington, E.D., 1993a. Electrical conductivity measurements from the GISP2 and GRIP Greenland ice cores. Nature 366, 549-552.

Taylor, K.C., Lamorey, G.W., Doyle, G.A., Alley, R.B., Grootes, P.M., Mayewski, P.A., White, J.W.C., Barlow, L.K., 1993b. The 'flickering switch' of late Pleistocene climate change. Nature 361, 432-436.

Taylor, K.C., Alley, R.B., Lamorey, G.W., Mayewski, P.A., 1997. Electrical measurements on the Greenland Ice Sheet Project 2 core. J. Geophys. Res. 102, 26511-26517.

Ten Brink, N.W., 1973. Lichen growth rates in west Greenland. Arct. Alp. Res. 5, 323-331.

Tetzlaff, G., Adams, L.J., 1983. Present-day and early Holocene evaporation of Lake Chad. In: Street-Perrott, F.A., Beran, M., Ratcliffe, R. (Eds.), Variations in the Global Water Budget. D. Reidel, Dordrecht, pp. 347-360.

Thackray, G.D., 2008. Varied climatic and topographic influences on Late Pleistocene mountain glaciation in the western United States. J. Quat. Sci. 23, 671-681.

Thackray, G.D., Owen, L.A., Yi, C., 2008. Timing and nature of late Quaternary glaciation. J. Quat. Sci. 23, 503-508.

Therrell, M.D., Stahle, D.W., Acuña-Soto, R., 2004. Aztec drought and the "Curse of One Rabbit" Bull. Am. Meteorol. Soc. 85, 1263-1272.

Thierstein, H.R., Geitzenauer, K.R., Molfino, B., Shackleton, N.J., 1977. Global synchroneity of late Quaternary coccolith datum levels: validation by oxygen isotopes. Geology 5, 400-404.

Thistlewood, L., Sun, J., 1991. A paleomagnetic and mineral magnetic study of the loess sequence at Liujiapo, Xian, China. J. Quat. Sci. 6, 13-26.

Thomas, E.R., Wolff, E.W., Mulvaney, R., Johnsen, S.J., Steffensen, J.P., Arrowsmith, C., 2009. Anatomy of a Dansgaard-Oeschger warming transition: high-resolution analysis of the North Greenland Ice Core Project ice core. J. Geophys. Res. 114. dx.doi.org/10.1029/2008JD011215.

Thompson, R.S., 1990. Late Quaternary vegetation and climate in the Great Basin. In: Betancourt, J.L., Van Devender, T.R., Martin, P.S. (Eds.), Packrot Middens: The Last 40,000 Years of Biotic Change. University of Arizona Press, Tucson, pp. 200-239.

Thompson, R.S., Anderson, K.H., 2000. Biomes of western North America at 18,000, 6,000 and 0 ^{14}C yr BP reconstructed from pollen and packrat midden data. J. Biogeogr. 27, 555-584.

Thompson, R., Oldfield, F., 1986. Environmental Magnetism,. Allen and Unwin, London.

Thompson, P.R., Saito, T., 1974. Pacific Pleistocene sediments: planktonic foraminifera dissolution cycles and geochronology. Geology 2, 333-335.

Thompson, P., Schwarcz, H.P., Ford, D.C., 1976. Stable isotope geochemistry, geothermometry and geochronology of speleothems from West Virginia. Geol. Soc. Am. Bull. 87, 1730-1738.

Thompson, L.G., Mosley-Thompson, E., Grootes, P.M., Pourchet, M., Hastenrath, S., 1984a. Tropical glaciers: potential for ice core paleoclimatic reconstructions. J. Geophys. Res. 89D, 4638-4646.

Thompson, L.G., Mosley-Thompson, E., Arnao, B.M., 1984b. Major El Niño/Southern Oscillation events recorded in stratigraphy of the tropical Quelccaya Ice Cap. Science 226, 50-52.

Thompson, L.G., Mosley-Thompson, E., Bolzan, J.F., Koci, B.R., 1985. A 1500 year record of tropical precipitation in ice cores from the Quelccaya Ice Cap, Peru. Science 229, 971-973.

Thompson, L.G., Mosley-Thompson, E., Dansgaard, W., Grootes, P.M., 1986. The Little Ice Age as recorded in the stratigraphy of the tropical Quelccaya Ice Cap. Science 234, 361-364.

Thompson, L.G., Davis, M., Mosley-Thompson, E., Liu, K., 1988. Pre-Incan agricultural activity recorded in dust layers in two tropical ice cores. Nature 336, 763-765.

Thompson, L.G., Mosley-Thompson, E., Davis, M.E., Lin, N., Yao, T., Dyurgerov, M., Dai, J., 1993. "Recent warming": ice core evidence from tropical ice cores, with emphasis on central Asia. Glob. Planet. Chang. 7, 145-156.

Thompson, L.G., Mosley-Thompson, E., Davis, M.E., Lin, P.-N., Henderson, K.A., Cole-Dai, J., Bolzan, J.F., Liu, K.-B., 1995. Late Glacial Stage and Holocene tropical ice core records from Huascarán, Peru. Science 269, 46-50.

Thompson, L.G., Yao, T., Davis, M.E., Henderson, K.A., Mosley-Thompson, E., Lin, P.-N., Beer, J., Synal, H.-A., Cole-Dai, J., Bolzan, J.F., 1997. Tropical climate instability: the last glacial cycle from a Qinghai-Tibetan ice core. Science 276, 1821-1825.

Thompson, L.G., Mosley-Thompson, E., Davis, M.E., Henderson, K.A., Brecher, H.H., Zagorodnov, V.S., Mashiotta, T.A., Lin, P.-N., Mikhalenko, V.N., Hardy, D.R., Beer, J., 2002. Kilimanjaro ice core records: evidence of Holocene climate change in Tropical Africa. Science 298, 589-593.

Thompson, W.G., Spiegelman, M.W., Goldstein, S.L., Speed, R.C., 2003. An open-system model for U-series age determinations of fossil corals. Earth Planet. Sci. Lett. 210, 365-381.

Thompson, L.G., Mosley-Thompson, E., Brecher, H., Davis, M., Leon, B., Les, D., Lin, P.-N., Mashiotta, T., Mountain, K., 2006. Abrupt tropical climate change: past and present. Proc. Natl. Acad. Sci. U.S.A. 103, 10536-10543.

Thompson, L.G., Mosley-Thompson, E., Davis, M.E., Zagorodnov, V.S., Howat, I.M., Mikhalenko, V.N., Lin, P.-N., 2013. Annually resolved ice core records of tropical climate variability over the past 1800 years. Science 340, 945-950.

Thorarinsson, S., 1981. The application of tephrochronology in Iceland. In: Self, S., Sparks, R.J.S. (Eds.), Tephra Studies. D. Reidel, Dordrecht, pp. 109-134.

Tierney, J.E., Russell, J.M., Huang, Y.S., Sinninghe Damsté, J.S., Hopmans, E.C., Cohen, A.S., 2008. Northern hemisphere controls on tropical southeast African climate during the past 60,000 years. Science 322, 252-255.

Tierney, J.E., Mayes, M.T., Meyer, N., Johnson, C., Swarzenski, P.W., Cohen, A.S., Russell, J.M., 2010a. Late-twentieth-century warming in Lake Tanganyika unprecedented since AD 500. Nat. Geosci. 3, 422-425.

Tierney, J.E., Russell, J.M., Huang, Y.S., 2010b. A molecular perspective on Late Quaternary climate and vegetation change in the Lake Tanganyika basin, East Africa. Quat. Sci. Rev. 29, 787-800.

Tikhomirov, B.A., 1961. The changes in biogeographical boundaries in the north of USSR as related with climatic fluctuations and activity of man. Botanisk Tidsskrift 56, 285-292.

Tiljander, M., Saarnisto, M., Ojala, A.E.K., Saarinen, T., 2003. A 3000-year palaeoenvironmental record from annually laminated sediment of Lake Korttajärvi, central Finland. Boreas 26, 566-577.

Tinner, W., Lotter, A.F., 2001. Central European vegetation response to abrupt climate change at 8.2ka. Geology 29, 551-554.

Tinner, W., Ammann, B., Germann, P., 1996. Treeline fluctuations recorded for 12,500 years by soil profiles, pollen and plant macrofossils in the central Swiss Alps. Arct. Alp. Res. 28, 131-147.

Toney, J.L., Huang, Y.S., Fritz, S.C., Baker, P.A., Grimm, E., Nyren, P., 2010. Climatic and environmental controls on the occurrence and distributions of long chain alkenones in lakes of the interior United States. Geochim. Cosmochim. Acta 74, 1563-1578.

Torres, V., Hooghiemstra, H., Lourens, L., Tzedakis, P.C., 2013. Astronomical tuning of long pollen records reveals the dynamic history of montane biomes and lake levels in the tropical high Andes during the Quaternary. Quat. Sci. Rev. 63, 59-72.

Toscano, M.A., Lundberg, J., 1999. Submerged Late Pleistocene reefs on the tectonically-stable SE Florida margin: high-precision geochronology, stratigraphy, resolution of Substage 5a sea-level elevation, and orbital forcing. Quat. Sci. Rev. 18, 753-767.
Tranquillini, A., 1993. Climate and physiology of trees in the Alpine timberline regions. In: Frenzel, B., Eronen, M., Vorren, K.D., Glaser, B. (Eds.), Oscillations of the Alpine and Polar Tree Limits in the Holocene. Gustav Fischer Verlag, Stuttgart, pp. 127-135.
Traverse, A. (Ed.), 1994. Sedimentation of Organic Particles. Cambridge University Press, Cambridge.
Treble, P.C., Chappell, J., Shelley, J.M.G., 2005a. Complex speleothem growth processes revealed by trace element mapping and scanning electron microscopy of annual layers. Geochim. Cosmochim. Acta 69, 4855-4863.
Treble, P.C., Chappell, J., Gagan, M.K., McKeegan, K.D., Harrison, T.M., 2005b. In situ measurement of seasonal $\delta^{18}O$ variations and analysis of isotopic trends in a modern speleothem from southwest Australia. Earth Planet. Sci. Lett. 233, 17-32.
Trenberth, K.E., 1990. Recent observed interdecadal climate changes in the northern hemisphere. Bull. Am. Meteorol. Soc. 71, 988-993.
Trenberth, K.E., 1997. The use and abuse of climate models. Nature 386, 131-133.
Trend-Staid, M., Prell, W.L., 2002. Sea surface temperature at the Last Glacial Maximum: a reconstruction using the modern analog technique. Paleoceanography 17. dx.doi.org/10.1029/2000PA000536.
Treydte, K.S., Schleser, G.H., Helle, G., Frank, D.C., Winiger, M., Haug, G.H., Esper, J., 2006. The twentieth century was the wettest period in northern Pakistan over the past millennium. Nature 440, 1179-1182.
Treydte, K., Frank, D., Esper, J., Andreu, L., Bednarz, Z., Berninger, F., Boettger, T., D'Alessandro, C.M., Etien, N., Filot, M., Grabner, M., Guillemin, M.T., Gutierrez, E., Haupt, M., Helle, G., Hilasvuori, E., Jungner, H., Kalela-Brundin, M., Krapiec, M., Leuenberger, M., Loader, N.J., Masson-Delmotte, V., Pazdur, A., Pawelczyk, S., Pierre, M., Planells, O., Pukiene, R., Reynolds-Henne, C.E., Rinne, K.T., Saracino, A., Saurer, M., Sonninen, E., Stievenard, M., Switsur, V.R., Szczepanek, M., Szychowska-Krapiec, E., Todaro, L., Waterhouse, J.S., Weigl, M., Schleser, G.H., 2007. Signal strength and climate calibration of a European tree-ring isotope network. Geophys. Res. Lett. 34, L24302. dx.doi.org/10.1029/2007GL03110.
Tricot, C., Berger, A., 1988. Sensitivity of present-day climate to astronomical forcing. In: Wanner, H., Siegenthaler, U. (Eds.), Long and Short-Term Variability of Climate. Springer-Verlag, New York, pp. 132-152.
Troll, C., 1973. The upper timberlines in different climatic zones. Arct. Alp. Res. 5, A3-A18.
Troughton, J.H., 1972. Carbon isotope fractionation by plants. In: Rafter, T.A., Grant-Taylor, T. (Eds.), Proceedings of the 8th International Conference on Radiocarbon Dating, vol. 2. Royal Society of New Zealand, Wellington, pp. 421-438.
Tudhope, A.W., Chilcott, C.P., McCulloch, M.T., Cook, E.R., Chappell, J., Ellam, R.M., Lea, D.W., Lough, J.M., Shimmield, G.B., 2001. Variability in the El Niño-Southern Oscillation through a glacial-interglacial cycle. Science 291, 1511-1517.
Turich, C., Freeman, K.H., Bruns, M.A., Conte, M., Jones, A.D., Wakeham, S.G., 2007. Lipids of marine Archaea: patterns and provenance in the water-column and sediments. Geochim. Cosmochim. Acta 71, 3272-3291.
Turney, C.S.M., Lowe, J.J., Davies, S.M., Hall, V., Lowe, D.J., Wastegard, S., Hoek, W.Z., Alloway, B., 2004. Tephrochronology of Last Termination sequences in Europe: a protocol for improved analytical precision and robust correlation procedures (a joint SCOTAV-INTIMATE proposal). J. Quat. Sci. 19, 111-120.
Turney, C.S.M., Van den Burg, K., Wastegård, S., Davies, S.M., Whitehouse, N.J., Pilcher, J.R., Callaghan, C., 2006. North European last glacial-interglacial transition (LGIT; 15-9 ka) tephrochronology: extended limits and new events. J. Quat. Sci. 21, 335-345.
Turney, C.S.M., Fifield, L.K., Hogg, A.G., Palmer, J.G., Hughen, K., Baillie, M.G.L., Galbraith, R., Ogden, J., Lorrey, A., Tims, S.G., Jones, R.T., 2010. The potential of New Zealand kauri (Agathis australis) for testing the synchronicity of abrupt climate change during the Last Glacial Interval (60,000-11,700 years ago). Quat. Sci. Rev. 29, 3677-3682.
Twining, A.C., 1833. On the growth of timber. Am. J. Sci. Arts 24, 391-393.
Tzedakis, P.C., 1994. Hierarchical biostratigraphical classification of long pollen sequences. J. Quat. Sci. 9, 257-260.
Tzedakis, P.C., McManus, J.F., Hooghiemstra, H., Oppo, D.W., Wijmstra, T.J., 2003. Comparison of changes in vegetation in northeast Greece with records of climate variability on orbital and suborbital frequencies over the last 450,000 years. Earth Planet. Sci. Lett. 212, 197-212.
Tzedakis, P.C., Hooghiemstra, H., Pälike, H., 2006. The last 1.35 million years at Tenaghi Philippon: revised chronostratigraphy and long-term vegetation trends. Quat. Sci. Rev. 25, 3416-3430.
Urey, H.C., 1947. The thermodynamic properties of isotopic substances. J. Chem. Soc. 152, 190-219.
Urey, H.C., 1948. Oxygen isotopes in nature and in the laboratory. Science 108, 489-496.
Vacco, D.A., Clark, P.U., Mix, A.C., Cheng, H., Edwards, R.L., 2005. A speleothem record of Younger Dryas cooling, Klamath

Mountains, Oregon, USA. Quat. Res. 64, 249-256.

Vaganov, E.A., Hughes, M.K., Shashkin, A.V., 2006. Growth Dynamics of Tree-rings: An Image of Past and Future Environments. Springer-Verlag, Berlin, 368 pp.

Vaganov, E.A., Anchukaitis, K.J., Evans, M.N., 2011. How well understood are the processes that create dendroclimatic records? A mechanistic model of the climatic control on conifer tree-ring growth dynamics. In: Hughes, M.K., Swetnam, T.W., Diaz, H.F. (Eds.), Dendroclimatology: Progress and Prospects. Springer, Dordrecht, pp. 37-75.

Vaks, A., Gutareva, O.S., Breitenbach, S.F.M., Avirmed, E., Mason, A.J., Thomas, A.L., Osinzev, A.V., Kononov, A.M., Henderson, G.M., 2013. Speleothems reveal 500,000-year history of Siberian permafrost. Science 340, 183-186.

Valet, J.-P., Meynadier, L., Guyodo, Y., 2005. Geomagnetic diploe strength and reversal over the past 2 million years. Nature 435, 802-805.

Van Breukelen, M.R., Vonhof, H.B., Hellstrom, J.C., Wester, W.C.G., Kroon, D., 2008. Fossil dripwater in stalagmites reveals Holocene temperature and rainfall variation in Amazonia. Earth Planet. Sci. Lett. 275, 54-60.

Van Calsteren, P., Thomas, L., 2006. Uranium-series dating applications in natural environmental science. Earth-Sci. Rev. 75, 155-175.

Van Campo, E., Guiot, J., Peng, C., 1993. A data-based re-appraisal of the terrestrial carbon budget at the last glacial maximum. Glob. Planet. Chang. 8, 189-201.

van de Flierdt, T., Robinson, L.F., Adkins, J.F., Hemming, S.R., Goldstein, S.L., 2006. Temporal stability of the neodymium isotope signature of the Holocene to glacial North Atlantic. Paleoceanography 21. dx.doi.org/10.1029/2006PA001294.

Vandenberghe, J., Lu, H.Y., Sun, D.H., van Huissteden, J., Konert, M., 2004. The late Miocene and Pliocene climate in East Asia as recorded by grain size and magnetic susceptibility of the Red Clay deposits (Chinese Loess Plateau). Palaeogeogr. Palaeoclimatol. Palaeoecol. 204, 239-255.

van den Dool, H.M., Krijnen, H.J., Schuurmans, C.J.E., 1978. Average winter temperatures at De Bilt (The Netherlands), 1634-1977. Clim. Chang. 1, 319-330.

Vander Hammen, T., 1974. The Pleistocene changes of vegetation and climate in tropical South America. J. Biogeogr. 1, 3-26.

Vander Hammen, T., Absy, M.L., 1994. Amazonia during the last glacial. Palaeogeogr. Palaeoclimatol. Palaeoecol. 109, 247-261.

Vander Hammen, T., Maarleveld, G.C., Vogel, J.C., Zagwijn, W.H., 1967. Stratigraphy, climatic succession and radiocarbon dating of the last glacial in the Netherlands. Geol. Mijnbouw 46, 79-95.

Van Devender, T.R., 1990a. Late Quaternary vegetation and climate of the Chihuahuan Desert, United States and Mexico. In: Betancourt, J.L., Van Devender, T.R., Martin, P.S. (Eds.), Packrat Middens: The Last 40,000 Years of Biotic Change. University of Arizona Press, Tucson, pp. 104-133.

Van Devender, T.R., 1990b. Late Quaternary vegetation and climate of the Sonoran Desert, United States and Mexico. In: Betancourt, J.L., Van Devender, T.R., Martin, P.S. (Eds.), Packrat Middens: The Last 40,000 Years of Biotic Change. University of Arizona Press, Tucson, pp. 134-165.

Van Devender, T.R., Spaulding, W.G., 1979. Development of vegetation and climate in the southwestern United States. Science 204, 701-710.

Van Devender, T.R., Burgess, T.L., Piper, J.C., Turner, R.M., 1994. Paleoclimatic implications of Holocene plant remains from the Sierra Bacha, Sonora, Mexico. Quat. Res. 41, 99-108.

van Engelen, A.F.V., Buisman, J., IJnsen, F., 2001. A millennium of weather, winds and water in the Low Countries. In: Jones, P.D., Ogilvie, A.E.G., Davies, T.D., Briffa, K.R. (Eds.), History and Climate: Memories of the Future?. Kluwer, New York, pp. 101-124.

van Geel, B., Heusser, C.J., Schuurmans, J.E., 2000. Climatic change in Chile at around 2700 B.P. and global evidence for solar forcing: a hypothesis. The Holocene 10, 659-664.

Van Loon, H., Taljaard, J.J., Sasamori, T., London, J., Hoyt, D.V., Labitze, K., Newton, C.W., 1972. Meteorology of the Southern Hemisphere. Meteorol. Monogr. 13. American Meteorological Society, Boston.

Vanzolini, P.E., 1973. Paleoclimates, relief and species multiplication in Equatorial forests. In: Meggers, B.J., Ayensu, E.S., Duckworth, W.D. (Eds.), Tropical Forest Ecosystems in Africa and South America: A Comparative Review. Smithsonian Institution, Washington, DC, pp. 255-258.

Vanzolini, P.E., Williams, E.E., 1970. South American anoles: the geographic differentiation and evolution of the Anolis chrysolepis species group (Sauria, Iguanidae. Arquivos de Zoologia. 19, 1-298.

Vaquero, J.M., Trigo, R.M., 2012. A note on solar cycle length during the Medieval Climate Anomaly. Sol. Phys. 279, 289-294.

dx.doi.org/10.1007/s11207-012-9964-1.

Vaquero, J.M., Vásquez, M., 2009. The Sun Recorded Through History. Springer, Dordrecht.

Vare, L.L., Massé, G., Gregory, T.R., Smart, C.W., Belt, S.T., 2009. Sea ice variations in the central Canadian Arctic Archipelago during the Holocene. Quat. Sci. Rev. 28, 1354-1366.

Varga, G., 2011. Similarities among the Plio-Pleistocene terrestrial aeolian dust deposits in the World and in Hungary. Quat. Int. 234, 98-108.

Vasquez-Bedoya, L.F., Cohen, A.L., Oppo, D., Blanchon, P., 2012. Corals record persistent multidecadal SST vari-ability in the Atlantic Warm Pool since 1775 A.D. Paleoceanography 27, PA3231. dx.doi.org/10.1029/ 2012PA002313.

Vaughan, T.A., 1990. Ecology of living packrats. In: Betancourt, J.L., VanDevender, T.R., Martin, P.S. (Eds.), Packrat Middens: The Last 40,000 Years of Biotic Change. University of Arizona Press, Tucson, pp. 14-27.

Veron, J.E.N., 1993. Corals of Australia and the Indo-Pacific. University of Hawaii Press, Honolulu.

Verosub, K.L., 1975. Paleomagnetic excursions as magnetostratigraphic horizons: a cautionary note. Science 190, 48-50.

Verosub, K.L., 1977. Depositional and postdepositional processes in the magnetization of sediments. Rev. Geophys. Space Phys. 15, 129-143.

Verosub, K.L., 1988. Geomagnetic secular variations and the dating of Quaternary sediments. In: Easterbrook, D. (Ed.), Dating Quaternary Sediments. Special Paper 227, Geological Society of America, Boulder, pp. 123-138.

Verosub, K.L., Banerjee, S.K., 1977. Geomagnetic excursions and their paleomagnetic record. Rev. Geophys. Space Phys. 15, 145-155.

Verosub, K.L., Fine, P., Singer, M.J., TenPas, J., 1993. Pedogenesis and paleoclimate: interpretation of the magnetic susceptibility record of Chinese loess-paleosol sequences. Geology 21, 1011-1014.

Verschuren, D., Laird, K.R., Cumming, B.F., 2001. Rainfall and drought in equatorial east Africa during the past 1,100 years. Nature 403, 410-414.

Vettoretti, G., Peltier, W.R., 2004. Sensitivity of glacial inception to orbital and greenhouse gas climate forcing. Quat. Sci. Rev. 23, 499-519.

Veum, T., Jansen, E., Arnold, M., Beyer, J.I., Duplessy, J.C., 1992. Water mass exchange between the North Atlantic and the Norwegian Sea during the past 28,000 years. Nature 356, 783-785.

Viau, A.E., Gajewski, K., 2001. Holocene variations in the global hydrological cycle quantified by objective gridding of lake level databases. J. Geophys. Res. Atmos. 106, 31703-31716.

Vibe, C., 1967. Arctic animals in relation to climatic fluctuations. Meddelelser øm Gronland. 170 (5).

Vidal, L., Labeyrie, L., van Weering, T.C.E., 1998. Benthic $\delta^{18}O$ records in the North Atlantic over the last glacial period (60-10 kyr): evidence for brine formation. Paleoceanography 13, 245-251.

Villalba, R., Luckman, B.H., Boninsegna, J., D'Arrigo, R.D., Lara, A., Villanueva-Diaz, J., Masiokas, M., Argollo, J., Soliz, C., LeQuesne, C., Stahle, D.W., Roig, F., Aravena, J.C., Hughes, M.K., Wiles, G., Jacoby, G., Hartsough, P., Wilson, R.J.S., Watson, E., Cook, E.R., Cerano-Paredes, C., Therrell, M., Cleaveland, M., Morales, M.S., Graham, N.E., Moya, J., Pacajes, J., Massacchesi, G., Biondi, F., Urrutia, R., Pastur, G.M., 2011. Dendroclimatology from regional to continental scales: understanding regional processes to reconstruct large-scale climatic variations across the western Americas. In: Hughes, M.K., Swetnam, T.W., Diaz, H.F. (Eds.), Dendroclimatology: Progress and Prospects. Springer, Dordrecht, pp. 175-227.

Villanueva, J., Grimalt, J.O., Cortijo, E., Vidal, L., Labeyrie, L., 1998. Assessment of sea surface temperature variations in the central North Atlantic using the alkenone unsaturation index (U_{37}^K). Geochim. Cosmochim. Acta 62, 37 2421-2427.

Villemant, B., Feuillet, N., 2003. Dating open systems by the ^{238}U-^{234}U-^{230}Th method: application to Quaternary reef terraces. Earth Planet. Sci. Lett. 210, 105-118.

Vimeux, F., 2009. Similarities and discrepancies between Andean ice cores over the last deglaciation: climate implications. In: Vimeux, F., Sylvestre, F., Khodri, M. (Eds.), Past Climate Variability in South America and Surrounding Regions. Springer, Berlin, pp. 239-255.

Vinot-Bertouille, A.C., Duplessy, J., 1973. Individual isotopic fractionation of carbon and oxygen in benthic foraminifera. Earth Planet. Sci. Lett. 18, 247-252.

Vinther, B.M., Clausen, H.B., Johnsen, S.J., Rasmussen, S.O., Andersen, K.K., Buchardt, S.L., Dahl-Jensen, D., Seierstad, I.K., Siggard-Andersen, M.-L., Steffensen, J.P., Svensson, A., 2006. A synchronized dating of three Greenland ice cores throughout the Holocene. J. Geophys. Res. Atmos. 111. dx.doi.org/10.1029/ 2005JD006921.

Vinther, B.M., Buchardt, S.L., Clausen, H.B., Dahl-Jensen, D., Johnsen, S.J., Fisher, D.A., Koerner, R.M., Raynaud,

Voelker, A.H.L., 2002. Global distribution of centennial-scale records for Marine Isotope Stage (MIS) 3: a database. Quat. Sci. Rev. 21, 1185-1212.

Voelker, A.H.L., Sarnthein, M., Grotes, P., Erlenkeuser, H., Laj, C., Mazaud, A., Nadeau, M.-J., Schleicher, M., 1998. Correlation of marine $\delta^{14}C$ ages from the Nordic Seas with the GISP2 isotope record: implications for radiocarbon calibration beyond 25 ka BP. Radiocarbon 40, 517-534.

Volk, T., Hoffert, M.I., 1985. Ocean carbon pumps: analysis of relative strengths and efficiencies in ocean-driven atmospheric CO_2 strengths. In: Sundquist, E.T., Broecker, W.S. (Eds.), The Carbon Cycle and Atmospheric CO_2: Natural Variations Archean to Present. American Geophysical Union, Washington, DC, pp. 99-110.

von Grafenstein, U., Erlenkeuser, H., Kleinmann, A., Muller, J., Trimborn, P., 1994. High frequency climatic oscillations during the last deglaciation as revealed by oxygen-isotope records of benthic organisms (Ammersee, southern Germany). J. Paleolimnol. 11, 349-357.

von Grafenstein, U., Erlenkeuser, H., Kleinmann, A., Muller, J., Trimborn, P., Alefs, J., 1996. A 200 year mid-European air temperature record preserved in lake sediments: an extension of the $\delta^{18}O$-air temperature relation into the past. Geochim. Cosmochim. Acta 60, 4025-4036.

von Grafenstein, U., Erlenkeuser, H., Brauer, A., Jouzel, J., Johnsen, S.J., 1999. A mid-European decadal isotope- climate record from 15,500 to 5,000 years B.P. Science 284, 1654-1657.

von Gunten, L., Grosjean, M., Rein, B., Urrutia, R., Appleby, P.G., 2009. A quantitative high-resolution summer tem- perature reconstruction based on sedimentary pigments from Laguna Aculeo, Central Chile, back to AD 850. The Holocene 19, 873-881.

von Gunten, L., D'Andrea, W.J., Bradley, R.S., Huang, Y., 2011. Proxy-to-proxy calibration: increasing the temporal resolution of quantitative climate reconstructions. Nat. Sci. Rep. 2, 609. dx.doi.org/10.1038/ srep00609.

Vorren, K.-D., Jensen, C.E., Nilssen, E., 2012. Climate changes during the last c.7500 years as recorded by peat humification in the Lofoten region, Norway. Boreas 41, 13-30.

Vuille, M., Bradley, R.S., Werner, M., Healy, R., Keimig, F., 2003. Modeling $\delta^{18}O$ in precipitation over the tropical Americas: 1. Interannual variability and climatic controls. J. Geophys. Res. 108. dx.doi.org/ 10.1029/ 2001JD002038.

Vuille, M., Francou, B., Wagnon, P., Juen, I., Kaser, G., Mark, B.G., Bradley, R.S., 2008. Climate change and tropical Andean glaciers: past, present and future. Earth-Sci. Rev. 89, 79-96.

Wagner, G., Beer, J., Laj, C., Kissel, C., Masarik, J., Muscheler, R., Synal, H.-A., 2000. Chlorine-36 evidence for the Mono Lake event in the summit GRIP ice core. Earth Planet. Sci. Lett. 181, 1-6.

Walker, I.R., 1987. Chironomidae (Diptera) in paleoecology. Quat. Sci. Rev. 6, 29-40.

Walker, M.J.C., 2005. Quaternary Dating Methods. J. Wiley, Chichester, 286 pp.

Walker, I.R., Cwynar, L.C., 2006. Midges and palaeotemperature reconstruction—the North American experience. Quat. Sci. Rev. 25, 1911-1925.

Walker, I.R., Smol, J.P., Engstrom, D.R., Birks, H.J.B., 1991a. An assessment of Chironomidae as quantitative indicators of past climate change. Can. J. Fish. Aquat. Sci. 48, 975-987.

Walker, I.R., Mott, R.J., Smol, J.P., 1991b. Allemd-Younger Dryas lake temperatures from midge fossils in Atlantic Canada. Science 253, 1010-1012.

Walker, I.R., Wilson, S.E., Smol, J.P., 1995. Chironomidae (Diptera): quantitative palaeosalinity indicators for lakes of western Canada. Can. J. Fish. Aquat. Sci. 52, 950-960.

Walker, I.R., Levesque, A.J., Cwynar, L.C., Lotter, A.E., 1997. An expanded surface-water paleotemperature inference model for use with fossil midges from eastern Canada. J. Paleolimnol. 18, 165-178.

Walker, M.J.C., Björck, S., Lowe, J.J., Cwynar, L.C., Johnsen, S., Knudsen, K.-L., Wohlfarth, B., INTIMATE group, 1999. Isotopic 'events' in the GRIP ice core: a stratotype for the late Pleistocene. Quat. Sci. Rev. 18, 1143-1150.

Wallinga, J., 2002. Optically stimulated luminescence dating of fluvial deposits: a review. Boreas 31, 303-322.

Wang, P.K., 1980. On the possible relationship between winter thunder and climatic changes in China over the past 2200 years. Clim. Chang. 3, 37-46.

Wang, S., 1991a. Reconstruction of temperature series of North China from 1380s to 1980s. Sci. China B. 34 (6), 751-759.

Wang, S., 1991b. Reconstruction of paleo-temperature series in China from the 1380s to the 1980s. Wurzburger Geographische Arbeiten

80, 1-19.

Wang, R., Wang, S., 1989. Reconstruction of winter temperature in China for the last 500 year period. Acta Meteorol. Sin. 3 (3), 279-289.

Wang, S., Wang, R., 1990. Seasonal and annual temperature variations since 1470 A.D. in East China. Acta Meteorol. Sin. 4, 428-439.

Wang, S., Wang, R., 1991. Little Ice Age in China. Chin. Sci. Bull. 36 (3), 217-220.

Wang, P.K., Zhang, D., 1988. An introduction to some historical government weather records of China. Bull. Am. Meteorol. Soc. 69, 753-758.

Wang, P.K., Zhang, D., 1992. Reconstruction of 18th century summer precipitation of Nanjing, Suzhou and Hangzhou, China based on the Clear and Rain records. In: Bradley, R.S., Jones, P.D. (Eds.), Climate Since A.D. 1500. Routledge, London.

Wang, S., Zhao, Z.-C., 1981. Droughts and floods in China, 1470-1979. In: Wigley, T.M.L., Ingram, M.J., Farmer, G. (Eds.), Climate and History. Cambridge University Press, Cambridge, pp. 271-288.

Wang, R., Wang, S., Fraedrich, K., 1991. An approach to reconstruction of temperature on a seasonal basis using historical documents from China. Int. J. Climatol. 11, 381-392.

Wang, W.C., Portman, D., Gong, G., Zhang, P., Karl, T., 1992. Beijing summer tempera tures since 1724. In: Bradley, R.S., Jones, P.D. (Eds.), Climate Since A.D. 1500. Routledge, London, pp. 210-223.

Wang, X.F., Auler, A.S., Edwards, R.L., Cheng, H., Cristalli, P.S., Smart, P.L., Richards, D.A., Shen, C.C., 2004. Wet periods in northeastern Brazil over the past 210 ky linked to distant climate anomalies. Nature 432, 740-743.

Wang, X.F., Auler, A.S., Edwards, R.L., Cheng, H., Ito, E., Solheid, M., 2006. Interhemispheric anti-phasing of rainfall during the last-glacial period. Quat. Sci. Rev. 25, 3391-3403.

Wang, Y.J., Cheng, H., Edwards, R.L., An, Z.S., Wu, J.Y., Shen, C.C., Dorale, J.A., 2001. A high-resolution absolute-dated Late Pleistocene monsoon record from Hulu Cave, China. Science 294, 2345-2348.

Wang, Y.-M., Lean, J.L., Sheeley, N.R., 2005a. Modeling the sun's magnetic field and irradiance since A.D. 1713. Astrophys. J. 625, 522-538.

Wang, Y.J., Cheng, H., Edwards, R.L., He, Y.Q., Kong, A.G., An, Z.S., Wu, J.Y., Kelly, M.J., Dykoski, C.A., Li, X.D., 2005b. The Holocene Asian monsoon: links to solar changes and North Atlantic climate. Science 308, 854-857.

Wang, Y.J., Chang, H., Edwards, R.L., Kong, X.G., Shao, X.H., Chen, S.T., Wu, J.Y., Jiang, X.J., Wang, X.F., An, Z.S., 2008. Millennial- and orbital-scale changes in the East Asian monsoon over the past 224,000 years. Nature 451, 1090-1093.

Wang, Y.V., O'Brien, D.M., Jenson, J., Francis, D., Wooller, M.J., 2009. The influence of diet and water on the stable oxygen and hydrogen isotope composition of Chironomidae (Diptera) with paleoecological implications. Oecologia 160, 225-233.

Wanner, H., Brazdil, R., Frich, P., Freyendahl, K., Jonsson, T., Kington, J., Pfister, C., Rosenorn, S., Wishman, E., 1994. Synoptic interpretation of monthly weather maps for the late Maunder Minimum 1675-1704. In: Frenzel, B., Pfister, C., Glaser, B. (Eds.), Climatic Trends and Anomalies in Europe 1675-1715. Gustav Fischer Verlag, Stuttgart, pp. 401-424.

Wanner, H., Brönnimann, S., Casty, C., Gyalistras, D., Luterbacher, J., Schmutz, C., Stephenson, D.B., Xoplaki, E., 2001. The North Atlantic Oscillation—concepts and status. Surv. Geophys. 22, 321-382.

Wanner, H., Beer, J., Bütikofer, J., Crowley, T., Cubasch, U., Flückiger, J., Goosse, H., Grosjean, M., Joos, F., Kaplan, J.O., Küttel, M., Müller, S.A., Prentice, I.C., Solomina, O., Stocker, T.F., Tarasov, P., Wagner, M., Widmann, M., 2008. Mid-to Late-Holocene climate change: a review. Quaternary Sci. Rev. 27, 1791-1828.

Waple, A.M., Mann, M.E., Bradley, R.S., 2001. Long-term patterns of solar irradiance forcing in model experiments and proxy-based surface temperature reconstructions. Clim. Dyn. 18, 563-578.

Warburton, J.A., Young, L.G., 1981. Estimating ratios of snow accumulation in Antarctica by chemical methods. J. Glaciol. 27, 347-358.

Wardle, P., 1974. Alpine timberlines. In: Ives, J.D., Barry, R.G. (Eds.), Arctic and Alpine Environments. Methuen, London, pp. 371-402.

Washburn, A.L., 1979a. Permafrost features as evidence of climatic change. Earth-Sci. Rev. 15, 327-402.

Washburn, A.L., 1979b. Geocryology. Arnold, London.

Wastegård, S., Rasmussen, T.L., Kuijpers, A., Nielsen, T., van Weering, T.C.E., 2006. Composition and origin of ash zones from Marine Isotope Stages 3 and 2 in the North Atlantic. Quat. Sci. Rev. 25, 2409-2419.

Watanabe, T., Winter, A., Oba, T., 2001. Seasonal changes in sea surface temperature and salinity during the Little Ice Age in the Caribbean Sea deduced from Mg/Ca and $^{18}O/^{16}O$ ratios in corals. Mar. Geol. 173, 21-35.

Watson, E., Morgan, A.V., 1977. The periglacial environment of great Britain during the devensian [and discussion]. Philos. Trans. R.

Soc. Lond. B Biol. Sci. 280, 183-198.

Watson, E., Luckman, B.H., 2004. Tree-ring estimates of mass balance at Peyto Glacier for the last three centuries. Quat. Res. 62, 9-18.

Watts, W.A., Hansen, B.C.S., 1994. Pre-Holocene and Holocene pollen records of vegetation history from the Florida peninsula and their climatic implications. Palaeogeogr. Palaeoclimatol. Palaeoecol. 109, 163-176.

Weaver, A.J., Hughes, T.M.C., 1994. Rapid interglacial climate fluctuations driven by North Atlantic ocean circulation. Nature 367, 447-450.

Weaver, A.J., Saenko, O.A., Clark, P.U., Mitrovica, J.X., 2003. Meltwater pulse 1A from Antarctica as a trigger of the Bølling-Allerød Warm interval. Science 299, 1709-1713.

Webb III, T., 1974. Corresponding patterns of pollen and vegetation in lower Michigan: a comparison of quantitative data. Ecology 55, 17-28.

Webb III, T., 1986. Is vegetation in equilibrium with climate? How to interpret late-Quaternary pollen data. Vegetatio. 67, 75-91.

Webb III, T., 1987. The appearance and disappearance of major vegetational assemblages: long-term vegetational dynamics in eastern North America. Vegetatio. 69, 177-187.

Webb III, T., 1988. Eastern North America. In: Huntley, B., Webb III, T. (Eds.), Vegetation History. Kluwer Academic, Dordrecht, pp. 385-414.

Webb III, T., 1991. The spectrum of temporal climate variability: current estimates and the need for global and regional time series. In: Bradley, R.S. (Ed.), Global Changes of the Past. University Corporation for Atmospheric Research, Boulder, pp. 61-82.

Webb, R.H., Betancourt, J.L., 1990. The spatial and temporal distribution of radiocarbon ages from packrat middens. In: Betancourt, J.L., VanDevender, T.R., Martin, P.S. (Eds.), Packrat Middens: The Last 40,000 Years of Biotic Change. University of Arizona Press, Tucson, pp. 85-102.

Webb III, T., McAndrews, J.H., 1976. Corresponding patterns of contemporary pollen and vegetation in central North America. In: Cline, R.M., Hays, J.D. (Eds.), Investigation of Late Quaternary Paleooceanography and Paleoclimatology. Memoir 145, Geological Society of America, Boulder, pp. 267-299.

Webb III, T., Yeracaris, G.Y., Richard, P., 1978. Mapped patterns in sediment samples of modern pollen from southeastern Canada and northeastern United States. Géog. Phys. Quatern. 32, 163-176.

Webb III, T., Howe, S.E., Bradshaw, R.H.W., Heide, K.M., 1981. Estimating plant abundances from pollen percentages: the use of regression analysis. Rev. Palaeobot. Palynol. 34, 269-300.

Webb III, T., Bartlein, P.J., Kutzbach, J.E., 1987. Climatic change in eastern North America during the past 18,000 years: comparison of pollen data with model results. In: Ruddiman, W.E., Wright, H.E. (Eds.), North America and Adjacent Oceans during the Last Deglaciation. The Geology of North America, vol. K-3. Geological Society of America, Boulder, pp. 447-462.

Webb III, T., Bartlein, P.J., Harrison, S.P., Anderson, K.H., 1993a. Vegetational, lake levels and climate in eastern North America for the past 18,000 years. In: Wright, H.E., Kutzbach, J.E., Webb III, T., Ruddiman, W.E., Street-Perrott, E.A., Bartlein, P.J. (Eds.), Global Climates Since the Last Glacial Maximum. University of Minnesota Press, Minneapolis, pp. 415-467.

Webb, R.S., Anderson, K.H., Webb III, T., 1993b. Pollen response-surface estimates of late Quaternary changes in the moisture balance of the northeastern United States. Quat. Res. 40, 213-227.

Weber, J.N., Woodhead, P.M.J., 1972. Temperature dependence of oxygen-18 concentration in reef coral carbonates. J. Geophys. Res. 77, 463-473.

Webster, P.J., Streten, N.A., 1978. Late Quaternary ice age climates of tropical Australasia: interpretations and reconstructions. Quat. Res. 10, 279-309.

Wehmiller, J.E., 1993. Applications of organic geochemistry for Quaternary research: aminostratigraphy and aminochronology. In: Engel, M.H., Macko, S.A. (Eds.), Organic Geochemistry. Plenum Press, New York, pp. 755-783.

Wei, K., Gasse, F., 1999. Oxygen isotopes in lacustrine carbonates of West China revisted: implications for post glacial changes in summer monsoon circulation. Quat. Sci. Rev. 18, 1315-1334.

Weijers, J.W.H., Schouten, S., van den Donker, J.C., Hopmans, E.C., Sinninghe Damsté, J.S., 2007. Environmental controls on bacterial tetraether membrane lipid distribution in soils. Geochim. Cosmochim. Acta 71, 703-713.

Weiss, H., 2012. Quantifying collapse: the Late third millennium Khabur Plains. In: Weiss, H. (Ed.), Seven Generations Since the Fall of Akkad. Harrassowitz Verlag, Weisbaden, pp. 1-24.

Weiss, H., Bradley, R.S., 2001. What drives societal collapse? Science 291, 609-610.

Weiss, H., Courty, M.-A., Wetterstrom, W., Meadow, R., Guichard, F., Senior, L., Curnow, A., 1993. The genesis and collapse of North Mesopotamian civilization. Science 261, 995-1004.

Wells, P.V., 1976. Macrofossil analysis of wood rat (Neotoma) middens as a key to the Quaternary vegetational history of arid America. Quat. Res. 6, 223-248.

Wells, P.V., 1979. An equable glaciopluvial in the West: pleniglacial evidence of increased precipitation on a gradient from the Great Basin to the Sonoran and Chihuahuan Deserts. Quat. Res. 12, 311-325.

Wells, P.V., Berger, R., 1967. Late Pleistocene history of coniferous woodland in the Mohave Desert. Science 155, 1640-1647.

Wells, P.V., Jorgensen, C.D., 1964. Pleistocene wood rat middens and climatic change in the Mohave desert: a record of Juniper woodlands. Science 143, 1171-1173.

Wendland, W.M., Bryson, R.A., 1974. Dating climatic episodes of the Holocene. Quat. Res. 4, 9-24.

Wenk, T., Siegenthaler, U., 1985. The high-latitude ocean as a control of atmospheric CO_2. In: Sundquist, E.T., Broecker, W.S. (Eds.), The Carbon Cycle and Atmospheric CO_2: Natural Variations Archean to Present. American Geophysical Union, Washington, DC, pp. 185-194.

Westerling, A.L., Hidalgo, H.G., Cayan, D.R., Swetnam, T.W., 2006. Warming and earlier spring increase western US forest wildfire activity. Science 313, 940-943.

Westgate, J.A., Gorton, M.P., 1981. Correlation techniques in tephra studies. In: Self, S., Sparks, R.J.S. (Eds.), Tephra Studies. D. Reidel, Dordrecht, pp. 73-94.

Westgate, J.A., Naeser, N.D., 1995. Tephrochronology and fission track dating. In: Rutter, N.W., Catto, N.R. (Eds.), Dating Methods for Quaternary Deposits. Geological Association of Canada, St. John's, pp. 15-28.

Wetter, O., Pfister, C., Weingartner, R., Luterbacher, J., Reist, T., Trösch, J., 2011. The largest floods in the High Rhine basin since 1268 assessed from documentary and instrumental evidence. Hydrol. Sci. J. 56, 733-758.

Weyl, P.K., 1968. The role of the oceans in climatic change: a theory of the ice ages. Meteorol. Monogr. 8, 37-62.

Wheeler, D., Suarez-Dominguez, J.M., 2005. Climatic reconstructions for the northeast Atlantic region 1685-1700: a new source of evidence from naval logbooks. The Holocene 16, 39-49.

Wheeler, D., Garcia Herrera, R., Koek, F., Wilkinson, C., Können, G., Prieto, M.R., Jones, P.D., Casale, R., 2006. CLIWOC: Climatological Database for the World's Oceans: 1750-1850. European Communities, Luxembourg, 190 pp.

Whitlock, C., Bartlein, P.J., 1997. Vegetation and climate change in northwest North America during the past 125kyr. Nature 388, 57-61.

Wigley, T.M.L., 1976. Spectral analysis and the astronomical theory of climatic change. Nature 264, 629-631.

Wigley, T.M.L., 1978. Climatic change since 1000 AD. In: Evolution des Atmospheres Planetaires et Climatologie de la Terre. Centre National d'Etudes Spatiales, Toulouse, pp. 313-324.

Wigley, T.M.L., Kelly, P.M., 1990. Holocene climatic change, ^{14}C wiggles and variations in solar irradiance. Philos. Trans. R. Soc. Lond. A330, 547-560.

Wigley, T.M.L., Ingram, M.J., Farmer, G. (Eds.), 1981. Climate and History: Studies in Past Climates and their Impact on Man. Cambridge University Press, Cambridge.

Wijmstra, T.A., 1969. Palynology of the first 30 metres of a 120 m deep section in northern Greece. Acta Bot. Neerl. 18, 511-527.

Wild, M., Folini, D., Schär, C., Loeb, N., Dutton, E.G., König-Langlo, G., 2012. The global energy balance from a surface perspective. Clim. Dyn. 40, 3107-3134.

Wille, M., Hooghiemstra, H., Behling, H., Van der Borg, K., Negret, A.J., 2001. Environmental change in the Colombian subandean forest belt from 8 pollen records: the last 50 kyr. Veg. Hist. Archeobot. 10, 61-77.

Willerslev, E., Cappellini, E., Boomsma, W., Nielsen, R., Hebsgaard, M.B., Brand, T.B., Hofreiter, M., Bunce, M., Poinar, H.N., Dahl-Jensen, D., Johnsen, S., Steffensen, J.P., Bennike, O., Schwenninger, J.-L., Nathan, R., Armitage, S., de Hoog, C.-J., Alfimov, V., Christl, M., Beer, J., Muscheler, R., Barker, J., Sharp, M., Penkman, K.E.H., Haile, J., Taberlet, P., Gilbert, M.T.P., Casoli, A., Campani, E., Collins, M.J., 2007. Ancient bio-molecules from deep ice cores reveal a forested southern Greenland. Science 317, 111-114.

Williams, L.D., 1975a. The variation of come elevation and equilibrium line altitude with aspect in eastern Baffin Island, NWT, Canada. Arct. Alp. Res. 7, 169-181.

Williams, R.B.G., 1975b. The British climate during the last glaciation: an interpretation based on periglacial phenomena. In: Wright, A.E., Moseley, F. (Eds.), Ice ages: Ancient and Modern. Geological J. Special Issue No. 6, Liverpool University Press, Liverpool, pp. 95-120.

Williams, L.D., 1979. An energy balance model of potential glacierization of northern Canada. Arct. Alp. Res. 11, 443-456.

Williams, N.E., Eyles, N., 1995. Sedimentary and paleoclimatic controls on caddisfly (Insecta: Trichoptera) assemblages during the last interglacial-to-glacial transition in southern Ontario. Quat. Res. 43, 90-105.

Williams, J.W., Jackson, S.T., 2007. Novel climates, no-analog communities, and ecological surprises. Front. Ecol. Environ. 5, 475-482.

Williams, D.F., Johnson, W.C., 1975. Diversity of recent planktonic foraminifera in the southern Indian Ocean and late Pleistocene paleotemperatures. Quat. Res. 5, 237-250.

Williams, K.M., Smith, G.G., 1977. A critical evaluation of the application of amino acid racemization to geochronology and geothermometry. Orig. Life. 8, 91-144.

Williams, J., Barry, R.G., Washington, W.M., 1974. Simulation of the atmospheric circulation using the NCAR global circulation model with ice age boundary conditions. J. Appl. Meteorol. 13, 305-317.

Williams, L.D., Wigley, T.M.L., Kelly, P.M., 1981a. Climatic trends at high northern latitudes during the last 4000 years compared with 14C fluctuations. In: Sun and Climate. Centre National d'Etudes Spatiales, Toulouse, pp. 11-20.

Williams, N.E., Westgate, J.A., Williams, D.D., Morgan, A., Morgan, A.V., 1981b. Invertebrate fossils (Insecta: Trichoptera, Diptera, Coleoptera) from the Pleistocene Scarborough Formation at Toronto, Ontario and their paleoenvironmental significance. Quat. Res. 16, 146-166.

Williams, D.F., Peck, J., Karabanov, E.B., Prokopenko, A.A., Kravchinsky, V., King, J., Kuzmin, M.I., 1997. Lake Baikal record of continental climate response to orbital insolation during the past 5 million years. Science 278, 1114-1117.

Williams, J.W., Shuman, B.N., Webb III, T., 1998. Applying plant functional types to construct biome maps from eastern North American pollen data: comparisons with model results. Quat. Sci. Rev. 17, 607-628.

Williams, J.W., Webb III, T., Richard, P.J.H., Newby, P., 2000. Late Quaternary biomes of Canada and the Eastern United States. J. Biogeogr. 27, 585-607.

Williams, J.W., Post, D.M., Cwynar, L.C., Lotter, A.F., Levesque, A.J., 2002. Rapid and widespread vegetation responses to past climate change in the North Atlantic region. Geology 30, 971-974.

Williams, J.W., Shuman, B.N., Webb III, T., Bartlein, P.J., Leduc, P.L., 2004. Late-Quaternary vegetation dynamics in North America: scaling from taxa to biomes. Ecol. Monogr. 74, 309-334.

Wilson, A.T., Hendy, C.H., 1971. Past wind strength from isotope studies. Nature 243, 344-346.

Wilson, A.T., Hendy, C.H., 1981. The chemical stratigraphy of polar ice sheets—a method of dating ice cores. J. Glaciol. 27, 3-9.

Wilson, C.J.N., Ambraseys, N.N., Bradley, J., Walker, G.P.L., 1980. A new date for the Taupo eruption, New Zealand. Nature 288, 252-253.

Wilson, R., D'Arrigo, R., Buckley, B., Büntgen, U., Esper, J., Frank, D., Luckman, B., Payette, S., Vose, R., Youngblut, D., 2007. A matter of divergence—tracking recent warming at hemispheric scales using tree-ring data. J. Geophys. Res. Atmos. 112, D17103. dx.doi.org/10.1029/2006JD008318.

Wilson, R., Cook, E.R., D'Arrigo, R.D., Riedwyl, N., Evans, M.N., Tudhope, A., Allan, R., 2010. Reconstructing ENSO: the influence of method, proxy data, climate forcing and teleconnections. J. Quat. Sci. 25, 62-78.

Winckler, G., Anderson, R.F., Fleisher, M.Q., McGee, D., Mahowald, N., 2008. Covariant glacial-interglacial dust fluxes in the equatorial Pacific and Antarctica. Science 320, 93-96.

Windom, H.L., 1975. Eolian contributions to marine sediments. J. Sediment. Petrol. 45, 520-529.

Winograd, I.J., Landwehr, J.M., 1993. A response to "Milankovitch theory viewed from Devil's Hole" In: Imbrie, J., Mix, A.C., Martinson, D.G. (Eds.), U.S.G.S. Open File Report, pp. 93-357.

Winograd, I.J., Szabo, B.J., Coplen, T.B., Riggs, A.C., 1988. A 250,000 year climatic record from Great Basin vein calcite: implications for Milankovitch theory. Science 242, 1275-1280.

Winograd, I.J., Coplen, T.B., Landwehr, J.M., Riggs, A.C., Ludwig, K.R., Szabo, B., Kolesar, P.T., Revesz, K.M., 1992. Continuous 500,000 year climate record from vein calcite in Devil's Hole, Nevada. Science 258, 255-260.

Winograd, I.J., Landwehr, J.M., Ludwig, K.R., Coplen, T.B., Rigg, A.C., 1997. Duration and structure of the past four interglaciations. Quat. Res. 48, 141-154.

Winter, A., Ishioroshi, H., Watanabe, T., Oba, T., Christy, J., 2000. Caribbean sea surface temperatures: two to three degrees cooler than present during the Little Ice Age. Geophys. Res. Lett. 27, 3365-3368.

Wintle, A.G., 1973. Anomalous fading of thermoluminescence in mineral samples. Nature 244, 143-144.
Wintle, A.G., 1990. A review of current research on the TL dating of loess. Quat. Sci. Rev. 9, 385-397.
Wintle, A.G., 1993. Luminescence dating of aeolian sands: an overview. In: Pye, K. (Ed.), The Dynamics and Environmental Context of Aeolian Sedimentary Systems. Geological Society Special Publication No. 72, pp. 49-58.
Wintle, A.G., Aitken, M.J., 1977. Thermoluminescence dating of burnt flint: application to a lower palaeolithic site, Terra Amata. Archaeometry 19, 111-130.
Wintle, A.G., Huntley, D.J., 1979. Thermoluminescence dating of a deep-sea ocean core. Nature 279, 710-712.
Wintle, A.G., Li, S.H., Botha, G.A., 1993. Luminescence dating of colluvial deposits from Natal, South Africa. S. Afr. J. Sci. 89, 77-82.
Wintle, A.G., Lancaster, N., Edwards, S.R., 1994. Infra-red stimulated luminescence (IRSL) dating of the late-Holocene aeolian sands in the Mohave Desert, California, USA. The Holocene 4, 74-78.
Wirrman, D., Mourguiart, P., 1995. Late Quaternary spatio-temporal limnological variations in the Altiplano of Bolivia and Peru. Quat. Res. 43, 344-354.
Wittfogel, M.A., 1940. Meteorological records from the divination inscriptions of Shang. Geogr. Rev. 30, 110-133.
Wohlfarth, B., Bjorck, S., Possnert, G., 1995. The Swedish time scale: a potential calibration tool for the radiocarbon time scale during the Late Weichselian. Radiocarbon 37, 347-359.
Woillard, G.M., 1978. Grande Pile peat bog: a continuous pollen record for the past 140,000 years. Quat. Res. 9, 1-21.
Woillard, G.M., Mook, W.G., 1982. Carbon-14 dates at Grande Pile: correlation of land and sea chronologies. Science 215, 159-161.
Wolfe, B.B., Edwards, T.W.D., Elgood, R.J., Beuning, K.R.M., 2001. Carbon and oxygen isotope analysis of lake sediment cellulose: methods and applications. In: Smol, J.P., Birks, H.J.B., Last, W.M. (Eds.), Tracking Environmental Change Using Lake sediments. Physical and Geochemical Methods, vol. 2. Kluwer Academic, Dordrecht, pp. 373-400.
Wolfe, A.P., Miller, G.H., Olsen, C.A., Forman, S.L., Doran, P.T., Holmgren, S.U., 2004. Geochronology of high latitude lake sediments. In: Pienitz, R., Douglas, M.S.V., Smol, J.P. (Eds.), Long-term Environmental Change in Arctic and Antarctic Lakes. Springer, Dordrecht, pp. 19-52.
Wolff, E., Spahni, R., 2007. Methane and nitrous oxide in the ice core record. Phil. Trans. R. Soc. A. 365, 1775-1792.
Wolff, E., Barbante, C., Becagli, S., Bigler, M., Boutron, C.F., Castellano, E., de Angelis, M., Federer, U., Fischer, H., Fundel, F., Hansson, M., Hutterli, M., Jonsell, U., Karlin, T., Kaufmann, P., Lambert, F., Littot, G.C., Mulvaney, R., Röthlisberger, R., Ruth, U., Severi, M., Siggard-Andersen, M.L., Sime, L.C., Steffensen, J.P., Stocker, T.F., Traversi, R., Twarloh, B., Udisti, R., Wagenbach, D., Wegner, A., 2010a. Changes in environment over the last 800,000 years from chemical analysis of the EPICA Dome C ice core. Quat. Sci. Rev. 1-2, 285-295.
Wolff, E., Chappellaz, J., Blunier, T., Rasmussen, S., Svensson, A., 2010b. Millennial-scale variability during the last glacial: the ice core record. Quat. Sci. Rev. 29, 2828-2838.
Woltering, M., Johnson, T.C., Werne, J.P., Schouten, S., Sinninghe Damsté, J.S., 2011. Late Pleistocene temperature history of Southeast Africa: a TEX$_{86}$ temperature record from Lake Malawi. Palaeogeogr. Palaeoclimatol. Palaeoecol. 303, 93-102.
Wood, E.M., 1983. Reef Corals of the World: Biology and Field Guide. T.F.H Publications, Neptune City, New Jersey.
Woodhouse, C.A., Gray, S.T., Meko, D.M., 2006. Updated streamflow reconstructions for the Upper Colorado River Basin. Water Resour. Res. 42, W05415. dx.doi.org/10.1029/2005WR004455.
Woodhouse, C.A., Meko, D.M., MacDonald, G.M., Stahle, D.M., Cook, E.R., 2010. A 1,200-year perspective of 21st century drought in southwestern North America. Proc. Natl. Acad. Sci. U.S.A. 107, 21283-21288.
Woodwell, G.M., Whittaker, R.H., Reiners, W.A., Likens, G.E., Delwiche, C.C., Botkin, D.B., 1978. The biota and the world carbon budget. Science 199, 141-146.
Wooller, M.J., Francis, D., Fogel, M.L., Miller, G.H., Walker, I.R., Wolfe, A.P., 2004. Quantitative paleotemperature estimates from $\delta^{18}O$ of chironomid head capsules preserved in arctic lake sediments. J. Paleolimnol. 31, 267-274.
Worbes, M., 2002. One hundred years of tree-ring research in the Tropics: a brief history and an outlook to future challenges. Dendrochronologia 20, 217-231.
World Meteorological Organisation, 2007. The Role of Climatological Normals in a Changing Climate. WCDMP-No. 61, WMO-TD/No. 1377. World Meteorological Organization, Geneva.
Worthington, L.V., 1968. Genesis and evolution of water masses. Meteorol. Monogr. 8, 63-67.
Wright, H.E., Patten, H.L., 1963. The pollen sum. Pollen Spores 5, 445-450.

Wright, H.E., Kutzbach, J.E., Webb III, T., Ruddiman, W.F., Street-Perrott, F.A., Bartlein, P.J. (Eds.), 1993. Global Climates Since the Last Glacial Maximum. University of Minnesota Press, Minneapolis.

Wu, G., Berger, W.H., 1989. Planktonic foraminifera: differential dissolution of the Quaternary stable isotope record in the west Equatorial Pacific. Paleoceanography 4, 181-198.

Wu, G., Herguera, J.C., Berger, W.H., 1990. Differential dissolution: modification of Late Pleistocene oxygen isotope records in the western Equatorial Pacific. Paleoceanography 5, 581-594.

Wu, H., Guiot, J., Brewer, S., Guo, Z., Peng, C., 2007a. Dominant factors controlling glacial and interglacial variations in the treeline elevation in tropical Africa. Proc. Natl. Acad. Sci. U.S.A. 104, 9720-9724.

Wu, N.Q., Chen, X.Y., Rousseau, D.D., Li, F.J., Pei, Y.P., Wu, B., 2007b. Climatic conditions recorded by terrestrial mollusk assemblages in the Chinese Loess Plateau during marine Oxygen Isotope Stages 12-10. Quat. Sci. Rev. 26, 1884-1896.

Wu, H.C., Linsley, B.K., Dassié, E.P., Schiraldi, B., deMenocal, P.B., 2013. Oceanographic variability in the South Pacific Convergence Zone region over the last 210 years from multi-site coral Sr/Ca records. Geochem. Geophys. Geosyst. 14, 1435-1453.

Wuchter, C., Schouten, S., Wakeham, S.G., Sinninghe Damsté, J.S., 2005. Temporal and spatial variation in tetraether membrane lipids of marine Crenarchaeota in particulate organic matter: implications for TEX_{86} paleothermometry. Paleoceanography 20, PA3013. dx.doi.org/10.1029/2004PA001110.

Wuchter, C., Schouten, S., Wakeham, S.G., Sinninghe Damsté, J.S., 2006. Archaeal tetraether membrane lipid fluxes in the northeastern Pacific and Arabian Sea: implications for TEX_{86} paleothermometry. Paleoceanography 21, PA4208. dx.doi.org/10.1029/2006PA001279.

Wunsch, C., 2002. What is the thermohaline circulation? Science 298, 1179-1180.

Wunsch, C., 2003. The spectral description of climate change including the 100 ky energy. Clim. Dyn. 20, 353-363.

Wunsch, C., 2006. Abrupt climate change: an alternative view. Quat. Res. 65, 191-203.

Xiao, J., Porter, S.C., An, Z., Kumai, H., Yoshikawa, S., 1995. Grain size of quartz as an indicator of winter monsoon strength on the loess plateau of central China during the last 130,000 yr. Quat. Res. 43, 22-29.

Xoplaki, E., Luterbacher, J., Paeth, H., Dietrich, D., Steiner, N., Grosjean, M., Wanner, H., 2005. European spring and autumn temperature variability and change of extremes over the last half millennium. Geophys. Res. Lett. 32, L15713.

Xue, Y.K., 1997. Biosphere feedback on regional climate in tropical North Africa. Quart. J. Roy. Meteorol. Soc. 123, 1483-1515.

Yamamoto, T., 1971. On the nature of the climatic change in Japan since the "Little Ice Age" around 1800 AD. J. Meteorol. Soc. Jpn. 49 (special issue), 798-812.

Yancheva, G., Nowaczyk, N.R., Mingram, J., Dulski, P., Schettler, G., Negendank, J.F.W., Liu, J., Sigman, D.M., Peterson, L.C., Haug, G.H., 2007. Influence of the intertropical convergence zone on the East Asian monsoon. Nature 445, 74-77.

Yao, S., 1942. The chronological and seasonal distribution of floods and droughts in Chinese history 206 BC-1911 AD. Harvard J. Asiat. Stud. 6, 273-312.

Yao, S., 1943. The geographical distribution of floods and droughts in Chinese history 206 BC-AD 1911. Far East Quart. 2, 357-378.

Yao, S., 1944. Flood and drought data in the T'u Shu Chi Ch'eng and the Ch'ing Shi Kao. Harvard J. Asiat. Stud. 8, 214-226.

Yao, T., Thompson, L.G., Jiao, K., Mosley-Thompson, E., Yang, Z., 1995. Recent warming as recorded in the Qinghai-Tibet cryosphere. Ann. Glaciol. 21, 196-200.

Yin, Q.Z., Berger, A., 2012. Individual contribution of insolation and CO_2 to the interglacial climates of the past 800,000 years. Clim. Dyn. 38, 709-724.

Yiou, F., Raisbeck, G.M., Bourles, D., Lorius, C., Barkov, N.I., 1985. ^{10}Be at Vostok Antarctica during the last climatic cycle. Nature 316, 616-617.

Yoshimori, M., Hargreaves, J.C., Annan, J.D., Yokohata, T., Abe-Ouchi, A., 2011. Dependency of feedbacks on forcing and climate state in physics parameter ensembles. J. Clim. 24, 6440-6455.

Yoshimura, M., 1992. Historical weather data base system in Japan. In: Mikami, T. (Ed.), Proceedings of International Symposium on the Little Ice Age Climate. Department of Geography, Tokyo Metropolitan University, Tokyo, pp. 239-243.

Yoshimura, M., 1996. Climatic Condition in Latter Half of the Little Ice Age. Department of Geography, Tamanashi University.

Yoshino, M.M., 1981. Orographically-induced atmospheric circulations. Prog. Phys. Geogr. 5, 76-98.

Yoshino, M., 2004. Development of phenological recognition and phenology in ancient China. Jpn. J. Biometeorol. 41, 141-154.

Young, M., Bradley, R.S., 1984. Insolation gradients and the paleoclimatic record. In: Berger, A.L., Imbrie, J., Hays, J., Kukla, G., Saltzman, B. (Eds.), Milankovitch and Climate, Part 2. D. Reidel, Dordrecht, pp. 707-713.

Yu, G., Harrison, S.P., 1995. Lake Status Records from Europe: Data Base Documentation. Paleoclimatology Publication Series Report No. 3, World Data Center-A for Paleoclimatology, Boulder.

Yu, Z., Ito, E., 1999. Possible solar forcing of century-scale drought frequency in the northern Great Plains. Geology 27, 263-266.

Yu, G., Chen, X., Ni, J., Cheddadi, R., Guiot, J., Han, H., Harrison, S.P., Huang, C., Ke, M., Kong, Z., Li, S., Li, W., Liew, P., Liu, G., Liu, J., Liu, Q., Liu, K.-B., Prentice, I.C., Qui, W., Ren, G., Song, C., Sugita, S., Sun, X., Tang, L., Van Campo, E., Xia, Y., Xu, Q., Yan, S., Yang, X., Zhao, J., Zheng, Z., 2000. Paleovegetation of China: a pollen data-based synthesis for the mid-Holocene and last glacial maximum. J. Biogeogr. 27, 635-664.

Yu, J., Broecker, W.S., Elderfield, H., Jin, Z., McManus, J.F., Zhang, F., 2010. Loss of carbon from the deep sea since the Last Glacial Maximum. Science 330, 1084-1087.

Yuan, D., Cheng, H., Edwards, R.L., Dykoski, C.A., Kelly, M.J., Zhang, M.L., Qing, J.M., Lin, Y.S., Wang, Y.J., Wu, J.Y., Dorale, J.A., An, Z.S., Cai, Y.J., 2004. Timing, duration and transitions of the Last Interglacial Asian monsoon. Science 304, 575-578.

Zachos, J.C., Pagani, M., Sloan, L., Thomas, E., Billups, K., 2001. Trends, rhythms, and aberrations in global climate 65 Ma to present. Science 292, 686-693.

Zachos, J.C., Dickens, G.R., Zeebe, R.E., 2008. An early Cenozoic perspective on greenhouse warming and carbon-cycle dynamics. Nature 451, 279-283.

Zagwijn, W., Paepe, R., 1968. Die Stratigraphie der weichselzeitlichen Ablagerungen der Niederlande und Belgiens. Eiszeitalter Gegenwart. 19, 129-146.

Zahn, R., Winn, K., Sarnthein, M., 1986. Benthic foraminiferal and ^{13}C and accumulation rates of organic carbon: Uvigerina peregrina group and Cibicidoides wuellerstorfi. Paleoceanography 1, 27-42.

Zaiki, M., Grossman, M.J., Mikami, T., 2012. Document-based reconstruction of past climate in Japan. PAGES News 20, 82-83.

Zerefos, C.S., Gerogiannis, V.T., Balis, D., Zerefos, S.C., Kazantzidis, A., 2007. Atmospheric effects of volcanic eruptions as seen by famous artists and depicted in their paintings. Atmos. Chem. Phys. 7, 4027-4042.

Zhang, D., 1980. Winter temperature changes during the last 500 years in South China. Kexue Tongbao. 25 (6), 497-500.

Zhang, D., 1983. Analysis of dust rain in the historic times of China. Kexue Tongbao. 28 (3), 361-366.

Zhang, D. (Ed.), 2004. A Compendium of Chinese Meteorological Records of the Last 3000 Years. Jiangsu Education Press, Nanjing, 4 volumes: vol. 1, 23rd century BC to AD1367; vol 2, the Ming Dynasty, AD 1368-1643; vol. 3, the early Qing Dynasty, AD 1644-1795; vol. 4, the later Qing to the modern era, AD 1796-1911, 3666 pp. (in Chinese with English introduction).

Zhang, D., 2005. Severe drought events as revealed in the climate records of China over the past thousand years. Acta Meteorol. Sin. 19, 485-491.

Zhang, J. (Ed.), 1988. The Reconstruction of Climate in China for Historical Times. Science Press, Beijing.

Zhang, P., Gong, G., 1979. Some characteristics of climatic fluctuations in China since the 16th century. Acta Meteorol. Sin. 34, 238-247 (in Chinese with English summary: translation available from E.J. Bradley, c/o author).

Zhang, X.Y., Arimoto, R., An, Z.S., 1999. Glacial and interglacial patterns for Asian dust transport. Quat. Sci. Rev. 18, 811-819.

Zhang, M., Yuan, D., Lin, Y.S., Cheng, H., Qin, J.M., Zhang, H.L., 2004. The record of paleoclimatic change from stalagmites and the determination of Termination II in the south of Guizhou Province, China. Sci. China Ser. D Earth Sci. 47, 1-12.

Zhang, P.Z., Cheng, H., Edwards, R.L., Chen, F.H., Wang, Y.J., Yang, X.L., Liu, J., Tan, M., Wang, X.F., Liu, J.H., An, C.L., Dai, Z.B., Zhou, J., Zhang, D.Z., Jia, J.H., Jin, L.Y., Johnson, K.R., 2008. A test of climate, sun and culture relationships from an 1810-year Chinese cave record. Science 322, 940-945.

Zhao, M., Beveridge, N.A.S., Shackleton, N.J., Sarnthein, M., Eglinton, G., 1995. Molecular stratigraphy of cores off northwest Africa: sea surface temperature history over the last 80 ka. Paleoceanography 10, 661-675.

Zhao, J.X., Xia, Q.K., Collerson, K.D., 2001. Timing and duration of the Last Interglacial inferred from high resolution U-series chronology of stalagmite growth in Southern Hemisphere. Earth Planet. Sci. Lett. 184, 635-644.

Zhao, K., Wang, Y.J., Edwards, R.L., Cheng, H., Liu, D.B., 2010. High-resolution stalagmite δ^{18}O records of Asian monsoon changes in central and southern China spanning the MIS 3/2 transition. Earth Planet. Sci. Lett. 298, 191-198.

Zheng, S., Feng, L., 1986. Historical evidence on climatic instability above normal in cool periods in China. Sci. Sin. (B). 24, 441-448.

Zheng, J., Zheng, S., 1992. The reconstruction of climate and natural disaster in Shandong province during historical time. In: Collected Papers in Geography. publisher unknown.

Zheng, H.B., Powell, C. McA, Rea, D.K., Wang, J.L., Wang, P.X., 2004. Late Miocene and mid-Pliocene enhancement of the East Asian monsoon as viewed from the land and sea. Glob. Planet. Chang. 41, 147-155.

Zhou, L.P., Shackleton, N.J., 1999. Misleading positions of geomagnetic reversal boundaries in Eurasian loess and implications for correlation between continental and marine sedimentary sequences. Earth Planet. Sci. Lett. 168, 117-130.

Zhou, W.J., Priller, A., Beck, W.J., Wu, Z.K., Chen, M.B., An, Z.S., Kuschera, W., Feng, X., Yu, H.G., Liu, L., 2007. Disentangling geomagnetic and precipitation signals in an 80-kyr Chinese loess record of ^{10}Be. Radiocarbon 49, 137-158.

Zhou, H.Y., Zhao, J.X., Feng, Y.X., Gagan, M.K., Zhou, G.Q., Yan, J., 2008. Distinct climate change synchronous with Heinrich event one, recorded by stable oxygen and carbon isotope compositions in stalagmites from China. Quat. Res. 69, 306-315.

Ziegler, M., Diz, P., Hall, I.R., Zahn, R., 2013. Millennial-scale changes in atmospheric CO_2 levels linked to the Southern Ocean carbon isotope gradient and dust flux. Nat. Geosci. 6, 457-461.

Zielinski, G., 1995. Stratospheric loading and optical depth estimates of explosive volcanism over the last 2100 years as derived from the GISP2 Greenland ice core. J. Geophys. Res. 100D, 20937-20955.

Zielinski, G., Mayewski, P.A., Meeker, L.D., Whitlow, S., Twickler, M.S., Morrison, M., Meese, D.A., Gow, A.J., Alley, R.B., 1994. Record of explosive volcanism since 7000 B.C. from the GISP2 Greenland ice core and implications for the volcano-climate system. Science 264, 948-952 (see also comments and discussion, 1995): Science 267, 256-258.

Zielinski, G., Mayewski, P.A., Meeker, L.D., Whitlow, S., Twickler, M.S., 1996. A 110,000-yr record of explosive volcanism from the GISP2 (Greenland) ice core. Quat. Res. 45, 109-118.

Zielinski, G., Mayewski, P.A., Meeker, L.D., Gronvold, K., Germani, M.S., Whitlow, S., Twickler, M.S., Taylor, K., 1997. Volcanic aerosol records and tephrochronology of the Summit, Greenland ice cores. J. Geophys. Res. 102C, 26625-26640.

Zink, K.-G., Leythaeuser, D., Melkonian, M., Schwark, L., 2001. Temperature dependency of long-chain alkenone distributions in recent to fossil limnic sediments and in lake waters. Geochim. Cosmochim. Acta 65, 253-265.

Zinke, J., Dullo, W.C., Heiss, G.A., Eisenhauer, A., 2004. ENSO and Indian Ocean subtropical dipole variability is recorded in a coral record off southwest Madagascar for the period 1659 to 1995. Earth Planet. Sci. Lett. 228, 177-194.

Zinke, J., Pfeiffer, M., Timm, O., Dullo, W.-C., Davies, G.R., 2005. Atmosphere-ocean dynamics in the Western Indian Ocean recorded in corals. Philos. Trans. R. Soc. Lond. A. 363, 121-142.

Zolitschka, B., 1991. Absolute dating of late Quaternary lacustrine sediments by high resolution varve chronology. Hydrobiologia 214, 59-61.

Zolitschka, B., 1998. A 14,000 year sediment yield record from western Germany based on annually laminated lake sediments. Geomorphology 22, 1-17.

Zöller, L., Oches, E.A., McCoy, W.D., 1994. Towards a revised chronostratigraphy of loess in Austria, with respect to key sections in the Czech Republic and in Hungary. Quat. Sci. Rev. 13, 465-472.

Zreda, M.G., Phillips, F.M., 2000. Cosmogenic nuclide buildup in surficial materials. In: Noller, J.S., Sowers, J.M., Lettis, W.R. (Eds.), Quaternary Geochronology: Methods and Applications. American Geophysical Union, Washington, D.C., pp. 61-76.

Zumbühl, H.J., 1980. Die Schwankungen der Grindelwaldgletscher in den historischen Bildund Schriftquellen des 12. bis 19. Jahrunderts. Birkhäuser Verlag, Basel.

索　引

注：页号后带f表示图，带t表示表。

A

AMOC　见大西洋经向翻转流（AMOC）
AMS　见加速器质谱（AMS）
阿哈加尔山　362
阿金塔罗拉洞　258f
阿默湖　250–251
阿纳萨齐文化　393–394
阿普顿沃伦间冰阶　306–307
阿塔卡马沙漠　321–322
阿瓦蒂里河谷　308f
埃利格格特根湖　363–365
氨基酸定年
　　对映异构体与非对映异构体　90–91, 90f
　　古温度估算　97–98
　　零碎人类遗骸　89–90
　　数值年龄估算　94–96, 95f, 96f
　　外消旋和异构化速率　89–94
　　相对年龄估算　97
奥杜威亚时　84–85

B

巴芬岛　286
巴哈马洞　259f
摆动匹配树轮数据　374f
板块运动　14–15
孢粉学　328t
　　古气候信息来源　331
　　植物类群（北美和欧洲）　328t
北大西洋深层水（NADW）　202–205, 204f
北大西洋涛动（NAO）　395–396, 437–438
比例气体计数器　50
碧奇洞　242–243, 242f

标准平均海水（SMOW）　113–115
表面暴露定年　79–80, 80f
滨珊瑚　402–403
冰川作用　286
冰冻圈　16, 16t, 17t, 17f
冰筏碎屑　218–220, 219f
冰海冰川　291
冰心
　　冰流理论模型　132–133, 133f
　　放射性同位素定年　123–124
　　古气候重建
　　　　低纬　153–157
　　　　格陵兰记录　134–140
　　　　极地冰心　146–148
　　　　南极洲记录　140–146
　　　　温室气体记录　148–153
　　古气候信息来源　110–113, 110t
　　季节变化与期次事件
　　　　$\delta^{18}O$　127
　　　　冰川化学　127–128
　　　　电导率测量　128, 128f
　　　　放射性沉降物　128–129
　　　　火山硫酸盐和火山灰　129–132, 130f, 131f, 132f
　　　　可视地层学　126
　　年代地层学对比　133–134
　　累积　110
　　水稳定同位素
　　　　$^{18}O/^{16}O$比值　114f
　　　　$\delta^{18}O$与温度　115–121
　　　　大气降水^{18}O　115

　　　　测量与标准化　113–115

　　　　氘过剩　121–123

　　　　化石水　113

　　　位置　110–113, 111f, 112t

冰消期保存峰　170

冰雪

　　　季节变化　16, 16t, 17t, 17f

　　　永久性冰雪　16, 16t

波文比　21, 25–26

伯德冰心　57f, 144–146

博苏姆推湖　360–361, 361f

博图韦拉洞　250f, 256f

不叮人蠓　309

不列颠全新世沉积　330f

布莱克漂移　86

布容时　84

布容溶解旋回　170

C

^{14}C定年　见放射性碳定年

CAL　见卡尔文光合循环（CAL）

CCA　见典型相关分析（CCA）

CRM　见化学剩磁（CRM）

槽纹双沟珊瑚　402–403

草酸标准　446–447

长江　426–427

长链二醇指数（LDI）　189–190, 190f

尘暴干旱　390f

尘罩指数（DVI）　439–441

D

DRM　见碎屑剩磁（DRM）

Dye 3冰心　126f, 130–132, 134, 139–140

$\delta^{13}C$

　　　C_3和C_4草本植物　448f

　　　湖泊沉积　273–274

$\delta^{18}O$

　　　1月降水和7月降水平均值　115, 116f

　　　GRIP冰心和有孔虫　222, 222f

　　　NGRIP冰心　134–135, 134f

　　　湖水　269–274, 270f, 271f

　　　季节变化　127

　　　纬度影响　116–117

　　　与氘过剩　121–122, 123f

　　　与海平面变化　179–182

　　　与温度　115–121

　　　与盐度　165–166, 166f

大化石　265

大陆板块运动　14–15

大陆尺度植被格局　343

大洛斯特漂移　86

大气降水线（MWL）　240–241

大石包洞　248f

大西洋多年代际涛动（AMO）　395–396

大西洋经向翻转流（AMOC）　43–44, 204–205, 234, 246–247, 356–357

代用指标数据

　　　不连续/片段信息　6–7

　　　过去气候变化　7

　　　校正　4

　　　精确定年　7

　　　来源　4–5, 5t

　　　频率相关性　6

　　　气候–树木生长关系　4

　　　气候突变　6

　　　自然档案特征　4–6, 6t

丹达克洞　254f

丹斯加德-奥施格（D–O）事件

　　　格陵兰冰心　135–137

　　　海洋沉积　214–218, 216f, 217f, 218f

　　　氘过剩　121–122

等时线　339f

等压效应　116–117

低纬冰心　111f, 153–157

地磁场　另见古地磁

　　　长期变化　88–89, 88f

　　　磁偏角与磁倾角　82–83, 82f

  倒转　82
  地球自转轴　82–83, 82f
  非偶极场　83
  偶极场　82–83, 82f
地磁倒转　85–86, 86f
地磁漂移　85–86, 86f
地衣测年法　290–291
  冰川沉积（苔原环境）　104
  问题
    采样因素　107–108
    环境因素　106–107
    生物因素　105–106
  原理　104
典型相关分析（CCA）　267
电导率测量（ECM）　128
定年方法
  OSL与IRSL　75f, 76–79
  氨基酸（见氨基酸定年）
  表面暴露　79–80, 80f
  地衣测年法（见地衣测年法）
  放射性碳（见放射性碳定年）
  古地磁（见古地磁）
  黑曜石水合　89, 99
  火山灰年代学　100–103, 100f, 101t, 102f, 103f
  钾-氩　67–69
  类型　45, 45f
  裂变径迹　80–81
  热释光［见热释光（TL）定年］
  树轮年代学　108, 109f
  铀系　69–73, 69f, 70f, 71f, 73f
东方站冰心
  CO_2含量　148–149, 150f
  $\delta^{18}O$季节变化　127
  粉尘通量　142f
  位置　112t
东亚（历史记录）
  长江下游　435

  冬半年温度距平　437f
  古气候序列　436t
  江户时代　435
  "类冬季"气压格局　439f
  天气数据编码　438f
  物候记录　435
董哥洞　244f, 247–248, 250f
椴树　330–331
对映异构体　90–91, 90f
多接收电感耦合等离子体质谱仪（MC-ICP-MS）
  237–238

E

ELA　见平衡线高度（ELA）
EPICA毛德皇后地（EDML）　248f
厄尔尼诺-南方涛动（ENSO）　403, 433
二氧化碳
  大气与海洋　210–214
  全球能量平衡　23–24
  正反馈　19

F

法格林德效应　333
反馈机制
  气候敏感性　20–21, 20f
  温室效应　19
  正负反馈　19
方解石补偿深度（CCD）　167–169, 168f
放射性碳定年
  AMS定年　50, 51f
  比例气体计数器　50
  变化与气候　66–67
  标准化程序　446–447
  大气^{14}C浓度变化　58–65, 59t
  分馏效应　57–58, 447–448
  海洋表层水碳库年龄　53–55, 55f
  精度　51
  气候间断　11–13, 12f
  深层水换气率　56–58, 56f, 57f
  随时间变化的原因　65–66

索　引

样品污染　51–53, 53f, 54f
液体闪烁技术　50
原理　48–49
放射性同位素定年
　　^{14}C定年（见放射性碳定年）
　　Libby半衰期和修正的半衰期　46–47, 47f
　　OSL与IRSL定年　75f, 76–79
　　TL定年［见热释光（TL）定年］
　　半衰期　46–47, 47t
　　表面暴露定年　79–80, 80f
　　钾-氩定年　67–69
　　裂变径迹定年　80–81
　　年龄范围　46f
　　铀系定年　69–73, 69f, 70f, 71f, 73f
　　种类　48
非对映异构体　90–91, 90f
非偶极场　83
非线性反馈　11
风尘通量　199f, 200–201
风成沉积　331
丰萨记录　354–355
负反馈机制　19
附加剂量热释光定年方法　75, 76f
富克内湖　356f
腹足类　92f

G

GISP2冰心
　　电导率测量　128, 128f
　　化学成分　135, 137f
　　火山硫酸盐和火山灰　130–131, 131f
　　位置　112t
GLAMAP计划　194–195, 197f
GMWL　见全球大气降水线（GMWL）
GRIP冰心
　　$\delta^{18}O$与氘过剩　123f
　　冰年龄-气年龄　146–147, 148f
　　电导率测量　128, 128f
　　火山灰层　131f

甲烷浓度　150–151, 151f
年层计数　124–126, 125f
位置　112t
钙质海洋动物
　　$\delta^{18}O$与海平面变化　179–182
　　轨道驱动　178–179
　　轨道调谐　173–178
　　氧同位素地层学　171–173
　　氧同位素组成　162–171
干旱空间模式　393f
甘油二烷基甘油四醚（GDGTs）　274–276
感热通量　21, 26f
高山冰川　291
高温期　291
镉　206
格林德瓦冰川　291
格陵兰冰盖项目2（GISP2）　见GISP2冰心
格陵兰冰心
　　D–O事件　135
　　NEEM点位　138–139
　　$\delta^{18}O$记录　134–135, 134f
　　冰川化学（成分）　135, 137f
　　冰盖边缘　140
　　粉尘含量　138f
　　全新世温度　139–140, 139f
　　事件地层　135, 136f
　　位置　111f, 112t
　　温度　137, 138f
　　温盐环流　137
更新世雪线　285–286
共有气候域
　　阿瓦蒂里河谷　308f
　　气候条件　308
沟鞭藻　159–160, 196f
古地磁
　　地磁场　82–83, 82f, 88–89, 88f
　　地磁漂移　85–86, 86f
　　化学剩磁　84

极性时间标尺 84–85, 85f
热剩磁 83
碎屑剩磁 83
相对古强度变化 86–87, 87f
古地磁长期变化（PSV） 88, 88f
古剂量 73
古里雅冰心 155
古气候重建
　代用指标数据（见代用指标数据）
　低纬冰心 153–157
　分析层级 7–8
　格陵兰冰心 134–140
　古气候学定义 1
　古雪线 286
　极地冰心 146–148
　模型模拟 8–9
　南极洲冰心 140–146
　鞘翅目化石 306–309
　水生昆虫 309–313
　温室气体记录（冰心） 148–153
古温度重建
　氨基酸外消旋和异构化 97–98
　海洋沉积
　　IP$_{25}$和相关海冰指标 190–192
　　Mg/Ca比 193, 194f
　　TEX$_{86}$和长链二醇 187–190, 190f
　　烯酮 184–187, 185f, 187f, 188f
古雪线 287–289
光释光（OSL） 75f, 76–79, 233
硅藻类 266–269, 267f
轨道驱动 178–179
轨道调谐 173–178

H

哈得孙河谷 383f
哈得孙湾公司 428
哈勒姆-莱顿运河 427–428
哈奇-斯莱克（HS）循环 447–448
海面温度（SST） 402–404
海面盐度（SSS） 409
海洋
　表层水碳库年龄 53–55, 55f
　大气二氧化碳 210–214
　末次冰盛期 194–198
　气候系统 13–14, 13f, 14t
　温盐环流 202–210
　氧同位素组成 162–171
　有孔虫 159–162, 159f, 160f, 161f
　远洋沉积作用 158, 158f
海洋沉积
　D–O事件 214–218, 216f, 217f, 218f
　大气二氧化碳 210–214
　钙质海洋动物
　　δ^{18}O与海平面变化 179–182
　　轨道驱动 178–179
　　轨道调谐 173–178
　　氧同位素地层学 171–173
　　氧同位素组成 162–171
　古温度重建
　　IP$_{25}$和相关海冰指标 190–192
　　Mg/Ca比 193, 194f
　　TEX$_{86}$和长链二醇 187–190, 190f
　　烯酮 184–187, 185f, 187f, 188f
　海因里希事件 218–226
　末次冰盛期 194–198
　温盐环流 202–210
　无机物 198–199
　有孔虫 159–162, 159f, 160f, 161f
　远洋沉积作用 158, 158f
海因里希事件（HE） 246–247, 358
　GRIP冰心和有孔虫 222, 222f
　北大西洋沉积 220–221, 221f
　冰筏碎屑 218–220, 219f
　年龄 220t
黑曜石水合定年 89, 99
黑云杉 314–316
亨迪试验 239–240

红外释光（IRSL）定年 76–77, 77f
葫芦洞 241f, 244f, 247, 248f, 249f
湖泊沉积
    大化石 265
    硅藻类 266–269, 267f
    花粉 265
    汇集 260, 260f
    介形类 265–266
    外源和内源物质 260–261
    纹层 262–263, 263f, 264f
    稳定同位素 269–274
    无机地球化学 261–262, 262f
    有机生标
        TEX_{86}，GDGTs 274–276, 275f
        烯酮 276–278, 276f, 277f, 278f
    植硅体 265
互联网资源 450
花粉
    分析
        产率与传输 330–331
        花粉图谱 332–334
        化石花粉来源 331–332
        特征 329–330
        样品制备 332
    古气候重建
        赤道非洲和撒哈拉以南非洲 360–363
        重建异常值 349f
        哥伦比亚波哥大稀树草原 354–356
        古生物气候 349–350
        花粉-气候关系 344–345
        化石花粉谱 344
        降水变化 348–349
        均变论假设 344–345
        欧洲 351–354
        气候空间 345–348
        全新世水平 349–350
        散点图 345f
        土壤湿度指数 345–348

        温度模式 348–349
        西伯利亚东北部 363–365
        相异系数 345
        响应面 345–348
        亚马孙地区 358–360
        云杉花粉 345–348
        自然植被 344
        中美洲低地 356–358
        转换函数 344–345
    海洋沉积和冰心 327
    湖泊沉积 265
    时间和空间尺度 329f
    植被组成和气候
        等值线与等时线 338–341
        古气候重建 334–335
        花粉上坡传输 335
        花粉组合 335
        均变论原理 335
        气候变化 342–343
        现代花粉雨 335–336
花粉等值线图 339
花粉种群 340t
化石水 113
化学剩磁（CRM） 84
黄河 425–426
黄绿地图衣 104, 105f
黄土
    辫状河 227–229
    冰水沉积 227–229
    沉积 227f
    成壤过程 229–230
    成壤作用叠加 229f
    第四纪古气候演变 229–230
    分布
        欧洲 228f
        中国 228f
    粉尘通量对比 230f
    古土壤剖面 230f

黄土-古土壤序列
　　古气候意义　233–235
　　年代学　231–233
欧亚大陆温度　229–230
沙尘暴　229–230
沙漠　227–229
中新世和上新世红粘土　229–230
黄土-古土壤序列
　　古气候意义
　　　　AMOC　234
　　　　磁化率集成记录　233f
　　　　成壤作用　235
　　　　风尘赤铁矿和成壤赤铁矿　233
　　　　降雨量　235
　　　　喜湿种　234–235
　　年代学
　　　　OSL　234
　　　　S5　231–232
　　　　$\delta^{18}O$（石笋）　231–232
　　　　氨基酸地层学研究　233
　　　　磁化率　231–232
　　　　轨道参数　231–232
火山灰年代学
　　GISP2和GRIP冰心记录　101, 103f
　　北大西洋地区　101, 102f
　　北美　100, 101t
　　冰川沉积物　100, 100f
火山驱动　41–44
霍蒂洞　252f

I

IPCC　见政府间气候变化专门委员会（IPCC）
ITCZ　见热带辐合带（ITCZ）

J

极地冰心　146–148
极性漂移　85–86
极性时　85–86
极性事件　84–85
加拉帕戈斯群岛　409–410

加速器质谱（AMS）　50
贾拉米洛亚时　84–85
钾-氩定年
　　$^{40}Ar/^{39}Ar$定年　68–69, 68f
　　产生　67
　　海底玄武岩　67
　　熔岩流和火山凝灰岩　67
　　问题　67–68
间断（气候）　11–13, 12f
降水异常模式　424
经验正交函数（EOFs）　382
介形类　265–266
皮拉米德湖　295f
京都档案　430–431
绝热冷却　116–117
均变论　4

K

$^{40}K/^{40}Ar$定年　见钾-氩定年
卡尔文光合循环（CAL）　447–448
卡斯卡尤加洞　253
喀斯特地貌　237, 237f
科迪勒拉山系　285
刻纹圆胸隐翅虫　305
苦栗树洞　238f, 247–248, 249f
昆布冰川　290
昆虫
　　孢粉学　304
　　古气候重建
　　　　鞘翅目化石　306–309
　　　　水生昆虫　309–313
　　化石组合　304–305
　　气候指示　304
　　鞘翅目　304–305
　　外骨骼形态　304–305

L

Libby半衰期（放射性同位素定年）　46–47, 47f
拉尼娜事件　407–408
拉尚漂移　86

索 引

劳伦泰德冰盖 338–339
鲤鱼湖 332f
丽三湖 242–243
历史记录
 古气候数据 416
 解释
  冰岛冬-春热指数 418f
  长期记录 418
  重建和观测7月温度 421f
  二手资料 418–419
  非气候信息 417–418
  荷兰运河封冻频率 419
  降水事件 419–420
  类气象信息 418
  日记 420–421
  天气观测 421–424
  天气相关自然现象 424–428
  物候与生物记录 428–433
 气候范式（最近1000年）
  LIA 442–443
  MWE 442–443
  北半球温度 445f
  重建温度距平 444f
  水文气候异常 443f
  自然气候变率 442–443
 气候驱动因素
  DVI 439–441, 442f
  爆发式火山喷发 439–441
  冰心 439–441
  长期太阳黑子观测 441–442
  冬季海面气压（SLP）距平 441f
  极光 441–442
  日落后天空颜色 439–441
 区域研究
  东亚 434–437
  欧洲 437–439
粒雪 110
连续流动分析（CFA） 127

裂变径迹定年 80–81
林鼠 319–320
林鼠粪堆 319–320
流石 237
氯氟烃 148–149
陆相（其他）地质证据
 冰缘特征
  冻裂和冰楔形成 279–282
  古气候分析 282–283
  古温度 279–282
  古温度重建 283f
  荷兰 282–283
  欧洲 283f
  气候阈值 281t
  永久冻土 279
 湖面波动
  大化石和孢粉学指标 295–296
  封闭湖泊 295–296
  古湖湖滨阶地 295f
  湖泊沉积 294–296
  开放湖泊 295–296
  内流水系与无流水系 295f
  内陆水系 294–296
  区域模式 299–301
  全新世冰川 293f
  水文-能量平衡模型 299
  水文平衡模型 296–299
 山地冰川波动
  冰川前缘位置 291
  冰海冰川 294f
  净消融量 289
  证据 290–291
 雪线与冰川活动阈值
  ELA 283–284
  阿拉斯加现代和威斯康星冰期雪线 284f
  古气候重建 284
  古雪线 283–284

过去雪线 287–289
气候与古气候解释 285–286
罗汉松属 359–360
落基山脉 285

M

MARGO计划 194–195
MCA 见中世纪气候异常（MCA）
MWE 见中世纪暖期（MWE）
米兰科维奇假说 244–245
米兰科维奇理论 29
魔鬼洞 244–245
莫哈维沙漠 320–321
莫诺湖漂移 86

N

NADW 见北大西洋深层水（NADW）
NAO 见北大西洋涛动（NAO）
奈瓦沙湖 312–313
南极底层水（AABW） 202–203, 204f
南极同位素最大期（AIM） 144–146, 144f, 246–247
南极中层水（AAIW） 203–204, 204f
南极洲冰心
　　大气粉尘通量 143, 142f, 143f
　　累积记录 141–142, 141f
　　位置 111f, 112t
　　温度 144–146, 144f
南美夏季风（SASM） 246–247
脑纹双沟珊瑚 402–403
内源物质 260–261
泥炭沼泽 324f
钕（Nd） 206–207

O

欧洲
　　PFT特征 341
　　古气候重建 351–354
欧洲绘画 423f
欧洲植物群评估 340t
偶极场 82–83, 82f

P

PDO 见太平洋十年涛动（PDO）
PDSI 见帕默尔干旱重度指数（PDSI）
帕尔迈拉岛 408f, 413
帕库帕瓦因洞 246–247
帕默尔干旱重度指数（PDSI） 389–390
佩滕伊察湖 356–357
偏心率 29, 30f, 31–32
频谱制图计划（SPECMAP） 194–195
平衡线高度（ELA） 283–284
普林格尔瀑布漂移 86

Q

奇瓦瓦沙漠 320–321
气候系统
　　冰冻圈 16, 16t, 17t, 17f
　　大气 13
　　海洋 13–14, 14t, 15f
　　陆面 14–15, 15f
　　生物圈 18–19, 18t
　　组成部分 13, 13f
气候与气候变化 10
　　冰冻圈 16, 16t, 17t, 17f
　　大气 13
　　地球轨道参数 29–37
　　定义 10
　　反馈机制 19–21, 20f
　　放射性碳变化 66–67
　　非线性反馈 11
　　海洋 13–14, 14t, 15f
　　海洋温盐环流 11
　　火山驱动 41–44
　　间断 11–13, 12f
　　陆面 14–15, 15f
　　能量平衡
　　　　不同地表 24–26, 26t
　　　　大气CO_2和水汽 23–24
　　　　季节平均地表反照率 21–23, 23f
　　　　陆基冰盖 23t

　　　　年净短波辐射　24, 25f

　　　　潜热通量与感热通量　24, 25f, 26f

　　　　太阳辐射　21, 22f

　　　　云量　21–23

　　平均温度与温差　14t

　　全球变暖　10

　　生物圈　18–19, 18t

　　时间尺度　26–28, 27f, 28f

　　示例　10, 11f

　　太阳驱动　37–41

　　异常天气事件　11

　　组成部分　13, 13f

气候：长期调查、制图与预测（CLIMAP）计划　194–195

恰克洞　239f

潜热通量　21, 25f

乔木花粉（AP）　353–354

鞘翅目　304–305

切尔福德间冰阶　308

青天洞　249f

区域曲线标准化（RCS）　377–378, 378f

全球变暖　10

全球大气环流模型（GCMs）　10

全球大气降水线（GMWL）　270

全新世古气候　287–289

R

热带辐合带（ITCZ）　60–62, 256–257, 356–357

热电离质谱仪（TIMS）　237–238

热释光（TL）定年

　　定义　73

　　附加剂量法和再生法　75, 76f

　　考古学应用　73–74

　　强度与温度　74–75

　　问题　76

热剩磁（TRM）　83

溶解无机碳（DIC）　410

瑞斯塔德泥沼　325f

S

SPECMAP海洋同位素记录　244–245

萨克拉门托河流域　391

三宝洞　244f, 248f, 250f

沙丘系统　299–301

珊瑚

　　$\delta^{13}C$　410

　　$\Delta^{13}C$　411

　　$\delta^{18}O$　408–410

　　古气候（珊瑚生长速率）　407

　　过去气候记录　405t

　　　　SSTs　403–404

　　　　$\delta^{18}O$记录　406f

　　　　澄黄滨珊瑚　404f

　　　　环境记录　403–404

　　　　硬海绵　402–403

　　　　圆菊珊瑚群落　402f

　　　　造礁珊瑚　402–403

　　化石记录　413–414

　　释光　407–408

　　微量元素　411–413

珊瑚化石记录　414t

烧失量（LOI）　261

深海珊瑚　402–403

生物沉积　158

生物成因软泥　159–160

生物定年方法

　　地衣测年法（见地衣测年法）

　　树轮年代学　108, 109f

生物圈　18–19, 18t

生物群落　340–341

生物证据

　　昆虫（见昆虫）

　　植物大化石

　　　　北极树线波动　313–316

　　　　低树线波动与啮齿类粪堆　319–323

　　　　地形气候因素　313

　　　　高山树线波动　317–319

失控温室效应　19

时　84–85
时间标尺/尺度
　　古地磁极性时间标尺　84–85, 85f
　　气候变化时间尺度　26–28, 27f, 28f
石笋
　　冰期终止　243–245
　　洞穴系统　238f
　　古气候信息　255–257
　　海平面变化　257–259
　　千年至百年尺度　246–247
　　热带和亚热带古气候变率　241–243
　　石笋　237
　　石笋记录　252–253
　　碳酸盐溶解与沉积　238f
　　同位素变化　239–241
　　晚冰期和全新世记录　247–252
　　铀系非平衡法　239
　　钟乳石　237
石英平均粒径（MGSQ）　232f
释光　407–408
释光定年
　　OSL与IRSL　75f, 76–79
　　热释光［见热释光（TL）定年］
　　样品暴露年龄　73
世纪营冰心　112t, 134–135
世界海洋气候学数据库（CLIWOC）　434
嗜热甲虫组合　306–307
数据校正　4
树轮
　　树轮气候重建
　　　　北半球温度　388
　　　　大气环流模态　394–396
　　　　干旱重建　389–394
　　　　野火与树轮气候学　396–398
　　树轮气候学
　　　　分生组织　366
　　　　分异　379–380
　　　　交叉定年　370–373

轮宽数据标准化　373–379
密度变化　367
木材密度　366–367
气候重建验证　386–387
树轮校正　380–386
树轮气候学家　366
同位素变化（木材）　368
细胞结构素描图　367f
样本选取　368–370
同位素树轮气候学
　　$\delta^{13}C$　400
　　$\delta^{18}O$和$\delta^{2}H$　398–400
树轮年代学　108, 109f
树轮气候学
　　分生组织　366
　　分异　379–380
　　交叉定年　370–373
　　轮宽数据标准化　373–379
　　密度变化　367
　　木材密度　366–367
　　气候重建验证　386–387
　　树轮校正　380–386
　　树轮气候学家　366
　　同位素变化（木材）　368
　　细胞结构素描图　367f
　　样本选取　368–370
斯潘纳格尔洞　240
松山时　84–85, 85f
苏斯效应　58–59
碎屑剩磁（DRM）　83
索诺拉沙漠　320–321
索瑞克洞　242–243, 242f

T

TIMS　见热电离质谱仪（TIMS）
塔西里-阿杰尔山　362
太湖　425–426
太平洋十年涛动（PDO）　395, 407–408
太阳辐射　32–33, 33f, 34f, 35f

太阳驱动　37–41
太阳总辐照度（TSI）　388
碳储量　18, 18t
特征向量
　　旱涝数据　425f
　　降水异常　424
天冬氨酸　91, 91f
天文理论　29
铁星珊瑚　402–403
同双星珊瑚　402–403
同位素
　　湖泊沉积　269–274
　　水
　　　　$^{18}O/^{16}O$比值　114f
　　　　$\delta^{18}O$与温度　115–121
　　　　测量与标准化　113–115
　　　　大气降水^{18}O　115
　　　　氘过剩　121–122
　　　　化石水　113
同位素树轮气候学　398
　　$\delta^{13}C$　400
　　$\delta^{18}O$和δH　398–400
统一ENSO代用指标（UEP）　395f
退火　80–81
豚草属（豚草）花粉　333

W

外源物质　260–261
晚冰期摇蚊地层　311f
万象洞　254f
温德米尔湖间冰阶　306–307
温室气体　1–3, 7–9, 148–153
温室效应　19, 21
温盐环流　202–210
纹层
　　纳乌塔瓦维湖　264f
　　纹层类型　262–263, 263f
　　下神秘湖纹层厚度　264f
无霜期　422–423

无支持定年法　71
物候历　428–429

X

X射线荧光（XRF）分析　261–262, 261f, 262f
西印度群岛综合档案馆　434
烯酮　50
　　古温度重建　184–186, 185f, 187f, 188f
　　湖泊沉积　276–277, 276f, 277f, 278f
下神秘湖（LML）　264f
相对古强度（RPI）　86–87, 87f
小冰期（LIA）　291, 317–318, 442–445
斜率　29, 30f, 31–32, 31f
新冰期　291
雪线下降　296–297

Y

亚时　84–85
氩-氩定年　68–69, 68f
岩蹄兔　322
样品污染（放射性碳定年）　51–53, 53f, 54f
摇蚊　309–313
液体闪烁技术　50
伊普斯威奇间冰期　306–307
硬水效应　52
铀系定年　69–73, 69f, 70f, 71f, 73f
有孔虫　159–162, 159f, 160f, 161f
有效成岩温度（EDT）　93–94
宇成同位素定年　290
圆菊珊瑚　402–403
远日点　29

Z

造礁珊瑚　402–403
造山作用　14–15
乍得大湖盆　299
乍得湖　299–301
乍得湖流域　362
正反馈机制　19
政府间气候变化专门委员会（IPCC）　8–9, 388
植硅体　265

植物大化石
  北极树线波动　313–316
  低树线波动与啮齿类粪堆　319–323
  地形气候因素　313
  高山树线波动　317–319
植物功能型（PFTs）　340–341
植物类群　328t
中国
  旱涝指数　426f

黄土分布　228f
  空间格局和时间演变　427f
中世纪暖期（MWE）　423, 442–443
中世纪气候异常（MCA）　442–443
柱形牡丹珊瑚　409–410
子体过剩定年法　71
子体亏损定年法　71–72
诹访湖　426